Mitteilungen der Geographischen Gesellschaft in Hamburg
Bd. XLII.
im Auftrage des Vorstandes herausgegeben von
Prof. Dr. Bruno Schulz

JAPANS HÄFEN,
ihre Beziehungen zur Landesnatur und Wirtschaft

von

Professor Dr. **L. Mecking**, Münster i. W.

Mit 85 Textfiguren und 29 Tafeln

HAMBURG
Friederichsen, de Gruyter & Co. m. b. H.
1931

Geographische Gesellschaft in Hamburg.

gegründet am 6. März 1873.

Vorstand:

1. Vorsitzender: Senator Dr. de Chapeaurouge.
2. Vorsitzender: Direktor O. Riedel.
3. Vorsitzender: Professor Dr. P. Schlee.
1. Schriftführer: Professor Dr. B. Schulz.
2. Schriftführer: Dr. W. Semmelhack.
3. Schriftführer: Professor Dr. E. Koch.

Schatzmeister: Dr. h. c. Roderich Schlubach.
Bibliothekar: Professor Dr. Mühlhausen.
Beisitzer: Direktor E. Helfferich.
Professor Dr. Gürich.
Direktor Th. Ritter.
Professor Dr. Thilenius.

Die Aufnahmebedingungen für die Geographische Gesellschaft sind nach § 4 der Satzungen:

„Zur Aufnahme als ordentliches Mitglied ist der Vorschlag durch zwei Mitglieder der Geographischen Gesellschaft erforderlich, die dem Vorstande Namen, Stand und Wohnung des Aufzunehmenden angeben. Die Namen der Vorgeschlagenen werden in der Einladung zur nächsten Sitzung mitgeteilt.

Jedes Mitglied hat das Recht, unter Angabe von Gründen gegen die Aufnahme eines Vorgeschlagenen Einspruch zu erheben. Erfolgt innerhalb 14 Tagen nach der Sitzung kein Widerspruch gegen die Aufnahme, so wird der Vorgeschlagene in die Mitgliederliste aufgenommen. Erfolgt ein Einspruch, so entscheidet der Vorstand ohne Angabe von Gründen.“

Der Mitgliedsbeitrag beträgt z. Zt. für hiesige und auch für auswärtige Mitglieder RM. 10.— jährlich. Hierfür haben die Mitglieder u. a. freien Zutritt zu den Vortragsabenden und erhalten ohne weitere Kosten die Veröffentlichungen der Gesellschaft. Gesuche um Aufnahme als Mitglied der Geogr. Ges. sind an ein Mitglied des Vorstandes oder an die Geschäftsstelle zu richten.

Die Bibliothek der Geographischen Gesellschaft ist in der Commerzbibliothek aufgestellt und dort zu den Öffnungszeiten der Commerzbibliothek allgemein kostenlos zugänglich, sie umfaßt z. Zt. rund 20 000 Bände. Ein Verzeichnis der Gesellschaften, mit denen Schriftenaustausch besteht, ist in den „Mitteilungen der Geographischen Gesellschaft in Hamburg“, Band XL, S. 288—302, gegeben.

Alle für die Bibliothek bestimmten Sendungen sind zu richten an: Die Bibliothek der Geographischen Gesellschaft in Hamburg. p. Adr.: Commerz-Bibliothek. Hamburg 1.

Die „Mitteilungen der Geographischen Gesellschaft“ erscheinen in zwangloser Folge, jedoch in der Regel jährlich. Beiträge für die Mitteilungen sind an deren Herausgeber zu richten. Anschrift: Prof. Dr. B. Schulz, Hamburg 3, Deutsche Seewarte.

Geschäftsstelle: L. Friederichsen & Co., Hamburg 1, Alsterdamm 10/11. Fernsprecher C 3 3919.

Kasse: Schlubach, Thiemer & Co., Hamburg 1, Lange Mühren 9 (Südseehaus).

Bankkonto: Norddeutsche Bank in Hamburg, Filiale der Deutschen Bank und Diskonto-Gesellschaft.

Postscheckkonto: A. Helm, Hamburg 60 164.

MITTEILUNGEN

der

Geographischen Gesellschaft in Hamburg

Bd. XLII.

Im Auftrage des Vorstandes herausgegeben

von

Prof. Dr. Bruno Schulz
Mitglied des Vorstandes

Mit 85 Textfiguren und 29 Tafeln

HAMBURG
Friederichsen, de Gruyter & Co. m. b. H.
1931

JAPANS HÄFEN,

ihre Beziehungen zur Landesnatur und Wirtschaft

von

Professor Dr. L. Mecking, Münster i. W.

Mit 85 Textfiguren und 29 Tafeln

HAMBURG
Friederichsen, de Gruyter & Co. m. b. H.
1931

Druck von J. J. Augustin in Glückstadt und Hamburg.

Vorwort.

Der Sinn dieses Buches ist, ein Land in seiner physischen und kulturellen Meeresverbundenheit zu erfassen. Wenn hierzu Japan erwählt wurde, so kann das Interesse, das auch in weiteren Kreisen politisch und wirtschaftlich der pazifischen Seemacht, ihren Grundlagen, ihrem Werden und ihren Möglichkeiten entgegengebracht wurde und wird, nur willkommen sein. Die Fragestellung ist indes durchaus auf die Grundlagen gerichtet, und die Durchführung der Untersuchung soll ebenso wie der Grund und der Weg, der dazu führte, rein wissenschaftlich geographisch bleiben. In Japan tritt dem Geographen die Seeverbindung in zahllosen Beobachtungstatsachen als so überragendes Phänomen entgegen, daß dieses schon 1911—12 auf einer Weltreise mein Interesse auf sich zog. Es gab mir nach manchen weiteren Studien und Forschungen in englischen und anderen Häfen schließlich im Jahre 1926 den besonderen Anlaß zu einer fünfmonatigen Bereisung aller wichtigeren Häfen Alt-Japans.

Die umfassende Art, in der hier das Problem gestellt ist, erforderte die Heranziehung eines großen Teils der Literatur zur japanischen Landeskunde. Die wesentlichsten Baustoffe aber erbrachten meine Reisen im Lande selbst. In diesem Umfang wären mir die Beobachtungen und Sammlungen nicht möglich gewesen ohne die weitgehende Unterstützung durch Behörden und einzelne Persönlichkeiten im Land und in der Heimat. Ihnen allen, die durch Empfehlung, Führung, Auskunft und Material die Forschungen erleichterten oder ergänzten, sei auch hier mein warmer Dank ausgesprochen. Ohne die Namen der vielen einzelnen Persönlichkeiten hier anführen zu können, gedenke ich generell vor allem des Auswärtigen Amtes und der Japanischen Botschaft in Berlin, der Deutschen Botschaft in Tōkyō und des Japanischen Innenministeriums, der japanischen Hafenämter und Handelskammern, der japanischen Gelehrten und Institute der Geographie, der Geologie, des Hafenbaus und der Handelswissenschaften, der deutschen Konsuln und Kaufleute, Forscher, Lehrer und Techniker.

Mein Dank gilt nicht minder allen Stellen, die finanziell die Reise sowie die Drucklegung unterstützten: dem Preußischen Ministerium für Wissenschaft, Kunst und Volksbildung (das auch durch bereitwillige Urlaubserteilung die Reise und den Abschluß der Arbeit ermöglichte) und dem Auswärtigen Amt, der Notgemeinschaft der deutschen Wissenschaft und der Förderungsgesellschaft der Universität Münster, der Geographischen Gesellschaft in Hamburg, der Geographischen Gesellschaft in Tōkyō und der Deutschen Gesellschaft für Natur- und Völkerkunde Ostasiens.

Bei der Erschließung japanisch geschriebener Texte und Karten sowie bei der nach einheitlichem System durchgeführten Schreibung der Namen haben mich mit mancher Beratung und Hilfe zu Dank verpflichtet: Herr P. Schilling, der als Missionar viele Jahre in Japan tätig war, sowie die beiden japanischen Gelehrten, die länger in Münster weilten, Herr T. Nakamura, Professor der Germanistik von der Staatshochschule in Taihoku und Herr Dr. med. Iga aus Kōbe.

Meinen Assistenten, den Herren Dr. G. Niemeier, H. Wortmann und Dr. H. Baum bin ich dankbar für die Ausführung fast aller Zeichnungen und, ebenso wie Herrn stud. phil. A. Henkel, für die Hilfe beim Lesen der Korrekturen.

Endlich für alle mit der Drucklegung und Ausstattung verbundene Mühewaltung und Sorgfalt bin ich Herrn Prof. Dr. B. Schulz als dem Leiter der Herausgabe der Schriftenreihe, in der dieser Band erscheint, sehr verbunden.

Münster i. W., Mai 1931. L. Mecking.

Inhaltsverzeichnis.

Einleitung: Problemstellung.

Erster (allgemeiner) Teil:

Japans Häfen und Seeverkehr im ganzen, in Beziehung zur Natur und Wirtschaft des Landes.

Zweiter (spezieller) Teil:

Die wichtigeren Häfen im einzelnen und ihre Gruppierung.

Einleitung: Problemstellung.

Nach meiner ersten Bekanntschaft mit Japan im Jahre 1912 ergab die eingehendere Bereisung und Untersuchung von 1926, besonders in den bedeutendsten Seetoren, den starken Eindruck der Veränderung, die sich im Bild und Leben der Häfen und in der Größe des Seeverkehrs vollzogen hatte, wie dies auch in der einfachen statistischen Feststellung seinen Ausdruck findet, daß Kōbes Außenhandel sich in den 15 Jahren vervierfacht hat. Diese Zeitspanne schließt nicht nur den Weltkrieg ein, sondern stellt überhaupt den stärksten Anstieg in jener Kurve dar, die Japan aus völliger Isolierung in den Strudel der Weltwirtschaft und Weltpolitik zog und den modernen Großmächten einreihte. Schon für die bescheideneren Anfänge dieser Periode der Umwälzung hat Richthofen den treffenden Ausdruck gefunden, daß latente Energie in kinetische verwandelt worden sei. In der Tat war die latente Energie die des Inselbewohners, der schon früh dem Meere und seinen hier besonders großen Gefahren getrotzt und ein und ein halbes Jahrtausend den Verkehr mit Korea und China gepflegt hat, der selbst im Herzen seines Landes eine eigene Seefahrtsschule genoß. Die kinetische Energie aber kann sich nicht eindrucksvoller ausprägen als im gegenwärtigen politischen Bild des Landes, das den Stempel einer marinen Expansion trägt. Mag auch die Landnot, mag der Mangel an Siedlungsraum und Wirtschaftsgrundlagen das starke Urmotiv dafür gewesen sein, Hand in Hand mit ihrer Abstellung ging doch die Sicherung zur See nach allen Seiten, das Streben nach Vorpostenländern und Brückenköpfen. Das Ergebnis war ein Hinauswachsen in die Meere, über und um die Meere, eine zirkummarine Reichsbildung; wie sie einst das innere Meer der Inlandsee ergriff, so jetzt die Randmeere.

So wird die Meeresverbundenheit zum stärksten Grundzug im Wesen des japanischen Landes und Volkes. Alles ist hier meerverwandt und meerverwachsen, meeresnah blieb das Volk selbst in der widerspruchsvollen Periode seiner Abschließung.

Diese Grundlagen haben es ermöglicht, daß Japan jetzt einen der Hauptwirtschaftsräume der Erde und einen Brennpunkt des Weltverkehrs darstellt. Im pazifischen Raum ist es das Kraftzentrum, auf das sich auch geopolitisch immer mehr das Augenmerk der Welt gerichtet hat und richten muß, wie dies namentlich Haushofer mit Nachdruck geltend macht. Es gibt kein zweites Land, über dessen Gestade am Pazifischen Ozean sich ein solcher Außenhandel bewegt. Mit über 8 Milliarden Mark stand er in den letzten Jahren auf gleicher oder noch höherer Stufe wie der von Italien oder Holland, und wesentlich übertroffen wurde er nur von vier großen Mächten: den Vereinigten Staaten, Großbritannien, Deutschland und Frankreich. Japans Handelsflotte übertrifft aber mit mehr als 4 Millionen Brutto-Registertonnen noch diejenige Deutschlands und Frankreichs.

Das erhebt seine großen Seetore, namentlich Kōbe, Ōsaka und Yokohama, in den Rang der Welthäfen und gäbe schon die Berechtigung zur eingehenderen wissenschaftlichen Untersuchung derselben. Aber nicht in dieser Beschränkung ist unser Problem gefaßt. Denn in ihren Hauptvertretern erscheinen die Häfen eines Landes leicht nur als Träger und Werkzeuge weltwirtschaftlicher Verflechtung, gleichsam als riesige Brennspiegel, in denen die Strahlen aus aller Welt und aus dem eigenen ganzen Lande zusammentreffen. So sehr diese Teilstücke des Landes damit auch wirtschaftlich heraustreten, sie bleiben doch unter dem Gesichtspunkt der Landeskunde nur einige wenige Bestandteile desselben. Zu ihnen tritt, und zwar in Japan ganz besonders, eine Fülle von weiteren Seeverkehrsplätzen, gleichsam kleine Fenster und Türen, die für die Verbindung des Landes mit der Außenwelt sehr wenig gegenüber jenen Portalen und Strahlensammlern bedeuten, aber am Gesamtgebäude Japans darum nicht weniger charakteristisch sind, ihm streng genommen sogar in noch höherem Grad seine Eigenprägung geben und vor der Zeit des jungen Aufstiegs überhaupt allein gegeben haben. Wer nur an der Bedeutung für die Weltwirtschaft die Beachtlichkeit einer Erscheinung, wie sie die Häfen darstellen, messen will, dem mögen allein die paar Großhäfen, auf die sich jene schließlich in jedem Land zusammenzieht, Fragen aufwerfen. Wer aber die Verkehrsgeographie nicht nur als Anhängsel der Wirtschaft, sondern um ihrer selbst willen gelten läßt, wie dies auch Schlüter[1]) kürzlich von neuem befürwortete, wer sie mit Hettner[2]) als die Lehre von der geographischen

[1]) O. Schlüter in Hermann Wagner-Gedächtnisschrift, Gotha 1930, S. 299.

[2]) A. Hettner in Geographische Zeitschrift 1897, S. 626.

Verbreitung der Verkehrsverhältnisse oder von ihrer Verschiedenheit in verschiedenen Erdräumen definiert, dem muß auch die Vielheit von Häfen und ihre Verschiedenheit, wie sie sich innerhalb eines typischen Meereslandes ausprägt, zum Problem werden, schon im vergleichenden Sinn, vom Standpunkt also der allgemeinen Geographie. Als weiteres Ziel aber soll uns immer das der Länderkunde vor Augen stehen. Für sie bleiben nicht nur die kleineren Häfen und Hafenlandschaften ebenso gut Bestandstücke des Landes wie die großen, sondern vor allem bildet die Gesamtheit der Häfen des Landes, sein durch Art, Menge und Verteilung derselben bestimmtes Verhältnis zum Meere einen Wesensgrundzug. Soll ein Land als solches geographisch-landeskundlich tiefer erfaßt werden, so muß eigentlich stets eine eingehendere Spezialforschung mindestens inbezug auf diejenigen Seiten desselben vorausgegangen sein, die für die Deutung des Landes im einzelnen Falle die ausschlaggebendsten sind. Eine solche Seite ist bei Japan ohne Zweifel die maritime. Denn beherrschend zieht sich hier rundum die Schwelle, an die das Leben sich drängt, über die alle historischen Einflüsse gingen, über die der Ozean mit der Feuchtigkeit der Monsune seinen Segen wie mit den Überschwemmungen der Taifune und der Erdbebenfluten sein Unheil ergießt. Was das Meer im Bild und Leben des Landes ist und wie das Land sich im Lichte seiner Seekultur darstellt, das gilt es zu erkennen. — Die Lösung der Aufgabe soll in einem allgemeinen und einem speziellen Teil versucht werden.

Der Rahmen des allgemeinen Teils kann dabei nicht weit genug gespannt sein; Meereslage und Seegeschichte sind hier so wesentliche Gesichtspunkte wie Küstenformen, Gezeiten und Siedlungskammern. Namentlich bilden die letzteren den fundamentalen Ausgangspunkt zum ganzen Verständnis von Japans Meeresverbundenheit, und sie können ihrerseits nur im Gesamtbild der Tektonik und Gliederung des Landes ganz begriffen werden. So sind hier alle Seiten der Landesnatur auf das Meer als großen Hintergrund projizierbar. — Der allgemeine Teil soll aber auch nicht zu einem bloßen länderkundlichen Abriß gestaltet werden, der der eigentlichen Untersuchung vorauszuschicken wäre, wie es zuweilen bei der Behandlung anthropogeographischer Fragen geschieht, sondern durch alle seine Kapitel werden sich die Probleme der Häfen und des Seeverkehrs hindurchziehen.

An diese Gesamtuntersuchung der Seeverbundenheit schließt sich im speziellen Teil die Einzeldarstellung von Häfen, Hafengruppen und -regionen an. Hier tritt die landeskundliche Individualität einzelner engerer Raumeinheiten naturgemäß in den Vordergrund, und dieser Individualcharakter ist bei der großen Ausdehnung des Landes sowie der Mannigfaltigkeit seiner Küstengestaltung und sonstigen Hafengrundlagen nicht gering. Und doch würde so vieles Nebeneinander nicht seine volle Auswertung erhalten, wenn nicht aus seiner Integration auch wieder ein vollständigeres Erkennen höherer und allgemeinerer Zusammenhänge sich ergäbe; der Vielklang darf nicht ohne Zusammenklang bleiben. Die verschiedenen kleineren Häfen der Inlandsee z. B., die ich herausgreife, um aus meinem Beobachtungsmaterial das Bild jedes einzelnen zu entrollen, stellen über ihre Individualität hinaus auch eine größere Gesamterscheinung gegenüber Ōsaka—Kōbe und überhaupt im Bild des japanischen Seeverkehrs dar. Ebenso ergeben die Hokkaidō-Häfen als Gruppe oder die Nordwesthäfen Honshūs das Gebilde einer Einheit gegenüber den Häfen der Inlandsee oder Nordwestkyūshūs. So soll durch entsprechende Zusammenfassungen und Gruppierungen der monographisch erfaßten Teillandschaften stets auf die Zusammenschau des größeren Bildes, auf die Meeresverbundenheit im ganzen, wie sie Japan eigen ist, abgezielt werden.

Erster (allgemeiner) Teil.

Japans Häfen und Seeverkehr im ganzen,

in Beziehung zur Natur und Wirtschaft des Landes.

A. Meereslage des Landes.

I. Äußere Meereslage.

Die Inseln Alt-Japans bilden eine der in seltsamer Regelmäßigkeit am Kontinentalrand Asiens hängenden Girlanden, ein Ergebnis der in Staffeln aufeinanderfolgenden Bogenbildungen. Zwischen dem Zug der Inseln und dem tungusischen und koreanischen Bogen der Festlandsküste liegt das japanische Randmeer. In der mittleren Strecke hat der Inselbogen den größten Abstand vom Festland, der nahezu durch die Überfahrtslinie Tsuruga-Wladiwostok mit 900 km gegeben ist, während am Nordende Hokkaidōs wie an dem von Kyūshū die in beiden Fällen fast gleich große Annäherung von über 200 km (Fusan-Shimonoseki 122 Seemeilen) vorliegt. In Tsushima wie in der Gotō-Gruppe und vielleicht noch in Küstenpartien um Shimonoseki ist auch strukturell eine Fortsetzung des koreanischen Bogens zu erblicken.

Diese geringe Entfernung vom koreanischen Brückenkopf hat sich durch die längste Zeit der Geschichte Japans als die bedeutendste Tatsache seiner Meereslage erwiesen. Nicht nur, daß ein Teil der Einwanderung über diese Brücke erfolgte und die Japaner sich seit alters auf dem Boden Koreas kriegerisch betätigten, sondern „alles, was das große Festland an großen Menschheits-Bewegungen zeitigte, fand seinen Weg und auch schließlich seine Ruhe in dieser fernsten abgeschlossenen Inselwelt“[1]). Diese Lagebeziehung hat Japan schwere Kämpfe eingetragen, wie in seiner früheren Geschichte, so auch in den beiden Kriegen der jüngsten Vergangenheit mit den zwei großen Mächten seiner Gegengestade. Sie hat ihm in Korea die dringend nötige Erweiterung seiner Wirtschaftsbasis gebracht und mit Dairen den bedeutenden Schlüssel zur Ausdehnung seiner wirtschaftspolitischen Bestrebungen in der Mandschurei und auch in China in die Hand gegeben. In dieser eigenartigen Lage und ihren kulturgeschichtlichen Auswirkungen wurzelt aber auch die tiefe Abneigung, die der Chinese gegenüber aller heutigen Annäherung des Japaners empfindet, in welchem er nur den von jeher minderbefähigten Nutz-

---

[1]) K. Kanokogi, Der Geist Japans, Leipzig 1930, S. 36.

nießer und sklavischen Nachahmer der chinesischen Kultur sieht, statt den anders gearteten Nachbarn, der in Harmonie mit seiner Lage und seinem Raum eine eigene staatliche und kulturelle Entwicklung nahm und sich zwar nicht durch die Schwere seiner Masse, aber durch bewußteste Nutzung der Meereslage seine Weltstellung schuf.

Verstärkt wird die Bedeutung dieser Lage an der Tsushima-Straße dadurch, daß gerade hier das japanische Land sich wie in zwei weiten Portalen dem Festlande öffnet. Das eine Portal ist der Ausgang der Inlandsee, jenes wichtigen inneren Beckens, in welchem sich die Lebensströme sammelten. Am Ausgang, das heißt im Hafen von Shimonoseki, heftet sich noch heute an einen Stadtteil der Name Chinator (Karato). Das andere Portal liegt im nordwestlichen Abschnitt von Kyūshū, der neben der Inlandsee die reichste Küstengliederung ganz Japans zeigt und mit historisch berühmten Häfen wie Hakata und Nagasaki die mannigfachen Beziehungen kriegerischer und friedlicher Art zu den Gegengestaden in Erinnerung bringt; Nordkyūshū war immer einer der Schwerpunkte historischen Geschehens.

Aber auch nur in diesem Küstenabschnitt steht Japan ganz offen dem Festland gegenüber. Im übrigen erhält die Küstenflanke am japanischen Meer viel mehr den Stempel der Abgeschlossenheit. Sie rückt damit geradezu in einen Gegensatz zu der durch reichere Gliederung mit dem pazifischen Ozean verbundenen südlichen Außenseite des Inselbogens. Diesen Unterschied drücken schon die alten japanischen Bezeichnungen aus: Ura-Nihon (Rückseite Japans) und Omotte-Nihon (Vorderseite Japans), wenn auch für diese Benennungen wohl weniger die Meeresverbindung in ihrer großen kommerziellen Auswirkung als die Küstengestaltung in ihrer Bedeutung für die Kulturmöglichkeiten des Landes selbst maßgebend war. Diejenige Seite, an der die großen Buchten und Ebenen und damit die Wohnräume liegen, läßt sich eben als die Fensterseite ansprechen. Hier bewegte sich auch im Japan der alten Zeit der stärkste Kleinseeverkehr zwischen den einzelnen Siedlungsräumen. Dagegen ging die weitere Blickrichtung über das Meer zu einem Außenverkehr ursprünglich von der dem Festland zugekehrten Seite aus.

An den festländischen Gegengestaden kehrt die gleiche Verteilung von offenen Strecken im Süden und abgeschlossenen im Norden wie an der „Rückseite" Japans wieder; denn nur die chinesischen und die süd- und westkoreanischen Küsten waren reich an Buchten, Flüssen und Ansatzpunkten für Siedlung und Verkehr, während die

Nordküste Koreas und die Küste des Amurlandes, abgesehen von der Buchtgliederung um Wladiwostok, ungastlich und abstoßend sind. Immerhin fehlten auch hier infolge der Nähe der Gegengestade die Verkehrs- und Kulturverbindungen schon in der früheren Geschichte nicht. Ebenso stellt im heutigen Außenverkehr Japans Tsuruga einen nicht unwichtigen Hafen dar, und er ist entsprechend bekannt, wenn auch schon der erste Anblick die Lage an der Rückseite durchaus zum Bewußtsein bringt. Dazu kommen die Hokkaidō-Häfen mit ihren relativ starken russischen Beziehungen. Für ganz Sibirien östlich des Baikal-Sees könnte Japan Wirtschaftspionier und -vormacht werden. In den Jahren nach dem Weltkrieg wurden großzügige Pläne in der Presse erörtert, japanische Kapitalien in die Erschließung dieser kontinentalen Küstengebiete zu stecken, in Minen, Wälder, Fischerei und Pelztierfang. Eine Schranke wird der japanischen Expansion hier ähnlich wie in der Entwicklung der nördlichsten Teile des eigenen Landes in erster Linie durch das Klima gezogen, so daß der japanische Arbeiter schwerer mit dem viel angepaßteren koreanischen, chinesischen und russischen konkurrieren kann. Es würde sich also mehr um eine leitende, organisatorische und finanzielle Stellung handeln, durch die hier Japan seine Vorpostenlage ausnutzen könnte, sofern ihm das gegenüber der widerstrebenden einheimischen Bevölkerung gelingt.

Zwischen der langen offenen Fensterseite am Pazifischen Ozean und dem in gewisse Portale zusammengefaßten Ausgang nach China ist die Inlandsee die verbindende Gasse — welch glückliche Konzentration der Mittlerstellung im heutigen Seeverkehr des Pazifik!

Damit kommen wir zum anderen Gesichtspunkt, unter dem Japans Meereslage anzusehen ist, dem des pazifischen Verkehrsraumes. Diese riesige Wasserfläche bringt dem Weltverkehr keineswegs die große Ungunst entgegen, die der erste Augenschein lehrt und die fälschlicherweise so sehr betont zu werden pflegt. Daß der Ozean in der Äquatorzone den halben Erdumfang einnimmt, bedeutet nichts. Denn es kommt nicht auf beliebige in einer Breite einander gegenüberliegende Küsten, sondern auf die maßgebenden Verkehrsgegengestade an. In der Hinsicht ist wichtig, daß die Umrandung des nordpazifischen Ozeans sogar sehr nahe einem Großkreis liegt, ihre Teile also auf kürzestem Wege mit einander in Verbindung stehen. Selbst die Alëuten können ohne Umweg auf der Fahrt von Nordjapan nach S. Francisco mitgenommen werden, und hier haben die Vereinigten

Staaten neuerdings auf der Insel Kiska nahe dem westlichen Ende der Inselkette eine Kohlen- und Ölstation angelegt[1]). Ein Anlaufen von Honolulu bedeutet einen nicht geringen Umweg, vollends kommen andere Südsee-Inseln auf dem Schiffsweg von Yokohama nach Kanada oder Kalifornien garnicht in Frage. Daß ein Dampfer die hohen Breiten der Alëuten meidet, kann allerdings auf der Westfahrt seinen Grund in den entgegenstehenden westlichen Winden und entsprechenden Strömungen haben. Dadurch kommt im Westverkehr Honolulu mehr in den Seeweg hinein, wenn ein Schiff es nicht vorzieht, noch weiter nordwärts in die Alëuten einzubiegen, wo gleichfalls der Wind günstiger und der Weg wenig länger wird. Das Dampferhandbuch empfiehlt Dampfern, die von nördlichen Häfen Nordamerikas nach Yokohama bestimmt sind, die Ausreise nördlich der Alëuten im Sommer wie im Winter, sofern Wind-, Strom- und Sichtverhältnisse günstig sind[2]). Auch die Entwicklung der Mandschurei und des Amurlandes wird zum nördlicheren Weg beitragen. Ein ungünstiges Moment ist auf ihm, wenn er so weit nördlich genommen wird, nur die Nebelhäufigkeit, während das Eis kaum Störungen bereitet. Jedenfalls gehört der ganze Weg von Japan über die kanadischen und kalifornischen Häfen und weiter bis nach Panama dem Großkreis an, der sich andererseits von Japan südwestwärts fortsetzt, d. h. in das Herz des australasiatischen Meeresraumes und an der Flanke des großen südchinesischen Hinterlandes hin. So ist die Meeres-Großlage Japans trotz der ostwestlichen Ausweitung des Pazifischen Ozeans sehr günstig und bestimmt das Land zur führenden Seemacht.

Erst um die Mitte des vorigen Jahrhunderts war es, daß durch die weißen Völker größeres Leben in die weiten Fluren dieses Ozeans getragen wurde. In dem Maße, wie seitdem der Weltverkehr die irdischen Räume enger zusammengezogen hat, wurde auch Japan immer mehr in die weltwirtschaftliche Verflechtung und in das Getriebe der Weltpolitik gebracht. Zu Lande die Transkontinentalbahnen Nordamerikas und Sibiriens, zur See der Durchstich von Suez und der von Panama wiesen fast strahlenförmig die Wege für die wirtschaftliche Einflußnahme der abendländischen Völker auf den fernen Osten, der Russen von Norden, der Amerikaner von ihren allmählich erschlossenen Weststaaten und pazifischen Kolonien, der Engländer und Franzosen von ihren indischen und Südsee-Be-

[1]) The Far Eastern Review 1927, S. 139.

[2]) Dampferhandbuch f. d. Stillen Ozean, S. 250.

sitzungen her, schließlich auch der Deutschen von ihren pazifischen Ansatzpunkten. Auch nach dem Weltkriege wächst der Verkehr zusehends weiter, und die Veränderungen sind nicht so gering, wie aus Andeutungen Benöhrs[1]) hervorzugehen scheint, im Gegenteil zum Teil sehr erheblich.

Die Länder, mit denen Japan in erster Linie in Handel steht, gehören gerade diesem pazifischen Verkehrs-Großkreis und seiner nächsten Nachbarschaft an. Im Export waren sie schon vor dem Kriege wesentlich stärker als Europa vertreten, nach dem Krieg hat sich dieses Verhältnis noch verschärft und auch für den Import eingestellt (vgl. Tab. 1). Als Käufer von

Tabelle 1.

Japans Überseehandel dem Werte nach in Prozent[2]).

Export:	Asien,	Europa,	Amerika,	andere Gebiete.
1902	39	26	33	2
1913	44	23	30	3
1918	48	15	28	9
1923	41	6	48	5
1928	42	8	45	5
Import:				
1902	45	35	14	6
1913	48	30	17	5
1918	49	5	38	8
1923	42	23	29	6
1928	41	19	43	7

Japan tritt Europa nach dem Kriege sehr zurück, während es in der Belieferung Japans immerhin von neuem eine Stellung errungen hat. Doch hat der Gesamthandel der Vereinigten Staaten mit Japan (1928) den 6½fachen Wert von dem Großbritanniens mit Japan.

Der Panama-Kanal hat die pazifische Verbindung Japans mit den Vereinigten Staaten auch in deren atlantisches Kerngebiet vorgetrieben. Nach New York über Panama und nach Liverpool über Suez ist es von Japan ungefähr gleich weit. Damit hat Japan jetzt

---

[1]) E. Benöhr, Veränderungen des nordatlantischen Seeverkehrs seit dem Weltkrieg, Stuttgart 1927, Einleitung.

[2]) Die Tabelle ist (außer den Zahlen für 1928) entnommen aus S. Uyehara, The industry and trade of Japan, London 1926, S. 72.

für die Verkehrsverbindung mit beiden nordatlantischen Gestadegebieten gerade das günstigste Lageverhältnis.

So sehen wir eine Meereslage, wie sie ähnlich nur bei Großbritannien wiederkehrt, gekennzeichnet durch eine Doppelnatur: Vorpostenlage gegenüber einem großen und reichen Festlandsteil und Angelpunkt eines ozeanischen Großverkehrs. Die erste ermöglichte ihm, durch den größten Teil der Geschichte die festländischen Verbindungen zu nutzen, ohne doch seine Selbständigkeit zu gefährden. Die zweite befähigte es dazu, nachdem in der Mitte des vorigen Jahrhunderts der Stille Ozean sich ihm endgültig erschlossen hatte, nunmehr die fernen Gegengestade dieses Ozeans und schließlich der Erde selbständig und als eine führende Wirtschaftsmacht zu erobern. Mit berechtigtem Stolz erinnert der geistvolle Kulturphilosoph Kanokogi in dem erwähnten Buche daran, wie die neuere politische, wirtschaftliche und militärische Geschichte seines Heimatlandes ein Musterbeleg zu Ratzels „Meer als Quelle der Völkergröße" sei.

Bezeichnend ist es, wie auch der Gebietszuwachs, der dem Lande nach Norden wie nach Süden in der jüngsten Geschichte gelang, zum großen Teil der Sicherung des japanischen Seeraumes dient, gleichsam die Schaffung eines ozeanischen Glacis' bedeutet. Das gilt schon von Korea, wenngleich dieses vor allem eine Erweiterung der Wirtschaftsbasis bringt, es gilt ausgesprochener von den Kurilen und dem südlichen Sachalin, im Süden von dem schon älteren Besitz der Ryūkyū-, Bonin- und Vulkan-Inseln sowie den durch den Weltkrieg gewonnenen Mandatsgebieten der vorher deutschen Südsee-Archipele. Diese haben die seestrategische Ausgangslage gegenüber Amerika dadurch verstärkt, daß der vorher mit den Bonin- und Vulkan-Inseln nur vorgeschobene Wall zur völligen Umschließung verlängert wurde. Formosa, das 1895 dem chinesischen Nachbarn abgerungen wurde, ist ähnlich wie Korea außer als seestrategisches Vorpostenland als wertvolle Erweiterung der Wirtschafts- und Siedlungsgrundlage zu betrachten. Die strategische Sicherung durch Inselfäden läuft im kontinentalen Wachstum aus wirtschaftlichen Motiven weiter, ohne daß doch etwas von dem echt maritimen Charakter eingebüßt wird, der dieser „pazifischen Großlebensform"[1]) ihren Stempel gibt.

[1]) K. Haushofer, Zur Geopolitik des pazifischen Ozeans, H. Meyer-Festschrift, Berlin 1928, S. 163. — Über die neuere Entwicklung des Reiches und seine Probleme siehe vor allem K. Haushofer, Dai Nihon, Berlin 1913.

Gewaltige, kompakte Nachbarreiche sind es, gegen die der spinnenartig struierte Seestaat seine feinen Glieder strecken muß, im Süden gegen andere Seemächte, im Westen, Norden und Osten gegen die drei kontinentalen Kolosse. Die Lage zwischen allen diesen Großräumen als Gegengestaden und die Ausdehnung des eigenen Landes, die immerhin einem 65 Millionen-Volk Raum gibt, macht Japan zu einem eigenen bedeutsamen Aktionszentrum der Wirtschaft. Dabei liegt das Schwergewicht in der südlichen Hälfte der Hauptinseln. Der Norden ist dem japanischen Volkstum wesensfremder, seiner Tropennatur weniger entsprechend. Schon in den Haupthäfen spricht sich das aus; sie liegen im Süden: Yokohama einerseits, Kōbe und Ōsaka andererseits. Sie bewältigen allein über vier Fünftel des japanischen Außenhandels.

Auch unter höheren als wirtschaftlichen Gesichtspunkten ist sich Japan einer ausgezeichneten Lage bewußt. Es fühlt sich als das meerbeherrschende unter all den Völkern, die den indopazifischen Raum umlagern und jenes Riesengebiet einnehmen, das durch den Gleichtakt der Monsune, durch seine auf tropische und halbtropische Kulturen abzielenden Naturbedingungen eine gewisse Zusammengehörigkeit erhält und das in seinem Trachten nach Unabhängigkeit von der Ausbeutung des Abendlandes einer Führung aus eigenen Reihen zu bedürfen scheint. Haushofer[1]) konnte schon vor dem Kriege betonen, wie sehr der Gedanke der Zusammenarbeit mit den übrigen asiatischen Völkern in japanischen Kreisen, ausgehend von der dort unter dem Namen Asia-Gikai gegründeten Gesellschaft zur Wiedererweckung Asiens, gepflegt wurde.

Dieser auf die näheren Gegenküsten gerichteten Aufgabe entspricht wieder gemäß dem Doppelsinn der japanischen Meereslage eine zweite ideale, die über die Ozeane weist. Als Mittler zwischen Ost und West, zwischen den großen Kulturreichen der Erde, fühlt sich Japan, besonders nach der mit so viel Geschick eingeleiteten Übernahme abendländischer Errungenschaften zum eigenen Kulturbesitz.

II. Innere Meereslage.

Durch die Weitspannung und Zerfaserung des Landes kommt in Japan zur äußeren Meereslage gleichsam eine innere; das Meer durchdringt und umfängt das Land, trennt und verbindet seine vielen Glieder.

[1]) Dai Nihon, a. a. O., S. 319—321.

Am unmittelbarsten springt das in der Inlandsee in die Augen. Als eine Meeresgasse schiebt sie sich von dem „China-Tor“ ostwärts in der Längsrichtung der Küsten und der inneren Struktur über 400 km weit vor und scheidet von der nur rund 100 km breiten, gestreckten Halbinsel Chūgoku die Inseln Kyūshū und Shikoku. Mit ihrer Untergliederung in eine Reihe von beckenartigen Weitungen und Engen, ihren Buchtungen und Inselschwärmen ist die Inlandsee ein Tummelplatz des Kleinverkehrs, wie er auf der Erde nicht wiederkehrt.

Der Inselbogen mißt von den Gotō-Inseln bis zur Nordspitze Hokkaidōs fast 2200 km (durch die Ryūkyū-Inseln und die Kurilen wird diese Achse noch mehr als verdoppelt). Der riesigen Längslinie entspricht nur eine geringe Breite des Landes, die zwischen weniger als 100 und etwas über 300 km schwankt. Vom Breitenkreis Alexandriens bis nahe zu dem Odessas (31^0—$45^1/_2{}^0$), d. h. über fast die doppelte Zahl von Graden wie Großbritannien, erstreckt sich das Inselband bei einer Flächengröße von 380000 qkm. In diese teilen sich außer den vier Hauptinseln noch 400—500 kleine. So vergrößert der schlank gebogene Inselkörper gewaltig seine Küstenlinie; die Küstenentwicklung erhält den Wert 13. Das erhöht die Bedeutung der Häfen für den internen Verkehr gewaltig.

Noch weiter aber wird die interne Verbindung mit dem Meere gesteigert durch die Reliefgestaltung. Einem von Plateaus, Bergländern und zum Teil Hochgebirgen eingenommenen Kern stehen randliche Ebenen gegenüber, die wie Nischen in die Buchtwinkel und Talausgänge gefügt sind, sich wie getrennte Kammern an den Küsten aufreihen und in einzigartiger Weise die Bevölkerung konzentrieren. Über 700 m Höhe hört die Besiedlung so gut wie ganz auf, aber auch Hügel und Flächen von weniger als 100 m sieht man dort schon schwach besiedelt gegenüber den absoluten Tiefländern der Fluß- und Küstenalluvionen. Ein Vergleich unserer beiden Karten, welche die Niederungen (Fig. 1) und die Siedlungsräume[1]) (Taf. 29) darstellen, bringt diese für unsere Probleme im großen wie im kleinen überaus wichtige Grundtatsache zur Anschauung. Mehr als die Insel-

---

[1]) Es existiert eine Karte der Bevölkerungsdichte Japans von Tanaka Keiji und Yamamoto Kumatarō (Tōkyō 1928) in der Punktmethode im Maßstab 1 : 1 Million. Auf dieser Grundlage ist unsere Karte Tafel 29 durch Generalisation gewonnen. Diese ist zugleich in den Mitteilungen der Geographischen Gesellschaft in München, Bd. XXIV, 1931 als Beigabe zu meinem Aufsatz über „Japans Siedlungsräume“ erschienen.

Fig. 1. Verteilung der Häfen und des Tieflandes.

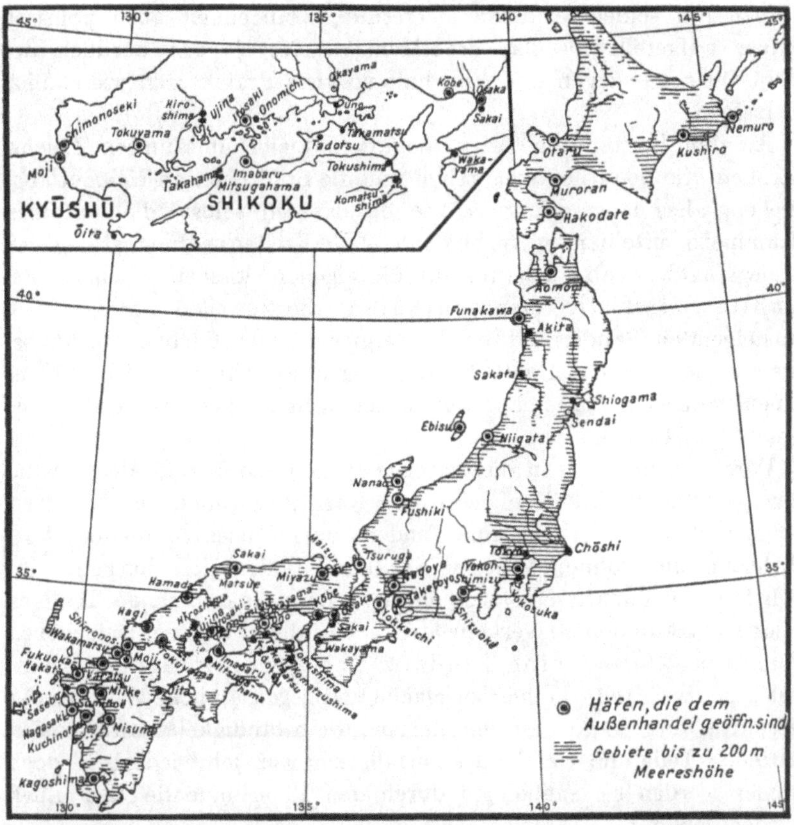

natur an sich und als die Küstenlinie ist es diese Kammerung, die den Menschen aufs Meer treibt. Das innere Land stößt ab und scheidet, Küste und Meer aber ziehen mit gleicher Stärke an und verbinden. Das gilt kaum irgendwo in solchem Maße wie in Japan.

Damit vereint sich auch die Beobachtung, daß diese Küstenebenen weitgehend die Zellkerne der politischen Einheiten bilden, während die Gebirge die Grenzen zwischen ihnen tragen. Dies zeigt sich mit großer Regelmäßigkeit, mag man in Kyūshū die Verteilung der Präfekturen auf den Westen und Osten, in Shikoku auf den Norden und Süden, im Hauptteil Chūgokus auf Norden und Süden und in Nordhonshū wieder auf Osten und Westen ins Auge fassen, ja mag man selbst die politische Unterteilung der Präfekturen wieder in ihrem Verhältnis zu kleinen Talungen und

Hügelvorsprüngen verfolgen. Im ganzen erweist sich das südliche Japan mit seiner reicheren Meeresdurchdrungenheit auch politisch feiner aufgeteilt als das großflächigere Nordjapan; nördlich der Fuji-Querlinie liegen nur etwa halb so viele Präfekturen wie südlich derselben.

An den Küsten hin liefen die alten, kiefernumsäumten Reichsstraßen, die noch heute bestehen und die Städtchen an sich entlangziehen, alles längs-orientiert wie die Küsten selbst, die einzelnen Kammern miteinander verbindend. Jede Küstensiedlung ist zugleich Anlegeplatz, wenn auch nur für die eigenen, kleinen Fischerboote. Zahllos sind die Miniaturhäfen, die zuweilen nur aus dem ansteigenden Sandstrand im Hintergrund einer flachen Bucht bestehen, auf den die Boote heraufgezogen werden, zuweilen nur aus einem winzigen, ausgemauerten, viereckigen Becken, in welchem sie geschützt liegen können.

Daraus ergibt sich in diesem eigenartigen Land- und Meeresraum eine gewisse Modifikation des durch Ratzel[1]) formulierten Gesetzes, wonach dem Seeverkehr eine Tendenz zur Konzentration und Verdichtung innewohne, während der feste Boden den Verkehr zersplittere. In Japan setzt sich die dem Land zukommende Tendenz relativ stark in den Seeverkehr fort, so daß dieser einen entschiedenen Zug ins kleine, eine Tendenz zur Zersplitterung erhält. Auch politisch tritt die hier zwiefache und gegensätzliche Wirkung der Struktur und Lage deutlich hervor; Selbständigkeitsbestrebungen einzelner Teile und Gefahr des Zerfalls erhoben sich wiederholt, doch immer werden sie schließlich durch das allverbindende Meer auch wieder gebannt.

Wie im Hauptland die peripherischen Ebenen, so werden in den anschließenden Kleininselreihen der Kurilen, Ryūkyū, Bonin und gar der Marianen und Marschall-Inseln naturgemäß die einzelnen Inselsplitter selber die Zellen. Für beides aber ist in gleicher Weise das Meer die Verkehrsfläche.

Nicht nur in den unmittelbar zu beobachtenden Erscheinungen des Lebens, den Küstenstraßen und -eisenbahnen, den ungewöhnlich vielen Mittelhäfen, den zahllosen Kleinhäfen, dem Gewimmel der Küstensegler und Fischereiboote tritt es uns entgegen, wie der ganze Lebensraum im Atem des Meeres liegt, auch dem Geistes-

[1]) F. Ratzel, Die geographischen Bedingungen und Gesetze des Verkehrs und der Seestrategik, Geogr. Zeitschrift 1903, S. 490.

leben des Volkes hat es sich tief eingeprägt. Die Verehrung der Meeresgottheiten in der besonders heiligen Schreininsel (Miyashima) der Inlandsee, der nicht minder berühmte Wallfahrtsort der Schiffer unweit der Hafenstadt Tadotsu, der zwischen Ōsaka und der alten Hafenstadt Sakai liegende uralte Tempel der drei Meeresgötter sind beredte Beispiele. Auch sind die vom Japaner als schönste gepriesenen drei Landschaften alle am Meer gelegen: die Nehrung Amanohashidate („Himmelsbrücke") bei Miyazu, die Insel Miyashima in der Inlandsee und die Brandungsinselpfeiler Matsushima vor Sendai. Selbst in der Weltentstehungs-Mythologie hat, abgesehen von anderen, gleichfalls Meeresluft atmenden Sagen, die Meeresverbundenheit des Landes ihren Niederschlag gefunden. Danach hat Izanagi, der Stammvater des Volkes, aus dem großen Wasser mit einem Dreizack ein Stückchen Schlamm vom Boden gehoben, das über Wasser zur Insel wurde, von der das japanische Reich seinen Anfang nahm.

B. Historische Meeresverbundenheit.

I. Meere, Küsten und Häfen in Japans Geschichte[1].

So viel Dunkel auch über der japanischen Geschichte, selbst bis zur Zeit der ersten Berührung mit dem Abendlande, ganz besonders aber über der früheren liegt, so lassen sich doch aus japanischen und chinesischen Quellen wie auch aus prähistorischen Funden einige sichere Anhalte über die uranfängliche Meeresverbundenheit des Volkes gewinnen.

a) Herkunft der Bevölkerung.

Die Ainu, deren Herkunft ein ungelöstes Problem bildet, nahmen einst die gesamten Inseln ein, wie u. a. noch manche geographische Namen verraten (z. B. Fuji). Sie sind eine Fischerbevölkerung und

---

[1]) Dieses Kapitel soll uns nicht der Aufgabe entheben, bei der Einzelbehandlung der Häfen das Auge in wichtigen Punkten auf die geschichtliche Entwicklung gerichtet zu halten. Aber der Gegenstand unserer Untersuchung dürfte es erfordern, das Schicksalhafte der Meereslage auch im Gesamtverlauf der japanischen Geschichte anzudeuten.

waren es vermutlich von Anfang an. Sie bilden eines der Elemente, aus deren Mischung die heutige Bevölkerung Japans hervorging. Schon im 9. Jahrhundert waren sie in ihr jetziges Rückzugsfeld, d. h. über die Tsugaru-Straße hinaus verdrängt. Das geschah durch Wanderströme, die einerseits über Korea vom Festland kamen[1]), andererseits von Süden über die von Malaien und Polynesiern besetzten Inselgebiete. Taifune und Strömungen mögen hier durch Verschlagung von Fischern ähnlich zur Völkerverbreitung, -verbindung und -wanderung beigetragen haben, wie es auch sonst in den Meeren bekannt und in Bezug auf Korea noch in den letzten Jahrhunderten (durch Siebold) bezeugt ist. Japans Kulturbesitz zeigt mannigfach jene beiden Einschläge auf; so stecken im Kult und Hausbau Elemente, die über das Meer nach Süden weisen, während die meisten Grundlagen der Kultur, schon die Sprache, die zu den altaischen gehört, die Schrift, der Buddhismus und die Bildkunst, die festländischen Zusammenhänge verraten.

b) Wirtschaftsanfänge.

Die Meeresverbindung war von Anfang an auch in der Wirtschaft gegeben. Zwar nimmt K. Oseki[2]) an, daß die Japaner nicht ein reines Fischervolk, sondern Ackerbauer waren, die nur nebenbei dem Fischfang nachgingen und erst später in der Nutzung ihrer glänzenden Meeresbedingungen zu dem ausgedehnten Fischereibetrieb übergegangen seien. Stärker betont T. Fukuda[3]) den Fischfang auch in alter Zeit; „die Sagen über die mythische Zeit Japans sind voll von Hinweisungen auf Meer und Fisch." Er führt sogar die japanische Uji- (Geschlechter-) Verfassung darauf zurück, daß die seefahrenden Yamatos bei ihrer Einwanderung in das Inselland die Blutsverwandten in einem Schiff zusammenfaßten und wieder aus mehreren Schiffen eine höhere Einheit der Großgeschlechter machten. Zum mindesten aber hat, selbst wenn zuerst oder später der Ackerbau die oberste Stelle einnahm, der seit dem 6. Jahrhundert eindringende Buddhismus mit dem Fleischverbot die Fischnahrung, nachdem ihre Ausnahme-

---

[1]) Vgl. die Karte der Wanderwege bei C. W. Bishop in The Geographical Review 1923, S. 41.

[2]) K. Oseki, The economic geography of Japan, The scott. geogr. magazine, XXXI, 1915, S. 449—50.

[3]) T. Fukuda, Die gesellschaftliche und wirtschaftliche Entwickelung in Japan, Münchener Volkswirtschaftliche Studien, 42. Stück, Stuttgart 1900, S. 5.

stellung einmal entschieden war, so begünstigt, daß sie neben Körnerfrüchten schlechtweg den Grundstock der Volksernährung bildet und damit die Meeresverbindung verstärkt. Der Reichtum an Fischen ist überwältigend groß, ebenso die Zahl der Arten, und was das Meer darin nur bietet, seien es Fische, Schnecken, Muscheln, Krebse, Tintenfische, wird verwertet, dazu die sehr beliebten Seetange. Anschaulich beschreibt K. Haushofer die Bedeutung der japanischen Meereswirtschaft unter dem bezeichnenden Titel „Brot auf dem Wasser"[1]), und E. Kämpfer erwähnt schon[2]), daß infolge des Überflusses an Fischen und Austern die Äcker meistens mit solchen, weniger mit Mist gedüngt würden, wie man auch jetzt noch massenhaft den Fischdünger im ganzen Land in Gebrauch findet. So nimmt denn das Fangen und Sammeln im Meere die Küstenbewohner auf mannigfache Weise, insbesondere auch in dem gefährlichen Walfang, in Anspruch; (auf Tafel 8, Abb. 1, ist z. B. ein charakteristisches Bild dieser Art auf Hokkaidō von mir festgehalten).

Dazu kommt, daß die für den Reisbau geeigneten Räume so absolut pheripherische Lage haben und auch durch ihre Kanäle die Verbindung mit dem Wasser begünstigen. Namentlich auf Kyūshū, das den ältesten Schauplatz japanischen Lebens bildet, und um die Inlandsee, die alte Kernzelle des Einheitsstaates, sind die Ebenen am Küstensaume durchweg sehr klein und schmal. Sie waren es vor zwei Jahrtausenden erst recht; denn wie die Beobachtung lehrt (vgl. z. B. unten Hiroshima oder Sakai) und das Klima verständlich macht, wachsen die Ebenen relativ schnell, und so war einst offenbar der Nährboden des Landes noch kleiner und die Zersplitterung der Küstenlandschaft noch größer, aus beiden Gründen der Anreiz zur Seebenutzung um so stärker.

c) Seeverkehr bis zur Entdeckungszeit.

Für eine Fern-Seeverbindung war stets bis an die neueste Zeit heran die Insel Kyūshū der große Brückenkopf. Ihre Bruchküsten mit tektonischen Golfen, die eine überaus lebhafte Gliederung hervorrufen, bewiesen für die Entwicklung der Urschiffahrt eine ähnliche Gunst, wie wir es auch z. B. vom Mittelmeer kennen. Hier hat Japan gleichsam ein historisches Eckfenster, durch das dauernd ein Auge auf die

[1]) K. Haushofer, Dai Nihon, Berlin 1913, S. 152ff.

[2]) E. Kämpfers Geschichte und Beschreibung von Japan, herausgeg. von Ch. W. Dohm, Lemgo, 1777 u. 1779, I. Bd., S. 87—88.

Außenwelt gerichtet war. Die einzelne Örtlichkeit hat dabei gewechselt, keineswegs war stets Nagasaki der führende Hafen; in der Frühzeit waren es andere Punkte, die aber immer in Kyūshū lagen. So beruht die Stellung dieser Insel im Reich durch den größten Teil seiner Geschichte auf einer überragenden Seegeltung; Außenverbindungen wie Bewegungen im Inneren, einigende und auch separatistische gingen von hier aus. Auf alten Karten fiel mir auf, daß auch die Umrisse von Kyūshū trotz ihrer Kompliziertheit relativ gut gegenüber anderen Landesteilen wiedergegeben waren.

In Kyūshū finden wir schon um den Beginn unserer Zeitrechnung die Zeichen einer Verbindung mit China. Archäologische Funde mit chinesischen Ornamenten bekunden sie für die frühe Han-Zeit. Ebenso heißt es in einer Geschichte der älteren Han-Dynastie aus der Zeit um 80 nach Christus im topographischen Teil: „Im Meere von Lo Lang wohnen die Japaner. Sie sind in mehr als hundert Länder geteilt. Sie kommen und machen uns Geschenke zu bestimmten Jahreszeiten“[1]). Auch die Geschichte der jüngeren Han-Dynastie berichtet von solchen Tributreisen. Die Fahrten folgten der Westküste Koreas, wie denn auch dieses an der dauernden Verbindung teilnahm, bald friedlich, bald kriegerisch. Kyūshū liegt zwar der Yangtse-Mündung gegenüber, aber die große Entfernung war damals doch noch ein Hindernis für die direkte Überquerung. Auf der Schelfbrücke nach Korea lag noch die Tsushima-Insel als Halbwegs-Station, von der aus bei klarem Wetter der koreanische wie der japanische Brückenkopf sichtbar sind. In der Mitte des 3. Jahrhunderts wird der Verkehr zwischen Wa und Wei, wie Japan und China damals genannt werden, lebhafter, bricht aber dann plötzlich ab.

In Japan hatte inzwischen auch die Bewegung zur Reichseinheit schon eingesetzt. Für diese Entwicklung, die sich durch Jahrhunderte zieht, liegt die leitende Linie im Meer und zwar in der Inlandsee, und den Ausgangspunkt bildet wieder

[1]) K. Kanokogi, a. a. O., S. 48—49. — Ferner: C. W. Bishop, The historical geography of early Japan, The Geogr. Rev. 1923, S. 47. — Obige Belege sind so klar, daß mir Angaben, wie sie sich in anderen Quellen finden, Japan sei erst im 3. Jahrhundert mit China in Verbindung getreten (z. B. China Review, vol. III, 1874—75, S. 58) nicht berechtigt erscheinen. Ein neuestes Werk zur japanischen Frühgeschichte sei hier genannt, konnte aber nicht mehr benutzt werden: A. Wedemeyer, Japanische Frühgeschichte, Untersuchungen zur Chronologie und Territorialverfassung von Altjapan bis zum 5. Jahrh. n. Chr., Tōkyō 1930. — Supplement der Mitteil. d. Deutsch. Ges. f. Natur- und Völkerkunde Ostasiens, XI.

Nordkyūshū. Auch diese innenhistorische Bewegung zeigt also deutlich die Japaner in ihrer Meeresverbindung; sie sind in der Tat ein Volk, „das sich aus Stammeswanderungen kühner Seegefolgschaften zuerst sein meerumspannendes Reich um die Inlandsee aufgebaut hatte, an den Küsten entlang vorstieß, heute noch den Reichsgründungstag... feiert."[1]) Im Osten entstand schließlich im Jahre 710 in Nara die erste feste kaiserliche Residenz, die bald darauf durch Kyōto ersetzt wurde. Zum Kaisersitz kamen die großen nationalen Heiligtümer von Nara und Ise. So entwickelte sich um das Ostende der Inlandsee das Stammland „Gokinai" (= die fünf Provinzen um die Residenz), in den größten Ebenen des damaligen Staatsraumes ein neuer Brennpunkt; er bildet zu dem alten, äußeren, über See blickenden Kyūshū-Brennpunkt gleichsam den inneren. Zwischen beiden aber dehnt sich als Nordflanke der Inlandsee jener lange Landvorsprung aus, der den bezeichnenden Namen Chūgoku („Zwischenland") erhielt, ein Zwischenland zwischen den zwei Brennpunkten, ein Zwischenland auch zwischen der Inlandsee und dem japanischen Meer.

Die scheidende Höhenlinie Chūgokus liegt näher dem letzteren. Sie bildet zugleich die Trennungslinie zweier Reihen von Provinzen, von denen demnach die der Inlandsee verbundenen die größeren Flächen einnehmen. Aber auch die Nordküste Chūgokus scheint schon in früher Zeit von Koreanern und Tungusen besucht und auch besiedelt worden zu sein. B. Kotō bezeichnet die Küstengegend westlich des Wakasa-Golfes geradezu als ein Fremdenland der alten Zeit[2]). Es ist im Verhältnis zur Inlandsee eine Art Hintertür des Reiches. Dagegen tritt Shikoku in der ältesten Geschichte noch nicht hervor, was für die stärkere Seeverbindung längs der Nordseite der Inlandsee spricht.

Mit dem Eindringen des Buddhismus gelangte der Verkehr mit China zu einem neuen Höhepunkt, namentlich im 7. Jahrhundert[3]). Denn die buddhistischen Priester bahnten den Handelsverbindungen die Wege. Wenn diese auch offiziell mit den großen Gesandtschafts-

---

[1]) K. Haushofer, Die Länderfrage in Ostasien und ihre Lehren für Europa, Zeitschrift für Geopolitik 1929, S. 1085.

[2]) B. Kotō, Journal of the Faculty of Science, Imperial University of Tokyo, Sekt. II, Vol. II, Part. 6., Tokyo 1928, S. 269—270.

[3]) Ph. v. Siebold (Nippon, Leyden 1832, I, Mathem. u. phys. Geogr. von Japan, S. 14) läßt den Buddhismus schon 59 n. Chr. zuerst nach Japan kommen, was nicht haltbar ist.

reisen verknüpft waren, so wußten sich doch die privaten Händler mehr und mehr in sie einzufügen, auf legalem und illegalem Wege. Die Kaufleute bildeten schließlich nur dem Scheine nach das Gefolge, sie gingen in Wahrheit der Geschäfte wegen mit und zwar in Karawanen, die im 8. Jahrhundert auf mehrere tausend Leute anwuchsen. So hing sich ihnen auch alsbald ein schwunghafter Seeraub an. In diesem Handel brachten die Japaner z. B. bei einer Fahrt im Jahre 780 Papier, das durch Feinheit und Glanz die hohe Bewunderung der Chinesen erregte, andererseits wurden im Jahre 799 chinesische Baumwollstoffe nach Japan gebracht. Haupthäfen dieses regen Gesandtschafts- und Handelsverkehrs scheinen Hakata auf Kyūshū und Naniwa (der alte Name für Ōsaka) gewesen zu sein[1]), also wieder die beiden Pole an den Enden der Inlandsee. Auch in dieser selbst wurde der Verkehr lebhaft. Hier scheint z. B. der Hafen von Kōbe (bezw. damals mehr Hyōgo) schon stark benutzt worden zu sein.

Nach Osten hatten Kriegszüge zu Lande das aus der Taikwa-Periode hervorgegangene Stammreich ausgedehnt, so daß es in der Mitte des 7. Jahrhunderts bereits bis über die Kwantō-Ebene und die Sado-Insel hinausgelangt war. Gegen die Mitte des 10. Jahrhunderts war der Norden Honshūs mit Ausnahme des nördlichsten Endes dem Reiche einverleibt, aber erst in der Mitte des 15. Jahrhunderts war die Tsugaru-Straße überschritten und der Südzipfel Yessos eingeschlossen[2]).

In den friedlichen Verkehr mit dem Festland brach jäh der Mongolensturm am Ende des 13. Jahrhunderts herein. Als Kublai Khan, der Herr Chinas und Koreas, in den siebziger Jahren die Unterwerfung Japans mit friedlichen Mitteln nicht erreichen konnte, sandte er 1281 eine Flotte, deren Schiffszahl verschieden, zwischen 4000 und 6000, angegeben wird, die dann im Sturm vor der japanischen Küste das Schicksal der Armada erlitt.

Danach wurden die friedlichen Beziehungen zwar bald wieder angeknüpft, wieder wurde Hakata der Zentralpunkt dafür, neben dem aber auch andere Plätze Kyūshūs aufkamen. Die Japaner traten indes nicht mehr mit der früheren Unterwürfigkeit, sondern mit großem Selbstbewußtsein auf und gaben ihrem Handel eine erhebliche Ausdehnung. In China existierten denn auch im 14. und 15. Jahr-

---

[1]) O. Nachod, Geschichte von Japan, I, Gotha 1906, S. 364.

[2]) Vergleiche die anschauliche Skizze der Grenzerweiterung bei K. Haushofer, Grenzen, Berlin 1927, S. 207.

hundert sogar Karten von Japan, ebenso in Korea in der zweiten Hälfte des 16. Jahrhunderts. Aus einem Werk jener Zeit führt Nachod eine Spezialkarte an, die u. a. die Verkehrswege der japanischen Häfen untereinander enthält und die Entfernungen in Ri angibt[1]).

Mit diesem schwungvollen regulären Handel der Japaner wurde indes auch der Seeraub noch stärker als je zuvor; ausgedehnte Beutezüge unternahmen die Flotten der „kleinen Leute", wie sie genannt wurden. China beklagte sich im Jahre 1370 bitter über das Unwesen. Doch seine Vorwürfe und Drohungen ließ Japan unbeachtet, das sich im Schutz seiner Meere und nach dem großen Mißerfolg Kublai Khans sicher fühlte und nicht geneigt war, das alte Vasallenverhältnis wieder aufkommen zu lassen. Auch wurde die japanische Regierung bei den Wirren im eigenen Land immer unfähiger, des Raubwesens Herr zu werden. So schrieb ein Shōgun im Jahre 1419 an den Kaiser von China: „Mein Land ist ebenfalls von dieser Plage heimgesucht. Nicht nur das Küstenland wird von ihnen belästigt, sondern selbst das ganze Meer ist voll von ihnen, so daß ich diesmal es nicht wagte, die herkömmlichen Geschenke an Ew. kaiserliche Majestät zu senden, denn es würde ja doch alles unterwegs von den Räubern geraubt werden."[2]) Die Banden kamen auch unter der Flagge von Gesandtschaften an, so daß echte und falsche schließlich kaum noch zu unterscheiden waren. Zum Teil machten die chinesischen Händler des Geschäftes wegen gemeinsame Sache mit den Fremdlingen um ihre Küsten. Jedenfalls wurden so die Wirren und Unruhen im Seeverkehr zum Dauerzustand. Bei Ankunft der Europäer in der Mitte des 16. Jahrhunderts war die Piraterie im höchsten Schwung. Die Zahl der Seeräuber wird damals auf etwa 100000 angegeben, was übertrieben sein mag, aber einen Begriff davon gibt, wie die Zustände angesehen wurden. Die meisten der Seeräuber waren Leute aus Kyūshū. In heftigen Kämpfen suchte man sich ihrer im Lande selbst zu entledigen. Aber erst Japans damaliger großer Führer Hideyoshi vermochte der Unordnung Herr zu werden.

Alsdann schickte er sich 1592 zu einem mächtigen aktiven Vorstoß nach außen an, dem bis dahin bedeutendsten Seekriegsunternehmen der japanischen Geschichte, dessen Ziel kein geringeres als die Eroberung von China und Korea war. Trotzdem es

---

[1]) O. Nachod, Die älteste abendländische Manuskript-Spezialkarte von Japan, 10. internationaler Geographenkongreß Rom 1913, Rom 1915, S. 1378.

[2]) P. A. Tschepe, Japans Beziehungen zu China seit den ältesten Zeiten bis zum Jahre 1600, Jentschoufu 1907, S. 178.

fehlschlug, war die Wirkung auf die japanische Entwicklung, die von diesem Ereignis ausging, bedeutend. Denn es erfolgte von 1603 ab unter Jyeyasu nach der vorausgegangenen Zeit einer politischen und wirtschaftlichen Zerrissenheit die Periode der großen Konzentration unter der Hausmacht der Tokugawa. Inzwischen war im Norden auch ein Teil der Insel Yesso erobert und kolonisiert worden, und Fischer des nördlichen Honshū suchten in der Folge häufig diese Gestade auf. Im Süden wurden die Ryūkyū-Inseln angegliedert (1609). Die Bezeichnung Japans als „Land zwischen den vier Meeren"[1]), wie sie damals in Gesetzen auftritt, zeugt davon, wie das Volk sich schon seiner verwickelten Meereslage in Einzelheiten bewußt war. Auch beschränkte sich sein Handel nicht mehr auf Korea und China, sondern wurde bis nach Tongking und den Philippinen ausgedehnt, wohin sie auf jährlichen Fahrten Porzellan und bunte Seide brachten. Dabei wurden die Monsune ausgenutzt, indem sie um die Jahreswende mit nördlichen Winden abfuhren und im Laufe des Sommers mit dem Meeresmonsun zurückkehrten. Selbst nach Mexiko gingen Handelsfahrten. Alles das zeigt, wie die Stellung des seebeherrschenden Volkes im Raume seiner vier großen Inseln zu einem gewissen Höhepunkt gelangt war, als die Festsetzung der abendländischen Seevölker und ihrer Missionen in seinem Land eine neue Krise heraufbeschwor; namentlich das Auftreten der Portugiesen stieß das Volk derartig ab, daß es schließlich zur folgenschweren Abschließung von der Außenwelt schritt.

d) Die Völker der Entdeckungszeit in Japan.

Diese Episode der Westvölker spielt sich wiederum im wesentlichen um das althistorische Tor, um die Westküste Kyūshūs ab. Die Bevölkerung dieser Insel wurde auch am meisten von der Missionstätigkeit und später von den Kämpfen betroffen, die dem Volk daraus erwuchsen, um das fremde Reis wieder zu beseitigen.

Als erste Europäer kamen portugiesische Kaufleute zwischen 1541 und 1544[2]) in Südkyūshū sowie in Bungo an der nordöstlichen

[1]) O. Nachod, Die Beziehungen der Niederländischen Ostindischen Kompagnie zu Japan im 17. Jahrhundert, Berlin 1897, S. 121—122.

[2]) Das Jahr steht nicht sicher fest. Kämpfer gibt 1542 und an andererStelle 1541 an, Siebold 1543. Vgl. auch die Erörterung des Jahres bei P. Teleki, Atlas zur Geschichte der Kartographie der japanischen Inseln, Leipzig 1909,

Küste von Kyūshū an. Hier behielten sie ihren Ansatzpunkt in der Hauptstadt Funai, dem heutigen Hafen Ōita, zunächst bei, indem sie mit dem Fürsten von Bungo einen Handelsvertrag schlossen und jedes zweite Jahr hinfuhren, 1549 auch einen festen Wohnplatz dort anlegten. Von da gelangten sie unter anderm in die alte Hafenstadt Sakai bei Ōsaka. Das Ziel des Handels war hauptsächlich die Gewinnung von japanischem Gold. Bald nach den Händlern kamen Missionare; 1549 landete ein Jesuit, der Baske Franz Xaver im Süden, im Hafen Kagoshima. Der Daimyō dieser südlichsten Provinz nahm die Ankömmlinge freundlich auf in der Hoffnung, damit den Handel mit der Fremde in seinen Hafen zu ziehen. Als dieses nicht gelang, stellte er sich ihnen feindlich gegenüber, so daß sie ihr Wirkungsfeld gleichfalls nach Bungo und außerdem nach Hirado verlegten, einer Insel vor der Nordwestküste Kyūshūs, die weiterhin von Bedeutung wurde. Zum Verständnis des Ganges, den die Verkehrsbeziehungen in der Folge nahmen, sind nämlich die innerpolitischen Verhältnisse von Belang. Die Macht der Daimyōs war damals groß, so daß jedem derselben ein weitgehend selbständiges Verhalten zu den Fremden möglich war. Sie sahen nun meist einen Vorteil darin, den fremden Handel in ihre Häfen zu leiten, nahmen daher die Kaufleute willig auf und ebenso unter Umständen die Missionen, die wiederum auf die Kaufleute Einfluß gewinnen konnten und ihrerseits im Interesse ihrer religiösen Ziele die Feindschaften und Rivalitäten der Daimyōs geschickt benutzten. So wurden in der Folge auch noch manche andere, zum Teil kleine Küstenplätze von Kyūshū angelaufen. Im Jahre 1569 wird z. B. berichtet, daß drei portugiesische Schiffe im Hafen von Kuchinotsu anlegten. Die Einmischung der Missionen ging soweit, daß ein portugiesischer Bischof in China seinen Landsleuten sogar unter Androhung von Kirchenstrafen verbot, von Macao aus solche japanische Häfen zu besuchen, die christenfeindlichen Fürsten gehörten. Ein Visitator der Jesuiten wünschte, daß der König von Portugal und der Papst Verbote zu gleichem Zweck erließen. Allerdings legte 1587 das portugiesische Schiff von Macao dennoch in Hirado an.

Die Portugiesen kamen zuerst von Goa und Malakka, später von Macao, und zwar in regelmäßiger Fahrt mit einem Schiff jährlich. Die japanischen Händler von Ōsaka und Kōbe stellten sich dann in den Kyūshū-Häfen ein.

S. 19. — G. Schurhammer kommt (Asia Major, Vol. 3, 1927, S. 70) zu dem Resultat, daß die Portugiesen gelandet seien: 1542 auf den Ryūkyū, 1543 auf Tanegashima, 1544 in Bungo.

Ebenso knüpften die Spanier gegen Ende des 16. Jahrhunderts von ihrer Philippinen-Basis aus Beziehungen an, aber mehr mit dem Osten Japans. Nachdem 1571 Manila gegründet war, tauchten oft japanische Schiffe von Nagasaki hier auf. Seit 1580 ließen sich andrerseits die Spanier in Hirado sehen. Dagegen gelangte 1596 ein spanisches Schiff durch Verschlagung nach Kōchi an der Südküste von Shikoku. Jyeyasu zog daraufhin ihren Verkehr ostwärts nach der Kwantō-Ebene, wo der Hafen Uraga ihr besonderer Stützpunkt wurde[1]). Für sie selbst war er auch günstig. Denn er lag ihrem Weg auf der Fahrt von Manila nach Mexiko näher als die Kyūshū-Plätze. Auch sollte er ihnen im Falle von Seenot dienen. Aus diesem Grunde nahm im Jahre 1611 der von Mexiko kommende spanische Gesandte mit zwei Vermessungspiloten sogar Hafenvermessungen von der Tōkyō-Bucht nordwärts vor, um, wie eigens angegeben wurde, die bei Sturm am besten anzulaufenden Häfen zu ergründen. Hierbei wird schon Shiogama, der Hafen von Sendai, neben vielen anderen Häfen der Ostküste genannt, den wir auch heute als den einzigen namhaften Hafen der Ostküste ansehen müssen. Im folgenden Jahre wurden ähnliche systematische Messungen von der Tōkyō-Bucht westwärts ausgeführt[2]). Die Spanier bezogen aber außerdem ihren Weizen von Japan, den man hier für sie anbaute (daher hat Japan sein Wort pan für Brot erhalten). Jedenfalls sehen wir hiermit eine weitere Küstenregion selbständig in den Außenverkehr eintreten, gleichsam einen dritten Pol des Insellandes. Es ist derjenige Teil, der ähnlich wie Ōsaka in seinen umliegenden Ebenen sein Gewicht durch die Kwantō-Ebene erhält, die größte des Landes. Wenn sie auch schon längst in die Besiedlung einbezogen war, so ist ihr doch erst stärkeres Leben durch die Teilung der Regierungsgewalten auf Mikado und Shōgun eingehaucht worden, indem der letztere seinen Wohnsitz in diesem östlichen Reichsteil, in Edo, erhielt.

Als dritte Nation stellten sich die Holländer ein, deren Beziehungen zu Japan eingehend von Nachod[3]) dargestellt sind. Schon am Ende des 16. Jahrhunderts hatten sie zu dem Zwecke die Küsten erkundet. Auch war ihnen von einzelnen ihrer Landsleute, die in

---

[1]) P. Teleki, a. a. O., S. 38 ff.

[2]) Nach Mitteilung von Herrn Pater Dr. phil. D. Schilling aus einem jap. Quellenwerk: Dai-Nihon-Shiryō (Material zur Geschichte Japans), Teil 12, Band 8, S. 778—81, 818, 804 ff., 861.

[3]) O. Nachod, Beziehungen, a. a. O.

portugiesischen Diensten standen, sowie von einem in Seenot gelandeten Fahrzeug der Schleier über den Geheimnissen der portugiesischen Japan-Fahrten gelüftet worden. Darauf sandte die ostindische Kompagnie 1609 ein oder zwei Schiffe nach Firando (Hirado). Von den romanischen Völkern wurden sie als Seeräuber und Rebellen bei den Japanern angeschwärzt. Namentlich stießen sie bei den Portugiesen auf Widerstand, mit denen sie schon in Südasien in Kämpfen lagen. Aber gerade ihr Kriegsruhm, den sie hier gegen die mächtigeren Portugiesen und Spanier errangen, trug den Abgesandten ihrer Kaufleute bei einer Hofreise zum Shōgun Jyeyasu günstige Aufnahme ein. Auch sahen die Japaner hier eine geeignete Möglichkeit, die gewünschten und schon gewohnten europäischen Waren weiterhin zu erlangen, ohne die ihnen bereits bedenklich gewordene Religionspropaganda in Kauf nehmen zu müssen, die ihr Volk beunruhigte und aufzureizen begann. So erlangten die Holländer im Jahre 1611 Pässe zum Zutritt ihrer Handelsschiffe, „in welcher Bucht sie auch landen mögen“[1]). Ja ein Brief Jyeyasus an den Prinzen Moritz von Oranien[2]) sagt ihnen zu, daß sie „in allen Plätzen, Ländern und Inseln .... Handel treiben und Häuser bauen mögen“. Das ging über die Freiheiten der Portugiesen weit hinaus. Sofort wurde darauf nach der Rückkehr der Gesandten in Hirado die feste Niederlassung in einem brandsicheren Hause beschlossen.

Wenig später, im Jahre 1613, trat noch die englisch-ostindische Kompagnie hinzu und errichtete gleichzeitig in Hirado ihre Faktorei. Ihr Landsmann William Adams, der 1600 nach Japan kam, hatte schon dadurch dem englischen Namen ein hohes Ansehen verschafft, daß er für Jyeyasu Schiffe baute. Die Schiffe der Europäer hatten nämlich sofort den mit unvollkommeneren Fahrzeugen versehenen Japanern sehr in die Augen gestochen.

Nachdem so alle vier europäischen Seenationen versammelt waren, begann jäh die absteigende Kurve. Im Jahre 1614 erneuerte Jyeyasu die schon seit 1587 bestehende, aber nicht befolgte Ausweisung der Jesuiten, und wegen der engen Beziehungen zum Handel wurde im Jahre 1617 auch der Handel beschränkt auf Hirado und Nagasaki. Darauf lösten 1623 als erste die Engländer ihre Faktorei wieder auf, anscheinend wegen zu geringer Ergiebigkeit. Im folgenden Jahr verließen Portugiesen und Spanier, die wegen der Mission ihrer

[1]) O. Nachod, Beziehungen, a. a. O., S. XVII, Beilage 6, Handelspass.
[2]) Ders., S. XV, Beilage 5.

Landsleute weniger gern als die Holländer gesehen waren, ihren festen Stützpunkt Nagasaki. Die Portugiesen betrieben aber noch den Handel hier weiter und behielten sogar den Löwenanteil, bis nach dem weiter gestiegenen Haß gegen die Missionen 1637—39 ihre endgültige und völlige Vertreibung erfolgte. Inzwischen hatte schon 1634 ein einzelner holländischer Kaufmann auf Anordnung der Regierung von Batavia seinen Wohnsitz nach Nagasaki verlegt, und als 1639 die Portugiesen unerbittlich verschwinden mußten, blieben die Holländer allein und konkurrenzlos übrig[1]).

Unter den Häfen von Kyūshū waren also bis hierher Hirado und Nagasaki die Angelpunkte gewesen. Dagegen war Hakata, das alte Fremden-Tor aus der Zeit des China- und Korea-Verkehrs, ausgeschaltet. Die Gründe für diese Veränderung liegen nicht in örtlichen Verhältnissen, eher schon in den Lagebedingungen; denn den von Süden kommenden Fremden lagen die neuen Häfen näher als Hakata. Aber die Hauptmomente sind eben historischer Art und liegen in den Bestrebungen der einzelnen Daimyōs. Dagegen blieb der innere Verteilungspunkt im Osten der Inlandsee nach wie vor Ōsaka (bezw. der benachbarte Hafen Sakai).

Unter den beiden Plätzen Hirado und Nagasaki ging der erstere zeitlich voraus. Wie sehr damals politische und nicht natürliche Gunst die Wahl des Hafens bestimmte, kann kaum deutlicher als durch den Vergleich dieser beiden belegt werden. Nagasaki ist in seiner tief greifenden Ingressionsbucht im andesitischen Felsgestein einer der besten Häfen der Welt, Hirado hingegen eine beengte und klippenreiche Bucht bezw. Straße. Schon im Jahre 1619 hat R. Cocks[2]) beide Häfen sehr zugunsten von Nagasaki miteinander verglichen. Später wird in dem Bericht eines holländischen Kaufmanns H. Hagenaar[3]) die Reede von Hirado als zwar ausreichend für japanische Fahrzeuge, aber zu eng für die großen Schiffe der Holländer geschildert. Auch war der Ankergrund zu weich, so daß die Schiffe bei den häufigen

---

[1]) Bis heute hat jener Verkehr mit den europäischen, besonders den südeuropäischen Seevölkern seine Spuren sogar in der Sprache des japanischen Volkes hinterlassen; eine Reihe romanischer Wörter sind damals eingedrungen und zu einem festen Bestand geworden, z. B. die Bezeichnung für Brot (span. pan, japan. pan), Tabak (tabaco, tabako), Karte (carta, karuta), Glas (vidrio, biidoro), Seife (sabon, shabon), Knopf (boton, botan), Wollkleid (raso, rasha), Regenmantel (capa, kappa) u. a.

[2]) Diary of R. Cocks, in the english factory in Japan 1615—1622. Ed. by E. Maunde Thompson, Hakluyt Soc. 67, vol. II, London 1883, S. 313—14.

[3]) Siehe die Übersetzung bei O. Nachod, Beziehungen, a. a. O., Beilage 47.

Stürmen leicht ans Ufer getrieben wurden. Die Menge der Inseln und Klippen in dem beengten Fahrwasser war gefährlich, vollends der Handelsplatz ganz unbedeutend. Nagasaki hingegen, das die Portugiesen noch als ein Dorf angetroffen hatten, wird in jenem Bericht als eine ziemlich große Stadt mit bequemen Straßen, Kanälen und Holzbrücken und mit wohlhabenden Kaufleuten hingestellt. Die japanischen Kaufleute aus Ōsaka, Miyako und selbst Sendai kämen nach Ankunft der Portugiesen alljährlich dorthin mit ihrem baren Silber und berührten danach nur im Vorbeigehen Hirado.

Darauf gingen die Holländer, noch bevor die Portugiesen aus Nagasaki vertrieben waren, mit dem Gedanken der Verlegung ihrer Faktorei um, bis dann 1641 die Regierung des Shōguns die Holländer veranlaßte, Hirado mit Nagasaki zu vertauschen. Im Jahre 1587 war die mächtig aufgeblühte Handelsstadt neben Miyako, Edo, Ōsaka und Sakai den Reichsstädten eingegliedert worden.

e) Die Periode des Abschlusses.

1. Die Fremdenzelle in Nagasaki.

Das außer den Holländern noch zugelassene Fremdvolk waren die Chinesen, sowie andere Asiaten, die in die Bezeichnung einbezogen wurden. Aber auch sie durften jetzt nicht mehr im alten Hakata handeln oder in einem der vielen anderen Häfen, die von ihren Dschunken angelaufen worden waren (Kagoshima, Bōnotsu, Kuchinotsu, Karatsu, Shimonoseki, Sakai, Wakanoura u. a.), sondern nur noch in Nagasaki. Hier wurde nämlich beiden Völkern eine eigene Niederlassung, ein „Gefängnis“ wie Kämpfer sich ausdrückt, errichtet. Für die Holländer war es die bekannte Insel Deshima, deren Name „vorgelagerte Insel“ bedeutet. Diese Landfläche war nämlich vor der Wasserfront der eigentlichen Stadt im Jahre 1635 künstlich aufgeschüttet und nur durch eine Brücke mit dem Land verbunden worden, um den portugiesischen und spanischen Kaufleuten auch nach der Ausrottung ihrer Missionare das Handeln im Lande zu ermöglichen. Sie wurde nunmehr der ausschließliche Sitz der Holländer, wo diese im unteren Stockwerk der wenigen, einfachen Häuser ihre Packräume, im oberen die Wohnräume hatten. Die Insel hatte die Form eines gebogenen Vierecks von ca. 200 m Länge und etwa 65 m Breite. Östlich von Deshima lag gleichfalls an der Wasserfront die chinesische Niederlassung, so daß zwischen beiden eine Bucht blieb, in der die Boote anlegen konnten. Diese

Unterkunftsstätte wurde erst 1688 geschaffen, um auch den Chinesen-Handel unter schärfere Kontrolle zu nehmen. Bis zu den Jahren 1683 und 1684 waren es nämlich nach und nach 200 Dschunken geworden, die jährlich herüberkamen, jede mit nicht weniger als 50 Mann besetzt, was also einen Zustrom von über 10000 Chinesen bedeutete[1]. Bei dieser Ausdehnung des Betriebes hatte sich der Schleichhandel sehr entwickelt, und es waren unter den von den Chinesen eingeführten Büchern wieder christliche eingeschmuggelt worden. So wurde nunmehr auch für den China-Handel das „Gefängnis" errichtet. Es war ein viereckiger Platz, noch kleiner als Deshima, von Gräben und Holzgittern umgeben (die Chinesen reisten aber alljährlich wieder alle mit ihren Dschunken ab, während die Holländer eine Vertretung in ihrer Insel beließen). Das erstaunlich durchgebildete System der Handelsvorschriften und der ständigen schärfsten Kontrolle in der Stadt und namentlich ihren beiden Fremdquartieren schildert Kämpfer sehr eingehend. Auch Thunberg verbreitet sich darüber und ruft aus[2]: „Ist nicht der Europäer, welcher hier zurück bleibt, und ein Jahr aushalten muß, wie in einem Winkel der Erde begraben?" Als das Chinesen-Quartier errichtet wurde, fand man es für nötig, den beiden Gouverneuren Nagasakis zum Zweck besserer Bewachung noch einen dritten hinzuzufügen. — Schließlich wurde auch mit Korea, und zwar unter Vermittelung der Insel Tsushima, ein Austausch unterhalten. Er war aber so gering, daß Siebold[3] ihn mehr als wechselseitige Beschenkung auffaßt. Der japanische Fürst der Insel hatte hier einen Beobachtungsposten inne und unterhielt auch beim koreanischen Hafen Fusan eine Niederlassung, in der 500 japanische Soldaten, Beamte und Kaufleute sich aufhielten, die aber ihrerseits wieder nicht ohne Erlaubnis der koreanischen Regierung das Innere des Landes besuchen durften.

Ein höchst merkwürdiges Schauspiel, einzig in der Geschichte, gab somit nunmehr Japan mit der freiwilligen Abschließung für zwei Jahrhunderte. Handelte es sich doch nicht um ein primitives, sondern um ein Volk von hoher Kultur, mit fortgeschrittener Handelstechnik und mit Verständnis für den Austausch und für das Meer, das sich trotzdem von seinem weltverbindenden Meere zurückzog! Allerdings

---

[1]) E. Kämpfer, a. a. O., 2. Band, Seite 123ff.

[2]) K. P. Thunberg, Reise durch einen Teil von Europa, Afrika und Asien, hauptsächlich in Japan, in den Jahren 1770—1779, übers. von Ch. H. Groskurd, Berlin 1794, II. Bd., S. 44.

[3]) Ph. v. Siebold, Nippon, a. a. O., VII (Koorai), S. 22.

ist zu bedenken, daß Japan das Meer zwar benutzen konnte, aber noch keineswegs mit zwingender Notwendigkeit benutzen mußte; denn nicht in der breiten Masse des Volkes, nur im Luxus der Landesfürsten lagen die Bedürfnisse des Austausches begründet. Dem Volk war die Bedürfnislosigkeit größte Tugend. Auch hatten die jahrhundertelangen inneren Fehden dafür gesorgt, daß die Volksdichte noch nicht allzu sehr angewachsen war. Nun aber blieb sie vollends stehen. Es ist schwer auszumalen, wie heute das Völkerbild am Stillen Ozean wäre, nur sicher anzunehmen, daß es sehr viel anders aussähe, wenn das Volk nicht in sein Gefängnis gegangen und seine Zahl nicht auf 30 Millionen (für 2 Jahrhunderte!) stabilisiert worden wäre.

2. Der Fremdhandel.

Das durch die Holländer als einzige europäische Seenation bestehende dünne Band mit der Außenwelt[1]) hat sich trotz der großen Schwierigkeiten, die das mißtrauisch gewordene japanische Volk zunächst bot, durch die ganze Periode des Abschlusses erhalten. Alljährlich im Hochsommer pflegten die Holländer mit dem Monsun von Batavia herüberzukommen, zuerst mit 6—7 Schiffen, um 1700 nur noch mit 2—4. Die Handelszeit dauerte dann etwa von August bis zum Herbst, und darauf erfolgte die Rückfahrt. Im Winter unternahmen die Zurückgebliebenen mit vielen Geschenken die zeremonielle Hofreise von etwa 3 Monaten nach Edo. Was das Abendland von dort begehrte, waren hauptsächlich Edelmetalle, besonders Silber, dann auch Kupfer, ferner Kampfer, dazu einige Nahrungsmittel wie Reis und Tee, sowie gewerbliche Gegenstände wie Porzellan und Lackwaren. In der Einfuhr der Holländer nach Japan überragte dagegen ein einziger Gegenstand alles andere, nämlich die Rohseide von China, die damals in diesem Lande besser war und daher von Japan gebraucht wurde. Die Holländer waren also damit zugleich Vermittler des China-Handels für Japan. Zuerst holten die Holländer die Seide von China selbst und benutzten dabei ihren Stützpunkt auf Formosa, bis ihnen dieser 1662 wieder von China entrissen wurde. Danach wurde die Seide einerseits von den Chinesen selbst nach Nagasaki gebracht, andererseits von den Holländern günstiger in Hinterindien eingekauft. Außer aus der Seide

[1]) Wie gering nunmehr in der abendländischen Geographie die Kenntnis von dem fernen Inselland blieb, davon mag z. B. Cluvers „gründliche und genaue Beschreibung des ganzen Erdkreises“ zeugen, von deren 700 Seiten nur eine einzige Japan gewidmet ist (Nürnberg, 1705).

zogen sie Gewinne aus ihren niederländischen Tuchen, ferner aus Manufakturwaren aller Art, Häuten, Zucker, Gewürzen und Arzneien, Sandelholz, Korallen und Bernstein.

Der Handel war aber durch die straffen Vorschriften, die Festsetzung von Mengen und Preisen, sehr eingeengt und ging mehr und mehr zurück; seinen Niedergang dokumentieren die von Siebold[1]) angegebenen Zahlen der eingelaufenen holländischen Schiffe: 1609 bis 1709 waren es 480, 1709—1759 nur 109, 1759—1809 noch 70.

Auch die Chinesen durften seit 1685 jährlich nur 70 Dschunken schicken, seit 1715 nur noch 30[2]). Sie umgingen manchmal die Bestimmungen, indem sie sich im Frühjahr absichtlich nach Südkyūshū verschlagen ließen, hier rasch unbemerkt ihre Waren absetzten und wieder zurückfuhren, um neue Fracht zu holen und vorschriftsmäßig nach Nagasaki zu bringen. Die Ladungen der Chinesen bestanden in erster Linie aus Rohseide, sodann aus Seiden- und Baumwollgeweben, Sandelholz und anderen Hölzern, Zucker und Arzneien sowie auch aus gedruckten chinesischen Büchern, während sie besonders Kupfer, Kampfer, Seeprodukte und Manufakturwaren einhandelten[3]).

3. Der interne Seeverkehr.

Vollends wurde die eigene Schiffahrt des japanischen Volkes gänzlich auf den internen Küstenverkehr zurückgeworfen. Es wurde zu dem Zweck einerseits auf Auswanderung die Todesstrafe gesetzt, andererseits nur Schiffe von weniger als 50 Tonnen, mit nur einem Mast und ohne Kiel geduldet. Sie waren 33 Meter lang und bis 10 Meter breit. Später wurde das Höchstmaß auf 100 Tonnen heraufgesetzt. Die große Mehrzahl der Verkehrsboote war gewiß kleiner. Von ihnen wimmelte es in den Küstengewässern. Bezeichnend dafür ist Kämpfers Ausspruch: „Man wird fast geneigt zu glauben, daß der Ocean an den Küsten und die Meerbusen zwischen den Inseln bewohnt seyen, so gros ist daselbst unaufhörlich der Zusammenlauf der Menschen und die Durchkreuzung der Seegel"[4]).

In der Inlandsee ging am Nordsaum hin der Hauptverkehr, „eine seit Jahrhunderten gebahnte Fahrt für größere Kauffahrtei-

---

1) Ph. v. Siebold, Nippon, a. a. O., I. Math. u. phys. Geogr. v. Japan, S. 86.

2) T. Fukuda, a. a. O., S. 141.

3) Ph. v. Siebold, a. a. O., VI, Vom japanischen Handel, S. 51—52, gibt Tabellen.

4) E. Kämpfer, a. a. O., II, S. 403.

schiffe" (Siebold). Unter ihren Anlegeplätzen hoben sich dabei einige schon etwas heraus, die heute zu Großhäfen geworden sind. Außer dem genannten Ōsaka (bezw. Sakai) waren das am meisten Hyōgo und Shimonoseki. Letzteres beschreibt Siebold, wenigstens in dem an der Küste gelegenen Stadtteil in fast der gleichen Ausdehnung, wie man es heute sieht. Zahlreich aber waren die kleineren Anlegepunkte der Inlandsee. Denn dieses anscheinend so geschützte Meer zeigt in seinen Engen und Windungen erstaunlich wechselnde lokale Wind- und Stromverhältnisse, die von den kleinen Booten peinlich beachtet werden mußten (wie auch heute noch von den Fischerbooten!) und sie oft zum Anlegen zwangen. Die auf eingehender Beobachtung und Sachkenntnis beruhende hohe Kunst, die gerade dieses befahrenste Meer erforderte, blieb denn auch bei aller Abschließung Japans eine unvergleichliche Seemannsschule. Da diese Schiffahrt also auf geschützte, wenn auch kleine Buchten angewiesen war, so spielte z. B. im östlichen Teil der sowohl von Kämpfer wie von Siebold hervorgehobene Ankerplatz Muro eine Rolle. Das Städtchen selbst blieb trotzdem ganz unbedeutend und hatte vor 100 Jahren nur an 2000 Einwohner. Ähnlich hoben sich Tomo und andere schöne Naturbuchten am Wege heraus, die im heutigen Verkehrsbild der Inlandsee relativ nicht mehr entsprechende Bedeutung besitzen.

An den Außenküsten bezog der Verkehr auch den Norden des Reiches ein. Hier lockten bereits die fischreichen Gewässer, und namentlich die südlichen und östlichen Häfen Hokkaidōs, von Hakodate bis Nemuro, wurden alljährlich mit für die Nordfahrt bestimmten Fahrzeugen (Hoksen = Nordschiff) aufgesucht. Auch wurden Schiffe öfter durch Stürme und Strömungen gerade in dieser Richtung verschlagen bis an ferne Gestade des Nordens[1]). Die südlichen Inseln der Kurilen wurden 1672 durch einen verschlagenen japanischen Seemann entdeckt[2]). Aber auch Erkundungsfahrten wurden eigens in diese Seegebiete unternommen, so schon zu Beginn des 17. Jahrhunderts, also lange vor Lapérouse, nach Sachalin. Die späteren Zusammenstöße mit den hier als Pelzjäger und Fischer auftretenden Russen[3]), namentlich zu Beginn des 19. Jahr-

[1]) Ph. v. Siebold, a. a. O., I, S. 167, führt Beispiele an.

[2]) Ebenda, S. 126.

[3]) Bemerkenswert ist eine russische Expedition mit dem Schiff „Katharina", die 1792 von Ochotsk herüberkam und verschiedene Küstenplätze Hokkaidōs (Nemuro, Hakodate) besuchte. Vgl. M. Dostojewsky, Rußlands Vordringen zum Stillen Ozean und seine erste Berührung mit Japan, Japanisch-Deutsche Zeitschr. 1930, S. 128ff.

hunderts, trugen zur Festigung dieser nördlichsten Glieder in Japans Seereich bei. Auch Kartenaufnahmen erstreckten sich auf das ganze Land. Die Holländer auf Deshima sorgten für die nötigen wissenschaftlichen Bücher und Instrumente, schickten u. a. auf ausdrückliches Verlangen des Hofes regelmäßig den „Nautical Almanac“[1]. Mit solchen Mitteln haben die Japaner dann von Beginn des vorigen Jahrhunderts an ihr Land so gut aufgenommen, daß Siebold und Krusenstern darüber im Vergleich mit europäischem Material das günstigste Urteil fällten.

In diesem Zustand einer zwar ringsum lebhaften, aber nicht über den kleinsten Stil hinausgehenden Küstenschiffahrt gelangte Japan an die Schwelle der neuen Zeit. Das scharf ins Auge zu fassen ist wichtig, um zu verstehen, einerseits welche Riesenaufgabe in Bezug auf Seehäfen sich für Japan aus dem unvermittelten Übergang zum Weltverkehr ergab, andrerseits wie wenig auch die Abschließung das Volk in dem Grundzug seines Wesens als Seevolk zu verändern vermochte. Das Letztere liegt auch in einer Äußerung Richthofens, der Japan in der Übergangsphase sah: „Beim Reisen in Japan, im Gegensatz zu China, merkt man den Einfluß des Verkehrs zur See. Alles hängt lockerer zusammen als in jenem kompakten Reich, die Glieder sind selbständiger, besonders die Extremitäten, und doch herrscht viel gemeinsames Interesse... Neue Ideen und Anschauungen fassen hier schnell Wurzel und verbreiten sich durch das Land“[2].

f) Die Wiedereröffnung.

1. Die Vorgänge der Eröffnung.

Schon mehrfach waren während der Abschlußperiode vergebliche Versuche, Japan wieder zu öffnen, unternommen worden, besonders zu Anfang des vorigen Jahrhunderts von russischer, englischer und amerikanischer Seite, dann wieder in den vierziger Jahren von verschiedenen Mächten.

Doch auch in Japan selbst ließ die Bekanntschaft, die man durch die Holländer, wenn auch schwach, mit der abendländischen Zivili-

[1]) Erscheint seit 1767 in London.

[2]) F. v. Richthofens Aufenthalt in Japan, Mitteilungen des Ferdinand von Richthofen-Tages 1912, Berlin 1912, S. 176. — Auch Hettner führt die größere geistige Regsamkeit, die Japan bewiesen hat, auf den Umgang mit dem Meere zurück: Der Gang der Kultur über die Erde, 2. Aufl., Leipzig 1929, S. 86.

sation machte, schon zu Beginn des 19. Jahrhunderts tastende Versuche aufkommen, für eine Verbindung mit dem Abendland wieder Stimmung und Verständnis zu wecken. Im Jahre 1813 erschien das erste japanische Buch, das dafür zu werben unternahm. Der Erfolg wurde, wie auch bei weiteren Versuchen, im Keime erstickt. Als 1837 ein amerikanisches Schiff im Hafen Uraga mit 4 schiffbrüchigen Japanern an Bord auftauchte und Zugang begehrte, wurde selbst dieses verweigert[1]). Erst als der amerikanische Flottenkommandant Perry im Jahre 1853 mit seinen 4 Schiffen in der Tōkyō-Bucht erschien, war Japan reif, dem an seine Tore pochenden Abendland zu willfahren. Es war eben weniger die Zufälligkeit der regierenden Persönlichkeiten oder auch der Geschützdonner, wie es manchmal heißt, sondern die tatsächlich inzwischen angebahnten großen Veränderungen waren es, die auch die Veränderung in Japans Gesinnung nach sich zogen. Denn Perrys Tat steht nicht isoliert und zufällig da, sondern im großen Zusammenhang der Bewegungen, die im nordpazifischen Ozean einsetzten und an verschiedenen Stellen seine Schranken durchbrachen: die Vereinigten Staaten waren in ihre pazifischen Landesteile hineingewachsen, ihr Goldland war entdeckt, San Francisco erstanden, der Walfang der Beringsee aufgeblüht, England hatte 1842 an Chinas Tore gerüttelt, Rußland sich immer stärker am Stillen Ozean zu betätigen begonnen[2]), wo es sich 1860 sein Anliegerrecht mit der Gründung von Wladiwostok sicherte. Mitten in diese Ereignisse fällt Japans Eröffnung.

Perrys Erscheinen in der Tōkyō-Bucht rief Überraschung und zum Teil Bestürzung im japanischen Volke hervor. Verständigerweise ließ er für die Antwort Zeit bis zum nächsten Jahre und verbrachte die Wintermonate an der chinesischen Küste. Im nächsten Frühjahr erhielt er dann das Zugeständnis zu vier Punkten der von ihm überreichten Forderungen. Vor allem wurden Shimoda und Hakodate als für den amerikanischen Handel zu öffnende Häfen eingeräumt. Mit dem letzteren Hafen war ein gänzlich neuer Küstenpunkt, gleichsam der äußerste Gegenpol zu dem althistorischen Tore von Westkyūshū getreten. Er wird aber dadurch verständlich,

---

[1]) N. Yamasaki (der Historiker), L'action de la civilisation européenne sur la vie japonaise avant l'arrivée du commodore Perry, Paris 1910. S. 102.

[2]) Die Ausbreitung Rußlands im Norden hatte die japanische Regierung schon 1780—90 veranlaßt, von dem Rest der Insel Jesso, den südlichsten Kurilen und dem Süden Sachalins Besitz zu ergreifen (Siebold, a. a. O., I, S. 15).

daß Amerika mit Hakodate bisher schon de facto am meisten in Berührung gekommen war, und zwar durch den Walfang.

Nun begehrten andere Regierungen die gleichen Rechte, und ehe ein Jahr verging, war ein ähnlicher Vertrag mit Großbritannien geschlossen. In beiden Fällen geschah es durch den Shōgun, während der Mikado abgeneigt war. Aus diesem Zwiespalt ergaben sich noch einige Schwankungen der Übergangszeit. Der Handel aber entwickelte sich in wenigen Jahren so weit, daß von 1858 ab das Bedürfnis nach weiteren Maßnahmen empfunden wurde. In neuen Verträgen erhielten die Vereinigten Staaten, Großbritannien, Frankreich, Rußland und Holland ihre Privilegien, und 1861 gestand ihnen und ebenso Preußen der Shōgun die diplomatische Vertretung in Japan zu. Gleichzeitig wurde den Vertragshäfen ein Hafen der Tōkyō-Bucht, Kanagawa, das heutige Yokohama[1]), zugefügt, wo die fremden Diplomaten nahe dem Sitz des Shōguns sich niederließen. Shimoda fiel dafür weg, während andere hinzukamen, so daß im ganzen folgende fünf Häfen, die den verschiedenen Hauptküstenstrecken des Landes angehören, nunmehr offen standen: Hakodate, Yokohama, Kōbe, Nagasaki und Niigata.

In Yokohama kam es nun in den nächsten Jahren seitens der fremdenfeindlichen Partei häufig zu Überfällen und Versuchen, die angeknüpften Verbindungen wieder gewaltsam zu lösen. Der größte Plan dieser Art aber kam an anderer Stelle zur Ausführung, nämlich an der Straße von Shimonoseki, dem großen Durchgangstor der fremden Schiffe, die von China und Nagasaki nach Zentraljapan fuhren. Hier saß an der Nordküste der Daimyō von Chōshū, einer der mächtigsten des Landes. Er hatte die Küste befestigt sowie einige Schiffe bewaffnet und versuchte im Einverständnis mit dem Mikado die Straße zu sperren. Am 25. Juni 1863 griff er den amerikanischen Dampfer Pembroke an, als er die Straße passieren wollte. Das Gleiche widerfuhr einem französischen Schiff. Als die Ereignisse in Nagasaki bekannt wurden, fuhr von da eine holländische Korvette Medusa in die Straße ein, wurde gleichfalls angegriffen und entkam mit Not nach Yokohama, wo die Ereignisse inzwischen bekannt geworden waren. Die einzige vorhandene amerikanische Schaluppe Wyoming ging nach der Straße und geriet am 16. Juli in ein Gefecht mit den japanischen Küstenbatterien. Am gleichen Tage fuhr

[1]) Zuerst legten die amerikanischen Kaufleute in dem kleinen Zufluchtshafen Shimoda an, der an der Südspitze der Halbinsel Izu in eine kleine Ingressionsbucht der andesitischen Küste gebettet ist, heute ein unbedeutender Platz.

die französische Fregatte Semiramis von Yokohama aus und setzte gegen die Angreifer 250 Mann an Land. Auch die englische Regierung erhob wegen der Überfälle auf britische Untertanen in Yokohama Vorstellungen. Da die Missetäter zum Satsuma-Clan gehörten, wandten sich die englischen Schiffe nach ergebnislosen Verhandlungen einfach nach Kagoshima, dem Sitz des Satsuma-Fürsten, und schossen einen großen Teil der Stadt in Brand. Damit erwachte in der fremdenfeindlichen Partei nur der Wunsch nach entsprechender Bewaffnung und die Hoffnung, die Fremden doch noch loszuwerden, da die geschichtlichen Erfahrungen über die Uneinnehmbarkeit ihres Landes von außen her wohl zu tief saßen. Erst ein zweiter Vorstoß der Mächte mit im ganzen 17 Schiffen und zwar direkt auf Shimonoseki, wo der Prinz von Chōshū die von ihm befestigte Passage seit 15 Monaten gesperrt gehalten hatte, öffnete auch diesem Clan die Augen über die Machtmittel der Fremden. Jedenfalls war es wieder das alte seegewohnte Kyūshū, an dessen beiden Enden sich diese Widerstände aufgetan hatten; der Torwart auf dem alten Seeräuberposten von Südkyūshū und der an der Straße von Shimonoseki und Korea waren ihre Träger. Nachdem sie nun gebrochen waren, konnten die Mächte auch den Mikado zu der Einsicht bringen, daß die See, die bisher Japans Schutz war, den abendländischen Kriegsmitteln gegenüber zur ständigen Gefahr wurde, wenn das Land im bisherigen Zustande verharrte. Nach dem Tode des alten Mikados im Jahre 1867 und einigen weiteren inneren Wirrnissen erfolgte endlich die große Umwälzung; der junge Mikado wurde, dem seit Jyeyasu souverän geworden Shōgun die Macht entwindend, 1868 zum tatsächlichen Herrscher des Reiches und begann nun endgültig alle jene Reformen, die mit der Vorstellung der neuen Zeit oder der Restauration in Japan verbunden sind.

2. Die neue Verkehrsstruktur, die Häfen und ihr Ausbau.

So ist das Jahr 1868 zum stärksten Einschnitt in der japanischen Geschichte geworden. Die von da datierte Meiji-Ära bedeutet den Umschwung vom isolierten Dasein zur Weltverbundenheit und bringt mit dem Hereinfluten westlicher Zivilisation politische, soziale, wirtschaftliche und kulturelle Veränderungen, wie sie kaum je ein Volk in der Spanne eines halben Jahrhunderts durchlebt hat. In dem Anstieg der Bevölkerung von damals höchstens 30 Millionen auf die heutigen 65 Millionen erhalten sie einen prägnanten Ausdruck. Im einzelnen die Entwicklung in wenigen Strichen zu zeichnen, ist unmöglich, erübrigt sich auch mit dem Hinweis auf einschlägige Literatur, z. B. das jüngst erschienene Buch von Uyehara[1]). Für die Häfen ist wesentlich, daß die Entwicklung stark auf eine Industrialisierung und auf immer engere und vielseitigere Verbindung mit überseeischen Ländern hinauslief.

Schon Japans China-Verkehr wurde von dieser Belebung betroffen. Vorher war er doch immer nur ein Nippen gewesen, ein Versuchen, zum Teil verknüpft mit Durchbrechen von Verboten. Zu den Hemmungen aus der Kontrolle der beiden Regierungen kam die unvollkommene Schiffstechnik, die den Taifunen garnicht, aber auch gewöhnlichem schlechten Wetter wenig gewachsen war. Das gab trotz der glänzenden Gegenküstenlage den Randmeeren im Grunde eine mehr trennende als verbindende Kraft, zumal auch die Wirtschaftsbasis, welche die beiden über viele Breitenkreise sich erstreckenden Länder besaßen, ihnen eine hohe Selbstgenügsamkeit verlieh. — Ebenso wurde mit dem russischen Nachbar der Verkehr enger; 1860 hatten die Russen schon 14 Dampfschiffe am Amur und verkehrten häufig mit Hakodate[2]).

Einschneidender aber wurde, abgesehen von den kulturellen Einflüssen, auch rein für den Handel und Schiffsverkehr, die Verbindung mit den anderen Kontinenten. Die fremden Mächte errichteten in den offenen Häfen eigene Postagenturen; es geschah 1873 in Yokohama, Kōbe und Nagasaki. War zunächst noch der Freihafen Hongkong der generelle Umschlagsplatz, von dem aus die chinesischen und japanischen Gestade mehr durch Küstenschiffahrt bedient wurden, so schoben die Schiffahrtslinien von Europa, Amerika und Australien ihre Enden mehr und mehr nach nördlicheren Häfen, und in den 90er Jahren wurde Hongkong durch Schanghai und Yokohama in ähnlicher Weise relativ zurückgedrängt wie die Stapelhäfen Englands durch die kontinental-europäischen Hinterlandshäfen.

Jetzt erst zog also auch die Kwantō-Ebene und damit ihr Hafen Yokohama immer mehr ein relatives Schwergewicht innerhalb Japans auf sich. Maßgebend dafür war nicht nur, daß Tōkyō als neuer Mikado-Sitz zur alleinigen Hauptstadt wurde, sondern vor allem, daß an Stelle der Kleinwirtschaften und Kleinherrschaften eine auf das ganze Land gerichtete Entwicklung ein-

[1]) S. Uyehara, The industry and trade of Japan, London 1926.

[2]) F. v. Richthofens Aufenthalt in Japan, a. a. O., S. 73.

setzte. Damit mußten geographische Grundfaktoren wie die überragende Größe dieser Ebene und vor allem ihre Lage, und zwar im Zentrum des Landes wie andererseits am Eckpfeiler nach Übersee und an jenem Verkehrs-Großkreis (siehe S. 23—24) zur Geltung kommen. Gegen Yokohama und Ōsaka-Kōbe trat in der neuen Entwicklung Nagasaki relativ zurück. Es wurde zuletzt von einem neuen Schwerpunkt des Westens überflügelt: von Shimonoseki-Moji, dem Hafenpaar, das u. a. im Jahre 1890 in die Reihe der Fremdhandelshäfen eingeführt wurde. Immerhin steht Nagasaki noch unter den ausgezeichneten Häfen. Es hat auch z. B. neben Kōbe allein einen Freihafenbezirk; die in diesen eingebrachten Waren gelten als noch nicht nach Japan eingeführt.

Wenn wir nun außer den genannten großen und einigen mittleren heute noch eine Vielheit der Häfen sehen, so kann dies wie eine Hinterlassenschaft aus der Feudalzeit anmuten. Doch ist das ein Trugschluß, wenn auch ein starker Lokalgeist in dem Leben und Wettbewerb der Präfekturen noch heute dem Beobachter entgegentritt. In den vielen Häfen spricht sich vielmehr der eine mächtige Naturfaktor aus, der einfach beiden Erscheinungen gleichermaßen, der Verkehrszerrissenheit wie der alten feudalen Kleinherrschaft, zu Grunde liegt, nämlich die natürliche Kleinaufteilung des Landes, die daher weiter unten noch eigens zu untersuchen und zu begründen ist.

Der Umstand, daß gleich durch so viele Häfen sich der fremde Einfluß in das überall küstennahe Land ergießen konnte und daß eine gewaltsame Zurückdämmung, sobald erst einmal die Schleusen geöffnet waren, nicht mehr in Frage kam, hat auch wesentlich zu der raschen und willigen Anpassung an das Abendland beigetragen[1]), wenngleich andere Momente noch maßgebender gewesen sein mögen, namentlich der glückliche Weitblick der Führer und eine durch die Insellage historisch anerzogene Fähigkeit zur Aufnahme äußerer Anregungen. Die Zahl der dem Fremdverkehr geöffneten Häfen wuchs beständig weiter und beträgt zur Zeit 38 (ohne die von Ryūkyū und Sachalin).

In den zuerst geöffneten Häfen wurden noch Bezirke für die Niederlassung der Fremden abgesteckt, so in Yokohama, Kōbe, Ōsaka, Nagasaki, Niigata, Hakodate. Sie blieben aber meist ganz

[1]) Zum Unterschied von der „kontinentalen Schwerfälligkeit“ Chinas (H. Schmitthenner, die japanische Expansion und Kolonisation in Ostasien, Geogr. Zeitschrift 1928, S. 3).

kleine Stadtteile. Die größte Niederlassung war die in Yokohama. Diese kleinen, abgesonderten Fremdenkolonien, die „Settlements", stellten mit Schulen, Missionen, Presse usw. die ersten Kanäle dar, durch die dem Land die abendländische Wissenschaft und Kultur zufloß, bis sie im Jahre 1899 in sämtlichen Häfen des Landes aufgehoben wurden. Im Stadtfeld und an der Wasserfront hatten sie eine bezeichnende Lage inne, die sie auch in einigen Fällen noch deutlich erkennbar macht, so in Yokohama und Kōbe.

Sieht man auch von diesen Fremdkörpern ab, so haben doch die Häfen am meisten von allen Siedlungen Japans abendländische Elemente, zum Teil überwiegend abendländischen Habitus angenommen. In keiner anderen Erscheinung des Landes, auch nicht etwa in Fabrikvierteln entlegener Städte, tritt die neue Form so rein, unverdeckt und unvermittelt hervor. Sie sind die Jetztform, durch welche die Heimatkultur zur Vorzeitform (im Sinne Passarges) gestempelt wird. Die beiden Elemente und ihr Verhältnis zu einander werden wir in einzelnen Häfen besonders zu beobachten haben.

Japan begann mit dieser abendländischen Entwicklung in seinen Häfen fast unmittelbar nach der Aufschließung. Die nächsten wichtigsten Ereignisse waren etwa folgende. In Nagasaki wurde 1855 eine Marineschule errichtet, 1857 das erste Eisenwerk in Bau genommen, das 1863 eröffnet wurde. In Kōbe wurde 1865 ein Marineamt, ein zweites Eisenwerk und eine Schiffbauwerft gegründet. Bald darauf entstanden in Yokohama ein drittes Eisenwerk und in Yokosuka zwei Werften[1]). Im Jahre 1868 trat die erste regelmäßige Dampfschiffsverbindung zwischen Ōsaka und Tōkyō ins Leben.

Der Ausbau der Häfen als solcher und im großen Stil setzte nicht so unmittelbar ein. Das könnte auf den ersten Blick bei dem an sich seegewohnten Volk überraschen. Man muß hierbei einmal bedenken, daß überhaupt die Weltschiffahrt erst mehr gegen Ende als um die Mitte des vorigen Jahrhunderts ihre stürmischste Entwicklung nahm und auch in anderen Welthäfen dementsprechend neue Ausbaustadien folgten. In Japan läßt sich aber eine gewisse Lahmheit in diesem Punkte noch aus einer Reihe anderer Umstände begreifen. Die Pflege der Schiffahrt lag in der Feudalzeit in den Händen der Fürsten, die sich durch ihre Konkurrenz antrieben. Solche Triebkraft fiel, wie Goto meint, weg, als an ihre Stelle die

---

[1]) Diese Angaben nach R. Goto, Die japanische Seeschiffahrt, Berlin 1902, (Rechts- und Staatswissenschaftl. Studien, Heft XV), S. 15—16.

kaiserlichen Beamten in den einzelnen Provinzen traten; die früheren Träger des seemännischen Unternehmungsgeistes wurden nicht durch entsprechende Kräfte ersetzt. Auch kam hinzu die niedrige Einschätzung des Handels, der unter den Ständen an vierter Stelle stand. Endlich fehlte dem Volk in seiner Masse noch der große Zug, den gerade der selbständige Anteil an der Weltwirtschaft heute fordert, der aber nur in wenigen leitenden Männern vorhanden war. Ebenso fehlte es stark an Kapital und für modernen Schiffbau an Rohmaterialien. Nicht zuletzt steht der Umstand, daß Japan von Natur nur wenige gute Häfen besitzt, für sein eigenartig struiertes Land aber sehr viele erfordert, und somit im Hafenausbau gleich eine riesige Aufgabe vor sich sieht, zumal da auch zwischen den Anforderungen seiner alten Boote von 100 Tonnen und der modernen Überseeschiffe eine zu gewaltige Kluft gähnt. Endlich ist zu bedenken, daß zu höchst entwickelter Technik in den Häfen nicht von vorn herein jener mächtige Antrieb bestand, wie er für die europäischen Länder aus ihrem fruchtbaren Wettbewerb hervorging und hier zu den sich an Neuerungen dauernd überbietenden Fortschritten führte.

Der Frage, wie weit auch für die bescheidenen alten Dimensionen schon künstliche Vervollkommnungen vorgenommen worden waren, kann ich nicht im einzelnen nachgehen. Es braucht auch nur auf einige Beispiele verwiesen zu werden, um die Art und Ausmaße der Kunstbauten schon in allgemeinen Umrissen erkennen zu lassen. Von Shimonoseki erwähnt Siebold die zyklopische Mauer am Strand, die den Kai bildet, zu dem Steintreppen hinaufführen. In der Inlandsee, wo trotz der vielen natürlichen Schlupfwinkel der Verkehr doch am meisten das Bedürfnis nach Verbesserungen gezeitigt haben mag, finden wir ein kleines Becken z. B. in Kōbe sowie in Tadotsu, dem Eingang zum Schifferheiligtum von Kotohira. Aber auch von der Südküste Shikokus erwähnt Hirai den Bau eines kleinen Hafenbeckens aus dem Jahre 1661. Ebenso wird in dem amtlichen Hafenwerk[1]) bei verschiedenen Häfen, die heute zum Teil ganz bedeutungslos sind, erwähnt, daß in ihnen vor 200 oder 300 Jahren schon Baggerungen oder Aufschüttungen vorgenommen wurden; welchen Umfang diese Maßnahmen aber hatten, ist nicht zu ersehen. Das bedeutendste Hafenbauwerk der ganzen Tokugawa-Periode blieb wohl die künstliche Insel Deshima mit ihren ausgemauerten Ufern in der Bucht von Nagasaki.

---

[1]) Näheres über diese Quelle siehe unten in der Einleitung zum speziellen Teil.

Moderne breite Kais mit Eisenbahngeleisen und Kränen wurden zuerst nur in den größten Häfen des Fremdhandels der neuen Zeit angelegt, nicht nur wegen des stärkeren Verkehrs, sondern weil so auch die nötigen Prüfungen und Überwachungen der Fracht erleichtert wurden. Aber schließlich erkannte nach solchen Anfängen ein Hafen nach dem anderen seine Bedürfnisse und stellte seine Pläne und Forderungen auf. Heute läßt sich eine Zahl für die irgendwie mit Kunstbauten versehenen Häfen kaum angeben. Mit den Fischereihäfen geht sie jedenfalls in die Hunderte. Unter den Häfen, die für einen größeren Verkehr in Frage kommen, deren ich an 50 besucht habe, ist nicht ein einziger, an dem nicht Molen oder Kais, Hafenbecken und Landungsbrücken, zum Teil noch weiter gehende Erscheinungen moderner Hafengestaltung festzustellen waren. In den letzten drei Jahrzehnten hat Japan für seinen Hafenausbau schon rund eine Milliarde Mark ausgegeben. Der Löwenanteil davon fällt auf Kōbe, Yokohama, Nagoya und Ōsaka. Diese Häfen können auch von den größten der im Stillen Ozean verkehrenden Schiffe angelaufen werden. Manche derselben gehen bis über 20000 Tonnen, während die meisten der mit Japan verkehrenden fremden ebenso wie die meisten seiner eigenen großen Dampfer etwa 8—12000 Tonnen haben. Viele bleiben auch darunter, in Größen von 4—7000 Tonnen, besonders die schwedischen und norwegischen.

II. Entwicklung des Schiffbaus und der Schiffahrt.

Wenn auch das Fehlen einer eigenen größeren Handelsflotte nicht für eine geringere Verkehrskraft zu sprechen braucht und sich selbst mit Welthäfen vereinen läßt, wie das Beispiel der Vereinigten Staaten vor dem Kriege lehrte, so zeugt doch das Vorhandensein einer solchen sicher von hoher kommerzieller Energie und wirft ein Licht auf das Verhältnis des Volkes zum Meer. Auch die Frage nach früheren Stadien der Seebetätigung drängt sich bei Japan mit innerer Notwendigkeit auf.

a) Schiffe der Frühzeit.

Welcher Art die japanischen Schiffe in der frühen Zeit ihres Seeverkehrs waren, ergibt sich aus den alten Überlieferungen[1]). In ihnen werden sie häufig erwähnt, allerdings mit wenig genauen Angaben. So wird vom Jahre 479 eine aus 40 Kriegsschiffen bestehende Flotte

[1]) O. Nachod, Geschichte, a. a. O., I, S. 363. — Ein umfassendes Werk darüber ist: Nishimura, Shinji, A study of the ancient ships of Japan, 4 B., 1917—1925.

genannt, vom Jahre 618 der Bau von Schiffen gemeldet, zu denen das geeignete Holz auf den Bergen der Provinz Aki an der Nordküste der Inlandsee gewonnen wurde. Die Küstenschiffahrt der Taikwa-Periode (7. Jahrh.), scheint das Segel noch nicht benutzt zu haben. Denn weder im Nihongi, einem der zwei ältesten Geschichtswerke des Landes (720 n. Chr.), noch im Manyōshū, das besonders häufig des Schiffswesens gedenkt, kommt das Segel zur Erwähnung[1]). Das ist um so auffälliger, als die Chinesen um diese Zeit offenbar das Segel schon kannten, da es in ihrer Literatur bereits im zweiten Jahrhundert n. Chr. auftritt. Im Formtyp des Schiffes dagegen sind die chinesischen und koreanischen Einflüsse unverkennbar, die ja in jener Frühzeit in jeder Hinsicht mächtig waren. Auch weiterhin wurde offenbar das Ruder im japanischen Schiff mit merkwürdiger Starrheit beibehalten. Denn noch am Ende des 15. Jahrhunderts gebrauchten die meisten japanischen Schiffe Ruder, auch zur Fahrt nach Korea. Die Boote waren nach Abbildungen[2]) um 1300 klein, flach und offen und hatten nur geringe Bemannung. Die Fahrt war beschwerlich und langwierig und bedeutete wegen der Gefahren dieser Gewässer einen Abschied auf Leben und Tod (wie auch noch später den viel besseren portugiesischen und holländischen Schiffen die Meere um Japan als sehr feindlich galten). Auch als weiterhin die Schiffe zum Teil Segel verwendeten, konnten sie fast nur den Rückwind benutzen, während bei Gegenwind der Mast umgelegt und zu den Rudern gegriffen werden mußte[3]).

b) Chinesische und europäische Einflüsse im Schiffbau bis zur Eröffnung.

Erst als sich im 15. Jahrhundert der Handel mit China stärker entwickelte, wuchs das Bedürfnis nach besser konstruierten, größeren und seetüchtigeren Fahrzeugen, und man suchte von den chinesischen

---

[1]) O. Nachod, Geschichte, II, 1. Hälfte, Leipzig 1929. S. 471.

[2]) Vergl. z. B. die von F. P. Purvis publizierten Bilder in: Transactions and Proceedings of the Japan Society, London, XXIII, 1925—26, Tafel IV, Seite 56.

[3]) Daß in den im ganzen primitiven Methoden dennoch feine Beobachtungen von Naturvorgängen und raffinierte Anwendungen von Naturgesetzen stecken, darüber verdanke ich Herrn Prof. Dr. Lienau einige Angaben, der als Schiffbauer und Teilnehmer am Ingenieur-Kongreß in Tōkyō dem japanischen Ruderboot und Ruder seine Aufmerksamkeit schenkte: Die Vorderseite des Ruders ist nicht eben, sondern konvex nach außen gewölbt, was dem Propellerprinzip mehr angenähert ist als unsere Ruder; ebenso bringt die Handhabung des Ruders durch Annäherung an die Propellerbewegung einen höheren Wirkungsgrad hervor.

Küstenprovinzen zu lernen. Schiffbauer aus China ließen sich in Japan nieder und errichteten besonders in Hirado Werften. Mit seiner Eckpfeilerlage bot der Hafen dieser Insel den Chinesen einen Ansatz, ebenso wie etwas später den Portugiesen.

Aber auch damit waren die Japaner nicht mehr zufrieden, als sie die Fahrzeuge der Portugiesen kennen lernten, die ihnen die Macht der abendländischen Völker verkörperten. Für seine Expedition gegen Korea suchte Hideyoshi sich die Hilfe bewaffneter portugiesischer Schiffe zu sichern. Auch ließ er, angeregt durch die europäischen Typen, selber größere Schiffe bauen. Nach seinem Tod schickte Jyeyasu 1602 eine Gesandtschaft nach Manila, um Schiffbaumeister zu gewinnen. Gleichzeitig setzte die Tätigkeit des Engländers William Adams ein, der mit einem holländischen Schiff bei Nordostkyūshū Schiffbruch erlitt und in japanischer Bewachung dann einen großen Einfluß auf Jyeyasu gewann, dem er als seemännischer Berater bis zu seinem Tode im Jahre 1620 diente. Er lehrte den Schiffbau nach europäischem Muster, wie er auch zur Errichtung der holländischen und der englischen Faktorei in Hirado beitrug. Im Jahre 1617 sollen 198 Schiffe, teils chinesischen, teils europäischen Typs, an 30 m lang, die Genehmigung zum Überseeverkehr mit Hinterindien und den Philippinen gehabt und benutzt haben[1]).

Diese erstaunlich rasche Angleichung an das Abendland in den Mitteln des Seeverkehrs erlitt jedoch ein jähes Ende mit den Beschränkungen, die Japan seit 1634 für die Verbindung mit dem Abendland einführte, indem außer holländischen, chinesischen und koreanischen Schiffen keine fremden mehr seine Küsten anlaufen durften und den japanischen, die gerade mit hinreichend großen und modernen Typen den Wettbewerb mit dem Abendlande aufgenommen hatten, der Fernverkehr überhaupt untersagt wurde. Japan schritt wieder zu seinem Dschunkenbau und behielt ihn bis zur Wiedereröffnung bei. Perry erwähnt z. B. bei der Beschreibung der Handelsflotte von Hakodate, daß die Dschunken alle ziemlich die gleichen Dimensionen hatten, auch in Bauart und Ausstattung völlig übereinstimmten, und Kämpfers Beschreibungen sind schon die gleichen, entsprechend der strengen Normung, der eben alle Gegenstände und Einrichtungen in Japan unterliegen. Sie waren aus Cedern-, Kiefern- und Kampferholz gebaut, im Norden des Landes größer als die meisten im Süden. Für die Hofreisen konnten sie von vorzüglicher Ausführung

---

[1]) F. P. Purvis, a. a. O., S. 59. — Auch von Schiffen aus dieser bezw. wenig späterer Zeit, die bis zu 400 Personen faßten, gibt Purvis Abbildungen.

sein. Aber schlechtem Wetter waren alle diese Boote gar nicht gewachsen, so daß zum Beispiel der Verkehr von der Hauptinsel nach Hokkaidō im Winter häufig ganz unterbrochen war, aber auch in der Inlandsee sehr oft ein Ankerplatz gesucht werden mußte. Sie machten hier bei ungünstigerem Wind viel vom Ruder Gebrauch, und die Zahl der Ruderknechte eines größeren Schiffes betrug 30—40. Um so mehr mögen diese verkümmerten Seeverkehrsmittel zur Erhaltung der Seetüchtigkeit des Volkes beigetragen haben.

c) Schiffbau, Reederei und Schiffahrt von der Eröffnung bis zum Weltkrieg.

Eine neue Angleichung an die abendländischen Seeverkehrsmittel vollzog sich nach der Wiedereröffnung, und zwar durch einen Zufall sofort[1]). Als nämlich 1854 ein russisches Kriegsschiff im Hafen Shimoda sank, baute der Kapitän für die Heimkehr seiner Mannschaft zwei hölzerne Schuner und nahm japanische Zimmerleute zu Hilfe. Diese stellten nach Abschluß ihrer Aufgabe ähnliche Schiffe in verschiedenen Teilen Japans her. Im Jahre 1868 gab es 46 Handelsschiffe westlichen Typs, die aber insgesamt erst eine Tonnage von 17000 darstellten. In den 70er und 80er Jahren erhielten solche Schiffe schon bedeutendere Größe, 500—1500 Tonnen.

Ferner entstand 1870 die erste japanische Schiffahrtsgesellschaft, die Mitsubishi-Kompagnie, deren Verkehr aber noch auf die nahen Gegenküsten beschränkt blieb. Zu ihr und einer anderen kleineren gesellte sich 1884 die Ōsaka Shōsen Kaisha und 1885 die aus der Vereinigung von zwei kleineren Gesellschaften hervorgegangene Nippon Yūsen Kaisha („japanische Postschiffsgesellschaft"), zwei viel größere Gesellschaften, die heute noch die führenden sind. Erst danach erfolgte der Übergang zur Ozeanfahrt, indem die letztere Gesellschaft ihre ersten Routen nach Australien sowie nach Bombay einrichtete, von wo vor allem Baumwolle für Ōsakas Industrie geholt wurde.

Auch eigene Werften waren entstanden, staatliche wie private. So wurden schon um 1865 die Werften von Kōbe und dem Kriegshafen Yokosuka errichtet, auf denen mit französischer Hilfe die ersten kleinen Kriegsschiffe erbaut wurden, nachdem vorher einige von fremden Mächten gekauft worden waren. Weitere kaiserliche Werften traten 1889 hinzu, in den Kriegshäfen Kure, Sasebo und

---

[1]) F. P. Purvis, a. a. O., S. 62.

Maizuru. Unter den Privatwerften hob sich die 1886 gegründete Mitsubishi-Werft in Nagasaki heraus. Sie konnten aber vorerst nur Schiffe für den Küstendienst bauen. Bei Ausbruch des chinesisch-japanischen Krieges waren nur die Mitsubishi-Werke fähig, Schiffe von mehr als 1000 Tonnen herzustellen.

Inzwischen entwickelte sich aber schon ein erheblicher Personenverkehr von Japanern über den Stillen Ozean. Das Bedürfnis nach Arbeitskräften auf den Zuckerplantagen Hawaiis führte 1886 zu einem Vertrag der japanischen Regierung mit dem König Kalakauo über die Lieferung von Arbeitern, worauf innerhalb von 5 Jahren annähernd 12000 Japaner auf Hawaii landeten[1]). In der Heimat entstanden zugleich Auswanderungsagenturen und Kolonisationsgesellschaften. Sodann begannen 1891 über das Sprungbrett Hawaiis auch schon die Massenbewegungen nach Kanada und den Vereinigten Staaten sowie die kleineren Ansätze in Mexiko, Südamerika, Australien und den Südsee-Inseln. Zum Teil nahm diese Überseewanderung sogar den Charakter der Sachsengängerei an. So bewegte sich denn die Zahl der an Japaner verteilten Auslandspässe schon in den 90er Jahren zwischen 10000 und 50000 jährlich und blieb auch weiterhin in ähnlichen Größen. Ebenso entwickelte sich der Güteraustausch, in den 80er Jahren, vor allem mit den pazifischen Mächten, China und den Vereinigten Staaten, dann auch mit England.

Im Verlauf dieser friedlichen Entwicklung brachte aber wiederum der chinesische Krieg einen einschneidenderen Fortschritt. Da nur wenige Transportschiffe zur Verfügung standen, kaufte man zunächst vom Ausland. Nach der glücklichen Beendigung des Krieges wurde der Mangel an eigenem Schiffbau großen Stils empfunden, und so entstand nicht nur ein großes Marinebauprogramm, sondern die Regierung erließ 1896 ein erstes Gesetz zur Subvention von Schiffahrt und Schiffbau. Ebenso wurde die Eisengießerei staatlich gefördert, weil der Mangel an Eisenerz und die ungenügende eigene Stahlproduktion sich sehr hinderlich erwies. Kurz, die japanische Schwerindustrie wurde zunächst ganz auf den Schiffbau gerichtet. Obwohl die Baukosten sowie die Matrosenlöhne, da sie nicht wenig unter denen der abendländischen Seevölker lagen, günstig waren, so fehlte es doch noch derartig an Kapitalien und privater Initiative, daß ohne diese staatliche Unterstützung die japanischen Schiffahrtsgesellschaften gar nicht hätten hoch kommen können. So wurden nun diese Maß-

---

[1]) E. Schultze, Die japanische Auswanderung, Pet. Mitt. 1915, S. 130.

nahmen überaus wirksam. Während bis dahin das größte selbstgebaute Schiff nur 1500 Tonnen besaß, ging schon 1898 der „Hitachi Maru" mit über 6000 Tonnen aus der Mitsubishi-Werft in Nagasaki hervor. Mit ihr traten weiterhin die großen Werften in Kōbe (Kawasaki, Mitsubishi) und Ōsaka (Ōsaka-Eisenwerke) in Wettbewerb. Heute gibt es außerdem in Yokohama, Tōkyō und Hakodate bedeutendere Werften.

Alsbald wurden neue Schiffswege nach Europa, Amerika und Australien eingerichtet sowie der Küstenhandel in Ostasien weiter ausgedehnt. Besonders in den chinesischen Häfen kam die japanische Flagge jetzt rasch neben den europäischen auf; 1896 noch mit 1,7% vertreten, hatte sie 1902 schon einen Anteil von 13,6%. Immerhin überwogen auch jetzt noch einige Zeit die in fremden Ländern erbauten Schiffe und die geringeren Schiffsgrößen, obwohl das Jahr 1904 schließlich eine Neubautonnage von 37000 herausbrachte.

Einen neuen äußeren Antrieb brachte der russisch-japanische Krieg, in welchem das junge, moderne Seevolk das Glanzstück leisten konnte, fast ein Millionenheer über das Meer zu befördern. Dabei kam ihm die sehr große Zahl kleiner Schiffe zustatten, weil damit im Fall von Verlusten einzelner Schiffe der Ausfall verringert und zugleich das schnelle Landen an vielen Stellen erleichtert war. Aber auch auf die gefährliche Seite dieser Sachlage bei einem Taifun weist Haushofer hin[1]). Rasch wuchs dann nach diesem Krieg die Handelsflotte weiter. Das Jahr 1909 zeigt die japanische Flagge in chinesischen Häfen schon mit einem Anteil von 22%. Seit 1908 wies im Verkehr mit Japan keine einzige fremde Flagge mehr eine prozentuale Steigerung auf, im Chinaverkehr aber die englische Flagge einen prozentualen Rückgang[2]). Jetzt gingen bereits regelmäßig befahrene Linien Japans nach Nordwesteuropa, Nord- und Südamerika. Nur war die Handelsflotte vor dem Weltkrieg noch nicht von der Qualität wie die der führenden europäischen Völker, da Japan besonders viele alte Schiffe von diesen, namentlich von England, aufkaufte (von deren äußerster Ausnutzung auch heute noch ganz besonders die Trampfahrt in Japan lebt). Rund die Hälfte der Dampfertonnage hatte damals ein höheres Alter als 15 Jahre, obwohl seit dem eigentlichen Beginn der Entwicklung noch kaum mehr als 15 Jahre vergangen waren.

[1]) K. Haushofer, Dai Nihon, a.a.O., S. 165.

[2]) Ebenda, S. 168.

Inzwischen war jedoch Japan selbst immer leistungsfähiger im eigenen Schiffbau geworden. Im Jahre 1911 war bereits in Nagasaki der „Shinyo Maru", ein Schiff von 13000 Tonnen, entstanden. Im gleichen Jahre wurde ein hoher Zoll auf Schiffe aus zweiter Hand gelegt[1]). Und nun kam der Weltkrieg und brachte den stärksten Impuls zur Seebetätigung.

d) Die Impulse des Weltkriegs in Schiffbau und Schiffahrt. Der heutige Schiffsbestand.

Um so viel vernichteten Schiffsraum wieder herzustellen, so vie Nachfrage nach Verfrachtung zu befriedigen, konnte das den eigentlich kriegführenden Ländern am meisten entrückte Seevolk am leichtesten in die Bresche springen und die Ungunst seiner schwachen Rohstoffbasis sowie des geringen Nutzeffekts seiner Arbeiter trotz hoher Löhne kompensieren. Auch war es in seiner Lehrzeit schon bis zu den Höchstleistungen des Schiffbaus gelangt. Im Weltkrieg bauten japanische Werften Handelsschiffe von über 15000 Tonnen, Fracht- und Passagierdampfer aller Art. Mit großem Elan wurde die Konjunktur benutzt. Die Zahl der Docks und Werften für Schiffe von über 1000 t hat sich von 1913 bis 1928 vervierfacht[2]). Als die Stahlzufuhr ungenügend wurde, hat man das Regierungsstahlwerk in Wakamatsu zu wesentlich vergrößerter Leistungsfähigkeit ausgebaut. 1916 gab es 1150 Dampfer von mehr als 100 Tonnen Größe, und die Werften vermochten in dem Jahre Neubauten von mehr als 300000 Tonnen zu bewältigen. Den über 20 Schiffbaugesellschaften von 1913 standen 1918 schon 52 und nach dem Krieg mehr als 70 gegenüber. Die Kawasaki-Werft in Kōbe kann Schiffe bis zu 40000 Tonnen herstellen[3]).

Deutlich zeigt die folgende Übersicht[4]) des Schiffsbestandes von 1926, wie unter den Schiffen der höheren Altersstufen die gekauften, unter denen der jüngeren aber die selbstgebauten die weitaus größere Tonnage ausmachen, und wie namentlich der Weltkrieg (vorletzte Reihe der Tabelle) erst einen gewaltigen Kontrast hervorbrachte.

---

[1]) K. Haushofer, Dai Nihon, a. a. O., S. 164.

[2]) H. Fleschner, Der technische Kongreß in Tokyo, Japanisch-Deutsche Zeitschr., N. F. 2. Jahrg., 1930, S. 51.

[3]) Ebenda, S. 53.

[4]) Ostasiatische Rundschau 1928, S. 323.

Tabelle 2.

Die japanische Handelsflotte von 1926.

Alter in Jahren	In Japan gebaut Zahl	Tonnage	Im Ausland gekauft Zahl	Tonnage
unbekannt	12	4 666	26	43 516
über 30	27	9 894	144	298 523
25—30	37	39 302	81	269 525
20—25	64	77 759	79	169 249
15—20	102	136 975	44	140 498
10—15	156	259 339	25	74 752
5—10	533	1520 611	25	80 837
unter 5	323	315 789	13	28 532

Jetzt erst konnte Japan den größten Teil seines Außenhandels durch eigene Schiffe bewältigen (wie sich dies auch im Kartenbild der Fig. 10 S. 162 ausspricht), über den Stillen Ozean ein ganzes Netz eigener Schiffahrtslinien legen und darüber hinaus selbständige, regelmäßige Verbindung mit allen größeren Häfen der Erde anknüpfen, wie auch umgekehrt alle seefahrenden Nationen durch Linien mit regelmäßiger Fahrt in japanischen Häfen vertreten sind. Bedenkt man, daß die japanische Handelsflotte heute der deutschen der Vorkriegsjahre gleichkommt, aber erst 1896 ihre rechte Entwicklung begonnen hat, so wird man diesen Aufstieg schwerlich geringer schätzen dürfen als die deutsche Entwicklung zur See in ihrer glänzendsten Phase. Gewiß hatte Japan als Seemacht des Stillen Ozeans, wenigstens zunächst, in den Vereinigten Staaten einen schwächeren Rivalen als Deutschland einst in den atlantischen Seemächten. Doch andererseits greift heute der Verkehr sämtlicher Seemächte so sehr über alle Meere und treten auch japanische Schiffe in solcher Zahl schon im atlantischen Verkehr auf, daß das Aufkommen gegen die übrigen Seemächte, abgesehen von der besonderen Begünstigung im Weltkrieg, nicht leichter war.

In schärfsten Wettbewerb aber ist Japan in den letzten Jahren auch mit den Vereinigten Staaten getreten, die in der nordpazifischen Fahrt einen ähnlich kometenhaften Aufstieg zeigten. Während sich hier noch im Jahre 1925 im Liniendienst 61 Schiffe bewegten, sind es 1928 schon 124. Japanische und amerikanische Linien wetteifern darin, auch den Passagierverkehr über den Stillen Ozean immer mehr zu heben und besonders den Touristenschwarm der Amerikaner auf diesem Weg nach Japan und Ostasien zu leiten.

Das bemerkenswerteste jüngste Entwicklungsstadium ist die geradezu stürmische Umstellung von den alten Passagier- und Frachtdampfern auf die wirtschaftlicheren Motorschiffe. Viele neue Schiffe mit Dieselmaschinen hat Japan in den allerletzten Jahren in seine Linienschiffahrt eingestellt, besonders 1930 eine ganze Anzahl in den Größen von 5 bis 10000 Tonnen auf den pazifischen Linien[1]). In drei Prachtschiffen dieser Art von je 17000 Tonnen (Asama Maru, Tatsuta Maru und Chichibu Maru) weist die Nippon Yūsen Kaisha den Stolz des japanischen Schiffbaus auf.

Daß mit dieser Entwicklung der Ausbau der Kriegsflotte Schritt hielt, braucht nur beiläufig bemerkt zu werden und kann nicht wundern. Waren doch auch für die weitgehende Förderung der Handelsflotte durch die Regierung gewiß nicht zum wenigsten politische Rücksichten bestimmend. Der stärkste Sprung in der Tonnage liegt dabei, ähnlich wie bei der Entwicklung der Handelsflotte, in dem Jahrzehnt von 1895 bis 1904. Das beste Zeichen für den jetzigen Stand der Sicherung zur See ist das kürzlich in Kure eröffnete neue Trockendock, das größte dieser Art, das die Bedeutung dieses Kriegshafens als der wichtigsten Basis der Flotte unterstreicht. Es übertrifft in seinen Maßen das für die britische Flottenbasis in Singapore vorgesehene Dock. So hat sich Japan aus einem Zustand bloß natürlich geographischer Seewehr, in welchem es durch die lange Zeit seiner Geschichte verharrte, rasch in einen hohen Stand der modernen Seeverteidigung gesetzt. — Auch das Seeflugwesen, allerdings erst spät aufgenommen, ist neuerdings in kräftigem Ausbau begriffen und hat anscheinend seinen Hauptstandort in Yokosuka, dem großen Kriegshafen der Kwantō-Ebene. (Einige nähere Angaben darüber hat Haushofer[2]) kürzlich zusammengestellt.)

Tabelle 3.

Bestand der japanischen Handelsflotte in Br.-Reg.-T.

Jahr	Dampf- und Motorschiffe t	Segelschiffe t	Gesamttonnage t
1873	26 000	8 000	34 000
1894	96 000	45 000	141 000
1904	797 000	327 000	1 124 000
1913	1 528 000	828 000	2 356 000
1922	3 241 000	961 000	4 202 000
1928/29	4 160 000	907 000	5 067 000

[1]) The Far Eastern Review, vol. XXVI, 1930, S. 246ff., 319.

[2]) K. Haushofer, Japans Reichserneuerung (Sammlg. Göschen), Berlin 1930, S. 69.

Einen Rückblick auf die Entwicklung der Handelsflotte der letzten Jahrzehnte ermöglicht die vorstehende Tabelle. Sie schließt Korea, Kwantung und Formosa ein. Für Japan allein ergeben sich Ende 1928: 3287 Dampfer mit 3 670000 Tonnen und 14257 Segler mit 867000 Tonnen. Die Tabelle zeigt deutlich den ersten starken Sprung nach Erlaß des Subventionsgesetzes (1896), und zwar sowohl in der Dampfer- wie der Seglertonnage. Der andere, relativ viel geringere, aber in absolutem Maße bei weitem größte Zuwachs liegt im Intervall des Weltkrieges, erstreckt sich nun aber rein auf die Dampfer, während für Segler die Zahl nur noch ganz unbedeutend stieg. Vor 1900 war mit dem Frachtraum auch die Zahl der Dampfer besonders stark gewachsen, nachher hingegen bleibt sie relativ zurück, ein Zeichen, daß die Entwicklung dann mehr auf große Schiffe greift. Während sich um 1880 etwa 5% des japanischen Außenhandelswertes unter eigener Flagge bewegte, waren es um 1900 rund 30 und 1928 schon 66%.

Charakteristisch aber bleibt für Japan bis heute neben einer erheblichen Zahl großer Dampfer eine sehr große Zahl kleiner Segler, und zwar nicht von europäischem, sondern altheimischem Muster. Ihre Zahl betrug 1922 das Fünffache der gesamten Dampf- und Motorschiffe, nämlich fast 16000, und auch 1928 noch mehr als das Vierfache der Dampfer. Doch hatten sie mit Ausnahme von zweien nur eine geringere Größe als 1000 Tonnen. Am Ende des vorigen Jahrhunderts war ihre Zahl noch größer, aber ihre Tonnage geringer. An dem riesig entwickelten Kleinverkehr der japanischen Küsten haben sie den Löwenanteil, und aus dem Bild der Häfen sind sie gar nicht wegzudenken, ja die Kleinhäfen, namentlich die der Inlandsee, erhalten durch sie ihr Gepräge.

Über Umfang und Art des seit der Restauration sich entwickelnden Überseeverkehrs wird sich in dem Kapitel der Wirtschaftsgrundlagen ein Bild ergeben, da mit diesen das Verkehrsbedürfnis eng zusammenhängt.

III. Seemanns- und Wirtschaftsgeist.

Schon die rassische Abstammung, die uns ein Gemisch aus malaiischen, südchinesischen und nordchinesisch-koreanischen Elementen mit Ainu-Blut zeigt, brachte mit den meisten dieser Mischungselemente vor allem mit dem malaiischen auch eo ipso gewisse seemännische Qualitäten in das Volk, die dann auf dem neuen Feld nur die höchste

Steigerung erfahren konnten, wie Letzteres sich uns schon im historischen Kapitel im einzelnen ergab. Küstenbesiedelung und höchst getriebener Erwerb der Meeresnahrung machten das Volk seegewohnt und wetterhart in kaum zu überbietendem Grade. Auf den von uns besonders betonten kleinen Küstenseglern sowie den noch kleineren Fischerbooten, die sich zahllos ringsum betätigen, lebt der uralte Geist der meervertrauten Bewohner weiter. Vielleicht lag darin das stärkste Aktivum auch für die jüngste große Phase der Entwicklung. Der Ausdruck Kaikoku danji, den Überschaar[1]) mit „Söhne aus seestaatlichem Land“ übersetzt, ist der Begriff des Mannes von echt japanischer Art. Seeraum ist dem Gesichtskreis des Japaners von Anfang an näher gerückt und seinem Denken fast vertrauter geworden als Landraum. Was man einst ausschließlich als Seefahrerqualitäten ansah, und was für die erste Entwicklung das Entscheidende war: Kühnheit, Abenteuerlust, Spiel mit dem Leben, Beweglichkeit, Leichtigkeit und doch im Entscheidenden auch zähe Standhaftigkeit und Opfermut, diese Eigenschaften sind dem Japaner in hohem Maß eigen. Das erkennt man nicht nur in seiner geschichtlichen und heutigen Seebetätigung, sondern mannigfach auch im alltäglichen Leben. Die nationalen Tugenden der Mäßigkeit, Disziplin, Ordnung, Sauberkeit und Geschicklichkeit kommen gleichfalls dem seemännischen Leben entgegen; Mannschaften und Offiziere zeigen in ihrem Beruf gute Haltung und Ausbildung, und das Bedienungspersonal macht durch Dienstwilligkeit und Freundlichkeit dem Gast die Fahrt angenehm.

Ein geringeres Maß von Eignung besteht wohl ohne Zweifel in Bezug auf die Hafenarbeit, das glatte Funktionieren, namentlich bei technischen Einrichtungen und im Verwaltungsapparat. Die Maschine mit ihrem Arbeitszwang, ja schon die Einspannung in straffe, geregelte Arbeit liegt einem Stimmungsmenschen und einer so sehr in der Natur fühlenden Seele wie dem Japaner weniger. Auch das Klima trägt im Sommer dazu bei. Immerhin gestattet die Hafenarbeit in frischer Luft und bei der leichten, manchmal fast fehlendenBekleidung, wie man sie im Sommer sieht, eine größere Anspannung als die in geschlossenen Betrieben, wie sie überhaupt dem Naturhaften im Leben des Japaners entgegenkommt. Doch ist die körperliche Härte, die Kämpfer dem Volke noch sehr nachrühmt, heute wohl nicht mehr ganz so vorhanden.

---

[1]) H. Überschaar, Die Eigenart der japanischen Staatskultur, Leipzig 1925, Seite 83.

Aus diesen verschiedenen Gründen ist der Nutzeffekt des Arbeiters, wie dies die offiziellen Erhebungen ausdrücklich feststellen, relativ klein. Auch ist der Wechsel in der Arbeit, namentlich in allen technischen und industriellen Werken erheblich, die Fabrikarbeit ist für den Einzelnen mehr vorübergehend. Ausdauer und Beständigkeit zeigt der Japaner nur da, wo er sich in Kleinarbeit liebevoll versenken kann und besonders der Natur nahe bleibt, wie in der Seidenkultur, im Hausbau und namentlich in seiner Gartenpflege. Von der modernen Industrie dürften die textilen Zweige seiner alten Tradition und Begabung sowie seinem feinen Geschmack mehr entgegenkommen als die Metall-, besonders Eisenverarbeitung. Die Frau, die in vielen Betrieben stark vertreten ist (in der Textilindustrie sogar mit 80⁰/₀), tritt wenigstens in jeglicher Hafenarbeit mehr zurück. Doch fehlt sie selbst hier nicht, z. B. im Fischereihafenbetrieb und sogar bei schwererer Arbeit (vgl. Taf. 19, Abb. 2).

Den Hemmungen in der breiten Masse stehen wiederum bei den leitenden Stellen des Verkehrs- und Wirtschaftslebens einige besonders wertvolle Qualitäten gegenüber, die durch die Tradition des Feudalregimes gezüchtet waren und eben besonders in führenden Schichten weiter leben: Tatkraft, Willensstärke, diplomatisches Geschick, ein gewisser Weitblick und Wagemut.

Günstig, auch im ganzen Kreis der Wirtschaftenden, ist der Umstand, daß der Japaner sich von alters her mehr in System und Gemeinschaft eingegliedert fühlt (Dōbo = Geschwistergefühl) als der individualistisch entwickelte Europäer. Diesen Unterschied berührte kürzlich E. Lederer[1]) und hob hervor, daß in Japan die Industrie „nicht der Emanzipationsprozeß des bürgerlichen Individuums" sei, sondern gleich die größeren Familienverbände vor sich gehabt habe, die sich schließlich zu den Konzernen auswachsen konnten. „Sowohl Unternehmer wie Arbeiter und Angestellte fühlen sich immer als Korporation" (Lederer).

Ein weiterer aus der historischen Entwicklung verständlicher Zug des Wirtschaftsgeistes ist geeignet, dem heutigen Weltvolk die Konkurrenz zu erleichtern. Ein Einheitsstreben, wie ich es als ersten Grundzug im Habitus der Siedlung herausstellte, geht ähnlich durch die ganze übrige Kultur und Wirtschaft des Volkes; entgegen der europäischen Dynamik, Vielgestaltigkeit und Bewegung ist dort

---

[1]) E. Lederer, Das moderne Japan, Auslandsstudien, 6. Bd., Ostasien, Königsberg 1931, S. 82.

das Grundstreben die Ruhelage, das Gleichmaß, die Norm[1]). Hausgeräte wie Kleidungsstücke und selbst Einrichtung und Bestandteile des Hauses sind einheitlich in Formen und Maßen. Das aber bietet gerade für den Mechanismus der Maschinenzeit eine vorteilhafte Bedingung vom Standpunkt der Rentabilität, wenigstens auf dem inneren Markt, wie denn Amerika erst aus der Maschine heraus, um die dauernde Umstellung zu vermeiden, zu seiner starken Standardisierung gelangte.

Im übrigen aber brachte das japanische Volk für einen Wirtschaftsgeist, wie ihn die heutige Zeit von einem Weltvolk fordert, nicht gerade die besten historischen Voraussetzungen in seiner traditionellen Sozialethik mit. Denn seinen Stempel erhielt es in langer Vergangenheit durch die Vorherrschaft eines aufs höchste verherrlichten Kriegerstandes, an welchem sich absolut der Begriff der Ehre bildete und orientierte. Die jahrhundertelange Abschließung von der Außenwelt konnte diesen Standeskult in ein Extrem treiben, daß hierin eine der stärksten nationalen Eigenheiten des Volkes zu erblicken war. Die dunkle Kehrseite dieser hehren Nationaltugend lag aber darin, daß der Kaufmannsstand auf die unterste Stufe der sozialen Schichtung verwiesen wurde, zur untergeordneten Kreatur von unterwürfigem und zaghaftem Charakter sich gestaltete. Auch der notorische Fleiß und die Genügsamkeit, zu der das karge Land namentlich nach der Abschließung das gesamte Volk erzog, bildete nichts weniger als ein Motiv zum Erwerbs-, Händler- und Unternehmergeist. Die Geschäftsmoral, die so viel erörtert und auf eine tiefere Stufe gegenüber der des heutigen Abendlandes gesetzt worden ist, mag, soweit dieses Urteil noch Berechtigung hat, nicht zum wenigsten auf jene historischen Nachwirkungen zurückzuführen sein.

So kann man sich auf den ersten Blick kaum einen größeren Kontrast bezüglich des Wirtschaftsgeistes vorstellen als zwischen dem in seine neue Zeit eintretenden Japan und dem Land auf der anderen Seite des Großen Ozeans, dessen Volk nur unter wirtschaftlichem Gesichtspunkt sein Leben und seinen Lebensraum betrachtet. Der Amerikaner sieht, wie Rühl[2]) es treffend ausspricht, „nicht das Land, sondern Grundstücke, nicht die Felder, sondern den Ertrag, nicht den Wald, sondern Holz, nicht den Wasserfall, sondern die Pferdekräfte.“ Wie anders der Altjapaner, der den Soldaten und Helden

[1]) L. Mecking, Japanische Stadtlandschaften, in S. Passarge, Stadtlandschaften der Erde, Hamburg 1930, S. 109.

[2]) A. Rühl, Vom Wirtschaftsgeist in Amerika, Leipzig 1927, S. 22, 26.

ehrt, den Erwerb verachtet, naturfroh und genügsam, alter Sitte treu und auf allgemeiner, gleicher Haltung des Lebens verharrend, seiner Arbeit nachgeht, in Wetter und Wind, auf dem Feld und dem Wasser!

Daß der in solcher Wirtschaftsform und solchem Wirtschaftsgeist befangene Japaner sich nach der Eröffnung in einem nie gesehenen Maß auf die Nachahmung verlegte und hierin auch heute noch ohne Frage einen hervorstechenden Zug seines wirtschaftlichen Fortschritts erkennen läßt, ist oft betont und manchmal bewundert, manchmal abfällig beurteilt worden. Doch liegt es auf der Hand, daß Japan, nachdem es einmal zur Einfügung in die Weltwirtschaft entschlossen war, nur durch rascheste Übernahme abendländischer Errungenschaften den Konkurrenten begegnen konnte. Es bewies darin große Klarheit des Blickes, Konzentration und Zielbewußtheit des Wollens, schließlich doch auch große Fähigkeit der Auffassung, Geschicklichkeit und Begabung — denn solche gehört zum guten Nachahmen — lauter Eigenschaften also, die für die Weiterentwicklung der Wirtschaft und die Umbildung des Wirtschaftsgeistes keine ungünstigen Vorbedingungen darstellen. Daß die Geschäftsmoral bis zum Weltkrieg noch nicht derartig gehoben war, daß sie bei der verlockenden Konjunktur eine Feuerprobe bestanden hätte, mag sein. Aber auch hierin wird gerade die harte Konkurrenz der Nachkriegszeit rasche Anpassung und Wandlung zu schaffen vermögen. Heute gibt es schon einen Großkaufmannsstand, der nach seiner Leistung und seinem Vermögen geachtet wird, desgleichen ein Großunternehmertum, das in einigen Familien schon Spitzen vorgetrieben hat, die an amerikanische Vorbilder erinnern. Diesen begegnet man im Lande überhaupt in mancherlei zu beobachtenden Erscheinungen wirtschaftlicher Anpassung nicht selten.

Wie bei jeder Beurteilung eines Volkes bedeuten solche Charakteristiken naturgemäß eine starke Generalisation. Innerhalb des Landes lassen sich durchaus wieder deutliche Unterschiede beobachten zwischen den verschiedenen Stämmen und Landschaften, schon zwischen den einzelnen Hafenstädten, (obgleich diese miteinander wiederum gewisse gleichartige Wirkungen haben). Man braucht nur Nagasaki, das in seiner Bevölkerung etwas Unaktives, ein Ausruhen auf Vergangenem erkennen läßt, etwa mit Ōsaka zu vergleichen, wo der rastlose und wagemutige Geist des Großkaufmanns, des lebendigsten Gegenwartslebens, einer tatkräftigen Bürgerschaft herrscht. Oder man mag selbst innerhalb einer einzelnen Hafensiedlung wie Fukuoka-Hakata die beiden Elemente der Doppelstadt vergleichen, wie es unten in der Einzeluntersuchung geschieht.

C. Das Hinterland und sein Verhältnis zum Meere.

Neben der Lage im Meer und zu den Gegengestaden, meist stärker und mannigfaltiger als sie, sind die Faktoren des eigenen Um- und Hinterlandes bestimmend für die Verteilung, Artung und Bedeutung der Häfen. Auf dieser Grundlage müssen sie begriffen, aus dem Hinterland gleichsam entwickelt, im Verband der Gesamterscheinungen des Landes zunächst gesehen werden. Ein gut Teil landeskundlicher Arbeit ist hier zu leisten. Doch ist sie nicht Selbstzweck, nicht eine Skizze allgemeiner Landeskunde ist hier geplant, vielmehr dürfte auf jeder Seite kenntlich werden, wie das Spezialproblem der Meeresverbundenheit alle unsere Beobachtungen und Betrachtungen leitet.

Einschneidend ist zunächst die Gliederung des Landes. Wie dabei die engeren örtlichen Naturgegebenheiten wirken, wird uns bei der Küstenuntersuchung und der Analyse jedes einzelnen Hafens entgegentreten, aber mehr mit Bezug auf seine geschichtliche Entwicklung als seine heutige Bedeutung. Denn diese hängt nicht mehr von lokalen Bedingungen ab; alle örtliche Ungunst kann schließlich überwunden werden, wenn größere Raumerscheinungen und Zusammenhänge es erfordern. Diese liegen im Hinterland. Ausdehnung und innere Kraft[1]) desselben bestimmen heute die Bedeutung und zum guten Teil die zu wählende Örtlichkeit des Hafens, ja selbst seine Gestaltung. Das letzte ist nicht so unmittelbar einleuchtend, trifft aber ebenfalls zu, wenigstens so weit die Hafengestaltung künstlich ist. Die menschliche Zutat ist bei den einzelnen Häfen verschieden groß, überwiegt aber bei den meisten die Naturkomponente. Ist das Hinterland groß und wertvoll, dann wird auch der Hafen geräumig und vielfältig ausgebaut. In diesem Sinne ist meine Auffassung zu verstehen, daß auch die Hafengestaltung ebenso sehr vom Hinterland wie von der engeren Örtlichkeit abhängt.

---

[1]) Über die mannigfachen ein Hafenhinterland differenzierenden Faktoren vgl. L. Mecking: Die Großlage der Seehäfen, insbesondere das Hinterland, Geographische Zeitschrift 1931, S. 7—17.

I. Bau und Gliederung, ihre Bedeutung für die Aufteilung des Hinterlandes.

Das Hinterland in seiner Ausdehnung und wirtschaftlichen Erfüllung ist in Japan in ausnehmend hohem Maße durch das Relief bedingt. Das Klima wirkt demgegenüber wenig differenzierend. Das gilt zwar oft auch sonst, aber in Japan gehen beide Faktoren in der Hinsicht besonders stark auseinander; einer relativ weitgehenden Gleichartigkeit des Klimas steht eine ungemein einschneidende, reiche und feine Reliefgliederung gegenüber. Sie wird zum Grundfaktor aller Trennung, Gliederung und Gestaltung der Lebensräume. Das geht so weit, daß selbst in den im ganzen als Tiefland anzusprechenden Räumen die feuchten Niederungen der Fluß- und Küstenalluvionen sich in Wirtschaft und Besiedlung stark von den nur 20—50 m darüberliegenden, trockeneren Diluvialplateaus abheben.

Nicht weniger als für die Hinterlandsräume wird der Bau des Landes auch für die Küstengroßformung maßgebend, vor allem für die Buchtungen und Seevorhöfe, in deren Hintergrund zum Teil die Ebenen liegen und zwischen denen der Küstenverkehr sich abwickelt.

Von der Gestaltung des Landes nunmehr ein Gesamtbild zu zeichnen, das ständig den Blick auf unsere Probleme der Meeresverbindung und der Häfen gerichtet hält, muß ich versuchen auf Grund vieler vorliegender Einzelforschungen und zum kleinen Teil eigener Beobachtungen und Anschauung. Denn eine umfassendere neue Landeskunde, auf der sich fußen ließe, gibt es nicht, und die kleineren Abrisse sind teils zu kurz, teils auch zu ungenau und fehlerhaft, was sich daraus erklärt, daß die geologische Forschung in Japan noch in besonders kräftiger Entwicklung steht[1]).

---

[1]) Die hervorragendsten Autoren, die sich früher mit der Tektonik der japanischen Inseln befaßt haben, sind T. Harada, B. Kotō, E. Naumann, T. Ogawa, F. v. Richthofen und E. Sueß. Dazu kommt in jüngster Zeit ganz besonders H. Yabe, am meisten mit dem Aufsatz: Problems concerning the geotectonics of the japanese islands, The Science Reports of the Tohoku Imp. Univ. Sendai. Yabe hat sich ein großes Verdienst damit erworben, daß er in das Labyrinth der sich widerstreitenden, zum Teil auch in sich widerspruchsvollen und unklaren Anschauungen der Tektonik hineinleuchtet und eine Art Ariadnefaden hindurchzieht. Im übrigen bietet die im ganzen wertvollste Grundlegung immer noch Richthofen in den Geomorphologischen Studien aus Ostasien, Sitz.-Ber. d. Akad. d. Wiss., 1903, XL, phys.-math.Cl. — Geologisch liegt eine klare, neue Übersichtskarte in 4 Blättern vor, die schon auf meinen

Nicht oft wird es in einem Lande nötig sein, zum Verständnis des heutigen Bildes, insbesondere auch seiner Küsten-, Hafen- und Hinterlandsgestaltung, junge und heutige Störungen der Erdkruste, Bruchvorgänge, zum Teil in Verbindung mit seismischen Erscheinungen so in den Vordergrund zu rücken, wie es in Japan nötig ist. Das zweite Moment, das mir gleichfalls in die Küsten-, Hafen- und Hinterlandsgestaltung am stärksten einzugreifen scheint, ist die Schwemmlandbildung, auch sie wieder in jungen und jüngsten Vorgängen, da im heutigen Klima und bei den großen Höhendifferenzen die Abtragung gewaltig ist. Damit ist selbstredend weder die hohe Bedeutung der älteren Faltungen, die für das Gebirgsgerüst den Ausgang bildet, noch die der weit verbreiteten Eruptivmassen, noch die der flächenbildenden Abtragungsvorgänge in Abrede gestellt. Sie sind für viele Landschaften des Inneren an sich das maßgebende. Aber für Tiefenlinien als Zugänge und Durchlässe, für Küstenebenen als Siedlungsräume, für Küstenlinien und Häfen, für alles das ist uns wesentlicher die Zerstückelung in Horste, Senken, Kessel und Furchen, eine Zerstückelung durch Brüche, die teils in langer Erstreckung ausgedehnte Landschaften voneinander scheiden, teils auf kleinem Raum in starker Häufung ein Mosaik gestalten, wie z. B. in dem südlichen Tertiärrahmen des Kwantō-Beckens.

a) Gesamtgliederung.

Gehen wir von den sich aufdrängenden größten Tatsachen aus, so sehen wir folgende Reihe: ein Bogengebilde, dessen Küsten im großen parallel laufen, zwischen diesen gleichfalls längsgestreckte Ketten, Plateaus und aufsitzende Vulkanreihen, im Westen einen wiederum parallelen, langen Meereseingriff, die Inlandsee, in vielen der größeren Flüsse ebenso parallele Längstalzüge (in Shikoku und Nordjapan). In einer detaillierteren Tatsachenreihe aber sehen wir die Längszone der Inlandsee zusammengesetzt aus einer Reihe von Becken und Engen, ferner die im ganzen längsgedehnten Küsten in große Buchtzüge geteilt, besonders auffällig an der ganzen Südflanke; an der geschlosse-

---

Reisen mein Begleiter war und auf der im folgenden die strukturelle Auffassung fußt.

Für die Bestimmung einiger Gesteinsproben bin ich dem geologischen Institut der Universität in Sendai sowie dem der Universität Münster zu Dank verpflichtet.

neren Küste der Japansee liegen zum Teil ähnliche Kesselränder in den die Ebenen umrahmenden Gebirgen, auch in den Gebirgs- und Plateauzügen finden wir die Unterbrechung durch große und kleine Becken, durch Längs- und Quersenken; vor allem liegt kein einheitliches Gebirgsrückgrat vor, sondern im Norden setzen die einzelnen Züge in gewisser Parallelverschiebung gegeneinander ab (Abukuma- und Kitakami-Bergland); endlich im Mittelstück des ganzen Inselbogens wächst die Gebirgswelt zu größter Breite und Höhe an mit zugleich deutlich sichtbarer Abweichung des Streichens aus der allgemeinen Längsrichtung. Die zweite Tatsachenreihe führt uns auf den ganzen Komplex tektonischer Störungen und zum Teil weitab von der Vorstellung eines einheitlichen Bogengebildes. Was von der Einheit übrigbleibt, ist besonders die durch Nord- und Zentraljapan durchgreifende Mittellinie junger Vulkane und die im großen parallelen Küsten. Was hingegen am stärksten abweicht, ist die breite Gebirgsmasse Zentraljapans mit ihren gegeneinander umbiegenden Streichrichtungen und dem Querbruch der Fossa magna. Das führte denn schon Naumann zur tektonischen Teilung in zwei Hälften, die man als Südwest- und Nordostjapan bezeichnen kann. Mit dieser jungen Bruchlinie greift eine tiefe Furche von der äußeren Seite Japans zur inneren durch, besonders markiert an ihrem westlichen Hang durch einen steilen Wall. Diese Bruchlinie hat neuerdings Yabe in drei, auf verschiedene tektonische Störungen zurückgehende Stücke zerlegt, und zwar durch die Becken von Kōfu und Matsumoto. Mit den Becken sind hier innere Lebensräume eingeschaltet, die in der Karte der Bevölkerungsdichte (Tafel 29) stark hervortreten. Diese erhalten aber weniger durch die Transversalfurche selbst als durch herangreifende, auf Flußerosion beruhende Tiefenlinien ihren Küsten- und Hafenanschluß, der uns bei verschiedenen Häfen beschäftigen wird.

Zu der Querfurche stellte Naumann eine große Längsbruchlinie auf, die Medianlinie, die das nordöstliche wie das südwestliche Japan je in eine äußere und innere Zone zerlegt. Diese Dislokation wird auch in neueren Arbeiten von Yabe, Ogawa und anderen als wesentliche Strukturlinie im Faltenbau Südwestjapans betont, (nur in viel spätere Zeit verlegt). Scharf verfolgbar ist sie hier als Grenze zwischen dem oberkretazischen Izumi-Sandstein im Norden und den steil aufgerichteten kristallinischen Schiefern im Süden. Sie zieht sich durch ganz Shikoku hin, dann durch die Kii-Halbinsel, die durch das Schieferband in die Breite gezogen wird, weiter in die Akaishi-Gebirgswelt hinein, wo sie am Suwa-See auf den Querbruch der Fossa magna stößt. Diese Linie bezw. das Glimmerschieferband mit seinen spitzen, zum Teil fingerförmigen Vorsprüngen weist die für den Verkehr so bedeutungsvollen engen Durchlässe auf, die von den großen Becken der Inlandsee und der Ise-Bucht zum Ozean führen. Ebenso wird sie uns in Verbindung mit der Hinterlandsbegrenzung einzelner Häfen als einschneidend entgegentreten. In Nordostjapan zog Naumann seine Medianlinie in den auffälligen Längstälern von der Kwantō-Ebene nordwärts, besonders markiert durch das Abukuma- und Kitakami-Tal. Dieser Tiefenzug bildet wie im Verkehr der alten Zeit so auch für die heutige Bahnverbindung von Tōkyō nach dem Hokkaidō hinauf die wichtige Leitlinie. Nur ihre tektonische Bedeutung hat sie hier seit Richthofens Ergebnissen eingebüßt, in Übereinstimmung mit Kotō und Ogawa. Dagegen ist für sie in Nordostjapan eine neue, nicht im Grundbau begründete, sondern auf spätere Störungen zurückzuführende Medianlinie eingetreten; es ist die mittlere Vulkanreihe, also Einzelberge von zum Teil über 3000 m Höhe, die auf ihrer geschlosseneren tertiären Basisfläche eine wirkliche Längsteilungslinie ergeben. Sie bilden zugleich die Scheide der westlichen und östlichen Präfekturen durch ganz Nordostjapan, damit im wesentlichen auch die Scheide der beiderseitigen Hafenhinterländer.

So gelangen wir trotz der von Naumann bis Yabe zum Teil grundlegend veränderten Auffassungen nach wie vor zu einer tektonischen Vierteilung: Südwest- und Nordostjapan mit je einer äußeren und inneren Zone. Von ihr wird man zum Zweck einer kausalen Erfassung des Reliefs immer auszugehen haben. Doch muß man bei ihr nicht stehen bleiben, um eine geographische Gliederung aufzustellen. Die Längsteilung wird nämlich in Mitteljapan am meisten gestört, ja fast aufgehoben. Die Verbreiterung vollzieht sich hier von Nordost- wie von Südwestjapan her mit der Annäherung an den tiefen Querbruch. Dabei gewinnen im Süden zugleich die Granite breiten Raum und auch große Gesamthöhe in den mächtigen Ketten des Kiso- und Hida-Gebirges. Dieses Mitteljapan läßt zwar in sich auch eine Zweiteilung zu, aber auf ganz anderer Grundlage, nämlich in das Senkungsfeld des Kwantō-Beckens im Osten und in die hohen Gebirgsstöcke und -züge westlich und nordwestlich davon. Mitteljapan können wir im Westen begrenzen an einer Linie, die von dem Ostende des Wakasa-Golfes zum Nordrand der Nagoya-Ebene führt; hier, zwischen der Wakasa- und der Ise-Bucht, liegt überhaupt die stärkste Einschnürung des ganzen japanischen Inselbogens vor, auf der auch die gute Verbindung von den Ebenen im Osten der Inlandsee nach Tsuruga am japanischen Meere beruht. Nach Nordosten mag Mitteljapan sich ausdehnen bis gegen den Südwestrand des Abukuma-Horstes, das Wakamatsu-Becken und die Niigata-Ebene. So erhalten wir an Stelle der tektonischen Zwei- bezw. Vierteilung eine geographische Dreiteilung in Südwest-, Mittel- und Nordostjapan, wobei namentlich Südwestjapan deutlich in seine Innen- und Außenzone untergeteilt wird und von Nordostjapan sich Hokkaidō als selbständiges Glied absondern läßt.

1. Südwestjapan[1]).

Für Südwestjapan ergibt die Medianlinie eine Scheidung in die südliche (äußere) und die nördliche (innere) Zone; von ihnen ist seit Richthofen unbestritten die südliche als Fortsetzung des sinischen Systems, die nördliche als die des Kuenlun anzusehen. (In etwa zweifelhaft bleibt hierbei nur auf Kyūshū die Stellung des Richthofenschen „Nagasaki-Dreiecks".) So steht im südwestlichen Japan der nur schmalen Außenzone eine breitere Innenzone gegenüber. Denn zur Außenzone rechnet Shikoku südlich der von Sadanomisaki nach Tokushima zu ziehenden Medianlinie und die Kii-Halbinsel südlich einer Linie etwa von Wakayama nach Toba. Die Nord- oder Innenzone Südwestjapans wird hingegen von zwei wieder längsgerichteten Untergliedern gebildet, nämlich erstens der in sich zerbrochenen Längsmulde der Inlandsee nebst einem beiderseitigen Landabdachungsstreifen und zweitens dem geschlossenen Wall Chūgokus.

In der Außenzone herrscht regulärer Faltenbau, der überdies durch die abtragenden Kräfte stark herausgearbeitet ist. Trotz tiefer Zerschneidung bewahren die Ketten auf längere Strecken gleiche Höhe (bis um 2000 m), wie es bei einer Durchquerung der Insel Shikoku besonders deutlich wird. Die größeren Ströme setzen sich zum Teil aus Längs- und Quertalstrecken zusammen, namentlich schön der Yoshino, dessen langer Unterlauf auf der scharfen Grenze zwischen dem Glimmerschieferband und dem Izumi-Sandstein liegt (vgl. Fig. 47, S. 416). Er wird für den größten Hafen der Insel am wichtigsten. Denn er ist nicht nur der Hinterland-Erschließer, sondern durch die Weitungen der Längstalstrecken seines Unterlaufs überhaupt der größte Siedlungsraum der Insel. Auch die

[1]) Zum Verständnis der folgenden Ausführungen wird am besten (außer einer Übersichtskarte aus einem Atlas) unsere Karte der Siedlungsräume, Tafel 20, verfolgt. Näheres über deren Grundlagen s. oben, S. 28.

Siedlungsflächen haben die Tendenz der Längserstreckung; die Abschnitte der engen Quertäler sind oft gänzlich unbewohnt. Eine noch bedeutsamere Eigenheit der Südzone ist die, daß eine Reihe von Querbrüchen kesselartig eingreifen, die sich teils nur in breiteren Golfen wie der Tosa-Bai, teils in Meeresstraßen darstellen. Diese schaffen beiderseits von Shikoku je eine Verbindung mit den Enden der Inlandsee. An den Seiten dieser Golfe kommt eine deutliche Riasgliederung zur Ausbildung, die das sonst kompakte gebirgige Innere etwas aufschließt, während an den halbinselartigen Schollen zwischen den Bruchkesseln die Verbindung mit dem Innern schwach wird und die Besiedlung in kleinen nestartigen Fetzen die Küsten umsäumt. Shikoku ist dadurch das wertloseste und am spätesten in Kultur genommene unter den drei südlichen Inselländern, und die Halbinsel Kii ist im Innern so gut wie unbewohnt, da der südjapanische äußere Faltenbau nach Osten hin enger und gedrungener wird. Auch über die Kii-Halbinsel hinaus, also in Mitteljapan bleibt bis zum Kwantō-Becken jenes Gesetz der Querbrüche bestehen: in der Ise-, Suruga-, Sagami- und Tōkyō-Bucht. Nur verbinden sich hier mit ihnen teilweise im Hintergrund ausgedehnte Ebenen als Hafenhinterländer.

Zur Entwicklung von Häfen gaben sowohl die Flanken der beiden Meeresstraßen (Häfen Tokushima, Wakayama) wie namentlich die Enden der Einbruchsbuchten Anlaß. Die geringste Bedeutung hat unter den letzteren die von Tosa mit dem Hafen Kōchi, weil eine große Aufschüttungsebene im Buchthintergrund fehlt. Dagegen treffen wir in den östlicheren Buchten als bedeutendere Häfen: Yokkaichi und Nagoya in der Ise-Bucht, Shimizu als Hafen Shizuokas und kleinerer Nachbarebenen an der Suruga-Bucht, schließlich Yokohama-Tōkyō an der Tōkyō-Bucht. Zu all diesen großen Buchten tritt noch in Südkyūshū eine kleinere mit dem wichtigen Hafen Kagoshima; sie beruht darauf, daß hier der Ryūkyū-Bogen auf das sinische System in Flankenkettung stößt.

So ist die Südzone Südwest- und Mitteljapans zwar nicht so sehr im kleinen zerstückelt, um nicht den regulären Bauplan noch klar im heutigen physischen und selbst anthropogeographischen Bild hervortreten zu lassen, doch andererseits offen und durchgängig genug, um sie zur Fensterseite des Landes zu machen. Die großen halbinselartigen Vorsprünge allerdings, die wie Balkone an dieser Fensterseite anmuten könnten, werden durch ihren zu gedrungenen Gebirgsbau zu hafenärmsten und verkehrsentrücktesten Unterbrechungen.

In der inneren Zone Südwestjapans kehren sich alle erörterten Bedingungen fast um. Hier machen vornehmlich kristallinische und paläozoische Gesteine den Grundbau alt gefalteter und von Graniten durchsetzter Gebirgsländer aus, die einer starken Einrumpfung und späteren tektonischen Störungen unterlagen. Besonders treten im westlichen und mittleren Abschnitt Chūgokus ebenso wie im größten Teil der Inlandsee die mächtig ausgedehnten Granitflächen, sowie auf und zwischen diesen zum Teil noch andesitische Decken hervor. Im östlichen Chūgoku hingegen mehren sich jungtertiäre, sandige, kiesige und konglomeratische Bildungen. Diese nehmen auch weiter ostwärts um Nagoya und in ganz Mitteljapan größere Flächen nahe der inneren wie der äußeren Küste ein. Sie bilden hier meist Hügelrahmen um die aus diluvialen und alluvialen Lockerbildungen aufgeschütteten Tiefebenen.

Die so aus anderen Gesteinen gebaute und mehr in Stöcken, Massiven, Flächen und Decken sich darstellende Innenzone ist auch von den jungen Bruchvorgängen in anderer Weise betroffen worden. Zwar fehlen der Küste der Japansee die Einbrüche nicht. Der Wakasa-Golf legt die Analogie zu den großen südlichen Kesselbuchten nahe, und doch ist das Bild ein anderes; mehr radiale und sich kreuzende Brüche scheinen hieran beteiligt zu sein, wie die Ziselierung der Umrisse im einzelnen sowie auch die Anordnung der Granite der näheren Umgebung verrät. Im übrigen sind die kesselartigen Einbrüche hier von Vulkanen wie dem Daisen östlich von Matsue ausgefüllt. So erweist sich die Innenflanke im großen Gegensatz zur Fensterseite als sehr geschlossen; außer Tsuruga und dem Kriegshafen Maizuru gibt es nur noch einen nennenswerten Hafen: Sakai bei Matsue. Ist so die Küstenlinie der Japansee zusammenhängend und abwehrend, so herrscht im Inneren der Zone die weitestgehende Zerstückelung im kleinen, namentlich in der Mulde der Inlandsee[1]). Dieser tektonische Umstand in Verbindung mit dem Wechsel der Gesteinsbildungen und

---

[1]) Richthofen hat die starke Zerstückelung, die überhaupt die Nordzone Südwestjapans an ihrem „Außenrand", d. h. also einerseits in der Region der Inlandsee und andererseits noch weiter ostwärts in den Becken um Ōsaka und bis nach Nagoya erfuhr, auf die Streckung und Lockerung des Gefüges zurückgeführt, die dem Außenrand der Nordzone zuteil wurde bei ihrer südwärts gerichteten Bewegung und ihrer Umbiegung am Fuji-Querbruch.

schließlich der erosiven Zerschneidung erzeugt in der Innenzone einen wesentlich stärkeren landschaftlichen Wechsel und damit auch Räume für die Besiedelung. Größere Ausdehnung erlangen die Tiefebenen allerdings nur um das Ostende der Inlandsee, nämlich in der Bruchbeckenzone, die sich landeinwärts über den Biwa-See erstreckt und so die leichte Verbindung einerseits zum Wakasa-Golf der Nordküste, andererseits zum nächstöstlich benachbarten Großlebensraum um Nagoya ermöglicht. Diese östliche Ebenenregion hat die Welthäfen Ōsaka und Kōbe hervorgerufen nebst dem alten Sakai südlich von Ōsaka. Dagegen herrschen im übrigen in der ganzen Innenzone nur kleine Küstenebenen und ebenso kleine Binnenbecken und -furchen. Namentlich nach Chūgoku hinein greift von der Inlandsee eine Reihe kurzer Quertäler und Querbrüche. Daher stellen auch selbst die nächst Ōsaka-Kōbe und Shimonoseki-Moji bedeutendsten Häfen der Inlandsee wie Takamatsu, Onomichi und Uno nur Häfen weit niedrigeren Ranges dar. Erst in Westkyūshū zeigt die Zone nochmals ein bedeutendes Zugangstor in Nagasaki, aber mehr einen Anlauf- als Hinterlandshafen. Im übrigen weist auch der reichgegliederte Raum von Mittel- und Nordwestkyūshū nur mittlere Häfen auf.

2. Mitteljapan.

Auf Mitteljapan wurde von Südwestjapan her in einigen Beziehungen schon übergegriffen, wo der innere Zusammenhang es forderte. Im ganzen sehen wir hier mächtige und geschlossene Gebirgsmassen alter Faltung, die von Norden und Süden her ihre große Beugung an der Transversalstörung erfahren. Besonders schön ist die allmähliche Umbiegung der Streichrichtung aus der sinischen in die fast meridionale an den drei Gebirgen westlich der Bruchlinie verfolgbar, dem Akaishi-, Kiso- und Hida-Gebirge, die von Süden nach Norden kulissenförmig aufeinanderfolgen. Von der Nagoya-Tiefebene her erheben sich diese sowie nach Norden hin das Hida-Plateau in allmählichem Anstieg, während nahe dem Querbruch dann Höhen von 3000 m vielfach überschritten werden und ein steiler Absturz zur Furche und den ihr eingeschalteten Becken von Kōfu, Suwa-See und Matsumoto erfolgt. Alle genannten Gebirgsmassen bestehen zumeist aus paläozoischen und kristallinen sowie aus alteruptiven Gesteinen, namentlich ausgedehnt aus Graniten. Östlich der Fossa magna häufen sich stärker als westlich die jungvulkanischen Bedeckungen.

Spärlich treten innerhalb der so umrissenen Hochgebirgswelt tertiäre und noch jüngere Sedimentbildungen auf, am ausgedehntesten an der Fossa magna und ihren Becken. Zu größeren Räumen wachsen sie erst in den küstennahen Gebieten der Innen- wie der Außenseite zusammen. Hier sind aus jungtertiären, sandigen, schiefrigen und tuffigen Ablagerungen niedrige Hügelländer an- und aufgelagert. Diesen wiederum fügen sich in Buchthintergründen, an Küstensäumen und um Flußmündungen quartäre Aufschüttungsebenen aus Sand, Kies, Ton, Lehm und Bimsstein ein. So sehen wir die Alluvialebene von Nagoya, eine der größten des Landes, zunächst von zerschnittenen Diluvialplatten und dahinter von höherem Tertiärhügelgelände umrahmt, das engere Hinterland des Großhafens Nagoya. Die gleichen Bildungen in ähnlicher Anordnung begleiten die Küstenstrecken zwischen der Ise- und Suruga-Bucht, wo der Hafen Shimizu eine Reihe kleiner Küstenebenen als Hinterländer zusammenfaßt. Dann verfolgt man vom unteren Abschnitt der Fossa magna ostwärts, die Sagami-Bucht berührend und über die Miura- und Bōsō-Halbinsel als Eckpfeiler der Tōkyō-Bucht reichend, eine breite Hügelzone stark zerbrochener jungtertiärer Schollen, aus der sich der Andesitkegel des Fuji zu 3770 m erhebt. Zwischen dieser Tertiärschollen-Barre im Süden, dem Kwantō-Gebirgsland im Westen, den Nikkō-Bergen und den Südenden des Abukuma-Rumpfes im Norden dehnt sich weit das tektonische Becken des Kwantō-Tieflandes, das größte einheitliche Hinterland Japans, dem der Welthafen Yokohama dient. In seinen größten Teilen zeigt es diluviale Deckschichten, während breite Flußalluvial-Streifen eingeschaltet sind und an den Rändern der alten Schollen sporadisch Tertiärfetzen in Form von Terrassen- und Hügelland erscheinen.

Zu einer viel geschlosseneren Küstenzone wächst das Jungtertiär-Hügelland an der Innenseite Mitteljapans zusammen: von der Wakasa-Bucht über die Noto-Halbinsel bis zur Niigata-Ebene und zum Binnenbecken von Wakamatsu. Zum Teil schiebt es sich hier in breiten, buchtförmigen Senken binnenwärts zwischen die paläozoischen und granitenen Massen sowie die jungvulkanischen Aufschüttungen vor, so bei Nagano im Mittel- und Oberlauf des Shinanogawa. Geringere Ausdehnung haben die das Tertiär-Hügelland begleitenden Tiefebenen. Außer den schmalen Küstenstreifen bei Kanazawa und an der Westseite der Noto-Halbinsel lagert sich alluviales Tiefland um die Toyama-Bai; daher treffen wir hier einen nennenswerten Hafen in Fushiki.

3. Nordostjapan.

Treten die jungtertiären Sedimente in Südwestjapan noch spärlich, in Mitteljapan schon in zusammenhängenderen Küstenpartien auf, so finden wir sie in Nordostjapan in noch viel breiteren Räumen fast quer durch das Land zusammengeschlossen. So werden sie hier zum beherrschenden Element der Oberflächengestaltung, demgegenüber die älteren Gebirgsmassen schon mehr die Rolle einzelner Durchragungen annehmen, zumal da neben den neogenen Sedimenten die jungeruptiven Materialien der Andesite und ihrer Derivate den weitesten Raum beanspruchen. Im Neogen scheint Japan die ausgedehnteste Transgression seit dem Paläozoikum erfahren zu haben. Häufig zeigt diese Tertiär-Hügellandschaft Terrassenbildung[1]).

Zur eigentlichen Leitlinie in der landschaftlichen Auffassung und Gliederung Nordostjapans wird die Reihe rezenter Vulkane, bekannt als Bandai-Bogen oder, wie Kanehara sagt, als Nasu-Kette. So klar auch diese Mittellinie ist, so ist sie doch als Vulkanreihe so wenig geschlossen, daß die Übergänge für den Verkehr nicht schwer sind. Das ist wichtig für die Verbindung beider Küstengebiete, die Überschneidung der Hinterländer ihrer Häfen. Nur die vulkanischen Aufschüttungen und die junge Erosion bringen stärkere Reliefierung in die im übrigen sehr flächige Tertiärlandschaft. Die Vulkanreihe ist schon aus Mitteljapan, der Gegend der Fossa magna, herzuleiten und bis Aomori, ja noch darüber hinaus nach Hokkaidō verfolgbar. Zu dieser Zentralreihe parallel läuft eine spärlichere nahe der Westküste, besonders durch den Iwakisan, Chōkaisan und Gasan bezeichnet. Diese erheben sich aus Einbruchskesseln, die außer von dem vulkanischen Material von tertiären oder jüngeren Sedimenten erfüllt sind und als Hinterländer von Häfen, besonders von Niigata und Aomori, wichtig werden. Auch weiter binnenwärts treten noch einzelne Becken im Tertiär selbst auf, die zum Hinterlandsbereich dieser oder anderer Häfen zu ziehen sind.

---

[1]) Im ganzen erweisen sich die tertiären Ablagerungen mehr gefaltet, als wie Richthofen anzunehmen geneigt war, der sie als bloße Bedeckungen dem altgefalteten Grundgerüst scharf gegenüberstellte. Einer zum Teil starken Faltung begegnet man an manchen Stellen, wie die geologische Literatur bezeugt und Einzelbeobachtungen mir öfter bestätigten, z. B. in der Umgebung der Niigata-Ebene und auch auf Hokkaidō. Das Wesentlichere allerdings bleibt in der jungtertiären orogenen Tätigkeit im ganzen die Schollenbildung.

Die Tertiärsedimente schließen sich über die zentrale Vulkanlinie und damit über die heutige Wasserscheide hinweg zu den ausgedehntesten Tertiärflächen ganz Japans zusammen und erheben sich bis über 1200 m. Sie repräsentieren im ganzen ein großes Senkungsgebiet, das vielleicht in mesozoischer Zeit oder im frühen Tertiär entstanden ist und nach Osten durch eine Tiefenlinie gegen die als Horste verbliebenen Reste der alten parallelen Gebirgszonen abgegrenzt wird. Die Tiefenlinie wird von einer Reihe von Flüssen benutzt, im Süden von dem zur Kwantō-Ebene fließenden Nakagawa, weiterhin vom Abukumagawa, nördlich von Sendai vom Kitakamigawa und schließlich vom Mabechigawa. Ihre Täler geben die wichtige Leitlinie für die Hauptbahn von Nordosthonshū. Sie fließen größtenteils hart unter der Bruchlinie der beiden östlichen Rumpfhorste entlang. Diese sind das Abukuma- und das Kitakami-Bergland. Der Umstand, daß zwischen beiden das Meer an jene Tiefenlinie herangreift, gibt Sendai eine Seebedeutung und ordnet ihm den jungen Hafen Shiogama zu.

Die beiden Rümpfe haben unter sich verschiedenen Gesteinsaufbau und auch in etwa verschiedenen Formcharakter. Das Abukuma-Bergland[1]) ist ein Gneisplateau, reich von Graniten[2]) in größeren und kleineren Flächen durchsetzt. Es ist ein meridionalgestreckter, an den Enden spitz zulaufender Klotz von 150 km Länge und einer Mittelerhebung von nur 400 m. Von den wenigen Gipfeln, die seine breite, schwach gewellte Fläche überragen, erreicht der höchste noch nicht 1000 m. Die Scholle scheint bei der nach der Einrumpfung erfolgten Heraushebung etwas geneigt worden zu sein, sich sanfter aus der westlichen Senke zu erheben und steil zu einem Küstenvorland abzufallen. Hier treten die Zeichen negativer Strandverschiebung auf. Zu Häfen ist weder in der Küste ein Ansatz noch im spärlich besiedelten Plateau ein Grund gegeben.

Das Kitakami-Bergland ist ein meridional gestreckter, elliptisch gestalteter Klotz von ähnlicher Ausdehnung, ist aber weniger stark abgetragen und erreicht fast 2000 m Höhe. Vornehmlich besteht es aus permo-karbonen Sedimenten, die nur von Graniten und andern älteren Eruptivgesteinen durchsetzt sind. Das gilt besonders an der Küste,

---

[1]) H. Yabe und R. Aoki, Mesozoic and Caenozoic History of the Abukuma Plateau and its Foreland along the Pacific Coast, Japanese Journal of Geology and Geography, Vol. III., Nr. 3—4, Tokyo 1924, S. 23—37.

[2]) Reins Angabe, daß der Granit hier nirgends ausgedehntere Areale einnehme, trifft nicht zu.

und so findet man an ihrer reichen Riasbuchtung einen Wechsel von beiderlei Gesteinen. Die Ingressionsformen lassen hier im Gegensatz zum Abukuma-Bergland ein junges und vielleicht fortschreitendes Untertauchen erkennen. Dagegen bleibt das Hinterland in seiner anthropogeographischen Wirkung von gleichem Charakter und daher auch die Buchtung für Häfen bedeutungslos. Das Südende des Berglandes ist ein spießförmiger Ansatz aus marinen Trias- und Juraablagerungen sandiger und schiefriger Natur, der die Form des großen Küstenbogens um Sendai verstärkt.

Im Norden Honshūs bildet das an der großen Mutsu-Bai gelegene Aomori den Endpunkt der langen, von Flüssen durchzogenen Tiefen- und Verkehrslinie und zugleich den Überfahrtshafen zu dem jenseits der Tsugaru-Straße liegenden Gegenhafen Hakodate.

Hokkaidō stellt sich mit seiner bizarr geformten südwestlichen Halbinsel gerade durch diejenigen Erscheinungen, die ihr der rezente Vulkanismus aufprägt und die hier durchaus die beherrschenden sind, als unmittelbare Fortsetzung Nordhonshūs dar. Von diesem Anhängsel ist der Hauptkörper Hokkaidōs getrennt durch eine Depression, in der Harada die Medianlinie sehen wollte. Das hätte aber nur Berechtigung, wenn man mit Naumann die Medianlinie Nordhonshūs noch in der großen Tiefenlinie der vier Flüsse annähme. Dieser mag die Depression in etwa an die Seite gestellt werden. Sie wird zusammen mit dem angrenzenden Hügelland wichtig als Hinterland der westlichen Hokkaidō-Häfen Otaru und Muroran. Auf diese Tiefenzone und den Tertiärhügelstreifen folgt ostwärts das Rückgrat der Insel, bestehend aus einem nach Nordnordwesten streichenden, altgefalteten Gebirge. Östlich von ihm liegen abermals weite jungtertiäre Flächen sowie jungvulkanische Gebiete mit zum Teil größeren Erhebungen. In den beiderseits der Achse angelagerten Regionen jüngerer Bildung und besonders in den ihnen eingeschalteten Ebenen und Becken liegen die Hauptsiedlungs- und -wirtschaftsräume. Sie bedingen außer den genannten westlichen Häfen auch mehrere im östlichen Gebiet, unter denen Kushiro der bedeutendste ist.

b) Die Ebenen.

Ein Rückblick auf das entwickelte Gesamtbild läßt als eine sehr eigene und verbreitete Erscheinung der Reliefgestaltung die vielen kleineren und größeren Ebenen hervortreten. Sie stellen nicht nur das vielleicht auffälligste morphologische Element dar, sondern sicher das für das Leben des Landes, für seine Siedlung und Wirtschaft bedeutungsvollste. Es ist im Rahmen dieser Arbeit weder möglich noch nötig, der Morphologie der einzelnen Ebenen näher zu treten. Nur in den Grundzügen soll ihre Stellung im Bau des Landes hervortreten und mit einigen Beobachtungen belegt werden, ehe wir sie in ihrer anthropogeographischen Bedeutung und damit in ihrer Verbindung mit den Häfen untersuchen.

1. Verteilung und Gestalt der Ebenen (Fig. 1 u. Taf. 29).

In ihrer Verteilung gehören sie zwei Gruppen an, den Küsten- und Binnenebenen. Ein Unterschied der Entstehung ist damit noch nicht gegeben. Man findet unter den Binnenebenen solche, die nur auf Aufschüttung längs den Flüssen in Talweitungen beruhen, und ebenso unter Küstenebenen solche, die etwa durch Flüsse als Mündungsschuttkegel oder durch Küstenversetzung angebaut sind. Es gibt eine andere Gruppe und zwar unter den großen Ebenen die stärkste, die zwar auch durch Aufschüttung, aber in einer tektonisch vorgebildeten Hohlform entstand, und das können ebensowohl die Böden von Binnenbecken wie Küstenbuchtebenen sein. Als einige typische und mir näher bekannt gewordene Fälle von Binnenbecken unverkennbar tektonischer Entstehung seien hervorgehoben: die Umgebung des Biwa-Sees, das Kōfu-Becken und die Ebene von Wakamatsu. Alle drei und ebenso alle anderen ihrer Art haben infolge der Schmalheit des Landes einen relativ leichten Anschluß an die Küsten. So steht das Wakamatsu-Becken durch die Tiefenlinie westlich des Abukuma-Horstes und über die Kwantō-Ebene hin in Verbindung mit Tōkyō, außerdem auf viel kürzerem Weg mit dem nächsten Westküstenhafen Niigata. Vollends liegt das Biwa-Becken zwischen drei tiefgreifenden Küsteneinbrüchen, der Wakasa-, Ise- und Ōsaka-Bucht, und es hat dadurch mit drei sehr bedeutenden Häfen, Tsuruga, Nagoya und Ōsaka-Kōbe kürzeste Verbindung. Das Kōfu-Becken endlich ist ostwärts mit Yokohama verbunden. Hier wäre zwar die Entfernung nach Süden zum Hafen Shimizu noch kürzer. Aber der Fujikawa ist ein an Schnellen überreicher Fluß; die Fahrt auf ihm, die ich in einer längeren Strecke zurücklegte, vollzieht sich nur auf kleinen Booten und hat vielfach abenteuerlichen Charakter.

Viel zahlreicher, zum Teil erheblich größer und für unsere Fragen der Häfen und der Meeresverbundenheit von unmittelbarerer Bedeutung als die in Binnenbecken gelegenen sind die an den Küsten aufgereihten Ebenen. Die größten derselben finden wir an den oben erkannten Querbrüchen in Südhonshū. Hier macht nur die Suruga-Bai die Ausnahme, daß sie von winzigen Ebenen umsäumt ist. Dagegen schließt sich an die Sagami-Tōkyō-Bucht die größte und an die Ise-Bucht die zweitgrößte Ebene des Landes, dort die Kwantō-, hier die Mino-Owari- oder Nagoya-Ebene. Diese setzt einfach den Boden des Ise-Bruchbeckens über Wasser fort. Schreiten wir an der Küste westwärts weiter, so treffen wir auf die gleichfalls große Ebenen-Umgebung von Ōsaka, die aber nicht so einheitlich, sondern von Horsten durchsetzt ist. Auch hier also knüpft sich das Tiefland an Senkungsfelder, auch hier geht der im Hintergrund seichte Boden des Ōsaka-Beckens allmählich in das Land über. Voll von kleinen Ebenen erweist sich weiter die Inlandsee; z. B. sieht man bei Hiroshima ein Labyrinth granitischer Inselpfeiler von einer Ebene umschwemmt. Taf. 1, Abb. 1 zeigt beispielsweise die von einer Tempelhöhe völlig überschaubare kleine Küstenebene bei Tadotsu auf Shikoku. Klein bleiben die Ebenen auch fast rings um Kyūshū, mit einer Ausnahme; im Hintergrund der größten Ingressionsbucht, der Shimabara-Bai, dehnen sich die Ebenen von Kurume und Kumamoto aus. Auch hier und im weiteren Umkreis von Nordkyūshū handelt es sich um ein stark von Bruchlinien und -becken durchsetztes Gebiet. Fast ganz ohne größere Ebenen ist die gliederlose Nordküste des Chūgoku-Rumpflandes; die Hauptausnahme ist das Umland von Matsue mit dem Hafen Sakai. Auch nördlich der Kwantō-Ebene beschränken die beiden Rumpfhorste die Küstenebenen auf ein einziges größeres Gebiet, nämlich die Bucht von Sendai, an deren Kopf der Unterlauf des Kitakami mit seinen Nebenflüssen eine ausgedehntere Ebenenlandschaft anschließt. So bleibt nur noch die Westküste von Nordhonshū, die neben der erwähnten Südflanke die größten und zahlreichsten Ebenen aufweist. Schon bei der Noto-Halbinsel beginnt es mit der Toyama-Buchtebene, es folgt die viel größere um den Unterlauf des Shinano bei Niigata, weiter die Ebene von Sakata, eine kleine um Akita und ganz im Norden die von Hirosaki, die nördlichste Reisebene Honshūs. Ähnlich wie an der Südflanke liegt auch dieser Reihe ein einheitliches Gesetz der Genesis zugrunde; es handelt sich um Bruchbecken und zwar kesselartige Einbrüche, die hier zum Teil mit Vulkanen verbunden sind. Endlich auf Hokkaidō berührt die große meridionale Ebene der Ishikari-Senke zugleich an zwei Stellen die Küste und erreicht hier in den seitlich gelagerten Häfen Otaru und Muroran ihre entgegengesetzten Ausgänge.

In ihrer großen Mehrzahl bleiben die Ebenen so klein, daß man kaum irgendwo die anderen Elemente japanischer Landschaft außer Sicht bekommt, vielmehr fast überall von Gebirge, Meer und Hügelland zugleich umgeben ist.

Einige der Küstenebenen sind durch Dünenwälle gegen das Meer begrenzt, z. B. die Außenseite der Kwantō-Ebene nördlich der Tone-Mündung oder die Ebenen der Nordwestküste von Honshū. Dies gilt auch von vielen kleineren Küstenebenen, namentlich den schmalen, langgestreckten, an deren Aufbau eben sichtlich das Meer seinen Anteil hat, wie in der Suruga-Bucht am Fuß des Fuji. Die Dünenwälle, oft mehrere hintereinander, sind meist mit Kiefern bepflanzt und werden so als markantes Landschaftselement weithin sichtbar; fährt man durch das Hinterland von Niigata, so hat man in der weiten Ebene dauernd den Blick auf die dunkle Kulisse am fernen Horizont.

Von diesem Dünenwall, bezw. wo er fehlt, von der Küste ab läßt sich nun binnenwärts folgende Reihe von Formtypen beobachten, in der zugleich eine stufenförmige Anordnung liegt (vgl. auch Tafel 1, Abb. 2).

Zunächst folgt eine tiefgelegene Ebene, soeben über dem Meere, reich von Wasseradern, natürlichen und künstlichen, durchzogen. Die Flüsse sind zwischen hohe Deiche gelegt; bei Nagoya ist ein ganzes System von älteren und jüngeren Deichen zu verfolgen. Zum Teil fließen die Flüsse schon über der Ebene. Dieses Landschaftselement ist alluvialer Bildung und besteht aus Sand, Kies und Ton. Es ist für das Auge völlig eben, auch da, wo es etwa als Schuttkegel etwas stärkere Neigung annimmt. Diese Flächen dienen daher überall dem bewässerten Reisbau, der nur hier und da unterbrochen ist, wo etwas erhöhte Flecken Trockenkultur erfordern, die sich dadurch sofort ebenso markant herausheben wie selbst sehr flache Geestinseln aus der Marsch.

Aus dieser tiefen Fläche ragt als eine höhere Plattform die diluviale Ebene, bald nur 10, bald auch 40—50 m darüber, in steiler Kante abfallend, an der oft unter der diluvialen Bedeckung das Tertiär hervortritt. Diese Plattform durchdringt sich in der Regel in zungenförmigen Vorsprüngen und isolierten Lappen mit der tieferen Ebene. Wenn die Zerschneidung in der Randzone der oberen Ebene stark ist, können ihre Erosionsreste wie über das tiefere Land verteilte Kastellformen anmuten, zumal in ihren scharfen Kanten und steilen Hängen. Im relativen Anteil der beiden Flächen an der Gesamtausdehnung des Ebenenraumes gibt es ebenso wie in ihrer Anordnung und Gliederung viele Varianten. In der Kwantō-Ebene z. B. fällt trotz großer Ausdehnung der breiten, alluvialen Talauen doch der Löwenanteil auf die diluviale Fläche, während diese bei dem Nagoya-Tiefland und ebenso bei dem des Toyama-Golfes nur schmale Bänder um die jüngste Aufschüttungsebene bildet und bei der Niigata-Ebene überhaupt fehlt. Die Ebenen mit den absolut größten Alluvialflächen sind die Kwantō-, Niigata- und Nagoya-Ebene; alle drei liegen bezeichnenderweise um die zentraljapanischen Hochgebirge, von denen sie ihre großen Stromsysteme empfangen.

Gleichviel nun in welchem Verhältnis beide Flächen vertreten sind, rückwärts stoßen sie in der Regel auf ein neues, noch höheres Formelement aus jungtertiären sandigen, kiesigen, konglomeratigen und tuffigen Bildungen, oft in Schollen zerlegt, die geneigt sind, und immer durch die Erosion stark aufgelöst, zuweilen in Terrassen ansteigend. Von ferne gesehen nimmt sich diese Landschaftszone häufig wie eine ebenmäßige, einförmige Leiste aus; in der Nähe löst sie sich in eine Menge von Vorsprüngen, Nischen und Inseln auf, die sich aber unschwer zur Fläche zusammenfügen lassen, die rückwärts ansteigt. Die Erosion in dem niederschlagsreichen Klima hat die überreiche Zerschneidung in ein Hügelgelände ebenso wie die Zerlegung der diluvialen Fläche in die einzelnen Platten und Forts bewirkt.

Vielfach tritt das Tertiär auch unmittelbar an die Küste und bildet hier niedrige Hügelsäume und Vorstufen des höheren Gebirgslandes, besonders im nördlichen Honshū. Hier nimmt es z. B. an der Westseite auf großen Strecken die Küstenabschnitte zwischen den alluvialen Ebenen ein. Ebenso ist dem Abukuma-Rumpf ein niedriges tertiäres Küstenvorland angelagert. Auch an der Südküste Hokkaidōs tritt es an das Meer und hebt sich in Terrassen bis zur Höhe von über 100 m.

Endlich den hintersten Rahmen der Küstenebenen bildet überall (außer im nördlichen Honshū, wo das Tertiär zum beherrschenden Element der Landschaft überhaupt wird) älteres und höher aufragendes Gebirgsland. Auch in ihm ist nicht selten ein gewisser flächiger Charakter festzustellen, infolge von Einrumpfungsvorgängen, z. B. in der Umgebung des Biwa-Sees. Doch hebt sich dieser Rahmen als wesentlich höheres Land meist ab von dem besprochenen Formcharakter der Leisten, Stufen und absoluten, tiefen Ebenen.

Somit sind die eigentlichen Ebenen in der Regel aus tiefen alluvialen oder etwas höheren diluvialen oder beiden Flächen zusammengesetzt, und tertiäres Hügelland bildet entweder selbst den höheren Rahmen oder eine Übergangszone zum hohen Gebirge.

Es würde zu weit ab führen, auf die Bildung dieser Ebenen einzugehen. Aber nicht unwichtig ist es für unsere Hafenprobleme, daß in vielen Fällen das Wachstum der Ebenen selbst in historischer Zeit in beträchtlichem Ausmaß erkennbar ist, so namentlich um Tōkyō, Nagoya, Ōsaka und Hiroshima. Für die örtliche Hafengestaltung kann das sehr einschneidend sein, wie sich in einigen Fällen zeigen wird. Ich habe mich in japanischen Bibliotheken um alte Karten bemüht, und es gelang mir, zum Teil mehrere Jahrhunderte zurück eine Entwicklung zu verfolgen, wie sie bei einigen Häfen näher dargelegt werden wird. Man kann wohl annehmen, daß die Umkleidung mit Schwemmländern in jüngster Zeit eher noch weitere Steigerung erfuhr, infolge der in vielen Teilen des Landes fortschreitenden Entwaldung, wodurch die Abspülung der Hänge und die Schuttführung der Flüsse verstärkt wurde.

Da endlich die diluvialen Ablagerungen sich als Plateaus markant aus dem Alluvialland erheben, müssen jüngere Niveauverschiebungen erfolgt sein, mit dem Gesamtergebnis einer Hebung. Auch sind nachträglich zum Teil noch Störungen eingetreten. Ich sah selbst westlich von Kōbe die diluvialen Ablagerungen in recht steiler Schichtstellung, und Cushing[1]) berichtet ähnliches von den die Ebenen und Schuttkegel im Hintergrund der Nagoya-Bucht bildenden Schichten. Er nimmt für die tieferen (alluvialen) Ebenen einen zweiten Hebungsvorgang an. Naturgemäß würde er die Landbildung nur beschleunigen. Aber verständlich wird sie meines Erachtens auch ohne Hebung. Immerhin scheinen an manchen Küstenstrecken auch Anzeichen gegenwärtiger Hebung vorhanden zu sein.

2. Die Ebenen als Hafenhinterländer.

Die im vorstehenden erkannten zwei Hauptniveaus der Ebenen haben einschneidende Bedeutung für die Wirtschaft. Zum Ausdruck kommt es schon darin, daß die japanische Sprache sie mit zwei Bezeichnungen belegt: Ta ist das tiefe, bewässerte Land für die Anpflanzung von Reis (Ine), Hata ist das höhere, unbewässerte Land für andere Getreidearten (Mugi), nämlich Weizen, Gerste und Hirse, sowie für Tee-, Maulbeerpflanzungen und anderes. Beide Flächen sind durch und durch Anbaugebiete. Holzbestände kommen nur in kleinsten Maßen vor. Auf jede der beiden mag rund die Hälfte des Kulturlandes fallen. Wo es irgend möglich ist, namentlich in Verbindung mit dem

[1]) S. W. Cushing, Coastal Plains and Block Mountains in Japan, Annals of the Association of American Geographers. vol. III, S. 43—61.

Hafenbau, sucht man als Siedlungsfläche noch Neuland aus dem Meere aufzuschütten, um von dem kostbaren Reisland nichts zu opfern. In der Ta liegt der eigentliche Reichtum Japans. Bis nach Hokkaidō gestattet sie den Reisbau, und nicht mit Unrecht trägt Japan schon aus sagenhafter Zeit den Namen Mizuhono-kuni („Land des herrlichen Reises"). In der Ta lagen die Ausgangspunkte der Besiedlung und ist heute buchstäblich jeder Zoll Boden gepflegt. Dieser wurde seit alters in immer kleinere Felder zerlegt, die jetzt oft nicht größer als ein Hofraum sind und sorgfältig von Miniaturdämmen und Kanälen in einem regellosen Mosaik durchzogen werden.

Selbst vom alluvialen Lande scheiden aber einzelne Teile für den Anbau noch aus, einmal die Dünenstreifen und dann die zu sumpfigen Flächen; so pflanzt man in einigen kleinen Ebenen an der Nordseite der Inlandsee, wo die Wasserzufuhr zu stark ist, Binsen in der Nachbarschaft der Hauptflüsse und gründet eine Mattenindustrie darauf. Andererseits ist der Anbau, auch selbst der des Reises nicht auf die Küstenebenen beschränkt, sondern auch in den Binnenebenen vorhanden; er geht bis gegen 1000 m Höhe. Auch greift man über die Ebenen hinaus an den Hängen hinauf, wo diese einen Terrassenbau zulassen. So sah ich z. B. die Granithänge südlich von Hiroshima etwa bis 100 m Höhe teilweise als Terrassenland verwendet, ebenso an der Nordostküste Shikokus die bis um 60 m hohen Vorhügel des Granits. Daß man wie im Unterlauf des Fuji oder in Teilen von Kyūshū den Anbau noch über 100 m die Hänge hinaufgehen sieht, ist aber nicht häufig. Dagegen kann man Hügeln begegnen, die die Talauen nur um 50 m überragen, an denen der Anbau schon in scharfer Linie Halt macht, z. B. im niedrigen Tertiärhügelland nördlich von Sendai. Die Böschungen der Talwände und der Plateauränder sind eben im allgemeinen zu steil, um dem Terrassenbau eine große Ausdehnung zu geben. Die Höhen der Gebirge aber sind durch die steilen Hänge völlig von den tiefen Ebenen geschieden und bleiben dadurch ungenutzt, zumal da die Viehzucht dem japanischen Volk fast fremd geblieben ist.

So ergibt sich schließlich, daß der Anbau ganz ungemein auf die Küstenebenen und die Böden der wenigen Binnenbecken konzentriert ist. Die gesamte Anbaufläche des Landes wird daher heute von der Statistik nur auf 15½% angegeben. Sie ist immerhin durch die Fortschritte der jüngsten Zeit noch gestiegen gegenüber der Tokugawa-Periode, für die höchstens 13%, vielleicht noch weniger anzunehmen ist[1]).

---

[1]) E. Ch. Semple gibt in The Geographical Journal, Bd. 40, 1912, S. 592, für das Jahr 1887 sogar nur 11,8 % an.

Zu dieser überaus konzentrierten Bedeutung der Ebenen für den Anbau kommt hinzu, daß an ihrer Seebasis das Wirtschaftsfeld gleichsam unter Wasser fortgesetzt wird, und zwar durch die ausgiebige Gewinnung oder gar die Zucht des Meerlattichs (Nori). Diese findet nämlich gerade in den geringen Tiefen der Schwemmlandbuchten ihre besten Bedingungen. Reihen von Zweigen werden hier ausgesetzt, an denen sich die Meerespflanzen anheften. Bei Niedrigwasser oder auch durch Tauchen werden sie dann aufgesammelt und abgeerntet.

Das alles begründet die außerordentliche Bedeutung der Ebenen als Siedlungsräume. In ungewöhnlicher Härte grenzen hier oft dichtestbesiedelte und fast leere Landschaften aneinander. Dabei kommt die Trennungslinie, abgesehen von den Binnenbecken, nicht einmal auf 200 m Meereshöhe. Es wäre von Interesse, festzustellen, welcher Bruchteil der japanischen Bevölkerung sogar unterhalb von 100 m Meereshöhe siedelt; ich vermute, daß es mindestens $^4/_5$ sein werden. Zieht sich die Ebene lang und schmal vor einem Höhenrand hin, so gibt es oft nur zwei scharfe Siedlungslinien, den Höhenrand und die Küste bezw. die Rückseite des sie begleitenden Strandwalles. So ist es zum Beispiel im nördlichen Abschnitt der Suruga-Bai, am Fuß des Fuji. In noch anderen Fällen fließen auch diese beiden Linien in eine zusammen, wie am Nordende Honshūs auf der Westseite der Mutsu-Bai.

Um eine bestimmtere Vorstellung dieser Bevölkerungskonzentration am Meere zu geben, können folgende Zahlenwerte einander gegenübergestellt werden: die durchschnittliche Dichte der Provinz Hida in Zentralhonshū beträgt 34, die von Musashi in der Kwantō-Ebene aber 649 pro qkm[1]). Die Kwantō-Ebene hat allein über 10 Millionen, die Ebene um Ōsaka gegen 5 Millionen Menschen, beide zusammen also annähernd ein Viertel der Gesamtbevölkerung Japans. Einen noch besseren Einblick mag der folgende rohe Überschlag geben: verteilt man auf das angebaute Land die über 60 Millionen Menschen, so ergibt sich eine durchschnittliche Dichte der besiedelten Räume von über 1000! Nimmt man aber etwa 10 Millionen für nicht angebaute Gebiete in Abzug, so resultiert für die angebauten immer noch ein Dichtewert von 900. Dieser mag annähernd den Mittelwert der eigentlichen Siedlungsräume darstellen.

Diese dicht besiedelten Küstenkammern erfordern geradezu ihre jeweils besondere Meeresverbindung, ihren

---

[1]) W. Coulter in The Geographical Review 1926, S. 284.

einzelnen Hafen; jede Kammer wird von Natur zu einem Hafenhinterland. Zwar ist dieses nicht eine absolut gegebene Größe, vielmehr kann auch der vollkommenere Ausbau eines Hafens das Übergreifen auf Nachbarhinterländer und eine gewisse Angliederung derselben zur Folge haben. Doch ist dies nur wenigen überragenden Punkten in Japan möglich. Es sind die großen Häfen, unter denen z. B. namentlich das Hafenpaar Kōbe-Ōsaka die Häfen der Inlandsee in den Schatten stellt und gleichsam zu seinen Trabanten macht. Aber wenn auch in noch so lokaler Bedeutung, bleiben diese Häfen dennoch funktionsfähig und nötig für ihre begrenzten Lebenskammern, nur wird ihre Funktion eine andere, eine indirekte in Bezug auf den Überseeverkehr.

So ergibt denn auch eine Auszählung, daß unter denjenigen der 55 Städte von City-Rang, die mehr als 50000 Einwohner haben, der größere Teil auf Hafenstädte fällt. Von den übrigen liegen die allermeisten dicht bei einem Hafen oder wenigstens in den Küstenebenen. Auch das Wachstum der Bevölkerung erweist sich schon im Vergleich der zwei letzten Zählungen im ganzen größer bei den Hafenstädten als bei den anderen. Weitaus an der Spitze stehen darin zwei Häfen: Nagoya, dessen Bevölkerungsziffer von 1920—30 sich von 430000 auf 907000 hob, und Takamatsu, dessen Zahlen 46000 und 72000 betrugen. Mag dabei in erster Linie Eingemeindung oder Zuzug in Frage kommen, jedenfalls heben sich die Häfen durch bedeutendere Entwicklung heraus.

Was die Zusammengehörigkeit zwischen einem Hafen und seiner Ebenenkammer noch verstärkt, ist das Verhalten der politischen Grenzen. Diese vermeiden es, die geschlossenen Siedlungsräume zu durchschneiden, halten sich vielmehr erstaunlich streng an die siedlungsleeren Gebirgsschranken. So bekommen die Siedlungsräume auch verwaltungsmäßig ein individuelleres Leben und einen umso größeren Zwang zur selbständigen Meeresverbindung. In manchen Fällen folgt selbst die Unterteilung der Präfekturen (Ken) in Kreise (Gun) wieder dem gleichen Gesetz. So ist die halbmondförmige Küstenebene der Präfektur Toyama durch radiale Grenzen untergeteilt, die den Halbmond an den relativ siedlungsärmeren Stellen durchschneiden und so jedem Teilstück einen Anteil am Meer und der Küste ebenso wie am Hügel- und Gebirgsland zuweisen. Jede dieser kleineren Einheiten erhält so wenigstens Anteil am Nahrungsfeld des Meeres. Die Funktion des Seeverkehrs hingegen wird im Falle von Toyama nicht weiter zersplittert, sondern bleibt für den ganzen Siedlungsraum einem einzigen nennenswerten Hafen vorbehalten: Fushiki.

In manchen Fällen sehen wir zwei größere Häfen eine einzige Küstenebene bedienen, außer Kōbe-Ōsaka besonders Nagoya-Yokkaichi und auch Yokohama-Tōkyō (wovon Tōkyō allerdings kein Außenhandelshafen ist). Das hat seinen Grund in den ungünstigen Bedingungen, die die betreffende Ebene der Hafengestaltung entgegenbringt. Die Beobachtung ergibt hier nämlich allgemein, daß diese Buchten in ihrem Hintergrund seicht sind. In alten Zeiten konnten sie dennoch von den Booten des Küstenverkehrs, wenn auch nur den kleineren, angelaufen werden, z. B. Ōsaka und Nagoya. Für den neuzeitlichen Großverkehr hingegen entwickelte sich zunächst der weiter draußen seitlich der Bucht gelegene Platz; das war in den drei Fällen: Kōbe, Yokkaichi und Yokohama. Da aber im Buchthintergrund erst die eigentliche Zentralstadt der Ebene liegt, erstrebte sie einen eigenen Hafen, wiederum in allen drei Fällen: Ōsaka, Nagoya, Tōkyō. Bei allen dreien ist es die große Strommündung, die der Stadt den Hafenansatz bietet: in Tōkyō die des Sumida, in Nagoya einer der Deltaarme des Kiso-Systems, in Ōsaka das Delta des Yodogawa.

So sind die durchweg kleinen Hinterländer und die geringe Entfernung auch des weiteren Binnenlandes vom Meere für das Land im ganzen ohne Frage günstig, aber nicht für den einzelnen Hafen. Darum haben wenige von ihnen einen überragenden Verkehr in Massengütern aufzuweisen. Zwei der genannten Hafenpaare, Kōbe-Ōsaka und Yokohama-Tōkyō, werden wenigstens zu Brennpunkten, in denen die Strahlen von den übrigen Küstenplätzen sich sammeln. In ihnen wird der Begriff des Hinterlandes besonders verwickelt, während er bei der großen Mehrzahl der japanischen Häfen ungewöhnlich einfach und klar umrissen erscheint, so daß er uns geradezu eine zahlenmäßige Erfassung gestatten wird.

II. Die Flüsse in ihrer Bedeutung für Siedlungsräume und Häfen.

Ähnlich wie die Reliefgestaltung des Landes, insbesondere der Ebenen, sollen nunmehr die Flüsse nach ihren physischen Verhältnissen untersucht und in ihrer Bedeutung für die Erschließung und

Meeresverbindung des Hinterlandes sowie für die Gestaltung der Häfen gewürdigt werden.

Die auffälligste Erscheinung ist wieder eine weitgehende Kleinaufteilung. Sie spricht sich schon darin aus, daß die Flüsse in verschiedenen Laufstrecken oft mehrere Namen führen, obwohl die meisten weniger als 200 km lang sind. Beispiele davon gibt Rein[1]).

Die längsten Flüsse[2]) sind mit 375 km der Shinano in Nordhonshū und der Ishikari auf Hokkaidō, deren jeder eine der größten Ebenen an die Küste schließt. Weitere Flüsse von über 300 km Länge gibt es ebenfalls nur in Zentral- und Nordostjapan: der Tonegawa der Kwantō-Ebene und der Teshio auf Hokkaidō. In Südwestjapan ist der längste der Yoshino mit 240 km, der die lange Ebene Shikokus bedingt, während die meisten weit darunter bleiben. Der Chikugo als Hauptfluß Kyūshūs und seiner größten Ebene um Kurume mißt nur 150 km.

In Nordost- wie in Zentraljapan haben die Flüsse vorzugsweise meridionale Richtung, und das wird verständlich aus der Tektonik, wie sie sich oben ergab. Auch Chūgoku läßt eine Bevorzugung dieser Richtung erkennen und eine größere Länge der zur Inlandsee gewandten Flüsse; hier erklären sich die Verhältnisse aus der einseitigen Neigung der Rumpffläche. Die Außenzone Südwestjapans hingegen zeigt eine ausgesprochene Tendenz zur Anlehnung an die Streichrichtung, insbesondere ist hier das Glimmerschieferband der Medianlinie hart begleitet von Längsflüssen, namentlich dem Yoshino- und dem Kinokawa.

Manche der Flüsse haben so enge und gefällreiche Täler (vgl. Taf. 2, Abb. 2), daß sie sich nicht nur dem Verkehr, sondern selbst der Besiedlung fast ganz versagen. Das gilt z. B. von Flüssen Zentraljapans wie dem Fuji und dem Mittellauf des Tenryū. Ja in Südwestjapan treten manche Flußtäler selbst auf einer Karte, die die Siedlungen von je 200 Menschen nach der Punktmethode markiert, überhaupt nicht mehr hervor, so das Tal des Gō, des größten Flusses von Chūgoku, oder das des Kumano, des größten der Kii-Halbinsel. Im Osten Chūgokus hingegen schließen sich an die Küstenebenen um Himeji noch drei lange dünne Siedlungsfäden landeinwärts an den Flüssen entlang. In wesentlich stärkerem Maße werden nur folgende Flußtäler zu Siedlungsräumen,

---

[1]) J. J. Rein, Japan I, Leipzig 1881, S. 16.

[2]) Die folgenden Zahlenwerte sind dem Japan Year Book entnommen. Von anderen Autoren werden sie zum Teil ganz anders angegeben. Stichproben ließen mir aber die Werte des Year Book zutreffender erscheinen.

teils in breiteren zusammenhängenden Talebenen, teils in einer Schnur von Talweitungen: der Yoshino, der Kino, der Tenryū in der Längsbruchlinie seines Oberlaufes sowie dessen Fortsetzung nach Norden hin als Abschnitt der Fossa magna, weiter der Shinano fast in seiner ganzen Länge, schließlich der Abukuma, Kitakami und Ishikari.

So stehen die Flüsse in der Entwicklung der Lebensräume und Hafenhinterländer sehr zurück, wenn man die große Zahl und Dichte bedenkt, wie sie das Klima hier bewirkt. Diese negative Bedeutung der Flüsse läßt wieder umsomehr die positive der an die Küsten gebundenen Ebenen hervortreten.

Wenig verschlägt es infolgedessen, daß die Flüsse in ihren Mittel- und Oberläufen nur geringen Verkehr zulassen. Manche dienen wenigstens der Holzflößerei aus den Waldgebirgen und zeigen dann an ihrer Mündung oder auch schon am Austritt aus dem Gebirge eine Konzentration der Sägeindustrie. Ein solcher Mittelpunkt ist das Städtchen Futamata, bei dem der Tenryū aus seinem engen Gebirgstal in die Mündungsebene tritt. Auch weiter unten, wo die Tōkaidō-Bahn ihn quert, ist diese Funktion des Flusses zu beobachten. Ebenso weist Shizuoka am Unterlauf des Abe eine Zusammenballung der Sägemühlen auf, und die Holzindustrie übertrug sich auf den zugehörigen Hafen Shimizu. Auch Nagoya schuf sich seine Stellung als Holzhafen seit alters durch die Lage am Kiso (vgl. Taf. 16, Abb. 1). Alle diese Flüsse entströmen dem zentraljapanischen Hochgebirge.

So gering sich nach dem vorstehenden die Bedeutung der Flüsse für die Erschließung eines ferneren Hinterlandes erweist, so groß ist sie für die Hafenplätze selbst. Dabei sind günstige wie auch ungünstige Momente zu beobachten. Ein vorteilhafter Umstand ist für alle in den Küstenebenen gelegenen Hafenstädte und Städte überhaupt, daß sie die Wasseradern in ihren natürlichen und künstlichen Verzweigungen benutzen können, um mit flachen Booten den innerstädtischen Frachtverkehr zu bewältigen. Am großartigsten ist diese Verbundenheit mit dem Wasser bei Ōsaka. Hier können nach den modernen Vertiefungen auch Seeschiffe bis in das Herz der Stadt vordringen. In manchen Städten kommen für diese Verkehrsfunktion nur einige wenige Adern in Frage, während die übrigen Straßen bloß zur Drainage von schmalen Kanälen durchzogen sind. Jedenfalls aber wird bei einer Reihe von Häfen die Verbindung von Stadt und Hafen durch Wasseradern inniger gestaltet (vgl. Taf. 14, Abb. 1; Taf. 16, Abb. 2; Taf. 18, Abb. 2; Taf. 19, Abb. 1).

Anders sind die Flußmündungen vom Standpunkt des Hafenwasserraumes anzusehen. Dieser steht von vornherein ungünstigen Bedingungen gegenüber, und zwar durch die Seichtigkeit an den Flußmündungen. Der Grund für diese liegt darin, daß die ausräumende Kraft der Gezeiten in keinem Verhältnis steht zu der gewaltigen Sedimentation. So erfordert denn der Hafenbau ein Ausgraben nicht nur der Hafenbecken, sondern auch oft einer Zugangsstraße von weither, wie wir es z. B. bei Nagoya finden werden.

D. Wirtschaftsgrundlagen und Wirtschaftsstruktur in ihren Beziehungen zum Seeverkehr.

In der Vielheit der japanischen Häfen und ihrer Seeverbindung gibt es einerseits solche, die ihren Charakter und ihre Funktion ganz aus der spezifischen Gestaltung und Ausstattung eines engbegrenzten Hinterlandes herleiten, andererseits auch solche, die mit der Wirtschaftsstruktur und -grundlage des ganzen Landes verbunden sind. Für beide Fälle ist ein Überblick über die Verteilung der wirtschaftlichen Gegebenheiten und ihrer Nutzung erforderlich[1]).

---

[1]) Die den folgenden Kapiteln eingefügten Zahlenwerte sind meist den zwei wertvollsten Quellenwerken entnommen:

Y. Takenobu, The Japan Year Book, Tokyo, 1930;

Annual Return of the Foreign Trade of the Empire of Japan, Departement of Finance, Tokyo (letzter Jahrgang für 1928). — Dieses Werk bringt auch für die einzelnen Häfen Werte des Außenhandels und liegt den einschlägigen Angaben im speziellen Teil vor allem zugrunde.

Das Jahr 1928 war das letzte, für das die meisten Angaben verfügbar waren und gewählt wurden. Nur bei einigen Angaben habe ich Werte von 1929 und 1930 aus spezielleren Quellen herangezogen, für manche Tabellen und Karten auch Mittel mehrerer Jahre gebildet. Aber das allgemeinste Vergleichsjahr ist 1928. Es ist auch schon innerhalb der letzten paar Jahre nicht mehr allzu belangreich, ob das für einen Zahlenwert verwendete Jahr um eins früher oder später liegt, da wenigstens die eigentlichen Störungsphasen der Kriegs-, Nachkriegs- und Erdbebenjahre weiter zurückliegen und wieder einer ruhigeren Ent-

I. Neuere Entwicklung.

Die Wirtschaft hat seit der Restauration die gewaltige Wandlung durchlebt, die in der Literatur schon genugsam zur Darstellung gekommen ist, so daß sie hier nur angedeutet zu werden braucht, wobei zugleich an das oben entworfene Bild der Schiffahrtsentwicklung erinnert sei. Ein prägnanter Ausdruck der Umwälzung liegt schon in folgenden zwei Zahlen: im Jahre 1872, also kurz nach Beginn der Meiji-Ära, zählte das Volk, das den Raum der altjapanischen Inseln bewirtschaftete, 33 Millionen, d. h. wenig mehr als die Zahl, auf der es anscheinend seit zwei Jahrhunderten konstant geblieben war; 1930 aber ist es auf 65 Millionen, also schon auf das Doppelte, gewachsen. Dieser Aufstieg ist außer durch eine Propaganda für die Vermehrung der Familie und die Stärkung der Nation vor allem durch die gewaltig gesteigerte Ausnutzung der Naturgrundlagen, durch Verbreiterung der Ernährungsbasis, Entwicklung der Industrie und des Außenhandels erzielt worden. Dabei mußte in vielen Richtungen der Staat als Leiter, Organisator und Unternehmer auftreten, da die Bevölkerung zunächst jeder wirtschaftlichen Betätigung in großem Stil und nach abendländischen Methoden sowie eigener tatkräftiger Initiative ungewohnt war. Die Wirtschaft hatte von jeher in Ernährungs- und weniger in Erwerbswirtschaft bestanden, und so fehlte auch der Drang zu atemloser Steigerung der Bedürfnisse. Der Trieb nach Vorwärts im Wettbewerb mit der Außenwelt mußte erst an die Stelle der eingewurzelten Selbstbescheidung gesetzt werden. Diese Lehrzeit dauerte etwa bis zum chinesisch-japanischen Krieg, dessen siegreicher Ausgang das Selbstbewußtsein und die wirtschaftliche Regsamkeit

---

wicklung gewichen sind. Erst 1930 fällt allerdings als Weltkrisenjahr wieder stark aus dem Rahmen einer stetigen Entwicklung heraus.

Als Maßstab des Handels ist, außer in einigen Fällen, der Wert und nicht die Gewichtsmenge der Güter benutzt. Denn Japan ist noch nicht zu einer einheitlichen Mengenstatistik übergegangen. Die Mengenangaben bewegen sich vielmehr in mannigfaltigen Maßen: Koku, Kin, Gallon, Dutzend, Gros, Yard, Stück, Tonnen etc. So wäre ein Vergleich auf dieser Basis gar nicht möglich.

Auf Unstimmigkeiten in der Statistik stößt man wohl gelegentlich, aber nicht öfter, als wie es auch sonst fast unvermeidlich ist. Die Skepsis, die manchmal den japanischen Quellen gegenüber geäußert wird, bezieht sich wohl mehr auf die Erhebungen und mag einer gewissen Berechtigung nicht entbehren. Aber der Vergleich der Größenordnungen, auf den es uns meist ankommt, wird davon gewiß nicht berührt.

sehr förderte, auch die alten, einseitigen Verträge mit den westlichen Mächten änderte. Die im Verkehr angelegten Kapitalien wurden verdrei- und vervierfacht. Ein Jahrzehnt später brachte der russisch-japanische Krieg eine weitere Ausdehnung der Wirtschaft, besonders der Industrie und des Handels, wenn auch Rückschläge nicht ausblieben. Besonders bemerkenswert ist in dieser Periode neben der Ausdehnung der elektrischen Unternehmungen die stärkere Beteiligung an der Schiffahrt und damit zugleich am Außenhandel.

Diese Veränderungen gestatteten für die gleichzeitig rasch wachsende Bevölkerung die Ergänzung der Nahrung durch Einfuhr. Hierdurch wiederum konnte sich in Verbindung mit den gleichzeitig gesteigerten internen Verkehrsmöglichkeiten die Nutzung des Bodens nach rationellen Gesichtspunkten spezialisieren. So hat z. B. die Präfektur Nagano im zentralen Gebirgsland die Anbaufläche des Maulbeerbaums von 1891—1925 fast verdreifacht und ihre Seidenernte vervielfacht. Ähnlich hat sich erst seit einigen Jahrzehnten der Shizuoka-Distrikt in ein Spezialgebiet des Tees mit dem Exporthafen Shimizu verwandelt. Umgekehrt ist der Baumwollanbau, der zur Zeit der Abschließung notwendig war, in den letzten Dezennien zugunsten des Seidenbaus zurückgegangen[1]), und die Baumwolle bildet dafür den dem Umfang nach bedeutendsten Einfuhrgegenstand. Nicht zu unterschätzen ist auch der Antrieb, den das Kleingewerbe, das alte Kunsthandwerk, seit der Eröffnung des Außenhandels erfuhr.

Im einzelnen wird bei verschiedenen Wirtschaftszweigen auch ihrer historischen Entwicklung gedacht werden. Nur die Bedeutung des Weltkriegs und der Nachkriegszeit für die Gesamtwirtschaft sei hier schon hervorgehoben. Der Krieg brachte einen allseitigen starken Auftrieb. Die vorher passive Handelsbilanz wurde kräftig aktiv und der gesamte Außenhandel vermehrt[2]). Vor allem entstand eine Konjunktur für die Industrie. Rohmaterialien stiegen in der Einfuhr und sanken in der Ausfuhr, ebenso gingen Halbfertigwaren in der Ausfuhr zurück zugunsten von Fertigwaren. Besonders schoß die Textil- und Eisenindustrie empor. Aber auch alle anderen Zweige der Industrie wurden befruchtet. Selbst die Bierbrauerei[3]), die in Britisch-Asien und Ozeanien das englische Bier verdrängte, konnte ihren Export ver-

---

[1]) Vgl. die zwei Kurven von J. E. Orchard in The Geographical Review 1928, S. 384.

[2]) Vgl. die Kurven unsrer Figur 5, Seite 142.

[3]) Bulletin of the Tokyo Chamber of Commerce 1924, Juni, S. 12.

dreifachen; er hob sich von 1915—1918 von 68000 hl auf 222000 hl. Zugleich stieg die heimische Gesamterzeugung von 440000 auf 896000, weil sich mit dem wachsenden Wohlstand auch die inländische Gewöhnung an den Genuß erhöhte.

Schon im Jahre 1922 ist aber die Bierausfuhr wieder auf 60000 hl, also ungefähr den Vorkriegsstand, gesunken. Damit ist eine allgemeine Tendenz der unmittelbaren Nachkriegsentwicklung angedeutet. Es war eine Überspannung eingetreten. In manchen Zweigen hatte die Qualität nicht Schritt gehalten mit der Quantität der Erzeugung, da die gesteigerte Nachfrage eine Verbesserung der Betriebe kaum zuließ und auch nicht erforderte. Auch hatte man ohne weiteres eine Fortdauer der Konjunktur angenommen und die rechtzeitige Umstellung des Transport- und Produktionsapparats auf Friedenswirtschaft versäumt. Als dann die europäische Konkurrenz wieder auftrat, kam der Export ins Stocken, und die Handelsbilanz wurde wieder stark passiv. Hinzu kamen die inneren Schwierigkeiten. Die zu rasche Veränderung hatte das Volk aus seinen gesunden, alten Gewohnheiten gebracht, zu materiellem Wohlleben und Luxus geführt, den Lebensstandard erhöht und die Preise übermäßig emporgetrieben. Das Ende war eine starke Inflation, Unzufriedenheit und Streiks stellten sich ein, soziale Fragen kamen ins Rollen. Ein weiterer Schlag wurde das große Erdbeben von 1923, das in das nationale Leben wie ein verlorener Krieg eingriff. Insbesondere wurde das neben Kōbe und Ōsaka bedeutendste Tor des Welthandels davon betroffen. In diesem und dem folgenden Jahr war die Passivität des Außenhandels am größten, 3 : 4. Doch hat sie sich trotz der als Nachwehen noch 1927 folgenden schweren Wirtschaftskrisen wieder wesentlich gemildert. Allen Schwierigkeiten zum Trotz trachtet man die einmal errungene Handels- und Verkehrsstellung zu erhalten und zu festigen. Von einem gewissen Optimismus zeugen die erstaunlichen weiteren Ausbaupläne in vielen Häfen. Kennzeichnend für den Geist ist der Satz, mit dem die kaiserliche Botschaft vom 10. November 1923 beginnt: „Wir sind der Ansicht, daß die Grundlage der nationalen Wohlfahrt von dem starken und mutigen Geiste des Volkes abhängt.“[1])

Aber auch die Erholung der letzten Jahre erleidet eine neue Unterbrechung durch die augenblickliche Weltkrise, die sich in Japan stark bemerkbar zu machen beginnt.

[1]) H. Überschaar, Die Eigenart der japanischen Staatskultur, Leipzig 1925, S. 96.

Die gegenwärtige Rangfolge der einzelnen Wirtschaftszweige läßt immer noch den Ackerbau als die breiteste Grundlage hervortreten, und die durch ihn erzeugten Austauschbedürfnisse werden im Grunde maßgebend für die meisten, wenn auch nicht die größten der Häfen. Viehzucht trat von jeher und tritt noch heute dahinter ganz zurück. Die Stelle, die in vielen Ländern Europas die Wirtschaft der Viehzucht neben dem Ackerbau einnimmt, hat hier eher die Meereswirtschaft; sie gibt vielen der kleinen und noch einigen mittleren Häfen eine besondere Note, aber kaum einem der großen oder gar größten, da sie eben ringsum betrieben wird. Einige Bedeutung kommt dem Bergbau zu, doch bei der Armut an Bodenschätzen nur eine relativ geringe, und nur in wenigen begrenzten Gebieten; gerade hierdurch drücken aber Bodenschätze am meisten einigen Spezialhäfen einen Stempel auf, selbst mehr als die Fischerei (Kohlenhäfen Miike, Wakamatsu, Otaru, Muroran). Wichtig im Verkehr des Landes und zwar besonders dem Wasserverkehr ist das Holz, von dem reichlich Gebrauch gemacht wird; aber wieder sind es wenige Häfen, die davon stärker beeinflußt werden (Ōsaka, Nagoya, Yokohama, Shimizu, Otaru). Eine größere Rolle spielt die Industrie, auch sie zum Teil in starker Konzentration, auch sie dadurch mit einer besonderen Wirkung auf einige der Häfen, besonders Ōsaka.

II. Landwirtschaft.

Der größere Teil[1]) des japanischen Volkes ist auch heute noch in der Landwirtschaft beschäftigt. Sie erzeugt vor allem anderen den Reis als Grundstock der Ernährung. Dessen Anbaufläche beträgt über 3.1 Millionen ha (Durchschnitt 1924—28), während die nächstbeteiligten Getreidearten Gerste und Weizen nur zusammen 1½ Millionen ha erreichen.

Reis. Der Anbau des Reises hängt von dem Klima, dem Boden und der Möglichkeit der Wasserzufuhr ab. Der Kuroshio, der die Inseln umfängt, verschafft den beiderseitigen Küstenniederungen im Sommer eine hohe Feuchtigkeit und Wärme und läßt auch den Wintermonsun die Temperatur nicht allzusehr herabdrücken. Immerhin bestehen im Winter zwischen dem Süden und Norden schon

[1]) Nach Überschaar sind es über 50 %, nach Oseki über 60 % der Haushaltungen, nach dem Japan Year Book von 1928 53 %.

große Unterschiede; die Temperatur des wärmsten Monats bleibt auch in Hakodate noch über 20° (21,5) und geht bei Tōkyō und weiter südwärts nicht wesentlich über 25° hinaus (Ōsaka 27,2). Außer in Hokkaidō liegt drei, im größten Teil des Landes auch vier Monate lang das Monatsmittel über 20° (vgl. Tabelle 4). So schließt in erster Linie die sommerliche Wärme das Land zu einer klimatischen Einheit zusammen. Ebenso herrscht ein bedeutender Sommerniederschlag überall, während nur in einigen Teilen des Nordens der Winterniederschlag hinzukommt oder vorherrschend wird (Niigata). Die Niederschlagsbeträge erreichen fast im ganzen Land über 1000, in der südlichen Außenzone über 2000 mm.

Tabelle 4.

Mitteltemperatur der wärmsten Monate.

	Juni	Juli	August	September
Kagoshima	22,3	25,9	26,7	24,2
Fukuoka	21,4	25,5	26,3	22,2
Ōsaka	21,8	25,9	27,2	23,4
Nagoya	21,6	25,7	26,6	22,9
Tōkyō	20,5	24,1	25,5	21,9
Kanazawa	20,0	24,1	25,5	21,5
Niigata	19,4	23,7	25,5	21,4
Ishinomaki	17,2	21,8	23,1	19,8
Hakodate	14,5	18,9	21,5	17,8

Mit solcher Gestaltung schließt das Klima den Anbau des Reises in den Ebenen nirgends aus; auch auf Hokkaidō wurde er akklimatisiert und scheint mit der Zeit immer besser zu werden. Das Klima beschränkt ihn nur insofern, als im Norden das Reisland nach der einen Ernte nicht weiter verwendet werden kann, während im größten Teil des Landes danach noch Wintergetreide (Weizen und Gerste) oder Knollenfrüchte, Bohnen und anderes gezogen werden oder ganz im Süden selbst eine zweite Reisernte erzielt wird.

Die ständige Wasserbedeckung ist in der tiefen Ebene am einfachsten zu bewerkstelligen, während die Hänge der Gebirge sie sehr erschweren. Daher sieht man den Reisbau selbst im Süden des Landes in den Gebirgen nicht über 1000 m, schon sehr selten auf einige 100 m hinaufgehen. Auch hat das nördlichste Drittel von Honshū wegen seines geringeren Gebirgsanteils ein relativ größeres Reisareal als Südwest- und gar Mitteljapan. Dadurch wird der Reis zu einem spezifischen Gegenstand im innerjapanischen Verkehr der Häfen Nordhonshūs, speziell der Westhäfen.

Japan könnte die seit der Restauration verdoppelte Bevölkerung nicht mehr entfernt mit Reis versorgen, wenn nicht die Anbaufläche auf alles irgend geeignete Land ausgedehnt und auch durch rationellere Kulturmethoden der Ertrag erhöht worden wäre. Die Reisfläche betrug 1883 rund 2½, 1923 über 3 Millionen ha. Zugleich stieg der Hektarertrag trotz der schon hoch entwickelten alten Kulturmethoden von 1800 kg auf über 3000. Er hat damit mehr als das Doppelte des in den Vereinigten Staaten erzielten Wertes erreicht[1]). So braucht denn Japan nur einen kleinen Bruchteil der Eigenerzeugung einzuführen. Dazu dienen ihm in erster Linie Korea und Formosa, aber auch China und Hinterindien. Sie liefern zusammen jährlich rund eine Million Tonnen. Diese Übersee-Zufuhr wendet sich nach den großen Bevölkerungszentren der südlichen Häfen, Yokohama und Kobe[2]). Aber auch aus den kleinen Überschußgebieten des eigenen Landes muß Reis hierhergeschafft werden, vor allem nach Tōkyō und Ōsaka, die dafür große Reisspeicher haben, Tōkyō für 50000 t, Ōsaka für 35000 t. Es geschieht von den erwähnten Nordwesthäfen und anderen zur See. Auch in den Häfen Sakata und Moji stehen daher große Reisspeicher.

Aber auch im übrigen ist der Reisverkehr im Lande sehr lebhaft, da heute manche Landesteile in rationellerer Nutzung ihrer Bodenbedingungen oder ihrer Lage zu nahen Märkten mehr Spezialkulturen, z. B. das Kōfu-Becken die der Seide, betreiben. So kann das Mißverhältnis zwischen der in einer Ebene erzeugten Reismenge und der dort sitzenden Bevölkerung sehr groß werden. In der folgenden Tabelle (5) habe ich diejenigen Präfekturen (Ken) zusammengestellt[3]), deren Reisareal im Jahre 1925 mindestens 85000 ha erreichte, und die Bevölkerungszahlen hinzugesetzt. Als erstes ist daraus ersichtlich, daß diesen Ken die größten Ebenen zugehören. So fallen Chiba, Ibaraki und Tochigi alle in die

---

[1]) J. E. Orchard in The Geographical Review 1928, S. 390.

[2]) Soweit im folgenden die Beziehungen des Außenhandels zu den Wirtschaftsgrundlagen berührt werden, geben die Karten S. 102—103 eine Illustration. Darin sind für jeden Hafen nur solche Frachten einzeln dargestellt, die mindestens 5 Mill. Y. in Export oder Import erreichen; wo der Wert z. B. für Seidenstoffe darunter bleibt, schließt die Rubrik „sonstige Gewebe“ ihn ein.

[3]) Die Werte verdanke ich Herrn Michi Imai in der Imperial agriculture experimental station in Nishigahara bei Tōkyō.

Kwantō-Ebene, Fukuoka enthält die Ebene um Kurume, Aichi die Nagoya-Ebene, Fukushima das Wakamatsu-Binnenbecken, Yamagata die Sakata-Ebene an der Nordwestküste Honshūs, Niigata die noch größere des Shinano-Unterlaufs, Hokkaidō schließlich das ganze Ishikari-Tiefland. Mustert man nun aber die Bevölkerungsziffern, so zeigt sich folgendes. Nur in fünf dieser großen Reiskammern übersteigen sie den Wert von 1½ Millionen Menschen; auch die größte, Niigata, beherbergt nur 1,8 Millionen. Dagegen hat Ōsaka 3,1 Millionen, Tōkyō sogar 4,5 Millionen Menschen zu ernähren. Auch eine Reihe von weiteren Ken wie Shizuoka, Hiroshima und Nagano haben mehr als 1½ Millionen Menschen und eine ganze Anzahl weiterer mehr als 1 Million zu versorgen; sie alle sind demnach auf jene Überschußkammern bzw. den ergänzenden Auslandreis angewiesen.

Tabelle 5.

Die Präfekturen mit größtem Reisareal.

Präfekturen	Reisareal in ha	Bevölkerungszahl in Millionen
Niigata (Nordostjapan)	173 000	1.8
Hokkaidō (Nordostjapan)	127 000	2.5
Ibaraki (Kwantō)	123 000	1.4
Chiba (Kwantō)	114 000	1.4
Fukuoka (Nordkyūshū)	111 000	2.3
Hyōgo (Inlandsee)	106 000	2.5
Akita (Nordostjapan)	101 000	0.9
Aichi (Zentraljapan)	98 000	2.3
Fukushima (Nordostjapan)	97 000	1.4
Yamagata (Nordostjapan)	91 000	1.0
Tochigi (Kwantō)	87 000	1.1
Miyagi (Nordostjapan)	86 000	1.0
Okayama (Inlandsee)	85 000	1.2

Endlich ist zu bedenken, daß im Reis innerhalb des Landes nicht nur Überschuß und Mangel ausgeglichen, sondern zugleich Qualitäten ausgetauscht werden. In ärmlichen Gegenden muß der Bauer auf den Verzehr des eigenen guten Reises verzichten; er begnügt sich mit geringerem Auslandreis oder häufiger mit Gerste, die daher neben Reis eine Hauptrolle in der Ernährung der breiten Masse spielt, wenn sie auch nur einen Bruchteil der Reisfläche einnimmt, oder mit süßen Kartoffeln.

Figur 2.

Die wichtigsten Güter des Außenhandels in ihrer Verteilung auf die einzelnen Häfen. (Die Länge der wagrechten Bänder bezeichnet den Wert in Millionen Yen, links vom senkrechten Strich für den Import, rechts für den Export.)

Karte 1.

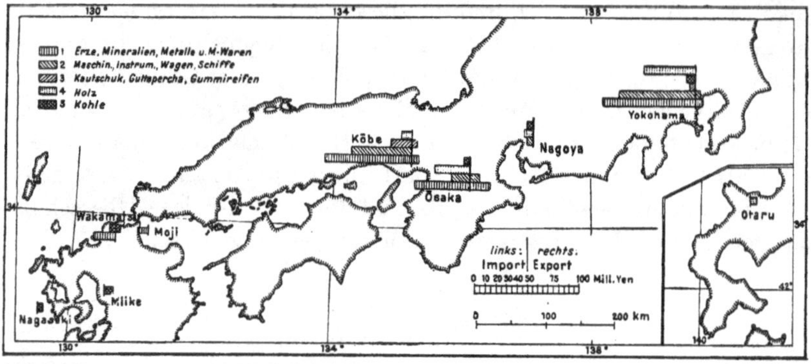

Karte 2.

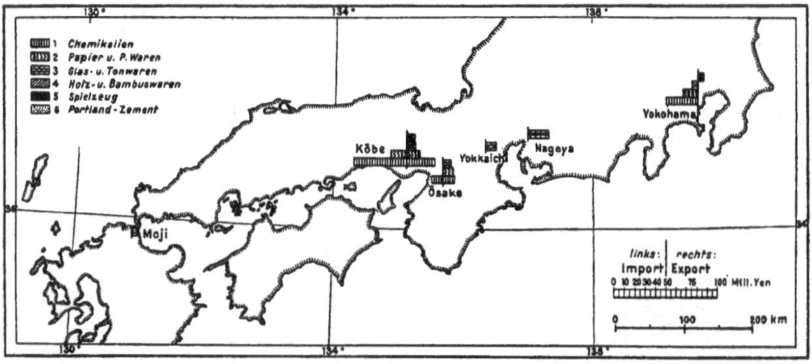

Karte 3.

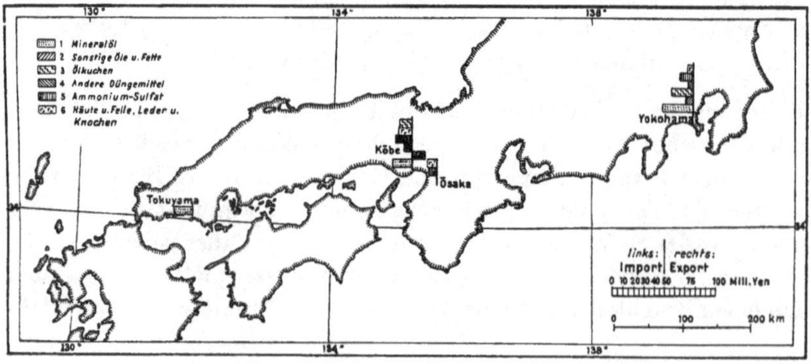

Karte 4.

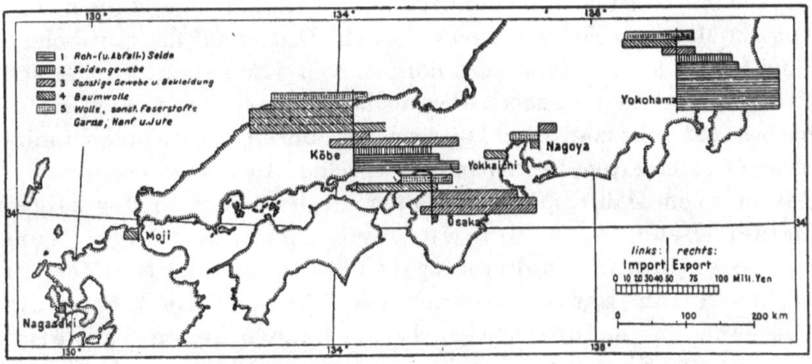

Karte 5.

An diesem ausgedehnten und verwickelten Reisverkehr hat außer dem Küstenschiff auch das Bahnnetz starken Anteil. Dabei wird der Reis in Bündeln versandt, deren Hüllen aus Reisstroh (vgl. Taf. 9, Abb. 3) hergestellt werden. Dieses findet als Packmaterial überhaupt weite Verwendung; man sieht ebenso Dünger und andere Waren darin versandt.

Bohnen. Was nächst dem Reis und den ergänzenden Getreidearten der Gerste und des Weizens im Anbau und Verbrauch die größte Bedeutung hat, sind eine Anzahl Bohnenarten, darunter besonders die Soyabohne. In der japanischen Küche spielt sie neben Reis und Fisch die größte Rolle. Sie bildet den Hauptbestandteil der Shōyūtunke, deren würzigen Geschmack der Japaner kaum bei irgendeiner Speise missen mag. Als Zusatz erfordert diese Tunke Weizenmehl, und im vorigen Jahrhundert wurde noch der größte Teil des im Land gezogenen Weizens diesem Zweck zugeführt. Außer Shōyū wird Miso, das ist ein Bohnenmus, sowie Tōfu, ein Bohnenmehlkuchen aus der Soyabohne bereitet. Auf Bohnen insgesamt fällt eine Anbaufläche von 1,3 Millionen Hektar, davon fast ein Drittel auf die Soyabohne. Hauptsächlich sind daran die nördlicheren Landesteile, namentlich Hokkaidō, beteiligt, daneben aber auch die südlichen mit ihren Hataflächen. Oft sieht man Mischkulturen aus Bohnen, Gerste und mannigfachen Gemüsearten, in Reihen abwechselnd. Auch davon sind vielerorts in einem Jahre mehrere Ernten möglich. Wegen des allgemeinen Bedarfs an Bohnen sowie des als Dünger verwendeten Bohnenkuchens treten auch diese Frachten in vielen Häfen hervor. Ferner ist ähnlich wie beim Reis überseeische Zufuhr nötig, die am meisten in den Südhäfen Yokohama, Shimizu und Kōbe einläuft (vgl. Karte 3 u. 5, Fig. 2). Hierfür hat sich Japan in Korea und der Mandschurei ein Feld gesichert, von wo Bohnen, Bohnenöl und Bohnendünger herüberkommen. Dairen und Fusan sind Haupthäfen dafür. Namentlich der erste ist mit seinen großartigen Einrichtungen ganz darauf eingestellt.

Weizen, Fleisch und sonstige Lebensmittel. Gering im Verhältnis zum Reis ist der Anbau des Weizens. Da sein Verbrauch im Lande aber zusehends in Aufnahme kommt, ist die Weizeneinfuhr im Außenhandel bedeutend und wird in einer Reihe der großen Südhäfen bemerkbar, in Yokohama, Nagoya, Kōbe und Moji, am weitaus stärksten in Yokohama, das sowohl den Zufuhrländern wie dem Hauptverbrauchsgebiet am nächsten liegt (vgl. Karte 5, Fig. 2). Das gleiche Verhältnis besteht in Bezug auf Fleisch, Zucker und viele andere Lebens- und Genußmittel der abendländischen Kultur.

So viel auch außer den erwähnten Nährpflanzen noch sonst in der japanischen Landwirtschaft erzeugt wird, an Wurzelgewächsen, Gemüsearten, Ölpflanzen, so sind sie doch weder bedeutendste Wertgegenstände des Landbaus noch charakteristischste Elemente der Kulturlandschaft; das sind vielmehr zwei strauchartige Gewächse: Tee und Maulbeerbaum.

Tee. Der Tee nimmt kaum den 100sten Teil der für Getreidebau benutzten Flächen ein, 43000 ha. Doch spielt er nicht nur im Leben des ganzen Volkes eine Rolle, sondern hat auch für einen Hafen sogar entscheidende Bedeutung als Exportgut, nämlich für Shimizu. Die Hauptgebiete seines Anbaus liegen überhaupt im Süden. Im Innern des Landes reicht er nicht über das breite mittlere Japan nach Norden, wohl aber an den Küsten entlang, namentlich an der westlichen bis in die Gegend nördlich von Niigata, vereinzelt noch weiter. Er bevorzugt Hügel und Berglehnen, verschmäht aber auch Flußniederungen nicht, auch liebt er die Sonnenexposition. So sind denn oft die Hänge um die Reisniederungen von Teebeeten eingenommen. Um Shizuoka überzieht er die Tertiärhügel, die hier die Niederung durchsetzen und umrahmen. Die außer diesem noch führenden Teedistrikte (Kyōto, Miye, Saitama, Kagoshima) haben zusammen höchstens $^2/_3$ von dem Erzeugungswert des Shizuoka-Distrikts, wodurch die Stellung des Hafens Shimizu verständlich wird.

Seidenzucht. Während der Reis ganz vorwiegend die Ta der Ebenen einnimmt, ist der Maulbeerbaum außer Getreide- und Gemüsearten die vornehmste Kulturpflanze der Hata. Er kann den höheren, wasserärmeren, häufig gröberen Boden vertragen, ohne daß ihm der feinere unzuträglich wäre. So sieht man ihn einesteils auf den Diluvialplateaus der Kwantō-Ebene mit ihrer Lehmdecke verbreitet, andernteils z. B. aber auch im Kōfu-Becken auf einem Boden von sehr grobem, kiesig-grandigem Charakter. Beide Gebiete liegen in der Hauptregion des Seidenbaus. Auch am Gebirgsrahmen um die Kwantō-Ebene und weiter drinnen in den Tälern und Becken Zentraljapans ist er sehr verbreitet. Diese Gebirgsprovinzen sind das Kerngebiet, vor allem für die feinere Seide. Sie bilden das weitere Hinterland von Yokohama und machen dieses zu einem Seiden-Exporthafen, der trotz des konkurrierenden Kōbe noch ganz überragend aus der Karte 4 (Figur 2) herausspringt. Der Anbau fehlt aber auch nicht im nördlichsten Honshū und in Südwestjapan.

Die meist strauchartig gezogene Pflanze, Morus alba, scheint seit der ältesten historischen Zeit im Lande nachweisbar zu sein. Doch wurde die Zucht nicht so gepflegt wie in China, denn noch zur Tokugawa-Periode wurde nur grobe Seide im Land gewonnen, während die feinere aus China eingeführt wurde und den schwunghaften Handel der Chinesen und Holländer in der Hauptsache begründete. Zwar berichtet schon Siebold, wie die Seidenkultur mehr und mehr um sich greife. Aber erst nach der Eröffnung entdeckte Japan, welcher Schatz hier in seinem Lande zu heben und zu entwickeln war. So wurde der Seidenbau auf Kosten anderer Kulturen ausgedehnt, während zugleich das überhaupt unter Trockenkultur stehende Land eine erhebliche Zunahme erfuhr und namentlich auch Fortschritte durch die jahreszeitliche Erweiterung der Zucht erzielt wurden. Setzt man die durchschnittliche Gesamternte der Jahre 1885—89 gleich 1, so ergibt sich für 1905—09 schon 3, für 1920—25 aber 6. In den letzten Jahrzehnten ging die Entwicklung stürmisch;

die im Jahresdurchschnitt gewonnenen Kokons betrugen 1909—13: 156 Millionen kg, 1914—18: 210, 1919—23: 247, 1924—27: 315 Millionen kg. Auch die Kurve der erzeugten Seidenmenge (Fig. 2a) zeigt den starken Anstieg noch in den letzten Jahren. Der Wert der Jahresproduktion kommt einer Milliarde Yen nahe. Obwohl im ganzen die mit Maulbeerbäumen bepflanzten Felder nur etwa $^1/_6$ der Reisfläche einnehmen, ist doch heute diese Kultur in der bäuerlichen Wirtschaft fast so wichtig wie die des Reises, und die Mittel- und Kleinbetriebe würden sich ohne sie gar nicht halten können; sie ist auch gerade für die Kleinwirtschaft ungemein geeignet und verdankt der emsigen Mitarbeit der zahlreichen Familienmitglieder ihre hohe Entwicklung.

Figur 2a.

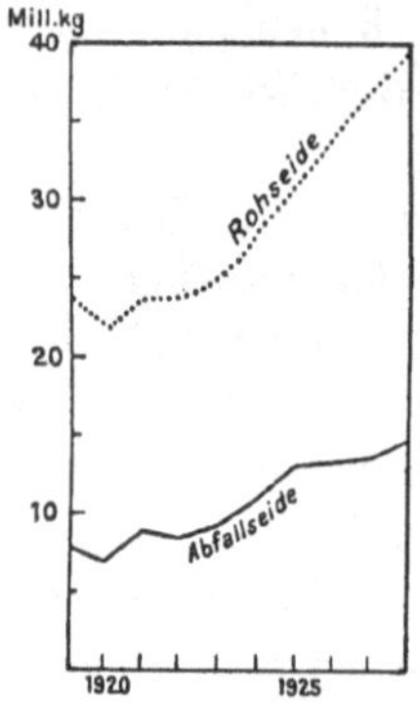

Entwicklung der Seidenproduktion im letzten Jahrzehnt nach Gewichtsmenge.

Mit Beginn des japanischen Außenhandels setzte sofort auch der Export von Rohseide ein. Er steigerte sich ähnlich wie die in den genannten Zahlen ausgedrückte Ernte. In dem Jahrfünft 1921—25 nahm die Rohseide mit 39%, in den Jahren 1927 und 1928 mit 37% am Gesamtexport teil. Dazu kommen noch die Seidengewebe. So hat hier die Seide im Außenverkehr eine viel größere Bedeutung als in China; an Erzeugung übertrifft dieses zwar Japan bei weitem, aber für den Weltbedarf sorgt Japan mehr als irgendein Land. Von der Ausfuhr gehen mehr als $^9/_{10}$ nach den Vereinigten Staaten, der Rest größtenteils nach Frankreich. So ist die Seidenstraße der Welt heute völlig entgegengesetzt der von früheren Jahrhunderten gerichtet. Die Angelpunkte sind in Amerika Seattle und S. Francisco, in Japan ist es überragend Yokohama. Dieser Hafen erlitt den schwersten Schlag durch das Erdbeben 1923. Damit wanderte ein Teil des Seidenexports nach Kōbe ab, das vorübergehend sogar die Führung an sich zog, auch eine Seidenbörse errichtete, die einzige neben Yokohama. Doch hat dieses seine dominierende Stellung wiedererlangt. Es hat für sich außer der Nähe der Hauptproduktionsgebiete die Tradition auf dem sehr feine Kenntnisse fordernden Gebiet sowie die engere Verbindung mit Amerika, dem Hauptkäufer. Stolz ragte schon 1926 aus den Trümmern, in denen ich das Großhandelsviertel Yokohamas noch sah, der neue Riesenbau der Seidenbörse, ein Gebäudekomplex, der eine Art Wahrzeichen dieses Hafens ist.

Dünger. Als ein umfangreiches Frachtgut im Küsten- und Binnenverkehr ergibt sich in Verbindung mit der gesamten Landwirtschaft der Dünger. Besonders ist Stickstoffdünger zuzuführen. Viehdünger ist aber nicht zur Verfügung, da Pferde und Rinder nur in ganz beschränktem Maße, für einige Hilfe im Feldbau und für den Transport, verwendet werden. So können an Ort und Stelle nur zwei Düngerarten gewonnen werden, einmal der menschliche Dünger, den man oft in besonderen Gelassen auf den Reisfeldern gesammelt sieht, und dann der Gründünger, der aus nahen Wäldern, Mooren, Gras- und Ödlandflächen herbeigeschafft wird. Auch Holzasche und in Seidengebieten Abfälle der Seidenzucht stehen zur Verfügung. Hinzu aber kommen in beträchtlichen Mengen eingeführte Düngerarten, denen wir als Frachtgütern häufig in den Häfen, am meisten in Yokohama und Kōbe (vgl. Karte 3, Fig. 2), begegnen werden: einmal Fischdünger (dieser zwar im heimischen Verkehr, aber von Hokkaidō), sodann Bohnenkuchen, Knochenmehl, Südseephosphate und Ammoniumsulfat. In den letzten Jahren belief sich der Wert der im Außenhandel zugeführten Düngemittel allein auf 150 Millionen Yen. Die Lieferung von Ammoniumsulfat bestreitet besonders Deutschland, und zwar datiert diese Entwicklung erst seit 1923. Die japanische Industrie versucht sich indes davon unabhängig zu machen.

III. Meereswirtschaft.

Bei seinem bescheidenen Nährboden war das Volk umsomehr von Anfang an auf die See als Nahrungsquelle hingewiesen. Nicht nur der Buddhismus, sondern schon die Shintō-Lehre schließt das Schlachten von Tieren aus. Auf Meerestiere scheint man das Verbot seit alters nicht erstreckt zu haben. Die zwingende Gunst der Natur erwies sich hier stärker als die logische Konsequenz in der Entwicklung einer religiösen Lehre. Der Fleischkonsum tritt noch heute gänzlich zurück hinter der Meeresnahrung. So kann man stundenlang durch eine Stadt wandern, ohne einem Fleischerladen zu begegnen. Aber die getrockneten Pflanzen und Tiere des Meeres sieht man auf Schritt und Tritt an den Küsten ausgebreitet und aufgehängt, und sobald dem Gast eine Mahlzeit vorgesetzt wird, die über Tee und Bohnenmehlkuchen hinausgeht, findet sich Fisch darunter, bei einer Hauptmahlzeit oft in 4 bis 5facher Form, auch als roher Fisch (Sashimi). Günstig für den Meeresfang sind die langen Küsten, ihre Gliederung und seichten Wasser, ihr unerschöpflicher Reichtum an Fischen und anderen Lebewesen. Auch Meerespflanzen wuchern üppig rundum, namentlich der Riementang, ein eßbarer Seetang (Kombu), und Meerlattich (Nori), und das Abernten wird nicht minder eifrig wie das der Felder betrieben. Man zählt Hunderte von Varietäten. In keinem anderen Lande mögen diese Produkte so ausgedehnte Verwendung als Nahrung und auch zur weiteren Verarbeitung finden wie hier. Dieser Reichtum an Leben aller Art hat seinen Grund einmal in der großen Breitenerstreckung Japans von den Tropen bis in die Subarktis und dann in dem Zusammentreffen des warmen Kuroshio mit dem kalten Oyashio. Dadurch vereint Japan echt nordischen Fang, selbst Wale und Pelztiere, mit der Korallenfischerei um Kyūshū und den Perlenausterfarmen bei Toba. Ebenso zahlreich sind die Fangmethoden, die sich schon durch die Rivalität der benachbarten Lebenskammern reich entwickelten.

So lieferte denn bereits der in der Abschlußperiode mit China betriebene Handel Meereserzeugnisse dorthin: getrocknete Fische, Seemuscheln, Krebsschwänze, Seetang und Seemoos[1]). Erst mit der Eröffnung und dem Heraustreten aus den Küstengewässern kam die Hochseefischerei hinzu und nahm europäische Methoden an auf jenem unermeßlichen Feld, das die Randmeergewässer von der Yangtse-Mündung bis zum Bering-Meer und die angrenzenden Teile des Ozeans einnimmt. Besonders wurden nach den Kriegen mit China und Rußland die Fischereigründe nach Kwantung und den russischen Küstengebieten ausgedehnt. Im Jahre 1897 wurden Hochseefischereifahrzeuge von europäischem Typ auf Betreiben der Regierung eingeführt. So verfügt die Hochseefischerei heute über Motorboote und Schleppnetzdampfer. Das gab dem japanischen Fischereigewerbe eine Entwicklung, die dann auch von den ausgewanderten Japanern in die kanadischen Küstengewässer übertragen wurde; schon 1902 scheinen sie in Britisch-Columbien den Löwenanteil der Fischerei in Händen gehabt zu haben.

Auf Grund eines Gesetzes von 1901 haben sich große Organisationen unter der Zentralinstitution der Nationalen Meeresproduktionsgesellschaft gebildet. Auch entstanden Fischereigilden, deren Zahl jetzt über 3600 beträgt mit rund ½ Million Mitglieder[2]), dazu noch über 200 Seeproduktgilden mit 360000 Mitgliedern. Die Zahl der

[1]) Ph. v. Siebold, Nippon, a. a. O., VI., Vom japanischen Handel, S. 52.

[2]) Japan Year Book 1928, S. 512.

Dauerfischer betrug in den letzten Jahren über 600000, die der Gelegenheitsfischer 500000. Etwa 20000 Fischerboote besitzen Dieselmaschinen und drängen in der Fischerei größeren Stils die Segelboote zurück. Im ganzen aber werden 350000 Fischereifahrzeuge amtlich angegeben. Darin kommt die gewaltige Meeresverbundenheit des Volkes zum Ausdruck, wie sie gerade dieses Gewerbe rund um Japans Küsten gleichsam in Miniaturklammern hervorruft.

Der Staat hat Fischereischulen und -beobachtungsstationen eingerichtet und Subventionen eingeführt. Auch sind im Fischversand Verbesserungen eingetreten durch Autoverkehr und durch die Kühlwagen der Eisenbahn; 1922 wurde die Zahl der 150 vorhandenen verdoppelt. Die jährliche Ausbeute an Meeresprodukten beläuft sich auf 2 Millionen Tonnen, d. h. rund das Doppelte derjenigen von England und Irland.

Hinzu kommt die gesamte Fischindustrie, welche Konserven, Öl und anderes herstellt, ferner die Salzgewinnung, die seit alters um die Inlandsee wegen ihrer besonders warmen und trockenen Gestade in einer Reihe von Plätzen betrieben wird und hier ganze Dörfer ausschließlich beschäftigt, wie sie auch den Anblick der Küstenlandschaft weithin bestimmt. Endlich ist die Fischzucht zu beachten, die in zahllosen Tümpeln Aale, Karpfen und anderes erzeugt. Eine besondere Kultur ist die der Perlenauster, eine Erfindung von Mikimoto, durch die in einer Bucht bei Toba in der Ausdehnung von vielen Kilometern die Tiere bei jahrelanger Pflege zur Erzeugung einer in jeder Hinsicht echten Perle gebracht werden.

Den Ertrag des gesamten Fischfangs gibt das Year Book von 1930 mit 350 Millionen Yen an. Fast $^3/_5$ davon fließt aus der Küstenfischerei, den nächstgrößten Wert hat die Tiefseefischerei, die geringsten Erträge die Fischzucht.

Der trotz aller modernen Entwicklung hohe Anteil der Küstenfischerei bleibt also für Japan höchst charakteristisch. Die Japaner schätzen meist den geangelten Fisch für die Nahrung höher als den mit dem Netz in Massenbetrieb gefangenen. Dieses Übergewicht der Küstenfischerei und des kleinen Betriebes drückt auch den Fischereihäfen ihren Stempel auf, bestimmt ihre Art und Verteilung. Es sind nicht etwa einige ganz große, die den Löwenanteil hätten wie in nordwesteuropäischen Ländern; Riesen-Spezialhäfen der Fischerei wie namentlich in Großbritannien und Deutschland gibt es hier nicht.

Japan ähnelt darin eher Frankreich, dessen Fischerei auch über zahllose Häfen verteilt ist. Die größten in Japan sind Chōshi, Shimonoseki und Nagasaki, unter denen Chōshi ausschließlich Fischereihafen ist. Dagegen wimmelt es, namentlich in der Inlandsee, von Zwerghäfen; zwei parallele oder etwas konvergierende Molen umschließen oft einen kleinen Wasserraum, entweder an offener Küste oder in einer Flußmündung. Es besteht eben auch in diesem Spezialzweig der Wirtschaft und der Häfen eine weitgehende Aufteilung über das ganze Land. (Vgl. Taf. 5, Abb. 2; Taf. 6, Abb. 1, 2.)

Fischereihäfen mittlerer Größe liegen um die Kwantō-Ebene, z. B. an der Spitze der Miura-Halbinsel der reine Fischereihafen Misaki, in der Tone-Mündung Chōshi. Dazu kommen viele kleine, die täglich ihre Fänge nach der Hauptstadt liefern.

Ein amtliches Verzeichnis gibt allein von denjenigen Fischereihäfen, in denen bis 1925 Ausbauarbeiten vorgenommen wurden, nicht weniger als 113 Pläne. Von ihnen liegen 7 in Hokkaidō und Aomori, weiter gegen 80 je zur Hälfte auf der Seite der Japansee und des Pazifischen Ozeans, 12 in der Inlandsee und 18 an der Westseite Kyūshūs. An den südlichen Küsten sind sie spärlicher auf den vorgereckten Enden als in den großen Buchten. Die auffälligste Lücke im ganzen Inselzug zeigt das nördliche Honshū, d. h. die an Aomori grenzenden südlicheren Provinzen bis fast zur Sendai-Bucht. Hier wirkt vermutlich das nahe überreiche Fanggebiet Hokkaidōs zu konzentrierend.

Um Hokkaidō liegt nämlich das dem Ertrag nach bedeutendste Fischereigebiet Japans und überhaupt eines der bedeutendsten der Erde. In der Saison entsteht ein großer Zustrom von Süden, und es entfaltet sich ein reges Leben. Sieht man in der Nacht vom Strand von Hakodate auf das Meer, so kann man zuweilen ein Gewimmel von Tausenden von Lichtpunkten erblicken, die von den draußen liegenden Fischerbooten herrühren. Ein Nachteil ist hier der häufige und dichte Nebel. Sammelpunkte des Ertrags sind die Häfen Otaru und Hakodate. Von dem letzteren kommen Fische mit der Bahn bis nach Tōkyō herunter, andererseits erfolgt von hier die Ausfuhr nach Amerika. Von Otaru geht außer Fischen und Fischöl auch der Fischdünger in Massen südwärts. In diesem nordischen Fanggebiet sind die Kurilen und Sachalin weitere Stützpunkte geworden. Die erste Stelle im Fang nimmt der Hering ein, dazu kommen Dorsch, Makrelen, Lachsarten, Sardinen, Seetang, Seekohl, Tintenfische und Krebse.

Andere Fische kommen in den warmen Wassern an den südlichen Küsten vor, besonders Thunfisch und Bonite (gestreifter Thunfisch), dazu Sardinen, Makrelen, Austern, Hummer und Muscheln. Nordwestkyūshū ist hier ein zweites Hauptgebiet des Meeresfangs, namentlich für den Bonite; Shimonoseki und Nagasaki sind die Haupthäfen. Von dem ersteren werden auch Ōsaka und Kyōto versorgt.

Endlich ist der Walfang zu erwähnen, der sowohl im Norden bei den Kurilen wie auch im Winter im Süden um Kyūshū und Tosa sowie an der Ostküste zwischen der Tōkyō- und der Sendai-Bucht betrieben wird. Das Jahr 1926 brachte einen Fang von 1870 Stück im Werte von 2 Millionen Yen.

Ein Teil der Meereserzeugnisse, besonders von Hokkaidō, geht über See, sowohl nach China wie auch nach Amerika und Europa. Der Versand geht am meisten über den General-Exporthafen Yokohama (vgl. Karte 5, Fig. 2), nur zum kleineren Teil direkt von den Hokkaidō-Häfen aus.

IV. Waldwirtschaft.

Wie nach dem Meere, so erweitert sich die japanische Wirtschaftsbasis auch binnenwärts von den eigentlichen Siedlungsräumen in die Gebirge hinein, und zwar zunächst durch die Waldnutzung. Eine Überleitung zu dieser liegt in den Gehölzen, die den Ebenen selbst eingestreut und angelehnt sind. Unter ihnen ist das wichtigste Holzgewächs der Bambus. Die japanische Wirtschaft macht von ihm allerdings nicht den großen Gebrauch wie die anderer pazifischer Völker. Vor allem wird er für schwere Bauten wie Häuser, Brücken und Boote hier nur untergeordnet herangezogen. Er dient einmal als Gemüse, sodann wesentlich für Gebrauchsgegenstände im Haus und auf dem Feld. Dafür ist er in kleinen Beständen der Kulturlandschaft eingestreut. Er kommt ebenso in den Wäldern vor und zwar bis in den Norden; als niedriges Unterholz sah ich ihn noch auf Hokkaidō. Doch bleibt sein Hauptgebiet, in dem er hochwüchsige und größere Bestände bildet, das südliche Japan. Darum kommt er auch für den Verkehr innerhalb des Landes in Betracht, aber nicht stark.

Unter den Bäumen gibt es (außer den Obstbäumen) gleichfalls einen, der als Nutzbaum nicht in Forsten, sondern in Verbindung mit der Landwirtschaft gezogen wird, den Kiri-Baum. Sein weiches und leichtes Holz wird als Material für die Schuhe (Geta) und andere Zwecke gebraucht. Er ist mehr im nördlichen Japan zu Hause.

Die meisten Nutzhölzer aber entstammen den Waldbäumen. Sie nahmen früher stets die erste Stelle unter allen Kulturmaterialien ein. Wo nichts weiter von Industrie in einem Orte zu sehen ist, da ist es doch oft ein Sägewerk. Namentlich als Baumaterial herrschte bis zur Eröffnung Japans das Holz fast ausschließlich, in Tempel, Palast und Hütte. Der Wald bietet mit rund 1000 Baumarten einen ungewöhnlichen Reichtum dar, doch sind nur einige wenige von überragender Bedeutung. In der südlichen, subtropischen Zone, die sich annähernd mit Südwestjapan deckt, gibt es immergrüne Laubhölzer wie Eichen und Kampferbäume sowie verschiedene Kiefernarten als charakteristische Vertreter. Die mittlere, gemäßigte Zone, die aber über Zentraljapan weit hinaus bis in das südwestliche Hokkaidō reicht,' birgt die wirtschaftlich wichtigsten Baumarten: die Zeder (Cryptomeria Japonica), japanisch Sugi; die Scheinzypresse (Chamaecyparis obtusa), japanisch Hinoki; endlich Kiefernarten (Pinus), japanisch Matsu; dazu noch Fichten, Eichen, Ahorn, Magnolien. Die dritte, die kalte Zone, die auch innerhalb der vorigen schon die größeren Höhen, etwa 12—1500 m einnimmt, ist besonders durch Kiefern, Fichten und Lärchen ausgezeichnet. Reichlich also ziehen sich über das ganze Land die Koniferen, und ihnen gehören die Hauptnutzhölzer an. Auf Sugi, Hinoki sowie einige Kiefern- und Fichtenarten kommen zusammen schon über $^4/_5$ des Wertes aller genutzten Hölzer. Von dem 1925 gefällten Holz kam über die Hälfte auf Sugi und Matsu. In Tempeln wird meist Hinoki verwandt, für den Wohnhausbau sowohl Sugi wie auch Matsu. Außerdem aber wird Holz gebraucht für Papier, Schiffbau, Kisten zum Tee- und Fischversand, ferner werden z. B. Zündhölzer hergestellt, die schon vor dem Krieg einen nicht unbedeutenden Exportartikel abgaben. Es bestanden dafür nahe an 200 Fabriken. Besonders an der Nordseite der Inlandsee begegnet man ihnen in kleinen Ortschaften, und Kōbe ist ein Hauptausfuhrhafen dafür. Der Ausfuhrwert der Zündhölzer bleibt aber hinter dem des Papiers zurück. Neben dem Stammholz wird Rinde für Dachbedeckung und Holzkohle verwertet. Die Nachfrage nach dieser ist in ganz Japan groß, da sie fast ausschließlich den Hausbrand bestreitet. Bündel davon sind eine typische Fracht im Kleinverkehr der Städte.

Im ganzen fallen 48% des Landes dem Walde zu, also nicht viel weniger als in Schweden. Und doch ergibt sich eine ganz andere

Stellung des Waldes in der Wirtschaft und im Außenverkehr, teils wegen der ungleich größeren Bevölkerung und ihrer Holzarchitektur, teils wegen der hohen, unzugänglicheren Gebirge, schließlich wegen der zu starken Entwaldung der letzten Jahrzehnte.

In den Gebirgen Mitteljapans sind die Wälder am schwersten erreichbar, und der Transport ist hier auf die Flüsse angewiesen. So sieht man größere Holzstapel in der Mündung des Tenryū, riesige Lager bei der gar nicht großen Stadt Shimada nahe der Ōi-Mündung. Auch am Ausgang des Kiso, in Nagoya, spielte seit alters herabgeflößtes Holz eine Rolle. Gut bewaldet scheint das Gebirgsland auch noch im nördlichsten Teil Honshūs zu sein, besonders mit Kiefern, Cryptomerien und Lärchen. Das Hauptholzland ist in der Gegenwart Hokkaidō, während in Südwestjapan die Wälder schon stark abgeholzt sind. Im ganzen aber ist Japan kaum mehr als holzreiches Land zu bezeichnen. Schon vor Jahrzehnten haben Forstfachleute eindringlich auf die unsinnige Ausnutzung und fehlende Kontrolle hingewiesen, so Hefele[1]). Es ist erstaunlich, daß jetzt der größte Teil des Landes Holz importieren muß, zum Teil von Hokkaidō, Sachalin und Korea, zum größeren Teil aus Amerika. Selbst in Hokkaidō wurde mir der rasche Rückgang der Bestände hervorgehoben. Dabei darf allerdings auch der durch den Schiffs- und Eisenbahnbau sehr gesteigerte Verbrauch, sowie die nach dem Kriege ungünstige Preis- und Lohngestaltung im Lande nicht übersehen werden. Die Einfuhr stieg nach dem Krieg zunächst fast stetig von 16 Millionen Yen 1920 auf 119 Millionen Yen 1924, um in den letzten Jahren wieder etwas zu sinken. In diesem Jahre und den folgenden kamen 80—90 % von Amerika, besonders Oregon, und zwar hauptsächlich Kiefern- und Zedernholz. Die Einfuhrhäfen liegen im Süden. Außer Yokohama und Ōsaka ragen Kōbe und Nagoya hervor, das von seiner früheren Stellung in der inländischen Ausbeute her seine besonderen Einrichtungen in großen Holzspeicherteichen besitzt (Taf. 16, Abb. 1). Die Bedeutung des Holzes im Bild dieser Häfen ist viel größer, als es die Karte hervortreten läßt, da diese sich auf Werte, nicht auf Mengen bezieht. Große Überseedampfer sieht man in Nagoya und in anderen Häfen liegen, vollbeladen mit Holz, das sie ins Wasser werfen. Der einzige bedeutende Exporthafen ist Otaru auf Hokkaidō. (Vgl. Karte 1, Figur 2).

[1]) K. Hefele, Forstliche Reiseeindrücke, Mittlg. der Deutschen Ges. f. Natur- und Völkerkunde Ostasiens, Bd. 9, Tōkyō 1902/03, S. 156—58.

V. Bodenschätze und Wasserkraft.

Außer dem Wald bietet das die Ebenen nach innen begrenzende höhere Land seine Bodenschätze dar. Im ganzen ist Japan in dieser Wirtschaftsgrundlage äußerst schwach. Die Edelmetalle sind heute völlig belanglos, obwohl Gold in vielen Teilen des Landes noch vorkommt und in der ersten Handelsverbindung mit dem Abendland zusammen mit Silber und Kupfer die Hauptfracht bildete. Besser bestellt ist es mit einigen anderen Erzen, besonders Kupfer, noch bedeutender sind Kohle und Petroleum sowie Steine verschiedener Art vertreten.

Kalkstein kommt reichlich namentlich in paläozoischen Formationen vor und wird zur Kalkbrennerei verwandt. Für Hafenbauten werden zum Teil Zementwerke eigens in der Nähe angelegt. Besonders nach dem großen Erdbeben wuchs die Nachfrage, weil viel von Beton Gebrauch gemacht wird. Für die überseeische Ausfuhr wird der Zement allein im Hafen Moji von erheblicher Bedeutung. Die Eruptiva liefern beste Porzellantone, vor allem Verwitterungsprodukte des Granits, Porphyrs und Liparits; zu einem wesentlichen Ausfuhrposten werden Tonwaren für das Hafenpaar Nagoya und Yokkaichi (Karte 2, Fig. 2). Von den Natursteinen als Baumaterial macht Japan, im ganzen gesehen, sehr geringen Gebrauch. Sie fanden bisher nur Verwendung in den mächtigen Zyklopenmauern der Burgen (hier kann man Blöcke bis zu 15 cbm sehen), in den Laternen, Denksteinen und Treppenaufgängen der Tempelbezirke, in einigen Städten auch zur Straßenpflasterung, die aber in den meisten noch sehr zu wünschen übrig läßt, vereinzelt für Brücken, wie z. B. in Nagasaki, stärker aber erst neuerdings für Hafenmolen und -kais. Bei letzteren sieht man viel die Granite und Andesite verwertet. Jene werden mehr in südlichen, diese in mittleren und nördlichen Landesteilen gebrochen. Schwefel ist in Solfataren-Gebieten an verschiedenen Stellen vorhanden und abbauwürdig, spielt aber in der Ausfuhr heute nicht mehr entfernt die frühere Rolle.

Die größte Schwäche ist die Armut an Eisenerz. Es kommt zwar vielerorts vor, aber in kleinen Mengen. Von einigem Belang ist der Abbau nur an der Küste des Kitakami-Berglandes sowie bei Muroran in Hokkaidō. Neuerdings geht man dazu über, den im Norden reichlich vorhandenen Eisensand auszubeuten. Im ganzen wurde in den Jahren 1924—27 nur die durchschnittliche Eisenmenge von 100000 t gewonnen. Die vielfache Menge holte Japan als

Ergänzung aus China, Formosa und Korea. Diese große fremde Zufuhr, von Eisen wie auch von anderen Erzen, wird von Bedeutung für alle großen Häfen des Südens, Yokohama, Kōbe und Ōsaka, sowie für den Spezialhafen Wakamatsu. Aber auch Metallwaren und Maschinen werden für jene Großhäfen zu einem Gegenstand des Massenimports im Außenhandel. Beide Gruppen von Frachten treten demgemäß als beherrschende Importwerte in der Karte 1 der Figur 2 hervor.

Besser versorgt ist das Land zwar mit Kupfer, das seit alter Zeit gewonnen wird. Der Export konnte sich auch in der neueren Zeit steigern und Japan sogar zu einem der Hauptlieferanten machen, bis nach dem Weltkrieg allmählich ein Import an die Stelle trat und die Betriebe sehr eingeschränkt wurden. Der Grund für die Veränderung liegt aber nicht in einer Erschöpfung der Minen, sondern in den gesteigerten Kosten, die namentlich den Konkurrenzkampf mit dem durch bessere Lager ausgezeichneten Amerika sehr erschweren, und auch in dem Anwachsen des eigenen Bedarfs. Die Ausbeute lag seit 1921 meist um 60000 t jährlich. Dazu kam stets noch eine kleine Mehreinfuhr; 1926 betrug der Import 16300 t gegenüber einem Export von nur 2500. Die wichtigsten Kupferminen liegen bei Ashio, Besshi, Saganoseki, Hitachi und Kosaka, sind demnach sehr über das Land verteilt, von Shikoku über Mitteljapan bis nördlich von Akita, und treten daher nirgends in einem größeren Hafen besonders in Erscheinung.

Einer der stärker vertretenen Bodenschätze ist weiter das Petroleum. Es zieht sich in einer Zone hinter der Küste des japanischen Meeres von Hokkaidō bis zum Becken von Nagano in Mitteljapan hin (vgl. Fig. 3), und zwar findet es sich hier in den neogenen Schichten, besonders den jüngeren derselben[1]). Die Zone teilt sich wieder in drei Regionen, die von Hokkaidō, Akita und Echigo. Davon sind die beiden letzteren bei weitem am wichtigsten. Bekannt war hier das Vorkommen seit alter Zeit, ganz spärlich wurde es auch früher schon benutzt. Gleich nach der Restauration warf man ein Auge auf die Felder von Echigo. Nach vergeblichen Anläufen einiger Gesellschaften in den siebziger Jahren kam am Ende der achtziger

[1]) N. Kanehara, Geology of Japan, Scientific Japan, S. 65. — Ders., The Geology and Mineral Resources of the Japanese Empire, Tokyo 1926, S. 98f. Ferner H. Yabe in Japanese Journal of Geology and Geography, vol. V, No. 3, 1927, S. 102.

Fig. 3. Die Ölzone in Nordhonshū und Hokkaidō.

Die Zone nimmt die Westseite der Inseln ein. Die Hauptausbeute liegt auf Honshū und zwar um die Häfen von Niigata, Sakata und Akita als Brennpunkte.

die Ausbeute kräftig in Gang. Trotz der großen Konkurrenz, die um die Jahrhundertwende seitens der Standard Oil Comp. entstand, stieg die Ausbeute weiter, um nach Schwankungen im Jahre 1916 das Höchstmaß zu erreichen: 4½ Millionen hl. Seitdem gingen die Felder der Erschöpfung zu, und der Jahresertrag sank ziemlich stetig bis auf 2,7 Millionen hl im Jahre 1926 herab. Entsprechend wuchs die fremde Zufuhr, die jetzt das Dreifache der eigenen Erzeugung beträgt. Jedenfalls erhalten die nordwestlichen Häfen, namentlich Niigata und das benachbarte Naoetsu, durch den internen Petroleumverkehr und die damit verbundene Industrie eine besondere Note (vgl. Taf. 9, Abb. 1), während andererseits die fremde Ölzufuhr sich infolge der zunehmenden Ölfeuerung der Schiffe auf viele Häfen von Otaru bis Hakata verteilt und in den Großhäfen Yokohama und Kōbe wie auch im Spezialhafen Tokuyama bedeutendere Werte annimmt (vgl. Karte 3, Fig. 2).

Am wichtigsten und am reichsten vertreten ist unter den Bodenschätzen die Kohle. Wie das Petroleum gehört auch sie der tertiären Hügellandschaft an, die den Ebenen am nächsten liegt, und das ist günstig für ihre Stellung im Verkehr, besonders im Seeverkehr. Die Kohle findet sich allerdings nicht in den neogenen Ablagerungen, sondern in den ihnen räumlich benachbarten paläogenen, die damit trotz beschränkter Ausdehnung eine hohe wirtschaftliche Bedeutung erhalten. Über den geschätzten Vorrat macht Uyehara[1]) diese Angaben: Kyūshū 1 Milliarde Tonnen, Hokkaidō 570 Millionen, Honshū 170 Millionen, im ganzen also etwa 1¾ Milliarden. Die amtliche Geologie[2]) stellt hingegen die Reserven von Hokkaidō höher als die von Kyūshū, ohne bestimmte Werte zu nennen. So viel ist sicher, daß die Vorräte gering gegenüber denen von China oder anderen großen

[1]) S. Uyehara, a. a. O., S. 192.

[2]) N. Kanehara, The Geology and Mineral Resources, a. a. O., S. 97.

Kohlenländern, gering auch schon im Verhältnis zur jetzigen Ausbeute sind. Die Kohle ist von geringerer Güte, Anthrazit findet sich nur an einigen Stellen und in kleinen Mengen, meist ist es bituminöse Steinkohle, dazu kommt etwas Braunkohle. Auch die Mächtigkeit der Lager ist gering und beeinträchtigt weiter die Rentabilität des Abbaus.

Vor der Restauration waren die Lager belanglos, noch 1883 wurde nur 1 Million, 1902 schon 10 Millionen, in den letzten Jahren je über 30 Millionen Metertonnen gewonnen[1]). Zuerst waren die Salzfabrikation und die Schiffahrt die Konsumenten, auch wurde etwas ausgeführt nach den ostasiatischen Ländern. Mit dem Anwachsen der Schiffahrt seit den neunziger Jahren wuchs der Bedarf und die Ausbeute, während gleichzeitig die sich entwickelnde Industrie mehr und mehr als Abnehmerin hinzutrat. Jetzt deckt die Erzeugung ungefähr den Bedarf, etwas wird auch auf den ostasiatischen Markt gegeben, aber zu den größeren Exporteuren gehört Japan nicht, wie auch die Abbaumethoden und -einrichtungen nicht ganz denen westeuropäischer Länder an die Seite zu stellen sind. Umgekehrt wird etwas Kohle auch eingeführt (vgl. Karte 1, Figur 2).

Trotzdem spielt die Kohle im Verkehr zwischen den Häfen eine sehr große Rolle. Der Grund liegt darin, daß sie im wesentlichen nur an zwei Stellen vorkommt, und zwar an beiden Enden des Landes: auf Hokkaidō und Kyūshū. Ein drittes Gebiet, das Jōban-Kohlenfeld genannt, liegt an der Ostküste Nordhonshūs bei Hitachi und Iwaki in dem tertiären Küstenvorland. Doch steht es an Menge und Wert hinter jenen beiden zurück. Sein Vorteil liegt nur in der geringen Entfernung von Tōkyō an der nach Sendai führenden Bahn. (Unter den beiden Hauptkohlengebieten liefert Hokkaidō die bessere Qualität, doch hat es dafür höhere Förderkosten.)

Auf Hokkaidō ist die Kohle sowohl in dem östlich wie westlich der zentralen Gebirgsachse liegenden Tertiärgebiet vertreten. Dadurch werden einerseits Otaru und Muroran, andererseits Kushiro zu Kohlenhäfen, die dafür besondere Einrichtungen haben (vgl. Taf. 7, Abb. 3). Hier vollzog sich die Besiedlung erst in den letzten Jahrzehnten und baute bewußt und in großem Zug auf diesen heute wertvollen und wirksamen Naturgrundlagen auf.

In Kyūshū hingegen ging die Besiedlung längst der Kohlennutzung voraus, hier ist daher die Abfuhr über die Küsten mehr zersplittert.

---

[1]) Japan Year Book 1928, S. 527.

Hinzu kommt auch die natürliche Bedingung, daß die auf Nordkyūshū beschränkten Kohlenfelder von reichgegliederten und verschieden orientierten Küsten in geringer Entfernung eingefaßt werden. Daher hängt eine ganze Reihe von Häfen an der Kyūshū-Kohle. Ganz im Norden der Insel breitet sich das Hauptfeld, das von Chikuhō, im unmittelbaren Hintergrund der Häfen Moji und Wakamatsu, aus. Ein zweites Feld, das geschlossenste und ergiebigste von allen, liegt im engsten Umkreis von Miike und macht dieses zum reinen Kohlenhafen (vgl. Taf. 8, Abb. 2). Ein dritter Bezirk berührt die Küsten zwischen Sasebo, Karatsu und Suminoe und läßt diese Häfen an der Abfuhr teilnehmen. Ein vierter war früher der um Nagasaki, der im Jahre 1910 noch 650000 t förderte, aber wegen der Lage dieses Hafens zu den Schiffslinien am frühesten beansprucht und abgebaut wurde. Im ganzen fördert Kyūshū mindestens das Vierfache von Hokkaidō.

Die große Entfernung der mittleren Landesteile, namentlich auch der Zentren der Industrie, von jenen beiden Kohlengebieten bedingt den starken internen Kohlenverkehr. In seinen Diensten steht vor allem jene Riesenflotte kleiner Segler, die wir kennen lernten, die z. B. die Kyūshū-Kohle nach Ōsaka und Kōbe bringen. Selbst das Kupferwerk von Sukegawa, das an der Ostküste nördlich der Kwantō-Ebene liegt, bezieht seinen Koks von Kyūshū; er geht zu Schiff nach Yokohama und von da mit der Bahn. Zwischen Wakamatsu und Yokohama bildet Kohle den Grundstock der Seefracht im gesamten Nahverkehr. Diese billige und bequeme Verfrachtung im Kleinbetrieb ist wichtig für die Industrie. Immerhin liegt die Kwantō-Ebene als großes Verbrauchsgebiet am ungünstigsten zu beiden Kohlenregionen. Die Transportkosten allein betragen hier rund $^1/_4$ bis $^1/_2$ der gesamten Produktionskosten, und zwar stellt sich die Kyūshū-Kohle darin günstiger als die Hokkaidō-Kohle. Wenn auch die Entfernung allein im Seetransport nicht allzu ausschlaggebend ist, so kommt doch stets das Laden und Umladen hinzu, das wieder bei der Zersplitterung der Lebensräume Japans keine Einrichtungen großen Stils zuläßt. Zu diesen ungünstigen geographischen Momenten kommen die hohen Löhne und die wegen geringer Mächtigkeit der Lager hohen Gestehungskosten. In Anbetracht aller dieser Umstände strebt man in Japan umso mehr der Nutzbarmachung der Wasserkräfte zu.

Das beeinträchtigt auch die Bedeutung der Kohle für den Export im Außenhandel. Die Lage des Landes erscheint hierfür vorzüglich, weil weder Amerika noch England die Länder Ostasiens und der Südsee so vor der Türe liegen haben. Vor dem Kriege konnte hier die japanische Kohle auch Abnehmer finden. Aber jetzt steht die Teuerung im Wege, zumal da die Entfernung gerade bei der Kohle, die im Weltverkehr eine Ergänzungsfracht wie kaum ein anderer Gegenstand bildet, eine zu geringe Rolle spielt. Im Jahre 1922 kamen nur 1,7 Millionen, 1926 2,6 Millionen t zur Ausfuhr, und ihr steht ein beinahe ebenso großer Import aus China und der Mandschurei (Kokskohle) gegenüber. Im Mittel von 1925—1928 beträgt der Wert des Imports 31.2, der des Exports 28.6 Mill. Yen. Was zur Ausfuhr kommt, wird zum großen Teil zum Bunkern der anlaufenden Dampfer verwandt. So sehen wir auf den Karten des Außenhandels (Fig. 2, K. 1) die Kohle sehr schwach vertreten im großen Kontrast zur geschilderten Bedeutung im Binnenverkehr.

Gut ergänzt und in steigendem Maße ersetzt wird die Kohle durch die Wasserkraft, die wegen der Zellenstruktur des Landes fast überall nahe erreichbar und durch die Höhenunterschiede und den Niederschlagsreichtum sehr ergiebig ist. Auf Grund der Minimalwasserführung der Ströme wird sie insgesamt auf 6,4 Millionen Pferdestärken geschätzt[1]), d. h. etwa so viel wie in Frankreich. Davon wird rund $^1/_3$ bereits genutzt. Gerade durch die gute Verteilung ist der Gesamtwirtschaft ein großer Dienst geleistet und die entsprechende Aufteilung der Industrie auch auf kleinere Betriebe, zu der der japanische Wirtschaftsgeist neigt, begünstigt. Viel Kleinindustrie hat sich seit Beginn des Jahrhunderts schon auf dieser Grundlage entwickelt, Papiermühlen, Holzsägewerke, Spinnereien, Webereien, chemische Industrien und anderes. Es ist nämlich das ganze mittlere Japan und die angrenzenden Gebiete, von wo aus sich die Kraftströme über das Land ergießen; vom Yodogawa und Kinogawa an der Inlandsee bis zum Kitakami und Mogami im Nordosten sind alle größeren und viele kleine Flüsse an der Kraftgewinnung beteiligt (vgl. das enge Erosionstal des Uji, Taf. 2, Abb. 2), besonders stark der Shinano- und der Kisogawa. Auch liegen gerade um dieses Mittelstück die größten Siedlungs- und Wirtschaftsgebiete: die Kwantō-, Nagoya-, Ōsaka-, Kyōto- und Niigata-Ebene.

So kommt denn die Entwicklung der elektrischen Industrie in den letzten Jahren derjenigen in den führenden Ländern der Welt gleich. Japan hat den gewaltigen Schatz, der den Mangel an Kohle in seinem

---

[1]) Japan Year Book 1928, S. 542.

Wirtschaftsleben gänzlich ausgleicht, erkannt. Am weitesten entfernt von beiden Kohlenzentren, zwischen den bedeutendsten Brennpunkten der Industrie und den größten Häfen Yokohama, Nagoya und Ōsaka sowie Tsuruga und Niigata liegt die unvergleichlich gesteigerte Kraftquelle der zentraljapanischen Gebirge. Hier sind Großkraftwerke mit allen modernsten Mitteln in rascher Folge entstanden[1]). Sie geben der fortschreitenden Industrialisierung des Landes und damit einem wachsenden Anteil am Weltverkehr den stärksten Antrieb.

VI. Industrie.

a) Allgemein.

Japan nahm die Fühlung mit dem Abendland in einem Zustand der inneren Ausgeglichenheit. Was der Bauer nicht zu erzeugen hatte, stellte das erstaunlich vollendete Kunsthandwerk her, aber nicht die Maschine, die Fabrik, die Technik.

Beschritten wurde der Weg der Industrialisierung alsbald nach der Eröffnung, zunächst als Abwehrmaßnahme, um einem übermächtigen Einflusse des Abendlandes, wie er in anderen asiatischen Ländern sichtbar war, mit dessen eigenen Waffen entgegenzutreten. Das Streben war daher auf moderne Waffen und Schiffe sowie auf wirtschaftliche Unabhängigkeit gerichtet. Doch kam damit gleichsam eine Lawine ins Rollen, indem die schneller wachsende Bevölkerung nicht mehr aus dem Lande ernährt werden konnte und aus diesem Grunde nun das Ventil weiterer industrieller Betätigung erforderte. Die Führer waren klug genug zu erkennen, daß der Weg beschritten werden müsse, daß die Volkszahl dazu dränge und die Naturgrundlagen es erlauben, Grundlagen wie die immerhin vorhandene Kohle und die den Austausch mit der Fremde so begünstigende Meereslage aller großen Lebensräume. Fehlte auch die Vielheit der Rohstoffe, so bot wenigstens die Seide den glücklichen Ausweg. Sie wird noch wenig im Lande weiterverarbeitet, geht vielmehr zu 85% (dem Werte nach) als Rohseide außer Landes. Für diese wurden die Vereinigten Staaten der immer wohlhabendere Abnehmer. Für Baumwollwaren und andere

---

[1]) Vgl. G. Scott, Electrical Development in Japan; The Far Eastern Review 1926, S. 109ff. (mit Karte).

Textilien konnte Japan auf China, die Südsee-Inseln und andere asiatische Gegengestade blicken, wohin tatsächlich fast $^{9}/_{10}$ dieser Erzeugnisse gingen.

So wurde denn die Entwicklung wieder durch tatkräftige Initiative der Regierung geleitet. Abgesehen von der sehr schwachen Rohstoffbasis fehlte es ja im Volke auch gänzlich an Erfahrung und an Kapitalien, zu deren Bildung in der vorangegangenen Wirtschaftsverfassung keine Möglichkeit und kein Anlaß gegeben war. Auf Rentabilität war zunächst nicht zu rechnen. Nur die Regierung konnte einen solchen Zustand tragen im Interesse der Erziehung des Volkes zur Industrie. Sie führte Maschinen ein, ließ die abendländischen Einrichtungen und Methoden studieren und danach Musterfabriken gründen. Besonders nach dem chinesischen Krieg setzte diese Entwicklung ein, und es verschob sich nun allmählich das Bild der Exportfrachten. Waren es vorher Rohseide, Tee und ganz wenige Spezialfabrikate wie Bambusgegenstände, Matten und Seeprodukte, so kamen mehr und mehr hinzu Seidenwaren, Baumwollgarn, Baumwollwaren, Zündhölzer, Papier, Porzellan, Zucker und vieles andere. Und während der Import zu Beginn des Außenhandels aus Baumwoll- und Wollwaren, Waffen, Rohzucker usw. bestanden hatte, traten an die Stelle Rohbaumwolle, Eisen- und Stahlwaren, dazu in steigendem Maß Nahrungsmittel wie Reis, Weizen und Soyabohnen sowie Ölkuchen. Nach dem russischen Krieg kam auch die chemische Industrie hinzu, und wieder brachte der Weltkrieg den letzten Impuls in allen Richtungen, besonders aber im Schiffbau, in Eisen-, Textil- und chemischer Industrie. Die Werke wurden gewaltig vergrößert und vermehrt, und es erfolgte jene Übersteigerung, deren schon generell gedacht ist, die in Verbindung mit den inneren Veränderungen im Volke sowie dem Erdbeben eine Krise und Stagnation im Gefolge hatte. Mag sich auch die Leistungsfähigkeit des Arbeiters mit dieser Entwicklung erhöht haben, so sind doch anscheinend noch stärker seine Ansprüche und Bedürfnisse gestiegen, so daß Japan jetzt unter ungünstigen Bedingungen industriell produziert. Auch sind zu den wiedererschienenen Konkurrenten neue Produzenten wie Australien, Indien und selbst China aufgetaucht. In Textilwaren werden die beiden letzteren sich vielleicht mit der Zeit durch eigene Erzeugung mehr von japanischer Einfuhr freimachen, zumal die Abneigung der Chinesen gegen alles Japanische aus politischen Motiven in den letzten Jahren sehr gestiegen ist. Über die Gefährlichkeit dieses neuen Nebenbuhlers gibt man sich auch in

Japan keiner Täuschung hin angesichts der natürlichen Hilfsquellen und billigen Arbeitskräfte Chinas.

Die Zahl der Industriearbeiter betrug 1914 erst 1,2, 1928 2,2 Millionen; auch die letzte Zahl bedeutet doch höchstens 10% der werktätigen Bevölkerung. Abgesehen von wenigen großen Werken, namentlich Eisen- und Stahlwerken sowie Baumwollspinnereien, handelt es sich in der Mehrzahl um kleine Betriebe von weniger als 50, vielfach weniger als 10 Arbeitern. Auch selbst in den Fabrikvierteln Ōsakas sind die Gebäude meist einstöckig und die Betriebe klein. In der ganzen Provinz Kyōto, einem Hauptsitz der Seidenweberei, werden in dieser Industrie nur 11000 Fabrikarbeiter gezählt, indem als Fabriken nur solche von mehr als 5 Arbeitern gerechnet werden; dagegen ist das Vielfache dieser Zahl für solche Arbeiter dieses Gewerbes anzusetzen, die nicht von der Fabrikstatistik erfaßt werden, weil sie häuslichen Betrieben von nur 3 bis 4 Arbeitern angehören. Ebenso gibt es z. B. in Seto, dem Mittelpunkt der Porzellanmanufaktur, nur eine einzige Fabrik mit mehr als 100 Arbeitern, während alles andere auf kleine und kleinste Betriebe fällt[1]). Diese Verhältnisse tragen mit zur Erklärung bei für den außerordentlichen Kleinverkehr, der uns innerhalb vieler Häfen in den Kanälen des Stadt- und Hafenwassergebietes begegnen wird.

Als Ergebnis dieser Gesamtwürdigung der Industrie sehen wir vor allem ein doppeltes. Einmal ist der Anteil an der nationalen Wirtschaft, wenn auch Japan die Industrienation am Stillen Ozean geworden ist und sicher auf dem Wege noch fortschreitet, bislang nicht besonders groß; stärker als die nordatlantischen Küstenländer, selbst als Holland und Dänemark, ist Japan Agrarland geblieben. Sodann tritt uns auch in der Industrie von Anfang an die Kleinheit und Aufteilung entgegen, die ähnlich wie die in so vielen anderen Seiten des Landes in gleicher Weise sich zeigende Tendenz auf die Häfen und ihr Leben wirkt. Aber der Erkenntnis dieses in der Natur gegebenen ungünstigen Momentes trägt Japan in jüngster Zeit mit großen Organisationen des Zusammenschlusses, mit der Bildung bedeutender Konzerne Rechnung. So sind jetzt z. B. 60% der Spindeln und Webstühle in vier großen und fünf kleineren Gesellschaften vereinigt. Und die Gesellschaften, die sich mit der Einfuhr der Baumwolle und dem Vertrieb der Fabrikate befassen, nehmen immer mehr auch die Fabri-

---

[1]) J. E. Orchard, Can Japan develop industrially? — The Geogr. Review 1929, S. 182.

kation auf; durch ihre Hände gehen 70—80% der Ein- und Ausfuhr[1]). Die größten aller Konzerne, deren mannigfaltigen Anlagen man auch in den Häfen immer wieder begegnet, sind Mitsui und Mitsubishi.

Was die Verteilung selbst betrifft, so wird sich im einzelnen zeigen, wie gerade die Häfen von allem industriellen Leben bevorzugt werden, allen voran Ōsaka, der einzige wirklich große Industrieplatz, aber auch Kōbe, Nagoya, Moji, Wakamutsu u. a. Diese Industriehäfen reihen sich zu einer Linie auf, die wir als die Hochstraße des Außenhandels erkennen werden.

Nach einer Aufstellung im Japan Directory habe ich über 100 einzelne Gewerbezweige nach ihrer Verteilung auf die Präfekturen in eine Arbeitskarte eingetragen. So roh das Verfahren auch ist, so gibt es doch einen ersten Überblick. An der Spitze steht Ōsaka mit 62 Zweigen, dann folgt immerhin Tōkyō mit 51; große Zahlen haben auch Hyōgo (33), Aichi (30), Kyōto (25) und Fukuoka (19). Es sind also einmal lauter Gebiete, in denen ein Haupthafen im Mittelpunkt steht oder (wie bei Tōkyō) dicht benachbart ist, sodann liegen sie im ganzen an den großen Südbuchten Honshūs sowie an beiden Enden der Inlandsee. Die ausgesprochen gewerblich ärmlichsten Präfekturen dagegen zeigt die Karte an den Vorsprüngen der Südflanke, wie Miyazaki an der Ostseite Kyūshūs, Kōchi an der ganzen Südseite Shikokus, Wakayama auf der Kii-Halbinsel. Eine weitere ärmliche Gruppe liegt an der Rückseite mit Shimane, Tottori, Fukui, Toyama, und eine dritte im nördlichsten Honshū mit Miyagi, Yamagata, Iwate, Akita und Aomori.

b) Textilindustrie.

Am meisten europäischen Charakter hat die Textilindustrie angenommen. Sie beschäftigt auch mehr Kräfte als alle anderen Industrien zusammen und steht im Jahreswert ihrer Erzeugung hoch über allen anderen, besonders die Baumwollindustrie, die jetzt über 6 Millionen Spindeln zählt und die Rückschläge der Nachkriegszeit neben der Seidenindustrie am besten überwand. Die Baumwollindustrie vor allem tritt mit Massengütern in den Häfen auf, hat auch ihren Hauptsitz in den Häfen und damit einen günstigen Standort, ebenso wie mit der Nähe der Absatzmärkte,

---

[1]) Ostasiatische Rundschau 1930, S. 147.

die hauptsächlich in der Südsee liegen; aber auch nach Südafrika und selbst Ägypten ist die japanische Ausfuhr an Baumwollwaren gedrungen. So häuft sich in den Schuppen und Lagerhäusern von Kōbe und Ōsaka die eingeführte Baumwolle und die zum Export bestimmte Masse von Baumwollgarn und -geweben. Weit hinter ihr stehen andere Textilzweige, die der Seide, Strickwaren usw. Wie stark die beiden genannten Häfen neben Yokohama das Bild der Außenverbindungen Japans beherrschen, läßt auch die Figur 11 (S. 164) gut hervortreten.

Die Baumwolle könnte Japan dem Klima nach im Lande selbst anbauen. Nach dem Krieg hat es das auch auf schlechtbewässerten Reisländereien versucht. Doch geht der Boden dann der Erzeugung der Nahrungsmittel oder der wertvolleren Seide verloren. In Formosa ist das Klima wenig geeignet. So muß denn die Rohbaumwolle den stärksten Einfuhrgegenstand abgeben, vor allem nach Kōbe (K. 4, S. 103); sie kommt von den Vereinigten Staaten, Indien, China und Ägypten. Auch für die Wollindustrie erzeugt Japan fast nichts, Australien ist der Lieferant, Kōbe, Ōsaka, Nagoya und Yokohama sind alle mit bedeutender Einfuhr beteiligt. Flachs und Hanf wird ein wenig im Lande angebaut, tritt aber auch in der Verarbeitung zurück. Der wichtigste Rohstoff außer Baumwolle ist vielmehr die Seide, die ganz im Lande gezogen wird. Die Größe der textilen Einfuhrfrachten läßt Tabelle 6 erkennen[1]). Diese Frachtengruppe erreicht demnach

Tabelle 6.
Einfuhr von Textilien in Millionen Yen.

	1927	1928	1929	Mittel der drei Jahre
Baumwolle	625	550	573	583
Wolle...........	102	112	102	105
Flachs, Hanf, Jute	25	28	29	27
Kammgarn	43	32	19	31
Wollgewebe	35	31	20	29
Baumwollgewebe.	7	7	8	7
Kunstseide	2	1	1	1
Zusammen:	839	761	752	784

[1]) Die Tabelle ist einer Zusammenstellung von O. Richter in Ostasiatische Rundschau 1930, S. 214, entnommen. Sie bezieht sich auf den Warenverkehr des Stammlandes (einschließlich Sachalin) mit allen Überseegebieten außer Formosa und Korea.

im Werte etwa 35% der Gesamteinfuhr des Landes. Gewaltig dominiert innerhalb derselben wiederum die Rohbaumwolle.

Eine noch viel beherrschendere Stellung aber nehmen die Textilien in der Gesamtausfuhr ein und zwar dadurch, daß sich zur Baumwolle und Wolle die heimische Seide gesellt. Die Tabelle[1]) 7 zeigt uns dafür

Tabelle 7.

Ausfuhr von Textilien in Millionen Yen.

	1927	1928	1929	Mittel der drei Jahre
Rohseide	741	733	781	752
Baumwollgewebe.....	390	358	420	389
Seidengewebe........	146	139	154	146
Wirk-, Strick-, Netz- u. Flechtwaren	49	51	61	54
Baumwollgarn	39	26	27	31
Abfallseide	13	12	13	13
Zusammen:	1378	1319	1456	1384

Ausfuhrwerte, die nahe an 1½ Milliarden Yen reichen (bei einer Gesamtausfuhr Japans von rund 2 Milliarden).

So ergibt sich eine gewaltige Bedeutung der textilen Rohstoffe wie Fabrikate in den Frachten der Häfen, aber nicht wie bei der Kohle im internen Verkehr, sondern ganz vornehmlich im Außenverkehr.

Die Zufuhr der Rohstoffe wendet sich in erster Linie nach Kōbe, von wo sie nach Ōsaka befördert werden als dem stärksten Brennpunkt der Textilindustrie. Auch werden die kleineren Plätze der Inlandsee von hier versorgt, unter denen Okayama hervorragt. Außerdem sind noch Nagoya und Tōkyō bedeutendere Sitze von Baumwollspinnerei und -weberei (vgl. die Verbreitung der Baumwollspinnerei in Figur 4). Allgemein sind es demnach die Großhäfen der Fensterseite, um die sich diese Industrie am meisten in deutlicher Abhängigkeit von der Rohstoffzufuhr kristallisierte. Das Haupttor für die Ausfuhr der Erzeugnisse bildet Ōsaka in Bezug auf alle Textilien außer Seide. Diese hat

[1]) Ebenda, S. 214.

Figur 4.
Skizze der Verbreitung der Baumwollspinnerei.

Die Zone der Textilindustrie deckt sich mit der Fensterseite und der Hochstraße des Außenhandels.

vielmehr in Yokohama ihren hervorragendsten Exporthafen und einen zweiten neuerdings in Kōbe (vgl. Karte 4, S. 103).

c) Eisenindustrie.

Weit bleibt hinter der Textilindustrie die Stahl- und Eisenindustrie zurück. Aber für die Häfen wird sie trotzdem bedeutsam wegen des massigen Auftretens ihrer Frachten und einer gewissen Konzentration auf einige Haupthäfen. Ihre Schwäche ist der fast gänzliche Mangel an eigenen Erzen, ein Vorteil für deren Zufuhr immerhin die Meeresnähe der Industriesitze und die Nähe der Gestadeländer, die als Lieferanten des Rohmaterials in Frage kommen. Einen Antrieb zur Entwicklung bot vor dem Krieg schon der steigende Schiffbau und der Zwang dazu in dem meerverbundenen Land sowie die vielen nötigen Eisenbahn- und Brückenanlagen. Dann brachte der Weltkrieg eine solche Aufblähung der Werke, daß der ganze Bedarf des Landes durch ihre Erzeugung gedeckt werden konnte. Als aber billigere Zufuhren von Eisenerzeugnissen wieder möglich wurden, konnte zunächst kein Eisen- und Stahlwerk mehr voll arbeiten. Die zwei Dutzend Eisenhütten und Stahlwerke der Vorkriegszeit hatten sich auf 300 vermehrt. Die Erzeugung war von 24000 Metertonnen Roheisen und 250000 Metertonnen Stahlmaterial auf 877000 bezw. 1470000 gestiegen. Auch die Maschinenfabriken hatten sich auf über 400 vermehrt.

Aus dieser Lage ergeben sich als bedeutende Einfuhrfrachten einmal die Materialien für die eigene Industrie in Gestalt von Erzen, Roheisen und Schrott, sodann die Erzeugnisse, mit denen Japan die eigene Produktion ergänzt. Roheisen wurde 1929 im Betrag von 654000 Tonnen importiert, der das $2\frac{1}{2}$fache desjenigen von 1913 darstellt. Dabei ist eine starke Verschiebung der Herkunftsländer eingetreten; vor dem Krieg waren es England und Britisch-Indien, jetzt fällt jenes ganz weg, während dieses im 5fachen Betrag der Vorkriegszeit vertreten ist und Kwantung und China sich mit erheblichen Beträgen hinzugesellen. Noch größer als die Roheisenzufuhr ist der Menge nach die der Erze (s. Tabelle 8), die je zur Hälfte von China und den Straits Settlements bestritten wird.

Tabelle 8.

Japans Einfuhr von Eisen-Rohstoffen in 1000 Tonnen[1]).

	1926	1927	1928	1929
Eisenerze	793	937	1017	1250
Roheisen	399	472	569	654
Schrott	81	399	374	450

Roheisen wie Erz und Schrott sehen wir in den letzten vier Jahren in steigenden Mengen hereinströmen, und Japan hält dauernd nach neuen und günstigeren Quellen Ausschau.

Die eigene Produktion an Roheisen (einschließlich derjenigen Koreas) erreichte 1927—1929 die Beträge von 1.0, 1.3 und 1.5 Mill. Tonnen. Produktion und Einfuhr zusammen überschritt somit 1929 (mit 1.5 + 0.654 Mill. Tonnen) zum erstenmal die Menge von 2 Mill. Tonnen.

Auch die Walzwerkerzeugung zeigt den starken Aufstieg der letzten drei Jahre mit 1399000, 1659000 und 1941000 Tonnen[2]). Zu ihr tritt eine Einfuhr an diesen Erzeugnissen, die 1927—1929 die Beträge von 896000, 906000 und 840000 Tonnen aufwies und damit etwa 30% der gesamten auf den japanischen Markt kommenden Menge ausmachte. An dieser Einfuhr sind hauptsächlich drei Länder beteiligt, Vereinigte Staaten, Deutschland und England.

Tabelle 9.

Einfuhrwert von Warengruppen der Eisenindustrie.

	1927	1928	1929	
Eisen- und Stahlprodukte .	115	125	131	Mill. Yen
Maschinen und Motoren ...	78	92	121	„ „
Roheisen	21	25	28	„ „
Eisen- und andere Erze ..	13	21	26	„ „

[1]) Die Tabelle ist einer Aufstellung von O. Richter entnommen, Ostasiatische Rundschau 1930, S. 252.

[2]) Dagegen brachte das eben abgelaufene Jahr infolge der Weltkrise wieder einen nicht geringen Rückgang. Vgl. z. B. für die Yawata-Stahlwerke eine Notiz in Ostasiatische Rundschau 1931, S. 12.

Die Werte der Einfuhr der verschiedenen Frachtgruppen sind in Tabelle 9 zusammengestellt. Demgegenüber steht in der Eisenindustrie eine sehr geringe Ausfuhr im Gegensatz zu den Verhältnissen der Textilindustrie; sie betrug an Eisenwaren und Maschinen in den Jahren 1927—1929 nur 23, 25 und 29 Mill. Yen.

Die zwei größten Stahlwerke liegen bei den Häfen Muroran in Hokkaidō und Wakamatsu-Moji in Nordkyūshū; beide sitzen auf oder nahe bei der Kohle und in einem Hafenplatz. Im übrigen ist Ōsaka ein starkes Zentrum der Eisenindustrie. In ihm sind demnach beide Hauptzweige, Textil- wie Eisenindustrie, überhaupt die mannigfaltigsten Industrien vereint zu einem Brennpunkt, wie er in dieser Stärke und Vielseitigkeit auffällig ist, zumal bei seiner Entfernung von der Kohle. Aber die Inlandsee mit ihren Kyūshū-Seglern ist eben die Bindeschnur, und auch die weiße Kohle der zentraljapanischen Alpen liegt nicht fern. Daher wird Ōsakas Hafen zum ausgesprochensten Industriehafen. Wie er sich dabei mit dem nahen Kōbe in gewisser Weise ergänzt, wird die Einzeldarstellung der Häfen ergeben. Jedenfalls sehen wir in Karte 1 der Figur 2 Kōbe mit noch größeren Werten als Ōsaka in diesen Einfuhrgütern vertreten. Endlich ist auch Yokohama für das Konsumgebiet von Tōkyō und der Kwantō-Ebene ein bedeutendes Eingangstor sowohl für Erze wie namentlich für Metallwaren, Maschinen und Instrumente.

E. Der Verkehr in seinen Formen, Einrichtungen und Größenverhältnissen.

Dem Austausch innerhalb der Hinterländer und zwischen denselben dienen die verschiedenen Verkehrsmittel und -wege: Binnenschiffs-, Straßen-, Bahn- und Küstenschiffsverkehr. Auch der Luftverkehr ist seit einigen Jahren in vier regelmäßigen Linien entwickelt. Bezeichnend ist, daß diese sich alle zwischen Seehäfen bewegen: Fukuoka—Ōsaka, Ōita—Sakai, Ōsaka—Tōkyō und Tōkyō—Sendai. Im übrigen ist seine Bedeutung naturgemäß nicht groß genug, um hier weiter beachtet zu werden.

Die genannten Verkehrsarten kann man als internen dem externen oder überseeischen Verkehr gegenüberstellen. Ebensowohl läßt sich die Scheidung in Land- und Seeverkehr vornehmen, wobei im letzteren ein Teil des internen Verkehrs, d. h. die Küstenschiffahrt, mit dem Außenverkehr zusammengeschlossen wird. Die erste Teilung entspräche mehr einer wirtschaftlichen Betrachtung, während für eine geographische, insbesondere verkehrsgeographische sich mehr die zweite empfiehlt.

I. Der Landverkehr und seine Beziehungen zum Seeverkehr.

a) Binnenschiffahrt.

Relativ geringe Bedeutung hat, namentlich im großdimensionalen Verkehr des japanischen Hinterlandes, die Binnenschiffahrt. Schon im Kapitel über die Flüsse ist darauf Bezug genommen, wie ihr Hauptwert in den Fahrbahnen der großen Küsten- und Ebenenstädte selber liegt, vor allem in Ōsaka, wo die breiten Kanäle und Mündungsarme die Straßen der Stadt gewaltig entlasten. Dagegen bietet der Lauf nicht vieler Flüsse eine längere schiffbare Strecke dar, und vor allem durchziehen sie meist wenig besiedelte Gebiete (als Beispiel aus Mitteljapan vgl. das typische Engtal des Uji, Taf. 2). Bei weitem am besten stellt sich die Kwantō-Ebene dar. Das ganze Flußsystem des Tone hat trotzdem nicht einmal 700 km schiffbarer Flußstrecke. Je 550 km finden sich dann im Kiso- und im Shinano-System. Darauf folgt mit 350 km das System des Yodo. Das sind die Flußgebiete der vier größten Ebenen. Eine ähnliche Länge wie für den Yodo ergibt sich für den Kitakami. Doch weist dessen Tallandschaft nur eine Besiedlung von schätzungsweise 1 Million Bewohner auf. Auch der Agano und Mogami wären noch in dieser Größenordnung zu nennen, alle anderen bleiben weit darunter. Übereinstimmend hat dieser Verkehr die Tendenz, die großen Mündungsstädte, die meistens Häfen sind, in Verbindung mit ihren eigenen Ebenen-Hinterländern zu bringen.

Der Bootsverkehr war in früheren Zeiten in den Unterläufen mancher Flüsse offenbar reger. Noch im Jahre 1874 wird der Vorort Fushimi als der verkehrsreiche Flußhafen von Kyōto bezeichnet, mit dem er durch fast ununterbrochene Häuserreihen verbunden sei[1]). Seit dem Aufkommen der Eisenbahn ist solcher Verkehr auf den meisten Flüssen des Landes ganz belanglos geworden. Bei etwas

[1]) Mitteilungen der Deutschen Gesellschaft für Natur- und Völkerkunde Ostasiens, Bd. I, Heft 7.

größeren Schiffen aber hat er unter der zeitweilig sehr geringen Wasserführung zu leiden. Nach meiner Ankunft im Lande in den ersten Tagen des August lagen die Unterläufe um die Inlandsee alle fast ausgetrocknet da. Die breiten Geröllbetten waren von dünnen Gerinnseln durchzogen, Arbeiter siebten das Material, das für Wegebau, Zementbereitung und andere Zwecke verwandt wird (vgl. Taf. 2, Abb. 1). Unterstützt wird die Austrocknung dadurch, daß das Wasser am Fuß der Berge zu dieser Zeit abgezapft wird in die Stauteiche und Kanäle, die der Bewässerung der Ta dienen. Die Flußbetten und ihre Deiche, die bis zu 8 m Höhe erreichen, verraten indes, wie mächtig die Wasser anschwellen können. Das geschieht im Frühsommer durch die Schneeschmelze und die Regen, sowie im Herbst durch die zweite Regenperiode und die Taifune. Die Flüsse reagieren durch ihren kurzen Lauf und ihr steiles Gefälle sehr unmittelbar auf die starken Niederschläge, vielleicht noch verstärkt durch die Entwaldung der letzten Jahrzehnte. Dann kommt es zu Dammbrüchen und zu großen Verheerungen durch die Sand- und Geröllmassen. Auch die Brücken in den Küstenstädten, die flußaufwärts oft durch eine Art Prellböcke gegen andrängendes Treibmaterial geschützt sind, haben darunter zu leiden. Sie haben im Verhältnis zur Größe der Flüsse oft sehr bedeutende Dimensionen. Diese Katastrophen können überdies die Fahrwasser wieder gänzlich verändern. Alles das behindert den Verkehr der Binnenwasserwege so, daß er nicht über lokale Bedeutung hinausgeht. Wie groß dessen Umfang auf einem Flusse ist, darüber sind schwer irgendwelche Angaben zu machen, da er im kleinsten Stil zu erfolgen pflegt. Jedenfalls ist mir keiner der namhaften Häfen bekannt geworden, dem ein Fluß einen bedeutenden Teil des Hinterlandverkehrs vermitteln würde.

b) Straßenverkehr.

Den Wegen kommt einerseits die nämliche Funktion wie den Flüssen innerhalb der einzelnen Ebenen zu, andererseits aber die der Verbindung der einzelnen Siedlungsebenen untereinander. Diese größere Aufgabe wurde ihnen schon in früheren Zeiten gestellt; seit alters wird eine Reihe von bedeutenderen Straßen unterschieden, die auf große Entfernung die Hauptteile des Landes durchziehen. Schon im alten Reich wurde viel gereist; Siebold meinte, daß in keinem asiatischen Lande das Reisen so an der Tagesordnung sei wie in Japan. Die wichtigste und bekannteste der großen Straßen ist der Tōkaidō oder Ostmeerweg. Er führte aus dem Stammland und der alten Hauptstadt zum östlichen Meer und an ihm hin zur Kwantō-Ebene, zur späteren „Osthauptstadt" Tōkyō, folgte also im wesentlichen der südlichen Außenküste. Die gleichen Pole verband, jedoch auf anderer Route, der Nakasendō oder der Weg zwischen den Bergen. Tōkaidō und Nakasendō gingen am Biwa-See auseinander. Für beide war die Tokugawa-Periode die Glanzzeit; denn erst Jyeyasu, der diese einleitete, hat zu Beginn des 17. Jahrhunderts Yedo, das spätere Tōkyō, aus einem Fischerdorf zur Shōgun-Residenz erhoben. Angelegt aber wurde der Nakasendō schon am Ende des 7. oder Anfang des 8. Jahrhunderts[1]). Er erreichte im Norden des Suwa-Sees seinen höchsten Paßpunkt in Wada-tōge mit 1600 m und war überhaupt die an Pässen (Torii-tōge 1300 m) reichste der großen Straßen. Ähnlich wurde von Kyōto westwärts der Südsaum und Nordsaum Chūgokus unterschieden als Sanyōdō und Sanindō (Weg auf der einen, positiven, besonnten Seite des Gebirges und Weg auf der anderen, negativen, beschatteten). Saikaidō war der Westmeerbezirk, also Kyūshū, Hokkaidō der Nordmeerbezirk (dieser erst seit 1869 so benannt). Als Ōshukaidō wurde der Weg bezeichnet, der von Tōkyō nordwärts in der großen Tiefenlinie nach Aomori geht. Hokurokkudō, der Nordlandweg, lag in der Fortsetzung des Sanindō an der Küste des japanischen Meeres, 7 Küstenprovinzen umschließend. Der Nankaidō oder Südmeerweg begleitete die Südseite der Inlandsee. Alle diese Bezeichnungen sind noch jetzt in Brauch.

Die Straßen haben von jeher und auch heute unter ungünstigen Naturbedingungen zu leiden. An den Bergen wurden sie oft ausgewaschen und zerstört, in den Ebenen überschwemmt und verschlammt.

Ihre größten Schwierigkeiten hatten sie an den Küsten in den sie querenden Strommündungen. Hier waren Orte geradezu zu Häfen entwickelt, die nur die Funktion hatten, die durch Strommündungen unterbrochenen Wegenden aneinanderzufügen. Die bemerkenswerteste und längste Stelle dieser Art im Tōkaidō lag an der Ise-Bucht. Kämpfer und Siebold beschreiben die Überfahrt über den Norden derselben und die Bedeutung der beiden Seeplätze Kuwana und Atsuta. Der Tōkaidō war überhaupt in alter Zeit der belebteste Verkehrsweg, namentlich in der Tokugawa-Periode durch die Hofreisen der Daimyōs. An der Inlandsee hingegen stand

[1]) J. J. Rein, Der Nakasendō in Japan, Pet. Mitt. Erg.-Heft 59, Gotha 1880, S. 3.

der Landverkehr ganz zurück hinter dem Seeweg, und der Sanyōdō bezeichnete hier mehr die Küstengegend als den Weg.

Auch heute gibt es Straßen, die entfernte Landesteile verbinden, vor allem Tōkyō mit den bedeutendsten Häfen, Provinzhauptstädten und Garnisonen. Das sind die Reichsstraßen, die sich größtenteils mit jenen alten Verkehrswegen decken und uns bei einzelnen Häfen und ihren Hinterländern begegnen werden. Eine zweite Klasse umfaßt die Provinz-, eine dritte die Kreisstraßen, eine vierte die Kommunalwege. Nach dem Japan Year Book bestehen Reichsstraßen in einer Länge von insgesamt nur 8200 km, Provinzstraßen 92000 km, somit größere Verkehrsstraßen überhaupt rund 100000 km. Die Reichsstraßen ergeben nur eine Dichte von eben über 2. Sie sind 5½ bis 7 m breit, die Provinzstraßen 4½ bis 5½ m, die anderen noch schmäler. Dem alten Verkehr mit Packtieren und Fußgängern genügten sie mit dieser und zum großen Teil auch geringerer Breite völlig. Für den Autoverkehr sind sie in der Mehrzahl unzulänglich, besonders in Gebirgen, wo sie sich an die tiefen, steilwandigen Täler halten müssen und oft mit ihrer geringen Breite noch starke Krümmungen in rascher Aufeinanderfolge verbinden. Schwere Lastautos können auf ihnen noch nicht verkehren. Außerordentlich groß ist die Zahl der Brückenübergänge; 420000 gibt die Statistik an.

So kommen im ganzen genommen die großen Straßen heute nicht allzusehr als Erschließer eines weiteren Hinterlandes zur Geltung, sie stehen darin zurück hinter dem fernverbindenden Küstenverkehr. Dagegen treten die zahlreichen Wege geringerer Reichweite in der Anschließung des unmittelbaren Hinterlandes an den einzelnen Hafen in Funktion.

c) Eisenbahnverkehr.

Den mühseligen Wegeverkehr beschloß man sofort nach der Restauration durch den Bahnverkehr zu ergänzen und zu ersetzen. 1872 wurde als erste die 29 km lange Strecke zwischen Tōkyō und Yokohama eröffnet. Wie sie, so gingen auch die nächsten kurzen Strecken von Haupthäfen aus, nämlich die Bahnen Kōbe-Ōsaka, Ōsaka-Kyōto und Ōsaka-Tsuruga. Als erste Fernstrecke wurde die zwischen Kyōto und Tōkyō in Angriff genommen und zwar als Binnenroute, also entsprechend dem alten Nakasendō. Aber bald kam dafür die Küstenroute, die Tōkaidō-Bahn in Erwägung, als die Schwierigkeiten des Binnenweges sich sehr groß erwiesen, zumal in

Anbetracht der geringen zu erschließenden Gebiete (strategische Gesichtspunkte mögen wohl zuerst den von der See her weniger gefährdeten Binnenweg nahegelegt haben). Erst 1890 war die über 600 km lange Tōkaidō-Linie vollendet. Bei Ausbruch des russischen Krieges maß das Schienennetz 2200 km, während 1928 rund 18000 km in Betrieb waren. Die Dichte beträgt also fast 5 und liegt damit zwischen den Werten von Italien und Spanien. Die Spurweite mißt nur 107 cm. Das ist naturgemäß ein großes Hemmnis in der Leistungsfähigkeit der Bahnen in Bezug auf Gütermenge wie Geschwindigkeit. Namentlich auf den großen Längsstrecken im Süden wird es sehr bemerkbar. Ferner ist der größte Teil der Bahnlinien eingleisig, besonders im Norden des Landes, aber auch im Süden selbst wichtigere Strecken.

Daß das Bahnnetz seit 1906 größtenteils verstaatlicht wurde, ist auch unter dem Gesichtspunkt der Häfen nicht belanglos. Denn die damit geförderte Zentralisation ist ein Gegengewicht gegen die allzustarke dezentralisierende Tendenz, wie sie die Landesnatur mit ihren einzelnen Siedlungsräumen mit sich bringt.

Vor allem die Küstenlängsbahnen besorgen die Großverbindung des Reiches. Sie reihen fast sämtliche Häfen gleichsam an wenigen Schnüren auf und folgen damit zugleich den alten Hauptstraßen; Bahnen wie Straßen gehorchen eben dem gleichen Gesetz der Natur. Namentlich den Großhäfen wird damit die Wirkung in die Ferne erleichtert und manches Hinterlandsgebiet dritter und vierter Zone noch angeschlossen (vgl. bes. die Hinterlandsanalyse bei Ōsaka S. 321ff). Von diesem Küstenlängsverkehr sind nur einige Strecken ausgeschlossen, das sind bezeichnenderweise 1. die Halbinseln zwischen den Bruchkesseln der Südseite, von Südwestshikoku bis nach Izu, 2. der Kitakami-Rumpf mit seiner zerrissenen Küste. Zugleich bleibt ein einziger Hafen unter den an den großen Einbuchtungen der Südküste gelegenen ohne Verbindung mit dem übrigen Bahnnetz, nämlich Kōchi auf Shikoku. Im übrigen geben neben den Küsten die tiefen inneren Furchen und Becken gute Leitlinien für die Bahnen ab. So kommen zu den Längsbahnen zahlreiche Querbahnen von Küste zu Küste. Namentlich Nordostjapan und Chūgoku erscheinen durch dieses Längs- und Quersystem wie in Vierecke zerlegt. Sie schließen zugleich die Binnenbecken an die Küsten. So sind denn von jedem einzelnen Küstenplatz aus alle Enden des Landes auf kürzestem Weg erreichbar.

Sind auch die Längsbahnen naturgegeben, so treten sie in ihrer Fernverbindung doch mehr für den Personen- als für den Güterverkehr in Funktion. Im letzteren werden zwar ebenfalls manche Frachten durch die halbe Länge des Landes befördert, doch sind es die Ausnahmen, z. B. Fische von Hokkaidō nach Tōkyō oder von Shimonoseki nach Ōsaka, Reis von Niigata und Sakata nach Ōsaka und Tōkyō. Im übrigen schalten sich die Häfen und ihre Ebenen in die großen Längsstränge ein und geben ihnen abschnittweise mehr kleinräumige Funktion des Güterverkehrs. Das tritt deutlich hervor, wenn man sich die Frachtwerte zusammenstellt, die Sendai mit den verschiedenen südlicher gelegenen Zentren verbindet. Gerade Sendai ist ja stark auf Bahnverbindung angewiesen, solange sein Hafen Shiogama nicht leistungsfähiger ist. Von hier gingen im Bahnverkehr des Jahres 1925 nach dem Tōkyō-Bezirk rund 2000000 t ab, nach dem Nagoya-Bezirk 310000, nach dem Ōsaka-Bezirk 180000 und nach Moji 48000 t. Die Werte nehmen mit dem Anwachsen dieser Entfernungen ab, der stärkste Einschnitt aber liegt schon zwischen den zwei ersten Werten. Das gleiche Bild zeigen die von den nämlichen Bezirken in Sendai angekommenen Bahnfrachten: 1240000, 270000, 220000, 34000 t.

Immerhin herrschen die Längsverbindungen in der gesamten Verkehrsmenge entschieden vor, die Querverbindungen treten dahinter zurück. Außen- und Innenküste oder „Vorder"- und „Rückseite" bleiben also verhältnismäßig voneinander geschieden. So gibt es zwischen den Häfen Niigata und Sendai, den zwei bedeutendsten Punkten des Nordostens auf gleicher Breite, keine direkte Bahnverbindung, sondern man muß mehrmals umsteigen.

Diesen Verhältnissen entspricht eine Äußerung der Bahnverwaltung über die Unrentabilität der vielen kurzen Linien und ihre ungünstige Auswirkung in der Gesamtbilanz[1]). Die Küstenbasis beiderseits der Gebirge leitet eben überwiegend den Verkehr auch zu Lande.

Selbst zwischen nahe benachbarten Becken oder zwischen Becken und Küsten sind oft größere Paßhöhen zu überwinden. Zahlreich sind auf vielen Linien die Tunnels, und auch an den Küstenbahnen häufen sie sich oft auf kurzen Strecken. Umso störender ist die überaus starke Rauch- und Rußentwicklung der japanischen Kohle. Endlich wird der Bahnverkehr durch Naturkräfte häufig gestört, im Westen durch

---

[1]) Ostasiatische Rundschau 1930, S. 321.

die Schneefälle jedes Winters, an den Flußmündungen durch Überschwemmungen, welche die Dämme und Brücken einreißen, schließlich überall in größtem Ausmaß gelegentlich durch Erdbeben. Das große Mino-Beben von 1891 hatte an der Tōkaidō-Bahn allein 63 Brücken, darunter die große über den Kiso zerstört und fast ein halbes Jahr den Verkehr unterbunden. Alle diese Umstände setzen wieder die Häfen und ihren internen Seeverkehr in Vorteil selbst gegenüber den Längsbahnen der Küste.

Sehr bezeichnend sind die Stellen, an denen das Bahnnetz zu größerer Dichte anwächst und zugleich den stärksten Massenverkehr zu bewältigen hat; es sind fünf Gebiete, die sich an die bedeutendsten Häfen schließen: die Kwantō-Ebene, die Nagoya-Ebene, die Ōsaka-Ebene, Nordkyūshū und die Ishikari-Senke.

Es gibt eine japanische Eisenbahnkarte, die für das Jahr 1924 den Gütertransport an den Hauptstationen des Landes, geteilt in ankommende und abgehende Frachten, wiedergibt[1]). Sie gestattet eine Reihe weiterer interessanter Beobachtungen. Einmal heben sich darin fast sämtliche Hafenstädte von den Binnenorten dadurch ab, daß die abgehende Fracht in jenen überwiegt. Darin spiegelt sich der allgemeine Einfuhrüberschuß des japanischen Außenhandels wieder. Aber mehrere Häfen machen davon eine bemerkenswerte Ausnahme, nämlich die von Hokkaidō (Muroran, Otaru und Hakodate) und die von Nordkyūshū (Moji, Wakamatsu und einige kleinere). Beide Hafengruppen haben eine gewaltige ankommende Bahnfracht und eine verschwindende abgehende; diese beträgt z. B. bei Wakamatsu 4% der gesamten, bei Muroran noch weniger. Umgekehrt liegt in ihrem Hinterland ein dichter Schwarm von Bahnstationen mit fast nur abgehender Fracht, meist 90 bis 100%. Die Erklärung liegt hier in der Kohle und ihren Verschiffungshäfen. — Weiter läßt die Karte klar die Stellung Tōkyōs als Hafen hervortreten. Es weicht von der Norm der Häfen ebenfalls ab durch ein Übergewicht der ankommenden über die abgehende Bahnfracht. Darin spricht sich seine Sekundärstellung gegenüber dem Großhafen Yokohama aus. Es empfängt seinen Bedarf zum großen Teil von diesem durch Kleinschiffahrt und Eisenbahn. Endlich heben sich unter den Hafenplätzen, die das normale Verhältnis zeigen, die Großhäfen durch besonders hohe Beträge

---

[1]) Daß das Jahr der Statistik etwas zurückliegt, dürfte bei diesen Verhältnissen wenig verschlagen.

ihrer Bahntransporte, namentlich aber der abgehenden, heraus. An der Spitze steht Ōsaka, darauf folgen Kōbe und Nagoya.

Die gesamte, vom Bahnnetz beförderte Frachtmenge betrug 63 Mill. Tonnen. Es wäre von Interesse, ihr die durch internen Seeverkehr bewältigte Gütermasse gegenüberzustellen. Dafür fehlen mir geeignete Unterlagen. Einen gewissen Anhalt für die Größe des letzteren gibt es aber schon, daß im gleichen Jahre 1924 allein durch den Hafen von Tōkyō, der dem Außenhandel nicht geöffnet ist, eine Frachtmenge von 6½ Millionen Tonnen, also nicht weniger als 10% der gesamten Fracht der Eisenbahnen des Landes, gegangen ist.

An der Bahnfracht ist am stärksten die Steinkohle beteiligt, nämlich mit 20 Millionen Tonnen oder 32%, obwohl wir ihr auch als einem der bedeutendsten Massengüter im internen Seeverkehr begegnen. Es wird aber dadurch verständlich, daß der größte Teil der geförderten Kohle überhaupt mit der Bahn zunächst abgeführt und überdies für den Eisenbahnbetrieb über das Land verteilt werden muß. Die nächste Stelle nimmt das vielgebrauchte Holz ein mit 6,5 Millionen (10%). Dann folgen als gleichfalls charakteristische Massenfrachten Reis und Dünger mit 2,6 bezw. 2,5 Millionen Tonnen, also je 4%. Einen ähnlichen Betrag erreicht noch Sand und Kies. Als geringere Frachtmengen folgen keramische Waren, Textilrohstoffe, Holzkohle, Zement und Meereserzeugnisse. Alles andere, z. B. Weizen, Eisen und Stahl, bleibt im Bahnverkehr schon weit unter 1 Million Tonnen.

Das Bahnnetz wird relativ mehr als vom Güter- vom Personenverkehr beansprucht. Darin zeigt Japan ein von den großen Ländern Europas und erst recht von Nordamerika stark abweichendes Verhalten[1]).

II. Der Seeverkehr.

a) Interner Seeverkehr (Küstenverkehr).

Schon die für den Bahnverkehr soeben festgestellte Erscheinung ist bezeichnend für ein Land, dem sich für den Güteraustausch zwischen seinen Siedlungszellen das Meer, namentlich mit der Inlandsee so einzig günstig, darbietet, während tiefreichende Hinterländer fehlen. Kämpfer[2]) führte über den

[1]) Vgl. die graphische Darstellung bei K. Sapper, Allgemeine Wirtschafts- und Verkehrgeographie, Leipzig u. Berlin 1925, S. 226.

[2]) E. Kämpfer, a. a. O., II, S. 158.

Seeverkehrsweg am Nordsaum der Inlandsee folgendes aus: „Es wird diese Seestraße täglich nicht nur von den Fürstlichen auf- und abreisenden Personen und ihrem Gefolge, sondern auch und am meisten von inländischen Kaufleuten, die von einer Stadt und Provinz zur andern auf den Handel gehen, so stark befahren, daß man bisweilen in einem Tage hundert Schiffe unter Segel zählen kan." Noch heute erhält man den stärksten Eindruck von dem geballten internen Seeverkehr immer wieder in der Inlandsee, wo kleine Frachtdampfer und -segler sich in ganzen Trupps bewegen, wechselnd mit den Fischerbootsflottillen. Hier ist entschieden der Frachtverkehr noch viel bedeutender als der gleichfalls lebhafte Personenschiffsverkehr, die beide teils getrennt, teils miteinander verbunden sind. Dabei bedient sich der Frachtverkehr oft der Schleppzüge, sowohl auf den Längslinien der Inlandsee wie auch im Querverkehr, z. B. zwischen Takamatsu und Uno.

Auf dieser Strecke vollzieht sich auch ein Dampfer-Fährverkehr mit Güterwagen (vgl. Tafel 12, Abb. 2). Dazu kommen die zwei weiteren wichtigen Fährverbindungen: 1. zwischen Shimonoseki und Moji, 2. zwischen Aomori und Hakodate bezw. Muroran. Die Fähren bringen je eine große Insel in Verbindung mit der Hauptinsel, sie schlagen für das Bahnnetz die Brücke über See. Bei Shimonoseki hat der Fährbetrieb den Charakter des Lokalverkehrs, wird sehr bedeutsam im Leben des Hafens und wird uns bei dessen Einzelbehandlung noch besondere Probleme stellen. Auf der nördlichen Fähre ist es mehr ein Fernverkehr, der sich nur einige Male am Tage vollzieht. Hier sind es besonders große, schöne Fährschiffe, die bis über 40 Güterwagen fassen.

Zum Inlandsee- und Fährverkehr kommt der Küstenlängsverkehr fast ringsum in kurzen und langen Fahrstrecken. Shikoku allerdings wird nicht umfahren und steht damit wieder zurück in dem gesamten Küstenverkehr Südjapans. Andererseits fahren Schiffe zum Teil an der ganzen Westküste Honshūs entlang. Selbst von Formosa kommt ein Schiff direkt nach Otaru hinauf, das z. B. Bananen dorthinbringt. In Nordostjapan hat die Westseite einen regeren Küstenverkehr als die Ostseite.

Dieser Küstenverkehr zum Zwecke des inneren Warenaustauschs übertrifft an Größe alle Erwartung. Leider läßt sich hier den vielen Einzelproblemen nicht zahlenmäßig zu Leibe gehen. So detailliert die Außenhandelsstatistik ist, die es uns erlaubt, in jedem Hafen den Außenverkehr in Hunderten von Warengattungen genau zu verfolgen, so gibt es keine entsprechende Statistik für den innerjapanischen Seeverkehr.

So können wir z. B. nicht die Fragen beantworten, wie der von Niigata zur See abgehende Reis der dortigen Überschußkammer sich auf Shimonoseki, Ōsaka und andere Brennpunkte des Heimatlandes verteilt, oder in welchen Beträgen die von Wakamatsu ausschwärmenden Kohlensegler ihre Fracht auf die verschiedenen Häfen der Inlandsee und anderer Küstenstrecken ausstreuen, wie das Mengenverhältnis der miteinander wetteifernden Hokkaidō- und Kyūshū-Kohlen in den Häfen Mitteljapans sich darstellt, wie groß die Reichweite des einen und anderen Kohlengebietes ist, wohin der aus Deutschland etwa in Kōbe landende Kunstdünger sich in Teilbeträgen wendet und vieles andere. Wohl kann ich auf Grund meiner Beobachtungen und Erkundungen in den einzelnen Häfen manche qualitative Angabe auch über den internen Handel machen, wie es im speziellen Teil geschehen wird. Aber zu einem größeren, vergleichenden Überblick an dieser Stelle fehlt eben sehr die zahlenmäßige Grundlage.

Nur für die Gesamtgröße, die dieser Küstenverkehr in den einzelnen Häfen, und zwar nicht nur solchen des Außenhandels, erreicht, stehen mir Werte aus einer japanischen Quelle zur Verfügung[1]). Sie beziehen sich auf das Jahr 1926, genügen aber noch völlig, um den Vergleich der Häfen untereinander hinsichtlich ihrer Gesamtstellung im heimischen Verkehr zu ermöglichen; denn das Verhältnis dürfte sich von Jahr zu Jahr wenig verschieben.

Unsere Zusammenstellung (Tabelle 10) läßt eine Reihe von wichtigen Tatsachen beobachten. Die eine ist die gewaltige Steigerung, die der Binnen-Seehandel seit den letzten Vorkriegsjahren erfuhr, die prozentual nicht viel hinter der des Außenhandels zurückbleibt. Deutlich spricht sich darin aus, wie der geschilderte Impuls des Weltkriegs nicht bei der Beziehung Japans zur Außenwelt Halt macht, sondern sich bis in die internen Handelsfäden auswirkt. Bezeichnend in Verbindung hiermit ist es auch, daß die in der Tabelle als wichtigere Häfen des Binnen-Seeverkehrs zusammengestellten Plätze bis auf ein paar Ausnahmen zugleich „geöffnete" Häfen sind, also dem Außenhandel dienen. Weiter ist ersichtlich, daß im Gesamtwert der interne den externen Seeverkehr um mehr als 100% übertrifft. Nicht prägnanter und eindrucksvoller kann die starke innere Meeresverbundenheit des ganzen Landes sich ausdrücken.

[1]) Sie verdanke ich der freundlichen Vermittlung des Japan-Instituts in Berlin.

Tabelle 10.

Binnen-, Außen- und Gesamthandel der wichtigsten Häfen im Jahre 1926 in Millionen Yen.

Hafen[1])	Binnenhandel			Außenhandel			Gesamthandel		
	Exp.	Imp.	Zus.	Exp.	Imp.	Zus.	Exp.	Imp.	Zus.
Kōbe	693	631	1 324	681	1052	1733	1 374	1 683	3 057
Ōsaka	1067	1 081	2 148	418	281	699	1 485	1 362	2 847
Yokohama	549	275	824	764	640	1404	1 313	915	2 228
Tōkyō	98	694	792	—	—	—	98	694	792
Hakodate	193	291	484	7	5	12	200	296	496
Shimonoseki.....	192	234	426	2	1	3	194	235	429
Moji	143	146	289	36	95	131	179	241	420
Nagoya	32	132	164	52	82	134	84	214	298
Otaru	108	124	232	16	7	23	124	131	255
Aomori	151	74	225	—	7	7	151	81	232
Wakamatsu	146	13	159	17	27	44	163	40	203
Onomichi	61	59	120	—	4	4	61	63	124
Muroran	96	24	120	1	1	2	97	25	122
Nagasaki........	31	40	71	13	23	36	44	63	107
Yokkaichi	25	12	37	7	60	67	32	72	104
Kagoshima	41	41	82	—	11	11	41	52	93
Fushiki	29	49	78	—	7	7	29	56	85
Kishiwada	19	65	84	—	—	—	19	65	84
Uno	30	48	78	—	—	—	30	48	78
Takamatsu	37	27	64	—	—	—	37	27	64
Shimizu	2	26	28	14	21	35	16	47	63
Komatsushima ..	35	27	62	—	—	—	35	27	62
Shiogama	13	46	59	—	—	—	13	46	59
Urado	34	23	57	—	—	—	34	23	57
Imabaru	25	29	54	—	—	—	25	29	54
Mitsugahama ...	28	26	54	—	—	—	28	26	54
alle japan. Häfen[2]) 1926	4 615	5 110	9 725	2 045	2 370	4 415	6 660	7 480	14140
alle japan. Häfen[2]) 1912	1 580	1 155	2 735	520	620	1 140	2 100	1 775	3 875

[1]) Es sind nur Häfen mit einem Gesamthandel von mindestens 50 Millionen Yen berücksichtigt.

[2]) Einschließlich Formosa und Korea.

Auch für die einzelnen Häfen gilt das Übergewicht des internen Seeverkehrs mit nur 4 Ausnahmen. Diese sind: Kōbe, Yokohama, Yokkaichi und Šhimizu. Ihre Deutung ist nicht schwer; die beiden ersten sind die ganz überragenden Außenhandelshäfen, Shimizu hat als Spezialhafen des Tee-Exports seine stärkere Außenverbindung, und Yokkaichi ist der von Natur tiefe Vorhafen von Nagoya. Im übrigen kann bei den einzelnen das Verhältnis zwischen Innen- und Außenverkehr noch recht verschieden sein. Extrem ist es bei Hakodate, wo der Binnenhandel den Außenhandel im Wert um das Vierzigfache übertrifft. Ähnliches gilt für Muroran und Aomori. Das kennzeichnet die Brückenköpfe, über die der Austausch beider Inseln am stärksten erfolgt. Besonders als Sammelpunkt der Hokkaidō-Fischerei dient Hakodate überwältigend dem eigenen Land und steht daher unter den Binnenhäfen schon an fünfter Stelle, während die überseeische Ausfuhr seiner Fischereierträge sich mehr indirekt, über andere Häfen, vollzieht. Ebenso dient Otaru mehr dem Inland. Noch extremer verhält sich in der Hinsicht Shimonoseki, bei dem das Verhältnis den Wert 1 : 100 hinter sich läßt! Hier gibt die besondere Arbeitsteilung des Hafenpaares Shimonoseki-Moji den Schlüssel zur Erklärung, indem Moji den Außenanteil am Handel übernimmt.

Während im Gesamtwert des internen Seeverkehrs der Import den Export überragt, wechselt das Verhältnis bei den einzelnen Häfen sehr. Unter den größeren gibt Tōkyō das krasseste Beispiel des einseitigen Importhafens (Export: Import = 1 : 7) und dokumentiert damit das gewaltige Konsumzentrum. Dagegen erweist sich bei Ōsaka die Wertbilanz des inneren Seeverkehrs sehr ausgeglichen, weil es nicht nur ein großer Konsumplatz ist, sondern andererseits Japans Küsten weithin mit seinen Industrieprodukten versorgt. Die stärkste Umkehrung des Verhältnisses zeigt Wakamatsu (Export: Import = 11 : 1) und danach Muroran (4 : 1); das illustriert die beiden Hauptkohlenhäfen, die im Unterschied zu anderen ihresgleichen vornehmlich der heimischen Versorgung dienen.

Auch selbst in den Großhäfen finden wir eine starke Beteiligung der kleinen Schiffe des internen Verkehrs und demgemäß reichlichen Seeumschlag (vgl. besonders Ōsaka, Kōbe, Yokohama im speziellen Teil).

b) Externer Seeverkehr (Außenverkehr).

1. Entwicklung und Umfang.

Nach der Eröffnung Japans wuchsen zunächst die Bedürfnisse nach abendländischen Gütern, besonders nach Waffen, Weizenmehl, Zucker, Leder, Tuch, Farben, Arzneien und vielen Industrieerzeugnissen, stärker als die Möglichkeiten der Abgabe eigener Waren[1]). So setzt der gesamte Außenhandel wie die Tabelle 11 zeigt[2]), mit einer stark passiven Bilanz (2 : 3) ein, die erst im zweiten und dritten Jahrfünft mit den wirtschaftlichen Wandlungen im Innern sich verringert und dann vorübergehend in eine aktive verwandelt, als die Einrichtung der ersten Baumwollspinnereien den Import sinken ließ und einen gewissen Export ermöglichte, während gleichzeitig Rohseide, Streichhölzer, Kohle und Kupfer auf fremden Märkten mehr und mehr Boden gewannen[3]). Der Waffenerfolg im Chinakrieg kehrte

Tabelle 11.
Entwicklung des Außenhandels seit der Restauration[4]).

Durchschnitt der Jahre	Export Millionen Yen	Import Millionen Yen
1868—72	15,8	22,7
1873—77	22,1	26,6
1878—82	30,3	32,6
1883—87	42,1	32,8
1888—93	77,1	72,5
1894—98	139,2	223,0
1899—03	243,9	270,4
1904—08	377,0	441,9
1909—13	495,7	544,1
1914—19	1348,4	1127,0
1920—24	1618,7	2056,2
1925—27	2139	2436
1928—29	2060	2206
1930	1469	1546

[1]) Als Hauptgegenstände des Exports jener Zeit nennt Richthofen aus Yokohama: Seide, Öl und Tee.

[2]) Die Tabelle ist mit einigen Änderungen und Erweiterungen entnommen aus S. Uyehara, The industry and trade of Japan, London 1926, S. 50.

[3]) Japan Year Book 1928, S. 592.

[4]) In der Tabelle sind die Werte der ersten Jahrzehnte mit aufgenommen,

das Verhältnis wieder schroff um, indem eine neue Welle übermäßigen Imports einsetzte; das Jahrfünft 1894—1898 zeigt in der Tabelle wieder das Anfangsverhältnis 2 : 3. Wenn es sich auch weiterhin abschwächte, schwand im großen Ganzen die Passivität nicht mehr bis zum Weltkrieg (vgl. auch die Kurve, Fig. 5). Export wie Import

Fig. 5. Entwicklung von Japans Außenhandel seit dem chinesisch-japanischen Krieg.

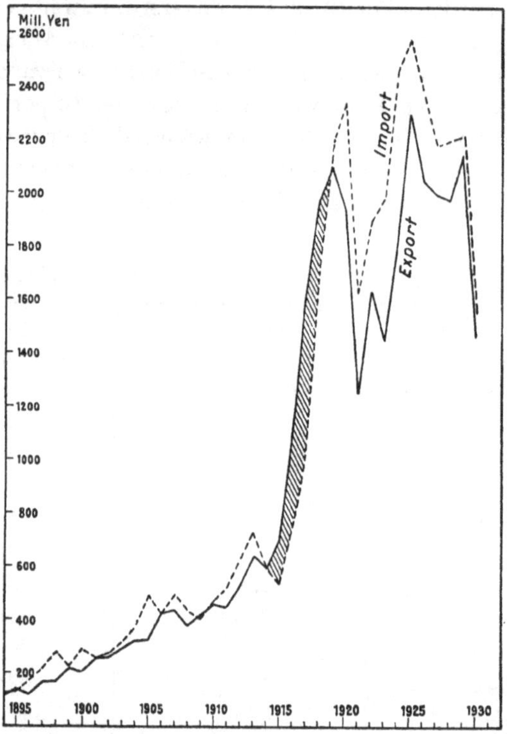

aber hoben sich ständig weiter und erreichten zusammen im Durchschnitt der letzten fünf Jahre vor dem Krieg rund 1 Milliarde Yen.

Die Kriegsjahre steigerten den Wert auf durchschnittlich $2\frac{1}{2}$ Milliarden. Allerdings darf hierbei die auch in Japan eingetretene Preis-

obwohl die Statistik des Außenhandels bis zum Ende der 80er Jahre, vor allem wegen der Währungsschwierigkeiten, nicht als zuverlässig zu betrachten und demnach ein genauer Vergleich nicht möglich ist. Vgl. Y. Hirai, Zur Korrektur der japanischen Außenhandelsstatistik, Weltwirtschaftliches Archiv, 23. Bd., (1926 I), Chron. u. Archivalien, Jena 1926, S. 296.

steigerung und Geldentwertung nicht übersehen werden. Legt man, wie es Uyehara tut, einen entsprechenden Index zugrunde und korrigiert so, daß 1914 die Vergleichsbasis abgibt, dann erhält man z. B. für 1919 nur eine 34%ige Steigerung des Exports und eine 20%ige des Imports.

Wichtig ist die wieder aktive Bilanz, im Verhältnis 13 : 11. Schroff kehrt sie sich jedoch in den Nachkriegsjahren wieder um in das Verhältnis 4 : 5. Die allgemeinen Gründe dafür sind in Verbindung mit der Wirtschaftsentwicklung schon ausgeführt. Die letzten Jahre haben die Ungunst wenigstens wieder abgeschwächt. Im ganzen immerhin hat Japan nach dem Kriege, das heißt von 1920 bis 1927 für 3 Milliarden Yen mehr ein- als ausgeführt.

Jedenfalls wurde durch den Krieg der Überseehandel entschieden weiter ausgedehnt und verstärkt. Neu hinzugekommen ist u. a. Argentinien, eine Steigerung erfuhr der Verkehr mit den Vereinigten Staaten u. a. Der gesamte Außenhandel erreicht jetzt mit seinem Wert von rund 4 Milliarden Yen denjenigen Italiens. (Das Jahr 1930 ist nur durch die Weltkrise wieder stark gedrückt.)

2. Verteilung nach Ländern.

Es fragt sich nun, wie sich im einzelnen das heutige Bild der Übersee-Beziehungen darstellt. Aus dem Diagramm[1]) (Fig. 6) und den beiden Erdkarten (Tafeln 27 u. 28) springt überwältigend der Anteil der Vereinigten Staaten hervor, namentlich in der Ausfuhr. Sie beträgt etwa 40% der japanischen Gesamtausfuhr. Den Löwenanteil hat hieran mit 80% die Seide. Amerika nimmt ferner 4/5 des japanischen Tee-Exports auf und hat darin einen seiner stärksten Einfuhrwerte aus Japan. Nach dem Krieg hat er etwas nachgelassen unter der Konkurrenz von Indien. Weiter empfängt die Union noch Konserven und keramische Waren in größerer Menge. In der Einfuhr von den Vereinigten Staaten dominiert die Baumwolle, und zwar mit gleichfalls rund 40%. In den zwei Faserstoffen Seide und Baumwolle besitzen also beide Länder eine ausgezeichnete Verkehrsspannung und wirtschaftliche Ergänzung. Was außer der Baumwolle aus den Vereinigten Staaten hereinkommt, ist besonders Holz, Eisen, Maschinen, Automobile und Weizen; Japan nimmt 2/3 des ganzen Exports von amerikanischen Weichhölzern auf.

[1]) Die Werte der Figur sind berechnet auf Grund von Zahlenangaben in Ostasiatische Rundschau 1930, S. 215.

Fig. 6. Die Hauptteilnehmer am japanischen Außenhandel.

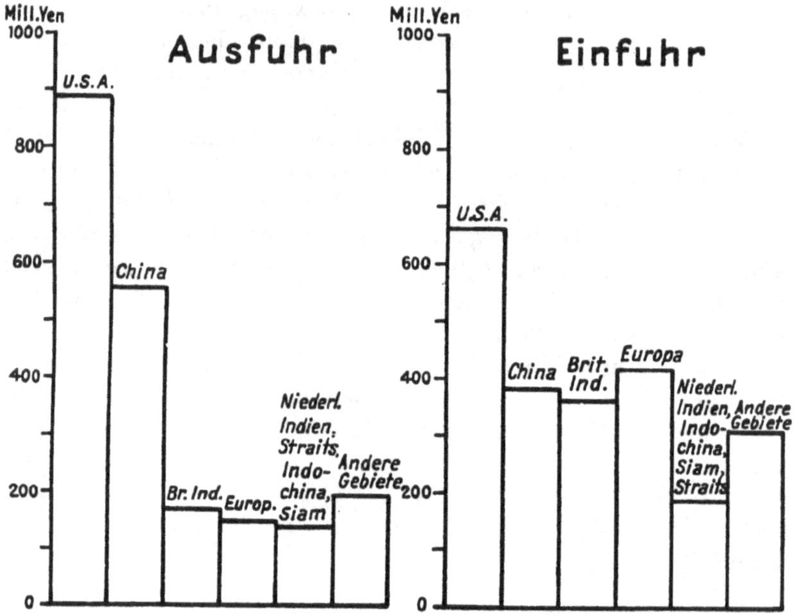

Ist durch diese wenigen Stoffe eine so feste geographische Verkehrsbindung gegeben, dann führt die Gelegenheit der Verschiffung von selbst zur Angliederung weiterer Waren, die ebensogut aus anderen Ländern bezogen werden könnten.

Zu dem Weizen aus der Union kommt indes ein noch größerer Betrag aus Vancouver. Von hier hat sich ein pazifischer Weizenstrom entwickelt, der noch dauernd wächst und heute schon die gleiche Beachtung verdient wie die uns länger geläufigen atlantischen Weizenströme. Ebenso kommt Holz aus Kanada. Dieser Verkehr mit Nordamerika vollzieht sich am stärksten mit Yokohama und Kōbe. Doch sind auch andere Häfen beteiligt, so die von Hokkaidō, besonders Hakodate, mit ihren Meereserzeugnissen. Zum Verständnis dieses gewaltigen Amerika-Handels ist auch zu bedenken, daß seit der Eröffnung des Panama-Kanals selbst die Osthäfen der Union Japan näher gerückt sind als die Häfen Nordwesteuropas.

Den anderen stärksten Verkehrspol bilden, wie beide Tafeln (27 u. 28) gut zeigen, die festländischen Gegengestade, vor allem China, an dessen Handel Japan einen stärkeren Anteil (über 30%) als jede andere Seemacht hat. Vor dem Weltkrieg lieferte

Japan dorthin besonders Baumwollgarn, ferner Baumwollwaren, Zucker, Kupfer, Kohle, Streichhölzer, Seeprodukte, Holz und Papier. Einiges davon ist jetzt zurückgegangen, weil es China selbst erzeugt, z. B. Streichhölzer und Kohle, einiges ist durch andere Länder geschmälert, so die Lieferung von Zucker durch Java, die von Kupfer durch Amerika. Aber in Baumwollwaren hat Japan stark den China-Markt erobert auf Kosten von England und Amerika und zwar in geringen Qualitäten. In ihnen wird sich aber Japan vielleicht bald vor die Konkurrenz der chinesischen Eigenfabrikation gestellt sehen. Was Japan von China bezieht, ist vor allem Baumwolle sowie Ölkuchen und Bohnen. Weil Baumwolle wie Baumwollwaren die starke Bindung mit China bedingen, so wird der Industrieplatz Ōsaka zum ausgesprochensten Hafen des China-Handels.

Die Bedeutung Chinas als Abnehmer ist größer, als wie es die Statistik zeigt. Denn von ihm gesondert bleibt Kwantung als japanischer Außenposten mit dem Hafen Dairen, der aber zum großen Teil nur einen Durchgangspunkt für den Handel mit China darstellt. Mehr als die Hälfte der hier gelandeten Güter geht weiter in das chinesische Hinterland. Ähnlich ist Hongkong im japanischen Handel ein Vorposten Chinas.

Die enge Seeverbindung beider Länder spricht sich auch in der Investierung sehr bedeutender japanischer Kapitalien im chinesischen Küstengebiet aus. Für Japan ist diese Verbindung nach Lage, Ausstattung und Entwicklung beider Länder naturgegeben; sie ist eine Lebensfrage geworden, eins der Probleme, die die beständige stärkste Aufmerksamkeit seiner Politiker erheischen.

Auch in der Mandschurei sucht Japan um so fester Fuß zu fassen, je mehr es durch die angelsächsischen Mächte von der wirtschaftlichen Einflußnahme auf China in Washington abgedrängt wurde. Im Handel mit der Mandschurei übertrifft es alle anderen Länder. Auch hierfür ist ihm Kwantung das Tor, von dem die südmandschurische Eisenbahn ausgeht. Sie hat mit der autonomen Bahnzone der Ausbreitung des japanischen Handels schon großen Vorschub geleistet. Der Hafen Dairen ist namentlich auf die Ausfuhr von Bohnen, Bohnenöl und Bohnenkuchen fast gänzlich eingestellt; er führte davon im letzten Wirtschaftsjahr (1928—29) nahe an 3 Millionen Tonnen aus und zwar zu mehr als der Hälfte nach Japan[1]).

Korea, dessen neuere wirtschaftliche Entwicklung sich in engster Verbindung mit Japans Interessen vollzieht (Japans Ausfuhr und

[1]) Ostasiatische Rundschau 1930, S. 282.

Einfuhr je etwa 300 Millionen Yen), liefert vor allem Reis (ca. 30% des japanischen Bedarfs), Bohnen, Fische und andere landwirtschaftliche Produkte sowie Eisen und Baumwolle und nimmt dafür japanische Industriewaren auf. Besonders wichtig ist es und wird es wohl noch mehr als Reislieferant, um die dem Mutterland fehlende Menge zu ersetzen.

Die andere Kolonie, Formosa, dient dem Mutterland besonders mit Zucker, Kampfer und Reis. An der Gesamtausfuhr von Formosa (1928: 248 Millionen Yen) ist das Mutterland mit 85%, an der Einfuhr (190 Millionen Yen) mit 70% beteiligt.

In der Südsee hat Japan seinen Handel seit dem Weltkrieg ausbreiten können, so daß es hier in steigendem Maß Rohstofflieferanten und zugleich Abnehmer für seine Industrieartikel wie Textilwaren, Papier, Zement, Glas entwickelt. Von Australien bezieht es vor allem Wolle, aber auch Getreide, und liefert dorthin Seidengewebe.

Ebenso ist Japans Verkehr mit den indischen Ländern gestärkt worden, vor allem mit Britisch-Indien, das zum großen Baumwoll- und Eisenlieferanten geworden, also durch die zwei bedeutendsten Industrien Japans fest mit diesem verbunden ist, dazu ferner Reis, Gummi u. a. liefert, dafür in steigendem Maß japanische Erzeugnisse aufnimmt. Während englische Garne in der Lieferung nach Indien zurückgingen und die im Jahre 1929 dort eingeführte Menge nur noch $^3/_5$ derjenigen von 1913 betrug, haben die japanischen eine Steigerung auf die 10—15fache Menge erfahren (!). Noch größer ist der Erfolg in der Ausfuhr der Baumwollgewebe[1]).

Während alle bisher behandelten Länder zugleich starke Lieferanten und Abnehmer sind, besteht im Verkehr mit Europa eine viel größere Einseitigkeit (vgl. Tafeln 27 u. 28); Japan braucht Europas Waren in ähnlichem Umfang etwa wie die von China, namentlich Eisen, Maschinen, Düngemittel usw., aber es kann viel weniger dorthin absetzen. Ein Hauptposten ist die nach Frankreich gehende Rohseide.

Auch die deutsche Handelsbeziehung hat nach dem Krieg nicht wieder den Vorkriegsanteil erreicht, immerhin sich aufwärts entwickelt. Die Hauptposten des Bezugs aus Deutschland (vgl. Tabelle 12) sind Eisenhalbzeug, Kunstdünger, Maschinen, Wollgarn und -gewebe sowie Farben. Der Import aus Deutschland weist 1929

---

[1]) Vgl. Ostasiatische Rundschau 1930, S. 87f.

Tabelle 12.

Japans Wareneinfuhr aus Deutschland im Durchschnitt von 1925—1928 in Millionen Yen.

Eisenhalbfabrikate	27,5
Ammoniumsulfat	20,0
Garne	16,0
Maschinen und -teile	13,8
Teerfarbstoffe	4,9
Wollstoffe	3,4

zum ersten Mal einen höheren Wert als der aus England auf. Japan ist auch unter allen Ländern der Erde, mit denen Deutschland größere Handelsbeziehungen hat, dasjenige, bei dem die Einfuhr aus Deutschland am meisten die Ausfuhr überwiegt.

Daß Europa so zurückgetreten ist, kommt vielleicht nicht so ausschließlich, wie es oft betont wird, auf das Konto des Weltkriegs, sondern auch darauf, daß der Panama-Kanal nun zu wirken beginnt, der überhaupt Japan und den Vereinigten Staaten sowie dem Verkehr beider untereinander am meisten zustatten kommt.

Gänzlich zurück schließlich stehen hinter den drei Norderdteilen die Süderdteile. Hier sind lediglich durch einige Spezialitäten wie die Wolle Australiens oder die Baumwolle Ägyptens schwache Verbindungen geschaffen.

So ergibt sich im ganzen ein Bild von markigen Zügen. Fünf große Regionen stehen mit Japan in stärkerem Verkehr, an der Spitze die Vereinigten Staaten, danach Ost- und Südasien. Japan ist der echte Mittelpunkt des pazifischen Verkehrs. Bei den beiden pazifischen Hauptpolen ist die Bilanz die gleiche, indem sowohl China wie die Union mehr als Käufer denn als Lieferant auftreten.

3. Verteilung nach Waren.

Mustert man den gesamten Außenhandel der letzten Jahre nach Gegenständen, so springt in die Augen, daß die Ausfuhr durch wenige überragende Güter bestritten werden muß, nämlich Seide und Baumwollerzeugnisse. Namentlich die erstere ist ein starker Anker in Japans Seeverbindung. Kein anderes Produkt war je so stabil in seinem Auslandsabsatz und wird es auch einstweilen noch mit Sicherheit sein wie die Rohseide. Diesen beiden Hauptgütern gegenüber treten schon sämtliche anderen

Tabelle 13.

Die Hauptartikel des japanischen Außenhandels im Durchschnitt von 1925—28 in Millionen Yen.

I. Export.

a) Lebensmittel.	
Raffinierter Zucker	33,4
Meeresprodukte	21,7
Konserven	18,0
Tee	12,4
Bohnen und Erbsen	9,9
Reis	3,4
Bier	3,3
b) Rohstoffe.	
Kohle	28,6
Abfallseide	18,2
Holz	17,9
c) Halbfertigwaren.	
Rohseide	**772,5**
Baumwollgarn	64,6
Flechtwerk	9,0
Pflanzl. Öle und Fette	8,3
Menthol	7,3
Kampfer	6,0
Eisen	4,9
d) Fertigwaren.	
Baumwollwaren	**399,9**
Seidenwaren	136,4
Ton- und Glaswaren	48,7
Strumpfwaren	29,6
Maschinen und Eisenwaren	23,7
Papier	21,1
Spielwaren	10,8
Hüte	10,5
Knöpfe	8,7
Zündhölzer	7,2

II. Import.

a) Lebensmittel.	
Zucker	74,9
Weizen	71,4
Reis	70,9
Bohnen und Erbsen	63,2
Eier	10,2
b) Rohstoffe.	
Baumwolle	**706,0**
Wolle	105,2
Ölkuchen	104,3
Holz	98,9
Ammoniumsulfat	36,8
Rohgummi	34,0
Kohle	31,2
Flachs, Hanf etc.	26,8
Öle und Fette	23,1
Erze	14,0
Stärke	13,7
Häute, Felle etc.	10,0**
Phosphorit	9,8
Natronsalpeter	6,6
c) Halbfertigwaren.	
Eisenhalbzeug	112,6
Garne	41,0
Blei und Zink	27,5
Papiermasse	12,2
Aetznatron	11,3
Baustoffe	8,5*
Leder	7,8
d) Fertigwaren.	
Maschinen und -teile	87,8
Woll- und Baumwollwaren	46,0
Petroleum	20,0
Automobile und -teile	19,5
Papier	17,7*
Ätherische Öle	13,6
Künstl. Farbstoffe	8,8**
Uhren und -teile	8,6*

(* bedeutet Mittel aus 1925—27).
(** Mittel aus 1927—28.)

stark zurück (vergl. Tabelle 13). Dahingegen wird eine große Zahl von Waren in erheblicherer Menge importiert. Mehr als $^4/_5$ der Ausfuhr besteht aus Ganz- und Halbfabrikaten, besonders solchen von Seide und Baumwolle, dagegen über die Hälfte der Einfuhr aus Rohstoffen, namentlich Baumwolle und Wolle.

Der absolut stärkste Einfuhrartikel ist nach Menge und Wert eben die Rohbaumwolle von Indien, China und der Union. Das entspricht der erkannten Stellung der Baumwollindustrie in Japans Industriewirtschaft. Demgemäß sind Baumwollfabrikate ein Ausfuhrgut, das gleich hinter der Seide steht. Danach folgen in der Ausfuhr die Seidengewebe. Bezeichnend ist aber die verschiedene Richtung dieses Handels; die Baumwollwaren gehen in die ostasiatischen Länder, die Seide in die reicheren Überseegebiete, besonders zur neuen Welt. Im Export tritt daher dem Werte nach der Verbindungsstrang mit den Vereinigten Staaten am stärksten hervor, im Import relativ stärker die asiatisch-europäischen Seewege, wie dies auch die beiden Erdkarten (Taf. 27. u. 28) veranschaulichen.

Was Japan weiter einführen muß, sind Nahrungsmittel verschiedener Art. Schon die Reiseinfuhr hat aus Ost- und Südasien erheblichen Umfang; im Durchschnitt von 1927/29 kamen aus Korea 844 000 t, aus Formosa 340 000 t, aus Südostasien 284 000 t, zusammen 1 468 000 t. Dazu tritt Weizen aus Nordamerika, ferner Bohnen aus China und der Mandschurei, Zucker aus Java. Weiter braucht Japan noch Rohstoffe wie Wolle aus Australien, Holz von Amerika, und vollends abhängig ist es in seinem Eisen- und Eisenwarenbedarf; Stabeisen kommt von Amerika und England sowie von China und Indien, Maschinen- und Eisenteile von Amerika und England, feinere Maschinen auch von der Schweiz, Chemikalien werden aus Europa bezogen, Dünger in Form von Ölkuchen aus der Nähe, in chemischer Form aus den europäischen Ländern.

Das ungünstige Verhältnis zwischen seinem großen Bedarf und seiner geringeren Lieferung sucht Japan auszugleichen einmal durch starke erschließende Betätigung in den Nachbarländern, selbst bis nach Indien, sodann durch den erheblichen eigenen Schiffsverkehr. Unter den aus unsichtbaren Diensten hervorgehenden Einnahmen des Landes stehen die aus der Schiffahrt an der Spitze mit 35—40%[1]).

---

[1]) O. Richter in Ostasiatische Rundschau 1930, S. 215.

Tabelle 14.
Der Außenhandel im Jahresgang in Millionen Yen.
(Mittel 1927—28)

Monat	Export	Import
Januar	142	193
Februar	148	192
März	161	**228**
April	161	212
Mai	171	206
Juni	162	181
Juli	166	164
August	**192**	151
September	174	152
Oktober	175	153
November	156	156
Dezember	172	198

Eine andere Ungunst liegt in dem Saisoncharakter mancher Güter und damit der jahreszeitlich verschiedenen Beanspruchung der Häfen. Aus der Tabelle 14 ist zu ersehen, wie dieser Umstand sich in der Gesamtheit des Außenhandels, also auch im Durchschnitt der Häfen dahin auswirkt, daß das Schwergewicht im Import auf die ersten Monate des Jahres, wozu manchmal schon der Dezember kommt, im Export dagegen auf die zweite Jahreshälfte fällt. Allerdings läßt sich dieser Vergleich wieder nur nach Werten und nicht nach Mengen durchführen. Auch wird die Amplitude bei der Zusammenfassung aller Häfen klein. In einzelnen Häfen kann sie sehr extrem werden, z. B. bei Shimizu als Exporthafen für Tee und Mandarinen. Von führenden Massengütern sind besonders Baumwolle und Seide saisonbestimmt. Die Ausfuhr der Rohseide fällt mehr auf die zweite Jahreshälfte, die Ankunft der Rohbaumwolle auf die erste. Diese beiden Artikel dürften in der Tabelle den Ausschlag geben und am meisten die Häfen Yokohama und Kōbe beeinflussen, obwohl auch noch andere Spezialgüter wie Seeprodukte, Holz und Reis jahreszeitliche Differenzierung zeigen und in gewissen Häfen vorübergehend starkes Leben hervorrufen, z. B. die Heringssaison in Otaru. Die genannte zweite Gruppe von Spezialgütern betrifft stärker als den Außen- den Binnenhandel der Häfen.

c) Verteilung und Rang der Häfen im Innen- und Außenverkehr.

Von den vielen Hunderten der irgendwie benutzten Häfen[1]) mögen 120 bis 150 wirtschaftlich überhaupt von Belang sein. Davon wieder sind 38 (in Fig. 1 hervorgehoben) dem Fremdhandel geöffnet[2]), während die übrigen, also um 100, nur dem heimischen Verkehr dienen. Diese nicht geöffneten dürfen nur in Seenot oder in einzelnen

Tabelle 15.

Wert des Außenhandels der wichtigeren Häfen im Durchschnitt der Jahre 1926—28 (und 1929) in Millionen Yen.

		1926-28 (1929) Export	1926-28 (1929) Import	1926-28 (1929) Zusammen
1.	Kōbe	673 (701)	966 (882)	1639 (1583)
2.	Yokohama	751 (781)	610 (582)	1361 (1363)
3.	Ōsaka	397 (444)	281 (317)	678 (761)
4.	Nagoya	51 (64)	81 (87)	132 (151)
5.	Moji	39 (41)	86 (79)	125 (120)
6.	Yokkaichi	9	43	52
7.	Wakamatsu	13	33	46
8.	Nagasaki	12 (10)	24 (26)	36 (36)
9.	Shimizu	14	19	33
10.	Otaru	16	7	23
11.	Tokuyama*)	0,2	15	15
12.	Miike	11	4	15
13.	Hakodate	7	7	14
14.	Taketoyo	—	13	13
15.	Niigata	—	9	9
16.	Tsuruga	2	6	8
17.	Aomori	0,5	8	8
18.	Onomichi-Itosaki*)	0,3	6	6
19.	Hakata	0,1	5	5
20.	Shimonoseki	2	0,8	3
21.	Karatsu	2	0,7	3
22.	Muroran	2	1	3
23.	Kushiro	2	—	2
24.	Nemuro	0,9	—	1

*) Nur Mittel aus 2 Jahren (1927—28).

[1]) Es werden sogar 2844 Häfen angegeben: The foreign trade of Japan, Tokyo 1929.

[2]) Die Öffnung erfolgte zeitlich in großen Abständen. Erst jüngst wurden noch Uno und Funakawa geöffnet. — Hinzukommen ferner einige auf Sachalin, Tsushima und Ryūkyū.

Fällen bestimmter Waren auf Erlaubnis des Zolldirektors von fremden Schiffen angelaufen werden[1]). Aber auch in einigen der offenen Häfen gibt es noch Einschränkungen. Suminoe ist nur der Ausfuhr, und zwar von Steinkohle, nicht auch der Einfuhr geöffnet. In Nemuro ist die Einfuhr auf Seeprodukte, in Aomori auf eine Anzahl bestimmter Gegenstände beschränkt.

Wollen wir unter den Häfen des Außenhandels die wichtigeren hervorheben (Tabelle 15), so sehen wir sie folgendermaßen an den Süd- und Westküsten aufgereiht: zunächst Yokohama, Shimizu, Nagoya, Yokkaichi, Ōsaka, Kōbe, Miike, Nagasaki, Wakamatsu und Moji, alle im Süden Japans, sodann in erheblichem Abstand die Häfen des Nordens: Tsuruga, Niigata, Aomori, Hakodate, Otaru. Von dieser kleineren Hälfte aller Fremdhandelshäfen gehört also nur wieder der kleinste Teil dem Norden Honshūs und dem Hokkaidō an. Auch von den übrigen, weniger wichtigen Fremdhäfen, die die größere Hälfte ausmachen, fallen bei weitem die meisten dem Süden des Landes zu. Wir können im Süden geradezu eine Hochstraße des Außenhandels erkennen; sie führt über eine Reihe von Großhäfen, von Nagasaki und Moji durch die Inlandsee nach Kōbe—Ōsaka, dann an der Südflanke Honshūs hin, über Yokkaichi—Nagoya, Shimizu nach Yokohama. Das bestätigt ein Blick auf alle einschlägigen Karten (Fig. 2, Fig. 10, Fig. 11, Taf. 24). Was nördlich davon liegt, ist die benachteiligte Rückseite Japans sowie die hinterlandslose Ostküste Nordhonshūs, und was im Süden übrig bleibt, sind die gleichfalls siedlungsleeren Vorsprünge der Kii-Halbinsel, Shikokus und Südostkyūshūs.

Unter den Häfen der Hochstraße heben sich wiederum drei äußerst scharf heraus: Yokohama, Kōbe und Ōsaka. Ihre überragende Stellung kommt aber nicht in der Größe der durch sie hindurchbewegten Schiffstonnage zum Ausdruck (vergl. Tabelle 16). Darin kommt ihnen Moji durchaus nahe bezw. sogar über, je nachdem man nur den im Außenhandel oder den im ganzen auftretenden Schiffsraum ins Auge faßt; die Erklärung dafür gibt der gewaltige Durchgangsverkehr der Straße von Shimonoseki. Ebenso ist der Übergang zu den weiter folgenden Häfen nicht allzu schroff; Nagoya z. B. verzeichnet schon über $^1/_3$ der (im Außenhandel) auftretenden Schiffszahlen von Yokohama und etwa die Hälfte der einfahrenden Schiffstonnage von Ōsaka. Ebenso läßt die Menge der durch den Hafen

[1]) K. Vogt und O. Scholz, Handbuch für den Verkehr mit Japan, Berlin 1928, S. 142—43.

gehenden Fracht den Abstand zwischen Nagoya und den drei führenden Häfen verringern. (Zur Erklärung hierfür wird sich uns Nagoya als ein Spezialhafen des Holzes, also einer besonders umfangreichen Fracht zu erkennen geben.)

Tabelle 16.
Die Häfen mit einem Schiffseingang von mindestens 5 Millionen Br.-Reg.-T. im Jahre 1927[1]).

	Außenverkehr		Binnenverkehr				Gesamtverk.
	Dampfer		Dampfer		Segler		Schiffs-
	Zahl	Tonnage Mill.	Zahl	Tonnage Mill.	Zahl	Tonnage Mill.	Tonnage Mill.
1. Moji	2 676	7,2	75 364	14,2	54 020	3,7	25,1
2. Kōbe	4 136	13,1	16 550	8,4	46 115	1,5	23,0
3. Ōsaka	1 997	5,2	13 919	8,9	163 107	3,6	17,7
4. Shimonoseki	25	0,016	121 877	10,7	123 560	4,9	15,6
5. Yokohama..	2 457	9,7	11 253	3,3	79 337	1,9	14,9
6. Wakamatsu.	595	1,1	4 039	3,4	47 536	5,5	10,0
7. Otaru	396	0,9	5 692	6,5	3 775	0,02	7,4
8. Nagoya	941	2,6	2 259	3,9	33 808	0,4	6,9
9. Hakodate ..	376	0,4	9 161	4,6	12 558	0,1	5,1

Was vielmehr am meisten die Führerstellung jener drei Häfen begründet, ist der Wert ihres Handels. Mag man allein den Außenhandel oder den Gesamthandel vergleichen (siehe Tabelle 10 und Tabelle 15), so übertrifft er auch beim schwächsten jener drei Häfen doch den des nächst bedeutenden 3—5 mal.

Über diese drei großen Umschlagsplätze gingen im Mittel der Jahre 1926—28 nicht weniger als 86% des gesamten japanischen Außenhandels, dazu rund die Hälfte des internen Seehandels[2]). Das ist ein überaus bemerkenswertes Resultat; denn es besagt, daß sich mit der weitestgehenden Kleinaufteilung des Landes auf seine Häfen und Hafenhinterländer doch andererseits eine gewisse Konzentration der Weltverbundenheit ver-

[1]) Da die Werte für die im innerjapanischen Seeverkehr einlaufenden Schiffe nur für 1927 zur Verfügung standen, wurden auf dieses Jahr auch die übrigen Daten der Tabelle bezogen. Wie relativ gering die Veränderungen von 1—2 Jahren aber auch sind, sei am Beispiel Kōbes illustriert. Hier war der im Außenhandel zu verzeichnende Eingang 1927: 4136 Schiffe mit 13,1 Millionen t, 1928: 4214 Schiffe mit 14,5 Millionen t, 1929: 4323 Schiffe mit 14,7 Millionen t.

[2]) Für den internen Seehandel beziehen sich die Angaben auf 1926, weil spätere Werte nicht zur Verfügung standen.

einigt, eine Konzentration eigentlich auf zwei Punkte des Landes. Es sind die Seetore seiner beiden stärksten Kraftfelder, des alten Gokinai und des jüngeren Kwantō. In diesen mächtigen Brennpunkten sammeln sich die Innenkräfte, um von da nach außen zu strömen.

Sehr charakteristisch ist die Beteiligung der verschiedenen Verkehrsgebiete an der Verbindung mit jenen drei Riesenhäfen. Das Übergewicht Amerikas und Asiens in den Diagrammen der Figuren 7 und 8 harmoniert nur mit dem, was uns schon die Analyse des Warenverkehrs ganz Japans nach Ländern offenbarte: die Vereinigten Staaten einerseits, China und Indien andererseits sind die großen Lieferanten und Abnehmer, denen gegenüber Europa sowie die übrigen Teile der

Figur 7.
Regionale Verteilung des Außenhandels
der drei Haupthäfen.

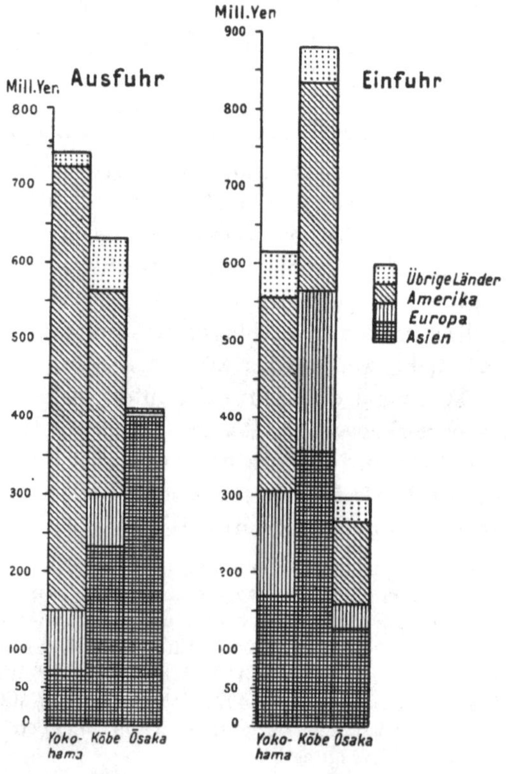

Figur 8.

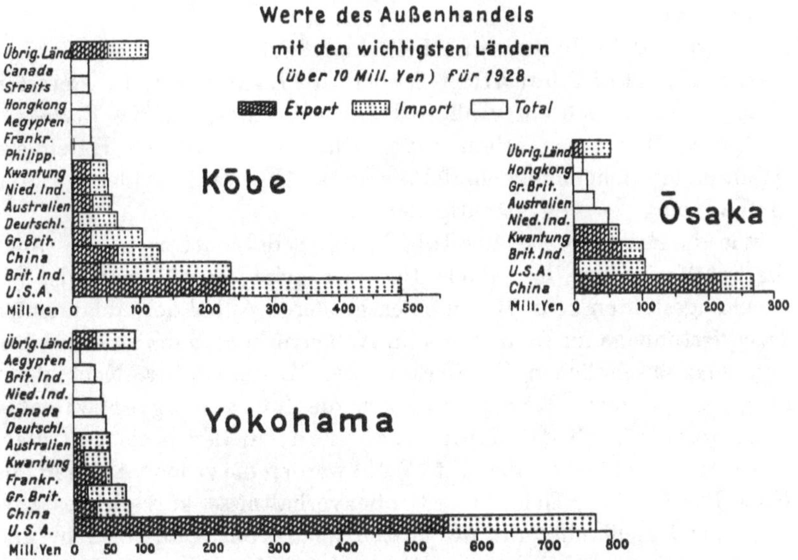

Werte des Außenhandels mit den wichtigsten Ländern (über 10 Mill. Yen) für 1928.

Erde zurücktreten. Was darüber hinaus aus den graphischen Darstellungen hervorgeht, ist die Verschiedenheit der drei Häfen in ihrem Verhältnis zu diesen Verkehrsgebieten. Danach ist Ōsaka als Industrie-Metropole der typischste Versorger Asiens und in geringem Maß Empfänger von Rohstoffen aus Asien und Amerika, Kōbe hingegen der stärkste Importhafen und zwar unter Beteiligung aller drei Norderdteile, Yokohama das schwächere Abbild hiervon sowie vor allem der charakteristische Exporthafen für Amerika (Seide). Im einzelnen ist auf das Verhältnis von Kōbe und Ōsaka und auf die Begründung desselben in der Spezialuntersuchung zurückzukommen.

Im Außenhandel wie im Gesamthandel steht an der Spitze Kōbe. Die zweite Stelle nimmt im Außenhandel Yokohama, im Gesamthandel Ōsaka ein. Darin spricht sich die starke Stellung Ōsakas auch im internen Seeverkehr aus.

Noch mehr offenbart sich der Unterschied in der Bedeutung der Häfen für Binnen- und Außenverkehr (Tab. 10, S. 139) in den hinter den drei Spitzenhäfen folgenden. Im Außenhandel allein sind dies nämlich Nagoya, Moji und dann sogar Yokkaichi. Im Gesamthandel hingegen stehen vor ihnen mehrere andere Häfen: Shimonoseki,

Hakodate und sogar Tōkyō, das überhaupt nicht dem Außenhandel geöffnet ist.

Aus diesen Verhältnissen erhellt klar, wie relativ stark der interne Verkehr bei allen Häfen des Landes ist. Im kleinsten Stile verteilt er sich auf zahllose Punkte ringsum; für die Präfektur Hyōgo z. B. wurden schon 1921 nicht weniger als 58 Häfen angegeben, die dem Binnenhandel dienen[1]). Aber auch in den größten Häfen drängt er sich mächtig hervor.

Wie die Handelswerte der Tabelle 10, so dokumentieren dies auch die Schiffseingänge in Tabelle 16. Hier zeigt die Mehrzahl der zusammengestellten neun Häfen einen größeren Anteil der einlaufenden Dampfertonnage im Binnen- als im Außenverkehr, ganz zu schweigen von dem ansehnlichen Schiffsraum der Küstensegler. Noch mehr aber als mit ihrer Tonnage drücken die Küstensegler wie die -dampfer durch die Riesenscharen, in denen sie auftreten, vielen Häfen ihren Stempel auf. Wohl werden die großen Anlagen, die Kais, Piers, Molen, Tiefen- und Größenverhältnisse, kurz die Gestaltszüge der Hafenlandschaft im ganzen mehr vom Außenverkehr und seinen größeren Schiffen bestimmt und geleitet. Aber die Erfüllung des Bildes mit Schiffen und mit Leben läßt in vielen Häfen den Binnenverkehr mehr als jenen in Erscheinung treten. Schon in Ōsaka sehen wir den 2000 einlaufenden Überseedampfern das nahezu hundertfache Heer der Kleinschiffe gegenübertreten, und ein so ausgesprochener Binnenverkehrshafen wie Shimonoseki stellt nur 25 Schiffen des Außenverkehrs eine Viertelmillion Fahrzeuge des Küstenverkehrs entgegen. Wenn in letzterem Fall die Einseitigkeit im Hafenbild nicht allzusehr hervortritt, so liegt es an der mit Moji gemeinsamen Reede. Um so mehr wieder ist in Wakamatsu das Hafenbild und -leben von den schier unübersehbaren Massen der Küstenfahrzeuge, der Segler und Leichter bestimmt.

Über die Verteilung der 26 bedeutendsten Häfen des innerjapanischen Seeverkehrs läßt Tabelle 10 noch folgende Beobachtung zu. Unter den letzten 8 Häfen, deren Binnenhandelswert zwischen 25 und 65 Millionen Yen liegt, finden sich mit drei Ausnahmen nur solche von Shikoku, und es sind schon alle Häfen dieser Insel, die überhaupt in der Tabelle auftreten; das harmoniert mit der Stiefkindsstellung der Insel im Siedlungs- und Kulturbild, wie wir sie in den Reliefgrundlagen begründet fanden.

---

[1]) The Japan Advertiser, Tokyo, 4. Oktober 1921.

Im ganzen dominiert aber Südwestjapan in der Zahl der am Binnenhandel beteiligten Häfen. Ihm gehören 16 von den 26 der Tabelle an, während nur 4 auf Mittel- und 6 auf Nordostjapan fallen. Darin kommt die Aufteilung und Kleingliederung des Südwestens zum Vorschein. Dafür ist die relative Bedeutung der wenigen Häfen von Mittel- und Nordostjapan größer; unter den 4 mitteljapanischen stehen z. B. Yokohama und Tōkyō, unter den 6 nordöstlichen Hakodate, Otaru und Aomori, die alle noch den 10 bedeutendsten Binnenhandelshäfen zugehören.

d) Eigene und fremde Schiffe, Dampfer und Segler in den Häfen.

Zur Bewältigung des Warenaustauschs mit der Außenwelt läuft jetzt alljährlich ein Schiffsraum von insgesamt 50—55 Millionen Br.-Reg.-Tonnen in Japans Häfen ein, d. h. erheblich mehr als in deutschen Häfen. Dazu kommt die im internen Seeverkehr sich bewegende Tonnage, die etwa den dreifachen Wert derjenigen des Außenverkehrs erreicht. Zu solchem Umfang hat sich Japans Hafenverkehr, wie die obere Kurve in Fig. 9 zeigt, erst seit dem Weltkrieg entwickelt, entsprechend dem Warenhandel. Auch die Zahl der verkehrenden Schiffe stieg, aber wie die Figur lehrt, in viel schwächerem Grad; vor allem wuchs also die Größe. Fast umgekehrt verläuft die Kurve der Segler, doch nota bene nur der im Außenhandel verkehrenden; in der Küstenfahrt hat seit 1912 die Tonnage der Segler noch mehr als die der Dampfer zugenommen!

Figur 9.
Entwicklung des Schiffsverkehrs im japanischen Außenhandel seit dem Weltkrieg.

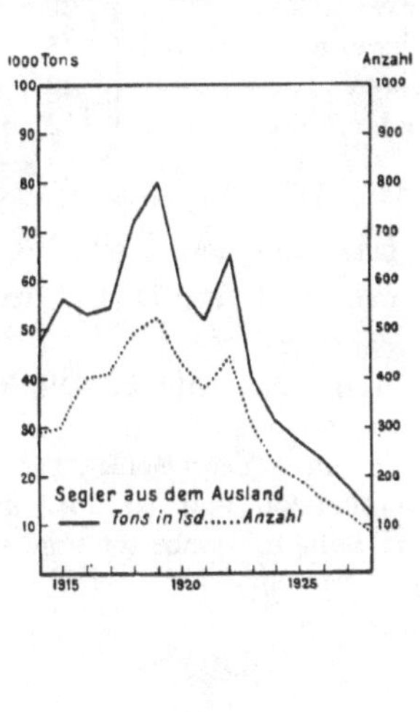

Fassen wir nunmehr die eigene Handelsflotte Japans ins Auge, so zeigt ihre Verteilung auf die Schiffswege (Tabelle 17) ein Bild, das genau mit jenen Richtungen und Stärkeverhältnissen harmoniert, wie wir sie für den Warenaustausch erkannten. Schiffe von mehr als 1000 t bewältigten ihn in einer Zahl von rund 1000 und mit einer

Tonnage von rund 3½ Millionen. Davon steht in der Küstenfahrt $^{1}/_{3}$ der Schiffe, die aber nur $^{1}/_{8}$ der Tonnage ausmachen. (Natürlich bewegen sich aber im Küstenverkehr außerdem Schiffe von weniger als 1000 t.) Die Küstenschiffahrt liegt ausschließlich in japanischen Händen, fremde Schiffe dürfen weder Passagiere noch Fracht zwischen den Häfen des Landes befördern. Von den übrigen in der Tabelle aufgeführten Schiffen überwiegen an Zahl wie an Schiffsraum die in der Nordamerika-Fahrt stehenden; in der Zahl kommen ihnen die des China-Verkehrs fast gleich. Damit heben sich wieder die beiden Hauptpole des Verkehrs heraus. Die nächststark berührten Gebiete sind Europa und Indien. Selbst in den atlantischen Verkehr ist also Japan in hohem Maß mit eigenen Schiffahrtslinien eingetreten. Am Suez-Kanal-Verkehr[1]) nahm Japan schon 1913 mit 344000 Netto-Reg.-Tonnen, 1925 mit 1.067.000 teil. Es hat damit einen stärkeren Anteil daran als die Vereinigten Staaten.

Tabelle 17.

Japanische Handelsschiffe von mehr als 1000 Br.-Reg.-Tonnen im Verkehr Anfang 1929[2]).

Bestimmungsländer	Zahl	Tonnen in Tausend	Bestimmungsländer	Zahl	Tonnen in Tausend
Nordamerika Westk.	124	832	Wladiwostok	22	63
Nordamerika Ostk.	56	54	Ozeanien	5	56
China	158	509	Südamerika Westk.	4	36
Europa	58	485	Straits	7	31
Indien	53	303	Ostafrika	4	23
Australien	26	133	Andere	48	124
Java	29	127			
Formosa	48	123	Zusammen im Überseedienst	702	3 065
Korea	48	84	dazu Küstendienst	329	447
Südamerika Ostk.	12	82	Insgesamt	1031	3 512 000

Das alles zeigt, wie bis in die Einzelheiten angepaßt Japan seine ganze Verbindung mit der Außenwelt mit großer Aktivität selbst

[1]) H. Spangenberg, Die Veränderungen des Seeverkehrs im Indischen Ozean seit dem Weltkriege, Stuttgart 1930, S. 9.

[2]) Japan Year Book 1930, S. 297. (Die Summe stimmt dort nicht zu den Summanden und ist hier geändert.) — Für das Jahr 1927 wurde schon eine höhere Gesamttonnage (3,8 Mill.) für die Schiffe von über 1000 t angegeben.

Tabelle 18.

Aus fremden Ländern in japanischen Häfen angekommene Dampfer im Mittel von 1926—28[1]).

Nationalität	Zahl	Tonnen in Tausend	Nationalität	Zahl	Tonnen in Tausend
japanische	13 045	33 096	dänische	79	328
britische	1 969	9 067	italienische	48	223
amerikanische	659	3 652	schwedische	58	196
deutsche	260	1 059	russische	58	80
französische	105	648	chinesische	26	33
norwegische	228	634	Rest	271	1198
			insgesamt	16 805	50 250

in die Hand genommen hat. Das gleiche bekundet die Tabelle 18, nach welcher der im Jahresdurchschnitt in Japans Außenverkehr aufgetretene Schiffsraum zu 66 % (33 Millionen von 50 Millionen t) unter japanischer Flagge ging. Weiter aber geht die Beziehung der Flaggen zum Warenaustausch der beteiligten Länder nicht. Denn es folgt unter den fremden Flaggen nicht die der Union und Chinas, sondern entschieden die britische. Schon hinter der amerikanischen ist die deutsche Flagge vertreten. Sie weist auch die stärkste Zunahme auf (1929 schon 1468000 t). Die Hapag und der Lloyd senden im allgemeinen zweimal monatlich Passagierdampfer nach Japan. Der Frachtverkehr ist unregelmäßiger. Bemerkenswert ist endlich die starke Beteiligung Norwegens am Japan-Verkehr, in Anbetracht eines nur unbedeutenden Warenaustauschs beider Länder; die

Tabelle 19.

Die führenden japanischen Schiffahrtsgesellschaften nach dem Stand von Anfang Juni 1929[2]).

	Dampfer	Br.-Reg.-Tonnen
Nippon Yūsen Kaisha (N. Y. K.)	94	604 000
Ōsaka Shōsen Kaisha (O. S. K.)	141	478 000
Kokusai Kisen Kaisha (K. K. K.)	56	304 000
Kinkai Yūsen Kaisha	47	137 000
Kawasaki Werften	16	96 000
Mitsui Bussan Kaisha	28	92 000
Kawasaki S. S. Co.	24	76 000

[1]) Die Werte sind berechnet aus Angaben in: Financial and economic Annual of Japan, Tokyo 1929, S. 148.

[2]) Japan Year Book 1930, S. 296.

norwegischen Frachtfahrer, die in allen Ozeanen auftreten, gelangen auch entsprechend oft hierher und zwar mit Schiffen geringerer Größe.

Von den 26 Schiffahrtsgesellschaften der fremden Länder, die mit Japan verkehren, haben die meisten ihren Sitz in London und New York; sie verteilen sich folgendermaßen: New York 5, London 5, Liverpool 3, Glasgow 2, Hamburg 2, Paris 2 und je 1 in San Francisco, Bremen, Leith, Rotterdam, Barcelona, Triest, Kalkutta. Unter den japanischen Gesellschaften (Tabelle 19) führen die Nippon Yūsen Kaisha und die Ōsaka Shōsen Kaisha.

In Tabelle 20 ist für jeden einzelnen Hafen angegeben, welchen Anteil fremde Flaggen und die japanische an der Güterfracht haben. Es zeigen sich nur ein paar Ausnahmehäfen, in welchen dem Wert nach mehr Außenhandel durch fremde als durch japanische Schiffe bewältigt wird, z. B. Hakata und Aomori; sie gehören zu den weniger bedeutenden. In allen anderen Häfen dominiert die japanische Flagge sogar im Außenhandel allein. Dieses Übergewicht ist in einer beträchtlichen Zahl kleiner Häfen besonders stark, so in Kagoshima, Misumi, Miike, Karatsu, Wakamatsu, Sakai, Tsuruga, Miyazu, Fushiki, Niigata, Kushiro und Nemuro. Sie haben eine sehr bezeichnende Verteilung; außer den zwei nördlichsten reihen sie sich sämtlich an der Westküste auf, von Südkyūshū bis hinauf nach Niigata. Hier im Randmeerkorridor liegt also das Feld des fast ausschließlich japanischen Seeverkehrs, der sich namentlich auf die nahen Gegengestade erstreckt. Für die übrigen Häfen gilt die Regel, daß einige kleinere wie Otaru und Muroran das Übergewicht der japanischen Flagge mehr in der Einfuhr zeigen, während die anderen, also besonders sämtliche Großhäfen, vor allem ihren Export durch japanische Schiffe bewältigen. Dies ist am stärksten bei Ōsaka der Fall (selbst wenn man die in diesem Falle ausnehmend große Zahl von Schiffen unbekannter Herkunft noch den fremden Flaggen zuweist), und es erklärt sich offenbar daraus, daß Ōsaka durch seinen Wirtschaftscharakter der stärkste Träger des China-Verkehrs ist und dieser mehr als die meisten anderen Verkehrsrichtungen in japanischen Händen liegt.

Die gleichen Züge läßt die Karte S. 162 (Fig. 10) schön hervortreten, die den Schiffseingang in Br.-Reg.-Tonnen nach der eigenen und den fremden Flaggen gesondert veranschaulicht. Noch auffällig zurück steht Nagoya in der Beteiligung fremder Schiffe; doch dürfte sich das mit dem rüstigen Ausbau seines Hafens in diesen Jahren

Tabelle 20.

Außenhandel der Häfen durch japanische und fremde Schiffe, im Jahre 1928.

	Export in 1000 Yen durch Schiffe			Import in 1000 Yen durch Schiffe		
	japanische	fremde	unbekannte	japanische	fremde	unbekannte
Yokohama	497 170	235 264	9 844	358 573	240 618	15 152
Kōbe	434 171	185 957	9 068	509 808	360 842	529
Ōsaka	327 475	28 493	53 903	210 270	80 599	6 388
Nagasaki	11 297	314	127	14 805	7 062	1 742
Moji	39 460	3 651	604	57 371	22 733	783
Hakodate	5 418	680	—	7 325	1 736	99
Niigata	8	—	—	9 735	288	—
Yebisu	—	—	—	1 242	818	—
Shimizu	8 006	5 872	—	19 343	447	—
Taketoyo	—	—	—	7 681	1 718	3 173
Nagoya	45 624	3 692	708	68 131	10 120	6 833
Yokkaichi	9 375	3 183	—	26 288	5 801	—
Onomichi-Itosaki	226	—	—	3 354	5 004	16
Imabari	27	—	—	1 373	613	—
Tokuyama	107	—	—	14 508	5 475	655
Hagi	41	—	5	—	—	—
Shimonoseki	279	—	2 317	331	190	202
Wakamatsu	10 518	58	—	36 403	3 536	—
Hakata	164	—	—	449	2 713	2 031
Karatsu	1 723	132	—	443	—	8
Suminoe	813	68	—	351	—	—
Miike	8 386	1 283	—	3 451	667	16
Kuchinotsu	—	—	—	61	13	—
Misumi	116	—	—	2 564	206	—
Kagoshima	86	—	—	8 286	126	140
Hamada	—	—	—	—	—	—
Sakai	24	—	—	1 110	—	—
Miyazu	2	—	—	1 308	—	—
Tsuruga	2 956	—	—	5 534	98	84
Nanao	—	—	—	1 168	880	—
Fushiki	213	14	4	5 584	973	11
Aomori	297	116	—	2 766	5 299	—
Muroran	1 393	683	—	1 473	284	—
Kushiro	986	—	—	7	—	—
Nemuro	530	—	—	—	—	—
Otaru	7 139	9 131	—	4 954	1 672	76
in Millionen Yen	1 414	479	77	1 385	760	38

Figur 10.

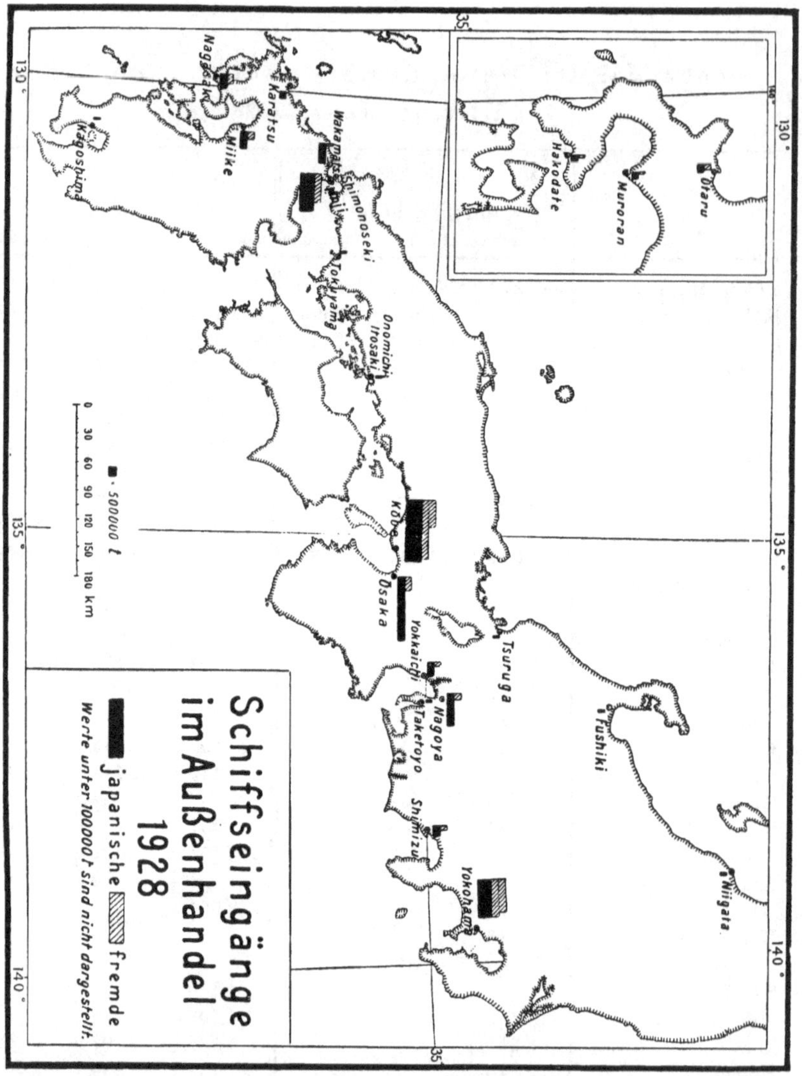

Die japanische Flagge überwiegt in fast allen Häfen. Relativ am stärksten ist dies am japanischen Meere, der „Rückseite", der Fall, während sich an der „Fensterseite" die fremden Flaggen in einem Anteil hinzugesellen, der in den größten Häfen am bedeutendsten ist (Osakas Ausnahmestellung erklärt sich anders).

schon ändern. Andererseits zeigt von den Häfen geringeren Schiffsverkehrs Shimizu eine starke fremde Beteiligung (Großbritannien und Amerika) am Export, was sich besonders aus dem Tee-Export erklärt.

Die größte Eigenheit im japanischen Hafenbild ist der noch überaus große Anteil der Segelschiffe. An Zahl übertreffen sie in den meisten Häfen die Dampfer. Auch besteht zwischen beiden Typen ein Unterschied der Größe, der Flaggen und der Verkehrsfunktion. Ganz selten begegnet man einem großen Segler der überseeischen Fahrt, herrschend ist der ganz kleine Typ der Ein- oder Zweimaster von 20—30 m Länge, und sie vor allem bewältigen den riesigen, verzweigten Küstenverkehr. Auch gehen sie demgemäß ganz unter japanischer Flagge. Trotz aller großen Wandlungen ist somit Japans Vergangenheit nicht tot; wie sie zu Lande vielfältig lebendig ist, so insbesondere auch zur See.

Nach dem vorstehenden wird es begreiflich, daß zum lebendigen Bild der Häfen unsere Tafel 24 in einem Gegensatz steht; in der Wirklichkeit drängen sich die Segler mit ihrer Zahl auf, in der Karte treten sie zurück durch die geringe Tonnage. Doch zeigt die Karte weiter charakteristische Züge der Verteilung. Einmal ist der Segler in den Nordhäfen weniger beteiligt als in den Südhäfen. Das Verhältnis zwischen Dampfer- und Seglertonnage ergibt z. B. für Hakodate den Wert 45 : 1, für Muroran 70 : 1, für Aomori und Otaru noch höhere. Dagegen zeigen nicht nur viele der kleinen Häfen der Inlandsee einen bedeutenderen Segleranteil, sondern selbst große Häfen des Südens wie Yokohama, Ōsaka und Shimonoseki erhalten Werte um 5 : 1, und schließlich Wakamatsu ist der einzige große Hafen, bei welchem 1 : 1 erreicht wird oder strenger genommen die Seglertonnage sogar den größeren Anteil erhält; als den Hafen der Kohlensegler werden wir ihn des näheren kennen lernen.

e) Der wirtschaftliche Charakter der Häfen.

Die Erkenntnisse der letzten Kapitel regen zu der Frage an, inwieweit die Häfen nach ihrem wirtschaftlichen Charakter, insbesondere der Art und Menge ihrer Frachten, einseitig oder vielseitig entwickelt sind, Spezial- oder Universalhäfen verkörpern. Auch hierüber können in einem Überblick nur einige hervorstechende Punkte herausgegriffen werden, während die große Mannigfaltigkeit sich in der Einzeluntersuchung des speziellen Teils zeigen muß.

Die drei Haupttore des Außenhandels Kōbe, Ōsaka und Yokohama tragen auch am ehesten den Charakter des Universalhafens. Das gilt einmal bezüglich ihrer Verbindung mit den verschiedensten Verkehrsgebieten der Erde und hinsichtlich der in ihnen auftretenden Warengattungen. Ferner zeigen alle drei übereinstimmend eine relative Ausgeglichenheit zwischen dem Ein- und Ausfuhrwert ihres Außen-

Fig. 11. Wert des Exports und Imports der einzelnen Häfen im Außenhandel, 1928.

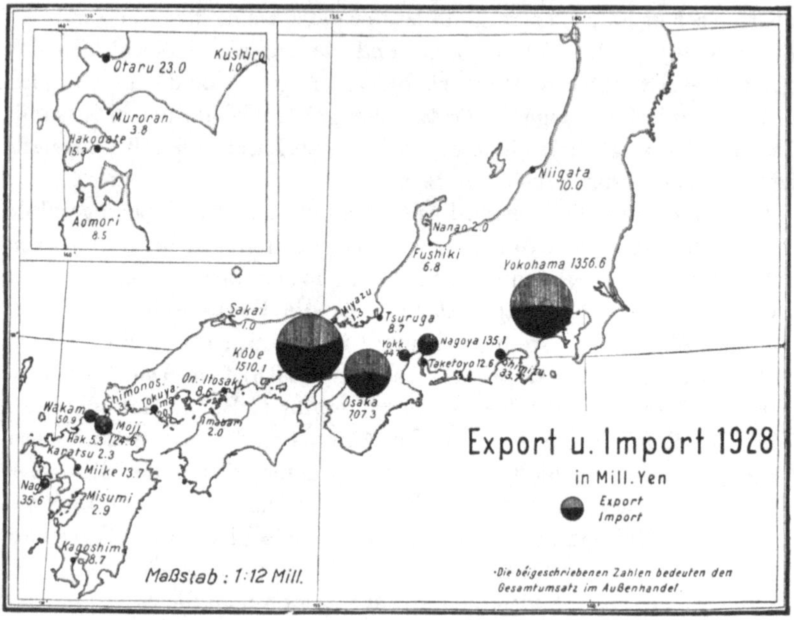

Die Hochstraße des Außenhandels liegt im Süden, und der Import hat im allgemeinen das Übergewicht (erklärliche Ausnahmestellung Ōsakas).

handels (vgl. Fig. 11 und Tabelle 15). Bei keinem erreicht das Verhältnis zwischen beiden Werten auch nur die Größe von 1 : 1,5. Hierfür kommt ihnen die erhebliche Entwicklung der Industrie in den zwei großen Kraftfeldern des Landes und ihre Brennpunktsstellung innerhalb derselben zustatten. Sie ermöglicht allen dreien eine vielseitige Funktion: Industrie-, Stapel- und Hinterlandsfunktion[1]).

So finden wir denn schon in den Häfen der nächsten Größenordnung mit Ausnahme von Nagoya ungünstigere Wertbilanzen, z. B. bei Moji zwischen Export- und Importwert seines Außenhandels ein Verhältnis von 1 : 2, bei Yokkaichi fast 1 : 5; dem letzteren Hafen kommt eben nicht die Stellung eines Brennpunktes zu, er hat einseitige Importfunktion, was uns in der Einzeluntersuchung aus den Umständen der Lage und Gestaltung verständlich werden wird.

[1]) Vgl. über die wirtschaftliche Typisierung: L. Mecking, Die Seehäfen in der geographischen Forschung, Hermann Wagner-Gedächtnisschrift, Gotha 1930, S. 340, und die dort angegebene Literatur.

Das umgekehrte Verhältnis beobachten wir bei Miike, nämlich E : I = 3 : 1. Hier gibt der Charakter als reiner Kohlenhafen den Schlüssel der Erklärung. Aus dem gleichen Grund sehen wir bei Otaru, Kushiro und Karatsu einen wesentlich höheren Wert des Exports, aus Gründen der Fischereiausfuhr dagegen bei Nemuro. Sonst ist ein Übergewicht des Imports die Regel, wie dies die Karte, Figur 11, gut zum Ausdruck bringt. Dabei kann das Wertverhältnis bei den Häfen dritter Größenordnung selbst über 1 : 100 hinausgehen. Diese starken Einseitigkeiten der Bilanz und damit der Funktion können bei der einzigartigen Aufteilung der Hinterlandgebiete auf die kleinen Häfen nicht verwundern.

Auch unter den Frachtgütern tritt in vielen Häfen ein einzelnes beherrschend hervor. So hat Nagoya trotz der noch großen Vielseitigkeit seines Außenhandels einen hervorstechenden Gegenstand in keramischen Waren, die $^2/_5$ seines Ausfuhrwertes auf sich ziehen. Bei Yokkaichi beherrscht das nämliche Gut den überseeischen Export sogar zu $^2/_3$. Noch extremer stellt sich Shimizu als Teehafen (Tee $^3/_4$ vom Export). Ähnlich einseitig ist Otaru mit seinen Erbsen und Bohnen ($^2/_3$) und seinem Holz ($^1/_4$). Schließlich hat Muroran in der Kohle die Hälfte seines Exportwertes, während sich in Miike, Karatsu und Suminoe alles auf die Kohle konzentriert.

Noch mehr Häfen weisen einen überragenden Importgegenstand in ihrem Außenhandel auf. Dabei sieht man am meisten die Ölkuchen; in den Häfen Sakai, Tsuruga, Fushiki und Niigata bestreiten sie je $^1/_2$ bis $^3/_4$, in Misumi sogar $^9/_{10}$ der fremden Zufuhr. In diesem vielgebrauchten Düngemittel spricht sich der agrarische Charakter der Hinterländer aus. In mehreren Häfen begegnet man dem Petroleum als charaktergebendem Importgut, das dann auch mit den Tanks etc. das Bild beherrscht, z. B. in Itosaki. Muroran konzentriert mehr als die Hälfte seines Fremdimports auf die Eisenerze für sein Stahlwerk, und in Yokkaichi tritt am stärksten die Massenfracht der Baumwolle für seine und Nagoyas Textilindustrie hervor. Wie für den Außenhandel lassen sich diese Fragen auch für den internen Verkehr aufwerfen. Doch fehlt mir hierbei für die exaktere Behandlung das Zahlenmaterial.

Bei manchen der Häfen drückt das dem Werte nach die Ein- oder Ausfuhr beherrschende Frachtgut auch dem Hafenbild am meisten den Stempel auf. Aber keineswegs deckt sich beides überall. So werden wir die Holzfracht als einen wesentlichen Zug im Hafenbilde Nagoyas wie Otarus kennen lernen, während sie wertmäßig nicht so sehr hervortritt. Stark gibt dagegen die Kohle jedem der dafür in Frage kommenden Spezialhäfen die eigene Prägung. Dabei wird das Bild nicht allein durch die Fracht als solche, sondern durch die mit ihr verbundenen Einrichtungen bestimmt, dies am stärksten in Miike.

Wenig im Außenhandel, aber sehr viel im internen Verkehr bedeutet die Fischerei. Hierin erlebt man in japanischen Häfen insofern die größte Überraschung, als Fischereihäfen in dem Stil, wie sie nordwesteuropäische Länder zeigen, gänzlich fehlen. Hier kommt keine Konzentration auf wenige Punkte, sondern Verteilung auf sehr viele in Frage, wie es uns im Kapitel der Meereswirtschaft schon entgegentrat. Nur einige Häfen heben sich als Fischereihäfen von etwas größerem Format heraus, namentlich Chōshi im Bannkreis Tōkyōs, sowie einige Plätze Hokkaidōs infolge der großen nördlichen Fanggründe.

Wegen der sehr verschiedenartigen Vereinigung des Inland- und Auslandverkehrs und wegen des Durchgangscharakters von Häfen wie Shimonoseki ist es kaum möglich, einen einheitlichen Maßstab zu finden, um die Häfen streng nach ihrer Bedeutung abzuwägen, zumal da überdies noch Plätze mit vielseitigem Warenverkehr solchen sehr einseitiger Funktion gegenüberstehen. Wie der ausschließliche Inlandhafen Tōkyō müssen z. B. auch Plätze wie Tsuruga, Aomori und Hakodate, drei typische Überfahrtspunkte, den unbedingt wichtigen Häfen zugerechnet werden, trotz eines dem Wert nach nicht eben großen Außenhandels. Das alles zeigt die Kompliziertheit und individuelle Artung der Probleme, die uns die einzelnen Häfen in ihrer Stellung zum Land, seiner Natur und seiner Wirtschaft aufwerfen werden.

f) Die Kriegshäfen in ihrer Sonderstellung und Verteilung.

Als eines besonderen Typs ist bei einem so maritimen Lande auch der Kriegshäfen zu gedenken. Bei ihnen ist die Handels- und Wirtschaftsfunktion sehr klein, zum Teil auch räumlich ganz von ihnen abgesondert, dagegen das Hafenbild um so stereotyper. Nicht wie die Handelshäfen durch die Art einer Fracht und die für sie vorhandenen Einrichtungen erhalten sie ein verschiedenes Bild, sondern dieses ist weitgehend ähnlich, selbst schon in der Naturgestaltung, wie wir sehen werden, und ebenso in der Staffage und dem Leben. Zum Bilde gehören große Docks mit ihren Hellingen und Werkstätten, Ausrüstungsbecken mit Magazinen, Kasernen und sonstige Marinebauten. Auch diese Häfen nahmen ihre Entwicklung erst in den letzten Jahrzehnten, als Japan erkannte, daß die See nicht mehr sein Schutz war, sondern seine Gefahr wurde.

Die drei Hauptfestungen, Yokosuka, Kure und Sasebo, haben eine sehr charakteristische Verteilung. Jede verkörpert eine besondere Seebasis und beherrscht ein großes Gebiet der Landesverteidigung, und eine Rangfolge unter ihnen ist insofern kaum aufzustellen. Yokosuka liegt vor dem Kwantō-Becken als größtem Lebensraum des Landes und zugleich am Eckpfeiler des ganzen Inselbogens, in vorgeschobenster Lage zum Ozean. Es bildet hier wieder nur den Kern in einem größeren System der Befestigung, das den wichtigen engen Eingang der Tōkyō-Bucht umgibt, den größten Exporthafen und die Landeshauptstadt schützt. Kure ist das Seebollwerk des westlichen Hauptlebensraums, der Inlandsee, eine sehr umschlossene und gesicherte Zelle hinter den Inselschwärmen. Sasebo übernimmt die Landesverteidigung nach Westen, zum Festland hin. An der althistorischen Schwelle für Völker- und Kulturbewegungen, für friedliche und kriegerische Festlandsbeziehungen, und nahe dem Eingang der Inlandsee, knüpft es an die Traditionen und Funktionen von Hakata und Tsushima an. Zu den dreien kommt als wichtiger befestigter Hafenplatz Shin-Maizuru. Dieses konzentriert an der Rückseite Honshūs die Verteidigungskraft recht in der Mitte, am tiefgreifenden, von Ingressionsformen umsäumten Wakasa-Golf, der zugleich von allen Küstenabschnitten der Rückseite die festeste Verbindung mit dem Herzen des Landes, dem Gokinai, besitzt, indem die kurze Strecke infolge ihrer Bruchtektonik gelockert ist. Endlich stellen noch einige weitere Küstenpunkte befestigte Plätze dar, so Shimonoseki, Hakodate und Nagasaki. Die beiden ersteren sind einander insofern verwandt, als sie die Endpunkte der ganzen befestigten Hinterseite bilden und beide die wichtigsten Passagen beherrschen. Schließlich stehen auch die Stahlwerke, denen wir in den Häfen Wakamatsu und Muroran begegnen, im Dienste der Landesverteidigung.

Außer dieser Großverteilung verleiht den Kriegshäfen die engere örtliche Lage eine Besonderheit. Darin hebt sich die ganze Gruppe von der großen Mehrzahl der Handelshäfen ab. Japan stellt, wie uns die Küstenanalyse noch näher begründen wird, sowohl ausgesprochene Flachküstenstrecken wie tief eingreifende und gliederreiche Felsbuchtungen für seine Häfen zur Verfügung. Da die Handelshäfen aber ihre Verteilung sehr im einzelnen und kleinen nach den Lebenskammern richten, gehören sie mehr den Flachküstentypen an. Für die Kriegshäfen hingegen wird im kleinen, d. h. abgesehen von der seestrategischen Gesamtlage, das Verhältnis zu Lebensräumen belanglos, der natürliche Buchtschutz um so bedeutungsvoller.

Es gibt keinen unter ihnen, bei dem diese Grundbedingung nicht in geradezu idealer Weise erfüllt wäre. Selbst bei Yokosuka, an der im übrigen so schwemmlandreichen und offenen Tōkyō-Bucht, ist es der Fall. Der Hafen rückt hier vom Raum der Kwantō-Niederung so weit ab, bis er die südliche Randschwelle der jungtertiären Horste und Gräben trifft, wo einer der letzteren ihm die kleine, von steilen Höhen umrahmte Bucht darbietet.

In solcher Lage sind die Kriegshäfen auch alle frei von größeren Flüssen, die manchen Handelshäfen des Landes so viel zu schaffen machen, und erhalten ihre gleichfalls unerläßliche günstige Tiefengestaltung.

Dagegen sind sie im Hafenlandraum und Siedlungsraum mehr beengt. Sie reichen in der Regel nur für die notwendigsten Anlagen der Werftgebiete u. dergl. und eine nicht allzugroße Siedlung aus. Die Bewohnerzahl kommt nur bei Kure nahe an 200000 heran.

F. Die Küstenbedingungen der Häfen.

I. Rückblick auf die bisherigen Ergebnisse, weitere Fragestellung.

Aus allen vorstehenden Kapiteln ergibt sich ein starkes Drängen der gesamten Landesnatur auf das Meer. Die Lage der Inseln zueinander und zu den nahen Gegengestaden lockte seit alten Zeiten, die Meeresverbundenheit ist geschichtliche Tradition. Die Siedlungskammern haben meist am Meer ihre einzige Türschwelle und vor der Küste eine bessere Möglichkeit zur Verbindung untereinander als in den an Hemmnissen reichen Flüssen und auf den Wegen im gebirgigen Innern. Die Wirtschaftsgrundlagen fordern in ihrer heutigen Entwicklung den Austausch innerhalb der Landesteile wie mit der Ferne, fordern ihn in typischen Massenartikeln der Nahrungsmittel, der industriellen Rohstoffe und Erzeugnisse (Reis, Fische, Zucker, Dünger, Holz, Kohle, Erze, Maschinen, Seide, Rohbaumwolle und Textilwaren). So weit dieser Austausch sich mit der Ferne vollzieht, hält er sich an die wenigen Brennpunkte der Hauptsiedlungsräume. Für die Vermittelung mit den übrigen ebenso wie für deren internen Austausch muß ein umfassender und verzweigter Küstenverkehr sorgen.

So erheben sich nunmehr die Fragen, unter welchen lokalen Bedingungen und Verhältnissen der Hafengestaltung diesem Zwang zum Meere stattgegeben werden konnte und mußte, welche Faktoren ozeanischer und klimatischer Art hemmend oder fördernd eingriffen, welche Gunst oder Ungunst die Küstengestaltung in den verschiedenen Landesteilen dem Verkehr entgegenbringt, in welcher Richtung und welchem Umfang der Ausbau der Häfen erforderlich war und vollzogen wurde und welche Grundzüge schließlich in der Hafenlandschaft als solcher hervortreten.

Für ozeanische und klimatische Erscheinungen sind wir dabei auf die vorliegenden, zum Teil schon langen Beobachtungsreihen angewiesen. Bezüglich der Küsten konnte ich mit meinen Beobachtungen viele vorliegende geologische Arbeiten sowie auch einige geographische Vorstudien wie die von Yamasaki[1]) und Schmitthenner[2]) über die Inlandsee verbinden.

II. Ozeanische und klimatische Einwirkungen.

a) Erdbebenfluten.

Japan leidet unter verschiedenen Naturkatastrophen, die zwar das ganze Land betreffen, aber die Küsten und Häfen in besonderem Maß und in eigener Art. Das gilt vor allem von den Erdbeben. Schon von der Landseite gesehen, treffen sie Häfen und Hafenlandschaften meist härter und häufiger, weil diese in der Hauptsache den Gebieten lockerer Aufschüttungen, seltener denen des Felsgerüstes angehören. Gerade weil Japans Lebensorgane so peripherisch liegen, in den kleinen Küstenkammern und ihren Häfen die Kapitalwerte des Landes konzentriert sind, in den Häfen ein fein verzweigter Organismus aufgebaut ist, dessen Störung sich in vielen Seiten des wirtschaftlichen, sozialen und nationalen Lebens auswirken kann, werden die Schäden so groß und einschneidend; die Vernichtung von Tōkyō und Yokohama im Jahre 1923 hat Jahre lang ihre schweren Folgen im wirtschaftlichen Leben Japans offenbart. Mehr jedoch als diese indirekten Einwirkungen kommen für uns die spezifischen Einflüsse in Frage, die der Ozean bei solchen Katastrophen den Häfen vermittelt, die Erdbebenfluten, bei denen das Meer in mauerartigen Wogen von 10 m Höhe gegen die Küste drängen kann. Ihre verheerenden Wirkungen erstrecken sich einesteils auf die Hafen-

---

[1]) N. Yamasaki, Morphologische Betrachtung des japanischen Binnenmeeres Setouchi, Pet. Mitt. 1902, 245ff., mit Karte.

[2]) H. Schmitthenner, Die japanische Inlandsee, Hettner-Festschrift, Breslau 1921.

wasserräume und Hafenlandräume mit ihrer gesamten Ausstattung, andernteils aber auch auf die Hafensiedlungen, soweit sie den Niederungen angehören, wie es bei vielen Großhäfen der Fall ist. Häuser und Brücken, Ufermauern und Eisenbahndämme werden niedergerissen, und die zurückgelassenen Sand- und Geröllmassen können eine weite Umgebung verwüsten. Im ganzen treten diese Fluten mehr an der pazifischen Küste und in der Inlandsee als an den Küsten der Japansee auf, da die Beben oft den großen benachbarten Tiefen des Ozeans entstammen. Es sind ihnen also gerade die zahlreicheren und bedeutenderen Häfen der Fensterseite am meisten ausgesetzt; so zählt die seismologische Station von Nagoya jährlich 240, die von Kumamoto sogar 500 Beben.

b) Änderungen des Meeresbodens.

Eine andere Wirkung der Beben betrifft den Meeresboden. Von dem Hafen Mito nördlich des Kwantō-Beckens berichtet Naumann[1]), daß er eine Tiefe von über 50 m gehabt habe, als ihn im April 1875 plötzlich in einer Nacht eine 10 Sho lange und 5 Sho breite Sandmasse ausfüllte, die das Meer um 8 Fuß überragte, so daß 17 japanische Schiffe im Hafen teils umgeschlagen wurden, teils im Sande versackten. Noch gewaltigeres Ausmaß hatten die Änderungen, die das Beben vom 1. September 1923 mit sich brachte. Damals wurde der Meeresboden in der Sagami-Bucht stellenweise um Beträge von 400 m vertieft, an anderen Stellen bis zu 250 m erhöht, indem ganze Sedimentpartien an steilen Böschungen in Abwärtsbewegung gerieten; für diese Erklärung Ogawas[2]) spricht der Umstand, daß die starken Vertikalverschiebungen sich nur in der steilgeböschten Bucht vollzogen und sich nicht auf dem benachbarten Lande fortsetzten. In sehr abgeschwächtem Grad erstreckten sich die störenden Tiefenänderungen noch bis in den Scheitel der Tōkyō-Bucht und beeinträchtigten hier die Hafentiefen.

c) Schwankungen des Wasserspiegels.

Die Fahrwassertiefen in den Häfen und ihren Zugängen können auch von zeitweiligen Änderungen, unperiodischen und periodischen Schwankungen des Wasserspiegels, betroffen werden. Auch in der Hinsicht

---

[1]) E. Naumann, Über die Ebene von Yedo, Pet. Mitt. 1879, S. 134.

[2]) T. Ogawa, On the great earthquake of Kwanto in Central Japan 1923, Japanese Journal of Geology and Geography, Vol. III, No. 3—4, 1924, S. 10.

sind Japans Häfen stärker und häufiger wirkenden Kräften ausgesetzt, und zwar einerseits im Gefolge der Taifune, die uns noch besonders beschäftigen werden, andererseits im Zusammenhang mit den halbjährlich wechselnden klimatischen Vorgängen. Von der Insel Enoshima bei Yokohama führt Rein[1]) an, daß ein kleiner Buddhatempel auf ihrer Südseite jedes Frühjahr bei Beginn des Südwestmonsuns um 12 bis 15 Schritte zurückverlegt werden müsse, weil die Winde das Wasser um diesen ein bis zwei Fuß gegenüber demWinterstand aufstauten. Für den ganzen Umkreis der japanischen Inseln hat man dem gleichen Problem nachgespürt, und es liegen darüber verschiedene Untersuchungen[2]) vor, die sich zum Teil widersprechen. Soviel scheint durch die Messungen sichergestellt zu sein, daß die Jahresamplitude in der Schwankung des Wasserstandes sich in der Größenordnung von 20 bis 30 cm hält. Für die Westseite werden die Werte von Omori etwas höher angegeben, zu etwa 30 bis 40 cm. Jedenfalls ist danach der Betrag nicht so erheblich für die Häfen[3]) wie die aus unperiodischem Aufstau und Abtrieb möglichen Wasserstandsveränderungen. Als Hauptursache erscheint nicht etwa der auf- oder ablandige Monsunwind, sondern der Luftdruck und die Dichtigkeit des Wassers; im Sommer ist der Luftdruck niedrig, gleichzeitig die Temperatur hoch und die Dichte gering, und beides zusammen bewirkt eine Erhöhung des Spiegels.

d) Tidenhub.

Wesentlich größeres Ausmaß als diese halbjährlich wechselnden, klimatisch begründeten Veränderungen erreichen die mit den Tiden verbundenen Schwankungen des Spiegels. Der Wert ist aber sehr verschieden in den einzelnen Küstenstrichen. Größtenteils bleibt er unter 2½ m, also unter dem Betrag, den z. B. Hamburg hat, an den Küsten der Japansee sogar meist unter ½ m, außer in der Tsushima-Straße. An der pazifischen Küste liegt er zwischen 2 und 3 m.

---

[1]) J. J. Rein, Japan, a. a. O., I. (1881), S. 28.

[2]) F. Omori, On the Annual Variation of the Height of Sea-Level along Japanese Coasts, 2nd Paper, Bull. of the Imperial earthquake investigation Committee, Vol. II, Nr. 1, Tokyo 1908, S. 35—50. — T. Nomitsu und M. Okamoto, The causes of the annual variation of the mean sea-level along the Japanese coast, Mem. College Science Kyoto Imp. Univ., Ser. A., Vol. X, Kyoto 1927, S. 125.

[3]) Immerhin vermerkt auch der „Pilote" (Deutsche Seewarte, 1928, Heft 27, S. 14) für die Häfen der Ise-Bucht die Tatsache, daß die Wassertiefe im Winter etwas geringer, im Sommer etwas höher als normal sei.

Die höchsten Beträge des Tidenhubs aber beobachten wir in der Inlandsee und in Westkyūshū. In der Inlandsee liegen sie zwischen 2 und 4 m, und zwar wird das Extrem bezeichnenderweise im Aki-Nada[1]) erreicht, also in der nächsten Einklemmung, die der Tidestrom nach seinem Eintritt durch die Bungo-Straße erfährt. Auf Westkyūshū hat Miike im innersten Teil des Shimabara-Golfs den Rekord mit 5½ m. Verständlich werden diese Tatsachen aus den allgemeinen Verhältnissen der Küstenkonfiguration, den Einengungen in der Inlandsee und ihrer tektonischen westlichen Fortsetzung. Ungünstig ist die Auswirkung dieser Extreme, da gerade in diesen Meeren der regste Verkehr, insbesondere Kleinverkehr statthat. Auch der Personenverkehr ist hier besonders lebhaft, und für dessen Bequemlichkeit sind die wichtigeren Häfen der Inlandsee alle mit Schwimmpieren versehen. In den größten Häfen wenigstens geht der Tidenhub nirgends bis zu diesen Beträgen. Japan braucht daher nur in einem einzigen Falle, nämlich bei Miike, von einem Dockhafen Gebrauch zu machen, um die dort verkehrenden großen Kohlendampfer gut abfertigen zu können. In allen andern Häfen kann es diese kostspieligen und umständlichen Anlagen entbehren. Namentlich auch für die Fischereihäfen ist das günstig. Man denke nur an die in England in einer Reihe derselben nötigen Dockbecken und an die Landeschwierigkeiten, die in den weniger bedeutenden Fischereihäfen bei Ebbtide bestehen, wenn Fischdampfer außerhalb des Hafens ihren Fang in kleine Boote entleeren müssen! Japan hat aber auch nicht den Vorzug, den England und andere nordwesteuropäische Länder in ihren Trichtermündungen mit den hoch hinaufgeschobenen Großhäfen genießen.

e) Strömungen.

Groß wie die Hubhöhe wird gerade in der Inlandsee auch die Kraft der Tideströmungen. In den kleinen Hafenbuchten und engen Passagen müssen die Fischerboote ihre Aus- und Einfahrt peinlich nach den Gezeitenströmungen richten. Verstärkt und unter Umständen in mannigfacher Weise modifiziert werden die Stromverhältnisse in den Engen, wenn länger anhaltende Winde das Wasser hindurchgetrieben und in Becken aufgestaut haben und umschlagende Winde es wieder hinaustreiben. Eine starke Tidenwelle kommt in die Inlandsee durch den Bungo-Kanal, wendet sich um

[1]) N. Yamasaki, Morphologische Betrachtung des japanischen Binnenmeeres, Pet. Mitt. 1902, S. 249.

die wie eine Mole ausgestreckte Glimmerschiefer-Halbinsel herumgreifend nach Osten und trifft in dem mittleren Becken der Inlandsee mit der Welle zusammen, die durch die Kii-Straße hereinkommt. An der Bungo-Straße kann man schon auf der Überfahrt von Beppu nach Mitsugahama beim Passieren der Enge die starke Bewegung bemerken. Vollends in der Naruto-Passage nehmen die Tiden eine Stärke an, daß heftige Wirbel, rauschende, turbulente Bewegungen damit verbunden sind und das „donnernde Tor", wie es der Name Naruto bezeichnet, schon in alten Sagen und Dichtungen eine Rolle spielt. Hier sollen Geschwindigkeiten bis über 20 km pro Stunde erreicht werden[1]). Geringere Werte werden am dritten Eingang der Inlandsee, bei Shimonoseki, verzeichnet. Doch ist die Bewegung hier umso störender, als die Hafenreede selbst zwischen die engen Durchlässe gebettet ist. Ebenso können außerhalb der Inlandsee die Gezeitenströme von Belang werden, sogar für die Gestaltung der Häfen. In Sakai bei Matsue zeigt der enge Ausgang des Haffes am Ende der freien Nehrung deutlich die Austiefung durch den Tidestrom an den engsten Stellen.

Die von Tiden unabhängigen, permanenten Strömungen um Japans Küsten sind für die Häfen direkt und für die Fahrt zwischen ihnen kaum von Belang. Soweit sie dagegen lokaler Natur sind, müssen sie bei den einzelnen Häfen berücksichtigt werden. Indirekt haben auch die Hauptströmungen eine Bedeutung, durch ihren Einfluß auf Eis, auf Nebel und Schneeniederschlag, alles Momente, die für eine Reihe von Häfen sehr beachtlich werden. Durch die warmen Wasser des Kuroshio werden nicht nur die südlichen und östlichen Außenküsten berührt, sondern infolge der Abzweigung, die v. Schrenk die Tsushima-Strömung genannt hat, auch die Küsten des Japanischen Meeres bis hinauf zur Tsugaru-Straße, im Sommer selbst zur Lapérouse-Straße. In diesen Straßen herrscht dadurch die Tendenz zu Oststrom vor. Der Tsushima-Strom unterstützt mit seiner Feuchtigkeit und Wärme die Schneeniederschläge an den westlichen Küsten. Der Hauptzweig des Kuroshio hat im Winter keinen irgendwie merklichen Einfluß. Im Sommer hingegen wird er, wenn beständigere Süd- und Ostwinde wehen, nahe an die Küste gedrückt, erreicht dann seine größten Geschwindigkeiten (im August 60 bis 100 Seemeilen) und kann unter Umständen heftige Bewegungen hart an den Küsten verursachen[2]), die um so gefährlicher werden, als auflandige Winde von diesigem Wetter begleitet sind.

---

[1]) N. Yamasaki, a. a. O., Pet. Mitt. 1902, S. 253.

[2]) Dampferhandbuch für den Stillen Ozean (Deutsche Seewarte 1922), S. 92—93.

f) Windeinflüsse.

Ähnliches wie für die Strömungen gilt für die Winde: das große vom Monsunwechsel beherrschte System berührt nicht nur die Fahrt draußen im Meere, sondern zeitigt auch direkte und indirekte Einwirkungen auf Anlage und Leben der Häfen, indirekte z. B. durch die behindernden Schneemassen, ihre Schmelze und Flußhochwasser (vgl. die Häfen des nordwestlichen Honshū). Lokale Modifikationen können recht bedeutend sein. In Fukuoka scheint nach den amtlichen Feststellungen in allen Monaten der Südostwind, in Kagoshima in allen außer September der Nordwestwind vorzuherrschen, also andere als die normalen Richtungen der Monsune. Die Inlandsee wiederum ist ausgezeichnet durch gute Entwicklung der Land- und Seebrise im Sommer, so daß am Abend der Landwind von den Bergen Kühlung bringt. Am meisten dem Monsunsystem entsprechend verhalten sich die Winde in den Häfen der Japansee. Hier wird uns die hohe Bedeutung der Wintermonsune entgegentreten, in der Küstenbildung und in der verschieden starken Behinderung der einzelnen Häfen sowie ihren Hilfs- und Abwehrmaßnahmen. Dagegen sind es an der Südküste Honshūs die sommerlichen SO-Winde, die am meisten Rücksicht fordern. Jedenfalls sind bei jedem einzelnen Hafen die Windverhältnisse zu beachten.

Streng nach den Monsunen geregelt war die Verbindung Japans mit der Außenwelt zur Zeit der Abschließung. Anfang Juli pflegten die ersten Schiffe der Holländer von Batavia anzukommen, Anfang September die letzten. Noch am Ende der Sommermonsunzeit vollzog sich dann das Löschen, Ausbieten und Verkaufen der Waren sowie die Aufnahme der Rückfracht. Nach dem Einsetzen des Wintermonsuns erfolgte die Abfahrt, und zwar Ende Oktober oder Anfang November die der letzten Schiffe[1]).

Der Monsun des Sommers ist im ganzen schwächer und unbeständiger als der des Winters. Dieser nimmt oft über eine Woche hindurch Sturmesstärke an und kann dann den Hafenverkehr stellenweise sehr beeinträchtigen.

Im Klimacharakter beider Küsten bedingt der Sommermonsun keinen merklichen Unterschied. Im Juni verstärkt er fast überall den Regen zu der mehrere Wochen anhaltenden Pflaumenregenzeit (Bai-u), der dann nach einer Abschwächung die herbstliche Taifunregenzeit folgt. Namentlich diese kann mit ihren schweren Güssen zu

---

[1]) O. Nachod, Beziehungen, a. a. O., S. 351—52, 365.

großen Verheerungen führen und durch Zerstörung von Brücken, Eisenbahnen und Hafenanlagen den Verkehr behindern.

An der pazifischen Seite kommen als Hemmnisse nur diese Niederschläge der warmen Zeit in Frage. Besonders am Tōkaidō hin sind die Monate November, Dezember und Januar durch klares Wetter ausgezeichnet, oft fällt einen Monat kein Tropfen Regen, und auch der Wind verliert durch die schützenden Gebirge seine Stärke. Ebenso genießt die Inlandsee im Winter den Schutz durch den Gebirgswall Chūgokus. Auf die Küsten der Japansee hingegen prallt der Wintermonsun nicht nur mit ungeschwächter Gewalt und fast rechtwinklig auf, sondern er wirft nach der Mischung der sibirischen Luft mit den wärmeren Schichten über dem Japanischen Meer große Schneemassen in diese Küstenländer. Daher sieht man an den Häusern in den westlichen Niederungsstädten Vorbauten über dem unteren Stockwerk, die bei der Schneeanhäufung in den Straßen noch den Verkehr ermöglichen. Bahnverbindungen werden hier oft tagelang unterbunden, selbst die Zufuhr von Nahrungsmitteln kann ernstlich gefährdet werden. Von großem Einfluß ist dabei die Entfernung der Gebirgshänge; bei Kanazawa erhebt sich das Gebirge in kurzem Abstand, und so kann in der Stadt schon 3 Fuß hoher Schnee liegen, wenn sein nur 1½ Wegstunden entfernter Hafen Kanaiwa nur die Schneehöhe von 1 Fuß hat. Im Hinterland von Niigata ist 3 bis 6 m hoher Schnee die Regel[1]), und im Flußtal des Ishikari auf Hokkaidō kommt es ebenfalls meist zu 3 m hohen Lagen. Von Kanaiwa bis nach Otaru hinauf machen sich Schneefälle in sämtlichen Häfen störend bemerkbar. Der Betrieb ist deshalb und wegen der gleichzeitigen Stürme in den meisten derselben eingestellt, nur in Fushiki, Tsuruga und Otaru bleibt er in Gang. Diese Winterruhe verringerte sofort die Bedeutung Niigatas als Vertragshafen. Wenn dann im Frühjahr der Schnee schmilzt, kann die Störung der Häfen sich fortsetzen durch verheerende Hochwasser, die in ihrer Wucht und Plötzlichkeit unterstützt werden durch den hier auftretenden Föhn, auf den zuerst Knipping die Aufmerksamkeit gelenkt hat. Selbst der Fährverkehr zwischen Shimonoseki und Korea kann in der winterlichen Sturmperiode vorübergehend aufgehoben sein.

---

[1]) Japan Year Book 1926, S. 9.

g) Taifune.

Zu den Winterstürmen verhalten sich die Taifune zeitlich wie örtlich entgegengesetzt. Denn sie bevorzugen die warmen Monate und zugleich im allgemeinen die gegen die Winterstürme geschützteren Gestade der pazifischen Außenseite und der Inlandsee. Die meisten haben ihren Ursprung östlich der Philippinen, erreichen den Scheitel ihrer parabolischen Bahn in der Gegend von Formosa und den Ryūkyū-Inseln und treffen nach der Umbiegung mit noch unverminderter Kraft auf die südlichen Gestade Japans. Hier kommt zu ihrer östlichen Richtung noch die der ganzen Taifunbahn innewohnende Polkomponente. So ergibt sich an Japans Küsten im ganzen ein Weg annähernd parallel der Achse des Inselzugs; darin liegt die Gefahr, daß oft mehrere Häfen zugleich davon betroffen werden können. Dabei halten sich im Winter ihre Bahnen mehr südlich von Japan, und erst im Sommer gehen sie recht über das Land hin und auch gelegentlich selbst auf seiner Rückseite entlang bis nach Hokkaidō. Aber nur im Juli und August scheinen sie mehr auf der Rückseite zu verlaufen, in den Monaten davor und danach folgen sie entschieden dem Inselzug selbst oder seinen Außenküsten. Jedenfalls haben sie gerade in den Hauptmonaten ihres Auftretens, nämlich von Juli bis Oktober, eine Lage, von der die japanischen Küsten stärker betroffen werden als in den Monaten ihrer geringeren Häufigkeit[1]). Japan muß alljährlich mit einem Dutzend schwerer Taifune rechnen. Sie verteilen sich nach den von Okada[2]) als Mittel von 15 Jahren angegebenen Zahlen folgendermaßen auf die Monate: Juli 2, August 4, September 4, Oktober 3, November 1. Froc (a. a. O.) gibt nach seinem 25jährigen Material einen Monatsdurchschnitt von 3—4 Taifunen für die Zeit Juli bis Oktober an. Drei Hauptzugstraßen lassen sich unterscheiden, die vom Kuroshio abhängig erscheinen. Sie treffen auf die südlichen, südöstlichen und südwestlichen Gestade. Besonders gefährdet sind also fast alle Häfen Kyūshūs, Südostshikokus und der Südküste Honshūs, von der östlichen Ecke der Inlandsee bis über die Kwantō-Ebene hinaus[3]). So sind es wieder gerade die Häfen der Fensterseite, die wir ebenso von den Erdbeben am meisten betroffen fanden. Im Westen und Norden hingegen scheinen wenigstens

---

[1]) Vgl. die Monats- und Dekadenkarten im Zikawei-Atlas: L. Froc, Zikawei-Observatory Atlas of the tracks of 620 Typhoons 1893—1918, Zikawei 1920.

[2]) T. Okada, The climate of Japan, Scientific Japan, S. 38.

[3]) N. Fischer, Die wirtschaftlichen Schäden der tropischen Wirbelstürme, Aus dem Archiv der Deutschen Seewarte, 1925, Nr. 1.

schwerere Fälle von Taifunen seltener zu sein. Die südlichen und südöstlichen Küsten sind auch dadurch mehr ausgesetzt, daß hier im Gegensatz zur Rückseite Windrichtung und Fortbewegung der Zyklonen zusammenfallen, d. h. die Intensität verstärkt wird.

Außer den Häfen selbst ist durch diesen Verlauf der Taifunbahnen auch ihre Verbindung mit den festländischen und insularen Gegengestaden besonders gefährdet, die in früheren Zeiten die Hauptrolle spielten und heute den großen Zugangsweg von Europa her begleiten. So wurde schon der Flotte des Kublai Khan, als sie 1281 Japan für sein Universalreich erobern sollte, ein Taifun unterwegs zum Verhängnis. Auch die Holländer sollen in den Jahren 1651 bis 1671 auf dem Weg zwischen Batavia und Japan nicht weniger als 11 Schiffe verloren haben[1]), was bei der geringen Zahl der überhaupt den japanischen Handel bewerkstelligenden Schiffe eine hohe Verlustquote war. Wegen der Bedeutung für die große Schiffahrt ist der heutige Sturmwarnungsdienst in englischer Sprache gehalten. Ein für die Vorhersage günstiges Moment bilden wenigstens die im Süden vorgelagerten Inselgruppen. Yap und Guam sind mit großen Funkstationen ausgerüstet, deren Warnungen den Zyklonen vorauseilen.

Die Schäden der Taifune für die Häfen liegen nicht nur darin, daß ihnen oft Tausende von Menschen zum Opfer fallen, Hafenanlagen und die darin steckenden Wirtschaftswerte zerstört und der Verkehr eine Weile behindert wird, sondern überdies in der Verheerung weiterer Hinterlandsgebiete, die sich wieder indirekt im Wirtschaftsleben der Häfen auswirken muß. Ein einziger Taifun kann gewaltige Wassermassen über eine Küstenebene schütten und die Ernte vernichten. Alle großen Reiskammern außer der von Niigata und Sakata gehören der Hauptgefahrenzone an, und die Blüte und Reife des Reises fällt in die Hauptmonate der Taifune. Die Maulbeerkulturen der Hata werden zwar nicht durch die Überschwemmungen, aber oft durch den Sturm selbst geschädigt. Ebenso werden, wenn die Bahn über die Inlandsee streicht, die Salzgärten verwüstet. N. Fischer[2]) gibt für die Jahre 1908—1916 eine Tabelle der durch die Taifune verursachten Schäden. Sie beliefen sich danach in der Mehrzahl der Jahre auf mehrere Millionen Yen, 1915 sogar auf 25 Millionen Yen, und die Schiffsverluste gingen in den meisten Jahren in die Hunderte, überschritten öfter auch tausend und betrugen 1912 sogar 2500 Stück.

---

[1]) O. Nachod, Beziehungen, a. a. O., S. 343.

[2]) N. Fischer, a. a. O., S. 22. — Vgl. dort auch die Karte der Verbreitung der Stürme und ihrer Schäden, auf der das ganze südliche Küstenband als „Gebiet mit bedeutenden Schäden“ hervorgehoben ist.

h) Nebel.

Gleichfalls in den Sommermonaten werden die Nordhäfen des Landes benachteiligt durch die Nebel, die nicht katastrophenartig, sondern mehr als Dauerübel auftreten. Sie herrschen besonders im Juni, Juli, August und September an der Süd- und Südostküste Hokkaidōs. Am meisten haben die Häfen Kushiro, Nemuro und Abashiri darunter zu leiden, schon weniger Hakodate am Südende. Im Sommer liegt das Maximalgebiet der Nebelhäufigkeit des Stillen Ozeans näher den asiatischen als den amerikanischen Gestaden und berührt dann eben das nördlichste Japan, wie die Monatskarten[1]) der Nebelhäufigkeit erkennen lassen. Außer den Häfen werden auch die Großkreise, die den Verkehr von Yokohama nach Vancouver und San Francisco leiten, davon betroffen, indem sie das Nebelgebiet durchschneiden müssen. Japan unterhält daher 41 Nebelstationen. Die Nebel entstehen dadurch, daß sich die kalte Luft des Oyashio im Sommer mit der erwärmten des Kuroshio und auch des Landes mischt. Der Oyashio ist im Sommer wie im Winter vorhanden, aber im Sommer weiter nach Norden zurückgezogen, weil dann der Kuroshio durch den Monsun nordwärts vorgetrieben wird und in Abzweigungen selbst Kamtschatka und das Beringmeer erreicht[2]).

i) Eis.

Wenn im Winter der Oyashio zu größerer Herrschaft gelangt, bringt er für die Nordhäfen einen anderen Nachteil mit sich, das Eis. An der Westseite dringt die Tsushima-Strömung, wenn auch stark gekühlt durch seitlich andrängendes Wasser der offenen Japansee, noch in die Tsugaru-Straße und an das südliche Ende Hokkaidōs vor. Der kalte Strom des Japanischen Meeres, der die Festlandsküste begleitet, bleibt Japan fern. Auch die sibirische Luft, die noch Wladiwostok von Mitte Dezember bis Mitte April in Eisfesseln legt, wird beim Überwehen der Japansee erwärmt. So ist denn Eis den Häfen der Hauptinsel fremd, nur Hokkaidō-Häfen leiden darunter und zwar die südöstlichen, da sie niedrigere Temperaturen haben (kältester Monat in Nemuro $-5{,}4^0$, in Hakodate $-2{,}9^0$) und vor

[1]) Dampferhandbuch für den Stillen Ozean, S. 68.

[2]) B. Schulz, Die Strömungen und die Temperaturverhältnisse des Stillen Ozeans nördlich von 40^0 N. Br. einschließlich des Bering-Meeres, Annalen der Hydrographie 1911, S. 248.

allem vom Oyashio ganz umspült werden. Die Angaben über die Eisbehinderung der Häfen und auch der Tsugaru-Straße gehen etwas auseinander. Nach dem Dampferhandbuch muß man an der Ost- und Südostküste Hokkaidōs im Februar, März und wahrscheinlich noch April mit großen Treibeisfeldern rechnen. Die Grenze dieses treibenden Eises verläuft von der Südostecke der Insel, dem Kap Erimozaki, ostwärts und dann in weitem Bogen nach Norden um das Ostende Hokkaidōs. Ein englischer Dampfer hat hier Anfang März 1902 noch 200 Seemeilen seitab der Küste ein großes Eisfeld getroffen, das ihn zu einer stundenlangen Kursänderung zwang[1]). Die Häfen Kushiro, Nemuro und Abashiri werden also von dieser Treibeisregion umschlungen und weitaus stärker betroffen. Es sind dieselben, die unter dem Nebel im Sommer am meisten zu leiden haben. Immerhin sind es die weniger bedeutenden Hokkaidō-Häfen, und die Behinderung währt nur wenige Monate. In Abashiri beginnt das Eis im allgemeinen im Januar, und im April wird es bei südlichen Winden wieder aus dem Hafen hinausgetrieben.

So ergibt sich im ganzen für Japan doch ein günstiges Bild. Ihm bleibt die kostspielige und umständliche Aufgabe eines Eisbeobachtungsdienstes erspart, wie überhaupt der nordpazifische Ozean in Bezug auf die Eisbehinderung der Häfen und Schiffswege wesentlich günstiger als der nordatlantische dasteht, in welchem Häfen wie Montreal ein halbes Jahr geschlossen sind und die Hochstraße der Schiffahrt von New York zur Nordsee auf das Treibeis Rücksicht nehmen muß.

Erst in den ganz spärlich befahrenen Gebieten nördlich von Hokkaidō wird das Hemmnis viel stärker. Schon die Lapérouse-Straße erfordert Eisbrecher. Zwar friert auch sie nicht selber zu infolge des durch den Tsushima-Strom im Japanischen Meer nordwärts beförderten warmen Wassers; aber Treibeis hält sich im Winter 2 bis 2½ Monate in der Straße[2]). Auch an der Nordküste Hokkaidōs entlang treibt Eis von Sachalin her bei nördlichen Winden, zugleich friert hier schon das Meer auf 6—8 Seemeilen Küstenabstand zu. Vollends ist die weniger als 10 km breite Straße zwischen Sachalin und dem Festland im Winter ganz überfroren, und der Verkehr geht über das Eis[3]).

---

[1]) Dampferhandbuch, a. a. O., S. 249.

[2]) Ebenda.

[3]) N. Yamasaki, Scientific Japan, a. a. O., S. 5.

III. Die Küstengestaltung in ihren Beziehungen zu den Häfen.

Als Schwelle zum Meer haben die Küsten in ihrer örtlichen Beschaffenheit große Bedeutung für die Gestaltung der Häfen. Zwar sind diese in Japan selten eine reine Naturform; es wird also durch die Küste weniger der Hafen unmittelbar in seiner Gestalt bestimmt, wohl aber die vom Hafen bei seinem Ausbau zu wählende oder gewählte Anpassungsart. Jedenfalls erfordern deshalb die Küsten hier ebenso ihre allgemeine Betrachtung wie das Hafenhinterland. Dabei läßt sich an manches anknüpfen, was sich uns schon in Verbindung mit dem Relief des Landes ergab.

Die Großform der Küste wird zuerst und am meisten durch die Brüche bestimmt. Alle Küsten Japans müssen im Großen als Bruchküsten angesprochen werden. Als solche zeigen sie aber bereits eine Differenzierung in eine Reihe verschiedener Charaktere. Am einfachsten erweist sich die Ostküste Nordhonshūs, welche die alten Faltungsachsen abschneidet und zwar in staffelartiger Wiederholung auf Diagonal- und Längsstrecken. Die Küste des Japanischen Meeres ist im ganzen mehr Längsbruchküste, doch wechseln auch hier diagonale und neutrale Strecken ab, und namentlich schalten sich eine Anzahl weiterer Bruchbildungen ein, einmal die um den Wakasa-Golf und dann weiter im Norden die kesselartigen Einbrüche um die Vulkane. Wieder anders stellt sich eine dritte Strecke dar, die Südküste Südwestjapans. Hier bestehen ausgesprochen meridionale Querbrüche wie die in den Durchlässen zur Inlandsee und in der Suruga-Bai, dazu eine Tendenz zu kesselartigen Eingriffen in den großen flachbogigen Buchten. Faßt man diese wiederum schärfer ins Auge, so erkennt man als ihre dominierende Komponente die lange Richtung von Südsüdwest nach Nordnordost an ihrer Westseite. Es ist, wie wenn hier der Eingriff des Ryūkyū-Bogens, der in Südkūyshū sehr offenkundig die Tektonik beherrscht, ostwärts staffelartig nachwirkte an der ganzen Außenküste, wobei die erste Staffel in der graden, langen Ostküste Kyūshūs am markantesten ist. Endlich als vierte Küstenpartie stellt sich wieder anders die ganze Inlandsee nebst den mittleren Teilen Westkyūshūs dar, als eine durch mehrere Bruchrichtungen sowie durch Becken mosaikartig zerlegte Senkungszone. Diese Reihenfolge der vier Küstenpartien bedeutet zugleich eine Folge zunehmenden Hafenreichtums und wachsender Verkehrsbedeutung.

Die Kleinformung der Küste wird außer von den Brüchen am wesentlichsten durch die eingeschalteten Anschwemmungsgebilde bestimmt, die oben als Küstenebenen näher behandelt sind, ferner durch die küstenzerstörenden Agentien und schließlich durch Niveauänderungen. Die zerstörenden Wirkungen sind da, wo in der Kleinformung Vorsprünge dem Meeresangriff ausgesetzt sind, besonders dadurch wirksam, daß sie vielerorts aus weniger festen Materialien gebaut sind. So ist in Verwendung des von der Landseite her so reichlich gelieferten Materials ein weitgehender Küstenausgleich erfolgt, namentlich an der Westseite Nordhonshūs. Im ganzen sind Mischtypen von Abrasions- und Anschwemmungsküsten, Wechsel von Kernland- und Saumlandküsten auf kurze Strecken am häufigsten zu beobachten, wobei die Saumlandküsten zum großen Teil reinste Flachküsten sind. Die Änderungen des Meeresspiegels endlich stellen sich als Oszillationen dar. Eine im Endeffekt starke Heraushebung erfolgte am Ende des Tertiärs, abgelöst zum Teil von bedeutenden Senkungen, wie die bis in hunderte von Metern Tiefe verfolgbaren, untergetauchten Täler[1]) bekunden. Die Senkungen wurden auch wiederum von Hebungsvorgängen unterbrochen; solche hoben u. a. die mit marinen diluvialen Ablagerungen bedeckte Kwantō-Ebene über Wasser. So ergab sich ein terrassenförmiger Aufbau, der auf vielen Strecken zu beobachten ist (vgl. z. B. Taf. 1, Abb. 2; Taf. 3, Abb. 1). Die unterste Fläche, die aber noch keineswegs überall auf Hebung zu beruhen braucht, wird von den Alluvionen der Küsten und Flüsse gebildet. Eine zweite, die sich 10 bis 40 m darüber erhebt, besteht in der Regel aus diluvialem Material, unter dem oft an den steilen Hängen die Tertiärsedimente zum Vorschein kommen. Darüber wiederum erhebt sich mit einer mehr oder weniger merklichen Stufe das Tertiärhügelland, innerhalb dessen zuweilen höhere Terrassen angedeutet sind[2]). Diese ruckweise Heraushebung erhöhte noch durch die Steilheit der Hänge, selbst in niedrigem Küstengelände, oft die Unzugänglichkeit, z. B. sichtlich in dem ganz hafenlosen Abukuma-Vorland. Zum Teil aber sind die Terrassen- und Stufenränder schon stark von der Erosion ergriffen, und soweit sie breitere Säume darstellen, in Hügelland verwandelt.

---

[1]) Eine Reihe schöner Beispiele davon gaben jüngst H. Yabe und R. Tayama: Records of Oceanographic Works in Japan, vol. II, No. 1, 1929, S. 11 ff.

[2]) Für das Kwantō-Tiefland ist jüngst von R. Aoki und R. Tayama eine schöne Terrassenkarte entworfen worden.

a) Die Küsten der Inlandsee.

Das auffälligste Phänomen und zugleich das wichtigste für die Meeresverbindung Japans bildet die Inlandsee, ein 400 km langer, zwischen 30 und 60 km Breite wechselnder Eingriff des Meeres von ungewöhnlicher Mannigfaltigkeit der Gliederung und Formung. Er fordert zu seiner Klärung eine eingehendere Behandlung.

Den Südrand der Inlandsee begleitet streckenweise das Band des Izumi-Sandsteins, der nach Ogawa eine seichte Inlandsee der Kreidezeit als Vorläuferin der heutigen verkörpert. Im übrigen sind die in erster Linie die Küsten beherrschenden Gesteine im Norden die Granite der Chūgoku-Plateaus, im Süden Granite auf den Halbinseln Shikokus in Verbindung mit Andesiten; in zweiter Linie kommen tertiäre und paläozoische Sedimentgesteine und schließlich quartäre Bildungen (lose Konglomerate, vermischt mit Sand, Ton und Vulkansand) hinzu.

Am Sanyōdō liegen die Höhen im allgemeinen um 500 m; das ist die trotz aller Zerstückelung sich im ganzen sanft abdachende Granithochfläche, vor der die Vorhügel die weitere Absenkung und in den zerrissenen Küstenpartien die starke Zertrümmerung dokumentieren. Diese ist am größten in den mittleren Teilen der Inlandsee, während am östlichen und westlichen Ende derselben einförmig umrandete, insellose Becken liegen. Der östliche Teil enthält aber den größten der Inselhorste, die Insel Awaji. Die Zerstückelung setzt nicht erst in der Inlandsee, sondern schon innerhalb der Chūgoku-Halbinsel ein, die dadurch in einzelne Bergstöcke, Plateaus und Senken zerlegt ist. Damit harmoniert die Erscheinung, daß sich der ganze Nordrand der Inlandsee wesentlich zerstückelter und gegliederter darstellt als der Südrand, der nur in der Sanuki-Halbinsel an diesem Grad der Auflösung teilnimmt. Auch andere Momente wirken mit, um auf längere Strecken des Südens ebenso wie um das östliche Ende der Inlandsee geringeren Wechsel der Küstenumrisse zu zeitigen: weitgehender Küstenausgleich (typisch auf der Mittelstrecke von Nordshikoku), glatte, lange Bruchlinien (Awaji) und geringer Wechsel des Gesteins (Nordwestküste Shikokus, Glimmerschiefer).

Von Miyashima aus erkennt man beim Blick nach Osten eine Abnahme der Granithöhen von Norden nach Süden, d. h. in die Inlandsee hinein. Umgekehrt drängt sich beim Umblick vom Yashima bei Takamatsu auf, wie hier die Granitinseln der näheren Umgebung verhältnismäßig geringere Höhen aufweisen gegenüber der in Nordshikoku ansteigenden Granitfläche. Ein Verfolg auf der Karte bestätigt diesen Eindruck mit dem Ergebnis, daß der Granit nach Norden hin erst nördlich von Okayama Höhen von 500 m und mehr und ebenso erst südlich von Takamatsu aufweist; dazwischen liegen in der Inlandsee die Inseln und Halbinseln, die meist nur Höhen von 200 bis 300 m oder wenig mehr zeigen. Die Granitfläche stellt sich sonach in einer Muldenform dar, deren Achse in sinischer Richtung streicht und innerhalb der Inlandsee liegt. Doch ist sie nicht einheitlich, sondern wieder in sich durch Engen in eine Anzahl Becken, Nada genannt, gegliedert: Suō-, Aki-, Bingo-, Harima- und Izumi-Nada. Die ganze Einsenkung ist nicht bedeutend, daher sind die Tiefen nicht groß; meist bleiben sie unter 50, vielfach unter 20 m[1]). Der Granit ist an beiden Flanken in zusammenhängenderen Flächen erhalten, in der eingesenkten Mitte am stärksten aufgelöst durch Einzeleinbrüche in Verbindung mit den Angriffen des Meeres. Ferner erkennt man in der Zone größter Auflösung gleichzeitig die der stärksten Andesitdurchbrüche, die gleichfalls sinisch streicht. In den Streifen geringerer Graniterhebungen finden wir einige große Höhen, bis über 400 und 500 m, die aber durchweg vom Andesit gebildet sind. Diese Andesitzone setzt sich nach Kyūshū hinein fort.

So handelt es sich im ganzen in der Depression der Inlandsee um eine ursprüngliche Granitpeneplain, die eingesenkt, von Andesit übergossen und von starken Störungen im einzelnen betroffen wurde. Was das zeitliche Verhältnis betrifft, so ist nach Ogawa[2]) bereits vor der Ingression die Bildung der fünf Einzelbecken anzunehmen (die ihr heutiges Analogon in einem Binnenbecken wie dem Biwa-See finden). Aber auch diese Becken läßt er erst im Diluvium entstehen, so daß etwa am Ende des Diluviums oder erst im Alluvium die Senkung anzunehmen ist, die zur Überflutung des Ganzen führte. Um den ganzen heutigen Formenreichtum zu erklären, scheinen mir aus dieser durchweg jungen Bildungsgeschichte vier Momente wesentlich zu sein: einmal die weitgehende Zertrümmerung und die vulkanischen Neubildungen, infolge beider Momente starke Niveaudifferenzen auf kleinem Raum, die dann eine Periode bedeutender erosiver Gestaltung, vielleicht noch begünstigt durch erhöhte Niederschläge (grobe Geröllschotter um den Fuß der Gebirge!), einleiteten, darauf Ertrinken der so modellierten Landschaft mit ihren steilen Hängen und Schutt-

---

[1]) Daß aber die Tiefen nicht über 40 m im Innern der Inlandsee gingen (J. Sion, Asie des Moussons, I. Partie, Paris 1928, S. 196), ist ein Irrtum.

[2]) Pan-Pacific Science Congress 1926, Guide-Book, Excursion Besshi Copper Mine.

bändern, und nunmehr Versteilerung vieler Hänge zu Kliffs und andererseits Umkleidung mit jungen Ebenen. Endlich kommen stellenweise, namentlich an den Enden der Inlandsee, noch neuerliche Hebungsvorgänge in Frage; z. B. sind deutliche Spuren in Nordostkyūshū zu sehen (vgl. Taf. 3, Abb. 1), ebenso um Hiroshima, von wo sie auch Schmitthenner (a. a. O.) erwähnt.

Die Bruchlinien lassen in Küsten, Talzügen und Bergrändern, wie Schmitthenner hervorhebt[1]), sehr deutlich zwei Hauptrichtungen hervortreten; deren eine ist der sinischen angenähert, während die andere ziemlich senkrecht zu ihr verläuft. Namentlich im westlichen Teil scheinen mir diese in der gesamten Konfiguration gut zum Ausdruck zu kommen.

Wenden wir uns nun der Einzelausgestaltung der Küsten zu, so werden hierfür von den Gesteinen der Granit und der Andesit je für sich sowie auch in Verbindung miteinander von größter Bedeutung. In manchen Fällen kommen die Andesitdecken bis zum Meeresspiegel herab und bilden etwa in schräger Lagerung den einen Hang, während der andere dem Granit verbleibt. Granitinseln und -berge neigen zur Kuppenform, Andesitdecken geben Plattenform, und stets ist der Unterschied der Böschungen erkennbar (Andesit steiler). Verschiedene unserer Abbildungen zeigen diese Verhältnisse deutlich (Taf. 3, Abb. 3; Taf. 10, Abb. 3). Stellenweise wird der auf der Grenze zwischen beiden vorhandene Knick zur ausgeprägten Stufe; südlich der Hafenstadt Tadotsu liegt der berühmte Wallfahrtsschrein der Schiffer, Kotohira, auf einer solchen. Der Andesit tritt in größter Ausdehnung im westlichen Teil der Inlandsee an die Küste; er begleitet hier die Beppu-Bai und bildet nördlich von ihr die einförmig rund vorgewölbte Halbinsel Kokutō. Im übrigen baut mehr der Granit die Küsten auf, insbesondere die der Inselschwärme. Diese erhalten dadurch einen bis zu gewissem Grad gleichartigen Charakter, wie ihn etwa die Abb. 1 u. 2 der Tafel 4 von der mittleren Inlandsee zeigen. Durchweg sind es steile Kliffs, die sich über meist sehr schmalen Brandungsplatten erheben, steil namentlich in den unteren Partien. Zwischen dem sie weiter oben bedeckenden Buschwerk schimmert der hellbraune und hellgelbe Boden durch, der da und dort auch zu größeren, dreieckigen, kahlen Flächen zwischen den Regenrunsen und Tälchen anwächst und noch mehr in der Brandungszone ein zusammenhängendes Band bildet. Nach oben wird der Hang sanfter, so daß ein konvexes Profil

---

[1]) H. Schmitthenner, a. a. O., S. 192.

sich ergibt. Dieses zeigen besonders die kleinen Inselpfeiler. Hier arbeitet die Abrasion schneller als die Spülkräfte, und Bäche kommen auf ihnen nicht in Frage. Wo solche sich auf größeren Inseln entwickeln, werden die Enden der Tälchen zu Ansatzpunkten der Brandungswirkung. Auch Klüfte im Granit geben Anlaß zu zahllosen kleinen Buchten, so daß sich die „Küstenlinie wie gezähnt"[1]) ausnimmt. So sieht man in buntem Wechsel glatte Steilküstenstrecken, Calabuchten, Rundbuchtkränze und -schnüre, lange Inseln und Halbinseln, die von beiden Seiten her angebuchtet werden, Strecken mit reinen Riasformen des ertrunkenen Rumpfreliefs, endlich auch ganz schmale Isthmen zwischen breiten Granitstöcken und umgekehrt enge Durchbrüche zwischen größeren Becken. Dabei kommt neben der Brandung gerade in der Inlandsee auch der Gezeitenstrom zu höchst gesteigerter Wirkung; in ihren Straßen und Buchten formt er die horizontalen Umrisse wie die Bodentiefen des Meeres, wie N. Yamasaki (a. a. O.) so schön gezeigt hat. Die größten Tiefen liegen gar nicht mitten in den Becken, beruhen also nicht auf der Tektonik, sondern sie befinden sich in den engen Eingängen und zwischen den Inseln, wo der Gezeitenstrom in zum Teil reißender Bewegung Rinnen und Kolke auswühlt bis zu Tiefen von über 300 m. In den Buchtformen läßt namentlich die Westseite Shikokus beim Zusammendrängen des Stromes in der Bungo-Straße den Einfluß erkennen; hier erfahren die ausstreichenden Enden des Gebirges durch den andrängenden und entlangfegenden Strom rundbuchtige Einkerbungen, „magern ab" (Yamasaki), bis sie wie schmale, sich etwas windende oder gezackte Felsgrate aussehen. Auch Inseln in der westlichen Inlandsee scheinen mir diesen Typ noch aufzuweisen.

Schon an den Inseln der Inlandsee fehlen auch Flachstrandbildungen nicht, die den Hintergrund von Buchten erfüllen. Vollends werden am Nord- und Südrand da, wo etwas größere Flüsse ausmünden, die einzelnen Granitschollen von jungem Schwemmland umkleidet und erheben sich dann aus diesem ebenso unvermittelt wie die Inseln aus dem Meere. So ist z. B. die kleine Ebene des Hafens Tadotsu von einer Reihe Granit- und Andesitberge durchspickt (Abb. 1, Taf. 1). Diese Saumbildungen bleiben allerdings, mit Ausnahme der großen Ebene der Ōsaka-Bucht und etwa noch der Flächen um Okayama, klein und getrennt voneinander. Wohl zieht die Erhebungsstufe von 0 bis 200 m einen Saum um die ganze Inland-

[1]) H. Schmitthenner, a. a. O., S. 196.

see; aber es ist keineswegs ein Ebenensaum, sondern meist Hügel- und Plateaugelände. Die Gründe für diese geringe Schwemmland- und Deltabildung liegen in einer Reihe von Umständen: zur Inlandsee kommen außer dem Yodo keine großen Flüsse, die Niederschläge sind die geringsten in Japan und die Gesteine zum Teil kalkiger Natur, die allgemeinen Senkungsvorgänge erforderten vorweg viel Aufhöhungsarbeit in den ertrunkenen Talrinnen, der sehr heftige Flutstrom trägt an vielen Strecken das Material fort und läßt daher auch Deltas nur in ganz geschützten Buchten zu.

So gibt es denn von Kōbe westwärts kaum einen namhaften Hafen, in dem nicht der Granit für die Landschaft, sei es im Rahmen der Stadt oder in dem des Hafens oder in beiden, die führende oder ausschließliche Rolle hätte. Nur bei Ōita und Beppu ist es statt des Granits der Andesit und in manchen Häfen der Südflanke neben dem Granit der Andesit, der die Eckpfeiler und zum Teil natürliche Wellenbrecher bildet, z. B. bei Tadotsu und Takamatsu (Taf. 10, Abb. 3).

Im ganzen ergibt der vorstehend geschilderte Formenschatz das Bild eines marinen Kultursammelbeckens, reich an Schlupfwinkeln und Siedlungszellen, besonders aber an solchen kleinen und kleinsten Ausmaßes.

Von der Küstengestaltung der Inlandsee rührt wohl die häufige Überschätzung der Kleinbuchtung und des natürlichen Hafenreichtums von Japan her. Für den, der die Umrandung der Inlandsee näher als nur von der Längsdurchfahrt kennen lernt, muß selbst für diesen Meeresteil der Reichtum an natürlichen, für größere Häfen geeigneten Buchten sich Abstriche gefallen lassen; hat doch z. B. Takamatsu ein Hafenviereck, das auf drei Seiten nur von Molen gebildet ist. Ebenso sind die übrigen Häfen der Südflanke, Tadotsu, Imabaru und Ōita künstlich umrahmt, nur Takahama hat ganz natürlichen Buchtschutz. An der Nordseite sind Onomichi, Itosaki und vor allem auch der große Kriegshafen Kure am besten naturumschlossen, während wieder Ujina als Hafen Hiroshimas und Uno als der Überfahrtshafen von Okayama die Molenergänzung forderten. Von den Großhäfen der Inlandsee haben Shimonoseki und Moji ihre gemeinsame, trefflich naturumschlossene Reede, während Kōbe halb und Ōsaka ganz Molenhafen ist. Im einzelnen kann die Einfügung der Häfen in die Küstengestaltung erst in der Spezialuntersuchung behandelt werden.

b) Die Küsten von Kyushu.

Auf Kyūshū lassen sich die Küsten in mehrere Abschnitte gliedern, die verschiedenen Zusammenhängen einzuordnen sind. Der nordöstliche gehört zur Inlandsee, in dieselbe Verbindung werden wir den mittleren, reichst gegliederten Teil der Westküste bringen, das nördliche Stück der letzteren stellt sich als Fortsetzung des Diagonalbruchs von Westchūgoku dar, das südliche Ende erhält seinen Charakter durch die strukturelle Verbindung mit dem Ryūkyū-Bogen, und die südöstliche Außenseite durch die Einfügung in die Staffeln und Bruchkessel der südlichen Bögen.

1. Die Küstenstrecke der Inlandsee zeigt im Hintergrund fast in ihrem ganzen Lauf die Andesitbergländer und -tafeln von Buzen, läßt sich aber trotzdem in zwei verschiedene Teilstücke zerlegen. Um die Beppu-Bai und die Halbinsel Kokutō treten diese vulkanischen Höhen meist hart an die Küste und bilden steile Formen mit zum Teil ertrunkenen Talmündungen. Nur untergeordnet in einzelnen Buchten sowie in etwas größerer Ausdehnung östlich von Ōita erwiesen sich die Flüsse fähig, Schwemmland vorzubauen, das für die kleinen Häfen Ōita und Beppu von Belang wird. Dagegen ist das andere Teilstück, von dem Ende der Halbinsel bis nahe an die Straße von Shimonoseki durch ein fast geschlossenes alluviales Vorland vor den mauerartig ansteigenden Tafelformen des Andesits ausgezeichnet, das von der Bahn nach Moji durchzogen wird und in der mittleren Strecke als Hauptsiedlung Nakatsu mit seiner alten Daimyō-Burg, aber einem ganz unbedeutenden Hafen aufweist.

2. Während so die hohe Vulkanlandschaft dem Nordosten einfache Küstenformen verleiht, betreten wir in Nordwestkyūshū eine ganz andere Region. Schon die geologische Karte läßt hier den bunten Wechsel der Formationen von Südchūgoku mit einer gewissen Vorherrschaft des Granits erkennen. Nur ist das Gebirge hier noch von alttertiären Becken durchsetzt sowie auch im ganzen stark abgetragen und zerstückelt. So stellt sich auch hier wieder die auf dem Gesteinswechsel und zugleich den Bruchrichtungen beruhende reichere Gestaltung der Küsten wie in der Inlandsee ein. Mit der Straße von Shimonoseki selbst setzt dieser Formenwechsel ein, und es wird sich bei diesem wichtigen Hafen mit Einzelbeobachtungen belegen lassen, wie die beiden eben als beherrschend angedeuteten Grundlagen in Verbindung mit den Gezeitenwirkungen das verwickelte Formgebilde verständlich machen. Auf der ganzen Strecke von der Straße

bis zu den Gotō-Inseln aber wird die Auflösung immer größer; tiefgreifende Riasformen in mannigfach wechselndem Felsgestein, von Pfeilern umsäumt, verraten in der Fortsetzung der Inlandsee die ertrunkenen Formen. Doch sehen wir sie von größeren Ebenen umfangen, welche die isolierten Felsinseln landfest machen. Daran mag einerseits die größere Niederschlagsmenge, an 2000 mm, andererseits auch beträchtliche junge Hebung beteiligt sein, die sich in Terrassen kundgibt. Die bedeutendsten Bildungen dieser Art zeigt die Umgebung von Fukuoka-Hakata, einem wichtigen alten und in der Gegenwart wieder zum Leben erwachenden Hafen. Sein Wert wird dadurch erhöht, daß von der eigenen Ebene aus durch eine tektonische Talsenke von nur 20 km Länge die ausgedehnteste Ebene ganz Kyūshūs erreicht wird. Außer der von Fukuoka sind die größten Riasbuchten die von Karatsu und Imari, die damit gleichfalls zwei Häfen das Leben geben, jedoch beträchtlicher Schwemmlandansätze entbehren und dadurch an Bedeutung zurückstehen. Auch das durch die Portugiesen und Holländer berühmte Hirado gehört in diese Küstengestaltung. Die Inselpfeiler im Norden von Hirado und überhaupt vor dem Ende der großen Riasbucht von Imari sind Zeugen der gewaltigen Abrasion, die in Luv der nordwestlichen Winterstürme seit dem Untertauchen der Formen offenbar schon stattgehabt hat.

3. Hier liegt, wenn man von den Gotō-Inseln absieht, der nordwestliche Eckpfeiler Kyūshūs. An ihn schließt sich der längere und noch mehr im großen aufgelöste Teil der Westküste. In seinem von SSO nach NNW gerichteten Gesamtverlauf entspricht er der einen tektonischen Hauptrichtung. Daß sie aber hier nicht allein herrscht, scheint schon der Schelfrand zu verraten, der so unruhige Formen wie kaum auf einer zweiten Strecke um die japanischen Inseln zeigt. Von der Bungo-Straße über Shimonoseki bis zum Eckpfeiler von Hirado bewegen wir uns in einem Teil Kyūshūs, der zur Zone der Inlandsee bezw. Chūgokus, also jedenfalls zur Innenzone zu stellen ist. An der Westseite Kyūshūs wird die innere wie die äußere Zone durchschnitten. Wenn wir Richthofens Nagasaki-Dreieck einführen, überqueren wir drei verschiedene Regionen Kyūshūs. Auch die japanischen Geologen gehen immer von einer Dreigliederung der Insel aus, und es fragt sich nur, ob das Mittelstück zur äußeren oder zur inneren Zone zu rechnen, mit anderen Worten wo die Medianlinie anzunehmen ist. Für uns ist diese Dreiteilung nur dadurch von Belang, daß in ihr die Mittelzone als eine von jungen Vulkanmassen und alttertiären Becken erfüllte Senke zwischen zwei Hauptbruchlinien

erscheint. Dieser Senke gehört der mittlere Abschnitt der Westküste an. Er ist durch so große und tiefgreifende Ingressionsformen ausgezeichnet, daß man nach Schlüters Terminologie[1]) von einer Ingression höheren Grades sprechen muß. In diesem Ingressionsgebiet offenbart sich wieder trefflich die Durchkreuzung der beiden tektonischen Hauptlinien. Die innersten Buchten bilden die Shimabara- und die Yatsushiro-Bai. In ihnen wie ihren Zugängen und Vorhöfen verraten sich deutlich genug, um es im einzelnen nicht näher ausführen zu müssen, die Richtungen NW-SO und SW-NO. Parallel zur ersteren weist die schon von Fukuoka südostwärts verfolgte Tiefenlinie in ihrer Fortsetzung genau auf den überragenden Vulkankegel, den Aso. Parallel zur zweiten streicht nach Yabe die Kreidemulde auf Amakusa mit den eingelagerten Alttertiärsedimenten. Weniger deutlich treten eine dritte und vierte Bruchrichtung hervor. Doch hat Ogawa[2]) gezeigt, daß eine südnördliche Dislokationslinie von Kumamoto auf Moji gerichtet ist. Dazu macht er noch eine vierte geltend, die bei Nagasaki und der Shimabara-Halbinsel in Erscheinung tritt, aber, wie mir scheint, nicht die Verbreitung und beherrschende Stellung wie die beiden ersten in den Küstenkonturen beanspruchen kann. Auf einer Skizze der Halbinsel Shimabara verzeichnet Ogawa alle vier Richtungen in Form von seismo-tektonischen wie vulkano-tektonischen und oro-tektonischen Linien. So sehen wir im ganzen in der Küstenlandschaft von Mittelwestkyūshū eine von Ingression betroffene Senken- und Schollenregion aus Tertiärbecken und jungvulkanischen Decken; letztere bilden im Aso-Gebiet ein ausgedehntes Andesitbergland, westlich davon andesitische Einzelberge und dazu nach Norden hin zunehmend basaltische Kuppen und Tafeln. Die einzelnen Andesitkegel bilden zum Teil wie der Unzen gerundete größere Halbinseln und bestimmen unmittelbar den Küstenverlauf, wobei teils das vulkanische Material selbst in Steilformen an die Küste tritt, teils schmale Flachstrandbänder vorgebaut sind. Steile Felsgestade begleiten aber auch fast durchweg die Tertiär- und Kreidesedimente. Zum Teil führt in ihnen die Ingression zu einer außerordentlich feinen Ziselierung der Küsten, so im Süden und Südosten der Insel Amakusa

---

[1]) O. Schlüter, Klassifikation der Küsten, Zeitschr. d. Ges. f. Erdk. 1924, S. 296.

[2]) T. Ogawa, Notes on the Volcanic and Seismic Phaenomena in the volcanic district of Shimabara, Mem. Coll. Sc. Kyoto Imp. Univ. 1924, Ser. B, vol. I, No. 2, S. 207—8.

und noch viel mehr südlich von Hirado in einem unübersehbaren Gewimmel von Buchtzipfeln und Klippen. Dagegen ist die Nordwestküste Amakusas eine reine, glatte Aggressionsküste. — Diese Gliederung und zugleich das Fehlen von Saumland wird uns als wesentlich für die Auffassung des Hafens Nagasaki bei dessen Einzelbetrachtung noch beschäftigen.

Diese ganze Gestaltung erfährt ihre stärkste Unterbrechung nur im Hintergrund der beiden großen Golfe von Shimabara und Yatsushiro. Der Grund für die Abwesenheit von Saumlandbildungen an den Außengliedern ist außer dem Angriff der Meereskräfte auch das Fehlen an Raum für größere Flüsse. Erst mit diesen stellen sich in den Buchthintergründen sofort junge Schwemmlandbildungen größerer Ausdehnung ein. Am nördlichen, seichten, geschützten Ende der ganzen Ingressionsbucht mündet der größte Fluß der Insel in einem Delta; 6 bis 8 km weit läuft der Meeresboden bei Ebbe trocken, und noch im ganzen nördlichen Drittel des Golfes, bis in die Breite von Miike, wird nirgends die Tiefe von 15 m erreicht. So hat denn die größte Ebene von Kyūshū keinen Hafen an ihrem Küstensaum selbst; erst Ōmuta-Miike kann für sie wie für die Kumamoto-Ebene Hafenfunktionen übernehmen. Beide Ebenen würden eine Einheit bilden, wenn nicht dazwischen ein niedriges Terrassenland von Alttertiär an die Küste träte. An dieses lehnt sich der Hafen, dessen Becken und Zugang aus dem hier etwas schmaler werdenden Flachstrand ausgegraben ist.

4. Schon östlich der Yatsushiro-Bai liegen die paläozoischen Formationen, die zusammen mit mesozoischen und mit kristallinen Schiefern das sinische System von Südkyūshū repräsentieren. Auch das tektonische Binnenbecken von Hitoyoshi folgt diesem Streichen. Außer diesen diagonal hindurchziehenden Ketten wird für die Küstengestaltung des südlichen Kyūshū wichtig die „durchgreifende Flankenkettung" (Richthofen) mit dem Ryūkyū-Bogen. Dadurch wird eine Vulkanlinie in das Südende hineingetrieben, das Südende selbst in der Kagoshima-Bai geteilt und der weite Umkreis derselben mit Andesit und vulkanischem Detritus überzogen. Die Küsten Südkyūshūs verraten noch deutlich diese tektonische Einwirkung, und zwar außer in der Kagoshima-Bai, die den stärksten Quereinbruch darstellt, in mehreren flachbogigen Bruchlinien. Die Abbrüche haben, im großen gesehen, glatten Verlauf. Im kleinen verbindet sich mit ihnen eine gewisse Gliederung. Von Belang für die Häfen wird hier

aber lediglich der große Einbruch der Kagoshima-Bai sowie der in ihrem Hintergrund stehende Andesitkegel des Sakurashima (Taf. 10, Abb. 2). Nur an wenigen Stellen weichen hier die Steilhänge weit genug zurück, um mit breiteren Vorlandstreifen der Besiedlung etwas Raum zu geben.

5. Die Ostküste Kyūshūs ist bis zum Anfang des Bungo-Kanals offensichtlich bestimmt durch eine große Bruchlinie, die dem Außenabfall des Ryūkyū-Bogens folgt. Die Insel Tanegashima, die nördlichste des Ryūkyū-Zugs, weist genau auf die Südostecke Kyūshūs, und in gerader Linie verbindet sie der Schelfrand, der dann die Küste fast parallel im Abstand von 20—25 km begleitet. Die Küste selbst ist fast gerade und trotz der diagonal abgeschnittenen Kreidezone äußerst wenig gegliedert. Im südlichen Teil ist der Kreide eine aus lockeren Tertiär- und Diluvialbildungen bestehende Hügel- und Terrassenlandschaft vorgelagert. Vor deren steilem, bald mehr bald weniger als 20 m hohem Rand läuft die Bahn oft schnurgerade auf lange Strecken dahin auf einer noch jüngeren, schwach gehobenen Strandebene. Bis zu deren Hebung war offenbar die ganze Küste Angriffsküste mit sehr einfachen glatten Formen. Die Ebene ist stellenweise nur wenige Meter, dann wieder über 100 m breit, zuweilen von Dünenwellen bewegt, im ganzen mit niedrigem Gebüsch, nur an der Küste selbst mit einem Matsusaum besetzt. Bedingungen für größere Siedlungen und gar Schutz für Häfen bietet diese Küste nicht, selbst die Dörfer sind dünn genug gesät. Etwas größere Städtchen sind nur Miyazaki und Aburatsu. Bei etwa $32^1/_3{}^0$ Breite endigt nicht nur der Alluvialsaum, sondern auch das höhere Hügelvorland läuft spießartig aus; eine Porphyritlandschaft mit größeren, kuppigen Erhebungen tritt an die Küste und wird von der Bahn in Tunneln durchstoßen. Hier mündet zwar auch der längste Fluß der Ostküste, aber in engem Tal und ohne eine Mündungsebene zu schaffen. Nördlich dieser ungastlichen Strecke streicht die südjapanische Kreidezone wieder schräg aus und gibt hier zu reicherer Gliederung, breiteren Talungen und Mündungsebenen Anlaß, auf die sich das Städtchen Nobeoka gründet, dem jedoch gleichfalls noch keine Hafenbedeutung zukommt.

Eine bedeutende Quergliederung stellt sich erst am Bungo-Kanal ein, wo bis zu der vom Schieferband gebildeten Enge die paläozoischen Formationen ausstreichen. Der Typ ist hier die durch den Gezeitenstrom modifizierte Riasküste, wie sie für Teile der westlichen Inlandsee schon begründet und besonders für die Bungo-

Straße an beiden Seiten, unabhängig von der Gesteinsart, charakteristisch ist.

6. Zusammenfassung. Sehen wir lediglich von dieser Strecke am Bungo-Kanal ab, so gewahren wir durch ganz Kyūshū einen Gegensatz zwischen West- und Ostseite, indem jene die weitaus reichere horizontale wie vertikale Gestaltung zeigt; während im Osten gerade Linien oder einförmige Bogenschwingungen und in jedem Falle Steilküsten mit allenfalls schmalen Flachsäumen vorherrschen, sind im Westen nicht nur die größeren Flachküstenzüge und Ebenen eingeschaltet, sondern es ist der ganze Reichtum der Bruchküsten der Inlandsee dort fortgesetzt, wie wenn diese Senkungszone, sich keilförmig erweiternd, zwischen den beiden äußersten ausgestreckten Fingern der Gotō-Inselreihe und der Koshiki-Insel ihr eigentliches Ende fände. Demgemäß treffen wir im Westen und Nordwesten die beträchtliche Zahl der genannten Häfen und unter ihnen eine große Mannigfaltigkeit der örtlichen Gestaltungsbedingungen.

c) Die Küsten von Shikoku.

Shikoku zeigt zunächst am Bungo-Kanal jenen Typ der Querküste, der auf dem Weg über die Talbildung den inneren alten Bau zur Ausprägung kommen läßt und gleichzeitig die Kräfte des Meeres, Brandung und Gezeitenstrom, in ihrer überaus starken Wirkung widerspiegelt. Größere Ebenen und bedeutendere Häfen fehlen hier zwischen den Gebirgsenden. Besonders bemerkenswert ist die lange, schmale, namenlose Halbinsel, die sich wie ein Riesenfinger der Bungo-Enge entgegenreckt und mit dem langen Fingernagel in Kap Sadanomisaki ausläuft, in ganzer Länge das harte Glimmerschieferband verkörpernd. Sie zeigt keineswegs eine einförmige Kammlinie, sondern infolge der von beiden Seiten eingreifenden Buchten sieht man sie durch tiefe Scharten in kleinere und größere Abschnitte geteilt. Ihre geradlinige Nordküste verläuft ein wenig schräg zum allgemeinen Streichen der Schiefer und folgt offenbar einer tektonischen Linie. Yabe[1]) ist geneigt, in ihr die Fortsetzung jener Bruchlinie zu sehen, die durch Kyūshū von der Yatsushiro- zur Beppu-Bai (bei Ōita)

---

[1]) H. Yabe, The Median Line of Southwest Japan; Its Position on the Island of Kyushu. Proceedings of the third Pan-Pacific Science Congress, vol. I, Tōkyō 1926, S. 539.

läuft. Sie würde also mit der Medianlinie wenig südlich von Matsuyama zusammenstoßen.

Die gleiche Bildung wie an der Bungo-Straße möchte man an der östlichen Küstenstrecke Shikokus, der Kii-Straße erwarten. Hier hat indes die Schwemmlandbildung so stark entgegengearbeitet, daß die Enden der Gebirgszüge davon fast ganz umgeben sind. Der Grund dafür liegt in den großen Längstälern, die hier ausmünden und die größten Flüsse der Insel bergen. So konnte hier im Gegensatz zur Bungo-Straße ein Küsten- und Hafenplatz entstehen, Tokushima, der jedoch wegen seiner ungünstigen örtlichen Bedingungen den Vorhafen Komatsushima erforderlich machte.

Daß auch an der Nordseite Shikokus einige kleinere Schwemmlandbildungen mit Flachküstenstrecken auftreten, ist bei Betrachtung der Inlandsee erwähnt, die auch die übrigen Charakterzüge der nördlichen Küsten Shikokus schon einschloß (Häfen Takamatsu, Tadotsu, Mitsugahama u. a.).

Die Südküste der Insel ist die einzige, von der mir nichts zu Gesicht gekommen ist. Zu Wasser wie zu Lande ist sie nur mit soviel Zeitverlust erreichbar, daß die Bedeutung ihres einzigen Hafens Urado bei Kōchi dazu in keinem Verhältnis zu stehen schien. Nach den Karten schwächt sich der Charakter der Küste des Bungo-Kanals schon am Südende der Halbinsel ab; es mehren sich einfache, kleine, flachbogige Abrasionsbuchten an den felsigen Küsten. Vollends nach der scharfen Umkehr am Kap Sadazaki, das von einem Granitpfeiler gebildet ist, wird dieser Charakter der durch Rundbuchten schwach gegliederten Abrasionsküste die Regel für den ganzen Kesselbruch der Tosa-Bai. Erst nahe der Spitze derselben, von Susaki bis Kōchi, treten dazu wieder mehr Ingressionsbuchten auf. Bei Kōchi ist um Inseln und Klippen ein Alluvialland gebaut, in welchem die Stadt an einer seeartig erweiterten Mündung liegt. Weiter nach Osten wechseln an der ganz einförmig verlaufenden Küste Felspartien der Kreide mit sehr kleinen Mündungsebenen ab.

Mit einem abermals scharfen Umkehrpunkt, bei Murotozaki, setzt ein nächster Kesselbruchbogen an, in dessen Scheitel der Querbruch der Kii-Straße liegt. Die Gliederung bleibt auf dieser Strecke Shikokus ganz geringfügig, d. h. es wechseln mit glatten Steilküsten solche von unbedeutender Brandungsbuchtung und noch kürzere, die etwas Riasbildung aufweisen.

So wird die ganze Ungunst Shikokus, wie im Hinterland, auch in den örtlichen Hafenbedingungen bemerkbar.

d) Die südliche Außenküste Honshūs.

Wie sich in das von Kyūshū her verfolgbare Prinzip der halbinselartigen Vorsprünge zwischen den Kesselbrüchen noch die Kii-Halbinsel einordnet, so zeigt sie auch die gleichen Küstentypen. Wieder ist auf der meridionalen Strecke an der Kii-Straße jener eigene Typ der umgeformten Riasbuchten, wenngleich in abgeschwächtem Maß, entwickelt. Inselpfeiler zeigen vereinzelt die Auflösung der „abgemagerten" Seitenäste der Riasbuchten an. Wo am Nordsaum des ausstreichenden Glimmerschieferbandes der Kinokawa mündet, breitet er ein kleines dreieckiges Schwemmland aus, das der großen Stadt Wakayama ihren Lebensraum und Hafen verschafft. Alle anderen Flüsse, die radial in Windungen dem zentralen Gebirgsland entströmen, sind nur minimal zu aufbauender Tätigkeit gelangt; winzige Nischen von Schwemmland schmiegen sich da und dort in Buchtwinkel und an Flußmündungen. Nur eine etwas längere Küstenstrecke ist vorhanden, nördlich von Shingū, auf der durch Küstenversetzung in nordsüdlicher Richtung ein Flachstrand mit verschleppten und seeartig gestauten Flußmündungen gebildet ist, aber so schmal, daß nur eben eine Straße mit einigen Dörfern darauf Raum fand. Sonst tritt fast durchweg das gebirgige Innere mit wechselnder Feingliederung ans Meer, gleichviel ob Kreidegestein oder Tertiäreinbettungen die Küste bilden. In der nördlichen Hälfte der Ostküste wird die Riasbuchtung überwiegend und tiefergreifend. Das Gestein bietet hierzu keinen Anlaß, ebensowenig die Streichrichtung, da innerhalb der Strecke die Küste fast rechtwinklig umbiegt. Vielleicht liegt der Grund darin, daß hier die Höhen schon nahe der Küste bedeutender sind und somit durch die erosiven Kräfte die Reliefierung stärker war.

Östlich der Kii-Halbinsel setzt sich die kesselbruchartige Gestaltung der großen Buchtgebilde nicht fort. Diese nehmen hier vielmehr die Form länglicher, meridionaler Becken und Gräben an, die quer und tief landeinwärts setzen. Dies harmoniert aber damit, daß schon in der Kii-Halbinsel und nördlich von ihr die meridionale Bruchrichtung zu einer gewissen Herrschaft gelangt, obwohl auch die tektonische Südwest-Nordost-Richtung der Inlandsee sich hier noch binnenwärts fortsetzt. So sieht man östlich von Ōsaka einige Horste und Becken mit meridionalen, zum Teil sogar schnurgeraden Flanken. So liegt ferner inmitten der Kii-Halbinsel ein meridionaler Porphyrstock, der auch die maximale Erhebung der Halbinsel bedingt. Weiter wirkt sich bei Okazaki östlich der Ise-Bucht die Granit- und Gneismasse in einer mauerartigen Nordsüdkante aus. Weiter ostwärts folgt die meridionale Bruchfurche des Tenryū, bei Shizuoka die meridionale Strecke der Fossa magna, dicht neben ihr in der Fortsetzung des Fuji eine über 2000 m tiefe Grabensenke im Golf von Suruga. Kurz, in das Gesetz dieser beherrschenden Bruchrichtung fügt sich offenbar die Reihe der großen Buchten, die weiterhin am stärksten den Küstenverlauf und die Küstengestaltung beeinflussen: Ise-, Suruga-, Sagami-, Tōkyō-Bucht. Die Ergänzung zu ihnen bilden Halbinseln mit meridionaler Achse: die Ise-Bucht flankiert im Osten die schmale lange Tertiärbarre der Chita-Halbinsel, zwischen Suruga- und Sagami-Bucht reckt sich die fast ganz andesitische Halbinsel Izu weit vor, zwischen Sagami- und Tōkyō-Bucht hängt das Tertiärschollengebilde der Miura-Halbinsel, und den letzten Eckpfeiler bildet die ähnlich gestaltete Kazusa- oder Bōsō-Halbinsel.

Von diesen Halbinseln zunächst läßt sich generell sagen, daß sie größtenteils von steilen Abrasionsküsten umzogen sind. Während aber die tertiären nur ausnahmsweise, die in der Ise-Bucht gelegenen nirgends Höhen von mehr als 200 m hart an der Küste aufweisen, erheben sich die andesitischen Küstenwände um Izu weit stärker; Höhen von 300 bis 500 m bilden die Regel, und auch die höchste Erhebung der Halbinsel liegt mit 1400 m höchstens 10 km hinter der Küste. An diesen Halbinseln sind Häfen durchweg unbedeutend.

Nur eine einzige Strecke ist vorhanden, auf der nicht ein halbinselartiger Vorsprung, sondern eine fast gerade Ostwestküste sich hinzieht, es ist der zwischen den Eckpunkten der Ise- und der Suruga-Bucht über die Tenryū-Mündung gut 100 km lange Abschnitt. Sein westliches Ende bildet die den Eingang zur Ise-Bucht einengende Atsumi-Halbinsel. Sie besteht aus einem Kern alten Gebirges, das von der breit durch die Kii-Halbinsel ziehenden Zone paläozoischen Gesteins die Brücke zum Akaishi-Gebirgsland schlägt. Der bis um 300 m aufragende Gebirgskern ist von Diluvium umlagert, das als welliges Land in niedriger Steilküste am Ozean endigt. Dann folgt der Hamana-See mit einem schmalen Auslaß zum Ozean und weiterhin das aus der Schuttfracht des Tenryū beiderseits seiner Mündung vor diluvialem und tertiärem Hügelland ausgebreitete Küstenschwemmland, das bis zum Kap Omaesaki, dem Eckpfeiler der Suruga-Bucht, reicht. Einen größeren Hafen weist die Küstenstrecke nicht auf, obwohl um die Tenryū-Mündung ein Dreieck dichterer Besiedlung liegt; es ist der Ebene von Shizuoka nahe genug gerückt, um mit ihr und ihrem Hafen in Verbindung zu treten.

Von den großen Buchten ist die Ise-Bai am meisten von Schwemmlandküste zusammenhängend umzogen — fast in ihrer ganzen Ausdehnung — wie sich auch in ihrem Hintergrund die größte zusammenhängende Alluvialebene erstreckt. Von ihr aus ziehen sich an beiden Seiten der Bucht alluviale Säume vor niederen Hügeln und Terrassen hin, die aus diluvialem und tertiärem Material bestehen. An der Westseite reicht diese Saumküste bis fast an den scharfen Vorsprung der Kii-Halbinsel bei Toba. Nahe ihrem Ausgang ist der Ise-Bucht die seichte, doppelzipflige Bai angegliedert, die von der Chita- und Atsumi-Halbinsel umfangen wird und im Hintergrund zur Ebene von Okazaki aufgefüllt ist. Die ganze Umsäumung der Ise-Bucht steht in enger Verbindung und bildet einen Lebensraum, der seinen Brennpunkt im Hafen von Nagoya findet, dem an der Westseite noch Yokkaichi vorgelagert ist. Beide liegen an seichter, flacher Küste, vor allem aber Nagoya.

Ganz anders verhält sich die Suruga-Bai; in ihr wechseln Saumküsten und ihre Ebenen in kleinem Ausmaß mit solchen Strecken, an denen Terrassen- und Hügelland entweder steil an die Küste tritt oder nur von ganz schmalem Strandsaum begleitet ist. Hier erhält Shimizu als Hafen seinen großen Vorzug durch einen Sandhaken; dadurch und durch seine überragende Stellung als Teehafen treten die übrigen Häfen der Bucht hinter ihm zurück.

Der gleiche Wechsel der Küstenstrecken gilt von der Sagami-Bucht, wenigstens in ihrem nördlichen Teil, während die lange Westflanke den andesitischen Steilküsten der Izu-Halbinsel zufällt. Hier fehlen Häfen noch mehr als in der Suruga-Bai, weil zur Kleinheit der Ebenen schon die Anziehung Yokohamas hinzukommt.

Die Tōkyō-Bucht endlich ist ein Einbruch, der im größeren nördlichen Teil zum Kwantō-Becken überleitet, am Ausgang hingegen die Tertiärlandschwelle zerteilt, deren Horste zu beiden Seiten durch die Miura-Halbinsel und die Bōsō-Halbinsel gebildet werden. Während um diese Halbinseln nur in den kleinen Ausfüllungen der Buchtwinkel Flachstrand auftritt, ist der diluviale Teil der Tōkyō-Bai größtenteils von einem solchen umsäumt, der vor den Steilabfällen der diluvialen Plateaus liegt und überall da, wo größere Flüsse münden, in Spitzen vorgetrieben und verbreitert ist. An der Seite einer solchen Spitze findet Tōkyō seinen Hafen in der

Sumida-Mündung, während Yokohama die Schwemmlandbildung kleinerer Flüßchen zwischen vorspringenden Plateaukanten benutzt und so eine zur Hälfte naturumrahmte Bucht erhält.

e) Die Ostküste Honshūs.

Von der Kazusa-Halbinsel nordwärts treffen wir zwar eine Reihe ganz verschiedener Küstenabschnitte, aber von durchweg sehr unwirtlichem und unzugänglichem, der Verkehrsentwicklung feindlichem Charakter.

1. Den ersten Abschnitt bildet die offen am Ozean auslaufende Kwantō-Ebene. Das bemerkenswerteste Gebilde an ihr ist der spitze Vorsprung bei Chōshi (Taf. 4, Abb. 3). Er könnte als vorgetriebene Schwemmlandspitze erscheinen, da der Tone als Hauptfluß der Ebene gerade hier mündet. Doch trifft es nicht zu, auch ist es nicht einfach ein Tertiärvorsprung, wie Schmitthenner[1]) meint, sondern ein Pfeiler des alten Gebirges, der hier noch über den heutigen Meeresspiegel ragt, und an den sich die neogenen und diluvialen Ablagerungen des Kwantō-Beckens anlehnen. Zwischen dieser Spitze und der Tertiärscholle der Kazusa-Halbinsel schwingt sich ein Flachstrandbogen, hinter dem sich die Tertiär-Diluvial-Platte in einer Steilstufe erhebt. Ebenso ist nördlich der Tone-Mündung eine breite Sandzunge vorgebaut (Taf. 5, Abb. 1), die nordwärts allmählich dem bis auf eine schmale Strandfläche an die Küste tretenden Plateaurand Platz macht. Dieser wird erst bei Mito nochmals durch eine Flußebene unterbrochen.

Mito hat zwar auch seinen „Minato" (Hafen) in der Flußmündung, aber als einziger bedeutenderer Hafen ist an der ganzen Außenküste der Kwantō-Ebene doch Chōshi anzusprechen. Er ist einer der ersten Spezialhäfen für Fischerei und lehnt sich an die Tone-Mündung. Zu einem Handelshafen lag hier kein Anreiz vor, weil der Brennpunkt der Tōkyō-Bucht das Leben der ganzen Ebene auf sich zieht. Es ist also weniger die direkt nachteilige Wirkung der Ostküste als die soviel stärker in positivem Sinne wirkende Südküste mit Yokohama-Tōkyō, die der Kwantō-Ebene ihre Seeorientierung gibt.

2. Wenig nördlich von Mito setzt im Binnenland der Abukuma-Rumpf ein, doch tritt sein zerschnittener hoher Rand an keiner Stelle an die Küste. Diese wird vielmehr von einem mehrere Kilo-

---

[1]) Geograph. Anzeiger 1923, S. 246.

meter breiten, niederen Vorland gebildet. Es besteht aus Sandstein, Konglomeraten und Schiefern des Neogen[1]). Durch neuere Hebung des Landes wurde die einstige Küstenplattform in eine von 150—100 m Höhe herab sich sanft zum Meer neigende Vorlandebene verwandelt, die mit 25—30 m hohen Kliffs abbricht[2]). Der Angriff auf diese, der an ziemlich gleichartigem und unfestem Material erfolgt, läßt einen sehr glatten Küstenverlauf zu, der zumal in seiner Exponiertheit keinen Hafen bietet. Auf dem Vorland läuft die Küstenlängsbahn nach Sendai. Es ist bereits etwas zerschnitten und dadurch seiner ebenmäßigen Form beraubt.

3. Die Bruchküste des Kitakami-Rumpfes sehen wir zunächst in ihren südlichen und mittleren Teilen stärker gegliedert als im Norden. Dieser Unterschied erklärt sich wohl so, daß die gebogene Küstenlinie in den einzelnen Abschnitten einen verschiedenen Winkel mit dem Streichen der Schichten bildet, indem sie im Norden ihnen ziemlich parallel läuft, im Süden sie meist schräg und quer abschneidet, so daß sich also auf dem Weg über die Talbildung das Streichen des Rumpfes noch auswirkt. Im ganzen liegen die Zeichen einer junggesunkenen oder noch sinkenden Küste vor, daher eine Feingliederung im Riastyp ohne nennenswerte Verschleierung durch Schwemmland. In den meisten Buchten finden sich selbst bis in die Zipfel Tiefen von 5—10 m. Einige Veränderung zeigen die Ingressionsformen durch Abrasion. Einmal ist am Südende die Verbreiterung der Buchten im äußeren Teil und die Auflösung der Enden in Klippen und Riffe ersichtlicher, und hier mag das Gesteinsmaterial der mesozoischen Formationen von Einfluß sein. Ferner erweisen sich manche der quer einschneidenden Buchten an ihrer Nordseite stärker angegriffen als an der Südseite und teils durchbrochen, so daß eine gewisse Unsymmetrie in Bezug auf die Buchtachse vorliegt. Die Erklärung dafür wird darin zu suchen sein, daß die von der See her wirksamen Winde mehr Süd- als Nordkomponente haben.

Mit diesem Charakter bietet die Küste Anlaufpunkte in Fülle, doch keinen namhaften Hafen, wie meist in solchem Fall, wo sich kein Punkt vor dem anderen heraushebt. Zwar setzen sich die Buchten zwischen den Granit- und Schieferbergen in kurzen Tälchen rückwärts fort, manche greifen auch bis über die Mitte des Rumpflandes, aber dieses selbst bietet kein besiedeltes Hinterland dar.

---

[1]) N. Kanehara, The Geology and Mineral Resources, a. a. O., S. 49—51.

[2]) H. Yabe, The Great Kwanto-Earthquake of September 1, 1923, Annual Rep. of Scient. Res. Work, Nr. 2, S. 40.

So habe ich keinen dieser Häfen, deren Schiffahrtsverbindung durchweg gering ist, besucht. Die einzigen etwas bedeutenderen Städtchen sind Miyako und Kamaishi. Letzteres hatte dank der Nachbarschaft seiner Eisenminen eine Zeitlang einige Bedeutung als Hafen errungen; doch tritt es in der Gegenwart wieder zurück. Am Südende ist der hohe Berggipfel der Granitinsel Kinkazan eine Landmarke der Schiffer.

4. Zwischen den beiden so verschieden gearteten und doch gleichermaßen hafenarmen Küsten liegt die einzige Strecke, in der größere Niederungen als Hinterländer an die Küste treten und zugleich die Küstengestaltung einen Hafen darbietet, die Bucht von Sendai. Sie läßt in ihrem flachen Bogenzug drei verschiedene Abschnitte erkennen. Im Hintergrund der Bucht stellt nämlich jungtertiäres Hügelland die Verbindung zwischen dem Abukuma-Küstenvorland und dem aus mesozoischen Formationen gebauten südlichen Ansatz des Kitakami-Berglandes her. Dieses Hügelland tritt in einem Mittelstück der Bucht an das Meer und baut hier eine niedrige, wellige, fast tafelartige Landschaft auf. Tektonische Störungen geben ihr aber überaus zerhackte Umrisse, die durch die Angriffe des Meeres noch weiter aufgelöst wurden. So entstand eine romantische Inselwelt (Taf. 7, Abb. 1), in und hinter der der Hafen Shiogama seine wohlgeschützte Lage fand. Nördlich und südlich dieses Mittelstückes der zerrissenen, steilen Küsten besteht die Küste aus flachen Ausgleichsbogen je eines Flußschwemmlandes, im Norden des Kitakami, im Süden des Abukuma, die damit beide als Hinterlandsgebiete für Shiogama mit in Frage kommen.

f) Die Nordküste Chūgokus.

Auf der Rückseite Japans treffen wir schon an der Nordküste Chūgokus mehrere verschieden geartete Teile.

1. Den Korea zugekehrten westlichsten Abschnitt der Küste Chūgokus hat Richthofen als einen Diagonalbruch gedeutet. Er führt nach Harada die hier ausstreichenden Schichten und die Steilheit an. Auch der im ganzen geradlinige Verlauf spricht dafür. Auffällig ist nun die äußerst geringe Feingliederung, zumal da eine Menge verschiedenartiger Gesteine in raschem Wechsel von der Küste abgeschnitten werden. Nur ganz vereinzelt treten etwas größere Ingressionsformen auf, und im südlichsten Teil verraten Inseln und Klippen die einstige Ausdehnung von Vorsprüngen. Im übrigen sind klein-

zackige und rundbuchtartige Formen, Calas und hohe Kliffs kennzeichnend für diese typische Kernland-Angriffsküste. Höhen von mehreren 100 m begleiten unvermittelt die Küste in großer Zahl. Für Häfen ist hier in den paar Ingressionsformen ein Ansatz, jedoch wegen des abgesperrten Hinterlandes wenig Anlaß. Die Siedlungsleere läßt sich nur mit der der südlichen Halbinseln Shikokus und der Kii-Halbinsel vergleichen. Auch sind die Schlupfwinkel in schweren Winterstürmen nicht einmal ausreichend. So kommen hier keine Verkehrspunkte, statt ihrer wegen der Nähe großer Fischgründe und der immerhin vorhandenen kleinen Buchten umsomehr Fischereiplätze vor. Es ist bezeichnend, daß auf einer Karte, in der ich über 100 Gewerbezweige in ihrer Verteilung auf die einzelnen Präfekturen eintrug, die beiden Küstenpräfekturen dieser Strecke fast garnicht als gewerblich tätig hervortreten, während sie in der Zahl ihrer ausgebauten kleinen Fischereihäfen mit an der Spitze stehen.

2. Im mittleren Abschnitt, etwa vom Meridian der Oki-Inseln ab, ist für den Gesamtverlauf der Küste mehr Längs- als Querbruch maßgebend. Die seitab liegende Inselgruppe, die man von der Küste aus noch gut sieht, bildet für die durch die Tsushima-Straße nach Norden fahrenden Schiffe eine wichtige Landmarke[1]), ebenso wie auf dem Festland der Vulkan Daisen mit seiner Höhe von 1800 m. Die Küste zeigt an dieser Stelle einen langen parallelen Tertiärhorst, der zwar an der äußeren Längsseite gleichfalls steile, unnahbare Formung hat (Taf. 3, Abb. 2), aber an den Enden durch Schwemmlandbildungen, in der Mitte durch ein niedrigeres Hügelland angegliedert ist. Das Schwemmland ist am Westende potamogener Entstehung und staut einen See ab, im Osten ist es thalassogen. Die enge Rinne am Ende der Nehrung im Osten benutzt der Hafen Sakai.

3. Die weitere Küste bis zur Wakasa-Bai läßt sich bei der Stadt Tottori ungefähr in zwei Hälften teilen. Westlich derselben verläuft sie fast ostwestlich, auch im einzelnen in ruhigeren Linien, mit größerer Beteiligung von Flachstreifen, vor der Küste liegen geringere Tiefen als 10 m, und binnenwärts wird nur an wenigen Stellen in einem Abstand bis zu 3 km eine Höhe von 200 m erreicht. Im östlichen Abschnitt hingegen springt die Küste schon im horizontalen Verlauf staffelartig vor und erhält viel durchgängiger den Charakter steiler, hoher Kliffs mit reicher Feingliederung. In ihr treten nur

---

[1]) Annalen der Hydrographie 1912, S. 102.

untergeordnet Sandhaken auf, im übrigen die Kleinformen der Abrasion, einzelne tiefere Ingressionsbuchten und ein dichter Klippensaum. Die Kleinbuchtung läßt stellenweise die Tendenz zu sägeartigen Zacken erkennen, die Kotō[1]) auf zwei Bruchrichtungen zurückführt. Tiefen von 10—20 m liegen meist schon hart vor der Küste, und das Land steigt im Abstand von 2 oder höchstens 3 km zu Höhen zwischen 200 und 500 m an. Einen Grund für diese Unterschiede der beiden Strecken sehe ich darin, daß auf der östlichen der Granit, teils von Jungtertiär bedeckt und flankiert, die Küstenlandschaft beherrscht, im westlichen Abschnitt dagegen Andesit sowie im Bannkreis des Daisen vulkanischer Schutt nebst den Alluvionen der seinen Hängen entströmenden Flüsse. Das Auffällige ist nun, daß beide verschieden gearteten Küstenstrecken keine Häfen haben. Hierfür ist die Erklärung in zwei Umständen zu suchen. Einmal sind auch an der gliederreichen Steilküstenstrecke die Buchten doch meist zu klein, um an der so exponierten Küste Schutz zu bieten. Vor allem aber ist das Hinterland einheitlich abwehrend; nur tritt auf der östlichen Strecke die Granitzone mit ihren größeren Höhen unmittelbar in den Küstenbereich, auf der westlichen bleibt sie hinter dem Andesitband zurück, um dann als umso geschlossenerer Wall den Küstenstrich abzuriegeln; die Durchgängigkeit des Hinterlandes ist sogar auf der östlicheren Strecke eher größer zu nennen.

Ist die Küste auch ungünstig zum Anlaufen, so ist doch die Fahrt an ihr entlang ungefährlich und kann schon im Abstand von 2 Seemeilen sicher erfolgen, weil die Tiefen verhältnismäßig rasch zunehmen und Abrasionsreste weiter draußen nicht vorhanden sind.

4. Mit dem großen Bruchgebiet des Wakasa-Golfes, in dem sich Brüche verschiedener Richtungen kreuzen, stellt sich eine Strecke reichster Buchtung ein. Die Küste ist eine tektonisch bestimmte Ingressionsküste mit sekundären Brandungsbuchtformen und untergeordneten Strecken von Flußschwemmland. Von diesen trefflich geschützten Buchten machen im Westen der Zufluchtshafen Miyazu und der Kriegshafen Maizuru, im Osten der als Überfahrtspunkt bedeutendere Hafen Tsuruga Gebrauch. Hier ist zugleich diejenige Stelle, wo der weiter im Westen so wallartige Küstenrand mehr aufgelockert wird infolge der binnenwärtigen Fortsetzung der Bruchtektonik und somit die engste Verbindung zwischen der Vorder- und Rückseite Japans besteht.

[1]) B. Kotō, The Tazima Earthquake of 1925, Journal of the Faculty of Science, Imp. Univ. Tokyo, Sekt. II, Vol. II, part. 1, Tokyo 1926.

g) Die Westküste von Mittel- und Nordosthonshū.

Unmittelbar hinter dem Wakasa-Golf rücken diejenigen Gesteinsbildungen in die Küstenzone, die dann bis nach Hokkaidō hinauf den Grundcharakter geben, die neogenen Schiefer, Konglomerate und Tuffe sowie unverfestigte Sande, Tone und Kiese. Unterbrochen werden sie nur durch die Andesitkegel, die in großen Einbruchskesseln stehen, ferner an mehreren Stellen durch Granite und schließlich durch Schwemmlandstrecken. Die Granite bilden steile Küstenpartien am hohen, spitzen Nordende des Hida-Gebirges und in breiterer Masse nördlich der Niigata-Ebene, im ersten Falle in Verbindung mit paläozoischen Sedimenten, im letzteren zusammen mit Basalt.

Wo östlich des tiefen Bruchkessels der Toyama-Bucht das Hida-Gebirge am Meere abbricht, erheben sich in fast gerader Küstenstrecke Wände bis über 500 m und überschreiten schon im Abstand von 5 km 1000 m, wie auch der Meeresboden dicht davor zu großen Tiefen absinkt: eine gewaltige, junge Bruchwand. Die zweite genannte Granitstrecke, die sich zwischen die Ebenen von Niigata und Sakata einschiebt, ist ähnlich schroff und viel länger, etwa 65 km, jedoch nicht ganz so glatt; kleine Buchtnischen und Klippen gliedern sie und zwingen die Bahn, sich in zahllosen Tunnels und unter steilen Kliffs entlang von einem Talende mit winziger Reisfeldoase und manchmal etwas Flachstrand zum anderen durchzubrechen, so daß die Fahrt oft an romantische Partien der Riviera erinnert. Ein drittes, wieder kleineres Granitvorkommen tritt ganz im Norden an das Meer und gibt abermals zu steilen und einfachen Abrasionsformen Anlaß. Nicht wesentlich anders ist die Gestaltung da, wo Andesitkegel die Küste berühren, wie am Chōkaisan.

Was weiter noch allein auf größeren Strecken einen gewissen Unterschied der Küstenform ergibt, ist der Wechsel zwischen den Tertiärsedimenten und den ihnen buchtartig eingeschalteten, größeren und kleineren Alluvialländern. Auch die Bergländer der neogenen Sedimente steigen zum Teil schon in Küstenabständen von 2—4 km zu Höhen von Hunderten von Metern an und bedingen entweder Abrasionsküsten mit nur geringerer oder gar keiner Buchtung oder sind von Schwemmlandstreifen begleitet, indem also die Abrasion zum Stillstand gekommen ist und Strandküste mit zurückliegendem Steilrand sich ergibt. Die Küste ist im großen weitgehend im Zustande des Ausgleichs, wie die einfache Gesamtlinie zeigt, in der meist die Strandwallzüge der Ebenen und die Abrasionssteilküsten sich glatt aneinanderschließen. Dem Ausgleich kommt hier außer den Stürmen und ihrem Angriff auf die Vorsprünge vor allem das wenig verfestigte jungtertiäre Material entgegen. (Im einzelnen böte hier das Verhältnis von Winden, Strömungen und Küstenbildung lohnende Aufgaben der Untersuchung.)

Die Ebenen sind schon oben als Formgebilde allgemein behandelt. Ihre Strandwälle sind als ehemalige Nehrungen aufzufassen, hinter denen die Ebenen aus dem Stadium der Haffe durch Auffüllung seitens der Flüsse, vielleicht teils unterstützt durch Hebungsvorgänge, hervorgegangen sind. Absoluten Niederungscharakter zeigen hier die Hafenlandschaften (s. Niigata, Taf. 9, Abb. 2). Hinter dem durch Nehrung landfest gewordenen Funakawa ist die Auffüllung noch nicht vollendet. Keinem der Flüsse ist es, obwohl die größten und wasserreichsten von Japan hier münden, möglich gewesen, ein Delta hinauszubauen; ihre Kraft kommt gegen die vom Meere wirkende nicht auf. Die Küste ist also thalassogenen, die Hinterlandsebene potamogenen Ursprungs.

Hebungen sind an dieser Küste zum Teil durch wohlausgebildete Terrassen an den Tertiärhügeln und vor ihnen in diluvialen Ablagerungen angezeigt. Am besten konnte ich sie nördlich vom Chōkaisan sehen, wo die unterste von etwa 20 m Höhe über der Niederung in zahllose kleine Hügel und Tafeln aufgelöst war. Für einen Punkt südlich der Iwaki-Ebene gibt die amtliche Geologie[1]) drei Höhenwerte von Terrassen an: 50, 80 und 120 m über dem Meer.

Blicken wir auf die Küstenabschnitte bis zur Wakasa-Bucht zurück, so kommen für Häfen die Abrasionsstrecken mit ihrem unzugänglichen Hügel- und Bergland garnicht in Frage, es bleiben also nur die Saumküsten, thalassogene Säume vor potamogenen Bildungen, mit geringen Tiefen davor im Meere und der vollen Wucht der Winde preisgegeben, nur in den Flußmündungen Zugang und Schutz bietend. Solche Verhältnisse sind immer für Häfen ungünstig und lassen oft nur Kleinschiffahrt zu. Hier erfordern sie aber wegen der bedeutenden Lebenskammern größere Häfen, bei Niigata, Sakata, Akita. Sie sind mit erheblichen Anlage- und Ausbaukosten verbunden. Eine Ausnahme macht nur einerseits Funakawa, insofern es kein Flußmündungshafen ist, sondern auf einem vorgelagerten Horst liegt, und andrerseits Nanao, das eine singuläre, großartige Ingressionsbucht im Tertiärhügelland einnimmt.

[1]) N. Kanehara, The Geology etc., a. a. O., S. 68.

So läßt sich die Küste im ganzen gesehen als ein Teil der Rückseite Japans nach ihrer Lage wie ihrer Gestaltung ansprechen. Doch gilt dies nur im Vergleich mit dem südlichen Teil der pazifischen Außenküste, nicht aber im Verhältnis zur Nordostseite Japans. Dieser gegenüber ist die Nordwestseite immerhin bevorzugt, da ihre Ebenen und Städte doch einen stärkeren Anlaß zum Seeverkehr bieten und schon in alter Zeit geboten haben. Dementsprechend erwähnt auch Perry, der noch Altjapan beschreiben konnte, daß die vielen Boote, die von Hakodate den Handel mit dem Süden vermitteln, im allgemeinen an der westlichen Küste entlangfahren. Nach Beginn der neuen Zeit war Niigata einer der ersten Häfen, die geöffnet wurden.

h) Die Küsten Hokkaidōs.

Auf Hokkaidō sind in der allgemeinen Küstengestaltung die scharfen Vorsprünge am bemerkenswertesten. Im Süden und Norden sind sie durch die Enden der paläozoisch-granitischen Gebirgsachse, bezw. die ihr angelagerten Kreidesedimente bedingt, im Osten durch eine Kreide- und Andesitzone in der Richtung der Kurilen. Für die verbindenden, schwach konkav gebogenen Küstenstrecken sowie das südwestliche, bizarr gewundene Anhängsel sind gleichfalls jungvulkanische Bildungen sowie jungtertiäre Sedimente und dazu teilweise quartäre Auflagerungen und Säume maßgebend. Insbesondere ist jene südwestliche Halbinsel, die uns wegen der auf ihr gehäuften größeren Häfen am meisten angeht, wesentlich durch den Wechsel von jungvulkanischem Material mit neogenen Sedimenten charakterisiert und stellt sich so einfach als Fortsetzung der ganzen zuletzt behandelten Zone der Westküste von Nordhonshū dar. Auch die kesselartigen Einbrüche, wie sie uns diese Zone zeigte, treten hier wieder auf; die regulärste Erscheinung dieser Art ist die Vulkanbai.

Eine Sonderfrage wirft die eigentümliche Umrißform des ganzen südwestlichen Endes auf. Sie scheint sich aus zwei Elementen zu ergeben, nämlich rundlichen konkaven und konvexen Biegungen, die miteinander abwechseln, so daß daraus die seltsam gewellten Umrißlinien entstehen. Die Erklärung dürfte in dem Zusammentreten von Einbrüchen einerseits und von einzelnen Andesitmassen andererseits liegen. Letztere haben auch in anderen Teilen Japans, zum Beispiel in Nordostkyūshū, ähnliche einförmige Ausstülpungen der Küste zur Folge.

Von den ausgestaltenden Kräften steht im Vordergrund die Abrasion, namentlich im Südwesten, da sich hier das fließende Wasser nur zu ganz unbedeutenden Adern entwickeln kann. Steile Küsten mit Brandungsklippen und -zacken, aber im ganzen mit den einförmigen Linien der Aggressionsküste sind bezeichnend. Auf längeren Strecken weichen indes die Küstenkliffs zurück vor einem Flachstrand mit Sandhaken, Dünengelände, abgebogenen Flußmündungen und Strandseen, wie etwa westlich der Tokachi-Mündung oder in der Vulkanbucht oder da, wo die Ishikari-Ebene mit ihrem südlichen Ende das Meer erreicht und sich seitwärts, die Hügelhänge verbrämend, in schmalen Streifen fortsetzt sowohl nach Osten wie nach Westen über Tomakomai nach Muroran. Größere Buchtungen finden sich auf den für die Häfen wichtigen Strecken nicht; Kushiro bettet sich in einer Flußmündung, und die wichtigeren Häfen Otaru, Muroran und Hakodate benutzen fast isolierte kleine Buchten an felsigen Gestaden. Auch in Hokkaidō sind Terrassen deutlich zu beobachten, sowohl bei Muroran in die Felslandschaft gearbeitet (Taf. 5, Abb. 3), wie in den diluvialen Aufschüttungen zum Beispiel der Tokachi-Niederung und der benachbarten Küstenstrecken; besonders in 20 bis 30 m Höhe schien mir eine Terrasse oft in großer Gleichmäßigkeit entwickelt zu sein.

i) Zusammenfassung der Küsten.

Überblicken wir die erkannten Küstenformen in ihrer Gesamtheit, so sehen wir zunächst Kernlandküsten in verschiedener Ausbildung, von der glatten Felsküste mit steilen Kliffs, der reinen Aggressionsküste, über die Typen kleiner Abrasionsbuchten mit oder ohne Beteiligung von Flachstrandsicheln oder -haken bis zu den Ingressionsformen verschiedenen Grades, die namentlich als Riastypen bei der reichlichen Rumpfbildung des Landes häufig sind, weiter die Spielarten, Misch- und Übergangserscheinungen zwischen Abrasions- und Ingressionsformen sowie die besondere Modifikation der letzteren durch die heftigen Angriffe der Gezeiten auf die abmagernden Vorsprünge. Während alle diese Kernküstenformen bei einem so gebirgigen Lande nicht überraschen können, ist eher auf den ersten Blick befremdend die Tatsache einer nicht minder reichlichen Beteiligung von Saumküsten in häufigem Wechsel mit jenen, indem sich vor tote Kliffstrecken schmale Strandwallebenen legen (verschleierte Kernlandküsten) oder in Küstenbuchtungen Flußmündungsebenen und Schuttkegel jeder Größenordnung, mit oder ohne Strandwallverbrämung, einschalten und in allen Detailformen solcher Bildungen wie Deltamündungen in geschützten großen Buchten, Schlauchmündungen an offenen Küsten, Sandhaken, Haffen, Nehrungen und Strandseen zu beobachten sind. Zur Erklärung ist einerseits auf die im Kapitel über die Ebenen geltend gemachten Momente und andererseits auf die starke Abrasion zu verweisen, mit der Küstenversetzung und Aufbau Hand in Hand gehen.

Die größten Strecken reiner Kernlandküste finden sich in Nordostjapan am Kitakami-Rumpf, an einigen Granitmassiven und in Teilen des Tertiärhügellandes, in Mitteljapan gleichfalls an den letzteren sowie der Andesithalbinsel Izu, in Südwestjapan aber am ausgedehntesten und zwar sowohl an der nördlichen Bruchküste Chūgokus wie den zahllosen Bruchküsten der Inlandsee, um Kyūshū wie an den südlichen Halbinseln Shikokus und Kii. Die Saumlandküsten finden wir in größter Ausdehnung an den Einbruchsbecken der Südküste wie der nördlichen Westküste Honshūs, sonst meist auf kleinen und kleinsten Strecken wechselnd mit den Kernlandküsten.

Mit solcher Küstengestaltung ist zunächst für kleinsten Verkehr fast rund um Japan eine Fülle von Buchtwinkeln geboten. Eine Ausnahme macht darin am meisten die Westküste Honshūs, besonders die von Chūgoku, im Osten etwa die Abukuma-Küste, während das Extrem die Inlandsee und die Westseite von Kyūshū darstellen. In diesen beiden Küstenregionen war denn auch der Kleinverkehr in der ganzen früheren Geschichte Japans am lebhaftesten. Aber auch da, wo die Schlupfwinkel als Anker- und Anlegeplätze fehlten, bot sich Anlaufmöglichkeit, indem an den flachen Küsten die Schiffe auf den Strand gezogen wurden („Auflaufhäfen“ in Gegensatz zu „Ankerhäfen“ und „Anlegehäfen“[1]), wie man es noch heute in kleinen Fischerdörfern sieht. Die Fischerplätze namentlich in der Inlandsee sind oft nur ein flacher kleiner Strand, auf dem die Boote teils offen, teils unter kleinen Hütten verdeckt liegen.

Diese Bedingungen der Küstengestaltung für die Häfen änderten sich mit einem Schlag durch die Einführung

[1]) S. Passarge, Die Erde und ihr Wirtschaftsleben, Hamburg-Berlin 1926, II, S. 205.

des europäischen Seeverkehrs. Damit schieden die Buchten der Kernlandküsten mit verschwindenden Ausnahmen aus, weil sie keine Ebenen und damit keine Hinterländer für größeren Verkehr zu erschließen haben. Das gilt nicht nur von Küsten wie der des Kitakami-Rumpfes im ganzen, sondern auch von einzelnen Häfen, und zwar selbst einst so bedeutenden wie Nagasaki, das durch den Mangel eines unmittelbaren, größeren Hinterlandes in der Gegenwart stark in das Hintertreffen gekommen ist. Dafür wurden nunmehr die Saumlandküsten geradezu die von den größeren Häfen bevorzugten. So hat Japan in Schwemmlandhäfen heute seinen allgemeinsten Typ, und gerade die bedeutendsten gehören dieser Kategorie an: Ōsaka, Kōbe, Nagoya, Yokohama, Tōkyō, Niigata. Damit wurde Japan an guten Naturhäfen, die ohne weiteres als solche brauchbar waren, ausgesprochen arm.

G. Die Hafenlandschaft.

I. Meer und Fluß.

Liegen in Japan schon die Hafenhinterländer, wie wir sahen, hart an den Küsten aufgereiht und selten tiefer landeinwärts greifend, so gilt die Außenlage erst recht von den Häfen selbst. Auch da, wo sie in Flußmündungen gebettet sind, wie Chōshi, Niigata, Tōkyō u. a., werden sie nicht im entferntesten dem Meere so entrückt wie etwa Hamburg, Rotterdam oder London. Kushiro baut selbst vor seine Flußmündung ein Molenbecken. Daraus ergibt sich, daß die Hafenlandschaft Küstenlandschaft im engsten Sinn, echte Meereslandschaft ist; das Meer entzieht sich nicht dem Bild des Hafens, es bleibt sein Element.

Der Grund dafür liegt in der allgemeinen Seichtheit der Flüsse, und diese beruht darauf, daß die ausräumende Kraft der Gezeiten hier in keinem Verhältnis zu der gewaltigen Sedimentation steht. Daher erfordert die Hafenanlage an den Flußmündungen nicht nur ein Ausgraben der Becken, sondern in einigen Fällen noch einer längeren Zugangsstraße, z. B. in Tōkyō. Lediglich die Tatsache des ausgesprochenen Flußmündungshafens setzt Tōkyō so sehr in Nachteil gegenüber Yokohama. Ebenso können Ōsaka und Nagoya nur mit bedeutendem Aufwand zu einem hinreichend tiefen Großhafen gelangen. Mit dem Ausgraben der großen Hafenbecken ist in allen diesen Fällen die Aufschüttung größter Neulandflächen verbunden, die namentlich als Hafenlandraum, zum Teil auch als Hafensiedlungsraum verwandt werden[1]. Dieser Vorteil des Landgewinns bietet sich noch in vielen anderen Fällen, da bei der Seichtigkeit der Küstenwasser in den meisten Häfen des Landes Baggerung nötig ist. Von ihm Gebrauch zu machen, lag um so näher, als damit der kostbare Boden des Reislandes nicht für den Hafenausbau beansprucht zu werden brauchte.

In einer Reihe von Fällen endlich wurde infolge der übermäßigen Schuttführung der Flüsse die Anlage eines Hafens nur möglich unter Ableitung der Flußläufe; diese Erscheinungen werden uns bei der Einzeluntersuchung von Ōsaka, Kushiro und einer Reihe der Westküstenhäfen von Nordhonshū näher beschäftigen.

Das ist ein großer Unterschied zu den nordwesteuropäischen Gestadeländern. Hier sind gerade die Ströme die Energiesammler, sie begründen die Hafenlandschaften, die Hafenkraftzentren. Selbst die Weser als Schiffahrtsweg ist nicht länger als mancher japanische Fluß, und doch ist ihre Mündung als Weg ins Binnenland zu einem Tor des Weltverkehrs geworden. Sie schafft den Ausnahmepunkt an der verkehrsungünstigen Küste. In Japan handelt es sich nicht um solche Funktion der Flüsse und Flußmündungen, sondern um die Räume des Lebens selbst; wo sie liegen, konzentrieren sie alle Wirtschaftskraft, die sich an der Küstenschwelle steigert und überströmt wie die Wasserkraft eines Stromes am Wehr. Die Häfen der nordwesteuropäischen Mündungstore sind zum Teil nur Vermittler für ferne Hinterländer durch öde oder schwachbesiedelte Umländer, die Häfen Japans sind in erster Linie Brennpunkte der kleinen unmittelbaren Um- und Hinterländer.

Hafenbilder wie die von Hamburg mit den langen Dalbenreihen gibt es demnach in ganz Japan nicht. An stelle der jährlich bis zu 25000 größeren Flußfahrzeuge, die den Hamburger Hafen erfüllen, treten hier vielmehr die Scharen der Küstenschiffe mit ihren Schleppern.

---

[1]) Über die Begriffe „Hafenwasserraum", „Hafenlandraum" und „Hafensiedlungsraum" als drei wesentliche Raumelemente der Hafenlandschaft vgl. L. Mecking, Die Seehäfen Japans, Verhandl. d. deutsch. Geogr.-Tags in Karlsruhe 1927, S. 133ff.

II. Natur- und Kunstelemente.

Durch die in der Küstenanalyse erkannten Naturverhältnisse wurde dem japanischen Volk, nachdem es sich dem neuzeitlichen Seeverkehr geöffnet hatte, der Ausbau seiner Häfen bald zur Notwendigkeit. Die oft breiten, seichten Säume, in denen sich die Küstenebenen unter Wasser fortsetzen, waren modernen Schiffsgrößen nicht mehr angepaßt. So galt es, die umfangreichen Arbeiten der Ausbaggerung, der Landaufschüttung und des Baus von festen Kais auszuführen. Ebenso erforderte der Schutz vieler dieser Saumlandhäfen und selbst mancher Felsbuchthäfen den Bau von Molen und Wellenbrechern. Die Japaner verbinden auch mit ihrer Bezeichnung Chikko für Hafen ohne weiteres die Vorstellung eines erst künstlich umrahmten Beckens; denn wörtlich bedeutet es etwa: gebautes Becken. Die für den künstlich geschaffenen Anlegeplatz (Damm, Kai) übliche, auch von den Fremden gebrauchte Bezeichnung ist Hatoba. Auch selbst die wenigen Felsbuchthäfen, die noch als namhafte Häfen fungieren, bedürfen künstlicher Vervollkommnung, so Nagasaki, Karatsu, Hakata, Moji-Shimonoseki, Shiogama, Muroran, Otaru und andere. Die Bucht von Hakata ist nämlich zu seicht und zu groß und macht dadurch die Abtrennung eines künstlichen Hafens nötig. Karatsu hat zwar eine fast unveränderte Naturbucht, aber sie ist als Reede zu klein. Muroran bedurfte zur Vervollkommnung des Buchtschutzes erst eines ergänzenden Wellenbrechers, noch mehr Otaru. Moji und Shimonoseki müssen vor die Wände ihrer Naturbucht erst Bänder für Hafenlandraum vorsetzen. Ja, der einst als so ideal gepriesene Naturhafen Nagasaki zeigt bedeutende künstliche Eingriffe im Hafenlandraum und selbst im Hafensiedlungsraum.

Mit diesen Werken und Anlagen sowie den gesamten baulichen und maschinellen Zutaten sind die Häfen ein geographischer Komplex, der in der äußeren Erscheinung manchmal den Menschen und seine Werke schon mehr als die Elemente der Natur hervortreten läßt und die Technik in ihrem stärksten Machtwillen, ihrer sieghaften Naturüberwindung zeigt. Und doch bleibt er in seinen tiefsten Wurzeln fest geographisch begründet; der ganze Raumkomplex kann nur in der Harmonie mit der Natur die relativ günstigste Lösung des Ausbaus finden. Es werden hier die natürlichen Bedingungen fortgesetzt und vollendet, wenn ein Inselpfeiler einbezogen, eine Landzunge zum Molenansatz benutzt, eine markante Klippe oder ein Kap mit Leuchtturm versehen, die Ufer mit Mauern eingefaßt werden. Inwieweit das alles dem Blick des Japaners für das in der Natur Gegebene, gleichsam seiner ästhetischen Grundeinstellung entgegenkommt oder zuwider ist, wäre auch eine Frage, der Beachtung wert.

Nur wenige der vielen japanischen Häfen sind Großhäfen. In wenigen werden daher wie in Ōsaka durch die Molen, Piere, Eisenwerke, Schiffswerften, Speicher- und Schuppenreihen und sonstige kulturelle Elemente die natürlichen derartig überwuchert, daß jene ganz und gar den Gesamteindruck bestimmen. Bei den meisten bleiben die natürlichen Rahmenstücke, die Flußarme, die Hügel und Hänge der Umgebung den Blicken nahe und beherrschen gar das Bild. Selbst im Welthafen Yokohama bleibt der große Naturrahmen das Maßgebende, erst recht in Nagasaki die enge, lange Riasbucht, in Okayama die flußtalartige Enge im Granit, bei so vielen anderen Häfen der Inlandsee die nahen und fernen Granit- und Andesitwände, bei Niigata das Flußmündungsbecken hinter dem Dünenwall, in Sakai bei Matsue die Nehrungsspitze, in Chōshi der Mündungsschlauch des Tone am hohen Landpfeiler. So überwiegt in der großen Mehrzahl der Fälle in der Hafenlandschaft die Naturlandschaft.

Die ausschließlich dem internen (Küsten-) Verkehr dienenden Häfen zeigen, obwohl auch in ihnen oft bedeutende Ausgestaltungen und Veränderungen der Naturform vorliegen, doch im ganzen mehr den alten und kleindimensionalen Charakter als die Häfen des Fremdhandels und unter diesen vor allem die Großhäfen.

Auch in dieser Hinsicht heben sich die oben von uns aufgestellten Gruppen deutlich voneinander ab. Von der Gruppe der größten Häfen gibt es keinen, für den nicht schon mindestens 30 Millionen Yen aufgewandt wären; für Kōbe allein übersteigt die Summe 60 Millionen.

Die ausgebauten Häfen zeigen im allgemeinen eine gewisse Einheitlichkeit gegenüber so manchen alten Häfen Nordwesteuropas mit ihren langen Entwicklungsreihen und dementsprechend krausen Bildern, wie London oder noch mehr Le Havre sie aufweisen. Das ist in der durchweg jungen Entwicklung begründet; selbst wenn schon mehrere Stadien des Hafenausbaus vorliegen wie in Nagoya, Ōsaka und vielen anderen, erwuchsen diese doch nicht aus allzu verschiedenen Grundlagen des Seeverkehrs, sondern nur aus dem gesteigerten Bedürfnis der jüngsten Zeit und folgten einer Linie organischer Entwicklung.

III. Hafenformtypen und -größe.

Die hervorstechendsten Gestaltungserscheinungen im Hafen bilden neben dem natürlichen Rahmen die Molen und Wellenbrecher. Sie schaffen oder vollenden die Hafenbucht, müssen es aber nach den örtlichen Naturverhältnissen in sehr verschiedener Weise erreichen, nicht nur je nach der Küstengestaltung, sondern auch nach Wind, Strom, Sandtrift usw. Es sind daher in den vielen Häfen Japans alle Varianten vertreten, so daß die Untersuchung darüber im wesentlichen dem speziellen Teil überlassen bleiben muß. Einen vergleichenden Überblick gestattet immerhin das Größenverhältnis zwischen den natürlichen und künstlichen Elementen des Hafenrahmens und die Ausdehnung der umrahmten Wasserflächen.

Es seien zur Kennzeichnung der Rahmenverhältnisse einige Typen aufgestellt. Unter den großen Häfen sehen wir einen ersten Typ durch Moji-Shimonoseki vertreten (Fig. 26). Dieser Doppelhafen hat zwar eine vollkommen natürliche, „geschlossene" Reede[1]), deren Naturrahmen aber wegen der notwendigen Gewinnung von Hafenlandraum beinahe rundum künstlich verändert ist. Ebenso hat die herrliche, tiefe Ingressionsbucht von Nagasaki zwar als (geschlossene) Reede keine Ergänzung erfordert, aber für die Zwecke des Hafenlandraums die Umformung des Naturrahmens im ganzen inneren Teil der Bucht erfahren.

Einen zweiten Typ verkörpern etwa Yokohama, Kōbe, Otaru u. a. Yokohama (Taf. 26) vervollständigte seine „halboffene" Reede durch einen schwach gebogenen Molenzug so, daß der Rahmen der Hafenreede etwa je zur Hälfte von Molen und von natürlicher Küste gebildet wird; allein auch hier ist dann die letztere durch die Kaimauern, Piere, Hafenbecken und -zungen ihrerseits in ein Kunstgebilde übergeführt. Annähernd das nämliche Verhältnis hat sich bei der von Natur halboffenen Reede von Kōbe-Hyōgo (Taf. 25) entwickelt, nur hat das Molensystem den etwas anderen Küstengegebenheiten gemäß eine andere Form angenommen.

Während der erste Typ das Extrem natürlich geschlossener Felsbuchthäfen, der zweite einen Übergang zwischen solchen und offenen Schwemmlandhafenreeden darstellt, ergibt ein

[1]) Vgl. die Formtypen der Reeden bei L. Mecking, Die Seehäfen in der geographischen Forschung, Hermann Wagner-Gedächtnisschrift, Gotha 1930, S. 336 und 337.

dritter Fall dieses andere Extrem, die offene Reede vor Schwemmküsten. Für ihn bieten unter den großen Häfen Ōsaka und Nagoya die treffendsten Beispiele. In beiden Fällen ist aus der von Natur offenen Reede eine völlig künstlich umschlossene herausgeschnitten durch ein Molensystem, das bei Ōsaka (Fig. 33) den reinen Zangentyp[1]), bei Nagoya (Fig. 54) eine ihm ähnliche Form aufweist, während bei Takamatsu (Fig. 38) ein Rechteck entstand.

In anderen Fällen ist die offene Reede als solche erhalten geblieben, aber die Flußmündung des Schwemmlandes zum „inneren" Hafen erweitert und ausgebaut worden, so bei Niigata (Fig. 75). Dazwischen liegen die vielen Varianten, in denen z. B. eine seitliche Mole den von Natur vorhandenen Schutz der Hafenreede vervollständigt wie bei Hakodate (Fig. 81), wo die Mole den Inselpfeiler fortsetzt, oder in denen die Mole eine Sandtrift abwehrt wie bei Fushiki, Sakai (Matsue) u. a.

Eine andere Frage betrifft die Größe der umschlossenen Hafenwasserfläche. Es genüge, von ihr durch einige Zahlenwerte einen Begriff zu geben. Nur in ganz vereinzelten Fällen überschreitet die Größe den Wert von 1000 ha[2]), so in der riesigen Ingressionsbucht von Nanao, ferner in der von Nagasaki und in dem Hakenhafen von Shimizu; im äußersten Fall, der Riasbucht von Fukuoka-Hakata (Fig. 22), sind der Naturbucht Kunsthäfen eingebaut. Am meisten von Natur beengt dagegen sind die Flußmündungshäfen; so beträgt wenigstens der „innere" Hafenraum, d. h. derjenige, für den der Fluß die Grundlage bot, bei Fushiki nur 60 ha, ähnlich bei Ishinomaki, bei Tokushima 95, während er bei Niigata immerhin auf 200 ha gesteigert ist. Es gibt einige Fälle, in denen auch eine Bucht keine wesentlich größere Reede zur Verfügung stellt, z. B. bei Hakodate und Karatsu nur je um 300 ha, bei Onomichi sogar unter 50. Allen diesen am stärksten mit den Naturgrundlagen der Reede vorlieb nehmenden Häfen stehen diejenigen gegenüber, die durch fast völlig künstlichen Rahmen davon unabhängig geworden sind. Sie zeigen einen Spielraum von etwa 20 bis nahe an 1000 ha. An jener unteren Grenze finden wir einen der wichtigsten Häfen Shikokus an der Inlandsee: Tadotsu. Unter 100 ha bleibt auch der wichtige im Ausbau begriffene Hafen Komatsushima vor der größten Ebene Shikokus, ebenso Takamatsu, der bedeutendste

---

[1]) Ebenda, S. 336.

[2]) Zum Vergleich sei angeführt, daß die Hafenreede von Brest 3000, die von Cherbourg 800, die Fläche des Hamburger Hafens 1600 ha mißt.

der lokalen Inlandseehäfen mit seinem rechteckigen Molenrahmen, selbst der große Kohlenhafen Miike auf Kyūshū (Fig. 18). In allen Häfen von großer Bedeutung aber sehen wir selbst bei stark künstlichem Anteil am Hafenrahmen die Wasserfläche weit über diese Werte hinaus gehen. So hat Otaru 430, Yokohama 500 (abgesehen vom neuesten Bauplan), Ōsaka 650, Nagoya 860 und Kōbe (Taf. 25) über 900 ha. Unter diesen ist am bemerkenswertesten Nagoya (Fig. 54), dessen Wasserfläche nahezu die von Kōbe erreicht, aber bei völlig künstlicher Umschließung! Es hat dementsprechend unter allen den jüngsten Ausbau zu verzeichnen.

IV. Baumaterial, Einrichtungen, Ausstattung.

Als Baumaterial werden zum Teil Naturblöcke, besonders von Granit und Andesit benutzt, die im südlichen Japan, namentlich im östlichen Teil der Inlandsee, reichlich zur Verfügung stehen, sodann Zementblöcke von 5—20 cbm und Zementkästen von mehr als 100 cbm Rauminhalt. Auch das deutsche System des Spundwandeisens sah ich da und dort angewandt, aber doch auffällig wenig gegenüber seiner Verwendung in Deutschland. Seine Vorteile liegen in der Billigkeit und der Schnelligkeit des Baus sowie in seinem Verhalten zu den Erdbeben, da die Wände sich nur verbiegen, während Betonbauten zusammenstürzen. Piere sind meist aus Zement oder Eisenkonstruktion, seltener aus Holz errichtet. Überhaupt wird Holz, das sonst in der japanischen Kultur eine so große Rolle spielt, in der Hafenanlage wenig gebraucht.

Bei Fischereihäfen ist der Ausbau in den meisten Fällen auf die Anlage einer Mole beschränkt, manchmal einer solchen von nur wenigen Metern Länge.

Bei den Häfen, deren Anlage in größerem Stil in Angriff genommen wurde, stehen durchweg im Vordergrunde: Molen und Wellenbrecher, Baggerung und Landgewinnung. Es sind unter ihnen nur verschwindende Ausnahmen, in denen Molen und Wellenbrecher überflüssig sind, wie bei Nagasaki, oder Baggerung belanglos wird, wie in Otaru, oder Landgewinnung nicht in Frage kommt, wie bei Niigata. Zu diesen drei Hauptarbeiten kommt in vielen der Häfen noch die Errichtung von Kaien und Landungspieren.

Weiter kommt die ganze Befeuerung in Betracht, die schon 1869 mit einem Leuchtturm in der Tōkyō-Bucht begann. Am Ende des

Jahres 1927 gab es im ganzen 238 Leuchttürme, dazu noch 152 sonstige Feuer, zusammen also 390. Noch größer ist die Zahl der Landmarken, so daß die Gesamtsumme dieser Seezeichen sich auf rund 1000 beläuft. Die Zahl war noch im Weltkrieg bedeutend kleiner und hat sich erst in den letzten Jahren sehr gesteigert.

Um die inneren Becken sind in den größeren und mittleren Häfen ganze Baublöcke entwickelt, oft von Wasseradern umgeben; es sind jene Bauten, die zum Hafenlandraum gehören, die Kaischuppen und Lagerhäuser. Die ersteren sind einstöckig, leicht gebaut, oft aus Eisenkonstruktion, stehen hart am Kai und dienen der Vorbereitung der Ladung sowie dem Sortieren und Versenden der gelöschten Waren. Die Lagerhäuser sind massiver, oft mehrstöckig und nehmen als Vorratskammern die Waren für den Handel auf. Außer in den Haupthäfen, wo sie europäischen Stil haben (vgl. z. B. die großen Lagerhäuser Kōbes Tafel 13, Abb. 1), zeichnen sich diese Anlagen durch eine gewisse Zierlichkeit der Bauart und durch Sauberkeit des Anblicks aus (Taf. 15. Abb. 3).

Der Betrieb ist in den Häfen im allgemeinen noch nicht sehr mechanisiert. Eine Ausnahme bilden einerseits die Großhäfen wie Ōsaka, Yokohama, Kōbe, Moji, die mit modernsten Mitteln der Technik, mit Winden und Kränen aller Größen, mit Kippwagen und in den Schuppen selbst mit Elektrokarren arbeiten, andererseits die Häfen für eine einzelne Fracht mit ihren Sondereinrichtungen, wie namentlich die Kohlenhäfen in Nordkyūshū und Hokkaidō. Die letzteren haben durchweg lange Kohlenverladebrücken mit entsprechenden Geleiskörpern (Taf. 7, Abb. 3), die ersteren haben zum Teil große Verlademaschinen wie Miike (Taf. 8, Abb. 2) und der Hafen von Wakamatsu. In den Hauptkohlenhäfen Kyūshūs wurde die technische Ausstattung zuerst entwickelt, in Wakamatsu seit 1898, in Miike seit 1909, während die großen Kohlenpiere der Hokkaidō-Häfen Otaru und Muroran 1912 vollendet wurden, und das von Kushiro erst vor wenigen Jahren.

Während wir so zur Kohlenübernahme vom Land zum Schiff in einer Reihe von Häfen bedeutende Einrichtungen sehen, findet man hingegen zur Landung dieses viel gebrauchten Massengutes nicht entsprechende Einrichtungen. Die Erklärung ist darin zu suchen, daß sich der Bedarf nirgends in bedeutenden Mengen konzentriert. Selbst die Kohlenhändler in Ōsaka und Tōkyō haben nicht ein solches Bedürfnis. In Ōsaka z. B. kommt die Kyūshū-Kohle in den einheimischen Schunern und Barken an und wird gewöhnlich ohne Umschiffung den

Verbrauchern übermittelt. Der stärkste Konsument im Lande ist außer der Handelsflotte die Eisenbahn, die ihren Bedarf den über das Land verteilten Minen, auch den kleineren entnimmt und größtenteils mit der Bahn befördert. Darüber hinaus haben den größten Bedarf die kaiserlichen Stahlwerke, die aber so lokalisiert wurden, daß sie ihn fast den Minen entnehmen können. Nur an einer Stelle von Japans Küsten gibt es eine besondere, bedeutende Kohlenentlade-Einrichtung, auch erst seit einigen Jahren, nämlich die Mitsui-Kawasaki-Anlage zwischen Tōkyō und Yokohama.

In den kleineren Häfen vollzieht sich die Beförderung der Fracht zwischen Schiff und Land oft mit einfachsten Mitteln der Menschenkraft, mit Körben und Traghölzern oder auch noch ohne diese (vgl. Taf. 7, Abb. 2).

V. Hafensiedlung.

Ebenso individuell nach den gegebenen Bedingungen wie der Ausbau und die Ausstattung des Hafens ist seine Verbindung mit der Hafensiedlung und die Anlage der letzteren selbst. Im allgemeinen handelt es sich für diese um Niederungslage[1]). Aber auch so können die Hafenstädte noch grundsätzliche Unterschiede aufweisen und verschiedene Bilder ergeben je nach der Beteiligung der alluvialen Tiefebene oder der diluvialen Höhen an der Stadtlandschaft. Ōsaka zum Beispiel liegt fast ganz im Wasser und Schlamm des Yodogawa-Deltas, und solche Alluvialstädte müssen ähnlich wie Marschenstädte an den Küsten der Nordsee ihre größeren Bauten auf Pfählen errichten. Vielfach lehnen sich die Hafenstädte an diluviale Plateaus an und zeigen dann ähnlich wie der Kern mancher deutschen Seestädte eine Ober- und Unterstadt; so unterscheidet Tōkyō seine Up-town von der Down-town (Taf 22, Abb. 1). Manchmal leistet das Plateau noch einen Teil des Hafenbuchtschutzes, wie im Falle von Yokohama, wo der diluviale Höhenrand stark von der Erosion zerfetzt und in einzelne Bastionen aufgelöst ist. Hier ergibt sich ähnlich wie bei Tōkyō trotz der geringen Höhenunterschiede ein relativ bewegtes Stadtlandschaftsbild[2]). In allen Fällen aber sucht man

---

[1]) L. Mecking, Japanische Stadtlandschaften, in S. Passarge, Stadtlandschaften der Erde, Hamburg 1930, S. 109—123.

[2]) Vgl. den Kartenausschnitt aus der Stadtlandschaft von Tōkyō bei L. Mecking, Japans Seehäfen und ihre neueste Entwicklung, Sammlung Meereskunde, Berlin 1929, S. 20.

gerade bei den Hafenstädten die organische Verbindung der Hafenwasserfläche mit dem Hafenlandraum und nach Möglichkeit noch mit dem Siedlungsraum durch die Wasseradern zu erreichen, die von Natur zur Verfügung stehen oder leicht künstlich abgezweigt werden können. Sie sind den Binnenstädten der Ebenen in gleicher Weise eigen wie den Hafenstädten und bilden geradezu einen Wesenszug der japanischen Stadtlandschaft. Was ihnen aber in den Hafenstädten eine besondere Bedeutung verleiht, ist die Verbindung mit dem Hafenwasserraum. Kleinere Wasserläufe von 1—3 m Breite durchziehen fast alle Hafenstädte, in manchen aber sind sie wesentlich breiter. Wenn die Stadt in eine Kernküstenbucht gebettet ist, können sie mit stärkerem Gefälle, selbst über Stauwerke, herabkommen wie in Otaru und Nagasaki. Dann allerdings hat ihre Verbindung mit dem Hafenwasserraum weniger Bedeutung, allenfalls im Mündungsstück als Bootsbecken. In den meisten Hafenstädten hingegen wird ihr Gefälle minimal, und dann dienen sie ähnlich wie die Fleets in Hamburg einem bedeutenden innerstädtischen Frachtverkehr. So wird in und um Niigata auf einem ganzen Netz von Kanälen der Reis der Umgebung in die Stadt befördert und umgekehrt der Dünger aus Fabriken der Hafenstadt in die Reisebene. Noch größere Bedeutung haben die durch die einstige Sumpfniederung Yokohamas künstlich gezogenen Wasseradern und gar diejenigen Ōsakas, die im westlichen Teil der alten Stadt eine Art Wasserschachbrett bilden; hier haben sie in dem riesig pulsierenden Leben der Stadt nicht viel geringere Bedeutung als die Hauptstraßen und werden feste Klammern zwischen Stadt und Hafen. Dabei ist es eine Eigentümlichkeit japanischer wie chinesischer Städte, die schon Richthofen[1]) hervorhob, daß keine Kais und Uferstraßen an den Wasseradern entlang führen, sondern die Hinterseite der Häuser sie begleitet. Zwar gibt es in Japan auch Fälle, in denen die Wasserader von Straßen beiderseits flankiert ist (vgl. Taf. 19, Abb. 1). Aber in vielen anderen, wie z. B. gerade in Ōsaka oder auch in Nagoya (Taf. 14, Abb. 1; Taf. 16, Abb. 2) sind beide Ufer von Fabriken und Lagerschuppen begleitet, oder Hotels haben dort ihre Gärten und Veranden. Oft auch findet man solche einstigen Wasseradern in der Hafensiedlung zugeschüttet und in breite Straßen und Plätze verwandelt wie in Moji, Kagoshima, Hiroshima. Namentlich Hiroshima, das von Deltaarmen durchzogen

[1]) F. v. Richthofens Aufenthalt in Japan, Mitteilungen des Ferdinand v. Richthofen-Tages 1912, Berlin 1912, S. 157.

ist, hat durch einige Zuschüttungen seine breiten Nordsüdstraßen erhalten.

Die Verbindung der Siedlung mit dem Hafenwasser- und Hafenlandraum ist demnach im allgemeinen sehr eng. Nur in einigen Fällen liegt die größere Stadt, zu der eigentlich der Hafen gehören sollte, weiter ab von einer besonderen, kleineren Hafensiedlung. So ist Tokushima, die Flußmündungsstadt und Kernstadt der größten Ebene Shikokus, von ihrer Hafenstadt Komatsushima 7 km entfernt, ähnlich Akita von Tsuchisaki 6 km, Fushiki von Takaoka 8 km, Sendai von Shiogama sogar schon 15 km. In allen diesen Beispielen handelt es sich um kleinere Hafenplätze und auch kleinere Kernstädte. In den großen Plätzen Ōsaka und Nagoya ist schon die Entfernung des Stadtkerns von demjenigen Stadtteil, der den Hafen enthält oder berührt, ebenso groß, nämlich 10—15 km, aber bereits geschlossen besiedelt. In den meisten anderen Fällen lagert sich die Siedlung hingegen mit langer, meist gekrümmter Front am Saum des Hafenwassers hin, mag dieses vom Meere selbst wie bei Nagasaki, Shimonoseki, Otaru und vielen anderen oder ausnahmsweise von einer Flußmündung wie bei Niigata gebildet sein; in Kōbe (Taf. 25) dehnt sich diese Berührungslinie von Hafen und Siedlung bereits auf 8 km aus bei einer Breite des Stadtbandes von nur 1—2 km.

Aus dieser unmittelbaren Meerverbundenheit sowie der schon oben erkannten Vorherrschaft der Saumküstenlage erklärt sich ein weiterer Grundzug der Hafenlandschaft, der mir überhaupt allgemeiner für die japanische Stadtlandschaft zu gelten scheint: die Stadtsilhouette tritt wenig hervor, es fehlt das vertikale Moment. Das Extrem eines dreidimensionalen Hafenstadtbildes bietet Nagasaki, die malerischste aller japanischen Hafenstädte, die etwa mediterranen Küstenstadtlandschaften gleicht und den Höhenrahmen als oberste Dominante im eindrucksvollen Gesamtbild der Hafenlandschaft erscheinen läßt. Abgeschwächt ist dieser Charakter schon in Shimonoseki, Kōbe, Muroran oder Hakodate. In vielen anderen Fällen nähert sich die Hafenstadtlandschaft mehr dem nordwesteuropäischen Typ, nur mit dem Unterschied, daß oft in geringer Entfernung, zuweilen schon an der Peripherie des ganz flachen Häusermeeres das Bergland den Rahmen bildet. So führt uns das Bild der Hafenlandschaft wieder zu jener Grundlage zurück, die wir als die wichtigste für die ganze Meeresverbundenheit Japans wiederholt herauszustellen hatten, zu den kleinen Ebenenkammern an den Küsten.

Tabelle 21.

Größe der Hafenstädte mit mehr als 1 Million Tonnen Schiffseingang.

	Einwohner[1]) 1925 in 1000	Einwohner 1910 in 1000	Schiffseingang 1927 in 1000 t
Ōsaka	2 115	1 239	17 637
Tōkyō	1 996	1 806	1 739
Nagoya	769	435	6 931
Kōbe	644	388	22 996
Yokohama	406	420	14 903
Hiroshima (Hafen Ujina)	196	141	3 136
Nagasaki	190	176	2 491
Wakamatsu-Yawata	168	?	10 036
Hakodate	164	88	5 098
Kure (Hafen Yoshiura)	139	100	1 068
Otaru	135	91	7 384
Okayama (Hafen Uno)	125	94	1 133
Moji	95	56	25 080
Shimonoseki	92	58	15 655
Tokushima (Häfen Tokushima u. Komatsushima)	75	66	1 216
Takamatsu	72	43	2 923
Ōmuta (Hafen Miike)	70	46	2 360
Aomori	60	47	4 576
Matsuyama (Häfen Mitsugahama und Takahama)	58	44	4 049
Muroran	50	20	2 609
Shimizu	46	7	2 854
Takaoka (Hafen Fushiki)	43	34	1 008
Yokkaichi	40	?	4 077
Uwajima	39	?	1 168
Imabari	38	?	1 912
Onomichi-Itosaki	30	30	3 804
Tomo	?	11	1 200
Tadotsu	?	8	1 582
Yawatahama	?	7	1 019
Sakai	?	6	1 222
Karatsu	?	?	1 130
Takehara	?	?	1 402
Mitearai	?	?	1 104

[1]) Der Einheitlichkeit wegen ist das Jahr 1925 zugrunde gelegt, obwohl von vielen Städten neuere Zahlen bekannt sind. In einigen Fällen ist an Stelle der kleinen Hafenstadt die dicht dabei liegende größere Stadt eingesetzt, welcher der Hafen eigentlich dient. Von einigen der kleineren Plätze waren mir die Einwohnerzahlen nicht zugänglich; doch stören die Lücken das Gesamtbild nicht.

Nach diesen Verhältnissen bedarf es kaum der Hervorhebung, daß die größten Städte fast durchweg zugleich Häfen sind oder zu Häfen gehören. In Tabelle 21 sind die Bewohnerzahlen derjenigen Hafenstädte zusammengestellt, in denen die jährlich einlaufenden Schiffe (Binnen- und Außenhandel zusammen) die Tonnage von 1 Million erreichen. Wenn auch nicht ein ganz weitgehender Parallelismus zwischen Bewohnerzahl und Schiffseingang zu erwarten ist, so ist er doch im großen durchaus erkennbar. Unter den 12 Großstädten hat der größere Teil einen Schiffseingang von mehr als 5 Millionen Tonnen. Dann folgen die zwei stärksten Ausnahmen, Moji und Shimonoseki, die unter der Großstadtgrenze bleiben, aber die größten Schiffseingänge verzeichnen; das kennzeichnet den Durchfahrtshafen. Die nächsten 9 Städte mit Einwohnerzahlen zwischen 75 und 40000 haben mit zwei Ausnahmen Schiffseingänge von 2—5 Millionen. Schließlich die 10 Städte mit weniger als 40000 Einwohnern haben mit einer Ausnahme nur Schiffseingänge von 1—2 Millionen Tonnen.

Da aber mit der Bewohnerzahl das gewerbliche Leben sowie der Stil und Grad des innerstädtischen Verkehrs sich steigert, so wird mit diesem zahlenmäßig festgestellten Parallelismus illustriert, wie in der Tat im allgemeinen mit dem Gesamteindruck, den man durch die engere Hafenlandschaft und ihr Leben von der Größe und Bedeutung des Hafens erhält, auch derjenige der Stadtlandschaft wächst oder fällt, mit andern Worten wie Siedlung und Hafen in Japan besonders fest verbunden sind.

Zweiter (spezieller) Teil:

Die wichtigeren Häfen im einzelnen und ihre Gruppierung.

A. Einleitung.

I. Probleme und Methoden.

Zeigte uns der allgemeine Teil Japans Stellung zum Meere im Gesamtrahmen seiner Landesnatur und Wirtschaftsstruktur, so gilt es nunmehr, die einzelnen Häfen zu mustern, um in ihrer Verteilung, Lage und Bedeutung, ihrem Verhältnis zueinander, zum Hinterland und zur Außenwelt die Einzelzüge in das Bild zu zeichnen. Gewiß läßt sich über einen Hafen wie Kōbe allein ein mehrbändiges Werk schreiben. Das höhere Ziel, durch vergleichende Überschau aller Häfen den Einblick in Japans allseitige Meeresverbundenheit zu gewähren, muß hier die Grenze setzen. Andererseits würde eine Beschränkung auf die ganz großen Häfen unserem Problem nicht gerecht, (wie wir auch in regionaler Siedlungs- oder Stadtgeographie die kleineren Objekte nicht dafür mit Verachtung strafen, daß sie keine Großstädte sind). Doch ist eine untere Grenze nötig, um die Einheit und Überschaubarkeit nicht der Vielheit zum Opfer zu bringen. Schon die Zulassung der Häfen zum Außenhandel ist eine gewisse Auslese nach der Bedeutung der einzelnen für ihre nähere oder weitere Umgebung. Über deren Zahl geht denn unsere Auswahl in der Tat nur wenig, aber doch immerhin hinaus, da einige reine Binnenverkehrshäfen unbedingt Beachtung erheischen. Zum Beispiel kann man an dem Problem von Tōkyōs Stellung zur See wie an einer unter den Fischereihäfen so bedeutsamen Erscheinung wie Chōshi oder an dem Kriegshafen Kure unmöglich vorübergehen.

Mit nur 3 Ausnahmen[1]) habe ich alle beschriebenen Häfen selbst besucht, manchen nur wenige Stunden widmend, den meisten mehrere Tage oder auch Wochen. Einen besonderen Reiz bot die Tatsache, daß Japan in einem ungemein energischen und zielbewußten Ausbau seiner vielen Häfen begriffen ist; unter den rund 50 besuchten ist kaum einer, in welchem nicht Pläne zum Ausbau vorliegen oder in Ausführung begriffen sind. So braucht man hier weniger am fertigen

---

[1]) Diese sind Tokuyama, Nanao und Nemuro, während ich andererseits noch manche hier nicht eigens behandelte Häfen kennen lernte, wie einige kleine Fischereihäfen oder den in historischen Zusammenhängen schon erwähnten Hafen Ōita auf Kyūshū.

Produkt zurückzuverfolgen, sondern kann großenteils in statu nascendi beobachten, wie das Verhältnis zu den Naturgegebenheiten ist, wie sie genutzt, abgewandelt und überwunden werden.

Der einzelne Hafen ist uns ein Landschafts- und Landesindividuum ursprünglicher und künstlicher Prägung, ein sinnvolles Gefüge ineinanderwirkender Natur- und Kulturelemente, die zusammen einen geographischen Raumkomplex ausmachen, von einem eigentümlichen Leben durchflutet[1]). Seine Probleme lassen sich im allgemeinen auf folgende Grundfragen zurückführen: Wo sind die Häfen entstanden, wie haben sie sich entwickelt, welche Gestalt und Funktion haben sie angenommen und warum wurde alles so? Lage, Form und Leben sind die drei Hauptkomponenten. Die Lage stellt oft schon mehrere Probleme in den Beziehungen zum Hinterland, zu Gegenküsten, zu klimatischen Bedingungen u. a. Seine Form erhält jeder Hafen durch die Küstenbeschaffenheit zu Wasser und zu Land sowie die baulichen Zutaten von Molen usw. (Hafenlandraum, Hafenwasserraum, Hafensiedlungsraum). Das Leben äußert sich in der mit dem Hafen verbundenen Siedlung und im Hafen selbst, in seinen Verkehrsfunktionen und den hieraus erwachsenen technischen und sonstigen Einrichtungen.

Die Probleme der Hafengestaltung und -bedeutung führen oft auch in die Geschichte zurück. Die Handhabung des historischen Momentes kann verschieden sein; manchmal genügt die Vorausschickung und Einstreuung einiger historischer Daten, die den Charakter des Hafens nur verdeutlichen helfen, oft aber erfordert die Genesis der Stadt und des Hafens eine streng historische Darstellung.

Entsprechend dem Gesetz, daß sich der Zwang zum Hafen aus der Struktur des Hinterlandes ergibt und nicht umgekehrt sich einer guten Hafenbucht ein Hinterland angliedert, soll im allgemeinen das Hinterlandsproblem zum Ausgang genommen werden. Soweit eine Schilderung des Hinterlandes selbst erforderlich wird, kann ich freilich nur auf der Literatur und meinen bei Durchreisen flüchtig gewonnenen Eindrücken fußen, was aber für die Fragestellungen auch stets ausreicht. Als entscheidend erweist sich einmal Größe und Gewicht des Hinterlandes. Um diese Momente zahlenmäßig und damit anschaulich faßbar zur Darstellung zu bringen, habe ich eine Methode gewählt, die Volkszahl umgrenzbarer Hinterlandskammern abzuschätzen. Wie scharf gerade in Japan diese

[1]) Vgl. hierzu auch L. Mecking, Die Seehäfen in der geographischen Forschung, Hermann Wagner-Gedächtnisschrift, Gotha 1930, S. 326—345.

Kammern getrennt und umrahmt sind, ist im allgemeinen Teil entwickelt und durch die Tafel 29 veranschaulicht. Aus dieser, in Verbindung mit den für die politische Unterteilung des Landes bekannten Bevölkerungswerten, ließen sich Schätzungswerte für die einzelnen Hinterlandsgebiete gewinnen. Sie können naturgemäß nur in weiteren Grenzen richtig sein; aber die Sicherheit, daß in einer Küstenebene rund eine halbe Million Menschen wohnt, ist, selbst wenn die Zahl um 50000 oder gar 100000 falsch wäre (was indes schon das äußerste ist) doch wertvoller, als wenn es ganz unklar bleibt, ob hier hunderttausend oder eine Million Menschen ihr Seetor haben.

Wichtig wird aber auch die Innigkeit der Verbindung des Hinterlandes mit dem einzelnen Küstenpunkt. Zieht es sich zum Beispiel senkrecht zur Küste tief in das Land wie bei Tokushima, so führt es mit größerer Notwendigkeit zu einem einzelnen Hafen hin, als wenn ein gleich großes Hinterland als schmaler Streifen längs der Küste liegt und eine Reihe von wetteifernden Hafenbuchten zeigt wie stellenweise im Norden der Inlandsee.

Ergibt sich auch im großen ein gleichartiger Gang in der Behandlung der Probleme, die bei fast allen Häfen sich einstellen, so verbietet sich doch eine schematische Entwicklung schon durch die Mannigfaltigkeit und Individualität der Häfen, indem hier diese, dort jene Erscheinungsgruppe in den Vordergrund tritt und eine schärfere Heraushebung oder reichere und neuartige Fragestellung fordert. Kein starres Prinzip, sondern nur der Blick auf den Gegenstand und das Ziel der landschaftlichen Zusammenschau soll uns leiten. Das gilt ebenso für die Methoden, die neben Beobachtung in der Natur historische Studien an Karten und Wahrnehmungen an den in Zahlen sich spiegelnden Lebensvorgängen stellen.

Außer den Meßtischblättern lag von den meisten Plätzen ein Stadtplan vor. Ferner fanden sich neben den vielen Seekarten meistens amtliche Pläne der Häfen und ihrer Ausbauprojekte mit detaillierten Angaben mancherlei Art, über Windrichtungen, Strömungen usw. Dieses Material in Verbindung mit meinen eigenen Beobachtungen und Eintragungen sowie zum Teil gedruckten neueren Skizzen aus Zeitschriften[1]) liegt den Karten zugrunde, die im folgenden jeden Hafen begleiten. In einigen Fällen ist es nicht leicht, den momentanen Zustand ganz scharf zu fixieren; Häfen sind eben ähnlich wie größere

[1]) Von einigen Häfen finden sich z. B. in den letzten Jahrgängen von "The Far Eastern Review" neueste Pläne; im übrigen sind mir die neuesten auch von amtlichen Stellen aus Japan nachträglich zugänglich geworden.

Städte lebende Gebilde, die dauernd wachsen und werden. Noch mehr gilt diese Schwierigkeit von Zahlenwerten, z. B. solchen für Lagerhausflächen, Kailänge und dergleichen. Doch kommt es für die Erfassung des räumlichen Hafenbildes stets mehr auf Größenordnungen, auf Grundzüge der Struktur und Tendenzen der Weiterentwicklung an als auf eine absolut genaue Zahl, die nur für einen Augenblick zutrifft.

In allen bedeutenderen Häfen konnte ich wenigstens eine Fahrt durch das Hafengebiet mit einem amtlichen Fahrzeug unter technischer oder sonst sachkundiger Führung machen, an die sich stets noch eigene Wanderungen im Hafen- und Stadtbereich schlossen. Manches mußte der Natur der Sache nach durch Fragen bei zuständigen Stellen erkundet werden, sei es daß es der direkten Beobachtung nicht zugänglich war, sei es, daß die Auskünfte der Ergänzung und Prüfung eigener Beobachtungen oder statistischer Quellen dienen sollten. Dabei erfordert schon die in Japan nicht leichte Verständigung große Vorsicht und Skepsis. Doch habe ich in Anbetracht der Gefahr von Mißverständnissen kaum irgend etwas verwertet, was nicht durch ähnlich lautende Auskünfte oder durch bestimmte Beobachtungen meinerseits mehrfach gesichert worden wäre.

Die wichtigste Literatur von japanischer Seite ist in westlichen Sprachen erschienen und war mir zugänglich. Unter der Literatur in japanischer Sprache war außer einigen kleineren besonders eine Quelle, die ich mir vollständig und genau zu erschließen für gut hielt: ein vom Ministerium des Innern herausgegebenes Sammelwerk über die Häfen. Wenn ihm auch geographische Auffassung und Zielsetzung ganz fern liegt, so war es doch als Materialsammlung sehr zu begrüßen. Es gibt außer einer historischen Skizze des Hafenbaus die meist in Tabellen gefaßten Daten über Winde, Strömungen, Tiden, Dimensionen der Kanäle, der Hafenbecken, Kaimauern, Lagerhausflächen, Listen der Lagerhausgesellschaften und Schiffahrtslinien, des Schiffsverkehrs und der verfrachteten Güter, alles für etwa 100 Häfen im genau gleichen Schema. Manche Einzelheit konnte daraus als Ergänzung und zur Kontrolle entnommen werden. Namentlich für die historischen Phasen der Hafenentwicklung sowie für klimatische und ozeanische Verhältnisse fuße ich meist auf diesem amtlichen Werk[1]). Seine Zahlenwerte, die sich auf 1921 beziehen, sind, soweit

[1]) Die Erschließung des Werkes verdanke ich Herrn T. Nakamura, Professor der Germanistik, der es mir bei seinem Aufenthalt in Münster im Frühjahr 1928 in ausgezeichneter Beherrschung der deutschen Sprache vorlas.

sie nicht klimatische und ozeanische, sondern wirtschaftliche Verhältnisse betreffen, alle veraltet. Sie wurden durch solche aus neueren Statistiken ersetzt, die schon oben (S. 94) angeführt sind.

Ob es überhaupt viel Zweck hat, jeden einzelnen Hafen wirtschaftlich mit genauen Zahlenwerten zu kennzeichnen, darüber kann man verschiedener Meinung sein. Daß ich weit davon entfernt bin, hierin einen wesentlichen Punkt der Untersuchung zu sehen, mag die Art der Behandlung jedes Hafens zur Genüge zeigen, bei der die Werte von Handel und Verkehr nur als eine letzte Ergänzung des gewonnenen geographischen Bildes erscheinen. Diese Angaben bilden auch den schematischsten Teil, der oft mit wenigen Sätzen ohne viel variierende Fragestellungen am Schluß jedes einzelnen Hafens wiederkehrt und nur in wenigen Punkten ergiebiger wird. Immerhin schien es mir nicht wertlos, quantitativ die Stellung der Häfen zueinander zahlenmäßig genau für einen bestimmten Zeitpunkt übersehen zu können. Die damit fixierte relative Stellung dürfte sich auch nicht allzu schnell ändern, während die Zahlengrößen absolut naturgemäß in wenigen Jahren an Wert verlieren.

II. Vorblick und regionale Gliederung.

Die im allgemeinen Teil gewonnenen Erkenntnisse ermöglichen uns ohne Weiteres die Aufstellung einer Anzahl Hafenregionen, die wir nunmehr zu Grunde legen können. Innerhalb derselben werden wir teils einzelne Häfen als Brennpunkte mächtig heraustreten sehen, durch ihre Lage sowie die Größe und wirtschaftliche Erfüllung ihres Hinterlandes, teils gewisse gleichartige Züge erkennen, sei es in der ganzen Hafenreihe der betreffenden Region, sei es in ihren Untergruppen.

I. So liegt eine erste Hauptregion in den Häfen der Süd- und Westseite Kyūshūs vor. Aus ihnen werden sich die Kohlenhäfen des Nordwestens, besonders Miike und Wakamatsu, als eine wirtschaftlich eigen geartete Gruppe und Nagasaki in seiner durch die Lagebedingungen geschichtlich entwickelten Sonderstellung herausheben.

II. In der nächsten Großregion, der Inlandsee, ergibt sich die bedeutsame Absonderung der beiden Pole von den typischen Kleinhäfen. Die letzteren scharen sich in der Mittelpartie. Die großen Pole, der äußere in Shimonoseki-Moji, der innere in Kōbe-Ōsaka, erweisen in jeder Hinsicht der Lage und Gestaltung wie auch in ihrer wirtschaftlichen Funktion und Bedeutung ihre hohe Eigenart.

III. Die weitere Region der ausgedehnten Einbruchsgolfe Südhonshūs läßt den Hafen Yokohama in ähnlicher Größe und Bedeutung wie Kōbe und Ōsaka, den von Nagoya in einer ähnlichen wie Moji und Shimonoseki erstehen.

IV. Ihre starke Hafenungunst und -öde erweist die ganze Strecke der pazifischen Ostküste, aber weniger aus Gründen der Küsten- als der Hinterlandsgestaltung und Hinterlandsverbindung.

V. Einen hohen Eigencharakter erhält die ganze Rückseite Honshūs, auf der südlichen Strecke durch den sehr isolierten und eine typische Hintertür bildenden Überfahrtshafen Tsuruga, auf der nördlichen durch gewisse Übereinstimmung in der Naturgestaltung der (Flußmündungs-)Häfen und dadurch selbst in den Einzelheiten ihres künstlichen Ausbaus.

VI. Als letzte Hauptgruppe zeigen die Hokkaidō-Häfen ihre Eigenart besonders in funktioneller Hinsicht, indem Hakodate und Muroran als Brückenköpfe die Gegenstücke zu Aomori bilden und im übrigen die Hinterlandsausstattung mit Kohle und Holz sowie die Meeresschätze den einzelnen Häfen einen spezifischen Stempel aufdrücken.

B. Die Hafenregionen und Einzelhäfen.

I. Die Häfen von Kyūshū.

Für Kyūshū ergab unsere Küstenanalyse den bedeutsamen Gegensatz zwischen West und Ost (vgl. die Zusammenfassung S. 192). Hier zieht sich auf den Westen alle Gunst zusammen; denn zum Reichtum der als Hafenbuchten geeigneten Küstenglieder tritt die Ausstattung mit einigen Ebenenkammern und die Nähe der festländischen Gegengestade, wie sie seit alten Zeiten wirksam war. So reihen sich von Kagoshima bis Moji auf der Westseite die Häfen auf, unter denen eine ganze Anzahl über lokale Bedeutung hinauswuchs, während die gerade Bruchflanke im Osten und die einförmigen Bogenschwingungen im Nordosten mit dem dahinter gleich zu hohen Flächen ansteigenden Lande öde liegen, und lediglich in Ōita einen Punkt bieten, der wenigstens Erwähnung, aber kaum nähere Behandlung erfordert, wenn er auch beim Auftreten der Portugiesen eine gewisse Rolle spielen konnte.

a) Kagoshima.

(Hierzu Figur 12.)

Im südlichen Kyūshū ist es allein der Hafen Kagoshima, der alle Bedeutung auf sich zieht und uns das Problem stellt, die Grundlage seiner Begünstigung und die Bedingungen seiner örtlichen Gestaltung und seiner Funktionen zu untersuchen.

Unter den Einbrüchen, die durch die Flankenkettung mit dem Ryūkyū-Bogen das südlichste Kyūshū betrafen, bildet die Bruchsenke der Bai von Kagoshima den größten Eingriff. Fast meridional schiebt sie sich in schwacher Windung zwischen die beiden Halbinselhorste von Satsuma und Ōsumi vor, die zumeist aus mesozoischen Sedimenten aufgebaut, aber reichlich von vulkanischen Auswürflingen überzogen sind. Diese wurden noch bis in die jüngste Zeit durch Aschen und Bimssteine vermehrt. Von Süden greift die Vulkanreihe des Ryūkyū-Bogens herein; den Eingang der Bai flankiert an der Spitze der Satsuma-Halbinsel der wie ein Eckturm über die zackigen Küstenwände ragende Kegel des Kaimondake oder „Satsuma-Fuji" (900 m), in seiner nördlichen Fortsetzung erhebt sich aus der Bai selbst beherrschend der aktive Sakurashima (1100 m hoch) und noch weiter landeinwärts der Kirishima.

Ein Hafenplatz an den Außenseiten der beiden Halbinseln wäre nur möglich in einer sehr geschützten Bucht, da sie gleichsam die vordersten in die Taifunbahnen gereckten Landpfeiler bilden. Die Buchtung ist jedoch hier, wie unsere allgemeine Küstenanalyse schon ergab, minimal. Eine kleine Riasbucht an der Außenküste der Satsuma-Halbinsel, Bōnotsu Ura, ist zwar in alten Zeiten von den Dschunken benutzt worden, kommt aber für heutige Verhältnisse gar nicht in Frage und hat an ihrem Zipfel nur das Dorf Bōnotsumura entstehen lassen. So blieb allein die Kagoshima-Bai. In ihr wird von den ersten europäischen Besuchern außer Kagoshima noch das am Eingang liegende Städtchen Yamagawa als Hafen erwähnt und (nach Nachod) auf den ersten portugiesischen Karten aus der Mitte des 16. Jahrhunderts verzeichnet; ihm steht gleichfalls nur eine sehr kleine Bucht zur Verfügung. Bevorzugt wurde jedenfalls sofort Kagoshima; hier landete der Missionar Franz Xaver, und es bildete damals bereits den Hauptpunkt der Bai. In der Periode des Abschlusses hat es dann eine gewisse Außenhandelsstellung dadurch eingenommen, daß es den Handel mit den damals schon angegliederten Ryūkyū-Inseln herstellte und teils auf diesem Umweg, teils direkt auch den Schleichhandel mit den Chinesen betrieb. Zugleich war es durch zahlreiche Küstenverkehrslinien mit dem übrigen Japan verbunden, wie mir zwei Karten aus der ersten Hälfte des vorigen Jahrhunderts (aus der Bibliothek in Kagoshima) zeigten. Nach der Eröffnung Japans nahm es zwar insofern alsbald an der neuzeitlichen Entwicklung Anteil, als der Fürst Industrien errichtete, z. B. eine Baumwollspinnerei und -weberei sowie eine Geschützgießerei, die Richthofen beschreibt. Aber in den größeren Verkehr wurde es wenig hereingezogen. Der moderne Ausbau seines Hafens begann erst in diesem Jahrhundert, angeregt durch die vorangegangene Eroberung Formosas, die eine Steigerung des Verkehrs über den Süden des Reiches mit Ōsaka erwarten ließ.

1. Hinterland.

Außer der Stadt, deren Bewohnerzahl 137000 (i. J. 1930) beträgt, und dem Saum der Bai kann etwa das ganze südliche Viertel von Kyūshū als weiteres Hinterland betrachtet werden, das durch ein verzweigtes Bahnnetz angegliedert ist. Eine Linie wendet sich westwärts und zieht die westliche Küste noch bis an den Yatsushiro-Golf heran. Eine zweite begleitet die Bai bis zum Scheitel und stößt dann nordwärts über das Aschenplateau in das Becken des Kumagawa vor, um durch dessen Engtal weiter die Hauptlinie nach Norden zu bilden. Eine andere Bahn zweigt von dieser im Scheitel der Kagoshima-Bai nach Osten ab, um nach einigen Verzweigungen von Miyazaki ab die Ostküste bis in die Inlandsee zu begleiten. Will man das isolierte Gebiet um Miyazaki und das Binnenbecken des Kumaflusses noch einschließen, so mag diese ganze weitere Umgebung Kagoshimas allenfalls über 2 Millionen Bewohner erhalten. Die Besiedlung verdichtet sich nämlich nur an den Küstensäumen sowie in den Talauen und Becken, während auf den hohen Flächen die Böden durch Bedeckung mit Lapilli und Aschen zu ungünstig sind. Für diese Hinterlandgebiete hat Kagoshima auch gewisse Verkehrsfunktionen zur See mit anderen Teilen Japans, einmal mit Ōsaka, das Industrieprodukte liefert und einige Rohstoffe erhält, ferner mit den Ryūkyū-Inseln sowie im Fremdhandel mit China.

2. Hafengestaltung.

Nicht nur das Monumentale des in vollendeter Kegelform vor dem Hafen stehenden Sakurashima (Taf. 10, Abb. 2) veranlaßt uns, das Problem der Hafenmorphologie mit ihm zu beginnen. Er ist vielmehr das von Natur einschneidendste Element, gleichviel, ob der Hafen an dieser Stelle liegt oder an einem anderen Punkt des nördlichen Endes der Bai entstanden wäre. Der Berg ist ein Kegel aus Andesit, während im Umkreis des Buchtscheitels außer dem nämlichen festen Gestein in der Hauptsache vulkanische Tuffe eine zerschnittene Plateaulandschaft von meist 100—200 m Höhe aufbauen. An die Küste tritt abwechselnd mit diesen vulkanischen Materialien noch fleckenweise das unterlagernde Kreidegestein, dazu an Flußmündungen Alluvium. Die größten Mündungsebenen liegen recht im Scheitel der Bucht, wo etwas größere Flüßchen den nordwärts anteigenden Höhen entstammen. Daß nicht hier die Hauptstadt ent-

Fig. 12. Kagoshima.

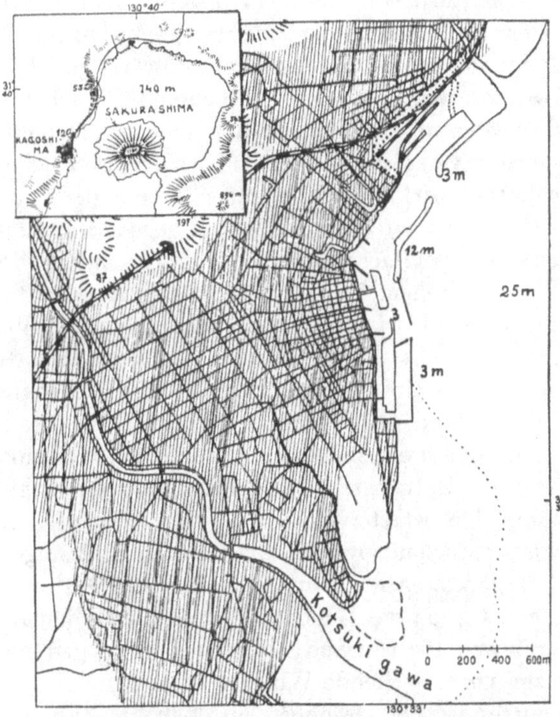

Die Skizze oben links zeigt die Lage im Hintergrund des großen Einbruchsgolfes, wo der Sakurashima-Vulkan den Wasserraum einengt. Der damit bewirkte Schutz reicht jedoch für den Hafen nicht aus. Er erhielt seinen künstlichen Abschluß durch die küstenparallele Reihe der Wellenbrecher im gleichen System wie die alten Forts. Dahinter bildet der schwach gebogene Küstenzug die Seebasis der auf Schuttflächen gelagerten Stadt und eine Leitlinie für ihren Grundriß.

stand, war für ihre Ernährung ungünstig. Einen gewissen Hafenansatz hätten auch die Inselchen Ji ko und Oki ko geboten. Der historischen Entwicklung des Daimyō-Sitzes kann hier nicht nachgegangen werden. Doch war wohl gerade die strategische Lage in der durch den Sakurashima gebildeten Enge geeigneter, um den ganzen Hintergrund der Bucht zu sichern. Für das Stadtfeld gaben hier die Schuttkegel einiger Bäche Raum genug, die vor dem steilen Abfall der aus Bimsstein gebauten Hänge liegen. Diese treten dicht nördlich der Stadtniederung mauerartig ans Meer.

Die kurze Schwemmlandstrecke einerseits, der Westabhang des Vulkans andererseits, bilden den nur 2—3 km breiten Zugang zum nördlichen Ende der Bai. Einst lag östlich des Berges ein zweiter Durchlaß, und der Vulkankegel stand frei in der Bucht; erst ein Lavastrom beim Ausbruch von 1914 machte ihn im Osten landfest. Das kam der Hafengestaltung zugute. Denn vorher bestand im Bereich der Stadt und des Hafens eine nordwärts gerichtete Tendenz in der Bewegung der von den südlicheren Flüßchen geförderten Schuttfracht, während jetzt der auswärts setzende Strom in der einzig verbliebenen Enge verstärkt und an die Küste gedrängt wird und damit wie ein Spülstrom wirkt. Auch bietet nunmehr der Raum nördlich des Berges einen um so besseren Schutz gegen Stürme aus Süden. Die Taifune des Sommers beginnen nämlich mit Südostrichtung, um allmählich zu drehen. Dann retten sich große Schiffe hinter den Berg, um ihr Versteck wieder zu verlassen, wenn der Wind in nördliche Richtung übergeht. Als im August des Jahres 1863 der englische Admiral Kuper Kagoshima in Brand schoß, um den Satsuma-Fürsten für seinen Widerstand gegen den Fremdhandel zu bestrafen, raste ein Taifun über der brennenden Stadt, und die Insel mit dem Berg bewährte sich als Rettungsschirm, hinter dem die Schiffe des Geschwaders ihre Liegestätte suchten[1]). Als stärkste Winde werden amtlich die aus östlichen sowie nordwestlichen Richtungen wehenden angegeben, die letzteren im Winter. Zu beiden Richtungen liegt der Hafen sehr günstig, da die Winde der einen durch den Berg, die der anderen durch den Plateaurand hinter der Stadt gedämpft werden. Der im ganzen vorherrschende Wind ist Nordwest. Trotz des beiderseitigen Schutzes ist der Hafenbetrieb doch an etwa 50 Tagen des Jahres durch Stürme gestört. Der Grund ist wohl darin zu suchen, daß der Hafen eben keine umschlossene Bucht, sondern eine Enge

[1]) G. A. Ballard, The Influence of the sea on the political history of Japan, London 1921, S. 98ff.

zwischen zwei größeren Wasserflächen bildet, die in stärkere Bewegung versetzt werden können. Auch der Tidenhub ist durch die Einengung erheblich, im Maximum 3½ m.

Schon von den Daimyōs der Tokugawa-Periode wurden diese Hafenbedingungen durch vorgelegte Wellenbrecher verbessert. Sie sollten nicht nur Hafenschutz, sondern zugleich eine seestrategische Wehr bilden und erhielten die Form von Forts. Sie verraten diesen Charakter dadurch, daß sie die mehrfache Breite gewöhnlicher Molen haben. Sie sind 6—8 m hoch und bestehen an der Außenseite aus Mauerwerk, an der Innenseite aus Steinschüttung. Auf einer Karte vom Ende des 18. Jahrhunderts erscheinen die Forts wie 6 kleine Raupen vor dem Hafen aufgereiht. Damals waren sie also alle getrennt, und erst später wurden sie für Hafenzwecke verbunden. Auch heute sind sie zum Teil noch dem Hafen dienstbar. Doch erhält dieser dadurch eine Enge, die für heutige Verhältnisse schon störend ist. Deshalb werden sie nunmehr abgetragen, während weiter draußen neue parallele Wellenbrecher errichtet werden. Hinter diesen liegen Tiefen zwischen 1 und 7 m; sie sollen durchweg auf 7½ m gebracht werden. Größere Schiffe als solche von 2000 t konnten bisher nicht hinter den Wellenbrechern anlegen. Jetzt ist eine neue Kaimauer vorgesehen, die 6 Schiffen zugleich Liegemöglichkeit bieten soll. Auch nach völligem Ausbau bleibt der Innenhafen, wie der Raum hinter den Wellenbrechern genannt wird, ein schmales, langes Gebilde von ca. 1½ km Längserstreckung bei etwa 200 m Breite. Den Außenhafen bildet die ganze natürliche Enge in ihrer Breite von 2 bis 3 km und noch ein Teil der südwärts sich anschließenden Bai.

Der schmale Innenhafen, der in der Mitte im stumpfen Winkel gebrochen ist, wird von dem Hafenlandraum und der Stadt in ganzer Länge begleitet. Die Front ist mit Kaimauer versehen, die teils treppenförmig, teils in schräger Böschung ansteigt. Zwei Landungsbrücken von 40 und 55 m Länge stoßen hier vor. An der Kaistraße entlang ziehen sich einstöckige, zum Teil massiv gebaute Lagerhäuser sowie auch offene Lagerplätze. Im südlichen Teil bilden die ersteren einen tiefer in das Stadtfeld reichenden Block. Im ganzen sind etwa 80 Lagerhäuser vorhanden. Die relativ große Zahl ist nötig für das Bohnenmehl, dessen Import sich auf wenige Monate des Frühlings zusammendrängt, das aber erst im Anfang des Sommers gebraucht wird.

Im Norden und Süden der geschlossen bebauten Hafenfront schließen sich größere Flächen aufgeschütteten Landes an, das aus der Baggerung seit Beginn des neuen Hafenbaus hervorging; im ganzen sind es 13 ha. Im Norden ist das Neuland besonders für Holzlagerung verwendet.

Der Hafenlandraum und die unteren Teile der Stadt werden von breiteren Kanälen durchzogen (bis über 30 m), deren Endstücke als Liegeplätze für Boote dienen. Früher gab es ihrer noch mehr; sie sind zum Teil zugeschüttet und in Straßen und Plätze verwandelt, die man an ihrer Breite sofort nach ihrem Ursprung erkennt. Zwei solcher Arme sind auf unserer Karte im Norden um den Bahnhof bemerkbar. Der größte Fluß, der den südlichen Teil der Stadt durchzieht und südlich des Hafens breite Schwemmlandflächen vorbaut, ist der Katsukigawa. Im Norden münden einige kleinere.

3. Siedlung.

Die Stadt umzieht den stumpfen Winkel der Hafenfront mondsichelartig, mit entsprechender Biegung der Hauptstraßen und mit der Tendenz zum Schachbrettgrundriß in den einzelnen Abschnitten. Die Längsachse mißt fast 5 km. An die Lagerhausreihen und -blöcke schließt sich binnenwärts das Geschäftsviertel, das offenbar schon in alter Zeit diese Lage einnahm. Jedenfalls zogen sich die Wohnquartiere der Samurai, wie ich sie auf einer Karte vom Ende des 18. Jahrhunderts hervorgehoben finde und wie sie auch Richthofen noch beschrieb, nahe dem Schloß am Fuß der rückwärtigen Hügel hin, wo auch heute das ruhigere Stadtgebiet liegt und sich deutlich abhebt. Bis zu dieser Linie hebt sich die Anschwemmungsebene nur um wenige Meter. Dann aber geht es in Treppen und steilen Pfaden die schroffen, bewaldeten Hänge hinauf zu den Hügeln, die den sehr gleichmäßigen, wenig über 100 m hohen Rahmen der Stadt und den Rand des oben beschriebenen Tuffplateaus bilden. (Wo immer Aufschlüsse zu sehen sind, zeigt sich das gleiche weißliche Material, nicht nur im Bereich der Stadt, sondern auch noch weiter westlich im Hinterland.)

Die Vergrößerung der Stadt in neuerer Zeit scheint nicht sehr bedeutend zu sein. Denn eine Karte von 1843 zeigt sie in nicht viel geringerer Ausdehnung als heute. Aber die Veränderungen in den Wasserläufen durch Zuschüttung und Ableitung sind in zwei Karten des vorigen Jahrhunderts erkennbar.

4. Handel und Verkehr.

Kagoshima ist fast nur Importhafen und hat seine stärkste Verkehrsspannung mit asiatischen Gegenküsten und mit den Industriezentren der Inlandsee. Einmal braucht es Reis von Hinterindien, während der in der Umgebung gebaute, höherwertige nach Ōsaka usw. geht. Der Reisimport erreichte 1928 den Wert von 1 350 000 Yen. Auch Fische werden von Nagasaki zugeführt. Sodann kommen Ölkuchen (1928 fast für 3 Mill. Yen), Bohnenmehl und Soyabohnen (1¼ Mill. Yen) aus China und der Mandschurei. Einen Hauptgegenstand der Einfuhr bilden schließlich Tierknochen aus Shanghai und Dairen (2 Mill. Yen). Sie stellen eine Spezialität dar und werden in Fabriken der Stadt für landwirtschaftliche Zwecke verarbeitet. Säcke mit Knochen sah ich zu Bergen angehäuft frei am Hafen liegen; sie bilden die auffälligste Staffage. Fischdünger aus Hokkaidō tritt hingegen wenig auf.

Weiter ist Kagoshima der Vermittler für den Handel mit den Ryūkyū-Inseln. In ihrem Bedarf waren die Inseln schon immer auf Kagoshima angewiesen, wie sie auch von hier aus zu Beginn des 17. Jahrhunderts dem japanischen Staatsgebiet einverleibt wurden und der Passagierverkehr mit ihnen sich noch jetzt von Kagoshima vollzieht. An Frachten erhält dieses von dort Rohzucker, der nach Ōsaka und Kōbe geht, ferner Holz, das in der Industrie der Stadt verarbeitet wird oder mit der Bahn nach Nordkyūshū in die Kohlenbezirke gelangt. So sieht man außer den Tierknochen größere Lager von Brettern, Reis und Strohseilen.

Diesen Wirtschafts- und Hinterlandsbedingungen entsprechend bestehen Schiffsverbindungen hauptsächlich mit den Ryūkyū-Inseln, Hinterindien, China, der Mandschurei und der Inlandsee. Nach Amerika bilden nur einige Blumenzwiebeln ein Exportgut, während Holz von dort kommt. Industrieprodukte kann die Umgebung garnicht und die Stadt sehr wenig liefern, da ihre Industrie bescheiden ist: außer der Knochenmehlbereitung etwas Zinngießerei, Seiden-, Porzellan-, Spiritus- und Ölindustrie.

So erreicht denn der Außenhandel im Mittel von 1926—28 im Import nur 9½ Mill., im Export gar nur 100000 Yen. Im Jahre 1921 allerdings hatte der Import schon 22 Mill. betragen. Größere Werte setzt der Binnenhandel um: 1926 im Export wie Import je 41 Mill. Yen. Entsprechende Seiten zeigt das Bild des Schiffsverkehrs. Da der ganze Handel sich entweder mit Häfen Japans oder denen der nahen Gegengestade vollzieht, laufen fast ausschließlich japanische Schiffe ein; 1926 wie 1927 waren es 900000 Tonnen[1]), und zwar zu

[1]) Brutto-Tonnen, ebenso in den Angaben bei allen folgenden Häfen.

mehr als $^4/_5$ Dampfer. Die hohe Zahl von 18000 Schiffen zeigt, daß im Durchschnitt nur sehr geringe Schiffsgrößen in Betracht kommen.

Für die Verbindung mit der Inlandsee ist bemerkenswert, daß sie über die Westküste von Kyūshū geht, obwohl der Weg durch die Bungo-Straße kürzer wäre. Der Grund liegt wohl zum Teil in der Möglichkeit des Anlaufens von Nagasaki und Moji, namentlich aber darin, daß die Fahrt durch die Bungo-Straße beschwerlicher ist.

b) Misumi.

(Hierzu Figur 13.)

Ein ganz anderes Lage- und Gestaltungsverhältnis zwischen Hafen und Hinterland als bei Kagoshima ergibt sich bei der nächst nördlicheren Hafengruppe um Misumi. Kagoshima beruht schließlich darauf, daß der Küstensiedlungssaum der Bai schon eine stärkere Konzentration der Bevölkerung innerhalb des ganzen südlichen Endes von Kyūshū mit sich bringt, daß ferner dieser Saum und seine Hauptstadt durch das tiefe Eindringen der Bai eine Mittelpunktsstellung in dem ganzen weiteren Südende Kyūshūs erhält und daß schließlich hier allein der beste Hafenschutz von größeren Dimensionen gewährleistet ist. So ist der Hafen recht in sein Hinterland hineingeschoben. Bei Misumi sehen wir im Gegenteil auf einer schmalen vorgestreckten Halbinsel den Hafen der Ebenen, die hinter ihm in Buchtwinkeln sich ausdehnen.

1. Hinterland.

Die Uto-Halbinsel ist eine Scholle, die von dem nämlichen südwest-nordöstlichen Streichen, wie es südlich von ihr die größere Insel Amakusa aufweist, beherrscht ist. An die Wurzel der Halbinsel schließt sich im Süden die Ebene von Yatsushiro, im Norden die von Kumamoto. Die erstere ist nur das nördliche Ende des langen Bruchbeckens der Yatsushiro-Bai, die letztere ist der größtenteils schon im Diluvium gebildete Schuttkegel, der vor dem Westabhang des Aso durch die ihm entstammenden Flüsse aufgebaut wurde und gegen die Shimabara-Bai teilweise durch einen schmalen Andesitzug abgeriegelt wird. Im Stadtgebiet von Kumamoto liegt die Fläche 20—30 m hoch. Von den sehr dicht besiedelten Ebenen heben sich die wenig bewohnten Vulkanhöhen ab, besonders fast die ganze Halbinsel, an deren Spitze der Hafen für beide Ebenen liegt.

Dieser ist auf dem Bahnweg von den Hauptstädten der beiden Ebenen rund 40 km entfernt. Dabei liegt die eine Stadt, Kumamoto, nur 10 km von der Küste entfernt an der Mündung des Shirakawa, des Hauptflusses der Ebene, Yatsushiro hingegen fast an der Küste im kleinen Delta des Kumagawa. Aber die beiden lassen keinen Hafen zu, da sie bei mittlerem Niedrigwasser nicht einmal 1 m Wassertiefe in ihrem weithin seichten Küstenwasser haben. Nur kleine Boote, die die beiden Golfe befahren und an vielen Punkten anlegen, haben hier Zutritt.

Wenn man der Bevölkerung dieser beiden Hinterlandsebenen noch die im Aso-Krater und die in dem Längsbecken des Kumagawa sitzende hinzurechnet, kommt man auf etwa $1\frac{1}{4}$ Millionen Menschen, für die Misumi das Seetor darstellt. Rein der Bevölkerung nach ist es also ein nicht so bedeutendes Hinterland wie das von Kagoshima. In der bewältigten Gütermasse wird sich der Unterschied noch größer erweisen. Darin spricht sich die wesentlich günstigere Großlage Kagoshimas, die viel bedeutendere Größe der alten Hafenstadt aus.

2. Hafengestaltung.

Die Uto-Halbinsel, an deren Spitze Misumi liegt, gehört zu der im ganzen sinisch streichenden nördlichen Randpartie von Südkyūshū. Sie würde zusammen mit der Doppelinsel Amakusa eine südwest-nordost streichende Barre vor die Yatsushiro-Bai legen und sie in ganzer Länge von der Shimabara-Bai trennen, wenn nicht um Misumi die Auflösung in ein Inselgewimmel statt gehabt hätte, die auf sich kreuzenden Brüchen verschiedener Richtungen beruhen dürfte. Gefaltete Schiefer und andere Sedimente der Kreide und des Alttertiär bauen zusammen mit Andesit diese meist 50 bis 200 m hoch aufragenden Inseln auf. Die im kleinen wechselnden Gesteine erhöhten zusammen mit den Angriffen des Meeres die Vielgliedrigkeit des Bildes. Kräftige Strömungen durchfegen die Engen mit Geschwindigkeiten bis zu 3 Knoten. Insbesondere windet sich ein Kanal, der 7 km lang und durchschnittlich $\frac{1}{2}$ km breit ist, mit Tiefen von 10—30 m quer hindurch. Am äußeren, zwischen steilen Wänden sehr eingeengten Ende desselben liegt auf schmalem Ufersaum Misumi. Nach einer nächsten Einschnürung weitet sich der Kanal bei Kiwasaki beckenartig zu einer von Inseln wohlgeschützten natürlichen Reede. Beide Städtchen wurden zu Häfen entwickelt und bieten ein Beispiel der Wandelbarkeit der Verkehrsverhältnisse. Die Bahn endigt in Kiwasaki, und gleich bei der Ankunft liegt uns die schöne Reede vor den Blicken, wir sehen auch eine 300 m

Fig. 13. Misumi-Kiwasaki.

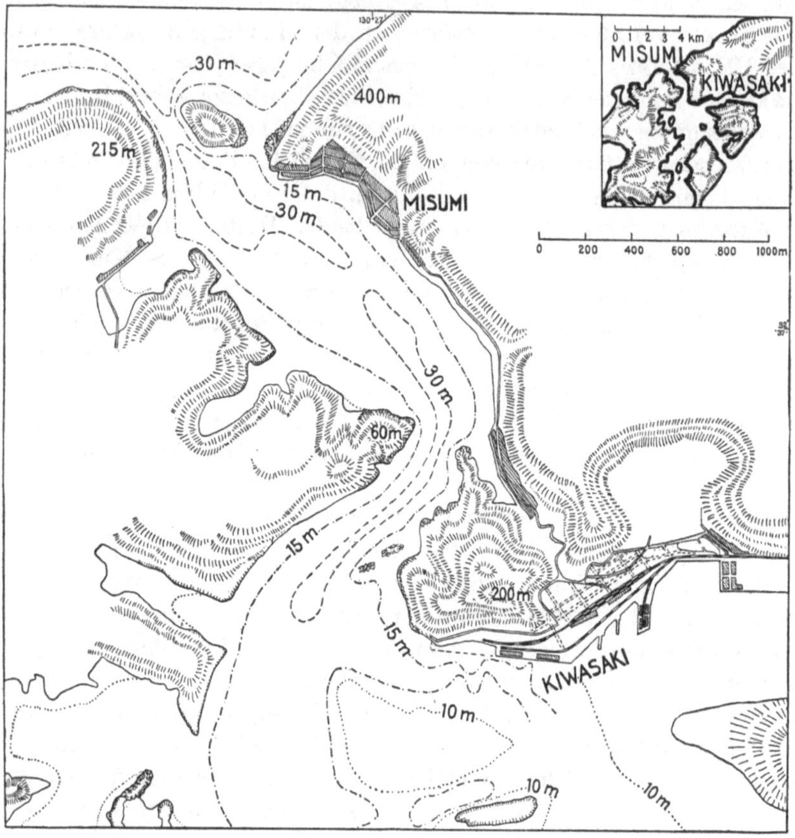

In der aufgelösten Spitze der Halbinsel Uto bildet ein schmaler, tiefgefurchter Sund den Ansatz für den Hafen, und zwar liegt Misumi gleich hinter dem nördlichen engen Eingang, beengt am Fuß eines Plateaus hingezogen, aber dicht bei größeren Tiefen, der jüngere Ergänzungshafen Kiwasaki am südlichen Ende an einer ausgedehnteren, von Inseln geschützten Reede.

lange Kaimauer errichtet und beim Bahnhofe einen Neulandstreifen für Lagerhäuser aufgeschüttet, da die Hügel hart an die Küste treten und kaum für Bauten Raum lassen. Wandert man über eine niedrige Anhöhe und weiter am Sund westwärts, so gewahrt man bald in der völlig getrennten Siedlung Misumi eine Reihe von 9—10 schönen Speichern und sieht das ganze Ufer am engen Kanal hin ausgebaut. Auch das Zollhaus findet man in Misumi, wo die Schiffe auf jeden Fall passieren müssen, das Hafenamt aber beim Bahnhof in Kiwasaki.

3. Geschichtliche Entwicklung.

Die Erklärung dieser Verhältnisse ergibt sich folgendermaßen. Vor der Eröffnung Japans hatte noch keiner der beiden Plätze einen Hafen von Bedeutung. Mit der neuen Zeit stellte sich das Bedürfnis ein, dem Reis der Ebene von Kumamoto einen bequemen Weg nach Tōkyō zu bahnen. Darauf wurde 1884—1886 eine Straße nach Misumi gebaut, am Rand der Stadt eine 700 m lange Kaimauer errichtet, eine Reihe großer Lagerhäuser angelegt, kurz dieser Platz zunächst als Hafen entwickelt. Durch den mitten im Eingang stehenden Inselpfeiler, an dessen steilen Kliffs sich die Brandung bricht, genoß es den besten Hafenschutz, und die räumlich sehr beengte Reede reichte damals noch aus. Dicht hinter der Insel liegt eine offenbar durch Auskolkung erzeugte Tiefe von 36 m, und bis an das Ufer von Misumi gehen Tiefen von 6 m, so daß keine Baggerarbeit nötig wurde. Auch galt es für gefahrvoll, die längere und von starken Tideströmen durchzogene Enge bei Kiwasaki zu passieren. Zudem hatte dieses am Ufer nur 2 m Wassertiefe, so daß ein Verkehr mit Leichtern erforderlich wird. Der nach dem chinesischen Krieg fühlbarere Aufschwung der Industrie und überhaupt der japanischen Wirtschaft ließ dann aber die Beengtheit des Hafens von Misumi nach der Wasser- wie der Landseite fühlbar werden. So wurde man 1896 auf Kiwasaki aufmerksam und nahm es als Endpunkt der Bahn in Aussicht, für den die örtlichen Verhältnisse von Misumi erst recht Schwierigkeiten gemacht hätten. Die Bahn wurde 1900 fertig. Räumliche Enge hat also den Hafen von Misumi in den Hintergrund gedrängt, und das rückwärtige Kiwasaki wurde nun zum Träger der weiteren Entwicklung. Pläne für fernere Landaufschüttung am östlichen Ende der Stadt bestehen hier. Der Hafen ist größten Schiffen zugänglich, da er, wenn auch nicht am Ufer, so doch in einem größeren Teil der Reede Tiefen bis über 12 m bietet. Den Verkehr vermitteln einige Dutzend Leichter.

4. Handel und Verkehr.

Die hauptsächlich von hier ausgeführten Waren sind einmal Zement von Yatsushiro, der sowohl nach dem asiatischen Festland wie nach den Hauptstädten Japans geht, sodann Reis von Kumamoto, der nach Tōkyō und Ōsaka befördert wird, dazu viele kleine Posten. Eingeführt werden Bohnen, Erbsen und namentlich Ölkuchen aus Korea und der Mandschurei, um als Dünger nach Kumamoto und anderen Punkten der näheren Umgebung befördert zu werden; dieser Bohnen- und Ölkuchen-Import erreichte 1928 den Wert

2,3 Mill. Yen. Auch sonstige Düngemittel kommen herein. Endlich sieht man noch Holz am Hafen gestapelt, das im Küstenverkehr von Nordjapan gebracht wird und mit der Bahn in eine Papierfabrik bei Yatsushiro gelangt; im Hafen wird es ins Wasser geworfen und dann an Land geschleppt. Über See vollzieht sich demnach der Verkehr, obwohl Misumi zu den dem Fremdhandel geöffneten Häfen gehört, nur mit den asiatischen Gegenküsten, vor allem mit Dairen, wobei Schiffe bis 5000 Tonnen auftreten. Fremde Schiffe kommen im Jahre 2 oder 3 hierher. Im Außenhandel überwiegt dem Werte nach bei weitem der Import, im Binnenhandel der Export (Reis, Zement). Der gesamte Außenhandel beläuft sich indes nur auf über 3 Mill. Yen.

Dieses Verkehrsbild erfordert eine ziemlich große Zahl verkehrender Schiffe. Denn nicht nur die des Inlandverkehrs, sondern auch die nach dem Festland gehenden sind klein. Vor allem gilt das von den Seglern; ihre Zahl beträgt über die Hälfte der Dampfer, ihre Tonnage noch nicht $^1/_{10}$. Im Jahre 1927 liefen 10 000 Schiffe mit 570 000 Tonnen ein; sie haben also eine ganz ähnliche Größe wie in Kagoshima.

Im alten Misumi ist der Frachtverkehr unbedeutend. Die Lagerhäuser stehen meist leer, sie nehmen nur noch kleinere Frachten von Salz u. a. auf. Im Personenverkehr ist Misumi der Überfahrtshafen nach Shimabara, Kuchinotsu, Kumamoto und sonstigen umliegenden Plätzen, selbst mit Nagasaki besteht regelmäßige Schiffsverbindung.

c) Nagasaki.

(Hierzu Figuren 14—17.)

Unter den zahllosen Ingressionsbuchten der mittleren Westküste von Kyūshū, wie sie sich bei der Küstenbetrachtung ergaben, hat nur eine einem eigentlich großen und allbekannten Hafen das Leben gegeben, die von Nagasaki. Daraus erhebt sich die Hauptfrage, was diesen Hafen vor den übrigen auszeichnet. Auch die Probleme seiner historischen Stellung, die ihn unter allen Häfen Japans heraushob, sind von der gleichen Grundlage aus zu behandeln.

1. Hinterland.

Das Hinterland wird fürs erste in hohem Maß durch die äußeren Küstenumrisse bestimmt. Vom Innenwinkel der tiefen Ingressionsbucht von Imari läßt sich zur Nordwestecke des Shimabara-Golfes eine kürzeste Linie ziehen, durch die vom Hauptkörper Kyūshūs die am meisten aufgelöste Halbinselregion des Nordwestens abgetrennt wird. Das Hauptglied bildet dann ein langes Rechteck, das von Hirado südostwärts einer der beiden tektonischen Richtungen folgt, die wir für Nord- und Mittelkyūshū als die einschneidendsten erkannten. Diese rechteckige Halbinsel war das Kernstück der alten Landschaft Hizen. Sie bildet wiederum den Rumpf für drei Halbinselglieder, die sich ihr im Süden an dem schmalen Isthmus von Isahaya anhängen. Die größte derselben folgt von der Nagasaki-Bucht nordwestwärts der gleichen Hauptrichtung und ist von der Haupthalbinsel durch den parallel gestreckten Golf von Ōmura geschieden. Die zweite, die man als Nagasaki-Halbinsel bezeichnen kann, läuft von Nagasaki in der anderen Hauptrichtung, der südwestlichen. Die dritte, die Shimabara-Halbinsel im Osten, zeigt nach Ogawa nicht nur diese beiden tektonischen Linien in ihrem Bau vereint, sondern dazu noch eine nordsüdliche und ostwestliche. Alle diese Glieder liegen als Landzeugen in einem durch Senkung entstandenen flachen Meeresbecken, das die westliche Fortsetzung der Depressionszone der Inlandsee bildet und von ihr durch das Vulkangebiet des Aso getrennt ist.

Bei so starken und mannigfachen Meereseingriffen wird der reine Küstenabstand schon sehr bestimmend dafür, welche Landesteile dem einen und anderen Hafen als Hinterlandsgebiete zufallen. Hieraus ergibt sich, daß alles, was nordöstlich unserer „kürzesten Linie“ liegt, mit den Häfen der Nordwestfront von Imari bis Moji in engerer Verbindung steht als mit Nagasaki; die große Ebene von Saga zum Beispiel liegt dem Hafen Fukuoka-Hakata näher und selbst dem Hafen Moji nicht ferner als der Nagasaki-Bucht. Das gilt auch noch von Teilen diesseits unserer Trennungslinie. Damit aber rücken wir fast an die Präfekturgrenze von Nagasaki heran; denn diese folgt nicht jener Linie, da sie in ihr kleine Siedlungskammern durchschneiden müßte, sondern sie liegt etwa in der Achse des großen Rechtecks von Hizen und befolgt mit dieser Anlehnung an ein auffällig siedlungsleeres Rückgrat wieder das Gesetz, das wir schon aus allgemeineren Beobachtungen über Japans innerpolitische Grenzen ableiteten.

Da nun die ganze Präfektur Nagasaki nur eine Bewohnerschaft von 1 165 000 besitzt, so tritt sie rein an Volkszahl schon hinter das Hinterland Misumis zurück. Dieses aber ist in seinen beiden Ebenen sehr geschlossen, während wir im Nagasaki-Ken vergebens eine größere Ebene als Hinterlandskern suchen (vgl. Tafel 29).

Damit kommen wir zum Relief. Die Shimabara-Halbinsel ist durch den 1500 m hohen Vulkankegel des Unzen beherrscht, auch die ganze Umgebung Nagasakis und größere Teile von Hizen sind zerschnittene Andesitplateaus, während weiter nach Norden an ihre Stelle Basaltkuppen und -tafeln treten, die sich aus Alttertiärflächen erheben. Eine Rumpflandschaft scheint hier von Basaltdecken übergossen worden zu sein, so daß sich im Großen der Eindruck zweier Ebenheiten ergibt. Durch diese Platten-, Hügel- und Berglandschaft windet sich die Hauptbahn, die in das Hinterland, nach Sasebo, Saga und Moji führt. Hart hält sie sich am östlichen und südlichen Ufer des Ōmura-Golfes, bei dem man sich an einen Gebirgssee versetzt glaubt; in langen Windungen muß sie, um in der Tiefe zu bleiben, seine südlichen Enden umziehen, die Spitzen von zwölf Riasbuchten berührend. Wenn auch die Erhebungen der so gekennzeichneten Landschaft meist zwischen 200 und 500 m bleiben, die Zerschneidung durch die überall nahe Erosionsbasis ist zu stark, um größere Verdichtung der Wohnplätze zuzulassen. So ist denn die Besiedlung der ganzen Präfektur fast nur ein Band um eine riesig lang gewundene Küste. Selbst an ihr fehlt dasselbe streckenweise, wie besonders am Westufer des Ōmura-Golfes. Auch werden Teilstücke oder wenigstens Punkte dieses Bandes noch dadurch von Nagasaki losgelöst, daß sie durch einen kleinen Hafen ihre eigene Verbindung mit dem Meer und der näheren Umgebung bewerkstelligen können, wie Shimabara und Kuchinotsu auf der Shimabara-Halbinsel.

Alle diese Momente führen zu dem Ergebnis, daß dem Hafen Nagasaki von seinem Hinterland aus die geringste Gunst entgegengebracht wird. Die Bevölkerungszahl des Ken, die sich als Hinterlandsgrundlage schon klein genug erweist, muß sich noch bedeutende Abzüge gefallen lassen, ja es bleibt im Grunde kaum viel mehr übrig als die Bevölkerung der Stadt selbst. In ihrer Umgebung schien mir der Anbau entschieden in größerer Höhe und an steileren Hängen hinauf entwickelt zu sein, als wie man es im allgemeinen in Japan zu sehen gewohnt ist. Auch das könnte, wenigstens teilweise, seine Begründung in der schlechten Verbindung mit dem Hinterland und mit Hinterlandsebenen finden, wodurch die schon seit Jahrhunderten stark angewachsene Bevölkerung der Stadt umso mehr darauf angewiesen war, den Nährboden der nächsten Nachbarschaft nach Möglichkeit in Anspruch zu nehmen.

2. Seeseitige Lage.

Die eigentliche Gunst Nagasakis beruht in der Lage zu näheren und ferneren Gegengestaden. Von ihr aus allein begreift sich sowohl die alte Größe der Stadt, die sie als Außenhandelszentrale aus der Gesamtheit japanischer Städte eigenartig heraushob, wie auch ihre heutige Sonderstellung unter den Häfen als eine Art „Port de vitesse". Nur wer Fusan als Pforte Koreas benutzt, findet in Shimonoseki den nächsten Brückenpunkt. Wer immer aber von Europa und Indien um Singapore kommend oder von den Malaiischen Inseln, von Kanton, Formosa, der Yangtse-Mündung und selbst von Nordchina her den japanischen Inseln zustrebt, dem ist kein Vorposten so naturgegeben wie Nagasaki. Denn Kagoshima liegt zu weit in seiner Bai, Misumi ist trotz seiner Vorsprungslage im Kleinen doch weit zurückgeschoben, Hirado durch Klippen zu sehr beengt. Nagasaki allein verbindet mit im ganzen vorgeschobener Lage die Bettung im tiefen und geräumigen Winkel einer Riasbucht. Zwischen den beiden fingerartigen Inselzügen sinischen Streichens, die den Raum der stärksten Ingression im großen umklammern, nämlich den Gotō- und den Koshiki-Inseln, ist recht in der Mitte noch ein kurzer Finger gleicher Richtung landverbunden vorgereckt, die Nagasaki-Halbinsel, durch die Härte der Glimmerschiefer ähnlich herauspräpariert wie die Finger beiderseits der Bungo-Straße. Es ist die große Naturmole, an deren Seite entlang die gleichgerichtete Bucht streicht, die hinter dem engen, klippenumstandenen Eingang an Flußmündungen Stadt und Hafen erstehen ließ. (Durch die Umrahmung mit Höhen von meist 200 bis 600 m genießt sie überdies nach allen Seiten Schutz gegen die Winde, besonders auch gegen die starken und kalten nordwestlichen des Winters.)

3. Geschichtliche Entwicklung der Stadt und des Hafens.

Der Name Nagasaki bedeutet zwar langes Vorgebirge, ist aber nicht, wie man daraus schließen könnte, nach der Natur der Örtlichkeit einer Siedlung in der Bucht beigelegt worden. Er bezog sich vielmehr zuerst überhaupt nicht auf eine solche, sondern nur auf ein Schloß oder gar nur einen Erbstamm als Besitzer des Schlosses. Dieses lag an einem Berg im heute südlichsten Stadtteil Nagasakis, der den Namen Ōura führt. Zu Kämpfers Zeiten sollen hier die steinernen Trümmer noch zu sehen gewesen sein[1]). Von diesem Geschlecht kam um 1400 der ganze Distrikt an das Haus Ōmura. An der Stelle des heutigen Nagasaki lag damals nur ein Fischerdorf, das nach seinem Hafen Fukae (langer Meerbusen) benannt war. Nunmehr aber wurde der alte Geschlechtername Nagasaki auf das Dorf übertragen.

Dieses wuchs bis zur Ankunft der Portugiesen schon zu einem

[1]) E. Kämpfer, a. a. O., II, S. 6.

Flecken an, „bis zu 23 Gassen" (Kämpfer). Doch von Hafen- und Handelsplatz konnte keine Rede sein. Danach ist es nicht verwunderlich, daß der Name Nagasaki noch 1568 auf der ersten abendländischen Spezialkarte von Japan, der Karte Dourados, fehlte[1]). In diesen Jahren begann jedoch an dem Platz das Leben, erweckt von den Portugiesen, von ihren Händlern und Missionaren zugleich. Erstere kamen von Hirado hierher auf der Suche nach einem besseren Hafen, die letzteren zur Errichtung einer ihrer Missionsstationen. Sie wurden nämlich vom Daimyō von Ōmura, in dessen Besitz der ganze Bezirk übergegangen war, begünstigt. Nachdem dieser selbst zum Christentum übergetreten war, übergab er ihnen den Platz, „damit sie hier ein festes Etablissement für ihre Nation, ihren Handel und Ausbreitung ihrer Religion haben möchten" (Kämpfer). So wird Nagasaki im Jahre 1571 zum erstenmal für das Abendland erwähnt und zwar in den Briefen des Missionars Vilela. Bald darauf, 1580, wußten die Missionare die getauften Japaner der Stadt zu einer Befestigung des Hafens zu bewegen, um ihre Niederlassung zu sichern. Da diese nun auch verbannte Christen an sich heranzog, wuchs ihre Bevölkerung rasch, und 1583 wird rühmend berichtet, daß sie in kurzer Zeit auf mehr als 400 Häuser angewachsen sei und zugleich der Hafen von Tag zu Tag mehr aufblühe[2]). Auch die Einnahmen aus dem Anlegen des portugiesischen Schiffes und der Dschunken sollen der Mission von dem Daimyō zugewiesen worden sein; der portugiesische Handel zog viele chinesische Schiffe in den neuen Hafen. Ferner kamen allmählich zur ständigen Einwohnerschaft solche Japaner, die nur eine Zeit lang hier Wohnung nahmen, wenn das Schiff von Macao angekommen war und monatelang im Hafen lag. Weiter erhielt die feste Bewohnerschaft einen wachsenden Zuzug aus verschiedenen Provinzen Japans, und es ist interessant zu sehen, wie noch im heutigen Stadtfeld und zwar unmittelbar im vordersten, küstennahen Teil des damaligen natürlichen Stadtgeländes eine Reihe von Straßennamen auftreten, in denen die Erinnerung an andere Städte und Provinzen Japans fortlebt; das sind diejenigen, aus denen die damaligen Zuwanderer kamen. So finden wir hier die Yedomachi, Hiradomachi, Ōmuramachi, Kagoshimamachi.

---

[1]) O. Nachod, Die älteste abendländische Manuskript-Spezialkarte von Japan, 10. Internationaler Geographenkongreß in Rom 1913, Rom 1915, S. 1383.

[2]) Nach freundlicher Mitteilung von Herrn P. Schilling aus einer portugiesischen Handschrift.

So war Stadt und Hafen schon aufgeblüht, als Hideyoshi im Jahre 1587 davon Besitz ergriff, sie zur Reichsstadt und zum Reichshafen erklärte und die Jesuiten aus dem Lande verwies. Diese hielten sich aber verborgen und übten zunächst noch ihren Einfluß aus. Als die ernsteren Verfolgungen begannen, wuchs die Bewohnerzahl weiter an durch Flüchtlinge. Für 1604 wird die Bevölkerung der Stadt auf 25000 angegeben[1]). Es wurde aus einem Eingangstor portugiesischer Händler und einer Hochburg der Jesuitenmission geradezu eine christliche Stadt und damit dem japanischen Leben am meisten entfremdet, bis das Christentum jäh im Blutbad endigte. Bei der endgültigen Vertreibung der Portugiesen war also Nagasaki eine große Stadt; im Jahre 1637 schildert sie der holländische Kaufmann Hagenaar[2]) also: sie habe bequeme Straßen, Kanäle und Holzbrücken, es gebe Lebensmittel im Überfluß und wohlhabende Kaufleute, und aus den übrigen Städten des Reiches kämen sie zur Zeit der Anwesenheit der portugiesischen Schiffe herüber zum direkten Handel. Noch bestimmter sind ein halbes Jahrhundert später Kämpfers Angaben, der bereits 87 „dichtbebaute und volkreiche Straßen" zählt und einen Plan beigibt. Auf diesem nimmt die Stadt ungefähr den ganzen tiefen Raum zwischen den beiden Tempelterrassen ein, die man im Norden und Süden unterscheiden kann (vgl. die Stadtanalyse weiter unten).

Mit der Vertreibung der Portugiesen 1637—39 war der Faden der Entwicklung nicht abgerissen; kurz darauf, im Jahre 1641, mußten die Holländer auf Veranlassung des Shōguns ihre Niederlassung in Hirado mit Nagasaki vertauschen, nachdem vorher ihr neues, stolzes Faktoreigebäude dort in Trümmer gelegt worden war. Da auch die Chinesen weiter zugelassen waren und ihren Handel noch bedeutend ausdehnten, blieb das Leben im Hafen rege. Kämpfer schrieb, daß man hier selten weniger als 50 japanische Barken und 30 fremde Dschunken sowie einige Hundert Fischereifahrzeuge sehe[3]). Nur verödete der Handel der Holländer in dem Maß, wie der chinesische Wettbewerb, der mit geringeren Spesen arbeitete, wuchs und in Japan selbst der Anbau der Seide sich ausbreitete, deren Beschaffung einen Hauptgegenstand des Holländer-Handels gebildet hatte. Dazu blühte neben dem regulären Handel ein übermäßiger Schmuggel

---

[1]) W. A. Woolley, Historical Notes on Nagasaki, Transactions of the Asiatic Society of Japan, vol. IX, Yokohama 1881, S. 134.

[2]) O. Nachod, Beziehungen, a. a. O., Beilage 47.

[3]) E. Kämpfer, a. a. O., II, S. 5.

Figur 14.
Nagasaki im Anfang der Abschlußperiode.

Die Stadt nimmt schon den größten Teil der heutigen Niederung, die auch jetzt den Kern der ganzen Siedlung bildet, ein. Davor liegt die künstliche Insel, heute von Aufschüttungsland umgeben.

Figur 15.
Nagasaki am Ende des 18. Jahrhunderts.

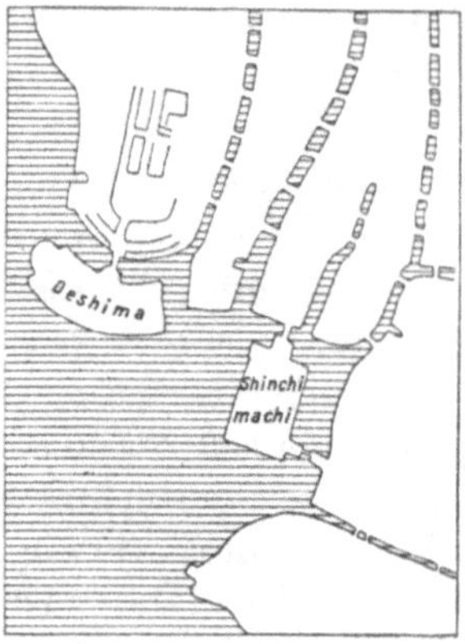

Die Holländer-Insel Deshima und die Chinesen-Insel Shinchimachi stellten die Türschwellen zur Außenwelt und Märkte des Außenhandels dar. Über die das Stadtfeld parallel durchziehenden Wasseradern führte eine große Zahl von Brücken.

von China her, wie Thunberg anschaulich schildert. Jedenfalls blieb Nagasaki durch die zwei Jahrhunderte des Abschlusses der einzige Platz des Fremdenverkehrs und -handels für das ganze Land und hatte darin seine Eigenstellung. Die offizielle Einwohnerzahl gibt Siebold für das Jahr 1826 zu 29127 an[1]).

Die bemerkenswerteste Veränderung aber, die bereits vor der Übersiedlung der Holländer vorgenommen worden war, ist die im Hafen aufgebaute Insel Deshima. Sie war eigentlich für die Portugiesen bestimmt, als der Haß gegen die Ausbreitung des Christentums sich schon dem Siedepunkte näherte, und wurde nunmehr das Quartier oder Gefängnis der Holländer. Nachod[2]) vergleicht diese Einrichtung

[1]) Ph. v. Siebold, a. a. O., II, „Im Jahre 1826", III. Abschn., S. 89.

[2]) O. Nachod, Beziehungen, a. a. O., S. 245.

mit den damals in Europa üblichen Juden-Ghettos. Sie stellt eine wichtige Etappe der räumlichen Entwicklung dar und ist noch heute im Hafenlandraum erkennbar, wenn auch durch weitere Phasen der Entwicklung verdeckt.

Von der damaligen Situation der Stadt und des Hafens geben die hier beigegebenen Skizzen ein Bild, die japanischen historischen Werken der Bibliothek in Nagasaki von mir entnommen wurden. Die erste (Fig. 14) stammt aus der frühesten Zeit, wenige Jahre nach dem Aufbau der Insel Deshima; sie zeigt, wie weit der heutige alte Kern der Stadt damals entwickelt war, gibt ferner mit der gestrichelten Linie die rückwärtige Grenze der Stadt und vor der Stadtfront die Insel Deshima an. Die zweite (Fig. 15) stammt vom Ende des 18. Jahrhunderts und zeigt außer Deshima die Chinesen-Insel und eine große Zahl von Brücken in der Stadt. Eine Karte aus dem Jahre 1802, die ich aus der schönen Sammlung des Herrn Bagrow in Berlin kopieren konnte, ergibt genau das gleiche Bild und ist daher hier nicht reproduziert.

Der Name Deshima bedeutet Vorinsel. Sie war dem Hauptstadtteil künstlich vorgebaut und zwar durch Steinbefestigung einer bei Ebbe trocken laufenden Stelle. Die Front der Stadt und ihre parallelen Straßen verliefen konvex gegen den Hafen, und die Insel wiederholte die Biegung in etwas abgeschwächtem Maß. So nahm sie die Gestalt eines Fächers an, der 2—3 mal so lang wie breit war. Kämpfer gab ihr eine Länge von rund 600 und eine Breite von 240 Fuß. Auch Richthofen, der sie noch bald nach der Wiedereröffnung sah, bezeichnet das Ganze als kaum größer denn eine preußische Kaserne. In der Mitte der inneren Längsseite verband sie eine Brücke mit der Stadt. Wie die ganze Bucht von Wachtposten und Bastionen begleitet war, so befanden sich auch auf der Insel drei Wachthäuser, je eines an beiden Enden und in der Mitte, und in der Nacht kreuzte um sie eine Hafenwache. Sie enthielt ferner 24 einfache japanische Holzhäuser, in denen die Holländer wohnten, ein Verkaufshaus, zwei feuersichere Vorratshäuser, ein Haus für die japanischen Beamten, die die Aufsicht über den Handel führten, ein Haus für die Dolmetscher, eine Badestube, einen Waschplatz, einige Gärten, einen Platz für den Aufbau von Kramläden bei Anwesenheit der Schiffe, einen Richtplatz für die Schleichhändler[1]). — Ähnlich war ein Chinesen-Viertel durch Aufschüttung gebildet worden, mit Speichern versehen, durch Wasser

---

[1]) E. Kämpfer, a. a. O., II, S. 75ff., hier auch eine Abbildung der Insel S. 73.

isoliert und durch Brücken mit der Stadt verbunden. Es lag östlich von Deshima und bildete ein Viereck von ähnlicher Flächengröße. Beide Inseln standen mit ihrer Längsachse im rechten Winkel zueinander und formten so eine kleine Bucht, in der sich Schiffe und Boote aufhalten konnten. Die Chinesen-Insel ist das heutige Shinchimachi, das jetzt hauptsächlich chinesische Geschäfte und Wohnungen enthält.

An die Holländer-Insel erinnert außer dem Namen Deshimamachi nur noch eine Gedenktafel in dem Viertel, das im übrigen durch ringsum vollzogene Aufschüttungen in den Hafenlandraum eingefügt ist. Auch scheint mir die einstige Insel um eine Kleinigkeit höher als das jünger aufgeschüttete Land zu liegen.

Stärker und eindrucksvoller treten uns die Erinnerungen an diese seltsam große Zeit in der Bibliothek der Stadt entgegen: in vielen Büchern historischer Art, niederländischen Lexiken, einer Skizze, die den Durchschnitt durch das Innere eines holländischen Schiffes zeigt, Bildern von dem Leben und Treiben mit den Frachtgütern in Deshima, Bildern der christlichen Kirchen und der christlich-japanischen Episode. Kämpfer und Siebold haben in der Stadt ihre Denksteine.

Die nach der Mitte des vorigen Jahrhunderts einsetzende neue Zeit kam zunächst Nagasaki zustatten. Das kann nicht wundernehmen; die Stadt hatte die Tradition für sich. Kaum hatte die Regierung begonnen, das Land wieder mit der Außenwelt in Verbindung zu setzen, da stand Nagasaki unter den ersten fünf Häfen, die geöffnet waren und in denen entsprechende Maßnahmen ergriffen wurden. Schon im Jahre 1855 wurde hier unter holländischen Lehrern eine Marineschule[1]) errichtet (der 1857 eine zweite in Tōkyō folgte). Es entstand das Fremdenviertel im südlichen Teil der Stadt, zwischen Ōura und Shinchimachi; felsige Hänge wurden hier an der Küste abgestochen, um einen schmalen Siedlungsstreifen zu gewinnen. Besonders aber setzten sich die chinesischen Kaufleute hier fest, aus Kanton, Ningpo, Tschifu und anderen Plätzen; „einige haben sich prächtige Wohnhäuser gebaut“ (Richthofen 1871). Als Bewohnerzahl gab Richthofen damals 60000 an. Auch hatte Nagasaki zunächst mit seinem von Natur so trefflichen Hafen einen großen Vorsprung, da alle die Häfen, von denen es später überflügelt wurde, erst viel umfangreichere und kostspieligere Arbeiten zu ihrem Ausbau erforderten.

---

[1]) R. Goto, Die japanische Seeschiffahrt, a. a. O., S. 15—16.

Doch wurde sein Vorzug in dieser Richtung in der Folge ständig kleiner in dem Maß, wie die Größe der Schiffe wuchs und bessere Liege- und Abfertigungsmöglichkeit erforderte. So blieb mit der Zeit dem Hafen trotz seiner herrlichen Naturbucht die Landaufschüttung und Baggerung in größerem Ausmaß nicht erspart.

Das fehlende Hinterland und die vorgereckte Lage machte Nagasaki immer ausgesprochener zum bloßen Anlaufhafen und zugleich zum Personenverkehrshafen. Die von Ōsaka und Kōbe kommenden oder die dorthin strebenden Dampfer passieren es und nehmen kurzen Aufenthalt. Hierzu lockte noch speziell die Möglichkeit der Kohlenübernahme. Denn Nagasakis nähere Umgebung nimmt bereits an den alttertiären Kohlenlagern Nordkyūshūs teil. Auf der kleinen Insel Takashima, die im Südwesten 15 km entfernt liegt, befinden sich Kohlenminen. Doch sind sie in den Tiefen, in denen der Abbau noch lohnt, schon erschöpft. Jetzt wird einige Kohle mit kleinen Booten von Miike nach Nagasaki geholt für die wenigen Dampfer, die hier bunkern. Im Jahre 1911 erlebte ich selbst den für Nagasaki typischen Vorgang des Bunkerns im Handbetrieb an dem großen Dampfer, mit dem ich landete. Auch jetzt gibt es keine maschinellen Einrichtungen dafür. Sie wurden nicht nötig, da sich inzwischen nicht nur Miike, sondern ebenso das an der Durchfahrt gelegene Moji zum großen Bunkerhafen entwickelt und mit bequemen Einrichtungen dafür versehen hat. Hinzu kommt, daß ein Anlaufen von Häfen um so weniger mehr lohnt, je größer die Schiffe werden, reine Anlaufhäfen daher mehr und mehr ausgeschaltet werden. So war Nagasaki schon vor dem Krieg auf die fünfte Stelle unter den Häfen Japans gesunken, und heute steht es schon hinter Nagoya, dem jüngsten Emporkömmling unter den größeren Häfen, zurück.

Was Nagasaki jetzt noch bedeutet, verdankt es wohl folgender Reihe von Umständen. Einmal spielt, und zwar neuerdings in steigendem Maß, der Verkehr mit China und der Südsee, für den Nagasaki die relativ günstige Lage hat, eine besondere Rolle. Sodann verfügt es über alteingeführte gewerbliche Betätigung seiner Bevölkerung und speziell einige Großunternehmungen wie die der Baumwollspinnerei und noch mehr der Mitsubishi-Werften. Weiter ist es als Fischereihafen durch die Nähe der fischreichen Gewässer bevorzugt. Schließlich hat es die eigene große Bewohnerzahl, die es mit jetzt über 200000 an die neunte Stelle unter allen Städten des Landes rückt. Nagasaki gilt als Pensionopolis und ist hierfür durch den Glanz seiner Lage und Umgebung sowie die Gunst des Klimas gut geeignet. Auch wird für

Schulen und Bildung sehr gesorgt und bewußt die Geschichte und die Schönheit der Stadt gepflegt, die es zum bevorzugten Ziel des Verkehrs von Einheimischen und Fremden macht. So ist die Stadt heute relativ stark in der Richtung eines Konsumplatzes entwickelt, der aber weniger eigene wirtschaftliche Aktivität entfaltet.

4. Hafenbucht.

In der unter das Meer gesenkten Bruchregion von Westkyūshū haben wir schon die zwei sich kreuzenden Hauptrichtungen herausgestellt, die annähernd SW—NO und NW—SO verlaufen. Sie sind auch um Nagasaki deutlich wirksam. Hinzu scheint als dritte die S—N-Richtung zukommen. In ihr streicht eine tiefe Depression durch das Nagasaki umgebende vulkanische Berg- und Hochland bis zum Becken der Ōmura-Bai, wie nördlich von diesem sich in gleicher Richtung eine Senke fortsetzt und ebenso die hohe Ostküste der Bai diesen Zug verrät. So wird man an die Tektonik der nahen Shima-

Fig. 16. Lageskizze von Nagasaki.

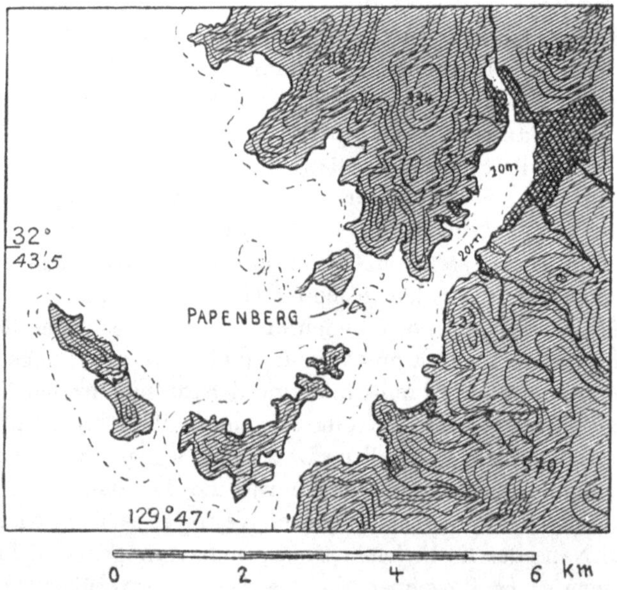

Die Hafenbucht von Nagasaki bildet den inneren Teil einer größeren auf sich kreuzenden Bruchlinien beruhenden Ingressionsform. Höhen von mehreren 100 m aus andesitischem Felsgestein umgeben sie und weichen nur im Hintergrund breiteren Mulden und Ebenen um Flußmündungen, über die sich die Stadt breitet. Nahe an sie heran kommen natürliche Tiefen von 10 m.

bara-Halbinsel mit ihren vier Richtungen erinnert, wie sie Ogawa entziffert hat. Unter allen hier eingreifenden Ingressionsbuchten ist die von Nagasaki die längste und geschlossenste, eine schöne, mit Seitenzipfeln versehene Riasbucht von 4 km Länge und einer Breite, die am Eingang den geringsten Wert von ½ km, bei der Stadt den höchsten von 1¼ km erreicht. Die hiervon als Hafen genutzte Wasserfläche bleibt nördlich der beiden Eingangsverengungen und beläuft sich auf über 1000 ha, stellt also eine völlig ausreichende, aber auch nicht zu große Reede dar. Der Raum zwischen den beiden Eingangsengen wird schon als äußerer Hafen aufgefaßt. Die Hauptachse der Bucht folgt der südwest-nordöstlichen Richtung ebenso wie der sie flankierende Rücken der Nagasaki-Halbinsel, der bis über 500 m Höhe aufweist. Sie besteht an der eigentlichen Bucht entlang aus festem andesitischem Material, weiter draußen aus Glimmerschiefer. Die Westseite der Bucht wird im äußeren Teil aufgelöst in einen schmalen von der Brandung wild zerrissenen Inselzug; wo diese Auflösung beginnt, ist die breiteste und tiefste Öffnung, die den Vorhof zur Nagasaki-Bucht bildet und durch zwei Leuchtfeuer markiert ist.

In ihren Tiefen zeigt die Bucht das Verhalten der ertrunkenen Talenden: sie nehmen sehr gleichmäßig vom Hintergrund nach außen zu, so daß sich die Isobathen von Meter zu Meter in sehr einfachen Kurven ziehen lassen. In mindestens $^2/_3$ der Hafenwasserfläche herrscht eine Tiefe von mehr als 10 m.

Die an der Bucht gegenwärtig arbeitenden Kräfte sind Flüsse, Gezeiten und Brandung. Die Flüsse beladen sich infolge der bedeutenden Niederschläge und der schroffen Hänge reichlich mit Material, und so ist die Schuttzufuhr im Hafen groß. Im Hintergrund mündet von Norden der größte Fluß, der die meridionale Senke benutzt und in dessen Tal auch die Bahn nach Ōmura läuft. Der ursprünglich breite und durch die natürliche Anschwemmung schon sehr seichte Mündungszipfel konnte zum größten Teil in Neuland verwandelt werden. Ein kleineres Tälchen kommt von NNO, ein drittes von O herein, alle im Hintergrund der Bucht. Die beiden letzterwähnten vereinigen sich kurz vor der Mündung in die Bucht und betten die Stadt. Auf der Westseite kommen nur kurze, steile Schluchten von dem hier unvermittelt zu 2—300 m ansteigenden Höhenzug. Ihre in der Bucht ertrunkenen Mündungen bringen aber eine Gliederung dieser Seite des Hafens hervor, die wichtig wird für die darin gelagerten Siedlungen (Akuno Ura) und die hier entstandenen industriellen Werke.

Die Gestaltung der schmalen Ingressionsbucht mag verstärkend auf den Tidenhub wirken. Jedenfalls erreicht er im Hintergrund den beträchtlichen Wert von durchschnittlich 3, im Maximum $3\frac{1}{2}$ m. Doch kommen die Gezeiten als ausräumende Kraft nicht gegen die starke Sedimentführung des im Norden mündenden Flusses an. Daher muß im eigentlichen Hafen, speziell dem wichtigsten, bei der Stadt gelegenen Teil, gebaggert werden. Immerhin ist die Baggerung nicht bedeutend. Die künstlichen Aufschüttungsflächen sind im nördlichen Teil Nagasakis schon so weit vorgetrieben, daß unmittelbar vor ihnen die natürlichen Tiefen des Hafens 5—6 m betragen.

Dagegen scheinen die Gezeitenströme am Ausgang der Bucht einige Wirkung zu entfalten. Denn auf den mit Lotungen dicht besäten Seekarten kann man wahrnehmen, daß an den beiden Stellen der Verengung die Tiefen lokal um 3—5 m zunehmen, während bis dahin die Zunahme sehr gleichmäßig nach außen erfolgt.

Die steilen Kliffwände an den Felsvorsprüngen im inneren Teil der Bucht sind tot. Aber vor derselben, in der Region der zerrissenen Inseln, unterliegen die Vorsprünge zum Teil starkem Brandungsangriff, während in den Zipfeln der kleinen Buchten selbst unbedeutende Flüßchen Anschwemmungen hervorrufen. Steil erhebt sich hier wie ein Wahrzeichen der Einfahrt der runde, malerische Inselpfeiler Takaboko zu 75 m Höhe; es ist der Papenberg der Holländer, bei dem sich die abfahrenden Schiffe versammelten. Er mildert durch seine ausgezeichnete Form die Ungunst der Einfahrt. Im ganzen war nämlich das immerhin enge, gewundene und von vielen Klippen flankierte äußere Fahrwasser zur Zeit der Segelschiffahrt keineswegs ideal, sondern nach Kämpfers Worten „selbst den befahrenen Seefahrern gefährlich."

Dagegen bietet die Bucht gerade in ihrer etwas gewundenen Form und ihrer Schmalheit sowie in der allseitigen Umrahmung mit Höhen von 200 bis 600 m einen hervorragenden Windschutz. Nur aus einem sehr kleinen Ausschnitt der Rose kann der Wind genau in der Längsachse streichen und das Wasser der Bucht stärker bewegen. Die stärksten Winde kommen aber weniger aus dieser, mehr aus südöstlichen Richtungen. Am häufigsten weht der Wind aus dem nördlichen Quadranten. Auch die mit den Tiden verbundenen Strömungen bereiten keine Schwierigkeit, da sie abgesehen vom engen Eingang schwach bleiben.

Fig. 17. Nagasaki, Stadt und Hafenbucht.

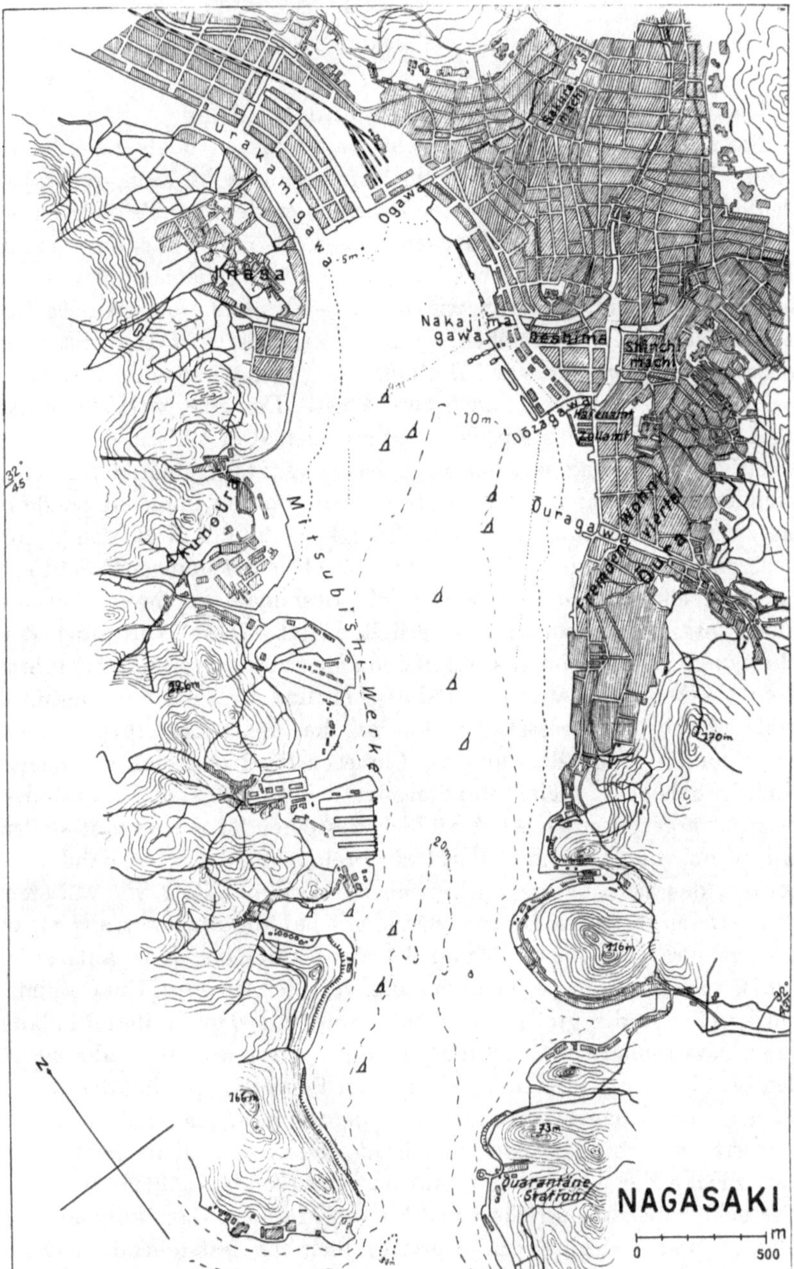

Von der alten, breiten Stadtmulde hinter der Holländer-Insel Deshima und der Chinesen-Insel Shinchimachi wuchs die Stadt unter Vorbau von Neuland, einerseits als Wohnstadt am südlichen Buchtrahmen hin nach außen und in die südlichen Seitentäler, andererseits mehr mit Industrieanlagen im Norden in das Urakami-Tal sowie an der anderen Buchtseite auf Neulandflächen (Werften). Auch sind die Tiefen von 9 und 10 m durch Baggerung an die Hauptwasserfront um Deshima herangezogen worden.

5. Hafenlandraum und Neuland.

Trotz der trefflichen Naturbucht Nagasakis ist doch die künstliche Veränderung, die wir im Hafensaum beobachten, recht bedeutend. Schon die vielen glatten Umrißlinien der zum Teil in rechten Winkeln vorspringenden Flächen zeigen es und zwar auf beiden Buchtseiten. Deutlicher aber werden die Ansatzflächen, vor allem in ihrer Ausdehnung, wenn wir von unseren oben erörterten Karten der Tokugawa-Zeit ausgehen. Denn in diese selbst fallen erst zwei Aufschüttungen, die von Deshima und Shinchimachi. Zwischen beiden mündeten damals noch zwei Flüsse. Der eine, westlichere, ist als solcher heute im Stadtbild verschwunden. Der andere, der breite, wichtige Nakajimagawa, der noch jetzt das Stadtgebiet durchzieht, mündet nicht mehr bei der Nordwestecke von Shinchimachi, sondern ist zwischen Deshima und dem Stadtkern hindurch in den nördlicheren Teil des Hafens, der wegen der Seichtigkeit weniger Bedeutung hat, abgeleitet, während das Ostende Deshimas eine breite Verbindung mit Nishihamanomachi erhalten hat. Diese Verlegung der Mündung des Nakajima wurde in den achtziger Jahren durchgeführt. Weiter sehen wir inzwischen südwestlich und westlich von Deshima große Flächen angesetzt, so daß an die Stelle des Buchtwinkels zwischen der Holländer- und der Chinesen-Insel nun bloß der rechtwinklig gebogene breite Mündungslauf eines nächsten Flusses, des Dōzagawa getreten ist. Auch südlich desselben ist vor die mit steiler Kliffwand vorspringenden Berge ein breites Band von Neuland vorgebaut, das sich jenseits einer nächsten Flußmündung vor weiteren Steilwänden fortsetzt. Hier im Süden geschah die Aufschüttung sogar noch früher, gleich nach Beginn der Meiji-Aera, und hier fällt sie in den Bereich der Fremdenniederlassung, des „Settlement“. Um Deshima hingegen sind die großen Neulandgebiete mit den breiten Flußkanälen dazwischen zum echten Hafenlandraum geworden; während in den bis über 40 m breiten Wasserbecken Boote liegen, sind die Landflächen von Anlagen eingenommen, die mit dem Hafen direkt oder indirekt in Verbindung stehen. Direkt sind es vor allem die Reihen und Blöcke der Lagerhäuser, die nach Dutzenden zählen. Sie sind einstöckig, aus Holz errichtet und bis zu 80 m lang. Dazu kommen die offenen und gedeckten Lagerplätze, mehrere feststehende Kräne, weiter die Zoll- und Hafenbehörden, Kontore von Schiffahrtsgesellschaften und schließlich eine Anzahl Konsulate und japanische Banken. Die ganze Kaifläche südlich der Mündung des Dōzagawa ist Zollhausbereich, enthält hierfür besondere Lagerhäuser und im Hintergrund das Zollamt. Ebenso ist nördlich von Deshima die Aufschüttung fortgesetzt und zwar erst neuerdings; auch hier finden sich unter anderm Bauten, in denen Hafenbehörden und ähnliches untergebracht sind. Auch das alte Shinchimachi, immer noch auf drei Seiten von Wasser umgeben, mit chinesischen Geschäften und Speichern versehen, kann zum Hafenlandraum gerechnet werden. Die in der Gegenwart für den Außenhandel wichtige Strecke ist die, welche um das Westende von Deshima zwischen den beiden Flußmündungsbecken liegt. Hier wurde erst noch nach dem Weltkrieg eine neue Verbreiterung um 45 m auf über 400 m Länge hin vorgenommen und mit hoher Kaimauer versehen. Mehrere größere Schiffe, wie sie im Verkehr mit China auftreten, entweder 3 von je 5000 Tonnen oder (wie in Fig. 17 angedeutet ist) 2 von 8000 Tonnen können hier gleichzeitig anlegen. Vorher mußten alle Schiffe solcher Größe auf der Reede ankern, wie es für die noch größeren auch heute der Fall ist und an einer Reihe von Bojen in der Mittellinie der Bucht geschieht. Einige von diesen sind für Dampfer von mehr als 15000 Tonnen bestimmt. Über 500 Leichter stehen zur Verbindung der Schiffe mit dem Hafenlandraum zur Verfügung.

Da Nagasaki vor allem Personenverkehrs- und Auswandererhafen ist, so sind hierfür vorzügliche neue Einrichtungen auf dieser Kaistrecke geschaffen worden: ein bequemer, über 300 m langer, fester Landungspier nebst Landungshallen, Lager- und Warteräumen und einem neuen Hafenbahnhof, dazu noch zwei kleine Schwimmbrücken. Auch sonst gibt es im Hafen eine Reihe kleinerer Schwimmbrücken, die größtenteils aus Holz bestehen.

Große Neulandflächen finden wir endlich ganz am Nordende der Hafenbucht. Hier ist die breite, ertrunkene, von Natur schon seicht gewordene Mündung des Urakamigawa in gerader Ostwest-Linie abgeschnitten, so daß der Hafenwasserraum eine scharfe Grenze gegen Norden findet, und der größte Teil des Bettes ist am östlichen Ufer hin in Neuland verwandelt. Etwas scheint hier schon in der Tokugawa-Periode ausgeführt zu sein. Aber die weitaus größte Landgewinnung brachte erst die neue Zeit, besonders seit Mitte der achtziger Jahre.

Diese geradlinige Nordbegrenzung sehen wir ganz dem Fischereihafenbetrieb dienstbar gemacht. Die Fische werden auch in Menge mit der Bahn nach Ōsaka und Tōkyō versandt. Daher ist es günstig, daß die Bahnhofsanlagen sich unmittelbar nordwärts anschließen, die Eisenbahnwagen also von dieser Uferstrecke aus beladen werden.

Darin hat Nagasaki ziemlich erhebliche Bedeutung. Eine 65 m lange Halle steht hier unmittelbar am Kai, vor dem dichtgedrängt die großen Fischerboote liegen. Eine zweite Halle ist 50 m lang und doppelt so breit wie die erste. Um die Hallen liegen Haufen von Fischkisten, Fässern und Zinnbüchsen. Fischversandfirmen begleiten die Straße. Auf ihr und an den Hallen drängen sich Buden und Karren mit Speisen, Obst und Erfrischungen. Hinter diesen Landanlagen der Fischerei folgt auf dem Neuland der ausgedehnte Bahnkörper. Im Güterbahnhof sieht man außer den Fischversandwagen und den Stapeln von Fischkisten namentlich große Kohlenlager, aber sonst keine besonderen Warenstapel. Nördlich des Bahnhofs folgt in dem Neuland der Flußmündung ein großes Schachbrett von Straßen, in das auch zum Teil breite Kanäle vom Fluß und Hafen her führen. Hier ist Industriegelände entwickelt worden. Vor allem sieht man Sägereien mit ihren ausgedehnten Holzstapeln auf den Lagerplätzen des Landes und in Kanälen, sodann die große Baumwollspinnerei. Die Holzindustrie steht besonders im Dienst der Mitsubishi-Werft.

Auf der Westseite der Hafenbucht ist im Norden der Stadtteil Inasa von einer langen Uferstraße begleitet, an der unter anderem einige Eisfabriken für die Fischerei stehen, von denen das Eis in Röhrenleitungen maschinell in die Fischerboote gelangt. Daran schließt sich das Hauptquartier des Festungskommandanten. Endlich folgen mit etwa 3 km Wasserfront die gewaltigen Werft- und Dockanlagen der Mitsubishi-Werke mit zugehörigen Wohnquartieren, alles um die hier in mehreren Bastionen in die Bucht vorspringenden Höhen herum in die Buchtzipfel hineingezogen; zum Teil sind auch hier erst Aufschüttungsflächen vorgesetzt, die größte etwa gegenüber dem Stadtteil Ōura. Diese Anlagen der Mitsubishi-Werft gehören zu den größten in Ostasien.

6. Stadtlandschaft.

Der im ganzen nur eine schmale Zone bildende Hafenlandraum geht rückwärtig in langer Linie in den Hafensiedlungsraum über. Es wirft sich zunächst die Frage auf, welche natürlichen Landschaftselemente sich für diesen darbieten. Mehrere kommen dafür in Betracht. Zunächst sind noch Bestandteile des künstlich aufgeschütteten Landes daran beteiligt, zum Beispiel vor allem im Süden in dem hauptsächlich als Wohnviertel und zwar in vorwiegend europäischem Stil entwickelten „Settlement". Dazu kommen die natürlichen Talausgänge, vor allem der größte unter ihnen, der im Nordosten der Hafenbucht etwa von der Insel Deshima sich landeinwärts zieht. Endlich sehen wir auch die Steilhänge der Andesithöhen in die Stadtlandschaft einbezogen und zwar längs der Talausgänge und an den zwischen ihnen sich vorschiebenden Bergbastionen.

Die Probleme liegen darin, wie die Siedlung von diesen Gegebenheiten Gebrauch gemacht hat, das heißt in welcher zeitlichen Folge, unter welchen Anpassungserscheinungen in der Grundrißanlage und in welcher Verteilung der wirtschaftlich und physiognomisch verschiedenen Bestandteile der Stadt.

Den Rahmen der Siedlung bilden durchaus die Höhen, die sich auf allen Seiten erheben, zum Teil unvermittelt zu 100 m und mehr, zum Teil von Vorstufen begleitet. Sie tragen mit ihren rundlichen, kopfartigen Vorsprüngen, mit ihren schroffen Formen und ihrer dunklen Farbe am meisten zum charakteristischen und wechselvollen Bild der Stadt bei, namentlich da, wo diese an ihnen hinaufkriecht. So erhält Nagasaki ein amphitheater-ähnliches Stadtbild wie mediterrane Küstenstädte. In keiner anderen Seestadt Japans sah ich die Siedlung so hoch und steil an den Hängen hinaufgezogen. Es fehlt eben unten an Siedlungsraum trotz der Neulandaufschüttung. Auf einer Strecke südlich der Mündung des Dōzagawa zieht sich eine geradezu senkrecht abgeschnittene Wand an der Küstenstraße entlang. Auch sonst haben die Vorsprünge vielfach steilste Hangstrecken, teils vom natürlichen Fels, teils in Terrassenform aus Andesitblöcken ausgemauert. Sie durchbrechen zugleich die sonstige Monotonie japanischer Küsten- und Niederungsstädte und ergeben, von der See wie von den Höhen gesehen, mit den übereinanderliegenden Häuschen und Tempeln überaus malerische Bilder.

Unterbrochen ist der steile Höhenrahmen nur durch einige tiefeingeschnittene Täler. Zwei große Talausgänge sind es, in die sich im Hintergund die Hauptbucht verzweigt, ein nördlicher und nordöstlicher. Jener bildet die ausgeweitete Mündung eines einzigen Flusses, des Urakamigawa, während in diesen sich mehrere ergießen. Daß nicht die nördliche Talweitung zum Ansatz der eigentlichen Hafensiedlung wurde, als diese nach Ankunft der portugiesischen Händler ihre Entwicklung begann, hatte seinen Grund offenbar in der starken Verschlammung gerade dieses Teiles. Dagegen kam an den zweiten Talausgang, speziell an die Mündung seines größten Flusses, des Nakajimagawa, die Isobathe von 10 m nahe heran.

Als Flußläufe in dieser größeren Talmulde zeigt uns die Karte vom

Ende des 18. Jahrhunderts (Fig. 15) drei, die parallel aus NNO kommen, und dazwischen einen verkümmerten vierten. Der östliche davon ist nur ein Zufluß zu dem Dōzagawa, der aus einem Talzipfel von SO kommt, in den sich die heutige Stadt auch noch hineingezogen hat. Endlich ist ganz im Norden ein kleiner selbständiger Fluß zu sehen, der von Osten kommt und, wie sich zeigen wird, die Gliederung des Stadtgrundrisses mitbestimmt (er würde etwa in der Nordwestecke der Skizze münden). Weiter kommt eine ganz kurze Ader südlich der Chinesen-Insel von Südosten heraus. Schließlich ist jenseits des Südrandes der Skizze noch wichtiger ein größeres Flüßchen aus der gleichen Richtung, der Ōuragawa, der den alten Stadtteil Ōura durchzieht, das spätere Settlement quer durchschneidet und heute auch noch weiter landeinwärts einen Stadtzipfel zeigt.

So erhalten wir fürs erste ein echt japanisches Stadtbild, insofern nächst der Küste die Wasseradern einen wesentlichen Bestandteil seiner Physiognomie bilden.

In diese Flüßchen mit ihren durchweg breiten Mündungsschläuchen dringt die Gezeitenflut ein. Bei dem beträchtlichen Hub von 3 m laufen sie in der Ebbtide ganz aus. Sie erfordern zahlreiche Brücken, da sie das Stadtfeld der Länge nach durchmessen. Kämpfer zählte deren schon 35, von denen 20 aus Stein und 15 aus Holz erbaut waren. Die heute noch reichlicher vertretenen Steinbrücken, die Nagasaki unter japanischen Städten auszeichnen, kann man wohl auf die geschilderte alte Berührung mit China zurückführen; Richthofen[1]) äußerte solche Vermutung mit Bezug auf Steinbrücken, die er weiter südlich in Kyūshū traf.

Die Hauptader unter allen ist der Nakajimagawa, über den die meisten Brücken von den in kurzen und gleichen Abständen aufeinanderfolgenden Querstraßen ziehen, heute alle aus Stein erbaut. Er erhält weiter rückwärts schon innerhalb des Stadtgebietes beträchtliches Gefälle, und sein Bett ist hier 6—8 m tief eingeschnitten. Um ihn sehen wir schon gleich nach Beginn der Holländerzeit ein sehr regelmäßiges Gitterwerk von Längs- und Querstraßen entwickelt. Als Grund dafür erweist sich die im unteren Teil breite, flache Talmulde, die unter dem heutigen Häusermeer deutlich verfolgbar ist. Sie endigt im Osten hart an einer Linie, auf die wir bei Untersuchung der Terrassen im Stadtbild noch zurückkommen. Auch die Hauptlinie der elektrischen Bahn folgt dieser Muldenachse, und der zugehörige

[1]) F. v. Richthofens Aufenthalt ..., a. a. O., S. 165.

Straßenzug muß, obwohl wir ihn leider nicht einheitlich benennen können, weil er in den einzelnen Abschnitten verschiedene Namen führt, als eine der beiden Hauptstrukturlinien im alten Kern angesprochen werden. Daß sie nicht die einzige Strukturlinie darstellt, ist darin begründet, daß diese Flußmulde nicht etwa identisch ist mit der Gesamtmulde des alten Stadtfeldes. Diese, wie wir sie zwischen den nördlichen und südöstlichen Randhöhen auf den ersten Blick einheitlich liegen sehen, erweist sich vielmehr bei genauerer Beobachtung der Höhenverhältnisse untergeteilt durch einen Längsrücken. Er bildet den Restbestandteil einer niederen Terrasse, von der weitere Teilstücke rings an den Hängen zu verfolgen sind; nur sind seine Kanten nicht so scharf wie die der randlichen Terrassenstücke. Am deutlichsten sieht man in der Umgebung des Stadtamtes, daß man sich auf der schmalen Höhe des Rückens befindet. Hier läuft die Sakuramachi (in der Karte 17, S. 253, vermerkt) auf ihm hin, um aber dann in ihrer Fortsetzung nach Nordosten an seinem Rand abzugleiten in die breite Talmulde. Nach Nordwesten fällt der Rücken gegen Ogawamachi, das Tal des nördlichsten Flußlaufes, ab. Nach beiden Seiten erfolgt der Abfall ziemlich steil, mit Böschungen bis zu 8—10°. Gegen Südwesten endigt der Rücken nach einer zuerst allmählicheren Absenkung mit einer scharfen Stufe von 6—8 m bei Imamachi. Hier erweist sich der Straßenverlauf deutlich davon bestimmt; denn sein Bogenzug um den Abhang ist neben der nördlich von Deshima auftretenden Straßenrundung die auffälligste Eigenheit im ganzen Grundriß. Zwischen diesen beiden Rundungen einerseits und dem Schachbrett in der Mulde andererseits sehen wir ein weiteres Glied im Stadtplan in der ziemlich meridional orientierten Straßengruppe, die von Deshima her bis zum Anfang des Rückens zieht. Auf eine nochmals auffällige Rundung stoßen wir jenseits des nördlichsten Flusses, des Ogawa, zwischen ihm und den nördlichen Randhöhen der ganzen Stadtbucht. Hier lehrt die Beobachtung der Naturverhältnisse, daß der Verlauf durch den Fuß der Höhen bedingt ist, auf deren Terrassenstufen eine Reihe prächtiger Tempel den markanten Abschluß der Stadt nach Norden noch heute bildet.

Alle bis hierher herausgeschälten Elemente in der Entwicklung des Stadtgrundrisses waren schon bald nach Beginn der Holländerzeit in Wirksamkeit getreten. Hinzu kommen bis zum heutigen Stadtbild nur die randlichen Ergänzungen und Ausfüllungen, einerseits an den Höhen hinauf und dann vor allem auf den Neulandflächen der Küste, besonders um Deshima und Shinchimachi. Ein weiterer Großteil der

Stadt liegt aber jetzt im Süden des Dōzagawa. Hier lassen zunächst dieser selbst und seine südlichen Nebenflüsse einige Zipfel zwischen den Höhen vordringen, sodann sind Aufschüttungen um und vor die hier besonders hart an die Küste tretenden Hänge gelegt und besiedelt worden, und endlich geht in diesem Teil die Siedlung auch auf die Höhen selbst bis um 100 m hinauf. Jeder dieser Bestandteile läßt schon auf der Karte im Grundriß seine Eigenart erkennen, die noch schärfer das ganze physiognomische Bild in der Natur bestimmt: auf den Küstenaufschüttungen Schachbrett, hart angrenzend an die zum Teil kaum bebauten Höhen, in den Talzipfeln unregelmäßigere, aber doch noch einfache und zum Teil gerade Straßenzüge, an den Hängen hinauf ein schier regelloses Gewirre und Gewinkel von Gassen, Stufen und Treppenaufgängen. In den kleinen Talzipfeln mögen zum Teil ländliche Siedlungen in den Kern der Hafenstadt hineinbezogen worden sein.

Wie südlich des alten Kerns, so treffen wir ganz im Norden die Erweiterung der Stadtlandschaft und zwar hier in die Talung des Uarakami-Flusses hinein in regulärstem, nach der Talrichtung orientiertem Schachbrett.

Endlich gegenüber diesem ganzen geschlosseneren Stadtgebiet, das aus dem Buchtmuldendreieck und seinen organisch verbundenen südlichen und nördlichen Anhängseln besteht, beobachten wir an der Westseite der Nagasaki-Bucht entlang ein schmales Band aufgelöster, teils gar nicht, teils schwach verbundener Siedlungsglieder, die aus industriellen Werken und Wohnstätten in enger Verbindung bestehen. Sie lagern sich auch hier teils auf aufgeschütteten Flächen, teils in natürlichen Niederungsböden der Talausgänge und endlich im Übergang von ihnen aus auf die Terrassen und Hänge der Felsvorsprünge.

Im ganzen sehen wir so die Stadt teils auf alluvialen, natürlichen und künstlichen Niederungen, teils über niedere Rücken und Platten ausgebreitet, dazu an Felsspornen, Terrassen und steileren Hängen hinaufkletternd.

Von den in dieser Analyse des Stadtlandschaftsbildes aufgetretenen Naturelementen mögen die Terrassen noch eine kurze Beleuchtung verdienen, da sie natürlich einen Zusammenhang untereinander haben[1]). Gut ausgeprägt ist eine untere Fläche, deren Höhe sich auf

[1]) Vorarbeiten darüber sind mir nicht bekannt geworden. Eigene systematische Untersuchung verbot sich im Rahmen meiner größeren Aufgabe und überdies wegen der Bedenken, die im Festungsgebiet alle messende Betätigung erregen muß.

rund 20 m schätzen läßt, zum Teil etwas mehr, zum Teil weniger. Ihre Kanten sind im Stadtbereich stellenweise senkrecht ausgemauert. Sie wird einmal durch den Mittelrücken im Stadtkern angezeigt. Sodann findet man sie in einer Leiste, die den scharfen Ostrand des Stadtgebietes bildet und durch eine Tempelreihe ausgezeichnet ist, nach der die davor hinlaufende lange Straße den Namen Teramachi (Tempelstraße) erhalten hat. Ebenso kehrt diese Höhe am Nordrand wieder, östlich des Bahnhofsviertels, sehr ebenflächig und auch hier Tempel tragend. Endlich wird sie am Westufer der Bucht für eine Reihe von Siedlungspartien bestimmend. Sie bildet neben den tiefen Ebenen entschieden die das Stadtfeld am meisten beherrschende Fläche. Darüber sind in den Felsspornen weitere Einkerbungen, zum Teil in breiterer Entwicklung angedeutet, bis über 100 m hinauf. Auch auf den Höhen von 40—50 m stehen zum Teil noch Tempel. Schichtstufen kommen hier nicht in Frage. Auch fand ich Gerölle verschiedener Größe auf den Spornen. Damit treten hier zu den Merkmalen gesunkener Küsten die Spuren der Hebung. Doch bilden sie, besonders die höheren, im Gesamtbild der Stadtlandschaft nur ein untergeordnetes Element. Das Beherrschende bleiben vielmehr die steilen Abstürze der Bergvorsprünge.

Baulich bietet Nagasaki ein sehr harmonisches Bild. Europäische Gebäude sind nicht so regellos eingestreut und nicht von solcher Größe wie in manchen anderen größeren Städten. Am meisten vereinigt finden sie sich im Bereich des Hafenwasserraumes. Aber japanische Straßenbilder und japanisches Leben zeigt schon der Stadtkern. So läßt die Stadt im ganzen erkennen, daß sie alt und langsam geworden ist und nichts Unfertiges an sich trägt. Auch sind die Straßen wohlgepflegt, teils mit großen Steinplatten belegt, teils asphaltiert. Diese sauberen, in Terrassen und Treppen ansteigenden Straßen, das reichlich eingestreute Grün und die malerisch von den Terrassen winkenden Tempel machen das Gepräge der Kulturstadt lebendig und heben Nagasaki schon dadurch aus den meisten anderen größeren Hafenstädten heraus. Eine gewisse Besonderheit bildet noch immer die Chinesen-Insel; wie sie einst die Warenlager der Chinesen enthielt und von ihren Wohngebieten begleitet war, so zeigt sie noch heute chinesische Bevölkerung mit ihren Wohn-, Geschäfts- und Wirtschaftshäusern sowie ihren Lagerhäusern für die Ausfuhr von Produkten nach China.

In der Straßenbreite heben sich die jüngeren Neulandflächen ab, wo Straßen selbst bis zu 20 m vorkommen. Schon in Deshima sind sie nur 8 m breit, und auch der ganze Stadtkern hat außer der Mittelachse schmale Straßen. Ganz schmal werden die Pfade, die sich an den steilen Vorsprüngen zwischen den terrassenartig übereinandergebauten Häusergruppen hinaufwinden. Auf den meisten dieser Felshänge wohnt ärmere Bevölkerung. Auf der Höhe von 100 m geht das Bild in das schlichte der Ländlichkeit über. Gute Wohnviertel sind zwar gleichfalls auf die Peripherie, aber auf wenige Hänge, besonders zwischen den Vorsprüngen, beschränkt. Ärmlichen Charakter wieder hat das größere nördliche Wohngebiet am anderen Buchtufer. Hier hatten sich alsbald nach der Eröffnung die Russen festgesetzt; Inasa wurde ihre Niederlassung. Ein Vorsprung festen Vulkangesteins, der die Stadt trägt, ragte damals noch wie eine natürliche Bastion aus dem Wasser, während jetzt die Buchten an den Seiten durch Aufschüttung ausgeglichen sind. Richthofen[1]) schrieb seinerzeit: „Mit einigen Geschützen beherrschen die Russen von hier aus den Hafen und die Stadt.“ Heute ist von diesem Charakter des Stadtteils nichts mehr zu sehen. Nur liegt weiter nördlich ein Fremdenfriedhof, ebenso wie am südlichen Ende Nagasakis bei dem „Settlement“.

7. Handel und Verkehr.

Die letzte Fragengruppe, die uns die historische Hafenstadt aufwirft, ist die nach ihrer heutigen Stellung in Handel und Schiffahrt. Der bei weitem bedeutendste Produktionszweig ist jetzt der Schiffbau. Mit ihm zusammen hängt etwas Eisen- und Maschinenindustrie. Ein zweites Wirtschaftsgebiet ist die Baumwollspinnerei, deren Produktionswert aber nur einen Bruchteil von dem des Schiffbaus ausmacht. Alles weitere, auch die Eisfabrikation für die Fischerei, tritt schon mehr zurück. So ist denn ein Massenverkehr in Gütern nicht zu erwarten. Im Außenhandel hatte der Export im Jahre 1928 den Wert von 11,8, der Import den von 23,9 Mill. Yen. Im Jahre 1925 waren die Werte schon größer: 16 und 34 Mill. Yen. Damit ist also Nagasaki mehr auf die Stufe von Kagoshima gerückt als auf die der japanischen Großhäfen. Das Übergewicht des Imports entspricht der schon berührten Funktion als Werftsitz und Konsumzentrum. An der Spitze stehen Eisen- und Metallwaren sowie Rohbaumwolle (je über 6 Mill. Yen.), sodann Öl für Schiffsbedarf und Lebensmittel (je $2\frac{1}{2}$ Mill. Yen). Die Rohbaumwolle wird zum Teil am Ort verarbeitet, zum Teil mit der Bahn nach verschiedenen Zentren Kyūshūs befördert.

---

[1]) F. v. Richthofens Aufenthalt, a. a. O., S. 127.

Was über See hinausgeht und zwar zur größeren Hälfte nach China, sind außer Kohle: Baumwollgarn, Seeprodukte, raffinierter Zucker und viele kleinere Posten. Kohle wird heute im Binnenhandel in größerer Menge erst hereingeholt, da sie nicht nur zum Bunkern, sondern zu eigenem Verbrauch, besonders in der Industrie dienen muß. Was im Inlandhandel exportiert wird (an Industrie- und Seeprodukten usw.), ist mehr als im Außenhandel, wie auch der gesamte Binnenhandel etwa den doppelten Wert des Außenhandels hat. Der Gesamthandel beläuft sich (1926) auf 107 Mill. Yen.

Während der Export des Außenhandels fast ganz nach China und Hongkong geht und sich darin die traditionelle China-Verbindung erhalten hat, sind am Import stärker als China Großbritannien (Eisenwaren), die Vereinigten Staaten und Britisch-Indien (Baumwolle) beteiligt.

Bedeutend ist der Passagierverkehr, für den Nagasaki echter Vorsprungshafen ist. Auch darin dominiert China; im Schnellverkehr mit Schanghai ist Nagasaki Brückenkopf bezw. Anlaufhafen für die aus der Inlandsee kommenden Dampfer. Außerdem gehen Linien nach Korea, Dairen, Formosa sowie nach Australien, Nord- und Südamerika. Die Brückenkopfstellung wird wohl durch den von Shimonoseki nach Moji zu bauenden Tunnel eher noch verstärkt werden.

Hinzu kommt eine Reihe Nahverkehrslinien nach Shimabara, Hirado, den Gotō-Inseln usw., wie sie die vielen Küstenglieder der Umgebung erforderlich machen.

Tabelle 22.

Im Außenverkehr Nagasakis eingelaufene Schiffe (1928).

japanische	353	Stück	mit	1021000 t
britische	81	,,	,,	437000 t
amerikanische	15	,,	,,	56000 t
norwegische	19	,,	,,	55000 t
deutsche	12	,,	,,	46000 t
dänische	3	,,	,,	17000 t
holländische	2	,,	,,	9000 t
russische	1	,,	,,	3000 t
schwedische	1	,,	,,	2500 t
zusammen:	487	Stück	mit	1647000 t

Die einlaufende Schiffstonnage beläuft sich auf etwa 2½ Mill. Tonnen, wovon der größere Teil auf den Außenverkehr kommt.

Bezeichnend ist, daß die einlaufende Seglertonnage geringer ist als selbst die von Kagoshima. Der Verkehr Nagasakis hat also durchaus anderen Stil. Schon die auftretenden Segler sind größer, erst recht die Dampfer, und sie dominieren sehr stark. Diese kommen in einer Zahl von 5500 mit fast $2\frac{1}{2}$ Mill. Tonnen. Auch die große Zahl der hier erscheinenden Flaggen (vgl. Tabelle 22) zeichnet den Hafen immer noch aus und stellt ihn z. B. über Nagoya. Besonders wird der Import des Außenhandels zur Hälfte durch Schiffe fremder Nationen bewältigt, während der Export (China!) so gut wie ganz in japanischen Händen liegt.

d) Miike.

(Hierzu Figuren 18 u. 19.)

Mit Nagasaki und seiner jetzt stillgelegten Kohlenmine auf der vorgelagerten Insel Takashima sind wir schon an den Südrand des ganzen Kohlenbereiches gelangt, von dem eine Reihe der Häfen in Mittel- und Nordkyūshū zehren. Die alttertiären Schichten, die die Kohlen enthalten, nehmen nämlich verschiedene kleinere Gebiete ein, die nach ihrem gleichen Charakter zu schließen ursprünglich einmal zusammengehangen zu haben scheinen, aber durch Vorgänge der Abtragung und Schollenbewegung heute getrennt sind. Etwa ein Dutzend verschiedene Kohlenfelder werden unterschieden, von denen das südlichste auf der Insel Amakusa, das nördlichste nahe der Nordspitze von Kyūshū liegt. Unter den daranhängenden Kohlenhäfen ist nun der spezifischste der Hafen Miike bei der Stadt Ōmuta.

1. Morphologie und Kohlengrundlage.

Der Hafen liegt im Hintergrund des Shimabara-Golfes, in unmittelbarer Nachbarschaft der großen Ebene von Kurume und Saga. Diese schiebt sich mit einem Zipfel an der östlichen Küste entlang gegen Miike vor[1]). Doch hat der Hafen nichts mit der Ebene als Hinterland zu schaffen. Sein Lebensnerv liegt vielmehr in dem hier nur auf kurze Strecke an die Küste tretenden Hügelland, das ihn schon ganz umgibt. Etwa 6 km hinter der Küstenlinie übersteigen die Höhen 200 m und bestehen aus Granit. Von dem langgestreckten Granitgebiet aber ist am Westrand das Kohlengebiet durch einen fast meridionalen Bruch getrennt. Es liegt somit hart an der Küste und nimmt nur einen

[1]) Auch in der südwestlichen Ecke der Ebene liegt wieder ein Kohlenhafen, Suminoe, der aber viel geringere Bedeutung hat und außer Acht bleiben kann.

Fig. 18. Kohlenhafen Miike und sein Hinterland.

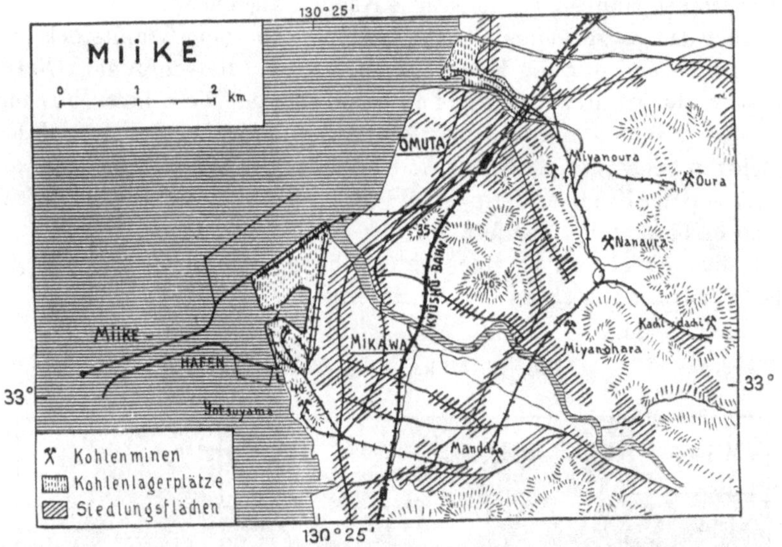

Im tertiären Hügel- und Plateaugelände dicht um den Hafen liegen die Minen, am nächsten die Yotsuyama-Mine. Die Bahn schließt sie alle an den Hafen. Dieser ist vor der Stadt Mikawa aufgeschüttet und ausgegraben, während weiter nördlich Ōmuta mit dem älteren, primitiven Flußmündungshafen liegt.

schmalen Streifen ein, etwa 6 km in ostwestlicher und 12 in nordsüdlicher Richtung[1]). Das Kohlengebiet stellt auch selbst ein hügeliges Land, aber von geringerer Erhebung dar, meist unter 150 m. Westwärts geht es in eine Küstenplattform über, deren Höhen zwischen 60 und 20 m liegen. In ihr sehen Yabe und Nagao eine gehobene, wenig zerschnittene, alte Deltafläche, aus der sich noch Erosionsreste höher herausheben. Dicht bei Ōmuta hat die Fläche nur wenig über 20 m Höhe, stellt sich sehr eben dar, von Schluchten durchsetzt und steil geböscht, vereinzelt von höheren Resten überragt. Die steilen Abhänge waren einst die niedrigen Kliffs der Küste. Aufgebaut sah ich sie hier aus einem stark verwitterten gelben und rötlich gelben, weichen Sandstein. Die Stadt selbst liegt vor ihrem Rand in der Ebene hingestreckt, die durch einen Deich geschützt ist. Die Ebene ist von den Flüssen aufgebaut, deren einer nördlich des Hafens, verschiedene weitere nördlich der Stadt Ōmuta münden, die Hügelplattform durchschneidend. Abgetrennte Teile von dieser erheben sich inselartig aus dem Schwemmland. Vier derselben liegen beim

[1]) H. Yabe und T. Nagao, The Miike Coalfields, Exkursionsführer zum 3. panpazifischen Kongreß, Tokyo 1926.

Hafen, mit ihrer ebenen Oberfläche, die sich hier um 40 m bewegt, und ihren steilen Hängen wie künstliche Kastelle aussehend.

Über das ganze schmale Hügelband zwischen dem Granitstock und der Küste sind nun die Kohlenminen verteilt, die wie in ganz Nordwestkyūshū frühtertiären Schichten angehören. Diese fallen hier mit geringer Neigung südwestwärts ein, liegen daher bei der dem Hafen nächsten Mine am tiefsten. Es sind 7 Minen, von denen keine mehr als 5 km von der Küste entfernt ist. Wichtiger ist ihr Abstand vom Hafen; auch er beträgt bei der fernsten nur 5 km, während die nächste unmittelbar dabeiliegt, wo einer der erwähnten 40 m hohen Einzelberge, der Yotsuyama, sich an der Küste erhebt.

Fig. 19. Miike, Hafengestaltung.

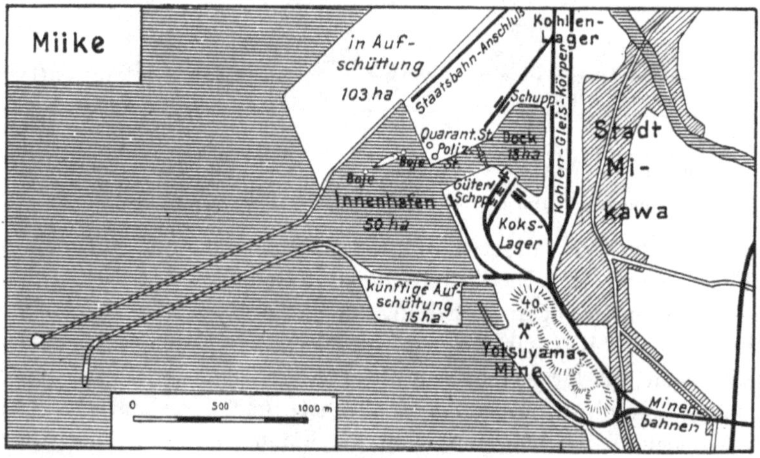

Von der Außenreede kommt man durch die Moleneinfahrt in den Innenhafen und schließlich den Dockhafen. Dieser vor allem ist von den Kohlengeleisen und Kohlenlagern sowie den großen Maschinen zur Kohlenübernahme umgeben.

Die Kohlenlager waren schon in der Tokugawa-Periode bekannt, wurden aber erst vor kurzem in Ausbeute genommen. Im Jahre 1889 wurden sie von der Firma Mitsui, dem heutigen Riesenkonzern, angekauft. Die Kohlen mußten damals aus der als Hafen dienenden Flußmündung von Ōmuta durch kleine Segler nach dem Hafen Kuchinotsu verschickt und hier auf Dampfer verladen werden. So fungierte dieser eine Weile als der Vorhafen von Ōmuta. Er mag deshalb hier beiläufig seine Würdigung finden.

2. Kuchinotsu als Mittlerhafen.

Die in ihrem Kernbestandteil aus dem schönen Vulkankegel des Unzen gebaute Halbinsel Shimabara zeigt im Südwesten einen Ansatz von weichen, jungtertiären Sedimenten. Er endigt, von der Brandung bearbeitet, in einer meist steilen, aber nicht sehr gegliederten Küste. Nur an einer Stelle ist hier eine gute, fast allseitig geschützte Ingressionsbucht geschaffen, zwar nur $1\frac{1}{2}$ km lang, aber ausreichend für einen Kleinschiffsverkehr, begünstigt überdies durch die Lage an dem engen Tor, das aus dem Shimabara-Golf hinausführt. So vereint das Städtchen Kuchinotsu mit seinem trefflichen Naturhafen eine Vorsprungslage für den ganzen Hintergrund des Golfes und eine Torflankenlage an der Straße. Es war daher schon in der Portugiesenzeit ein geläufiger Anlaufplatz und ist auch heute einer der Haupthäfen in dem Kleinschiffsverkehr des weiten Umkreises von Nagasaki. Diese Eigenschaften kamen ihm so zustatten, daß er sich bei der Eröffnung der Kohlengruben von Miike zunächst als Verkehrsträger einschieben ließ.

3. Der Kunsthafen Miike.

Als indes die Ausbeute sich steigerte (sie ist heute größer als auf allen einzelnen Kohlenfeldern Japans), reichten die Dimensionen des Mittlerhafens nicht mehr aus, und so entschloß sich die Gesellschaft in den ersten Jahren dieses Jahrhunderts, ihren eigenen Hafen zu bauen. Minen und Hafen liegen hier also ganz in einer Hand und zwar der einer Privatgesellschaft. Der Hafen erforderte einen Kostenaufwand von 4 Millionen Yen und wurde 1908 vollendet.

Die Schwierigkeiten für seine Anlage beruhten auf zwei Naturbedingungen: der Seichtigkeit des ganzen Küstengewässers und dem hohen Tidenhub von $5\frac{1}{2}$ m im Maximum. Es mußten daher tiefe Becken ausgegraben und mit Dockschleusen versehen werden. Der Boden besteht aus Schlick mit Ausnahme von zwei Stellen, wo Felsboden auftritt. Die Anlage als Dockhafen hebt Miike aus allen übrigen Häfen Japans heraus, die durchweg offene Häfen sind.

Der neue Hafen setzt sich aus vier Bestandteilen zusammen: dem geschlossenen Innenhafen oder Dockhafen, dem offenen Innenhafen oder offenen Tidehafen, einer langen Zufahrt in diesen und schließlich dem Außenhafen, der eine ganz offene Reede ist. Der Dockhafen ist dem offenen Tidehafen landwärts aufgesetzt. Sie bilden je ein Dreieck mit der Basis am Lande und der Spitze nach der See, wo der Eingang liegt. Die Basis des offenen ist fast 1 km, die des Dockhafens 400 m lang. In den offenen Tidehafen können die Schiffe durch die 130 m breite und 1700 m weit von Leitdämmen eingesäumte Zufahrt zu jeder Zeit einlaufen, nicht nur unabhängig von der Tide, sondern auch bei jedem Wetter. Dieser Hafenteil war natürlich vor allem dafür wichtig, den Schiffen, die der Tide wegen noch nicht in den Dockhafen gelangen können, einen besseren Schutz zu bieten als durch die ganz offene Reede. Die Richtung der Einfahrt ist nahezu westöstlich und fällt im ganzen mit der der Winde zusammen, die im Winter aus Nordwest, im Sommer aus Südwest vorwiegen, aber selten größere Stärke erreichen. Der Zufahrtskanal führt durch das flache Sand- und Schlammgebiet der Küste hindurch und hat an der Spitze der einen Mole einen Leuchtturm. Die Wassertiefe beträgt im Dockhafen an der 400 m langen Kaimauer entlang 9 m, im anderen noch etwas mehr, und zwar bei Springtiden-Niedrigwasser. Die Tiefen bilden daher auch für größte Dampfer kein Hindernis, wohl aber die Enge des Docktores, so daß manche Dampfer im offenen Tidehafen anlegen müssen und dann mit Leichtern bedient werden. Die in beiden Hafenbecken zusammen verfügbare Wasserfläche beträgt 63 ha. Als Außenhafen wird eine Fläche von fast 2000 ha angegeben, die innerhalb des Kreises mit dem Radius einer Meile um das Kanalende liegt, wovon aber nur der kleinere Teil mehr als 5 m Tiefe hat.

Das Land der Umgebung der Hafenbecken ist erst durch Aufhöhung aus dem ausgebaggerten Material gewonnen worden. Besonders wurde an der Nordseite des Hafens aufgefüllt, und hier wird das Werk nordwärts fortgesetzt. Im ganzen beträgt der Landgewinn über 200 ha. Auch um den alten Flußmündungshafen von Ōmuta liegen solche Flächen, die schon mit Industrieanlagen besetzt sind. Auf die vorderste dieser Aufschüttungen am Flusse führt eine Bahn von den Minen her, da der alte Hafen von kleinen Küstenseglern nach wie vor benutzt wird.

4. Ausstattung, Betrieb und Funktion.

Um das Dockbecken sind die Hauptelemente im Hafenbilde die großen Kohlenlagerplätze, die Geleisverzweigungen und die mächtigen Kohlenverlademaschinen (Taf. 8, Abb. 2). Außerdem stehen an der einen Seite einige Schuppen und Speicher für allgemeine Güter sowie ein Zollhaus und andere Verwaltungsgebäude. Die Kohle kommt auf 5 Geleisen, die über dem Erdboden erhöht liegen, an und fällt aus dem geöffneten Boden der Wagen zu Haufen nieder. Von hier wird sie in unterirdische Tunnels abgeführt, aus denen Wagen parallel der Landbasis des Docks fahren, um in Spitzkehren dann hart an die Kaimauer heranzukommen, wo die Kohle durch drei Verlademaschinen an die Schiffe übergeben wird, deren gleichzeitig drei von je 10000 t hier liegen können. Jede der Maschinen kann 5000 Tonnen pro Tag bewältigen. Miike bedient somit zum Unterschied von Wakamatsu nur Dampfer, und zwar auch große. Es kommen deren monatlich 60—70 zum Kohlen herein. Sie gehen meist nach Schanghai, Hongkong, Manila, Singapore, Batavia und Colombo und befördern nur Kohle, ganz wenig andere Fracht. Im Jahre 1927 wurde eine Kohlenmenge von 1650000 Tonnen verschifft, die sich also verteilte: für Hausgebrauch 130000, für Export 760000, für Bunkerkohle an Inlandschiffe 520000, für Bunkerkohle an Überseeschiffe 240000 Tonnen.

Auch in das Inland wird demnach die Kohle von Miike verfrachtet, nicht nur nach Nagasaki, sondern in Häfen der Inlandsee wie Kure, Kōbe und Ōsaka sowie nach Nagoya, Yokohama, Tōkyō und Yokosuka. Außerdem verkehren nur noch lokale Schiffahrtslinien im Bereich der Shimabara-Bai mit Miike und zwar mehrmals am Tage.

Im Export des Außenhandels (9,7 Mill. Yen) tritt hinter der Kohle (8,8 Mill. Yen) alles andere zurück. Eingeführt wird aus dem Ausland für über 4 Mill. Yen, besonders Zucker und Zinkerze. Dieser ganze Handel vollzieht sich mit asiatischen Ländern und vornehmlich durch japanische Schiffe (zu 85%). Aber durch das Bunkern wird der Hafen doch auch von Schiffen anderer Nationen angelaufen; 1928 waren nicht weniger als 7 fremde Flaggen vertreten.

Noch viel mehr als in Nagasaki, erst recht mehr als in Kagoshima und Misumi treten hier die Segler zurück. Miike ist Dampferhafen in einem Maß wie kaum ein anderer in Japan. Die einlaufende Seglertonnage verhält sich zur Dampfertonnage wie 1 : 100. Die letztere hat ziemlich die gleiche Größe wie in Nagasaki (2½ Mill.), verteilt sich aber auf noch nicht 1500 Schiffe, so daß eine bedeutende Durchschnittsgröße der Schiffe resultiert.

5. Die Siedlungen.

Nun wirft sich noch in Verbindung mit der Verteilung der Wirtschaftsfunktionen des Hafens die Frage der verschiedenen Siedlungen und ihrer Namen auf. Der Hafen ist Miike genannt nach einer alten, kleinen Daimyō-Stadt, die etwas weiter nördlich und binnenwärts liegt. Die

Kohlenminen des Hinterlandes, die ja schon länger bekannt waren, wurden nämlich auf diese berühmteste Stadt der Umgebung bezogen und nicht auf das nähere Ōmuta, und als dann der Hafen erbaut wurde, erhielt er wiederum seinen Namen nach den Minen, denen er dienen sollte. Aber um den Hafen lag damals noch keine Siedlung. Jetzt hat sich hier die Kohlenhafenstadt entwickelt, die den Namen Mikawa führt, und nur der Hafen heißt nach wie vor Miike. Geplant ist eine Vereinigung mit der Hauptstadt Ōmuta zu einer Gemeinde. In dieser Einheit dürfte doch in Zukunft die Gliederung nur um so ausgeprägter werden, nämlich die Dreigliederung in eine Hafenstadt Mikawa, eine Industriestadt Ōmuta, die sich als solche noch mehr entwickeln kann, und in die gute Wohnstadt des alten Miike. Die bei weitem größte Bewohnerzahl von den dreien hat Ōmuta mit 70000. Sie ist aber erst in Verbindung mit dem Kohlenhafen Miike in den letzten Jahrzehnten sehr gewachsen. Ihre Industrie erstreckt sich auf Koks, Farbstoffe und andere chemische Produkte sowie etwas Zink.

e) **Hirado, Imari, Sasebo** (Kriegshafen).

(Hierzu Figur 20.)

An der Nordwestseite von Kyūshū finden wir eine Reihe von Häfen in den Hintergrund jener großen Ingressionsbuchten geschmiegt, die sich bei der allgemeinen Küstenanalyse als typisch ergaben. In diese Reihe müssen wir bereits Hirado stellen. In seinem engen, klippenreichen Kanal, der den durchbrochenen Scheitel einer Riasbucht darstellt, hat es heute keine Bedeutung mehr, während es im Anfang der Portugiesen- und Holländerzeit die oben erörterte führende Stellung einnehmen konnte, wie sie sich auch in älterer Zeit schon aus seiner Lage am westlichsten Eckpfeiler Japans entwickelte.

Der nächste Hafen der Reihe ist Imari, am tiefsten in eine reichgezipfelte, an den Enden bereits in Brandungsinseln aufgelöste Riasbucht geschoben. Aber auch dieser Platz liegt noch zu weit in der nordwestlichen Ecke Kyūshūs, als daß er schon stärker an einem nichtgebirgigen Hinterland teilnehmen und mit Nachbarhäfen konkurrieren könnte. Im Gegenteil hat die Entwicklung des Bahnnetzes diese entlegeneren und weniger besiedelten Teile Kyūshūs enger an die begünstigten Nachbarhäfen geschlossen und damit Imaris Hafenbedeutung eher noch vermindert. Die eigene kleine Umgebung beherbergt etwa 50000 Bewohner, die Stadt selbst weniger als 10000.

Figur 20.

Am westlichsten Eckpfeiler von Kyūshū gibt im alttertiären Hügel- und Tafelgelände die große Ingressionsbucht eine überaus geschützte und geräumige, mit ihrer Gliederung vielerlei Möglichkeiten bietende Reede für den in seiner seestrategischen Lage hochbedeutenden Kriegshafen ab.

Ja, wir können noch einen dritten Punkt in diese Gruppe der wenigstens als Verkehrshäfen zu vernachlässigenden Nordwesthäfen fassen, nämlich das wenig südlich von Hirado gelegene Sasebo.

Dieser Hafen ist allerdings zum Unterschied von den beiden anderen nicht an sich bedeutungslos. Er ist vielmehr einer der Kriegshäfen des Landes und wirft uns als solcher die Frage auf, welche Eigenschaften der Lage und Gestaltung ihn hierzu besonders befähigten. Eröffnet im Jahre 1886, wuchs Sasebo, besonders in Verbindung mit seinen Kriegsschiffswerften, aus einem Fischerdorf zur Großstadtbedeutung; jetzt zählt es 133000 Einwohner. Die Zahl der verkehrenden Schiffe beträgt zwar 14000 (1927), umfaßt aber nur eine Tonnage von 420000. Es sind also die kleinen Schiffe des Küstenverkehrs. Nennenswerte Handelsbedeutung kommt demnach nicht in Frage. Auch die Besiedlung des Hinterlandes entspricht dem, sie stellt sich ähnlich wie bei Imari dar. Hier ist eben nicht die Hinterlandsbeziehung, sondern in erster Linie die Lage und dann die örtliche Gestaltung das beherrschende Motiv.

Seestrategisch ist der Punkt ausgezeichnet durch die Lage am wichtigsten Engpaß des ganzen Randmeer-Korridors, zwischen dem japanischen und ostchinesischen Meer, nahe am Kopf der Tsushima—Korea-Brücke und vor der Einfahrt zur Inlandsee. So bildet er den Flankenpunkt zu dem am Eingang selbst gelegenen, stark befestigten Shimonoseki und den Außenposten zu dem in der Inlandsee geborgenen mächtigen Seebollwerk Kure. Die Bedeutung des Vorpostens kann nicht besser illustriert werden als durch die historischen Ereignisse, die sich an die Nordwestflanke Kyūshūs schon im 13. Jahrhundert[1]) und an die Tsushima-Straße in jüngster Zeit knüpften und die zu den bedeutendsten der japanischen Seekriegsgeschichte gehören.

In der Gestaltung handelt es sich um eine Ingressionsform, die zu einer bis auf den 800 m breiten Eingang völlig umschlossenen Bucht führt. Sie besteht aus einem Buchtstamm, der sich hinter dem engen Eingang verbreitert, und aus drei großen Ästen, denen wieder kleinere in gewundener und verzweigter Form angesetzt sind. Der eine Buchtast enthält an seinem Nordende um die Mündung des Sasebo-Flüßchens die hinreichend große Niederung, um der Stadt Raum zu gewähren. Im übrigen lagern Höhen von 100—500 m ringsum. Die Tiefen gehen in dem ausgedehnten Hafenwasserraum mit Ausnahme der hintersten Spitzen über 10 m hinaus bis zu 50 m, so daß auch in Größe und Tiefengestaltung die Bedingungen hervorragend sind. Die ganze Bucht ist zugleich derVorhof des binnenseeartigen Golfes von Ōmura. Die Verbindung mit ihm ist hergestellt durch einen schmalen, flußartig gewundenen und engen Durchbruch von dem südlichen Buchtzweig aus, die Hario Seto.

Erst die wachsende Stadt erforderte dann mit Beginn dieses Jahrhunderts auch eine bessere Gestaltung des seichten Buchthintergrundes für ihren, wenngleich bescheidenen Handelsverkehr. Hier

---

[1]) Näheres hierüber weiter unten bei Hakata (S. 277—78).

wurden Regulierungen an der Flußmündung vorgenommen, Tiefen vergrößert, kleine Landflächen aufgeschüttet, und so entstand an dem Fluß und zu seiner linken Seite ein Handelshafengebiet, in dem der Bahnhof liegt. Etwa 20 ha rechnet die Größe der als Handelshafen genutzten Fläche, von der aber nur $^1/_3$ die Tiefe von $5\frac{1}{2}$ bis 7 m erreicht. Der Hafen hat keinen Außenhandel, doch wird er von den zwischen Kagoshima und Ōsaka verkehrenden Schiffen täglich angelaufen und hat auch Verbindung mit Nagasaki, Hirado und kleineren umliegenden Plätzen.

Die ganze eingehende Tonnage ist noch geringer als in Misumi. Aber einen ungewöhnlich großen Anteil haben daran ganz kleine Segler, die in einer Menge von 10000 einlaufen, jedoch mit nur 130000 Tonnen.

f) **Karatsu.**

(Hierzu Figur 21.)

Die drei vorerwähnten Häfen liegen alle in dem uns schon vom Hinterland Nagasakis her bekannten, stark zergliederten Hügel- und Plateaugelände aus alttertiären Sedimenten und jungen Basaltdecken und -kuppen. Unmittelbar nördlich Sasebos zum Beispiel bilden die Basalte die hier größeren Höhen. Dieses Gestaltungsprinzip reicht auch noch an den nächsten Hafen Karatsu heran. Doch tritt hier ein neues mit dem Granit hinzu. Während wir diesem in Mittelwestkyūshū nur untergeordnet begegnen, zum Beispiel in dem Gebirgsstock hinter Miike, wird er im mittleren Teil der Nordwestküste in seiner großen Ausdehnung und Geschlossenheit das beherrschende Element.

1. Hinterland, Hafenbucht und Hafen.

Auf der Grenze zwischen der Tertiär- und Granitlandschaft läuft eine Bruchlinie südostwärts und stellt die auch von der Bahn benutzte kürzeste Verbindung von Karatsu zur Ebene von Saga her. Diese Grenzlinie begleitet aber zugleich eine Minenzone. An der Tertiärflanke, also auf der Südwestseite des Tales, liegen mehrere Stationen, von denen die Kohle nach Karatsu verladen wird. Der Betrieb an ihnen ist sehr primitiv; mit Karren wird die Kohle eine schiefe Ebene herabgefahren und in die Eisenbahnwagen gestürzt. Die Kohle geht nur mit der Bahn zum Hafen, während früher der Fluß zur Beförderung benutzt wurde. Zum Kohlenausfuhrhafen wurde Karatsu am Ende des vorigen Jahrhunderts von der Regierung bestimmt.

Das Problem des Hinterlandes findet damit für Karatsu eine ziemlich einfache Lösung. Mit der Tiefenlinie, durch die die Kohle kommt, ist zugleich ein Band dichter Besiedlung verbunden, das in die große Siedlungsebene von Saga einläuft, während die Höhen beiderseits der Senke, namentlich das Granitmassiv, sehr schwach bewohnt sind. Ein kleines Siedlungsband zieht sich außerdem um die geräumige Karatsu-Bucht selbst. Mit diesen paar Momenten erhält Karatsu zum Unterschied vom Nachbarhafen Imari eine größere Lebensgrundlage für seinen Hafen.

Einfach löst sich hier auch die Frage der Hafengestaltung. Das große Buchtgebilde, von dem die Karatsu-Bucht das hinterste Glied darstellt, ist eine Ingressionsform und zwar im wesentlichen im Granit.

Figur 21.

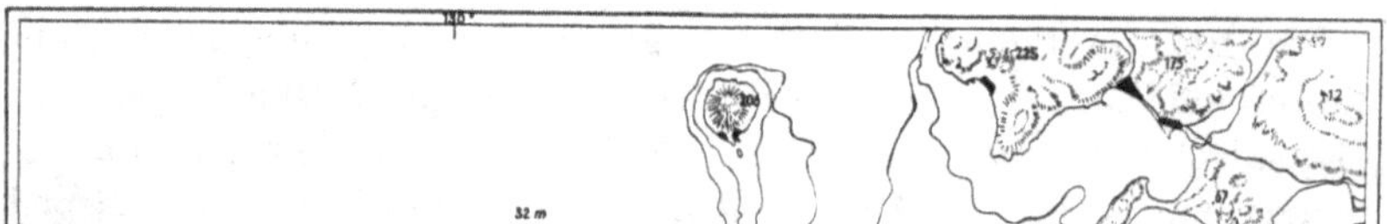

An der Bruchlinie zwischen dem die Nordwestecke Kyūshūs bildenden alten Tertiärbecken und einem breiteren Granitmassiv liegt die Ingressionsform, aus deren weiter Fläche erst die kleineren Inselpfeiler Ōshima und Takashima rückwärtige Glieder absondern, die als natürlich geschützte Hafenreeden für die Kohlenstadt Karatsu in Frage kommen. Diese liegt an der Mündung des größten Flusses, der in Verbindung mit der tektonischen Furche einen Weg zum Kohlenhinterland schafft.

Möglicherweise sind bei ihrer Großgestaltung Bruchvorgänge im Spiel. Sekundär hat die Brandung Anteil, durch die Verwandlung der vorspringenden Enden in kleine Inselpfeiler. Ferner schwingen sich flache Strandbögen von Kap zu Kap. Endlich trägt das Schwemmland mehrerer Flüsse, vor allem das des Matsuuragawa nebst einem vorgesetzten Dünensaum, zur Gestaltung von Teilen im Hintergrund der Karatsu-Bucht bei. Von ihr wiederum nimmt der Hafen nur eine kleine Nische ein, die vor der Mündung eines Küstenbaches durch zwei landfeste Inseln gebildet wird. Die eine derselben, die Insel Ōshima, ist erst durch einen künstlichen Damm von ½ km Länge landfest geworden. Weiter östlich liegt frei in der Karatsu-Bucht eine weitere, ebenso große Insel, Takashima, die für die heutige Hafengestaltung keine Bedeutung erhält. Beiläufig ist zu bemerken, daß sie in der Form von der anderen abweicht; sie scheint aus Granit zu bestehen, die andere, wenigstens oben, aus Basalt. Deutlich stellt sich die Tafelform der Basaltdecken auf dem westlichen Vorsprung des Buchtrahmens ein, während östlich von Karatsu die ganze Landschaft vom Granit bestimmt wird. Die Höhen des Basaltrahmens bewegen sich zwischen 150 und 200 m, während im Granitgebiet auch Höhen von 300 m und mehr nahe an die Küste treten. Zwischen seinen Höhen liegt der Hafen geschützt mit Ausnahme der Nordostseite, wo eine Öffnung von etwa 1200 m Breite bleibt. Da diese Öffnung in anbetracht der Kleinheit der Bucht etwas groß ist, hat man sie durch einen an Ōshima angesetzten Querdamm verengert. Damit wurde zugleich ein besserer Windschutz erzielt; nördliche Winde sind in den meisten Monaten vorherrschend. Der Tidenhub von 2,3 m im Maximum und auch die Strömungen machen keine Schwierigkeiten. Die Flächengröße des Hafenwasserraumes ist rund 300 ha.

Die Hafenbucht ist, obwohl bloß zwei kurze Bäche hineinmünden, doch wegen ihrer Kleinheit schon im ganzen Umkreis durch Ablagerung flach geworden und hat von Natur nur in der Mitte, aber doch im größeren Teil, Tiefen von 6—8 m, im breiten Eingang selbst 10 m. Jedenfalls gestattet sie damit größeren Dampfern das Ankern. An der Hafenseite der Insel Ōshima entlang hat man aber auch durch Baggerung die nämlichen Tiefen hergestellt und zugleich eine schmale, 800 m lange Landfläche hinter einer Kaimauer aufgeschüttet, um Lagerplätze für die abzuführende Kohle zu schaffen. Hier endigt die auf einem Damm zur Insel geführte Kohlenbahn. Im Zeichen der Kohle steht, abgesehen von einem kleinen Becken für Fischerboote, der ganze Hafen; man sieht Segler und Dampfer hier liegen, welche die

Kohle nach Ōsaka und Tōkyō sowie nach Nagasaki und sonstigen nahen Küstenpunkten, auch nach den ostasiatischen Ländern bringen, oder die auf ihren großen Routen hier bunkern. Technische Einrichtungen für den Kohlenbetrieb gibt es nicht.

2. Handel und Verkehr.

Kohle bildet demgemäß den fast alleinigen Exportgegenstand mit einem Jahreswert von 2 Mill. Yen (1926—1928), wovon der größere Teil nach inländischen Küstenplätzen geht. Gering ist die gegenüberstehende Einfuhr, die besonders von fremden Ländern kommt, etwas Eisenerze und Ölkuchen. Der ganze Außenhandel beschränkt sich auf die nahen Gegenküsten, auf China, Hongkong und Dairen.

Typisch ist das Bild des Schiffsverkehrs. Man sieht mehr Segler als Dampfer, jene erreichen an Zahl mindestens das Doppelte von diesen. Aber sie sind klein, ihre Tonnage beträgt nicht $^1/_{10}$ von der gesamten der Dampfer. Der Kohlenverkehr vollzieht sich also in erster Linie auf etwas größeren Dampfern. Die einlaufende Gesamttonnage betrug 1927 über eine Million und stand rund je zur Hälfte im Binnen- und Außenverkehr. Von fremden Flaggen ist fast nur die britische vertreten. Im Nahverkehr bestehen tägliche Verbindungen mit Imari, Hirado und der großen Basaltinsel Iki, die in Front des Hafens 40 km entfernt liegt.

3. Siedlung.

Da die Kohle das beherrschende Gut im Hafen ist, so erweist sich auch hier die eigentliche Hafensiedlung, ähnlich wie bei Miike, ganz unbedeutend. Nur das Zollamt ist im Anfang des Jahrhunderts hierher verlegt worden. Dagegen finden wir das zugehörige Karatsu, ein Städtchen von 30000 Einwohnern, 2 bis 3 km abseits an der Mündung des Matsuura. In ihm ist weder von Speichern noch von Kohlenplätzen etwas zu sehen. Hier lag vielmehr am linken Ufer des Flusses an einem durch Schwemmland angegliederten Landrest eine alte Daimyō-Burg. An sie und an die Flußmündung, die mit flachen Booten befahren werden konnte, lehnte sich die Stadt. Durch eine Sandzunge, die von Osten nahe an den Hügel des linken Ufers rückt, wird die Mündung in die Bucht sehr eingeengt, unmittelbar dahinter aber weitet sich das Bett zu einer Breite von 500 m. Eine Brücke führt von dem an der Sandspitze gelegenen Mizushima, in dem eine Küstenbahn endigt, hinüber in die am linken Flußufer und dann an der Bucht entlang gezogene Stadt. In ihr liegt der Bahnhof der Kyūshū-

Bahn, beziehungsweise jener Abzweigung derselben, die durch das Kohlental führt. Nur Kohlenzüge gehen vom Bahnhof der Stadt aus weiter zum heutigen Hafen.

Vor der Mündung des Flusses lag derjenige Hafen Karatsu, der in alten Zeiten ähnlich wie Hirado und Hakata eine Bedeutung für den Korea-Verkehr hatte. Seine geringeren Tiefen im Schutze einer kleinen Insel sowie der zwei großen genügten dem damaligen Verkehr völlig. Als nun gegen Ende des vorigen Jahrhunderts sich für Karatsu die Frage des Kohlenhafens erhob, wählte man zwischen dem alten, nahen „Osthafen" und dem durch seine größeren Tiefen bevorzugten „Westhafen" und entschied sich für diesen.

g) Hakata (-Fukuoka).

(Hierzu Figuren 22 u. 23.)

In der Karatsu nächst benachbarten größeren Bucht, der von Fukuoka, sehen wir uns in einer ähnlich weiten, gliederreichen Ingressionsform, nur mit dem Unterschied, daß die vorderen, in Inseln aufgelösten Glieder durch thalassogene Sandstreifen verbunden, die rückwärtigen außerdem durch ausgedehnte potamogene Schwemmländer umkleidet sind, so daß erstens eine im ganzen geschlossenere Buchtform und zweitens eine größere Siedlungskammer als um Karatsu sich ergibt. Gegen diese Vorzüge fielen andererseits die mit der reichen Saumlandbildung verbundenen geringeren Tiefen in alten Zeiten nicht ins Gewicht, und schließlich liegt die Bucht in der Mitte der Nordwestfront Kyūshūs, gleichweit von Imari und Moji. So wird es denn begreiflich, daß wir den Namen Hakata mit noch größeren Lettern als den eines anderen Hafens an dieser historischen Flanke der Tsushima-Straße in die Bücher der japanischen Seegeschichte geschrieben finden.

1. Geschichtliche Stellung.

Eine besondere Weihe erhält die Küste schon durch die Tempel der drei Meeresgottheiten, welche in der Nähe stehen. Eine alte Zentrale des Überseehandels lag hier ebenso wie in Bōnotsu bei Kagoshima und in Sakai bei Ōsaka; aber Hakata war unter ihnen die blühendste. Nicht ganz 20 km binnenwärts treffen wir Dazaifu, wo der Generalgouverneur von Kyūshū vom 6. bis zum 13. Jahrhundert seinen Sitz hatte mit der Aufgabe, die Politik und die Verteidigung gegen China und Korea zu überwachen und zu leiten. Praktisch fand diese politisch-strategische Bedeutung des Küstenpunktes ihren stärksten Ausdruck in der Mongolen-Invasion des 13. Jahrhunderts. Hier war es, wo die Flotte Kublai Khans im Jahre 1274 zum ersten Male mit 900 Schiffen ein für jene Zeit riesiges Heer von 30000 Mann zum Angriff auf Hakata ansetzte, bis ein Nordsturm sie in die offene See zurücktrieb und das Weite suchen ließ. Als der Eroberer mit noch stärkerer Macht nach sechsjähriger Vorbereitung den Versuch wiederholte, ereilte ihn das gleiche Schicksal durch einen schweren Taifun. Ballard gibt von diesen Seeinvasionen und ihrem Ende eine dramatische Schilderung[1]). In der Mitte des 16. Jahrhunderts ließen sich die Portugiesen an den Küsten Kyūshūs nieder, und wiederum in Hakata gründeten sie schon 1558 eine Mission. Das alles kennzeichnet diesen Hafenplatz in seiner bedeutungsvollen Lage an der damaligen Portalseite Japans. Aber auch noch in der Abschlußperiode war er einer der „blühendsten und für die Küstenfahrt bedeutendsten Häfen von Kyūshū"; so nennt ihn Siebold, und er führt unter den Produkten der zugehörigen Provinz die Steinkohle auf.

2. Hinterland.

Für seine heutige Stellung kommen zu dieser Lage vor allem Momente des Hinterlandes. Wie hinter der Bucht von Karatsu, so führt auch hier eine Bruchlinie südostwärts und erreicht die größte Ebene Kyūshūs, wie jene im südwestlichen, so diese im nordwestlichen Zipfel. Der nächste größere Hafen für diese Ebene ist außer Miike im Süden entschieden Hakata-Fukuoka; die Entfernung mißt nur 20 km.

Die Hauptbahnlinie, die von Moji kommt und weiter die ganze Westseite der Insel bis zur Bai von Kagoshima begleitet, von der auch die Linie nach Nagasaki abzweigt, benutzt diese Furche. Ebenso nimmt eine Reichsstraße diesen Weg von Moji bis nach Kagoshima.

Das so umrissene Hinterland gehört zu den dichtestbevölkerten. Das im Halbkreis um die Bucht gezogene Siedlungsfeld einschließlich der rückwärtigen Senke mag etwa $^1/_3$ Million Bewohner enthalten, die große Ebene von Kurume-Saga etwa $1^1/_4$ bis $1^1/_2$ Million. Was aber den stärksten Ausschlag gibt, ist wieder der Umstand, daß dieses Hinterland durch die Kohlenfelder des Chikuhō-Bezirkes ein

---

[1]) G. A. Ballard, a. a. O., S. 26—41.

Fig. 22. Fukuoka-Hakata, Bucht und Hafengestaltung.

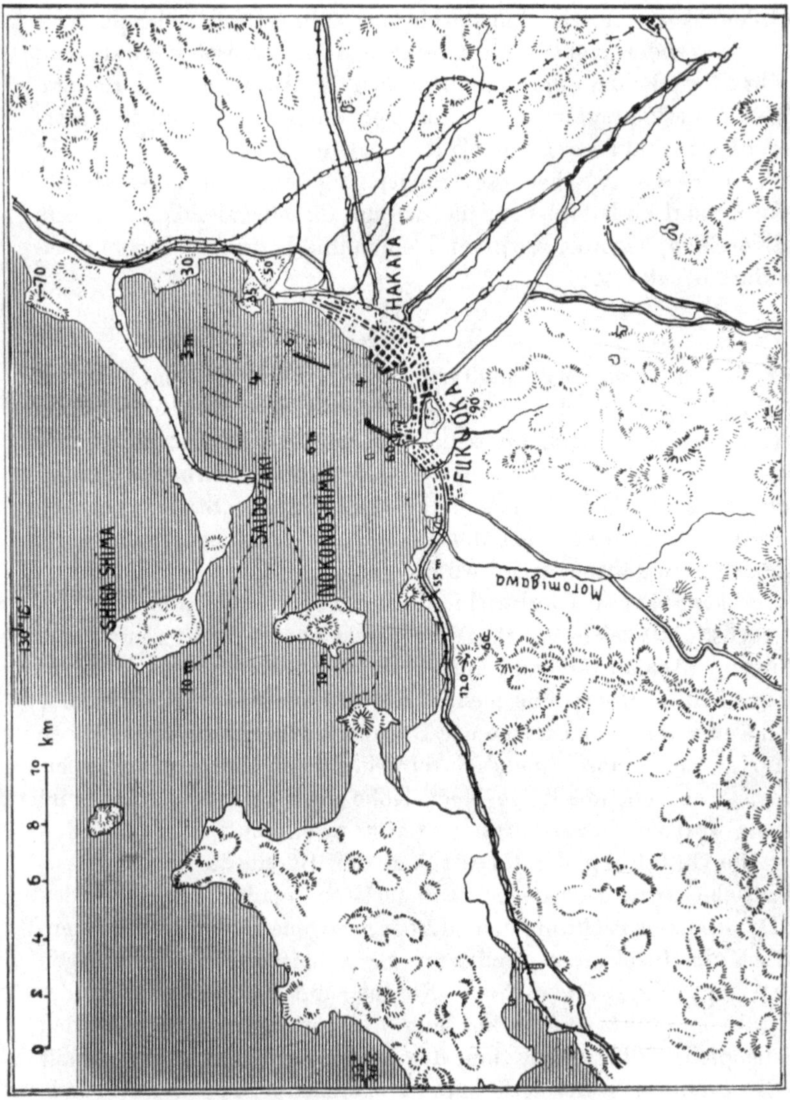

Durch Kreuzung einer tektonischen Linie, die von der Doppelstadt südostwärts ins Hinterland führt, mit südwest-nordost streichenden Bruchlinien ist eine Ingressionsform entstanden, die zusammen mit Schwemmlandbögen einen großen Wasserraum darstellt. Er läßt sich in drei Teile gliedern, von denen nur der innerste zum Feld des Hafenausbaus wird, nämlich östlich der Linie, die von Saidozaki zu dem mit 60 m ausgezeichneten Höhenpunkt von Fukuoka führt. Hier wieder sind drei Bestandteile erkennbar: 1. im Norden die Reihe breiter Hafenbecken als fernes Projekt, 2. hinter der von Fukuoka vorstoßenden Mole die Ausfüllung der Buchtsichel vor der Stadtfront, 3. nördlich von Hakata hinter einem freien Wellenbrecher die Ausbaggerung eines mit der Tiefenzahl 6 bezeichneten Beckens nebst einer Zufahrtsstraße von Saidozaki her und mit breiter Aufschüttung hinter dem Becken.

besonderes Gewicht erhält. Die nächsten Felder umgeben Hakata in einem Umkreis von nur 6—10 km, und Stichbahnen führen zu ihnen hin. Die meisten liegen im Osten am Anfang des Hügellandes aus alttertiären Sedimenten. Wichtig ist, daß sie gegenüber dem nördlicheren, mit Wakamatsu verbundenen ein selbständiges Kohlengebiet darstellen, getrennt von ihm durch eine südnördlich ziehende Zone wasserscheidender Höhen von Granit und paläozoischen Gesteinen; das gibt diesen Feldern ihr eigenes, natürliches Ausgangstor in Hakata.

Für die Verkehrsvermittlung kommen die Flüsse kaum in Frage, außer in ihren kurzen Ebenenläufen um die Bucht. Radial strebt ihrer eine Reihe zwischen den zungenartig vorspringenden Hügeln zur Bucht und bildet Ebenen, die sich um dieselbe ziemlich zu einem Band vereinen, das aber noch von kleinen und kleinsten Hügeln inselartig durchspickt ist.

3. Die Bucht.

Der alluviale, sandige Stadtgrund von Fukuoka und Hakata liegt durchweg 2 bis 5 m über dem Meere, so daß in den beiden Städten gar keine Höhenunterschiede bemerkbar werden. Umso wechselvoller gestalten die am Wasser und binnenwärts herumstehenden, kiefernbestandenen Hügel das Bild der Stadtlandschaft. Sie werfen mit ihrer Gleichförmigkeit und Stufung interessante Fragen auf. Im ganzen haben wir dicht um die Bucht eine der niedrigen alttertiären Beckenlandschaften vor uns, die das nördliche Kyūshū auszeichnen. Das umgebende höhere Land gehört dem Granit und altpaläozoischen Schiefern an. Auch wo dieses an die Küste tritt, erreicht es Höhen von mehr als 300, selbst bis über 800 m, nur an den äußersten Vorsprüngen der Bucht um 200 m. Dagegen bleiben die Tertiärhügel, anscheinend durchweg, unter 100 m. Ihre Oberfläche ist sehr ebenmäßig in einer Höhe von etwa 60—70 m, und darunter wird noch eine Terrasse von 30 m erkennbar.

Für die Gestaltung der Großform der Bucht dürften südwestnordöstliche Bruchrichtungen am meisten maßgebend geworden sein. Der in dieser Richtung in die Länge gezogene Bucht- und Beckenraum ist von Inselresten durchsetzt. Sie schaffen den Schutz gegen Norden und Nordwesten. Nach Norden und Nordosten wird der Buchtrahmen durch eine 10 km lange Nehrung geschlossen, die den Eingangspfeiler Shigashima mit dem Land verbindet. Untergeteilt wird die große Bucht durch die in der Mitte bis über 200 m aufragende Insel Nokonoshima[1]). Der östlich derselben verbleibende Teil, etwa $^2/_3$

[1]) Bei dieser Insel verzeichnet das geologische Übersichtsblatt nur Basalt und Alttertiär. Eine Spezialaufnahme, die ich im geologischen Institut der Universität Fukuoka sah, ergibt für den kleinen Landrest einen mannigfaltigen Aufbau: außer Basalt und Tertiär altpaläozoische Schiefer und Granite mesozoischen Alters.

der Gesamtbucht, wird dadurch so gut wie ganz umschlossen. Daß die Nehrung bei Saidozaki eine in die Bucht einbiegende Spitze hat, scheint auf besondere Wasserbewegung zu deuten. Der Flutstrom kommt durch den breiten Eingang herein und wird vermutlich durch die mitten im Weg liegende Insel Nokonoshima geteilt; südlich derselben geht der Strom weiter, die Bucht entgegen dem Uhrzeiger umkreisend, und trifft mit dem nördlich der Insel einsetzenden Strom zusammen, um so die Sandspitze vorzutreiben.

Östlich der Insel Nokonoshima erhalten wir nunmehr eine engere Hafenbucht. Ihr Rahmen setzt sich aus folgenden morphologischen Elementen zusammen. Im Westen stehen die beiden Inselpfeiler, die landfeste Shiga-Insel und die freie Mittelinsel Nokonoshima. Nach Norden blickt man auf die sanft geschwungene, kiefernbestandene Nehrung als langen, abschließenden Wall. Im Osten und Süden tritt eine Reihe von Vorsprüngen und losgelösten Resten der einst zusammenhängenden Tertiärplatte hervor; nicht weniger als sieben derselben kommen an die Küstenlinie selbst heran, und zwischen ihnen schwingen sich kurze Flachstrandbögen, so daß der ganze Buchtrahmen wie aus Girlanden gebildet ist. In der längsten derselben liegt die Doppelstadt mit dem größten Teil ihrer Wasserfront.

Auch die so umschriebene Teilbucht ist im ganzen für eine Hafenbucht noch übermäßig groß, mißt sie doch über 8000 ha! Wie stark die nordwestlichen Winterstürme über die Wasserfläche auf die südliche Küste treffen, lehrt schon der Kieferngürtel an ihrem Strand, dessen Bäume eine entsprechende Neigung, sogar bis zu 45°, zeigen, weil die vorwiegenden südöstlichen Winde gegen diese doch starken Seewinde nicht aufkommen; die Nehrung im Norden bildet also durchaus keinen hinreichenden Schutz. Dazu kommt als weiterer Mangel der Bucht für die Hafennutzung, daß ihr Boden fast ringsum durch die radial einströmenden Flüsse in breiten Bändern zu seicht ist. Die Tiefen nehmen vom Eingang ostwärts zuerst rasch, dann langsamer und ziemlich gleichmäßig ab. Eine $5^1/_2$ km lange Linie von dem Nehrungsvorsprung Saidozaki nach Hakata halbiert ungefähr die Bucht. In der östlich verbleibenden Hälfte wird nirgends mehr die Tiefe 5 m von Natur erreicht, selbst in der westlichen Hälfte nicht in dem ganzen südlichen Küstenband von $2^1/_2$ km Breite. Offenbar hat die Versandung der Bai noch seit der Zeit des alten China- und Korea-Handels beträchtlich zugenommen, so daß damals die Hafenverhältnisse nicht nur relativ, sondern auch absolut günstiger waren.

Günstig stellen sich nur die Gezeitenverhältnisse dar. Der Strom ist durch die Weite des Beckens abgeschwächt. Nur in der Enge erreicht er die Stärke von 1/2 Knoten. Der Tidenhub erfordert mit dem Höchstwert von 2 1/2 m keine besondere Rücksicht.

4. Entwicklung und Ausbau des Hafens.

Auf diesen Naturgrundlagen der Bucht ergeben sich die Probleme der Hafengestaltung und-entwicklung. Zunächst ist der erörterte Nehrungshaken von Saidozaki dadurch ausgezeichnet, daß hier allein die größeren Tiefen der Buchtmitte, nämlich die von 6 m, hart an die Küste treten. Von der Siedlung liegt der Punkt weit ab, aber zwei Spezialzwecken konnte er umso besser dienen. Vor allem wurde er von militärischer Seite hoch gepriesen und zu einem Kohlenplatz im Dienst der Marine entwickelt. Eine Bahn führt für diesen Zweck aus der Stadt um die Bucht herum und auf der Nehrung entlang bis zur Spitze. Außerdem konnte hier von einer japanischen Petroleumgesellschaft eine Ölbunkerstation errichtet werden, und es erheben sich eine Reihe größerer Öltanks.

Die übrige Hafenentwicklung knüpft sich jedoch an die Seefronten von Fukuoka und Hakata im Süden der Bucht. Im Jahre 1899 wurde nämlich der Hafen in beschränktem Maß als Ausfuhrhafen, 1900 als vollgültiger Außenhandelshafen zugelassen. Auf die erste Zulassung hin wurde bereits ein hölzerner Pier von 350 m Länge angelegt, der aber den Wellen nicht lange standhielt. Darauf begann man 1894 westlich des Nakagawa, also am Küstenabschnitt von Fukuoka, mit dem Bau eines ersten inneren Hafenbeckens, angelehnt an einen jener Tertiärinselreste von 60 m Höhe und ergänzt durch Aufschüttungsstrecken. Hiermit wurde an einen kleinen Hafenansatz angeknüpft, der schon aus der Feudalzeit herrührte. Aber auch das neue Ergebnis ging nicht allzu weit über die Ansprüche alter Zeiten hinaus. Das Becken erreichte nur die Größe von 16 ha, konnte von kleinen Seglern benutzt werden und genügte zur Befriedigung des Stadtbedarfs. Ein zweites, etwas kleineres Becken wurde 1900 bis 1908 im Osten des Nakagawa, das heißt vor der Stadtfront Hakatas, ausgegraben. Es ist als küstenparalleles Rechteck vorgesetzt (Fig. 23), von aufgeschütteten und schon mit Baublöcken und Kohlenplätzen versehenen Flächen umgeben,die in der Mitte der vorderen Längsseite einen schmalen Zugang lassen. Man sieht deutlich, wie dieses ganze Becken und Hafenviertel Hakatas künstlich wie ein Kasten zwischen den beiden Flußmündungen des Nakagawa und des Ishidogawa vorgebaut ist. Die Tiefen des Beckens von 2 1/2 m ließen jedoch nur

Fig. 23. Hakata, Stadt.

Hakata, nur durch den Nakagawa von Fukuoka getrennt, hat zum Unterschied von dieser lang an der Küste hingezogenen Stadt einen sehr geschlossenen Kern, von dem besonders der küstennähere Teil im Bann des Hafens steht, während das rückwärtige Ende von der großen Küstenbahn Kyūshūs berührt wird. Mit dem kleinen, von Baublöcken umfaßten Becken des „alten Hafens" begann vor 30 Jahren der neuzeitliche Hafenausbau.

Schiffe unter 1000 Tonnen zu, während größere auf der Reede bleiben mußten. Ich sah in ihm etwa drei Dutzend kleine Dampfer und Segler beisammen liegen. Bedingungen eines größeren Handelshafens waren mit diesem Becken so wenig wie mit dem von Fukuoka geschaffen.

Die glänzende alte Handels- und Kulturmetropole wurde sich dessen auch bald bewußt. So ist man von diesen ganz dürftigen Ansätzen in jüngster Zeit durch private Initiative zu einem erstaunlich großzügigen Plan des Hafenausbaus übergegangen. Er besteht kurz darin, daß ein langgestrecktes küstenparalleles Becken größter Dimensionen auf der ganzen östlichen Strecke der Bucht, also im Norden des Stadtkerns von Hakata (s. Fig. 22) vorgelegt werden soll; es hat die Form eines Rechtecks von etwa 4 km Länge und fast ½ km Breite; in ihm sollen 6 m Wassertiefe erreicht werden. Für dieses Unternehmen trifft es sich günstig, daß der Meeresboden in der Zone, wo gebaggert werden muß, aus lehmigem Sand und Ton besteht, dagegen gegen das Land hin, wo die Kaimauer errichtet wird, aus festem Sand untermischt mit Kies. Das ganze dahinter bis zur Küste bleibende Kreissegment wird zu Land aufgeschüttet. Ein Teil der Aufschüttung ist schon vollzogen. Sie geschieht nicht ganz künstlich, sondern unter Benutzung der Natur; es wurde hier nämlich ein Damm bis zur Höhe von — ⅓ m errichtet, der im allgemeinen und namentlich bei Nordwestwind, wenn der Buchtboden aufgewühlt ist, überspült wird, so daß der Sand sich dahinter niederschlägt. Außerdem wird Baggergut aufgetragen. Zum Bau des Dammes wurde Sandstein von einer westlich von Fukuoka an der Küste stehenden Tertiärklippe verwendet. Diese Neulandfläche zu gewinnen, wäre hier an sich kaum nötig gewesen, da um Hakata reichlich Raum, besonders im Norden, wo die Stadt weitläufig gebaut ist, zur Verfügung steht. Aber um bei der allgemeinen Seichtigkeit wenigstens in etwas tieferes Wasser zu kommen, ist es unvermeidlich, soweit hinauszugehen. Hier liegen also die Verhältnisse anders als bei den meisten der anderen Häfen Kyūshūs, in welchen Aufschüttungsarbeiten im Gange sind.

Seewärts von dem langen Becken ist ein paralleler Wellenbrecher zu errichten. Davon ist eine Strecke bereits ausgeführt. Ferner geht mitten auf das Längsbecken zu eine Fahrrinne von Saidozaki her, die gleichfalls schon auf die Tiefe von 6 m fast 4 km lang ausgebaggert ist.

Dazu hat man nun auf der Fukuoka-Seite ebenfalls mit neuen größeren Plänen begonnen. Hier soll zwischen den beiden alten kleinen Becken von Fukuoka und Hakata die ganze flache Buchtsichel aufgeschüttet werden und von der geraden Front dann eine Reihe kleiner Hafenzungen und -becken vorstoßen, außerdem der ganze Raum durch eine von Aratsuzaki ausgehende Mole gegen die Nord- und Nordwestwinde geschützt werden.

Für die fernere Zukunft sind sogar in der Nordostecke der Bucht noch viel größere Möglichkeiten der Hafenanlage gegeben und vorgesehen in einer Reihe paralleler, breiter Hafenzungen und -becken, die von Saidozaki ostwärts bis zur Küste aufeinanderfolgen. Mit solchen Anlagen würde Fukuoka-Hakata schon den Großhäfen an die Seite treten, doch ihre Ausführung wird noch in weiter Ferne liegen. Aus den bisherigen Verhältnissen der Tiefenverteilung ist allerdings zu schließen, daß nach Fertigstellung des Hafens laufende Baggerarbeit in nicht ganz geringem Maß nötig sein wird, um die Tiefen gegen die Verlandungstendenzen zu erhalten.

5. Siedlung.

Fukuoka und Hakata stellen eine geographisch heute zusammengehörige Siedlung dar und bilden seit 1878 auch verwaltungsmäßig eine Einheit, die den Namen Fukuoka City führt. Dem Ursprung nach aber sind es zwei Städte. Beide sind getrennt durch den Nakagawa, die größte der im Weichbild und im Umkreis der Städte nahe beieinander mündenden Wasseradern. Beide unterscheiden sich auch in ihrer Anlage sowie in ihrem Habitus, ja selbst im Charakter ihrer Bewohner. Für die Hakataner gilt als typisch der demokratische Geist, der alle Klassenunterschiede überwindet und Volksbelustigung in hohem Ansehen stehen läßt. Demgegenüber erscheinen die Bürger Fukuokas zurückhaltend, von ausgesprochenem Standesgefühl und konservativem Sinn. Der Fremde kann in diesen Punkten naturgemäß nur Übermitteltes wiedergeben. Doch erhält es jedenfalls eine gewisse Stütze durch das, was sich seiner Beobachtung darbietet. Fukuoka präsentiert sich durchaus, nicht nur durch seine sauberen und sogar holzgepflasterten Straßen, sondern in seinem ganzen baulichen Charakter, auf den ersten Blick als traditionsbewußte, wohlgepflegte Burgenstadt der Feudalzeit, als Behördensitz und gute Wohnstadt, und es verrät auch im Geschäftsleben, soweit es hinzutritt, einen größeren und vornehmeren Stil. Hakata ist demgegenüber wie in alter Zeit die Handels- und Geschäftsstadt mit dem kleineren Bürgertum japanischer Mittelstädte, mit buntem Getriebe, namentlich nach dem Hafen zu. Fukuoka muß dem, der noch manche andere Präfekturhauptstadt gesehen hat, in seiner Besonderheit auffallen; die Erklärung liegt darin, daß es die Hauptstadt einer der volkreichsten Provinzen Japans, der Provinz mit den dichtestbesiedelten und wirtschaftlich wichtigsten Teilen Kyūshūs, eine Art Metropole der ganzen Insel ist, reich an Schulen und sonstigen Bildungsstätten für ihr Beamtentum und ihre vornehmen, alten Familien, kurz eine Kulturstadt vergleichbar deutschen Universitäts- und Residenzstädten. Damit aber muß es sich von einer Hafenstadt so echten, alten Typs wie Hakata abheben, und dieser Gegensatz zu beiden Seiten eines nicht einmal breiten Flusses wirkt auf den ersten Blick stark.

Fukuoka zieht sich lang und schmal, etwas gewunden hinter der Küste hin, vorbei an dem riesigen, in einen Strandsee gebauten Schloßbezirk und an dem alten Hafenbecken, über eine der nächsten Flußmündungen hinweg; es ist von einer langen Hauptstraße durchzogen, welche die elektrische Bahn leitet, von Parallelstraßen begleitet und von Querstraßen sehr regelmäßig quadratisch geschnitten wird. Nur nahe dem Nakagawa verbreitert sich der Stadtgrundriß nach dem ebenmäßigen Hinterland zu. Dann folgt zwischen dem Naka- und Ishidogawa Hakata als ein ganz geschlossenes Rechteck zwischen seiner glatten Front am alten Hafen und dem Bahnkörper an der Rückseite. Dieses Rechteck wird in der Mitte halbiert durch die Fortsetzung jener großen Längsstraße Fukuokas. Es zerfällt auch seinem Charakter nach noch in zwei Hälften, von denen die vordere mehr die Nähe des Hafens erkennen läßt. Ganz vorn stellen sich dann die

Sitze des Fremdhandels, des Holzhandels, des Fischverkaufs und dergleichen ein. Endlich folgt nördlich des Ishido wieder ein mehr lang hinter der Küste hingestrecktes Stadtgebiet, die Vorstadt Chiyo, in welcher außer Wohnvierteln einesteils die Universitätsbauten in zwei getrennten Komplexen große Flächen in und hinter der Zone der Strandkiefern einnehmen und andernteils industrielle Werke den Abschluß nach Norden hin bilden. Auch Fischereisiedlungen schließen sich im nördlichen wie im westlichen Endgebiet der Doppelstadt an. Die ganze Ausdehnung der letzteren beträgt zwischen den Mündungen des Moromi- und des Tataragawa rund 10 km.

6. Handel und Verkehr.

Die Grundlagen des Handels ergeben sich einmal aus dem Konsumzentrum, das die Doppelstadt mit ihrer Bewohnerschaft von rund 225000 selbst bildet, dann aus der landwirtschaftlichen Erzeugung der nahen Schwemmlandgebiete, weiter aus den Kohlengruben, endlich aus der industriellen Entwicklung, die sich auf Maschinenbau, Textilindustrie, Sake- und Shōyū-Bereitung und eine Reihe von anderen Zweigen erstreckt, aber doch noch nach keiner Seite eine besonders hervorstechende Entwicklung genommen hat. Immerhin kann man bei Fukuoka-Hakata wohl sagen, daß die Hafenentwicklung hinter der wirtschaftlichen Stellung des Gebietes in Rückstand ist und daher bisher ein Hemmnis für dieselbe bedeutete.

Den Export beherrscht die Steinkohle, und zwar erhalten wir hier ein ganz anderes Bild als in Miike. Auch bei Karatsu überwog schon die Belieferung inländischer Plätze den überseeischen Export; bei Hakata ist es ähnlich. Die Kohle geht mit kleinen Seglern nach den Ryūkyū-Inseln sowie nach Fusan und chinesischen Häfen hinüber. Das übrige Japan bezieht Tabak, Chemikalien, Sake und andere Spirituosen. Dem Werte nach ist überhaupt der Export gering. Der Import bewegt sich im Außenhandel immerhin um 5 Millionen Yen in den letzten Jahren; $^{4}/_{5}$ davon entfällt auf das herangebrachte Mineralöl, einiges auf Holz. Aus Inlandhäfen stammen Metallwaren, frische Fische, Holzkohlen und Holz. Im Hafenbild sieht man jedenfalls Holz neben der Kohle am meisten hervortreten. Es wird offenbar viel für die Gruben gebraucht.

Für die Kohlenübernahme sind außer bei Saidozaki die Lagerplätze am Nordostrand des Hakata-Beckens vorhanden, wohin sie durch eine elektrische Bahn erst vom Bahnhof gebracht werden müssen. Besondere technische Einrichtungen bestehen ebensowenig wie in

Karatsu. Das ist der Unterschied dieser Kohlenhäfen zweiten Ranges gegenüber solchen, wie wir sie in Miike kennen lernten und weiter noch in Moji und Wakamatsu finden werden.

Die geringe Beteiligung der Fremde ist auf das Konto des noch unzulänglichen Hafens zu setzen. Entsprechend stellt sich auch das Bild des Schiffsverkehrs dar. Außer 3000 einheimischen Seglern laufen 2500 Dampfer ein, unter ihnen aber nur 60 im Außenhandel (1928), letztere in der Mehrzahl fremder Nationalität (besonders britisch, holländisch und norwegisch) und nur von der Durchschnittsgröße von 3000 t. Der gesamte Schiffseingang erreicht den Wert von 550000 t.

Außer den Schiffen der größeren Fahrt verkehren häufiger und regelmäßig Dampfer mit Tsushima, Iki, Fusan, Shimonoseki, Nagasaki und Ōsaka. Einstweilen ist aber bei der im ganzen schlechten Ausstattung für den Verkehr zur See die Bahnverbindung um so wichtiger, namentlich die mit den beiden großen Flankenpunkten Nagasaki und Moji sowie den Städten der Binnenebene. Selbst Holz wird zum Teil mit der Bahn heranbefördert. Moji, die Türschwelle Kyūshūs für das übrige Japan, ist nur zwei Schnellzugsstunden entfernt.

h) Wakamatsu.

(Hierzu Figuren 24 u. 25.)

Die nordwestliche Randzone von Kyūshū läßt sich dem Aufbau nach in drei Teilstücke zerlegen. Das südwestliche, das die Hafengruppe von Sasebo, Hirado und Imari einschließt, fanden wir gekennzeichnet durch den Wechsel von Alttertiärflächen mit Basaltdecken und -kuppen. Das mittlere, das am einen Ende Karatsu, am anderen Fukuoka zeigt und annähernd durch die beiden SO gerichteten Tiefenlinien begrenzt wird, erhält durch eine geschlossene Berglandschaft aus Granit seinen Charakter. Im nördlichsten Teilstück, das vom Ende dieser zusammenhängenden Granitlandschaft bis zur Straße von Shimonoseki reicht, tritt wieder der Granit zurück; er bildet zusammen mit Gabbro und Porphyrit sowie mit vorkarbonischen Sedimentgesteinen nur noch kleinere und größere Stöcke, besonders in der Umrandung, während der Kern dieses Nordvorsprungs von Kyūshū sich als ein Senkungsfeld von Kreide und Alttertiär darstellt. Deutlich erkennbar ist eine Tiefenzone, die nicht mehr ganz der südost-nordwestlichen, sondern mehr südsüdost-nordnordwestlicher Richtung folgt. Sie nimmt recht die Mitte der geschlossensten Hügellandschaft von tertiären Sandsteinen, Schiefern und Konglomeraten ein.

Figur 24.

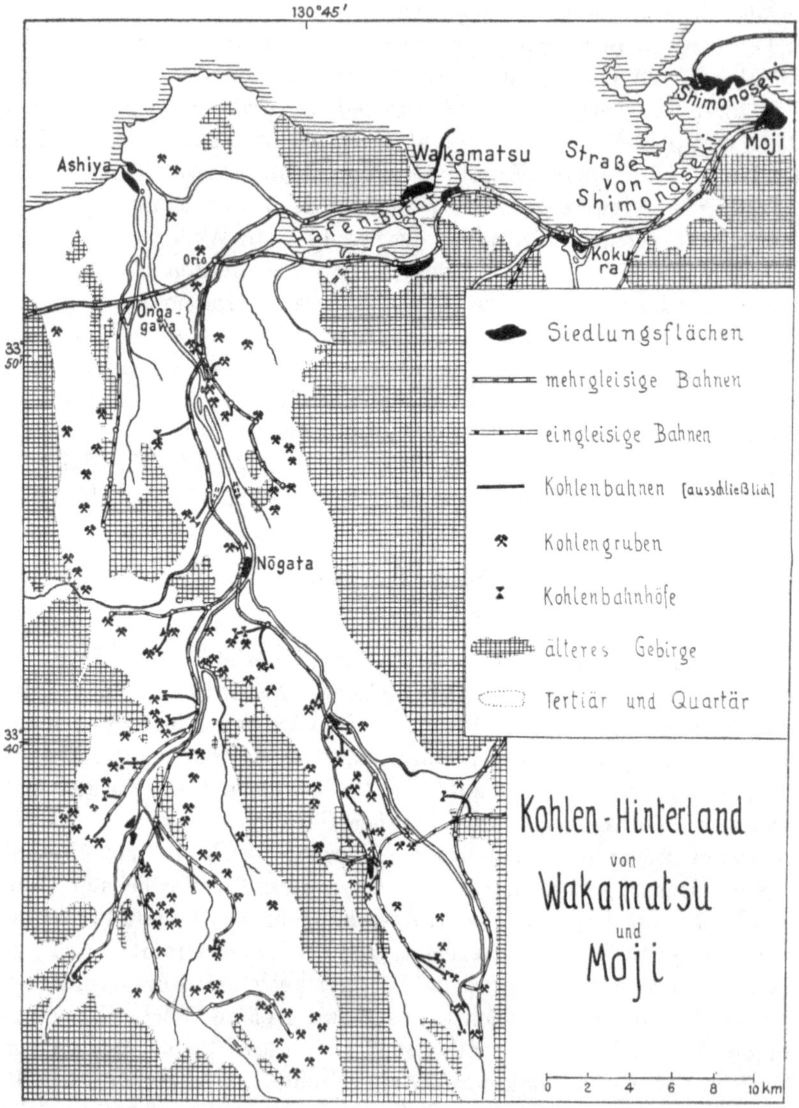

Die in breiter Zone in das alte Gebirge eingesenkten Tertiärbecken Nordkyūshūs enthalten in geringen Tiefen die Kohlen. Von der Wakamatsu-Bucht verzweigen sich südwärts, dem Talsystem der tertiär-quartären Zone folgend, die Kohlenbahnen, um deren zahlreiche Endspitzen sich die Gruben scharen. So erhält die ganze Region den idealen Meeresanschluß in dem ausgesprochenen Kohlenhafen Wakamatsu und dem 20 km östlicher folgenden Passagenhafen Moji.

1. Hinterland.

Die hervorgehobene Tiefenzone ist die Hinterlandsachse von Wakamatsu, um die sich das ganze Leben dieses Hafens dreht. Denn sie und ihre Flanken bilden das große Kohlengebiet von Chikuhō. Es enthält Flöze von zum Teil 1—2 m Mächtigkeit, die in weit über 100 Minen abgebaut werden. Diese wichtige Zone allein müssen wir daher noch stärker ins Auge fassen. In ihrer Mitte liegt die Stadt Nōgata. Um sie läßt sich fast ein Kreis beschreiben, der im Süden die Grenze zum Kohlengebiet Fukuokas streift, im Norden durch Wakamatsu geht. Diese Kreisfläche ist ganz spezifisches Hinterland von Wakamatsu bezw. Moji; beide müssen sich in dasselbe ohne räumliche Abgrenzung teilen.

Der Lebensnerv aber liegt in demjenigen Durchmesser der Kreisfläche, der in die bezeichnete Tiefenzone fällt. Durch die Zentralstadt Nōgata wird sie in einen unteren und oberen Abschnitt geteilt. Der untere (nördliche) ist von der einheitlichen Wasserader des Ongagawa durchzogen, den eine etwa 5 km breite Alluvialebene mit Reisfeldern umgibt, die von den schräggestellten Tertiärschichten begrenzt wird. Ebenso einheitlich durchzieht dieses breite Tal eine Bahnlinie, gleichsam die Stammbahn des Kohlenbezirks, die nur wenige Stichbahnen entsendet (vgl. Figur 24). Erst oberhalb der Stadt Nōgata aber gabelt sich das Talsystem, entsprechend der sich zwischen granitenen Höhen verbreiternden niedrigen Tertiärhügellandschaft. So wird der ganze obere Teil des Kohlengebietes durch einen regulären Flußfächer ideal erschlossen, und die Stammbahn löst sich hier entsprechend in divergierende Linien mit weiteren Abzweigungen auf. Die Stöcke älteren Gebirges nehmen Höhen von 200—500 m ein, während das Tertiärhügelland und erst recht die Talebenen, die in diesen weichen Gesteinen breiter entwickelt sind, sich unter der Höhengrenze von 200 m halten.

So verhält sich dieses ganze bergwirtschaftlich bedeutungsvolle Hinterland in seiner morphologischen Gestaltung wie seinen Lagebeziehungen denkbar günstig für den Hafen Wakamatsu. Die Stichbahnen enden naturgemäß alle an den Rändern der alten Gebirgsstöcke. Die letzten Glieder dieses Bahnnetzes sind meist ganz kurz, oft nur 1 km lang. Fast alle Verzweigungen sind ausschließlich Kohlenbahnen, nur die Hauptäste dienen zugleich anderer Fracht und dem Personenverkehr. In welcher Dichte der Bahnfächer in dieser Landschaft liegt, lehrt die Karte (Fig. 24) deutlich.

Auch eine Karte der Bevölkerungsverteilung läßt genau die gleiche Grundstruktur erkennen: einen breiten, geschlossenen Streifen dichter Besiedlung unterhalb von Nōgata und eine fächerartige Ausbreitung mit dem Stromsystem oberhalb der Stadt. Die gesamte Bewohnerschaft dieser Beckenlandschaft mag nahe an eine Million herankommen. Eine kleine Kammer dichtester Besiedlung liegt dann noch um Wakamatsu und sein Hafengebiet selbst.

2. Natürliche Hafenbucht.

Zehn Kilometer oberhalb der Mündung des Ongagawa biegt die Sammelbahn vom Flusse ab und begleitet einen Kanal, der in die große Wakamatsu-Bucht einläuft. Das Hafenproblem spitzt sich zunächst auf die Teilfrage zu, warum nicht die Mündung des den ganzen Lebensnerv bildenden Flußtales auch den Hafen abgeben konnte. Hier liegt die kleine Stadt Ashiya. Der Fluß mündet in eine Bucht, die eine große Ergänzung durch Molen und Wellenbrecher erfordern würde, weil sie sonst schutzlos gegen Norden und Nordwesten, also gerade gegen die Richtung der stärksten und häufigsten Winde des Winters wäre. Im Flusse selbst ist nicht entfernt Raum für die Entwicklung eines großen Kohlenhafens. Auch bedeutet der Fluß für den Transport fast nichts gegenüber der Bahn, und der Weg zu seiner Mündung ist nicht kürzer als der zur Wakamatsu-Bai. Diese ist von der Mündungsstrecke des Onga nur durch eine 3—4 km breite Tertiärschwelle geschieden, die sich wie im ganzen Kohlenhinterland zu Höhen von 100—150 m erhebt und von kleinen Tälchen reich zerschnitten ist. So war hier nicht allein der Ausgang für die Bahn, sondern selbst die künstliche Wasserverbindung äußerst leicht herzustellen; durch zwei Kanäle hat der Onga eine Mündung in die Wakamatsu-Bucht erhalten. Diese wenige Meter breiten Kanäle werden aber nur in bescheidenem Maß zur Beförderung von Kohlen benutzt, mit kleinen, ganz flachen Booten, die durch Rudern und Staken bewegt werden.

In der Tertiärschwelle liegt das Städtchen Orio, von dem aus die Bahnen sich in doppeltem Sinn verzweigen: nach Osten wenden sich die beiden Linien, die die Wakamatsu-Bai umsäumen, von denen die nördliche in Wakamatsu endigt, die südliche über Yawata nach Moji läuft; andererseits geht von Orio westwärts die Hauptbahnlinie Kyūshūs nach Fukuoka und südwärts die Kohlenstammbahn das Ongatal hinauf. Steht man in der Wakamatsu-Bucht bei Yawata, so blickt man westwärts in die Gegend von Orio wie in eine Öffnung hinein. Dieser Eindruck ist dadurch verstärkt, daß die Wakamatsu-Bucht selbst fast in ganzer Ausdehnung von größeren Höhen begleitet ist.

Das breite Wasserbecken von Wakamatsu liegt nämlich zwischen zwei kleinen Granitstöcken im Norden und Süden, die beide nach Westen hin an einer geraden Linie abgeschnitten werden gegen das

Fig. 25. Wakamatsu, Stadt und Hafenbucht.

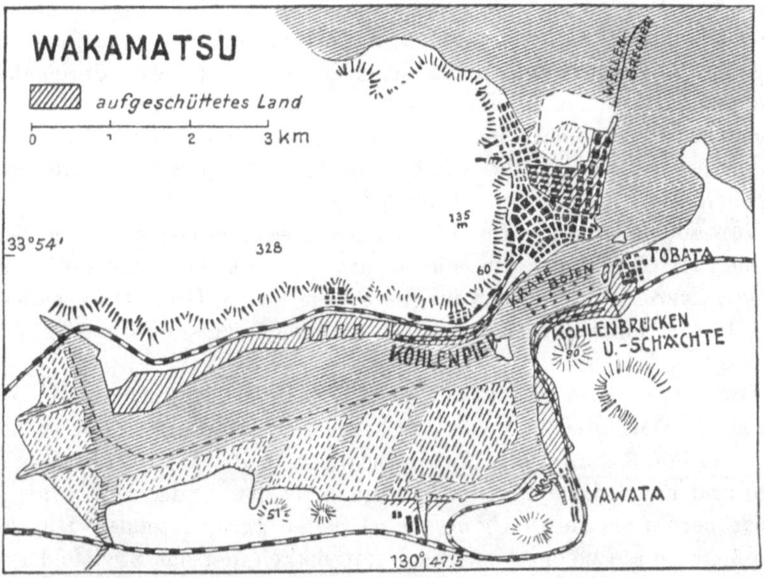

Die sackförmige Bucht ist, abgesehen von einer nach Westen blickenden breiteren Öffnung, von Höhen umrahmt und hat einen engen Ausgang nach Nordosten. Dieser zeigt in sich mehrere Weitungen und Engen, letztere teils durch die herantretenden Hügel, teils durch Schwemmlandspitzen verursacht; eine der letzteren wird zum Stadtfeld von Wakamatsu. So entsteht ein mehrgliederiger Hafenwasserraum, in welchem große randliche Bänder und Zungen zum Hafenlandraum aufgeschüttet sind oder noch werden sollen. Auch der regelmäßige nördliche Stadtteil von Wakamatsu steht auf künstlichem Neuland. Am wesentlichsten in der Hafenausstattung sind die dem Kohlen- und auch Erzverkehr dienenden Piere, Schächte und Brücken

niedrige Tertiärland. Der nördliche Granitstock erreicht über 300 m, der südliche 600 m Höhe. Die Bucht ist dazwischen ein ertrunkenes kleines Senkungsfeld hinter einem engeren Ausgang. Dieser liegt an ihrer Nordostecke zwischen niederen Küstenhügeln, die wieder aus Tertiärsedimenten gebildet zu sein scheinen.

Das Becken mißt in der ostwestlichen Achse über 6 km und hat die Breite von 2 km, nach dem westlichen Ende etwas weniger. Es läuft bei tiefem Niedrigwasser in einem großen Teil seiner Fläche trocken und behält in den westlichen zwei Dritteln nur eine gewundene Gezeitenrinne von 2 m Wassertiefe. Im östlichen Drittel verzweigt sich diese so, daß die eine Furche in der Fortsetzung des engen Ausgangs, die andere hart unter der südlichen und südöstlichen Küste hin verläuft. Diese Rinnen haben künstlich größere Tiefen erhalten. Sie sind lebenswichtig für den Hafen, besonders die unter der Küste entlanglaufende für das Regierungsstahlwerk von Yawata.

Die hintere Bucht ist also nur eine flache Überspülung und wird von Westen und Süden her durch kleine Flüßchen weiter zugeschwemmt. Günstig ist es immerhin, daß sich der Onga nicht in sie ergießt. Verringert werden die Tiefen außerdem dauernd durch den Kohlenüberfall beim Laden, und zwar gerade an den Stellen, wo die Bucht als Hafen dienen muß. Daher muß dauernd gebaggert werden. Der Wert der Kohlen, die durch Heraufholen vom Boden wieder gewonnen werden, ist sehr erheblich[1]).

Von außen kommt offenbar kein Anschwemmungsmaterial in den Hafen, im Gegenteil dürfte die seichte weite Fläche desselben in geringem Maß als Spülbecken für die Engen dienen. Groß ist aber diese Spülkraft offenbar nicht, da der maximale Tidenhub nur $1\frac{1}{2}$ m beträgt.

Das engere Ansatzstück wendet sich nach Nordosten, mißt in der Länge 1800 m, quer dazu an der breitesten Stelle etwa 800, an der engsten nur 300 m. Seine Tiefen betragen in der Hälfte der Fläche 6 m und mehr. Eine Verengung liegt an beiden Enden. Am inneren Ende beruht sie auf den von beiden Seiten herantretenden Hügeln, am äußeren auf einem Anschwemmungshaken, der das Stadtfeld von Wakamatsu bildet. Diese Verengung wird noch verstärkt durch die Insel Kabashima. Daher erreicht hier der Gezeitenstrom seine größte Geschwindigkeit, $2\frac{1}{2}$ Knoten die Stunde. Das zwischen beiden Engen eingefaßte kleinere Becken, das die Bojen enthält, bildet einen vorderen Hafen zu dem rückwärtigen großen der Bucht. Beide zusammen stellen den inneren Hafen dar im Gegensatz zur äußeren Reede.

An der Eingangsenge liegen die Städte Wakamatsu und Tobata sich wie Brückenköpfe gegenüber und dicht davor die flache Insel Kabashima wie ein Torwächter. Davor schließlich breitet sich eine flache

[1]) Was man in Kiel nur als eine Besonderheit im Weltkrieg erlebte, daß der Abfall der Bunkerkohlen wieder heraufgeholt wurde, um die „Fischkohle" zum Hausbrand heranzuziehen, wird hier fortlaufend und systematisch gehandhabt, weil es sich um viel größere Beträge handelt.

äußere Bucht aus, die nicht nur von Natur, sondern auch künstlich in starker Zuschüttung begriffen ist und nur in ihrer Mittellinie eine schmale Zufahrtsrinne von 2800 m Länge bei 6 m Tiefe in nördlicher Richtung zeigt.

So finden wir den Hafen aus folgenden natürlichen Bestandteilen zusammengesetzt: 1. dem breiten hinteren Ingressionsbecken, das in den Gezeitenrinnen besonders vor der südöstlichen Küste auf etwa 2½ km hin benutzbar ist, 2. dem schmalen Ingressionsvorbecken, 3. einer Enge an beiden Enden des letzteren und schließlich 4. einer langen Zufahrt im seichten Küstenwasser.

3. Hafenentwicklung und -ausbau.

Auf die großen Kohlenfelder hinter Wakamatsu fiel der Blick schon nach Beginn der Meiji-Ära, und hier entwickelte sich bald ein Hauptmarkt. Er verstärkte sich, als im Jahre 1891 die Bahn in Nordkyūshū eröffnet wurde. Gegen Ende des Jahrhunderts entstand eine größere Gesellschaft zur Entwicklung des Bahnnetzes im Kohlenhinterland, das dann nach einigen Jahren verstaatlicht wurde. Im Jahre 1904 wurde Wakamatsu zum Spezialausfuhrhafen und später zum vollwertigen Fremdhandelshafen erklärt. Für den Hafenbau war aber bis dahin noch nicht viel geschehen. Denn die in Wakamatsu einlaufenden Kohlen wurden noch bis zum Jahre 1905 zum weitaus größten Teil auf Leichtern nach Moji weiterbefördert. Dann erst hat die schon länger bestehende Wakamatsu-Hafenbaugesellschaft dem größten Übel abgeholfen, indem sie die Tiefen an den wichtigsten Stellen auf den jetzigen Stand von rund 6 m brachte und zugleich zum Schutz der Einfahrt gegen die nordwestlichen Winterstürme einen 2½ km langen steinernen Leitdamm nach Norden ziehen ließ. Nun konnten Dampfer bis zu 3000 Tonnen den Hafen anlaufen. Hand in Hand mit den Arbeiten der Vertiefung gingen solche der Aufschüttung, durch die Hunderte von Hektar Land gewonnen wurden; dieses Neuland liegt einerseits draußen im Winkel zwischen der Stadt und der Leitmole, andererseits im großen Binnenbecken. Hier ist vor den Eisenwerken eine große Insel aufgeschüttet worden, die den ganzen Raum zwischen den ursprünglichen Gezeitenrinnen ausfüllt.

Noch ist aber der größte Teil der Wasserfläche der Bucht überhaupt nicht dem modernen Hafen eingefügt. Er bietet zur Erweiterung einen riesigen Raum, der allerdings die Ausbaggerung fast vom Wasserspiegel herunter erfordert. In dieser Richtung gehen denn auch die weiteren Ausbaupläne. Sie bestehen (wie Figur 25 es andeutet) in einer großen Längsrinne, die etwa zwischen der Mittelachse und dem Südrand der Bucht verlaufen und mehrere Becken schräg südwärts zwischen breiten Landzungen entsenden soll.

Neben den schon vollzogenen Ausbauarbeiten erfolgte die maschinelle Ausstattung mit großen Kohleverladebrücken; deren gibt es jetzt über 20 von verschiedener Länge und mit verschiedener Wassertiefe. Kräne stehen an den Kaimauern, auch Lagerhäuser und Kaischuppen sind vorhanden.

Diese Ausstattung und der damit verbundene Großbetrieb hob den Hafen nicht nur über jene kleineren südlichen Kohlenhäfen hinaus, sondern ließ ihn in der Kohlenausfuhr bis 1910 den großen Rivalen Moji erreichen und seitdem überflügeln. Wenn ich mir schon von kaum einem einzigen Hafen Japans vor meiner Reise nach der Literatur ein Bild machen konnte (außer den wenigen schon 1911 besuchten), so vielleicht am wenigsten von Wakamatsu, das mir abgesehen von dem Regierungsstahlwerk, mit dem sich sein Name wenigstens verbindet, als unbedeutendes Anhängsel zu Moji vorschwebte; aber wie ganz anders steht es hier in Wirklichkeit!

4. Hafenbild und -betrieb.

Drei Dinge stechen in Wakamatsu so hervor, daß sie dem Hafenbild seine Grundzüge verleihen: die Kohle, das Yawata-Stahlwerk und die Mastenwälder der Küstensegler.

Die Kohle wird an beiden Ufern des großen hinteren Hafenbeckens angerollt und besonders auf der Ostseite zu riesigen Lagern aufgehäuft. Von diesen entnehmen sie einmal die Scharen der Kohlensegler. Ferner werden ganze mit Kohlen ankommende Eisenbahnzüge durch elektrische Kräne unmittelbar in große Dampfer entladen, die am Kai anlegen können. Ein halbes Dutzend solcher großer Kranvorrichtungen fand ich 1926 bereits vor, mehr und großartiger als in irgend einem anderen der Kohlenhäfen von Kyūshū und Hokkaidō. Auf der Wakamatsu-Seite zieht sich ein Kohlenpier mit einer Anzahl Ladeschächten 650 m entlang. Weiter liegen inmitten des Fahrwassers größere Dampfer an den Bojen vor Anker, umgeben von einem Gewimmel der kleinen Kohlenruderboote; die Übernahme der meist zum Bunkern gebrauchten Kohle von diesen Booten vollzieht sich teils im Handbetrieb mit kleinen Körben, die an einer Reihe von Seiltreppen an den Seiten des Schiffes hinauf von Hand zu Hand fliegen, teils mit Hilfe der Ladebäume der Schiffe durch größere Behälter. Die 1927 im Hafen von Wakamatsu verladene Kohlenmenge von 8,5 Mill. Tonnen übertrifft die aller anderen Kohlenhäfen zusammen. Zum größten Teil ging sie in die Küstensegler und zwar auf der Wakamatsu-Seite (die Dampfer laden auf der Ostseite).

In der Südostecke des großen Beckens liegt in einer kurzen Talnische das Städtchen Yawata. Hier wurde 1897 das große Stahlwerk errichtet. Die Lage ist günstig gewählt; sie verbindet den Vorzug der Kohlennähe mit dem des kürzesten Frachtweges für die Eisenerze von China und Korea. Die Werke decken mit gegenwärtig etwa 900000 Tonnen[1]) jährlicher Stahlerzeugung 40% des gesamten Bedarfs des Landes und beschäftigen 20000 Arbeiter. Ein besonderes, kleines Hafenbecken ist hier in das Land gegraben, und eigene Geleisanlagen führen am Ufer hin. Große Verladekräne und Laufbrücken stehen am Kai zur Übernahme der Erze und zur Abfuhr der fertigen Eisenwaren. Diese maschinelle Front, die dahinterliegenden Erzhaufen und Schuppen sowie die Wälder der Schlote ergeben ein geschlossenes Bild und eine bedeutsame Note in diesem Teil des Hafens. Davor ist im Hafenbecken aus Rückständen die große Landfläche aufgeschüttet, die zur Zeit meines Besuches noch nicht in Benutzung genommen war. — Zu den Eisenwerken kommen im Hafen, und zwar auf der Ostseite, noch verschiedene bedeutende Fabriken für Glas, Koks, Zucker, Chemikalien und anderes.

Am Nordufer des Beckens liegen große Stapel von Holz, das von Dampfern gebracht wird und den Bedarf der Gruben decken muß. Weiter nach Westen folgen wieder Kohlenverladestellen, an denen die Eisenbahnzüge dieser Uferlinie ihre Fracht in Segler entleeren.

Von allen Schiffen, die hier mit der Kohle beschäftigt sind oder überhaupt im Hafen auftreten, stehen bei weitem an der Spitze die kleinen japanischen Küstensegler. Einige darunter sind Dreimaster, die Mehrzahl stellen die Zweimaster in einer normalen Größe, etwa 30 m lang, 200 Tonnen fassend. In keinem zweiten Hafen Japans sieht man sie in solchen Unmassen gleichzeitig versammelt. Im hinteren Becken starren dem Beschauer Masten entgegen, die in die Tausende gehen und wie Wälder große Flächen des Hafens da und dort bedecken, zum Teil in Blöcken dicht beieinander liegen. Bei jeder Biegung auf der Durchfahrt tut sich ein neuer Mastenwald auf. Auch im kleinen

---

[1]) Die mit der gegenwärtigen Weltkrise verbundene Produktionseinschränkung drückte die Gesamterzeugung für 1930/31 auf 700 000 Tonnen herab (Ostasiatische Rundschau 1931, S. 12).

Vorbecken drängen sich die Segler in Scharen an beiden Ufern zusammen. Manche fahren unter eigenen Segeln herein, andere werden geschleppt. Dazwischen kommen und gehen die kleinen und größeren Dampfer. Ebenso wimmelt das Meer auf der Küstenstrecke von Wakamatsu bis zur Inlandsee ganz besonders von Seglern, während sie sich innerhalb der Inlandsee schon mehr verteilen — ein Bild der Schiffahrt jedenfalls, wie man es in europäischen Meeren kaum irgendwo sehen kann[1]).

5. Handel und Verkehr.

Einzigartig ist danach auch das zahlenmäßige Verkehrsbild Wakamatsus unter Japans Häfen. So waren im Jahre 1927 nicht weniger als 47000 Segler hier eingelaufen neben 4600 Dampfern, also die zehnfache Überzahl; auch die Tonnage der Segler übertraf noch die der Dampfer, allerdings wegen der geringen Größe der Segler nur um 20% (5½ Mill. Tonnen Segler gegen 4½ Mill. Tonnen Dampfer).

Die so abgeführte Kohlenmenge von 8½ Mill. Tonnen bleibt größtenteils im Inland. Der im Außenhandel verfrachtete Anteil steht aber dem Wert nach auch an der Spitze der Exportwerte des Außenhandels. Als Bunkerkohle geht nur ein kleiner Teil weg; das hat darin seinen Grund, daß Moji besser am großen Schiffahrtsweg liegt, während das Anlaufen von Wakamatsu immerhin ein Abbiegen bedeutet.

Diese riesige Kohlenabfuhr in die übrigen Häfen des Landes steigert den Binnenhandels-Exportwert von Wakamatsu auf einen Betrag von 146 Mill. Yen, der selbst den von Tōkyō noch um 50% übertrifft (!). Der Binnenhandels-Import hingegen erreicht noch nicht den zehnten Teil dieses Wertes.

Hinter dem Gesamtwert des Küstenhandels (159 Mill. Yen) bleibt der des Außenhandels mit rund 50 Mill. Yen weit zurück. In diesem überwiegt nun bei weitem der Import. Bestimmend dafür sind die Stahlwerke; Eisen steht an erster Stelle, die Stahlwerke besitzen für den Erztransport einige Spezialschiffe. Aber auch Kohle bildet einen namhaften Posten der Einfuhr, weil die Stahlwerke sie zur Mischung mit einheimischer in der Stahlbereitung gebrauchen. Einige weitere Posten der Ein- und Ausfuhr sind durch die Industrie bestimmt. Die Lieferanten der Kohle wie der übrigen Artikel sind ost- und süd-

[1]) Daß von den beigegebenen Abbildungen keine das so eigenartige Hafenbild und -leben Wakamatsus betrifft, hat seinen Grund in dem Verbot des Photographierens im Bereich der Straße von Shimonoseki.

Tabelle 23.

Außenhandel von Wakamatsu (1928) in 1000 Yen.

Export		Import	
		Eisenerze	12 316
		Roheisen	3 171
		Eisenschrott	2 971
		Andere Erze	1 875
		Kohle	5 348
Kohle	5 568	Zucker	5 063
Raff. Zucker	3 414	Soyabohnen	4 408
Öle und Fette	503	Ölsamen	1 691
Sonstiges	1 094	Sonstiges	3 490
Zusammen	10 579	Zusammen	40 333

asiatische Länder, an der Spitze China, das zugleich den größten Teil des Exports aufnimmt.

In Wakamatsu taucht auch am ehesten die sehr seltene chinesische Flagge auf. Im übrigen ist Norwegen stärker vertreten. Aber alle fremden Nationalitäten bleiben gerade in Wakamatsus Außenverkehr besonders weit zurück hinter der eigenen Flagge.

6. Siedlung.

Von besonderer Art sind in Wakamatsu auch die Bevölkerungsverhältnisse. Die Hafenstadt hat nur 50000 feste Bewohner. Rechnet man aber die stets im Hafen anwesende Schiffsbevölkerung ein, so werden es mindestens 10000 mehr. Hier stehen also feste und wandernde Bevölkerung in einem Mißverhältnis, wie es wieder in keinem andern Hafen des Landes erscheint. Die Kleinheit der ansässigen Bevölkerung erklärt sich daraus, daß gerade die Kohle wenig für die Wirtschaft der Siedlung als solcher bedeutet. Dagegen ist das im Hintergrund versteckte, weniger mit dem Hafen an sich als mit seiner Industrie verbundene Yawata bereits zur Großstadt angewachsen und zählt im Jahre 1930: 168000 Bewohner.

Wakamatsu und das kleinere Tobata nehmen die Eckpfeiler am Hafeneingang ein. Von ihnen ist Tobata der unbedeutendere Platz. Während aber um ihn eine größere Ebene ausgebreitet ist, hatte Wakamatsu bis vor drei Jahrzehnten nur einen Schwemmlandstreifen zur Verfügung, hinter dem seine Vorhügel mit zerschluchteten Hängen gleich bis über 100 m und die Granithöhen auf 300 m ansteigen. Gegen die Enge schob das Schwemmland damals nur einen schmalen Sporn scharf vor. Heute schließt sich daran nordwärts die geradlinig begrenzte Fläche eines weiten, aufgeschütteten Landes, das in mehreren Etappen entstand. Im nächstanliegenden Teil ist es schon von einem geschlossenen Stadtgrundriß bedeckt, während nordwärts dem Leitdamm folgend ein Fabrikgelände sich ausbreiten konnte. Deutlich hebt sich der neue Stadtteil vom alten Wakamatsu im Straßenplan ab. Denn die alte Stadt hat mit Ausnahme eines kleinen Teils der Mitte einen derartig unruhigen und regellosen Straßenverlauf, daß sie damit geradezu aus der Norm japanischer Stadtgrundrisse herausfällt. Ich bin zu der Annahme geneigt, daß es bis in die neuere Zeit noch nicht eigentliche Stadt gewesen ist, oder daß allenfalls eine Kleinstadt der vordersten Spitze, die ihren besonderen Grundrißtyp zeigt, mit mehreren dörflichen Kernen des Hintergrundes zusammengewachsen ist. An dieses mehrgliedrige Bild grenzt im Norden das ganz reguläre, größere Schachbrett des Neulandes in einer etwas gekrümmten und scharf verfolgbaren Linie. Was diese Scheidung weiter stützt, ist die Beobachtung, die man an einzelnen Exemplaren und Gruppen von Kiefern im Stadtbild machen kann; sie fügen sich quer über Straßen, Plätze und Höfe hinweg zu einer Linie zusammen, die sich so genau mit jener Grenze deckt, daß sie offenbar als Reliktexemplare des Matsu-Gürtels zu deuten sind, der hier wie an fast jedem Flachstrand die Küste begleitet hat.

Heute ist in der Gesamtstadt schon eine gewisse Scheidung nach Wirtschaftsfunktionen erkennbar, wie es in den größeren Hafenstädten die Regel ist: nahe dem Wasser haben Firmen und Gesellschaften ihre Kontore, und die übrige ältere Siedlung ist besonders von Geschäftsstraßen durchzogen, während das Aufschüttungsland, das erst mit dem Hafen und der Industriewirtschaft entstand, vorwiegend Arbeiterwohnungen aufweist.

i) Rückblick auf die Häfen von Kyūshū.

Von Kagoshima nordwärts wandernd sind wir an der Straße von Shimonoseki angelangt, an der in jüngster Zeit auf der Kyūshū-Seite der Hafen Moji entstanden ist. Er läßt sich am besten als Glied des Doppelhafens Shimonoseki-Moji verstehen, und dieser erhält seinen stärksten Charakterzug als Eingangstor zur Inlandsee und soll daher erst in deren Hafenregion seine Behandlung finden. Anderseits hat Moji eine kräftige Wurzel in Kyūshū und zwar dem Kohlenhinterland, in das sich der Hafen mit Wakamatsu teilt.

Blicken wir also auf die Stellung der Kyūshū-Häfen im ganzen zurück, so sehen wir vor allem in sämtlichen, die nördlich von Nagasaki liegen, außer dem Kriegshafen Sasebo typische Kohlenhäfen, die sich untereinander nur wieder in der Bedeutung der Kohle, d. h. dem Umfang ihrer Abfuhr, dem Grade ihrer Hafenbeherrschung und ihrer Wichtigkeit für In- und Ausland unterscheiden. Der Grund für ihre große Zahl ist die intensive tektonische Aufgliederung des Landes, die ein Ansaugen der zersplitterten Felder von verschiedensten Küstenpunkten her nahe legt und mit den reichlich verfügbaren geschützten Buchten auch ermöglicht, wenngleich in den meisten Fällen nicht ohne erheblichen künstlichen Hafenausbau trotz des vorwiegenden Kernküstencharakters Nordwestkyūshūs. Dabei ergibt sich eine eigene Note für Miike in der Abfuhr nach fremden Märkten durch größere Schiffe, für Wakamatsu in der Versorgung der Inlandsee und anderer Teile Japans durch die Schwärme der kleinen Fahrzeuge und für Moji in der Möglichkeit des Bunkerns für die Schiffe der großen Fahrt beim Passieren der Straße. Bezeichnend in diesem Zusammenhang ist eine Beobachtung, die sich bei einer Zusammenstellung der Güter einstellt, die die Schiffe zu eigenem Verbrauch in japanischen Häfen aufnehmen. Dabei bleiben im Gesamtwert der so aufgenommenen Güter selbst die bedeutendsten Häfen Japans weit zurück hinter Miike und noch mehr hinter Moji; die Massen der hier aufgenommenen Bunkerkohlen übertreffen an Wert weit die in Häfen aufzunehmenden Nahrungsmittel oder sonstigen Schiffsbedarf.

Ganz abweichend verhalten sich die Häfen Nagasaki und Misumi, und beide unterscheiden sich wieder untereinander. Nagasaki ist reinster Vorsprungshafen, Anlaufhafen, Port de vitesse, dazu in bescheidenem Maß Konsumzentrum und Industriehafen. Misumi ist trotz einer gewissen Vorsprungslage im kleinen doch im Grunde Hinterlandshafen für zwei Ebenen. Beide Häfen erfordern wesentliche Eingriffe nicht in die Gestaltung der Hafenbucht, sondern in der Hauptsache nur in den Hafenlandraum.

Das ganze südliche Drittel Kyūshūs zeigt nur noch einen Hafen: Kagoshima. An seiner Buchtgestaltung hat die Flankenkettung des Ryūkyū-Bogens und der Inselvulkan Sakurashima Anteil. Seine kommerzielle Blickrichtung geht außer auf die festländischen Gestade und die Inlandsee nach den Ryūkyū-Inseln hinüber, wie es auch schon in der Vergangenheit eine Aufgabe nach dieser Seite erfüllte.

Als eine historische Fensterseite offenbarte sich uns überhaupt die ganze Westseite Kyūshūs. Bei verschiedenen ihrer Häfen trat mit der

Darlegung ihrer vergangenen Bedeutung die Wirksamkeit ihrer Lage erst in das rechte Licht, so bei Nagasaki seit der Portugiesenzeit, bei Hakata und anderen seit alters.

Einförmig, öde und leblos steht demgegenüber die Ostküste da. So kehren die Begriffe der Vorder- und Rückseite ihren für Japan im ganzen gültigen Sinn für Kyūshū um. Die Gesetze der Gliederung und letzten Endes der Tektonik sind der ausschlaggebende Grund dafür (vgl. die Küstenanalyse S. 192). Die damit an der Westseite Kyūshūs gegebenen Verkehrsplätze ziehen aber auch den Küstenlängsverkehr aus der Inlandsee an sich, während die Fahrt durch die Bungo-Straße gemieden wird. Das verschärft noch den Gegensatz zwischen West und Ost, da so auch von außen her keiner der Küstenplätze der Ostseite, die schon durch die Beschaffenheit der Küsten und des Hinterlandes hintanstehen, eine Stütze erhält.

II. Die Häfen und Hafengruppen der Inlandsee.

Für die Inlandsee ist in der abendländischen Literatur die ältere japanische Bezeichnung Seto-uchi oder Seto-no-uchi in Brauch, während in Japan die neuere Seto-naikai geläufig ist und manche jüngeren Japaner, wie mir schien, jene erste garnicht mehr kennen. Nach Chamberlain soll auch sie nicht auf alte Zeiten zurückgehen, sondern erst eingeführt sein, um ein Äquivalent für den abendländischen, in allen Sprachen wiederkehrenden Ausdruck „Inlandsee" zu haben. Jedenfalls besagt beides etwa das Gleiche: das innere Meer mit (oder zwischen) den engen Toren. Die Enge der vier Eingänge, die Seichtigkeit der ganzen Fläche, die Gliederung in mehrere Großteile und die überreiche Durchspickung mit Inselschollen läßt diesen Meeresraum als ein Ingressionsmeer höchster Potenz erscheinen und macht ihn zu einem typischen Feld des internen Verkehrs und des Kleinverkehrs.

Wie man Japan in mancher Hinsicht den britischen Inseln an die Seite stellen kann, so die Inlandsee der Irischen See, in der Größenordnung, der Zwischenlage zwischen den Hauptinseln, der Enge der Eingänge und der mehrfachen Einengung. Nur fehlt dem europäischen Analogon sowohl die Brennpunktsstellung in der Geschichte des Landes wie auch die äußerst reiche Gliederung und hohe Verkehrsbedeutung. Wohl geben Liverpool und Manchester in ihrer Bedeutung für den englischen Seeverkehr dem Hafenpaar Kōbe-Ōsaka nichts nach; aber die übrigen vielen Kleinplätze des Verkehrs hat die Irische See nicht in dem Maß.

Diese Häfen der Inlandsee reihen sich an beiden langen Flanken zwischen den Brennpunkten auf, die an den Enden liegen. Der erste, Moji-Shimonoseki, beherrscht gänzlich den Westeingang, der zweite, Kōbe-Ōsaka, liegt im Hintergrund der östlichsten Enge, der Yura-Straße, die zugleich den Anschluß der Inlandsee an die ganze Tōkaidō-Küste herstellt. Zwischen den beiden Endstraßen führen noch die Bungo- und die Naruto-Passage von Süden herein, die jedoch beide weniger Verkehrsbedeutung haben, namentlich die letztere wegen ihrer Gezeitenwirbel. So ist denn außer der Enge von Shimonoseki keine der Straßen mehr als solche durch einen Hafen ausgezeichnet. Daß wir Ōita dicht hinter der Bungo-Straße, Tokushima-Komatsushima vor der Naruto-Passage treffen, hat andere Gründe, abgesehen davon, daß Ōita auch sehr geringe Bedeutung hat. Aber gerade der unwirtliche Charakter dieser Engen, der auf dem Glimmerschieferband und der angelagerten Kreidezone beruht, läßt die beiden Hafenpaare an den Enden der Inlandsee um so stärker hervortreten. Sie behandeln wir daher als die beiden Pole. Als solche sahen wir sie schon in alter Zeit sich entwickeln (S. 34—35), und als solche treten sie im gegenwärtigen Gesamtbild von Japans Meeresbeziehungen hervor und heben sich ab von der Schar der Mittel- und Kleinhäfen, die vorzugsweise dem internen Verkehr dienen und als eigentliche Inlandseehäfen aufgefaßt werden können (deren Verteilung s. in Fig. 1).

a) Shimonoseki-Moji (-Kokura) als äußerer Pol.

Wenn auch die Rinne größerer Meerestiefen, die die großen Schiffahrtslinien von außen auf die Enge von Shimonoseki hinleitet, etwas abseits von Wakamatsu bleibt, so befinden wir uns hier doch bereits im unmittelbaren Bannkreis der bedeutsamen Straße und des Doppelhafens. Von der kleinen Ebenenkammer des Hafengebietes von Wakamatsu geht ein zusammenhängender Siedlungsstreifen ostwärts weiter, stellenweise unterbrochen durch freies Gelände, Matsu-Gruppen oder unmittelbar an die Küste tretende Vorhügel und schon reichlich durchspickt mit größeren industriellen Anlagen. Einen nächsten Etappenpunkt erreichen wir bereits in dem eine Wegstunde von Tobata entfernten Flußmündungs-Städtchen Kokura, das 52000 Einwohner zählt und zu den Shi-Städten gehört. Es kann als ein Vorplatz von Moji angesehen werden, in heutigem wie in historischem Sinn. Die Fragen, die es aufwirft, sollen daher an dieser Stelle ihre Behandlung finden.

1. Kokura in alter und neuer Zeit.

(Hierzu Figur 24, S. 288.)

Das von Moji ausgehende Bahnsystem erfährt in Kokura seine wichtigste Verzweigung, indem von hier die zwei Hauptlinien an der westlichen und östlichen Küste hin, die eine über Fukuoka, die andere über Beppu in die Südspitze des Landes laufen; von Moji direkt ist nämlich die Verbindung mit der Ostküste nicht möglich wegen der umliegenden höheren Berglandschaft. So zieht sich auch eine fast zusammenhängende Siedlungsreihe auf dem Niederungsstreifen zwischen Kokura und Moji hin. Nur selten ist sie auf einige hundert Meter von freiem Feld oder von dem Kiefernsaum unterbrochen, und hart nebeneinander begleiten Eisenbahn, elektrische Straßenbahn und Fahrstraße die Küste. Die auf der Strecke immer wieder eingestreuten industriellen Werke sowie die Schlote von Kokura selbst verraten, wie hier in der Gegenwart alles gleichsam die Fortsetzung von Moji bildet.

Aber auch in alten Zeiten hatte Kokura schon sein besonderes Verhältnis zur Straße von Shimonoseki. Dem heutigen Betrachter erscheint zwar nichts natürlicher, als daß Moji als diesseitiger Brückenpfeiler an der kürzesten Passage über die Straße ebenso altbedeutsam gewesen wäre wie Shimonoseki. Tatsächlich war es bis vor wenigen Jahrzehnten ein Dorf, und sein großer Vorläufer war eben Kokura. Wir haben dafür einen bündigen Beweis in den durch Kämpfer wie Siebold übermittelten Tatsachen. Beide haben eine doppelte Hofreise gemacht und ihren Weg beschrieben, der jedesmal von Nagasaki bis Kokura ging. Dieses war die Endstation der Reichsstraße, an der dann kleine Boote zur Überfahrt nach Shimonoseki bestiegen wurden. Hier wiederum wurden sie vertauscht mit den größeren Schiffen zur Fahrt durch die Inlandsee.

Die Frage ist nun, wodurch Kokura zu dieser Brückenkopf- und Hafenstellung geeignet war. Die Güte des Hafens war es nicht. Denn er hatte keine Bucht, sondern nur die Mündung des kleinen Flusses zur Verfügung, der vom Süden kam. Sie war schon damals so versandet, daß nur kleine Fahrzeuge und auch sie nur bei hohem Wasser ein- und auslaufen konnten. Bei zu stürmischem Wetter mußte von dem Städtchen Dairi abgefahren werden, das 7 km östlicher lag und schon in der Enge der Straße seinen Schutz genoß, aber ebenfalls weiter keinen Hafen hatte. Der Vorzug Kokuras bestand darin, daß es Burgenplatz war und seine Flußmündung vorzüglich zum Schutzrahmen der Burg verwenden konnte. Hier hatte der regierende Fürst von Buzen seinen stark befestigten Sitz, und die Stadt selbst hatte an der Wasserseite durch hohe Zyklopenmauern und Dämme ihre Wehr erhalten, unter der sie sich zum Brückenkopf des Handels zwischen Honshū und Kyūshū entwickelte. Das Schloß lag ebenso wie der älteste Stadtteil am linken Flußufer, und eine Brücke führte zum größeren Stadtgebiet des rechten Ufers, das sich damals über mehrere Kilometer an der Küste entlangzog. So schildert es Siebold vor hundert Jahren. Die Einwohnerzahl gibt er auf 16000 an, was für jene Zeit ziemlich viel war. Auch Thunberg bezeichnet es als eine große und reiche Handelsstadt, die unter die bedeutenden Städte des Reiches rechne und beträchtlichen Handel treibe.

2. Shimonoseki in alter Zeit.

Kleiner als Kokura war damals die Stadt Shimonoseki; Siebold[1]) gibt ihr nur 5140 Einwohner. Aber sie hatte den trefflich geschützten und geräumigen Hafen, war der große Stapelplatz des Binnenhandels zwischen Honshū und Kyūshū, „einer der blühendsten kleineren Seehäfen", in welchem man damals im täglichen Durchschnitt mit 150 größeren und kleineren Fahrzeugen rechnen konnte. Kämpfer[2]) (1690) traf sogar 200 Schiffe hier an, und Thunberg[3]) spricht von 2—300 Fahrzeugen von verschiedener Größe, die oft gleichzeitig vor Anker liegen. Alle diese Angaben stimmen in der Größenordnung gut überein. Die Vielseitigkeit und Reichweite des Marktes geht aus Thunbergs Angaben hervor, daß man hier oft Waren sähe, die in anderen Städten und Häfen nicht zu finden seien. Die Straße war eben Tor und Brücke zugleich und beides in hervorragendem Maß. Heute hat sie noch beide Funktionen, nur gewaltig verstärkt, namentlich aber die Torfunktion.

Auch politisch tritt seine bedeutsame Stellung zu Japan wie den gegenüber liegenden Ländern China, Korea und Rußland hervor. Man braucht nur an den alten Namen Karato (Chinator) für einen Stadtteil Shimonosekis zu denken oder an den Frieden der jüngsten Zeit, der sich an seinen Namen knüpft, oder schließlich an den letzten

---

[1]) Ph. v. Siebold, a. a. O., II, „Im Jahre 1826", IV. Abschnitt, S. 129.
[2]) E. Kämpfer, a. a. O., II, S. 212.
[3]) K. P. Thunberg, a. a. O., II, S. 73.

Versuch, der hier 1863—64 unternommen wurde, der Öffnung Japans noch einmal mit Gewalt entgegenzutreten; der Feudalherr von Chōshū, der an der Straße saß, hatte die Strecke östlich der Stadt an der Enge mit Küstenbatterien ausgestattet und mehrere Schiffe ausgerüstet, worauf dann der Angriff auf einige fremde Handels- und Kriegsschiffe erfolgte[1]). Charakteristische Feststellungen in diesen Richtungen kann man auch machen, wenn man an historischen Karten von Japan[2]) die Kämpfe und Kräfteverteilung durch die Jahrhunderte verfolgt. Welche Gruppierungen sich dabei ergeben, immer sieht man die bindende Kraft dieser Reichsbrücke und -pforte. Mochte fast ganz Chūgoku von einer Hand aus beherrscht sein oder mochte die Zersplitterung am westlichen Ende groß sein, immer gehörte dazu der andere Eckpfeiler, das Nordende von Kyūshū; dessen nördliche Provinz Buzen und meist noch die benachbarte Chikuzen waren stets, obgleich zu Zeiten nur in ganz schmalem Band, in den Händen des Daimyōs von Westchūgoku.

Ein Gibraltar im Kleinen, gilt die Enge auch heute mit als die stärkste Seebefestigung des Inselgebietes.

3. Heutige Hinterlands- und Lagebedingungen.

Relativ tritt in der Gegenwart überall die Bedeutung der Stapellage für einen Hafenplatz gegen frühere Zeiten zurück. Es fragt sich daher zunächst, ob das Hafenpaar über ein eigenes Hinterland verfügt.

Am Kohlenfeld saugt Moji ganz ebenso wie Wakamatsu. Wenn man daher Mojis engeres Hinterland südwestwärts bis zur Grenze des Kohlenbezirks von Fukuoka und südostwärts an der Küste hin bis zur Beppu-Bai ausdehnen kann, so erhält man damit gegen $1\frac{1}{2}$ Millionen Bewohner. Das noch ausgedehntere Hinterland von Shimonoseki, der Yamaguchi-Ken, ergibt nur 1,1 Million. Die Gesamtzahl von $2\frac{1}{2}$ Millionen erhebt das Hafenpaar schon über alle anderen Häfen Kyūshūs. Hinzu kommt aber für beide zusammen noch heute die Lage. Denn hier ist die Schwelle nicht nur zwischen dem belebtesten inneren Verkehrsfeld der Inlandsee und der äußeren Verkehrsflanke von Westkyūshū und der Westseite Honshūs, sondern zugleich das Tor für den Außenverkehr mit den asiatischen und europäischen Gegengestaden. Damit erhält der Punkt einen Durchgangs-, Kreuzungs- und Stapelcharakter. Wenn dieser auch ein Mißverhältnis zwischen Schiffsverkehr und Handel mit sich bringt, so bleibt er

[1]) G. A. Ballard, a. a. O., S. 86ff.

[2]) Vgl. zum Beispiel den Atlas: Chūko kōbu enkaku chizusetsu, 1844.

immerhin nicht ohne Bedeutung für das Leben beider Städte. Was endlich heute mehr noch als in alten Zeiten zur Geltung kommt, ist die große und geschützte Hafenreede.

Je stärker sich aber solche Faktoren wie die Kraft des engeren Hinterlandes von Moji, die Lage und zwar im Sinne einer Großlage und schließlich die Hafengestaltung zur Begünstigung dieser Häfen vereinigen, um so mehr schließt sich dem engeren Hinterland ein weiteres an, dessen Reichweite schwer zu begrenzen ist. So liefern z. B. die Ebenen Kyūshūs, selbst einschließlich Kumamoto, ihren Reis gleich nach Moji und beziehen von dort ihren Dünger und dergleichen mehr.

4. Örtliche Gestaltung.

(Hierzu Figur 26.)

Um Shimonoseki treten nach der geologischen Übersichtskarte von Japan und sonstigen Angaben mesozoische Sedimentgesteine, besonders kretazische Schiefer auf, im kleinen durchsetzt von Granit, Porphyrit und Basalt. Dieser Aufbau macht nach Kotō einen strukturellen Zusammenhang über den Brückenpfeiler von Tsushima mit Südkorea wahrscheinlich. In Japan ist es ein Gürtel von über 100 km Länge, der außer der unmittelbaren Umgebung der Straße noch das alttertiäre Kohlenbecken Kyūshūs und das westlichste Endstück Chūgokus umfaßt, und dessen Achse von Südwest nach Nordost gerichtet ist. Nahezu im Zentrum desselben liegen die beiden Häfen, und um sie selbst treten, auf kleinem Raum wechselnd, die verschiedenen genannten Gesteine auf.

Die Enge windet sich 10 km lang hindurch in einer Breite, die etwa zwischen 300 m und 2 km schwankt. So wird auf den ersten Blick der Eindruck einer ertrunkenen und erweiterten Talform erweckt. Ein näheres Zusehen aber ergibt eine Reihe von Anzeichen für verwickelte tektonische Anlage. Wenn wir uns an die weiter oben mehrfach verwandten Beobachtungen erinnern, daß sowohl in der westlichen Inlandsee wie auch in Westkyūshū eine hervorstechende tektonische Richtung die südwest-nordöstliche ist, so wird schon der schnurgerade Verlauf der Küste von Shimonoseki auf 7 km nordostwärts auffällig, und die Vermutung ihrer tektonischen Bedingtheit verstärkt sich bei der weiteren Beobachtung, daß der Küstenzug sich in klaren tektonischen Linien fortsetzt, welche die Insel Hikoshima durchziehen; diese der Enge im Westen vorgelagerte Insel besteht aus dem erwähnten Sedimentgestein und dem Porphyrit, beide in

Streifen miteinander wechselnd, die in jener Richtung streichen. Auch weiter nördlich zeigen sich im ganzen westlichen Ende Chūgokus schmale Schmitzen von Porphyrit, immer in der nämlichen Richtung. Ebenso kommt, wenngleich schwächer, die andere Hauptrichtung wieder zur Geltung, die südost-nordwestliche; mögen untermeerische Bänke und Rinnen durch, die Richtung des Gezeitenstromes er-

Fig. 26. Shimonoseki-Moji, Hafenreede und -städte.

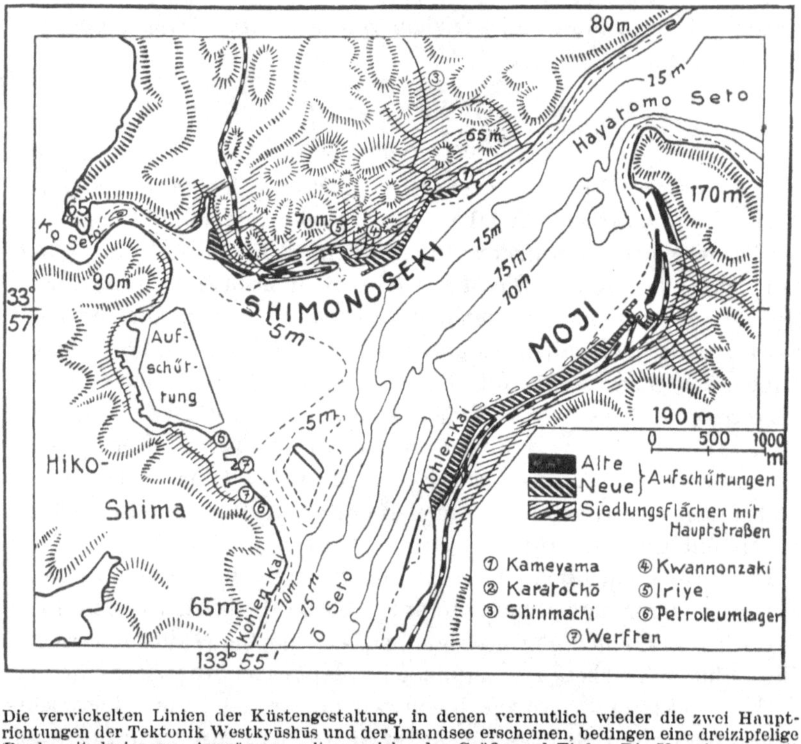

Die verwickelten Linien der Küstengestaltung, in denen vermutlich wieder die zwei Hauptrichtungen der Tektonik Westkyūshūs und der Inlandsee erscheinen, bedingen eine dreizipfelige Reede mit drei engen Ausgängen, mit ausreichender Größe und Tiefe. Die Umrahmung mit teils kuppigen, teils plateauförmigen Höhen (letztere besonders im Norden und Westen) gibt vollen Schutz. Was am meisten fehlt, sind Niederungsflächen für Siedlungs- und Hafenlandraum, da Moji seine Buchtzipfel, Shimonoseki seine schluchtartigen Talzüge zwischen den Plateaus schon ausgefüllt hat. Daher sind Neulandstreifen ringsum bezeichnend.

klärbar sein, so bleibt bemerkenswert der ganz einheitliche Küstenzug von der nordwestlichen Halbinsel Hikoshimas über Umajima nach Ainoshima. Als dritte dürfte noch die annähernd meridionale Bruchrichtung im Spiele sein, die nach Ogawa durch Mittel- und Nordkyūshū nach Moji streicht. Ob nun der Meeresdurchbruch in dem so verwickelten Gebiet durch Brüche direkt oder durch allgemeine Senkung erfolgte, oder welchen Anteil etwa noch der Gezeitenstrom daran hat, bleibt ebenso wie das Alter der Bildung ein Problem. Daß sie aber noch relativ jung sein muß, geht daraus hervor, daß die ganze Enge eine so geringe Tiefe hat, wie sie sonst den von Gezeiten bearbeiteten Engen der Inlandsee fremd ist, obwohl auch hier der Gezeitenstrom eine große Stärke erreicht und demgemäß bedeutende Erosionskraft entfalten müßte[1]).

Außer der im ganzen von Südwest nach Nordost hindurchgreifenden Enge gibt es noch einen Durchlaß nach Nordwesten zwischen Hikoshima und Chūgoku. Durch ihn und zugleich die im Osten gegenüberliegende Einbuchtung von Moji wird ein mittlerer Abschnitt der ganzen Passage beckenartig erweitert und damit zur großen Hafenreede befähigt. Morphographisch kann man diesen Typ am besten als Sundhafen bezeichnen.

5. Die Hafenreede und ihre Zugänge.
(Hierzu Figur 26.)

Als vereinigte natürliche Reede beider Häfen kann man die zwischen Moji, Shimonoseki und etwa der nördlichen Hälfte der Insel Hiko gelegene Fläche rechnen, die gegen 700 ha mißt, wenngleich verwaltungsmäßig die beiden Häfen getrennt sind und bis zu bestimmten, im Wasser festgelegten Grenzlinien reichen. Der ganze Landrahmen ist von niedrigen Hügeln und Plateaus gebildet, so daß man sich an die Uferzipfel des Bodensees versetzt denken kann. Die Höhen gehen zwar nach keiner Seite über einige 100 m hinaus, und nach Westen und Nordwesten, von wo die schwersten Stürme, sowie im ganzen Winter die normalen Winde wehen, bleiben sie sogar unter 100 m. Aber die Wasserfläche ist klein genug, um damit schon einen völligen Schutz gegen Winde und Wellen zu erhalten. Wellenbrecher braucht man weder in Moji noch in Shimonoseki, abgesehen von den Leichterbecken, die nach außen ihren Abschluß in einer Mole haben. Der Hafenboden ist ziemlich harter Klei, der aber das Ankern nicht erschwert, wechselnd mit Sand, und weiter im Westen auch mit Fels. Die Tiefen betragen in der Mittelachse 15—20 m, in einem großen Teil des Wasserraumes jedenfalls über 10 m. An die Küste treten

[1]) Erwähnt sei immerhin in diesem Zusammenhang die Bemerkung Siebolds, daß nach japanischen Überlieferungen der Durchbruch der engsten Stelle am Ostende der Passage sogar erst in frühhistorischer Zeit erfolgt sein solle: Siebold, a. a. O., II, „Im Jahre 1826“, IV. Abschnitt, S. 118.

solche Tiefen nirgends heran, und sie mußten erst streckenweise ausreichend hergestellt werden. Dampfer ankern daher zahlreich auf der Reede, und man sieht um sie herum die Schwärme von Leichtern und Segelbooten hängen, die ihnen Fracht entnehmen oder überbringen. Es gibt deshalb mehrere Hundert Leichter und Dutzende von Schleppern. Durch die große Einfachheit der Umrisse und die Konzentration wird das ganze Hafenbild klar übersehbar und gibt mit den Schiffen und Booten aller Art und Größe, mit dem Leben und der Entwicklung an den Ufern, sowie den weiteren Entwicklungsmöglichkeiten einen großartigen Eindruck.

Vom Ozean kommen die Schiffe durch den größeren der beiden westlichen Eingänge, der südlich der Insel Hiko liegt, auch Ō Seto (große Enge) genannt wird. Hier ist die Tiefe von 10 m vorhanden, und man strebt schon 12 m an. Vereinzelt mußte Felsboden weggesprengt werden, um eine glatte Fahrbahn zu erhalten. Der kleine Eingang, nördlich der Insel Hiko, auch Ko Seto (kleine Enge) genannt, ist zu eng und zu seicht und konnte schon in der Holländerzeit nur von den kleineren der damaligen Schiffe befahren werden. Die Tiefen sind zwar an der engsten Stelle nicht gering, offenbar dank dem Gezeitenstrom, wohl aber am östlichen Ende, nach der Reede hin. Der dritte Ausgang ist der zur Inlandsee, die Hayatomo-Straße mit bequemer Fahrtiefe. Aber gleich hinter dieser wimmelt es in der Weitung zur Inlandsee von Felsriffen, so daß die eigentliche Fahrstraße für große Dampfer auch weiterhin schmal bleibt.

So günstig auch der Buchtschutz und die Zugänge, der Ankergrund und die Bodentiefen sich gestalten, so bleibt die Hafenreede doch mit einem Übelstand behaftet, dem starken Tidestrom. Auf ihn mußte zum Beispiel schon 1864 Rücksicht genommen werden, als die Mächte den Angriff auf die vom Fürsten von Chōshū befestigte Straße eröffneten; der Moment wurde genau nach dem Strom gewählt, damit ein manövrierunfähig gewordenes Schiff nicht in die Straße, dem Feinde zu, getrieben wurde. Innerhalb der Hafenreede verzeichnet die Seekarte Geschwindigkeiten bis zu 5 Knoten, nahe der Hayatomo-Straße von 7½ Knoten. Yamasaki[1]) gibt für diese 13,2 km, also 7 Knoten, an. Eine japanische Karte des Hafens enthält an der Stelle die Zahlen 5—7½ Knoten. Auf dem Hafenamt wurde mir die allgemeine Angabe von 8 Knoten gemacht. Jedenfalls wird man

[1]) N. Yamasaki, Inlandsee, a. a. O., Pet. Mitt. 1902, S. 252.

danach an den ungünstigsten Stellen 7—8 Knoten als Durchschnittswert annehmen müssen. Solche Strömungen, die noch dazu in ihrer Richtung wechseln, beeinträchtigen natürlich den Betrieb, zumal bei dichtbesetzter Reede.

Ein weiteres störendes Moment ist die Fährverbindung, die dauernd durch die belebte Hafenreede geht. Sie vollzieht sich auf einer doppelten Linie, getrennt für Personen- und Frachtverkehr. Die Personenfährdampfer, die von Bahnhof zu Bahnhof fahren, sind ungefähr 40 m lang und machen die Überfahrt in 20 Minuten. Die Frachtfähren nehmen etwa ein halbes Dutzend Güterwagen auf und verkehren westlich der Personenfährlinie. Dieser ständige Querverkehr stört begreiflicherweise den starken Längsverkehr, ebenso das Liegen. Um die Reede von solcher Belästigung zu befreien, bestand schon länger der Plan der Untertunnelung, der jetzt so weit gesichert erscheint, daß die Ausführung demnächst beginnen soll[1]). Auch im Interesse der Landesverteidigung dürfte sein Bau geboten sein.

6. Hafenlandraum.

Um die Reede ist fast der ganze Landrahmen den Hafenzwecken dienstbar gemacht. Auf der Nordseite ist es Shimonoseki, dessen Hafenuferanlagen schon fast an der Hayatomo-Straße ansetzen, sich südwestwärts lang hinziehen um das Südende Chūgokus, wo beim Bahnhof die Hauptanlagen sich befinden, und dann nach der Umbiegung noch weiter in die „Kleine Enge" hinein, wo schließlich Bauerndörfer sich anschließen, langhingestreckt hinter festen Ufermauern. Auf der Gegenseite beginnt im Osten, wiederum nahe beim Ausgang der Inlandsee, Moji gleich mit seinen Becken und seinem Hafenlandraum und zieht sich in flachem Bogen nach Südosten und dann nach Süden in die „Große Enge" hinein. Auf beiden Seiten bot die moderne Entwicklung des Hafenlandraumes Schwierigkeiten, die nur durch Aufschüttung langer schmaler Landstreifen zu lösen waren; im Süden hatte das rasch entwickelte Stadtgebiet schon allen natürlichen Landraum am Meere beansprucht, im Norden übten außer der Stadtfläche die dicht an die Küste tretenden Höhen den Zwang aus.

Im Westen endlich bildet die Insel Hiko den Abschluß. Hier haben Hafeneinrichtungen, die vom Hauptbetrieb mehr getrennt sein können, ihre geeignete Stätte gefunden, Reparaturwerften, die auch

---

[1]) The Far Eastern Review 1930, S. 141.

größere Schiffe bedienen können, Petroleumlager, Quarantänestation. Nördlich der Werften bog ursprünglich die Küste der Hiko-Insel zurück und schuf vor dem Eingang zur kleinen Enge eine Weitung des Hafenwasserraumes. Hier ist inzwischen eine große halbmondförmige Insel aufgeschüttet worden. Ebenso liegt vor den Docks der Werften noch eine kleine langgestreckte Insel in der Reede, Ganryujima, die durch einen Landansatz nach Süden hin verlängert wurde und für künftige Erweiterungen im Werftgebiet Raum bietet.

7. Shimonoseki, Siedlung und Hafenlandraum.

(Hierzu Figur 26.)

Schon die Insel Hiko stellt, obwohl sie aus Streifen verschiedenen Gesteins besteht, eine relativ einförmige, in Hügel und Platten zerschnittene Fläche geringer Erhebung dar; die Höhen bewegen sich fast durchweg zwischen 60 und 100 m. Den gleichen Flächencharakter finden wir jenseits der „Kleinen Enge" im Stadtgebiet von Shimonoseki. Wenn man aus dem Bahnhof tritt, steht man schon nahe vor einer etwa 50 m hohen Wand. Dazu ist die erosive Zerschneidung ebenso stark wie dort, und die einzelnen getrennten Hügel mit ihren ebenmäßigen Oberflächen bilden zusammen mit den Tälern und Schluchten die Stadtlandschaft. Mir schien dabei der Kreideschiefer über die eruptiven Durchbrüche zu überwiegen. Schon unweit der Stadt endigt dieser Charakter wieder an etwas höherer Granitlandschaft (mehrere 100 m), besonders nach Nordosten hin, wie man auch in der Stadt den Granit reichlich als Material verwandt findet. Jene Erhebungen in der Stadtlandschaft bewegen sich zwischen 20 und etwa 70 m, vielleicht noch in verschiedene Niveaus geordnet; inwieweit Terrassenbildung oder Gesteinswechsel hierbei im Spiele ist, muß offen bleiben (alle Untersuchung ist hier auch durch den Festungscharakter erschwert).

In dieser Naturlandschaft fand nun die Stadt und erst recht der Hafenlandraum von vornherein wenig Möglichkeit zur Ausbreitung. So erweisen sich denn für die Entwicklung der Stadt zwei Grundzüge überaus charakteristisch: 1. ein auf schmaler Vorlandfläche langhingezogenes Band, das bald ganz schmal, bald etwas breiter wird und auf dem sich küstenparallele Straßen hinwinden, streckenweise nur eine einzige, dann wieder mehrere hintereinander; 2. von hier aus in das Innere strebende Querstreifen, die sich in die engen, weiter hinten oft schluchtartigen Täler winden und die insel- und halbinselartigen Berge und Plateaus teils umschließen, teils allmählich erklimmen. Diese Seitenglieder verlieren aber mit ihrer Entfernung von der Zone der Küstenstadt allmählich ihren städtischen Charakter, gehen schließlich in Dörfer über, die angegliedert sind und eigentlich keine Straßen, sondern nur schmale, winklige Pfade und Treppen haben. Nur ein einziges dieser Seitenglieder ragt als breiterer und geschlossener Stadtteil heraus; er lehnt sich an ein noch vorhandenes, in einen Kanal gefaßtes Flüßchen und seine breitere Mündungsaue an. Diese ist auf beiden Seiten von den steilwandigen Höhen begleitet, selbst aber breit genug, um mehreren parallelen Straßenzügen und Häuserblöcken Raum zu geben; besonders ihre breite Mittelstraße erscheint als die abgebogene Fortsetzung des Küstenstraßenzuges und heißt im oberen Teil Shinmachi (Neustadt, s. Figur 26). In diesem Seitenstadtteil herrscht nicht nur zum Unterschied von den anderen Seitengliedern städtischer Charakter, sondern es hat sich in dem Mündungsdreieck (bei Karato Chō) ein gewisser Kern der langen Küstenstadt entwickelt, der die meisten öffentlichen Gebäude vereinigt.

Es wirft sich nun die Frage auf, in welchen Etappen etwa die Stadt zu diesem heutigen Grundriß entwickelt wurde. Ihr älterer Name ist Akamagaseki. Der spätere Name Shimonoseki bedeutet: unteres Wehr. Dazu gab es 60 km weiter östlich einen kleinen Ort Kaminoseki mit einem Hafen, der auf der Fahrt nach Ōsaka angelaufen zu werden pflegte; dessen Name bedeutet: oberes Wehr. Was diese Namen aber besagen, ob sie natürliche Verhältnisse oder künstliche Befestigungen zum Ausdruck bringen sollen, vermag ich nicht anzugeben. Die älteste Quelle, die uns einen sicheren Anhalt über die frühere Lage und Ausdehnung der Stadt gibt, ist Kämpfer. Danach bestand sie erst aus 400 bis 500 Häusern, und diese lagen an einer sehr langen Hauptstraße und „einigen kurzen Queer- oder Nebengassen“[1]). Diese haben sich offenbar noch nicht in die Täler weiter hineingezogen, weil sonst zwischen der „sehr langen“ Hauptstraße und den höchstens 500 Häusern ein zu großes Mißverhältnis bestehen müßte. Es war also wohl erst das Rückgrat der Stadt an der Küste entwickelt und auch das noch nicht in heutiger Ausdehnung. Eine weitere Etappe beschreibt uns vor 100 Jahren Siebold[2]), und zwar genauer,. Er unterscheidet eine alte und neue Stadt beiderseits eines Flüßchens (wovon die östliche die ältere gewesen zu sein scheint). Die Länge von im ganzen 8 km, die er angibt, muß wohl auf einem Irrtum beruhen;

[1]) E. Kämpfer, a. a. O., II, S. 212.

[2]) Ph. v. Siebold, a. a. O., II, „Im Jahre 1826“, IV. Abschnitt, S. 128—29.

selbst heute beträgt sie nur halb so viel. Die Ausdehnung nach innen im Tal des damals trennenden Flüßchens, die heute neben dem Küstenband am wesentlichsten ist, wird von ihm immer noch nicht erwähnt, dürfte danach jüngerer Entstehung sein. Das gleiche gilt mit Sicherheit von den wenig westlich davon binnenwärts vorstoßenden Stadtteilen Kwannonzaki Chō und Iriye Chō; denn von diesen Talzügen erwähnt er zwei mit Geröll erfüllte Wildbachbetten. Die Mündungsbuchten derselben bezeichnet er als gute Ankerplätze, desgleichen die Bucht am Kameyama. Von Buchten und Flußmündungen ist hier heute keine Rede mehr. Es sind also seither Ausfüllungen vollzogen worden, um dem Küstensiedlungsband als Rückgrat der ganzen Stadt größere Breite und Geschlossenheit zu geben. Die Hauptlängsstraße war schon in zehn Quartiere geteilt. Verfolgt man diese nach den von Siebold angegebenen Namen, so kommt man zu dem Schluß, daß wenigstens westlich des Kame-Hügels damals noch die große Bucht vor der Talmündung bestanden haben muß, die von der Straße umgangen wurde und in der später erst die große Parallelstraße Kaigandori(Strandstraße) vorgebaut worden sein muß. An dieser Bucht, deren Umgebung auch heute den schon erwähnten Kern bildet, lag das „Chinator" (Karato); der Name tritt hier heute in einem Stadtteil auf. Was den Habitus der Stadt betrifft, so erwähnt Siebold für den Hauptteil derselben Kontore von Fürsten und Kaufleuten, für die Stadtenden hingegen noch viele strohgedeckte Bauernhäuser und Fischerhütten.

Die in den letzten 100 Jahren eingetretenen Veränderungen bestehen also darin, daß einmal im Küstenband Lücken ausgefüllt und Abschnitte verbreitert wurden, daß ferner diese Achse der Hafenstadt nach den Enden weiterwuchs, bezw. die Bauern- und Fischersiedlungen in den geschlossenen Stadtcharakter einbezogen wurden, und endlich, daß die quergerichteten Stadtteile in den Tälern und Schluchten erst hinzutraten, bezw. aus kleinen Ansätzen sich weiterbildeten.

Von den so entwickelten Verhältnissen der Stadtlandschaft aus ist auch ein Blick auf die Bahn zu werfen und ihr Verlauf zu würdigen. Als sie an die Stadt heranzuführen war und zwar in der so wichtigen Sanyō-Linie, konnte dies wegen der Schmalheit des Vorlandes nicht an der Küste entlang geschehen. So macht sie kurz vor dem Erreichen der Stadt eine Ausbiegung nach Westen durch das Granitgebirge, um dann die Stadt von Norden her im westlichen Ende zu erreichen. Selbst hier konnte der Bahnkörper nur vor der Küste auf vorgebautem Neuland Platz finden. — Ebensowenig ließ sich in der Küstenstadt die Hauptlängsstraße modernen Bedürfnissen entsprechend verbreitern; sie hat, abgesehen von der kurzen Strecke beim Bahnhof, nur 8 m Breite. Auch besteht trotz ihrer langen Erstreckung keine Möglichkeit zur Anlage einer elektrischen Bahn. In einigen der jünger besiedelten Quertäler würde, wenn an Stelle der schmalen Gänge breite Straßen träten, nicht viel eigentlicher Siedlungsraum übrig bleiben.

Als Hafensaum war die Wasserfront der Stadt schon in der Holländerzeit in besonderer Weise ausgebaut. Nach Siebold lief eine zyklopische Mauer am Strand entlang, die den Kai bildete, zu dem eine Anzahl Steintreppen hinaufführten. Eine Strecke scheint aber die bevorzugte Anlegestelle größerer Schiffe gewesen zu sein. Denn er nennt Takezaki als einen Stapel des Handels der Stadt. Dieser Punkt lag ganz am westlichen Ende. Der Schutz, den der Eingang zur Ko Seto bot, war wohl das Motiv dafür. Ein besonderer Ankerplatz für kleine Fahrzeuge bot sich an dem Hügelchen des Kameyama, der damals noch wie ein Eckstein neben der Flußmündungsbucht stand, während jetzt hier eine glatte Küstenlinie läuft. Weil dieser Hügel die Stadt, das Flüßchen und die Bucht beherrschte und nahe dem Tor zur Inlandsee lag, stand an ihm ein Wachthaus, bei dem Reisende und Schiffer die Pässe zu zeigen hatten[1]).

Mit den neueren Aufschüttungen begann man erst gegen Ende des vorigen Jahrhunderts in den Buchten, und zu Beginn dieses Jahrhunderts wurde die große Fläche vor dem westlichen Ende der Stadt aufgebaut, die das Bahnhofsgelände bilden muß. Hier entstand damit das kleine rechteckige Becken, das die Leichter aufnimmt. Sie liegen aber darin jetzt so dicht, daß es für heutige Verhältnisse viel zu klein ist. Mit dem Bahnhof ist ferner das Bett des Fährschiffes geschickt und bequem verbunden. Auch die Überfahrtsdampfer nach Fusan, in der Größe von 3000 Tonnen, legen hier an.

Der großzügigste Vorbau von Hafenlandraum wurde jedoch erst im Jahre 1921 begonnen, und ihn sah ich noch in Gang. Eine große Fabrik war in Moji errichtet, die den Zement dafür bereitet. Denn die Kronen der Kaimauern werden aus Zementkästen, die Fundamente aus Stein erbaut. Für die Verwendung von Spundwandeisen wird der Hafenboden als zu fest bezeichnet. Die Flächen hinter den Kaimauern werden dann mit Baggermaterial aufgefüllt,

---

[1]) Ph. v. Siebold, a. a. O., II, „Im Jahre 1826", IV. Abschn., S. 113—114.

zum Teil in der Weise, daß es von einem draußenliegenden Schiff durch lange Röhren herübergepumpt wird. So sind zugleich große Teile vor der Wasserfront auf über 7 m Tiefe ausgebaggert worden. Vor allem aber wird mit Ausnahme der Strecke, auf der das Bahnhofsgelände schon breit vorspringt, die ganze Küstenlinie vom Ende der Ko Seto bis zum Kameyama von diesem Neulandstreifen umsäumt, was einen Landgewinn von 13½ ha bedeutet. Die Aufschüttung westlich des Bahnhofs ist für den Fischereihafen bestimmt, der hier in einer kleinen Talausgangsbucht entwickelt ist, also ungefähr die oben erwähnte Anlegestelle der Schiffe der Holländerzeit einnimmt. Der viel längere Saum vom Bahnhof ostwärts dient Speicher- und Handelszwecken.

Die bisher vorhandenen Lagerhäuser befanden sich nur auf der mittleren Strecke der Stadtfront, an der Ostseite des Bootshafens und von da noch einige hundert Meter weiter nach Osten hin. Auf der vor dem Bootsbecken vorspringenden Zunge vom Bahnhofsgelände stehen Hafenschuppen. Die Lagerhäuser haben den altjapanischen Stil einstöckiger, schwarzer Holzbauten, wie man sie in typischen Reihen in den vielen mittleren und kleineren Häfen sehen kann (vgl. z. B. Taf. 15, Abb. 3).

8. Moji, Siedlung und Hafenlandraum.

(Hierzu Figur 26, S. 306.)

Kommt man von Shimonoseki nach Moji, so ist man überrascht, nach einer Überfahrt von nur 20 Minuten wie über einen Fluß ein so wesentlich anderes Stadtlandschaftsbild und auch nicht wenig veränderte Bedingungen der Wasserfront vor sich zu sehen. Der Grund liegt schließlich darin, daß um die Straße von Shimonoseki, von Chūgoku wie von Kyūshū her der Gesteinswechsel und die Linien der Tektonik derartig ins Kleine gehen, daß in kurzen Abständen so veränderte Geländezüge auftreten. Auch hier liegt das mesozoische Sedimentgestein, aber nur in geringer Ausdehnung, dicht um die Stadtbucht, während zu beiden Seiten der Granit herandrängt, der die Küstenhöhen bildet. So erhalten wir als unmittelbaren Rahmen die Granitkuppen von 150 bis 200 m Höhe; die Erhebung ist daher größer als bei Shimonoseki, etwa so, wie man sie dort erst fern der Stadt im Nordosten erblickt, und es herrscht nicht wie dort in den die Stadt umfassenden und durchsetzenden Höhen die horizontale Linie. Hier greift nun eine kleine halbkreisförmige Bucht von noch nicht 1 km Radius ein, die radial die Bäche von den steilen Hängen sammelt und durch deren Sedimente ausgefüllt wird.

In alten Zeiten bot dieser Küstenbogen nicht gleich günstige Liegebedingungen wie die Shimonoseki-Seite mit ihren kleinen Schlupfwinkeln und besonders mit dem Eingang der Ko Seto. Auch lag diese in Lee, die Moji-Seite aber in Luv der winterlichen Winde; die häufigsten Windrichtungen in Moji sind Ost und West. Vielleicht haben diese Gründe dabei mitgesprochen, daß Shimonoseki in alten Zeiten zum Hafenplatz entwickelt wurde. Da für einen zweiten Punkt ein Anlaß nicht bestand, auch die Örtlichkeit weder für die Siedlung und Wirtschaft noch für Hinterlandverkehr eine Gunst mitbrachte, blieb der Platz bis in die neueste Zeit herauf ganz bedeutungslos. Siebold nennt ihn noch das „Dorf" Monsi; es lebte von Fischerei und Salzgewinnung. Das Geburtsjahr Mojis können wir geradezu erst auf 1887 legen, das Jahr, in dem es Endstation der Kyūshū-Bahn wurde. Als es dann seine Hinterlandsbedingungen in der Kohle erkannte, zum Spezialexporthafen für diese und später zum allgemeinen Fremdhandelshafen erhoben wurde, schließlich im chinesischen und russischen Krieg als Ausgangspunkt von Transporten in Tätigkeit treten konnte, blühte es als Hafen rasch auf und wuchs von 3000 Bewohnern fast zur Großstadt heran; mit 95000 hatte es 1925 Shimonoseki bereits eben überflügelt, und kürzlich hat es die Großstadtgrenze überschritten. Moji hat als ganzes mehr städtischen Charakter als Shimonoseki mit seinen ländlichen Querzipfeln zwischen den Plateaus. Ferner ist die Stadtfläche von Moji und ebenso die Wasserfront mehr zu einer Einheit zusammengefaßt.

Die Stadt überzog nämlich den flachen Boden und die ansteigenden Schuttkegel der Bucht und drang in vier Spitzen in die radialen Tälchen vor. Im ganzen ergab sich so eine Schachbrettform des Grundrisses, nur etwas verschieden nach den einzelnen Tälchen orientiert. Im südlichsten derselben entwickelte sich das am meisten isolierte, villenartige Viertel, über dem der Kiyotaki-Park sich ausbreitet. Weiter südwestlich von dieser Talnische zieht sich die Stadt nur noch als schmales Band zwischen Küste und Bergfuß hin. Die Hänge um die Stadt werden bis um 40 m Höhe erklommen. Darüber hinaus findet das Wachstum an den rasch steiler werdenden Böschungen schon allseitig seine Grenzen. Als weitere Möglichkeit blieb nur der Vorbau von Neuland, und es mußte davon ebenso wie in Shimonoseki, trotz der ganz anderen Bedingungen der Stadtlandschaft, Gebrauch gemacht werden.

Während des Weltkriegs wurden Aufschüttungsarbeiten ausgeführt und ein Becken angelegt. An welchem Teil der kurzen Buchtfront das Neuland zuerst entstand, konnte ich nicht feststellen. Vielleicht ist alles Land bis zu der breiten Hauptstraße Higashihonmachi schon neuere Aufschüttung. Dahinter läuft ein gebogener Kanal, 15 m breit und mehr als 1 km lang, der einen Halbmond ausschneidet und natürlich auch künstlich ist, aber wohl schon dem Fischer- und Salzort gedient hat; denn in seinem südlichen Abschnitt sah ich ihn bereits zugeschüttet und in eine breite Marktstraße verwandelt, was erst kürzlich geschehen sein muß, da der Plan des Official Guide von 1914 und andere Karten ihn noch offen zeigen. Auf der übrigen Strecke wird er auch nicht mehr benutzt, ist vielmehr ein übelriechender Abfallort.

D i e g a n z e v o r d e r e S t a d t a u f d e m N e u l a n d s t e h t i m Z e i c h e n d e s H a f e n s u n d d e s H a n d e l s. An einer 15 m breiten und teils asphaltierten Hauptstraße, die sich südwärts als Reichsstraße durch ganz Westkyūshū fortsetzt, sieht man schon mehr kaufmännische Kontore und Schiffahrtsbüros als Läden. Es sind dies meist zweistöckige Holzhäuser japanischen Stils, nur wenige europäische dazwischen, diese höchstens zwei- bis dreistöckig. So hat der hafennahe Teil trotz seiner Neuheit und Geschlossenheit nicht den großen Stil wie etwa in Kōbe, Ōsaka und Yokohama. Noch mehr zum Wasser hin stellen sich Lagerhäuser ein, langgestreckte Bauten in Reihen und Blöcken, kurz ein größeres Speichergebiet, das den Hafen flankiert. Die gesamte Lagerhausfläche betrug vor einigen Jahren 5 ha. Diese kurze Front mit den Kaischuppen bewältigte bisher allein den Auslandsverkehr.

An den beiden Enden des breit vorgebauten Speicher-Neulandes war je ein Becken entstanden. In jedes mündet einer der Hauptflüsse, die aus den zwei größten Buchtspitzen kommen. Damit erhält das ganze Stadt- und Hafengebiet eine sehr reguläre, fast symmetrische Anlage, was mit der jungen und planvollen Entwicklung harmoniert. Beide Becken, von denen das nördliche größere Kaischuppen hat, dienen dem Inlandverkehr. Beide sah ich vollgepackt mit Küstenseglern. Das nördliche wird nur von einem Schienenstrang erreicht, der das ganze Speicherviertel durchzieht, das südliche ist an den Seiten von Bahnen umgeben und dem Bahnhof benachbart. Bei diesem Becken legen auch die Fährboote an. Zwischen ihnen und dem Bahnhof herrscht ein reger Betrieb, Elektrokarren befördern Gepäck und Frachtstücke. Mehrere Piere finden sich vor dem Bahnhofsufer, die zum Teil im vorderen Stück als Schwimmpiere angelegt sind.

Aber auch in Moji bestand trotz des flacheren Stadtgeländes und trotz der späten und einheitlichen Entwicklung von neuem die Raumnot, mehr für den Hafenlandraum als für die Stadt. Die Lagerhäuser reichten nicht mehr, und vor allem fehlte bisher den großen Dampfern die Möglichkeit des Anlegens am Kai. So wurde denn hier vor wenigen Jahren mit dem Vorbau eines weiteren Landstreifens von 24 ha begonnen, der schmal und lang vom südlichen Becken am Bahnkörper entlang südwestwärts vor dem Gebirgsfuß hinzieht. Auch ein Teil des Beckens am Bahnhof fällt weg. Etwa $^2/_3$ des gegen 3 km langen Bandes, und zwar in der Nähe der Stadt, sind für Kai und Lagerhausbetrieb und für Frachten aller Art, aber nur im Außenhandel, bestimmt; hier können 8 Dampfer von 3000 bis zu 13000 t anlegen, wie in der Skizze angedeutet ist. Das entferntere Drittel dagegen dient dem Geschäft des Kohlenbunkerns. Dieses begann bei meiner Anwesenheit schon in Funktion zu treten; Kohlenlager befanden sich darauf, zwei große Laufbrücken führten von einem erhöhten Geleise zur Kaimauer, und bewegliche Brücken sollten hinzutreten. Endlich wird von seinem Südende ab durch einen Wellenbrecher noch ein schmales Küstenwassergebiet abgesondert für die im Kohlenbetrieb tätigen Leichter, welche die Kohle von Wakamatsu bringen und an die großen Dampfer im Handbetrieb übermitteln.

So sehen wir auf der Moji- wie der Shimonoseki-Seite gleichermaßen die Tendenz, die große gemeinsame Reede in möglichst langer Linie zu umfassen, nicht nur mit der Besiedlung, sondern vor allem mit dem für den Hafenbetrieb erforderlichen Landvorbau.

9. Wirtschafts- und Verkehrsfunktionen von Shimonoseki und Moji.

Beide Hafenseiten und -städte erfüllen teils verschiedene, teils gleiche Aufgaben. Eine eigene Funktion von Shimonoseki bleibt zunächst die Fischerei, für die es ein bedeutender Platz ist. Im Kerngebiet des Kyūshū-Fangs hat es ähnlich günstige Vorplatzlage wie Nagasaki, und vor seinem Gegenpol Moji hat es nicht nur seine Entwicklung voraus, sondern vor allem die Lage auf der Honshū-Seite, an der Hauptbahnlinie, die die Fische abführt. Dazu kommen die billige Kohle von Kyūshū und das Salz der Inlandsee. Der Fang wird im großen als Schleppnetzfischerei betrieben. Einen erheblichen Teil der Dampfer sah ich im Hafen beisammenliegen, über 70 gehörten ihm damals zu. Die Beute geht frisch mit der Bahn auf der Sanyō-Strecke nach den großen Verbrauchszentren am anderen Ende der Inlandsee. Im Hafen hat die Fischerei außer einem Anlegeplatz in der Mitte der Wasserfront ihr besonderes, größeres Gebiet am westlichen Ende, wo die große Neulandfläche dafür verwendbar wird. Diese Isolierung kommt dem übrigen Hafenbetrieb, zumal bei der Belebtheit der Reede, zustatten. Auch können die Fischdampfer die Ko Seto zur Einfahrt benutzen.

Ebenso hat Moji seine Sonderfunktion und zwar durch die Kohle. Dabei hat es vor Wakamatsu zwei Vorteile: die größeren Tiefen, die den größten Dampfern das Einfahren zum Bunkern gestatten, und die Lage unmittelbar an der großen Passage, die jeden Umweg erspart. Dieser zweite Umstand ist sein großer Vorzug vor Miike, während dieses bisher die großartigeren maschinellen Einrichtungen zum Bunkern am Kai voraushatte. In Moji war die Entwicklung früher in Gang gekommen; als Miike zu Beginn des Jahrhunderts noch über den kleinen Etappenhafen Kuchinotsu seine Kohle absetzen mußte und auch Wakamatsu noch wenig entwickelt war, war Moji schon ein Zentrum des Kohlenhandels geworden. Dieser war aber auf viele kleine Betriebe zersplittert; es gab damals über 70 Kohlenhändler, und erst allmählich konzentrierte er sich auf größere Firmen, vor allem auf zwei[1]). Durch den jüngsten Ausbau hat Moji mit der Abfertigung am Kai den gleichen großen Stil an Stelle des Leichterbetriebs erhalten und dürfte als Bunkerhafen alle Konkurrenz weit hinter sich lassen.

Eine zweite besondere Note erhält Moji als Industriehafen. Kommt man doch auf der erwähnten Strecke von Moji bis Kokura, ja bis Wakamatsu an der Küste entlang durch eine einzige Industrielandschaft, eine der bedeutendsten von Japan! Sehr vielseitige Industrie hat sich hier am Rand der Kohle, zwischen beiden großen Kohlenhäfen, niedergelassen. Sie erstreckt sich auf Schiffbau, Zement, Eisen, Stahl und Maschinen, Kupfer und elektrische Leitungsdrähte, Gasbereitung, Holzverarbeitung, Textilzweige, Ölkuchen, Dünger, Fischnetze, Glas, Zucker, Arzneimittel, Bierbrauerei u. a.

Gegenüber dieser industriellen Entwicklung hat Shimonoseki nur wenig aufzuweisen. Eine Besonderheit ist hier die Herstellung von Eis für die frischen Fische, dann Schiffbau, Fischernetze, Konserven.

Zu diesen Spezialaufgaben jedes der beiden Häfen kommt zunächst die gemeinsame der Verkehrsvermittlung zwischen beiden Inseln,

---

[1]) Berichte über Handel und Industrie 1912, S. 80.

wie sie die erwähnten Personen- und Frachtfährschiffe leisten; etwa 8000 Passagiere und 3000 Tonnen Güter werden täglich zwischen beiden Seiten befördert[1]).

Sodann nehmen beide Häfen am allgemeinen Handel teil, aber wieder mit gewisser Sonderung. Früher hatte darin Shimonoseki die beherrschende Stellung, die sich aus seiner Tor- und Brückenlage ergab. Sie betraf ebensowohl den Binnen- wie den Fremdhandel; es war zum Beispiel Jahrhunderte lang ein bedeutender Reismarkt[2]). Nun ist es interessant, eine Teilung der Funktionen zu sehen: Shimonoseki hat den Heimathandel behalten, nur ausgedehnt auf den japanischen Außenbesitz, vor allem Korea; dagegen ist Moji der Fremdhandelsplatz geworden. Damit harmonieren auch unsere obigen Beobachtungen über den gesamten Habitus beider Städte in baulicher und wirtschaftlicher Hinsicht. Zu dieser Verlagerung hat vielleicht am meisten der Schwung und Wirtschaftsgeist beigetragen, den das mit seinem Kohlengeschäft so beispiellos emporgeblühte Moji von vornherein mitbrachte.

Eine absolute Scheidung bedeutet das natürlich nicht. Shimonoseki hat zum Beispiel noch ein wenig fremde Einfuhr des Reises, entsprechend seiner Tradition als ehemaliger Inlandreismarkt. Es besitzt auch eine eigene Reisbörse, die nahe dem Karato liegt. Andererseits erhält Moji durch die Kyūshū-Bahn den guten Reis aus den Ebenen von Saga, Kurume und Kumamoto und führt ihn in die großen Konsumzentren Japans ab. Der Gesamtwert des innerjapanischen Handels übertrifft auch in Moji noch den des Außenhandels um mehr als 100 Prozent; aber in Shimonoseki tritt der Außenhandel eben gänzlich zurück (vgl. Tab. 24) hinter dem ausgedehnten Binnenhandel. Daher dominiert Moji in der Gesamttonnage des Schiffs-

Tabelle 24.

Handel von Shimonoseki und Moji in Millionen Yen (1926).

	Binnenhandel			Außenhandel			Gesamthandel		
	Exp.	Imp.	Ges.	Exp.	Imp.	Ges.	Exp.	Imp.	Ges.
Shimonoseki	192	234	426	2	1	3	194	235	429
Moji	143	146	289	36	95	131	179	241	420
Zusammen .	335	380	715	38	96	134	373	476	849

[1]) The Far Eastern Review 1927, S. 321.

[2]) N. Yamasaki, Scientific Japan, a. a. O., S. 18.

verkehrs (25 Mill. t gegen 16 von Shimonoseki), Shimonoseki in der Zahl der Schiffe (244000 gegen 132000). Beide Häfen haben einen nicht geringen Segleranteil, namentlich der Heimathafen Shimonoseki. Gut tritt dies, auch im Vergleich mit Wakamatsu aus Tafel 24 heraus.

Beide Häfen zusammen bewältigen einen Handel, dessen Wert nur hinter dem von Kōbe, Ōsaka und Yokohama zurücksteht und den von Tōkyō übertrifft. In beiden überwiegt der Import, besonders in Moji.

Tabelle 25.

Außenhandel von Moji in Millionen Yen (1928).

Export		Import	
Zucker	10.0	Erze Metalle, Metallwaren, Maschinen, Instrumente	15.3
Portland-Zement	6.7	Rohbaumwolle	14.3
Sonstige Lebens- u. Genußmittel	4.5	Ammoniumsulfat, Bohnenölkuchen u. andere Düngemittel	10.7
Papier und Papierwaren	3.5	Zucker	10.1
Textilstoffe, -garne und -waren	3.4	Weizen	7.4
Weizenmehl	3.0	Chemikalien, Arzneien, Farben	4.4
Erze, Metalle u. Metallwaren	2.9	Sonstige Lebens- und Genußmittel	3.1
Chemikalien, Arzneien, Farben	2.0	Mineralöl	2.3
Bekleidungsgegenstände	1.7	Reis	2.1
Reis	1.6	Bohnen und Erbsen	2.0
Glas- und Tonwaren	1.1	Kautschuk und Guttapercha	1.8
Sonstiges	3.3	Holz	1.3
		Phosphorit	1.1
		Sonstiges	5.0
Zusammen	43.7	Zusammen	80.9

Die Gegenstände des Außenhandels zeigt für Moji die Tabelle 25. Danach ist der Import vielseitiger als der Export und läßt verschiedene Posten stärker und charakteristisch hervortreten. So spiegelt sich in den Rohstoffen der Baumwolle und der Erze, besonders des Eisens, sowie den Maschinen, dem Weizen und Zucker der Eingangshafen zu den Industriegebieten Nordkyūshūs und der Inlandsee wieder. Stark ist überdies die Zufuhr aller Arten von Dünger zur Versorgung der nahen Ebenen. Im inländischen Import treten besonders Reis, Zucker, Tabak, Früchte, Sake und Seidenzeug auf. In Shimonosekis Binnenhandel, Import wie Export, treten dazu noch besonders Fische, sodann Gerste, Gewebe und Metallwaren.

Die Länder, mit denen der Außenhandel Mojis sich vollzieht, sind vor allem China und Kwantung, dann Britisch- und Niederländisch-Indien und Malakka, sowie Großbritannien und Deutschland (aus letzterem z. B. Ammoniumsulfat). So ist auch die regionale Verbundenheit Mojis vielseitig, und in seinem Hafen fehlt kaum eine der Flaggen, die überhaupt in Japan auftreten, wenn auch der relative Anteil der fremden Flaggen an seinem Außenhandel geringer ist als in Yokohama und Kōbe (vgl. Figur 10, S. 162).

Auch der Passagierverkehr nach Schanghai, Hongkong usw. geht von Moji aus. Aber der nach anderen Erdteilen gerichtete nimmt nicht hier, sondern in Yokohama, Kōbe oder Nagasaki seinen Anfang.

b) Kōbe-Ōsaka (-Sakai) als innerer Pol.

Alle bisher behandelten Häfen von Kagoshima bis Moji reihen sich an der Westseite Kyūshūs auf und gründen ihre Bedeutung letzten Endes auf die Lage zur See und zu den Gegengestaden, sodann auf ein kleineres Hinterland. Die Vorsprungslage und der eigene Konsum ist es, was Nagasaki hochhält. Die ausgezeichnete Torlage am Eingang der Inlandsee ist im Verein mit dem kleinen Kohlenhinterland und der darauf gegründeten lokalen Industrie die Lebensbasis von Moji, wozu ergänzend bei Shimonoseki wie Nagasaki die Fischereizentrale kommt. Erst am anderen Ende der Inlandsee treffen wir auf eine Hafengruppe, die aus einem breiten unmittelbaren Hinterland und weiteren mittelbar angeschlossenen Hinterlandsgliedern erwuchs: Kōbe und Ōsaka. Liegt bei Shimonoseki-Moji das Tor, in der Inlandsee mit ihren vielen kleinen Häfen, wie sich zeigen wird, ein großer Vorhof, so um Kōbe-Ōsaka ein Hauptsaal, der Kuppelraum des ganzen japanischen Wirtschaftsgebäudes, in sich groß, voller Leben und nach allen Seiten verbunden durch Türen und Gänge mit anderen Verkehrs- und Lebensräumen, mit Tsuruga, Nagoya usw.

1. Das gemeinsame Hinterland.
(Hierzu Figuren 27 u. 28.)

Der Eingänge in diesen Kuppelbau, um bei dem Bilde zu bleiben, sind zwei: Ōsaka und Kōbe. Nach Größe und äußerer Lage ist Ōsaka gleichsam das Mittelportal. Zur See ankommend fahren wir in einen langen Molenzangenhafen ein, der senkrecht zur Küste das breite Band des seichten Wassers durchstößt. Wie die Schiffsriesen, so scheinen sich dahinter auch die Eisenwerke, Schlote und Lagerhausviertel aus dem Meere selbst zu erheben, so platt und tief ist die Ebene, welche die riesige Stadt und ihre Industrievororte trägt, durch die der Yodogawa in Deltaarmen seine schuttreichen Fluten wälzt. In dichter Folge kommen nördlich und südlich dieser Arme die weiteren Wasseradern heraus, die alle am Aufbau und Vorschieben der Alluvialebene beteiligt sind. Sie ist der durch rezente Aufschüttung über Wasser geratene innere Teil des Ōsaka-Beckens.

Fig. 27. Hinterlandsebenen von Ōsaka.

Um die Ōsaka-Bai am Ostende der Inlandsee ziehen sich vornehmlich paläozoische und granitische Berg- und Plateauländer, die stark von Brüchen in verschiedener Richtung, besonders aber der meridionalen durchsetzt sind. Dadurch sind Beckenräume entstanden, die teils von jungtertiärem Hügelland, zum größeren Teil von alluvialen Schwemmländern mit diluvialen Säumen eingenommen sind. Sie bilden die Kammern dichtester Besiedlung, die, durch Furchen oder Pässe verbunden und mit dichtem Bahnnetz überzogen, das mehrzonige Hinterland für das Hafenpaar der Ōsaka-Bucht darstellen.

Wandern wir über die Stadtfläche mit ihrem Wassernetz, so treffen wir in der östlichen Randzone zum ersten Mal auf schwach erhöhtes Gelände. Nur 10 bis 20 m hoch streicht eine Zunge lockeren Bodens von Süden herein. Es ist ein Vorsprung der diluvialen, gehobenen Ebene, die zerschnitten ist und deren niedrige Bänder und Fetzen mit meist steilen Abhängen im wesentlichen die Umrahmung der alluvial aufgefüllten Bucht bilden. Nur im östlichen Hintergrund trifft die alluviale Ebene unmittelbar auf älteres Gebirge, Gneis und Granit, das vor der Auffüllung der Bucht die Küste gebildet hat, während an anderen Stellen tertiäre Vorhügel sich zwischen die älteren Gebirgsmassen und die quartären Aufschüttungen schieben. Auch im Süden besteht der ältere Gebirgsrahmen aus Gneis, im Nordwesten hinter Kōbe wieder aus einem Granithorst, während im Norden hauptsächlich paläozoische Tonschiefer, Grauwacken und andere Sedimentgesteine die Umrahmung bilden.

So erhalten wir in Mondsichelform um Ōsaka wieder eine der

typischen Niederungskammern, von Hügel- und Hochland begrenzt; diese Höhen sind sehr schwach besiedelt, im südlichen Rahmenstück geradezu menschenleer, das Quartärtiefland mit einem Teil der tertiären Randhügel hingegen ist eins der Siedlungskerngebiete von Japan. Rund auf 5 Millionen Menschen muß ich ihre Bewohnerschaft veranschlagen (einschließlich der beiden Städte). Sie bevölkern also das Hinterland von Kōbe und Ōsaka bis zur Grenze der zweiten Zone. Als erste Hinterlandszone kann man diese Städte selbst auffassen mit einer Zahl von zusammen 3240000. Mit diesen beiden Hinterlandszonen steht das Hafenpaar schon hoch über allen Kyūshū-Häfen, auch über Moji-Shimonoseki.

Fig. 28. Bahnnetz um Ōsaka.

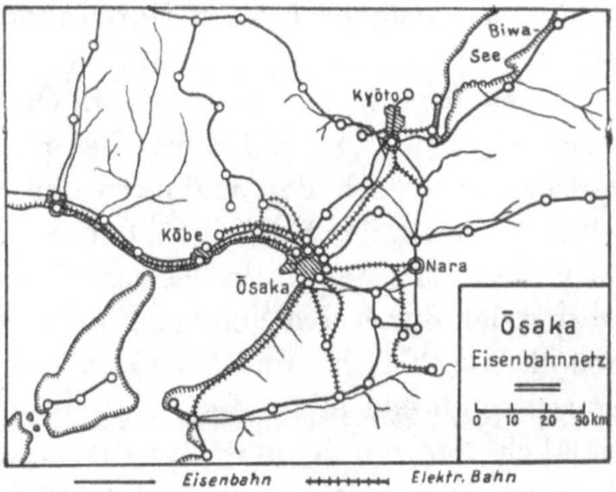

Hieran schließt sich eine dritte Zone des Hinterlandes. Ihre Gestalt wird bereits viel verwickelter, und doch hängt sie mit der Ōsaka-Ebene eng zusammen und zwar durch die Tektonik die hier auf das stärkste das Landschaftsbild beherrscht. Wer sich nach irgendeiner Richtung binnenwärts bewegt, kommt aus einem Becken in das andere, und immer wieder sieht er sich hinter ebenen Niederungen vor steilen, oft hohen und geradlinigen Gebirgswänden. Das ganze Gebirgsland im Osten und Norden der Ōsaka-Bai, das im nördlichenTeil aus weitgedehnten paläozoischen Rumpfflächen mit Eruptivdurchbrüchen besteht, während nach Süden hin bis zur Medianlinie Granit und Gneismassen die Vorherrschaft erlangen, ist von Störungen durchsetzt, die Mitteljapan seit dem Tertiär reichlich betroffen haben. Sie gehen bis in die jüngste Zeit, wie man an stark geneigten diluvialen Schichten zum Beispiel im westlichen Stadtbereich von Kōbe beobachten kann. Die Geologen unterscheiden mehrere Richtungen, einmal die südwest-nordöstliche und die nordwest-südöstliche, dazu die meridionale und auch die äquatoriale[1]).

[1]) T. Hiki, Distribution of mineral springs along the geotectonic lines in Central-Japan, Mem. of the College of Science and Engeneering, Kyoto Imp. Univ., Vol. II., 1909/10, Kyoto, S. 277/83.

Aber auch dem Beobachter der Landschaftszüge drängen sie sich auf, wenigstens die ersten drei, während ich die vierte weniger hervorzuheben vermag. Horste und Gräben sind hier entstanden, Ebenen von Schwellen und isolierten Platten durchsetzt, Becken eingesenkt zwischen höheren Gebirgsflächen, oft von geradlinig scharfen oder hügelig zerschnittenen Rändern begleitet. Wenn die Bruchschollen geneigt sind, gehen sie manchmal nach der einen Seite sanfter in die Schuttkegel und Vorländer über. Während anscheinend im Lauf des Yodogawa, weiter um den südlichen Teil des Biwa-Sees und am Granitrand hinter Kōbe, überhaupt in der ganzen Zone von Ōsaka zum Biwa-See die südwest-nordöstliche Richtung sehr hervorsticht, tritt um Kyōto und südwärts bis gegen die Medianlinie hin die meridionale Richtung sehr klar in Gesteins- und Höhenbegrenzung auf. Sie bildet zum Beispiel auch den scharfen Ostrand des Beckens von Nara, wie man ihn gleich nach dem Durchwandern des Städtchens vor sich sieht.

Dieses liegt 30 km östlich von Ōsaka in der Nordostecke einer viereckigen alluvialen Ebene, die in Gneis- und Granitgebirge eingesenkt ist. Sie bildet den Kern der Stammprovinz Yamato, einen alten Hochsitz der Reiskultur und heute den Wohnraum von 400000 Menschen. Mit der Ōsaka-Ebene ist sie einmal auf direktestem Weg verbunden durch den Yamato-Fluß, der die westliche, schmale Gneisscholle durchbricht, und auch den Bahnlinien eine Paßfurche bietet, sodann indirekt in nördlicher Richtung; hier wird die Nara-Ebene nämlich nur durch eine Jungtertiärschwelle von einem nächsten Becken geschieden. Beide zusammen bilden eine einzige meridionale Senke. Das nördliche Becken enthält die Ebene der Provinz Yamashiro, die wieder durch kleinere Horste gegliedert ist und durch den Yodogawa mit der Ōsaka-Ebene in Verbindung tritt. Das Yamashiro-Becken beherbergt 900000 Menschen; davon fällt der größte Teil auf Kyōto, das noch heute als traditioneller Sitz des Kunstgewerbes, besonders der Porzellanindustrie sowie der Seidenweberei und -färberei einen besonderen Ruf hat und hierdurch wie als Konsumzentrum einen Brennpunkt der dritten Hinterlandszone darstellt. Hier liegt ferner das Städtchen Yodo, von dem der Hauptfluß seinen Namen führt und wo er seine Wasser aus mehreren Zuflüssen sammelt. Früher fuhren viele Boote auf ihm bis nach Fushimi am Ujigawa, das als Hafen Kyōtos galt. Siebold legte noch so den Weg zwischen Kyōto und Ōsaka zurück. Heute ist der Wasserverkehr minimal. Der Uji fließt in einem tiefen, jungen Erosionstal, dessen Gefälle zur Kraftgewinnung für Kōbe und Ōsaka nutzbar gemacht ist (vgl. Taf. 2, Abb. 2). Er stellt den Abfluß des Biwa-Sees dar; mit diesem kommen wir zu einem nächsten, auch höher gelegenen Glied unsrer dritten Hinterlandszone, das uns gleich beschäftigen soll. Fassen wir vorerst die bisherigen Beckenebenen mit der Buchtebene von Ōsaka zusammen, so finden wir in dem Raum von höchstens 50 km Radius um Ōsaka bereits annähernd ein Zehntel der Bevölkerung Japans. Es ist nur begreiflich, daß schon die früheste Geschichte diese Zusammenfassung vollzog, indem die auf der Basis natürlicher Bedingungen entwickelte Verkehrstradition hier zwangsläufig über die Enge innerer Abgrenzungen hinaushob; die beiden genannten Ebenenprovinzen Yamato und Yamashiro bildeten zusammen mit den dreien, die sich in die Ōsaka-Ebene teilten, Settsu, Kawachi und Izumi, die fünf Stammlande, das Gokinai, das in den Mittelpunkt der japanischen Geschichte trat. In den letzten Jahren ist hier für den Städtebezirk Kōbe—Ōsaka—Kyōto—Nara—Wakayama ein Netzwerk elektrischer Schnellbahnlinien in Angriff genommen worden, das diese ganze Hinterlandszone noch enger zusammenschweißen wird (s. Fig. 28).

Nahe dem Westufer des Biwa-Sees treten im südlichen Teil wieder meridionale Strukturlinien auf. Hier ist das Siedlungsbecken von Kyōto durch einen fast unbewohnten schmalen südnördlichen Granitzug getrennt vom Biwa-See. Auch dieser selbst gehört nach allgemeiner Deutung einer tektonischen Senke an, die noch bis in die geologische Gegenwart Veränderungen verrät und an deren Rändern verschiedene unserer Bruchrichtungen zur Geltung zu kommen scheinen. In seinem weiteren Umkreis liegen im wesentlichen paläozoische Rumpfflächen, deren öde Höhen und Talhänge ganz dünn besiedelt sind. So hebt sich wieder der Ebenensaum um den See als eine isolierte neue Hinterlandskammer heraus. An ihrem seeseitigen Rand schieben auch die kleinsten Flüßchen ihre Mündungsfächer vor, so daß bei der großen Flußdichte und Niederschlagsmenge die Uferlinie sich wie ein Spitzensaum ausnimmt. Diese Seen-Ebenen-Kammer birgt über eine halbe Million Bewohner und bildet eine eigene Präfektur.

Es ist bezeichnend, daß zu Beginn des Bahnbaus in den siebziger Jahren als eine der ersten Routen die von Ōsaka nach Kyōto und weiter nach Ōtsu am Südzipfel des Biwa-Sees entstand. Da der natürliche Auslaß im Engtal des Uji nicht befahrbar ist, so hat man für Bootsfrachten einen künstlichen Wasserweg von Ōtsu nach Kyōto hinunter geschaffen, der in einem Tunnel die Gebirgsbarre durchschneidet. Auch im Personenverkehr ist er brauchbar, obwohl die Fahrt durch den langen, niedrigen, dunklen Tunnel in den winzigen Booten keine Annehmlichkeit ist.

Den Biwa-See trennt nur eine 20 km breite Höhenschwelle von der nördlichen Küste, wo diese im Bruchgebiet des Wakasa-Golfes weit landeinwärts greift. Diese Trennungszone ist nach Yamasaki[1]) und anderen wieder von Bruchlinien durchzogen, und die Konturen bringen das schon zum Ausdruck. So wurde denn hier alsbald die Bahnverbindung von der Seeuferstadt Nagahama nach Tsuruga geschaffen, während zwischen jener und Ōtsu der See als Schiffahrtsstrecke eingeschaltet blieb. Eine neue Siedlungskammer wird hier an der Küste der Japansee nicht erreicht; aber es war damit die wichtige Verkehrsverbindung der Vorder- und Rückseite des Landes in der Region der engsten Einschnürung und stärksten tektonischen Auflockerung hergestellt. Und wieder bilden Kōbe und Ōsaka hierfür den kräftigsten Magneten.

Können wir damit die mehrgliedrige dritte Hinterlandszone abschließen, so ergibt sich über sie hinaus eine vierte. Heute ist auch jene Schiffahrtsstrecke des Biwa-Sees durch eine Bahn ersetzt, die die östliche Uferebene in ganzer Länge durchmißt. Von ihr zweigt nun bei Maibara ostwärts eine wichtige Bahnlinie ab, die eine ähnliche schmale Verbindungsschwelle zwischen den paläozoisch-granitischen Plateaus (wie jene Nordlinie nach Tsuruga) durchbricht und nach 25 km Luftlinie in eine neue Siedlungskammer erster Größenordnung gelangt. Es ist die Alluvialebene von Nagoya, die außerdem auf südlicheren Bahnstrecken von Ōsaka und Kyōto aus erreicht wird. Damit befinden wir uns jedoch in einer Küstenebene, die ihren selbständigen Hafenanschluß hat und insofern nicht so eng wie die bisher gewonnenen Kammern mit Ōsaka verbunden ist. Deshalb müssen wir sie einem ferneren Hinterlandskreis zuweisen. Jedenfalls aber wachsen durch die Raumbeherrschung von Kapital, Handel und Verkehr die Sphären der wirtschaftlichen Kraftzentren immer weiter bis zur Überschneidung, und so ist auch die Kraft, die das Hafenpaar Ōsaka-Kōbe durch mehr oder minder unmittelbare Hinterlandsgebiete gesammelt hat, so groß geworden, die Anziehung auf den Schiffsverkehr wegen der Vielseitigkeit und Größe des Warenhandels so stark, daß dadurch weitere, an sich selbständige Gebiete in seinen Bann gezogen werden. Von diesen ist eines der nächsten und größten

---

[1]) N. Yamasaki, Scientific Japan, a. a. O., S. 15/16.

Figur 29.

Der Kreis um Ōsaka stellt die Jahresmenge der hier umgesetzten Bahnfracht dar (1924: 8 Mill. t), und zwar der schraffierte Teil die von Ōsaka ausgehende, der weiße die ankommende. Die Verteilung derselben im Eisenbahnverkehr des Landes zeigt (im Unterschied von Fig. 30) eine starke Konzentration auf das nächste Umland der Stadt, also vor allem auf die das Hinterland bildenden kleinen Siedlungskammern bis zur Nagoya-Ebene. Weiterhin sind nur noch Tōkyō und Yokohama mit größeren Anteilen vertreten. Im übrigen geht und kommt die Bahnfracht in nur kleineren Beträgen längs der Inlandsee bis nach Shimonoseki und Kyūshū sowie andererseits durch Zentraljapan bis nach Niigata.

die Nagoya-Ebene; ihre Bewohnerzahl muß auf etwa 2¾ Millionen veranschlagt werden, mit den südlichen Anhängseln an der Bucht entlang sogar auf über 4 Millionen.

Daß dieser Hinterlandsbeziehung, wie sie sich aus der geographischen Analyse ergibt, Realität zukommt, bestätigt uns gut eine japanische Karte[1]), die für alle wichtigeren Stationen des Landes

[1]) Daß diese Karte, die sich nicht ohne weiteres für ein späteres Jahr herstellen läßt, sich auf 1924 bezieht, verschlägt nichts, weil es hier nicht auf die absoluten Größenwerte, sondern auf relativen Vergleich ankommt.

die Bahnfracht nach Ōsaka und diejenige von Ōsaka graphisch darstellt (vgl. Figur 29). Danach erhalten die Städte der Niederung um Nagoya noch ebenso große Anteile wie die in den Hinterlandsebenen der dritten Zone. Auch darüber hinaus ist der Einfluß in den Städten an der Tōkaidō-Bahn und bis nach Tōkyō verfolgbar, das gleichfalls einen ähnlichen Anteil hat, ebenso an der Westküste über Tsuruga hinaus nach Kanazawa, Toyama und bis nach Niigata. Von Kanazawa kommt zum Beispiel Seide und Porzellan als Spezialität, obwohl ihm Nagoya als Hafen näher läge. Dagegen ist Sendai nur noch schwach vertreten. Ebenso tragen die westwärts gerichteten Bahnlinien des Sanyōdō und Sanindō die Beziehungen Ōsakas noch über eine Reihe von Städtchen bis nach Shimonoseki, das wieder ähnliche Beträge wie die Städte der dritten Hinterlandszone aufweist, während die Kyūshū-Städte nur unbedeutend beteiligt sind.

2. Der gemeinsame Seevorplatz der Inlandsee.

Den eben bewiesenen Einfluß des Hafenpaars auf die ferner liegenden und selbständig küstenverbundenen Räume beobachten wir aber auch in westlicher Richtung über die Inlandsee, und es ist nur eine Frage der Formulierung, ob man den ganzen Landrahmen der Inlandsee mit in die ,,Hinterlands"-Zonen von Ōsaka-Kōbe faßt oder ob man dieses Meer mit seinen Küstenplätzen als den Seevorplatz unseres Hafenpaares bezeichnet. Vor allem sind die Hinterländer sämtlicher Häfen der Inlandsee durch die Aufsplitterung zu klein, um diesen ein bedeutenderes Leben einzuflößen; kein einziger dürfte für sich allein ein Gebiet beherrschen, das 1 Million Bewohner wesentlich überschreitet; bei fast allen handelt es sich nur um einige 100000. So lohnt in ihnen das Anlaufen der Überseeschiffe im allgemeinen nicht, dies umsoweniger, je mehr es sich um den Bezug von Rohstoffen handelt, die als Massenfrachten in Japan ankommen und als solche gelöscht werden müssen. Rohstoffbedarf liegt aber hier tatsächlich in großer Zersplitterung vor, da Kleinindustrie und Hausgewerbe an den Plätzen der Inlandsee sehr verbreitet sind. In kleinen Städtchen und selbst Dörfern an ihrem Nordrand stieß ich zum Beispiel auf Zündholzfabrikation in kleinsten Betrieben, ohne Maschinerie, ebenso in anderen auf Weberei. Diese Plätze bekommen ihren Rohstoff, insbesondere die Baumwolle, nicht direkt von Übersee und setzen ihre wenigen Fabrikate nicht dorthin ab, sondern beides geht durch Kōbe oder Ōsaka. Auch kommen nicht etwa andere Überseehäfen

Figur 30.

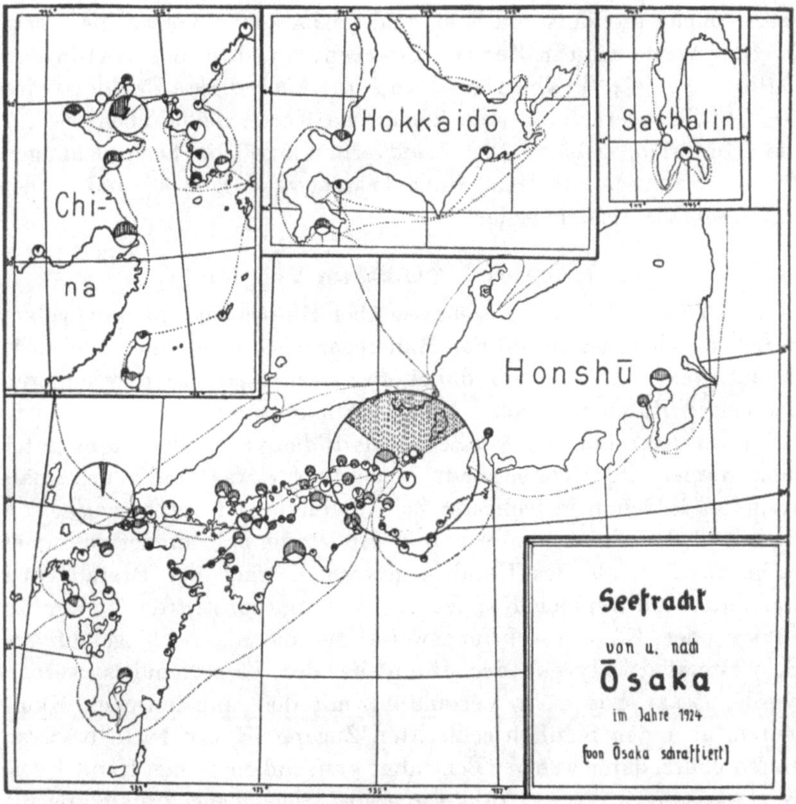

Der Kreis um Ōsaka stellt die gesamte Seefracht des Hafens dar (1924: 11,3 Mill. t), und zwar die von Ōsaka ausgehende (3,2) durch den schraffierten, die in Ōsaka einlaufende (8,1) durch den weißen Kreisausschnitt. Die kleinen Kreise sollen veranschaulichen, in welchen relativen Anteilen und auf welche Häfen sich diese einlaufende und abgehende Fracht verteilt, wobei für jeden einzelnen Hafen wieder der Kreis nach der dort einlaufenden und abgehenden Fracht (schraffiert und unschraffiert) aufgeteilt ist. Was aus der Karte am stärksten herausspringt, ist die Trabantenstellung der ganzen Inlandsee wie auch der Kyūshū-Häfen in bezug auf Ōsaka. Im nördlichen Japan ist es erst wieder Hokkaidō (auf der Nebenkarte), das eine stärkere Verbindung seiner Häfen mit Ōsaka zeigt. Schließlich ist vor allem noch China und Korea (Nebenkarte) an Ōsaka geknüpft. So tritt in einem Bilde Ōsaka als Zentrale des heimischen Seehandels und als Hauptträger des China-Verkehrs hervor.

wesentlich als Sammler und Verteiler in Betracht, weil eben die Stellung der beiden zu beherrschend ist; so gehen selbst von der Stadt Matsuyama an der Nordwestküste Shikokus die für Südchina bestimmten Tonwaren nicht über einen Außenhandelshafen Kyūshūs, sondern über Kōbe. Ebenso ist der Personenverkehr zwischen Ōsaka-

Kōbe und den vielen kleinen Plätzen der Inlandsee rege; wenn auch viel Zwischenverkehr hinzukommt, strahlen die Personenverkehrslinien doch besonders von Kōbe und Ōsaka aus. So erscheinen diese in jeder Weise wie ein Zentralgestirn, an dem die Häfen der Inlandsee wie Trabanten hängen. Auch dieses Ergebnis wird trefflich illustriert durch eine japanische Karte, die (ähnlich wie für die Hinterlandsgebiete die Landverbindung) die Seebeziehungen Ōsakas graphisch zur Darstellung bringt (vgl. Figur 30) und keiner weiteren Erläuterung bedarf.

3. Kōbe und Ōsaka im Vergleich.

Alle hier entwickelten Ergebnisse über Hinterland und Seevorplatz beziehen sich zunächst auf das Hafenpaar zusammen ohne Rücksicht darauf, welche Teilfunktion dabei etwa dem einen oder dem anderen der beiden Häfen zukommt. In vielem kann man sie nicht trennen. Beide wurden schon in alten Zeiten als Häfen verwendet (Kōbe unter dem Namen der Nachbarstadt Hyōgo). Nur war Ōsaka mehrmals Hauptstadt, schon in frühester Zeit, dadurch und durch sein gewaltiges Schloß auch berühmter und in den letzten Jahrhunderten immer mehr die Zentrale des Handels geworden. Nach der Restauration war unter den fremden Kaufleuten die Frage umstritten, ob künftig Ōsaka oder Kōbe (beziehungsweise die damals noch geläufigere Schwesterstadt Hyōgo) der Hauptsitz des Fremdhandels werden würde. Ōsaka bot mehr Verbindung mit den einheimischen Kaufleuten, aber den Schiffen schlechten Zugang, Hyōgo hatte besseren Hafenschutz, dafür weniger Beziehung zum einheimischen Handel. Die Niederlassung in Hyōgo zählte aber bald viel mehr Fremde als die in Ōsaka. Die ersten Maßnahmen der Regierung nach der Eröffnung betrafen beide Plätze zusammen. Auch in Dokumenten findet man sie beide erwähnt, zum Beispiel in alten englischen Konsulatsberichten. Oft ist noch als dritter der alte Hafen Sakai genannt, der nahe südlich von Ōsaka liegt. Unter den zwei ersten Bahnlinien, die 1870 in Bau genommen wurden, befand sich bezeichnenderweise auch schon die Linie Kōbe-Ōsaka, neben der es heute noch eine Vorortbahn gibt. Außerdem bestehen zwei elektrische Linien und eine neue, ganz großartige Autostraße. Die Vorortbesiedlung wird von beiden Städten her immer dichter, sie kommen einander entgegen, Schleppzüge zwischen beiden sind eine geläufige Erscheinung in ihrem Hafenbild, und eine fernere Zukunft mag vielleicht in der Vereinigung zu einem gigantischen Hafen- und Wirtschaftsorganismus liegen.

Einstweilen haben beide, trotz vieler Gemeinsamkeit, bis zu gewissem Grade verschiedene Funktionen. Doch kann das Problem, wie eigentlich das Verhältnis beider Häfen zueinander ist, erst nach der Einzeluntersuchung beider wieder aufgegriffen werden.

4. Kōbe.

(Hierzu Tafel 25 im Anhang.)

α) *Natürliche Gestaltung des Stadt- und Hafengeländes.* Wer sich Kōbe von der See her nähert, der hat, wenn auch in geringerem Grad als bei Nagasaki, ein Küstenstadtbild vor sich, das abweichend von japanischer Norm mehr mediterranen Bildern nahe kommt. Vom Hafen zieht sich die Siedlung auf einer erst sanfter, dann steiler ansteigenden Fläche hinan, die im Hintergrund an noch größere Höhen grenzt.

Wir befinden uns am Rande der Ōsaka-Ebene, und Kōbe ist hier angelehnt an einen Granitstock, der mit den vielen granitischen Durchragungen der paläozoischen Rumpfflächen im Umkreis des Biwa-Sees in Zusammenhang steht. Die Steilheit seines seeseitigen Hanges ist tektonisch bedingt in einer Linie, die südwest-nordöstlich streicht und, wie Schmitthenner[1]) meint, ihre Fortsetzung vielleicht an der Ostküste der Insel Awaji findet. Mit Böschungswinkeln von vielfach 30 bis 40° erheben sich unmittelbar hinter der Stadt die Granitwände. Pfade schlängeln sich steil hinauf von den hier liegenden villenartigen Wohnvierteln, Häuser und Pavillons erheben sich in Terrassenbauweise. Aus Granit ist das Pflaster der Wege, wie die Befestigung der Hänge, die Grundmauern der Häuser und die ausgemauerten Böschungen der schluchtartigen Bachtäler. Die Höhen erheben sich zunächst schroff bis 100—200 m, dann sanfter, und erreichen 500—900 m, die höchste im Rokkōsan, nach dem der ganze Granitstock auch als Rokkō-Horst in der japanischen Literatur bezeichnet ist. Die Fußlinie der steilen Wände liegt in etwa 50—60 m Höhe, d. h. in der Höhe des Tor-Hotels.

Davor zieht sich eine Abdachungsfläche aus geschichtetem, gröberem und feinerem Geröll nur $1\frac{1}{2}$ bis 2 km breit zum Meere hinab. Die Gesamtneigung wie die Einzelformung in Verbindung mit den vielen, kurzen, parallelen Bächen läßt sie als ein Band aneinandergereihter Schuttkegel quartären Alters deuten. Der scharfe Ansatz an den Granithängen fällt ziemlich mit dem Ende der geschlossenen Stadtfläche zusammen.

[1]) H. Schmitthenner, Die japanische Inlandsee, Hettner-Festschrift, S. 195.

Dieses Schuttkegelband bildet nicht eine ganz gleichförmig gestaltete Fläche. Abgesehen von der durch die Reihe der beteiligten Flüsse bedingten Wellung ist es jung zertalt und erhält dadurch tiefe Einschnitte und schroff aufragende Erosionsreste und -kanten, auch läßt es geringe Andeutung von Terrassierung erkennen. Die zwei markanteren Erosionsreste sind Hügel von 60 m Höhe und tragen in ihren Bauten maritime Wahrzeichen, der eine das meteorologische und ozeanologische Observatorium. Im Westen der Stadt sieht man die diluvialen Bildungen auch von tektonischen Störungen betroffen, die starkes Ausmaß haben; es handelt sich hier um ein kleinwelliges Hügelgelände, in welchem die Mulden von Stauteichen erfüllt sind und die Höhen bis über 80 und 90 m steigen, das heißt höher als der allgemeine Ansatz des Schuttkegelbandes am Granitfuß, was mit den Störungen zusammenhängen mag.

Alle diese Momente bringen bewegte Linien in die Stadtlandschaft. In ihr kann man so schroffen Böschungen begegnen, daß man von der Straße aus plötzlich Dächer von Häusern unter sich sieht. Hügel, steile Hänge, sanfte Wellungen und vielleicht die Tendenz zu Terrassenflächen wechseln miteinander.

Die unterste Zone läuft etwa von 20 m Höhe ab gleichmäßig sanft gegen das Meer aus und gliedert hier den Küstensaum durch mehrere um die Flußmündungen vorgetriebene Schwemmlandspitzen. Die tieferen Teile bilden das Hauptfeld der Geschäftsstadt und der Hafenlandräume; speziell die Mündungsfächer werden einerseits als Gebiete für die Industrie, andererseits als Gestalter des Hafenrahmens wichtig.

Sehen wir uns nun von den die Abdachung durchziehenden Flüssen die im Stadtbereich liegenden näher an, so stoßen wir auf Erscheinungen, die künstlichen Eingriff im Interesse der Stadt und des Hafens beweisen. So fiel mir zunächst im Osten der Stadt eine Straße auf, die zwischen den beiden langen Häuserblöcken Nunobiki Chō und Kanō Chō die große Breite von 20 m hatte, in spitzem Winkel zu den Querstraßen lief und schließlich in das Ende des östlichen Küstenvorsprungs einmündete. Alle drei Merkmale passen zu einem alten Flußlauf. Schließlich ergab sich im Mündungsstück noch ein längerer Wall, der einen kleinen Park begleitet und als alter Deich zu deuten ist. Weiter oben gegen die Granithänge sieht man die Straße an beiden Seiten von ganz schmalen Parallelstraßen dicht begleitet, die sich über die Höhe der Hauptstraße erheben, also gleichfalls als einstige Deiche anzusehen sind. Noch weiter oben endlich folgt eine Stelle, wo ein schnurgerades Bett plötzlich die Fortsetzung eines gewundenen Tales bildet und an der Stelle des Ansatzes zunächst 8—10 m tief in das Gelände eingegraben ist. Das ist das künstliche, 25—30 m breit angelegte Bett des Flusses Ikuta. Dieses neue Bett ist gegenüber dem ursprünglichen ostwärts verlegt, also aus dem einstigen Bereich der Stadt und des Hafens heraus.

Einen ähnlichen Fall finden wir im Westen der Gesamtstadt, in Hyōgo. Hier vereinigen sich unterhalb eines großen Stauteiches zwei Flüßchen, und wenig unterhalb der Stelle des Zusammenflusses erfolgte die künstliche Ableitung (s. Taf. 13, Abb. 2). Man sieht das alte Bett als Einsenkung, in der ein Häuserblock liegt. Das alte wie das neue ist von 4—5 m hohen Wällen begleitet, die zugleich Straßen bilden, hinter denen die niedrigen Häuser zur Hälfte unsichtbar werden. Etwa 600 m abwärts verschwindet das neue Bett in einem Tunnel, der einen Vorsprung des schon beschriebenen Hügelgeländes im Westen durchzieht, um dann auf kürzestem Weg die Küste zu erreichen. So ist der westliche Fluß westwärts verlegt, weit hinaus aus dem einstigen Stadtbereich von Hyōgo. Er führt daher den Namen Shin-Minatogawa (neuer Hafenfluß). Das alte Bett lief nämlich mitten in den Hafen von Hyōgo-Kōbe hinein und hieß daher Minatogawa (Hafenfluß).

So ist aus beiden Küstenvorsprüngen der Flußlauf, der sie geschaffen hat, abgelenkt worden, aus dem westlichen nach Westen, aus dem östlichen nach Osten, aus beiden nach außen. Die Erklärung dafür liegt darin, daß Flüsse, die mit so steilem Gefälle und noch dazu aus den grusig verwitterten Granitbergen herunterkommen. mit ihrer Schuttfracht bei Hochwasser Nachteile für Stadt und Hafen mit sich brachten. In beiden Fällen ist ein nunmehr ungefährdetes Gelände gewonnen worden, das sich für die Hafengestaltung von ausschlaggebender Bedeutung erwies. Zugleich wurde damit dem Hafenwasserraum ein stabilerer Grenzsaum gesichert. Im Osten ist inzwischen die Stadt und selbst der Hafen schon wieder an die neue Mündung herangerückt; hier erfolgte der Eingriff bereits 1871 und in geringerem Ausmaß, während er am Minatogawa erst um die Wende des Jahrhunderts vollzogen wurde. Nur ein Fluß mündet jetzt noch mitten in den Hafen, nämlich der Ujikawa, wenig östlich des alten Minato-Flusses; er ist aber kleiner und weniger störend.

Südwestlich der beiden flachen Landvorsprünge, die wir auf die alten Mündungen der Flüsse zurückgeführt haben, sehen wir einen dritten. Er wird dadurch noch wichtiger, daß er den südlichen Abschluß und Eckstein der ganzen Bucht bildet. Kämpfer[1]) hebt schon hervor, welcher Schutz damit dem damaligen Hafen geboten wurde. Er führt die Bildung nach sagenhaft klingenden Überlieferungen auf das Werk eines Kaisers zurück, das unbeschreibliche Arbeit und vieler Menschen Leben gekostet habe. Es ist nicht ausgeschlossen, daß hier schon im Mittelalter Versuche zu künstlicher Verbesserung gemacht wurden; aber im wesentlichen handelt es sich, wie wir sehen werden, um natürliche Bildungsvorgänge. Wenn man von dem Innenwinkel des Hyōgo-Hafens, etwa beim Zollhaus, nach Westen und von der neuen Minato-Mündung nach Norden je eine Linie zieht, so schneidet man eine fast quadratische, nur in der Südostecke weiter vorspringende Fläche aus, in der die Höhen nicht über 5 m hinausgehen. Auch in ihr ist wohl ein Mündungsfächer zu erblicken und zwar der des Flusses Karumo, der jetzt in den neuen Minato-Fluß aufgenommen worden ist. Nur kommt hier die strandvertriftende Wirkung des Meeres hinzu, wie sie schon das weiter westlich bei Sumandura mündende Flüßchen mit seiner Verschleppung verrät und auch aus der Tendenz zur Biegung des Hakens an seinem Ende bei Wadamisaki hervorgeht. Im Sommer sind die Südwestwinde häufig und stärker, wobei auch die Achse der Ōsaka-Bai mitspricht. Ebenso hat dann der Strom die entsprechende Richtung. Für Juli und August wird von den beiden Autoren Kwandi Suda und Matuiti Miduuti in einer japanischen ozeanographischen Arbeit eine Karte gegeben, nach welcher der durchschnittliche Dauerstrom aus der Awaji-Enge ostwärts gerichtet ist und nördlich von sich zwischen Kōbe und Ōsaka einen Nehrstrom zur Entwicklung kommen läßt. Diese Erscheinungen machen die marine Unterstützung und Modifikation des in erster Linie als Flußschwemmlandspitze zu deutenden Vorsprungs begreiflich.

β) *Der Hafenausbau und seine Entwicklung.* Die drei erörterten Vorsprünge vergrößern zunächst die Gesamtlinie des Hafenrahmens sowie die Ausdehnung der als Hafenlandraum verfügbaren Flächen. Sie gliedern ferner den Hafen in drei Teile. Von diesen bildet der südlichste, der zwischen dem Endhaken und dem alten Minato-Schwemmland eingebuchtet ist, den Hyōgo-Hafen, wie er noch heute genannt wird. Die nächste Einbiegung, zwischen diesem und dem Ikuta-Fächer, sowie die jenseits des letzteren folgende Krümmung

---

[1]) E. Kämpfer, a. a. O., II, S. 221.

sind die Bestandteile des heutigen Kōbe-Hafens im engeren Sinne. Wie die Häfen, so wurden auch die beiden Siedlungen noch 1866 völlig getrennt durch den Lauf des Minatogawa. Heute sind Städte wie Häfen zu Einheiten zusammengeschmolzen.

Alle drei Buchtglieder sind aber zu flach gebogen und zu offen, um an sich einen vollen Hafenschutz zu gewähren, zu offen namentlich gegen die gerade in der Längsachse der Bai durch die sommerlichen Winde erregten Wellen. Im Winter sind die vom Lande wehenden Winde häufig, können aber ebenfalls das Löschen und Laden erschweren. So ging man denn zunächst zur Anlage kleinerer Hafenbecken über. Sie bedurften keines Schleusenverschlusses, da selbst der Springtidenhub unter 2 m bleibt.

Die ersten Bauten gehen schon auf Jahrhunderte vor der Eröffnung zurück, da Hyōgo von dem großen Handelsaufschwung Ōsakas Nutzen zog. Wenn Kämpfer[1]) erwähnt, daß er hier beinahe 300 beladene Barken vorgefunden habe, dann ist das eine so hohe Zahl, wie er sie von keinem anderen Hafen zwischen Shimonoseki und Ōsaka angibt, auch nicht von diesen beiden, ebenso wie er die Stadt Hyōgo als fast so groß wie Nagasaki bezeichnet; es war also damals in der Inlandsee offenbar der meistbenutzte Hafen. Auf dem Strom nach Ōsaka hinauf wimmelte es zwar von mehr als tausend Fahrzeugen, aber nur kleinen. Kōbe im engeren Sinne erwähnt Kämpfer nur als einen Flecken. In der tieferen, von Wasseradern durchzogenen Fläche waren die Hafenbecken leicht ausführbar, und die Japaner waren im Wasserbau seit alter Zeit in ihren Tieflandsstädten überhaupt Meister. Eine Karte von 1697 (Taf. 22, Abb. 2) zeigt an drei Stellen kleine Becken: 1. unmittelbar südlich der Mündung des Minato, 2. südlich davon an der Ausmündung eines nächsten Flüßchens, 3. an einem südwärts gerichteten Arm desselben, der an mehreren Stellen zu breiten Becken erweitert war. Eine zweite Karte (Taf. 23, Abb. 1), die aus dem Jahre 1869 stammt, zeigt nur noch die beiden ersten Becken, doch nicht mehr die um den südlichen Flußarm. Hier lagen die alten Lagerhäuser für Reis, dessen Handel in Hyōgo eine große Rolle spielte[2]).

Damit ist der Zustand fixiert, mit dem die Meiji-Ära begann. Es mußte danach von der großen Zahl der damals verkehrenden Schiffe, da die zwei kleinen Becken dafür nicht ausgereicht haben können, einfach der offene Hafen in der flachen Buchtschwingung im wesent-

[1]) E. Kämpfer, a. a. O., II, S. 221.

[2]) Beide Abbildungen sind hergestellt nach Karten, die in dem von der Stadt Kōbe herausgegebenen Werk „Kōbe Schischi" reproduziert sind.

lichen benutzt worden sein. So wird es auch erklärlich, daß weder Kämpfer noch Siebold irgend etwas von besonderen Anlagen erwähnen.

Als nun der Hafen 1867 dem Fremdhandel geöffnet worden war, vollzog sich die erste Entwicklung seltsamerweise weniger in Hyōgo als auf der anderen Seite der Minato-Mündung: vor Kōbe. In einem englischen Konsulatsbericht von 1869/70 wird schon der Name Kōbe an erster Stelle genannt und der von Hyōgo nur in Klammern hinzugesetzt, und es werden die Piere erwähnt, die vor beiden Punkten errichtet worden seien. Welche Gründe dazu geführt haben, von der alten Hafenstadt Hyōgo, deren Bevölkerung damals schon auf 40000 geschätzt wurde, abzurücken und den benachbarten Strand des unbedeutenden, im wesentlichen noch aus Fischereibevölkerung bestehenden Kōbe zu bevorzugen, ob mehr das Streben zur Isolierung der Fremden oder schon die Rücksicht auf den besseren Hafenansatz leitend war, vermag ich nicht zu entscheiden. Hier lag an der Seite der Uji-Mündung nach einer älteren Karte ein kleines, seichtes Becken, das wohl den Fischereizwecken diente und später zugeschüttet wurde. Dafür wurde nunmehr sofort an der rechten Seite der damaligen Ikuta-Mündung das erste kleine Hafenbecken erbaut, mit Kaimauer umgeben und hinter ihm das Zollamt sowie zwei Lagerhäuser und das Settlement (vgl. Taf. 25) errichtet. Da das Becken dicht bei der Mündung lag, so mußte auch sofort gebaggert werden, um ein paar Meter Wassertiefe zu erreichen. Ein Kärtchen (Taf. 23, Abb. 2), das diesen Zustand, offenbar um den Beginn der Meiji-Ära, festgehalten hat, gebe ich in einer verkleinerten Kopie[1]). Deutlich hebt sich darin das östliche Drittel des Siedlungsgrundrisses als das Settlement mit seinen breiteren Straßenblöcken heraus, wie es heute noch genau in diesen Umrissen durch seine gegen die Umgebung allseitig absetzenden Straßen erkennbar ist. Ebenso liegt hier noch das Zollamt, und vor ihm hat sich das kleine Becken erhalten und bildet ein Miniaturglied im heutigen Hafen. Es wird auch allgemein als erstes Hatoba oder auch Dai ichi hatoba (erstes großes Hafenbecken) bezeichnet.

Kurz darauf, im Jahre 1874, begann die Stadt Hyōgo Veränderungen vorzunehmen zu dem Zwecke, kleineren Schiffen mehr Schutz zu bieten, als ihnen die offene Bucht gewähren konnte. Hier waren also die Augen auf den einheimischen, nicht auf den fremden Schiffsverkehr gerichtet. Die damit begonnene Differenzierung

[1]) Die Karte entstammt der auf der vorigen Seite vermerkten Quelle.

zwischen Kōbe und Hyōgo blieb weiterhin für die ganze Entwicklung bezeichnend. Es handelte sich hier zunächst um das eigenartige Kanalsystem, das man durch den südlichsten Schwemmkegel quer hindurchziehen sieht und das diesen jetzt ganz vom Lande abtrennt. Zuerst entstand davon unter Vorbau von Aufschüttungsland der östliche Teil, der sich wie die zwei Zinken einer Gabel ausnimmt. Erst zwei Jahrzehnte später schritt man auf dem Wege fort, indem an jenen Gabelbogen das lange, südwestwärts gerichtete Stück angefügt wurde, das die Halbinsel abschnitt und somit einen Zugang von Westen in den Hafen bot, der die für kleinere Schiffe schwierige Umfahrung des Hakens ersparte. Zugleich wurde nahe dem westlichen Ende des Durchstichs eine gerade Kanalstrecke nach Norden abgezweigt, die eine Verbindung des ganzen Systems mit dem Bahnhof Hyōgo herstellte. Endlich wurde vor den Eingang die künstliche Insel Karumojima gebaut, um ihn vor der Versandung durch die andrängenden Wellen zu schützen. Das Kanalsystem hat so eine Gesamtlänge von nahezu 4 km, ist an der schmalsten Stelle 15 m breit und 2—3 m tief. Es ist von Industrieanlagen umgeben, die Schiffbaumaterial, Eisenbahnwagen, Maschinen, Flugzeuge, Zündhölzer, Textilien, Zucker, Öl, Mehl und anderes herstellen.

Im Kōbe-Hafen bildete das erste Hatoba zunächst den östlichen Eckpfeiler. Von ihm ging die Entwicklung also westwärts, das heißt den inneren Bogen entlang gegen die Minato-Mündung hin. Hier entstand der kurze Amerika-Pier und noch ein weiterer, die zusammen durch Molen ergänzt eine Art Becken bildeten, und zwar vor dem an das Settlement grenzenden Hauptteil der Stadt. Aber diese ganzen Anlagen genügten nicht für die großen Schiffe des überseeischen Verkehrs, sondern dienten vor allem den Leichtern, während jene auf der Reede liegen mußten.

Einen weiteren Einfluß hatte auf die Entwicklung des Hafenrahmens der Bau der Sanyō- und der Tōkaidō-Bahn 1889. Daraufhin wurden im Winkel nördlich der Minato-Mündung größere Aufschüttungen vorgenommen für das Gelände des Hauptbahnhofes sowie für Lagerhäuser und namentlich auch für Werften; denn die allmählich größer gewordenen Schiffe konnten in Japan zunächst nicht repariert werden, und dieser Übelstand sollte im Haupthafen des Landes abgestellt werden. Doch erst zu Beginn dieses Jahrhunderts wurde die große Kawasaki-Werft vollendet, die auf der Landzunge des Minato Platz fand, also das Südende des Kōbe-Hafens engeren Sinnes bildet.

Zur gleichen Zeit, da der Bahnbau zu der großen Aufschüttung im Kōbe-Hafen den Anlaß gab, wurde auch im Hyōgo-Hafen und zwar südlich der Kanalmündung von neuem Land gewonnen, das für die Hafenbahnstation Wadamisaki sowie für Lagerhäuser usw. verwendet wurde. Im Anfang des Jahrhunderts wurde die Eisenbahn weitergeleitet auf einem langen Pier, der bis zu $7\frac{1}{2}$ m Wassertiefe hinausgeführt ist und hauptsächlich der Kohlenversorgung dient.

Endlich wurde noch an einer dritten Stelle die Bahn an den Hafen herangeführt; ganz im Osten Kōbes zweigt bei einer Station der Tōkaidō-Linie eine Hafenfrachtbahn in der Richtung auf die alte Ikuta-Mündung ab. Diese Anlage, die erst um 1905 ausgeführt wurde, forderte wieder zuerst den Neulandansatz und zwar zwischen der alten und neuen Ikuta-Mündung.

Nach diesen drei mit dem Bahnanschluß des Hafens zusammenhängenden Phasen sehen wir auch die weiteren Ausbauarbeiten noch in erster Linie aus Aufschüttungen bestehen; es galt dabei einmal schon an größere Wassertiefen heranzukommen, zugleich aber Raum für die großen Industrieanlagen zu gewinnen, die sich nun immer mehr um den bedeutenden Fremdhandelshafen kristallisierten. So wurden in den Jahren 1907—10 noch jenseits der neuen Ikuta-Mündung größere Flächen hinter geradlinigen Deichen aufgefüllt und während des Weltkrieges weiter ergänzt; sie dienen jetzt einem Teil der Kawasaki-Werft und dem Kōbe-Stahlwerk und bilden einstweilen das östlichste Ende des ganzen Hafenbereiches. Ferner hat eine Lagerhausgesellschaft vor dem Gelände des Hauptbahnhofes von Kōbe ein großes Rechteck vorgebaut, auf dem ein ganzes Speicherviertel entstanden ist.

Bisher sehen wir im Grunde nur Teilarbeiten, wenn sie sich auch zu dem Gesamtergebnis einer rund um den Hafen vor sich gehenden Landgewinnung zusammenfügen. Nachdem aber 1892 die beiden Häfen offiziell zum Kōbe-Hafen vereint worden waren, kam bald der Gedanke an einen bedeutenderen Ausbau auf, der vor allem großen Schiffen das Anlegen am Kai ermöglichen, zugleich den auf der Reede liegenden Dampfern einen besseren Schutz gewähren sollte. Erst nach dem russisch-japanischen Kriege kam ein erster Plan dieser Art zur Ausführung. Vor seiner Vollendung wurde er indes nach dem Weltkrieg zu einem noch größeren Gesamtplan erweitert, dessen Ausführung jetzt im Werke ist. Er fügt dem Hafen zur bisherigen Grundlage der breiten Neulandstreifen folgende zwei Grundzüge ein:

1. rechteckige Hafenbecken und -zungen von großen Ausmaßen, die von dem gebogenen Hafensaum rechtwinklig in das tiefere Wasser vorstoßen,
2. den Abschluß des Hafens nach außen durch ein großartiges System von Wellenbrechern.

Begonnen wurde mit den landseitigen Bauten um das erste Hatoba. Was ich 1911 sehen konnte, war minimal und verriet nicht die großartige Hafenanlage, die in allen ihren Grundzügen 1926 bereits vorlag. Jetzt sah ich vier der parallelen Hafenzungen mit drei zwischenliegenden Becken schon ausgeführt, die ersteren in einer Länge von 350 m und einer Breite von 110 m, mit Wassertiefen von 9—12 m umgeben. Dahinter liegt der Zollhausbezirk mit seinen Lagerhäusern. Ostwärts sind weitere vier bezw. fünf solcher Zungen vorgesehen. Zusammen schmiegen sie sich wie ein Fächer um den Bogen der alten Ikuta-Mündung. Westlich davon war ein isolierter breiterer Pier in Fortsetzung des altvorhandenen im Werden. Hier können Schiffe anlegen, die nach Shimonoseki, nach Nagasaki und nach Formosa gehen. Jede dieser Gruppen hat wieder ihre besondere Strecke am Pier, am weitesten draußen die Formosa-Dampfer, deren Größe schon bis zu 9000 Tonnen geht. Der Raum zwischen diesem Einzelpier und dem ganzen Fächer bildet ein weiteres großes Becken für sich, das auch den kleinen Amerika-Pier und im hintersten Winkel das erste Hatoba einschließt und eine andere Bestimmung als die Becken in dem Fächer hat, nämlich den Leichtern zu dienen, die den Verkehr mit den auf der Reede liegenden Schiffen vermitteln. Der Hafen verfügt über Tausende von Leichtern nur für Frachten. Dazu kommen noch die dem Personenverkehr dienenden Hafenboote.

Ebenso ist im Hyōgo-Hafen eine Parallelreihe von Hafenzungen im Werden. Hier hat sie nicht die Fächerform, da die Rundung der Ikuta-Mündung fehlt, sondern sie ist wie Gabelzinken auf einem Stiel an Land befestigt. Die Becken und Zungen haben gleiche Horizontaldimensionen wie die im Kōbe-Hafen, doch stehen sie zurück an Zahl und an umgebenden Wassertiefen. Diese Anlagen sollen nämlich nach der traditionellen Arbeitsteilung beider Hafenhälften ganz dem Binnenhandel, also kleineren Schiffen, dienen, während im Kōbe-Hafen nur ein kleiner Teil um den isolierten Pier diese Funktion mit wahrnimmt, im übrigen aber der Außenhandel konzentriert wird.

Das ganze System bedeutet zugleich eine weitere Zone des Landvorbaus. Denn es werden nicht etwa die Hafenbecken aus den schon vorhandenen Tieflandflächen gegraben, sondern in allen Fällen die

Landzungen neu in das Meer vorgestoßen. Damit ist das Maß der nötigen Vertiefungsarbeit verringert; denn an den Eingängen der Hafenbecken liegen dann von Natur schon Tiefen von 8—9 m. Ausgeführt werden diese gesamten landseitigen Bauten mit dem System der Betonkästen, die im Hafen selbst hergestellt werden. Das Fundament wird aber aus Steinen oder aus gröberem Sand errichtet.

Die entstehenden Hafenzungen, ihr gemeinsames Ansatzband am Lande und zum Teil die schon vorher weiter rückwärts aufgeschütteten Flächen bilden zusammen den Hafenlandraum. Hier sind alle dem Hafen dienenden Anlagen und Bauten übersichtlich, weiträumig und großzügig geschaffen worden. Die Kaimauern der Hafenzungen sind je von einer Reihe großer Hafenschuppen aus Holz, Eisen und Eisenbeton begleitet (vgl. den Querschnitt, Fig. 31). Zwischen ihnen und

Fig. 31. Kōbe, Querschnitt durch eine der neuen Hafenzungen.

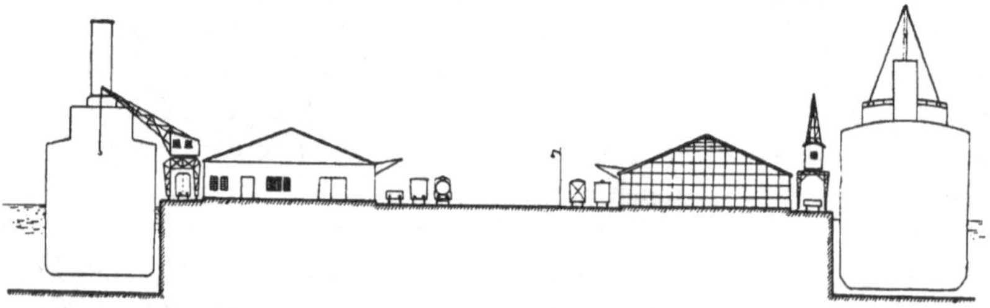

den Kais laufen Bahngeleise unter mächtigen Portalkränen, deren Enden überall ebenso wie die Masten der an den Kais liegenden Dampferriesen über die Schuppen hervorschauen. Hinter diesen ziehen wieder Geleise, und zwischen denselben, das heißt in der Mitte jeder Hafenzunge, liegt eine 20 m breite Fahrstraße, mit guter Steinpflasterung versehen oder auch selbst asphaltiert. Die aus den Hafenzungen herauskommenden Geleise werden von einem an der Wurzel entlanglaufenden vierfachen Bahnstrang gesammelt, der aus dem östlichen Hafenbahnhof über die alte Ikuta-Mündung hierher geleitet ist (s. Karte, Taf. 25). So ist der Seeschiff-Eisenbahn-Umschlag in den neuen Anlagen durchweg reichlich vorgesehen. Auch sind dafür größere technische Einrichtungen vorhanden. Aber stärker ist anscheinend doch der Umschlag in die Frachtboote zur Überführung nach Ōsaka und in den sonstigen Küstenverkehr.

Geschlossene Viertel alter Speicher liegen hinter dem Hafenzungenfächer, und zu den alten kommt hier eine Reihe ganz neuer, 5—6stökkiger Eisenbetonbauten. Von ihnen sah ich 5 fertig, die eine wuchtige

Front am Wasser darstellen (s. Taf. 13, Abb. 1). Westwärts nach dem Innenwinkel des Kōbe-Hafens setzt sich der Kranz der Lagerhäuser in mehreren Reihen fort. Nur sind sie hier wieder niedriger, ein- und zweistöckig, aus Holz, Eisen oder Backstein, nicht modern, da die neue Entwicklung nach Osten geht.

An der breiten Hafenstraße, der Kaigandōri, stehen wir im alten Brennpunkt des Kōbe-Hafens, wo Büros der Schiffahrtsgesellschaften, Kontore von Fremdhandelsfirmen, Agenturen sich gegenüber den verschiedenen älteren Pieren aufreihen, auch Zollamt und andere Verwaltungsbauten stehen. Dann schließt sich der große Lagerhausblock der Mitsubishi-Gesellschaft zwischen dem Hauptbahnhof und dem Takahama-Kai an, darauf die Wasserfront des Bahnhofsgebietes von Kōbe und weiter der Bereich der Kawasaki-Werft. Weiter kommen wir im Winkel des Hyōgo-Hafens wieder zu Lagerhausreihen und schließlich zum zweiten großen Werftbezirk, dem der Mitsubishi-Werke. Zu ihnen gehören zwei große Schwimmdocks, während die Trockendocks Schiffe verschiedener Größe bis zu 40000 Tonnen fassen.

Gleich mit Beginn dieses ganzen Systems landseitiger Hafenanlagen fing man auch an, dem halboffenen[1]) Hafenwasserraum den seeseitigen Schutz und Abschluß durch ein System von Wellenbrechern zu geben. Der Seegang kann sehr stark werden, wenn der Meeresmonsun mit der Seebrise zusammentrifft, wie es im Sommer häufiger aus südwestlichen Richtungen der Fall ist. Dann ist der Gütertransport durch die kleinen Boote und Schleppzüge zwischen Kōbe und Ōsaka erschwert und ebenso der Betrieb im Hafen leicht gestört. Hiergegen konnte nur ein System von Wellenbrechern schützen. Seine Herstellung war das schwerste Stück im Hafenausbau, und zwar wegen der ungünstigen Bodenbeschaffenheit. Im allgemeinen ist der Boden Schlick, nach dem Lande hin ist er zum Teil mehr sandig, besonders im Kōbe-Hafen, aber gerade draußen, wo die Wellenbrecher zu errichten sind, mehr weicher Schlamm. Schon im Hafenlandraum müssen größere Bauten auf Holzpfeilern fundiert werden. Im Bereich des äußeren Hafens ist der Schlamm so weich, daß die Fundierung der Wellenbrecher ein umständliches und kostspieliges Werk wurde.

Im Jahre 1910 begannen diese Arbeiten und zwar mit einem Teil des östlichen gebogenen Wellenbrechers, der zunächst auf eine Länge von 1¼ km fertiggestellt wurde. 1919 wurde der südliche Querwellen-

[1]) Vgl. die Unterscheidungen der Hafenreeden bei L. Mecking in Hermann Wagner-Gedächtnisschrift, S. 336.

brecher in ähnlicher Ausdehnung in Angriff genommen. Zur Zeit meiner Anwesenheit war in Teilen etwa die kleinere Hälfte des ganzen Systems vollendet. Auch jetzt ist es noch nicht zum Abschluß gebracht. Drei Leuchttürme stehen an den Enden, einer im Süden und zwei im Osten. Hinter den Wellenbrechern können nach den von Natur vorhandenen Tiefen Schiffe zwischen 3000 und 20000 Tonnen an Bojen anlegen, deren hier 23 vorhanden sind.

Die Fläche des so umgrenzten Hafenwasserraumes beträgt 920 ha. Das ist ein günstiges Maß, um den Schutz gegen hohen Seegang zu gewährleisten und doch außer den am Kai liegenden Schiffen noch einer großen Zahl das Ankern auf der Reede zu ermöglichen, ohne daß sie sich gegenseitig stören und durch die Strömungen gestört werden.

Verwickelten Stromeinflüssen unterliegt der Hafen durch die Gezeiten der Ōsaka-Bucht. Der Hauptflutstrom kommt durch die Yura-Straße herein, zieht an der Ostküste Awajis entlang und durch die Akashi-Straße zur mittleren Inlandsee. Teilströmungen aber gelangen in das Nordende der Bucht und in die Hafengewässer von Kōbe und Ōsaka. Die Stromstärke erreicht jedoch im Hafen nur ½ Knoten.

Es fragt sich schließlich, welche weiteren Entwicklungsmöglichkeiten für den Hafen Kōbe noch bestehen. Sie sind hier durch die geographischen Verhältnisse ziemlich vorgezeichnet. Nach Süden ist offenbar die Grenze erreicht. Dagegen erscheint nach Nordosten hin die Fortsetzung genau im bisherigen System möglich. Nur werden die Flüsse mit der Entfernung in dieser Richtung wachsende Schwierigkeiten machen, da ihre Größe wächst. Im übrigen bleiben etwa bis nach Nishinomiya die gleichen Verhältnisse erhalten. Erst weiterhin treten Bedingungen auf, wie sie im Hafen von Ōsaka zu ganz andersartiger technischer Auswirkung gelangt sind. — Diese Zukunftsgedanken waren bereits niedergeschrieben, als mir kürzlich ein neuester Plan zuging (vgl. die Nebenskizze der Karte, Taf. 25). Obwohl noch gänzlich Zukunftsmusik und auf lange Jahre berechnet, ist es doch um so mehr am Platz, davon Notiz zu nehmen, als er tatsächlich in der geographisch bedingten, eben gekennzeichneten Linie der Entwicklung liegt. Jenseits des Wellenbrechers, der bisher den nordöstlichen Abschluß bildet, würde sich danach ein weiteres System von 2 mal 5 Hafenzungen und -becken vor die Küste legen. Parallel davor würden Wellenbrecher liegen, in geradliniger Fortsetzung des jetzigen gebogenen Wellenbrechers. Das Ganze würde eine Verlängerung der Hafenfront um etwa 4 km darstellen. Das auf der Landseite besonders eigenartige System dieses Planes ist dadurch bedingt, daß der größte Teil des Kōbe-Imports auf dem Wasserwege in Leichtern und kleineren Fahrzeugen zum Industriezentrum Ōsaka weitergeht.

Selbst in dieser gewaltigen Vergrößerung bliebe der Hafen ungemein übersichtlich, wie er es in bisheriger Gestalt ist, und wenn wir zurückschauen, so gewahren wir höchst planvolle, klare Linien der Entwicklung. Sie seien noch einmal nach ihrer zonalen Anordnung und ohne streng zeitliche Gliederung folgendermaßen präzisiert: Ablenkung der beiden die Stadt und den Hafen störenden Flußläufe, Nutzbarmachung ihrer Mündungsfächer, Erweiterung derselben durch Aufschüttung sowie Ergänzung zu einem Neulandband an der ganzen Wasserfront; an die so entstandene erste Zone angeschlossen die zweite Hafenlandzone, die im Vorbau der Zungen und Becken bestand, erstens im Buchtwinkel von Hyōgo, zweitens in breitem Fächer um die alte Ikuta-Mündung, verbunden mit Vorziehen der Bahngeleise in Abzweigungen von der großen Längslinie im Hintergrund; endlich Vertiefungen in und vor den Becken und Abschluß durch die große Wellenbrecherlinie.

An keinem anderen Punkte Japans außer etwa noch Yokohama tritt uns auch ein so zusammengefaßtes Welthafenbild entgegen, mögen wir es im Hafenwasserraum selbst oder auf Hafenlandraum oder auch von den Höhen des Stadtrahmens aus beobachten. Nicht ganz den gleichen großen und klaren Gesamteindruck ergibt, wie sich zeigen wird, das Stadtbild. In Ōsaka werden wir eher das umgekehrte Ergebnis finden: einen nicht so einheitlichen und groß wirkenden Hafen, dagegen eine umso wuchtiger und imposanter wirkende Stadt.

γ) *Die Siedlung.* Durch die vorspringenden Mündungsfächer und die zwischenliegenden Buchtungen, durch die hier liegenden Piere und Becken sowie die weit hinausgreifenden Hafenzungenfächer mit ihren Schienenverzweigungen von den Bahnhöfen aus, durch alles das sehen wir eine engste Raum- und Lebensverbundenheit zwischen Hafen und Hafensiedlung erreicht und zugleich auf der langen Front die weitgehende Tendenz zur Anlehnung an die Wasserlinie und zur Ausdehnung in ihrer Richtung. So zeigt uns denn ein Stadtplan Kōbe als ein langes, schmales Band, dessen eine Längsseite an der Wasserfront fest mit dem Hafen verschweißt ist, während die andere am Fuß der Granithöhen hinzieht und dadurch einen einfachen, im großen küstenparallelen Verlauf erhält. Das Stadtband hat eine durchschnittliche Breite von $1\frac{1}{2}$—2 km. Nach beiden Enden ist es bereits weit über die neuen Flußmündungen hinausgewachsen, und man kann die Längserstreckung, die wegen der lockeren Bebauung an den Enden allerdings nicht ganz scharf zu fassen ist, etwa auf 12 km angeben. Die Bewohnerzahl ist auf 787000 (im Jahre 1930) gestiegen.

Die Probleme, die dieses Hafenstadtbild aufwirft, erstrecken sich auf die Struktur und Gliederung nach Grundriß, architektonischem Bild, Verkehr und wirtschaftlichem Leben und auf die Entwicklung der einzelnen Bestandteile.

Zur Zeit meines Besuches war ein Jubiläum der Stadt, und in einer Zeitung erschienen Erinnerungen aus der guten alten Zeit. Darin waren die Bilder entrollt, wie noch vor Jahrzehnten Reiskulturen mit eingestreuten Bauernhäusern sich vor den Hügeln hinzogen und isolierte Tempel unter Pinien standen, wie in vielen Hauptstraßen der unteren Stadt noch das Gras wuchs und nur im Amerika-Hafen bei Ankunft eines Dampfers sich Leben entfaltete, wie die heutige Motomachi, die feine Geschäftsstraße, eine enge, dunkle Gasse mit einigen alten Bücherläden war, wie Kōbe überhaupt von der See aus gesehen sich in nichts von den zahllosen Dörfern unterschied, die reizvoll an bewaldeten Hügeln in den Buchtwinkeln der Inlandsee hängen. Und wenn ich eine mitgebrachte alte Karte besehe, die leider nicht datiert ist, aber wohl einen vor der Errichtung des ersten Hatoba und des Settlement liegenden Zustand wiedergibt, so bestätigt sie jene Bilder in Bezug auf die Ländlichkeit in allen Einzelheiten. Nur läßt sie noch die genauere Beobachtung zu, daß da, wo der Stadtkern Kōbes sich entwickelte, schon die dichteste ländliche Besiedlung lag in Gestalt von drei an einer küstenparallelen Straße ineinander übergehenden Dörfern zwischen dem Ujikawa und einer Tempelstraße, die vom Strande her zum Ikuta-Schrein führte. Man trifft auch im rückwärtigen Teil der ganzen Stadtzone, namentlich nach Westen im Bereich von Hyōgo, noch eine große Zahl von Teichen; es sind die Stauweiher für die einstigen Reisfelder. Keiner von ihnen kann heute mehr seinen Zweck erfüllen. Nur einige größere Seen, die den Tälern der aus dem Granit kommenden Flüsse eingeschaltet sind, dienen der Trinkwasserversorgung der heutigen Stadt.

Bei so rascher Entwicklung möchte man von dem Grundriß, entsprechend dem sonstigen Schematismus japanischer Stadtgrundrisse[1]) eine besondere Einheitlichkeit und Einfachheit erwarten. Dem entspricht er durchaus nicht. Wohl besteht in jedem einzelnen Stadt-

[1]) Vgl. L. Mecking, Japanische Stadtlandschaften, in S. Passarge, Stadtlandschaften der Erde, Hamburg 1930, S. 118 ff.

teil die Tendenz zu geradem Verlauf und rechtwinkliger Kreuzung der Straßen und Gassen. Doch finden wir eine große Zahl dieser einzelnen Bestandteile, die den ganzen Grundriß erst mosaikartig zusammensetzen, und wir müssen versuchen, für diese Grundzüge der Struktur die Erklärung zu finden.

In erster Größenordnung läßt sich etwa eine Dreigliederung vornehmen: in den Nordosten, den Südwesten und die Mitte. Im Nordosten finden wir um die Stelle der Abzweigung der Hafenbahn einen Stadtteil, in welchem neben geraden Zeilen noch die krummen Wege der ländlichen Besiedlung das Bild bestimmen. Weiter stadtwärts bis an den alten Ikuta-Lauf liegt eine der größten Flächen regulären Schachbrettgrundrisses. Hier sind die ehemaligen Reisfelder und Dörfer im Lauf des letzten Menschenalters schon ganz dem Stadtgrundriß einverleibt. Ärmliche Straßen der Industriebevölkerung, die hier namentlich nahe dem Hafen sitzt, und gleichförmige, rein japanische Bauweise verbinden sich mit diesem Gebiet.

Ein ähnlich großes, schachbrettartig entwickeltes Stadtgebiet liegt am Ende von Hyōgo, nur ist es noch regelmäßiger gestaltet. Hier scheint auch weniger ausgedehnte ländliche Besiedlung vorangegangen zu sein. Dieser Teil zieht sich bis über die neue Mündungsstrecke des Minato herein gegen den Mittelteil der ganzen Stadt.

Das große Zwischenstück nun, das zwischen dem alten Ikuta- und annähernd dem neuen Minato-Lauf liegt, zeigt wesentlich stärkere Gliederung in eine Anahl Teilgebiete, die je in sich ihre eigene Orientierung mit schachbrettartigen Grundrissen erhalten. Stellenweise besteht auch größere Abweichung von der Regelmäßigkeit des Schachbretts überhaupt. Dies ist namentlich für eine nördliche, den Granitfuß begleitende Zone des Mittelstückes bezeichnend, wo offenbar das bewegtere Gelände und die nach ihm gerichteten alten Wege eingriffen. In der hafennahen Hälfte hingegen wird die Richtung der Küste mit ihren Einbuchtungen und Vorsprüngen sichtlich bestimmend für die Orientierung der einzelnen regulären Baublöcke. Es seien nur drei charakteristische Quartiere hervorgehoben. Einmal sehen wir im Vorsprung des alten Minato in der Anlage der Straßen mit ihrer gegen das Meer konvexen Krümmung noch deutlich den Mündungsfächer nachwirken. Die umgekehrte Tendenz zeigen die beiden alten Stadtkerne von Kōbe und Hyōgo in ihren Buchtwinkeln, nämlich konkav gegen das Meer gekrümmte Längs- und radial verlaufende Querstraßen; schwächer ist dies in Hyōgo, stärker in Alt-Kōbe ausgeprägt, hier an der Stelle der drei Dörfer, wo heute die

Motomachi mit ihrer gleichmäßigen Krümmung die Hauptachse, die führende Geschäfts- und Verkehrsstraße des ganzen Handelsviertels darstellt.

Der alte Minato-Lauf ist als trennende Schranke noch erkennbar in den fast durchweg zu seinen beiden Seiten verschieden orientierten Blöcken rechtwinklig sich schneidender Straßen, aber in keiner Weise im Stadtbild und -leben. Hier verläuft heute eine besonders breite Vergnügungs- und Theaterstraße der vereinigten Stadt.

In den geschlossenen Vierteln japanischen Stils zeigen die Firstlinien der Häuser ein gewisses Übergewicht in der Längsrichtung, indem die Hauptstraßen dem Dachfirst ihre Richtung geben und die Nebenstraßen sie teilweise beibehalten. Das erhöht die durch die Bauweise und das Schachbrett bestimmte Gleichförmigkeit des Anblicks.

Bezeichnend für die bedeutende Hafenstadt ist die Einrichtung, daß unter den japanischen Zeichen der Straßennamen die Übertragung in europäischer Schrift zu finden ist. Besonders das alte Settlement mag es mit sich gebracht haben, daß hier dem Fremdenverkehr soweit Rechnung getragen wurde, mehr als zum Beispiel in Tōkyō. Die Zahl der ansässigen Europäer war vor dem Weltkrieg noch nicht sehr groß, rund 1300, dazu kamen 2000 Chinesen und einige andere Fremde. Jetzt sind über 9000 Ausländer von rund 40 Nationen angesiedelt, davon fast $^2/_3$ Chinesen.

Europäische Bauweise ist geschlossen nur in dem den Scheitelpunkt des Kōbe-Hafens umsäumenden Handelsviertel sowie dem anschließenden Settlement vorhanden und zieht sich noch an wenigen Hauptstraßen weiter binnenwärts gegen die Hügel hin. Im Settlement finden sich namentlich viele Konsulate, im übrigen Handelshäuser und Büros, auch die Büros der beiden größten Schiffahrtsgesellschaften (aber keine Lagerhäuser). Der Motomachi parallel läuft eine hafennahe Straße mit vorwiegend großen Banken. In diesem Stadtbereich ist auch eine Anzahl der Straßen asphaltiert. Im übrigen sind Bauten europäischer Art mehr und weniger sporadisch eingeschaltet, namentlich als öffentliche Bauten sowie Hotels und größere Geschäftshäuser. Nahe dem Settlement hat sich ein kleines Chinesenviertel entwickelt.

Schwierig waren die Verkehrsaufgaben zu lösen, wie sie der Stadt auf ihrem schmalen Schuttband zwischen der gebuchteten Küstenlinie und dem Granitfuß erwuchsen. In ganzer Länge sehen wir die Staatsbahn hindurchziehen, und es blieb zuerst keine andere Wahl.

Dabei ist es die Tōkaidō-Linie, auf der die meisten und schnellsten Züge des Landes fahren. Auch die langen Güterzüge müssen diesen Weg nehmen. Das größte Übel liegt darin, daß die ganze Strecke im Niveau des Bodens läuft. Von jeder Stelle aus übersieht man eine Reihe jener einfachen, hölzernen Treppenbrücken, durch die dem Fußverkehr der zahllosen Querstraßen ein Übergang beim Vorüberrollen der Züge ermöglicht wird, während der gesamte Fahrverkehr dann vor den Schranken stockt. Eine Hebung des ganzen Bahnkörpers über das Straßenniveau wird in naher Zukunft kaum zu vermeiden sein.

Von dieser Längsstrecke zweigen an vier Stellen des Stadtgebiets die Frachtbahnstrecken zum Hafen ab: die erste und längste biegt von Higashinada in das Kerngebiet des neuen Kōbe-Hafens, die zweite und kürzeste erreicht vom Hauptbahnhof den großen Speicherblock von Takahama und das Werftgebiet Kawasaki, die dritte stößt von der Hyōgo-Station in verschiedenen Enden in das ganze Industriegebiet des Hyōgo-Kanalsystems und in den Hyōgo-Hafen vor, eine vierte erreicht von Takatori-Station ein Ölraffinerie- und Öltankgebiet an der Küste. So ist das ganze System mit Rücksicht auf den Hafen höchst praktisch angelegt, für den Stadtverkehr und das ganze Stadtbild aber sehr störend.

Von der gleichen Längsorientierung ist das Netz der elektrischen Bahnen beherrscht. Es sind im wesentlichen zwei parallele Linien, eine nördlich und eine südlich des Schienenstrangs, dazu komplizierte Querverbindungen, Abzweigungen aus der einen in die andere Route und darüber hinaus. Dazu ist ein Untergrundbahnsystem in Angriff genommen.

Auch in der Wirtschaftsgliederung schließlich macht sich die Längsstruktur der Stadt bemerkbar. Die ganze bergnahe Zone besteht vorwiegend aus Wohngebieten, und zwar liegt das beste derselben unmittelbar am Bergfuß über dem Kōbe-Hafen. Nur treten einzelne größere behördliche Bauten dazwischen, und vor allem heben sich innerhalb der Zone noch einige besondere Schulbezirke heraus, die wieder vorzugsweise unmittelbar am Fuß der Hügel liegen. Die ganze hafennahe Zone hingegen ist ausgezeichnet durch Handels-, Industrie- und Werftgebiete. Dabei vollzieht sich innerhalb der Zone eine klare Trennung durch den Handel. Denn dieser sitzt sehr stark konzentriert im Motomachi-Viertel und seiner Nachbarschaft, also um den Scheitel des Kōbe-Hafens. Daran schließt sich weiter nordostwärts ein Industrie- und Werftgebiet, insbesondere auf größerem Raum die Eisenindustrie des Kōbe-Stahlwerks, weiter nach der Stadtgrenze die Brauerei, besonders Sake-Bereitung, südlich von dem Handelsscheitel hingegen sehen wir als nächstes das geschlossene große Werftgebiet von Kawasaki bei der alten Ikuta-Mündung; eine breite Straße, die weiter nach der Stadt zur Theaterstraße wird, läuft hier als Achse in den Schuttfächer bis zur Spitze, um sie herum liegen die Werkstätten, teils in Form großer offener Hallen, teils als geschlossene Fabrikbauten, vornehmlich aus Eisen und Wellblech. Hinter dem Werftgebiet legen sich um die breite Mittelstraße Viertel von engen Gassen mit dumpfen Häusern, schmutziger als man es in Japan zu sehen gewohnt ist, ein Hafenviertel der kleinen Leute, der Gewerbetreibenden, Trödler und Schankwirte. Darauf folgt um den Hyōgo-Hafen und das anschließende Kanalsystem die Industrie und auf der Landspitze von neuem Werften, während westlich der neuen Minato-Mündung abermals Industriegegend einsetzt.

Wir ersehen schon aus der vorstehenden Gliederung des Stadtbildes, daß Kōbe nicht nur Hafen- und Handelsstadt, sondern in beträchtlichem Maß auch Industriesitz ist. Das nähert diesen Hafen im Charakter mehr dem von Ōsaka als dem von Yokohama. Einige seiner Industriezweige haben durchaus den großen Stil wie die allerdings viel zahlreicheren Industrien Ōsakas, zum Beispiel Zündhölzer-, Matten- und Ölindustrie. Besonders in dem großen Industriebezirk von Hyōgo sind die verschiedensten Zweige vereinigt: Eisenindustrie, Spinnerei, Zündholz-, Salz-, Zuckerfabrikation, Müllerei und anderes.

Fig. 32. Entwicklung von Kōbes Außenhandel.

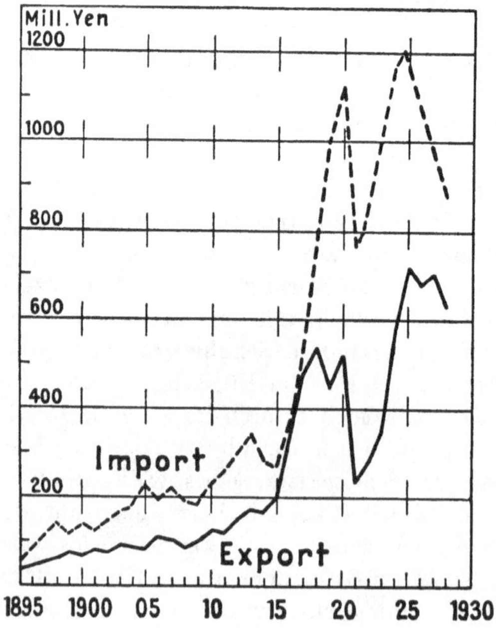

δ) Handel und Verkehr. Mit dem erkannten Wirtschaftscharakter der Stadt harmoniert das Bild ihres Warenverkehrs, der namentlich erst seit dem Weltkrieg seinen gewaltigen Aufstieg nahm (vgl. Fig. 32). Wir sehen zunächst (Tabelle 26) unter den Einfuhrwerten von fremden Ländern eine große Zahl von Rohstoffen für die eigene Industrie und die des nahen Ōsaka: Baumwolle (378,5 Mill. Yen!), Wolle und Wollgarn, Erze und Metalle, Kautschuk, Mineralöl, Zucker, Hanf, Jute und Holz. Dazu kommen Maschinen und Instrumente, sodann viele Nahrungs- und Genußmittel, namentlich Reis, Weizen, Bohnen und Fische, schließlich Chemikalien sowie Dünger in Form von Ölkuchen und Ammoniumsulfat für die Hinterlandsebenen.

Tabelle 26.

Außenhandelswerte von Kōbe (über 10 Mill. Yen) für 1928.

Export in Mill. Yen		Import in Mill. Yen	
Rohseide	181.4	Baumwolle (entkörnt)	378.5
Sonstige Gewebe sowie Webwaren und Kleidung	115.3	Erze und Metalle	65.2
Seidenstoffe	74.4	Instrumente, Maschinen, Fahrzeuge	57.7
Baumwolle (entkörnt)	32.1	Sonstige Chemikalien, Arzneien, Farben	50.6
Sonstige Lebens- und Genußmittel (außer Seeprod.)	28.6	Sonstige Lebens- und Genußmittel	42.1
Chemikalien, Arzneien, Farben	25.8	Sonstige Faserstoffe u. Garne	35.0
Seeprodukte	15.6	Schafwolle	28.5
Papier und Papierwaren	13.0	Webstoffe und -waren	23.0
Sonstige Textilrohstoffe und Garne	13.1	Kautschuk und Guttapercha	20.0
Öle, Fette und Waren daraus	12.7	Mineralöl	17.3
Sonstiges	119.4	Ammoniumsulfat	15.8
		Papier- und Papierwaren	14.1
		Hanf und Jute	13.5
		Häute, Felle, Leder, Knochen	12.6
		Reis	12.5
		Bohnenölkuchen	12.3
		Zucker	12.0
		Weizen	11.4
		Mineralien und Waren daraus	10.2
		Sonstiges	46.4
Zusammen	631.4	Zusammen	878.7

Die Ausfuhr in die Fremde erstreckt sich namentlich auf Baumwollerzeugnisse aller Art, die jedoch noch mehr von Ōsaka als aus der eigenen Industrie stammen und meist mit Booten herüberkommen. Ein kleiner Teil der eingeführten Baumwolle geht wieder als Rohstoff weg, aber wohl nur in japanische Außenländer. Weiter stehen Rohseide (181,3 Mill. Yen) und Seidenstoffe unter den Höchstwerten der Ausfuhr. Diese Entwicklung ist ganz jung; 1922 hatte die Seidenausfuhr den Wert von 10 Millionen, 1927 von 250 Millionen Yen. Dazwischen liegt das Jahr der Erdbebenkatastrophe für Yokohama, das Kōbe zu gute kam und ihm neben Yokohama schon eine ganz feste Position gegeben hat. — Im übrigen werden noch in höheren Beträgen Seeprodukte und andere Lebensmittel, Chemikalien, Papier, Öl, schließlich raffinierter Zucker, Maschinen und Metallwaren, Zündhölzer exportiert. Die Werften arbeiten für die Flotte und stellen nichts für die Ausfuhr.

Kōbe ist somit nach dem Wert wie der Vielseitigkeit seiner Frachten ganz vornehmlich Importhafen. Seit Ende des vorigen Jahrhunderts ist dieser Charakter ausgesprochen und gleich geblieben (vgl. Fig. 32). Vorher standen Export und Import so im Wettbewerb, daß bald der eine, bald der andere im Werte überwog, außer in den allerersten Jahren, wo gleichfalls der Import stärker war. Kōbe besorgt heute vom ganzen japanischen Ausfuhrhandel zwar auch schon 35%, aber vom Einfuhrhandel des Landes bis zu 44%, also beinahe die Hälfte. Im Jahre 1928 betrug sein Außenhandels-Export 631 Mill. Yen, der Import 879 Mill. Yen (der ganze Außenhandel also 1510 Mill. Yen, gegenüber 453 Mill. Yen von 1912). Im Jahre 1927 waren Export und Import schon etwas höher, 706 und 966 Mill. Yen, und 1929 wieder 700 und 882 Mill. Yen.

Auch die Länder, mit denen Verkehrsverbindung besteht (vgl. Tabelle 27), bringen die große Universalität des Hafens zum Ausdruck, und der Umfang, mit dem sie beteiligt sind, harmoniert mit dem überwiegenden Importhafen. Weitaus führend sehen wir die Vereinigten Staaten und Britisch-Indien vertreten, die eben die Rohbaumwolle nach Kōbe liefern. Seit 1923 zieht Kōbe ferner einen nicht geringen Teil der Baumwollausfuhr von Houston[1]) an sich, dem neuen großen Baumwollhafen von Texas, der vorher seine ganze Ausfuhr nach Europa richtete. Jene beiden Länder, die Union wie Britisch-Indien, stehen aber auch unter den bedeutendsten Abnehmern. Dazu kommt China als Bezieher von Industrie-Erzeugnissen, ferner Hongkong, Niederländisch-Indien, Ägypten und die Philippinen sind noch in erster Linie Empfänger. Dagegen sind Großbritannien und Deutschland wieder viel mehr als Lieferanten vertreten; sie schicken namentlich Eisen und Stahl, sowie Maschinen und Instrumente, Ammoniumsulfat u. a.

[1]) M. Hannemann, Die Seehäfen von Texas, Frankfurt a. M. 1928, S. 196.

Tabelle 27.

Außenhandel Kōbes nach Ländern
(Mittel der Jahre 1926—1928 in Millionen Yen).

Länder	Import	Export
Ver. St. Amerika	315	219
Brit.-Indien	200	58
Großbritannien	79	28
Deutschland	71	8
China	68	80
Australien	36	36
Niederl.-Indien	24	34
Hongkong	—	33
Kwantung	24	26
Canada	18	14
Str. Settlements	19	21
Frankreich	14	12
Ägypten	12	23
Philippinen	11	23

Ist auch Kōbe eines der ganz großen Überseetore des Landes, so gesellt sich doch diesem Außenverkehr ein nicht viel geringerer innerjapanischer Seeverkehr bei und fügt sich ihm ein. Wir werden z. B. bei den Lokalhäfen der Inlandsee erkennen, wie ein Teil der Rohstoffe aus dem großen Trichter der Außenzufuhr wieder in kleineren Röhren zu diesen Häfen geleitet wird. Und in vielen der kleineren Häfen rings um Japan tritt uns die Versorgung Kōbes mit Nahrungsmitteln entgegen.

Der Wert dieses internen Handels stieg von 173 Mill. Yen im Jahre 1913 auf 1360 Mill. Yen im Jahre 1924 und sank in den letzten Jahren wieder etwas, bis auf 1069 Mill. Yen 1928.

In diesem Binnenhandel überwiegt nun nicht der Import, sondern der Export dem Werte nach, allerdings nicht viel (1926: Exp. 693 Mill. Yen, Imp. 631 Mill. Yen). In der Menge wiederum erhält der Import das Übergewicht, der mit 4,2 Mill. Tonnen einem Export von 2,1 Mill. Tonnen gegenübersteht; hier dürfte unter den im Küstenhandel einlaufenden Gütern die Kohlenmasse den Ausschlag geben.

Auch im Außenhandel haben Massengüter die Führung und zwar als importierte Rohstoffe. Im Jahre 1928 betrug der Import 3,9, der Export 1,4 Mill. Tonnen. Die Bilanz zeigt also (in nur noch schärferer Ausprägung) das gleiche Verhalten wie beim Heimathandel.

So ergibt sich im Gesamthandel offenbar eine einseitige Tonnagebilanz zugunsten der Einfuhr.

Wie im gesamten Handel, so steht Kōbe im Schiffsverkehr über jedem anderen Hafen des Landes, auch über dem Durchgangshafen Moji. Die einlaufenden Schiffe von 10 Mill. Tonnen[1]) im Binnen- und 13 Mill. im Außenverkehr (1927) vereinigen sich zu einer Gesamttonnage von 23 Millionen; im Außenverkehr sind es aber nur 4000 Schiffe, im inneren 63000, davon nicht weniger als $^2/_3$ Segler! So erweist sich auch das Haupttor des Überseehandels überaus stark mit dem einheimischen Kleinverkehr verbunden.

Tabelle 28.

Herkunft der in Kōbes Außenverkehr einlaufenden Schiffe (1928).

japanisch	2981	Stück	mit	8 423 000	Tonnen
britisch	586	„	„	2 881 000	„
amerikanisch	249	„	„	1 514 000	„
deutsch	110	„	„	460 000	„
holländisch	81	„	„	344 000	„
norwegisch	73	„	„	203 000	„
französisch	61	„	„	430 000	„
dänisch	26	„	„	106 000	„
russisch	17	„	„	22 000	„
schwedisch	15	„	„	53 000	„
italienisch	13	„	„	72 000	„
chinesisch	1	„	„	1 500	„
Zusammen	4213	„	„	14 510 000	„

Entsprechend stark dominiert im Hafenbild die eigene Flagge. Auch im Außenhandel führt sie durchaus, mit über $^2/_3$ in der Schiffszahl und über der Hälfte in der Tonnage. Dabei beherrscht sie den Export des Außenhandels stärker als den Import, weil der erstere die näheren Gegengestade und damit die kleineren Schiffe mehr bevorzugt.

5. Ōsaka.

(Hierzu Figuren 33—36.)

α) Geschichte der Stadt und des Hafens. Wie Venedig am Ende der Adria, so winkt dem Schiffer, der bei Shimonoseki eintritt, am Ende

[1]) Eine Schrift der Stadtverwaltung über den Hafen Kōbe gibt für 1927 mit 8,3 Mill. Tonnen eine etwas kleinere Zahl an als die mir vom Generalkonsulat in Yokohama besorgte Gesamtaufstellung des Schiffsverkehrs der Häfen.

der Inlandsee die alte, reiche Handelsmetropole Ōsaka. Es ist einer der Häfen, die in die Frühzeit der japanischen Geschichte reichen, einst bekannt unter dem Namen Naniwa, der so viel wie „schnelle Wellen" bedeutet, vielleicht auf die Seichtigkeit des Wassers und die Ungunst der Landungsverhältnisse hinweist und sich im Namen einer der größten Brücken der Stadt (Naniwa-bashi) erhalten hat. Schon im 7. Jahrhundert wird der Hafen genannt, sofern man Nachrichten aus dieser Zeit als gesichert gelten läßt; im Jahre 661 soll eine Kaiserin von hier aus auf einem eigens gebauten Schiffe die Fahrt durch die Inlandsee bis nach Hakata unternommen haben[1]). Die Kleinheit der Schiffe jener Zeit hat wohl die Hafenungunst noch nicht in dem Maß zur Geltung kommen lassen, daß dadurch die bedeutsame Lage ihre zwingende Kraft verloren hätte. Die alte Meeresverbindung dieses Küstenpunktes spricht sich auch wieder in einem den drei Meeresgottheiten geweihten Shintō-Schrein aus, der zwischen Naniwa und Sakai liegt.

Der Diluvialsporn, der weithin sichtbar die Ebene überragte, reizte früh zur Anlage eines Schlosses. Die Kaiser Ōjin und Nintoku gelten als die ersten Erbauer. Von hier wurde dann der Seeverkehr mit den fremden Gestaden aufgenommen. Doch erst die Tatkraft und Klugheit Hideyoshis, der auch Nagasaki als äußeren Pol zum Reichshafen erhob, machte Ōsaka als inneren Pol zum wirklichen Zentrum der Wirtschaft und hob es unter den benachbarten Mitbewerbern des Handels heraus, indem er hier 1584 seine gewaltige Burg erbaute, die nicht nur durch ihre Größe bis heute alle Burgen des Landes überragt, sondern durch die Verwendung der Riesenblöcke aus Granit sich heraushebt und noch immer mit Staunen erfüllen muß. Mit sicherem Vorblick erkannte der große Eroberer die strategisch ebenso wie kommerziell bedeutsame Lage und bewog die Kaufleute aus dem nahen Seehafen Sakai und dem Binnenhafen Fushimi bei Kyōto zur Verlegung ihrer Handelshäuser. Leicht erreichbar von allen Daimyō-Herrschaften, die hier ihre Lagerhäuser errichteten, wurde es nunmehr für die fast 3 Jahrhunderte währende Periode des Tokugawa-Shōgunats das Verteilungszentrum, die unbestrittene Handelsmetropole des Reiches. Hierauf konnte sich Ōsaka um so besser konzentrieren, als die politische und militärische Macht bald nach Tōkyō abwanderte. Gegen Ende des 17. Jahrhunderts zog der Wasserbaumeister Kawamura Zuiken die Kanäle durch die Stadt und schützte

[1]) O. Nachod, Geschichte von Japan, II, 1. Hälfte, Leipzig 1929, S. 468.

sie durch Dämme gegen die Fluten des Yodogawa. So wurde es die Wasser- und Brückenstadt, das japanische Venedig.

Nur von Bemühungen um den Hafen hören wir bei Ōsaka in jener Zeit nichts. Der historische Umstand, daß in den Beginn seiner Glanzzeit der Abschluß Japans mit seiner navigatorischen Folge der Beschränkung der Schiffsgröße fällt, dürfte zusammen mit der anderen historischen Gunst, daß ein Hideyoshi bei ihr Pate stand, die Erklärung dafür geben, daß ein solcher Aufschwung der Handelsstadt möglich war so nahe bei Hyōgo, das doch mit seinem besseren Hafen eine größere Zugkraft hätte entfalten können. Von Kämpfer[1]) hören wir, wie bei seiner Hofreise die große Barke der Inlandsee in Hyōgo verlassen werden mußte, um mit kleinen Fahrzeugen hinüber in den Hafen von Ōsaka zu rudern. Dieser war für solche von Westen kommende Hofreisende das Tor zur Mikadoresidenz in Miyako und die Halbwegsstation nach Edo, wohin der Weg über Land führte. Auch beweisen die tausend Fahrzeuge, die Kämpfer auf seiner Fahrt im Flußhafen von Ōsaka erwähnt, daß mit solchen kleinen Booten eben an den Küsten der Inlandsee ein reger Handelsverkehr bewerkstelligt wurde. Alles das ließ die Ungunst der seichten Wasser nicht allzusehr ins Gewicht fallen. So konnte denn die Stadt schon 1739 eine Bevölkerung von 430000 Bewohnern zählen[2]) und nach der Öffnung Japans sogar auf 500000 geschätzt werden.

Doch nun kam die Schicksalswende. Während manche anderen Küstenstädte, insbesondere der Fischerplatz Kōbe, nunmehr wie auf Zauberschlag emporblühten, folgte für Ōsaka zunächst eine Zeit der Stagnation und des Niedergangs, so daß in den 90er Jahren Kōbe ganz und gar der Hafen für Ōsaka geworden war. Seine Bewohnerzahl war im Jahre 1882 auf 332000 zurückgesunken, und erst der neuzeitliche Hafenbau konnte ihm die frühere Metropolstellung zurückerobern.

Im Jahre 1871 begann man mit der Anlage eines Kais. Aber die gewaltige Versandung, die aller Baggerung zu spotten schien, wollte kaum Vertrauen zu einem ernsten Angreifen des Hafenbaus aufkommen lassen. Es gehörte schon die bedeutende Großzügigkeit dazu, zu der sich japanischer Wirtschaftsgeist überhaupt erst in Jahrzehnten durcharbeiten mußte, um ein so gigantisches Bauprojekt aufzustellen, wie es zur wirklichen Überwindung der hier so feindlichen Natur erforderlich war. Erst 1897 kam die Stadt mit Unter-

---

[1]) E. Kämpfer, a. a. O., II, S. 221—22.

[2]) Nach Angabe des Official Guide, Tokyo 1914, Vol. II, S. 145.

stützung des Staates zum Beginn der Ausführung des großen Planes, der zum größeren Teil nach 11 Jahren vollendet war, aber zum völligen Abschluß erst vor kurzem gekommen ist. Es liegt also hier ein ganz künstlicher Großhafen von einer einzigen Periode der Entwicklung vor — ein seltener Fall —, und erst die jüngste Zeit bringt einen weiteren Ausbauplan. Trotz der langen Bauzeit konnte auch schon mehr und mehr der Seeschiffsverkehr herangezogen werden. 1903 waren bereits Wassertiefen von 9 m zur Verfügung, so daß große Ozeandampfer bei gutem Wetter einfahren und Schiffe von 1000 Tonnen den Aji-Fluß hinauf zur Stadt gelangen konnten. So wurde 1903 der Hafen dem Fremdverkehr geöffnet, und im Russenkrieg 1904/05 konnte von hier bereits eine große Menge Truppen zur Mandschurei befördert werden. Die Zahl der eingelaufenen Schiffe hat sich in dem Jahrzehnt von 1914—24 um etwa 60%, ihre Tonnenzahl aber bezeichnenderweise um 125%, gegen 1912 sogar um 165% erhöht.

β) *Natürliche Bedingungen des Hafens.* Während am Südende des Hafens von Kōbe das Kap Wadamisaki noch von 12—15 m tiefem Wasser umgeben ist, und die Tiefenlinie von 10 m den Hafen durchzieht, beginnt diese am Nordsaum der Ōsaka-Bucht mit der Annäherung an deren Scheitel sich allmählich von der Küste zu entfernen und hat bei Ōsaka bereits einen Abstand von 7 km. Hier münden beiderseits der Stadt zahlreiche Wasseradern; auf der knapp 20 km langen Küstenstrecke von Nishinomiya bis Sakai sind es mehr als 20. In der Mitte liegen die Hauptarme des Yodogawa-Deltas, und über dieses breitet sich die Stadt. In ihrer Nachbarschaft wimmelt es von Wasserläufen und Deichen wie in den Nordseemarschen. Ihre Ebene ist, abgesehen von einer etwas höheren diluvialen Zunge, die rezente fluviatile Auffüllung des Hintergrundes der Bucht, und deren Seichtigkeit selbst beruht weit hinaus auf der gleichen Zufuhr von Flußsedimenten.

Außer der wohl von vornherein nur geringen Einsenkung des Beckens und einer späteren leichten Hebung sind es namentlich zwei Momente, die hier das Entstehen und Wachsen des Deltas begünstigten: die Lage im innersten Winkel der Bucht und zugleich am Ausgang der uns schon bekannten Beckenregion, die sich noch über den Biwa-See erstreckt. Der erste Umstand bedeutet einmal ruhige Lage, frei von allzu störenden Gezeiten- und Brandungswirkungen, sodann die konzentrische Aufnahme von Wasseradern. Die Verbindung mit den Becken des Hinterlandes aber sichert die Sammlung einer ganzen Reihe von Zuflüssen aus umliegenden Gebirgen. Seen gibt es in der Küstenebene nicht mehr; die Wasseradern mit ihrer bei Überschwemmungen großen Schuttführung haben längst alle etwa vom ursprünglichen Zustand herrührenden Lücken oder bei Erdbeben eingesackten Flächen wieder aufgefüllt.

Diese starke Wasserzufuhr ist auch im Salzgehalt der Bucht[1]), das heißt um den Hafen von Ōsaka, sehr bemerkbar. Während er im größten Teil der Ōsaka-Bucht, auch noch beim Kōbe-Hafen, zwischen 34 und 35°/₀₀ liegt, sinkt er in rascher Aufeinanderfolge der Isohalinen bis auf 22—24°/₀₀ um das heutige Hafenbecken von Ōsaka. Ebenso ist in 10 m Tiefe der Unterschied bemerkbar.

γ) Der Hafen in seinen Bestandteilen und seiner räumlichen Entwicklung. Nach den gekennzeichneten Naturbedingungen mußten für einen brauchbaren Hafen drei Grundforderungen erfüllt werden: Errichtung eines Schutzrahmens, Überwindung der geringen Tiefen und Beseitigung der fortschreitenden Tätigkeit des Flusses. Die beiden ersten waren zu befriedigen durch ein weit vorgeschobenes, von Molen möglichst umgrenztes Becken, die letzte durch Verlegung der Strommündung.

Diese Verlegung geschah durch einen 10 km langen Durchstich (s. Figur 35, S. 361), der den Yodogawa nördlich der Stadt abfängt und auf kürzestem Weg zur Küste leitet. Wenn man von Kōbe her in die Stadt einfährt, überquert man einen schnurgeraden Talzug von der großen Breite von mehr als 700 m, zwischen mächtige Deiche gefaßt, der das andrängende Wasser der Tide aufzunehmen vermag, während innerhalb desselben noch eine schmalere Flußrinne läuft. Durch diese Ablenkung wird der in die Stadt ziehende und sich verzweigende Fluß von einem Teil seiner Wasser- und Schuttführung, namentlich bei Hochwasser, befreit. Auch wird das Gefälle durch die Kürzung erhöht. Nur scheint, nach der Mündungsrichtung der Wasseradern und einigen schwachen Ansätzen von Sandzungen zu schließen, eine Tendenz zu südwärts gerichteter Stromrichtung zu bestehen, so daß das durch den breiten Kanal abgeführte Material teilweise in der Richtung zum Hafen weitergeht. Dem kann nur durch Baggerung entgegengearbeitet werden.

Als äußerer Hafen (Fig. 33) wurde senkrecht zur Küste ein langes,

---

[1]) Nach einem japanischen Bericht des ozeanographisch-meteorologischen Instituts in Kōbe (Direktor T. Okada) über die Untersuchungen in der Ōsaka-Bucht.

schmales Becken ausgehoben und von zwei schwach zum Meere hin konvergierenden Molen zangenartig umrahmt, so daß der Eingang zwischen die beiden Enden kam, die je ein Leuchtfeuer tragen. Die Lage des Beckens ist so gewählt, daß zwei Arme des Yodogawa darin aufgenommen sind, welche die Stadt durchziehen und, wie wir sehen

Figur 33.

Die Stadt erforderte vor den Deltaarmen des Yodogawa, dem Aji- und Shirinashigawa, die Ausgrabung eines Außenhafens mit völlig künstlichem Rahmen. Dieser besteht an Land aus den Kaimauern der aufgeschütteten Neulandflächen, nach See aus einem länglichen System konvergierender Molen im Zangentyp.

werden, für die Verbindung von Stadt und Hafen größte Bedeutung gewinnen; es ist der Ajikawa und der Shirinashigawa, während der Kizugawa südlich desselben frei mündet. In diesem Beckenraum war eine gewaltige Baggerarbeit nötig, und sie bleibt auch laufend nicht erspart wegen der relativ geringen Kraft der Gezeitenbewegungen und der dagegen besonders starken Schuttführung der Flüsse. Die natürlichen Tiefen betrugen im hinteren Teil des Beckens nur 1 m, in der Mitte etwa 3—4 m, und selbst an seinem äußeren Ende erreichten sie nicht den Betrag, der jetzt im ganzen Becken hergestellt ist. Sie sind im weitaus größten Teil des Hafens, bis in den Hintergrund, auf 9 m gebracht, zum Teil schon darüber hinaus bis 10 m, und gestatten Dampfer bis zu 20000 Tonnen aufzunehmen.

Der Boden im Becken besteht aus Schlick; doch ist er nicht zu weich, also gut als Ankergrund. Die Tiden stören nicht, da der durchschnittliche Springtidenhub unter 1½ m bleibt. Die stärksten und zugleich im Seegang wirksamsten Winde kommen aus westlichen Richtungen, häufiger sind aber im ganzen nördliche und nordöstliche, die also das Wasser des Hafens weniger beunruhigen. Als mittlere Windstärke wird amtlich nur 3,9 mps angegeben. Das ist viel weniger als an den deutschen Nord- und Ostseeküsten und kommt etwa den Werten von Innerrußland und Westsibirien gleich. Die Wellenbrecher erscheinen auch an sich für einen so vollkommenen Molenhafen niedrig. Nahe der Wurzel sind sie kurz unterbrochen, um kleinen Booten nicht erst den Weg durch die ganze Länge des Beckens aufzuerlegen. Die Längsachse mißt nämlich von der Wurzel des Piers bis zum Beckeneingang 3 km. Das umschlossene Areal beträgt 650 ha — für einen völlig künstlichen Hafen eine bedeutende Größe!

Im hinteren Teil des Molenhafens liegen in mehreren Reihen 2 Dutzend Ankerbojen für Schiffe zwischen 5000 und 20000 Tonnen. In der Mittelachse schiebt sich von der Rückwand ein Landungspier von 450 m Länge in 9½ m Wassertiefe (bei Niedrigwasser) vor, das an der Spitze einen Leuchtturm trägt, der die ganze Rückseite des Hafens beleuchtet. Dieser Pier bildet das Ende einer riesigen, schnurgeraden und breiten Verbindungsstraße (s. Tafel 15, Abb. 1), die aus der inneren Stadt bis in den Hafen vorstößt. Der Pier ist vor allem für die Abfertigung von Passagieren sowie auch von Gütern bestimmt. Weitere Landemöglichkeiten sind außer an den Bojen an langen, 3½ m hohen Kais gegeben, die südlich des Landungspiers ein System von schrägen Hafenbecken und -zungen umziehen. Diese Anlagen waren 1926 noch in Bau. Wie viel von diesen Flächen erst aufgeschüttet worden ist, läßt Figur 33 durch Schraffur hervortreten. So ergibt sich im ganzen innerhalb der (bisherigen) Molen ein Landgewinn, der den gewonnenen Wasserraum an Größe noch übertrifft. Kaischuppen und Lagerhäuser von großen Dimensionen liegen hier an und hinter den Kais um die Rückwand des Hafens und die hier einmündenden Flußarme und Kanäle. Speicher und Schuppen zählten 1928 an 170 Bauten und nahmen eine Fläche von nahezu 650 ha ein[1]). Die meisten der Speicher gehören der Mitsubishi-Lagerhausgesellschaft. Die Schuppen haben eiserne Träger und Wände, sind sehr stabile, geräumige und geschlossene Hallen,

---

[1]) The Far Eastern Review 1928, S. 400.

wie man sie auch in Bremen und Hamburg sieht, nur durchweg einstöckig, ähnlich etwa denen, wie sie Tafel 21, Abb. 1, für Tōkyō zeigt. Alles ist hier neuzeitlich großzügig angelegt, und es herrscht auch Hafengroßbetrieb. Etwa 50 große und kleinere Schiffe sah ich gleichzeitig im Hafen liegen. Sie können von beweglichen, festen und schwimmenden Kränen bedient werden.

Diese Einrichtungen (s. auch Taf. 15, Abb. 2) und das damit verbundene Leben im Hafen ergeben ebenso wie die ausgedehnten und hochragenden Anlagen der Ōsaka-Eisenwerke durchaus das Bild eines Großhafens.

Der ganze wohlgegliederte und zusammengefaßte Hafenlandraum wird von einer Geleisverzweigung durchzogen, deren Stamm am Shirinashi-Fluß entlang in die Stadt geführt wird.

Jenseits des Aji-Flusses liegt im Nordwinkel des Hafens das ausgedehnte Werftgebiet der Ōsaka-Eisenwerke um den Hafenbahnhof Sakurajima, der vom Hauptbahnhof der Stadt 9 km entfernt ist. Über Sakurajima wird schon länger ein gut Teil Kohle, Rohbaumwolle und allgemeine Güter in das Hinterland befördert.

Weitere Verkehrsmöglichkeiten bieten die die Hafenumgebung reichlich durchziehenden Kanäle, die meist 40—80 m breit und 1.8 m tief sind, somit einen ausgiebigen Frachtbootsverkehr bewältigen können. Der längste derselben, der Tempozan-Kanal (2 km), läuft parallel hinter der Hafenfront her und trennt die ganze hafennächste Landfläche ab.

Figur 34.

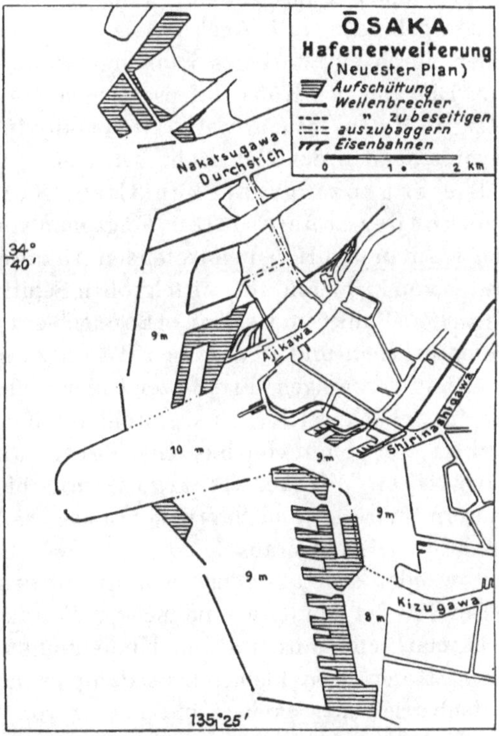

Die riesige Entwicklung Ōsakas seit der ersten Anlage seines Seehafens hat jüngst großartige Erweiterungspläne hervorgebracht, die die jetzige Molenzange als Symmetrieachse in die Mitte fassen und beiderseits neue Molen und Aufschüttungsflächen anbauen.

So großzügig und abgeschlossen diese mit einem Wurf entstandene Hafenanlage auch anmutet, haben sich in den letzten Jahren bereits Erweiterungspläne als nötig erwiesen und eingestellt, deren Ausführung viele Jahre beanspruchen wird. Sie bestehen (vgl. Figur 34) in gleichsam organischen Angliederungen an den großen Hafenstamm zu beiden Seiten, indem gewaltige neue, mehr küstenparallele Wellenbrecher gezogen werden, die zwischen sich nur die vordere Spitze der alten Molenzange vorgereckt lassen, während die rückwärtigen Teile derselben teils beseitigt, teils in neue Systeme von Landaufschüttungen mit Kais und Hafenbecken einbezogen werden, so daß allein in dem südlichen Erweiterungsgebiet 18 Schiffe von 5—15000 Tonnen gleichzeitig am Kai anlegen können. Mit anderen Worten: es wird der bisherige Hauptteil des Hafens zum breiten Mittelportal eines mächtig seitwärts ausgeweiteten Komplexes, der aus den seichten Wassern ersteht. Die Tiefen werden auch hier 9 m betragen wie bisher im größten Teil des Hafens, während die ganze Mitteleinfahrt auf 10,2 m gebracht wird. Auch die beiden Leuchttürme der Molenenden sollen durch ein stärkeres Paar ersetzt werden, dessen Strahlen bis zum Eingang des Kōbe-Hafens reichen. — So groß die Kosten des jetzigen Hafens schon waren (etwa 40 Mill. Yen), werden die nun bevorstehenden das Mehrfache betragen.

Dieser ganze, große, künstliche Komplex ist aber eigentlich nur der äußere Hafen. Folgt man von hier dem in einer Breite von 300 m in den Hafen eintretenden Ajikawa aufwärts, so ist man begleitet von kleineren und mittelgroßen Schiffen, die 7 km hinauffahren bis zu dem Punkt im westlichen Randgebiet der Stadt, an welchem sich die natürlichen und künstlichen Wasseradern am stärksten über das Stadtfeld verzweigen. Fig. 35 zeigt hier zugleich den westlichen Rand des in Schachbrettform dargestellten alten Stadtkerns. In idealer Weise kann somit von hier eine Verteilung der Fracht in den gewaltigen Wirtschaftsorganismus bis zu entferntesten Lagerhäusern, Märkten und Fabriken Ōsakas erfolgen. Daher ist auch der Leichterbetrieb überaus entwickelt. Das meiste hier ankommende Gut wendet sich allerdings einseitig in den nächstgelegenen, nördlichen Teil der Stadt, wo die meisten Fabriken liegen. Dichtgedrängt sieht man jedenfalls um den Knotenpunkt auf den verschiedenen Wasserläufen jene kleineren Seedampfer liegen und einen intensiven Hafenbetrieb entwickeln. Für Dampfer von 3—4000 Tonnen werden die Tiefen erhalten.

Es kommt also zum einheitlichen äußeren Hafenbecken ein ver-

Fig. 35. Ōsaka, Stadtfläche.

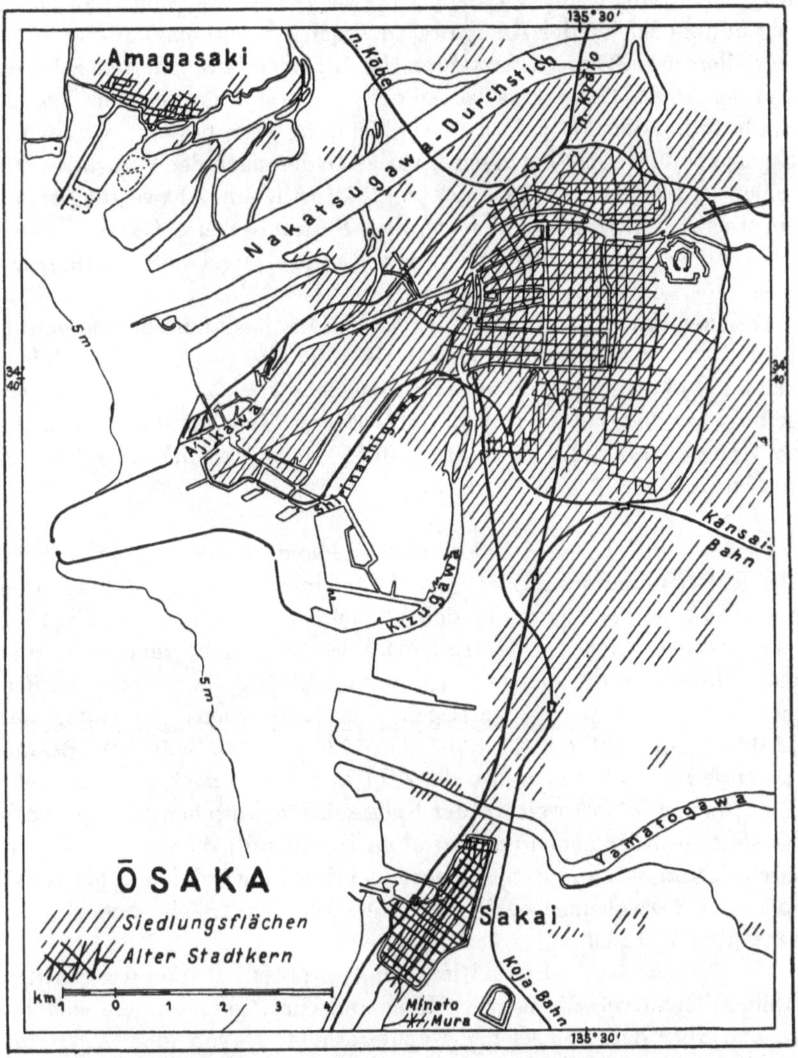

Ōsaka zieht seinen Seeverkehr bis an den inneren Stadtkern heran, der sich als Wasser- und Straßenschachbrett darstellt, im Osten von dem auf einer Diluvialkante stehenden Schloß mächtig überragt, im Norden, Westen und Süden von weiteren Siedlungsflächen umgeben, im Süden die historische Hafenstadt und Rivalin Sakai erreichend.

zweigter innerer Hafenraum, zum Seehafen ein Stadthafen. Endlich geht noch ein schiffbarer Arm, der Kizugawa, von jenem Knotenpunkt südwärts und mündet außerhalb des (bisherigen) Molenhafens.

Zwar kommt er an Bedeutung ebensowenig wie der noch in den Hafen mündende Shirinashigawa dem Ajikawa gleich; der Shirinashi ist zu eng und zu seicht, der Kizugawa zu abgelegen und ebenfalls seichter. Auf allen drei Wassern verkehren die Leichter zwischen den Schiffen und der Stadt. Dazu wird der Aji bei weitem am meisten von den zur Stadt fahrenden Dampfern, der Shirinashi aber besonders von den Seglern benutzt. Alles in allem erweist sich demnach der Yodogawa mit seinen natürlichen Deltaarmen und künstlichen Abzweigungen als ein überaus wichtiger und wertvoller Bestandteil des Gesamthafens, während er als Erschließer eines weiteren Hinterlandes so gänzlich belanglos geworden ist.

Welcher Frachtwert diesen einzelnen Hafenbestandteilen zukommt, wird durch die folgenden Verhältniszahlen veranschaulicht: Molenhafen : Ajikawa : Kizugawa : Shirinashigawa = 53 : 43 : 10 : 6. Sie gelten zwar für das Jahr 1924, und späteres Material stand mir nicht zu Gebote; aber das Verhältnis dürfte nicht wesentlich anders geworden sein.

δ) Die Siedlung, ihre Anlage, Entwicklung, Leben und Gliederung. Der Entwicklung des großartigen Hafens in zwei bis drei Jahrzehnten entspricht die der Stadt. Von den 332000 Einwohnern des Jahres 1882 war sie 1900, nachdem der Hafenbauplan in Angriff genommen und die Bahn der industriellen Entwicklung kräftig beschritten worden war, schon auf 881000 gestiegen, bis 1910 wuchs sie weiter auf 1239000, bis 1925 auf 2115000, bis 1930 auf 2453000. Seit Beginn des Hafenbaues hat sich also die Zahl fast verdreifacht. Ōsaka steht damit neben Tōkyō weit an der Spitze der japanischen Städte. Auch ist sie neben der neuen und der alten Hauptstadt die einzige, die mit ihrem Umkreis zum Range eines Fu erhoben wurde, was einen besonderen Verwaltungsbegriff bedeutet. Die Stadtfläche bedeckt bereits über 200 qkm.

Morphologisch ist die Stadtlandschaft größtenteils von der gleichen Alluvialfläche wie die engere Hafenlandschaft gebildet, die sich bis zu 5 m über den Spiegel der Kanäle erhebt. Davon gibt es nur die eine Ausnahme, daß von dem den südlichen Rahmen der Ebene begleitenden Diluvialband eine Zunge nordwärts bis zum Yodogawa vordringt, die ihn auch zu einer starken Biegung zwingt. Der Rücken ist 1½—2½ km breit und in der Mittellinie 10—20 m hoch. Am Nordende erhebt er sich bis auf 23 m, um dann steil zur Flußniederung abzufallen. Dieses markante, schon von Natur bastionartige Nordende des Höhenzugs bildet das Schloßplateau, das in der üblichen Weise[1]) von Gräben umzogen ist. Auf ihm steht der von Granitmauern umgebene riesige Gebäudekomplex, mit dem Hideyoshi die Zeit von Ōsakas großer Handelsstellung einleitete, der aber jetzt in eine Kasernenstadt verwandelt ist.

Der Rücken bildet die östliche Randzone der Stadt und ist von ihr noch bedeckt; das Schloßplateau ist nahezu der nordöstliche Eckpfeiler, wie auch Figur 35 deutlich zeigt, und die Entwicklung schritt wesentlich von hier westwärts über die sumpfige Deltafläche hin. Die großen modernen Bauten mußten hier mit Holzpfeilern oder Eisenbeton tief fundiert werden.

In welchem Tempo der natürliche Landansatz vor sich ging, wäre der näheren historischen Untersuchung wert. Vielleicht ist westlich des Diluvialzuges der größte Teil erst historisch entstanden. Um den Hafen mindestens hat die Hand des Menschen der letzten Jahrzehnte erst das Meiste geschaffen bezw. das von Natur nur Angebahnte vollendet.

Trotzdem geht hier die Besiedlung auf der langen Deltazunge zwischen dem Aji und dem Shirinashi schon geschlossen in den Hafenlandraum mit seinen Lagerhäusern über. Vor dem Weltkrieg war diese Hafenspitze von der geschlossenen Stadtfläche noch durch eine weite Leere getrennt, und die eigentliche Siedlung war über die Fremdenniederlassung in dem spitzen Winkel beider Flüsse erst soeben hinausgewachsen. Desgleichen ist die Besiedlung seitdem nach Süden und Südwesten fortgeschritten sowie nach Nordwesten vom Ajikawa gegen den neuen Mündungskanal in breitem Band, wenig hingegen nach Osten. Kurz, das Meer und die meerverbindenden Wasseradern bilden die starken Anziehungs- und Wachstumslinien.

Gehen wir von dem Vorkriegsstadium weiter zurück, so bietet die Zeit der Restauration die geeignetste nächste Etappe zum Vergleich. In dieser Periode sehen wir das Wachsen der Stadt auf die südliche Hälfte beschränkt, hier etwas gleichmäßiger nach allen Seiten greifend, aber doch auch schon die meerwärts gerichtete Front bevorzugend. Das in der Flußgabel entstandene Fremdenviertel blickte frei nach der unbesiedelten Küstensumpflandschaft hinaus.

Endlich gestattet mir der Vergleich eines in meinem Besitz befindlichen Stadtplanes von 1863 mit Karten aus dem 17. Jahrhundert, die ich in Ōsaka sah, die interessante Feststellung, daß in dieser Zeit fast

[1]) Vgl. L. Mecking, Japanische Stadtlandschaften, in S. Passarges Stadtlandschaften der Erde, S. 114.

Ruhe in der Stadtentwicklung herrscht. Die Stadt hatte ihre Entwicklungsmöglichkeiten aus dem Beginn der Tokugawa-Periode ausgeschöpft.

Hand in Hand mit der Eroberung der Küstensümpfe in den letzten Jahrzehnten ging die Regulierung der Wasserläufe und die Anlegung der großen Kanäle auf den beiden Deltainseln zwischen den Mündungsarmen. Anders steht es mit den Kanälen östlich des Kizugawa im Stadtfeld. Er bildet von dem großen Flußverzweigungspunkt ab südwärts einen fast meridionalen Graben, über den die Stadt vor der Restauration nur in schwächsten Ansätzen hinausgeschritten war. Östlich dieses Grenzgrabens ist es nun interessant zu sehen, wie das System der breiten Stadtkanäle noch jetzt das gleiche ist wie auf den beiden alten Karten, mit einer einzigen Ausnahme im Südosten, wo kurze Kanalansätze jener Zeit erst zu einem größeren Kanalviereck vervollständigt worden sind. Das übrige ist jenes alte System aus dem 17. Jahrhundert, wie ich es auch in der Stadtbibliothek von Ōsaka auf einer Karte vom Ende des 17. Jahrhunderts schon in gleicher Weise sah. Vom Kizugawa als dem westlichen Randgraben sehen wir in Figur 35 acht Hauptkanäle und noch einige sekundäre in im ganzen östlicher Richtung laufen und in einen langen Parallelkanal zum Kizu, den Nishi Yokobori („westlicher Seitengraben") münden. Er wieder ist durch zwei Westoststrecken mit einem nächsten Parallelkanal, dem Higashi Yokobori („östlicher Seitengraben"), verbunden, unweit dessen dann der Westabhang des Burgrückens streicht. So teilt sich das alte Stadtquadrat, das zwischen dem Burgrücken und dem Kizu-Fluß lag, in zwei Hälften, deren westliche am dichtesten von Wasseradern durchzogen ist. Sie stehen den natürlichen Wasserläufen an Breite nicht viel nach. Mehrere hundert Brücken führen über sie. Schon zur Zeit der Restauration zählte man ihrer 160, alle aus Holz. Auch sie wurden anscheinend größtenteils schon mit den Kanälen selbst angelegt; denn die Karte vom Ende des 17. Jahrhunderts zeigt zum Beispiel am Higashi Yokobori schon 10 von den heutigen 12 Brücken.

So ist auch das alte Ōsaka wie die westlichen neueren Viertel echte Wasserstadt.

Wie die Kanäle, schneiden sich die Straßen in rechtem Winkel, namentlich im rückwärtigen Teil der Stadt mit absoluter Regelmäßigkeit, und so ergibt sich ein meridional orientiertes Schachbrett. In keiner Stadt Japans außer Kyōto nimmt dieser nationale Grundriß in solcher Gleichförmigkeit eine so ausgedehnte Fläche ein. Erst im

Südwesten ergeben sich Abweichungen, und namentlich westlich der Kizu-Ader, d. h. im neuesten Ōsaka, wird das Bild mehr mosaikartig.

In den Straßen besteht ein großer Unterschied der Breite. Die meisten haben nur die in japanischen Städten übliche Breite von wenigen Metern. Dazwischen aber laufen einige bedeutende, mit Baumreihen bepflanzte, die selbst bis zu 20 und 25 m erreichen, wie besonders die lange zum Hafen führende Straße (Taf. 15, Abb. 1). Im alten Stadtgebiet sind sie großenteils asphaltiert.

Hier herrscht City-Charakter. Namentlich die westliche Hälfte der Altstadt ist der Sitz des Groß- und Kleinhandels. An ganzen Straßen entlang sieht man hier Haus für Haus von Kistenhaufen und Karren umlagert, so daß bei der Enge der Verkehr behindert ist (Taf. 14, Abb. 2). Der Wert der breiten Kanäle wird damit um so sichtbarer; Abb. 1 von Taf. 14 gibt einen Blick auf die gewerbliche Front eines Kanals. Das geplante Hoch- und Untergrundbahnsystem wird weiter zur Entlastung beitragen und die Glieder der weitläufigen Stadt fester an den City-Kern schmieden.

Ganze Teile dieses Handelsviertels, namentlich im Norden, sind mit mächtigen Bauten europäischen Stils besetzt, Bürohäusern, Banken, Versicherungsgesellschaften, Verwaltungsgebäuden, der Ausdruck des zusammengeballten Großkapitals. Diese Entwicklung liegt nicht allzuweit zurück. Noch heute überwiegt im gesamten wirtschaftlichen Leben der Stadt nicht die Großindustrie, sondern das Kleingewerbe. Von den fast 20000 industriellen Betrieben, die für das Jahr 1924 angegeben werden, beschäftigten 13000 weniger als 5 Arbeiter[1]). Auch unsere Karte (Fig. 36) zeigt das zahlenmäßig starke Überwiegen der kleinen Betriebe über die mittleren und großen. So mischen sich in der Stadt die zahlreichen kleinen, dichtgedrängten Werkstätten des altererbten Familiengewerbes, das handwerksmäßig seine Gegenstände fertigt, mit Riesenunternehmungen modernster Art. Aber diese ballen sich doch örtlich in jenem Zentralgebiet wie in den anschließenden Fabrikzonen und Werften derart zusammen, daß die Stadt eine Wucht erhält, wie man sie sonst in Japan nicht findet. Der Verkehr macht den gleichen Eindruck, und selbst der Geist scheint abzustechen von dem sonst auch in Großstädten noch in ruhigerem Tempo fließenden Leben des zum Behagen, Träumen und Spielen neigenden Volkes. Ob man am Tagesschluß und -anfang einen Vorortzug benutzt oder im Getriebe der Stadt mit Personen

---

[1]) J. E. Orchard in The Geographical Review 1929, S. 183.

des geschäftlichen und behördlichen Lebens zu tun hat, man sieht sich einer anderen Art des Japaners gegenüber: dem Unternehmer, dem Großkaufmann. Wenn man Ōsaka das Venedig Japans genannt hat, so berechtigt dazu das topographische Element seiner Stadtlandschaft, aber nicht das wirtschaftliche; danach ist es eher eine Vereinigung oder ein Mittelding von Amsterdam und Manchester.

Etwa seit 1890 ist die Industrie europäischen Stils in Ōsaka eingezogen. Schon im Jahre 1908 zählte man dort 6500 Fabriken und 60 verschiedene Industriezweige. Der fortschreitende Hafenbau regte die Entwicklung weiter an. Auch hat keine Stadt Japans soviel Nutzen aus dem Weltkrieg gezogen wie diese typische Industriezentrale. Vor allem schossen Munitions- und Sprengstoffabriken, Werften und Eisengießereien aus dem Boden. Im Jahre 1917 wurde hier dem Tonnengehalt nach fünfmal soviel Schiffsraum wie 1913 hergestellt[1]).

Eine wirtschaftliche Gliederung zeigt, wie schon angedeutet, den Handel, insbesondere den Großhandel im Stadtkern. Gute Wohnviertel liegen an der östlichen Peripherie sowie namentlich in den Vororten auf dem Küstenweg nach Kōbe hin. Arbeiterwohngebiet charakterisiert den Norden. Für die Industrie läßt Figur 36 ein sehr charakteristisches Verteilungsbild hervortreten. Sie meidet fast ganz den alten Kern, lagert sich in den Randgebieten, und zwar besonders nach dem Meere hin und zum Teil wieder spezialisiert, zum Beispiel Stahl und Eisen am meisten in der westlichen Randzone, dagegen Textilindustrie in jenem Segment, das an das Flußhafengebiet nordwestlich und nördlich angrenzt und sich gegen den Bahnhof hinzieht. Auf Wohnviertel mag rund $^1/_3$ der Stadtfläche, auf Fabrikviertel ebensoviel, der Rest auf Handels- und Geschäftsgebiet sowie weniger ausgeprägte Stadtteile kommen.

ε) *Wirtschaft, Handel und Verkehr.* An der Spitze der Industrie (Figur 36) steht die Baumwollspinnerei und -weberei, die nirgends im Lande so wie hier konzentriert ist. Ebenso ist Ōsaka der Mittelpunkt der Hanf- und Juteverarbeitung. Nur die Seidenindustrie fehlt, weil das Hauptgebiet ihres Anbaus weiter im Osten Japans und der traditionelle Markt in Yokohama liegt (erst jüngst kam Kōbe dazu). Die Baumwolle wird aus Indien, China und Amerika bezogen, von letzterem besonders seit der Eröffnung des Panama-Kanals. Sie

---

[1]) Der neue Orient, Bd. III, 1918, S. 550.

Fig. 36. Ōsakas Industrie.

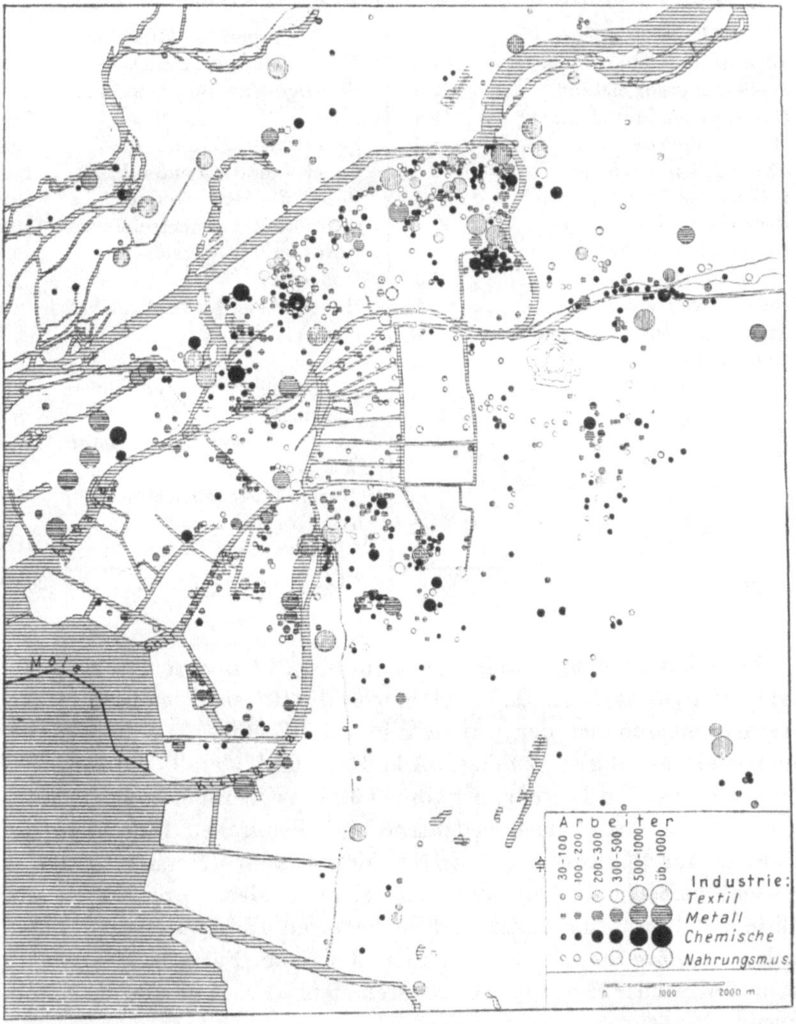

Charakteristisch ist die Umlagerung des Handelskerns durch die Industrie und das Streben der Großbetriebe zu den Wasseradern und dem Meere, ferner die relativ hohe Zahl von kleineren Betrieben.

stellt den stärksten Importwert des Außenhandels mit 69,2 Mill. Yen (vgl. Tab. 29). Die Wolle liefern Australien und China. Mehr als der Bedarf der Industriestadt selbst erfordert, kommt in den Hafen wegen der schon dargelegten Industrieplätze der Inlandsee.

Tabelle 29.

Ōsakas Außenhandelsgüter (von über 5 Millionen Yen) 1928.

Export in Mill. Yen		Import in Mill. Yen	
Baumwollgewebe	251.3	Baumwolle (entkörnt) ...	69.2
Bekleidungsgegenstände	22.5	Sonstige Erze und Metalle...	44.2
Metallwaren, Metalle, Erze ...	19.4	Holz	34.0
Baumwollgarne	18.7	Schafwolle	20.3
Chemikalien, Arzneien, Farben	11.5	Lebens- und Genußmittel ..	14.6
Lebens- und Genußmittel ...	11.5	Webstoffe und -waren	10.1
Papier und Papierwaren	10.7	Chemikalien, Arzneien, Farben	10.1
Uhren, Instrumente, Maschinen, Wagen..............	9.0	Autos und Autoteile	9.8
Glas- und Tonwaren	8.2	Roheisen..................	8.9
Andere Textilstoffe u. -waren	7.4	Häute, Felle, Leder, Knochen	8.6
Seidenstoffe	5.7	Zucker....................	8.6
Baumwolle.................	4.9	Maschinen, Instrumente, sonstige Fahrzeuge (außer Autos)	8.3
Sonstiges	29.1	Sonstige Faserstoffe u. Garne	7.8
		Ölsamen	7.7
		Öle und Fette (auch Mineralöl)	7.6
		Kohlen	6.6
		Sonstiges	21.0
Zusammen	409.9	Zusammen	297.4

Besonders groß steht weiter die Metall-, insbesondere Eisen- und Stahlindustrie da. Daß auch hierfür die Rohstoffe ganz eingeführt werden müssen, ist der wundeste Punkt. Westeuropa ist neben Ost- und Südasien daran beteiligt. Alle Erze und Metalle erreichen im Außenhandel den Einfuhrwert von 53 Mill. Yen. Außer den genannten Hauptzweigen sind noch bedeutend die chemischen Industrien, besonders für Kunstdünger, weiter Metallwaren (Messing, Bronze), wissenschaftliche Instrumente, Geräte, Fahrräder, Uhren, elektrische Birnen, Glaswaren, Papier und Lederwaren, Holzwaren und Zündhölzer, Spielwaren, Zucker, Öl, Bier und Sake. Für alles das werden zum Teil wieder Rohstoffe in größeren Mengen wie zum Beispiel Rohzucker benötigt.

Neben Textilrohstoffen und Eisen bildet noch ein wichtiges Massengut der Einfuhr die Kohle, die Kyūshū mit kleinen Dampfern und Seglern liefert, im Außenhandel also nur schwach (6.6 Mill. Yen) erscheint. Ihr Jahresverbrauch stellt sich auf mehrere Millionen Tonnen. (Hinzu kommt die Wasserkraft aus den nahen Gebirgen.) In großen Mengen wird auch Holz als Baumaterial eingeführt (34 Mill. Yen!).

Ein weiterer erheblicher Teil des Verkehrs erwächst aus den Aufgaben der Ernährung. Die Ebene um die Stadt selbst ist zu sehr Industrieland geworden und die Bevölkerung zu dicht, als daß der hier erzeugte Reis ausreichte. Auch wird er viel zur Sake-Brauerei verwandt. So muß denn Reis von den zum Teil fernen Überschußebenen, zum Beispiel denen der nördlichen Westküste, sowie von Außenländern zugeführt werden. Zum größeren Teil kommt er also zur See an. An zweiter Stelle steht die Fischzufuhr, die aus Hokkaidō, Shimonoseki und der näheren Umgebung erfolgt. Ferner ergibt sich für Ōsaka mit seiner fortgeschrittenen Bevölkerung Bedarf an Weizen, der von überseeischen Ländern befriedigt wird. Desgleichen wächst die Nachfrage nach Fleisch, das ein nicht mehr unerhebliches Einfuhrgut aus der Mandschurei bildet. Auch Gemüse kommt mit Schiff und Bahn. Schon im Außenhandel allein erreicht die Zufuhr an Lebens- und Genußmitteln den Wert von 15 Mill. Yen.

Was den Hafen verläßt, sind in ganz überragendem Betrag Baumwollgewebe, sowohl in der Versorgung der übrigen Küsten wie vor allem der nahen Fremdländer; so erreichen sie im Außenhandel allein mit $\frac{1}{4}$ Milliarde Yen 61% aller Exportwerte. Auch die anderen namhaften Exportposten der Tabelle 29 sind Erzeugnisse der Industrie, unter denen noch sonstige Textilien und Kleidungsstücke sowie Metallwaren hervorragen.

Mengenmäßig gehen die den Hafen verlassenden Güter zu ziemlich gleichen Teilen nach anderen Häfen des Landes wie in den Außenhandel; was hingegen hereinkommt, entstammt viel mehr dem Außenhandel. Wertmäßig wird dagegen sowohl im Export wie im Import des Küstenhandels der mehrfache Betrag des Außenhandels umgesetzt; 1926 beliefen sich nämlich Export und Import im Außenhandel auf 418 und 281 Mill. Yen, im Binnenhandel aber auf 1067 und 1081 Mill. Yen.

Was das Verhältnis von Export und Import betrifft, so ist es in Werten einigermaßen ausgeglichen, aber nicht entfernt in der Masse. Das letztere, das Problem der Tonnagebilanz, ist für die Konkurrenz mit Nachbarhäfen bedeutungsvoll. Der stark ausgeprägte Industriecharakter des Hafens bringt diese Einseitigkeit durch die Massenfrachten der zugeführten Rohstoffe mit sich. So wird das Verhältnis von Export zu Import durchschnittlich $1 : 2\frac{1}{2}$ mit nur geringen Schwankungen von Jahr zu Jahr, wie Tabelle 30 zeigt.

Wie zu Wasser, erhält man auch zu Lande, an den Güter- und Personenbahnhöfen der Stadt, den Eindruck eines gigantischen Ver-

Tabelle 30.

Tonnagebilanz der Güter in Ōsakas Hafenverkehr.

Jahr	Export in Mill. t	Import in Mill. t	Verhältnis
1920	2,7	6,3	1 : 2,3
1921	2,6	6,4	1 : 2,5
1922	2,6	7,0	1 : 2,7
1923	3,3	7,7	1 : 2,3
1924	3,2	8,1	1 : 2,5
1925	3,4	7,9	1 : 2,3
1926	3,5	9,3	1 : 2,7

kehrs, so daß der Gesamtwert aller in Stadt und Hafen umgesetzten Güter sich auf 6,7 Milliarden Yen beläuft (leider nur für 1925 angebbar). Man kann auch hier die Frage nach dem Verhältnis aufwerfen. Es stellt sich verschieden für ein- und ausgeführte Güter dar. Die nach Ōsaka gelangende Gütermasse kommt mit 70% zu Wasser und nur mit 30% zu Lande an, die abgehende hingegen mit 40% zu Wasser und 60% zu Land. Die Einfuhr benutzt also überwiegend den Wasserweg, die Ausfuhr den Landweg, weil letztere einesteils mehr nach anderen Gebieten des eigenen Landes geht und außerdem mehr höherwertige Gegenstände, die den Bahnweg bevorzugen, einschließt als die Einfuhr.

Der Export ist besonders groß nach China (mit Kwantung und Hongkong 67%) und anderen nahen Gegengestaden, während die importierten Güter zum Teil aus ferneren Überseegebieten bezogen werden müssen wie zum Beispiel die Baumwolle Amerikas. Diese Verhältnisse gehen aus der folgenden Tabelle (31) gut hervor. Daß in der Liste des Imports außer den ferneren Überseegebieten auch die näheren Gegengestade, vor allem China, wiederum unter den ersten stehen, ist durch die Einfuhr von Baumwolle und Wolle (Australien) zu erklären.

Der China- und Korea-Verkehr ist hier eine große Besonderheit. Im ganzen macht Ōsakas China-Handel wohl $^2/_5$ vom Gesamtumfang des chinesischen Außenhandels aus; bedenkt man, daß zum Teil noch Kōbe als Vermittlerhafen Ōsakas fungiert, so kommt man gewiß auf $^2/_3$. Wie seit alters her, lebt auch heute ein großer Teil von Ōsakas Bewohnern ganz vom China-Handel, sei es, daß japanische Kaufleute von hier nach China gehen, sei es, daß Chinesen in Ōsaka sitzen. Sie haben hier nicht nur ihre Läden, sondern auch eigene

Handelskammern. Seinen Anfang hatte dieser Handel in Seeprodukten, die heute von anderen Häfen Japans ausgehen.

Während so der dem Wert nach überwiegende Export den Hafen etwa dem von Yokohama an die Seite stellt, unterscheidet er sich eben von diesem grundlegend durch die Richtung, die der Export nimmt.

Tabelle 31.

Außenhandel Ōsakas nach Ländern im Mittel der Jahre 1926—1928.

Import aus	Mill. Yen	Export nach	Mill. Yen
Vereinigte Staaten	80	China	211
China	48	Britisch-Indien	70
Britisch-Indien	42	Kwantung	46
Australien	28	Niederländisch-Indien	31
Niederländisch-Indien	18	Hongkong	12
Großbritannien	14	Vereinigte Staaten	6
Kwantung	14	Großbritannien	4
Deutschland	11	Straits Settlements	3
Kanada	5		
Russisch-Asien,	4		
Straits Settlements	4		

Nicht amerikanische und europäische Länder, nicht die Seidenabnehmer sind es, sondern durchaus die asiatischen Gebiete unentwickelter Wirtschaft, die als Kunden für Ōsakas mannigfaltige Industrieerzeugnisse in Frage kommen; unter den Westländern stehen die beiden angelsächsischen nur mit der Größenordnung von etwa 5 Millionen Yen! Diesem Exportbild von relativ einfachen und scharfen Zügen steht das Importbild von komplizierterer Gestalt gegenüber. Denn seine Rohstoffe nimmt Ōsaka mehr aus aller Welt herein, den hochstehenden westlichen wie den weniger entwickelten östlichen Gebieten.

Im Außenhandel bewegte sich der Wert des Exports in den Jahren 1925—1929 zwischen 500 und 363 Mill. Yen, der des Imports zwischen 317 und 265 Mill. Im überseeischen Export kommt also Ōsaka immerhin Kōbe nahe, im Import bleibt es weit hinter ihm (Kōbe etwa 900, Ōsaka 300 Mill.). Dadurch steht es auch in einem bestimmten Austauschverhältnis zum Nachbarhafen, das uns noch als besonderes Problem im nächsten Kapitel entgegentreten wird.

Sowohl die starke Beziehung zu allen Küsten Japans selbst, besonders zur Inlandsee, wie auch die enge Verbindung mit China bringt es mit sich, daß noch ein sehr bedeutender Seglerverkehr auch in diesem Großhafen besteht. Die Zahl der Segler beträgt (1927), wenn die kleinsten der eingelaufenen mitgerechnet werden, rund 163000 (33% mehr als in Shimonoseki), ihr Tonnengehalt allerdings nur 3,6 Mill. bei einem gesamten Schiffseingang von 17,6 Mill. t. Die Dampfer sind mit 16000 Stück und 14 Mill. t vertreten, wovon wieder der weitaus größere Teil auf japanische fällt. Das ist der große Unterschied zum Flaggenbild im nahen Kōbe und erklärt sich aus der grundverschiedenen Stellung beider Häfen in Japans Seeverkehr.

Mustern wir die fremden Hafengruppen der verschiedenen Gegengestade, mit denen Ōsaka Verbindungen unterhält, so sehen wir nur in Ostasien einen einzigen Hafen sehr stark überragen, nämlich Dairen; er ist das japanische Eingangstor zur Mandschurei, überhaupt unter sämtlichen Überseehäfen derjenige, mit dem Ōsaka den größten Verkehr besitzt (Eisen und Stahl, Erze, Kohle, Baumwollgewebe; Jahresmenge 750000 t, Wert 140 Mill. Yen). Weit hinter ihm folgt eine Anzahl ostasiatischer Häfen, die alle in einer gleichen Größenordnung sich bewegen wie die am stärksten vertretenen südasiatischen und amerikanischen. In diesen beiden Gebieten verteilt sich der Verkehr gleichmäßiger auf eine Gruppe von Häfen. Immerhin stehen in Nordamerika an der Spitze Seattle und Vancouver, im malaiischen Archipel ist Makassar stark vertreten, in Indien haben Bombay, Kalkutta und Rangoon die Führung, in Nordwesteuropa stehen Antwerpen und Hamburg nicht wesentlich hinter London. Diese beiden ebenso wie verschiedene kalifornische Häfen sind ausschließlich Lieferanten. Dagegen sind die indischen und malaiischen die relativ stärksten Empfänger. Aber in keinem von allen außer zwei chinesischen ist der Empfang aus Ōsaka der Menge nach größer als die Lieferung dorthin. Auch darin offenbart sich der die fremden Massengüter ansaugende Industriehafen. Im ganzen stellt ein Jahresbericht von Ōsaka[1]) 41 fremde Häfen zusammen, mit denen ein Güteraustausch von mindestens 10000 Tonnen stattfand.

Die Zahl der mit Ōsaka verkehrenden Linien beträgt rund 50, von denen etwa 20 auf den Übersee- und 30 auf den Küstenverkehr kommen; wieder spricht sich die starke Seeverbindung Ōsakas mit den Küsten des eigenen Landes aus.

6. Verhältnis zwischen Kōbe und Ōsaka.

Auf den soeben erwähnten Erscheinungen ist ein Wechselverhältnis zwischen beiden Häfen begründet, indem Ōsaka in Kōbe einen für die

[1]) The Port of Osaka and its Trade and Industrie, 1928, Tabelle No. 4.

Großschiffahrt ergänzenden Vorhafen, Kōbe in Ōsaka ein wichtiges Hinterlandsglied hat. Kōbe besitzt den relativ guten Naturhafen, Ōsaka den traditionellen Handel und die große Industrie. So war für Ōsaka zunächst Kōbe ganz der Hafen geworden. Erst jetzt hat Ōsaka durch seinen neuen Molenhafen direkt den großen Verkehr heranzuziehen begonnen. Aber auch Kōbe hat in jüngster Zeit im Wettbewerb mit Ōsaka seinen Hafen noch gewaltig vervollkommnet, und beide haben schon ihre neuen Riesenpläne. Für den weiteren Ausbau hat Kōbe stets die günstigeren Bedingungen, wegen der größeren Tiefen, der schwächeren Verschlickung und auch der geringeren Beengung durch den Rahmen der Molen. So wird im Stadium des künstlichen Ausbaus das Verhältnis zwischen beiden Häfen in Bezug auf Gunst und Ungunst das gleiche sein wie zur Zeit des Wettbewerbs der reinen Naturhäfen. So ist denn immer noch der größere Teil der durch den Hafen von Kōbe gehenden Fracht von Ōsaka geliefert oder für Ōsaka bestimmt. Namentlich ist der Import für Ōsakas Industrie Massengut aus ferneren Ländern; es landet mit großen Dampfern mehr im tiefen Kōbe-Hafen und geht erst von da mit Bahn und Boot nach Ōsaka, zumal da ja auch beim Landen in Ōsaka der Weg vom Kai zur Fabrik erst über die Leichter gehen muß. Dagegen entsendet Ōsaka seine Fabrikate mehr direkt, weil sie nähere Länder wie China und Indien zum Ziele haben und daher auch mit kleineren Schiffen befördert werden können.

Mit den so dargelegten Beziehungen harmoniert das bei Kōbe gewonnene Ergebnis des überwiegenden Importhafens im Außenhandel, harmoniert auch vor allem das bedeutende Übergewicht Kōbes im gesamten Außenverkehr über Ōsaka. Ist doch im Jahre 1929 Kōbes Außenexport um 58% und -import gar um 178% größer als die entsprechenden Werte von Ōsaka! So läßt sich schließlich auch noch folgendes aussprechen: Kōbe ist im großen gesehen mehr der Hafen, Ōsaka mehr der Wirtschaftsplatz; bei Kōbe kommt zur Hafenfunktion die des Handels und der Industriewirtschaft nur hinzu, Ōsaka umgekehrt erfüllt die Bedürfnisse aus seiner gewaltigen Industrie- und Handelsstellung teilweise mit eigenem Hafen. Immerhin läßt sich in den letzten Jahren beobachten, daß Ōsaka seinen Eigenverkehr langsam und stetig vergrößert, also seine Position gegenüber Kōbe befestigt. Zum Teil bauen die großen Firmen ihre Anlagen in beiden Häfen aus.

Die Bestrebungen zum Zusammenschluß, zur großen Organisation, denen sich Japan mit seinen Riesenkonzernen so geneigt erweist, mögen in Zukunft einmal zu einem Einheitsgebilde von Hafen und Wirtschaft führen, wie es auch die Ausdehnung der Besiedlung mit den Vororten von beiden Richtungen schon anbahnt. Die Entfernung ist noch beträchtlich kleiner als zum Beispiel die zwischen den obersten Londoner Docks und den Tilbury-Docks. Schon ist auch der Vorschlag eines Kanals für größere Schiffe zwischen beiden Häfen aufgetaucht. Er würde nicht nur der engeren Verbindung zwischen beiden dienen, sondern zugleich das Gelände für Industrie brauchbarer machen. Mehr als ein bloßer Kanal, eigentlich ein fortlaufender Hafen würde es sein, und eine Reihe von aneinanderschließenden Wellenbrechern ist der Kernpunkt des Planes.

Jedenfalls stellen Kōbe und Ōsaka ein stark verbundenes Hafenpaar dar. Fassen wir dieses als Einheit auf, so erhalten wir einen Universalhafen, in welchem alle drei wesentlichen Funktionen, die man in erster Einteilung bei einem Hafen aufstellen kann, besonders stark vertreten sind: die Stapel-, Industrie- und Hinterlandsfunktion[1]). Die typische Stapelfunktion hat das Hafenpaar in Bezug auf die Häfen der Inlandsee, an die es Rohstoffe austeilt und von denen es Industrieerzeugnisse aufsammelt. Die Industriefunktion wird ausgeübt durch Verarbeitung der Massen von eingeführten Rohstoffen am Ort von Kōbe und namentlich von Ōsaka selbst sowie durch Abgabe der Erzeugnisse in die Welt. Die Hinterlandsfunktion schließlich liegt in der Versorgung des gemeinsamen Hinterlandes der rückwärtigen Ebenen und sonstiger Teile Japans mit dem, was in Kōbe oder Ōsaka landet, z. B. Dünger, Kohle oder Holz.

7. Sakai.

(Hierzu Figur 35, S. 361.)

Wer von Ōsaka zu dem 10 km entfernten Sakai hinausfährt, kommt aus dem Weltstadtgetümmel in mittelalterliche Romantik und aus einem Schiffsverkehr von 18 Millionen Tonnen in einen solchen von 100000. So mag es fast ungereimt erscheinen, mit Kōbe und Ōsaka den Liliputhafen zu einer Gruppe zusammenzuschließen. Aber die geschichtliche Verbundenheit veranlaßt uns dazu und wird es verständlich machen.

---

[1]) Vgl. darüber L. Mecking, Die Seehäfen in der geographischen Forschung, Hermann Wagner-Gedächtnisschrift, Gotha 1930, S. 340, sowie die dort angeführte Literatur: Assada, Rühl.

α) Geschichte. Wie in der neuen Zeit Ōsaka mit Kōbe, so stand jenes in früheren Jahrhunderten mit seinem südlichen Nachbarhafen Sakai in einer gewissen Beziehung, und zwar nicht nur im Wettbewerb, sondern auch in einem geschichtlichen Wechselverhältnis. Der Name Ōsakas beziehungsweise seines Vorläufers Naniwa erklang zuerst in der ältesten Geschichte, und dann ist geraume Zeit von erheblicher Bedeutung Ōsakas nichts zu spüren. Wohl aber geht der Name Sakai durch die Jahrhunderte des Mittelalters, da es lange den inneren Pol des Landes zu dem äußeren in Hakata darstellte. Namentlich seit Beginn des 15. Jahrhunderts war es nicht nur bedeutendster innerjapanischer Handelshafen, sondern seine Schiffe traten auch im Fremdhandel auf, und Varenius[1]) z. B. schildert es näher als die reichste und regste Handelsstadt Japans, als den Treffpunkt der fremden und eingeborenen Kaufleute. In jener Zeit erhielt Sakai bereits sein Hafenbecken. In hoher Blüte trafen es die Portugiesen an, und Franz Xaver schrieb von Kagoshima aus an Dom Pedro da Silva, den Kommandanten von Malakka: „In Sakai, das der Haupthafen Japans ist,... wird sich eine mit großem zeitlichen Gewinn verbundene Faktorei errichten lassen; denn Sakai ist der reichste Hafen Japans, wo sich das meiste Silber und Gold des Landes anhäuft. Ich werde darauf bedacht sein, mit dem Könige von Japan in Verhandlungen einzutreten, daß er einen Gesandten nach Indien entsende, um die Größe und die Dinge Indiens zu sehen, die sie nicht besitzen und auf diese Weise zwischen dem Gouverneur und dem Könige von Japan über die Errichtung der Faktorei zu verhandeln.“[2]).

Noch stand damals nicht Hideyoshis Residenzschloß in Ōsaka; erst mit dessen Machtwort und Tat sank Sakai und stieg Ōsakas Stern. Immerhin behielt jenes auch in der Abschlußperiode eine gewisse Bedeutung. Hier wurde z. B. alles Kupfer bereitet, das ja in der Ausfuhr durch die Holländer eine große Rolle spielte. So konnte Sakai zur Zeit der Eröffnung Japans mit seiner Einwohnerzahl von 40000 wenigstens Hyōgo an die Seite treten, während Ōsaka allerdings weit vorausgeeilt war. Als Hafen wurde es dann in der ersten Zeit nach der Eröffnung viel mit Ōsaka und Hyōgo in einem Atem genannt, zum Teil auch als künftiger Hafen Ōsakas bezeichnet, der den Schiffen immerhin besseren Zugang biete. Für Baggerung war hier nämlich

[1]) B. Varenius, Descriptio Regni Japoniae, Amsterdam 1649, Kap. 26.

[2]) Monumenta Xaveriana, Matriti 1899—1900 (nach freundlicher Mitteilung von Herrn P. Schilling).

schon früher gesorgt worden, so daß Tiefen bis zu $2\frac{1}{2}$ m zur Verfügung standen und wenigstens die japanischen Schiffe alle unbehindert einfahren konnten.

Mit Beginn der Meiji-Ära aber blühte endlich Kōbe als Fremdhafen auf und stellte sowohl Ōsaka wie Sakai an ihren Saumlandküsten mit den schlechten Tiefenverhältnissen in den Schatten. Darauf wurde die Baggerung ganz vernachlässigt und erst in der letzten Zeit wieder aufgenommen. So führt Sakai heute als Hafen ein ganz bescheidenes Dasein.

β) *Küstengestaltung.* Sandige Flachküste ist es, die sich von hier südwärts in schmalem Band mit glatter, konkaver Biegung hinzieht, nur von Flüssen mit ihren Schuttkegeln da und dort etwas unterbrochen. Dahinter erhebt sich als niedrige ältere Küste jene Diluvialschwelle, deren nördliche Fortsetzung wir in Ōsaka als Burgrücken ausstreichen sahen. Hinter der Ostgrenze von Sakai ragt diese aus Geröllschichten aufgebaute Fläche nur wenige Meter, etwa 6—7, über die Alluvialebene. Daß die letztere erst in historischer Zeit kräftig weiter hinaus gewachsen ist, dafür bestehen Anzeichen, und das würde auch die Stagnation im Leben des Hafens noch verständlicher machen. Bezeichnend ist schon der Name, den südlich von Sakai ein heute nicht mehr am Meer gelegenes Dorf führt: Minato mura („Hafenort"). In Sakai befindet sich eine Riesenkarte aus der Zeit um 1650, die älteste, die existieren soll. Ihr konnte ich entnehmen, daß die damalige Küste hart am geschlossenen Westrand der Stadt entlanglief. Eine Karte vom Anfang des vorigen Jahrhunderts zeigte die Küste noch ähnlich; nördlich und südlich der Stadt mündeten Flußarme (des Yamatogawa), die am Ostrand der Stadt durch einen geraden Kanal verbunden waren. Heute liegt vor der Stadt ein Landsaum, im Süden von etwa 350 m, im Norden von 1500 m Breite. Für den sehr jungen Ansatz spricht auch der linienhaft glatte westliche Abschluß der Stadt, dem nur erst allerneueste Anlagen an einer Stelle vorgesetzt sind. Wieweit bei jenem Landzuwachs künstliche Eingriffe mitwirkten, ist nicht sicher feststellbar. Der Fluß, der das Hauptmaterial liefert, macht in seinem Unterlauf den Eindruck einer Begradigung, die schon nicht ohne Einfluß bleiben konnte.

γ) *Siedlung.* Die Stadt liegt gänzlich im Alluvium, lang und schmal vor dem Diluvialrand hingestreckt. Sie hat fast noch die Ausdehnung wie auf jener Karte des 17. Jahrhunderts. Wo damals die Küste lag, schließt jetzt ein Kanal das Stadtfeld gegen Westen ab, der im Norden und Süden rechtwinklig umbiegend mit dem hinter der Stadt laufenden Parallelkanal verbunden ist. So ist das fast rechteckige, nur schwach gebogene Stadtfeld von einem ebenso gestalteten Wassergraben ganz umzogen. Er liegt aber jetzt, wenigstens auf der rückwärtigen Strecke, als schlammerfüllte Rinne da, die nicht praktisch verwandt wird. Die Längsachse der Stadt weicht von der Nordsüdrichtung um 35° ab und war offenbar durch den einstigen Küstenverlauf bestimmt. Ihr folgen absolut gerade, parallele Straßen, die streng rechtwinklig von ebenso geraden Querstraßen gekreuzt werden. Sie sind alle äußerst schmal; die breiteren messen 7 m, die meisten knapp 3 m, und nur die von Ōsaka südwärts führende Reichsstraße, die in der Längsrichtung die ganze Stadt durchzieht, ist auf die Breite von 18 m gebracht. Die ausnehmend engen, mehrere Kilometer langen Straßenschächte deuten darauf hin, daß sie sich aus alter Zeit erhalten haben und wenig durch Brände oder gesteigertes Verkehrsbedürfnis erneuert wurden; so macht die ganze Stadt einen mittelalterlichen Eindruck, bei einer Bewohnerzahl, die sie den Großstädten einreiht.

δ) *Hafen.* Wie in Ōsaka, so sind auch hier nordöstliche und südwestliche Winde die häufigsten, aber westliche die stärksten und störendsten. Daher hat man als Hafen in dem ganz offenen Neulandsaum vor der Stadt um 1890 ein kleines Becken ausgegraben und seinen Eingang mit zwei kurzen Dämmen flankiert. Das ganze ist 13 ha groß und reicht mit Tiefen von 1—1½ m in den sandigen Flachstrand hinaus. Es können also nur kleinere Küstenschiffe hereinkommen, um etwas Rohstoff für die Industrie, Getreide, Holz, Steine und anderes zu bringen. Somit hängt der Hafen in seiner Verbindung mit der Außenwelt an Ōsaka. Der gesamte Schiffseingang beziffert sich jährlich auf wenig über 100000 Tonnen, aber auf 10000 Schiffe und zwar weit überwiegend Segler. Zum Löschen der Steinkohlen ist ein besonderer kleiner Pier da. Am Südende der Stadt liegt ein ganz kleines Becken für Fischerboote. Mit der Stadt ist das Hauptbecken durch Kanäle verbunden, auf denen die gelandete Fracht mit kleinen Booten befördert wird. Eine Anzahl alter, ein- und zweistöckiger, hölzerner Speicher findet sich über die Stadt verteilt, besonders gehäuft im westlichen Kanalgebiet, also nahe dem Hafen. Von dem westlichen Längskanal stoßen im nördlichen Abschnitt kurze Stichkanäle zur Stadt vor. Um sie herum liegen offene und gedeckte Stapelplätze für Holz, Holzkohle, Bambus, Dachziegel, Steine und Kisten sowie auch Fabriken, während die Wasserzipfel mit Kähnen dichtbesetzt sind. Fabriken liegen außer in der westlichen Kanalzone auch im östlichen Randstreifen der Stadt, so daß zwei Industriegürtel die lange Altstadt flankieren. Betrieben wird besonders Messerfabrikation, Spinnerei, Weberei, Ziegelbrennerei und Sake-Bereitung. Namentlich die Messerschmiede haben hier ein Zentrum, aber in lauter kleinen Betrieben[1]), deren Zahl etwa 500 ist.

So zeigen Stadt und Hafen im ganzen ein eigentümliches Gemisch von alter, stiller Größe mit gegenwärtigem, wohl durch das nahe Ōsaka im Wettbewerb etwas angesporntem Leben.

c) Die Zwischenhäfen der Inlandsee.

1. Überblick über die Lage und Verteilung.

(Hierzu Figur 1, Seite 29 und Tafel 29 im Anhang.)

Zwischen den zwei großen Endpolen gilt es nun, aus der Vielheit der Häfen auszuwählen. Denn da gibt es eine Menge kleiner Küstenbuchten und Flußmündungen, die entweder nur Bedeutung als Fischereihäfen haben oder als Anlaufplätze für engsten lokalen Verkehr dienen. Manche derselben haben in alten Zeiten hohes Ansehen genossen, als die kleinen Schlupfwinkel noch genügten und in geringen Abständen für Zwischenlandung bei schlechtem Wetter vorhanden sein mußten. So spielte Tomo einst als Etappenpunkt auf den Hofreisen seine bedeutende Rolle, während heute seine kleine Wasserfläche von 2½ m Tiefe nur wenig von Dampfern aufgesucht wird, so daß das Städtchen auf 10000 Einwohnern stehen blieb und auch in dem amtlichen Hafenwerk unter 105 Häfen nicht einmal mehr genannt ist. Es konnte insbesondere mit dem nahen Onomichi und Itosaki, die viel günstigere Hafenbedingungen aufweisen, nicht mehr konkurrieren.

In diesen kleinen Anlauf- und Fischerplätzen kann trotzdem die ganze Siedlung ein sehr maritimes Aussehen erhalten durch die Segelmachereien, die Werften für Bootsbau und -reparatur sowie die oft in der Bucht liegenden Bootsrudel, wie man auch zwischen den Häfen die kleinen Fahrzeuge des internen

---

[1]) J. E. Orchard, Can Japan develop industrially? The Geographical Review 1929, S. 182.

Frachtverkehrs und der Fischerei oft in Rudeln antrifft, weil sie ihre Fahrt von Ort zu Ort sehr nach den Gezeiten richten müssen.

Mustern wir die 19 Häfen, die das amtliche Hafenbuch außer Ōsaka-Kōbe und Moji-Shimonoseki in der Inlandsee verzeichnet, nach ihrer Verteilung und Bedeutung, so ergibt sich folgendes. Nur rund die Hälfte derselben hat einen Schiffseingang von mindestens 1 Million Tonnen; sie liegen sämtlich in der mittleren, inselreichen und engen Partie, meiden also sowohl das östliche wie das westliche Drittel der Inlandsee. Die Gründe liegen wohl einmal in der erdrückenden Kraft, die an den beiden Enden von den Großhäfen ausgeht. Hinzu kommt der Einfluß der Bevölkerungsverteilung.

Um das ganze westliche Drittel der Inlandsee gibt es nämlich nach meiner Abschätzung auf der Bevölkerungskarte keine Küstenstrecke von 50 km Ausdehnung, auf die sich mehr als 300000 Menschen konzentrieren; um die noch relativ dicht besetzte Küste der Beppu-Bai z. B. wird diese Zahl auf etwa 65 km erreicht.

Im mittleren Abschnitt hingegen, etwa von der Linie Hiroshima-Matsuyama ostwärts tragen einmal die gehäuften Inseln zur Agglomeration der Bevölkerung bei. Sodann ziehen die Flüsse, die von der hier breiteren Chūgoku-Abdachung kommen, die Besiedlung fiederförmig weiter ins Innere hinein. Dies ist besonders ersichtlich um Hiroshima, Onomichi und Okayama (vgl. Tafel 29). Ebenso liegen auf der Shikoku-Seite mehrere Siedlungsdreiecke, die ihre Spitze tiefer in das Innere treiben, so um Matsuyama, Tadotsu und Takamatsu.

Wieder ändern sich die Verhältnisse im östlichen Drittel der Inlandsee. Hier steht im Izumi-Nada der ganze Küstenhalbmond der Ōsaka-Bucht im absoluten Bannkreis von Kōbe-Ōsaka, in welchem auch das alte Sakai so vollkommen abfiel, daß wir es nur seines historischen Hintergrundes wegen zu beachten brauchten. Der gegenüberliegende Inselhorst Awaji ist im ganzen schwach besiedelt. Im Harima-Nada hingegen zieht sich allerdings von der Akashi-Enge über Himeji hinaus bis gegen Akō ein entschieden bedeutenderer Siedlungsraum entlang. Eine der längsten zusammenhängenden Alluvialebenen der Inlandsee, ganz dem Reisbau dienend, ist hier von den dicht beieinander der Chūgoku-Abdachung entströmenden Flüssen vor die Hügelhänge gebaut. Es ist die Küstenfront des Hyōgo-Ken, des einzigen, das bis zur Japansee durchgreift, deshalb auch verwaltungsmäßig ein besonders weites Hinterland zur Inlandsee heranzieht und eine Gesamtbevölkerung von 2½ Millionen zählt. Aber diesem Ken gehört eben Hyōgo-Kōbe zu; das allein ist schon wieder ein Grund, daß der ganze Küstenstrich nicht zu selbständigem Leben gelangt, sondern am Großhafen der nahen Hauptstadt hängt. Hinzu kommt weiter, daß der seichte Sandküstenstrich den Häfen nicht gerade günstig ist, dafür umsomehr der Salzgewinnung entgegenkommt, die man hier in großem Maß bertieben sieht.

Wichtiger als in der Gegenwart war es vielmehr in alten Zeiten, diese glatte, lange Küste nicht ohne Zufluchtshafen zu lassen. Liegt sie doch mit ihrer südost-nordwestlichen Richtung in Luv der stärksten Winde, die hier aus Westen kommen! So stoßen wir denn etwa in der Mitte des 40 km langen Alluvialbandes auf ältere Bemühungen um Hafen- und Handelsbedeutung. Hier liegt das Städtchen Takasago, das schon in sehr alter Zeit genannt wird und ein Schloß hatte. In der Mitte des 18. Jahrhunderts wurden Speicher zur Lagerung des Tributreises für den Daimyō errichtet, der ihn zum Verkauf nach Ōsaka beförderte. Zu Beginn des 19. Jahrhunderts wurde der Anfang zu einem kleinen Hafenbau gemacht und alsbald nach der Eröffnung Japans ein Becken errichtet. Als aber nach Beginn der Meiji-Ära Kōbe und Ōsaka immer mehr Zugkraft erhielten, siedelten die Kaufleute dorthin über, und die letzte Enttäuschung brachte die große Sanyō-Bahnlinie, die hier den Fluß und sein Delta einige Kilometer oberhalb überquerte und die Stadt abseits ließ. So ist denn trotz des später erfolgten Bahnanschlusses und der Anlage eines Molenhafens von 16 ha ein Verkehrsplatz von Bedeutung hier nicht entstanden.

Verfolgen wir schließlich an der geschlossenen Nordfront der Inlandsee die Reihe der bedeutendsten Städte, die entweder selbst zugleich Häfen sind oder einen Hafen, der einen Teil ihres Verkehrs bewältigt, dicht bei sich liegen haben, so ergibt sich eine bemerkenswerte Regelmäßigkeit. Wenn wir einmal Kōbe und Ōsaka als den östlichen Pol zusammenfassen, so liegen zwischen ihm und Shimonoseki nur noch zwei Großstädte: Hiroshima und Okayama. Sie haben je einen Vorhafen: Ujina und Uno. Sie sind die Hauptstädte der beiden zwischenliegenden Ken und zeigen von jenen Endpolen der Inlandsee wie auch voneinander fast genau den gleichen Abstand: 140 km in Luftlinie. Und wiederum genau in der Mitte zwischen jenen zwei mittleren Teilungspunkten liegt eine nächste bedeutende Handelsstadt: Onomichi. Sie hat einerseits selber Hafenfunktion, andererseits noch den Vorhafen Itosaki. Der letztere sowie Imabari auf Shikoku und schließlich noch Tokuyama östlich von Shimonoseki, diese drei sind die einzigen unter den Zwischenhäfen der Inlandsee, die nicht nur dem heimischen Handel dienen, sondern auch dem Fremdhandel offen stehen. — Nehmen wir zu den genannten noch den Kriegshafen Kure und auf Shikoku die Häfen Takamatsu, Tadotsu, Takahama und Mitsugahama, so erhalten wir im ganzen 10 Zwischenhäfen, die wir einzeln zu beachten haben.

Wie gänzlich aber auch diejenigen der Zwischenhäfen, die dem Außenhandel offen sind, hinter den beiden Endpolen der Inlandsee zurücktreten, zeigt drastisch die Karte der Schiffseingänge (Tafel 24). Wir müssen hier den Blick ganz anders einstellen. Wer nur nach Weltwirtschaft fragt, mag an ihnen allen vorbei durch die Inlandsee fahren. Aber im Bild und Leben Japans ist dieses Meer mit seinen kleineren Häfen eine so charakteristische Erscheinung, daß eine geographische Hafenuntersuchung daran nicht vorübergehen kann.

2. Takamatsu.

(Hierzu Figuren 37 und 38.)

Örtliche Gestaltung. Wo auf der Granit- und Andesitschwelle zwischen dem Harima- und dem Bingo-Nada die Inlandsee ihre stärkste Verengung auf nur 7 km erfährt, da liegt an der Passage Takamatsu. Es beherrscht die Sanuki-Halbinsel Shikokus. Doch nimmt es nicht den äußersten Vorsprung derselben ein, sondern den mittleren Frontabschnitt einer größeren Alluvialebene, die sich zwischen einem vorwiegend andesitischen und einem granitischen Landpfeiler der Halbinsel landeinwärts schiebt, aufgefüllt von den kurzen Flüssen der aus dem Granitgebirge kommenden Quertäler. Der Granit, der noch zur inneren Zone Südwestjapans gehört, umgibt also im wesentlichen diese Ebene. Er bildet eine wellig bewegte, doch im ganzen plateauartige Fläche, wie sie mir sowohl bei der Durchquerung als auch vom Gipfel des Yashimayama und schließlich bei der Längsfahrt zur See entgegentrat.

Der Yashima (Taf. 10, Abb. 3), der sich einerseits aus dem Meere, andererseits aus der Schwemmlandebene erhebt und die markanteste Geländeerscheinung im Umkreis des Hafens bildet, besteht nur in seinem Sockel aus Granit, während die Höhe von 300 m von dem festen, dunkeln andesitischen Gestein gebildet ist, das sich auch in dem konkav geschwungenen Profil wie in der ebenmäßigen Oberfläche zu erkennen gibt (daher Yashima=Dachinsel). Der Berg schließt zugleich den größeren Hafenrahmen nach Osten ab. Gegen Norden bieten zwei langgestreckte Granitinseln etwas Schutz. Aber nach Nordost und Nordwest bestehen breite Öffnungen, und darum kann die außerdem auch reichlich große Naturbucht nicht als solche den Hafen bilden.

Hinterland. Das Haupthinterland ist die Ebene, aus der noch einige Andesitpfeiler aufragen, an deren einen die Stadt angelehnt ist. Die Ebene zieht sich in südlicher und südöstlicher Richtung am weitesten binnenwärts. Hier gehen in 10 km Entfernung von der Küste die Höhen über 30 m hinaus, dann folgen nach geringer Beteiligung diluvialer Vorstufen die Granitberge, die sich alsbald zu einer gleichmäßigen Höhe von 500—600 m erheben. Hinter der um 10 km breiten, geschlossenen Granitzone setzt dann an einer ziemlich westöstlich streichenden Linie die Izumi-Kreide an, die wieder mit einer ebenso schmalen Zone bis an die tiefe Längstalfurche des Yoshino-Flusses reicht. Die Kreidezone ist im ganzen höher, und die kurzen Quertäler, die sich südwärts zu dem Längstal öffnen, sind tief V-förmig eingeschnitten. Die Verbindung von Takamatsu mit dem Längstal ist daher beschwerlich und schwach. Die von dem regelmäßigen Autoverkehr benutzte Straße ist nur $3\frac{1}{2}$—4 m breit und führt dabei beständig in Windungen, so daß schon ein entgegenkommender Radfahrer absteigen muß.

Außer der Küstenbahn über Marugame nach Imabari führen elektrische Bahnen in die Nachbarschaft. Eine im Bau befindliche Bahn,

Fig. 37. Hinterland von Takamatsu und Tadotsu.

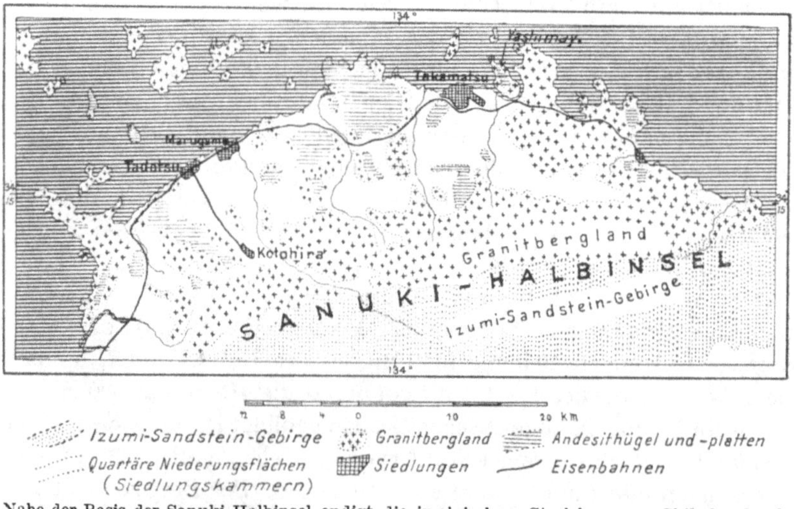

Nahe der Basis der Sanuki-Halbinsel endigt die in sinischem Streichen ganz Shikoku durchziehende Zone des Kreidesandsteins, und so besteht die Halbinsel selbst aus zerschnittenem Granitbergland, das im Süden geschlossen und höher ist, nordwärts aufgelöst wird und zugleich mit andesitischen Übergußresten und -horsten wechselt. Dazwischen haben die vom geschlossenen Granitzug parallel herabkommenden Flüsse Schwemmlandflächen aufgeschüttet, welche die Hinterlandskammern der beiden Häfen bilden.

die von der Küstenstrecke abzweigend das Yoshino-Tal und weiter die Südküste erstrebt, wird auch Takamatsu in dieser ferneren Hinterlandszone zugute kommen.

So ergibt sich für den Hafen folgende Hinterlandsstruktur. Das unmittelbare Hinterland bildet um die Stadt selbst die dichtbesiedelte Ebene mit den granitenen Randhöhen; dafür kann als runde Kopfzahl 300000 gesetzt werden. Jenseits der breiten Granit- und Kreidebarre, die fast unbesiedelt ist, wird durch den dünnen Verkehrsfaden eine fernere Hinterlandszone angeschnitten, die des Yoshino-Flusses, der bei dem Flecken Anafuki an einer Fähre erreicht wird. Flußaufwärts nach dem Knie bei Ikeda wird Tabak gebaut, der nach Takamatsu zur Ausfuhr geht. Flußabwärts besteht mit der Bahn Verbindung nach Tokushima an der Ostküste. Dieses hat zwar seinen eigenen Seezugang, aber in den Vorhof der Inlandsee vor der Yura-Straße, während Takamatsu hart an der Hochstraße des Verkehrs liegt. Hinzu kommt, daß hier außer dem Reis der Ebene zwei Produkte in einigem Umfang gewonnen werden: Salz und Zucker.

Jedenfalls erweist sich Takamatsu nach seinem Gesamtverkehr als der nächst Ujina (Hiroshima) bedeutendste unter den eigentlichen Inlandseehäfen.

Figur 38.

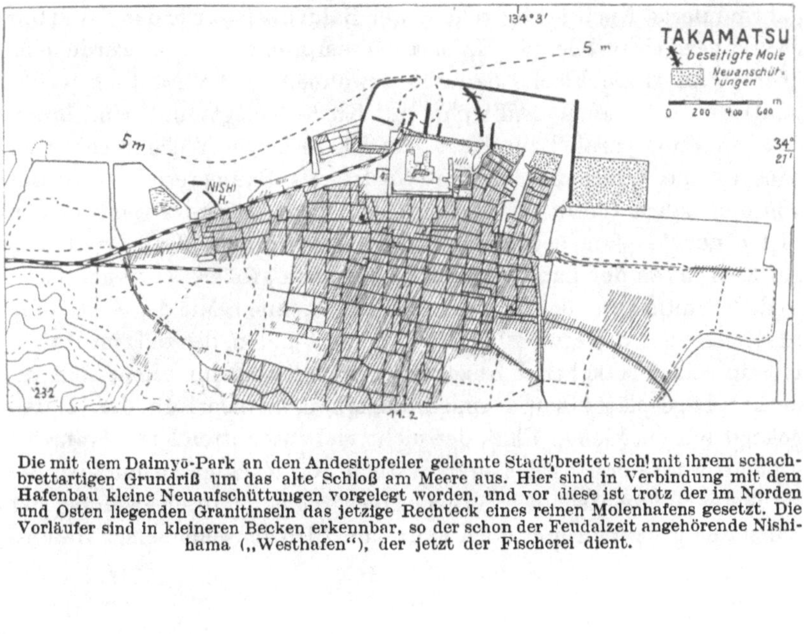

Die mit dem Daimyō-Park an den Andesitpfeiler gelehnte Stadt breitet sich mit ihrem schachbrettartigen Grundriß um das alte Schloß am Meere aus. Hier sind in Verbindung mit dem Hafenbau kleine Neuaufschüttungen vorgelegt worden, und vor diese ist trotz der im Norden und Osten liegenden Granitinseln das jetzige Rechteck eines reinen Molenhafens gesetzt. Die Vorläufer sind in kleineren Becken erkennbar, so der schon der Feudalzeit angehörende Nishihama („Westhafen"), der jetzt der Fischerei dient.

Hafen. Da die so entwickelten Naturbedingungen nur ganz örtlicher Art sind, konnten sie auch schon vor der Zeit der größeren Wirtschaftsentfaltung sich in einer gewissen Bedeutung des Hafens auswirken. In der Tat haben hier die Feudalherren schon vor Jahrhunderten sich um den Hafen oder vielmehr die Häfen bemüht. Es bestanden deren drei: der Westhafen (Nishihama) für die Fischerei, der Osthafen (Higashihama) für den Handel, in der Mitte diente ein Flüßchen zum Anlegen der fürstlichen Fahrzeuge. Der Nishihama besteht noch als kleines Becken zwischen zwei Molen, denen am Eingang eine dritte vorgesetzt ist, und dient als Fischereihafen; es ist nur eine Fläche von etwa 2 ha.

Der steigende Verkehr verlangte andere Hafendimensionen. Die natürliche Bucht als Ganzes wiederum war zu groß und zu offen; der stärkste Wind, der aus Ostnordost weht, kann aus dem Harima-Nada die ganze Wasserfläche nördlich von Takamatsu bewegen, der häufigste Wind aus Westen ebenso von dem in dieser Richtung liegenden Verbindungsstück der Bingo-Nada her. So begann man mit dem Hafenbau und zwar einem kleinen Vorläufer am Ende des vorigen Jahrhunderts, schritt aber sofort darauf zur Errichtung eines größeren modernen Hafens von etwa 25 ha, der von einer westlichen rechtwinklig umbiegenden Mole und einer östlichen flacher gebogenen zangenartig eingeschlossen war. Er hob den Verkehr schon so, daß 1921 12000 Dampfer einliefen gegenüber den 3000 vom Beginn des Jahrhunderts. Nach Fertigstellung der Bahn aber wurde das Bedürfnis nach abermals größerem Hafenraum empfunden. Nun wurde eine über 50 ha große Fläche dadurch gewonnen, daß wesentlich weiter im Osten eine Mole senkrecht zur Küste gelegt und von ihrem äußeren Ende parallel zur Küste ein 830 m langer Wellenbrecher bis nahe an die Westmole gezogen wurde. Als Baumaterial ist Granit von den nahen Inseln verwendet. Der flache, sandige Strand, dessen Tiefen nur ½—2 m betragen, wird in einem großen Teil des Hafens auf 3—4 m, an der Landungsbrücke auf noch größere Tiefe gebracht, so daß Schiffe von 3000 Tonnen einfahren können. Mit der Vertiefung ist der Gewinn von etwa 20 ha Neuland verbunden, das teils im Hafen, teils in seiner östlichen Fortsetzung entsteht und für offene und gedeckte Lagerplätze sowie einige Lagerhäuser dient. In den Hafen gelangt nur ein kleiner Fluß, der nicht viel zuschütten kann, während größere Flüsse erst östlich und westlich von Takamatsu münden. — So bietet Takamatsu das Beispiel eines recht im Inselgewimmel der Inlandsee gelegenen und doch ganz künstlich umschlossenen Hafens.

In der Enge zwischen dem Hafen und der nördlich folgenden Granitinsel bewegt sich der Gezeitenstrom der Küste parallel mit der Stärke von 2 Knoten, und die Schiffe müssen die Richtung ihrer Aus- und Einfahrt auf ihn einstellen. Der Springtidenhub erreicht bis 3 m Höhe, was für den hier regen Personenverkehr schon störend ist; die Landungsbrücken, die zum Teil 100 m lang sind, sind daher alle schwimmend.

Siedlung. In dem westlichen Teil der Hafenfront, hinter dem Eingang und den Landungspieren, liegt der große Schloßbezirk, den die Stadt im Osten und Süden umgibt. Durch die Erweiterung des Hafens nach Osten hin hat also auch ein größeres Stück der eigentlichen Stadtfläche die Hafenfront erreicht. Die Stadt mit ihren ostwestlich und nordsüdlich verlaufenden Straßen bleibt völlig in der Ebene und berührt nur im Südwesten einen der charakteristischen flachen Andesitpfeiler. Am Fuß dieses 230 m hohen Ecksteines liegt der alte Daimyō-Park, einer der berühmtesten in ganz Japan. Zwischen ihm und dem Stadtkern dehnt sich ein Viertel mit offenerer Bauweise aus, das einstige Wohngebiet der Samurai, auch heute ein besseres Wohnviertel, während die Geschäftsstadt nahe dem Hafen zu finden ist. Mit 72000 Bewohnern ist die Stadt neben Tokushima die größte von Shikoku.

Funktion. Was hier zur Ausfuhr gelangt, ist außer den Erzeugnissen der Ebene, besonders Reis und Gerste, vor allem das Produkt des flachen Strandes, nämlich das Salz. Salzgärten finden sich hier in großer Zahl, oft zu langen Bändern aneinandergeschlossen. Der Menge nach dominiert das Salz, dem Werte nach der Reis. Was importiert wird, besteht in erster Linie aus Textilwaren, dann aus Dünger für die Reisebene, Spirituosen u. a. Dieser Gesamthandel hat den Wert von 64 Mill. Yen, 27 Mill. Einfuhr und 37 Mill. Ausfuhr, alles nur im Küstenhandel.

Das Salz wird aus der näheren und auch weiteren Umgebung des Hafens von der Bahn gesammelt und dann entweder in Dampfer und Segler von 2—3000 Tonnen verladen, die nur diese Fracht führen und sie bis in fernste Teile Japans befördern, oder aber es bleibt in den Eisenbahnwagen und geht im Fährverkehr nach dem Gegenhafen Uno. Dabei stehen je drei Wagen auf einem flachen Boot, und dieses wird von Schleppern nach Uno geschafft (vgl. Taf. 12, Abb. 2), von wo die Wagen auf der Achse weiterrollen in die näheren Teile

Honshūs. Auch der Reis kommt mit der Bahn zusammen und geht mit Dampfern weg, besonders nach Ōsaka und Kōbe. Beide Gegenstände sind Saisonfrachten, für die Hafenwirtschaft ist das ein ungünstiges Moment. Der eingeführte Dünger kam früher aus Hokkaidō als Fischdünger. Jetzt wird mehr Bohnendünger verwandt, den hauptsächlich Kōbe und Ōsaka liefern.

Außer den Fährbooten, die Eisenbahn- und Lastwagen nach Uno befördern, sowie den Frachtseglern und Dampfern sieht man Personenschiffe ein- und ausgehen. Ihre Fahrt erstreckt sich mehr als die der Frachtschiffe auf alle Häfen der Inlandsee. Denn Takamatsu wird wegen seiner günstigen Lage an der engen Passage von allen Längsverkehrslinien angelaufen. Deren Ausgangspunkt ist Ōsaka, Endpunkte sind Moji, Beppu oder Hososhima an der Ostküste Kyūshūs. Dazu kommen Linien, die nur zwischen Takamatsu und Ōsaka oder dem nächsten Gegenhafen Uno verkehren. Auf den meisten Linien fahren täglich ein bis zwei Schiffe. Selbst nach der Insel Shōdoshima gibt es mehrmalige Verbindung am Tage. So wird Takamatsu jedenfalls außer von den zahlreichen Frachtern täglich von einer großen Zahl von Schiffen angelaufen, die entweder nur Personen oder Personen und Fracht befördern. Daraus resultiert die hohe Zahl von 2.9 Mill. t Schiffseingang, wovon mehr als 90% auf Dampfer entfallen. Aber an Zahl kommen die Segler diesen genau gleich. Trotz des reichlichen Personenverkehrs ist das Bild ebensosehr das eines Seglerhafens.

3. Tadotsu.
(Hierzu Figur 39.)

Um- und Hinterland. Umfährt man mit der Bahn den größten andesitbedeckten Horst, der die Takamatsu-Ebene im Westen begrenzt, so gelangt man in einen nächsten Ebenenraum (vgl. Fig. 37). Doch häufen sich hier mehr als um Takamatsu die kleinen Granit- und Andesithöhen; wie die Inseln davor im Meere, stehen sie hier im Alluvium. Zum Teil isoliert und regulär geformt wie Vulkanberge, sind sie aber doch alle nur Schollen und Erosionsreste einst größerer Flächen und Decken. Dadurch bleibt nun auch der ganze Ebenenraum nicht so geschlossen wie der von Takamatsu, sondern wird in eine Reihe von Einzelkammern, Buchten und Nischen aufgeteilt. Den Hauptteil bildet ein Schwemmlanddreieck, an dessen Basis die Hafenstädtchen Marugame und Tadotsu liegen. Mit ihm ist im Nordosten ein kleineres Dreieck unmittelbar verbunden, während im Südwesten erst hinter einer geschlossenen Granitmauer ein neues Ebenengebiet folgt, das aber keinen selbständigen Ausgang zum Meere besitzt. Alles das zusammen können wir daher als unmittelbares Hinterland von Marugame und Tadotsu nehmen. Es erhält damit mindestens die Kopfzahl von Takamatsu, eher noch über 300000. Für die Verbindung mit der zweiten Hinterlandszone jenseits der Siedlungsöde des Granit- und Kreidegebirges gilt dasselbe, was für Takamatsu dargelegt wurde. Die Paßstraße, die durch eine Eisenbahn abgelöst werden soll, erreicht hier das Yoshino-Tal an dem scharfen Knie von Ikeda, wo es nach dem Querdurchbruch durch die Glimmerschieferzone zum Längstal in der Medianlinie wird und zugleich die Spitze einer langgestreckten Siedlungskammer bezeichnet. Aber die Verbindung mit Tadotsu bleibt dadurch weiter entfernt von dem breiten Mündungsstück dieser Kammer, als es für Takamatsu der Fall ist. Ebenso fehlt ihm die günstige Fährverbindung mit dem Gegenhafen, wie ihn Takamatsu in Uno hat. Dafür erhält andererseits das Hinterland ein besonderes Gewicht durch den berühmten **Schrein von Kotohira**, einen der heiligsten in Japan, wo seit alten Zeiten der **Schutzgott der Schiffer und Reisenden** verehrt und viel besucht wird. — Jedenfalls wird nach dieser Hinterlandsanalyse verständlich, daß Tadotsu der nächst Takamatsu wichtigste Hafen Shikokus geworden ist.

Figur 39.

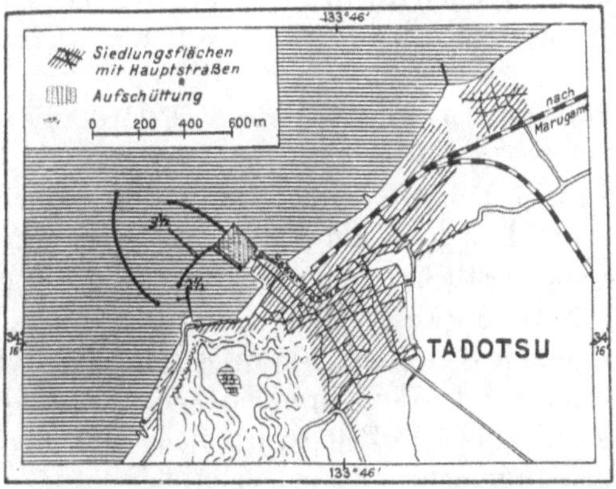

Wie Takamatsu lehnt sich auch Tadotsu im Westen an einen der Bergpfeiler. Er bot zugleich den Eckstein für den bescheidenen alten Hafen. Dieser hat mit dem neuen, aus konvergierenden Molen bestehenden einen äußeren Vorbau erhalten.

Geschichte. Daß es nun vor Marugame seinen Vorsprung gewann, ist für die heutige Zeit einfach aus den Tiefen verständlich. Sie sind vor Tadotsu wesentlich günstiger als in einer breiten, seichten Strandzone vor Marugame, was man auf die größere Sedimentzufuhr des hier mündenden Flusses zurückführen kann. In alten Zeiten dienten beide

Punkte als Landungsplätze der Pilger. Das Heiligtum ist von beiden gleich weit, etwa 12 km entfernt. Das Schicksal war bald dem einen, bald dem anderen günstiger, je nachdem ein Fürst sich um den Hafen kümmerte. Auch das kleine Städtchen Horio bei Tadotsu hat in alten Zeiten schon als Hafen gedient. Noch in den dreißiger Jahren des vorigen Jahrhunderts haben Tadotsu und Marugame sich abwechselnd mit Verbesserungen ihrer Anlagen überflügelt. Tadotsu hatte einen kleinen, wohlumschlossenen Molenhafen. Mit dem Anwachsen der Schiffsgröße nach der Restauration kam es mit seinen größeren Tiefen endgültig in Vorteil. Als später die Küstenbahn eröffnet wurde und Takamatsu zu Beginn dieses Jahrhunderts seinen Hafenausbau nebst der bequemen Verbindung mit Uno erhalten hat, wurde dieser neue Anfahrtsweg zum Schrein von Kotohira wieder nachteilig für Tadotsu. Erst daraufhin begannen auch hier Hafenarbeiten größeren Stils, die 1911 vollendet wurden. Auch führt jetzt von hier eine Stichbahn nach Kotohira.

Hafenanlage. Das wichtigste Erfordernis war ein völliger Molenrahmen für einen größeren Wasserraum. Die Granitinseln, welche die ganze Küstenkammer von Tadotsu-Marugame umlagern, sind zu klein und zu fern, um Schutz zu bieten gegen die häufigsten Winde, die aus westlicher Richtung, und gegen die stärksten, die im Winter aus Nordnordwest wehen. Der Hafen wurde vorgebaut und zwar an der linken Seite der Sakura-Mündung, so daß der die Stadt mitten durchziehende Fluß draußen bleibt. Mit dem älteren Hafenbecken aus der Vor-Meiji-Zeit ist der neue Molenhafen so vereinigt, daß das Ganze nunmehr aus einem Außen- und Innenhafen besteht. Die Flächengröße des ersteren ist 13, die des letzteren 7 ha. Der innere hat nur um 2 m Wassertiefe, der äußere $3\frac{1}{2}$—4, also das Maß von Takamatsu, das den größten Inlandseeschiffen gerecht wird. In den Außenhafen stößt ein hölzerner Schwimmpier vor; Taf. 12, Abb. 3, gibt einen Blick auf ihn und einen typischen Inlandseedampfer. Ein Querschnitt durch die Ostmole unterscheidet sich von dem der Westmole durch die hohe Außenmauer und den breiten inneren Weg; hier ist zugleich ein Anlegeplatz für Schiffe geschaffen, während der westliche Wellenbrecher lediglich die Funktion des Schutzes hat. An der Ostmole führen auch einige Treppen auf der Innenseite hinab, und Steinpflöcke sind zum Festmachen der Schiffe angebracht worden.

Funktion. Die Funktionen des alten und neuen Hafens sind getrennt. Im neuen legen in der Hauptsache die Passagierdampfer an.

Solche laufen allein von Ōsaka täglich etwa 5 ein. Dazu kommen die größeren Frachtschiffe, die den Hafen nur anlaufen, sei es als Zufluchtshafen, um besseres Wetter abzuwarten, sei es, um den Seeleuten den Besuch des Schreins zu ermöglichen. Der kleine alte Hafen hingegen genügt noch dem Frachtverkehr der Segelboote und außerdem den Fischerbooten. Hier stehen einige kleine, einstöckige Lagerhäuser, während sonst keine Ausstattung mit Speichern, Schuppen, Bahngeleisen oder gar maschinellen Einrichtungen vorhanden ist.

An der Rückseite des alten Hafens entlang zieht sich auch ein Teil der Stadt, der sich hier als schmales Band zwischen den Wasserrand und den steilen Hang des Granitpfeilers schiebt. Daran schließt sich ostwärts eine breite, kompakte Stadtfläche. Die Bewohnerzahl dürfte 10000 noch kaum überschreiten.

Die Hauptwerte der Ausfuhr bestehen in Erzen, Reis und Strohgeflecht, das von den Landbewohnern hergestellt wird und zum Verpacken von Reis, Salz und anderem dient. Die Einfuhr setzt sich zusammen aus Baumwoll- und Seidengeweben, sodann aus Holz und wieder aus Dünger. Der Schiffseingang belief sich auf 1.6 Mill. t, davon $^4/_5$ Dampfer, während in der Zahl die Segler noch die Vorherrschaft haben.

In der Schiffszahl kommt der Hafen dem von Takamatsu viel näher als in der Tonnage. Daraus wird deutlich, wieviel mehr kleine Fahrzeuge sich durch diesen Hafen bewegen, der den Zugang zum Seefahrerheiligtum bildet. Damit erhält er seine eigene Note, die sich auch in einer für das kleine Städtchen erheblichen Zahl von Vergnügungsstätten am Hafen verrät.

4. Uno (-Okayama).

(Hierzu Figur 40.)

Takamatsu wie Tadotsu haben beide ihren nicht geringsten Vorzug in der Lage an der engsten Einschnürung der mittleren Inlandsee. Darum kann es nicht wundern, hier einen Gegenpunkt am Sanyōdō zu treffen. Es ist Uno, wohin auch die Fähre von Takamatsu führt. Im übrigen aber liegen hier die Verhältnisse der Hinterlands- wie der örtlichen Hafengestaltung ganz anders.

Um- und Hinterland. Der Takamatsu gegenüberliegende städtische Mittelpunkt ist Okayama. Mit 139000 Bewohnern überragt er noch jene Stadt bedeutend. Auch beherrscht er eine Ebene, die an Gesamtausdehnung und -bevölkerung die der ganzen Sanuki-Halbinsel, also des vereinigten Hinterlandes von Takamatsu und Tadotsu erreicht oder noch eben übertrifft (etwa 700 000 Bewohner). Der Grund dafür liegt darin, daß hier die drei größten südwärts gerichteten Flüsse Chūgokus, der Ōkawa, Nishi Ōkawa und Higashi Ōkawa münden. Dazu kommt eine geringere Abriegelung der zweiten Hinterlandszone als auf Shikoku, denn sie besteht aus dem zur Inlandsee abgedachten Chūgoku-Rumpf, dessen tektonische Senken und Talzüge von Siedlungsflächen und -fäden durchzogen sind (vgl. die Tafel 29), die bis zur Grenze des Okayama-Ken eine weitere halbe Million Bewohner hinzufügen und auch durch Bahnlinien an die zentrale Stadt Okayama schließen. Außer der durchgehenden Sanyō-Bahn, der Hauptlinie von ganz Japan, zweigen hier kürzere Bahnstrecken nach Norden wie nach Süden in die Runde. Selbst die Rückseite Japans wird durch die im Bau befindliche Querbahn erreicht, und gerade ihr wichtiger Teil um Matsue erhält hier den kürzesten Anschluß an die Inlandsee anstelle der bisherigen weiteren Bahnverbindung nach Kōbe oder des schwierigen Seeweges um Shimonoseki. Endlich liegt südlich von Okayama noch die weite, seichte Kojima-Bai, die von den Flüssen, welche so viele Granitpfeiler umschwemmten, noch nicht zugeschüttet werden konnte, deren geplante Trockenlegung aber eine große fruchtbare Ebene ergeben würde. — So scheint denn Okayama nach der Um- und Hinterlandsgestaltung alle Trümpfe in der Hand zu haben, um einen Hafen mindestens von der Bedeutung Takamatsus zu entwickeln.

Fig. 40. Lage und Umland von Uno.

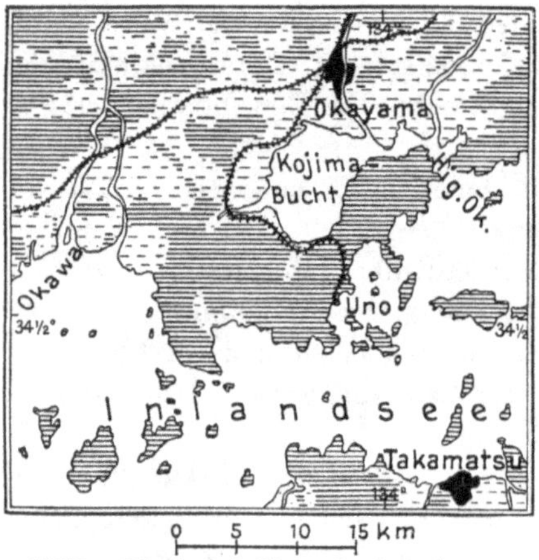

Hügel- und Plateaulandschaft (meist aus Granit)
Alluviale Ebenen

Wo ein Engpaß in zerbrochener Granitlandschaft die mittlere von der östlichen Inlandsee scheidet, liegt die Fährbrücke zwischen dem Vorsprungshafen Takamatsu auf Shikoku und dem vorgeschobenen Hafen Uno. Hinter diesem liegt die Großstadt Okayama als Zentrum einer verzweigten Alluvialregion um drei größere Flußmündungen und um die noch nicht ausgefüllte, flache Kojima-Bucht. Die Anschwemmungsflächen machten Okayama selbst zum Hafen ungeeignet.

Ortsgestaltung. Ganz entgegengesetzt verhalten sich jedoch die Küstenbedingungen. Wohl konnte noch eine vor mir liegende französische Seekarte von 1870 eigens den „Port Okayama" darstellen. Als solcher dient hier die durchweg mehr als 9 m tiefe Gezeitenrinne, die zwischen den Mündungen des Nishi- und Higashi-Ōkawa einerseits und den südlich vorliegenden Granithorsten andererseits in die große Kojima-Bucht führt. Aber dieses Fahrwasser ist eng und gewunden und wird überdies von heftigen Gezeitenströmungen mit 5 Knoten Geschwindigkeit durchzogen. Die Flußmündung des Nishi-Ōkawa, an der Okayama erst 6 km aufwärts liegt, ist ganz seicht und von breiten Sand- und Geröllbänken durchsetzt. Zwar können kleine Boote auf dem die Stadt nordsüdlich durchziehenden breiten Flusse fahren und auch Holzflösse aus dem Hinterland bewegt werden; aber weiter reicht die Schiffbarkeit von Natur nicht.

Verhältnis zu Okayama und Onomichi. So wurde denn der Hafen weitab entwickelt, an der der Gezeitenrinne und der Kojima-Bucht südlich vorgelagerten Granithalbinsel. In einstündiger Fahrt nach Süden erreicht man mit der Bahn, die jene ganze Bucht umfahren und das Hügelland in längerem Tunnel durchbrechen muß, die mit kleinen Zacken und Buchten gegliederte Ostküste der Halbinsel in Uno. Damit sind wir in Luftlinie schon fast genau gleich weit von Okayama wie von Takamatsu entfernt. So ist Uno, obzwar ein Hafen von Okayama, doch schon mehr ein selbständiger Zwischenpunkt zwischen ihm und dem Shikoku-Hafen Takamatsu. In dem regelmäßigen Überfahrtsverkehr, der etwa ein Dutzend Mal täglich erfolgt, besonders dem Eisenbahnfährdienst, liegt auch das eigentliche Leben von Uno, während die Funktionen des größeren Verkehrs für Okayama und sein an der Küste in die Länge gezogenes Niederungsgebiet schon zum Teil dem nächstwestlichen Hafen Onomichi zufallen, soweit sie nicht sogar zu dem noch ferneren, aber durch die Sanyō-Bahn hervorragend verbundenen Kōbe sich wenden. Von da kommt zum Beispiel die Rohbaumwolle mit der Bahn, ebenso wie Baumwollerzeugnisse stark dorthin gehen. Rohseide aus dem Chūgoku-Gebirgsland geht über Okayama sogar bis Yokohama mit der Bahn. Auch die Mattenindustrie blüht, auf Grund der hier gewonnenen Binsen.

Hafenanlage. Die kleine Ingressionsbucht ist von 50 bis 100 m hohen, teils kahlen, teils mit niedrigem Busch bestandenen Granithügeln umgeben, die in Kliffs endigen. Wo in ihrem Hintergrund Uno liegt, ist sie zum Teil schon vor Jahrhunderten mit Salzgärten ausgefüllt worden. Vor diesen blieb nur ein kleines Naturbecken, das rechtwinklig umrahmt, ausgemauert und ausgebaggert wurde und an dessen schmalem Saum sich jetzt die kleine Hafensiedlung hinzieht (Taf. 4, Abb. 2). Diese Hafenbauarbeiten wurden 1906—09 ausgeführt. Das Beckenviereck, in dem die Fährdampfer an hölzernen Schwimmpieren anlegen, ist nur 300 m breit. Einige Lagerhäuser stehen daran. Daneben liegen noch zwei kleinere Becken mit industriellen Anlagen. Im ganzen sind 1500 m Kailänge vorhanden. Vor diesem bescheidenen Becken aber liegt eine prachtvolle Naturreede mit dem Durchmesser von etwa 1 Seemeile, gebildet durch vorgelagerte Granitinseln, eine große und verschiedene kleine. Die Reede ist dadurch allseitig geschützt, namentlich gegen die stärkeren westlichen und nördlichen Winde. Zwar stehen auch noch kleine Klippen darin, und zwischen ihnen fegen Gezeitenströme von 2—4 Knoten hindurch, aber im übrigen betragen die Tiefen 20—50 m.

Funktion. Seit dem Bestand des Hafens hat sich auch das Städtchen gewerblich und kommerziell mehr entwickelt. Banken und Speditionen sind eingezogen, eine Werft und ein Hüttenwerk entstanden, neue Fabriken gegründet worden, namentlich Baumwollspinnerei und -weberei. Viele Granitbrüche liegen in der Runde, und die alte Salzgewinnung besteht weiter. So ergibt sich im ganzen ein Export von 30 und Import von 48 Mill. Yen, also 78 Mill. Gesamtumsatz im Küstenhandel. Im Hafenbild sind die Dampfer fast in doppelter Zahl wie die Segler vertreten; schon die schwierigeren Fahrwasser setzen hier letztere in Nachteil. Das Verhältnis von Dampfer- und Seglertonnage ist daher etwa $4\frac{1}{2}:1$.

5. Onomichi.

(Hierzu Figur 41.)

Lage und Hinterland. Fahren wir mit der Sanyō-Bahn von Okayama westwärts, so treffen wir im Abstand von 70 km den Hafen, der als der zentralste der ganzen Inlandsee angesehen werden kann: Onomichi. Die beherrschende Lage machte den Platz zur Burgenstadt und gab ihm schon in frühen Zeiten eine Mittlerstellung an der Inlandsee zwischen West und Ost wie auch im Querverkehr. So wird Onomichi in der Gegenwart gerne von Dampfern des Längsverkehrs besucht, da die Längsfahrt außer in der Achse der Inlandsee noch unter der nördlichen Küste, also von Hiroshima über Kure erfolgen kann, wobei der Sund von Onomichi notwendig berührt wird. Diese Passage hinter den Inseln genießt sogar wegen ihres Schutzes einen Vorzug. Ebenso bestehen Querverbindungen nach Häfen Shikokus, besonders nach Tadotsu hinüber.

Wir befinden uns hier ganz im Granit, der auch in der Stadt reichlich verwandt ist, nicht nur im Fundament großer Bauten, sondern selbst im Sockel der einfachen Häuser und in den Gossen. Den Schlüssel zum Verständnis der ganzen Landschaft erhalten wir durch ein ertrunkenes Tal am Rand des Chūgoku-Rumpfes, das sich zwischen den bis 300 m hohen Granithügeln des Landes und der Insel Mukai windet. Es ist 8 km lang und im Stadtbereich nur 200—500 m breit. Die Stadt liegt auf der Seite des Hauptlandes, das heißt am Nordufer des Sundes. Unten am Sund gleicht das Bild mehr dem einer Flußhafenlandschaft, erst auf den Höhen tritt einem wieder die Seeverbindung vor den Blick.

Fig. 41. Onomichi-Itosaki.

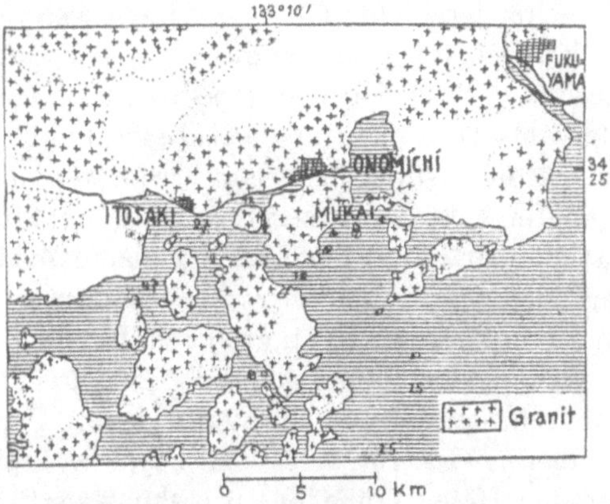

In vorwiegend granitischer Hügellandschaft (die weißen Flächen sind von anderen älteren Gesteinen eingenommen), aber zum Unterschied von Okayama ohne eingeschaltete Alluvialebenen, finden wir den dem Binnenhandel dienenden Sundhafen Onomichi mit seiner an Fläche und Tiefe beengten Reede und davor den Außenhandelshafen Itosaki an seiner idealen Naturreede.

Die Granitlandschaft ist zu beiden Seiten des Sundes durch kurze Tälchen hügelig zerschnitten. Dicht um die Stadt bewegen sich die Höhen der Hügel größtenteils um 100 m, und ihre Sporne tragen die Tempel. Die Stadt dehnt sich in den Tälchen und auf dem schmalen Saum zwischen ihnen aus und zieht sich an den steilen, aus Granitgrus gebildeten Hängen hinan. Sie liegt nämlich da, wo zwei dicht benachbarte Täler sich vereinen und zwischen sich einen schmalen, langen Sporn herauspräpariert haben, der somit in das Kernstück des Stadtgebietes vorstößt. Auch verwaltungsmäßig wird sie in vier

Quartiere geteilt, die diesen Grundlagen der Stadtlandschaft Rechnung tragen; zwei derselben nehmen die beiden Talenden ein, während die beiden anderen sich nach den Seiten am Küstensaum hinziehen. Mehrere parallele Hauptstraßen laufen am Ufer entlang, und je 1—2 in die beiden Täler hinein. Am Westende ist vor einem nächsten Talausgang Neuland aufgeschüttet. In ganzer Länge aber zieht in der Uferzone die Hauptbahn durch die Stadt, die vielbefahrene Sanyō-Linie. So erhalten wir aus allem das Bild eines begrenzten und bewegten Siedlungsraumes, frei von einem größeren Fluß, vollends fern einer ausgedehnteren Ebene.

In schmalen dichten Bändern zieht sich auch beiderseits weiter an den Küsten des Hauptlandes und ebenso um die vielen Inseln die Besiedlung, desgleichen in einem kurzen Tal, das nordostwärts nach Fukuyama läuft, und erst bei dieser 15 km entfernten Stadt breitet sich um den Ashida-Unterlauf etwas Alluvialland und größerer Siedlungsraum aus. Daraus ergibt sich in dem unmittelbaren, zerfetzten Küstenumland eine Bevölkerung, deren Zahl schwer abschätzbar ist, aber doch $\frac{1}{4}$ Million überschreiten dürfte. Onomichi bedient indes ohne Frage wieder einen größeren Teil der binnenwärts viel dünner besiedelten, doch ausgedehnten Chūgoku-Plateaus. Man darf wohl vermuten, daß es überhaupt für den größeren Teil von Hiroshima-Ken das bevorzugte Seetor ist, da diese Provinz außerdem nur noch über den Hafen Ujina bei Hiroshima verfügt. Das ganze Ken zählt aber eine Bevölkerung von 1,6 Millionen. Endlich ist zu bedenken, was schon bei Uno bemerkt wurde, daß von der Ebene um Okayama das westliche Ende ebenfalls schon nach Onomichi tendieren dürfte.

So gelangen wir zu dem Resultat, daß der zwar lokal vom Standpunkt der Besiedlung sehr benachteiligte Sund doch durch die Lage zur weiteren Umgebung ebenso wie zur Gegenseite der Inlandsee gewisse Aktiva erhält.

Hafengestaltung und -betrieb. Als Hafenwasserraum ist der Sund einerseits trefflich gestellt durch den allseitigen Schutz, weniger begünstigt aber durch die Beengung, zumal da ein Gezeitenstrom hindurchsetzt, der Geschwindigkeiten von mehr als 2 Knoten erreicht, endlich auch benachteiligt durch die geringen und wechselnden Tiefen. Sie ändern sich nämlich auf kurzen Strecken im Längsprofil und scheinen im ganzen etwas größer in den Engen, geringer in den Weitungen zu sein. Gerade vor dem Hauptteil der Stadt und im breiten Ostende des Sundes bleiben sie unter 3 und selbst unter 2 m.

Baggerungen sind in den letzten Jahrzehnten wiederholt, zum Teil auch schon früher ausgeführt worden.

Dicht vor dem Osteingang liegt nun aber, etwa 3 km von der Stadt entfernt, eine von Granitvorsprüngen trefflich geschützte Reede. Sie hat in einem Teil ihrer Fläche und im engen Zugang durchweg mindestens 10 m Wassertiefe. Dieser Raum bildet die Hafenreede von Onomichi. Eine zweite, ebenso vorzügliche Reede liegt vor dem westlichen Ende des Sundes beim Städtchen Itosaki, und dieses ist daher ein Vorhafen für Onomichi. Sollte selbst die eine der Reeden bei besonders ungünstigem Wind versagt sein, steht die andere zur Verfügung. So behält die Stadt Onomichi selbst nur den Verkehr durch Leichter, die mit diesen beiden Reeden verkehren, und wahrt im übrigen seine Handelstradition aus alter Zeit. Die Volkszahl beträgt 28000. Sie entfaltet in Handel und Bankwesen, weniger in Industrie ihre Aktivität.

Man sieht daher im Hafen nur Leichter und kleine Schiffe, aber an den Kais entlang aufgehäufte Frachten, Säcke mit Dünger, Kisten mit Öl, Fische und mancherlei Waren. Sowohl das Leben an der Wasserfront wie auch die Kräne, die Schuppen und offenen Lagerplätze am Kai und am Bahnhof machen einen geschäftigeren Eindruck als in irgend einem anderen der eigentlichen Inlandseehäfen. Ausgebaute Ufer ziehen sich an beiden Seiten des Sundes weit hin. Ein halbes Dutzend kurzer Landungsbrücken stößt von der Wasserfront der Stadt vor. Die gegenüberliegende Seite enthält hauptsächlich Werften und einige kleinere Fabriken. Westlich der Stadt folgen Salzgärten sowie ein kleiner Fischereihafen.

Von den asiatischen Gegengestaden kommt über den Vorhafen Itosaki Reis, Weizen und Dünger hierher, der letztere z. B. als Bohnendünger aus der Mandschurei. Diese Waren werden dann entweder auf die Bahnlinien in das Innere verteilt oder gehen mit Schiffen nach Shikoku hinüber. Eingeführt werden ferner frische, getrocknete und gesalzene Fische, die mit der Bahn nach Ōsaka und Kōbe versandt werden. Der gesamte Import erreichte 1926 den Wert von 59 Mill. Yen. Ähnlich ist der Wert des Exports. Doch beschränken sich beide auf den internen Handel und bedienen sich für den Verkehr mit der Fremde des Vorhafens. Sodann herrscht ein sehr reger Passagierverkehr infolge der zentralen Lage. Täglich berühren den Hafen etwa 30 Personendampfer. In der Zahl überwiegen zwar bei weitem die Segler, aber im Tonnengehalt verhalten sie sich zu den Dampfern wie 1 : 18. Im ganzen hat der Hafen immerhin einen Schiffsverkehr von fast

2 Mill. t. Seine rechte Bedeutung im Außenhandel erhält er jedoch erst in seiner Verbindung mit Itosaki.

6. Itosaki.

(Hierzu Figur 41, S. 393.)

Gestaltung und Ergänzungsfunktion zu Onomichi. Knapp 10 km westlich von Onomichi folgt ein kleines Städtchen: Mitsugi, seit 1899 in Itosaki umgetauft. Den Namen findet man noch nicht im Stieler, doch hält hier der Expreßzug und zwar trotz der Nähe Onomichis; der Hafen des Städtchens ist eben seit drei Jahrzehnten dem Fremdhandel geöffnet. Nach dem Verlassen des Zuges sieht man sich mit Staunen immer noch in einer ganz kleinen Siedlung, der also weder die Bedeutung als Schnellzugsstation noch als Außenhandelshafen viel genützt hat. Die Erklärung für die scheinbare Disharmonie gibt aber alsbald ein Blick auf die weite, bergumrahmte Hafenreede, auf der größere Dampfer, zum Beispiel vom Korea-Dienst, zwischen Schwärmen von Leichtern liegen (Taf. 11, Abb. 2), die das Umschlagsgut zur Handels- und Verkehrszentrale Onomichi fahren. Für dieses ist Itosaki eigentlich nur die Außenreede.

An sie tritt im Westen eine bis um 400 m hohe Wand von karbonischen und permischen Sedimentgesteinen, während die drei übrigen Seiten ganz aus Granit gebaut sind und in etwas geringerer Höhenlage bleiben. Da die Ausdehnung in ostwestlicher Richtung 6, in nordsüdlicher 2 km beträgt, so ergibt sich eine herrlich umgrenzte und geräumige Naturreede. Auch die Tiefen sind mit meist 15—25 m recht günstig. Nur gehen Gezeitenströme von 2—3 Knoten hindurch. Noch dicht am Kai sind 11 m Wassertiefe vorhanden, und große Seedampfer sieht man da liegen. Besonders zur Öleinnahme sind hier Anlegestellen und Leitungen durch die Standard Oil Company geschaffen, und große Tanks stehen am Bahnhof. Auch einige Lagerhäuser und etwas gedeckter Lagerplatz sind vorhanden, doch wegen des reichlichen Umschlags in die Leichter nicht sehr beansprucht. Am Land herrscht daher ziemliche Stille — ein gänzlich anderes Bild des Hafenlebens als in Onomichi. Nur das Zollhaus, das der Fremdhandel erfordert, zeichnet den Hafensaum aus.

Im Export wie im Import dominiert das Petroleum. Dafür ist dieser Hafen die Zentrale der Inlandsee. Es wird eingeführt aus der Fremde und ausgeführt in den heimischen Verkehr; sein Importwert beläuft sich (1928) auf 3,7 Mill. Yen. Außer ihm spielen im ausländischen Import Ölkuchen (2,3 Mill. Yen), Soyabohnen und Ammoniumsulfat, im inländischen Kohlen und frische Fische eine Rolle. Der Export in die Fremde bevorzugt Matten. Sein Gesamtwert bleibt aber unter 1 Mill. Yen, während der Import des Außenhandels sich auf 8,4 Mill. Yen beläuft. In ihn teilen sich namentlich die Vereinigten Staaten und China. Außer 15 britischen und 3 amerikanischen waren 1928 noch 6 deutsche Dampfer eingelaufen. Der ganze im Außenhandel stehende Schiffsverkehr belief sich auf ¼ Mill. t bei einer Gesamttonnage von rund 2 Mill. t. In dieser überwiegen die Dampfer an Tonnage im Verhältnis 5 : 1, aber auch an Zahl mit 3 : 2, letzteres im typischen Gegensatz zum reinen Binnenhandelshafen Onomichi.

7. Ujina (-Hiroshima).

(Hierzu Figuren 42, 43 u. 44.)

Westlich von Onomichi gelangen wir mit der Stammbahn des Sanyōdō im Abstand von 70 km nach Hiroshima, das nächst Ōsaka und Kōbe die größte Stadt der Inlandsee ist (270000).

Daß hier bereits in alter Zeit ein bevorzugter Punkt der Seefahrt lag, dürfte schon das berühmte Heiligtum der drei Meeresgöttinnen auf der Insel Miyashima mit seinem wuchtig aus der See sich erhebenden Torii bezeugen[1]). Wie hier an Festtagen die Pilger von Chūgoku zusammenströmten, schildern eingehend die Missionsberichte vom 16. und 17. Jahrhundert. Die Missionare, die von Kyūshū nach der Hauptstadt fuhren, kamen oft vorbei, „da die Schiffe gewöhnlich in den gegenüberliegenden Häfen von ‚Xiuaqu‘ (Iwakuni) oder Hiroshima anzulegen pflegten“[2]). Jetzt übt diese herrliche Granitinsel eine bedeutende Zugkraft im Fremdenverkehr aus, und namentlich im Sommer und an festlichen Tagen entwickelt sich ein gewaltiger Personenverkehr.

Lage im Um- und Hinterland. Vom Gipfel der Insel hat man über die Granitregion des westlichen Chūgoku den großartigsten Rundblick, den ich auch oben schon für die größeren Gestaltungsverhältnisse der Inlandsee verwertete. In keinem anderen Teil dieses Meeres treten die Granitplateaus in so großer Ausdehnung auf, wie wir auch von Okayama über Onomichi-Itosaki hierher geradezu eine Steigerung in ihrem Anteil an der Bildung der Häfen und ihres Umlandes erleben. Trotzdem gilt auch hier die Zerstückelung in Blöcke und

[1]) L. Mecking, Kult und Landschaft in Japan, Geographischer Anzeiger 1929, S. 140 u. Abb.

[2]) G. Schurhammer, Shintō, Bonn u. Leipzig 1923, S. 49.

Senken, und zwar durch die beiden sich kreuzenden Hauptrichtungen der Inlandsee. Namentlich die südwest-nordöstliche kommt zum Ausdruck in der langen Küstenlinie südwestlich der Stadt Hiroshima und der vorliegenden Insel Miyashima sowie landeinwärts in einer Haupttiefenlinie, die bis nach Miyoshi verfolgbar ist, die auch die Bahn leitet und selbst in der Karte der Bevölkerungsverteilung (Taf. 29) heraustritt. Eine große Zahl paralleler Talzüge und Gesteinsgrenzen verrät den gleichen Zug. Weniger reichlich, aber ebenfalls deutlich kommt die zweite tektonische Richtung zum Vorschein. Beide zusammen ergeben vor allem die Umrisse der großen Dreiecksbucht von Hiroshima, durch welche die Inlandsee ihre kräftige Ausweitung zum Aki-Nada und ihren tiefen Eingriff in die Chūgoku-Halbinsel erfährt. Auf dieser Buchtspitze beruht die Lage Hiroshimas und seines Hafens Ujina.

Stellt die Stadt selbst schon ein Hinterland von fast 300000 Menschen, so kommt hinzu ein Teil der Bevölkerung des großen Hiroshima-Kens. In welchem Verhältnis sich in diese Präfektur Ujina und Onomichi-Itosaki teilen, ist nicht einfach abgrenzbar. Hat Onomichi in seiner zentralen Lage in der Inlandsee einen Vorzug, so ist doch Ujina die Beherrscherin des Aki-Nada und hat die nächste Verbindung zur Matsuyama-Ebene, einer der größten Shikokus, sowie zur Beppu-Bai auf Kyūshū.

Morphologische Grundlagen. Zu den vielen großen Inseln der zerbrochenen und ertrunkenen Granitpeneplain sehen wir, namentlich im Norden der Hiroshima-Bai, eine ganze Flur von kleineren, zum Teil ganz kleinen Granitklippen aufragen. Im Süden der Stadt beherrschen diese kuppigen Berge und Hügel, die im Einzelnen stark zerrunst und zerrillt sind, das Bild, während in nordwestlicher und nordöstlicher Richtung die geschlossene und erosiv ausgebuchtete Granitrandzone des Golfes den Rahmen der Stadtlandschaft abgibt. Für den Hafen werden diese zu 50 m und mehr aufragenden Inseln als Rahmenstücke wichtig.

Um die Stadt und die geschilderten Einzelberge hat sich nun als zweites Formelement eine gewaltige Schwemmlandebene entwickelt, die wegen ihres Einflusses auf Stadt- und Hafenbildung noch näher zu würdigen ist. Hier ist also vor nicht langer Zeit das Meer, aus dem ein Gewimmel von Inseln aufragte, durch Anschwemmungen verdrängt worden. Es erhebt sich die Frage, ob nur das Aufhören des Senkungsvorganges, der durch Überflutung der

Figur 42.

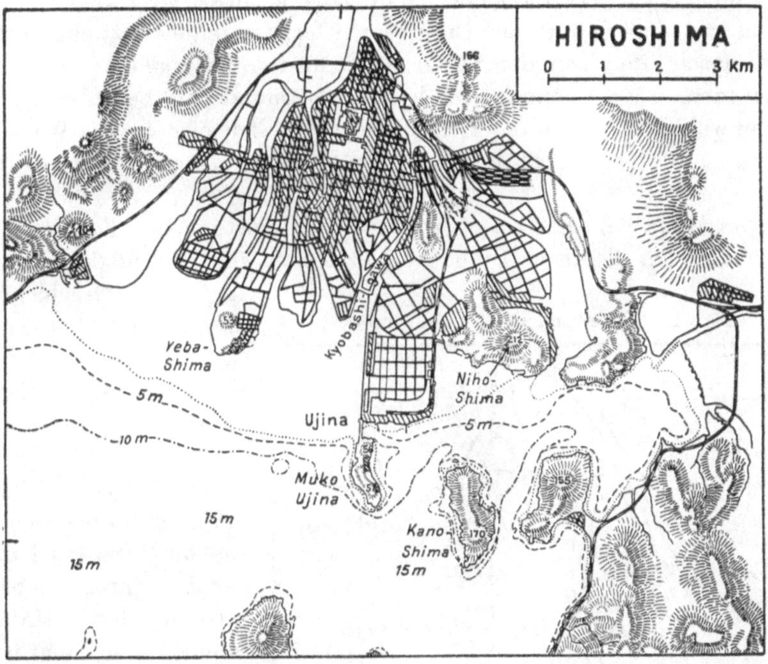

In der Dreiecksbucht von Hiroshima, deren Seiten durch die zwei Hauptbruchrichtungen der westlichen Inlandsee bestimmt sind, umschwemmte das Delta des Ōtagawa die Inselpfeiler aus Granit. Beide Elemente schaffen die Grundzüge der Morphologie der Stadt und des Hafens. Die Stadt entstand mit ihrem Schloß nahe der Spitze des Deltas und wuchs mit diesem hinaus bis zum heutigen Hafen Ujina.

Talausgänge die Hügel und Vorsprünge in Inseln und Halbinseln verwandelt hatte, anzunehmen ist und darauf bei Stillstand die heutige starke Sedimentation erfolgte, oder ob Hebungsvorgänge sich zwischenschalteten und etwa in der Gegenwart die Schwemmlandbildung verstärken. Es fragt sich, ob etwa ein Kliffuß in höherer Lage sich als Zeichen junger, ruckweiser Hebung findet. An verschiedenen Stellen schien mir das deutlich. Die lange Insel beim Hafen hat die gleichförmige, an drei Stellen flächig wiederkehrende Erhebung von 50—55 m, und in der nämlichen Höhe kann man an vielen der Granithänge im Westen wie im Osten der Stadt zwischen den Talkerben lange, flache Vorsprünge mit rückwärtigem steilerem Anstieg feststellen. Ein ähnliches Bild ergibt der Blick von der Insel Miyashima hinüber zur langen Küste. Hier scheint sich auch in tieferer Lage, etwa in 20—30 m, noch eine Einknickung anzuzeigen. Vielleicht halten

Hebungsvorgänge an und machen den raschen Fortschritt der Deltabildung noch verständlicher. Jedenfalls schüttet der wasserreiche Ōta mit dem Schutt der Granitverwitterung, unterstützt durch die bei Hochfluten von der See herbeigeführten Materialien, ein Delta auf, dessen Wachstum in den letzten Jahrhunderten bedeutend war und wohl auch durch die vielen Deiche, die sich hier um die Wasseradern und über die Ebene gelegt finden, noch gefördert wurde.

Geschichte des Deltas und der Stadt. An historischen Karten, die ich auf der dortigen Bibliothek in einem von der Stadt herausgegebenen Geschichtswerk fand, ließ sich der Vorgang in Etappen verfolgen. Den Ausgang bildet eine Karte des 16. Jahrhunderts (vgl. Figur 43). Auf ihr liegt nicht nur die Ujina-Insel, die jetzt durch einen Damm dem Hafen dienstbar gemacht ist, sondern ebenso die beiden landfest gewordenen Granitreste Niho Jima und Yeba Shima noch ganz frei im Meer, ja auch das heutige Parkhügelland am Ostrand der Stadt, das 3 km von der Küste entfernt ist, bildet noch eine Insel. Westlich derselben breitet sich zwischen den Wasserläufen der größte der länglichen Schwemmlandlappen aus, der jetzt den größten Teil der Stadt trägt, auf dem aber damals erst im Jahre 1594 das Schloß von Mōri Terumoto errichtet wurde. Dieser erste Ansatz Hiroshimas entstand somit in ausgezeichneter Wasserschutzlage. Die breite, niedere Inselfläche gab auch den Namen her (Hiro-

Fig. 43. Hiroshima im 16. Jahrhundert.

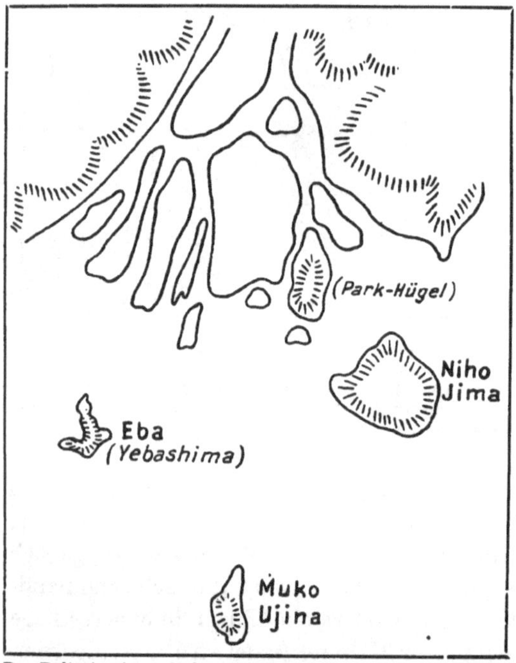

Das Delta in einem früheren Stadium zeigt sich hier im Vergleich mit der Karte des heutigen Zustandes, wie ihn die vorhergehende Figur darstellt.

shima = weite Insel). Rund um das Schloß wuchs dann die Stadt in streng schachbrettartigem Grundriß, besonders nach Süden, Südwesten und Südosten auf die benachbarten Deltainseln hinüber, wie eine Karte vom Anfang des 17. Jahrhunderts zeigt. Nach Norden erreichte das Wachstum schon sein Ende in der Deltaspitze. Nach Süden hingegen wuchs die Stadt mit dem Delta selbst bis zur Gegenwart weiter. Auf einer Karte vom Anfang des 18. Jahrhunderts hat noch keine der darauf verzeichneten Landzungen die heutige Ausdehnung erlangt. Wie sich die westlichsten drei Deltainseln verhielten, ist auf dieser Karte nicht zu ersehen, da sie nicht soweit reichte. Jedenfalls ist nunmehr die Parkinsel schon ganz von Land umschlungen und Niho Jima vom Schwemmland erreicht. Aber auch am Ende des 18. Jahrhunderts werden alle Wasseradern erst durch eine einzige Straße überquert, die Reichsstraße des Sanyōdō, die unmittelbar südlich des Schlosses verlief. Endlich auf einer Karte aus der Mitte des 19. Jahrhunderts ist das Schwemmland im Westen soweit vorgerückt, daß die Yeba-Insel durch eine Brücke angegliedert war. Erst gegen Ende des Jahrhunderts ist sie dann landfest geworden. Jetzt hat der Straßenplan der Stadt bereits alle Schwemmlandflächen bis in die Südenden einbezogen. Die Flußufer sind an ihnen ausgebaut und von hohen Deichen begleitet, die an den Südenden der Insellappen zum Teil in Etappen vorgetrieben wurden, wie in einigen Fällen erkennbar ist. In den Mündungen steigt das Wasser bei Flut stark, während bei Ebbe weite Sände daliegen. Der Tidenhub wurde mir dort mit 3—3½ m angegeben, was dem Eindruck auch entsprach.

So haben wir eine reine Deltastadt vor uns, die nur im Schloßbezirk 6 m, südlich davon meist 2—3 m hoch liegt.

Während nach Süden das Land in einer Reihe breiter Zungen wuchs und die Stadt ihm folgte, sind in den letzten 70 Jahren W a s s e r a d e r n d u r c h Z u s c h ü t t u n g b e s e i t i g t worden. So sehen wir in der Mitte des vorigen Jahrhunderts noch einen nördlichen Wasserrahmen des Schlosses, der die beiden Hauptmündungsarme wenig südlich ihrer Verzweigung verbindet. Ebenso war die Südfront des Schlosses von einem Graben begleitet, der heute verschwunden ist. Ferner liefen an der Ostseite drei breitere Kanäle dicht nebeneinander, die nicht mehr vorhanden, aber zum Teil in besonders breiten Straßen noch erkennbar sind; ursprünglich wohl natürliche Wasserarme, wurden sie zuerst geradegelegt und später beseitigt. Damit hat die Stadt einige Straßen von 15 m Breite und darüber hinaus erhalten, wie sie in japanischen Städten schon auffallen.

Außer dem Sanyōdō und einem dicht dabeiliegenden neueren Straßenzug (auf dem Meßtischblatt noch nicht vorhanden), in welchem eine elektrische Bahn ostwestlich die Stadt durchzieht, läuft weit im Süden eine Querstraße mit Brücken über sämtliche Mündungsarme. Von Nordsüdstraßen ist außer den von der südlichen Schloßfront durch die Geschäftsstadt führenden die lange Straße wichtig, die den Mündungsarm Kyboshi überquert und dann hinter einem hohen Deich den am weitesten südwärts geschobenen Schwemmlandlappen bis zum Hafen von Ujina begleitet.

Hafenraum. Diese Schwemmlandfläche ist in ihrem Endstück erst durch künstliche Aufschüttung am Ende der 80er Jahre gewonnen worden und zwar in Verbindung mit der Ausbaggerung des Hafens. Von ihrer rechtwinkligen Ecke im Südwesten zieht ein Damm südwärts zur Ujina-Insel. Diese bildet den Stützpfeiler für einen trefflichen Hafen. Er besteht zunächst aus einer Reede, die durch diese und die östliche Granitinsel Kanoshima zusammen mit dem nördlich liegenden Schwemmland gebildet ist. In der Nordwestecke der Reede, wo der Damm die Granitinsel anschließt, ist ein kleines, fast quadratisches Becken abgegliedert durch einen 85 m langen Pier. An ihm legen die Dampfer an, namentlich die des Personenverkehrs. Auf der Reede können größere Dampfer völlig geschützt liegen und sich von Leichtern bedienen lassen, deren über 100 vorhanden sind. Östlich des Hafenbeckens liegt ein anderer Pier, der ganz militärischen Zwecken dient und von großen Transporthallen umgeben ist.

Hafenfunktionen. Für seine neueren Kriege hatte Japan nämlich Hiroshima zum Hauptquartier gemacht, von dem aus die Operationen geleitet wurden. Schon im chinesisch-japanischen Krieg lagen zahlreiche Transportdampfer in dem wohlgeschützten Hafen vor Anker[1]). Er hat somit einerseits eine militärische Bedeutung. Die andere Funktion ist die des Handels. Sie ist indes durch die militärischen Zwecke beschränkt. Fremde Dampfer dürfen hier nicht einlaufen. Immerhin erstreckt sich der Verkehr auch auf Dairen und Korea und damit auf Dampfer bis zu 3000 Tonnen. Im übrigen steht die Stadt mehr durch die Bahn in Handelsverbindung mit Shimonoseki und Ōsaka.

---

[1]) N. Yamasaki, Morphologische Betrachtung des japanischen Binnenmeeres Setouchi, Pet. Mitt. 1902, S. 246.

Schuppen und Speicher gibt es um den Hafen nur wenige. Die gelandete Fracht geht entweder mit der Bahn und mit Booten nach Hiroshima hinein oder mit kleinen Schiffen nach Küstenplätzen der näheren Umgebung, auch bis nach Shikoku. An der Ostküste der angegliederten Granitinsel ist eine breitere Fläche zum Kohlenlagerplatz hergerichtet. Außerdem liegt da eine Eisfabrik für die Fischerei. Die Südenden der Deltazungen, speziell die drei östlichsten sind von Fabriken für Shōyū, Kunstseide usw. eingenommen, während auf den westlichen noch Reisland liegt. An den Flußufern ziehen sich auch Holzfabriken hin. Schon zur Holländerzeit war die Gegend durch Holzausfuhr bekannt, und in der Gegenwart bilden Möbel neben Baumwollwaren einen Gegenstand des Exports; Holz hingegen wird jetzt importiert, ferner Kohle u. a. Doch bleibt der Gesamtumsatz dieses internen Verkehrs unter 50 Mill. Yen. Dagegen übertrifft der Schiffseingang mit über 3 Mill. Tonnen noch den von Takamatsu. Diese zunächst auffallende Erscheinung dürfte dem großen Anteil des schon hervorgehobenen Personenverkehrs zuzuschreiben sein. Daß ein großer Teil des Frachtverkehrs durch Segler besorgt wird, beweist deren gewaltige Zahl von rund 80000 (Eingang 1926), die aber nur 1,5 Mill. Tonnen ausmachten. Der Bootsverkehr in der Stadt drängt sich am meisten auf denjenigen beiden Flußarmen zusammen, die an der Südwestecke des Schlosses voneinander abzweigen. Hier liegen auf kurzem Abstand die meisten Brücken und entwickelt sich reges Verkehrsleben.

Vermittelt wird der Handel der Stadt außer durch die Schiffe der Inlandsee durch einige Bahnlinien. Von der Hauptbahn des Sanyōdō zweigen nach Süden zwei kurze Strecken ab, die zum Hafen Ujina und zum größeren Kriegshafen Kure führen, sodann eine im Bau befindliche Querbahn durch Chūgoku zur Küste des japanischen Meeres. Vieles kommt mit der Bahn in die Stadt, z. B. selbst Fische und Reis.

Stadtcharakter. Der Charakter, den die Stadt Hiroshima erhält, ist somit ein mehrfacher. Relativ wenig erscheint er primär durch den Hafen bestimmt. Zunächst ist man überrascht, eine so große Stadt dicht am Meere und mit einem Vorhafen versehen zu finden, die aber doch wenig enges und direktes Verhältnis zum Meere hat. Verkehrs- und Handelsstadt ist Hiroshima in der Tat erst sekundär. Ihren Grundcharakter erhält sie als Provinzhauptstadt und Militärstadt. Die letztere Eigenschaft nahm sie mit den zwei neueren

Kriegen an. So ist sie zur Militär- und Beamtenstadt geworden, macht dadurch auch einen besonders gepflegten Eindruck und mochte etwa neben Nagasaki und Fukuoka die eleganteste unter den japanischen Städten sein, die ich sah. Das gibt ihr zugleich eine Anziehungskraft in der näheren und weiteren Umgebung und damit eine gewisse Verkehrs- und Handelsstellung, wie sie auch die Packlager vor den Häusern in manchen Straßen auf lange Strecken hin bekunden.

8. Kure-Yoshiura.

(Hierzu Figur 44.)

Lage und Gestaltung, Siedlungen und Funktionen. Liegt schon Ujina hinter den großen und kleinen Granitinseln der Hiroshima-Bai als Hafen wohlgeborgen, so finden wir an der gleichen Bucht, nur 25 km südlich der Stadt, den Kriegshafen Kure in einem geradezu idealen Versteck, in einer nach Lage und Gestaltung schlechtweg zwingenden Notwendigkeit. Es kann insofern kaum ein klassischeres Muster eines Kriegshafens geben. Wenn selbst Shimonoseki fiele, bliebe er eine Lebenszelle, die schwer zu treffen ist. 30 km südlich von ihm zieht eine erste, äußere Granitinselbarre von Chūgoku nach Nordwestshikoku hinüber, die auch das Aki-Nada vom Iyo-Nada scheidet. Dahinter erst folgt in der Hiroshima-Bai selbst jene zweite Gruppe von Granitschollen, die einen bizarr geformten Rahmen um Kures geräumige Reede schließt. Ihr Durchmesser beträgt abgesehen von den Einfahrtsstücken etwa 3 Seemeilen. Die Höhe dieses Granitrahmens bleibt meist über 200—300 m. Ursprünglich bestand er aus einer Halbinsel und einer Insel, die beide durch ihre zahlreichen Isthmen und die Tektonik in den beiden sich kreuzenden Linien eine solche Vielgliedrigkeit erhielten, daß sie sich auch in den japanischen Namen ausspricht; nicht weniger als 6 verschiedene Teilglieder führen die Bezeichnung „Insel" in ihrem Namen. So bestanden zwischen ihnen und dem Hauptland nur zwei enge Ausgänge der Reede, im Norden gegen Hiroshima hin und im Südwesten zur Inlandsee. Dann wurde aber ein dritter dadurch künstlich geschaffen, daß die Halbinsel ganz nahe ihrer Wurzel in dem schmalsten ihrer Isthmen abgeschnitten wurde. Der Durchstich ist knapp 50 m breit, von 30—50 m hohen Uferleisten flankiert, deren westliche malerisch von dem Ort Seto („Enge") begleitet ist. Der Durchbruch dieses Kanals geschah schon vor 750 Jahren durch Taira-no-Kiyomori. Damit wurde von Hiroshima zur mittleren Inlandsee ein großer Umweg erspart. Alle Küstenfahrzeuge benutzen diesen Weg durch die Ondo Seto.

Fig. 44. Lage des Kriegshafens Kure.

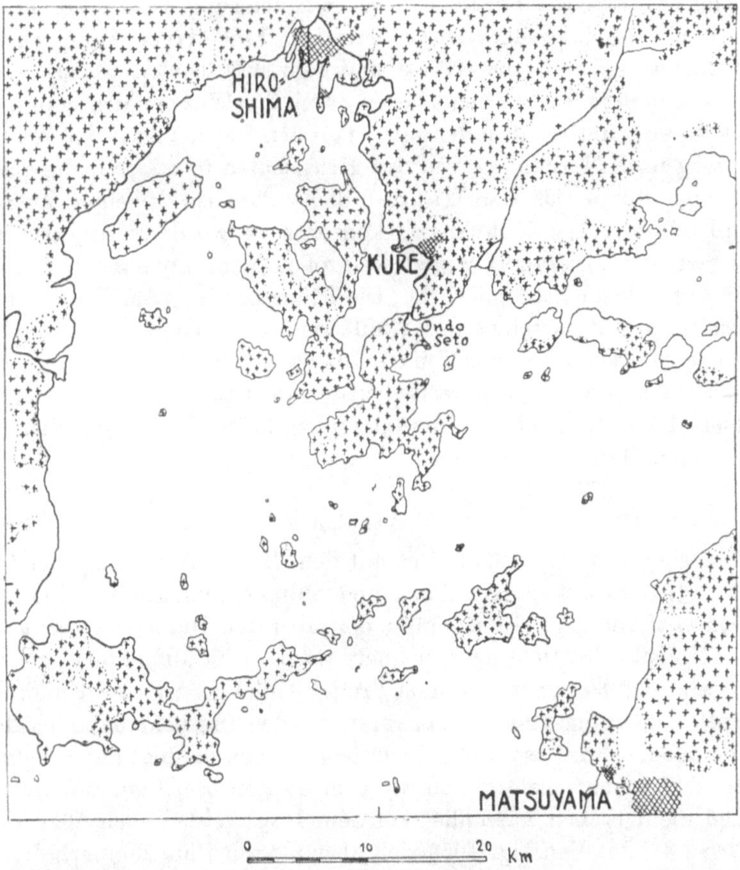

Zwischen der westlichen und mittleren Inlandsee besteht die stark zerstückelte Rumpflandschaft vornehmlich aus Granit (die übrigen, weißen Flächen des Landes sind teils alluviale, teils ältere Gesteinsbildungen). Hier liegt auf der Überfahrtsstrecke zwischen Hiroshima und dem Shikoku-Brückenkopf Matsuyama der Kriegshafen Kure im hervorragenden Schutz einer mehrfachen Granitinselsperre und an großer, wohlumschlossener Reede.

Innerhalb der großen Reede bietet die Seite des Hauptlandes zwischen zwei Granitvorsprüngen eine Ingressionsbucht dar, und in ihrem Hintergrund liegt eine dreieckige Alluvialebene, die hinreichenden Raum für eine große Stadt gibt. So wurde denn 1886 die Marinehauptstation hierher gelegt, und es entwickelte sich aus einem Fischerdorf die Großstadt Kure (190000) und an der Bucht und ihrem zum Teil aufgeschütteten Landsaum der große Kriegshafen mit seinen Werften und Arsenalen, Kaimauern und Schiffsbecken. Ende 1929 wurde hier nach jahrelanger Bauzeit das größte Trockendock des Landes eröffnet. Der nördliche, dem Hafeneingang nähere Vorsprung der Bucht ist besonders stark befestigt. Eine davor abgegliederte Brandungsinsel und eine Klippe sind dem Kriegshafen dienstbar gemacht. Schon in dieser Bucht liegen durchweg Wassertiefen von mehr als 10 m vor, erst recht in der ganzen großen Reede und ihrem breiten Ausgang nach Norden. — Um den Kriegshafen in seiner Zweigbucht nicht zu stören, ist der Handel dicht daneben in einer kleinen Sonderbucht, in Yoshiura, konzentriert worden. Er erstreckt sich fast nur auf Import wegen des großen Konsumplatzes und zeigt im übrigen keine Besonderheit. Die Tonnage der zum Handel einlaufenden Schiffe erreicht mit 1 Mill. den kleinsten Wert unter allen hier behandelten Zwischenhäfen der Inlandsee. Das ist bezeichnend für diesen Hafen, dessen primäre Bedeutung eben ganz auf militärischem Gebiete liegt. Es sind fast nur Dampfer, keine Segler, die den bescheidenen Handel bestreiten.

9. Tokuyama.

Eine eigene Bewandtnis hat es mit dem Hafen Tokuyama, der fast in der Mitte zwischen Hiroshima und Shimonoseki, rund 70 km von beiden entfernt liegt. Er ist unter den über 100 Häfen, die das amtliche Hafenbuch (1925) verzeichnet, noch nicht aufgeführt, gehört aber seit 1922 zu denen, die dem Fremdhandel geöffnet sind und soll deshalb hier wenigstens kurz erwähnt werden. Besucht habe ich den Hafen nicht. Groß ist wohl auch heute seine Bedeutung offenbar noch nicht; doch scheint sie in raschem Steigen begriffen. Im Außenhandel dient er fast ausschließlich dem Import, der noch 1926 und 1927 bei 4 Mill. Yen lag, 1928 sich aber plötzlich auf 20,6 erhob. Er erstreckt sich zu 85% auf Rohöl und Schweröl, daneben auf Eisen und Kohle. Danach hat offenbar die Entstehung bestimmter industrieller Anlagen den Anlaß zur Öffnung des Hafens gegeben. Außer Petroleumraffinerien besteht hier eine Brikettfabrik[1]). Auch Paraffin und Wachs wird hergestellt. Hauptlieferanten der Rohstoffe sind die Vereinigten Staaten, Niederländisch-Indien und Russisch-Asien. Der Export bleibt im Außenhandel verschwindend, geht also fast ganz in den Küstenverkehr. Die einlaufenden Schiffe bestehen größtenteils aus Dampfern. Außer japanischen und britischen sind daran auch norwegische beteiligt; 1928 waren es 7 Stück.

---

[1]) Japan Year Book 1926, S. 596.

Das Hinterland ist ganz unbedeutend. Das Chūgoku-Bergland der Granite und paläozoischen Gesteine tritt hart an die Küste, und die Besiedlung ist auf die schmalen Säume der Flußaufschüttung beschränkt. Auf einem solchen liegt auch die Stadt. Die Sanyō-Bahn läuft hier hart an der Küste, und es brauchten nur kleine Neulandflächen für die Ölbehälter und Lagerplätze neben ihr aufgeschüttet und vor diesen wiederum kleine Teile des Meeres auf die Tiefe von 8 m gebracht zu werden, die in geringem Abstand von der Küste von Natur schon vorhanden ist.

Diese Wasserfront bildet den Hintergrund einer rechteckigen Reede von fast 10 km Länge und 4 km Breite. Sie ist damit zwar reichlich groß und weniger geschützt, aber von Inselzügen fast ganz umgeben.

10. Imabari.
(Hierzu Figur 45.)

Nachdem wir von dem nordöstlichen Granitvorsprung Shikokus, der Sanuki-Halbinsel, zur Nordseite der Inlandsee gewandert sind, um im wesentlichen an ihrem mittleren Abschnitt entlang die Reihe der Häfen zu verfolgen, kehren wir nach jener Stelle Shikokus zurück, wo ein zweiter Granitvorsprung die Inlandsee einengt und deren mittleren Teil vom westlichen trennt.

Hinterland. Dieser Vorsprung stellt zum Unterschied von der Sanuki-Halbinsel das sehr geschlossene Massiv der Tanakawa-Halbinsel dar, das zu den am schwächsten besiedelten Teilen Shikokus gehört. Nur an den Küstenrand heften sich in Nischen und Bändern von Flußmündungen kleine Siedlungsflächen. Eine derselben liegt an der nordöstlichen Küstenstrecke, um Imabari (oder Imabaru). Hier greift ein alluviales Band von Osten nach Westen durch und gliedert die nördliche Spitze des ganzenVorsprungs als selbständigen Granitstock ab. Ferner liegen im Südwesten, auf der Grenze zwischen dem Granit und der Kreidezone, wieder kleine Flußmündungsebenen. Mit diesen ist Imabari auch durch die Küstenbahn verbunden, für die es den westlichen Endpunkt bildet. Westwärts geht nur eine Autostraße nach Matsuyama. Aber auch die Fortsetzung der Bahn in dieser Richtung, noch über Matsuyama hinaus bis Yawatahama ist geplant; sie wird die Möglichkeit einer neuen, kürzeren Verbindung der Ostseite Kyūshūs mit Shikoku und damit zugleich mit Honshū schaffen, und das wird ebenfalls die Beziehungen und Mittlerfunktionen Imabaris ausdehnen. So erhält der Platz, zumal da auch die Granithänge in den unteren Küstenpartien Besiedlung aufweisen, Bedeutung für ein größeres Umland, das einige Hunderttausend Bewohner umschließt.

Lage und Gestaltung. Dazu hat Imabari im Verkehr der Inlandsee eine ähnliche Lage wie Takamatsu; wie dieses am östlichen, so liegt es am westlichen Engpaß der mittleren Inlandsee, an der Kurushima-Straße. Nur drängen sich bei Takamatsu die Längslinien ausschließlicher in die enge Passage zusammen, während hier noch der zweite, der nördlichere Weg bleibt, der nach Onomichi führt. Auch mieden die Dampfer bisher den Hafen oft wegen seiner Schutzlosigkeit, die er an der einförmigen und gliederlos südost-nordwestlich streichenden Saumküste aufweist, und zwar gerade gegen die stärksten und häufigsten Winde; als stärkster wird Ostnordost, als häufigster Südost bezeichnet. Nur gegen nördliche Winde bieten die in der Richtung liegenden Granitinseln und gegen westliche das Hinterland genügenden Schutz.

Figur 45.

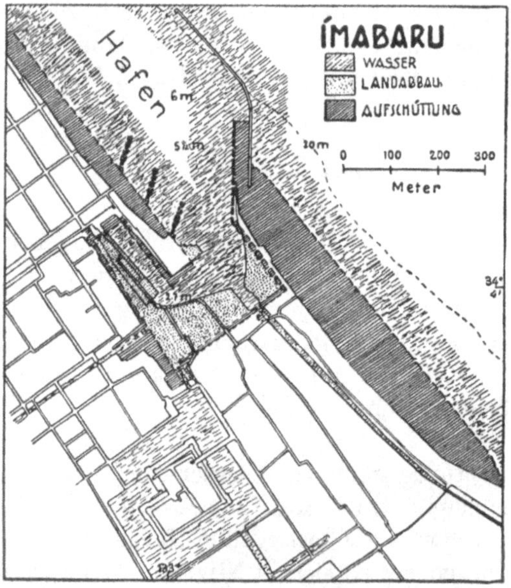

Der am westlichen Engpaß der mittleren Inlandsee gut gelegene Außenhandelshafen Imabaru hat an seiner geraden, offenen Küste vor der längs gestreckten Stadt schlechte Hafenbedingungen, die der moderne Ausbau mit Mole, Aufschüttung und Beckenanlage verbessert.

So wurde denn schon in der Tokugawa-Zeit in Verbindung mit dem alten Schloß mit kleinen Hafenanlagen begonnen. In der Meiji-Ära aber hat es lange gedauert, bis Imabari zu seinem Rechte kam, und selbst sehr kleine Schiffe mußten immer auf der ungeschützten Reede ankern. Als man endlich 1920 mit dem ersten Plan des Ausbaus begann, war er durch den sich nun entwickelnden Verkehr der Stadt schon bald überholt und mußte erweitert werden. Einen größeren Ausbau, der sich auf 10 Jahre erstrecken soll, sah ich im Werk.

Sein Grundzug besteht darin, daß vom nördlichen Ende eines die flache Küste begleitenden Neulandstreifens (900 m lang) eine Steinmole hinausgreift und nordwestwärts frei endigt, so daß zwischen ihr und der Küste ein nach Nordwesten offener Wasserraum entsteht. Im Hintergrund desselben erstreckt sich ein inneres Hafenbecken landeinwärts. Dieses ist für Segelboote und kleinere Schiffe bestimmt. In ihm wird die Wassertiefe auf annähernd 3 m gebracht, im äußeren oder Molenhafen auf mindestens $5\frac{1}{2}$. Von Natur nimmt die Tiefe schon innerhalb dieses Wasserraumes rasch zu bis auf 10 m. Trotz der Saumküste fällt also der Boden gleich zu größeren Tiefen ab, offenbar eine Folge der Enge und des hindurchfegenden Gezeitenstroms. Dieser erreicht 3 km nördlich des Hafens schon Geschwindigkeiten von über 6 Knoten. Vereinzelt kann er noch größere Stärke, bis über 10 Knoten annehmen. Doch beeinträchtigt er im allgemeinen den Hafenverkehr nicht. Die Richtung des Stromes ist nach den Seekarten ziemlich parallel zur Küste und geht bei Flut nach der mittleren Inlandsee hin. Bei der Lage des Hafeneingangs ist es daher wahrscheinlich, daß der Flutstrom mit der Zeit Sand in den Hafen befördert. Der Tidenhub kommt mit $3\frac{1}{2}$ m bei Springtide den höchsten Werten nahe, die in Inlandseehäfen beobachtet werden. Daher sind die Piere als Schwimmpiere eingerichtet. Es sind deren drei, die von der Küste schräg in den Molenhafen greifen. Der ganze Beckenhafen und ein Teil des Molenhafens wird von Kaimauern umrahmt in einer Länge von rund 1800 m. Offene und gedeckte Lagerplätze in größerer Ausdehnung sowie künftig einige Lagerhäuser umgeben die Wasserflächen. Diese haben im Ganzen die Größe von 22 ha.

Siedlung, Wirtschaft und Verkehr. Wie der Küstensaum und der Gezeitenstrom, der vorgesetzte Hafen, die Eisenbahn und die alte Reichsstraße, alle diese Erscheinungen den Zug von Südost nach Nordwest befolgen, so auch die Stadt mit ihrer Längsachse und ihren Hauptstraßen, auf denen genau rechtwinklig die Querstraßen stehen. Die Bewohnerzahl betrug 1920 noch 30000 und war 1925 bereits auf 38000 gestiegen. Es zeigt sich mithin eine mit dem Hafenbau einhergehende stärkere Entwicklung.

Die gewerbliche Beschäftigung der Stadt liegt auf textilem Gebiet. Schon seit zwei Jahrhunderten stand sie durch Baumwollweberei in besonderem Ansehen, und heute zählt sie allein gegen 100 Fabriken dieser Art. Deren Erzeugnisse werden bisher über Kōbe nach China, der Mandschurei und Indien ausgeführt, während als Material zum

Teil das Garn, zum Teil die Rohbaumwolle von Kōbe und Ōsaka geliefert wird. Außer diesem Austausch, der Kohlenzufuhr von Kyūshū und etwas Reisverkehr ist bemerkenswert die Einfuhr von Phosphoriten und Ölkuchen. Diese beiden Posten bestreiten neben einigem Export von Baumwollwaren den Außenhandel. Der großen Schiffahrt liegt kein anderer Hafen der inneren Inlandsee mehr am Weg als Imabari. Dadurch ist er neben Itosaki zum Fremdhafen erhoben worden. Ungleich größer bleibt immerhin einstweilen sein Inlandhandel mit Textilien, der im Export wie Import je 25—30 Mill. Yen erreicht. Nur einige Dutzend Dampfer laufen im Außenverkehr ein, während der Binnenverkehr mit über 17000 kleinen Dampfern und über 6000 noch kleineren Seglern den Hafen beherrscht. Die einlaufende Gesamttonnage liegt bei 2 Millionen.

Zahlreiche Längsverkehrslinien der Inlandsee legen hier an. Dazu kommt ein täglich mehrmaliger Überfahrtsverkehr mit Ujina, ebenso mit Onomichi; nach beiden ist die Entfernung gleich groß. Ebenso besteht täglicher Verkehr mit den nächsten Nachbarhäfen Shikokus, Tadotsu auf der einen Seite und Mitsugahama auf der anderen.

11. Mitsugahama - Takahama.

(Hierzu Figuren 44 u. 46.)

Lage und Hinterland. Unter allen Siedlungszellen im Umkreis von Imabari, die wir mit diesem Hafen noch in Verbindung brachten, ist die selbständigste die erst westlich des ganzen Granitberglands folgende Ebene von Matsuyama. Diese ergibt für sich allein eine Bevölkerungszahl von rund $1/4$ Million. Hier liegt auf der Grenze zwischen dem Granitbergland und der Zone des Kreidesandsteins, jedoch schon mehr in die letztere hineingearbeitet, die einst ertrunkene Mündungsbucht des Kamegawa, die im Alluvium zu einer spitzen Dreiecksebene aufgefüllt wurde. Diese wölbt sich an ihrer 15 km langen Küstenbasis schon zum Meere hinaus und hat dadurch Granitintrusionen, die hier die Kreidesandsteinschichten durchbrechen, ebenso wie kleine Reste älteren Gesteins völlig umschlungen und eine weitere, größere Granitinsel erreicht und angegliedert. Die letztere wird sich uns für die Hafengestaltung wichtig erweisen, während eine der Restberginseln sich aus dem Stadtviereck von Matsuyama zu einer Tafelform von 132 m erhebt und dem mächtigen Daimyō-Schloß den Ansatz bot. Die Ebene steigt von der Küste her gleichmäßig an, so daß im Stadtfeld schon

20 m erreicht werden. Zahlreiche Reisbewässerungsteiche umlagern die aus der Ebene tauchenden größeren und kleineren Hügel.

Die alte Burgenstadt bildet den Kern der dichtbesiedelten Ebene und die Hauptstadt der Präfektur Ehime. Die Bewohnerzahl der Stadt beträgt 58000. Ihr schachbrettartiger Grundriß stammt fast in ganzer Ausdehnung schon aus alter Zeit.

Wie Shikoku überhaupt das unvollkommenste und zerrissenste Bahnnetz hat, so sehen wir auch Matsuyama im Landverkehr völlig isoliert. Nur ein Stichbahnstern von vier kurzen Strahlen hat in der Stadt seinen Mittelpunkt. Der wichtigste Strahl führt, 7 km lang, zu den beiden nahen Häfen. Die zu Land so isolierte Stadt und Ebene muß ihre Verbindung mit anderen Landesteilen umso mehr zur See suchen.

Figur 46.

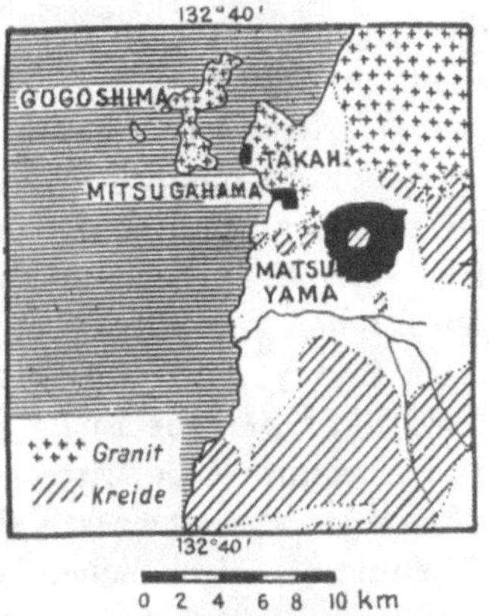

Am nordwestlichen Vorsprung Shikokus hat auf der Grenze zwischen der Granit- und Kreidezone ein alluviales Schwemmland den Burgberg von Matsuyama wie die westlicheren Inselpfeiler umzogen und damit Häfen für die Stadt und die Ebene in Mitsugahama und Takahama ermöglicht, die aber beide trotz nächster Nachbarschaft sehr verschiedene morphologische Bedingungen erhalten.

Morphologisches und historisches Verhältnis beider Häfen. Am Südende der größten landfest gewordenen Granitinsel breitet sich im Schwemmland eines Flüßchens Mitsugahama aus. Seitlich der Mündung ist ein kleiner Molenhafen von 150 m im Quadrat vorgebaut. Es ist der alte Hafen am seichten Strand, der überdies dem starken und vorherrschenden Westwind ausgesetzt ist und unter einem Tidenhub steht, der im Maximum 4 m erreicht. Er war seit 3 Jahrhunderten das Eingangstor für die Schiffe des Daimyō von Matsuyama (1597 war das Schloß errichtet worden), hatte die jetzige Form bereits vor der Meiji-Zeit, wurde auch in der neuen Zeit nach einem Sturm wieder ausgebaggert und teilweise auf die Tiefe von 3 m gebracht. Hier laufen Schiffe der verschiedenen Längs- und Querlinien der Inlandsee an. Für größere Schiffe und einen größeren Ausbau aber sind die Bedingungen ungünstig, und so wird neuerdings der Hafen Takahama bevorzugt. Die Schiffszahl ist zwar in Mitsugahama noch größer, aber nicht die Tonnage. Ich sah nur ein paar ganz kleine Dampfer und Segler hier liegen, während zugleich in Takahama immerhin 14 Küstensegler und größere Dampfer beisammen waren.

Zu diesem neuen Hafen griff man zuerst nur in den Notfällen, wenn im Winter der Westwind den Hafen von Mitsugahama unzugänglich machte. Daraufhin wurde erst die Bahn nach Takahama verlängert, dann von einer Gesellschaft ein Landungspier errichtet, und erst im Jahre 1906 verlegte die Ōsaka Shōsen Kaisha ihr Büro von Mitsugahama hierher.

In den natürlichen Vor- und Nachteilen ist dieser Hafen ziemlich das Gegenteil Mitsugahamas, obwohl beide nur 2 km voneinander entfernt sind. Dieser Fall beleuchtet treffend den für die Inlandsee charakteristischen Wechsel von geschütztesten Felsbuchten und offenen Schwemmlandstrecken in kleinsten Ausmaßen. Nach der kurzen Bahnfahrt an und zwischen Granitfelsen hin steigt man am steilen Ufer einer Bucht aus, die auf der einen Seite von der großen, landfest gewordenen Granitinsel, auf der andern von der noch freiliegenden Gogo-Insel gebildet wird. Durch Vorsprünge der letzteren gegen das Land hin erhält die Bucht je einen engeren Eingang im Norden und Süden, während die Mitte sich auf 3 km weitet und somit eine ebenso geräumige wie geschützte Reede bildet. Namentlich gegen die westlichen und nordwestlichen Winde und die im Winter häufigen Stürme aus diesen Richtungen, denen Mitsugahama so sehr exponiert ist, bildet die lange Gogo-Insel eine ausgezeichnete Abwehr. Nur südwestlicher Wind, der sich manchmal im Herbst einstellt, wenn ein starkes Tief die Iyo-Nada passiert, kann unbequem werden. Zur Verschlammung besteht keine Möglichkeit, im Gegenteil wird von einer starken Gezeitenströmung der Meeresboden, der meist zwischen 20 und 50 m liegt, gescheuert und der Granit bloßgelegt, wodurch das Ankern allerdings beeinträchtigt ist.

Der südliche Eingang ist 600, der nördliche 1200 m breit. Damit leiten sie einen kräftigen Gezeitenstrom mitten durch den Hafen, dessen Stärke von 5—6 Knoten am Südeingang eine Behinderung bildet, namentlich bei Springflut für kleine Fahrzeuge. Die südliche Einfahrt ist auch durch vorliegende Klippen etwas beeinträchtigt, während die nördliche für die von Westen kommenden Dampfer einen kleinen Umweg bedeutet. Immerhin können beide von größten Dampfern benutzt werden, so daß sich die Wahl nach den Winden richten kann.

Ergibt sich damit für den Hafenwasserraum ein Bild, das den Hafen in wesentlichen Eigenschaften hoch über den von Mitsugahama stellt, so beobachten wir das gegenteilige Verhältnis am Hafenland- und Siedlungsraum. Der steile Granithang tritt hart an die

Wasserfläche. Schon der Name Takahama ist bezeichnend für den Gegensatz zum Flachstrand Mitsugahamas; er bedeutet: hohes Ufer. Es mußte erst ein Landsaum durch Aufschüttung von 4½ ha geschaffen werden.

Ausstattung und Funktion. So begleitet jetzt eine Häuserzeile nebst Kaimauer und Straße den Hafen. Aber für Lagerplätze und Bauten ist kaum Platz vorhanden. Nur einige kleine, hölzerne Schuppen traf ich am Kai. Zwei Piere von 70 m Länge stoßen als Schwimmpiere in den Hafen vor. Sie gestatten Dampfern von 2000 Tonnen das Anlegen, während die größeren auf der Reede bleiben. Der eine Pier ist für die Fracht, der andere für die Personenlandung bestimmt. An den Personenpier schließt sich eine Landungshalle, die mit dem Bahnhof verbunden ist. Die Schiffe der verschiedenen Linien bis nach Ōsaka einerseits, Kagoshima andererseits legen hier regelmäßig an, auch mit Hiroshima z. B. besteht täglich mehrere Male Verbindung. Nur diese vielseitigen Seeverbindungen heben die Siedlungskammer um Matsuyama aus ihrer sonst vollkommenen Isolierung heraus.

Jedenfalls dient auch Takahama nur dem Binnenhandel, ebenso wie Mitsugahama. Hauptfrachten in der Ausfuhr bilden Reis und Obst, sodann Baumwollzeug und Tonwaren, während im Import Rohbaumwolle und Baumwollgarn sowie Düngemittel dominieren. Namentlich Baumwolle sah man im Hafen von Takahama in erheblicher Menge, und in manchen Straßen Matsuyamas war Haus für Haus ein kleiner Webstuhl zu sehen. Die stärksten Verbindungen werden durch diese Frachtgegenstände mit Kōbe und Ōsaka geknüpft.

Tabelle 32.

Schiffseingang 1927 in beiden Häfen.

	Dampfer		Segler		Gesamt-tonnage
	Zahl	Tonnage	Zahl	Tonnage	
Takahama	7 403	2 221 000	5 157	101 000	2 322 000
Mitsugahama	9 883	1 147 000	36 721	580 000	1 727 000

Im ganzen scheint der Verkehr Mitsugahamas noch etwas größer zu sein. Er erreicht dies mit vielen kleinen Schiffen, besonders Seglern, während Takahama durchschnittlich von größeren, namentlich Dampfern angelaufen wird (Tab. 32). So beträgt der Handel Mitsugahamas 1926, in Export und Import gleich, eben über 50 Mill. Yen insgesamt, während der Takahamas darunter bleibt.

12. Rückblick auf die Zwischenhäfen der Inlandsee.

Mit den kleinen Plätzen der Inlandsee zog eine Hafengruppe an uns vorüber, bei der sich der Blick ganz anders einstellen mußte als bei den großen Endpolen Kōbe-Ōsaka und Moji-Shimonoseki. Ein vergleichender Rückblick auf die ganze Schar läßt eine Reihe von gemeinsamen Zügen hervortreten.

1. Der bemerkenswerteste ist die Trabantenstellung der Häfen zur Doppelsonne von Kōbe-Ōsaka; wenn auch mehrere von ihnen als Fremdhäfen eine Selbständigkeit erlangten, so bleibt sie zum mindesten in ihrer Tragweite gedrückt.

2. Eine gewisse, wenngleich schwächere Verbundenheit zeigen alle diese Häfen auch mit dem Kyūshū-Bezirk, der sie mit Kohlen versorgt.

3. Ein weiteres Merkmal ist ihre Verbindung untereinander in dem reichlichen Kleinverkehr, besonders dem Personenverkehr kreuz und quer durch die Inlandsee. Als Hauptausgangspunkt der großen Längsverkehrslinien erweist sich Ōsaka; als Endpunkte treten verschiedene auf: Moji, Kagoshima, Beppu und auch Hososhima. Dabei gehen die Fahrten nicht im Zickzack, sondern es bleiben im wesentlichen eine nordparallele und eine südparallele Linie getrennt. Dazu kommen die verschiedenen Querverbindungen, so Uno-Takamatsu, Onomichi-Tadotsu, Ujina-Takahama.

4. Neben allgemeineren Frachtgegenständen wie Reis, Dünger, Fisch treten wirtschaftliche Spezialartikel auf, die einzelnen der Häfen eine bestimmte Bedeutung zuweisen, z. B. Baumwollerzeugnisse in mehreren derselben, singulärer dagegen Matten, Tonwaren, Petroleum, letzteres durch die Öltanks auch die Hafenlandschaft sichtbar beeinflussend (Itosaki). Auch der Personenverkehr kann noch eine spezifische Note erhalten wie im Falle von Tadotsu durch die Kotohira-Pilger oder in dem von Ujina durch die Fest- und Vergnügungsfahrten nach Miyashima.

5. Der Tidenhub ist in fast allen Fällen ziemlich groß, meist 3—4 m, und erfordert Schwimmbrücken zur bequemeren Abwicklung namentlich des Personenverkehrs. Die Tideströme hingegen stören in der Mehrzahl der Fälle nicht, am meisten wohl in Takahama.

6. Was den einzelnen Häfen aber trotz aller verbindenden Kraft der Inlandsee die individuellsten Züge verleiht, das sind die örtlichen morphologischen Bedingungen und die daraus erwachsenden Grundzüge des künstlichen

Ausbaus. Wohl stehen sie alle im Bannkreis von Granitinseln und -bergen, sei es, daß dieselben unmittelbar die Stadt- und Hafenlandschaft bilden, sei es, daß sie nur fernerstehende Schutzpfeiler und Kulissen abgeben für die in Ebenen gebetteten Stadt- und Hafenanlagen. Aber daraus ergeben sich Extreme der Hafenmorphologie, wie sie zum Beispiel in dem Flußmündungs- und Sandstrandhafen Mitsugahama einerseits und dem Granitbucht- und Granitstraßenhafen Takahama andererseits dicht beisammen einander gegenübertreten. Oder man denke an den in Tiefe und Wasserfläche beengten Sundhafen Onomichi und den nahe dabeiliegenden, in beiden Hinsichten begünstigten Granitinsel-Buchthafen Itosaki.

7. Trotz dieser Extreme in örtlicher Morphologie der Häfen sehen wir in allen Fällen die Aufschüttung von Neuland. An den Flachküstenstrecken ist der Grund dafür das Bedürfnis, an tieferes Wasser zu gelangen wie in Hiroshima-Uno, oder auch nur das Baggermaterial vorteilhaft zu verwerten. Bei den Granitbuchten hingegen liegt oft die elementare Notwendigkeit vor, die für Siedlung und Hafenlandraum überhaupt benötigte Fläche zu schaffen, so vor allem bei Takahama.

d) Häfen im Vorhof der Inlandsee.

1. Tokushima-Komatsushima.

(Hierzu Figuren 47—49.)

An der Ostküste Shikokus treffen wir außerhalb der Passage zur Inlandsee ein Hafenpaar, das ein Seitenstück zu dem letztbehandelten Paar der eigentlichen Inlandseehäfen darstellt, wie denn überhaupt der geologische Bau Shikokus die größte Symmetrie zeigt, die sich auch bis in die Verteilung der Besiedlung und der Häfen wirksam erweist. Südlich der Medianlinie liegt der weitaus größere Teil der Insel, aber wegen des gedrungenen Faltenbaus der kleinere Teil ihrer Bevölkerung. In größerer Dichte umsäumt diese hier nur die Riasbuchten der West- und Ostküste und den großen Bogenzug der Tosa-Bucht, besonders dessen Scheitel um Kōchi. Auf dem kleinen Flächenraum nördlich der Medianlinie hingegen treffen wir dank der Beteiligung dieser Küstenstriche an der Bruch- und Senkungszone der Inlandsee eine Reihe getrennter Siedlungskammern, die zusammen die größere Hälfte der Gesamtbevölkerung Shikokus enthalten. Unter ihnen wiederum ist die stärkstbewohnte Einzelkammer diejenige im Längstal des Yoshino. Analog der Siedlungszelle von Matsuyama gehört sie dem Band des Izumi-Sandsteins an, nur hält sie sich nicht an die nördliche, sondern die südliche Grenzlinie desselben. Auf ihr verläuft nämlich schnurgerade der Yoshino in seinem Unterlauf.

Hinterland. Der Fluß nimmt diese Richtung erst bei Ikeda an, wo er den Durchbruch durch die Glimmerschieferzone in kanonartigem Lauf vollzogen hat, und verharrt dann bis zur Mündung auf der Grenze zwischen dem kristallinen und dem sie nördlich begleitenden Kreidegestein. Diese hier sehr einfachen Züge des Baus hatte schon Rein deutlich erkannt. Auf der 70 km langen Längstalstrecke verringert der Fluß nun allmählich sein Gefälle, verbreitert seinen Lauf und seine Talaue, bis diese schließlich zu der ausgedehnten Mündungsebene um Tokushima wird, die er, in zahllose breite Arme gespalten, aufgebaut hat. Die Bahnfahrt an seiner rechten Seite gestattet diese Verhältnisse gut zu verfolgen. So schließt sich an die breite Basis des Deltalandes bis Ikeda ein sehr spitzwinkliges Niederungsdreieck, das sich als Kultur- und Siedlungskammer in scharfer Begrenzung abhebt von den steilen Talwänden der kristallinen Zone im Süden und der Kreidegesteine im Norden. Mächtige Schotterbänke begleiten den Fluß auf beiden Seiten. Der Boden ist für den Reis zu grob. Maulbeerpflanzungen erfüllen das Tal und wechseln erst mit Annäherung an Tokushima mit Reisfeldern. Die Bevölkerung des Tales kann ich auf rund $\frac{1}{2}$ Million veranschlagen, während die der ganzen Präfektur Tokushima, welche die beiderseits angrenzenden Gebirgszonen einschließt, 700000 beträgt, das heißt noch etwas mehr als die Bewohner des Hinterlandes von Takamatsu und Tadotsu zusammengenommen. Käme also nicht die Lage differenzierend hinzu, so müßten die Häfen dieser Mündungsebene an Bedeutung mindestens jenen Nordhäfen Shikokus gleichkommen. Wir werden das

Fig. 47. Hinterland von Tokushima-Komatsushima.

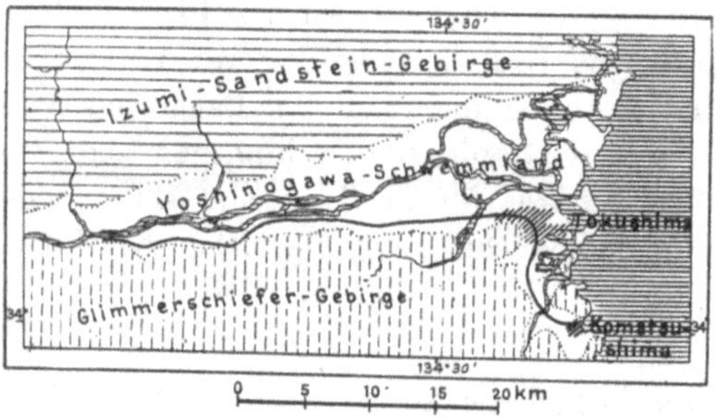

Die beiden Nachbarhäfen Ostshikokus finden ihre Grundlagen in dem klar geschlossenen Hinterland, das der von der Medianlinie geleitete Unterlauf des Yoshino mit seinem Schwemmland bietet. Der ältere Hafen Tokushima liegt noch im Delta, der jüngere Komatsushima diesem entrückt.

Verhältnis aber anders finden. Die Lage außerhalb der eigentlichen Inlandsee bedeutet einen Nachteil gegenüber dem an vielen Schiffsrouten liegenden Takamatsu. Auch ist für die obere Hälfte des Yoshino-Längstals der Anschluß nach Takamatsu nicht weiter als der nach Tokushima.

Küste. An der Ostküste Shikokus, die zugleich die Seebasis der Präfektur Tokushima ist, streichen die Faltenenden quer aus, und das Meer zeigt das Streben zu buchtartigem Eindringen zwischen den Ketten. Aber andererseits sorgen die herauskommenden Längsflüsse für Aufschüttung von Schwemmland, arbeiten also der Felsbuchtung entgegen durch Verhüllung der Formen. Am stärksten mußte das zur Entwicklung kommen bei dem einzigen wirklich großen Längsfluß, dem Yoshino. In seinem Mündungsbereich streicht speziell das Rückgrat Shikokus, das Band der kristallinen Schiefer aus, und einige abgegliederte Teile desselben erheben sich wie Inseln aus dem Schwemmland. Vor dem geschlossenen Nordostende breitet sich Tokushima in der Ebene aus, die beherrschende Stadt des Deltas und des ganzen rückwärtigen Längstales. So mußte sie zum Hafen werden, beziehungsweise nach einem Hafen Ausschau halten. Hier ist nun die Hafenfunktion aufgeteilt: erstens auf die Stadt selbst und ihre Flußmündung, zweitens auf den kleinen Nachbarhafen Komatsushima. Diese Erscheinungen können wir nur wieder aus den örtlichen Gestaltungsverhältnissen verstehen, die näher ins Auge zu fassen sind.

Stadt Tokushima. Tokushima liegt weitab vom Kopf des Deltas, nahe vielmehr der südlichen Ecke seiner Basis, doch immerhin noch 3—4 km vom Meer entfernt. Durchwandert man die tischebene Stadtfläche nach Süden und Südwesten, so gelangt man an ihrem haarscharfen Rand vor das mauergleich sich erhebende Ende des kristallinen Gebirgszugs. Die Böschungen betragen 40—50°, auf kürzeren Strecken noch mehr, und die Höhen des Endstückes bewegen sich zwischen 200 und 300 m. Die Stadt umzieht diese kopfartige Höhe als 4—5 km langes Band in rechtwinkliger Biegung und entwickelt sich nur von dem meridionalen Schenkel aus meerwärts in die Breite. Nahe der Umbiegung erhebt sich noch ein Restberg von 60 m Höhe[1]) mit steilen Hängen, gleichfalls von der Besiedlung ge-

[1]) Ob in dieser Höhe und in anderen ähnlich hohen Flächen Terrassenreste zu erblicken sind, wie es stellenweise bei 30—40 m und um 70 m den Eindruck macht, kann ich nur als Frage hinstellen, aber nicht entscheiden.

mieden (abgesehen von dem alten Daimyō-Schloß auf der Höhe). Die ganze Stadtebene liegt nur 2—3 m hoch, ähnlich wie die übrige Deltafläche, während am Meere schmale, abschließende Sandstreifen etwas höher, bis zu 6 m emporgewachsen sind.

Fig. 48. Deltahafen Tokushima.

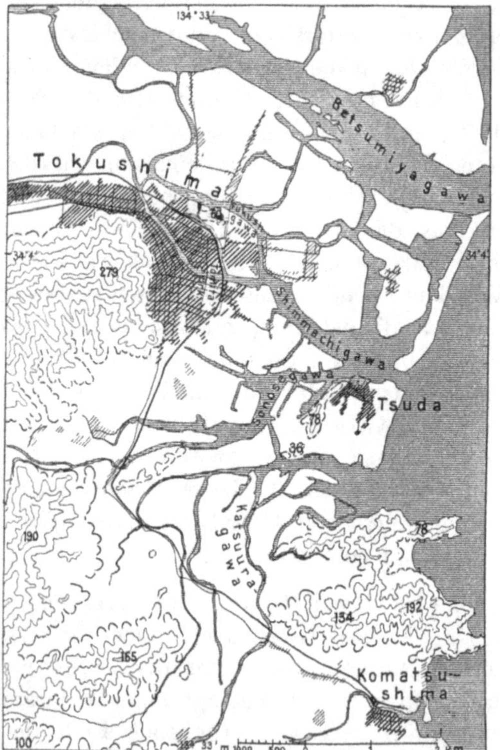

Siedlungsflächen m. Hauptstr. Gebirgsfuß Isohyps. in 50 m Abst.
Eisenbahn

Um das Ostende des geschlossenen Glimmerschieferbandes, von dem getrennte Glieder noch als Inseln aus dem Schwemmland ragen, zieht sich die Ken-Hauptstadt Tokushima; sie steht schon ganz im Banne des verzweigten Deltas und suchte nacheinander in mehreren der Wasserarme ihre Hafengrundlage.

Flußhafen Tokushima, seine Schicksale, Gestalt und Funktion. Von den Deltaarmen bleiben die drei größten außerhalb der Stadt im Norden. Durch diese zieht der Shimmachigawa, der kurz vor der Mündung den Sonose aufnimmt. Die beiden und von den übrigen der Betsumiya haben alle in der Hafenentwicklung eine Rolle gespielt. Sie sind ebenso wie ihre Verzweigungen von Deichen eingerahmt. Auch sieht man noch Teilstücke der zwischen ihnen liegenden Inseln von Deichen umgrenzt, die die Phasen des Landgewinnes mit zum Teil künstlicher Aufschüttung anzeigen.

Am Unterlauf des Sonose wurde auf dem rechten Ufer schon in der Tokugawa-Zeit ein Handels- und Fischereihafen benutzt, von dem eine Verbindung mit Ōsaka durch Segler bestand. Vermutlich ist dies das schmale Becken, das hart an einem kleinen Restberg entlang südwestwärts in das Land zieht und einen künstlichen Eindruck macht. Selbst für die damaligen kleinen Schiffe lag somit der Hafen bereits draußen, 3 km vor der Stadt. Kurz vor der Meiji-Zeit wurde ein neues

Becken errichtet, dicht unterhalb des ersten, das kleine Becken von Tsuda. Als dann nach der Eröffnung Japans die Segler von Dampfern abgelöst wurden, blieb dasselbe noch der Hafen Tokushimas bis 1884. Während die Tiefen durch Sedimentführung des Flusses nur geringer wurden, wuchs jetzt die Schiffsgröße. Daher wurde dann am rechten Ufer der Betsumiya-Mündung eine Anlegestelle geschaffen, während das Tsuda-Becken den Seglern und Fischerbooten verblieb. Gegen Ende des Jahrhunderts baggerte man im Shimmachigawa sowie in dem weiter oben einmündenden Lauf des Fukushimagawa. Dann wurde 1901 der Anlegeplatz am Betsumiya wieder aufgegeben und dafür eine Stelle am linken Ufer des Shimmachi unterhalb der Tomita-Brücke gewählt, wo später auch eine Kaimauer errichtet wurde. Damit war man in die Stadt gerückt. Das ist das eine Ergebnis dieser Entwicklung. Der zweite lehrreiche Aufschluß, der sich aus ihr ergibt, ist der häufige Wechsel, das Wandern zwischen den überall gleich ungünstigen Flußmündungsufern.

Aber das Ringen um bessere Hafenverhältnisse geht weiter. Von 1911 bis 1916 wurde eine großzügige Baggerung des Fahrwassers durchgeführt, die in einer Breite von 55 m in der Mündung und von 35 m weiter oberhalb 4 m Tiefe erreichte. Doch die zur Zeit der Sommerregen verstärkte Wasser- und Schuttführung und die gleichzeitigen Südostwinde, die den Seegang in die breiten Mündungen treiben, bilden und verlagern immer wieder die Sandbänke, so daß ein Fahrwasser von bestimmter Tiefe kaum erhalten werden kann. Die Baggerung wurde in den nächsten Jahren zwar fortgesetzt, aber auf die Möglichkeit der Einfahrt von Dampfern wurde zumal bei ihrer weiter anwachsenden Größe verzichtet. Für sie ist der Hafen nach dem nahen Komatsushima verlegt worden, während Tokushima nunmehr von Seglern und kleinen Motorschiffen angelaufen wird.

Als Hafen wird der Shimmachi-Unterlauf von der Mündung bis zur Eisenbahnbrücke, die wenig unterhalb der Tomita-Brücke entstanden ist, gerechnet. Es ist also ein echter Flußhafen, sein Rückgrat ist zugleich die Schlagader der Stadt. Die Wasserfläche beträgt 95 ha. Aber fast auf $^{9}/_{10}$ derselben bleibt die Wassertiefe unter 1,8 m. An der 200 m langen Kaimauer ist nur 1 m Wassertiefe vorhanden. Die Schiffe bleiben daher mehr im äußeren Teil des Hafens oder überhaupt außerhalb desselben liegen, und gegen 300 Leichter vermitteln den Verkehr mit der Stadt, ihren Lagerplätzen und Speichern, die sich auf beiden Ufern des Shimmachi aufreihen. Die mit ihren Giebeln zum Fluß blickenden Speicher erstrecken sich lang nach hinten.

Industrie hat die Stadt, nach der Zahl der Schornsteine zu schließen, noch nicht viel. Immerhin bilden Rohstoffe einen Wert des Imports, vor allem Rohbaumwolle, während Garn und Gewebe ausgeführt wird. Weiter gelangen zur Ausfuhr die Kokons der Seide, die weiter oben im Tal gezogen werden, sowie der in der Nähe gewonnene Indigo-Farbstoff. Der Austausch besteht in erster Linie mit Ōsaka und Kōbe. Sein Gesamtwert bleibt 1926 unter 50 Mill. Yen. Noch nicht 1000 eingelaufenen Dampfern stehen 5—6000 Segler gegenüber; doch beläuft sich überhaupt der gesamte Schiffseingang nur auf 200 000 t.

Figur 49.

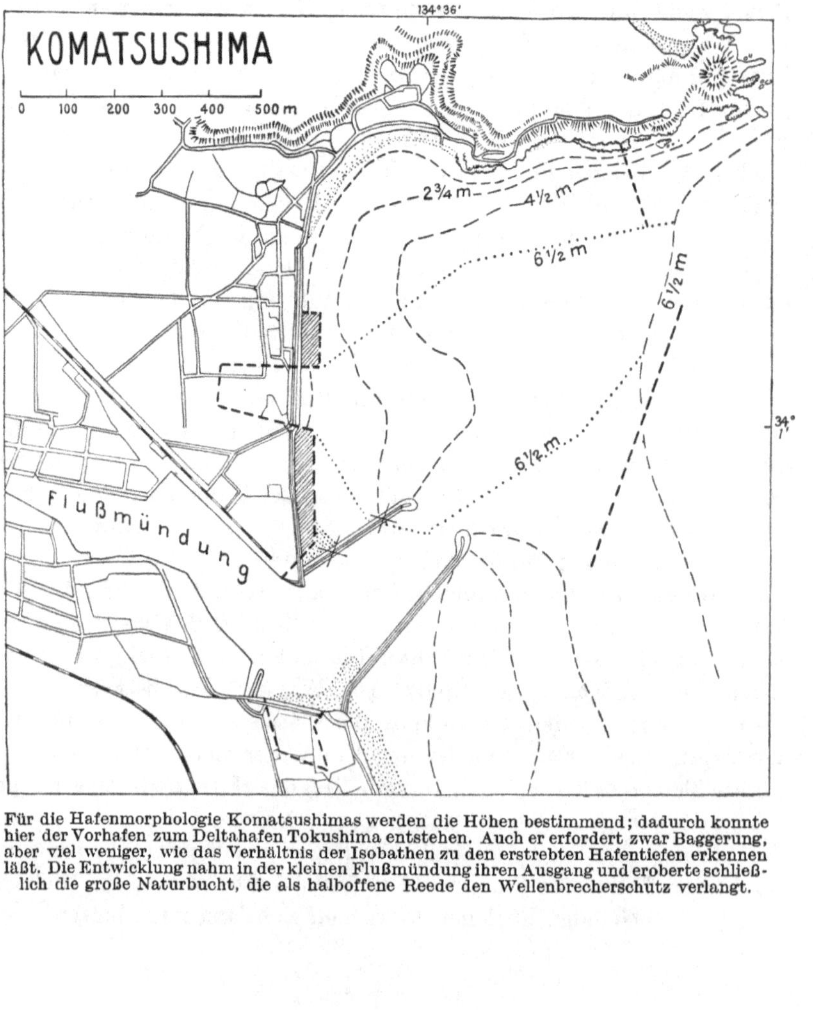

Für die Hafenmorphologie Komatsushimas werden die Höhen bestimmend; dadurch konnte hier der Vorhafen zum Deltahafen Tokushima entstehen. Auch er erfordert zwar Baggerung, aber viel weniger, wie das Verhältnis der Isobathen zu den erstrebten Hafentiefen erkennen läßt. Die Entwicklung nahm in der kleinen Flußmündung ihren Ausgang und eroberte schließlich die große Naturbucht, die als halboffene Reede den Wellenbrecherschutz verlangt.

Vorhafen Komatsushima, seine Gestalt und Funktion. Nur 7 km südlich von Tokushima liegt an der Mündung eines Flüßchens Komatsushima. Das Schwemmland gehört nicht mehr zum Delta des Yoshino, aber in jenen größeren Küstenrahmen, der, wie erörtert, aus zwei Elementen besteht. Eine Berggruppe jener inselartigen Natur, die sich zu 190 m erhebt, wird zum Eckpfeiler des Hafens. Dieser ist für den größeren Verkehr an die Stelle des Flußhafens von Tokushima getreten und das Eingangstor von Tokushima-Ken geworden. Während die Höhen in Tokushima nur als Eckpfeiler der Stadt, doch nicht für die Gestaltung des Hafens Bedeutung gewinnen, geben sie umgekehrt in Komatsushima dem Hafen Form, Richtung und Schutz, und die Stadtfläche liegt in der kleinen Flußebene.

Begonnen wurde mit der Entwicklung dieses Hafens 1899, als im Tokushima-Flußhafen noch gewandert wurde. Dabei baggerte man zunächst nur in der breiten Mündung des Flüßchens von Komatsushima etwas aus. Zugleich wurde mit Tokushima eine regelmäßige Seeverbindung eingerichtet. Erst im Jahre 1911 entstand die Kleinbahn zwischen beiden Orten, mit der dann die im neuen Hafen gelandeten Personen und Güter nach Tokushima fuhren. 1913 wurde wieder mit Baggerarbeiten begonnen und eine Kaimauer errichtet. Auf diese erste Phase des Hafenbaus folgte 1917—21 eine ganz andere, die durch zwei Molen einen gesicherten und tiefen Eingang zu dem erweiterten und vertieften Mündungsbecken schuf. Hierauf entstanden auch Fabriken in der Nähe. Woran es nunmehr aber dem trefflichen kleinen Hafen noch fehlte, war der Raum. Je größer die Schiffe waren, denen bereits der Zugang ermöglicht wurde, um so mehr mußte die Beengtheit empfunden werden, und so trat der Ausbau schon 1923 in seine dritte Hauptphase ein; in dieser sah ich die Arbeiten im Gang, und sie dürften jetzt der Vollendung entgegengehen. Sie hat die eine der Eingangsmolen beseitigt und zu der anderen eine Ergänzung geschaffen mit einem 600 m langen Wellenbrecher und noch einer kurzen Mole. So wird der große Raum der Bucht abgeschlossen, die nördlich der Flußmündung durch rechtwinklig vorspringende Hügel gebildet ist. Das Fundament der Dämme ist aus den kristallinen Gesteinen der umliegenden Hügel errichtet, die man auch an der Kaimauer verwendet sieht, worauf dann Betonkästen aufgesetzt sind.

So gründete sich die erste Phase des Hafens ganz auf die kleine Flußmündung, die zweite verlängerte diese durch zwei zangenartig gestellte Molen nach außen, und die dritte machte die größere Naturbucht zwischen der Flußmündung und den Felsgestaden nutzbar, ohne die Flußmündung ganz auszuschalten.

Die Mündung des Flusses in den größeren Hafen ist nicht nachteilig, jedenfalls mit den Mündungen bei Tokushima nicht zu vergleichen. Der Fluß entstammt nur der kleinen Ebene selbst und kann durch seine Sandfracht nicht sehr störend werden; die Isobathen sind vor seiner Mündung kaum ausgebogen.

Am nachteiligsten für den Hafen ist von allen physischen Elementen vielmehr der sommerliche Südostwind, der ziemliche Stärke annehmen kann. Immerhin ist gegen ihn außer den Molen noch ein gewisser Vordamm mit einer Halbinsel gegeben, die fern im Osten aus dem Delta des Nakagawa von Süden her vorspringt. Der starke Seegang kommt infolge dieser Konfiguration auch mehr direkt von Osten, und ihn hält der lange Wellenbrecher ab. Jedenfalls aber ist die Kaimauer an der flachen Rückseite des Hafens, die von dem hereinkommenden Seegang getroffen wird, auffällig hoch gebaut: etwa 4 m über dem Hochwasserstand. Die ganze Kii-Straße als Vorhof wird eben bei stärkeren Winden zum Staubecken.

In das Flachland im Hintergrund der Bucht wird ein rechteckiges Becken von 220 m Länge gegraben, an dessen Längsseiten zwei Schiffe von 1500 und zwei von 2500 Tonnen anlegen können. So wird die gesamte Länge der Lagerplätze und der Kaimauer vergrößert und zugleich die Landemöglichkeit näher an den Bahnhof herangebracht, der dahinter liegt. Große Lagerhäuser fehlen und sind hier nicht erforderlich, einige kleine Schuppen genügen, weil die Güter gleich mit der Bahn nach Tokushima gehen. Seitlich der Flußmündung entsteht noch ein kleines Becken für Fischerboote. Im ganzen ist an drei Stellen des Hafens für die Fischerei gesorgt; außer der schon erwähnten liegt eine in der Flußmündung dem Bahnhof gegenüber und eine am Hügel, wo sich schon ein Fischerdorf befindet.

Die Tiefen in dem großen Molenbuchthafen liegen von Natur meist zwischen 4 und 6 m und werden auf durchweg $6^1/_2$ m gebracht. Der durch die Molen umgrenzte Beckenraum beträgt 64 ha. Der Boden des Hafens besteht aus Sand, mit etwas Ton vermischt, ist also zum Ankern gut.

Der Hafen dient nur dem Binnenhandel. Seine Einfuhr besteht in Geweben, Kleiderstoffen, Baumwollgarn und Maschinen, die Ausfuhr in Seidengarn, Kokons und Geweben. Die Jahreswerte (1926) sind 27 und 35 Mill. Yen; schon 1921 waren es im ganzen 54 Mill., das Doppelte von dem, was Tokushima erzielte, obwohl damals der neue

Hafenausbau noch nicht in Angriff genommen war. Im Hafenbild sind die Küstensegler in mehr als zehnfacher Überzahl über die -dampfer; doch erreichen sie nicht die Hälfte von deren Tonnage. Im ganzen fährt jährlich eine Schiffstonnage von 1 Million ein, das Fünffache derjenigen Tokushimas.

Regelmäßiger Nahschiffsverkehr besteht vor allem mit Ōsaka und Kōbe, während z. B. keine Verbindung mit Yokohama unterhalten wird. Damit erweist sich auch dieser Hafen im Vorhof der Inlandsee noch durchaus als Trabant von Kōbe und Ōsaka wie die eigentlichen Inlandseehäfen. Die meisten Schiffe nehmen denn auch den Weg durch die Yura-Straße. Die wegen ihrer Gezeitenwirbel schwierige Naruto-Passage kommt weniger in Betracht, wird aber immerhin bei mäßigen Tiden benutzt, vor allem von den Kohlenseglern Kyūshūs.

2. Wakayama (-Wakanoura).

Lagebeziehungen und Hinterland. Wie schon zwischen Mitsugahama-Takahama und Tokushima-Komatsushima eine gewisse Analogie, vor allem in der Lage sich offenbarte, sehen wir sie noch vollkommener zwischen dem letzteren Hafenpaar und dem an der Kii-Straße gegenüberliegenden Wakayama. Die Medianlinie ist hier die letzte Ursache dafür. Dem auf ihr laufenden Längstal des Yoshino entspricht genau in der Anlage, Richtung und selbst Längsausdehnung das des Kinogawa, das wie jenes auf der Grenze zwischen dem kristallinen Band und der Zone des Izumi-Sandsteins liegt. Dem langen spitzen Siedlungsdreieck des Yoshino-Tales sehen wir gegenüber den an Gestaltung, Richtung, Größe und Dichte genau gleichen Siedlungsraum des Kino (vgl. Taf. 29). Der Deltastadt Tokushima entspricht hier Wakayama und dem seitlichen Buchthafen von Komatsushima hier Wakanoura.

Die Bewohnerzahl dieser Hinterlandskammer ist, wieder in ähnlicher Größenordnung, auf $\frac{1}{2}$ Million zu veranschlagen. Aber wie dort der obere Teil des Längstals durch Takamatsu angesogen wird, so hier durch Ōsaka, nur noch wesentlich stärker, weil zwei Bahnen die Verbindung schaffen. Nur der untere Teil der Siedlungskammer kann enger mit dem Hafen Wakayama verbunden werden, das heißt eine Bewohnerzahl von vielleicht $\frac{1}{4}$ Million, wovon 117000 auf die Stadt selbst fallen.

Als fernere Hinterlandszonen könnten Teile der Kii-Halbinsel in Frage kommen, wenn dem nicht ihre Gestaltung und damit ihre Siedlungsverteilung so sehr im Wege stünde. Bahnen gibt es südlich der im Kino-Tal verlaufenden auf der ganzen Kii-Halbinsel noch nicht. Das Innere gehört zu den unbewohntesten Teilen von ganz Japan. Die vielen, zum Teil winzigen Siedlungsnischen an den Mündungen der Küstenflüsse sind durch die scharf vorspringenden Bergsporne oft ganz voneinander getrennt. Demnach sind alle weiteren Wohnkammern der Halbinsel auf den Seeweg, den Küstenkleinverkehr angewiesen. Von Ōsaka gehen zweimal täglich kleine Schiffe von weniger als 1000 Tonnen um die Spitze der Halbinsel bis zur Ostküste, wobei Shingū und Katsuura angelaufen werden.

Alle diese Umstände und nicht zuletzt die Lage im Bannkreis von Ōsaka selbst, mit dem es durch Eisenbahn und sogar durch elektrische Bahn verbunden ist, drücken die Bedeutung von Wakayama soweit herab, daß es in der Schiffstonnage noch nicht den Wert Tokushimas erreicht. Es ist mithin weniger seine Bedeutung an sich als die gerade im Vergleich mit Tokushima-Komatsushima so sichtbar wirksamen geographischen Momente, die es überhaupt mit in die Betrachtung ziehen lassen.

Hafen, Siedlung und Wirtschaft. Der Hafen konnte — wieder analog den Verhältnissen von Tokushima — entweder in der Flußmündung selbst entstehen oder 5 km südlich der Stadt an der durch elektrische Bahn erreichbaren Riasbucht von Wakanoura. In ihr streicht das schmale, die Kii-Halbinsel wenigstens hier im Westen durchziehende Band der Schiefer aus. Die Bucht ist aber vorn breit und offen und würde einen Wellenbrecherschutz erfordern. Im Hintergrund ist sie durch einmündende Flüßchen stark versandet. Vorläufig ist nur an ihrer Seite eine kurze, schräge Ufermauer errichtet, die für Leichter, doch nicht einmal für die kleinen Küstendampfer direkt zugänglich ist. Sommerhotels liegen malerisch an der hohen Felsküste und ziehen viele Besucher und Gäste heran, zumal da Ōsaka sowohl mit kleinen Personendampfern wie mit der Bahn leicht erreichbar ist. So scheint mir mehr in dieser Hinsicht als im Sinne eines Handelshafens Wakanoura einige Bedeutung zu erlangen.

Für den Handelsverkehr hingegen behält in diesem Falle — anders als bei Tokushima — Wakayama selbst mit seinen fast 120000 Einwohnern seine Rolle. Als Hauptstadt des gleichnamigen Ken war die alte Stadt schon in der Feudalzeit mächtig, zumal als Sitz einer der drei großen Zweigfamilien der Tokugawa. Heute hat sie ihr wirtschaftliches Schwergewicht in der Baumwollindustrie, sowohl Spinnerei wie Weberei. Die Rohbaumwolle wird von Ōsaka bezogen, meist mit kleinen Dampfern. Als Kraft dient mehr Kohle als Wasser, und auch sie kommt zu Schiff und zwar direkt von Kyūshū. So bilden Baumwolle und Steinkohlen die Hauptfracht des Imports. Aus dem Innern der Kii-Halbinsel, das noch viel Wald trägt, wird Holz auf dem wasserreichen Kino geflößt und in der Möbeltischlerei der Stadt verarbeitet. Holz bildet auch den Hauptwert des Exports, dazu Möbel und Strohwaren, auch etwas Fische für Ōsaka und Orangen, durch welche die Umgebung einen alten Ruf genießt. Außer dem starken und regulären Verkehr mit Ōsaka besteht durch die Küstenfahrten um die Kii-Halbinsel Verbindung mit den übrigen kleinen Häfen derselben, schließlich auch ein Querverkehr nach Shikoku.

Der Hafen der Stadt ist reiner Flußhafen im verzweigten und aufgelösten Mündungsbereich des Kino. Dieser bringt mit seinem spätsommerlichen Hochwasser gewaltige Schuttfracht aus dem Gebirge, erhöht und verändert die großen Bänke im breiten Bett. So leidet der Hafen unter dem seichten, wechselnden und unsicheren Fahrwasser. Dazu kommt die Erschwerung der Ein- und Ausfahrt in der ungeschützten Mündung bei Stürmen. Eine bessere Zusammenfassung wurde schon zu Beginn der Meiji-Ära durch eine Mole versucht. Auch wird das Fahrwasser durch Baggerung auf $2\frac{1}{2}$ m gehalten. Kaimauern, Piere, Lagerhäuser und sonstige Anlagen eines Hafenlandraumes fehlen noch.

III. Die Häfen der großen Außenbuchten Südhonshūs.

Was sich uns im allgemeinen Teil als die „Hochstraße des Außenhandels" ergab (vgl. Taf. 24 u. a.), setzt sich eigentlich aus zwei Hauptstrecken zusammen. Die eine ist die Inlandsee mit ihren beiden mächtigen Endpolen und ihren paar winzigen Zwischenpunkten des Außenhandels. Die zweite schließt sich ostwärts an und zeigt hier an den großen Südbuchten eine Reihe mittelstarker Brennpunkte und schließlich einen weiteren Riesenhafen, Yokohama. Andere Gruppierungen, Bedingungen und Probleme als in der Inlandsee werden uns die Häfen dieser zweiten Reihe bieten, die wir nunmehr nach den drei Buchten getrennt untersuchen wollen.

a) Die Häfen der Ise-Bucht.

Neben der Ōsaka- und der Tōkyō-Bai stellt die von Ise kulturlich die bedeutendste von Japan dar. Hier sind Nagoya und Yokkaichi die Brennpunkte, die man in gewisser Weise wie Ōsaka und Kōbe zusammen nennen muß.

1. Das Hafenhinterland und -umland der Bucht.

Beide Häfen liegen in Front einer Alluvialebene, die in ihrer nahezu viereckigen Gestalt mit fast 50 km nordsüdlicher Ausdehnung die größte von Südwestjapan ist. Zwar wird sie von der Niigata-Ebene Nordostjapans noch übertroffen, doch liegt diese an der Rückseite des Landes. Hinter Ōsaka-Kōbe stehen die Häfen der Ise-Bucht an Ebenenhinterland nur dadurch zurück, daß dort durch die Bruchbecken noch eine Reihe kleinerer Hinterlandsebenen herangezogen wird.

Figur 50.
Hinterland der Häfen der Ise-Bucht.

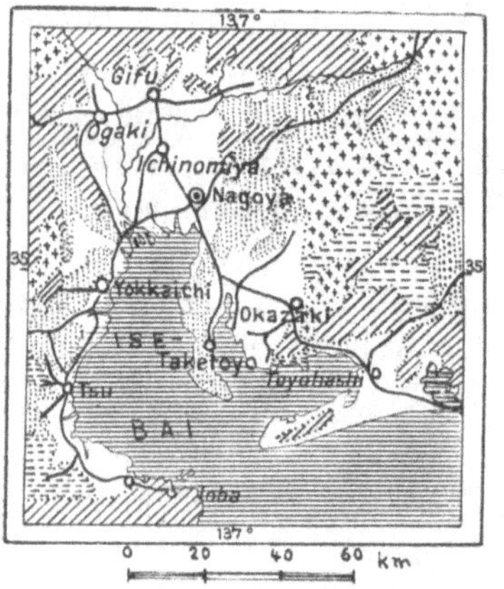

Höhere Gebirgsrahmen aus: 1. Granit 2. Gneis 3. älteren Schichten 4. Neogenes Vorhügelland 5. Quartär-Niederungen

Um das Bruchgebiet der Ise-Bai, das quer in die hier sinisch streichenden alten Gebirgszonen greift, liegen größere und kleinere Alluvialebenen mit diluvialen Säumen. Bei weitem die größte und dichtest besiedelte ist die des Kiso-Deltas, für die Nagoya als das naturgegebene Seetor erscheint. Ihr mehr entrückt und nur von kleinen Siedlungsräumen umgeben ist Yokkaichi, das damit von Natur in Vorhafenstellung gedrängt wird. Gleichfalls entlegener, aber sekundären Tiefländern benachbart ist Taketoyo.

Die Ebene (vgl. Fig. 50) ist das fluviatil aufgefüllte nördliche Ende der Ise-Bai, und diese gehört in die Reihe der großen Senkungsfelder mit meridionalen Flanken, welche die südliche Außenküste von Honshū kennzeichnen. Am Eingang der Bai ist die Zone paläozoischer Formationen durchbrochen, die von Shikoku und der Kii-Halbinsel herüberstreicht. Sie baut mit Höhen von 500—1000 m den Flügel der Kii-Halbinsel auf, der unter reichlicher Riasbuchtung scharf nach Osten heraustritt und den wir nach dem Städtchen Toba den Toba-Vorsprung nennen können. Den Gegenflügel stellt die schmal wie ein Finger vorgestreckte Atsumi-Halbinsel dar, die auf Übersichtskarten wie eine Nehrung anmutet, in der aber jene alten Gesteine, wenn auch niedriger und in junge Bildungen gehüllt, wieder auftreten. Zwischen beiden Flügeln bilden die durch die Kräfte des Meeres zerrissenen Formen von Inseln und Riffen die Brücke über den 20 km weiten Buchteingang. Zwischen den Resten findet man zum Teil Tiefen von 80—90 m, während nördlich und südlich des Eingangs höchstens 40 m vorkommen, was auf die Gezeitenwirkung in den Engen deutet.

Die meridionale Bruchrichtung tritt sowohl in den Isobathen am Ostende des Toba-Vorsprungs wie namentlich am Rand der Berg- und Hügelländer östlich von Nagoya hervor. Die hier aus Granit und Gneis bestehenden Höhen von 500—800 m fallen in fast gerader Randzone zu den aus jungtertiären und diluvialen Ablagerungen gebauten Vorländern von meist weniger als 100 m Höhe ab.

Wie am Eingang der Bai die paläozoischen Formationen quer herüberstreichen, so findet auch die nördlichere Zone des Granit-Gneisgebirges auf beiden Seiten ihr Gegenstück. Gehen wir noch einen Schritt nordwärts, dann kommen wir in der Umrandung der Ebene in die karbon-permischen Plateaugebiete von mehr als 1000 m Höhe, die um den Biwa-See den einheitlichen Kern des Landes bilden. So können wir drei, oder wenn wir Granit und Gneis noch sondern, vier von Süden nach Norden aufeinanderfolgende Zonen unterscheiden, die von dem Bruchbecken der Ise-Bucht und Nagoya-Ebene betroffen werden.

Was an die Bucht selbst herantritt, ist aber selten eine dieser Zonen, sondern meist niederes Vorland aus tertiären und quartären Ablagerungen (Fig. 50). Desgleichen ist die Ebene wenig von den älteren Gesteinsarten unmittelbar flankiert, meist schieben sich schmale diluviale Bänder oder neogene Vorhügel ein. Für den Übergang von der Ebene in das höhere Umland und für die Verbindung mit weiteren Hinterlandszonen erweisen sich die Verhältnisse als relativ günstig, wie im Einzelnen nicht erörtert werden kann. Schon aus unsrer Karte der Bevölkerungsverteilung (Taf. 29) ist diese Beziehung jedenfalls deutlich herauszulesen.

Mit der Ebene, die nach den beiden an ihr beteiligten alten Provinzen auch die Mino-Owari-Ebene heißt, sowie mit ihren Randzonen ist ein großer Raum dichtester Besiedlung an die Bucht gelehnt. Seine Metropole ist Nagoya, das seit der modernen Entwicklung des Hafens und der Industrie und namentlich nach der Eingemeindung von 16 kleinen Städten und Dörfern im Jahre 1921[1]) zu einem Groß-Nagoya gewachsen ist und jüngst die

[1]) Nach Mitteilung von Herrn Dr. Hahn, Nagoya.

Bewohnerzahl von 900 000 überschritten hat. Hinzu gesellen sich drei mittelgroße Städte, Gifu, Ōgaki und Ichinomiya, unter denen Gifu mit 82 000 Bewohnern die bedeutendste ist. Sie verteilen sich in Abständen von 15 km über die Ebene. Mit diesen vier gewerblichen Mittelpunkten, vor allem mit Nagoya sind Verkehrs- und Konsumzentren gegeben, die allein schon eine Volkszahl von 1—1¼ Million enthalten. Dazu kommt die ländliche und kleinstädtische Bewohnerschaft der reisbauenden Ebene und ihrer Randhügelzonen, die insgesamt auf 1½ Millionen Köpfe zu veranschlagen ist. Der ganze Raum nördlich der Bucht bis an die Siedlungsöden der Gebirge nähert sich also der Zahl von 2¾ Millionen. Ihre Verbindung mit der Küste ist nicht nur durch das in der Ebene verdichtete Bahnnetz, sondern zugleich durch die Deltaarme erleichtert. Der Nagaragawa z. B. ist bis nach Gifu, also an den Nordrand der Ebene befahrbar, auch der Kiso- und Ibigawa werden viel benutzt.

Das ist aber nur der Kern des Siedlungsraumes. An ihn sind südwärts Glieder angeschlossen, welche die Ise-Bucht bis zum Eingang begleiten. Sie finden im Westen eine schärfere Begrenzung an Gebirgshöhen, während im Osten der Bucht die Gestaltung komplizierter ist. Hier treffen wir nach Überschreitung des niedrigen Tertiärsporns, der sich als Chita-Halbinsel in den Golf schiebt, auf zwei große gehobene Küstenebenen aus diluvialem Material, die dem Kiso-Massiv und dem Akaishi-Gebirgsland vorgebaut sind. Besonders die näher an Nagoya gelegene um Okazaki ist in großer Ausdehnung dicht besiedelt und angebaut. Beide randlichen Anhängsel sind mit Nagoya durch Bahnen verbunden. Im Westen des Ise-Golfes läuft die Bahn ganz im Alluvialsaum der Küste über die fast gleichweit voneinander entfernten Städte Yokkaichi, Tsu und Ujiyamada nach der Perlenstadt Toba. Diese wäre im Inselgewimmel der Riasbuchten am Eingang des Golfes ein isolierter und bedeutungsloser Ort und die Bahn führte schwerlich bis hierher, wenn nicht der Perlenmagnat Mikimoto seine berühmten Farmen hier im Meere hätte. Auf der Ostseite der Ise-Bucht führt eine Hauptbahn, die Tōkaidō-Linie, über die wieder gleichweit abstehenden Städte Okazaki, Toyohashi und Hamamatsu und entsendet eine Anzahl Zweiglinien in die beschriebenen Ebenen. Diese Städte sind auch Sitze von Industrien, Hamamatsu bereits Großstadt.

Versuchen wir eine rohe Abschätzung der Bevölkerung, so ergibt sich östlich des Ise-Golfes bis an den Hamana-See ¾—1 Million, im Westen dieselbe Größe. Diese 1½—2 Millionen mit der obigen Zahl des Kerngebietes zusammengefaßt macht eine Gesamtzahl von 4½ Millionen aus. Diese zum Teil landwirtschaftlich, zum nicht geringen Teil auch industriell tätige Bevölkerung erfüllt somit das unmittelbare Hinterland der Ise-Bucht. Textilerzeugnisse und Seide, Tee, Lackwaren und Keramik haben hier bevorzugte Sitze. Porzellan- und Tonwaren dürften wohl zu mehr als zur Hälfte ihres für ganz Japan geltenden Betrages hier erzeugt werden.

Wie wir nun für Ōsaka Hinterlandszonen zweiter und weiterer Ordnung aufstellen konnten, so gilt dies im Prinzip auch für Nagoya, nur nicht in dem gleichen Grade zwingend, weil Ōsaka als mächtigerer Wirtschaftskörper eine größere Saugkraft ausüben kann und außerdem leichtere Verbindung zu den ferneren Gebieten auch nach den physischen Verhältnissen hat. Ohne Frage erreicht z. B. Nagoyas Einfluß die Ebene des Biwa-Sees durch die Bahnlinie von Ōgaki nach Maibara; denn die steil abfallenden Schollengebirge zwischen beiden Senken werden hier in einer tiefen Talfurche im Abstand von nur 30 km durchquert. Aber die Größe von Nagoyas Anteil gegenüber Ōsaka ist nicht abgrenzbar. Ähnliches gilt für Nagoyas Verbindung mit Tsuruga. Die metrische Entfernung ist von Nagoya her kürzer als von Ōsaka; aber stärker ist doch für Tsuruga die Kettung an Ōsaka, was schon in den Zugverbindungen zum Ausdruck kommt.

Wie im Westen in den Anziehungsbereich von Ōsaka, so gerät Nagoya auch nach Osten hin mit seinen Hinterlandskammern zweiter Ordnung in die Reichweite eines stärkeren Magneten, Yokohamas. Hier ist es der meridional gestreckte Siedlungsgraben des oberen Tenryū und des nördlich anschließenden Beckens von Matsumoto mit fast ¾ Million Bewohnern, der durch den Bahnstrang des Kiso-Tales an Nagoya herangezogen wird, während über das Kōfu-Becken schon Yokohama daran teilnimmt. Wenigstens wurden mir bei der Handelskammer in Nagoya auch diese Zentralregion und darüber hinaus sogar die Küstengegend von Niigata als Abnehmergebiete für Industrieprodukte betont.

Natürlich hält es nicht schwer, ein ideales Hinterland zu konstruieren mit noch viel mehr Bevölkerung, wenn man alle, auch die schwachen Handelsfäden, die sich nach irgendeiner Richtung ergeben, noch berücksichtigt. Jedenfalls aber ergibt sich aus unseren Ableitungen, und nur das ist der Zweck derselben, welche Stellung überhaupt Nagoya zum japanischen Gesamthinterland hat; es ist zwischen die Sphären der beiden Hafenriesen Yokohama und Ōsaka-

Kōbe eingeschoben, 7 Bahnstunden vom ersteren, 4 vom letzteren entfernt. Man könnte es bis zu gewissem Grade mit Bremen in seiner Lage zwischen Hamburg und den Rheinmündungshäfen vergleichen, nur daß Bremen nicht ein so dicht besiedeltes Hinterland in unmittelbarster Umgebung hat. Wie hoch man in Nagoya selbst die Zukunft und zwar auf Grund der natürlichen Bedingungen einschätzt, mag daraus erhellen, daß von manchen Seiten die Hoffnung gehegt wird, es werde sich noch zum größten Hafen Japans entwickeln. Sie mag in diesem Ausmaß übertrieben sein; denn Yokohama, das mit Amerika seine stärkste Verbindung hat, behält den Vorteil der Lage wie der Hafengestaltung, ganz abgesehen von dem noch größeren unmittelbaren Hinterland, und Ōsaka blickt so entschieden nach Westen, zu den asiatischen Gegengestaden, daß auch ihm gegenüber der Weg nach Nagoya länger und umständlicher ist. So wird die eigentliche Grundlage Nagoyas immer nur in der Selbständigkeit und Abgeschlossenheit des eigenen, unbestrittenen Hinterlandes beruhen, und gegen die übermächtigen Hafenmetropolen im Westen und Osten wird es sich stets seiner Haut zu wehren haben. Doch mag es eher noch Erfolge gegenüber Ōsaka als auf Kosten Yokohamas erwarten können. Auch die Ungunst der Hafengestaltung ist bei beiden gleich groß, da sie einen Deltahafen in Kauf nehmen müssen. Doch hat Ōsaka wieder den soviel besseren Kōbe-Hafen vor seiner Tür, während die Ergänzung Nagoyas durch Yokkaichi, wie sich zeigen wird, nicht so bedeutend ist.

Daß zur See Nagoyas Verbindung über ganz Japan, von den Kyūshū- bis zu den Hokkaidō-Häfen reicht, bedarf kaum der Erwähnung. Darin ist es ähnlich gestellt wie etwa Kōbe und Ōsaka, aber doch nur in Bezug auf die größeren der fernen Häfen, während z. B. die gesamten Häfen der Inlandsee für die Ise-Bucht wegfallen.

2. Die Häfen und ihre geschichtliche Stellung in Verbindung mit den morphologischen Grundlagen.

Die Mino-Owari-Ebene ist ein Deltaland, und die lappigen Formen der Deltainseln und -halbinseln sowie die verzweigten Wasser zwischen ihnen geben der Küsten- und Hafengestaltung ihren Charakter. Elf Mündungsarme verteilen sich auf die Deltafront von 22 km. Der beherrschende Strom ist der Kiso, der aus den Hochgebirgen Zentraljapans die größten Wasser- und Schuttmassen herbeiführt. Von seinem Gebirgslauf bezieht Nagoya auch Wasserkraft für die Industrie. Seen findet man, abgesehen von einem kleinen im Westen, nicht mehr; alle etwa von der ursprünglichen Anlage verbliebenen oder durch Sackung entstandenen sind durch die Überschwemmungen aufgefüllt.

Die Durchwässerung der Ebene ist namentlich in ihrem unteren Teil so stark, daß der Durchgang in alten Zeiten gemieden wurde. Dadurch hatte der wichtige Küstenweg von Kyōto nach Tōkyō, der Tōkaidō, hier im Delta eine Lücke; er schaltete eine kurze Seefahrtsstrecke von Kuwana nach Atsuta ein. Jenes lag am Westrande des Deltas, dicht vor dem Höhenrahmen, dieses am Ostrand auf einem Diluvialvorsprung. Es ist jetzt die Vorstadt von Nagoya (s. Figur 51).

Kuwana wird von Thunberg als eine große und stark befestigte Stadt beschrieben. Es war der Sitz eines mächtigen Daimyō und eine der 53 Tōkaidō-Stationen. Auf Kämpfers Karte hart an der Küste gelegen, machte es seine Bedeutung als Brückenpunkt verständlich. An der Mündung des westlichsten Stromarmes Ibi entwickelte es sich ebensosehr zu einem Markt für das geflößte Holz wie zu einem Sammel- und Verteilungspunkt des Reises und hat insofern heute noch seine Bedeutung. Aber von der Mündung ist es jetzt über 6 km entfernt, Deiche und Leitdämme regulieren den Lauf der Wasser und den Landansatz. Im Westen macht eben die Aufbauarbeit der Deltaarme den stärksten Fortschritt, da die mächtigsten Adern sich hier zusammendrängen. Günstiger liegen die Verlandungsbedingungen im nordöstlichen Zipfel der Ise-Bucht, der auf Atsuta weist. Wenngleich man auch hier, beim Anblick der Stadt und ihrer Umgebung, unter dem starken Eindruck der gehäuften Wasseradern steht, so fällt der Vergleich mit der westlicheren Küstenpartie doch bei weitem zu deren Ungunsten aus. Daraus erklärt sich, daß Atsuta beziehungsweise seine Hinterstadt Nagoya das Schwergewicht in der Neuzeit auf sich zog.

Aber auch hier ist die fortschreitende Verlandung historisch verfolgbar. Als Index bietet sich eine diluviale Landzunge, deren Ende Atsuta einnimmt. Diesen durch einen bedeutenden Schrein geheiligten Ort zeigt Kämpfer auf seiner Karte mit dem Namen Myah (später Miya) ebenso wie Kuwana dicht am Meere. Damit harmoniert eine 200 Jahre alte japanische Karte, die ich auf der Bibliothek von Nagoya einsah. Ebenso ist der Zustand noch auf einer Karte von 1812, die das bebaute Stadtgebiet und den Atsuta-Schrein verzeichnet, vor demselben aber eine viereckige Insel künstlich angebaut zeigt (s. Figur 51). Selbst im Jahre 1869 reichte das Ende der Diluvialzunge noch eben an den Buchtzipfel. Die Verlandung beiderseits des heutigen Hafenkanals ist also erst das Werk der letzten 7 Jahrzehnte und künstlich unterstützt. Sie war umso leichter zu bewerkstelligen, als das Wasser weit hinaus nur noch minimale Tiefen, 1 m und weniger besitzt. Um hier überhaupt noch an tieferes Wasser zu gelangen, mußte in dem Buchtende 4 km weit vor Atsuta mit Baggerung und Landaufschüttung begonnen und noch viel weiter hinaus ein Seekanal vorgetrieben werden, wie sich bei der Hafenanalyse näher zeigen wird.

Fig. 51. Nagoya zu Beginn des 19. Jahrhunderts.

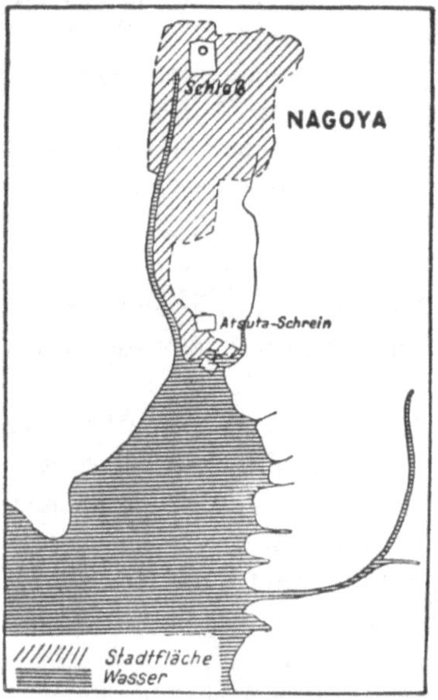

Der alte Atsuta-Schrein lag damals noch an einer Hafenbucht, die jetzt weit hinaus zugeschwemmt ist.

So sehen wir Kuwana wie Atsuta seit der Zeit, da sie noch von den Wellen der Bucht bespült ihre Rolle als Fährplätze spielten, einer starken Zuschwemmung anheimgefallen, aus der sich nur das mit Nagoya vereinigte Atsuta in den letzten drei Jahrzehnten durch eine gewaltige Leistung des Hafenbaus wieder zum tiefen Wasser hindurcharbeiten konnte. Dagegen finden wir 12 km südlich von Kuwana die Stadt Yokkaichi, die heute zwar auch von seichtem Wasser umgeben ist, aber immerhin 1 km vor ihrer Lagerhausfront Wassertiefen von 5 m und mehr erreicht. Es wird von den sich vorschiebenden Deltalappen, die die beiden anderen Plätze verschlungen haben, noch nicht bedroht. Durch diese Lage vor der Ebene war seine Bedeutung in alten Zeiten, obwohl es auch vom Tōkaidō durchzogen wurde, geringer als die der beiden Buchtwinkelstädte; Kämpfer, der es als eine ziemlich große Stadt von mehr als 1000 Häusern bezeichnet, erwähnt von ihrem Hafen kein Wort. Aber dafür kehrte sich nach der Eröffnung Japans das Verhältnis zunächst um. Sofort mit Beginn der Meiji-Ära wurde es von Dampfern angelaufen, und 1874 begann der Hafenbau. So lag es jahrzehntelang in Vorteil, und ehe Nagoya überhaupt an Hafenpläne herantrat (1894), war Yokkaichi schon zum Spezialhafen des Fremdhandels erklärt. Noch 1910 neigte sich die Entscheidung im Wettstreit beider Häfen dahin, daß Nagoya künftig besonders dem China- und Korea-Verkehr dienen, dagegen Yokkaichi für den Amerika- und Europa-Dienst ausgebaut werden solle[1]). Nur die Wirtschaftsenergie, die sich in Nagoya als dem Brennpunkt der Ebene und der Zentrale des Handels und der Industrie entfaltete, konnte dieser Stadt auch als Hafen den Sieg über das den örtlichen Küstenbedingungen nach begünstigtere Yokkaichi einbringen. Die Kurven der Entwicklung von Export und Import sprechen ohne weiteres deutlich (Fig. 52). Sie lehren auch, daß im Import, der die Massenrohstoffe des Auslandes mit großen Schiffen bringt, Nagoya länger auf Yokkaichi als Vorhafen angewiesen blieb und erst ganz jüngst von ihm auch darin frei wird. Die Geschichte des Hafenbaus von Nagoya wird uns die Erklärung mit den erst in letzter Zeit in rasch aufeinanderfolgenden Etappen erreichten größeren Wassertiefen geben.

Figur 52.

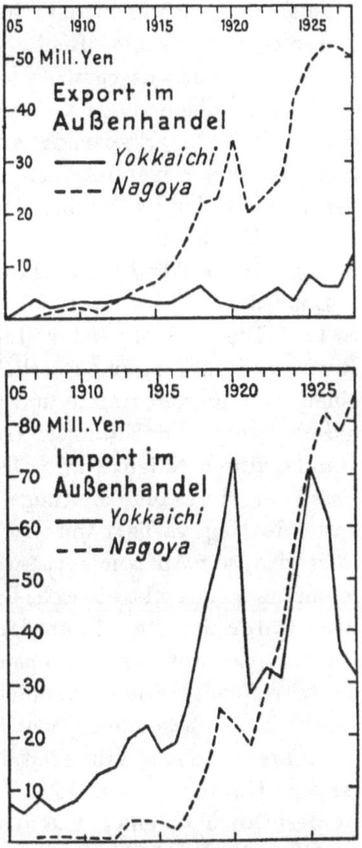

Yokkaichi wurde erst in neuester Zeit von Nagoya überflügelt, besonders spät im Import, wie es die hafenmorphologischen Verhältnisse und Entwicklungen verständlich machen.

Die Zukunft beider Häfen wird nicht wenig von der **Richtung der Strömungen** im Norden der Ise-Bucht beeinflußt werden. Hierüber sind mir direkte Messungen nicht bekannt geworden. Ich kann nur auf Grund der Beobachtungen einiger Erscheinungen an den flachen Küsten, an Flußmündungen und Sandhaken, Vermutungen aufstellen. Man gewinnt danach den Eindruck, daß das Stromsystem nicht einfach ist, sondern Haupt- und Nebenkreisläufe umfaßt. Vor dem Buchtzipfel Nagoyas scheint ein Stromkreis entgegen dem Sinn des Uhrzeigers zu verlaufen. Der umgekehrte Gang wird in dem

[1]) Ostasiatischer Lloyd, Schanghai, Juni 1910.

Buchtwinkel von Yokkaichi nahegelegt. Zwischen beiden wölbt sich der Hauptbogen des Deltas vor. Wenn dieses Bild zutrifft, ist es für beide Häfen das relativ günstigste. Allerdings für eine ferne Zukunft wird der eine wie der andere dem Übel nicht entrinnen und eine immer größere Baggerarbeit erfordern.

Doch auch schon in der Gegenwart sind Bestrebungen im Gang, den beiden typischen Buchtspitzenhäfen vorgeschobene Häfen beizugesellen oder entgegenzusetzen. Beherrschen jene durch die weit zurückgeschobene Lage am besten das Hinterland, so würden diese den Vorteil der Ersparung an Weg und Zeit für vorüberfahrende Schnelldampfer bieten. Auch liegen die geplanten Vorhäfen alle auf der Ostseite der Ise-Bucht, wo in den erwähnten gehobenen Ebenen selbständige kleine Hinterländer an das Meer zu schließen sind, die bisher nur als Glieder am Haupthinterland von Nagoya hängen.

Einer der Pläne knüpft sich an die lange Neogenhalbinsel (Fig. 50, S. 426). Diese schiebt sich südlich von Nagoya wie ein Wall in die Ise-Bucht und gliedert einen östlichen Buchtraum ab. Der letztere würde einen besonderen Hafen und Nagoya zugleich einen Vorhafen erhalten, wenn die Halbinsel nahe der Wurzel, von Yokosuka nach Handa, durchstoßen würde. Der Gedanke wurde gelegentlich in der Presse erörtert, eine Zeitungsskizze aus den Tagen meines Aufenthaltes in Nagoya liegt mir vor. Gleichviel ob er ernstlich weiter verfolgt wird, sein Auftauchen ist wegen der darin liegenden geographischen Momente so charakteristisch, daß er hier zu erwähnen ist. Der Durchstich würde nur etwa 15 km lang sein, und das zerschnittene Tertiärplateau, das auf der Halbinsel keine 100 m Höhe erreicht, wird an der betreffenden Stelle von einer Talniederung durchzogen. So böte das Werk keine besondere Schwierigkeit. Der Gewinn liegt für die genannten kleinen Hinterländer nicht nur in der Ersparung des langen Umweges, den ihre Frachten bisher von Nagoya haben, sondern auch in einer Verringerung der Versicherungskosten; diese sind für die Leichter ziemlich hoch, weil im südlichen Teil der Ise-Bucht oft schwere See herrscht. Für Nagoya könnte aber der Kanal ein zweischneidiges Schwert werden.

Hafenfunktion hat Handa schon jetzt, allerdings bescheiden (700000 t Schiffseingang 1927); der ganze spitze Zipfel der Bucht östlich von Taketoyo gilt als Hafenbucht, in der Tiefen von 10 m und mehr vorliegen, allerdings nicht mehr bei Handa, sondern weiter südlich. Hier liegt die Stadt Taketoyo. Deren Name ist zur Sammelbezeichnung des Hafens geworden, an dem 6 kleine Städte Teil haben, deren wichtigste Handa mit etwa 10000 Bewohnern ist. Taketoyo besteht seit 1899 sogar als Fremdhandelshafen. Als solcher hat es aber nur für den Import Bedeutung, der in den letzten Jahren um 15 Millionen Yen betrug. Sein Schiffseingang bleibt noch unter dem von Handa. Was hier gelandet wird, sind vornehmlich Soyabohnen, Ölkuchen und Mineralöl (Gesamtimport im Außenhandel 12 Mill. Yen, Export gleich Null).

Eine andere Idee geht dahin, an der Spitze derselben Halbinsel in Murosaki einen bequemen Anlaufhafen für die Fahrt zwischen Kōbe und Yokohama zu schaffen. Endlich besteht der Plan, von Toyohashi eine Bahn in die Spitze der Halbinsel Atsumi zu führen und hier eine Fährverbindung nach Toba einzurichten. Diese würde einen kürzeren Anschluß an Ōsaka ermöglichen.

Alle diese Pläne und Ansätze laufen schließlich auf eine Beeinträchtigung der Monopolstellung Nagoyas hinaus und werden umso weniger Aussicht haben, je mehr dieses sein wirtschaftliches Eigengewicht erhöht. Bisher hat es das in so erstaunlichem Fortschritt getan, daß es auf dem Wege scheint, zu einem zweiten Ōsaka und zur wirklichen dritten Hauptstadt zu werden; den Beinamen Chūkyō (Mittelhauptstadt) in Analogie zu Tōkyō und Saikyō führt es schon länger.

3. Nagoya.

(Hierzu Figuren 53 u. 54.)

α) *Die Stadtlandschaft und ihre Beziehung zum Meer.* Nagoya liegt schon ganz am östlichen Rand der Ebene, gestützt auf die diluviale Stufe, welche die alluviale Niederung um 5—25 m überragt. Die Siedlung macht sich einen schmalen, durch Tälchen herausgearbeiteten Sporn dieser höheren Platte zunutze. Er setzt im Norden der Stadt mit dem Schloßplateau breit und etwa 20 m hoch an, erniedrigt und verschmälert sich unter etwas stärkerer Reliefierung nach Süden und hat an der Spitze bei Atsuta, wo der Querschnitt weniger als 1 km beträgt, nur noch 5—6 m Meereshöhe. Steil ist der Abfall nach Westen, wo man über die marschengleiche Tiefebene blickt, die von den Reisfeldern eingenommen und von alten Deichen und Kanälen durchzogen ist, auf denen kleine Lastkähne liegen. Nach Osten geht der Rücken sanft in eine Talung über. Diese ist weiter nördlich beim Schlosse nur mehr schwach ausgeprägt, und man bleibt hier ostwärts wandernd auf dem 20 m hohen Plateau, um plötzlich mit steilerem Anstieg zu dem nächsten, dem 40—50 m hohen, jungtertiären zu gelangen, von wo in der Ferne die noch größeren Granithöhen sichtbar werden.

So ist das Stadtgebiet im Norden und Westen ganz, an der Ostseite nur auf der südlichen Strecke von Wasseradern umzogen. Das war eine hervorragende strategische Lage, und es entstand im Norden der Kern mit dem 1610 erbauten Schloß. Hier haben auch um das Schloß die Straßen den streng schachbrettartigen Verlauf. Ferner besteht die Regelmäßigkeit, daß in gewissen Abständen breitere Straßen, bis zu 20 m, in denen die elektrischen Bahnen laufen, folgen. Das große Stadtviereck am Schloß ist die heutige Handelsstadt. Von da ging die Entwicklung genau auf dem Diluvialrücken südwärts bis zur Vereinigung mit dem alten Fährplatz Atsuta. Denn man kommt zunächst in Stadtteile, in denen mit großzügigeren Straßen noch kleine Gassen vereinigt sind, und schließlich auf dem schmäler werdenden Verbindungsstück mit Atsuta trifft man noch den dörflichen Grundriß mit der größten Unregelmäßigkeit seiner Gassen. Auch ein Meßtischblatt von 1891 zeigt von dem nördlichen Stadtkern südwärts eine einzige Straße, die auf dem Rücken nach Atsuta läuft und an der die Besiedlung bereits entlang zieht ohne Seitenstraßen. Gleichzeitig mit der Ausdehnung zum Meere wuchs

Figur 53.

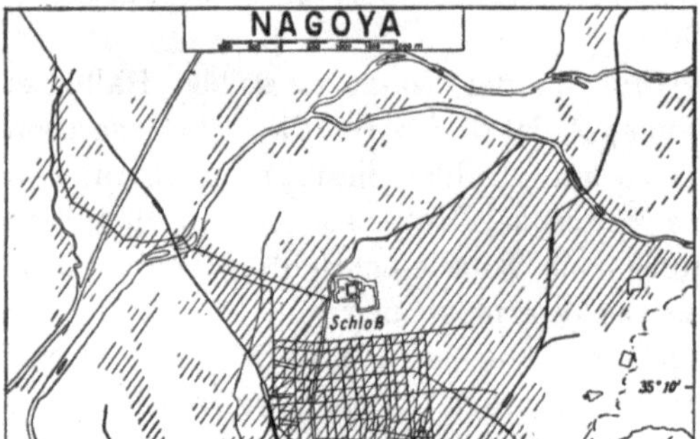

Während in der westlichen Hälfte der Karte alluviales Schwemmland liegt, zieht sich die Stadt auf einer diluvialen Fläche, die im Norden in größerer Ausdehnung den regelmäßigen Kern und das Schloß trägt, südwärts bis zur Vorstadt Atsuta hin. Hier läuft die diluviale Höhe zungenförmig aus und ist von den beiden Kanälen umgeben, die durch das einheitliche Mündungsstück des Horikawa mit dem Hafenwasserraum verbunden sind. Am Ostrand der Karte grenzt die Quartärniederung an eine tertiäre Stufe, die mit 40 – 60 m Höhe ansetzt (deren Fuß durch die Wellenlinie markiert ist).

die Stadt von ihrem nördlichen Kern nach Osten und Westen in die Breite, und zwar entstand nach Osten eine vorwiegende Wohnstadt, nach Westen Industriestadt.

Nagoya vereint mithin verschiedene Vorzüge: es ist frei von dem Wasserreichtum des westlichen Teils der Ebene (bei Kuwana), damit auch frei von den allzustarken Veränderungen der Mündungsläufe, die einem Hafen nur nachteilig werden können; zugleich leitet es durch den langen Buchtzipfel den Seeverkehr weit binnenwärts in die Ebene; endlich benutzt es den diluvialen Höhenrand als Baugrund, der aber hier so gestaltet ist, daß er Wasserläufe um die Stadt und selbst in die Stadt zuläßt, somit einst einen guten Schutz und jetzt eine enge Verbindung mit dem Hafen gewährt.

Von diesen Wasseradern ist für den Frachtverkehr mit Booten weitaus am wichtigsten der Längskanal Horikawa („Grabenfluß"), der von dem im Norden die Stadt umfangenden Fluß abzweigt, dann westlich des Schlosses südwärts zieht und den Westabfall des Diluvialsporns bis zur Spitze bei Atsuta begleitet, um hier in den breiten kurzen Hafenkanal überzugehen. Bei Atsuta biegt ein anderer Kanal, der Shin-Horikawa (neuer Gr.-Fl.), auf die Ostseite des Rückens ab, um hier parallel dem Westkanal nordwärts zu laufen. Beide ziehen also den Hafenwasserraum in die verhältnismäßig abgelegene Stadt herein. An beide Kanäle hält sich auch am meisten die angegliederte Industrie (vgl. Taf. 16, Abb. 2), die namentlich seit den 90er Jahren, nach der Eröffnung der Tōkaidō- und Kansai-Bahn sowie später unter Ausnutzung der überreichen Wasserkräfte sich entwickelte.

Der Bahnhof liegt im Westen der breiten Nordstadt in der Niederung. Von hier gehen westwärts Bahnlinien auseinander, andererseits eine Hauptlinie südwärts, die den Rücken an der Stelle überquert, bis zu der damals wohl die geschlossen bebaute Stadt reichte, und sich an der Ostseite des Rückens verzweigt. Westlich desselben geht noch eine Stichbahn zu den für den Hafen wichtigen Holzspeicherteichen und eine andere in die Hafenspitze. Erst die neueste Entwicklung des Hafens hat ihm auch von Osten Bahnzweige zugeführt.

β) *Der Hafen, seine Bedingungen und Anlage.* Über die Geschichte der beiden Stadtkanäle fehlt es mir leider an Quellen. Da aber die Angaben über den modernen Hafenbau nichts von ihnen enthalten, gehören sie schon der älteren Geschichte an. Der Horikawa, also

Fig. 54. Nagoya, Hafen.

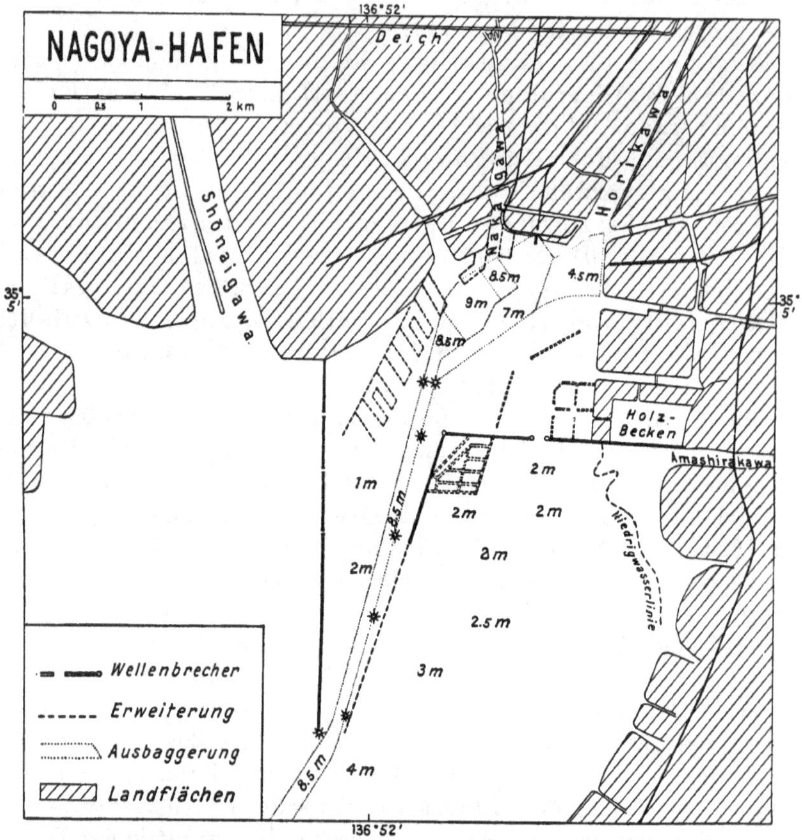

Der ganz künstliche Hafenrahmen wird von dem rund 10 km messenden System der Dämme sowie den großen Aufschüttungsflächen der Landseite gebildet. Ebenso großartig ist das Werk der Baggerung; Tiefen von 8,5 m sind in einer langen Zufahrtsrinne sowie in einer breiten Liegefläche im inneren Hafen anstelle des von Natur sehr seichten Wassers gesetzt worden, wie es die um die Wellenbrecher stehenden Tiefenzahlen noch anzeigen. Große Ausdehnung haben die gewonnenen Neulandflächen und die auf ihnen zum Teil errichteten Schuppenreihen und Lagerhausblöcke.

der westliche von beiden scheint der ältere zu sein und ist mit dem früheren Handel der Stadt eng verbunden. Der moderne Hafenbau knüpft an das Kanalnetz und den Diluvialvorsprung von Atsuta an. Das Wasser vor diesem war weit hinaus seicht. Das beweist die Schilderung, die Thunberg[1]) von seiner Überfahrt von Kuwana her gibt; sie mußten vor dem Erreichen von Atsuta aus den größeren

[1]) K. P. Thunberg, a. a. O., II, S. 85—86.

Schiffen in kleine Boote steigen, konnten aber mit ihnen auch nicht anders in die Stadt gelangen, als daß jedes schließlich „von zwey Kerlen auf dem wenigen Wasser, das über dem Moder stand, mit den Händen fortgezogen werden mußte". Nach den heutigen Seekarten beträgt die natürliche Tiefe erst 11 km von Atsuta entfernt mehr als 5 m.

Dem Umstand, daß in der Ise-Bucht zunächst das immerhin günstigere Yokkaichi sich als Hafen darbot, ist es zuzuschreiben, daß Nagoya noch lange nach der Eröffnung Japans mit Hafenplänen zögerte. Erst 1894 wurde der erste ins Werk gesetzt, dessen Vollendung sich bis 1910 hinzog; die Öffnung des Hafens erfolgte 1907. Als nun der Hafen nach dem ersten Bauplan vollendet war, entsprach er nicht mehr entfernt den Ansprüchen der Zeit; es folgte ein zweiter, ein dritter und zur Zeit meiner Anwesenheit, wo ich den dritten fertig sah, selbst ein vierter Plan, indem jedesmal die erstaunlich aufstrebende Handels- und Industriezentrale wieder weiter der Entwicklung des Hafens vorausgeeilt war. Doch unterscheidet sich jeder nächste Plan von den vorhergehenden nur durch eine größere als Ankerplatz verfügbare Wasserfläche, durch größere Tiefen und durch die Ausführung der Dämme, die teils aus anfänglichen Sanddämmen und Faschinen in Steinmolen übergeführt wurden. Dagegen ist an den Grundzügen der Hafenmorphologie, und darauf kommt es uns an, nichts Wesentliches geändert. Diese haben von vornherein in großartiger Weise den Naturbedingungen Rechnung getragen und für alle weitere Entwicklung den Grund gelegt. Die Aufgaben, die sich hier stellten, waren mehrere: Abwehr der Wellenbewegung, Schutz gegen die Zuschüttung und Gewinnung der ungewöhnlich langen Fahrrinne bis zu den großen Tiefen. Es wurde zu dem Zweck ein 4,4 km langer Wellenbrecher nordsüdlich so gelegt, daß die nächste westliche Flußmündung, die des Shōnaigawa, vom Hafen ausgeschlossen war. Damit ist der Zuschwemmung der Einfahrt soweit wie möglich Einhalt geboten und zugleich die Kraft der häufigen Winde aus Westen gebrochen. Eine zweite, rechtwinklig dazu gerichtete Mole setzt an der östlichen Küste an und wehrt die aus Südost wehenden starken Winde ab. Von ihrem Ende begleitet noch ein 3700 m langer Steindamm die Fahrrinne, konvergierend mit der großen Westmole; von dem Steindamm liegt nur der hintere Teil über dem Hochwasser. Das Ganze bedeutet einen künstlichen Rahmen von mehr als 10 km Länge; er übertrifft somit noch den von Ōsaka und mißt beinahe das Doppelte der künstlichen Dämme von Kōbe! Der

Boden besteht aus Schlamm und Sand, ist aber nicht zu weich, bot somit wenigstens nicht die Schwierigkeit für den Molenbau wie in Kōbe. Wegen ihrer großen Länge zeigen die Wellenbrecher in gewissen Abständen kleine Unterbrechungen zur Durchfahrt für die Fischerboote. Ihre Höhe reicht bis nahe an 5 m über Niedrigwasser. Auch das sind bedeutende Maße, zum Beispiel verglichen mit Ōsaka. Hierin liegt eine Rücksicht auf den Tidenhub, der Höchstwerte von nahezu 3 m erreicht, und zugleich auf den Seegang, der bei Winden aus der südlichen Bucht, also namentlich im Sommer, erheblich werden kann; die stärkeren Winde bringt hier überhaupt der Sommer- und nicht der Wintermonsun, wenn auch die Neogenhalbinsel gegen die steifen Südostwinde schon eine gute Naturwehr darstellt.

Das umschlossene Areal des Hafenwassers kommt mit 860 ha dem von Kōbe nahe, das aber unter soviel günstigeren Bedingungen erreichbar war. Davon ist ein großer Teil als Ankerfläche mit Tiefen bis zu 9 m im Kern hergerichtet, zu denen man aus der ursprünglich schon fast Land gewordenen Fläche über die verschiedenen Baupläne nunmehr gelangt ist. Der lange Pier am Ende des Hafens hat 7½ m Wassertiefe an seinem Kopf. Außerhalb der Hafendämme ist bis zu den großen natürlichen Tiefen eine noch längere Fahrrinne als innerhalb des Hafens ausgebaggert. Die Gesamtstrecke von Atsuta bis zur natürlichen Tiefe von 9 m mißt 17 km! Eine Reihe von Leuchtfeuern begleitet die Fahrrinne vor und in dem Hafen. Seit der Vollendung des dritten Bauplanes im Jahre 1926 konnten schon Dampfer von 10000 Tonnen hier einlaufen.

So besteht der gesamte Hafenwasserraum aus einer freien ausgebaggerten Fahrrinne durch die Außenreede, einem anschließenden Trichter zwischen den konvergierenden Leitdämmen und schließlich einer breiten inneren Wasserfläche.

Die letztere sehen wir heute von größeren Aufschüttungen umgeben, die nacheinander entstanden, in ihren Umrissen schon den künstlichen Aufbau erkennen lassen und zur Gesamtfläche von 400—500 ha anwuchsen. Diese Arbeiten sind aber noch keineswegs beendet, sondern durch neue Ausbaupläne sind weitere Arbeiten dieser Art teils in Angriff, teils in Aussicht genommen, sowohl innerhalb wie außerhalb der großen Molen. So ist in dem Winkel außerhalb der Ostmole ein Lager für gefährliche Stoffe und ein Ankerplatz für zugehörige Schiffe vorgesehen, im südöstlichen Winkel des Innenhafens ein großer neuer Holzspeicherteich mit Raum zur Ordnung der von Schiffen in das Wasser geworfenen Hölzer. Die bedeutendste Veränderung wird die im Westen des ganzen Hafenraumes an der Wurzel der großen Mole eingezeichnete sein, wo eine Reihe von Hafenbecken zwischen Kaiflächen im Entstehen ist (aber erst nach einer Anzahl von Jahren vollendet sein wird). „Der Hafen ist sehr großzügig angelegt, aber noch lange nicht fertig“[1]). Ein neuester, soeben in der japanischen Presse erörterter Plan[2]) sieht z. B. unter anderm auch eine nochmalige Vertiefung der inneren Fahrrinne (auf unserer Karte 8½ m) um ½ m sowie eine Verbreiterung derselben vor.

Die Arbeit geschieht in der Weise, daß große Leichter das Baggergut aus Seebaggern übernehmen und in Landnähe bringen; hier wird Wasser hinzugepumpt und das Gemisch hinter aufgeführte Mauern gespien, wo das Wasser verdunstet. Die Flächen werden etwas höher aufgeschüttet, als das dahinter früher gewachsene Land, das bei starkem Regen schon sehr unter dem Wasser leidet. Auf die Neulandflächen verzweigen sich Bahnlinien. Auch sind sie durch radial laufende Kanäle getrennt sowie von kleineren Kanälen umgeben und durchzogen. So entsteht eine große Zahl viereckiger Inseln, die sehr regelmäßig nebeneinander liegen und alle von festen Kaimauern umrahmt sind. Hier haben Fremdhandel und Heimathandel, Fracht- und Passagierverkehr, Segler und Dampfer ihre getrennten Bereiche. Der heimische Frachtverkehr wiederum scheidet die Gebiete für Kohlen und Holz voneinander, die beide Hauptgegenstände des Nagoya-Hafens sind.

Die Neulandflächen bilden recht eigentlich den Hafenlandraum. Sie tragen die großen einstöckigen Schuppen und Lagerhäuser aus Eisen in Reihen geordnet, mit Geleisen dazwischen. Über 500 Leichter[3]) vermitteln den Verkehr mit den Dampfern, die an Bojen liegen, deren über 20 sich über den Hafen verteilen. Andere Dampfer liegen an den Kais und werden zum Teil mit Kränen bedient. Der gesamte Lagerhausraum des Hafens wurde 1926 mit 37000 qm Fläche angegeben. Der große Stil der neuen Schuppen, die mächtigen Dampfer, namentlich mit dem ausgedehnten Holzbetrieb, ergeben zusammen mit den räumlichen Ausmaßen der Wasserfläche den Gesamteindruck eines der bedeutendsten unter Japans Häfen.

Nicht minder schwierig wie die Verbindung mit den fernen großen Wassertiefen gestaltet sich in Nagoya die Frage der Verbindung des

[1]) Der Pilote, Deutsche Seewarte, 1929, S. 245.

[2]) Nach Mitteilung von Herrn Dr. Hahn, Nagoya.

[3]) Der „Pilote“ gibt 1929 genau 547 Leichter an mit 35000 t Fassungsvermögen.

Hafens mit dem fernen Stadtzentrum. Ist doch schon die Atsuta-Spitze von der durch die Aufschüttungen entstandenen Wasserfront 3½ km, die Handelsstadt fast 10 km entfernt! Die zwei alten Kanäle, eine Hauptstraße und eine Bahnverbindung konnten den Anforderungen nicht mehr genügen, darum ist eine Fortführung der vom Hafenwasserraum ausstrahlenden Kanäle gegen die südlichen Teile der Stadt vorgesehen, in denen die Industrie sich mehr und mehr angliedern wird und in dem flachen Gelände unbegrenzte Möglichkeiten besitzt. Der direkt nach Atsuta führende Horikawa-Kanal ist fertig. Am wichtigsten wird aber der benachbarte Nakagawa-Kanal sein, der westlich der alten Hafenbahnlinie in die Hauptzone der Industrie bis zum Bahnhof vorstoßen und vielleicht die Schlagader im größeren Nagoya bilden wird. So bleibt das Prinzip der meridionalen Stichkanäle wie überhaupt der meridionalen Struktur der Stadt und des Hafens auch in der Weiterentwicklung erhalten.

Im Ganzen ergibt sich so für den Nagoya-Hafen das von manchem anderen abstechende Bild, daß für eine größere Zukunft seine Bedingungen sich eher günstiger ausnehmen, als wie es bei den kleinzügigeren Verhältnissen der Vergangenheit der Fall war. Denn nur durch Unternehmungen ganz großen Stils war die Ungunst der Natur hier wirklich zu überwinden.

γ) *Wirtschaft, Handel und Verkehr.* Die Entwicklung des Verkehrs sei nur durch zwei Zahlen illustriert. Nach der Eröffnung wurde der Hafen von 1000 Dampfern und 28000 Seglern im Jahre angelaufen. 1927 wurden 3200 Dampfer und 34000 Segler gezählt, wobei noch das Anwachsen der Schiffsgröße zu bedenken ist; die Dampfer umfaßten in diesem Jahre 6½ Millionen Tonnen, die Segler 400000. Der Wert des durch den Hafen gehenden Binnen- und Außenhandels betrug im Anfangsjahr 27 Millionen, 1926 aber 298 Millionen Yen, also das Elffache. Im Gesamthandel war damit der Hafen an die 8., im Außenhandel schon an die 4. Stelle, d. h. über Moji und Nagasaki, gerückt (im vorhergehenden Jahr stand er noch soeben hinter Moji). Vom Außenhandel allein gibt Tabelle 33 das Bild der stürmischen Entwicklung.

Für die Art der Frachten sind einmal die Industriezweige der typisch industriell entwickelten Stadt und der kleineren städtischen Zentren ihres Hinterlandes, sodann der Nahrungskonsum ihrer Bevölkerung bestimmend. Unter den Industrien sind zwei, die der Stadt und ihrer Umgebung schon seit alters einen Ruf einbrachten: Keramik und Holz. Für beide liegen hier besondere Naturbedingungen vor.

Tabelle 33.
Umfang des Außenhandels in Nagoya.

Jahr	Menge in Tonnen	Wert
1907	43000	2,4 Millionen Yen
1911	52000	3,6 ,, ,,
1916	264000	13,5 ,, ,,
1921	431000	38,6 ,, ,,
1925	1019000	120,2 ,, ,,
1928	?	135,1 ,, ,,

Wo 15 km östlich von Nagoya die erwähnte Tertiärhügelstufe vor den steilen Granithöhen des Kiso-Gebirges endigt, ist aus der Verwitterung dieses Gesteins die reichliche, gute Kaolinerde hervorgegangen, die in der davor liegenden Stadt Seto den Grund zur Porzellanindustrie legte[1]). Hier wurde die Kunst in ihren Anfängen vor vielen Jahrhunderten entwickelt, und der Ort hat der Sache den Namen gegeben; Setomono (Sache von Seto) ist die Bezeichnung dafür. Bis heute ist Seto ein Mittelpunkt dieser Industrie geblieben, allerdings mehr im Kleinbetrieb und Hausgewerbe; nur eine Fabrik hat mehr als 100 Arbeiter[2]). Jedenfalls ist jetzt in Nagoya und seiner Umgebung die Herstellung von Porzellan, Tonwaren und Cloissonné am stärksten konzentriert, und ich sah in keiner zweiten Stadt so reichlich die Läden für diese Gegenstände wie hier. Die Waren gehen auch in Mengen nach Amerika und Europa. Die Vereinigten Staaten nehmen rund 40% von Japans Porzellanproduktion auf[3]).

Alt ist ebenso die Holzgewinnung und -verarbeitung. Die Waldungen der fast unbesiedelten Hochgebirge im Osten und der Kiso, der sie am besten erschließt, machten die Mündungsstädte in dem Deltaland in alter Zeit zu Hauptstapelplätzen des Holzes. Die größte Eigenheit, die man in Nagoya auch jetzt beobachten kann, sind die Holzspeicherteiche im Westen der Stadt (Taf. 16, Abb. 1), eine alte Einrichtung aus den Zeiten, da der Handel mit Holz aus den fürstlichen Forsten eine große Rolle spielte. Sie haben ihren besonderen Bahnanschluß und treten vor allem durch Schleusen mit dem alten Längs-

[1]) Siehe darüber auch J. J. Rein, Japan, a. a. O., II, (1886), S. 551, 569—70.
[2]) J. E. Orchard in The Geographical Review 1929, S. 182.
[3]) The Transpacific, vol. XVIII, 1930, Juli, S. 22.

kanal in Verbindung. Dieser ganze Kanal steht am meisten im Zeichen des Holzes, sowohl durch die mächtigen Stapel in den Teichen wie auch durch Lagerplätze und Fabriken an den Ufern. Das Holz wird am Ort zum Teil für den Hausbau verwendet, zum Teil zu Möbeln, Porzellankisten, Faßdauben, Wanduhren, Violinen, Zündhölzern u. a. mehr verarbeitet. Auch jetzt liefern die Waldungen des Kiso immer noch einen großen Teil, in absoluten Mengen sicher durch die bessere Erschließung und Forstwirtschaft noch mehr als früher; aber dazu werden jetzt große Mengen zur See eingeführt, besonders von Hokkaidō, Sachalin und Nordamerika, so daß auch der Hafenwasserraum durch diese Fracht seinen besonderen Charakter erhält.

Als weitere alte Industrien können noch die der Lack- und Papierwaren erwähnt werden.

Zu diesen alten kommen als neu entwickelte Zweige die der Textilindustrie. Auch sie ist an dem großen Längskanal vorzugsweise angesiedelt. Die Entwicklung hierin war in jüngster Zeit außerordentlich stark; im Jahre 1921 hatte die Ausfuhr von Baumwollwaren im Außenhandel erst den Wert von 1 Million Yen, 1925 und 1928 den von 16 Millionen. Auch Müllerei sowie Bau von Eisenbahnwagen und Flugzeugen sind hier Spezialitäten geworden. Bei der stürmischen, jungen Entwicklung zu einer der ersten Fabrikstädte des Landes kam Nagoya besonders die Nähe der stärksten hydro-elektrischen Kraftreserven im Kiso-Flußgebiet zu statten.

Aus diesen Wirtschaftsgrundlagen wird das Bild der Handelsgegenstände verständlich, wie es die folgende Tabelle (34) gibt. Darin ist die Einfuhr ganz und gar von den Rohstoffen der Wolle und Baumwolle, die Ausfuhr von ihren Erzeugnissen und daneben den Porzellan- und Tonwaren beherrscht. Weiter erscheinen in der Einfuhr Holz, Kohle und Maschinen, Nahrungsmittel und Dünger. Ein gewisser Widerspruch scheint darin zu liegen, daß unter den Textilien in der Rohstoffeinfuhr die Schafwolle, in der Warenausfuhr aber Baumwollgewebe die entschiedene Führung haben. Er erklärt sich aus dem besonderen Verhältnis, in welchem Nagoya zum Vorhafen Yokkaichi steht; in diesem nämlich landet bisher immer noch wegen besserer Tiefenverhältnisse die Baumwolle aus den fernen Ländern in größter Menge, um erst im Binnenverkehr nach Nagoya zu gelangen.

Weit entfernt bleibt Nagoya von Ōsaka und Kōbe nicht nur an Gesamtmenge und -wert, sondern auch an Universalität in Bezug auf Art und Herkunft der Waren. Wenig günstig stellt sich ferner das Problem der Bilanz dar, besonders in der Tonnage. An Menge über-

Tabelle 34.

Nagoyas Außenhandel 1928.

Export		Import	
Porzellan und Tonwaren	19,6	Schafwolle	27,5
Baumwollgewebe	15,9	Baumwolle	7,8
Bretter und andere Holzwaren	4,0	Holz	7,6
Bier	2,5	Maschinen und -teile	6,9
Uhren	1,4	Weizen	5,7
Metallwaren, Maschinen, Instrumente	1,2	Kohle	5,4
Zucker	1,2	Ölkuchen	4,5
Sonstiges	4,2	Reis	3,7
		Futtermittel	3,3
		Zucker	2,3
		Andere Lebens- und Genußmittel	2,2
		Soyabohnen	1,7
		Weizenkleie	1,4
		Sonstiges	5,1
Zusammen	50,0	Zusammen	85,1

wiegt nämlich erheblich der Import, wie das bei den daran beteiligten Massenwaren verständlich ist. Die Tonnagebilanz E : I mag schätzungsweise 1 : 4 bis 1 : 5 betragen. Sie ist typisch für die starke Industriefunktion des Hafens. Allerdings gilt dieser Bilanzwert nur für den Außenhandel. Für den Binnenanteil am Hafenverkehr fehlen mir die entsprechenden Werte. Nach den Gegenständen zu schließen, die an ihm beteiligt sind (Kisten, Zucker, Dünger, Keramik, Reis, Kohlen), wird im Binnenhandel die Tonnagebilanz vielleicht mehr ausgeglichen. In Bezug auf den Wert ist auch im Außenhandel die Spannweite geringer. Immerhin überwiegt noch der Import; 1928 stand einem Import von 85 ein Export von 50 Millionen Yen gegenüber.

Von den typischen Hafenfunktionen sind es zwei, die Nagoya im wesentlichen erfüllt: die Industrie- und die Hinterlandsfunktion.

Den Löwenanteil am Außenhandel hat Britisch-Indien mit 24 Millionen Yen, dann kommen China (14 Millionen), die Vereinigten Staaten (15,5), Kwantung (13) und Niederländisch-Indien (11). Englands Anteil ist ganz geringfügig, ebenso der von Deutschland.

Wie sehr aber auch der innerjapanische Handel Nagoyas seit seiner Eröffnung als Hafen gestiegen ist, beweisen folgende zwei Zahlen: 1907 betrug er 25 Millionen Yen (800000 Tonnen), 1926 schon 164 Millionen Yen. Hier sind die in Frage kommenden Güter hauptsächlich wieder keramische Waren, Holz, Reis, Kohle, Baumwolle und Dünger. Dem Wert nach ist hierbei der Import größer (Verhältnis 4 : 1). Dieser Handel vollzieht sich mit Hokkaidō und Sachalin sowie mit Kyūshū und Formosa. Nach allen diesen näheren Gegenküsten ebenso wie nach Niederländisch-Indien, Britisch-Indien und Nordamerika gehen eigene Schiffahrtsverbindungen. Die im ganzen eingelaufene Schiffstonnage betrug 1927 fast 7 Mill. Tonnen, davon 95% Dampfer. Davon gehörten 2½ Mill. Tonnen dem Außenverkehr an (940 Dampfer). Von fremden Flaggen ist hier die holländische mit am häufigsten zu sehen, neben der britischen und amerikanischen.

4. Yokkaichi.
(Hierzu Figur 55.)

α) *Stellung zu Nagoya und Geschichte.* Gegenüber Nagoya tritt Yokkaichi sehr in den Schatten, wenn zwischen beiden eine reinliche Aufteilung des Hinterlandes erfolgen soll. Denn 15 km hinter ihm liegt schon die Zone des unbesiedelten Granitgebirges. Auch das Siedlungsband der Küste um Yokkaichi und südwärts am Golf entlang hält in der Dichte keinen Vergleich mit der Nagoya-Ebene aus. Aber so ist auch die Stellung Yokkaichis bisher nicht gewesen, vielmehr kämpfte es im wesentlichen mit Nagoya um das gesamte Hinterland. Beide sind im Grunde als die Endhäfen der Ise-Bucht anzusehen und unterliegen nur als solche so grundverschiedenen örtlichen Bedingungen, wie sie oben schon vergleichend gewürdigt sind. Daraus zog Yokkaichi von Beginn der neuen Zeit bis in die letzten Phasen von Nagoyas Ausbau den Vorteil; noch 1921 übertraf sein überseeischer Import den Nagoyas um 50%, und erst dann kehrte sich das Verhältnis rasch um. Doch blieb auch Yokkaichi absolut genommen nicht stehen, es nimmt offenbar teil an dem Aufstieg der Handels- und Industriezentrale Nagoya. So erfüllt es einesteils die Funktion als Hilfs- und Vorhafen Nagoyas, andernteils die des Versorgungshafens für die eigene Stadt und ihr näheres Umland.

Yokkaichi besaß schon aus der Zeit der Abschließung eine Seeverkehrstradition. Daher gründeten wenige Jahre nach der Restauration Kaufleute eine Speditionsgesellschaft, und von da ab wurde der Hafen zuerst von Dampfern angelaufen. Der Verkehr blieb unregelmäßig, bis im Jahre 1875 die Mitsubishi-Schiffahrtsgesellschaft einen regelmäßigen Dienst zwischen ihm und Yokohama einrichtete. Auch begann man in diesen Jahren den Hafen besser auszubauen durch Baggerung und Errichtung einer Kaimauer. Die Verbindung mit Yokohama erhielt noch mehr Gewicht, als 1888 die Kansai-Bahn von Kyōto und Ōsaka hier endigte, während die Fortsetzung nach Osten auf dem Tōkaidō noch nicht bestand. Im nächsten Jahre wurde Yokkaichi offiziell als Spezialhafen zugelassen, aber erst 1898 zum Außenhandelshafen bestimmt (Nagoya folgte 1907).

β) *Hafengestaltung.* Das Schwemmland, das kurze, dicht beieinander mündende Flüsse in schmalen Streifen vorgebaut haben, unterliegt den Einwirkungen des Meeres in Gestalt von verschleppten und gestauten Flußmündungen, Strandseen und Haken. Alle diese Erscheinungen haben sehr kleine Dimensionen, aber der größte der Haken, Asahi genannt, reckt sich unmittelbar südlich von Yokkaichi nordwärts vor; er wird wichtig für den Hafenansatz und trägt einen Leuchtturm. Unmittelbar nördlich des Hakens münden eingedeichte Flüßchen, und bei der Stadt selbst kommt der noch größere Mitaki-Fluß heraus. Hinter dem Asahi-Haken sind große Landflächen in Aufschüttung begriffen, und der Asahi-Deich bildet hier den südlichen Abschluß des Hafens. Ferner ist von der Spitze des Hakens eine Mole ostwärts hinausgebaut, an der im Norden entlang die 1100 m lange, ausgebaggerte Einfahrt zum tiefsten Teil des Hafens führt. Dessen Tiefe beträgt $8\frac{1}{2}$ m. Von Natur ist sie unweit des Molenkopfes schon vorhanden, so daß nicht entfernt so umfangreiche Baggerarbeiten wie in Nagoya nötig waren. Auch werden die einmündenden Flüsse wegen ihrer Kleinheit keine starke Zuschüttung verursachen; der Mitaki-Fluß bleibt außerhalb. Die Mole ist in 900 m Länge schon ausgeführt. Als Ergänzung zu ihr ist eine viel längere Mole vorgesehen, die im Norden vor der Mündung des Mitaki ansetzen und südwärts laufen soll, so daß zwischen beiden Molenenden ein 200 m breiter Eingang bleibt. Da die störenden Winde und Strömungen mehr aus südlicher Richtung kommen (südöstlicher Wind ist in den Sommermonaten der herrschende und in den meisten übrigen Monaten der stärkste), ist mit der zunächst fertiggestellten Mole die notwendigste Sicherung des Hafens schon erreicht. Die so umgrenzte Reede mißt gegen 300 ha. Hinter der ausgebaggerten tiefsten Fläche von 48 ha, die den südlichen Teil des Hafens einnimmt, sind aus dem Baggergut zwei große Neulandtrapeze hintereinander vor die alte Küste gebaut, jedes 350 m breit und etwa 1 km lang. Breite Straßen durchziehen sie, zu deren beiden Seiten Speicherblöcke entstanden und noch mehr geplant sind. Sie dienen der Rohbaumwolle von Indien, die hier von großen Dampfern mit Leichtern gelöscht wird und die Baum-

Fig. 55. Yokkaichi.

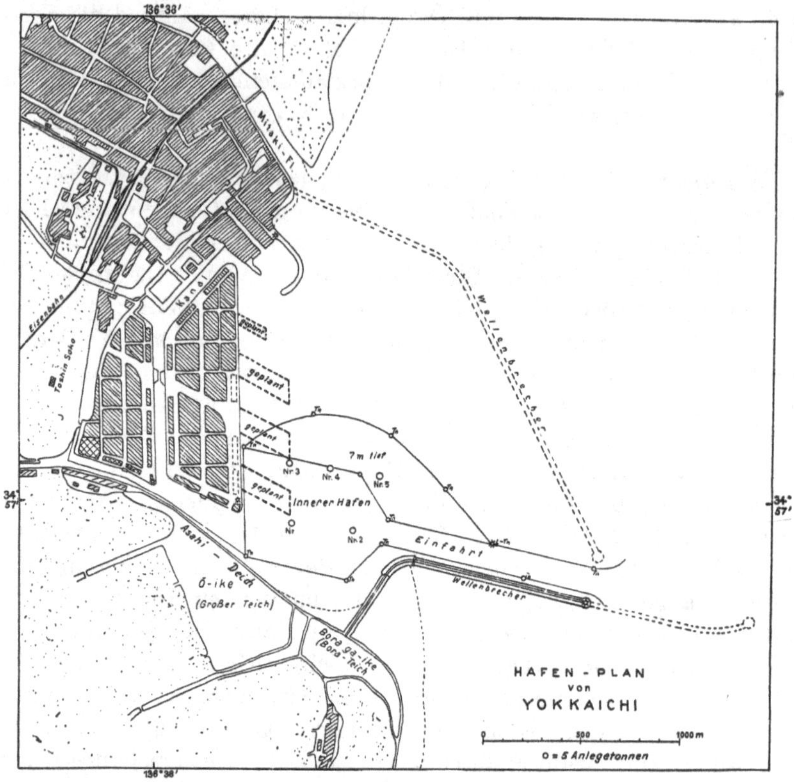

Die durch die flache Küstenbiegung halboffene Reede findet in einem ähnlich gebogenen Wellenbrechersystem den ergänzenden Abschluß gegen die Ise-Bucht. Die Tiefengestaltung in diesem Hafenwasserraum ist infolge der morphologisch-hydrographischen Bedingungen wesentlich günstiger als im Nagoya-Hafen. Innerhalb des größeren modernen Hafens liegt ein altes kleines Becken in Front der Stadt, die auch durch ein Kanalsystem eng mit dem alten Hafen verbunden ist. Hier häufen sich die Lagerhäuser altjapanischen Stils, während auf den weiten neuen Aufschüttungsflächen einige große, moderne entstanden sind.

wollspinnerei der Stadt wie die des engeren Hinterlandes versorgt. Sie beherrscht den Hafen.

Nördlich der beiden Neuländer kommen wir bereits in den Stadtbereich selbst. Hier waren schon vor Jahrzehnten, zum Teil vielleicht vor Jahrhunderten kleinere Flächen aufgeschüttet worden und zwar hinter dem alten Hafen. In Front der Stadt liegt nämlich ein kleines, durch eine gebogene Mole umgrenztes Hafenbecken, das aus der Tokugawa-Zeit stammt.

Die alten Aufschüttungsflächen hinter diesem Becken bilden einen von einem Kanalsystem durchzogenen echten Hafenlandraum, der mit Lagerhäusern voll ausgenutzt ist. Diese haben den altjapanischen Typ (Taf. 15, Abb. 3) und bekunden damit die ältere Bedeutung dieser Hafenstadt gegenüber Nagoya. In langen Reihen haben sie ihre Fronten teils nach dem Wasser der Kanäle, teils nach den rechtwinklig sie schneidenden Straßen und bilden ein ganzes Speicherviertel. Ihre Zahl beträgt rund 160. Hier legen die Leichter an, die in den Kanälen in Masse bereit liegen für die ankommenden großen Dampfer. Die Kanäle der alten Speicherstadt haben eine Gesamtlänge von annähernd 2 km. Ihre Tiefe beträgt aber bei Ebbe weniger als 1 m, während die Kanäle um die neuen Aufschüttungen bis 2½ m gehen. Im ganzen macht die Stadt in dem Hafenlandraum durch die vielen Lagerhäuser und die dichtgedrängten Boote in den Kanälen wie auch durch den Betrieb auf diesen einen belebten Eindruck, während die Hafenreede sich öde ausnimmt, weil die größeren Dampfer, die hier verkehren, nicht in so großer Zahl und mehr saisonmäßig auftreten.

γ) *Siedlung.* Dicht hinter dem Lagerhausviertel der Stadt liegt der Bahnhof, von dem aus Zweigbahnen zu den neuen Aufschüttungsflächen führen. Die Tōkaidō-Bahn scheidet ungefähr das ganze Viertel von der übrigen Stadt, die auch schematischen, aber nicht so regelmäßigen Grundriß wie das Hafengebiet hat und im hinteren Ende vom alten Tōkaidō-Weg durchmessen wird. Sie liegt ganz in der jungen Ebene und ist von schmalen Wassergräben durchzogen. Wenig hinter der Stadt erheben sich die Hügel aus Neogensedimenten mit Höhen von 65—75 m, die binnenwärts langsam ansteigen.

δ) *Handel und Verkehr.* Die Hauptindustrien sind hier ähnlich wie in Nagoya Baumwollspinnerei, Holzverarbeitung, Porzellan- und Ölfabrikation, aber alle von geringerer Entwicklung. Der weit überragende Einfuhrgegenstand ist daher mit über 20 Mill. Yen die Rohbaumwolle von Britisch-Indien, da sie nicht nur die Industrie der Stadt und ihrer Umgebung versorgt, sondern von hier in kleinen Schiffen nach Nagoya befördert wird. Baumwolle wird deshalb als wichtigster Exportgegenstand des Hafens im internen Handel aufgeführt. Weiter landen Bohnenkuchen und Soyabohnen aus China, die zur Ölbereitung dienen, desgleichen verschiedene Ölsaaten. Holz kommt von Amerika und Hokkaidō und gelangt mit der Bahn in das Hinterland. Auch Fischdünger aus anderen Teilen Japans sowie

Ammoniumsulfat (1,7 Mill. Yen) spielt eine Rolle in der Einfuhr. Zur Ausfuhr in fremde Länder kommen besonders Porzellan- und Tonwaren (10 Mill. Yen), in weitem Abstand Holzerzeugnisse, Textilwaren usw. Der gelandete Auslandreis wird von hier in den innerjapanischen Handel gebracht. Im ganzen wird nach diesem Detailbild verständlich, daß Yokkaichi durchaus Importhafen im Außenhandel, dagegen Exporthafen im Küstenhandel ist, also stark Stapelfunktion hat. 1926 betrug der Außen-Import 60, der -Export nur 7 Mill. Yen, während im Küstenhandel die Zahlen 12 und 25 waren. Der stärkste Schiffsverkehr besteht daher mit Britisch-Indien als dem Lieferanten der Baumwolle, danach auch mit China (Öl), sodann mit den Vereinigten Staaten als Abnehmern der Tonwaren. Kraß ist entsprechend dem Verhältnis von Binnen- und Außenhandel auch der Gegensatz von Dampfer- und Seglertonnage und ihrer Zahl; im Jahre 1927 liefen noch nicht 2000 Dampfer ein, aber von einer Größe, daß sie 4 Mill. Tonnen ergaben, dazu mehr als 10000 Segler von nur 200000 Tonnen. Im Außenverkehr treten zu den vielen japanischen Schiffen am ehesten britische und danach einige deutsche (Ammoniumsulfat!).

b) Die Suruga-Bucht und ihr Hafen Shimizu.

1. Buchtrahmen.

(Hierzu Figur 56.)

Wer von der Ise- zur Suruga-Bai hinüberfährt, dem öffnet sich ein Buchtgebilde ähnlich in der Größenordnung, in der Richtung der Hauptachse und wenigstens auf der Westseite auch von ähnlicher Reliefgestaltung eines niedrigen tertiär-diluvialen Hügel- und Terrassengeländes hinter schmalen Alluvialflächen. Aber schon die Ostflanke der Bucht ist anders; hier liegt der meridionale Steilabfall der hohen, andesitischen Izu-Halbinsel, in der das Fuji-Vulkangebiet weit ins Meer vorspringt. Vollends im Hintergrund sieht man bei der Einfahrt und ebenso von den Teehügeln um Shizuoka den Fuji-Kegel stehen, dessen Hang nahe an die Bucht reicht. Viel größere Höhen also umgeben unmittelbar die Bucht, nur schmale Hügelsäume und noch kleinere Alluvialebenen liegen davor, und zur Auffüllung einer großen Ebene im Hintergrund wie dort um Nagoya fehlte hier gänzlich die Möglichkeit infolge der großen Tiefen, zu denen der Buchtboden absank; nur 12 km südlich vom Fuß des Fuji beziehungsweise des ihm vorgelagerten Ashitake sinkt die Bucht bereits zur Meerestiefe von 1000 m, die sich am Ausgang auf über 2000 steigert. Sehr bezeichnend ist diese lange schmale, nur ein paar Kilometer breite Rinne, die nordwärts genau in den Fuji weist und zu der im westlichen Teil der Bucht eine zweite parallel läuft. Deren Westrand erhält seine nördliche Fortsetzung in jener meridionalen Linie, die in Shizuoka beginnend das südliche Drittel des Fuji-Querbruchs bildet. Wir sind also hier in der größten Störungszone des ganzen japanischen Inselbogens, der Fossa magna.

Fig. 56. Umland der Suruga-Bai.

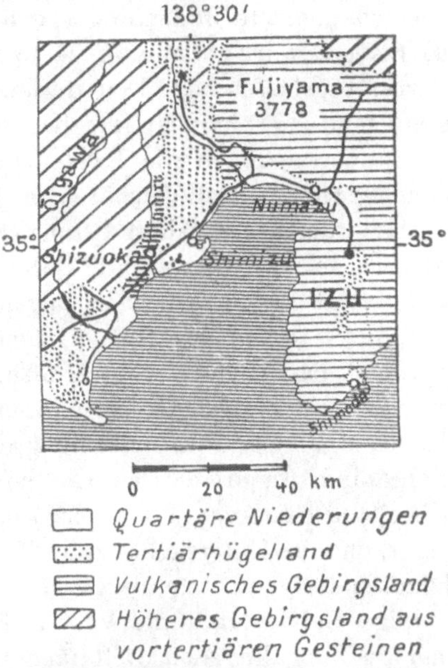

Aus der Bucht führt zwischen älterem Gebirgsland im Westen und vulkanischen Ergüssen im Osten eine von jungtertiären Sedimenten erfüllte Senke nordwärts. So tritt fast rings unbesiedeltes Gebirgs- und Hügelgelände hart oder nahe an die Bucht, und nur kleine Schwemmländer sind als Siedlungskammern dazwischen um die Mündungen der kurzen Flüsse gelagert, besonders um den Ōigawa im Süden, den Abegawa bei Shizuoka und den Fujikawa im Scheitel der Bucht. Günstig ist es nun, daß der mittlere dieser Schwemmlandbezirke durch einen Sandhaken den brauchbaren Hafen Shimizu erhält und zugleich die benachbarten Siedlungsräume im Norden und Süden mit bedienen kann.

Diese Beobachtungen machen uns die erste für uns einschneidende Tatsache verständlich: das Fehlen dichtbesiedelter Randländer als unmittelbarster Hafengrundlage. So groß also die tektonische Parallele der Suruga-Bai zu den beiden Nachbarbuchten von Ise und Tōkyō ist, so völlig fällt sie in den anthropogeographischen Auswirkungen aus der Reihe heraus.

Kommt an der Izu-Küste ein Hafen schlechterdings nicht in Frage, so liegt an der Westseite immerhin als Beherrscherin der Bucht die Ken-Hauptstadt Shizuoka mit ihrem Hafen Shimizu. Er wird durch seine Isolierung als guter Hafen schon Zufluchtshafen für große Schiffe bei Taifungefahr; doch ist dies nur eine Nebenfunktion. Das erste Problem also, das uns diese Erscheinungen stellen, ist wieder die Frage nach der eigentlichen Lebensgrundlage für den Hafen.

2. Hinterland.

Die Hinterlandsbasis fügt sich in diesem Falle aus kleinen Teilebenen zusammen. Zwischen der Reihe von Flußmündungsebenen treten die Hügelländer an das Meer vor und werden von der Tōkaidō-Bahn in Tunneln überwunden; jene sind wie Perlen an der Schnur des Tōkaidō. Im Osten findet die Ebenenbildung zugleich mit dem politischen Begriff der Präfektur ihre Grenze an der vulkanischen Barre, die vom Fuji über die Wurzel der Izu-Halbinsel streicht, die überhaupt das bedeutendste Bodenhindernis am ganzen Tōkaidō darstellt, auch die beiden alten Namen Kwansai und Kwantō (westlich und östlich der Barre) begründet hat. Den dunklen, schwarzbraunen Vulkanboden sieht man hier hart an die Küstenstadt Numazu und die Blöcke des Andesits bis in die Küstenzone kommen. Auch nach Westen können wir die Einflußsphäre von Shimizu bis zur Ken-Grenze ausdehnen, die sich annähernd mit der Medianlinie und den Höhen des Akaishi-Gebirgslandes deckt. Damit rückt rein den Verkehrsmöglichkeiten und der provinziellen Zugehörigkeit nach das dichtbesiedelte Mündungsdreieck des Tenryū noch in den Bereich von Shimizu, während das paläozoische Akaishi-Gebirge waldiges Bergland ist, in das nur einige Täler schwache Siedlungsfäden hinaufziehen. Zwischen Bergland und Mündungsebenen schaltet sich wieder das in Höhe und Aufgeschlossenheit die Mitte haltende tertiär-diluviale Hügelland ein. Auch Trewartha[1]) unterscheidet für seine wirtschaftsgeographische Untersuchung des Teegebietes im wesentlichen die drei Landschaftstypen, wie sie unseren Beobachtungen entsprechen: das waldige Gebirgsland, die Vorhügel und Platten mit Trockenkultur und die jungalluvialen Deltafächer mit Bewässerung.

Fünf kleine Ebenen sind es im ganzen, die von folgenden Flüssen gebildet werden: Tenryū, Ōi, Abe, Fuji und Kanō. In das Randgebiet der Tenryū-Niederung fällt noch die Großstadt Hamamatsu vor einer 30 m hohen Terrasse, ein durch die billige Wasserkraft begünstigtes Industriezentrum für Textilwaren und vieles andere. Doch bedient sich diese Stadt, deren Erzeugnisse in den Inlandsverbrauch gehen, mehr der Landverbindung als des Hafens Shimizu.

Eine Frage wirft schließlich das nördlich im Binnenland gelegene Kōfu-Becken als etwaiges Hinterlandsglied auf. Man kann versucht sein, es mit Shimizu in Zusammenhang zu bringen, da eine Senke und in ihr der Fuji-Fluß dorthin leitet. Aber bezeichnend ist schon, daß die Bahn nur bis zur Mitte seiner Talstrecke führt. Weiter oben stellt der schnellenreiche Fluß selbst die Verbindung her, auf dem

---

[1]) G. T. Trewartha, A geographic Study in Shizuoka Prefecture, Japan; Annals of the Association of American Geographers, Vol. 18, No. 3, 1928, S. 137.

ich die Fahrt mit kleinem Boot zurücklegte, die zwar regelmäßig stattfindet, aber nach ihrer ganzen Art nicht als stärkere Verkehrsverbindung angesprochen werden kann. Tatsächlich tendiert das wichtige Binnenbecken ganz nach Yokohama, was auch in seiner wirtschaftlichen Eigenart, der Seidenkultur, begründet ist.

So bleibt die Gesamtbevölkerung der für Shimizu irgend in Frage kommenden Hinterlandsgebiete sicher unter 1½ Millionen.

3. Landschaft und Wirtschaft um Shizuoka.

Weitaus der Hauptbestandteil des Hinterlandes ist die Mündungsebene des Abe und die sie umrahmenden und durchsetzenden Hügel sowie die Zentralstadt des Gebietes, Shizuoka. Die Beschaffenheit dieses Hinterlandes bestimmt zugleich die Gestaltung der Stadtlandschaft und des Hafens und sei daher noch näher beleuchtet. Wir befinden uns auf der Grenze zwischen der alten Scholle von Akaishi beziehungsweise dem ihren Ostrand begleitenden Vulkanstreifen und der Fuji-Vulkanzone. Zwischen beiden schaltet sich eine von jungtertiären Sedimenten erfüllte Senke ein (s. Fig. 56), die von Shimizu zum Kōfu-Becken reicht. Sie wurde an ihrem südlichen Ende nach der Heraushebung des Tertiärs erosiv aufgelöst in einzelne Hügel. Diese gerieten bei nachfolgender Senkung unter das Meer, ragen aber jetzt nicht mehr als Inseln aus diesem, sondern aus jungen Flußanschwemmungen heraus. Zum Teil erheben sie sich mit ihren steilen Hängen und scharfen Formen unmittelbar aus der Ebene, zum Teil finden sich Reste von diluvialen Schottern zwischengeschaltet. So ist es speziell beim markantesten dieser Erosionsreste, dem zwischen Shizuoka und Shimizu aufragenden Kunō-Berg. Shizuoka selbst wird im Norden von einem Andesitstreifen soeben berührt und nimmt im übrigen die Spitze des Abe-Schuttkegels mit 20—30 m Höhe ein. Der Abe durchmißt diesen in einem fast 1 km breiten Bett zwischen 3—4 m hohen Deichen. Dasselbe liegt den größten Teil des Jahres als weite Geröllfläche da, von dünnen verzweigten Gerinnen durchzogen. Er ist also nicht schiffbar, nur Holzflösse werden auf ihm befördert.

Was nun in dieser Landschaft der Stadt Shizuoka und dem Hafen Shimizu wirtschaftlich den Stempel aufdrückt, ist weniger das Element der Schuttkegelfläche als das der Hügel und Terrassen. Die Ebene baut zwar naturgemäß ihren Reis, der wegen der geringen Ausdehnung nicht von Belang wird. Aber die Höhen und Hänge der Hügel sind zum Spezialfeld einer Teekultur geworden, wie sie in Japan ihresgleichen sucht. Dadurch erhalten wir hier einen ähnlichen spezifischen Wirtschaftscharakter des Hafens wie in Nordkyūshū durch die Kohle und müssen dieser Grundlage näher nachgehen. Über und über sind die Hügel mit Teebeeten bedeckt, zu denen untergeordnet Maulbeerpflanzungen und anderes tritt. Zuweilen sieht man an einem einzigen Hang im Umkreis von nur 30 m außer Tee noch Mandarinenbäume, Maulbeerbüsche, Bambus und dann am Fuß die umgebenden Reisfelder. Meist jedoch bedecken reine Teepflanzungen die Hügel weithin. Ein weiteres Kerngebiet des Tees liegt südlich der nahen Ōi-Mündung, wo die Hügel und Plateaus aus Tertiär und Diluvium ähnliche Erhebungen und ähnlichen Charakter, nur anscheinend noch mehr flächenhafte Entwicklung haben; ich habe diesen zweiten Distrikt nicht kennen gelernt, aber Trewartha (a. a. O.) beschreibt ihn als den ausschließlichsten Teegarten, den er in ganz Japan getroffen habe.

Von diesen Küstenhügelgebieten aus zieht sich der Tee auch weiter in die Gebirgstäler, mehr als die Maulbeerkulturen; seine dichten Büsche bilden an den steilen Hängen den besten Schutz gegen Abspülung.

Die Entwicklung Shizuokas zur führenden Teestadt Japans ist nicht alt. Kämpfer wie Siebold erwähnen davon noch gar nichts. Erst die ausländische Nachfrage scheint sie zur besonderen Pflege ihrer Spezialität angetrieben zu haben; nachdem die Bahn beschritten war, kam die Nähe des Exporthafens Yokohama zustatten. Noch von 1890 bis in die letzten Jahre hat sich die Teeproduktion der Präfektur rund verdreifacht[1]). Zunächst wurde dann die Teebereitung für den Export lange durch Ausländer, die in Yokohama und Kōbe saßen, besorgt, bis sich einige kleinere japanische Fabriken im Sitz des Teebaus niederließen, um den Tee fertig in die Hafenstädte zu bringen. Ihnen erst folgten die fremden Exporteure, und so wurde Shimizu der Teehafen des Shizuoka-Distrikts. Schon 1910 führte es die gleiche Menge wie Yokohama, Kōbe und Yokkaichi zusammen aus, und seit dem Ende des Weltkriegs herrscht es allein. In der letzten Zeit scheint sich nun bereits ein Rückgang bemerkbar zu machen infolge der Konkurrenz von Südasien. Nach Trewartha wurden 1927 nur noch 22 Millionen Pfund über See versandt, während es in den Jahren des Weltkriegs schon über 40 Millionen waren.

Außer für den Tee eignet sich das Hügelgebiet der Küste besonders für die Mandarinenkultur; sie steht an zweiter Stelle in der Produk-

[1]) J. E. Orchard in The Geographical Review 1928, S. 384.

tion wie im Versand durch den Hafen Shimizu, und auch diese Spezialität zeichnet den Hafen vor allen anderen in Japan aus. Der Schutz gegen die nördlichen Winde an der riviera-ähnlichen Küste und die Wärmestrahlung an den steilen, steinigen Hängen (Böschungen oft 50°) dürfte hierfür die Begründung geben. Auffällig bleibt die große Regenmenge, doch wird durch die Steilheit der Hänge ihre bodendurchtränkende Wirkung verringert. Ferner wird die Nähe des großen Marktes von Tōkyō und Yokohama, die Trewartha anführt, mitsprechen, wie auch die hochgetriebene Gemüsekultur eine Wirkung dieser Konsumzentren sein mag.

Ein dritter Wirtschaftsgegenstand, der diese Küstenebenen auszeichnet, ist das Holz. Es stellt die Suruga-Bucht der von Ise an die Seite. Beide saugen mit ihren Flüssen an den Waldungen der zentraljapanischen Gebirge. In allen Mündungsgebieten begegnet man den Holzstapeln, und besonders im Unterlauf des Fuji-Flusses reihen sich Papiermühlen auf, die japanisches und europäisches Papier herstellen. Hier hat sich eine schon alte Tradition nicht nur erhalten, sondern derartig gesteigert, daß das Rohmaterial der eigenen Wälder nicht ausreicht und durch fremde Zufuhr ergänzt wird. So wird wie in Nagoya auch in Shimizu Holz von Hokkaidō und Nordamerika eingebracht, um zu den nahen Sägewerken und Papiermühlen befördert zu werden. Auch Lack- und Bambuswaren geben dem Gebiet einen alten Ruf.

Beziehen wir zusammenfassend die vorstehenden Ergebnisse auf das Kernproblem der Hafengrundlage, so erkennen wir, daß das, was hier an Ausdehnung des Hinterlandes fehlt, wettgemacht wird: 1. durch eine auf die Spitze getriebene Spezialkultur eines hochwertigen Handelsgegenstandes, des Tees, 2. durch das gleichfalls hochwertige, aber schon in größerer Masse sich darstellende Frachtgut der Mandarinen, 3. durch die Spezialität der Holzverwertung, die ausging von einem in der Besiedlung zwar zurückstehenden Hinterland, das aber durch die Flößerei und später durch die Wasserkraft zur Erweiterung der zunächst schmalen Wirtschaftsbasis beisteuerte. Endlich hat sich dazu noch Ölindustrie gesellt, die Bohnen aus der Mandschurei verarbeitet und sich neuerdings in demselben Maß stärker entwickelt, wie der einst so überragende Tee zurückgeht.

4. Stadt Shizuoka.

Die Zentrale des ganzen Wirtschaftsgebietes ist die Stadt, die jetzt 136000 Einwohner zählt. Ihre erste Entwicklung verdankt sie indes keiner der heutigen Wirtschaftsgrundlagen, sondern wie in so vielen Fällen den rein strategischen Ortsverhältnissen. Einmal lag sie im Zug des altberühmten Küstenweges, des Tōkaidō. Er trat von Südwesten in die Stadt und bog vor dem Schlosse rechtwinklig ostwärts ab[1]). Das Schloß aber entstand im Norden am Fuß des vulkanischen Höhenzugs, der hier eine Höhe von 150 m erreicht. Auch im Nordosten und Osten liegen solche Ecksteine in Gestalt der geschilderten Restberge, während im Westen das breite Bett des Abe Anlehnung und Schutz bietet. So rahmen Hügel und Flußufer das ebene Stadtfeld ein. Eine fernere Verteidigungslinie bot im Süden wie im Norden der nächste breite Fluß, der Ōi- und der Fujikawa. So spielte die Stadt schon zu Beginn der Tokugawa-Zeit eine große Rolle unter dem damaligen Namen Suruga oder Syringa, bisweilen auch Sumpu.

Der von dem doppelten Wasserring umrahmte Schloßbezirk wird wesentlich bestimmend für den Stadtgrundriß. Der Schwerpunkt der übrigen Stadt liegt vor der südlichen Schloßfront. Hier breitet sich die Geschäftsstadt aus, deren Straßenschachbrett durch die Schloßfront und durch den Tōkaidō-Weg festgelegt war. Westwärts, nach dem Flusse hin biegen die Straßen und ihre Kanäle in die Richtung der Ufer und Deiche um. Dieses Stadtgebiet erhält seinen Charakter durch die hier in einzigartiger Weise konzentrierten Teeröstereien, die Teelagerhäuser mit aufgehäuften Kisten und Teebehältern, die Teekontore und -exporthäuser, sodann näher am Fluß durch zahlreiche Sägemühlen und Kistenfabriken. So sehen wir im Stadtbild selbst diese beiden Grundlagen sich widerspiegeln, vor allem die des Tees, und die Teegilde beherrscht die Stadt. Einige der fremden Händler haben hier ihre festen Wohnsitze, andere kommen nur zur Teesaison im Sommer von Amerika herüber. Die Hauptarbeit der Teebereitung liegt in kleinen Hausbetrieben, und viele Firmen kaufen ihn nur von diesen auf und leisten lediglich die Arbeit des Sortierens. So erhält Shizuoka trotz seiner Teewirtschaft doch wenig von dem Charakter einer Fabrikstadt.

5. Hafen Shimizu.

(Hierzu Figur 57.)

Die weiteren Probleme liegen darin, warum Shimizu der Hafen Shizuokas wurde, welche Grundlagen es dafür mitbrachte und welche Ergänzungen nötig wurden.

[1]) Dieser Verlauf ließ sich nach einem alten Stadtplan feststellen. Einen Prüfstein hat man außerdem immer darin, daß der Weg auch heute die bedeutendsten Landstädte der Umgebung verbindet und oft streckenweise von besonders alten Matsu-Bäumen begleitet ist.

Wer den Fluß bei Shizuoka mit dem dünnen Geäder im weiten Geröllbett und mit der Mündung an offener Sandküste sieht (Taf. 2, Abb. 1), dem bedarf die Frage keiner Erörterung, ob etwa hier selbst ein Hafen hätte erstehen können; nur ein reiner Kunsthafen wäre möglich gewesen. Dabei beträgt die Entfernung vom Teeviertel der Stadt zur Flußmündung über 5 km und bedürfte des Bahntransportes, für den die doppelte Entfernung nach Shimizu keinen Unterschied bedeutet. Die Bahn läuft dorthin in der Ebene zwischen den Hügeln, und der Tee ist ein Gut von kleinem Gewicht und Volumen (im Verhältnis zum Wert). Außer der Bahn gibt es noch eine elektrische Linie, auf der auch Güterwagen mit Tee und Holz verkehren. Endlich besteht eine Wasserverbindung, die aber nur ganz kleine Frachten zuläßt.

Was der Fluß bei Shizuoka versagt, bietet die Küste bei Shimizu: einen natürlichen Hafenschutz, sogar den besten an der ganzen breit geöffneten Suruga-Bai. Ein Sandhaken bildet hier den Ansatz. Eine erste Ursache seiner Bildung ist offenbar der Kunōsan. Mit diesem vorspringenden Eckpfeiler war nordwärts eine Bucht gegeben, vor die sich frei von der Küste die thalassogene Anschwemmung legte. Material zur Weiterbildung liefert nicht mehr die Kliffwand des Berges; sie ist tot und am Fuß von einer Siedlungskette begleitet. Aber die Bäche, die hier herabkommen, und die Flüsse weiter südlich übermitteln Material zur Vertriftung. Die buchtwärts einbiegenden Wellen haben das Ende umgebogen, und der Vorgang hat sich schon in mehreren Etappen wiederholt, so daß nach dem ersten Haken ein neuer Ansatz mit abermaliger Umbiegung entstand; so sind drei Spitzen erkennbar. Der äußere Wall ist in seiner Mittellinie 6 km lang und hat Höhen von 5—15 m. Mit diesen Maßen bildet er eine ausgezeichnete natürliche Mole, die einen großen Hafenwasserraum gut umgrenzt und nur gegen die Nordostwinde eine $2\frac{1}{2}$ km breite Öffnung läßt (einen Blick auf die Sandzunge gibt Taf. 17, Abb. 1). Faßt man nur das innerste abgebogene Ende ins Auge, so sondert dieses einen Hafenteil von kleineren Dimensionen, aber fast völliger Umschlossenheit ab.

So erhalten wir in unserem H a k e n h a f e n eine d o p p e l t e R e e d e. Die Innenreede hat 200 ha Wasserfläche, die Außenreede, wenn man ihre Grenze von der Sandspitze nordwärts zieht, über 800 ha. Die Scheidung erhält umsomehr Gewicht, als die Windrichtung, nach der sich die Außenreede breit öffnet, im Herbst und Winter am häufigsten vertreten ist, während die Mandarinenabfuhr sich in die Wintermonate hineinzieht. Die Außenreede bietet von Natur Tiefen, die den größten Schiffen genügen, im größten Teil über 10 m; selbst dicht unter Land läßt sich hier auf erheblicher Tiefe vor Anker gehen. Anders aber die Innenreede! Ihre Tiefen bleiben meist unter 5 m, und vor allem sind sie von denen der Außenreede durch eine ganz seichte Barre geschieden. Daher schritt man neuerdings zu größeren Ausbauarbeiten.

Figur 57.

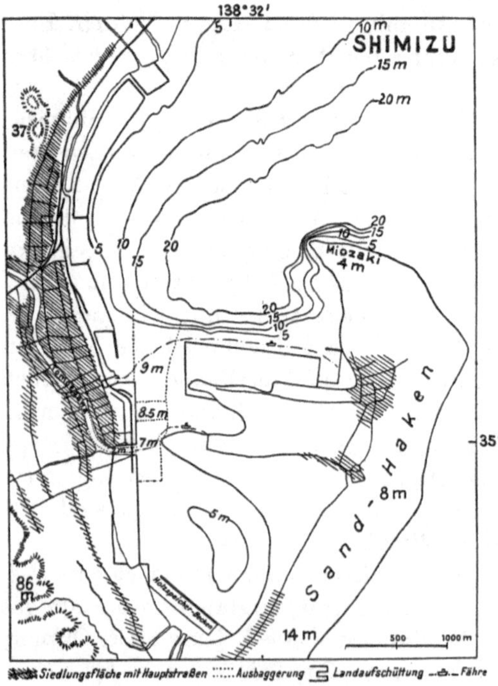

Der im Süden (außerhalb der Skizze) an einem Tertiärhügel ansetzende dreifache Sandhaken bildet den natürlichen Wellenbrecher für eine äußere und innere Hafenreede, zwischen denen eine natürliche Schwelle (von den beiden inneren Sandhaken herrührend) zu größeren Tiefen durchstoßen wurde. Beide Reeden sind landseitig vervollkommnet durch Aufschüttung von Hafenlandraum und zwischenliegende Becken. Dahinter ist die Stadt lang hingezogen.

Die natürlichen Qualitäten des Hafens machen es erklärlich, daß er schon in der Tokugawa-Zeit viel benutzt war und auch nach der Eröffnung Japans zunächst in seinem ursprünglichen Zustand genügte. Im Jahre 1878 hat man hier Kaimauern und Lagerhäuser errichtet, und Ende der 90er Jahre wurde der Hafen dem Fremdhandel geöffnet. Erst 1908 wurde mit Baggerung und Aufschüttung begonnen und ein kleines Liegebecken geschaffen. Die starke Entwicklung des Tee-Exports von Shizuoka machte aber größere Anlagen nötig. Sie begannen 1921, und ich sah sie 1926 noch in Gang, die Bagger an verschiedenen Stellen des Hafens in Tätigkeit und eine große Fläche in Aufschüttung begriffen. Im Anschluß an das Becken vor der Stadtfront entstand eine 600 m lange Aufschüttungsfläche und Kaimauer mit Tiefen von 7—9 m davor, so daß mehrere große Dampfer gleichzeitig dort anlegen können. Mit diesen Tiefen ist zugleich die Barre zwischen Außen- und Innenhafen durchstoßen. Weiter südwärts folgt in der Binnenreede eine Aufschüttung von mehr als 1 km Länge und $1/4$ km Breite für Fabriken und weitere Lagerhäuser. Solche bestehen bisher nur an dem kleinen alten Becken und in der Stadt zur linken Seite des Flusses. Außerdem sind Lagerplätze, besonders ausgedehnte für Holz und Kohlen, vorhanden, aber keine technischen Hilfsmittel, da die kleinen Frachtstücke von Tee, Obst und Bohnen, um die es sich besonders handelt, sie weniger erfordern. Im südlichsten Winkel des Hafens ist ein Holzspeicherbecken vorgesehen zur Stapelung des in der Fabrikation nicht sofort gebrauchten Holzes. Bestimmt ist dieses für die Fabriken Shizuokas, die Papiermühlen im Fuji-Tal und etwas Bootsbau im Hafen. Leichter gibt es über 100, um die zur Hochsaison in größerer Zahl auf der Reede liegenden Schiffe zu bedienen. Mit Teekisten angefüllte Boote bestimmen hier am meisten das Hafenbild.

6. Stadt Shimizu.

Die Hafensiedlung zieht sich an der Außenreede entlang, angelehnt einerseits an die Küste, andererseits an die Mündung des Flusses Tomoe. Diese läuft 2 km der Küste parallel, offenbar seitwärts geschleppt durch den Stromkreis in der Hakenbucht. Damit entsteht eine Teilung des Stadtfeldes. Das alte Städtchen entwickelte sich hinter dem Flußlauf, wie es aus der Gestaltung und auch aus alten Karten ersichtlich ist, während die Landzunge zwischen Fluß und Küste mit der jungen Hafenentwicklung in enger Verbindung stand und hauptsächlich von kleinen Lagerhäusern sowie Lagerplätzen für Holz und Kohle eingenommen ist. Auch am Südende der Stadt setzen sich die Holzlager fort und ziehen sich Sägewerke und Kistenfabriken hin. So sehen wir auch in Shimizu die Stadt wie den Hafen von Holz und Tee als typischster Staffage beherrscht.

7. Handel und Verkehr.

Die Liste der Frachten zeigt als überragende Gegenstände: Tee, Bohnen und Ölkuchen, Mandarinen und Holz, dann auch Kohle, Reis, Dünger, Fische und anderes. Tee (mit 11 Mill. Yen), Mandarinen und Soyabohnenöl beherrschen den Export, Bohnen ($13\frac{1}{2}$ Mill. Yen), Holz und Ölkuchen den Import im Außenhandel. Dabei gehen die Mandarinen mehr nach anderen Plätzen Japans als nach Übersee, und das Holz kommt zum großen Teil auch aus Hokkaidō. Dagegen sind Tee sowie Bohnen und Ölkuchen die ausgesprochenen Überseefrachten, letztere aus der Mandschurei, der erstere nach Nordamerika, von wo außerdem das Holz stammt, für das Shimizu ebenfalls schon ein Fremdhafen geworden ist. Wegen der Holz-, Reis-, Kohlen- usw. -frachten hat Shimizu auch einen beträchtlichen internen Seeverkehr. Er ist aber ganz einseitig Import und bleibt mit 28 Mill. Yen hinter dem Außenhandel von 34 Mill. (20 Import, 14 Export) zurück.

Shimizu hat noch immer fast den ganzen Übersee-Export von Tee und kann diese Eigenheit auch in seinem Hafenbild nicht verleugnen (Taf. 17, Abb. 2); was Yokohama und Kōbe beitragen, ist sehr gering geworden. Die Verfrachtung geschieht durch Schiffe der Union, Kanadas und Japans. Sie konzentriert sich auf die Monate Mai bis September. Nach dieser Teesaison folgt eine kurze Pause und dann im November und Dezember die Mandarinensaison. So ist Shimizu stark Saisonhafen, und das ist ungünstig, zumal diese Frachten auf geringe Geschmacksänderungen hin Schwankungen unterliegen können. In der Tat ist der Tee-Export schon in entschiedenem Rückgang begriffen infolge der indischen Konkurrenz. Der Übersee-Export von Soyabohnenöl hatte 1926 schon den Wert von nahezu 3 Millionen Yen erreicht, der Import des Rohstoffs hierzu mit 14 Millionen Yen den Wert des Tee-Exports schon übertroffen. Es scheint also eine endgültige Verlagerung eingeleitet zu sein in dem Sinne, daß Shimizu aus einem Spezial-Teehafen allmählich zu einem Spezial-Ölhafen wird, zugleich aus einem Hafen überwiegenden Exports zu einem solchen stärkeren Imports. Das eine Extrem war etwa in den Jahren 1915—16 erreicht, wo ein überseeischer Import von weniger als 1 Million Yen einem Export von rund 10 Millionen gegenüberstand, während 1928 der Import mit 20 Millionen Yen den Export von 14 Millionen schon um 50% übertraf. Es ist ein bezeichnendes Beispiel für die Wandelbarkeit des Schicksals von Spezialhäfen.

Möglicherweise verschiebt sich damit auch der Schwerpunkt der Wirtschaft von Shizuoka mehr nach Shimizu. Auffällig ist jedenfalls, daß die Bevölkerungszahl von Shimizu seit 1910 wesentlich stärker gewachsen ist als die von Shizuoka: erstere von 7000 auf 46000, letztere nur von 54000 auf 136000.

Die Schiffsverbindung besteht daher im Außenverkehr überragend mit den Vereinigten Staaten einerseits, Kwantung und China andrerseits, aber schon stärker mit letzteren Ländern, und beiderlei Gegengestade scheiden sich sehr nach Export und Import. Auch herrscht fast nur der Dampfer; die gesamte eingelaufene Dampfertonnage war

(1927) 2766000 gegenüber einer Seglertonnage von 87000. Denn auch im Binnenverkehr besteht die Hauptverbindung mit dem Gebiet, das die Dampfer bevorzugt, nämlich Hokkaidō.

c) Die Häfen der Tōkyō-Bucht.

Schreiten wir von den Golfen von Ise und Suruga zum dritten Bucht-Analogon dieser Küste, der Sagami-Bucht mit ihrem Ansatz der Tōkyō-Bai, so liegt in Yokohama ein Hafen vor uns, der im Exportwert seines Außenhandels alle anderen des Landes übertrifft und im Gesamtbetrag des Außenhandels sich zwischen Kōbe und Ōsaka einreiht, während er im Küstenhandel an Export wie Import hinter beiden bleibt. Wie dort Ebenen in den Vordergrund traten, so hier die eine, große, geschlossene Ebene oder besser gesagt das Tiefland, das schon in seinem Namen[1]) Kwantō (östlich des Grenztores) seine Eigenstellung in der Aufteilung des japanischen Landes bekundet. Ausgezeichnet ist dieser Landesteil schon durch die Lage und zwar in mehrfacher Hinsicht. Zunächst bildet er die Mitte des ganzen Bogenzugs von Nagasaki bis zur Nordküste Hokkaidōs. Von ihm aus ist in weniger als einem halben Tag über die Hälfte der Bewohnerschaft Alt-Japans erreichbar. Zentral liegt er auch wie kein anderer Landesteil zwischen den Außengliedern des Reiches: Sachalin und Kurilen, Korea und Kwantung, Formosa, Bonin und den Südsee-Mandatsgebieten. Schließlich liegt er am scharfen Knick, in dem sich Japan dem Stillen Ozean und der Neuen Welt entgegenreckt, am Verkehrsgroßkreis des nordpazifischen Ozeans (siehe oben Seite 23ff).

1. Kwantō-Tiefland und Tōkyō-Bucht (morphologisch). (Hierzu Figur 58.)

Mit diesen einzigartigen Bedingungen der Großlage verbindet sich das ausgedehnteste Tiefland. Dieses in seiner Eigenart und Bedeutung zu kennzeichnen, muß ich mich hier auf eine knappste Zusammenfassung meiner Beobachtungen und Studien beschränken unter Hinweis auf eine besonders reiche geologische Literatur[2]). Als wesentlichste Landschaftszüge ergeben sich uns folgende.

---

[1]) Über Sinn und Geschichte dieses Namens siehe J. J. Rein, Japan, a. a. O., 1881, I, S. 12. Der Name wurde zuerst der Gegend östlich der Grenzbarriere von Ōsaka beim Biwa-See, später den östlich der Grenzbarriere von Hakone gelegenen Provinzen gegeben.

[2]) Als wichtigste geologische und morphologische Arbeiten seien folgende

Zwei verschieden hohe, flächig entwickelte Regionen treten im Wechsel größerer und kleinerer Teilstücke und im Höhenabstand von meist weniger als 50 m miteinander auf. Die tiefere erstreckt sich überaus gleichmäßig in Form von meist breiten, langen Talebenen und hat im ganzen den geringeren Anteil, aber im Westen des Tieflandes etwas mehr als im Osten. Besonders vom Scheitel der Tōkyō-Bucht nordwestwärts wird sie stark beherrschend. Sie begleitet die Flüsse in verschieden breiten Bändern und ist eine alluviale Bildung. Die höhere stellt dagegen nicht ein ebenso einheitliches Niveau dar, sondern läßt eine Zerlegung in Terrassen erkennen, wie sie neuerdings R. Aoki und R. Tayama auch in einer Karte darstellten, von denen aber nur zwei eine größere und geschlossenere Ausdehnung erlangen und den Hauptraum des ganzen Kwantō-Tieflandes einnehmen, während die anderen in schmaleren Bändern im Westen, Norden und Süden randlich folgen und sich zum Teil vor den noch höheren Gebirgsrahmen legen. Das Material der gesamten höheren Flächen ist diluvial, unterlagert von jungtertiären Sedimenten, die an den Hängen zum Vorschein kommen. An Ausdehnung überwiegt die obere Fläche, doch hat wenigstens im Westen auch die untere großen Anteil und wird weithin beherrschend.

Die weitgehende Zerschneidung erzeugte einzelne Tafelflächen und -fetzen, die mit ihrer ebenen Oberfläche, den scharfen Kanten und steilen Hängen oft wie Forts über den alluvialen Ebenen stehen.

Auch die Bodenwirtschaft hebt die einzelnen Bestandteile dieses Reliefs in großen Zügen voneinander ab (Taf. 1, Abb. 2), indem die unteren Flächen als „Ta" der Reiskultur dienen, die oberen als „Hata"

genannt. H. Yabe und R. Aoki, The great Kwantō-Earthquake of September 1, 1923, Annual Report of Scientific Research Work, Sendai 1926. — H. Yabe, Marine Tertiary of the Kwantō Mountainland and of the Echigo and Akita Oilfields, Japanese Journal of Geol. and Geogr., Transactions and Abstracts, Vol. V, No. 3, Tokyo 1927. — T. Ogawa, On the great Earthquake of Kwanto in Central Japan 1923, Japan. Journ. of Geology and Geogr., Vol. III, No. 3—4, Tokyo 1924. — H. Yabe und Sh. Nomura, Geol. Guide to the Excursion to Kioroshi, Pan-Pacific Science Congress 1926. — N. Yamasaki, Physiographical Studies of the great Earthquake of the Kwantō-District 1923, Journ. of the Faculty of Science, Imp. Univ. of Tokyo, Sect. 2, Vol. 2, Part. 2, 1926. — Derselbe, Physiographical Studies of the Southeastern Part of Bōsō Peninsula, Journ. of the Fac. of Science, Imp. Univ. Tokyo, Sect. 2, Vol. 1, Tokyo 1925. — N. Kawakami, On the Secular Upheaval and Subsidence of the Land in some Districts of Japan, The Memoirs of the Imp. Marine Observatory, Kobe, vol. 2, No. 1, 1925. — Auch H. Schmitthenner gibt eine Skizze des Erdbebengebietes: Geographischer Anzeiger 1923, S. 423ff.

hier reichlich Maulbeerpflanzungen neben mancher anderen Trockenkultur aufweisen und die Hänge sowie auch noch teilweise die Plateaus am meisten Waldreste tragen; jedenfalls erweist sich demnach der

Fig. 58. Kwantō-Tiefland[1]).

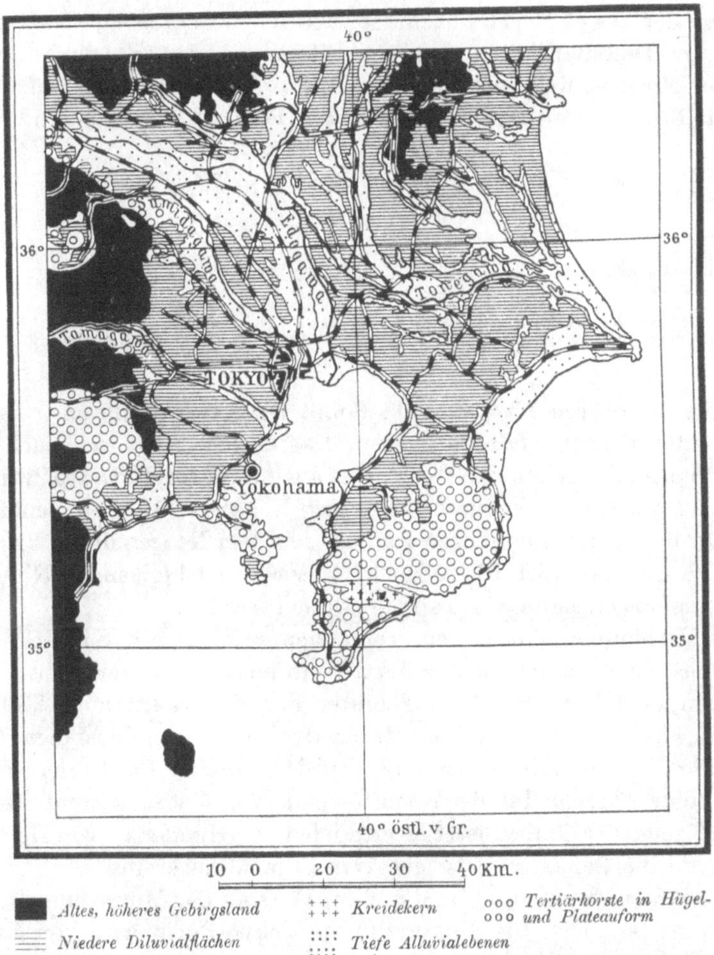

Altes, höheres Gebirgsland — *Kreidekern* — *Tertiärhorste in Hügel- und Plateauform*

Niedere Diluvialflächen — *Tiefe Alluvialebenen*

An alten Massen im Norden und Westen ist jene Scholle abgesunken, die nach Ablagerung marin-diluvialer Schichten und nach ihrem Emportauchen das Kwantō-Tiefland bildet. Im Süden ist es von einer Tertiärschwelle begrenzt, durch die der Einbruch des Uraga-Grabens einen Eingang schuf.

---

[1]) Zu dieser Abbildung, die meinem Aufsatz „Japans Seehäfen und ihre neueste Entwicklung" (Sammlung Meeresk., Heft 184) entnommen ist, wurde der Bildstock vom Verlag E. S. Mittler & Sohn freundlich zur Verfügung gestellt.

ganze Raum von rund 15000 qkm als wirtschaftlich hochwertig nützbar, ist demgemäß dicht, in der westlichen Hälfte mit dem größeren Alluvialanteil sogar sehr dicht besiedelt (Taf. 29) und gibt für sich allein ein Hinterland ab, wie es sonst in dieser Ausdehnung und Geschlossenheit in Japan nicht wiederkehrt.

Von der Tōkyō-Gegend nach der pazifischen Ostküste gewahrt man bei der Durchfahrt eine langsame Zunahme des Höhenabstandes beider Niveaus, was mich zu einer exakteren Nachprüfung auf Meßtischblättern veranlaßte, die den in der Figur 59 dargestellten Quer-

Fig. 59. Profil des Kwantō-Beckens in 35⁰ 50′ n. Br.

Über der breiten, alluvialen Sumida-Niederung erhebt sich beiderseits mit steilen Wänden das| diluviale Plateau, dessen Oberfläche deutlich die Beckenform zeigt, so daß die Höhen in den Randgebieten 50 m überschreiten.

schnitt der oberen Fläche ergab. Somit haben wir es mit einer flachbeckenförmigen Gestaltung zu tun. Das Gleiche zeigt sich nach inzwischen erschienenen Arbeiten Yabes auch strukturell. Die „Kwantō-Ebene“ wird also genetisch treffender Kwantō-Becken genannt.

Für die Bildung des ganzen Raumes seit dem Neogen durch Brüche und Absinken („Ur-Tōkyō-Bucht“) sowie nachfolgende Niveauverschiebungen kann auf Yabe verwiesen werden.

In Verbindung mit diesen Vorgängen erfolgte am Südrand des Raumes ein Einbruch in der Tertiärschwelle; sein Ergebnis war der Graben der Uraga-Straße und hinter ihm die sackförmige Tōkyō-Bucht. Der erstere griff quer durch den vorher geschlossenen Tertiärrahmen, und mit der letzteren wurde in breiter Fläche der flachgemuldete südliche Teil der Kwantō-Niederung überschwemmt. Demgemäß zeigt der Graben jetzt Meerestiefen von Hunderten von Metern, während die Bai nirgends solche von 50 m überschreitet.

Der Graben wird also von den zwei Horsten der Miura- und Bōsō-Halbinsel flankiert. Die Einfahrt in die Tōkyō-Bucht wird von ihnen auf 9 km eingeengt. Sie ist damit die schmalste unter den großen südlichen Buchten Honshūs. Das tiefe und riffreie Fahrwasser ist weniger als halb so breit. Wäre hier ein Nebelgebiet, so würde diese Beengung schon stören, aber Nebel sind sehr selten.

Nicht nur äußerlich bilden Miura- und Bōsō-Halbinsel die Torflügel vor der Tōkyō-Bucht, sie stimmen strukturell und in ihrem

Formcharakter, insbesondere auch den Küstenbildungen überein. Trefflich zeigen die Untersuchungen und Karten von Yamasaki die außerordentliche Zerstückelung beider durch Gräben und Bruchstufen sowie die starke Übereinstimmung zwischen diesen Linien jüngster Tektonik und den Reliefzügen. So ist denn auch bis heute dieser zerrüttete Eckstein ein Hauptgebiet der Beben, beim Kwantō-Beben von 1923 rissen nur alte Wunden wieder auf und verschärften die Züge durch Hebung von Land und Senkung von Meeresboden. Die Bewegung der Schollen griff weiter zur Tōkyō-Bucht, wo sie sich noch in Niveauveränderungen im Hafen von Yokohama auswirkte.

Wenig nördlich des Uraga-Kanals stellen sich auf den sanft gegen den Buchtscheitel geneigten Tertiärschollen die diluvialen Ablagerungen ein und bilden die einförmigen Plateaus, wie sie für das ganze Kwantō-Becken charakteristisch sind. Ebenso treten dazwischen in Talungen und Küstensäumen die alluvialen Niederungen auf und setzen sich in der dargestellten Art schroff gegen die Plateaus ab. An der Küstenbildung der Tōkyō-Bucht sind nun beide Elemente im Wechsel beteiligt, doch stärker im ganzen das alluviale. Einmal sind es besonders die auf den Pultschollen der Bōsō-Halbinsel nordwärts fließenden Flüsse, sodann die im Buchtscheitel bei Tōkyō mündenden größeren des Kwantō-Beckens, Sumida-, Naka- und Edogawa, die ihre Schuttkegel- und Deltaebenen hinausbauen. Auf der Westseite der Bucht hingegen ist es im wesentlichen nur der wasserreiche Tama, der zwischen Tōkyō und Yokohama sein Delta vorschiebt.

Diese Erscheinungen bedeuten, wenn wir von den teils säkularen, teils plötzlichen Hebungs- und Senkungsvorgängen absehen, daß die Bai von Norden und Osten her seichter wird. In der Tat läßt sich für Tōkyō der Landzuwachs historisch belegen, wie noch zu erörtern ist. Die Isobathe von 10 m kommt nur im südöstlichen Teil, in der Yokohama-Bai und der Negishi-Bai auf etwa 1 km an die Küste, bleibt hingegen am ganzen Nordsaum am weitesten ab, bis fast 10 km. So sind denn Yokohama und Tōkyō in diesem Punkt beinahe die Extreme von Gunst und Ungunst, was sich in der Hafenentwicklung auswirkte.

2. Yokohama.

(Hierzu Tafel 26 und Figuren 60—62.)

α) *Hinterland.* Die vorstehend entwickelten Grundlagen geben uns die Möglichkeit, vor allem das Problem der Hinterlandsstellung von Yokohama zu erörtern. Als Glieder der nächsten Zone kommen einmal dafür die beiden Städte Tōkyō und Yokohama selbst in Frage. Tōkyō ist neben Ōsaka das größte Konsumzentrum; ob größer oder kleiner, ist aber nicht kurzweg zu beantworten. Rein der Volkszahl nach übertrifft es jetzt nach vielen Eingemeindungen als „Groß-Tōkyō" Ōsaka bei weitem, während Yokohama in der Größenordnung nicht allzuweit hinter Kōbe steht. Aber die Anforderungen beider Städtepaare als Konsumzentren an den Hafen sind nicht wenig anders. Während Ōsaka ganz überwiegend Industriestadt ist und auch Kōbe neben seiner Handelsfunktion einen erheblichen Anteil an Industrie hat, tritt diese in Yokohama wie in Tōkyō vergleichsweise zurück. Yokohama ist mehr Handelsstadt, und Tōkyō ist vor allem das Zentrum der Politik und Verwaltung, der Sitz der größten Beamtenschaft. So erfordern beide als städtische Konsumenten außer Nahrungsmitteln nicht so ausgesprochen Rohstoffe, sondern ebensosehr Erzeugnisse. Jedenfalls aber stellen sie eine erste Hinterlandszone dar, die nicht nur quantitativ, sondern auch qualitativ durch den wirtschaftlichen Gesamtcharakter eine hohe Bedeutung besitzt.

Die zweite Zone ist das übrige Kwantō-Becken. Wenn man sich in ihm bewegt, erweckt es infolge der vielen kleinen Waldstücke und der Plateauflächen nicht den Eindruck so dichter Besiedlung, wie sie tatsächlich hier vorhanden ist. Aber die Linien der Besiedlung werden eben durch die außerordentlich kleingliedrige Durchdringung der verschiedenen Niveaus, an deren Grenzen sie sich häufen, ungemein ausgedehnt. Auch größere Siedlungen, Klein- und Mittelstädte finden sich in der Berührungszone der Plateaus in der Tiefebene besonders zahlreich. In ihnen ist reiches gewerbliches Leben zur Entwicklung gelangt, dessen Ansätze zum Teil schon in der Feudalzeit liegen; denn der Anbau von Reis ist im wesentlichen auf die alluvialen Ebenen beschränkt und weder nach Menge noch nach Qualität so bedeutend, daß nicht Zufuhr aus den Kammern ausschließlicheren Reisbaus nötig wäre, vor allem für Tōkyō und Yokohama selbst. So finden wir z. B. im nordwestlichen Randgebiet des Kwantō Jahrhunderte alte Zentren der Webeindustrie in Ashikaga und Kiryū mit 40000 und 43000 Einwohnern. Hier wird Seide und Baumwolle verarbeitet, namentlich die Seide seit alters, und in Ashikaga besteht eine Webschule. Andere Städte haben sich in neuerer Zeit in dieser Richtung entwickelt. — Jedenfalls ergibt ein Überschlag über die Bevölkerung des ganzen Kwantō (einschließlich Tōkyō und Yokohama) schon

10 Millionen. Somit wohnt fast $^1/_6$ der Bevölkerung Japans in diesem Ausschnitt. Es wird verständlich, daß an ihm nicht weniger als 8 Ken teilhaben, während im nördlichen Japan gleichgroße Räume zum Teil einem einzigen Ken zufallen. Sie wurden vom Ende des 16. Jahrhunderts ab die Hauptstützen der Tokugawa[1]).

Von Tōkyō ging strahlenförmig das Wegenetz aus, wie es schon Naumann beschreibt[2]), ähnlich wie jetzt das Schienennetz. Wichtig wurden die Übergänge aus dem Tiefland zu den Gebirgen, besonders in den drei großen Tieflandsbuchten, die sich nach Nordosten, Norden und Nordwesten zwischen die Rumpfmassen schieben. Nur 3 bezw. 4 Pässe leiten nach Westen zwischen den hier besonders breit entwickelten Massen hindurch: 1. der berühmte Paß am Tōkaidō führt über das Hakone-Gebirge, 2. zwischen dem Nordfuß des Fuji und dem Südrand der Kwantō-Rumpfscholle geht es nach Kōfu, 3. zwischen dieser und den nördlicheren alten Massen leiten zwei Übergänge durch jungvulkanische Gebiete nach dem Küstengau Niigata an der Japansee, und zwar einer über den Usui-Paß in der schon bestehenden Bahnlinie zum Becken von Nagano und einer auf direktestem Weg von Tōkyō nach Niigata über den Shimizu-Paß, dessen Eisenbahntunnel[3]) erst am 28. 12. 1929 nach langer Bauzeit durchschlagen wurde.

Aber gerade diese Pässe und Talzüge sind für eine dritte Hinterlandszone Yokohamas von größter Bedeutung. Denn sie ziehen sein dominierendes Ausfuhrgut, die Seide, heran. Die Gebirgsprovinzen um das Kwantō-Becken sind dafür die überragenden Produzenten, und Yokohama ist ihr Ausgang zum Weltmarkt. Nach der Anbaufläche der Maulbeerpflanzungen wie nach der Produktion der Kokons gelangt man zu den gleichen fünf führenden Präfekturen: Nagano, Gumma, Aichi, Fukushima, Saitama. In beiden Punkten steht Nagano an der Spitze, das heißt das ausgesprochenste Binnen-Ken der zentraljapanischen Hochgebirge, das nur an einigen inneren Becken und Talzügen Anteil hat, aber nirgends eine Küste berührt (vgl. Tafel 29). Daran schließen sich Gumma und Saitama, die beide schon mit einem Teil ihrer Fläche in die Kwantō-Ebene heruntersteigen, während Aichi südwestlich von Nagano folgt und das Ende des Kiso-Gebirges einnimmt. Endlich Fukushima legt sich breit über die nördliche Gebirgsumrahmung. Diese fünf Ken sind alle im Umkreis

---

[1]) J. J. Rein, Der Nakasendō, Pet. Mitt., Erg.-H. 59, S. 32.

[2]) E. Naumann, Über die Ebene von Yedo, Pet. Mitt. 1879, S. 127.

[3]) K. Haushofer, Bericht über den Tunnel in Zeitschr. f. Geopolitik 1930, S. 183.

von 200 km von Yokohama erreichbar, und sie vereinigen schon über $^1/_3$ der Anbaufläche von Seide.

Was diese unzugänglicheren Gebiete zu bevorzugten Seidenproduzenten machte, dürfte weniger eine positive Bedingung des Klimas und des Bodens sein, als vielmehr eine negative, nämlich das Fehlen des Reislandes. Die Entwicklung gehört auch erst der neuen Zeit an. In der Tokugawa-Periode wurde nicht viel Seide gebraucht, da der freie Außenhandel fehlte und der Inlandbedarf für die bevorzugten Stände gering war. Die Präfektur Nagano hat zum Beispiel noch von 1891 bis 1925 ihre Anbaufläche verdreifacht[1]. So sind diese entlegenen Siedlungsoasen seit der Restauration fester als viele Küstenniederungen mit dem Weltmarkt über Yokohama verbunden worden, und eine Stadt wie Kōfu hat nichts weniger als hinterweltlichen Charakter, verrät vielmehr auf den ersten Blick in ihren Straßen, ihren Hotels, ihrer Handelskammer die Wohlhabenheit ihrer Rohseidenerzeuger. Die Seide wird nur bis zur Rohseide hergestellt, nicht weiter verarbeitet und geht gänzlich nach Yokohama. Umgekehrt wird der Bedarf an Dünger von Hokkaidō und der Mandschurei, an Fischen von Hokkaidō, an Holz von Amerika ebenfalls größtenteils auf diesem Wege gedeckt. — Natürlich blieb die Anziehungskraft Yokohamas in Bezug auf Seide nicht auf diese nächsten und meist produzierenden Hinterlandsteile beschränkt, sondern griff darüber hinaus noch in fernere Gebiete der verschiedenen Richtungen.

Endlich erstreckt sich eine vierte ausgeprägte Hinterlandszone über ganz Nordhonshū. Das hat seinen Grund offenbar nur darin, daß das ganze Land nördlich des Kwantō-Beckens dünn besiedelt (vgl. Tafel 29) und arm an Wirtschaftsgrundlagen ist. Besonders gilt das von der pazifischen Seite. Mehr schon lohnt auf der Westseite die Entwicklung der Eigenhäfen, aber sie sind hier wieder zu abgelegen für den pazifischen Großverkehr. Diese die eigene Entwicklung des Nordens hemmenden Momente müssen um so stärker zugunsten Yokohamas wirken, je größer der Kontrast zu dem durch seine Besiedlung und Wirtschaft und sein überragendes Ausfallstor so bevorzugten Kwantō-Gebiet ist.

So sehen wir in Yokohama neben Kōbe und Ōsaka den Hafen der größten Reichweite der Hinterlandsbeziehungen und der stärksten Hinterlandserfüllung.

[1]) J. E. Orchard in The Geographical Review 1928, S. 384.

β) *Vorgeschichte des Hafens von Yokohama.* Als Perry 1853—54 an die Tore Japans pochte, geschah es im Bereich der Tōkyō-Bucht. Er landete in Shimoda und Uraga und schloß in Kanagawa im März 1854 den ersten Vertrag ab. Shimoda liegt im Vorhof der Sagami-Bucht, Uraga am Eingang zur Tōkyō-Bai in einem kleinen seitlichen Einbruch, und Kanagawa in der Bai selbst an der Bucht von Yokohama. Unter den sofort geöffneten Häfen stand letzteres aber nicht, sondern Shimoda, wo auch die erste diplomatische Vertretung Amerikas sich niederließ. Erst 1859 wurde dieser Hafen geschlossen und dafür Kanagawa-Yokohama geöffnet.

Den Welthandelsplatz sah Richthofen[1]) im ersten Keimen, und er beschreibt ihn genau.

Das Städtchen Kanagawa zog sich als eine der 53 Tōkaidō-Stationen etwa eine deutsche Meile lang in einer einzigen Häuserreihe am Strande der Yokohama-Bucht hin, während Yokohama südlich davon als Fischerdorf lag. Die Konsuln verlangten damals den größeren Platz Kanagawa, und er wurde ihnen als Wohnsitz auch zugestanden. Aber zum Landen waren hier die Tiefen ungünstiger als vor Yokohama, und so wurde dieses zum Handelsplatz ausersehen; es wurden Kai und Molen gebaut, Häuser und Speicher errichtet und der Plan für einen größeren Ort gelegt. Die erste Anlage war das „Settlement", das sich am Fuß des Bluff in der östlichen Ecke der Stadtfläche noch heute im Grundriß etwas abhebt. Es entstand aus der Sumpflandschaft als eine Insel, ähnlich von Wasser umrahmt wie das Vorbild Deshima in Nagasaki. „Alle Kaufleute haben hier ihre Häuser, und die Hauptbazars erstrecken sich darauf in breiten Straßen" (Richthofen). Trotz der Schwierigkeiten des Sumpfgeländes wuchs der Ort aber unglaublich schnell. „Die Anlage und Größe von Yokohama ist bewunderungswürdig im Verhältnis zu der kurzen Zeit seit der Gründung des Ortes", so schrieb Richthofen schon 1860. „Wenn hier Kolonisation und Anbau in derselben Weise fortschreiten, wie bisher, so werden in wenigen Jahren Yokohama und Kanagawa zu einem Ort vereinigt sein, und die Bedeutung dieses Orts muß eine außerordentliche werden." Richthofen schätzt die Einwohnerschaft Yokohamas bereits auf 10000 und gibt 150—200 Europäer an. In mancher Woche sah er schon 3—4 Schiffe ankommen.

γ) *Morphologische Bedingungen für Stadt und Hafen.* Daß man so weit vor den Toren der Residenz den Hafen errichtete, hatte seinen

[1]) F. v. Richthofens Aufenthalt in Japan, a. a. O., S. 45—48, 59—60, 110.

eigentlichen Grund in der Rücksicht auf diese seitens der fremden Regierungen und in der Reserve, welche die japanische Regierung den Fremden gegenüber noch einnahm. Doch war die Wahl auch morphologisch die beste für die weitere Entwicklung des Hafens. Unmittelbar südlich von Tōkyō ist nämlich das Küstenwasser seicht, und die Randpartie der Diluvialplatte tritt hier entweder hart an die Küste oder läßt nur einen ganz schmalen Alluvialsaum. Dann folgt das weit vorgewölbte Delta des Tamagawa mit gleichfalls breitem Seichtwasser davor. Erst südlich desselben springt die Küste mit den Plateauwänden kräftig zurück und bildet die Yokohama-Bai, die zugleich die tieferen Isobathen hereinzieht. Ihr ist weiter südwärts die Negishi-Bai benachbart, auch Mississippi-Bai genannt (nach einem von Perrys Schiffen).

Fig. 60. Tōkyō—Yokohama

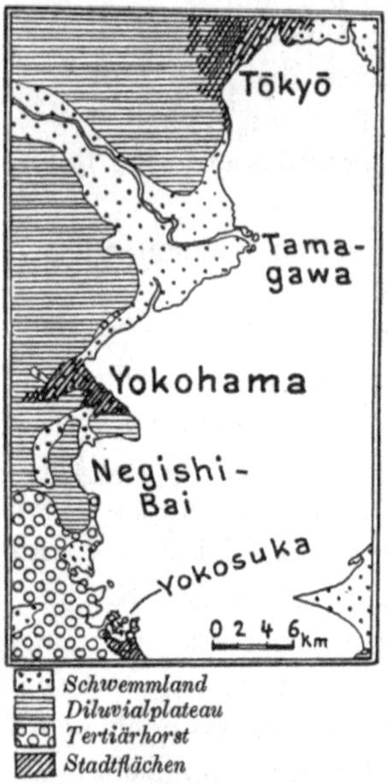

Tōkyō wie Yokohama erhalten für Stadt und Hafen ihre Grundlagen durch das Verhältnis der alluvialen und diluvialen Flächen. In Tōkyō geht die Grenze beider meridional durch das Stadtfeld, und der Hafen erwuchs in der seichten, breiten Öffnung vor der Sumida-Mündung. Yokohama breitet sich über mehrere Flußschwemmländer zwischen Plateaukanten und -vorsprüngen aus. Letztere bedingen auch den Bogen der Hafenbucht (halboffene Reede), und der Hafen nahm daraus seine konsequente bauliche Entwicklung. Die Negishi-Bai erweist sich für die Hafensiedlung ungeeignet. Der geplante Seekanal von Tōkyō nach Yokohama muß den breiten Schwemmkegel des Tama überqueren.

Es läßt sich nun die Frage erörtern, welche von diesen beiden Buchten nach den geographischen Bedingungen den Vorzug verdiente. Von Seiten des Meeres mögen beide einem Hafen gleiche Gunst entgegengebracht haben. Beide wiesen innerhalb des Raumes, der für eine spätere Umgrenzung mit Molen in Frage kam, schon stellenweise bis zu 10 m Tiefe auf. Ebenso war der Schutz, den der Buchtrahmen gewährte, sowie die Größe und Richtung seiner Öffnung in beiden Fällen von ähnlicher Art, wenn auch gegen die von der See wehenden Winde, die im Sommer die herrschenden und stärksten sind, der Diluvialvorsprung schon einen Vorteil für Yokohama gegenüber der Negishi-Bai bedeutet.

Viel ungleicher verhalten sich beide Buchten vom Standpunkt des Landraumes aus. Dieser würde an der Negishi-Bai einer sich stärker entwickelnden Hafensiedlung alsbald große Schwierigkeit bereitet haben, während er an der Yokohama-Bai größte Möglichkeiten bot, die noch heute nicht erschöpft sind, wenn auch für die erste Anlage, wie erwähnt, der Sumpfcharakter eine Ungunst bedeutete. Nur ein Sporn von 2—4 km Breite trennt beide Buchten, und doch zeigen sie diesen scharfen Kontrast. Den Grund finden wir in der Beteiligung von Flüssen und ihren Alluvionen, wie sie eben in ihrem Verhältnis zu den Plateaus immer wieder den entscheidenden Punkt in Japans

Fig. 61. Yokohama, Stadtlandschaft.

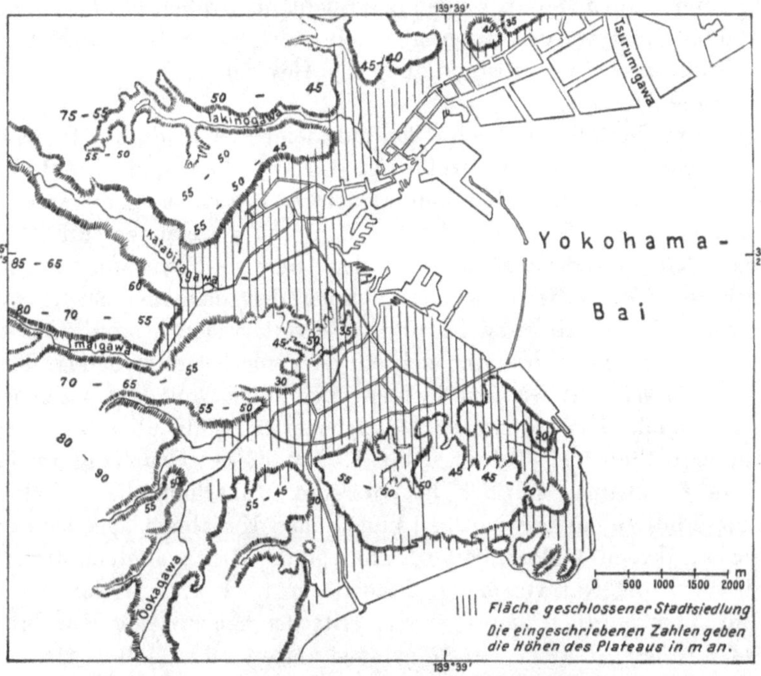

Die Karte zeigt von rechts nach links drei ineinander gelagerte Halbmondgebilde: die Wasserfläche der Bucht, die alluviale Stadtniederung und das diluviale Plateau. Der gebogene Rand des letzteren ist durch die junge Erosion zerschlitzt, so daß eine Anzahl Plateaufransen sich vorschieben, zwischen denen die Stadt in die Talzipfel dringt. Deutlich ist an den Zahlen der Anstieg des Plateaus nach Westen und Südwesten verfolgbar, d. h. gegen die in dieser Richtung an die Oberfläche tretende Tertiärschwelle, die den südlichen Rahmen des Kwantō Beckens bildet. Von der alluvialen Stadtniederung wächst das Land durch künstlichen Ansatz weiter in die Bucht, um als Hafenlandraum und im Nordosten als neues Industriegelände zu dienen.

Küstentiefländern bilden. In die Negishi-Bai mündet kein Fluß. Der Rand des Plateaus tritt geschlossen an die Küste bis auf eine einzige Stelle, wo sich von Norden her ein Tal öffnet, das durch die Wurzel des Plateauvorsprungs greift und eine schmale Verbindung mit der Yokohama-Bai herstellt. Hier ist später zu Verteidigungs- und Transportzwecken ein Kanal gelegt worden. Im Hintergrund der Yokohama-

Bucht sehen wir hingegen größere Niederungen. Sie beruhen darauf, daß hier die Plateauränder durch die Erosion von drei Flüssen zurückgeschnitten und später bei positiver Strandverschiebung ertrunkene Talmündungen zu breiten Flächen aufgeschüttet wurden. Alle drei Flüsse sind nur klein. Hätten sie die Größe des weiter nördlich mündenden Tama, dann würden sie zwar die Stadtebene noch weiter ausgedehnt, aber auch die ganze Yokohama-Bucht schon zugeschwemmt haben. So aber blieb die Bucht im Großen bestehen, und nur ihre Zipfel wurden ausgefüllt, teils von Natur, teils neuerdings durch künstliche Vervollständigung zur Gewinnung größeren Hafenlandraums.

Die drei so entstandenen Siedlungsfelder sind durch Plateauvorsprünge getrennt. Das größte ist das südlichste und nimmt den Kern der Stadt auf. Hier kommt der Ōokagawa aus südwestlicher Richtung. Seine Talwände, die von den steil abfallenden, um 50 m hohen Plateaurändern gebildet werden, treten schon 3 km von der heutigen Küste entfernt so weit auseinander, daß eine Ebene von mehr als 1 km Breite entsteht, und sie erweitert sich gegen die Küste hin auf über 2 km. So ergibt sich ein quer zur Küste stehender Keil zwischen zwei scharfen Randleisten. Der Blick von dem südlichen Rahmenstück, dem berühmten Wohnviertel des Bluff, über das scharf umgrenzte Stadtfeld (Taf. 18, Abb. 1) läßt diesen Grundzug in der Anlage Yokohamas trefflich hervortreten. Innerhalb dieses Feldes ist der Fluß zu einem wichtigen künstlichen Kanalnetz auseinandergezogen, dessen äußere Fäden, unter den beiden Plateaurändern herlaufend, die Naturform der Stadtfläche noch unterstreichen.

Nur 2 km nördlich dieses Flusses tritt der nächste, der Katabiragawa aus dem Plateau, auch er von dessen 50 m hohen Hängen mauerartig flankiert und etwa 2 km von der heutigen Küstenlinie entfernt sein Tal zur Breite von 1 km ausweitend. Die Wände treten aber hier noch stärker auseinander, so daß ein Dreieck von breiterer Küstenbasis entsteht; es sind die Stadtviertel Okanomachi, Nishihiranumamachi, Tobemachi und Nishitobemachi.

Endlich das dritte Flußsystem, das des Takinogawa im Norden, hat ein noch kleineres und stumpferes Mündungsdreieck ausgefüllt, das demgemäß von dem langhingezogenen Stadtteil Kanagawamachi, der alten Tōkaidō-Stadtzeile eingenommen wird. Dieses war zuerst als Hafensiedlung erwählt und dann zugunsten des angrenzenden Dorfes Yokohama verlassen worden. An ihm entlang wird aber die künftige Weiterentwicklung des Hafens vonstatten gehen.

Zwischen den drei Alluvialdreiecken sieht man die Plateaus in Zungen vorspringen. Ihre durchschluchteten, oft fast senkrechten Wände, an denen die horizontalen Lehm-, Sand- und Geröllschichten ausstreichen und deren Kanten manchmal von Tempeln gesäumt sind, wie z. B. dicht beim Bahnhof Sakuragichō, drücken der Stadtlandschaft die charakteristischsten Züge auf. Die Ränder sind teils bewachsen, teils kahl, und Wege winden sich mit Böschungen bis zu 10° an ihnen hinauf. In Figur 61 ist diese Landschaftsgestaltung durch die eingeschriebenen Höhenzahlen, die nach den Meßtischblättern und einigen eigenen Messungen gebildet sind, veranschaulicht. Man erkennt daraus auch die Zunahme der Höhen von Nordosten, das heißt vom Scheitel der Tōkyō-Bucht her nach Südwesten; das entspricht dem allgemeinen Verhalten der schrägen Schollen, die dicht südlich von hier die Tertiärschwelle bilden, auf die sich das Diluvium des Kwantō-Beckens auflegt. Was aber in erster Linie hier das Bild bestimmt, ist nicht mehr wie in jener südlichen Schwelle die tektonische Zerrüttung, obwohl Brüche auch bis in den Bereich der Stadt reichen (nach Yamasaki und Ito), sondern das Gleichmaß des zerschnittenen, sanft gegen die Tōkyō-Bucht geneigten Plateaus.

Wie innerhalb der Stadt in kleineren Lappen, so springen nun die Plateaus in zwei viel größeren Leisten weit meerwärts vor und umfassen unmittelbar vor den drei Stadtebenen eine weite Bucht. Der nördliche Vorsprung bildet den nordostwärts streichenden Rand des Gesamtplateaus bis zur Tama-Mündung, der südliche ist das Ende jenes schmalen Keils, der die Yokohama-Bai von der Negishi-Bai trennt und im vorderen Teil den Namen Bluff führt. Der eine hält die vorwiegenden Winde des Winters, der andere die des Sommers und auch die im allgemeinen stärksten Winde aus südlicher bis südwestlicher Richtung ab; nur die breite Öffnung der Yokohama-Bucht nach Osten hin läßt allerdings dem Seegang vollen Zutritt. — Der Boden, der im wesentlichen aus Schlick, stellenweise mit feinem Sand vermischt, besteht, macht, namentlich an den letzteren Stellen, dem Ankern keine Schwierigkeit.

δ) *Der Hafen, seine Entwicklung, heutige und künftige Gestalt.* Diese natürliche Buchtgestaltung war immerhin so, daß sie lange genügen konnte, ohne daß das Bedürfnis nach größerem Schutz und besseren Liege- und Abfertigungsmöglichkeiten allzusehr empfunden wurde. Erst im Jahre 1888, als Yokohama, immer noch an der Spitze der japanischen Häfen stehend, einen Außenhandel von 77 Millionen

Yen erreichte, wurde unter Heranziehung verschiedener englischer und holländischer Ingenieure schließlich ein Plan des Engländers H. S. Palmer für den Hafenausbau angenommen.

Geplant war sofort der nach den geschilderten Bedingungen folgerichtigste Schritt, nämlich die Schließung der halboffenen Reede durch zwei Wellenbrecher von zusammen 3600 m Länge. So entstand ein sehr regulärer Wasserraum mit einer engen Zufahrt von 240 m in der Mitte der ursprünglichen Buchtöffnung. Die Wasserfläche war also umrahmt von einem Küstenbogen und einem Wellenbrecherbogen, die beide im Norden und Süden aufeinanderstoßen. Zugleich wurde ein eiserner Pier von 730 m Länge und mit so großen Tiefen errichtet, daß damals größte Schiffe daran anlegen konnten. Damit hatte der Hafen nach dem ersten, 1896 vollendeten Ausbau schon die Größe von 500 ha, das heißt mehr als die Hälfte des heutigen Kōbe-Hafens. Aber seine Gestalt war damit auch derartig festgelegt, daß darüber nur wieder durch ein sehr bedeutendes Projekt hinausgegangen werden konnte, wie es erst die letzten Jahre brachten.

Alle zwischenliegenden Ausbauphasen hingegen betrafen zunächst nur die weitere Vergrößerung der Tiefen durch Ausbaggerung und vor allem die bessere Verbindung zwischen Wasser und Land sowie überhaupt die ganze Anlage des Hafenlandraumes, die sich über den Küstenbogen erstreckte. Nachdem in zwei Bauperioden von 1899 bis zum Weltkrieg etwa 25 ha Landfläche für Lagerhäuser gewonnen und über 2 km Kaimauer errichtet waren, verbunden mit Eisenbahn- und Straßenanschlüssen, Speichern und Lagerplätzen, Zoll- und Privatschuppen, Kränen und Brücken, stieg unter dem gewaltigen Antrieb des Krieges der Verkehr derartig, daß 1921 eine nächste Bauperiode begonnen wurde, die auf wesentliche Vervollkommnungen abzielte mit Tiefen zwischen 7,3 und 12 m, mit Vergrößerung der Kailängen auf mehr als das Doppelte, mit Gewinnung weiterer Landflächen von etwa 45 ha im Norden des Hafens — da warf am 1. September 1923 das Kwantō-Beben alle Arbeit von Jahrzehnten in Trümmer. Fast die gesamten Kaimauern und Piere stürzten ein, die Wellenbrecher sanken um den Eingang 1 bis 3 m tief ins Wasser, keine Schiffe konnten zunächst mehr anlegen, alle mußten leichtern in dem durch die verschwundenen Molenstücke ungeschützten Hafen. Auch selbst der Hafenboden erlitt vertikale Veränderungen; allerdings hielten sich diese im Verhältnis zu den außerordentlichen Wandlungen in der Sagami-Bucht, wo der Meeresboden bis zu 400 m vertieft wurde, in den geringen Grenzen von einigen Fuß. Im ganzen lag nahe bei Yokohama die Ruheachse, südlich deren noch Hebung eintrat, während nördlich davon geringe Senkung zu verzeichnen war.

Gegen plötzliche Schicksalsschläge kann die innere Widerstandskraft des Menschen wirksamer sein als gegen langsame, schleichende Vorgänge der Veränderung; eine große Tradition, konzentrierte Energie und Unternehmungslust wird nicht mit einem Schlage beseitigt, und das gewaltige Kapital, das schon allein im Bodenbesitz steckt, wirkt nach. In der Erkenntnis der riesigen Wirtschaftswerte, die nach der Zerstörung auch durch jeden Verzug auf dem Spiel standen, schritt die Regierung mit erstaunlicher Tatkraft in kürzester Frist zur Wiederherstellung. Dabei wurden zuerst die Wellenbrecher neu errichtet und zwar auf der alten, niedergebrochenen Grundlage. Sie standen schon wieder im Mai 1924. Auf einer Basis von Naturstein wurden Kronen aus Eisenbetonkästen aufgesetzt[1]). Ihre Höhe über Wasser erscheint nicht bedeutend; man sieht den Wellenbrecher bei Hochwasser nur eben herausragen und die Wasserfläche bei einiger Brise schon ziemlich bewegt.

Die beiden seitlich vom Landungspier wieder erstandenen Hafenzungen wurden verbreitert um je 14½ m, die Kaimauern stärker erbaut. Auch ist an der berühmten Uferstraße des Bund das Land ein Stück weiter hinaus aufgeschüttet worden. Als ich drei Jahre nach dem Beben Yokohama wiedersah, war der Hafen mehr als die Stadt wiederhergestellt; in ihm war der Stand des Ausbaus, in welchem das Beben ihn getroffen hatte, im wesentlichen wieder erreicht und das in Gang gewesene Programm in Fortführung begriffen.

So sehen wir denn als Ergebnis im alten, schon durch den ersten Bauplan festgelegten Hafenrahmen einen mehrfach erweiterten und vervollkommneten Hafenlandraum, der aus folgenden wesentlichen Teilen besteht: aus dem alten Landungspier vor der Uferstraße und den zwei breiten Hafenzungen mit Becken dazwischen, sodann im Buchtwinkel aus einem großen Werftgebiet, am nordwestlichen Buchtschenkel und dem nördlichen Wellenbrecher entlang aus mehreren langen, breiten Neulandflächen; Becken geringerer Tiefen für Boote liegen dazwischen und dahinter, so daß die Neulandflächen gleichsam nur vorgehängt und mit dünnen Fäden an den alten Hafensaum gefügt sind; an den vorderen Kaimauern entlang wachsen die

---

[1]) Dimensionen der Kästen: 19 m lang, 6½ m breit, 13½ m hoch, 10 cm dicke Wände. Die Herstellung des Gerüstes für einen Kasten s. auf Taf. 19, Abb. 2.

Tiefen vom Buchtwinkel bis zum Hafeneingang von 7,3 auf 12 m. Endlich hinter dem ganzen gebogenen Hafenlandraum her verzweigt sich der Schienenstrang. Großartig wie diese Landanlagen ist auch die technische Ausstattung, die aus Dutzenden von Kränen, festen wie beweglichen und schwimmenden, sowie besonderen Einrichtungen für Kohlen, Petroleum usw. besteht. Die Schuppen und Speicher liegen hauptsächlich im Zollgebiet, und zwar staatliche mit ca. 9 ha Fläche, private mit 4 ha. Dazu kommt noch eine kleine Zahl im übrigen Hafensaum.

War somit von der Vollendung des ersten Bauplans bis fast zur Gegenwart nur innere Vervollkommnung die Leitschnur, so folgt nunmehr mit 1926 ein neuer großer Abschnitt in der Hafengeschichte. Die rasche Steigerung des Verkehrs hat nämlich inzwischen die Einsicht gezeitigt, daß überhaupt der alte Rahmen zu eng geworden war. So wird er gesprengt durch einen Plan, dessen Ausführung auf 10 Jahre berechnet ist. Das Wesen der bedeutenden Veränderung lehrt ohne viel Worte ein Blick auf die Tafeln 20 und 26. Danach wird der bisherige Wellenbrecherzug nur noch ein inneres Becken umgrenzen. Zu ihm tritt ein äußeres von fast der doppelten Größe, begrenzt durch eine äußere Wellenbrecherlinie. Gewaltig wie die neugewonnene Wasserfläche ist auch die vorgesehene Landaufschüttung, die vor allem auf der nördlichen Küstenstrecke zwischen dem alten und neuen Wellenbrecherzug liegt. Große trapezförmige Flächen mit breiten Kanälen dazwischen werden hier vorgebaut, teils für Hafengebäude, teils für Industrieanlagen bestimmt. Die sie umschließenden Kaimauern werden eine Gesamtlänge von 10 km haben und von 9—12 m Wassertiefe begleitet sein, um bis zu 50 größten Dampfern Liegeplätze zu gewähren. Die 90 m breiten Kanäle werden einen allseitigen, leichten Wasseranschluß des Fabrikbezirkes sichern. Man ist sich eben hier der Tatsache bewußt geworden, daß die Entwicklung der Industrie nicht mit der des Hafens Schritt gehalten hat.

Mehrere Besonderheiten sind beim neuen Ausbau noch zu erwähnen. Das ist einmal die Sorge für die Holzfracht. Unter allen einlaufenden ist sie nämlich der Menge nach die größte nächst der Kohle. Das im Außenhandel überhaupt ankommende Holz landet zur Hauptsache in Yokohama. Bisher ist dafür aber im Hafen kein eigener Platz. Die Südostecke des neuen Hafens gestattet ein ideales Holzbecken abzugliedern. Im Anschluß an dasselbe werden Holzstapelplätze und Sägewerke an Land entstehen. Ferner beabsichtigt man größere

Kühlanlagen für leichtverderbliche Waren wie Gefrierfleisch, Fische und Früchte zu schaffen. Der Handel mit ihnen ist in der letzten Zeit mit dem Wachsen von Tōkyō und Yokohama mächtig gestiegen; wegen der fehlenden Anlagen mußten sie aber nach Kōbe geleitet werden, um so lange zu lagern, bis sie gebraucht wurden. Durch die neuen Einrichtungen wird also die Stellung Yokohamas im innerjapanischen Verkehr verstärkt werden.

Im ganzen soll dieser Hafen der Zukunft einem jährlichen Güterverkehr von 15 Millionen Tonnen gewachsen sein.

Die geographischen Grundfragen, die sich aus ihm ergeben, laufen darauf hinaus, wie der neue Hafen die Naturgegebenheiten nutzt und in welchem Verhältnis er in der Hinsicht zum alten steht. Zweierlei ergibt sich:

1. Wie den Aufschüttungen von Hafenlandraum in dem alten Hafen das seichte Wasser vor den drei Flußebenen zustatten kam, so erwachsen die neuen großen Landflächen einheitlich auf dem untermeerischen Schuttkegel des nächsten Flusses, des Tsurumigawa, der bisher vom Hafenwasserraum ausgeschlossen war; dessen Tiefen gehen hier nur bis zu 3 m, in einem großen Teil bleiben sie unter 1 m, so daß die Aufschüttung nicht allzu schwierig ist.

2. Wie der alte Hafen nur den Innenwinkel der Yokohama-Bucht, so nimmt der neue fast die ganze Bucht in Anspruch, und so bedeutet er trotz der gewaltig gesteigerten Dimensionen doch im Hinblick auf die Naturgrundlagen nur eine organische Weiterbildung.

Auch damit ist der Abschluß nicht erreicht. Wie einst der ersten Molenumschließung die Phasen der inneren Ausgestaltung folgten, so liegt bereits ein weiterer Zukunftsplan vor, der von dem neuen, größeren Rahmen aus den Hafen gleichsam konzentrisch nach innen vor- und ausbaut. Diese Formulierung, wie sie sich aus einem Blick auf eine mir vorliegende japanische Skizze mit mächtig nach innen strebenden Hafenzungen und den daran liegenden Schiffen ergibt, macht jede Einzelbeschreibung dieses Zukunftsplanes überflüssig. So gesehen fügt sich auch diese fernere Phase organisch in die bisherige Entwicklung und die Naturgrundlagen ein.

Ja noch weiter eilen die Ideen, und wieder wird die Linie der Entwicklung beibehalten. In der Richtung nach Nordosten ist ein küstenparalleler Kanal geplant, von abermals weiteren Aufschüttungsflächen für Industrie begleitet und für die leichtere und billigere Verfrachtung der Waren zwischen Yokohama und Tōkyō bestimmt. Zum erstenmal wurde der Vorschlag schon im Jahre 1900 gemacht, nach dem Weltkrieg kam er erneut auf, und jetzt sind schon Mittel zum Bau bereitgestellt, dessen Gesamtkosten auf 32 Mill. Yen veranschlagt sind. Gefordert wird er durch den Umstand, daß zwischen Yokohama und Tōkyō ein gewaltiger Verkehr besteht, die kleinen Schiffe aber zu sehr der rauhen See ausgesetzt sind und oft große Verluste erleiden. Zugleich soll am Kanal entlang Industriegelände erschlossen werden. Schon haben sich am Kanalansatz die Mitsui-Kawasaki-Eisenwerke niedergelassen und versprechen ein neues Zentrum der Industrie zu werden. Sollte auf diesem Weg der vereinte Hafen Yokohama-Tōkyō einst Wirklichkeit werden, so könnte ihm wie keinem anderen der Titel eines ostasiatischen Riesenhafens zufallen. Der Kanal ist in Figur 63 (S. 489) eingezeichnet.

ε) *Yokohama als Hafenstadt.* Die Siedlung als solche stellt uns zunächst die Probleme, wie sie sich im Anschluß an den Hafen und in Verbindung mit ihm räumlich entwickelt hat. Das führt uns zeitlich wieder zum Jahre 1859 als Ausgangspunkt und morphologisch zu den erkannten Elementen der wasserdurchzogenen Mündungsebenen sowie der diluvialen Plateaus und Zungen.

Im Eröffnungsjahr 1859 haben wir uns an der Takino-Mündung das Städtchen Kanagawa als eine der in üblicher Weise durch den Tōkaidō-Weg lang an der Küste hingestreckten Siedlungen (s. S. 469) zu denken und in ähnlicher Form südlich davon auf der anderen Buchtseite das Fischerdorf. Dieser Teil der Bucht wurde aber alsbald zum bevorzugten Wohnplatz der Ausländer, in welchem sich Engländer, Amerikaner, Deutsche, Franzosen, Portugiesen, Schweizer und Chinesen niederließen. Schon 1865 wurde eine fremde Handelskammer gegründet, der in neuerer Zeit eine japanische an die Seite trat. Außer den Handelsfirmen stellten sich Banken ein, die sich der Finanzierung des Außenhandels widmeten, sowohl Filialen großer amerikanischer und europäischer Häuser wie auch japanische Banken. Die Fremden entwickelten ihr Wohnviertel auf der bekannten Höhe des Bluff, die einen beherrschenden Blick über Stadt- und Hafenlandschaft bietet. Die Fremdenkolonie war vor dem Krieg die größte unter den japanischen Städten; sie zählte 10000 Köpfe, von denen fast zwei Drittel auf die Chinesen kamen; 1927 wurden außer Chinesen wieder 1100 Fremde angegeben. Am Fuß des Bluff und in breitem Band am Wasser entlang entstand das Viertel des Großhandels. Wo es im Nordwesten an das Ende der anderen Höhenleiste stößt, zog sich gleichfalls ein erster Siedlungsansatz, wohl der japanische, um die

Höhenkante. Dieses Bild einer dreigeteilten Siedlung läßt sich etwa aus einer Karte von 1870 herauslesen. In dem dritten Bestandteil scheint der unruhige Grundriß einer vorausgegangenen ländlichen Siedlung hervorzutreten. Das Handelsviertel war hinten von einem breiten, küstenparallelen Kanal (Fig. 61) begleitet, der es wie eine Insel aus der Stadtniederung herausschneidet. Hinter dem Kanal verschmälert sich der Keil der Ōoka-Niederung und wird von drei Längskanälen und einigen Querstücken durchzogen. In diese rückwärtige Niederung wuchs nun die Stadt zunächst weiter. Nach einer Karte vom Ende der 80er Jahre, also aus der Zeit, da der Hafenausbau begann, war sie bereits über einen großen Teil der Ebene ausgedehnt und hatte den hinteren Querkanal erreicht, der auch schon seine künstliche Fortsetzung durch die Talschlucht zur Negishi-Bai erhalten hat.

In den letzten Jahrzehnten wuchs dann die Stadt in ihrer Hauptniederung wie auch an den beiderseitigen Hängen und auf den Höhen weiter. Dazu hat sie in den nördlicheren Flußniederungen, also nach dem alten Kanagawa hin, größere Ausdehnung, besonders durch Industrie und Bahnhofsanlagen, erhalten. Seit einigen Jahren ist sie durch Eingemeindungen allseitig weiter gewachsen, läßt aber doch noch die aus der Buchtanlehnung sich ergebende Sichelform erkennen (vgl. die Skizze, Fig. 62).

Die Volkszahl war 1868 bereits auf 29000, 1897 auf 187000, 1920 auf 423000 angelangt, während 1925 wieder 406000 gezählt wurden und jetzt nach weiteren Eingemeindungen 620000 angegeben werden.

Charakteristisch ist dabei der Gegensatz im Grundriß

Fig. 62. Wachstumszonen Yokohamas.

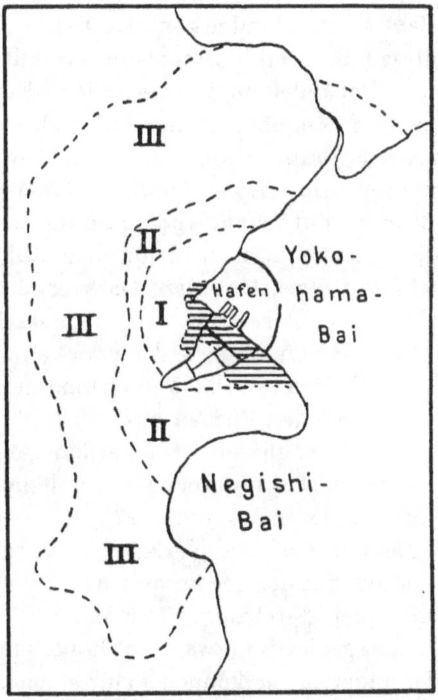

Fläche der Stadtsiedlung um 1870
I Stadtkernzone } um 1923
II Stadtrandzone
III Zone der jungen Eingemeindungen

zwischen den Niederungen und den Hängen und Höhen. An den Hängen müssen sich die Straßen mit Böschungen von zum Teil 8 bis 10° in den Schluchten hinaufwinden (Taf. 18, Abb. 1), und dadurch zwingen sie im ganzen Plateaugebiet dem Grundriß eine unregelmäßige Anlage auf. In den Niederungen hingegen befolgt derselbe streng die Regel des Schachbretts, besonders in der Hauptniederung mit ihren Längs- und Querkanälen. Auch ist die Bauweise auf den Höhen lockerer, in den Niederungen dichtgedrängt. An den Plateaurändern und auf ihren Kanten stehen Tempel, Schreine und Teehäuser mit oft weitem Blick über Stadt und Hafen und das ferne Land.

Das Handels- und Geschäftsviertel hinter der alten Hafenfront hatte vor der Zerstörung ganz europäischen Charakter und hat ihn auch nach dem Aufbau wieder erhalten, ebenso das teilweise auf dem Bluff wieder erstandene Fremdenwohnviertel. Hier im Gebiet der großen Steinbauten waren die Trümmerhaufen, wie ich sie noch 1926 liegen sah, am größten. Doch heben sich hier die mehrstöckigen Bauten der Handelskontore, Banken und Behörden massig über das übrige Stadtbild. Besonders hat mit dem Wiederaufbau der große, rote Gebäudekomplex der Seiden-Konditionieranstalt dem Stadtbild beim Hafen einen Stempel aufgedrückt und kann als eine Art Wahrzeichen dieses Hafens angesehen werden. In seinen großen Hallen werden von einigen hundert Mädchen und einem Stab technischer Beamter mit feinen Apparaten die Arbeiten ausgeführt, durch welche die eingelieferten Seidenproben auf Gewicht und sonstige Eigenschaften geprüft werden. Diese etwa der Bremer Baumwollbörse vergleichbare Einrichtung zeigt den starken Willen Yokohamas, die aus seinem Seidenhinterland entwickelte Monopolstellung seines Hafens hochzuhalten. — Die Weltverbindung der Stadt spricht sich in den vielen fremden Firmen aus; für 1928 werden angegeben[1]): 42 chinesische, 42 englische, 28 amerikanische, 19 indische, 10 französische, 9 deutsche, 6 schweizerische, 6 holländische, 3 russische, 3 schwedische und 7 andere, zusammen 175.

Dem Handel und Verkehr der ganzen Stadt und seiner engen Verbindung mit der See kommt das Kanalnetz zustatten, das sie längs und quer durchzieht. Der mittlere Längskanal hinter dem Großhandelsgebiet ist etwa 40 m breit, und ähnlich sind die Dimensionen der anderen. Sie können somit einen erheblichen Verkehr bewältigen (vgl. Taf. 19, Abb. 1), der in Leichtern die Waren aus dem Hafen

[1]) Ostasiatische Rundschau 1930, S. 116.

in die privaten Lagerhäuser und Geschäfte der Stadt verteilt. Auch diese Kanäle waren durch das Beben zerrüttet, und zur Zeit meiner Anwesenheit wurde noch rüstig an der Wiederherstellung der Kanäle gearbeitet (s. Taf. 18, Abb. 2).

In der wirtschaftlichen Gliederung der Stadt treten am geschlossensten das Großhandelsviertel und das Europäerwohnviertel hervor. Die übrigen Glieder sind weniger scharf zu umgrenzen. Doch ziehen sich im großen und ganzen hauptsächlich Wohnviertel um die Höhen und auf diese hinauf, während Kleinhandel, Binnenhandel und Gewerbe hinter dem Querkanal die Hauptniederung der Stadt einnehmen und schließlich die Industrie ihren Sitz am meisten in den beiden nördlichen Flußniederungen, besonders in jüngster Zeit, erhalten hat und noch mehr in Zukunft erhalten dürfte. Beim Wiederaufbau nach dem Erdbeben ist die Gliederung in Wohn-, Handels- und Industrieviertel und -zonen noch bewußter durchgeführt worden. Von der Stadtfläche kommen etwa 58% auf Wohnreviere, 25% auf Handels- und 17% auf Industriebezirke[1]), wobei jedoch mit den Wohnvierteln selbstredend kleine Geschäfte zahlreich verbunden sind. Im ganzen trat bisher in dieser Hafenstadt die Industrie überhaupt mehr zurück hinter dem überseeischen Handel. Wenn sie sich aber in Zukunft stärker entwickelt, so dürfte das im Interesse der Hafenwirtschaft insofern begrüßt werden, als Yokohama eine gewisse Einseitigkeit als Ausfuhrhafen besitzt und mit gesteigerter Zufuhr industrieller Rohstoffe einen besseren Ausgleich erhalten würde.

ζ) *Handel und Verkehr.* Für das Jahr 1873 gibt die Statistik von Yokohama einen Außenhandel an, der größer war als in allen übrigen Fremdhandelshäfen zusammen, etwa $^7/_{10}$ des Außenhandels von Japan. Die Tabelle 35 zeigt dann an einigen Stichjahren eine doppelte Veränderung. Erstlich wird die Monopolstellung Schritt für Schritt durch das Aufkommen der übrigen Häfen, insbesondere der Großhäfen der Inlandsee, untergraben (beide letzten Spalten). Ferner tritt eine einseitige Verschiebung nach der Seite des Exports ein, die bereits im Jahre 1893 so ausgeprägt ist, daß das Verhältnie von Import zu Export 2:3 beträgt. Als weitere Einzelheiten weist die Tabelle natürlich den starken Einschnitt des Katastrophenjahres 1923 auf. Aber gegenüber 1919 brachte trotzdem absolut selbst das Jahr 1924 noch eine Steigerung; in den beiden Jahren gingen 3,2 Millionen bezw. 5,0 Millionen Tonnen des Außenhandels durch den Hafen.

[1]) The Far Eastern Review 1929, S. 317.

Tabelle 35.

Yokohamas Handelsentwicklung.

Jahr	Außenhandel in Millionen Yen				Yokohama in % von ganz Japan	
	Japan insgesamt		Yokohama			
	Export	Import	Export	Import	Export	Import
1873	21,6	28,1	15,7	19,7	72	70
1893	89,7	88,3	55,2	36,3	62	41
1913	632,5	729,4	316,8	235,1	50	32
1922	1637,5	1890,3	895,5	652,2	55	34
1926	2044,7	2377,5	760,4	639,6	38	27
1928	1972,0	2196,3	742,3	614,3	38	28
1929	2148	2216	781	582	36	26

Zu dem externen kommt noch ein interner Güterverkehr, der sich 1924 auf rund 2 Millionen Tonnen belief, so daß damals insgesamt 7 Millionen Tonnen durch den Hafen gingen. Nach der inzwischen eingetretenen Erholung ist eine weitere Steigerung erfolgt; 1927 wurden im heimischen Verkehr 3 Mill. Tonnen gelöscht und geladen, worin aber das Transitgut im Verkehr mit Tōkyō nicht mitgerechnet ist, das allein noch 6 Mill. ausmachte[1]). Mit der Vergrößerung des Hafens hofft man einen weiteren Teil dieses Transitgutes gleich in Yokohama der Eisenbahn zu übermitteln, soweit es für die Vorortgebiete Tōkyōs bestimmt ist, die von der Wasserverbindung nicht unbedingten Nutzen haben.

Die einseitige Entwicklung zum Exporthafen findet ihre Begründung in der Seide. Zu Beginn des Handels rangiert sie erst schwach neben mancherlei anderen Ausfuhrgegenständen wie Lackwaren, Kupferarbeiten und Tee. Dann rückt sie langsam voran. Im Jahre 1916 aber stellt die Ausfuhr von Seide bereits einen größeren Wert dar als die aller übrigen Waren zusammen. Das gleiche Verhältnis bleibt ziemlich bestehen, nur daß beide Größen absolut weiter steigen bis zum Erdbeben. Dieses hat nun Yokohama einen Schlag versetzt, der keineswegs vorübergehend war; Kōbe zog sofort den Seidenhandel zu sich herüber und hat einen erheblichen Teil davon zu bewahren verstanden. Immerhin bleibt Yokohama der Hauptexporthafen. Denn der Hauptwert dieses Ausfuhrgutes (ohne Seidenbrokat) erreichte hier 1926 wieder 615 Millionen Yen, in Kōbe im gleichen Jahr 250 Millionen. Auf die Seide kommen in Yokohama

[1]) The Far Eastern Review 1929, S. 39/40.

80% des gesamten Exportwertes. Sie nimmt zum allergrößten Teil ihren Weg nach den Vereinigten Staaten.

Als weiteren Textilstoff exportiert Yokohama Baumwollgarn und -gewebe. Ein Teil der letzteren geht auch nach den Vereinigten Staaten, nämlich Baumwollcrêpe, der in Ashikaga ein Zentrum hat. Ferner gehen über See raffinierter Zucker, Weizenmehl, Krebskonserven, Spielzeug und anderes (s. Tab. 36).

Tabelle 36.

Außenhandel Yokohamas 1928

(Waren im Wert von über 10 Millionen Yen).

Export		Import	
Rohseide	551.4	Erze, Metalle u Metallwaren	88.1
Seidenstoffe	54.1	Maschinen, Instrumente, Fahrzeuge	74.6
Krebskonserven	18.2	Baumwolle	52.1
Weizenmehl	15.2	Holz	49.7
Sonst. Textilrohstoffe u. Garne	14.7	Weizen	40.4
Instrumente, Maschinen, Fahrzeuge, elektr. Lampen, Spielwaren	13.5	Schafwolle	35.4
Raffinierter Zucker	11.1	Chemikalien, Arzneien, Farben, Kautschuk	34.5
Sonstige Gewebe (außer seidenen)	10.1	Mineralöl	29.3
Sonstiges	54.0	Zucker	25.5
		Bohnenölkuchen	21.3
		Sonstige Lebens- und Genußmittel	20.6
		Hülsenfrüchte	17.8
		Sonstige Faserstoffe und Garne	15.3
		Mineralien u. Waren daraus	14.5
		Papier und Papierwaren	14.5
		Webstoffe	13.0
		Ammoniumsulfat	12.6
		Reis	9.7
		Sonstiges	45.4
Zusammen	742.3	Zusammen	614.3

Der Import besteht außer in vielerlei Lebensmitteln, besonders Weizen zur Mehlbereitung (40 Millionen Yen), in Rohstoffen für die eigene Industrie und noch mehr für die von Tōkyō. An erster Stelle stehen dem Werte nach Erze und Metalle (79 Mill. Yen, mit Metallwaren 88), sowie Baumwolle (52 Mill. Yen), dann viel Holz, Schafwolle und Mineralöl. Dazu kommen Fertigwaren, wie vor allem Maschinen, Instrumente, Fahrzeuge und Chemikalien, endlich die wichtige Gruppe der Düngemittel (Ölkuchen und Ammoniumsulfat) für das weite Anbaugebiet des Kwantō.

Trotz der großen Mannigfaltigkeit der Gegenstände bleibt der Gesamtwert des Imports mit 614 Millionen Yen um 128 Millionen hinter dem des Exports zurück und wird schon allein von der Seide erreicht. 1926 war die Differenz ähnlich, 1929 stieg sie sogar auf 200.

Die Baumwolle liefern die Vereinigten Staaten gegen die eingetauschte Seide. Diese Bilanz bleibt aber ungleich; einem Export nach den Vereinigten Staaten von 590 Mill. Yen steht ein Import von 208 gegenüber (Tab. 37). Den gleichen Grund und noch höheren Grad hat die Einseitigkeit bei Frankreich. Die Wolle stammt von Australien, mit dem das umgekehrte Verhältnis besteht: Export zu Import wie 1 : 4½. Der Weizen kommt von Kanada und Australien, wird zu Mehl verarbeitet und nach dem Festland ausgeführt. Auch das Holz wird hauptsächlich von den Vereinigten Staaten und Kanada bezogen. Ähnlich wie Australien sind China, Britisch-Indien, Großbritannien, Deutschland und Kanada mehr Lieferanten als Abnehmer in Yokohama. Aber diese große Zahl von Lieferungsländern, wie sie Tabelle 37 aufweist, wird von dem einen überragenden Abnehmerland der Vereinigten Staaten derartig aufgewogen, daß Yokohama doch den Gesamtcharakter des Exporthafens behält.

Tabelle 37.

Die am Außenhandel Yokohamas beteiligten Länder im Durchschnitt der Jahre 1926—1928.

Export in Mill. Yen		Import in Mill. Yen	
Ver. Staaten von Amerika	590	Ver. Staaten von Amerika	208
Frankreich	41	Großbritannien	58
China	25	China	52
Großbritannien	19	Deutschland	46
Kwantung	13	Australien	39
Britisch-Indien	11	Kwantung	39
Australien	9	Niederländisch-Indien	36
Kanada	9	Kanada	31
		Britisch-Indien	30
		Ägypten	11
		Frankreich	8
		Schweiz	8
		Philippinen	6
		Französisch-Indochina	6
		Belgien	5
		Schweden	5
		Straits Settlements	5

Ebenso überwiegt im Küstenhandel die Funktion des Exporthafens, sogar in noch stärkerem Maß; einem Export im Wert von 550 Mill. Yen steht ein Import von 275 gegenüber (diese Zahlen nur für 1926). Von Yokohama aus kommt viel von der importierten Auslandware zur Verteilung über Japans Küsten, während die in den Außenhandel gehende Seide zu Lande den Hafen erreicht. Yokohamas heimischer Import vollzieht sich stark mit Hokkaidō; von dort erhält es z. B. seinen Hafenvorrat an Kohlen. Bedeutend ist ferner die Beziehung zu den japanischen Außenländern Formosa und Korea; beide bringen Reis heran, Formosa außerdem Zucker und Bananen, Korea auch Bohnen und Ölkuchen, während sie relativ wenig von Yokohama abnehmen.

Der stärkste interne Verkehr besteht mit Tōkyō, dessen Versorger Yokohama zu einem großen Teile ist und mit dem die Frachtverbindung durch kleine Fahrzeuge bewerkstelligt wird. Daher verfügt Yokohama über die größte Zahl von Leichtern unter allen Häfen des Landes, über mehr als 3000. Die meiste hier landende Fracht geht garnicht erst durch die Speicher und Faktoreien der Stadt, sondern gleich nach Tōkyō und dann etwa in das weitere Hinterland, zumal da sie bisher ja größtenteils auf der Reede gelöscht werden mußte und die Leichter dann ebensogut gleich nach Tōkyō fahren konnten. Erst mit den im Werk befindlichen größeren Anlegemöglichkeiten wird sich Yokohama stärker zur Ausgangs- und Endstation der Frachten gleichzeitig mit seiner Industrie entwickeln. Unter den verschiedenen Frachtgütern ist allein die Seide das aus allen Landesteilen gebrachte Bahngut; die übrigen Güter werden zu mindestens zwei Dritteln auf dem Wasserweg nach Tōkyō oder von Tōkyō befördert. In beiden Häfen und zwischen ihnen bilden daher die Schleppzüge eine besonders charakteristische Erscheinung im Bild des Seeverkehrs (Taf. 20, Abb. 2).

Von der 1927 eingelaufenen gesamten Schiffstonnage von 15 Mill. kamen rund $^2/_3$ auf den Außen-, $^1/_3$ auf den Binnenverkehr. Aber die Zahl der im Außenverkehr aufgetretenen Dampfer war nur 2500, die der kleineren Schiffe des Binnenverkehrs nicht weniger als 11000. Hinzu kamen 80000 kleine Segler von nicht ganz 2 Mill. Tonnen.

Am Außenverkehr ist nach Tabelle 38 der eigene Schiffsraum heute schon in ziemlich gleichem Maß beteiligt wie fremder, jeder mit rund 5 Millionen Tonnen. Vergleicht man aber die Schiffe der Zahl nach, so wird das Verhältnis der eigenen zu fremden Flaggen etwa 3 : 2. Daraus geht hervor, daß sich unter den eigenen Schiffen eine er-

Tabelle 38.

Schiffseingänge im Außenverkehr Yokohamas nach Flaggen, 1928.

japanisch	1590	Stück	mit	5 323 000 t
britisch	447	„	„	2 217 000 t
amerikanisch	220	„	„	1 341 000 t
deutsch	84	„	„	349 000 t
norwegisch	103	„	„	319 000 t
französisch	44	„	„	276 000 t
holländisch	50	„	„	202 000 t
dänisch	33	„	„	126 000 t
italienisch	13	„	„	72 000 t
schwedisch	18	„	„	58 000 t
russisch	6	„	„	9 000 t
Insgesamt	2608	Stück	mit	10 292 000 t

heblichere Zahl kleiner Typen befindet. Zum Beispiel die Soyabohnen aus der Mandschurei kommen auf solchen. Überhaupt haben im Import kleinere Schiffe einen beträchtlicheren Anteil als im Export, da dieser nach ferneren Gebieten strebt. Die kleinen Schiffe müssen daher den Hafen, dessen Exportprodukte anders orientiert sind, vielfach in Ballast verlassen. — Jedenfalls aber bekunden auch die Schiffszahlen und Flaggen den universalen Charakter dieses Hafens, der durch regelmäßige Linien mit den Haupthäfen aller Küsten verbunden ist.

3. Tōkyō.

(Hierzu Figur 63.)

α) *Geschichte.* Während wir in Yokohama trotz der heutigen Welthafenstellung eine Entwicklung von überhaupt nur 7 Jahrzehnten erkannten, finden wir im Scheitel der Tōkyō-Bucht einen älteren Brennpunkt des Lebens, dessen wechselvolle Geschichte und Verkehrsbedeutung mit größten historischen Schicksalen Japans verbunden ist, dessen Seeverkehrsfunktion aber erst in jüngster Zeit ein stärkeres Gewicht erhält.

Nicht die Tōkyō-Bucht, sondern das Kwantō-Tiefland war es, was dem heutigen Tōkyō vor Jahrhunderten sein Leben einflößte. Im Kwantō erst schlug die Macht der Shōgune ihre festen Wurzeln und entwickelte sich zum Gegengewicht der Mikado-Macht, die in der alten Hauptstadt des Westens saß. Auch war es zuerst nicht Tōkyō selbst, sondern Kamakura am Südrand des Tieflandes, das am Ende des 12. Jahrhunderts zur Hauptstadt der Shōgunats-Regierung wurde.

In Edo[1]) hat erst im Jahre 1590 Iyeyasu seine Burg errichtet, und nachdem er 1603 zum Shōgun geworden war, wurde es zur glänzenden Hauptstadt der Shōgune und eigentlich zum Sitz der Zentralregierung des Landes durch die ganze Tokugawa-Periode. Als diese 1868 mit der Restauration abschloß, wurde es unter dem neuen Namen Tōkyō (Osthauptstadt) zum Regierungssitz des Mikado.

Die glänzende Zeit der Tokugawa-Periode hatte Tōkyō einen gewaltigen Aufschwung gebracht. Denn die Lehnsfürsten der Shōgune mußten sich alljährlich längere Zeit hier aufhalten und machten ihre Hofreisen mit großem Gefolge. Ihre vielen Residenzbauten drückten der Stadt den Stempel auf und brachten ihr ein großes Leben. So wuchs die Bevölkerung schon bis 1731 auf 560000, während für 1787 sogar die Zahl 1367880 angegeben wird[2]). Mit dem Zusammenbruch des Shōgunats erfolgte ein solcher Rückschlag, daß 1877 nur noch 583000 Bewohner gezählt wurden. Dann brachte die neue Zeit auf ganz anderen Grundlagen ein rasches Anschwellen, das im Jahre 1887 schon zur Verdoppelung der Zahl und bis 1930 zu 2070000 Einwohnern geführt hat.

β) *Die morphologischen Grundlagen der Stadt und des Hafens.* Es fragt sich zuerst, wie die so entstandene riesige Stadtfläche sich mit den natürlichen Landschaftselementen der Bucht abfand. In Betracht kommen die beiden uns für das Kwantō-Becken bekannten Flächen (vgl. Taf. 1, Abb. 2). Sie werden auch durch die für große Teile der Stadt gebräuchlichen Benennungen unterschieden als „Yamate“ (Oberstadt) und „Shitamachi“ (Unterstadt). Beide sind Lockerbildungen, und daher rührten die großen Verheerungen, denen die Stadt ebenso wie Yokohama beim Erdbeben unterlag, gegenüber den Städten auf tertiärem Untergrund. Auch innerhalb Tōkyōs war der Gegensatz zwischen beiden Stadtteilen sehr merklich, indem die diluvialen Schichten der Höhenstadt wiederum weniger erschüttert wurden als die alluvialen der Unterstadt.

---

[1]) Der Name Edo war schon seit Jahrhunderten mit einer Familie, die hier ihren Sitz hatte, verbunden gewesen. Ob in dem Familiennamen eine Beziehung auf die Natur der Örtlichkeit vorliegt, wie Naumann (Peterm. Mitt. 1879, S. 121) aus ihm schließt (Edo bedeutet „Buchttor“), sei dahingestellt.

[2]) Official Guide to Eastern Asia, vol. III, Tokyo 1914, S. 43. — Y. Uchida gibt in einem Aufsatz „The City planning of present-day Japan“ der Stadt Tōkyō zur Zeit des Höhepunkts der Shōgunats-Periode sogar nahezu 2 Millionen Bewohner.

In der höheren Fläche liegt für den Anblick und für die Wirkung auf das Stadtbild der Rand eines einfachen ebenmäßigen Plateaus vor. Genetisch ist es aber das schon entwickelte tektonische Becken, und die Neigung von Westen nach Osten ist an den Höhen auch innerhalb der Stadt verfolgbar[1]).

Die Stadt hat sich nun so über den Randbereich gelegt, daß sie mit ihrem östlichen Teil die Niederung, mit dem größeren westlichen das Plateau einnimmt. Dessen steiler Abfall geht also in nordsüdlicher Richtung hindurch, doch ist er nicht einfach und einheitlich, sondern zerschnitten durch breitere Talungen wie durch enge Schluchten. Die Zerschneidung hat im Norden einen größeren Zug, so daß sich dort auch weitgehend die politische Gliederung der Stadt (in Ku) damit deckt; im Süden hingegen ist trotz einiger Hauptalzüge die Zerfetzung im Kleinen außerordentlich stark. Schluchtartige Straßen mit Neigungen bis zu 10° sind von 8—10 m hohen, steilen, zum Teil ausgemauerten Wänden eingefaßt, Böschungen von 35° und bis über 40° kann man häufig messen, und gewundene Pfade und Treppen führen an ihnen hinauf. Die Plateauvorsprünge heben sich mit dem oft grünen Band ihrer bewachsenen Hänge wie Inseln aus der tieferen Stadtfläche.

Die Unterstadt in einer Höhenlage von 2—4 m nimmt die ganze Niederung des Sumida-Flusses ein und umfaßt zum Beispiel im Nordosten den Asakusa-Tempelbezirk, von dem in Verbindung mit der historischen Landbildung zu sprechen sein wird. Die Unterstadt ist zugleich die hafennähere, die Hauptgeschäftsstadt; die berühmte Straße Ginza läuft in ihr entlang, und die hier liegende Brücke Nihonbashi („Brücke Japans") gilt als das Zentrum Tōkyōs und Japans.

Die Unterstadt ist von einem Kanalnetz kreuz und quer durchzogen. In dieses ist in geschickter Nutzung der Geländegegebenheiten der Schloßbezirk einbezogen worden. Er liegt in der Art aller japanischen Burgen noch auf dem Plateaurand und hebt sich mit ihm binnenwärts.

Der äußerste seiner Wasserringe, der außer dem Schloß noch ganze Stadtbezirke einschließt, ist ähnlich den Wasseradern der Unterstadt

---

[1]) Die Meßtischblätter enthalten im Stadtgebiet eine größere Anzahl Höhenwerte, die ich durch Messungen an verschiedenen Punkten ergänzte. Das im Westquadranten geschlossene Plateau hat Höhen von ca. 30, vereinzelt bis ca. 35 m, während am Ostrand desselben, z. B. im Shiba-Park und Ueno-Park, die Werte um 25 m, zum Teil schon 20 m betragen und dazwischen westlich des Schlosses mittlere Werte von 25—30 m festzustellen sind.

Figur 63.

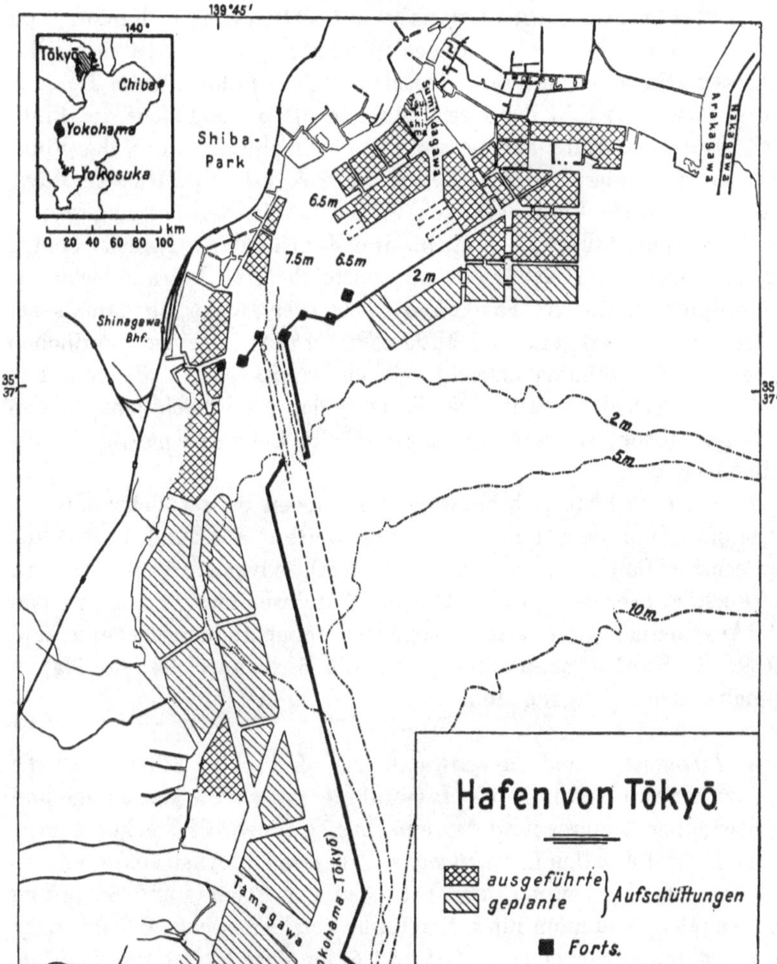

Von der Sumida-Mündung und der in ihr liegenden ältesten kleinen Aufschüttung (Nordende der Insel Tsukishima) schritt die Landgewinnung an beiden Buchtseiten hinaus bis zur Dreiecksbasis in der Forts-Linie, die zugleich für eine vorläufige Wellenbrecherlinie benutzt wurde, dann an der Westseite weiter südwärts dem Hafen Yokohama entgegen, wo jetzt auch der Verbindungskanal vor der Küste her in Angriff genommen wird. Ein weiteres Grunderfordernis für den Hafen war von Anfang an und wird auch fernerhin eine bedeutende Baggerung sein.

in den Verkehr einbezogen; Lastkähne fahren auf ihm, und Schuppen ziehen sich an ihm entlang.

Der alte Stadtkern erhält so nahezu die Gestalt eines Kreises. Von ihm ist binnenwärts ein radiales Wachstum in den Talzügen der Plateaus erkennbar, wie auch die elektrischen Bahnen diese Tendenz zeigen. Ostwärts geht der Kreis heute in die breite Fläche der Flußniederung über. Einst aber grenzte er hier nicht einmal an das Flußufer selbst, sondern berührte schon die Tōkyō-Bucht. Hier sind also inzwischen große Veränderungen in der Landverteilung eingetreten. Jener Zeitpunkt liegt noch nicht drei Jahrhunderte zurück. Seinen Zustand zeigt eine Karte aus der Mitte des 16. Jahrhunderts, die Naumann reproduziert hat[1]). Die Spitze der Bucht lag damals bei Ryōgokubashi, wo jetzt der äußere Wasserring in seinem nördlichen Abschnitt den Sumida erreicht. Gehen wir in das 11. Jahrhundert zurück, so sehen wir auf einer Karte[2]) das Meer noch jenseits von Asakusa stehen, wo jetzt die nordöstliche Ecke des ganzen Stadtgebiets liegt.

Über den so historisch entstandenen Boden breitet sich heute die Unterstadt auf dem linken Flußufer weithin aus, und 9 Brücken modernster Bauart (nach dem Erdbeben) schwingen sich über den 100—200 m breiten Sumida, dem die Anschwemmung zuzuschreiben ist. Aus dieser Unterstadt gelangt man über Industriegelände und durch die Kanäle, namentlich durch die Stromader des Sumida, in allmählichem Übergang zum Fluß- und Seehafen.

γ) *Hafenanlage und -ausstattung.* Auf den ersten Blick zeigt die heutige zerlappte Gestalt des Hafenrahmens sowie die geradlinige und rechtwinklige Umgrenzung der einzelnen Lappen die starken künstlichen Eingriffe in den Landzuwachs. Schon seit Iyeyasu sind sie nachweisbar und bestehen in Aufschüttungen von Flächen und Schaffung von Kanälen. Naumann führt eine Reihe von historischen Belegen an[3]). Den Zustand seiner eigenen Zeit hat er in einer Skizze festgehalten. Danach lag in der Sumida-Mündung schon die längliche Insel, die den Strom in zwei Arme zu teilen begonnen hat. Sie ist eine gute Orientierung für das, was seit dieser Zeit weiter geschah. Eine Karte von 1857 zeigt schon den gleichen Zustand und ebenso noch eine von 1889. Nach dieser habe ich die Südgrenze der Insel in meiner

---

[1]) E. Naumann, a. a. O., Pet. Mitt. 1879, S. 123.

[2]) Ebenda, S. 123.

[3]) Ebenda, S. 124.

Skizze gezogen. In den ersten Jahrzehnten der Meiji-Ära kam man im Hafen, obwohl schon seit 1880 darüber beraten wurde, über Pläne, die sich in verschiedenen Richtungen bewegten, nicht hinaus. Um die Jahrhundertwende wurde ein großer Seehafen in Erwägung gezogen und wirbelte viel Staub auf. Erst 1905 begannen dann die Arbeiten, die folgerichtig bis zu den noch jetzt in Gang befindlichen weitergeführt wurden.

Es wurden große Flächen von Rechteck- und Trapezform in Aufschüttung genommen, von denen die äußeren bei meinem Besuch noch in Arbeit waren, zum Teil noch jetzt nicht vollendet sind. Sie schieben sich südlich der verzweigten Sumida-Mündung auf beiden Dreiecksseiten weit vor und hängen sich außerdem an die schon von Naumann genannte Insel. In deren Fortsetzung nach Südwesten ist ein Rechteck von etwa 2 km Länge und ½ km Breite neu aufgeschüttet, mit regelmäßigen Straßenzügen durchzogen und völlig bebaut worden; ein weiteres, nur wenig kleineres Rechteck schließt sich seitlich an. In ähnlichen Größen bewegen sich die jüngeren Aufschüttungsflächen an beiden Seiten des Buchtdreiecks. Zusammen mit den Aufschüttungsflächen entstand eine große Zahl von Kanälen zwischen ihnen, auf denen die Frachten zu den Speichern und Fabriken befördert werden können. Dieses den ganzen Hafenlandraum durchdringende Wassernetz hat eine Länge von mindestens 30 km.

Erst am Südwestrand der erweiterten Insel Tsukishima beginnt die ausgebaggerte Hafenreede. Vor dem Weltkrieg gingen Schiffe bis 500 Tonnen bis zur Eitai-Brücke, und größere liefen in den Hafen überhaupt nicht ein. Die große Entfernung der Hafenreede von dieser Brücke und der Stadt und die bedeutenden Aufschüttungen, die noch lange nicht alle verwertet sind, gehen Hand in Hand und entspringen alle dem gleichen Motiv. Hier liegt nicht in der Landgewinnung, sondern in der Tiefengewinnung die Triebkraft; dafür vor allem mußte in den seichten Wassern weit hinausgegangen werden, und das reichlich erlangte Baggergut ließ sich dann für die Aufschüttungen verwerten. Auch mit der Hafenreede, die bereits auf 6½—7½ m Tiefe gebracht ist, sind die gleichen natürlichen Tiefen der Bucht noch nicht erreicht, vielmehr war ein 7 km langer Kanal hinauszuführen, der in ganzer Länge von Dämmen zum Schutz gegen die Zuschüttung begleitet ist; denn die Sand- und Schlammführung nicht nur vom Sumida, sondern zugleich vom dichtbenachbarten Nakagawa ist sehr groß.

Zu den Bagger- und Aufschüttungsarbeiten kommt als drittes Moment des Ausbaus die Errichtung von Molen. Auch dieses steht mit den beiden ersten und der Gesamtnatur der Örtlichkeit in engster Verbindung; denn je weiter der Hafen hinausgelegt wurde, desto breiter wurde zugleich die Buchtöffnung. Auch weist sie gerade nach der Richtung der sommerlichen, bezw. herbstlichen Winde (starke Winde haben hier stets Südsüdost-Richtung). Ihre Wirkung läßt sich sowohl bei Chiba wie auch an der Außenseite der Kwantō-Niederung bei Chōshi in der Windschur der Bäume erkennen. So war das Naturgegebene ein künstlicher Abschluß des Buchtdreiecks durch einen Molenzug gleichsam an der Basis. Hier liegt nun ein älterer künstlicher Ansatz vor, der benutzt werden konnte. Gerade da, wo die breitere Reede in die schmale Ausfahrtsrinne übergeht, ragt eine Gruppe von Forts aus dem Wasser (Taf. 20, Abb. 3), die sich in einer Zickzacklinie vor die Hafenreede legen. Sie waren nicht als Werke des Hafenbaues, sondern als Befestigungen im Jahre 1850 von einem mit holländischer Militärwissenschaft erfüllten Getreuen des Shōguns erbaut worden. Es wurden dazu 7 alte Schiffe mit Steinen angefüllt und an untiefen Stellen versenkt, um auf dieser Basis die Steinmauern zur Aufstellung der Kanonen zu errichten[1]). An das östliche Ende dieser Forts-Reihe schließt sich, ihre Richtung fortsetzend, ein provisorischer Damm nach Nordosten hin.

Bei der großen Seichtigkeit der Bucht wird es nicht schwer sein, die Aufschüttungen vor der Sumida-Mündung weiter südwärts vorzutreiben und von diesem Ansatz aus auch die Wellenbrecherlinie bei künftigem Bedarf weiter hinauszuverlegen, was eine organische Weiterbildung des Hafens bedeuten würde. In der Tat verzeichnet ein auf viele Jahre berechneter neuester Hafenplan[2]) an der Küste entlang südwärts ein langes Band von Neuland mit vielen, quer eingreifenden Kanälen und Becken. Die gesamte Aufschüttungsfläche zwischen Tōkyō und Yokohama wird auf 20 qkm angegeben, wovon nach einer letzten Mitteilung aus Yokohama jetzt etwa ein Fünftel fertiggestellt ist. Davor wird ein Kanal gegraben, der durch Wellenbrecher geschützt wird und bis nach Yokohama läuft, der Keihin-Kanal. Damit ist der Hafen über die dreieckige Mündungsbucht

---

[1]) N. Yamasaki, L'Action de la Civilisation européenne sur la vie japonaise avant l'arrivée du Commodore Perry, Paris 1910, S. 114.

[2]) Den genauen Plan, wie er auch für unsere Karte verwandt wurde, verdanke ich der freundlichen Vermittlung des Herrn Dipl.-Ing. E. Sporleder, Dortmund.

hinausgelangt und wächst nun einseitig an der Küste entlang und über die Tama-Mündung hinaus Yokohama entgegen. Aber das Ziel kann kein Gegeneinander, sondern nur ein Miteinander beider Häfen und Städte sein. Der Gedanke an einen Seehafen erster Ordnung, der Yokohama ähnlich an die Seite träte wie Ōsaka dem Kōbe-Hafen, scheint in Tōkyō begraben zu sein. Die Funktionen Tōkyōs und sein Verhältnis zu Yokohama bleiben anders.

Den hervorstechendsten Zug im Wasserbereich des Hafens bilden die Leichter, mehr noch als in Yokohama, da in Tōkyō die wirklich großen Schiffe daneben ganz fehlen. Sie stehen in einer Zahl von über 2000 zur Verfügung und verkehren mit Yokohama in großen Schleppzügen.

An der Hafenreede und dem Sumida-Ufer ziehen sich mächtige Schuppen entlang, zum Teil ganz neue in einer großen Reihe (vgl. Taf. 21, Abb. 1). Auch besondere Stapelplätze für Kohlen und Holz sind im Hafen vorgesehen, da die Riesenstadt einen starken Bedarf an beiden Gütern hat. Weiter liegen Schuppen und Speicher an Kanälen zwischen den Neulandflächen bis tief in die Unterstadt hinein. In dieser sind nämlich die Flächen links des Sumida zur Industriezone bestimmt und zum Teil schon entwickelt. Hier bewältigen die westöstlich und nordsüdlich hindurchziehenden Kanäle einen großen Frachtverkehr. Auf der rechten Seite des Flusses erreicht der Handel und das geschäftliche Leben seinen Höhepunkt in den beiden ebenfalls reichlich von Wasser durchzogenen Vierteln Nihonbashi und Kyōbashi. Hier ist speziell östlich des Schlosses ein Großhandelsviertel entwickelt, Marunouchi, das alsbald nach dem Erdbeben in bedeutenden und stilvollen Backsteinbauten wieder erstanden ist (Taf. 21, Abb. 2). Industrie findet sich außer beim Hafen am meisten in den Vororten Tōkyōs; wenn man nach irgendeiner Richtung hinausfährt, kommt man in der Regel durch einen oder mehrere derselben, in denen die Schlote sich häufen, namentlich im Norden und Osten. (Vornehme Wohnviertel, Gesandtschaften und Behörden liegen dagegen im Westen und Südwesten des Schloßgebietes.)

δ) *Handel und Verkehr.* Tōkyō ist, wie schon die vorausgehenden Entwicklungen ergeben, nur eine binnenwärtige Ergänzung zum großen Außenhafen und Hauptseetor Yokohama. Es gehört daher auch nicht zu den „geöffneten“ Häfen, sondern ist reiner Inlandhafen. Küstenverkehr, Schleppzüge, Ableger von Yokohama, das gibt den Charakter. Es herrscht der kleinere Stil im Verkehrsbild, aber dennoch der große Raum, da eine Verkehrsmasse zu bewältigen ist, die eine Größe hat wie in den wenigsten selbst der Außenhandelshäfen.

Der Jahresumsatz in Tōkyōs Seehandel hat mit rund 800 Mill. Yen fast genau denselben Wert wie der Küstenhandelsanteil Yokohamas, und den doppelten Wert von Shimonosekis Handel. Aber Tōkyō zeigt eine viel größere Einseitigkeit als Yokohama sowohl wie Shimonoseki. Es ist Importhafen in einer Ausprägung wie kein zweiter in Japan, und das ist charakteristisch für den Riesenkonsumplatz ohne eine ähnlich starke industrielle Betätigung. So ist das Wertverhältnis zwischen Export und Import 1 : 7.

Das Bild dieses Binnenimports mag sich stark anlehnen an das des Außenimports von Yokohama, der eben größtenteils von diesem weitergegeben wird. Dazu aber kommen viele Güter aus anderen Häfen des Landes wie namentlich Kohlen, sodann Nahrungsmittel wie Gemüse, Bohnen, Früchte und besonders Fische. Letztere kommen täglich zur See von den umliegenden Küsten, außer den Spezialfischen von Hokkaidō. Der Fischmarkt auf einer der Aufschüttungen am Sumida-Ufer spielt eine große Rolle. Dagegen wird Reis, soweit er aus dem eigenen Lande kommt, mehr mit der Bahn herangeschafft, besonders von den nordwestlichen Reiskammern.

Der Schiffsverkehr liegt an Tonnage in der gleichen Größenordnung wie bei den Zwischenhäfen der Inlandsee; 1927 wurde ein Schiffseingang von 1,7 Mill. Tonnen bewältigt, und zwar von 3000 Dampfern und 4000 Seglern. Übertreffen somit die Segler an Zahl die Dampfer, so fällt jenen nur $^1/_{20}$ der Tonnage zu. Es sind also doch wesentlich größere Schiffe, die den Hafen anlaufen und die ja auch den Verkehr mit Hokkaidō und mit japanischen Außenbesitzungen pflegen, als diejenigen, die in der Mehrzahl der Inlandseehäfen verkehren.

4. Yokosuka als Kriegshafen.

Die Tōkyō-Bucht als Vorhof des bedeutendsten Lebensraumes mit der Hauptstadt und dem Welthafen können wir nicht verlassen, ohne einen Blick auf die Seefestung zu werfen, in deren Vorhandensein am engen Uraga-Kanal wir nur ein allgemeinstes geographisches Gesetz der Seewehr erfüllt sehen (vgl. Fig. 60, S. 470).

Die Befestigungen sind zwar besonders auf den Hafenplatz Yokosuka, der als die eigentliche Seebasis in diesem Landesteil gelten muß, konzentriert, aber nicht auf ihn beschränkt. Vielmehr sind beide

Seiten der Enge an den Vorsprüngen Kwannonzaki und Futtsuzaki stark befestigt. Sie legen sich schützend vor den Hauptkriegshafen und die ganze Bucht. Einen noch ferneren Vorposten dieses ganzen Wehrsystems bildet die Boningruppe, die gleichfalls Befestigungen trägt.

Die Frage, was in diesem Teil des Landes die starke Seewehr bedingt und erfordert hat, beantwortet sich leicht. Es ist einmal der größte Lebensraum des Landes, das Kwantō, und die darin geborgene Hauptstadt, sodann das große Ausfallstor des pazifischen Verkehrs, schließlich der im ganzen exponierteste Eckpfosten der japanischen Inseln.

Der Kriegshafen selbst liegt gleich hinter der Enge, wo die Weitung der Tōkyō-Bucht einsetzt und war um die Wahl eines taktisch geeigneten Küstenpunktes nicht verlegen. Greift doch hier das Meer nicht nur in Talausgänge, sondern in tektonische Senken mit ihren steilen Wänden, wie wir sie für das in junger Vergangenheit und bis in die Gegenwart so ungemein zerrüttete Tertiärschollenland der Miura-Halbinsel als charakteristisch erkannten. Auch die Bucht von Yokosuka ist ein Teil eines solchen typischen Grabentals. Am breitesten (1½ km) ist sie im Hintergrund, am schmalsten im Eingang, der nach Nordnordosten gerichtet ist, von wo selten Winde wehen. Die Bucht ist also überaus geschützt, selbst bei schwersten Stürmen, besonders durch die über 50 m hohen Wände, die sie an drei Seiten trutzig umgeben. Auch sind die Tiefen durchweg groß, noch im Hintergrund 9—11 m. So bietet die ganze Gestaltung, die Buchtgliederung horizontal und vertikal, die Vorsprünge und Schluchten, die steilen, vielfach fast senkrechten Wände ebenso vorzüglichen Seeschutz wie treffliche Möglichkeiten für Verteidigungsanlagen.

Der ausgezeichnete Buchtrahmen läßt aber kaum für die Siedlung Raum. Sie liegt erst jenseits eines schmalen Tertiärvorsprungs an der nächsten Bucht, die als Hafen zu offen und zu wechselnd in den Tiefen ist, aber für den bescheidenen Handelsverkehr ausreichen muß. Für einen eigentlichen Handelshafen würde gar kein Hinterland vorhanden sein. Handelsverkehr ist vielmehr nur soweit zugelassen, wie die Bedürfnisse des Kriegshafens es erfordern. Er besteht fast ganz aus Import, der sich in kleinen Mengen auf zahlreiche Gegenstände, besonders Nahrungsmittel verteilt.

Im Jahre 1865 noch ein Fischerdorf, wurde der Platz von der Shōgunats-Regierung zum Marinehafen bestimmt. Als solcher nahm er eine große Entwicklung mit Werftanlagen, Arsenal, Ingenieurschule usw., so daß die Stadt jüngst die Großstadtgrenze überschreiten konnte.

5. Die Fischereihäfen des Kwantō-Tieflandes.

Bei der Tōkyō-Bucht und dem Kwantō-Becken sind wir am weitesten von jenen beiden Enden des Landes entfernt, die als die Hauptfischereigebiete bekannt sind, von den Küsten Hokkaidōs und Kyūshūs. Aber das Meer mit der Verteilung seiner Reichtümer ist nicht allein maßgebend für das Auftreten der Fischereihäfen. Da vielmehr rings an Japans Küsten Fischerei möglich ist, so ist ein zweites ausschlaggebendes Moment für die Häufung und bedeutendere Entwicklung der Fischereihäfen von Seiten des Landes gegeben und zwar in der Dichte der Besiedlung, nach der sich der Bedarf richtet. So drängte auch das Kwantō-Tiefland trotz der Zufuhren von Meeresprodukten aus ferneren Landesteilen die Bevölkerung der eigenen Küsten auf die See und ließ Fischereiplätze in der Nähe, vor allem für den Konsum von Tōkyō, zur Entwicklung kommen. Hier seien daher als Beispiele zwei herausgegriffen, die wir unter die spezifischen Fischereihäfen von größerer Bedeutung rechnen können, Misaki am Eingang des Uraga-Kanals und Chōshi an der Mündung des Tonegawa. Beide genießen den Vorzug, daß sie mit einer vorgereckten Großlage die Ortslage in sehr geschützter natürlicher Bucht verbinden.

α) Misaki.

Am äußersten Ende der von Brüchen und Gräben durchsetzten Tertiärhalbinsel von Miura liegt Misaki, am Rande einer Abrasionsfläche, in der die geneigten Schichten abgeschnitten werden. Vor dem am Hang langhingezogenen Ort liegt ein paralleler Kanal, der eine ebenso gestreckte kleine Insel abtrennt, die die gleiche haarscharf abgeschnittene Oberfläche zeigt. Yamasaki ordnet den Kanal jenen vielen Bruchsenken ein, die er in der Halbinsel festgestellt hat (siehe oben S. 465).

Die abgesonderte Scholle, Jōgashima, bildet mit ihrer langen Erstreckung von 2 km einen natürlichen, 30 m hohen Wellenbrecher, der am westlichen Ende einen Leuchtturm trägt. Der Graben ergibt einen geräumigen Hafen mit zwei Zugängen und mit Tiefen von 2—3 m. Im mittleren Teil mündet an der Seite des Städtchens ein ertrunkenes Tal, in das sich ein Teil der Siedlung hineinzieht. Der breite Westeingang des Kanals ist noch durch eine quer vom Lande abgehende Mole verengt, hinter der der Wasserraum noch besser geschützt ist. Auch sah ich eine kleine Aufschüttungsfläche im Bau. Drei kurze, einfachste Holzbrücken von 50—100 m Länge führen ins Wasser, und hinter ihnen stehen am Ufer einige hölzerne Schuppen, je etwa 30 m lang und breit, umgeben von aufgehäuften Kisten und Fässern und zum Trocknen ausgebreiteten Fischen. Mehrere Werften für Fischereifahrzeuge und 3 Öltanks vervollständigen die Ausstattung dieses Fischereihafens, der, wie gesagt, schon zu den bedeutenderen gehört, wenn er auch von dem nächsten Beispiel, Chōshi, übertroffen wird.

β) Chōshi.

(Hierzu Figur 64.)

An der Außenküste des Kwantō-Tieflandes liegt nur ein größerer Fischereihafen und wohl der bedeutendste des ganzen Kwantō-Distrikts: Chōshi in der Mündung des Tone. Dieser beginnt sein Delta im Herzen des Kwantō, indem er 40 km nördlich von Tōkyō den Edo zur Bucht entläßt und dann in einem langen Hauptarm weiter diagonal die Ebene durchmißt bis zu dem spitzen Vorsprung, der die markanteste Erscheinung der ganzen Ostküste Japans darstellt. Der Weg

Figur 64.

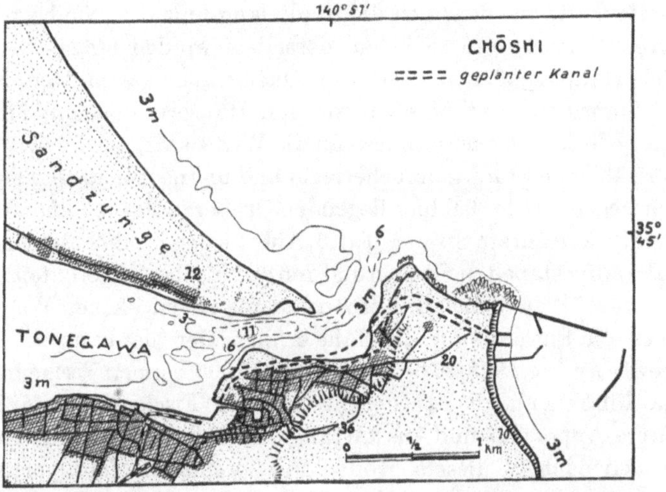

Bei der Tone-Mündung liegt der kleine Rest alten Landes, der gleichsam einen der Stützpfeiler des Kwantō-Beckens bildet. Ihn deuten die Klippen vor der Küste an. Daran schließen sich sandige Schichten des Kwantō-Beckens in Form eines niederen Plateaus, dessen Steilabfall hinter der Stadt in einem Streifen mit Böschungsschraffur angedeutet ist. Davor liegt der Fischerplatz lang und gewunden hingestreckt am rechten Ufer des Tone. Dessen Mündung wird durch die Sandspitze von Norden, die in langer Erstreckung die Außenküste des Kwantō bildet, stark eingeengt. In der Enge ist charakteristisch die äußerst verwickelte Tiefengestaltung (Löcher und wechselnde Bänke), die durch die Isobathen nur eben kenntlich gemacht wird. Auf diese Verhältnisse gründet sich der neue Hafenplan, dessen Grundlage der Kanaldurchstich bildet.

über den unteren Tone und Edo dient auch einem erheblichen Flußdampferverkehr zwischen Chōshi und Tōkyō.

Die weit vorspringende Mündungsspitze sieht selbst auf der Karte 1 : 400000 wie eine bloße Deltaspitze aus, ist es aber keineswegs. Die Mündung lehnt sich hier nicht nur an einen tertiär-diluvialen Plateauvorsprung, und dieser bildet auch nicht einfach den nördlichsten Ausläufer des Tertiärhügellandes, sondern unter dem Tertiär kommen ältere Sedimentformationen in den Küstenklippen an die Oberfläche. Diese bestehen nach Befunden des geologischen Instituts in Tōkyō aus Kreide und Paläozoikum[1]). Auch ist ein andesitisches Agglomerat beteiligt. Dieser scharfe Klippenvorsprung (Taf. 4, Abb. 3) ist einer der gefürchtetsten Punkte.

Hart an den Klippen mündet der Tone in breitem Lauf, von Nordwesten aus den Haffen kommend, denen durch Küstenversetzung von Norden eine Nehrung vorgelegt wurde. So blickt man (Taf. 5, Abb. 1) nordwärts über den Tone auf Dünenfläche, während südlich der Stadt das Plateau mit einem 35—55 m hohen Rande ansetzt. Vor dem Plateauhang bleibt ein schmaler alluvialer Streifen von sandig-toniger Beschaffenheit, auf dem sich die Stadt lang hinzieht. Sie besteht aus mehreren Kernen, und in jedem derselben werden lange, dem Ufer parallele Hauptstraßen von kürzeren Querstraßen geschnitten. Kisten- und Faßfabriken, Fischernetze vor den Häusern und mit Muschelschalen bedeckte Dächer erinnern an die Wirtschaft, die die 50000 Einwohner zählende Stadt ganz beherrscht und uns noch konzentrierter am Ufer entgegentritt in den hier liegenden größeren Fischereifahrzeugen, den Netzflickereien am Strand (Taf. 5, Abb. 2), den Fischölkästen, den in der Halle aufgestapelten Fischen und den mit Fischen angefüllten Booten (Taf. 6, Abb. 1), aus denen in Körben und mit einem kleinen Wagen auf Schienen die Entladung in die Halle erfolgt. Der hier eingebrachte Jahresfang von 1929/30 belief sich auf 37000 Tonnen Fische im Wert von 3,3 Mill. Yen, und die Zahl der eingelaufenen Fischerboote war 35900.

Weitere Apparatur und Ausstattung außer einigen Lagerhäusern ist einstweilen auch in diesem großen Fischereihafen nicht vorhanden. Wohl aber ist sie für die nächste Zeit geplant. Denn der Hafen ist

[1]) Richthofen suchte die paläozoischen Gesteine schon in Zusammenhang mit dem Abukuma-Bergland zu bringen (Geomorphologische Studien, V, Sitzungsberichte, a. a. O., S. 899—900). Yabe faßt sie als Teile der äußeren Zone Südwestjapans, also von Richthofens Kuma-Kii-Bergland, die erst später in den nordostjapanischen Bau eingefügt wurden (Scientific Reports of the Tōhoku Imp. Univ., Sendai, Japan, Second Series, Vol. XI, No. 1, 1927, S. 46).

der einzige in dem ganzen, wichtigen Fischereigebiet der Ostküste und dabei so nahe an Tōkyō gelegen, daß er für dessen Versorgung die größte Bedeutung hat. Die frischen Fänge gehen sowohl mit der Bahn wie auch auf dem erwähnten Wasserweg über den Tone und Edo dorthin. Was etwa Boulogne als Fischereihafen für Paris, das ist Chōshi für Tōkyō, wenigstens in Lage und Bedeutung, wenn auch nicht entfernt in der Ausstattung. So hat denn der Hafen in seiner natürlichen Beschaffenheit die Aufmerksamkeit der Regierung in jüngster Zeit auf sich gezogen.

Welche natürlichen Bedingungen nutzt er und welche Mängel gilt es daran abzustellen? Als Hafen, das heißt als Ankerfläche für die Fischdampfer und Ufersaum für die Bergung des Fanges dienen bisher zwei Stellen in der Tone-Mündung, wo das rechte Ufer rechtwinklige Einbiegungen hat. Am westlichen derselben endigt der Schienenstrang. Ihren Schutz gegen Süden erhalten beide durch den hohen Rand des Plateaus, während gegenüber die Nehrungsspitze den natürlichen Damm bildet. Aber dazwischen bleibt die in einer Breite von mehr als 300 m nach Norden geöffnete Flußmündung. In dieser Einfahrt liegt der wunde Punkt des Hafens. Abgesehen von den Felsriffen, die auf der Seite des hohen Ufers weit hinausgreifen, wechseln die Tiefen in der versandeten Einfahrt stark; zwischen 1 und 10 m bewegen sie sich in Form von Bänken, Zungen, Rinnen und Kesseln in einer Häufigkeit, daß unsere Figur (64) dies nur andeuten, aber nicht entfernt im Detail wiedergeben kann, und sie verschieben sich zeitlich, unter Umständen bei großer Wasserführung sehr plötzlich und unberechenbar. Wenn dazu unter ungünstigem Wind noch schwere See in der Mündung steht, wird die Einfahrt höchst gefährlich. Namentlich in den Übergangsjahreszeiten weht der Wind im allgemeinen gerade in die Mündung hinein. Endlich herrscht in den Sommermonaten auch noch Nebel, und der Leuchtturm an der Spitze ist mit Nebelhorn versehen. Eine Reihe von Schiffen erleidet alljährlich in diesem Hafenzugang entweder große Schäden oder den Untergang.

Nun muß aber gerade ein Fischereihafen leicht und zu jeder Zeit zugänglich sein. Eine gründliche Abhilfe vermag hier nur ein völlig neuer Zugang zu bieten. Ihn hat man kurz vor meinem Besuch zu schaffen begonnen; die Fertigstellung wird erst für 1934 erwartet. Östlich des alten Landpfeilers soll ein doppeltes Molenbecken vorgehängt werden, ein großes äußeres, dem ein kleines im Innenwinkel eingefügt ist. Das äußere bildet zwischen seinen zwei Molen von

800 und 500 m Länge nur einen Vorhof mit zwei breiten Eingängen, die sicheren Zugang bei jedem Wind ermöglichen. Von ihm aus führt in das Innenbecken eine engere Öffnung, 65 m breit. Und von der Küstenbasis dieses als Mittelhafen bezeichneten Beckens leitet erst ein $4\frac{1}{2}$ m tiefer Kanal von 45 m Breite 900 m lang durch den Landvorsprung hindurch, gewährt also den Zugang zur Tone-Mündung mit ihren beiden Innenhäfen. Das Ganze ist so ein großartiges Werk, nach meiner Kenntnis das bedeutendste unter den Spezialfischereihäfen des Landes.

d) Rückblick auf die Häfen der Südbuchten.

Für die vorstehend behandelten Hafengruppen wird erstlich entscheidend die Lage im Süden und an der Fensterseite des Landes, sodann die Bettung in große Buchten, aber nicht um dieser Buchten willen, sondern weil sich mit ihnen im Hintergrund junge Aufschüttungsländer verbinden, die großen Siedlungsmassen Raum geben. Deshalb sehen wir einmal diese Häfen dem Typ der Buchtspitzenlage sich nähern, indem sie möglichst den Hintergrund der Bucht anstreben. Des weiteren aber finden wir ihre Bedeutung abgestuft nach dem Umfang und wirtschaftlichen Gehalt der durch die Bucht erschlossenen Tiefländer. Shimizu mit seinem in kleine Ebenen-Nischen aufgeteilten Hinterland wird dadurch erheblich gedrückt gegenüber Nagoya und Yokkaichi an der großen Ebene der Ise-Bucht und vollends gegenüber Yokohama an der Torbucht des Kwantō. Bei dem letzteren fällt als weiteres Moment ins Gewicht die Lage im großen und die damit gegebene Stellung zu ferneren Hinterlandszonen, besonders durch die Seide.

Mit seiner Spezialität des Seidenexports, die mit den weiten Umländern zusammenhängt, vereint Yokohama eine gewisse Universalität des Imports, die mehr durch das Gewicht des Kwantō bestimmt ist. Bei Nagoya-Yokkaichi ist mehr das Bedürfnis des engeren, ebenen Hinterlandes allein, verbunden mit dem Industriebrennpunkt, entscheidend für die Wirtschaftsfunktionen der Häfen (Textilien, Tonwaren, Dünger). Bei Shimizu endlich ist das allerengste Hinterland, ja Shimizu-Shizuoka selbst das Ausschlaggebende für den einst ausschließlichen Tee-Exporthafen, der sich heute teilweise auf die andere Spezialität des Öl-Importhafens umgeschaltet hat.

Ist Shimizu an seiner siedlungsarmen Bucht der Alleinherrscher, so scharen sich um das Kwantō-Tor noch Tōkyō als Binnenhafen, Yokosuka als Kriegshafen sowie relativ bedeutende Fischereihäfen, und an der Ise-Bucht treten zu Nagoya die Vorhäfen Yokkaichi einerseits und Taketoyo-Handa andererseits. Mit der letzteren Gruppe verbanden sich besondere geschichtliche Vorgänge des Wettbewerbs mit wechselnden Schicksalen und mit einem heute sogar verschollenen Hafen wie Kuwana.

Die Tiefenverhältnisse vor potamogenem Schwemmland sind hierbei das kritische Moment gewesen, wie sie es neuerdings ebenso bei Tōkyō wurden, seitdem dieses zu einer stärkeren, selbständigen Hafenentwicklung schritt. Ein reiner Flußmündungshafen ist Tōkyō wie Nagoya. Beide müssen sich vor der Mündung weit ins Meer vorschieben und benötigen dafür große Wellenbrecher und Molen sowie breite Zungen und Lappen aufgeschütteten Neulandes.

Andererseits sind Yokkaichi und Yokohama Gegenstücke durch ihre mehr seitliche und vorgeschobene Lage, frei von den größten Flußmündungen der Bucht. Beide haben durch kleine Buchtbiegungen eine halboffene[1]) Naturrede und stellen die zweite Hälfte des Hafenrahmens durch Molenbögen her.

Alle vier schließlich bringen das Wasser des Hafens nicht nur in eine enge Durchdringung mit dem Hafenlandraum, sondern vermögen es tief herein in das ebene Stadtfeld zu ziehen, so daß sie alle sich damit wie auch mit den übrigen erwähnten Gestaltsbedingungen mehr dem Stadt- und Hafencharakter von Ōsaka als dem von Kōbe nähern.

Dem Doppelgestirn von Kōbe-Ōsaka läßt sich in gewisser Weise das von Yokkaichi-Nagoya und von Yokohama-Tōkyō an die Seite stellen. Während aber im ersten Fall beide Häfen fast gleichwerte Rivalen geworden sind (vgl. z. B. die Karte der Schiffstonnage Taf. 24), ist bei Nagoya das Schwergewicht unbedingt dem rückwärtigen, bei Yokohama dem vorgeschobenen Hafen zugefallen. So liegen die inneren Beziehungen bei allen drei Hafenpaaren nicht wenig verschieden, vor allem beim ersten und dritten; Tōkyō gleicht Ōsaka wohl durch die Menschenmasse, als Konsumzentrum, aber wenig im Wirtschaftscharakter und gar in der wirtschaftlichen Kraft und Initiative. Denn wenngleich Tōkyō erhebliche Industrien, namentlich in seinen Vororten entwickelt hat, ist es doch in erster Linie die große Verwaltungsstadt mit ganz anderem Leben und Gepräge, und auch der Großhandel sitzt weniger in ihr wie im Falle von Ōsaka, sondern viel

---

[1]) Vgl. die Unterscheidung der Reeden bei L. Mecking. Die Seehäfen in der geographischen Forschung, H. Wagner-Gedächtnisschrift, Gotha 1930, S. 336f.

mehr in Yokohama. Ōsaka ist nun einmal Arbeits- und Handelshochburg von Haus aus, hier gibt es keinen anderen Geist; kraftvoll, selbstbewußt und einmütig werden aus ihm heraus auch die Belange in der Richtung des Hafens verfolgt. Bei Tōkyō ist das mehr sekundär, die Bestrebungen sind lahmer und uneinheitlicher. So bleibt zwischen Yokohama und Tōkyō in dem durch die Häfen gehenden Gesamthandel ein Verhältnis von 3 : 1, während Kōbe und Ōsaka unter sich gleiche Größenordnung haben. Vor allem teilt sich nicht Tōkyō mit Yokohama in den Außenhandel, sondern beschränkt sich ganz auf die Funktion des innerjapanischen Seeverkehrs.

IV. Die Häfen der Sendai-Bucht.

a) Die Hinterlandsungunst der ganzen Ostküste.

Mit dem Kwantō-Tiefland haben wir das letzte der großen, einheitlichen Hafenhinterländer auf der pazifischen Seite Honshūs verlassen. Erscheinungen wie die Ebenen von Ōsaka, Nagoya und Tōkyō gibt es bis zur Nordspitze nicht mehr. Darin liegt ein gewaltiger Gegensatz zwischen der Süd- und der Ostküste. An jener berühren große Ebenen das Meer und sind noch mit kleineren Binnenebenen verbunden. An dieser werden die Ebenen am Meer zu schmalen, winzigen Bändern und Nischen, die den Abukuma- und Kitakami-Horst begleiten; die größeren Siedlungskammern liegen vielmehr zentral. In zwei Linien reihen sich diese auf: 1. in der Längssenke, welche die Binnenseite jener beiden Rumpfschollen begleitet, 2. entlang der zentralen Vulkankette von Aomori bis nach Wakamatsu am Fuß des Bandaisan. Jede der beiden Reihen erstreckt sich über 400 km. So ist es denn nördlich des Kwantō-Beckens für einen Hafen schwer, in dem weitgedehnten Gebiet der fast nur zentralen, wenig peripherischen Siedlungskammern und der umso ausgedehnteren Siedlungsöden noch stärkere Hinterlandsfäden zusammenzuziehen. Umsomehr kann Yokohama als mächtiger Magnet auch auf diese fernen Räume wirken; in der Tat erhält für ganz Nordostjapan die Eisenbahn ein relativ höheres Gewicht im internen Verkehr, in den beiden großen Nordlinien.

Nur an einer Stelle der langen Ostküste wird wenigstens die meeresnähere der beiden Siedlungsschnüre an das Meer hervorgezogen, nämlich wo die Bucht von Sendai zwischen den beiden Rumpfhorsten an die große Tiefenlinie greift. Das ist kurz die Begründung für den einzigen bedeutenderen Hafen, den wir neuerdings an der langen Ostküste entstanden sehen: Shiogama.

b) Das Umland von Sendai.

(Hierzu Figur 65.)

Auf einer Strecke von über 50 km tritt hier das von Neogensedimenten und jungvulkanischem Material erfüllte Innere in den Küstenbereich. Teils bildet es unmittelbar die niederen Kliffwände, teils sind seine erosiv aufgelösten Reste von Flußschwemmland umhüllt, teils legt sich eine zusammenhängende Alluvialebene davor. Das letztere ist um Sendai und südwärts bis über die Abukuma-Mündung der Fall, und so entsteht hier ein geschlossener Keil dichterer Besiedlung vor dem Hügelland, das sofort siedlungsarm, ja wenige Kilometer hinter Sendai schon siedelungsleer ist. Nach Yabe[1]) ist die fruchtbare Ebene von dem zerschnittenen Plateau durch eine Dislokation getrennt, die vor Sendai nordostwärts läuft. Die Stadt bleibt auf der Plateauseite, nimmt aber eine gegen die Ebene geöffnete Bucht im Plateaurand ein, die nicht nur auf der Erosion des hier austretenden Flusses, sondern nach Yabe auf quer hineinsetzenden Brüchen beruht.

Fig. 65. Um- und Hinterland von Sendai.

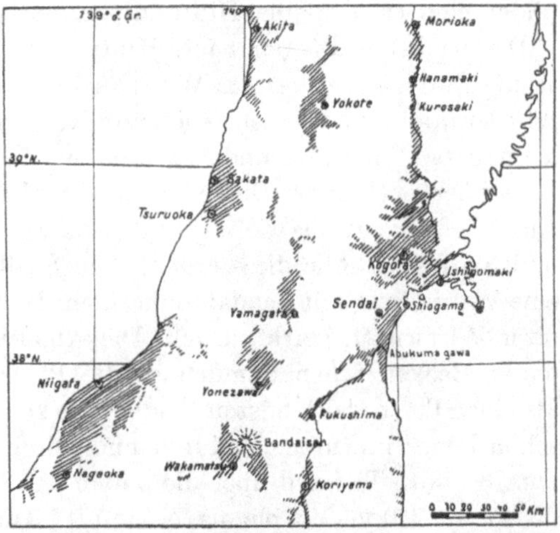

Die Karte zeigt mit der schrägen Schraffur die vielen getrennten Siedlungskammern im näheren und weiteren Umkreis von Sendai. Vor der Stadt selbst lehnt sich eine halbmondförmige Siedlungsfläche an die Küste. In engster Verbindung mit ihr steht der schwache Siedlungsfaden des von Süden einmündenden Abukuma-Flusses. Größere Räume zieht der von Norden kommende Kitakami heran, besonders breit um seinen Unterlauf. Hinter dieser östlichen Reihe folgt eine zentrale von lauter isolierten Becken im Tertiärhügelland, schließlich an der Westküste die Reihe der großen Siedlungskammern mit ihren selbständigen Häfen.

Der Boden der Stadtbucht ist von Diluvium eingenommen und liegt zwischen 20 und 50 m Höhe, während ihr Tertiärrahmen zum Teil über 100 m ansteigt. Im Hintergrund der Stadtbucht liegt geschützt und abgesondert durch den davor hinziehenden Fluß auf einer Terrassenhöhe von 50 m das Daimyō-Schloß. Es hat also den fast

[1]) H. Yabe, Pan-Pacific Science Congress, Tokyo 1926, Geolog. Guide, Excursion to Matsushima and Sendai.

siedlungsleeren Raum im Rücken, den besiedelten vor sich. Von ihm aus führt ostwärts in die Buchtöffnung die Hauptstraße, die auch heute die Geschäftsstraße ist. Industrielle Entwicklung hat die Stadt nicht zu verzeichnen, aber als Hauptstadt einer Präfektur und Sitz einer Universität ist sie mit ihren jetzt 190000 Einwohnern ein Konsumzentrum. Die übrige Bevölkerung der Küstenebene dürfte noch nahezu die gleiche Zahl ergeben. Diese Bewohnerschaft der Ebene und vor allem der knapp 10 km vom Meer entfernten Stadt bildet eine erste kleine Hinterlandszone für einen Hafen.

Die nächsten Fragen nach Hinterlandsbeziehungen knüpfen sich an die Zentralbecken im Westen und die Flußbeckenreihe des Abukuma im Südwesten. Die erste Reihe besteht aus den Becken von Yamagata, Yonezawa und Wakamatsu, die zusammen rund 1 Million Bewohner enthalten. Die Abukuma-Senke, die nicht ganz so viele einschließt, zeigt als wichtigste Beckenweitungen die um Fukushima und Koriyama. Alle diese erheblichen Siedlungszellen treten aber für eine Verbindung mit Sendai und seinem Hafen, vor allem aus Gründen ihrer Wirtschaft, stark zurück. Die Abukuma-Reihe und das Wakamatsu-Becken fallen nämlich in die Präfektur Fukushima, die wir als einen der bedeutendsten Seidenbezirke für Yokohamas Hinterland schon kennen lernten. Dadurch und durch ihren bequemen Ausgang zum Kwantō-Tiefland über die 350 m hohe Wasserscheide werden sie direkt an Tōkyō-Yokohama geknüpft. Auch ihre sonstigen Erzeugnisse wie zum Beispiel die berühmten Lackwaren von Wakamatsu und Fukushima sind sehr geeignet für den Bahntransport. Soweit Wakamatsu noch anderen Küstenanschluß hat, ist es mehr der an Niigata, das auf kürzestem Weg erreicht wird. Schließlich werden auch die beiden nördlich von Wakamatsu folgenden Zentralbecken Yonezawa und Yamagata dadurch mehr nach Süden gezogen, daß sie bis zur Fertigstellung einer Bahn nach Sendai dieses nur auf dem Umweg über Fukushima erreichen können.

So kann Sendai und sein Hafen den Blick nur noch nach Norden richten; hier öffnet sich die Kitakami-Mündung als Zugang zu einer zweiteiligen Siedlungskammer, von welcher der südliche Abschnitt der wichtigere ist. Das auf 180 km Länge den Rumpf begleitende Tal können wir nämlich bei 39° Breite in zwei Abschnitte zerlegen. Im nördlichen sehen wir den Siedlungsraum mehr zusammengefaßt zu einer Reihe von Becken geringster Ausdehnung, im südlichen hingegen über eine breitere Fläche auseinandergezogen. Die Erklärung liegt in der Verschiedenheit der Talbildung beziehungsweise der Art der herantretenden Gesteine. Auf der linken Seite sind sie weitgehend gleicher Art, meist steigt hier unvermittelt das Bergland zu einer echten Rumpflandschaft auf, so daß die Differenzierung der ganzen Flanke hier geringer ist. Zur rechten hingegen liegen die weichen Tertiärsedimente, in denen die Alluvialebene sich beckenartig erweitert und weit in die Seitentäler hineingezogen wird. Eine Differenzierung bringen hier nun erst die dahinter folgenden Vulkangesteine; sie treten im Norden näher an die rechte Talseite als im Süden, und so sehen wir im Süden weitgehend die Kanten der Tertiärplateaus zurückgetrieben, nur fiederförmig in die Alluvialebene vorspringend und eine entsprechende Verzahnung schwach besiedelter Plateauzungen mit dichtbesiedelten Niederungen verursachend. Im Norden wird der schwarzbraune Boden der Vulkangesteine so beherrschend, daß nördlich von Morioka ein Buschwald das Kulturland mehr und mehr verdrängt und selbst im Tal nur einzelne Häuser ihm noch eingestreut sind. Im Süden hingegen sieht man z. B. um die Stadt Kagota, obwohl sie 15 km seitlich des Hauptflusses liegt, die Talaue sich zu einer riesigen Reisebene ausweiten. Ein zweiter Umstand, der zur Ausweitung des Siedlungslandes am Unterlauf beitrug, ist die junge Senkung, die für die ganze Küstenpartie nördlich von Sendai anzunehmen ist und vor allem durch die Küstenformen am Kitakami-Rumpf bewiesen wird (siehe S. 198). — Auf die kurze untere und die doppelt so lange obere Strecke kommt je eine Bevölkerung von rund ½ Million.

Der Verkehr dieses Tales strebte in alter Zeit umsomehr nach Süden, als der Fluß schon von Morioka her schiffbar war. So hatte er vor der Eröffnung der Bahn eine beträchtliche Verkehrsbedeutung. Rein[1]) berichtet z. B., daß alles Kupfer noch von dem 100 km nordwestlich von Morioka gelegenen Bergwerk Osarisawa in Booten zur Mündungsstadt Ishinomaki und von hier zur See nach Yokohama ging. Die Küstenstadt hat einen alten Hafen und stand auch früher schon in Wasserverbindung mit Sendai durch einen Küstenkanal.

c) Die Hafengruppe.

Im Vorstehenden ergaben sich als nächste Hinterlandsgebiete der Sendai-Bucht einmal Sendai selbst und seine Küstenebene und dann das Kitakami-Tal. Für einen Hafen kommt jede der beiden Saum-

[1]) J. J. Rein, Japan, I. (1881), S. 108.

küsten und als dritte die zwischenliegende Felsbuchtküste in Frage. Aus diesen drei Abschnitten setzt sich die Küste der Sendai-Bucht zusammen.

An der sandigen Küstenebene von Sendai mündet außer dem Abukuma eine Reihe kleinerer Flüsse, darunter der die Stadt durchziehende Hirosegawa. Die Mündung ist durch einen Strandwall zu einer sehr schmalen und seichten Lagune gestaut, die für einen Hafen keinen Raum bietet.

Im Mündungsgebiet des Kitakami hat die Küste zwar ähnlichen Charakter, aber der breite und wasserreiche Fluß bietet Zugang und Hafenraum. Hier hatte Ishinomaki schon seit Jahrhunderten Hafenfunktion. Im 17. Jahrhundert wurden Getreidespeicher errichtet, aus denen der Reis des Hinterlandes mit Schiffen nach Edo kam. Für kleinere Boote lief wegen der Schutzlosigkeit der Küste ein Kanal von der Mündung des Flusses bis zur Matsushima-Bucht und von dessen Südende ein anderer bis zur Abukuma-Mündung; dieser Kanalzug besteht noch jetzt (s. Fig. 66).

Inzwischen hat der Kitakami seine Mündung so verschüttet, daß im Jahre 1911 mit künstlichen Verbesserungen begonnen werden mußte. Die Ufer sind jetzt ausgemauert, das Fahrwasser vertieft, im ganzen eine Hafenfläche von 60 ha hergerichtet, auch einige Lagerhäuser und Lagerplätze geschaffen. Das Fahrwasser erstreckt sich über 3½ km, ist durchschnittlich 150 m breit und meist 3 m tief. Der Schutz ist gewährleistet, indem an beiden Ufern Hügel von 50—100 m Höhe nahe herantreten. Schiffsverbindungen bestehen aber nur nach kleinen Nachbarhäfen, besonders nach Shiogama. Befördert werden Reis, Düngemittel, Fischereiprodukte, Holz und Steine aus der Nähe, die als Tuschesteine brauchbar sind. Die Flußschiffahrt im Kitakami erstreckt sich heute nur über den unteren der beiden Abschnitte, bis nach Ichinoseki. Im ganzen jedenfalls ist die gegenwärtige Hafenbedeutung von Ishinomaki nicht mehr groß zu nennen. An seine Stelle ist vielmehr der besser und großzügiger ausgebaute Hafen von Shiogama getreten. Noch im Jahre 1910 ist es der Regierung schwer gewesen, zwischen beiden Häfen einen für den Ausbau auszuwählen[1]).

---

[1]) Ostasiatischer Lloyd, Schanghai, Juni 1910.

d) Der Hafen Shiogama.

(Hierzu Figuren 66 u. 67.)

In dem weitgespannten, flachen Bogenzug der sandigen Ausgleichsküste, die im ganzen die Sendai-Bucht umgibt, schaltet sich in der Mitte eine kurze Strecke ein, in der eine Tertiärscholle an das Meer hervortritt. Yabe (a. a. O.) unterscheidet sie als Matsushima-Scholle von mehreren anderen, die er im Tertiärland um Sendai aufgestellt hat. Sie wird durch eine südwest-nordost streichende Dislokation abgetrennt, in deren Furche auch die Bahn läuft. Die über 15 km lange Scholle

Fig. 66. Hafenbucht von Shiogama.

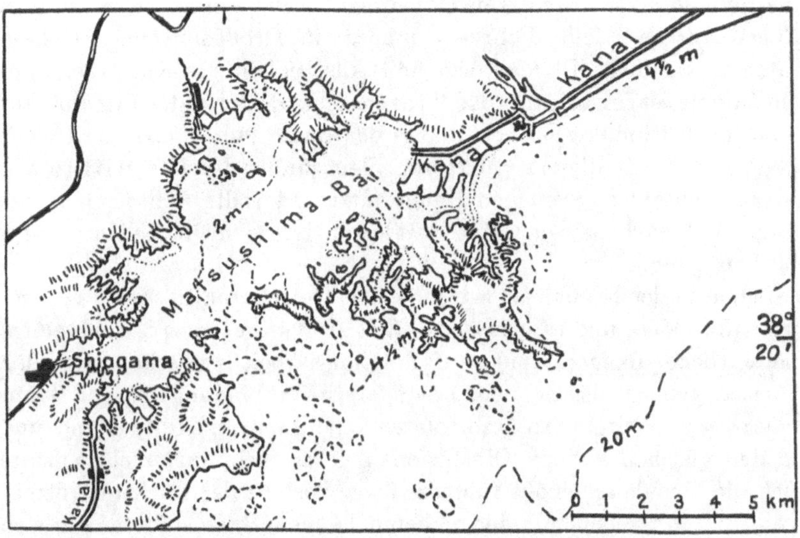

Eine ertrunkene Tertiärscholle vor Sendai ist in sich stark zerstückelt, anscheinend durch zwei sich kreuzende Bruchrichtungen, und gibt damit einen gliederreichen Rahmen für eine inselfreie Wasserfläche ab, die in ihrem Südostende zur natürlichen Hafenreede für Shiogama wird. Aus der Bucht führt nach Nordosten wie nach Süden ein alter Kanal hinter der glatten, ungeschützten Küste her.

umfaßt die Bucht von Matsushima, die bei ungemein reicher Detailgliederung einen rechtwinkligen Gesamtumriß zeigt. Dieser sieht nach einem Graben aus, zumal gerade in seiner Mitte, wie Yabe bemerkt, die Inseln ganz fehlen. Die Unruhe der Einzelzüge ist auf zwei sich kreuzende Bruchrichtungen und ein kürzliches Untertauchen zurückzuführen. Die Wände aus leicht angreifbaren tertiären Kalktuffen sind an den zahllosen Inselchen und Vorgebirgen durchweg steil und ergeben mit ihren durch Brandung und Erosion erzeugten phantastischen Formen, ihren Pfeilern, Höhlen und Toren, sowie im Kontrast der blendend hellen Farbe zu den dunklen Kiefern die romantischen Szenerien (Taf. 7, Abb. 1), durch welche die Matsushima-Bucht berühmt ist. Die Höhen gehen wenig über 100 und bleiben meist unter 30 m. Die Landschaft hat im ganzen den Charakter eines niedrigen, aber reich zerstückelten Plateaus. Die darin eingelassene Bucht verschmälert sich am südwestlichen Ende und läuft hier in zwei Zipfeln aus, in deren einem Shiogama liegt. Nahe dabei führt zwischen einem Schwarm von Eilanden und Klippen ein enger Eingang von Südosten in die Bai.

Mit den geschilderten Eigenschaften erfüllt das Ingressionsgebilde die Bedingungen einer guten Hafenbucht. Sie kann in vielen äußeren Zügen an die Kieler Föhrde erinnern, in Größenordnung, Höhenrahmen, Steilheit, Plateauform und Allseitigkeit des Schutzes. Aber ein Vorzug ist ihr versagt, die Tiefe; sie geht nur in der Einfahrt auf 4 m, im gleichmäßig ebenen Boden der Bucht zum großen Teil nicht über 1—2 m. In diesem Punkt vor allem mußte der Eingriff in die Natur einsetzen, wenn ein Hafen entstehen sollte, der nach seiner Lage und nach seinem Hinterland wenigstens nicht bedeutungslos bleiben kann.

Schon in der Feudalzeit wurden diese Tiefenverhältnisse als Hemmnis empfunden, und es wurde von Zeit zu Zeit gebaggert. Auch einige neuzeitliche Bagger- und Aufschüttungsarbeit ist schon aus den 80er Jahren zu verzeichnen, besonders in Verbindung mit der Bahnhofsanlage. Weitere Ansätze folgten, alle ganz im Hintergrund und in den gleichen kleinen Dimensionen. Aber mehr und mehr machte sich die Unzulänglichkeit fühlbar. Zwar besteht der stärkste Küstenverkehr einstweilen mit den näheren kleinen Hafenstädten, die sich in den vielen Buchten der Kitakami-Küste aufreihen. Aber es laufen auch Schiffe von Hokkaidō ein, z. B. mit Kohlen von Muroran, ebenso Schiffe aus der Inlandsee, die Ölkuchen für die Reisebenen und Salz heranbringen. Solche Schiffe des ferneren Küstenverkehrs haben meist schon die Größe von mehr als 1000 Tonnen, mußten daher bisher außerhalb der Bai liegen und mit Leichtern löschen.

So wurde denn 1910 die Wichtigkeit, an dieser einzigen Stelle der langen Ostküste einen größeren Hafen der Neuzeit zu errichten, offiziell anerkannt, und 1915 begann der Ausbau größeren Stils, den ich in seinen letzten Phasen im Werke sah.

Während in den meisten Häfen Japans die geringen

Tiefen mit niedrigem, ebenem Land einhergehen, sind sie hier mit Steilküsten verbunden, und es galt durch Aufschüttung sowie andererseits durch Abbau einiger der 25 m hohen Kaps einen ebenen Flächenraum zu gewinnen und mit Kaimauern, Straßen, Lagerhäusern und Pieren zu versehen, in deren Enden die Bahngeleise geführt werden. Das alles geschah im südwestlichen Zipfel der Bai, seitlich der Stadt. Kanäle durchziehen diese Neulandregion. Ferner war vom Eingang der Bucht bis in den Endzipfel ein Kanal mit Tiefen von 6,7 m durch die Bucht zu legen. Er erweitert sich vor dem geschaffenen Hafenlandraum zu einer größeren Liegefläche für Schiffe von 3000 Tonnen. Im Hintergrund der ganzen Anlage geht der schon erwähnte Bootskanal ab (Fig. 67), der vor Sendai her zur Abukuma-

Fig. 67. Hafen Shiogama.

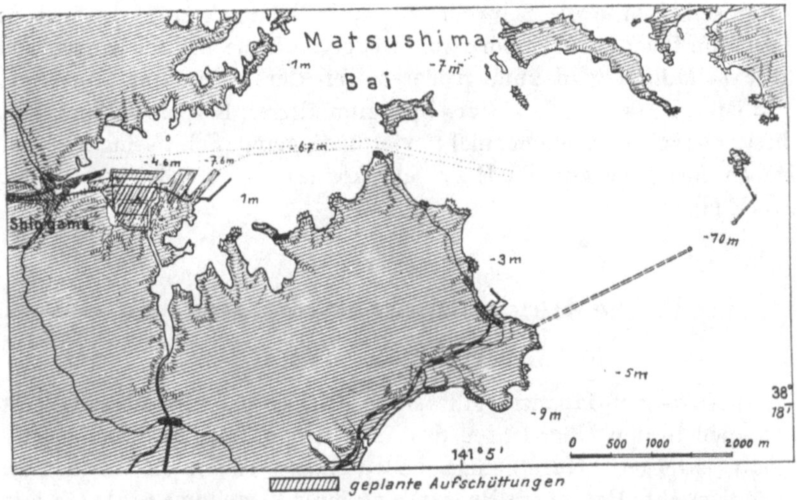

Im Hintergrund der Naturreede von Shiogama, zu der aus dem breiten, von Molen geschützten Vorhafen eine Baggerrinne führt, entwickelt sich an der Südseite durch Aufschüttung und Abbau ein künstlicher Hafenlandraum.

Mündung führt. So wird durch ihn die südliche Küstenebene wie durch den von Ishinomaki kommenden Kanal die Kitakami-Ebene zu Wasser an das Hafenbecken angeschlossen.

Endlich wird vor die ausgebaggerte Zufahrtsstraße ein Wellenbrecher gelegt, der gleichsam den Vorhof der eigentlichen Hafenreede nach außen abschließt.

Das kleine Städtchen zieht sich um die Buchtspitze, die sich in ihm noch in zwei kleine Becken aufspaltet, von denen das eine ganz als Fischereihafen dient, das andere inzwischen zugeschüttet wurde. Fischerei und Fischmarkt haben hier einige Bedeutung. Sonst ist von der Siedlung an sich nichts Wesentliches zu sagen. Vermutlich wird mit Vollendung des Hafens nicht nur dieser kleine Platz, sondern auch der 15 km entfernte Brennpunkt Sendai, dem er in erster Linie dient, in mancher Hinsicht einen Aufschwung nehmen. Einstweilen spielt sich der bescheidene Betrieb hauptsächlich um den innersten Zipfel der Hafenwasserfläche auf einem Hafenlandraum ohne besondere Anlagen an offenen Lagerplätzen ab, wie es Taf. 7, Abb. 2 zeigt.

Zum Export geht durch den Hafen vor allem Reis. Viel größer dem Wert und der Menge nach ist aber der Import, der aus den schon genannten Gütern besteht, an denen die Stadt Sendai allein bereits einen erheblichen Bedarf hat. Der Gesamtwert der so im Küstenhandel, dem allein der Hafen dient, jährlich umgesetzten Güter hat schon seit Jahren die Schwelle von 50 Millionen Yen überschritten; $3/4$ davon fallen dem Import zu. Die einlaufende Schiffstonnage von über $1/2$ Million wird zum größeren Teil durch Dampfer bestritten. Das ist z. B. der große Unterschied zum älteren Rivalen Ishinomaki; dieser verzeichnet einen nicht viel geringeren Schiffseingang, der jedoch fast ganz auf ein Heer sehr kleiner Segler fällt, über 40000 Stück (!).

V. Die Häfen der Rückseite Honshūs.

a) Vorblick: Verteilung der Häfen.

Die Küste der Japansee gilt als die Rückseite des Landes und trat uns auch in den Übersichten des allgemeinen Teils in dieser Eigenschaft entgegen. Nur wenige bedeutendere Häfen finden wir an ihr aufgereiht. Die innere Begründung ihrer Verteilung wird sich erst nach ihrer Einzelbetrachtung ableiten lassen. Ein mehr äußerlicher Vorblick ergibt als wichtigere Häfen der Mitte in ziemlich gleichen Abständen: Tsuruga, Fushiki und Niigata, dazu im Norden Aomori. Tsuruga wird sich als wichtigste Hintertür im Festlandsverkehr erweisen, während Fushiki und Niigata ihre Grundlage in größeren Ebenen besitzen und Aomoris Funktion und Bedeutung in der Vermittlung zwischen Honshū und Hokkaidō liegt. Ihnen gegenüber treten die anderen Häfen (außer dem wichtigen Kriegshafen Shin-Maizuru) schon in eine nächste Linie zurück. Besonders zeigt die Küstenstrecke westlich des Wakasa-Golfes den

Rückseitencharakter am ausgeprägtesten. Hier hat bis nach Shimonoseki der lange Plateauwall Chūgokus mit seiner Neigung zur Inlandsee, mit seinen Höhen und politischen Grenzen nahe der Japansee die hohe Scheidekraft. Einen einzigen Hafen finden wir in ihrer Mittelstrecke, der hervorzuheben sein wird: Sakai. Zwar ist außer ihm Hamada und neuerdings gar noch das kleine Hagi als Fremdhafen geöffnet, auch hatte Hamada in alten Zeiten als Fischerei- und Winterhafen Bedeutung wegen seiner guten Naturbucht; aber sein Hinterland hebt es nicht im geringsten aus dem sehr schmalen Siedlungsfaden, der die ganze Küste bis nach Shimonoseki begleitet, heraus, und die Küstenbahn hat ihm vollends seine Bedeutung genommen, so daß der Gesamthandel nur einen winzigen Bruchteil von dem Sakais darstellt.

b) Sakai (-Matsue).

(Hierzu Figur 68.)

Unter allen Siedlungsebenen am Zellenbau Japans ist eine der eigenartigsten die um die Kernstadt Matsue und den Hafen Sakai gelegene. In Lage und Gestaltung stellt sie uns vor besondere Phänomene.

1. Lage und Gestaltung.

Die Lage gab ihr früh eine Bedeutung im Verkehr mit Korea. Unter den Wanderwegen vom Festland herüber weist einer von der Ostküste Koreas hierher[1]). In alten japanischen Überlieferungen tritt ein Schiff unter der Bezeichnung Kumano-no-morota-bune auf, das heißt: das Vielruderschiff von Kumano[2]). Es scheint von Korea eingeführt und von besonderer Bauart gewesen zu sein[3]), deutet also ebenfalls auf engere Festlandsbeziehungen hin.

Diese Bedeutung beruhte darauf, daß hier nicht nur geschützteste Anlaufplätze sich boten, sondern auch hier allein an der ganzen Nordküste Chūgokus die Besiedlung eines größeren Niederungsgebietes möglich war. Es war am einförmigen und unwirtlichen Rand Chūgokus ein kleines, einladendes Küstengehäuse, geeignet ein Seefahrervolk anzulocken und heimisch zu machen. Heute finden wir hier zum

---

[1]) Vgl. die Karte der Wanderungen und Ausbreitung der Bevölkerung von C. W. Bishop in The Geogr. Review 1923, S. 41.

[2]) Kumano lag im Süden der Lagune Naka-no-umi (bei Matsue).

[3]) Sh. Nishimura, A Study of the Ancient Ships of Japan, Part. I, S. 2—3, 24—26.

Unterschied von der schwalbennestartig an der übrigen Küste hängenden Bewohnerschaft eine Bevölkerung von nahezu ½ Million vereinigt. Die nächstgrößten Siedlungskammern schließen sich ostwärts in Abständen von 40 bis 80 km an. Nimmt man sie hinzu, so ergibt sich die Bewohnerzahl von etwa ¾ Million. Ein solches Um- und Hinterland ist bedeutend genug, um in Anbetracht der sonst so völligen Isolierung jener Gestade dem Hafen Leben einzuflößen. Er ist auch zum Fremdhandelshafen erhoben worden.

Fig. 68. Sakai bei Matsue.

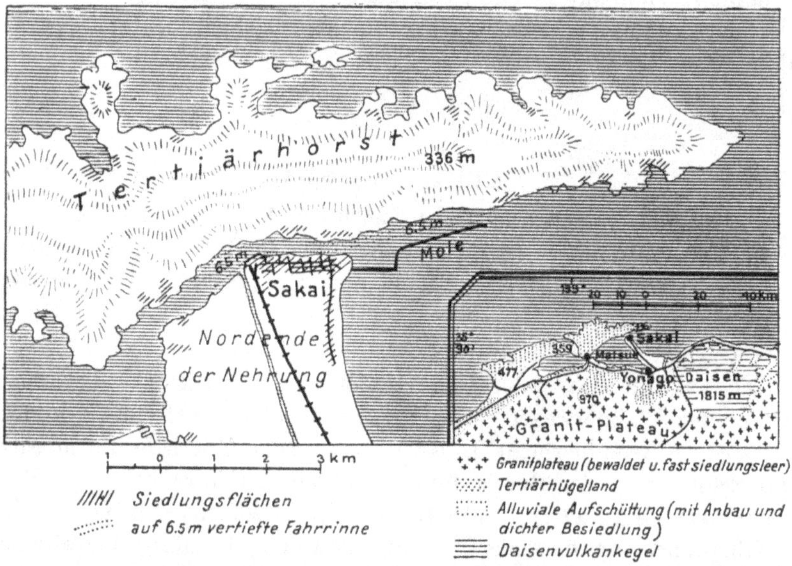

Vor dem Granitplateau von Nordchūgoku (Nebenkarte) liegt ein länglicher Tertiärhorst, getrennt durch einen Graben. Dieser ist aus einer Meeresstraße in einen See und ein Haff verwandelt. Die Nehrung vor dem letzteren trägt an ihrem Nordende den Hafen Sakai, der zugleich zum Sundhafen wird. In dieser Eigenschaft verlängert ihn das Molensystem nach Osten. Er ist das Sector für die ganze an die Anschwemmungen geknüpfte Siedlungsregion.

Vor der Bruchküste Chūgokus (s. Fig. 68, Nebenk.) liegt ein langer, paralleler N e o g e n h o r s t von 350—500 m Höhe, dessen Schiefer- und Sandsteinschichten steil (bis zu 60°) geneigt sind, während die nämlichen dicht südlich auf dem Hauptland horizontal liegen. Auch warme Quellen im Bereich von Matsue und eine Basaltinsel in der Senke harmonieren mit einer jungen Störung. Die Enden des Horstes, die beide einen Leuchtturm tragen, sind wichtige Landmarken für die Anfahrt.

2. Engeres Hinterland.

Das unmittelbare Hinterland bildet der Graben, als den wir die Senke zwischen jenem Horst einerseits und dem Bergland aus Granit und tertiären Bändern andererseits deuten dürfen. Der nach seiner Bildung wohl von Meer bedeckte Graben wurde erst nach einer ruckweise erfolgten Hebung, die deutliche Terrassen um 25 und 45 m Höhe hinterlassen hat, schließlich mit alluvialen Bildungen soweit ausgefüllt, daß zwei seichte Reste übrigblieben, der See Shinji und das Haff Naka-umi (oder Naka-no-umi). Zwischen beiden liegt nur eine niedrige Tertiärschwelle von 1 km Breite, durch die eine Wasserverbindung geht. So steht die ganze Senke in bester Verbindung mit dem an ihrem Ostende entstandenen Hafen Sakai. Matsue liegt an der schmalen Mittelschwelle in kleiner Alluvialebene, während die Alluvialflächen am West- und Ostende größere Siedlungsräume darstellen. Diese beiden gehen auf verschiedene Agentien zurück, die westliche Ebene von 20 km Länge allein auf die Tätigkeit der Flüsse, während im Osten zwar auch kleine Schuttkegel vorgetrieben sind, vor allem aber ein Abschluß durch das Meer in Form einer breiten Nehrung geschaffen wurde. Deren zahlreiche kurze Querwege nach der Innen- und Außenküste weisen auf die Erwerbstätigkeit ihrer dichtgedrängten Bevölkerung. Um Matsue hingegen und weiter ostwärts in der Küstenlandschaft herrscht starker Seidenbau.

Eine Bahn verbindet den an der Spitze der Nehrung liegenden Hafen Sakai mit der an ihrer Wurzel entwickelten Industriestadt Yonago. Sie hat außer Seidenindustrie noch Eisenwerke und Schiffbau. Ihre landwirtschaftlichen Geräte gehen nach den verschiedensten Teilen Japans. Sie liegt an der Sanin-Bahnlinie, die weiter über Matsue und die westliche Ebene geht. Aber auch über das Haff stehen alle drei Städte miteinander in Verbindung durch regelmäßig und häufig fahrende Motorboote, sowie durch kleine Dampfer und Segler; nach Yonago gehen Schiffe bis zu 800 Tonnen. Matsue selbst, das sich von den nördlichen zu den südlichen Tertiärhügeln durch die tiefe Ebene erstreckt, ist durchaus Wasserstadt, von breiten Kanälen in vorwiegend nordsüdlicher und ostwestlicher Richtung durchzogen. Am Flußbett entlang zieht sich eine Reihe kleiner Bootswerften. Aber sonst ist in der stillen, reizvollen Daimyō-Stadt und dem Idyll Lefcardio Hearns kein Zeichen von Industrie zu bemerken. Sie ist Sitz der Präfekturverwaltung und des Handels und zählt 40000 Bewohner. So heben sich alle drei Zentren des Gebietes in ihrer Art heraus: Sakai als die Hafenstadt, Yonago als die Industriestadt und Matsue als der vornehme Beamtensitz und auch als Verteilungsplatz.

3. Hafen und Stadt Sakai.

Der Hafen benutzt die Haffmündung am Ostende der Grabensenke. Vor die hier ursprünglich tiefgreifende und ostwärts offene Bucht hat sich eine Nehrung gelegt, die das Haff von dem Rest der Bucht trennt. Vermutlich ist es ein Nehrstrom, der das Material der Küstenregion gegen die östliche Spitze des Tertiärhorstes treibt, während ein Hauptstrom der Küste parallel ostwärts gerichtet ist. Die Höhen des Sandwalles liegen zwischen 5 und 20 m. Im Verhältnis zur Länge von 18 km hat er die große Breite von 3—4 km; das rührt daher, daß dem Längenwachstum in der durch Gezeiten und Sturmfluten offengehaltenen Rinne eine Grenze gesetzt ist, während immer neues Material herangeführt wird, besonders reichlich durch den dicht davor mündenden Hinogawa. Wie mächtig die Strandbildung auch weitergeht, sieht man an der Auffüllung, die sich im Winkel zwischen dem Nehrungsrand und der Mole in wenigen Jahren schon wieder vollzogen hat; nach einer Auskunft des technischen Hafenbüros ist die Küste hier sogar in zwei Jahren um 30 m hinausgerückt.

Die Mole, die in zwei Etappen entstand, läuft in einer Länge von 3 km von der Nehrungsspitze ostwärts und parallel zur Südküste des Horstes. So führt eine lange gegen die Sandtrift geschützte Fahrrinne aus dem Haff ins Freie. Sie mußte aber erst durch Baggerung gewonnen und auf $6\frac{1}{2}$ m Tiefe gebracht werden. Noch 1912 heißt es in einer Küstenbeschreibung der Seewarte[1]), daß über die Barre zum Haff nur Küsten- und Leichterfahrzeuge gelangen könnten.

Die lange Einfahrt geht in die Mündung des Haffes über. Diese wechselt zwischen 250 und 500 m Breite. Stadt und Hafenanlagen ziehen sich hier auf der Seite der Nehrung hin, da die Tertiärflanke zwischen den steilen Hängen nur da und dort etwas Raum für ein paar Häuser und Felder läßt. Die Gezeitenströme haben die Stärke von 2 Knoten in der Stunde. Gelegentlich aber, wenngleich selten, mögen sie wohl größere Stärke annehmen; darauf deutet der Umstand, daß die Rinne eine Reihe von kolkartigen Vertiefungen aufweist. Auch zeigen die hohen Ufermauern von Fischereisiedlungen um das Haff an, daß das Wasser gelegentlich einen hohen Stand erreichen kann. Vier Kolke folgen sich in der Rinne in Abständen von etwa 700 m aufeinander und haben eine sehr bezeichnende Lage, nämlich jedesmal vor einem Vorsprung des Tertiärufers; das Nehrungsufer

---

[1]) Annalen der Hydrographie 1912, S. 101—105.

ist geradlinig, und so ist für die Lage der Engen und Weitungen und somit auch für die der Kolke einfach die Wellenlinie des Tertiärufers maßgebend. Die Schwellen zwischen den Kolken waren hier ebenfalls erst auf die Tiefe von $6\frac{1}{2}$ m zu bringen.

Der Hafen bietet jetzt mit seiner langen Moleneinfahrt vollen Schutz gegen alle Winde, während es in dem erwähnten Bericht der Seewarte noch hieß: „Wenn es aus nördlicher und nordöstlicher Richtung stürmt, liegen die Leichter nicht mehr sicher längsseit, und das Laden und Löschen muß unterbrochen werden, weil in der hereinrollenden Dünung die kleinen Fahrzeuge zu schwer arbeiten".

Beide Ufer der Rinne sind ausgemauert, aber die Hauptanlagen finden sich ganz auf der Nehrungsseite. Streckenweise treten hier Gruppen von kleinen Lagerhäusern auf, auch ein Kohlenlagerplatz mit Bunkerkohle von Moji sowie ein Petroleumpier mit Leitungsrohr ist vorhanden. Ebenso finden sich gewerbliche Betriebe an der Wasserfront, insbesondere eine Reihe von Steinwerkstätten mit Steinlagern, die ihren Granit aus den Bergen südlich von Matsue erhalten. Doch macht die ganze Hafensiedlung noch den Eindruck einer jungen Entwicklung.

Eingeführt werden Kohlen, die zum Teil nach der Fabrikstadt Yonago gehen. Holz wird von den gegenüberliegenden Oki-Inseln geholt, Öl für die Motorboote der Binnengewässer und Bohnenkuchen werden für die Landwirtschaft eingeführt. Der Export besteht aus vielen kleinen Posten.

Der Hafen ist eigentlich ein Stapelplatz, das heißt, er sammelt Frachten zur See und gibt sie zur See wieder ab. Denn auch mit den nahen Küstenplätzen vollzieht sich der Verkehr weniger zu Land als zu Wasser, ebenso mit der Inlandsee. So treten in seinem Binnenhandel die gleichen Gegenstände als Import- wie Exportgüter auf: Reis, Textilwaren, Fischdünger, Petroleum, Ölkuchen. Im Außenhandel bezieht er Ölkuchen, Kohlen und Petroleum und gibt Meereserzeugnisse ab; doch herrscht hier der Import vor. Er lag in den letzten Jahren um $1\frac{1}{4}$ Mill. Yen. Der Gesamthandel bleibt jedenfalls einstweilen unter 50 Mill. Yen.

Auffällig gering ist hier der Seglerverkehr. Selbst an Zahl überwiegen die Dampfer sehr stark mit über 10000 gegenüber 1800 (Eingang 1927). Die einlaufende Gesamttonnage kommt auf $1\frac{1}{4}$ Mill., davon nur ein kleiner Bruchteil auf den Außenverkehr. So ist die Stellung in der näheren Umgebung das entschieden Maßgebende. Demgemäß treten auch fremde Flaggen in dem Hafen gar nicht auf.

c) Die Häfen der Wakasa-Bucht.

1. Gesamtcharakter der Bucht.

Östlich von Sakai erstreckt sich über 200 km die einförmige, hafen- und hinterlandsarme Küste, wie sie in der allgemeinen Küstenbetrachtung gekennzeichnet wurde, und erst im Wakasa-Golf stellt sich ein neues Hafengebiet ein. Hier gibt es aber keine vorgelagerte Scholle, keine Schwemmlandebene und Küstensäume, ein tiefer Einbruch greift vielmehr mit steilen und zackigen Formen in die hohen paläozoischen und eruptiv durchspickten Plateaus um den Biwa-See. Tiefe Ingressionszipfel bieten gute und leicht zu verbessernde Häfen, aber ein Hinterland wie um Sakai fehlt ganz. Nicht einmal ein schmales Band der Besiedlung zieht sich etwa einheitlich um den ganzen Golf, sondern Siedlungsnischen von kleinsten Maßen werden durch hohe, steil ansetzende und bewaldete Halbinselzacken, in die sich quer aus dem Hinterland politische Grenzen vorschieben, völlig voneinander geschieden; was am meisten zusammenhängt, ist vielmehr die Siedlungsöde im Hintergrund. Wenn man alle Siedlungszellen um den weiten Golf und ihre schwachen Ausläufer in die Gebirge hinauf zusammenfaßt, was aber für den einzelnen Hafen nicht einmal viel bedeutet, kommt man allenfalls auf $1/4$ Million Bewohner.

Das sind die ersten und größten Erscheinungen. Sie stellen sofort das Problem, worauf hier die drei Häfen Tsuruga, Maizuru und Miyazu sich gründen. Es wird sich für jeden eine verschiedene Lösung finden.

2. Miyazu.

(Hierzu Figur 69.)

Wo im größten Granitstock des Golfes eine tiefe Ingressionsbucht sich gabelt, liegt in dem einen der beiden Enden Miyazu. Die Bucht bietet im Hintergrund vor dem engen Tal nur eben dem tiefen Stadtfeld Raum, und die Granithügel treten hart an das ebenmäßige Weichbild heran. Um einen westlichen Seitenzipfel ist auf Schwemmkegeln eine Anzahl Städtchen vereinigt. Aber er kam als Hafenbucht nicht in Frage durch die fast bis zum völligen Abschluß vorgebaute Nehrung. Die heftigen Stürme des Winters haben hier das Material von den äußeren Kliffs vor die Bucht befördert und zu dem 3 km langen, um 50 m breiten Wall Amanohashidate aufgehäuft.

Miyazu zieht sich in geschlossener Bauweise an dem Flüßchen als

Achse in den Hintergrund und umfaßt im übrigen wie mit zwei Scheren die Bucht. Nach dieser ist die Stadt in erster Linie orientiert, wie man schon an den Firstlinien der Häuser von oben erkennt und wie ebenso die lange, gebogene Hauptstraße bekundet. Einst lag an der Wasserfront ein Daimyō-Schloß, von dem aber nichts als der Wasserrahmen erhalten ist. Es zeigt immerhin, daß die Stadt trotz ihrer Isolierung in alter Zeit Bedeutung hatte, wie sie auch in den 90er Jahren als Fremdhafen geöffnet wurde. Was gab nun der Stadt und gibt ihr heute bei so gänzlich fehlendem Hinterland ihre Bedeutung als Hafen? Es kann nur die Lage und die Buchtgestaltung sein. Am Ende der 200 km langen unwirtlichen Strecke von Sakai her bietet sie den ersten sicheren Schutz. Wenn früher Reis von Niigata über Shimonoseki nach Ōsaka ging, war Rettung vor Seestürmen an der exponierten Küste die Hauptsorge. Dieses Ansehen als Zufluchtshafen in dem damals so ausschließlichen Küstenlängsverkehr genoß Miyazu in der Tat; Schiffe mußten hier oft lange liegen und Wetter abwarten. Neben Niigata war es ein Haupthafen der ganzen Westküste.

Fig. 69. Miyazu, Maizuru, Shin-Maizuru.

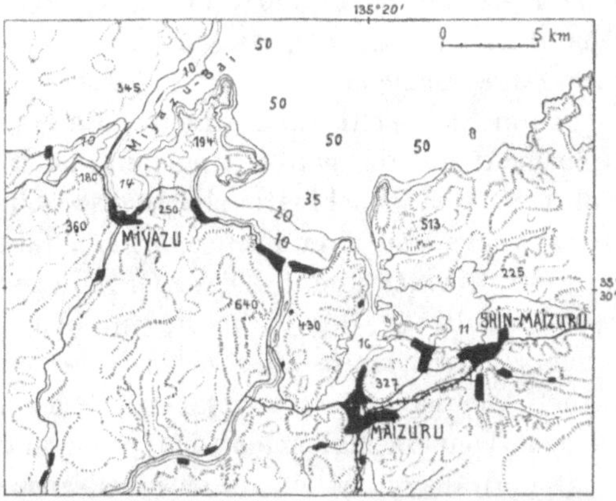

Die große Ingressionsbucht in einem Granitgebiet des Wakasa-Golfes zeigt in jedem ihrer drei Endzipfel einen Hafenplatz. Jeder erhält damit eine vorzügliche Hafenbucht, bleibt aber ohne wesentliches unmittelbares Hinterland. Shin-Maizuru ist der Hauptkriegshafen von Ura-Nihon, Maizuru der zugehörige kleine Handelshafen, Miyazu ein alter Zufluchtshafen.

Später trat diese Grundlage seiner Größe zurück, schon mit der Vergrößerung der Schiffe, denen die Witterungsverhältnisse nicht mehr in dem hohen Maße zusetzten, vor allem aber mit der wachsenden Bedeutung des Querverkehrs durch das japanische Land und über die Japansee; darin kam ihm Tsuruga voraus, welches nach Ōsaka und Nagoya durch die Biwa-Senkenzone die leichtere Bahnverbindung hatte und dadurch zum Fährplatz im Verkehr mit der sibirischen Küste wurde.

Miyazu heute noch als einen sehr verkehrsreichen Hafen zu bezeichnen, wie es J. Sion[1]) in der Landeskunde von Japan tut, ist ganz irrig. Es widerspricht dem Hafenbild wie den Zahlenwerten des Verkehrs. Im Hafen sind keine Molen, Kais, Lagerplätze, Winden, Kräne oder Bojen vorhanden, nur ein paar kleine Lagerhäuser stehen da. Fremde Dampfer kommen fast nur von Korea und Wladiwostok, und auch die des Küstenverkehrs sind spärlich vertreten; zur Zeit meines Besuches lag kein einziges Schiff im Hafen, und er machte mir unter allen, die ich sah, den verlassensten Eindruck. Sein Außenhandel erreichte 1928 nicht 1½ Millionen Yen.

Der Außenhandel besteht fast ganz im Import, besonders von Ölkuchen und Bohnen aus der Mandschurei. Im Binnenhandel kommen hinzu Holz aus Hokkaidō und Kohlen aus Kyūshū. Die in der Umgebung erzeugte Seide gelangt nicht zu Schiff, sondern mit der Bahn nach Ōsaka. Dagegen gehen etwas Fischereiprodukte von hier aus. Nur im Sommer erwacht einiges Leben durch den Personenkleinverkehr. Denn nicht nur die ganze Umgebung ist reizvoll, sondern der Sandwall von Amanohashidate (Himmelsbrücke) mit seinen mächtigen Charaktergruppen alter Kiefern ist eine landschaftliche Berühmtheit, die jeder Japaner kennt. Diese Grundlagen können indes, da keine großen Städte in der Nähe liegen, ebensowenig wie die alte des Zufluchtshafens heute eine große Hafenbedeutung begründen.

Auch hier ist mehr Dampfer- als Seglerverkehr, sowohl der Zahl wie dem Tonnengehalt nach, der im Gesamtverkehr unter ½ Million bleibt und ausschließlich unter heimischer Flagge geht.

Die Funktion des Nothafens vermag Miyazu immerhin nach wie vor zu erfüllen. Denn seine Bucht ist fast gegen alle Winde geschützt. Nur die nordöstlichen können größere Wellen in ihr erregen, aber große Schiffe nicht am Ankern hindern. Dieses ist im sandigen Boden der Bucht sehr leicht. Auch gehen Tiefen von 10 m bis dicht an die Front der Stadt heran, und die Hafenbucht ist ebenso wie die lange Zufahrt zu ihr frei von störenden Klippen.

3. Maizuru — Shin-Maizuru (Kriegshafen).

(Hierzu Figur 69.)

Östlich von Miyazu geht trotz anderer alter Gesteinsarten die gleiche Buchtgestaltung weiter: tiefe, in ihren Hauptrichtungen tektonisch[2])

[1]) J. Sion, L'Asie des Moussons, I. Partie, Paris 1928, S. 204.

[2]) Mehrere Bruchrichtungen, vor allem eine küstenparallele und eine ziemlich meridionale, kreuzen sich offenbar am Wakasa-Golf, der als Großform tek-

beeinflußte, im einzelnen verästelte Ingressionsformen steiler Felsküsten bestimmen das Bild. Ganz kurze Bäche kommen von allen Seiten herein, und wieder nur die größeren unter ihnen schütten soviel Schwemmland in die bis zum Hintergrund tiefen Buchtzipfel, daß kleine Städtchen und Dörfer sich darauf zusammendrängen.

Der als Hafenbucht dienende Raum und sein Zugang ist von 200—500 m hohen Bergen umstanden, von denen niedrigere Rücken ausgehen und in Kaps an die Bucht vorstoßen. So wird diese bis auf einen halben Kilometer eingeengt. Beide Momente, der Höhenrahmen und die Enge, begünstigen den Schutz. Der Buchteingang nimmt zwar die schwere See der Winterstürme aus ihrer Hauptrichtung (NNW) auf, bricht sie aber dann durch einen in der stärksten Verengung sitzenden Inselpfeiler. An ihm teilt sich die Bucht nach innen in zwei Enden. So setzt sich die ganze Ingressionsform aus einem offeneren Außenglied und zwei ganz geschützten Innengliedern zusammen, jedes der drei 4—5 km lang. Von den Innengliedern ist das eine der Handelshafen Maizuru, das andere der Kriegshafen Shin-Maizuru (Neu-Maizuru). Jeder hat etwa 700 ha Wasserfläche.

Die Bucht liegt zwar weiter ab von der Küstenroute, weil tiefer im Land als die von Miyazu, bietet aber auch noch unbedingteren Schutz. Darum fiel auf sie die Wahl des einzigen Kriegshafens an der Küste der Japansee. Auch als die ersten 5 Häfen für den Fremdhandel geöffnet wurden, war sie schon an Stelle von Niigata in Erwägung gezogen. Ebenso trat sie für die Frage des Bahnanschlusses Ōsakas im Sibirien-Verkehr mit Tsuruga in Wettbewerb. Mit der Entscheidung für den Kriegshafen im Jahre 1889 kamen weiterhin alle solche Pläne in Fortfall.

Die Stadt Maizuru zieht sich an zwei über 100 m breiten Flüßchen hin, die sich am Hafen vereinigen und zwischen denen Kanäle von 5—20 m Breite laufen. An einem der Flüßchen ist eine Doppelreihe von Fischerhütten auf Pfählen erbaut, so daß jede ihren kleinen Hafen mit dem Boot unter dem Hause, gleichsam ihren Bootskeller hat.

Vor der Stadtfront wurde in den Jahren vor dem Weltkrieg ge-

---

tonisch aufzufassen ist. Schon die Umrisse und Gesteinsgrenzen legen es nahe. Nach dem Erdbeben von 1927, das durch die sich erneut bewegenden Schollen verursacht war, konnte Kotō sichtbare Krustenstörungen auf verschiedenen dieser Linien verfolgen. Vgl. B. Kotō, The intersecting Twin Earthquake of Tango Hinterland in 1927, Journal of the Faculty of Science, Imp. Univ. Tokyo, Sektion II, Vol. II, Part 6, Tokyo 1928, S. 265—329.

baggert und eine Kaimauer nebst Pier errichtet, daß ein Schiff von 3000 Tonnen anlegen konnte. Außer einem Kohlenlagerplatz, Holzstapeln und einigen Lagerhäusern bemerkt man auch Kräne, Leichter und Schlepper. So geht die ganze Hafeneinrichtung über die von Miyazu hinaus. Das erfordert schon der nahe Kriegshafen. Der Handel ist auch von ähnlicher Bedeutung wie in Miyazu, bewegt sich aber nur innerhalb Japans. Der gesamte Schiffsverkehr hält sich dem Tonnengehalt nach nur in der Größe von Miyazu. An Zahl treten in Maizuru die Segler viel mehr hervor.

Der Kriegshafen liegt nur 5 km entfernt. Wir sehen also hier eine ähnliche Trennung und Nachbarschaft des Kriegs- und Handelshafens wie bei Yokosuka und bei Kure.

Mit seiner in der geschilderten Küstengestaltung begründeten, taktisch hervorragenden Lage verbindet Shin-Maizuru auch seestrategisch eine hohe Gunst. Es ist die einzige große Seefestung an der langen Rückseite der Hauptinsel und nimmt nahezu deren Mitte zwischen den beiden befestigten Flanken ein, Hakodate auf der einen und Sasebo-Shimonoseki auf der anderen Seite. Shimonoseki wie Hakodate sperren die Straßendurchgänge, während Shin-Maizuru eine große Seebasis an der Stelle schafft, die zugleich auf der ganzen Rückseite Honshūs die stärkste tektonisch-morphologische Auflockerung zeigt und den kürzesten und leichtesten Übergang zu jenem Lebensraum ermöglicht, der nächst dem Kwantō der größte und wichtigste Japans ist, dem Gokinai.

4. Tsuruga.

(Hierzu Figuren 70 u. 71.)

α) *Bucht, Hinterland, Geschichte.* Die Einfahrt in die Tsuruga-Bucht zeigt uns keine Inseln und Vorsprünge, keine Klippen und Bänke, sondern eine ziemlich einfache, breite und steilumrahmte Sackform, die schwerlich die ertrunkene Mündung eines Erosionstals vorstellt, vielmehr ein tektonisches Gebilde, dem auch nach Küsten- und Flußlinien wie Gesteinsgrenzen die gleichen Richtungen zugrundeliegen, wie wir sie im Bereich der Biwa-Senke kennen lernten und wie sie auch noch weiter östlich, z. B. in dem (nach Ogawa) tektonischen Tal des Ibigawa auftreten. Von der Biwa-Senke ist die Bucht nur durch eine 15 km breite Schwelle getrennt, und das wird entscheidend für die Existenz ihres Hafens. An das breite Ende der Bucht setzt sich eine Tiefebene an, die nur für die Stadt und einige reisbauende Dörfer Raum gibt. Aufgebaut ist sie von den zwar kleinen, aber aus etwa 300⁰ der Windrose herankommenden Flüssen, und die Schuttkegelnatur geht aus Figur 70 schon hervor. Unter den Flüssen wird der Shōnogawa für Stadt und Hafen von Belang. Zwischen ihnen endigen die Bergrippen mit Höhen von meist 80—90 m und deuten

Fig. 70. Tsuruga, Bucht und Umland.

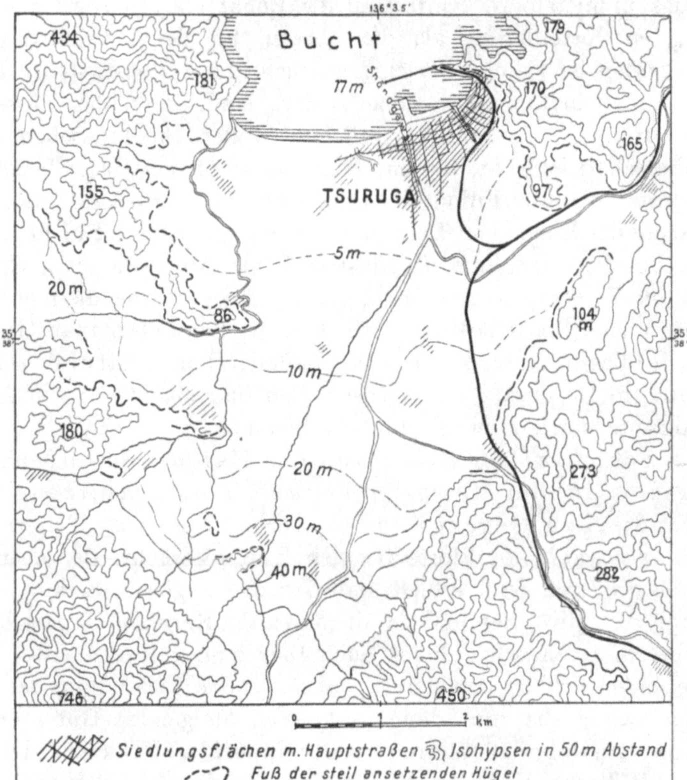

Die Landschaft ist einer der Granitstöcke des Chūgoku-Plateaus, und die hineingreifende Bucht ist von einer tektonischen Richtung bestimmt, wie sie auch weiter landeinwärts um den Biwa-See auftritt. Steil erheben sich die Wände der Granithügel zu Höhen von 100 m und mehr. Der Hintergrund der Bucht ist aufgefüllt zu einer Schuttkegelfläche, die eine der vielen kleinen, isolierten Siedlungsnischen abgibt. An ihrer Wasserfront liegt angelehnt an den östlichen Hügelrand die Hafenstadt.

eine Küstenterrasse an, während sie weiter hinten rasch zu 500 m und mehr ansteigen. Den Rahmen der Ebene wie des Buchthintergrundes bildet der G r a n i t, der die paläozoischen Hochflächen des Hinterlandes durchragt. Aus ihm besteht auch die ganze meridionale

Halbinsel, welche die Bucht nach Westen begrenzt und, wie eine Mole vorgereckt, sie zu einem Sonderglied der Wakasa-Bai macht. Ihre höchste Kuppe, der Sazai Dake mit 750m, erhebt sich, von einer Anhöhe über der Stadt aus gesehen, wie ein breiter Dom am Buchtufer.

Die scharf ansetzende Umrahmung der kleinen Buchtebene tritt auch in der Abbildung (Taf. 10, Abb. 1) hervor. So stellt sich in Bezug auf das unmittelbare Hinterland die Bucht von Tsuruga nicht im geringsten vorteilhafter als die übrigen an der Wakasa-Bai dar, im Gegenteil ist sie eine derjenigen Zellen, die am stärksten rundum durch eine siedlungsleere Zone isoliert sind. Erst über Pässe von 500 m Höhe werden die eigentlichen großen Siedlungsebenen der Nachbarschaft erreicht, die ein Hinterland für den Hafen bedeuten: im Norden die um Fukui, im Süden die des Biwa-Sees. Die eigene Volkszahl der Ebene von Tsuruga hingegen überschreitet nicht 50000.

Die Formenwucht und der düstere Ernst der bewaldeten Granitberge um die ebenen- und siedlungsarme Bucht sowie die nicht sehr belebte kleine Stadt läßt dem, der hier die Schwelle Japans betritt, schon in diesem Anblick der Landschaft die Rückseite, das Ura-Nihon, im Gegensatz zur wechselvollen und belebten Szenerie der Fensterseite stark zum Bewußtsein kommen.

Das Schicksal der Stadt und des Hafens lag außerhalb: einerseits in der Biwa-Senke und andererseits an den festländischen Gegengestaden. Schon in ältesten Zeiten wird der Platz erwähnt als Pforte für den Korea-Verkehr, der aber nur dadurch größeren Sinn erhielt, daß Tsuruga zugleich die kurze Verbindung zum Biwa-See und damit zum alten Kernland Japans hatte. Aus diesem Grunde wurde es auch 1899 zum vollwertigen Außenhandelshafen erklärt, also einige Jahre vor der Vollendung der sibirischen Bahn, die ihm dann erst einen steigenden Güterverkehr brachte. Im Jahre 1907 erreichte der Export 1,9 Millionen, der Import 0,9 Millionen Yen. Bereits 1914 waren die Zahlen auf 5 bezw. 1,3 Millionen gestiegen. Dann folgten die Kriegsjahre mit einer Steigerung bis zu 5,5 und 6 Millionen Yen. In den letzten Jahren ist durch die Hemmungen in Rußland der Export wieder gesunken (1926: 1,5 Millionen Yen, 1927: 2,2; 1928: 3,0), während der Import auf dem Stand von 6 Millionen Yen blieb.

β) *Stadt und Hafen.* Tsuruga lehnt sich in der Nordostecke der Ebene an einen Berg und zieht sich in flacher Biegung am Wasserrand hin mit einer langen Hauptstraße, der etwa ein halbes Dutzend

Straßen parallel laufen. Am Vorsprung des Berges in die Bucht liegt auf schmalem Saum der Geleiskörper des Güterbahnhofes, zu dem eine Zweigbahn von der hinten in der Reisebene liegenden Hauptstation führt. Begleitet ist er von offenen Lagerplätzen für Holz und andere Frachten und von der Anlegestelle für den Personendampfer nach Wladiwostok. Vom Güterbahnhof aus folgen am Ufer (Taf. 10, Abb. 1) westwärts aufeinander eine Anzahl langer Hafenschuppen und hinter ihnen in der Stadt mehrere Blocks mit Speichern alten Stils, in denen Dünger und sonstige Waren gestapelt sind. Noch mehr nach Westen ist eine Neulandfläche vorgebaut und für weitere Hafenbauten bestimmt, die bis zur Mündung des Shōnogawa reicht, während sich die Stadt noch eine Strecke weiter hinter dem sandigen Strand hinzieht. Der Fluß wird in seiner Mündung als Becken für die Leichterboote benutzt, die bis zur Vollendung des Hafenausbaus den Verkehr zwischen Land und Schiff vermitteln. Die Arbeit vollzieht sich an Land ohne technischen Apparat. Man sieht beispielsweise, wie Kohlen durch Menschenhände in Körben vom Kai in die Eisenbahnwagen befördert werden.

Fig. 71. Tsuruga, Hafen.

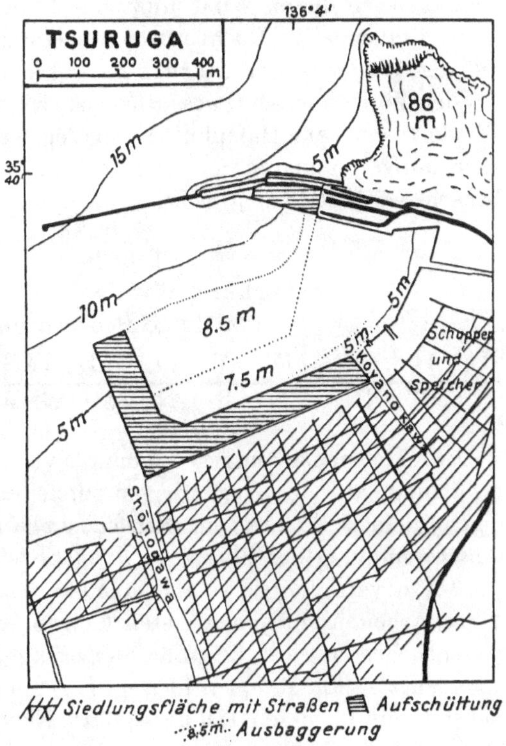

Die Tiefen der vorbeschriebenen Bucht nehmen rasch zu, so daß schon im Hafenbereich selbst von Natur 10 m vorliegen und wenig ausgebaggert zu werden brauchte. Innerhalb der Großbucht im Granithügelland wird ein besonderer Hafenschutz durch den kleinen Vorsprung im Osten angebahnt, den die Mole zur Vervollständigung benutzt.

Wie in die Ebene in mehreren Fällen, so reckt sich auch in den Hafen ein kleiner Bergsporn von 50—100 m Höhe vor. Damit wird aus der für Hafenschutz noch viel zu großen Bucht ein Teilstück abgesondert. An ihm wiederum hat die Hand des Menschen angelegt und den Hafenschutz durch eine Mole um 400 m westwärts fortgesetzt. So fordert es der vorherrschende Winterwind, der besonders von Dezember bis Februar aus Nordnordwest, das heißt recht in die breite Öffnung der Bucht weht. Ihm gilt überhaupt an der Küste der Japansee alle Rücksicht, während Gezeitenhub und Strömungen ganz zurücktreten. Gegen diesen Wind mußten sich die Schiffe bisher im Notfall in die Tsunenomiya-Bucht retten, die eine kleine seitliche Einbiegung auf der Westseite der Tsuruga-Bai 4 km nördlich der Stadt bildet. Da der Wind hier sehr wesentlich ist, sei eine Tabelle der stärksten Winde (nach dem Hafenbuch) beigefügt; sie zeigt, wie auch in fast allen übrigen Monaten der stärkste Wind aus Nord oder einer dichtbenachbarten Richtung weht.

Tabelle 38.
Stärkste Winde in Tsuruga
(23jährige Beobachtungen).

I	II	III	IV	V	VI	VII	VIII	IX	X	XI	XII
N	NW	NNW	N	S	N	SSO	NNW	NNW	N	N	NNO

Dem Molenende entgegen kommt von der Küste her eine Aufschüttung, auf der Werftanlagen entstehen sollen. So wird bis auf einen kleinen Zugang ein Becken umgrenzt, das auch unter der Anschwemmung des Flusses nicht mehr leidet. Sein Boden wird auf 7—8½ m vertieft, wie es an der Mole schon von Natur erreicht ist. Diese Arbeiten sind nach ersten kleinen Ansätzen von 1909—14 im wesentlichen erst auf die große Steigerung des Verkehrs im Weltkrieg in einem zweiten Bauplan in Angriff genommen worden, und ich sah sie erst zum kleineren Teil ausgeführt. Nach ihrer Vollendung werden mehrere Dampfer bis zu 6000 Tonnen zugleich am Kai löschen können.

Die Möglichkeit künftiger Weiterentwicklung bietet sich auf gleicher Grundlage: ein Wellenbrecher in der Fortsetzung der Mole nach Westen hin, und ihm gegenüber an dem noch ungenutzten Strand von Tsuruga Hafenbecken und -zungen in beliebiger Ausdehnung bis zum anderen Eckstein der Bucht.

γ) *Handel und Verkehr.* Tsuruga ist auf der Rückseite Japans einer der wenigen „geöffneten" Häfen. Sein Außenhandel erstreckt sich in Ein- und Ausfuhr auf eine größere Zahl von Gegenständen. Die größten

Werte erreicht der Export in Fischernetzen (1 Million Yen), Seilen und Strohgeflecht, die nach verschiedenen Gegengestaden gerichtet sind, sodann in Papier, das von Ōsaka nach Wladiwostok geht. Der Import besteht überwiegend in Bohnenkuchen und Soyabohnen (2 Millionen Yen) ferner in Platin, Kohlen, Holz und Getreide. Die ausgehende Fracht kommt aus dem Hinterland mit der Bahn, zum Teil von Ōsaka und Kōbe. Von den eingeführten Gütern stammen die Ölkuchen aus Korea und der Mandschurei und werden in verschiedene Hinterlandsgebiete befördert. Kohlen werden entweder von der Eisenbahn verbraucht oder in die Industriestädte der benachbarten Präfektur Fukui versandt. Mit dem Außenhandel ist auch ein bedeutender interner Handel verbunden, indem die aus dem ferneren Hinterland oder aus den festländischen Gebieten kommenden Güter von Tsuruga aus erst in die Nachbarschaft zur See befördert werden oder andererseits von anderen Küstenteilen kommende Güter durch Tsuruga ihre Übermittlung an den Außenhandel finden. Im ganzen übertrifft der Import bedeutend den Export. Im Außenhandel ist er rund doppelt so groß (6 und 3 Millionen Yen).

Der Hauptgegenhafen ist Wladiwostok; im Verkehr mit ihm steht Tsuruga allen andern Häfen der Rückseite voran. Die Verbindung besteht das ganze Jahr, und zwar durch Dampfer, die Personen und Fracht zugleich befördern. Seit Herbst 1929 verkehrt wöchentlich regelmäßig zweimal ein Dampfer der Ōsaka Shōsen Kaisha auf dieser Linie. Mit Kyūshū und Hokkaidō hingegen wird der Verkehr meist von Seglern bestritten. Deren Zahl ist im Hafenverkehr zehnmal so groß wie die der Dampfer. Im ganzen laufen nur an 600000 Tonnen jährlich ein.

So stellt sich Tsuruga als Vermittlerin zur See und zu Lande dar, es hat Stapel- und Hinterlandsfunktion, dagegen am wenigsten eigenes Wirtschaftsleben und örtliche Wirtschaftsgrundlagen. Darum ist aber gerade die Zahl der Lagerhäuser, die in der kleinen Stadt benötigt werden, ziemlich groß und fällt sofort auf; es sind ihrer um 300 vorhanden.

5. Rückblick auf die Häfen der Wakasa-Bucht.

In den drei Häfen der Bucht, die in den morphologischen Grundzügen sehr übereinstimmen, ergaben sich somit wesentliche Verschiedenheiten in Bezug auf Wert, Funktion und Ausstattung. Maizuru (Shin-Maizuru) ist nach örtlicher Beschaffenheit der beste, daher der für die Seewehr wichtigste. Tsuruga ist der lokal ungünstigste, aber wirtschaftlich bedeutendste wegen des besten Übergangs zum Stammland an der Inlandsee; für dieses ist der Hafen die Hintertüre nach Sibirien. Miyazu ist der heute wertloseste, aber seit alters als Zufluchtshafen geeignetste Platz, weil er der langen Strecke völliger Schutzlosigkeit am nächsten benachbart ist. Für den Außenhandel ist nur Tsuruga von einiger Bedeutung. Doch ist selbst hier ein fremdes Schiff die seltene Ausnahme, vielmehr gehört in diesen Häfen der gesamte Verkehr der japanischen Flagge an. Es herrscht auch im Habitus der Städte der typische, unveränderte Rückseitencharakter mit sehr wenig eingestreuten europäischen Bauten.

d) Die Häfen der nordwestlichen größeren Ebenen.

1. Die Häfen um die Noto-Halbinsel.

Gleich nördlich der um Tsuruga gezogenen siedlungsleeren Zone paläozoischer Plateaus beginnen die neogenen Hügellandschaften, die den Gebirgsmassiven Zentraljapans vorgelagert sind. Sie bestimmen auch das weitvorgereckte, tektonisch auffällige Gebilde der Noto-Halbinsel größtenteils (Fig. 72). Dem hier nur vereinzelt über 500 m hinausgehenden Neogenhügelland sind Alluvialebenen durch Flußaufschüttung und Küstenausgleich eingeschaltet und bedingen größere Siedlungszellen um die Wurzel der Halbinsel. Eine nächste von 300—400000 Bewohnern liegt schon um Fukui. Sie ist trotz des paläozoischen Scheidewalles doch Tsuruga nahe genug gerückt, um von ihm versorgt zu werden, und zwar durch die Küstenbahnlinie wie auch durch die politische Zugehörigkeit Tsurugas zum Fukui-Ken. Darauf folgt die lange Küstenebene von Kanazawa, die sich in eine Senke der Noto-Halbinsel fortsetzt (Fig. 72—73) und über ½ Million Bewohner einschließt. Ihr kleiner Hafen Kanaiwa soll nur wegen der Bedeutung, die immerhin Kanazawa an Japans Rückseite hat und noch mehr hatte, kurze Erwähnung finden. In seiner Lage an der Wurzel der Halbinsel hat er sein Analogon auf der anderen Seite in Fushiki, während der Halbinsel selbst schließlich der Hafen Nanao angehört und mehr noch als durch seine Bedeutung durch die besondere Form und Lage Aufmerksamkeit erheischt.

α) *Kanaiwa.* In der erwähnten langen Küstenebene herrscht folgende Beziehung zum Meer. Binnenwärts sieht man hohe Berge in geringem Abstand das Panorama abschließen. Aber schon an den Tertiärhängen davor schließt der Siedlungsraum geradezu hermetisch ab. Zwei kurze Stichbahnen dringen noch in das Tertiär vor, während in das höhere Gebirge dahinter kaum ein Weg führt. Von dieser Rückwand blickt Kanazawa auf seinem beherrschenden, flußumrahmten Sporn über die schmale Küstenebene, ihre Lagunen und ihren Sandwall aufs Meer. Seine Verbindung mit diesem mag in den letzten Jahrhunderten stärker gewesen sein, und sein Daimyō war einer der reichsten und mächtigsten. 6 km unterhalb der Stadt durchbricht das Flüßchen Saikawa den Strandwall und ermöglicht den kleinen Hafen Kanaiwa. Er hatte in früheren Zeiten selbst Handelsverbindung mit Korea. Jetzt ist er so versandet, daß er weder als Verbindungskanal für die Stadt noch als Hafen Wert hat[1]). Selbst die Küstenschiffe müssen vor der offenen Sandküste liegen bleiben, und in den Wintermonaten ist der Verkehr durch die Stürme ganz unterbunden. Die im Sommer anlaufenden Schiffe bringen Holz, und diese Fracht gibt dem, wenn auch sehr kleinen, Hafenplatz eine ausgeprägte Note und ein bedeutenderes Bild. In der Flußmündung und noch etwa 500 m am Strand entlang sieht man die Haufen von Stammholz aufgeschichtet, das teils am Ort verarbeitet, teils im Hinterland verbraucht wird. Der Betrieb ist ganz primitiv; das Holz wird ins Wasser geworfen, mit Tauen von vielen Händen an den Strand gezogen und hier durch Träger abtransportiert. So entsteht im Sommer bei fast täglicher Ankunft von Holzschiffen einiges Leben.

Im übrigen bedarf Kanazawa trotz seiner Bevölkerung von 157000 der direkten Hafenverbindung umso weniger, als seine Wirtschaft auf feinere Gewerbezweige wie Lackwaren, Seidengewebe und gutes Porzellan konzentriert ist. Die letztere Industrie ist schon seit Beginn des vorigen Jahrhunderts in einem Spezialzweig, dem Kutani-Porzellan entwickelt, welcher der Stadt ebenso wie die seit dem Ende der Feudalzeit aufgekommene Industrie feiner Seidenstoffe einen besonderen Ruf verschaffte. Beide Wirtschaftszweige aber bedürfen weder für den Rohstoff noch für das Erzeugnis des Massentransportes und sind daher mit dem Bahnweg zu befriedigen. Endlich besteht

---

[1]) Es ist nicht absolut die Bedeutung eines Hafens, wie sie sich in seinen heutigen Ein- und Ausfuhrzahlen ausdrückt, die uns zur Berücksichtigung und Würdigung bestimmt, sondern das Bedürfnis, die Stellung der verschiedenen Küstenebenen zum Meer und damit Japans Meeresverbundenheit überhaupt zu klären, worin das Kernproblem dieser Untersuchung zu sehen ist. Darin muß zuweilen auch ein Platz von negativem oder nur historischem Wert auftreten.

für Kanazawa und seine ganze Küstenebene der Bahnanschluß über die schmale Wurzel der Tertiärhalbinsel an den Hafen Fushiki.

β) *Fushiki.* Eine größere Ebenenkammer als um Kanazawa zeigt die Noto-Halbinsel auf der anderen Seite ihrer Wurzel, um die Toyama-Bai. Diese offenbart sich schon auf Seekarten als ein gewaltiger Einbruch. Wir finden rings um Honshū nur noch eine Küstenregion, wo so wie hier der Schelf verschwindet und in 10 km Abstand schon

Figur 72. Figur 73.
Verteilung der Landschaftsräume und Siedlungskammern.

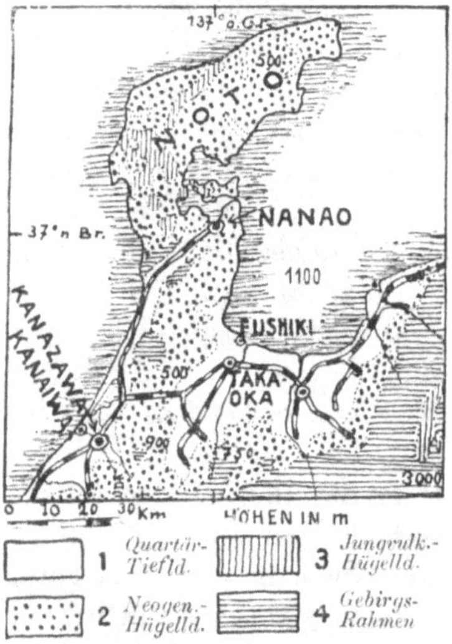

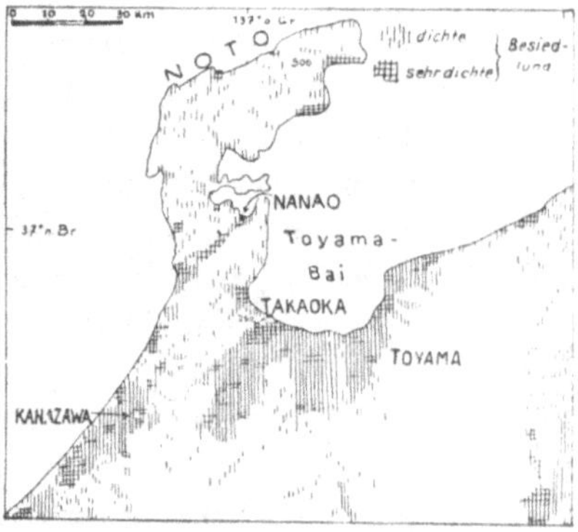

Die hohen Gebirge Zentraljapans, insbesondere das granitische Hida-Massiv, haben hier tertiäre, im Noto-Horst weit vorspringende Vorländer, die aber schon Höhen von über 500 und bis 1000 m erreichen und demgemäß so schwach besiedelt sind, daß als eigentliche Lebensräume nur die ihnen wieder eingeschalteten und vorgelagerten Quartärniederungen bleiben. Auf sie verteilen sich die Häfen: Kanaiwa, Nanao und als bedeutendster Fushiki (Takaoka) in der Ebene, die den tiefen Einbruch der Toyama-Bai umlagert.

Tiefen von 1000 m auftreten, das ist die Suruga- und Sagami-Bai, also das südliche Ende des Transversalbruchs der Fossa magna, dessen nördliches Ende wir eben nahe der Toyama-Bai vor uns haben. Im Bogen ziehen sich um den Osten der Bucht die hohen Ketten des Hida-Gebirges, und Katō[1]) lehrte dieses orographische Bild verstehen aus einem konzentrischen Umbiegen um einen Mittelpunkt, der etwa bei der Stadt Toyama liegt. Auf der West- und Südwestseite

[1]) Vgl. die anschauliche Skizze in The Science Reports of the Tōhoku Imp. Univ., Sendai, Japan, Second Series, Vol. VIII, No. 1, 1924, S. 5.

hingegen scheinen mir Züge nicht zu fehlen, die den Raum schon mit der Wakasa-Bai und dem Biwa-See in Zusammenhang stellen. Auch die im Westen den Rahmen bildende Noto-Halbinsel enthält in ihrem Kern noch ältere Gesteine. So ist die ganze Bucht von solchen teils zusammenhängend, teils in Resten umgeben. Um und vor diese Rahmenstücke legt sich das Hügelgelände neogener Sedimente. Diese Landschaft wurde seit ihrer Bildung durch die radial abfließenden, wenn auch kurzen Hochgebirgsflüsse und durch den großen Niederschlagsreichtum stark erodiert, ihr Rand in schmalen Buchten zurückverlegt und eine breitere Quartärebene davorgebaut. Sie grenzt in einer Ausdehnung von 35—40 km ans Meer und erstreckt sich rückwärts teilweise ebensoweit.

Figur 74.

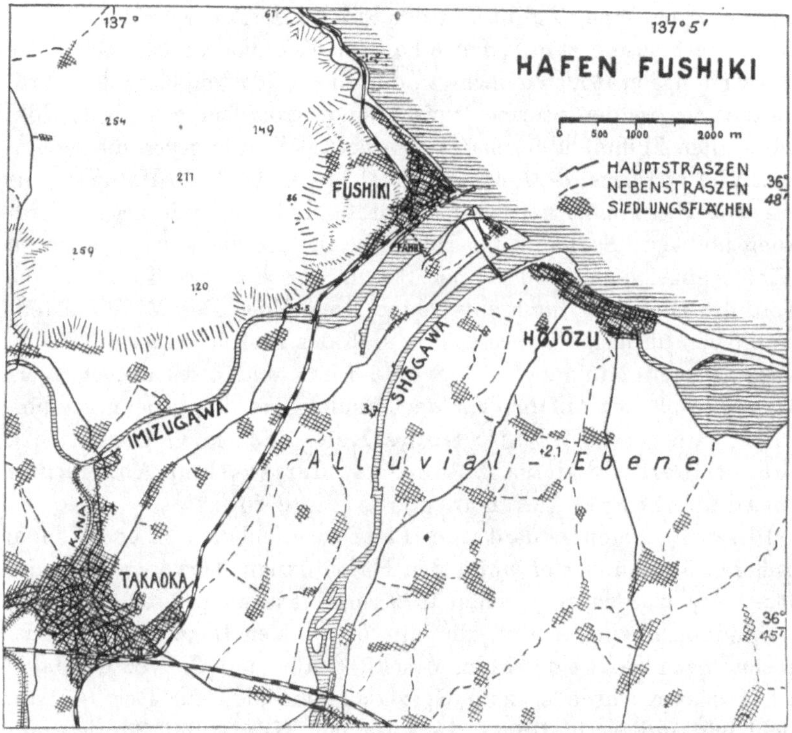

Vor einer um 100 m hohen diluvialen Kante liegt Fushiki als Hafen einer großen Reisebene. Den Hafenwasserraum bildet der im Mündungsstück erweiterte Fluß, während die Außenreede vor glatter Küste liegt und nur relativ, d. h. im Vergleich mit nördlicheren Häfen, noch einen gewissen Schutz durch den Wall des Noto-Horstes genießt.

Die auf diese Weise umgrenzte Siedlungszelle enthält eine Bewohnerschaft von 750000, die auch als politische Einheit im Ken Toyama ihre Sonderstellung zeigt. Die radialen Flüsse mit den Hügelrücken dazwischen bestimmen sogar die Unterteilung in die Kreise. Das Bahnnetz ist verzweigter und dichter als in irgend einer anderen der großen Westküstenebenen, und doch stößt kein Strang bis in die hohen Gebirgswälle vor. Hier herrscht hermetischer Abschluß. Kurz, alles das leitet auch hier an die Küste. Aber die lange Basis an dieser bedeutet keine Zusammenfassung. Zwei Kernstädte teilen sich daher in die vordere Zone der Ebene: Toyama und Takaoka mit 68000 und 43000 Einwohnern. Die erste ist also die bedeutendere, aber nur Takaoka hat vor sich einen brauchbaren Hafen, Fushiki, und er bedient die ganze Ebene.

Er liegt an der Mündung des Imizugawa. Dieser fließt nahe an den Tertiärhügeln hin, die den westlichen Rahmen der Ebene bilden, und empfängt einen Zufluß aus der Stadt Takaoka, womit diese eine Wasserverbindung zum Hafen erhält. In Takaoka sah ich noch einige Häuser mit den Rollsteindächern, die für die Küstenplätze des Nordwestens wegen der Stürme typisch sind; trotzdem genießt Fushiki unter allen Flußmündungshäfen den besten Schutz gegen die schlimmen Winterstürme, denn es liegt dicht hinter der Noto-Halbinsel, die wie eine Riesenmole nordwärts vorstößt und am Ende gegen Nordosten umbiegt. So kann der Hafen besser als die anderen auch im Winter angelaufen werden. Der Schutz der Einfahrt ist an seinem Nordufer verstärkt durch eine 200 m lange Mole. Den Mißstand teilt er mit den übrigen Nordwesthäfen, daß der Fluß in seiner auf 200 m ausgeweiteten Mündung viel Schutt führt und öfter ausgebaggert werden muß. Die Anfahrt vor der Mündung ist dagegen um so günstiger; von Barre ist hier keine Rede, da im Gegenteil ein submariner Talfortsatz, der mit der starken Absenkung zusammenhängt, gleich in große Tiefe führt.

Diesen Vorzügen verdankt der Platz es offenbar, daß er schon in früheren Jahrhunderten unter den Häfen Japans hervorstach. In der neuen Ära wurden auch schon 1879 verschiedene regelmäßige Schiffsverbindungen eingerichtet, die ihn über einen Lokalhafen hinaushoben: nach Hokkaidō, Shimonoseki, Ōsaka und Tōkyō. Ein Jahrzehnt später wurde er zum Spezialausfuhrhafen für Reis, Gerste, Mehl und anderes bestimmt, 1894 für den Handel mit Sibirien und Korea und 5 Jahre später allgemein für den Fremdhandel geöffnet. Nach der heutigen Regulierung der Flußtiefen können Schiffe bis zu 3000 Tonnen am Kai anlegen. Beide Ufer sind kaimäßig ausgebaut.

Als Innenhafen gilt eine Flußstrecke von rund 3 km, was eine Wasserfläche von 60 ha ergibt. Dazu wird ein Teil des Meeres vor der Mündung in der Größe von über 1000 ha als Außenreede gerechnet.

Der Hafenbetrieb vollzieht sich hauptsächlich am linken Ufer, wo der Winkel zwischen Fluß und Küste von der Stadt eingenommen ist. Hier liegt auch der Bahnhof einer kurzen Zweigbahn, die in Takaoka von der Hauptlinie abgeht. An den Bahnkörper schließt sich ein Viertel mit Speichern und Schuppen, und dann folgen Geschäftshäuser der Stadt. Außerhalb der letzteren zieht sich eine Anzahl Fabriken an den Flußufern hin, chemische Werke, Eisenindustrie, Papier-, Fischdüngerfabriken und anderes. Dazu kommen mannigfaltige Industrien Takaokas und Toyamas, die sich unter anderem auf Lack- und Bronzewaren sowie Medikamente erstrecken.

Größere Stapel von Holz liegen am Ufer, das von Hokkaidō, Sachalin und Sibirien gebracht wird. Es stellt auch mit 2½ Millionen Yen im Außenhandel den stärksten Wert. Ob die nahen Gebirge zu sehr abgeholzt oder zu unzugänglich sind, kann ich nicht sagen. Ferner kommt Kohle für den Gebrauch der Städte und der Bahn außer vom Norden des Landes auch wiederum vom Festland. Noch mehr werden Ölkuchen und Bohnen von der Mandschurei über Wladiwostok geliefert, für 1,6 Millionen Yen. Aus der Präfektur gehen Reis und Strohwaren hinaus (vgl. Taf. 9, Abb. 3). Diese Güter strömen aus der Ebene zum größeren Teil auf den Wasseradern zusammen, wie auch umgekehrt eingeführte Düngemittel, Salz und anderes zumeist auf diesem Wege über das Land verteilt werden. Der meiste Umsatz bleibt auf Takaoka und die übrige Präfektur, beschränkt. Immerhin kommen aus ferneren Hinterlandsgebieten Industrieartikel zur Ausfuhr nach dem Norden; diesen Weg gehen z. B. Textilien und Metallwaren aus Ōsaka, Tonwaren aus Nagoya, um bei kürzester Bahnverbindung die einfachste und billigste Seefahrtsstrecke zu erreichen.

Im ganzen herrscht im Außenhandel absolut der Import mit 6½ Millionen Yen. Im Binnenhandel, der den elffachen Wert hat, gilt dies nicht so extrem; doch steht auch hier einem Import von 50 Millionen Yen nur ein Export von 30 gegenüber.

Mit allen erwähnten Verkehrsgebieten, Korea, Wladiwostok, Sachalin und den verschiedenen Hokkaidō-Häfen bestehen regelmäßige Verbindungen, auf jeder Linie mindestens mehrmals im Monat. So erhalten wir aus allem das Bild des bedeutendsten unter sämtlichen Häfen der Rückseite Japans. Die Gesamttonnage der einlaufenden Schiffe (1 Mill. t) kommt aber nur der von Sakai bei Matsue gleich. Die Zahl der im Außenverkehr auftretenden Dampfer übertrifft die von Tsuruga. Auch fahren häufiger Dampfer fremder Nationalität ein, 1928 z. B. 8 amerikanische.

γ) *Nanao.* Zwischen den Küstentiefländern von Kanazawa und Toyama springt der Horst der Noto-Halbinsel vor, der aus Neogensedimenten um Kerne älteren Gesteins besteht. Er zeigt in der Mitte der Ostseite den Hafen Nanao in morphologisch sehr bemerkenswerter Situation. Schräg durch den Horst greift eine geradlinig und scharf umrandete Senke von 2½ km Breite, ein von Alluvium erfüllter Graben zwischen Stöcken von Granit und Gneis. An einem Ende hat er eine Lagune, während das andere in eine große, überreich gegliederte Ingressionsbucht ausläuft. An dieser liegt der Hafen, und durch die sehr dicht besiedelte Senke zieht die Bahn von Kanazawa heran.

Eigentlich sind es zwei ostwestlich eingreifende Buchten, getrennt durch eine lange Insel (Fig. 72). Die südliche hat einen engen Eingang und eine nochmalige Einschnürung in der Mitte, und so entsteht eine fast geschlossene viereckige Wasserfläche von gegen 5 km Seitenlänge, an deren Südseite Nanao liegt. Trefflich ist die Größe dieser Reede (über 2000 ha) und ihr Schutzrahmen, störend nur das etwas bewegte und untiefe Bodenrelief, in welchem die durch junge Küstensenkung eben ertrunkenen Formen der sich nach innen verästelnden Talsysteme deutlich erkennbar werden. In den Jahren vor dem Weltkrieg wurden die gefährlichsten Klippen im Eingang beseitigt und die Einfahrt durch Leuchtfeuer gesichert; deren gibt es im ganzen nicht weniger als 8. Die Gefährlichkeit des Fahrwassers würde noch erhöht, wenn starke Gezeitenbewegungen zwischen den Klippen in Frage kämen; aber sie sind nur schwach, und auch der Tidenhub ist unbedeutend. Vor der Stadt liegen auf einige hundert Meter hinaus nur Wassertiefen von 2—3 m, schon am Ende des Piers, auf den die Bahn geführt ist, werden 6 m erreicht, während mitten in der Reede Tiefen von 10—15, in der Einfahrt solche von 20—30 m vorliegen. So können 3000 t-Schiffe bequem bis zum Pier gelangen. Ein Hemmnis war bis zum Weltkrieg auch die schlechte Trinkwasserversorgung, die jetzt verbessert ist.

In dem Graben, der an den Hafen stößt, wohnen 80000 Menschen, über die ganze Halbinsel verteilen sich wenig über 300000. Dabei besteht noch keine Bahnverbindung innerhalb derselben außer der Linie nach Kanazawa. Geplant ist eine Strecke in das Nordende nach dem durch seine Lackwaren berühmten Wajima. So liegt hier, jedenfalls bislang, ein schwacher Wirtschaftsraum um einen vorzüglichen Hafen. Die geringe Hinterlandsfunktion desselben könnte durch die Funktion eines Brückenkopfhafens ersetzt sein, wenn der Vorsprung größer wäre. Aber die Kürzung ist gegenüber dem Weg von Tsuruga nach Wladiwostok sehr gering, auch spielt der Personenschnellverkehr hier noch nicht die entsprechend große Rolle. Verständlich wird es immerhin, daß auch dieser Hafen an der sonst so schutzlosen Küste zur Zeit der kleinen Schiffe schon wichtig war und vor der Abschlußperiode dem Verkehr mit dem Festland diente. Nach der Eröffnung blieb er eine Weile in Vergessenheit. Erst im Jahre 1897 wurde er zum Außenhandelshafen erhoben und dann in Schiffsverbindung mit Wladiwostok und Hokkaidō gebracht.

Sein Außenhandels-Import erreichte aber erst im Weltkrieg den Wert von 1 Million Yen, den er in den letzten Jahren übertraf (1928: 2 Mill.), während der Export ganz geringfügig bleibt. Die Einfuhr besteht vor allem aus Ölkuchen und Holz vom Festland, ferner Phosphorit und Maschinen. China und Deutschland sind die Länder der hauptsächlichen Außenverbindung. Viel stärker ist der innerjapanische Verkehr. In ihm kommen Gewebe, Reis, Strohgeflecht und Lackwaren zur Ausfuhr, Lackwaren, frische Fische, Gewebe, Holzkohlen und Holz zur Einfuhr. Die Lackwaren kommen also zur See von Nachbarhäfen her und gehen zur See wieder ab. Unter den einlaufenden Schiffen mit 600000 t Gesamttonnage überwiegen auch der Zahl nach die Dampfer, unter denen sich gelegentlich ein fremder befindet.

2. Die Häfen der Niigata-Ebene.
(Hierzu Figur 75.)

α) *Das Gesamthinterland und die Stellung der Häfen in ihm.* Von der keilförmigen Nordspitze, mit der das Hida-Gebirge östlich der Toyama-Ebene ans Meer tritt, erstreckt sich über mehr als 200 km eine Küstenregion, die bezeichnenderweise von der einen langgestreckten Präfektur Niigata zusammengefaßt wird. Erst an ihrem nördlichen Ende treten nämlich von neuem granitische Gebirgsmassen ans Meer, während dazwischen alle ältere Gebirgsbildung der Küste fernbleibt und jungtertiäres Hügelland beherrschend wird, dem wieder Ebenen eingelagert sind. So wird eben das Ganze zur natürlichen

Einheit und daher auch zur politischen, der Präfektur Niigata. Die Ebenen aber bestehen aus einer kleinen um Takata mit dem Hafen Naoetsu und dann der großen mit Niigata als Kernstadt und Hafen. Dazu spielt ein dritter Hafen eine gewisse Rolle, sogar als Fremdhandelshafen, nämlich Ebisu (Yebisu) auf der Insel Sado. Wir werden daher die Frage mit zu beachten haben, welche Aufgabe den drei verschiedenen Häfen zufällt.

Zwischen den Alluvialebenen von Takata und Niigata sehen wir zunächst ein anderes Verhältnis, als es uns bei den letzten Hafengruppen stets entgegentrat; es besteht nicht entfernt die scharfe Scheide wie da, wo paläozoische Gebirge, und seien es nur schmale Halbinseln wie am Wakasa-Golf, dazwischen treten. Das Neogenhügelland hat viel größere Durchgängigkeit und verbindende Kraft; es schließt, wenn auch mit etwas aufgelockerter Bevölkerungsdichte, doch die eingeschalteten Hauptsiedlungsräume der Alluvialflächen so aneinander, daß die Einheit des Ganzen das in erster Linie Bestimmende ist. So wird die ganze Präfektur ein Siedlungsraum, geschlossen in sich, aber scharf nach rückwärts begrenzt durch einen 30—40 km breiten Gürtel, der geradezu siedlungsleer ist (s. Tafel 29). Jener Raum mit annähernd 2 Millionen Menschen stellt also die erste Hinterlandszone der Niigata-Häfen und zugleich die größte in ganz Nordosthonshū dar.

Es fragt sich weiter, welche von den Binnenbecken, die hinter der Scheidezone folgen, sich mit Niigata in Verbindung bringen lassen. Beim Problem des Hinterlandes von Sendai ergab es sich bereits, daß auf alle Zentralbecken eine starke Zugkraft von Yokohama ausgeübt wird. Am ehesten erhält noch das Wakamatsu-Becken Beziehung zu Niigata; zu ihm führt eine direkte Bahnlinie, eine der beiden Querbahnen Nordosthonshūs, wie auch der See des Beckens in dieser Richtung entwässert. In der Tat kommen z. B. Meeresprodukte von Niigata hierher.

Eine zweite zentrale Beckenregion schließt sich an das Südende der Niigata-Präfektur; es ist das lange Becken von Nagano und das ihm benachbarte von Matsumoto, die sogar der Strom Niigatas, der Shinano, mit seinem Oberlauf heranzieht. Auch hier bleibt allerdings die Zugkraft des gleichweiten Yokohama stärker; denn Nagano ist die Hauptprovinz der Seidenproduktion. Trotzdem gibt es manche Bedürfnisse, die diese Binnenbecken besser von der Japansee her befriedigen können. Ein solches ist z. B. die Kohle, die von Hokkaidō leichter über die Westküste als über Yokohama beschafft wird.

Das wirft auch sofort ein klärendes Licht auf den Hafen Naoetsu. Er erspart nicht nur dem Südende der langen Niigata-Präfektur den langen Bahnweg von Niigata her, sondern auch den Becken von Nagano und Matsumoto den noch längeren über Yokohama. In der Tat sehen wir in seinem Import als beherrschendes Gut die Steinkohle, sodann gesalzene und getrocknete Fische. Auch erstrecken sich seine Schiffsverbindungen besonders auf Hokkaidō als Ursprungsland dieser Frachten. Ausgedehnte Kohlenlagerplätze und ein ziemlich großer Bahnhof fallen in dem sonst kleinen Hafen auf. Bezeichnend ist, daß Naoetsu eine der ersten Bahnlinien erhielt, die eben in diese Hinterlandsbecken geführt wurde, um die Materialbeschaffung für den Bau der Zentralbahn, der schwierigen Nakasendō-Linie, zu erleichtern. Gegenüber dem Import tritt der Export sehr zurück. Immerhin kommt Petroleum in Betracht; dicht bei der Stadt liegt eines der vielen Felder, die den Landesteil als Ölprovinz bekannt gemacht haben. Die Funktion von Naoetsu ist also kurz die eines Nebeneingangs zu dem langen Niigata-Ken und den Binnenbecken für einige Massengüter.

Es überschneiden sich demnach in gewissem Maß die Hinterländer der Niigata-Häfen mit denen der Kwantō-Häfen in den zentraljapanischen Gebirgen, indem die Seide und sicher zahlreiche kleinere Frachten das Hinterland von Yokohama-Tōkyō weit ausdehnen, dagegen einige wenige Massengüter von der Rückseite bis in die Kwantō-Ebene vordringen. Die Verbindung der letzteren mit Niigata selbst wird wohl in Zukunft durch die direkte Bahnlinie noch gefestigt werden, an der vor kurzem der Shimizu-Tunnel, der längste in Japan, durchstoßen wurde.

Als beherrschender Fluß des Niigata-Ken und als größter von ganz Japan kommt der Shinano aus Südsüdwesten. Er behält die Hauptrichtung des inneren Baus dieser Landschaft in fast ganzer Länge bei und bestimmt durchaus die lange Gestalt des Siedlungsraumes, insbesondere der großen Ebene. Ein anderer, aber nur im Unterlauf beteiligter Strom ist der Agano, der 7 km weiter nördlich mündet. Die Längsachse der Alluvialebene mißt über 100 km. In ihr nimmt das Mündungsstück des Shinano etwa die Mitte ein und macht auch dadurch schon Niigata zur Zentralstadt.

Gegen das Meer ist die Ebene im südlichen Teil durch einen Tertiärhügelspieß abgeschlossen, an dessen markantem Nordende Andesit beteiligt ist mit der Höhe von über 600 m. An diese Küstenstrecke mit ihren Kliffs schließt sich nordostwärts über Niigata hinaus eine

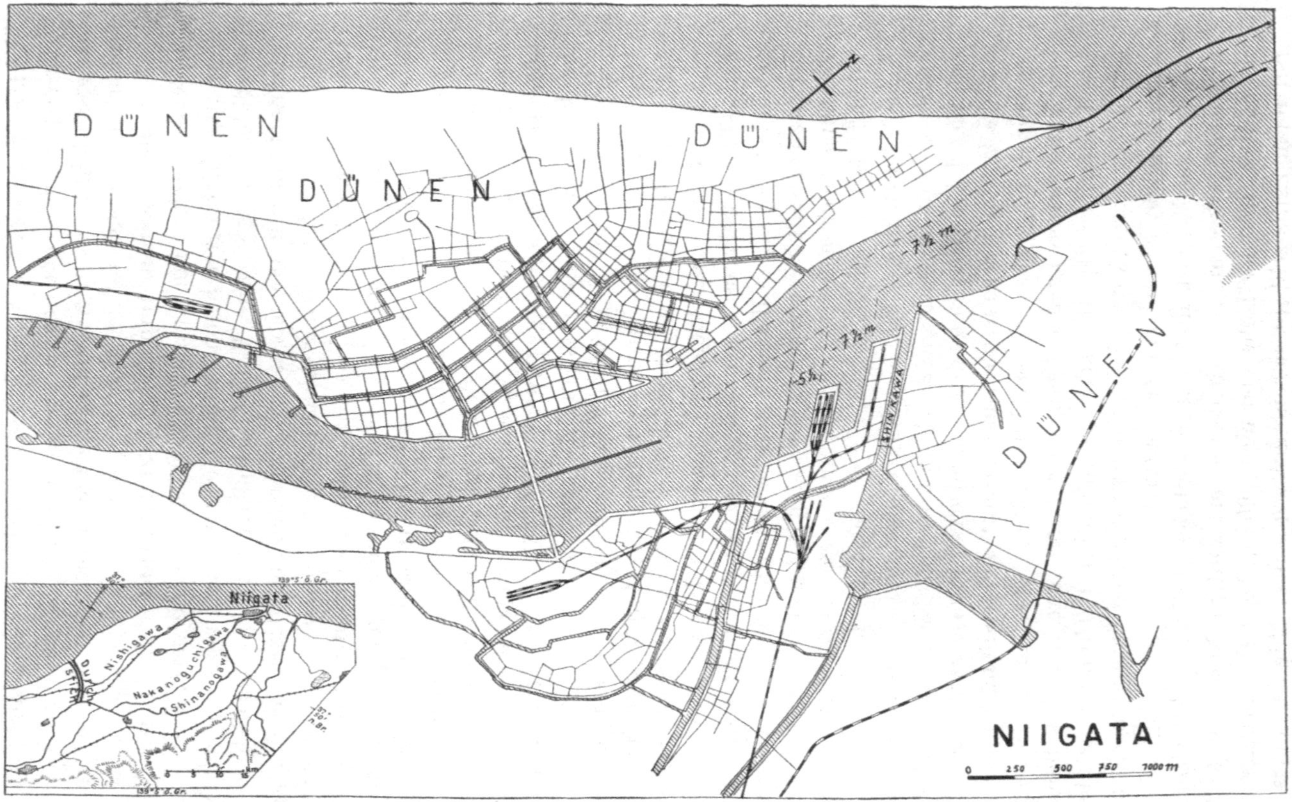

Figur 75.

Der weit oberhalb der Mündung des Shinanogawa vollzogene Durchstich (Nebenkarte) hat den Fluß so weit von den Störungen der Wasser- und Schuttführung befreit, daß ein größerer Hafenausbau erfolgen kann. Als Hafenwasserraum dient die breite Mündung, die durch den Dünenwall nordwärts verschleppt ist und im Schutz der Dünen der langgestreckten, von Kanälen reich durchzogenen Flußuferstadt Raum gibt.

Strandwallzone von meist 1½ km Breite, deren Dünen im Süden 50, um Niigata 30—20 m erreichen, ein Zeichen, daß die seeseitigen Winterstürme hier wirksamer sind als die ablandigen, aber schwächeren Winde des Sommers. Wo die Wälle sehr regulär hintereinanderfolgen, wechseln oft in entsprechenden Streifen Reisfelder mit anderen Kulturen und Baumpflanzungen ab. Dahinter hat das reichverzweigte Flußnetz die Ebene noch nicht ganz ausgefüllt, Seen liegen in größerer Zahl eingestreut. Die Wasserläufe ziehen in breiten Betten mit Stromteilungen dahin und sind nur streckenweise für die Schiffahrt brauchbar. Der Shinano hat selbst oberhalb von Nagaoka schon mehr als ½ km Breite und ist durch Schotterbänke und Inseln aufgeteilt.

Die Ebene ist eine der besten Reiskammern von Japan, oft durchsetzt von Baumbeständen sowie von Gemüse-, Obst- und Teepflanzungen. Der Süden ist noch stark an der Seidenzucht Mitteljapans und damit wieder am Hinterland von Yokohama beteiligt. Was weiter der Ebene einen wirtschaftlichen Inhalt, ihren Häfen einen Sondercharakter und der Provinz Echigo einen Ruf verschaffte, ist das Öl. Es findet sich in den oberen Tertiärformationen, die die umrahmenden Hügel aufbauen, und zwar in den Antiklinalen ihrer SSW—NNO streichenden Falten[1]). Daher tritt es im oberen Teil der Ebene beiderseits des Shinano auf, der hier eines der synklinalen Täler benutzt, und Nagaoka ist die Zentralstadt dieses Ölgebiets. Wo die östlich von der Stadt liegende Antiklinale wie ein Spieß in der Ebene ausläuft, liegt ein zweites Ölfeld, bei dem an die Spitze des Höhenzugs gelehnten Niizu (Taf. 9, Abb. 1). Als drittes Gebiet folgt weiter südlich das bei Takata-Naoetsu. Die Felder verteilen sich somit auf die lange Zone zwischen Niigata und Naoetsu, und dieser Umstand trägt dazu bei, dem näher bei Yokohama gelegenen Naoetsu eine Lebensgrundlage neben dem Haupthafen Niigata zu gewähren. In einer ganzen Reihe der südlicheren Binnenstädte sowie in Küstenstädten sieht man auf den Bahnhöfen die Spezialwagen für Petroleum zu Dutzenden stehen und um die Bahnhöfe große Tanks sowie zuweilen Raffinerien.

β) *Die klimatischen und morphologischen Hafenbedingungen von Niigata.* Als Niigata unter die fünf zuerst geöffneten Vertragshäfen gewählt wurde, hat man sich vielleicht mehr von seiner Entwicklung

---

[1]) T. Iki, Some Studies on the Stratigraphy of the Tertiary Formation in the Echigo Oil-Field, Japanese Journal of Geology and Geography, Vol. I, No. 1, Tokyo 1922.

versprochen, als es in der Folge halten konnte. Es ist ein Flußmündungshafen an glatter Strandwallküste, und seine natürlichen Hemmungen haben sich als sehr hartnäckig erwiesen. Sie liegen in zwei Richtungen: der Exponiertheit gegen die Winterstürme und der Schuttfracht des Flusses.

Mag die gegenüberliegende große Insel Sado auch ein tektonisches Analogon zum Noto-Horst sein, so bildet sie für Niigata doch nicht den Schutzdamm wie jener für Fushiki. Der Abstand von 40 km ist viel zu groß, und ungehemmt erreichen die auflandigen Winde die Küstenstrecke um Niigata. Westliche Richtungen, namentlich die nordwestliche, sind aber im Winter häufig und mit großer Stärke verbunden; es ist die reguläre Richtung des Wintermonsuns über dem japanischen Meer. Große Dampfer, die auf der offenen Reede liegen müssen, können dann Niigata nicht besuchen, und den kleineren, für die der Innenhafen zugänglich ist, wird es schwer hineinzugelangen. Daher hat man für Notfälle den Ausweg gefunden, den Hafen Yebisu auf der Insel Sado anzulaufen. Er liegt zwischen den beiden SW-NO streichenden Tertiärzügen der Insel in einer von der Sturmrichtung abgewandten Bucht, die das Ankern dicht an der Küste gestattet. Er hat somit eine Funktion des Not- und Ergänzungshafens.

Daß die Winterwinde nach ihrer Feuchtigkeitsaufnahme über dem Meer oft mit schweren Schneefällen verbunden sind, erhöht noch die Störung des Hafenbetriebs in Niigata. Zuweilen erniedrigt sich dann auch die Temperatur so, daß der Fluß zufriert und Eisschollen von ½ m Dicke herabtreiben. Die Eisdecke selbst hält sich meist nur wenige Tage, doch im Jahre 1922 einmal vom 21. Januar bis zum 3. Februar.

Das zweite Hemmnis liegt im Shinano-Fluß. Er ist ein echter Tieflandstrom mit vielen eingeschalteten Flußinseln. Dicht oberhalb der Stadt verengt er sich noch einmal auf 150 m Breite, im Stadtbereich selbst weitet er sich bis zu 750 m, und die hölzerne Brücke, die hier hinüberführt, ist 800 m lang. Entsprechend wechselnd sind die Tiefen in den einzelnen Teilen der Mündung. Die nahen Bergländer und die jährliche Niederschlagsmenge von 1800 mm übermitteln ihm große Wassermengen. Sie können zuzeiten gewaltig anschwellen; im Hochwinter vergeht kaum ein Tag ohne Regen oder Schnee, der sich in den Bergen zu mehreren Metern anhäuft. Die hierdurch verfrachteten Schuttmassen sind umso größer, als die weichen Neogenbildungen den größten Anteil am Einzugsgebiet haben. Die Folge ist einmal eine sehr starke Ablagerung im Mündungsstück, deren Jahresbetrag mir vom Hafenbauamt zu 1 Million cbm angegeben wurde, sodann die Unbeständigkeit der tiefsten Rinne durch Verlagerung. Beide Mißstände erfordern dauernd bedeutende Baggerarbeit.

Der Zustand scheint sich erst in neuerer Zeit sehr verschlechtert zu haben. Denn das amtliche Hafenbuch berichtet von zwei alten Beschreibungen aus der Mitte und dem Ende des 17. Jahrhunderts, in denen noch Tiefenwerte von 4 und 7 m von der Mündung erwähnt werden. Aber der Fluß soll damals Laufänderungen erlitten haben, die nachteilig wurden, auch soll der Agano erst seine selbständige Mündung erhalten haben, während er sie vorher mit dem Shinano gemein hatte und dessen Schuttabfuhr unterstützte. Die orographischen Verhältnisse, wie sie heute im Mündungsgebiet zu beobachten sind, machen diese Vorgänge wahrscheinlich.

γ) *Die Grundzüge des Hafenausbaus.* Zu einer größeren Regulierung der Mündung schritt man erst um die Wende des Jahrhunderts, und daraufhin erreichte der Hafen im Jahre 1903 zum ersten Mal den Wert von 1,3 Millionen Yen im Fremdhandel. Der bisher durch Sandbänke im Bereich der Stadt geteilte Strom wurde mehr zusammengefaßt, indem durch ein großes Längswehr der Stromstrich an die linke Seite, das heißt die Stadtseite gedrängt wurde. Auch wurden Leitdämme in nördlicher Richtung hinausgebaut. Da aber die Abhilfe nicht vollständig war, begann man 1907 mit einem neuen Bauplan, der nach 15 Jahren vollendet sein sollte; durch den Weltkrieg und andere Umstände wurde das großzügige Unternehmen derart verzögert, daß ich es noch im Werke sah. Es handelt sich hierbei nicht nur um eine Steigerung auf dem bisherigen Wege, um erhöhte Baggertiefen und Vergrößerung der Leitdämme (bis zu 1500 m), sondern auch um einen ganz anderen Weg, die Macht des Flusses zu brechen: 40 km südlich von Niigata wird der Strom bei Hochwasser abgefangen und mit einem 10 km langen Durchstich an die Küste bei Teradomari abgeführt (s. Nebenkarte der Figur 75). Der gewählte Punkt vereinigt folgende Vorzüge: der Fluß nähert sich hier der Küste am meisten, um sich unterhalb wieder weit zu entfernen, auch hat hier die schmale Tertiärschwelle eine von einem Küstenflüßchen durchzogene Einsenkung, endlich liegen um den Strom große Gebiete, die alljährlich von den Hochwassern überflutet wurden und nun gleichzeitig davon befreit werden.

Der auf diese Weise in seinen Tiefenverhältnissen stabiler gemachte

Mündungslauf wird durch Baggerung bis auf 7½ m gebracht, so daß die bisher auf der offenen Reede liegenden größeren Dampfer einfahren können. Bis zur großen Brücke, der Bandaibashi, ist eine 5 km lange Wasserfläche vorhanden, was einen Hafenraum von etwa 200 ha bedeutet, der sich noch durch seitliche Becken erweitern läßt. Die Uferlinie gegenüber der Stadt wird mit Becken und Zungen versehen, an welche die Schienenstränge heranführen; auf dieser Seite liegen die großen Bahnhofsanlagen, da hier die Linie von Niizu endigt, das die Hauptlinien aus den verschiedenen Richtungen des Hinterlandes vereinigt.

δ) *Ausstattung des Hafenlandraums, Hafenbild.* Am Fluß entlang häufen sich Lagerhäuser und Schuppen oder zu Packhallen gestaltete Teile von Häusern. Auch über die übrige Stadt verteilen sie sich, indem Kanäle die Frachten zu befördern gestatten, so daß Hafenlandraum und Stadt sich fast durchdringen. Frachtboote verschiedener Größe liegen in den Kanälen, und Karren stehen an den Ufern. Unter den Lagerhäusern am Fluß haben noch viele den altjapanischen Stil. Unterhalb der Stadt reihen sich bis zum Hafeneingang Schiffswerften, Eisenwerke und Fabriken auf, und erst recht ist die der Stadt gegenüberliegende Seite um die Becken herum außer für Hafenbauten für Industriezwecke bestimmt, zum Teil auch schon verwendet. Erst neuerdings hat sich manche größere Industrie entwickelt, Spinnerei, chemische Industrien, Petroleumraffinerien (die größten von Japan), Sägemühlen. Nahe der Mündung ist ein Kohlenpier errichtet, zu dem ein eigener Schienenstrang abzweigt. So erhält man auf beiden Uferseiten den Eindruck des Industriehafens und die im weiträumigen Gesamtbild (Taf. 9, Abb. 2), meist hervortretenden Elemente sind Holzlager, Papier- und Düngerfabriken, Petroleumtanks, Petroleum- und Kohlenverladeeinrichtungen. In Verbindung mit der Ölindustrie entstanden auch die Eisenwerke zur Herstellung und Reparatur von Maschinen, Pumpen, Tanks usw. Die Ölgewinnungsgebiete dagegen entziehen sich hier den Blicken, obwohl das nächste nicht allzuweit landeinwärts bei Niizu liegt, wo in stark bewegtem Hügelgelände auf kleinem Raum Berg und Tal von Bohrtürmen übersät sind.

ε) *Siedlung.* Die Stadt hat an ihrer langen Front den vorgewölbten Uferbogen des Flusses inne und im Rücken die bewaldete Dünenzone, in die sich in lockerer Bebauung einige Querstraßen hinaufziehen. So nimmt sie eine ovale Fläche der Niederung ein, die nur 2 m über dem Meere liegt, und ist von breiten Kanälen längs und quer durchzogen, die durchweg die Mitte der Straßen einnehmen und über die mehr als 200 Brücken führen — ein echtes Wasserstadtbild. Soeben oberhalb der Stadt weicht das Flußufer in konkaver Biegung zurück. Die Strecke ist infolgedessen von der Seitenerosion gefährdet und mit einer Anzahl schräg flußaufwärts gerichteter Buhnen versehen.

Der Hauptstadt gegenüber liegt das kleinere Nuttari, umgeben von der Industrie, den Hafenbecken und Bahnsträngen.

Als Haupthafenstadt der großen Ebene, Hauptstadt des Ken und junge Industriestadt hat sich Niigata zu einer Bewohnerzahl von 125000 entwickelt.

ζ) *Handel und Verkehr.* Durch den Hafen geht einmal der Reis der Ebene, um teils zu Schiff nach Hokkaidō und anderen Küsten, teils mit der Bahn nach Tōkyō und den übrigen größeren Konsumzentren befördert zu werden. Aus der Umgebung strömt er durch die Kanäle und Flüsse in kleinen Mengen in Stadt und Hafen zusammen. Durch den am rechten Ufer vom Hafen ausgehenden Shinkawa ist auch eine Verbindung mit der Mündung des Agano und damit mit diesem ganzen Nachbarflußsystem gegeben, wodurch viel Reis aus dem nördlichen Teil der Ebene herankommt. Auf gleichen Wegen wird der Dünger, der von Hokkaidō und der Mandschurei in den Hafen gelangt oder in den Fabriken der Stadt hergestellt wird, über die Ebene verteilt, desgleichen Holz, Steinkohlen und vieles andere. Besonders stark ist der aus Dairen gelieferte Bohnenkuchen als Dünger vertreten; im Außenimport des Jahres 1928 hatte er mit dem Wert von 5,6 Millionen Yen den Löwenanteil. Ein weiterer wichtiger Gegenstand ist das Holz (1,8 Mill. Yen), das sich in seiner Massenhaftigkeit auch im Hafenbild sehr hervordrängt; es kommt von Hokkaidō, Sibirien und Amerika und wird in der Stadt und der holzarmen Ebene verbraucht. Einen nächsten Posten bilden Kohlen von Hokkaidō. Ferner kommen noch verschiedene Düngemittel wie Knochenmehl und Phosphorit herein. Auch Soyabohnen und manches andere wäre hier zu nennen, da der Wert ihrer Einfuhr immer noch viel größer ist als der aller im Außenhandel ausgeführten Waren zusammen. Das Petroleum geht zwar zum Teil auch nach Korea und der Mandschurei, bleibt aber größtenteils im Inlandverkehr und wird entweder zu Schiff nach Moji oder mit der Bahn nach Binnenplätzen wie Tōkyō und Ōsaka geschafft. Ein Ausfuhrprodukt im Fremdhandel von etwas höherem Wert ist nur das Papier.

Im ganzen ist Niigata also für den Außenhandel durchaus Importhafen. Nur der Weltkrieg kehrte das Verhältnis schroff um, so daß sich zum Beispiel im Jahre 1917 die Werte von Export und Import wie 6 zu 1 verhielten. In den letzten Jahren aber stieg der Import dauernd und erreichte 1928 den höchsten Wert von 10 Millionen Yen, während der Export wieder ganz zurücksank. Hinzu kommt der Ergänzungshafen Yebisu mit einer Außenhandels-Zufuhr von Rohöl und Schweröl im Werte von 2 Millionen Yen.

Im heimischen Verkehr hingegen besteht nicht diese Ungleichheit, und dem Werte nach überwiegt sogar etwas der Export. Dabei sind Reis und Petroleum die führenden Werte, hinter denen alles andere zurücktritt. Aber auch Sake ist hier ein beachtenswerter Posten und hängt mit der Reiskammer zusammen. Im Import des Binnenhandels sind Holz, Steine, Kohlen und Meereserzeugnisse die führenden Werte. Insgesamt bleibt der innerjapanische Seehandel Niigatas aber kleiner als der von Fushiki, während im Außenhandel Niigata mehr vorstellt, wie auch seine Wirtschaft und sein Hafenbild einen viel bedeutenderen Eindruck machen.

Die Einseitigkeit im Außenverkehr ist ein Hemmnis für den Hafen. Es verschärft sich noch dadurch, daß das große Exportgut im Binnenverkehr, der Reis, eine ausgesprochene Saisonfracht ist. Im September und Oktober sind die Lagerhäuser voll davon.

Die Hauptländer der Außenverbindung sind China und Kwantung, aus denen jene Importgüter kommen. Weiter bestehen regelmäßige Schiffahrtslinien besonders mit Hokkaidō und Sachalin, aber auch mit Wladiwostok. Die hauptsächlich verkehrenden Schiffe sind Dampfer. Kleine Segler treten fast nur in der Fischerei auf, welche die Stadt und das Hinterland bis Wakamatsu versorgt. Der Schiffseingang kommt jährlich auf $3/4$ Mill. Tonnen; Yebisu erreicht nur 300000, Naoetsu 170000 Tonnen. 1928 waren von fremden 3 amerikanische und 2 britische Dampfer in Niigata eingelaufen.

3. Der Hafen der Sakata-Ebene.

(Hierzu Figur 76.)

Nördlich der Niigata-Ebene folgt hinter einer gliederlosen Kernküste von Granit und Basalt eine nächste Ebenenzelle. Klar begrenzt von dem granitisch-vulkanischen Hochland im Süden, dem majestätisch an die Küste tretenden Andesitkegel des Chōkaisan im Norden und neogener Hügel- und Plateaulandschaft im Hintergrund, hat die alluviale Ebene eine Küstenbasis, die in ihrer Länge von nur 35 km völlig überschaubar ist. Sie ist das Aufschüttungsergebnis der radialen Gewässer, die sich größtenteils zur zentralen Ader des Mogami vereinigen, und wo diese in der Mitte der Küste mündet, liegt der Flußhafen Sakata. Auch hier legt sich der Ebene ein 2—3 km breiter Dünensaum vor, der sie mit seinem Kiefernwald gegen die heftigen Seewinde schützt.

α) *Hinterland.* Die Reisebene stellt einen Siedlungsraum von 150000 Bewohnern dar. Sie ist also für den Hafen von Sakata ein viel kleineres unmittelbares Hinterland als die Ebene von Niigata für diesen.

Hierzu erschließt nun der Mogami einige Binnenbecken, die dem Neogen- und Andesithügelland eingeschaltet sind und der zentralen Reihe angehören. Die nächste, noch nicht sehr ausgeprägte Siedlungsverdichtung liegt bei der Stadt Shinjō, wo der Mogami einige Nebenflüsse empfängt und dadurch eine breitere Beckenentwicklung erfolgt ist. Daran schließt sich, dem Mogami aufwärts folgend, das ausgesprochenere Zentralbecken von Yamagata und weiter das von Yonezawa, beide in breiten Flächen von Alluvionen eingenommen. Sie liegen zwar schon in Reichweite von Niigata und Sendai, stehen auch mit Sendai in Bahnverbindung, haben aber für Sakata außer der ebenfalls direkten Bahnlinie den Vorzug der Flußverbindung, die für manche Transporte benutzt wird, sowie den der politischen Zugehörigkeit zum gleichen Ken. Dessen Bewohnerzahl beträgt insgesamt 1 Million, das heißt nur die Hälfte derjenigen, die Niigata schon in seinem Küstenhinterland, geschweige denn im ganzen Ken, vereinigt.

Damit ist die Stellung Sakatas in der Landschaft und Wirtschaft seines Hinterlandes als einen Grad tiefer gekennzeichnet gegenüber der von Niigata. Hinzukommt, daß die innere Kraft des umschriebenen Hinterlandes im wesentlichen auf die landwirtschaftliche Produktion beschränkt ist. Sie besteht besonders in Reis und Seide. Die letztere steuert ohne weiteres nach Yokohama, aber auch der Reis rollt diesen Weg und kommt, soweit er nach Tōkyō und Yokohama bestimmt ist, selbst von der Sakata-Ebene her auf der Achse. Andererseits ist Sakata das Tor für die Zentralebenen in Bezug auf Frachten wie Holz, getrocknete Fische, Fischdünger.

Die Hauptsache bleibt die Reisebene der Küste selbst, die ihren Überschuß zum Teil nach See abführt und andererseits ihre Bedarfsgegenstände von dort hereinzieht. Sie war auch in den kleinen Verkehrsverhältnissen früherer Jahrhunderte, da der Reisaustausch vorzüglich denVerkehr bestimmte, von solcher Bedeutung, daß Sakata als Hafen eine Rolle spielen konnte. Der Reisüberschuß wurde hier gesammelt und nach Tsuruga befördert, von wo er über den Biwa-See teils nach Kyōto und Ōsaka, teils nach Kuwana (am Ise-Golf) und dann wieder zu Schiff nach Tōkyō gelangte. Erst am Ende des 17. Jahrhunderts kam an Stelle dieses umständlichen Weges die direkte Verfrachtung mit kleinen Schiffen über Shimonoseki bis nach Ōsaka und Tōkyō in Aufnahme und bedeutete für Sakata eine neue Ära des Handels und Verkehrs.

β) *Hafengestaltung.* Die Probleme der Hafenmorphologie entspringen den gleichen Grundlagen wie bei Niigata. Der Hafen hat alle ungünstigen Eigenschaften wie dort, ist eine ganz offene Reede an sturmreicher Küste, und nur Leichter und kleine Segler haben Zutritt in die seichte Mündung. Bei zu heftigen Stürmen sind Schiffe auf ähnliche Zufluchtsorte wie Yebisu angewiesen; es sind zwei kleine Inseln, das 35 km entfernte Tobishima und der noch etwas weiter liegende Basaltpfeiler Aoshima.

Figur 76.

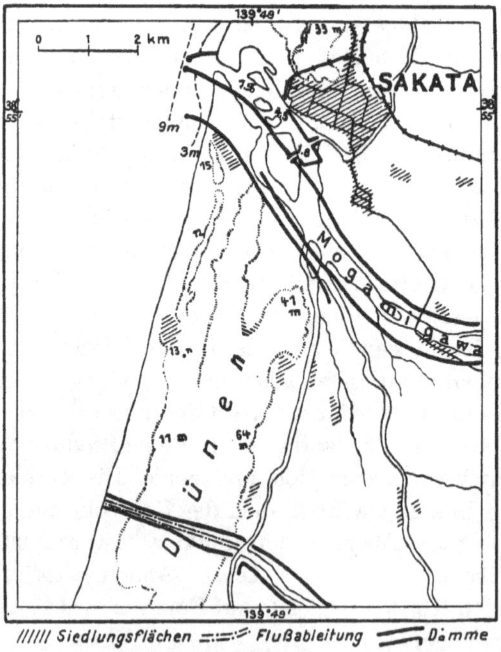

Ein Durchstich im Süden nimmt dem Mogami das Wasser des hinter dem Dünenwall mündenden Nebenflusses Akagawa und erleichtert den Hafenbau im Hauptfluß. Der Hafenwasserraum liegt aber nicht in dessen Mündung selbst, sondern zwischen ihrem nördlichen Leitdamm und der Stadt Sakata.

Der Fluß hat in seiner Mündungsstrecke einen Lauf, der von den großen Überschwemmungen der Frühjahrsschneeschmelze und der herbstlichen Niederschläge heimgesucht und dadurch auch in der Lage unbeständig ist. Dicht bei der Stadt vollzogen sich schon vor der Eröffnung Japans Änderungen, denen man mit unvollkommenen Mitteln zu begegnen suchte. Eine Festlegung in größerem Ausmaß wurde dann von der Mitte der 80er Jahre bis zum Ende des 19. Jahrhunderts durch Leitdämme unternommen, doch gleichfalls ohne durchgreifenden Erfolg. So konnte schließlich wie in Niigata nur eine Großtat der Flußregulierung helfen, die nunmehr in der Ausführung begriffen ist. Sie besteht zunächst darin, einen Teil des Wassers abzuleiten, und zwar geschieht es hier an dem von Süden kommenden Nebenfluß Akagawa; er wird 6 km oberhalb der Mündung in einem Durchstich von $2\frac{1}{2}$ km an die Küste gezogen. Der Durchstich braucht hier nur durch den 50 m hohen Dünenwall zu erfolgen, der bis zur Basis aus Sand besteht. Der mit seinen großen Windungen und Inseln noch ungebändigtere Hauptfluß wird gleichzeitig bis zum Tertiärhintergrund gestreckt, erhält damit mehr Transportkraft und verschont die Reisebene.

Trotzdem so auch die Mündung beständiger wird, verzichtet der neue Hafen sogar ganz auf sie; für ihn wird am rechten Ufer des Flusses durch einen Damm ein paralleles Wasserbecken abgesondert, das etwa $3\frac{1}{2}$ km lang ist und an der Stadtseite in Hafenbecken gegliedert wird. Mit dem Flußbett erhält es nur eine ganz schmale Verbindung, zur See aber einen selbständigen, breiten Ausgang, der zwischen Dämmen bis in 9 m Tiefe geleitet wird. Er ist gegen die stärksten Winde gerichtet, was für die Einfahrt am günstigsten ist, die Ruhe des Hafenwassers aber bei seiner Länge nicht allzusehr beeinträchtigen kann. Der selbständige Hafenraum bietet mit seinem Seewasser auch den Vorteil, daß er von Wintereis wird freigehalten werden können, während der Fluß bei strengem Frost dicke Schollen führt. Das bei der Regulierung ausgebaggerte Material von Sand, Kies und Lehm wird zugleich zum Aufbau der Leit- und Schutzdämme benutzt.

γ) *Siedlung und Verkehr.* Den Hafen berührt die Stadt mit ihrem schachbrettartigen Grundriß, der teils die Niederung, teils schon den Dünengürtel einnimmt. Dieser tritt mit Höhen von 30 m im Stadtfeld auf und trägt auch den Stadtpark und den anschließenden Tempelbezirk. Bezeichnend für die schweren Winde, unter denen Stadt und Hafen leiden, ist der dem Gott des Windschutzes geweihte Tempel auf der Höhe zwischen seinen stark vom Wind geneigten Kiefern, bezeichnend auch in der Stadt die reichlich mit Rollsteinpflaster belegten Dächer.

Zu den alten Speichern entstanden am Hafen zwei Reihen großer neuer Betonbauten von je 80 m Länge und 40 m Breite, die zur Aufnahme von 10000 Tonnen Reis bestimmt sind, der dann zu passender Zeit abgeführt werden kann.

Reis bildet das Massengut der Ausfuhr. Auch Strohseile werden von den Bauern hergestellt und gehen als Exportfracht zum Beispiel nach Hokkaidō. Dieser spezifischen und eng begrenzten Ausfuhr steht eine vielseitigere Einfuhr gegenüber: Ölkuchen von der Mandschurei, Knochenmehl von China, Salz von der Inlandsee, Holz von Sachalin, Kohlen, Zement, gesalzene und getrocknete Fische von Hokkaidō, Zucker von Kōbe und Kagoshima. Der gesamte direkte Verkehr des Hafens bleibt innerhalb der Küsten Altjapans, der Hafen ist nicht „geöffnet".

Zahlenwerte besitze ich von ihm nicht aus den letzten Jahren. Immerhin ist es ein Anhalt, daß im Jahre 1921 der gesamte Umsatz nur knapp 2 Mill. Yen erreichte und der Schiffseingang noch unter 100000 Tonnen blieb.

4. Die Häfen der Akita-Ebene.

α) Akita-Tsuchisaki. (Hierzu Figur 77.)

Hinterland. Wie Niigata an den Shinano und Sakata an den Mogami, so heftet sich ein nächster Hafen an den Omonogawa. Der Fluß ist kleiner, damit auch seine Mündungsebene, die mehr an den Flußlauf selbst, besonders seine konkaven Biegungen gebunden ist. Aber sie ist nicht so hermetisch nach Norden und Süden abgeschlossen wie die von Sakata. Vielmehr folgen hier weitere kleine Mündungsebenen, die um Honjō im Süden, Noshiro im Norden, sowie sandige Vorländer dazwischen, und alles ist durch die Küstenbahn mit der Zentrale und Ken-Hauptstadt Akita verbunden. Somit erhalten wir eine erste Hinterlandszone von längerer Küstenerstreckung, aber geringerer Geschlossenheit und Flächengröße. Für die Erfüllung dieses binnenwärts weniger scharf zu begrenzenden Raumes mag die Zahl von 300000 bis 400000 Bewohnern einen Anhalt geben.

Ein wirtschaftliches Gewicht erhält die Wohnkammer wieder außer durch den Reisbau durch Ölfelder, deren Ausbeute um 1900 begann. Neben Niigata ist Akita das wichtigste Zentrum der Ölproduktion geworden; beide sind daran ungefähr gleich stark beteiligt. Die Felder erstrecken sich nahe der Küste über 100 km weit von Südwest nach Nordost, entsprechend den Faltenzügen des neogenen Hügellandes, in dessen sandigen, schiefrigen und tuffigen Bildungen sie sich finden. Ein ergiebiges Feld liegt schon dicht bei der Stadt, und im übrigen sammelt sie das Öl aus dem ganzen Bereich in Röhren, um es auf dem Schiffs- und Schienenweg abzuführen, zum Teil bis nach Tōkyō. Eine große, leistungsfähige Ölraffinerie liegt an der Flußmündung.

Wie die südlicheren Flüsse, so greift auch der Omono in die Reihe der zentralen Becken und bringt wenigstens eins derselben in enge Verbindung mit der Küste, nämlich die alluviale Ebene von Yokote. Als Reiskammer nährt sie 200000 Bewohner und bildet somit zum Küstenhinterland eine nicht unwichtige zweite Zone. Zweigbahnen gehen in ihr von der meridionalen Hauptlinie ab, insbesondere führen zwei Wege über das wasserscheidende Rückgrat in das Kitakami-Tal und erreichen hier die Städte Morioka und Kurosawajiri. So erstrecken sich von Akita Fühler bis in eine dritte Hinterlandszone, in die im übrigen der Hafen Shiogama (Ishinomaki) von Süden und auch bereits Aomori von Norden her eingreifen.

Einst boten die siedlungsöderen Hinterlandsgebiete der Gebirge noch eine Wirtschaftsgrundlage, und zwar in ihren stolzen Kryptomerienwaldungen, von denen man hier noch besonders schöne Teile sieht. Aber im ganzen ist auch hier schon die Zufuhr von Norden her nötig. Endlich ist die Präfektur durch ihre Erze bekannt, namentlich durch Kupfer, aber auch Silber und Gold. In der Stadt Akita selbst sind Silber- und Goldarbeiten eine Spezialität des gewerblichen Lebens neben Seidenfabrikation und anderem.

Hafengestaltung und Funktion. Wie auf den südlicheren Küstenstrecken, so schiebt sich auch hier ein Dünensaum von Süden her vor die Ebene und schleppt hinter sich die Mündung des Omono eine Strecke entlang. Dieser empfängt 7 km oberhalb einen Nebenfluß, und hier liegt beiderseits des letzteren die Stadt Akita, angelehnt an einen 30 m hohen Terrassenrand des Hügellandes. Auf seiner Mündungsstrecke weitet sich der Fluß stellenweise bis über 600 m und teilt sich durch Flußinseln. Schwer wird er seiner Schuttmassen bei den spätsommerlichen Regen Herr. So erheben sich durch den Fluß und zugleich die offene, ungeschützte Küste Hindernisse für den Hafen, den der Reis, das Öl und das städtische Zentrum fordert. Nur knüpft sich die Hafenfrage im engeren Sinne nicht an Akita selbst, sondern an die 5 km flußabwärts liegende Stadt Tsuchisaki.

Schon seit Beginn der Meiji-Ära wurden hier zu verschiedenen Zeiten kleine Arbeiten der Regulierung und des Uferschutzes ausgeführt. Doch erst vor wenigen Jahren folgte man dem Beispiel der südlicheren Hafenstädte mit einem Ausbau großen Stils. Der Plan geht dahin, den Fluß 10 km oberhalb von Akita zu regulieren und dann nahe der Stadt, wo er sich der Küste auf 2 km nähert, durch den Dünenwall hindurchzuleiten. Der Durchstich erhält die bedeutende Breite von 400 m. Von der Durchbruchstelle abwärts wird dem Fluß nur ein schmales Bett zwischen Dämmen gelassen, das zur Verbindung Akitas mit dem Hafen dient. Der letztere wird in dem breiten, ausgebaggerten Mündungsstück bei Tsuchisaki errichtet, das zwischen zwei Leitdämmen durch die Barre hindurch fortgesetzt wird. Die

Figur 77.

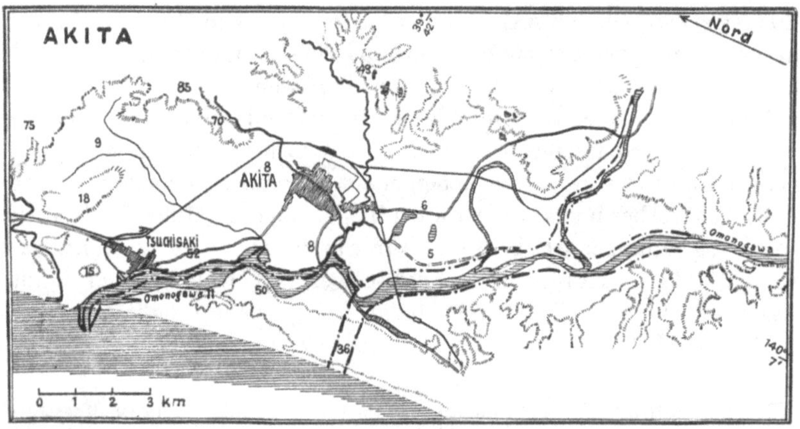

Der Durchstich im Süden durch den 36 m hohen Dünenwall schaltet das Mündungsstück des Omonogawa völlig aus und macht es brauchbarer für den Ausbau als Hafenbecken von Tsuchisaki. Es ist der Hafen für die Ölzentrale Akita und für die von Höhen zwischen 50 und 100 m umrahmte Reisebene sowie für binnenwärts angeschlossene Hinterlandsbecken.

Tiefen werden im vorderen Teil des Hafenwasserraumes auf $7\frac{1}{2}$ m gebracht. An der Wasserfront des Städtchens soll etwas aufgeschüttetes Land mit schräg einschneidenden Hafenbecken entstehen, die von den Endzweigen der Bahn umschlungen werden. Die Ausführung des Hafenrahmens verwendet hier nicht die sonst in Japan sehr beliebten Betonblöcke und -kästen, sondern das deutsche System des Spundwandeisens, das in dem durchweg sandigen Boden eine leichte Handhabung zulassen dürfte.

Hier mag sich im übrigen die Frage erheben, wie lange die Leitdämme in ihrer zunächst vorgesehenen Ausdehnung ausreichen werden. Denn das durch die neue Mündung dem Meer überlieferte Material wird durch die Küstenversetzung sicher nordwärts, also dem nahen Hafeneingang zu getrieben. Das muß hingenommen werden für den Vorteil eines sonst stabilen Hafenwasserraumes.

Der Hafen öffnet sich den stärksten und häufigsten Winden des Winters, friert außerdem durch die höhere Breite schon mehr zu und leidet unter Treibeis von oben sowie unter den Schneemassen von $1\frac{1}{2}$ m Höhe. Durch diese Momente bleibt die Schiffahrt im Winter stark gehemmt.

Bisher besaß der Hafen noch keinerlei Ausstattung, es gab nur 15 Lagerhäuser und einige Lagerplätze. Er dient dem Export von Reis und Stroh als Stammprodukten, die aus den Hinterlandsebenen mit dem Fluß und der Bahn herangebracht werden und zu Schiff abgehen, sodann der Ausfuhr von Petroleum, während Kupfer mit der Bahn südwärts befördert wird. Zur Einfuhr kommen Kohlen von Hokkaidō, Holz von Sibirien und der Mandschurei und Salz von der Inlandsee.

Von dem Hafen fehlen mir wie bei Sakata Werte der letzten Jahre. Als Anhalt kann nur 1921 dienen, wonach der Verkehr ganz in der gleichen Größenordnung wie bei Sakata lag: Umsatz etwa 2,3 Mill. Yen und Schiffseingang nur gegen 100000 Tonnen.

β) Funakawa. (Hierzu Figur 78.)

Wie Niigata auf der Insel Sado, so hat Akita auf der nahen Halbinsel Ogashima einen Ergänzungshafen. Dieser Vorposten vor der sonst einförmigen Küste ist das tektonische Analogon zu Sado und Noto. Ogashima ist nur durch zwei Nehrungsbögen an das Land geschlossen, zwischen denen ein großes Haff liegt, besteht aber im übrigen wie Sado aus neogenem Sedimentgestein und jungvulkanischen Bildungen. Auf diesem Kern beruht die ganze Hafenanlage; denn er bildet die 700 m hohe Kulisse vor den Winterstürmen und zwar an der Seite der südlichen Nehrung. Damit wird der Hafen von Natur sogar der beste der ganzen Nordwestküste. Aber ihm fehlt das spezifische Hinterland, da er Akita schon etwas fern liegt.

Zur Zeit geringer Schiffstiefen mag schon die Lagune den Unterschlupf, der völlig sicher war, gebildet haben. Heute kann es nur die äußere Bucht zwischen dem Nehrungsbogen und dem Halbinselkern sein, und da ihre Öffnung trotz eines Riffsporns noch zu weit ist, wurden in den letzten Jahrzehnten wiederholt Pläne zur Verbesserung aufgestellt. Sie führten schließlich dazu, von dem Riff in östlicher Richtung eine Mole von 2 km Länge vorzulegen und vor den Küsten-

Figur 78.

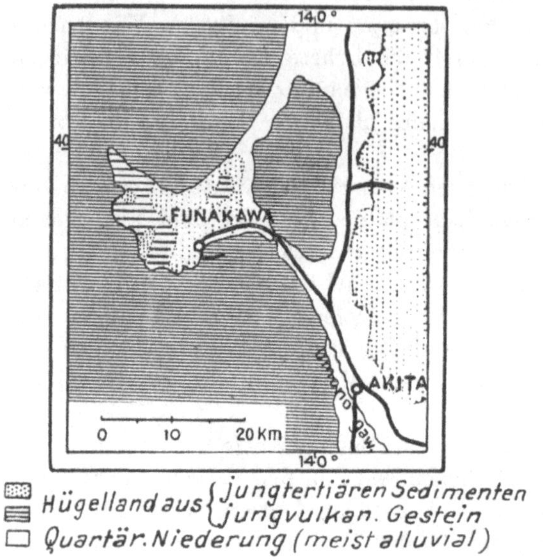

Der Hafen von Funakawa nutzt die durch einen doppelten Nehrungsbogen landverbundene Andesitinsel und vervollständigt den Schutz durch eine kurze Mole.

hügeln einen Landstreifen aufzuschütten. So ist ein völlig geschützter Winkel entstanden, in welchem der Boden von Natur 5— 10m Tiefe hat und mit seiner lehmig-tonigen Beschaffenheit den vorzüglichsten Ankergrund abgibt, der an so stark umbrandeter Küste sehr wichtig ist. Seit 1916 führt auch die kurze Abzweigung der Küstenbahn bis in den Winkel der Bucht. Die Entfernung von Akita beträgt 30 km. Auch ist für die Frachten durch einige Speicher und Lagerplätze sowie eine Anzahl Leichter gesorgt. Hauptgüter der Ausfuhr sind wie in Akita Petroleum und Reis, die der Einfuhr Kohlen und Holz. Auch hier hatte der Handel im gleichen Jahre wie bei den zwei Nachbarhäfen nur den Gesamtwert von 2,8 Mill. Yen bei einem Schiffseingang von annähernd 200 000 Tonnen.

5. Der Hafen Aomori.

(Hierzu Figur 79.)

α) *Sonderstellung unter den Häfen der Rückseite.* Im äußersten Norden Honshūs treffen wir am Eingang der Tsugaru-Straße nochmals eine Ebene: die Tsugaru-Ebene um den Iwaki-Fluß. Sie ist größer als alle, die wir nördlich von Niigata an der Küste fanden, und berührt in langer Front die See. Dennoch entbehrt sie des eigenen Hafens und hat ihren Brennpunkt erst am äußersten Binnenende, in der Burgen- und Shi-Stadt Hirosaki. Aber dieses ist nur 35 km von Aomori entfernt, und darin müssen wir die Erklärung für die Hafenlosigkeit der Ebene sehen; ihre ganze Basis begleitet die Japansee und ihr Hafen würde zur Rückseite gehören, während Aomori seiner Lage nach zugleich als Hafen für das ganze Endstück von Honshū zu dienen vermag. Gegen den so bevorzugten Punkt mußten alle anderen Küstenplätze am Nordende Honshūs zurücktreten, zumal da hier die wichtige Funktion des Fährplatzes für den Hokkaidō-Verkehr in Betracht kommt, wofür kein anderer Hafen so wie Aomori geeignet ist. Nur der Umstand, daß der größte geschlossene Siedlungsraum in seinem Hinterlandsbereich noch an der Japansee liegt und auch seiner Genesis nach in die Reihe der nordwestlichen Ebenen gehört, veranlaßt uns, auch Aomori den Nordwesthäfen anzuschließen; aber seine Sonderstellung unter ihnen erhält es mit der Fährfunktion.

β) *Hinterlands- und Brückenkopflage.* Aomori liegt selbst in einer kleinen Mündungsebene, die das von radialen Flüssen aufgefüllte Ende der flachüberspülten Bai darstellt. Die Stadt zählt 60000 und die ländliche Bewohnerschaft ihrer Reisebene nochmals ebensoviele Bewohner. An der Westseite der Bucht wird der Saum nur wenige Kilometer breit, und ein einziger Siedlungsfaden begleitet die Küste, hinter dem die angebaute Zone wie die bewaldeten Hänge so gut wie ganz der Besiedlung entbehren, obwohl es sich nur um Tertiärhügelgelände mit Höhen von einigen 100 m handelt. Hinter dieser leeren Zone folgt dann die genannte Tsugaru-Ebene, die allein über 300000 Bewohner birgt. In wenig größerem Abstand wird nach Osten hin, getrennt durch ein siedlungsleeres Vulkangebiet, eine andere große Ebene erreicht, die ebensowenig wie jene einen selbständigen Ausgang zum Meere besitzt und wie sie durch die Bahn und eine Zweiglinie mit Aomori verbunden ist. Nur ist sie nicht wie jene ein alluviales Tiefland, sondern eine etwas gehobene diluviale Platte und lockerer besiedelt. Die Einflußsphäre des Hafens dürfte indes über diese Gebiete, die zusammen das Ken Aomori bilden, noch weiter hinaus nach Süden greifen auf Teile der beiden Nachbar-Kens Akita und Iwate, im letzteren namentlich bis in den Oberlauf des Kitakami. Damit läßt sich die Kopfzahl in dem ganzen, verzweigten Umland, in das der Hafen tief hineingeschoben ist, auf mehr als 1 Million, vielleicht bis 1½ Millionen veranschlagen.

Auch damit ist Aomoris Stellung noch nicht ganz erfaßt. Als B r ü c k e n k o p f H o n s h ū s z u m H o k k a i d ō erfüllt es vielmehr e i n e F u n k t i o n f ü r g a n z N o r d o s t j a p a n u n d s e l b s t d a r ü b e r h i n a u s; das gilt für Personen- und Frachtverkehr. Viele Güter gehen von Hokkaidō zur See nach dem Süden und vermeiden den

Hafen Aomori, zum Beispiel Kohlen und Holz; Güter hingegen, die von Hokkaidō her in Aomori einmal das Land betreten, vertauschen nicht in einem nächstsüdlicheren Hafen die Achse wieder mit dem Schiff, und ähnlich ist es mit der Gegenfracht. Dadurch also wird die Reichweite Aomoris zu Lande groß. Insofern ist es unter den reinen Rückseitenhäfen am ehesten Tsuruga, dessen Stellung mit derjenigen Aomoris eine gewisse Ähnlichkeit erhält.

γ) *Hafenwasserraum.* Die Aomori-Bai hat eine breite Sackform und kann noch nicht ohne weiteres einen Hafenraum darstellen. Die Stadt liegt tief und eben an offener Küste und zieht sich zwischen ihr und einer alten Reichsstraße (Kokudō) ostwestlich mit flacher Biegung

Figur 79.

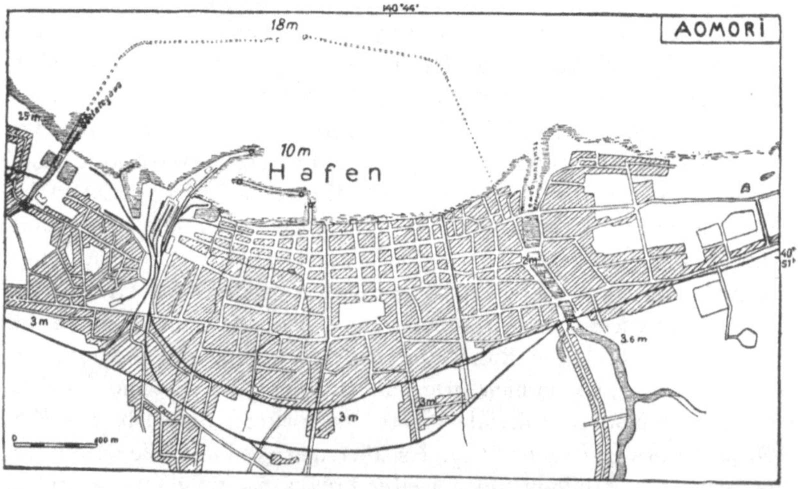

Im Scheitel der Mutsu-Bai liegt der nördliche Brückenkopf Aomori. Die offene, schwach gebogene Wasserlinie bedarf des Molenschutzes, besonders gegen Nordwesten. Er schritt vom alten kleinen Fährdampferbecken im Westen über das neue weiter östlich zu größeren Dimensionen und strebt im neuen Bauplan den großen Molenhafen vom Dovertyp an.

dahin, während quer dazu einige seichte Wasserläufe aus der Reisebene kommen, als breiteste der Tsutsumigawa im Osten und der Okitategawa im Westen. Die ostwestliche Front im Hintergrund eines breiten Golfes ist der vollen Wucht der Winde aus dem Nordquadranten ausgesetzt. Diese haben zwar keine große Häufigkeit. Aber die Aomori-Bai ist nur ein Glied der größeren Mutsu-Bai, die durch alle anderen Winde, namentlich auch durch die westlichen, die von Dezember bis März oft auftreten, heftig bewegt wird. Es trifft daher nicht zu, wenn Rein Aomori als einen der sichersten Häfen bezeichnet[1]). Man könnte mit demselben Recht die Ōsaka-Bucht einen sicheren Hafen nennen. Namentlich im Winter ist der Verkehr zwischen Schiff und Land gefährlich. Die Stadt ist demnach auf einen künstlichen Hafenschutz unbedingt angewiesen, seitdem sie den geregelten Verkehr mit dem Norden zu bewerkstelligen hat.

Die imposanten großen Fährdampfer (3500 t), die auf drei Geleisen bis zu 45 Güterwagen aufnehmen, beherrschen das Hafenbild. Doch wuchs mit diesem Verkehr die übrige Bedeutung des Hafens, und man sieht große Küstensegler, Dampfer von Dairen und andere im Hafen liegen.

Von den Bedürfnissen des Fährdampfers sehen wir denn auch die Grundzüge des Hafens bestimmt. Nahe dem westlichen Ende der Stadt liegt der Bahnhof, und hier entstand neben ihm der erste Fährhafen, ein von steinerner Kaimauer umrahmtes, trapezförmiges Becken mit einem durch kurze Molen geschützten Eingang. Dieses Hafenbecken ist jetzt verlassen und von Holzlagern und anderem umgeben. Mit den wachsenden Anforderungen des Fährverkehrs wurde nämlich östlich davon eine neue Anlegestelle geschaffen; es ist ein größerer Wasserraum hinter einer langen Mole mit angrenzender Aufschüttungsfläche, die zugleich den Personenbahnhof für den Übergang auf das Fährschiff enthält. Daran schließt sich ostwärts ein küstenparalleles Becken für kleinere Schiffe mit Tiefen von $3\frac{1}{2}$ m, geschützt durch eine Ostmole von 60 m und einen nördlichen Wellenbrecher von 340 m Länge. Dieses Ganze ist der jetzt fertige Hafen, in welchem man Küstensegler und -dampfer sowie Fischereifahrzeuge in größerer Zahl liegen sieht.

Aber die Dimensionen sind dem heutigen Verkehr nicht mehr gewachsen, und auch der Schutz ist unvollkommen. So geht das letzte Stadium der Entwicklung dahin, von den Mündungen der beiden die Stadt einfassenden Flüsse zwei Molen weit hinauszubauen, die stumpfwinklig umbiegend eine Trapezfläche von etwa 150 ha umschließen. Das bedeutet also einfach um den jetzigen kleinen Molenhafen einen viel größeren von ähnlicher Gestalt. Die geradlinige Küste bietet keine andere Möglichkeit als den reinen Molenhafen vom Dovertyp.

In dem neuen Hafen werden die Tiefen des vorderen Teils schon von Natur für alle Schiffe ausreichen. Nach dem Land nehmen sie

[1]) J. J. Rein, Japan, a. a. O., Bd. I (1881), S. 21.

rasch ab, und im alten Hafen war der größte Teil der Tiefen erst durch Baggerung zu gewinnen. Der größte Fluß des Stadtgebietes und überhaupt der Ebene bleibt gerade außerhalb der östlichen Mole und verschont den Hafen mit seinem sehr merklichen Schwemmlandansatz. Damit scheidet er allerdings auch für den Hafenverkehr aus, obwohl er in seiner Mündung für kleine Segler fahrbar ist. Im Stadtgebiet ist er 50 m breit und mehrfach überbrückt.

δ) *Ausstattung des Hafenlandraums.* Am Hafen entlang führt ein breiter Kaiweg, an welchem Lagerplätze, Kaischuppen und Speicher liegen. Die letzteren umfassen zum Teil auch einige Parallelstraßen. Die Schuppenreihe geht über den heutigen Hafen noch weit hinaus nach Osten und beweist mit ihrem Umfang, daß ein erheblicher Umschlags- und Sortierbetrieb von Gütern mit kurzem Aufenthalt statthat. Es sind offene, einstöckige Holzbauten. Auch um das Becken des alten Fährhafens stehen auf beiden Seiten offene Hallen von 300 m Länge, auf der einen Seite für ankommende, auf der anderen für abgehende Frachten. Lagerplätze für Kohlen, Holz und anderes schließen sich an. Geschlossene Lagerhäuser großer Dimensionen häufen sich in der Nähe des Bahnhofes und des neuen Fährhafens. Besondere maschinelle Einrichtungen sind außer einigen Kränen nicht vorhanden. Auch scheinen für Industrie noch kaum Ansätze zu bestehen.

ε) *Wirtschaft, Handel und Verkehr.* Was die Umgebung selbst zum Hafenverkehr beisteuert, ist außer dem Reis der Ebenen und dem Holz der nördlichen Gebirgswälder ein erheblicher Ertrag der Seefischerei. Viel mehr aber kann Aomori als Handelszentrale seit der jungen Entwicklung des Hokkaidō und der Eröffnung der zwei Nordbahnen Honshūs seinesgleichen in ganz Nordjapan suchen. Erst 1889 zur Stadt erhoben, bekleidet es seit 1899 den Rang einer Shi. Seit 1906 wurde es zum Außenhandel mit Einschränkung zugelassen, und seit 1922 ist es vollgültiger Außenhandelshafen. Im Außenverkehr blieb es in Bezug auf den Export zurück (1 Mill. Yen oder weniger), während der Import in den letzten Jahren den Wert von 7 Millionen Yen (1928: 8 Mill. Yen) überschritten hat. Seine Hauptwerte liegen in Petroleum (1928: 4,7 Mill. Yen), Bohnenkuchen und Fischen.

Das Schwergewicht von Aomoris Stellung liegt aber entschieden im innerjapanischen Hafenverkehr, und zwar speziell in der Vermittlung mit Hokkaidō. Mit einem gesamten Küstenhandel von

225 Millionen Yen steht Aomori an 9. Stelle unter allen japanischen Häfen und nicht weit hinter Moji, dessen Wert im gleichen Jahr 289 Millionen Yen betrug.

Ein- und Ausfuhr verhalten sich in diesem internen Handel wie 1 : 2. Was am meisten einläuft, sind Soyabohnen, Fischdünger, Fische im rohen, getrockneten und gesalzenen Zustand, Holz und Papierrohstoff, also die ganze Reihe der typischen Hokkaidō-Erzeugnisse. Was hinübergeht, besteht vor allem aus Reis und Textilgeweben, sodann aus Papier europäischer und japanischer Art, Tabak, Spirituosen, Strohwaren. Auch Holz wird erheblich ausgeführt, aber doch in geringerem Betrag, als es zur Einfuhr kommt, ferner Öl und Metallwaren.

Von den Fährdampfern verkehren vier Schwesterschiffe von je 3500 Tonnen viermal täglich mit Hakodate, weitere mit Muroran. Außerdem bestehen noch andere Schiffsverbindungen mit diesen Häfen wie auch mit Otaru und Kushiro. Auch geht ein Schiff monatlich nach Sachalin. Die Größe des Fährverkehrs mögen folgende Angaben beleuchten.

Im Jahre 1925 wurden über 50000 von Hakodate nach Aomori reisende und über 300000 darüber hinaus weiter südwärts fahrende Personen befördert (ähnliche Zahlen in umgekehrter Richtung). Dagegen fuhren von Muroran nach Aomori nur 6500 und darüber hinaus 8300 Personen (in umgekehrter Richtung dieselbe Größenordnung). Der Personenverkehr vollzieht sich also hauptsächlich mit dem nächst erreichbaren Punkt Hakodate, weniger mit Muroran. Auch besteht er vielmehr mit den ferneren Gegenden Honshūs als nur mit Aomori. Ganz anders verhält sich die Fracht. Sie nimmt in Hokkaidō mehr Muroran als Hakodate zum Ausgangspunkt, soweit es sich nur um Versorgung von Aomori handelt (offenbar hauptsächlich mit Kohlen). Dagegen geht sie bedeutend stärker von Hakodate aus, soweit sie dem ferneren Süden zustrebt (150000 Tonnen von Hakodate gegen 30000 von Muroran). Das gleiche Verhältnis zeigt die Gegenfracht: von südlicheren Landesteilen über Aomori gehen nach Hakodate 100000, nach Muroran 20000 Tonnen.

Der gesamte Verkehr, der in einer einfahrenden Schiffstonnage von 4½ Millionen seinen Ausdruck findet, rückt den Hafen weit über die Größenordnung der Rückseitenhäfen hinaus, nähert ihn eher derjenigen von Nagoya (vgl. auch Tafel 24). Auch treten in ihm die Segelschiffe gänzlich zurück; selbst an Zahl erreichen sie nur die Hälfte der Dampfer (2300 gegen 4400). Wie in den Werten des

Tabelle 42.
Schiffseingang im Außenhandel Aomoris nach Nationen.
(1928)

japanisch	119	Schiffe	mit	73000	Tonnen
britisch	13	,,	,,	46000	,,
norwegisch	7	,,	,,	24000	,,
amerikanisch	4	,,	,,	14000	,,
holländisch	1	,,	,,	3500	,,

(Dazu 14 japanische Segler mit 800 Tonnen)

Warenaustauschs, so überragt in diesem Schiffsverkehr durchaus der interne Teil. Im Außenhandel laufen nur etwa 150 bis 200 Dampfer (150000 Tonnen) jährlich ein. Doch sind daran die verschiedensten Flaggen beteiligt, wie es Tabelle 42 zeigt. Dabei ist bemerkenswert, daß speziell der Import zu einem größeren Teil seines Wertes durch fremde Schiffe bewerkstelligt wird. Vermutlich betrifft das den Gegenstand des Petroleums. Die Internationalität im Gegensatz zu den eigentlichen Rückseitenhäfen ist offenbar der Lage an der Straße zuzuschreiben.

e) Rückblick auf die Häfen der Rückseite Honshūs.

Ein Rückblick auf die ganze Hinterseite von Honshū läßt unbeschadet des Individualcharakters, den hier fast jeder einzelne Hafen hat, eine Reihe von größeren Zügen, Grundgesetzen der Hafenverteilung und -gestaltung erkennen.

Als erstes ergibt sich eine Teilung in zwei sehr verschiedene Abschnitte, den südwestlichen und den nordöstlichen. Der erstere umfaßt die ganze Nordküste Chōgokus und muß in diesem Fall den auf der Grenze liegenden Wakasa-Golf noch einbeziehen, der andere erstreckt sich von hier nordwärts bis Aomori. Gemeinsam haben sie nur einerseits den klimatischen Grundzug, daß der Wintermonsun das stärkste Hemmnis des Verkehrs, die Rücksicht auf ihn das Haupterfordernis des Hafenschutzes bildet, und dann das negative Merkmal, daß der Tidenhub durchweg gering ist und hinter allen anderen Grundlagen der Hafengestaltung zurücktritt. Darin liegt eine verbindende Wirkung der Japansee. Entgegengesetzt aber verhalten sich beide Abschnitte in allem, was das Land ihnen bringt, das ist in erster Linie die Beteiligung großer Siedlungsebenen; im ersten Abschnitt ist sie minimal, im zweiten relativ groß.

Der erste Abschnitt erhält seinen Grundcharakter dadurch, daß die Rückenlinie der zur Inlandsee geneigten Chūgoku-Plateaus dicht bei der Nordküste liegt und dieser dadurch größere Siedlungskammern versagt. Hier stießen wir auf zwei wesentliche Hafengruppen: eine um den Matsue-Horst und eine um den Wakasa-Golf. Die erste beruht auf einem Vorsatzglied der Küste, das damit Ebenen ermöglicht, die zweite auf einem tiefen Einbruch und der dadurch bewirkten Annäherung der Küste an das Kraftfeld der Inlandsee. Die erste bringt als Grundlagen für den gesamten Hafencharakter und -ausbau Saumküsten-Phänomene mit sich, die zweite hingegen steile, gliederreiche Kernbuchtbildungen. So erhalten wir in beiden Hafengruppen zwar ganz entgegengesetzte Erscheinungen, die aber gleichsam die Ausnahmestellung im Verhältnis zur langen Küste gemein haben, und wir können demnach den ganzen Küstenabschnitt förmlich als den der Ausnahmehäfen kennzeichnen. Dabei kommt die entschieden stärkste Großlage und Fernwirkung Tsuruga zu, das zwischen jenem Hauptkraftfeld und der sibirischen Gegenküste die Mittlerrolle übernimmt.

Der zweite Küstenabschnitt, der gleich nördlich Tsurugas beginnt, erhält seinen Charakter dadurch, daß die weiten Tertiärhügelländer von Mittel- und Nordosthonshū an die Küste treten und mit den eingeschalteten Flußebenen große Siedlungskammern bieten, deren jede ihre Seeverbindung fordert. Flußmündungshäfen sind hier der Typ, dem die Mehrzahl angehört, Flußregulierungen das Grunderfordernis der Hafengestaltung, besonders übereinstimmend in den drei großartigen Unternehmungen künstlicher Ableitung (Niigata, Sakata, Akita), die in Verbindung mit dem sicheren und beständigen Hafen zugleich den Schutz der Reisebene erzielen. Übereinstimmend liegt sogar in jedem Fall der Durchstich südlich des Hafens, was in der allgemein nach Norden gerichteten Tendenz der Strandvertriftung und Flußverschleppung begründet ist. Typisch ist ferner die Reihe der Notankerplätze bei Seestürmen, wie sie die vorgelagerten Inseln Sado, Aoshima und Tobishima bieten. Tektonisch gehören auch die Halbinseln Noto und Ogashima in diese Reihe der Vorposten, und beide sind durch die geschütztesten Häfen des ganzen Küstenabschnittes, Fushiki und Funakawa, ausgezeichnet. Funakawa hat daher als Ergänzungshafen für Akita größere Bedeutung als das entlegenere Yebisu für Niigata. An einer Küste solcher Hafenbeschaffenheit und -verteilung wird es verständlich, daß schon das Fischervolk der Ainu den bedeutungsvollen Naturwall von Noto gewahr wurde und entsprechend benannte; der Name (Nottu) entstammt der Ainu-Sprache und bedeutet Vorgebirge[1]).

Wirtschaftlich sind die Häfen des nördlichen Abschnitts nicht nur alle am typischen Reis-, Fisch-, Dünger-, Holz- und Kohlenverkehr, sondern außer den um die Noto-Scholle gruppierten Häfen auch sämtlich am Öltransport beteiligt, weil die Hinterländer von Nordwesthonshū die große Ölzone Japans enthalten.

Charakteristisch erwies sich ferner für die ganze Rückseite Japans der geringe Anteil, zum Teil gänzliche Wegfall fremder Flaggen in den Häfen.

In der Funktion erhält Aomori die größte Sonderstellung und zwar als Brückenkopf am Hokkaidō.

Im übrigen hängt die Funktion und Gesamtbedeutung eines Hafens in dem ganzen Abschnitt wesentlich von drei Momenten ab: 1. von dem Grad, in welchem die natürlichen Hemmungen der Flußverschüttung und der offenen Reede zur Geltung kommen oder überwunden sind, 2. von der Größe und Ausstattung der eigenen Hinterlandsebene, 3. von der Verbindung mit ferneren Hinterlandsräumen. Dem ersten Punkt verdankt Fushiki einen relativen Vorsprung. Der zweite und dritte setzt die nördlicheren Häfen Akita und Sakata in Nachteil gegenüber den südlicheren, denen die großen Kraftfelder Japans nähergerückt sind; das gilt für Niigata-Naoetsu vor allem in Bezug auf das Kraftfeld des Kwantō, für Fushiki mehr in Bezug auf das von Ōsaka. Hand in Hand mit ihrem größeren Hinterlandsgewicht geht ihre stärkere Verbindung mit dem sibirischen Gegengestade.

VI. Die Häfen von Hokkaidō.

a) Geschichtliche Stellung Hokkaidōs.

Hokkaidō ist für den Japaner das Nordland, fast das Grenzland seiner Oikumene, und er macht im Gespräch den Unterschied zwischen demselben und dem „eigentlichen Japan". Was ihn abstößt, ist das Klima, das der Fortsetzung seines südländischen Lebens nicht günstig ist. Schon an den lieblos gebauten Häusern sieht man, ab-

[1]) B. H. Chamberlain, The language, mythology and geographical nomenclature of Japan, Memoirs of the literature college, Imp. Univ. of Japan, No. 1, Tokyo 1887, S. 53, 62, 65.

gesehen allenfalls von Hakodate, daß die Bewohner weniger an Dauersitz denken. Den gleichen Eindruck erwecken bei der Durchfahrt die Felder, in denen oft noch die Stubben der eben niedergehauenen Bäume zwischen den Kulturen hervorschauen. Zwar begann die Einwanderung schon vor mehr als 700 Jahren, 1159 findet es zuerst Erwähnung[1]), und japanische Dschunken bewegten sich besonders seit dem 16. Jahrhundert um diese Gestade des altbekannten Fischreichtums. Aber die gesamte Bewohnerzahl der Insel betrug doch im Jahre 1869 erst 60000 und das ganze bebaute Land noch nicht 1000 ha[2]). Erst seitdem begann unter lebhafter Förderung durch die Regierung die eigentliche Kolonisation und wirtschaftliche Aufschließung. So nimmt die Mehrzahl der heute namhaften Häfen Hokkaidōs nicht an der Vorgeschichte teil, wie wir sie bei vielen der übrigen Häfen fanden. Schon das trennt die Gruppe der Hokkaidō-Häfen ab, während sie in sich zusammenhängen durch weitgehende Teilnahme an gleichen Grundlagen der Hinterlandserfüllung. Dadurch rechtfertigt sich ähnlich wie bei den Häfen der Tōkyō- und Ōsaka-Bucht zunächst eine Gesamtuntersuchung des Hinterlandes.

b) Hokkaidō als Wirtschaftsraum und Hafenhinterland.

(Hierzu Figur 80.)

Einen prägnanten Ausdruck für den Gehalt des gesamten Hinterlandes mag zunächst wieder die Bewohnerzahl abgeben, die heute 2½ Millionen beträgt, während erst um 1900 1 Million erreicht war. Die geringe Zahl verteilt sich auf das ganze Land und auf eine Reihe von Häfen, unter denen immerhin fünf als wichtigere herauszustellen sind: Hakodate, Muroran, Otaru, Kushiro und Nemuro, denen man zuweilen auch noch Rumoe und andere beigesellt findet. Aber schon die Zusammenziehung dieser Häfen auf zwei Gebiete, nämlich die Südwest- und Südostgestade, läßt uns erkennen, daß eine entsprechende räumliche Konzentration der wirtschaftlichen Nutzung statthat. In der Tat bringt es die oben festgestellte Zugehörigkeit zum nordjapanischen Gebirgsbau mit sich, daß nur ein einziges größeres Niederungsgebiet die Insel durchzieht, während alle anderen Mündungsebenen, Fluß- und Küstensäume nur geringe Ausdehnung haben. Es ist der Ishikari-Raum, der auch die Hauptstadt enthält und die meisten Bahnlinien sammelt, eine meridionale Depressions-

[1]) M. Müller, Beiträge zur Kenntnis der Insel Hokkaido, Zeitschr. Ges. Erdk. 1915, S. 601.

[2]) Ebenda, S. 612—613.

zone zwischen der zentralen Gebirgsachse und der südwestlichen Halbinsel, welch letztere ein Trümmerfeld in der Fortsetzung der Kitakami-Zone bildet. Der Ishikari-Raum besteht aus den Ebenen des Ishikari-Flusses und angehängten Gliedern. Diesem Niederungsgebiet gehören vor allem die Häfen Otaru und Muroran zu, und im Norden

Fig. 80. Hokkaidōs Gliederung und Tiefländer.

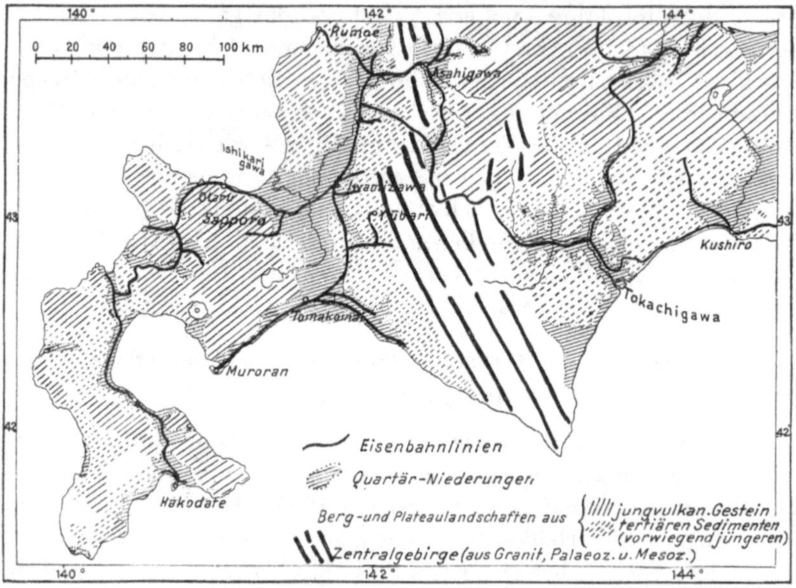

zehrt Rumoe davon. Östlich der Gebirgsachse liegt als nächstbedeutender Siedlungs- und Wirtschaftsraum eine gehobene Tertiärfläche, die vom Tokachi-System in breiten, terrassierten Talungen durchzogen wird und im einen Eckpunkt den Hafen Kushiro aufweist.

Diese beiden sind die Hauptanbaugebiete, namentlich die alluviale Ishikari-Niederung; hier fährt man stundenlang durch bebautes Land, Felder von Reis, Mais, Hafer, Gerste, Kartoffeln und Bohnen, untermischt mit Baum- und Buschbeständen. Aber auch in den Anbaugebieten sind die Böden weniger gut, weil sie zum Teil sumpfig sind, wie zum Beispiel die Ishikari-Niederung im südlichen Ansatz, zum Teil aus groben vulkanischen Auswürflingen bestehen. Große Gebiete sind heute noch Naturweide und als solche auch brauchbarer; besonders die Pferdezucht ist von der Regierung entwickelt worden.

In Hokkaidō steuern aber auch die Gebirgsgebiete wesentlich zum Hinterland der Häfen bei. Sie brachten seit den 90er Jahren ihre Überraschung mit der Kohle[1]), von der man immer mehr Lager und schließlich einen großen Gesamtvorrat entdeckte. Die Eisenbahnen wurden dann in erster Linie, zum großen Teil sogar ausschließlich im Zeichen dieses Wirtschaftszweiges erbaut. In zwei Bahnstunden von Sapporo erreicht man die Kohlenflanke des Zentralgebirges, die aus gefalteten Schichten des Alttertiär besteht[2]). Sie zieht sich in einer langen Zone mit dem allgemeinen Streichen von SSO—NNW an der Westseite der Hauptachse bis nach Südsachalin hin. Somit begleitet sie zugleich die Ishikari-Senke und bildet an ihr entlang eine zweite ausgedehnte Zone des wirtschaftlichen Hinterlandes. Nach dieser günstigen Lage müßte es bei weiterer Entwicklung selbst lohnen, die Kohlengebiete durch Wasserstraßen an die Häfen zu schließen. Einstweilen stößt von der meridionalen Bahn des Ishikari-Tales die ganze Reihe der Stichbahnen ostwärts in die Kohlenzone vor. Ein zweites Kohlengebiet liegt, gleichfalls im Alttertiär, dicht bei dem Hafen Kushiro. Die meiste Kohle aber kommt von der Ishikari-Zone und zwar aus den Gruben von Yūbari, wo die Lager am mächtigsten sind. Von hier gelangt sie zu den ungefähr gleichweit entfernten Häfen Otaru und Muroran. Wie diese beiden sich in die Funktion teilen, wird die Einzeluntersuchung zeigen. Die Kohle ist für Maschinenbetrieb wie für Hochöfen und Gaserzeugung brauchbar. Außer der Kohle findet sich im Tertiär auch Petroleum[3]), doch reicht es an Bedeutung nicht entfernt an jene heran.

Einen weiteren Wirtschaftswert bieten die Gebirge in ihren Wäldern. Hokkaidō war einst ein hervorragendes Waldland. Nur ist mit dem Schatz im üblichen Raubbau so rasch aufgeräumt worden, daß sich jetzt die Ausbeute auf absteigender Linie bewegt. Immerhin sieht man an manchen Bahnstationen große Holzlager, und in verschiedenen der Häfen gehört das Holz neben der Kohle am meisten zum Bild. Im Winter hat das Land mit seinen Schneemassen den Vorteil billigster Abfuhr. Außer Nadelhölzern ist die Eiche sehr stark vertreten. Ihr Holz findet zu Möbeln und Eisenbahnschwellen

---

[1]) F. C. von Erckert, Hokkaidō, Mitt. d. Ges. f. Natur- u. Völkerk. Ostasiens, X, S. 48ff.

[2]) Die Gesteine sind Schiefer, Sandstein und Konglomerat mit Einlagerungen von Mergel und Tuff. Des Alter der Schichten wird in das Obereozän oder Oligozän verlegt: N. Kanehara, The Geology and Mineral Resources, a. a. O., S. 37.

[3]) N. Kanehara, Scientific Japan, a. a. O., S. 66.

Verwendung, während die Nadelhölzer für Hausbau, Papierfabrikation und viele andere Zwecke geeignet sind, noch andere Arten für Holzschuhe, Zündhölzer, Ziergegenstände usw. gebraucht werden. Endlich wimmeln auch die Flüsse dieser Bergländer von Fischen und werfen in der Binnenfischerei Werte ab.

Eine ganz ungleich größere Bedeutung aber kommt in dieser Hinsicht dem Meere zu; damit erweitert sich das wirtschaftliche Hinterland Hokkaidōs um gewaltige und ertragreiche Räume. Auch besteht auf diesem Feld eine Saisonbewegung von Arbeitskräften aus dem Süden, und daraus wird die Diskrepanz verständlicher, die sich zwischen der oben festgestellten Bewohnerzahl Hokkaidōs und der, wie sich zeigen wird, nicht geringen Bedeutung seiner Häfen auftut. Wir kommen hier in eine Wirtschaftsregion, mit der *Hokkaidōs Häfen trotz ihrer Abgelegenheit in den großen Rahmen des japanischen Gesamtverkehrs* und in den der starken überseeischen Verbindung rücken.

Als noch die Ainus die Herren des Landes waren, war neben der Jagd die Fischerei allein ihre Wirtschaftsform. An sie knüpften auch ganz und gar die einwandernden Japaner an. In der Feudalzeit war der Fischereiertrag die Haupteinnahmequelle der Verwaltung. Noch für das Jahr 1891 wird die Fischereibevölkerung auf 250000[1]), das heißt auf $^5/_7$ der damaligen Gesamtbevölkerung und die Zahl der Fischerboote auf über 50000 angegeben. Meeresprodukte bildeten in jener Zeit die einzigen Ausfuhrgegenstände. Die heutige Zahl der Fischerboote ist mit 60000 nicht viel größer. Allerdings ist dabei zu bedenken, daß jetzt auch größere Boote beteiligt sind. Doch lehren die Zahlen immerhin, daß die Fischerei schon zu einer Zeit hoch entwickelt war, als andere Wirtschaftszweige des ganzen Hokkaidō noch in den ersten Anfängen steckten. Der Ertrag der gesamten Meeresproduktion Hokkaidōs lag in den letzten Jahren zwischen 110 und 125 Millionen Yen. Gefangen wird in erster Linie Hering, sodann Lachs, Lachsforellen usw., dazu kommt das Sammeln von Tang, Seegras, Muscheln, und einen bedeutenden Wirtschaftswert und Frachtgegenstand der Häfen bildet der aus den Rückständen hervorgehende Dünger. Kleinere Betriebe, in denen Fische getrocknet und zu Dünger verarbeitet werden, gibt es in großer Zahl, dazu aber auch eine Reihe von größeren Fischverwertungsfabriken. Das Meiste der verarbeiteten Ware kommt zum Export durch einige Häfen.

---

[1]) F. C. v. Erckert, a. a. O., S. 21.

Die Hauptfanggründe liegen an der Westküste. Das gibt Otaru und Hakodate den Vorzug, während Muroran und Kushiro zurücktreten.

Nochmals erweitert sich der Wirtschaftsraum für die Hokkaidō-Häfen und zwar durch die nördlich angrenzenden Küstengebiete, die alle fischreich sind (daher auch politisch für Japan eine Rolle spielen), namentlich die Küsten Sachalins und Kamtschatkas sowie das Mündungsgebiet des Amur. Das Meiste von diesen Fängen kommt nach Japan und wird in den Fischereihäfen Hokkaidōs gesammelt.

c) Die einzelnen Häfen.

1. Hakodate.

(Hierzu Figur 81.)

α) *Lage und Hinterland.* Gerade 100 km nördlich von Aomori erreicht der Fährdampfer die erste größere Bucht der fischschwanzartigen Halbinsel, die Bucht von Hakodate. Von Aomori unterscheidet sich dieser Gegenpol der Fähre grundlegend in der Hinterlandslage. Liegt Aomori in seiner tiefgreifenden Mutsu-Bai recht im Herzen seines Ken und gestattet gleich die Verzweigung der Bahn in mehrere Haupt- und Nebenstränge, so ist Hakodate ein ausgesprochener Vorsprungshafen, der mit einem isolierten Bahnstrang durch die lange Halbinsel erst die Verbindung mit den eigentlichen Hinterlandsräumen herstellen muß. Zwischen vulkanischen Bergen und Massiven über niedrige Sättel hinweg, auf alluvialen Küstensäumen hin, dann wieder Teilstrecken von Tälchen im andesitischen und neogenen Gebirgsland benutzend, windet sich die umständlichste Bahnverbindung der Halbinsel bis zu der in Luftlinie 150 km entfernten Hauptstadt Sapporo. Noch sehr viel größer ist der Umweg mit der Bahn nach Muroran, das nur 65 km entfernt liegt. Aber Hakodate als Einfallstor des Hokkaidō ist so wichtig, daß die Stadt schon bei der Eröffnung Japans 6—8000 Bewohner zählte, auch vor dem Bahnbau eine Straße nach Sapporo hatte und jetzt mit 197 000 Bewohnern die größte der Insel ist. Wohl bedient Hakodate das aus der südwestlichen Halbinsel bestehende Hinterland. Aber sein größeres Hinterland liegt einerseits in ganz Hokkaidō, für das es der Fährplatz ist, und zweitens in den gesamten Meeren und Küsten des Nordens, für die es den bedeutendsten und vorgeschobensten Fischereisammel- und Handelsplatz bildet. Auch ist es der einzige große, befestigte Punkt im Norden. Die Tsugaru-Straße ist schmal und lebenswichtig.

Figur 81.

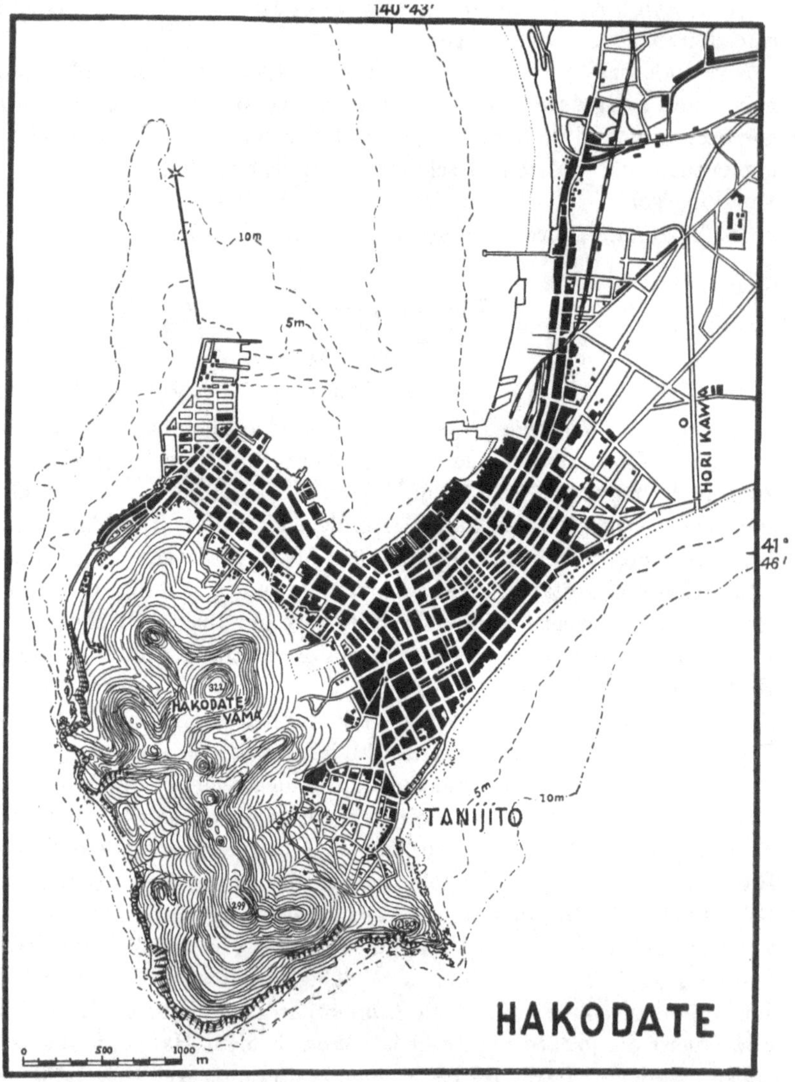

Die landfest gewordene Insel mit ihrem über 300 m hohen Vulkanhügelland bildet den Buchtschutz, der nordwärts durch die Mole vervollständigt wird, und der Sandhals bietet das ausgedehnte Stadtfeld für den Brückenkopf des Hokkaidō dar.

Bei der Überfahrt kann man die Landvorsprünge auf beiden Seiten sogar an etwas trüben Tagen nicht außer Sicht bekommen. Auf einer langen Strecke übersieht man mit voller Deutlichkeit alle vier Landzipfel, je zwei von Honshū und Hokkaidō.

β) *Morphologische Bedingungen für Stadt und Hafen.* Den Eckpfeiler der Stadt und des Hafens bildet der Hakodateyama, ein kleiner Andesitberg von 322 m Höhe. Friedlaender[1]) deutet ihn als eine ziemlich junge Quellkuppe auf einer großen Nordsüdspalte, die über die weiteren Vulkane Komagatage und Usu sowie den kreisrunden Tōya-See zieht. Sie läuft genau parallel und nahe derjenigen Linie, in der Richthofen die Vulkanzone Nordhonshūs über Hokkaidō weiterführt[2]). Das zweite wesentliche Element im Stadt- und Hafenbereich ist die sandige Flachküste, die den gleichmäßigen Bogen der Hakodate-Bai im Norden und Osten bildet. Sie steht unter westöstlicher Vertriftung. Die starken Winde des Winters, deren häufigste Richtung die westliche ist, dürften dafür den Ausschlag geben. Die Sandmassen von hier und von außen haben den Berg mit einem 1 km breiten Sandhals landfest gemacht. So besteht, während auf der Süd- und Westseite des Berges die Kliffs von der Brandung bearbeitet werden, hinter ihm und dem Hals eine geschützte Bucht für den Hafen und auf der Sandfläche ein ebenes Feld für die Stadt. Als Inselnehrungshafen könnte man den Typ bezeichnen.

γ) *Stadt und Hafen.* Schon Perry[3]) beschrieb voller Entzücken die anmutige Lage und verglich sie treffend und eingehend mit Gibraltar. Auch hob er als wesentliche Elemente bereits den sandigen Isthmus und den dreigipfligen Felsen hervor, an dem die Stadt damals in einer einzigen Uferstraße und zwei bis drei Parallelstraßen entlanggereckt war. Die Stadt zieht sich heute bis zu 40 m am Hang des Andesitberges hinauf, vor allem aber in ebener Fläche um den Winkel der Bucht, in welchem zwei verschiedene schachbrettartige Grundrißteile aneinanderstoßen. Über den Hals ist sie in die breitere Ebene hineingewachsen bis nahe an das Schwefelbad Yunokawa. An der Außenseite des Halses hat sie zwei Fischerdörfer einverleibt. In dem südlichen, das den Namen Tanijito führt, zeigen die Dächer schon die Eigentümlichkeit des Rollsteinbelags, wie wir sie typisch für die Westküste Nordhonshūs fanden.

Bemerkenswert ist die Anlage dieses Fischerplatzes. Am Strand

---

[1]) I. Friedlaender, Über den Usu in Hokkaido . ., Pet. Mitt. 1912, I, S. 312.

[2]) Vgl. die tektonische Skizze bei F. v. Richthofen in Geomorph. Studien, a. a. O., S. 28 (894).

[3]) Commodore M. C. Perry, Narrative of the Expedition of an American Squadron to the China Seas and Japan, 1852, 1853, and 1854, New York 1857, S. 436ff.

entlang ziehen sich Hütten, deren jede eine Balustrade aus Strandblöcken, wie sie hier weit hinaus auf der Brandungsplatte liegen, aufgebaut hat. So ist mit senkrechten Mauern eine 6 m hohe Plattform gebildet, auf der um das Haus herum die Seetange zum Trocknen ausgebreitet sind, auf Matten oder nacktem Boden. Zwischen den einzelnen Hütten und ihren Balustraden geht es schräg die Böschung hinab, auf der die Boote liegen. Vor denselben sind die Blöcke aus dem Wasser weggeräumt und vor den Balustraden zusammengehäuft, so daß lauter private Bootshäfen entstehen. Mit diesen Anlagen bildet das Fischerdorf gleichsam einen Außenhafen, und so erinnert Hakodate an die Doppelhäfen, wie sie die alten Mittelmeervölker bevorzugten. Aber besondere Hafenanlagen für größeren Verkehr finden sich auf dieser Außenseite nicht; sie ist zu offen den pazifischen Winden ausgesetzt.

Zwischen diesem und dem nächsten Fischerdorf reicht das Yoshiwara-Viertel mit seinen breiten Straßen und großartigen Bauten an die Außenküste heran, während nach der Buchtseite die ausgedehnte Geschäftsstadt liegt und behördliche Bauten eingestreut sind. Vor allem finden sich nahe der Wasserfront der Bucht Schiffahrtsbüros, Hafenbehörden, Seefahrtsschule, meteorologische Station und dergleichen.

δ) *Hafenlandraum.* An der Wasserfront selbst bildet ein aufgeschüttetes Gelände kleine Vierecke, zwischen denen schmale Becken und Kanäle für die Leichter liegen. Landungsbrücken springen vor, darunter eine von 200 m Länge. Lagerhäuser (über 100) und Kaischuppen häufen sich. Eine kleine Schiffswerft liegt dazwischen, eine andere mit geräumigem Dock und bedeutenden Anlagen nimmt eine große Fläche vor dem Ende des Berges ein. Dicht am Bahnhof legt der Fährdampfer an, der in dem geräumigeren und belebteren Hafen aber nicht so sehr das Bild beherrscht wie in Aomori. In der Nähe breiten sich auf größeren Aufschüttungsflächen Kohlenlager aus. Die Geleisenden verzweigen sich in Landzungen, zwischen denen eine Reihe von Becken schräg eingreifen, denen ein kleiner Wellenbrecher Schutz gewährt. Den ganzen Hafenrahmen begleitet eine Kaimauer von nur etwa $1\frac{1}{2}$ m Höhe, wie sie sich nur mit geringem Tidenhub verträgt.

ε) *Hafenwasserraum.* Der Wasserraum ist durch die sehr einfache Bogenlinie der Bucht umgrenzt und am Ende des vorigen Jahrhunderts durch Wellenbrecher vervollständigt worden. Der Hauptbrecher, aus Zement eines nahen Werkes erbaut, setzt gleichsam die Achse des Berges um 900 m nach Norden fort. Er schützt damit eine größere Fläche, etwa 300 ha, gegen die westlichen Winde, die von Oktober bis April die herrschenden sind und meist mit großer Stärke wehen. Auch so behält der Hafen noch eine breite Öffnung nach Norden. Doch wehen die Winde aus dieser Richtung selten. Als häufigsten Wind verzeichnet das amtliche Hafenbuch für die einzelnen Monate fast nur West und Südost, nur im Oktober Nordwest. Jedenfalls läßt aber der Hafen als Naturform mehr zu wünschen übrig als der von Muroran, und wenn Yamasaki[1]) jenen als den besten Hokkaidōs bezeichnet, so dürfte das mehr für die Lage als für die Gestaltung gelten. Ferner mußten auf der Flachseite des Hafens drei Sandstopper ½ km lang quer hinausgebaut werden, der eine gleich nördlich des erwähnten Bahnhofneulandes, der zweite 2 km weiter nach Norden, und der dritte noch weiter draußen. Sie wehren die von Norden kommende Sandtrift ab. Gegen den gleichen Naturvorgang war schon 1886 bis 1887 der einst hier mündende Fluß Kameda durch den Horikawa-Kanal zur Außenküste abgeleitet worden. Die großen Tiefen finden wir daher von Natur auf der Seite des Wellenbrechers; hier sind es 10—15 m am Eingang und 6—7 m näher zur Stadt, wo eine Anzahl Ankerbojen liegen. Auf der Bahnhofseite haben erst Baggerarbeiten die Tiefe von einigen Metern für kleine Schiffe und Leichter hergestellt. Die Möglichkeit künftiger Weiterentwicklung liegt aber für den Hafen allein auf dieser Seite, wo sich auch die Stadt schon weit an der Küste hin nach Norden ausdehnt und einige Fabrikschornsteine an der Peripherie die industriellen Ansätze verraten. Sie erstrecken sich außer auf den Schiffbau auf Schiffsutensilien, Zement, Kunstdünger, Papier, Zündhölzer und anderes.

ζ) *Handel und Verkehr.* Hakodate bildet den Trichter, aus dem die Erträge der Hokkaidō-Fischerei in das übrige Japan und zum Teil in die Außenwelt strömen. Namentlich gesalzen und getrocknet gehen die Fische südwärts, während nach Amerika besonders Krabben, nach China Meerespflanzen ausgeführt werden. Als Sammelplatz der Fischereiprodukte umfaßt Hakodate den Bereich der Hokkaidō-Fischerei im weitesten Sinne, schließt also auch Sachalin und Kamtschatka ein. So gehen regelmäßige Schifffahrtslinien nicht nur nach Aomori, der Ost- und Westküste Honshūs

---

[1]) Scientific Japan, a. a. O., S. 24.

und der Inlandsee, sondern auch nach Sachalin, Kamtschatka und den Kurilen.

Eine besondere Stellung dieser Art hatte Hakodate schon vor der Eröffnung Japans, und es ist kein Zufall, daß es zu den zwei ersten Häfen gehörte, deren Öffnung Perry zugestanden wurde. Der Walfang im nördlichen Stillen Ozean war für Amerika der Anlaß gewesen, sich Japan zu nähern und Schutz und Kohlendepots für seine Walfänger zu fordern, die hier oft in bedrängte Lage kamen. Perry[1]) beschreibt auch damals schon, daß der Handel und die Fischerei, nicht der Ackerbau den Lebensunterhalt der Stadt bilde und zwar der Handel mit den drei übrigen Inseln Japans; deshalb lägen gelegentlich über 1000 Boote gleichzeitig hier vor Anker. Damit ist auch die zweite wichtige Funktion des Hafens, die des Überfahrtspunktes, schon aus dieser Zeit bekundet. Die Frachtgegenstände bestanden damals bereits in der Ausfuhr von Fischprodukten, Seekohl, Holz, Holzkohle und in der Einfuhr von Reis, Zucker, Tee, Tabak, Kleidern, Porzellanwaren und anderem. Es war also zunächst der echte koloniale Spezialhafen in seiner ausgehenden Fracht und Konsumplatz für allgemeineren Bedarf.

So können wir auch heute das Bild seiner Frachten hinstellen. Herein kommen Nahrungsmittel, Textil- und Metallwaren, Salz und anderes, hinaus geht die Gesamtheit der Seeprodukte mit Fischdünger an der Spitze. Im Mittel der Jahre 1926—1928 hatte der Außenhandel den Wert von 6 Millionen Yen im Import und 8½ Millionen Yen im Export, wobei nahezu die Hälfte des letzteren auf Meeresprodukte fiel; dazu kommen als Besonderheit Fischernetze und Taue von Hanf und Jute. Der fremde Import verteilt sich besonders auf Bohnenkuchen (3,8 Millionen Yen), Kunstdünger, Petroleum, Reis, Salz, Weizenmehl u. a. Beteiligt sind an diesem Außenhandel in vorderster Linie China und das asiatische Rußland, sodann die Vereinigten Staaten; China ist mehr Lieferant, Russisch-Asien Empfänger.

Der Verkehr mit fremden Ländern hat aber nur den kleineren, der Heimatverkehr den ungleich größeren Wert und zwar gleichermaßen in Ein- und Ausfuhr. Schon im Jahre 1921 belief sich dieser innere Verkehr auf über 200 und 1926 auf rund 480 Millionen Yen, womit Hakodate selbst über Shimonoseki steht. In diesem innerjapanischen Handel ist Hakodate mehr Importeur als Exporteur

---

[1]) M. C. Perry, a. a. O., S. 448.

(290 gegen 190 Millionen Yen). Es versorgt also Hokkaidō aus dem übrigen Japan mit vielerlei Waren des allgemeinen Bedarfs, die der koloniale Boden nicht erzeugt.

Der gesamte Schiffseingang ist mit 5 Millionen Tonnen nur wenig größer als in Aomori. Aber er unterscheidet sich durch einen bedeutenden Zuwachs an kleinen Schiffen, so daß sowohl die Zahl der Dampfer (9500) wie die der Segler (12500) weit über die von Aomori geht. Auch überwiegt in Hakodate die Seglerzahl; das ist bezeichnend für den Fischereisammelplatz. Auf den Außenverkehr kommen von dem gesamten Schiffseingang nur 400000 Tonnen (an 400 Dampfer). Unter ihnen dominieren von Fremden die Russen; doch treten auch britische, amerikanische und selbst chinesische Schiffe auf. Wenn sich das östliche Sibirien mehr entwickelt, wird zweifellos zwischen ihm und Amerika der Verkehr in die Tsugaru-Straße gezogen und Hakodate zugute kommen. Als Segler fallen im Hafenbild die mit Fischladung, besonders mit Lachs ankommenden Kamtschatka-Segler auf, die am Ende des Sommers in Scharen auftreten.

2. Muroran.

(Hierzu Figur 82.)

α) *Klima.* Nur 65 km nördlich von Hakodate treffen wir in Muroran Bedingungen klimatischer Art, die bereits einen grundlegenden Wandel für den Hafen bedeuten. Von Hakodate verzeichnet das Hafenbuch insgesamt 14 Nebeltage, die sich auf die Monate März bis August verteilen. Für Muroran hingegen werden nicht weniger als 130 Nebeltage für Mai bis August angegeben, davon 60 mit ziemlich dünnen, aber 40 mit ganz dichten Nebeln. Ihr Höhepunkt liegt im Juni und Juli, also in der Zeit, da im südlichen Japan die großen Regen niedergehen und hier im Norden der weit vorgetriebene Kuroshio die Mischung der warmen und kühlen Luftströmungen begünstigt. Ich weilte in Muroran Ende August, also schon am Schluß der Nebelperiode, habe aber den Nebel noch an beiden Tagen reichlich erlebt.

Dieser bedeutsame Umstand setzt Muroran, mit dem gleichfalls ein Fährverkehr von Aomori besteht, in Nachteil gegenüber seinem Rivalen Hakodate, der mit der vorgereckten Lage soeben dem Nebelgebiet entschlüpft und dessen heiterer Anblick schon wie ein Gruß aus dem freundlicheren Japan anmutet.

β) *Hinterland.* Noch zu Beginn des Jahrhunderts war Muroran ein unbedeutender Fischerplatz. Eine ältere, französische Seekarte, die noch auf japanischen Aufnahmen von 1883—1904 fußt, enthält Nebenkärtchen von mehreren heute belanglosen Punkten, aber von Muroran noch keins und auf der Hauptkarte nicht einmal den Namen der Stadt, sondern nur den der Bucht sowie auch eine falsche Zeichnung des Geländes. Die Bewohnerzahl des Ortes, die bis 1910 nur 20000 betrug, ist jetzt auf über 50000 gestiegen. Erst die Entwicklung der Hokkaidō-Kohlenlager seit den 90er Jahren gab überhaupt Muroran diejenige Hinterlandsgrundlage, auf der es sich, zumal bei der bequemen Bahnverbindung in meist tiefem Lande, mehr emporschwingen konnte, trotz der klimatischen Ungunst seines Hafens.

Wir stehen also hier im ersten typischen Kohlenhafen Hokkaidōs und müssen in diesem Sinne seine Hinterlandsverbindung (Fig. 80, S. 560) zu verstehen suchen. Die meridionale Depression des Ishikari-Tales erreicht bei Tomakomai die Südküste, während der Fluß selbst eine breite Gebirgslücke nach Westen zur Mündung benutzt. Das Bahnnetz verhält sich entsprechend. Iwamizawa, das dicht vor dem Yūbari-Kohlengebiet in der Niederung liegt, ist der Knotenpunkt, von dem eine Hauptlinie westwärts in das Ishikari-Mündungstor nach Otaru und weiter bis Hakodate führt, während die andere südwärts in der Fortsetzung der alluvial ausgefüllten Depression nach Tomakomai und auf schmalem Küstensaum bis nach Muroran läuft. Dieses bildet an der Vulkan-Bai einen ähnlichen Eckpfeiler und Endpunkt wie Hakodate am Südende der ganzen Halbinsel. Die Entfernung von Iwamizawa bis Muroran beträgt auf der Bahnlinie nur 140 km, also weniger als die von Hannover nach Hamburg.

γ) *Bedingungen der örtlichen Gestaltung.* Muroran liegt an der fast kreisrunden Bai, die von den Europäern den Namen Vulkan-Bai erhielt, bei den Japanern den nicht minder treffenden Namen Uchiura führte. Er bedeutet „innere Bucht"; sie sitzt nämlich einem größeren äußeren Buchthalbkreis auf. Die breite, beckenartige Vulkan-Bai, über deren Eingang die oben erwähnte Bruchlinie zieht, erweist sich im kleinen sehr wenig gegliedert. Zum Teil sind es Höhen von 4—500 m, die sie hinter einem schmalen Alluvialsaum umrahmen, zum Teil aber auch höhere Vulkanberge, die hart an die Küste treten und der Bai den neuen Namen an Stelle von zwei alten japanischen eintrugen. Besonders an der Nordseite bilden andesitische Gesteine und untergeordnet neogene Sedimente geschlossene Partien steiler Aggressionsküste. Hier öffnet sich an der Seite des Eingangs eine einzige

Teilbucht, und sie bot für Muroran den Ansatz. Es ist der felsige Vorsprung zwischen der Vulkan-Bai und dem großen, namenlosen Flachbogen, der sich ostwärts anschließt. Dieser Eckpfeiler höheren Felsgeländes gestattete die Buchtung. Sie beruht darauf, daß zwei kleine

Figur 82.

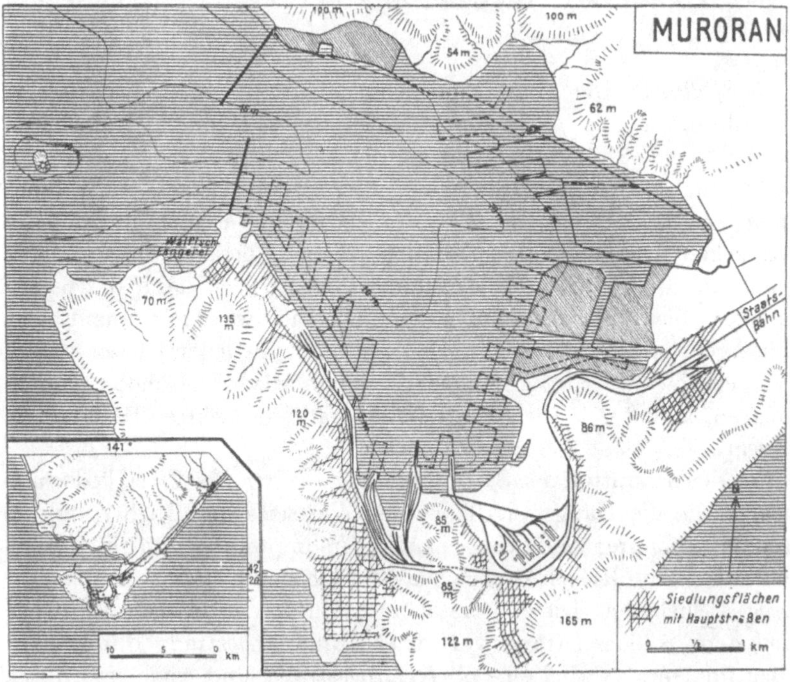

Landfest gewordene Brandungsinseln von terrassenförmig bis über 100 m ansteigenden Höhen machen aus der geschlossenen Wasserfläche eine in den Ausmessungen vorzügliche und fast ganz geschützte Reede. Nur die Exposition des Eingangs nach ungünstiger Richtung macht die weitere Einengung durch Molen erforderlich. Von allen Buchtseiten wird der Hafenlandraum in die Bucht getrieben, am frühesten vom südlichen Zipfel her, wo die Kohlenbahn endigt, das Stahlwerk sich anschließt und ein Teil der Stadt sich zwischen innere und äußere Küste legt, während der übrige Teil die Felswand begleitet.

Brandungsinseln, die nur durch geringe Tiefen vom übrigen Land getrennt waren, landfest wurden. So ist die Bucht- und Hafenform im Prinzip die gleiche wie bei Hakodate. Nur tritt bei Muroran das alluviale Band nicht in der großen Fläche wie bei Hakodate auf, vielmehr rücken auch auf der Seite des Hauptlandes die felsigen Höhen dicht an die Bucht heran. So ist der Gesamteindruck mehr der einer völligen Felsbucht. Die sie unmittelbar umgebenden Hügel erreichen Höhen von 100—200 m. Unten ist eine Terrasse von 25—30 m sehr ausgeprägt, über der noch andere bis zu 120 m sich andeuten (Taf. 5, Abb. 3). An der Außenseite fallen die Felsinseln mit steilen Kliffs zu einer klippenbesetzten Brandungsplatte ab, auf der bei Ebbe pflanzliche und tierische Meeresprodukte aufgesammelt werden (Taf. 8, Abb. 1). Nach der Buchtseite sind die Hänge teilweise sanfter geneigt, und sie müssen hier auch von der Stadt beansprucht werden.

δ) *Siedlung.* Die Stadt setzt sich aus drei Gliedern zusammen, die alle um den Innenwinkel der Bucht an und vor die Hügelhänge gelagert sind. Das Hauptglied ist die geschlossene Siedlung in der südwestlichen Ecke, mit der auch der Hauptteil des Hafenlandraumes verbunden ist. Dieses Stadtglied nimmt den inneren Hang der westlichen Insel sowie die Niederung zwischen dieser und der anderen Insel ein. In Teilnischen der letzteren lagern sich dann die beiden anderen Glieder, die zusammen das große Eisenwerk bilden und beide mit ihren Arbeiterkolonien verbunden sind. Zu jedem dieser beiden Wirtschafts- und Siedlungsglieder gehören wieder besondere Hafenanlagen, so daß sich auch der Hafenlandraum in mehrere Bestandteile zerlegt.

Für den Hauptteil der Stadt ergibt sich weiter eine Zweigliederung, nämlich in die Hangstadt (längs der Westseite der Bucht) und die südlich daran grenzende Ebenenstadt. Erstere teilt sich in eine Unter- und Oberstadt, die sich ähnlich wie etwa Flensburg an seinem Föhrdenhang ausnehmen. Die Unterstadt ist hinter der breiten Kaifläche und dem Schienenstrang von einer Hauptlängsstraße durchzogen. Über ihr läuft parallel eine obere Längsstraße, und beide sind durch kurze, steile Querstraßen und sogar durch Treppen verbunden. Jenseits der Oberstraße dringen in den Tälern die Baukomplexe in Gestalt von 5—6 Querzipfeln weiter vor.

An diesen Teil der Hauptsiedlung mit dem bewegtesten Landschaftscharakter schließt sich südwärts der einförmigste, die Ebenenstadt mit einem absoluten Schachbrett nordsüdlich und ostwestlich laufender Straßen. Sie nimmt das vorher sumpfige Alluvialland zwischen beiden Felsinseln ein. Wo sie an die Außenküste stößt, hat sie gänzlich den Charakter des Fischerplatzes. Häuser mit Dachaufsätzen zum Trocknen der Fische (Taf. 6, Abb. 2), Fischerboote am Strand und in großen Eisenkübeln ausgepreßtes Fischöl sind Elemente dieses Siedlungsbildes.

ε) *Hafenwasserraum.* Die Bucht ist dank ihrem engen Eingang und einer Biegung in ihrem hinteren Teil ziemlich gut geschützt. Das gilt insbesondere von den Hafenteilen vor der Stadt und dem einen Glied des Stahlwerks. Dagegen blickt dessen anderer Bestandteil mit seinen Hafenanlagen genau in die Richtung des Buchteinganges und der starken Winde des Winters. Diesen konnte nur durch eine Verengung des Eingangs begegnet werden. So wurde denn schon mit der Erschließung der Yūbari-Kohlen durch die Eisenbahn auch der Plan zum Bau einer Mole gefaßt und später auf zwei Molen ausgedehnt. Zur Ausführung aber kam er erst nach dem Weltkrieg.

Die Molen sind unten aus Stein und oben aus Zementblöcken errichtet. Sie streben von beiden Seiten des Buchteingangs gegeneinander und lassen zwischen sich nur den Eingang von 360 m Breite. Davor liegt eine kleine Insel, die den geeignetsten Standpunkt für einen Leuchtturm abgab. So ist ein Hafenwasserraum von 1000 ha, also von idealen Größenverhältnissen abgegrenzt worden. In ihm bedurften auch die Tiefen relativ geringer Verbesserung. Nur vor dem dritten Hafenteil, dem Stahlwerk, sind die Tiefen weit hinaus vor der ursprünglichen Küstenlinie gering. Aber bis in die Mitte des Hafens dringen Tiefen von mehr als 10 m und selbst bis in den Stadtzipfel solche von 7 m vor. Große Dampfer können bis hierher fahren, ich sah ihrer gleichzeitig 5 im Hafen liegen. Nur konnten sie nicht am Kai anlegen, wo die Tiefen noch zu gering waren. Eine Anzahl Bojen sind vorhanden, zum Teil für Schiffe von 8000 Tonnen.

ζ) *Hafenlandraum.* Der Landrahmen hat von allen drei Siedlungsbestandteilen her seinen Ausbau erhalten. Über alle läuft die von Nordosten kommende Bahn, die dann vor der Stadtfront in Abzweigungen auf der Kaifläche und auf langen Pieren endigt. Hier ist längs der Stadt und weiter hinaus bis zum Hafeneingang eine breite Landfläche durch Aufschüttung gewonnen worden, deren Ansatz man am frisch angenagten Kliffuß noch deutlich verfolgen kann. Sie erstreckt sich über mehr als 3 km. Hier liegt eine Anzahl Lagerhausgruppen, dazwischen eine Reihe Holzlagerplätze und ein Kohlenplatz. So steht diese ganze Zone des Hafenlandraumes im Zeichen von Holz und Kohle. Noch weiter draußen, vor dem Molenansatz, liegt auf einer gesonderten, kleinen Aufschüttung eine Walfangstation.

Jener eine Kohlenlagerplatz dient jedoch nur zur Aushilfe für den Fall, daß der Raum an den anderen Plätzen zu knapp wird. Den

Anblick des echten Kohlenhafens erhält man erst im innern Zipfel der Stadtbucht. Hier stößt der lange Pier vor, der zusammen mit dem angrenzenden, parabolischen Rahmenstück des Landraumes ganz dem Kohlenbetrieb dient. Der Pier ist aus einem Holzgefüge im Wasser errichtet und trägt Geleise für die Kohlenwagen, die von hinten anrollen und von denen aus die Kohlen durch 20 große Schächte an beiden Seiten in die Dampfer gelangen. Die großen Dampfer können an den Seiten anlegen, während in dem angrenzenden Buchtwinkel Leichter die Kohle entnehmen und zu denjenigen Dampfern befördern, die auf der Reede vor Anker liegen. Die ganze Länge des Kohlenpiers und angrenzenden Kohlenkais erreicht etwa $1\frac{1}{2}$ km, und die Kohlenlagerfläche mißt mehr als 15 ha. Am Pier kann ein Schiff etwa 2000 Tonnen pro Tag laden. Für die Bedienung der Schiffe ist die ganze Anlage sehr günstig. Zum Hauptteil der Stadt aber liegt sie schlecht, weil im Sommer bei häufigem Südostwind der Kohlenstaub zu ihr herübergeweht wird.

Östlich vom Kohlenpier stößt ein anderer vor, der mit großen Kränen ausgestattet ist und der Industrie dient. Sie hat hier in der Kohle die beste Grundlage und im Hafen gute Verkehrsmöglichkeit für die Zufuhr der Rohstoffe und den Absatz der Erzeugnisse, da der Hafen den Überseelinien nicht fern liegt. So hat man im Weltkrieg eine gewaltige Waffenfabrik errichtet. Sie dehnt sich hinter einem langen Hügelvorsprung in weiter Buchtebene aus. Ein nächster Höhenrücken trennt sie von dem anderen Teil der Eisenwerke, der hier über seine eigenen Hafenbecken und -piere verfügt. Das ganze, erst im Krieg entstandene Werk sollte der Herstellung von Kriegsmaterial dienen und wurde später auf Maschinenbau umgestellt.

Vor diesen Anlagen des Stahlwerks sind auch die größten, neuen Landaufschüttungen entstanden und weitere geplant. Wie die Karte zeigt, strebt man, den ganzen Buchtrahmen mit seiner von Natur gewundenen Küstenlinie in die Gestalt eines großen Dreiecks überzuführen, dessen drei Seiten je eine Serie von Hafenbecken und -zungen darstellen. Auch in der hiermit verbundenen Verengerung wird die Bucht noch eine geräumige Hafenreede bilden.

η) *Handel und Verkehr.* Muroran ist mehr Export- als Importhafen. Er dient der Ausfuhr der drei typischen Massengüter des Hokkaidō: Kohle, Holz und Seeprodukte. Im Jahre 1927 wurden hier 2,2 Mill. Tonnen Kohle verladen und zwar zu mehr als $^4/_5$ am Pier. Das Holz wird weniger als Rohstoff ausgeführt, mehr als Papier, das in der nahen Fabrik Tomakomai mit 1600 Arbeitern bereitet wird. Für sie ist Muroran das Ausgangstor; ganze Boote voll von Zeitungspapier sieht man im Hafen liegen. Dazu kommen als weitere Ausfuhrartikel Maschinen und Schweißeisen. Die Einfuhr besteht in Erzen aus China und Korea sowie Kohlen von dort, ferner in Reis und einigen sonstigen Nahrungsmitteln. Auf Eisenerze fällt fast die Hälfte des Wertes der vom Ausland eingeführten Güter. Dem gesamten Außenhandels-Import von 1,8 Millionen Yen steht ein -Export von 2,1 Millionen Yen gegenüber, an welchem die Kohle mit $^2/_3$ beteiligt ist. Der sehr viel größere Teil des bezeichneten Güteraustausches vollzieht sich vielmehr mit Japan selbst; sein Wert hat schon 120 Millionen Yen überschritten. Davon kommt $^4/_5$ auf die Ausfuhr, an der außer den typischen Hokkaidō-Produkten die Erzeugnisse des Stahlwerks Teil haben.

Der Schiffsverkehr ist, gemessen an der einlaufenden Tonnage (1927: 2,6 Millionen t), etwa halb so groß wie der von Hakodate. Auch hier tritt die Seglertonnage (35000) gänzlich zurück; aber an Zahl erreichen diese kleinen Segler gerade die Dampfer. Im Außenverkehr ist der Schiffseingang (550000 t) sogar größer als der Hakodates, auch sind mehr große Dampfer hieran beteiligt. Das kennzeichnet den Hafen als Kohlenstation. Als solcher liegt er den von südlicheren Haupthäfen kommenden Schiffen, die den pazifischen Ozean queren, am Wege. Daher sind von fremden Dampfern besonders britische (Kanada) hier zu sehen. In der Hauptsache jedoch wird der Außenverkehr unter japanischer Flagge vollzogen.

3. Otaru.

(Hierzu Figuren 83 u. 84.)

Nächst dem alten Eingangstor Hakodate war Otaru der erste Hafen, der sich gleich mit dem Einsetzen der eigentlichen Hokkaidō-Kolonisation entwickelte. Nachdem im Jahre 1871 das Hauptamt der Kolonisation in Sapporo errichtet war, wurde schon 1878 eine Straße nach Otaru gelegt und 1880 die Eisenbahn nebst Landungsbrücken erbaut.

α) *Hinterland.* Diese historischen Tatsachen harmonieren mit den geographischen Bedingungen, insofern Otaru das naturgegebene nächste Seetor für Sapporo ist, von dem es nur 30 km entfernt liegt (obwohl die Bahn auf der letzten Strecke nicht ganz ohne Schwierigkeit am Felsgestade entlang zu führen war). Damit wurde es aber auch zum Haupthafen für den Kernbestandteil der Insel, die Ishikari-Ebene. In diesem Feld der ersten Besiedlung hat es also sein gegebenes Hinterland. Dieses erstreckt sich nicht nur mit der flußbeherrschten Senke selbst nach Norden, sondern hinter dem Querdurchbruch eines Seitentales auch bis in das zentrale Becken von Asahigawa, dessen Hitzeherd den besten Reis der Insel erzeugt. In der unteren Ishikari-Ebene zeigt sich Reisland untermischt mit Viehweiden, mit anderen Getreidearten sowie Bohnen und Erbsen. Die letzteren bilden für Otaru einen Spezialartikel der Ausfuhr neben den drei allgemeinen Hokkaidō-Erzeugnissen. Ob auch Flußschiffahrt damals die Erschließung des weiten Hinterlandes begünstigte, sei dahingestellt. In der Gegenwart ist der Flußverkehr bedeutungslos.

β) *Auswahl der Hafenbucht.* Als Tor dieses Hinterlandes war Otaru nicht die einzige mögliche Wahl. Was gab ihm den Vorzug?

Als nächstliegende Möglichkeit erscheint die Flußmündung des Ishikari. Damit hätte sich der Hafen in unsere Reihe der typischen Nordwesthäfen eingefügt. In der Tat zeigt die zwischen jungtertiärem und andesitischem Bergland an die Küste tretende Ebene die gleichen Grundzüge wie die Ebenen Nordwesthonshūs, aber auch der Flußhafen alle die natürlichen Hemmnisse, die wir dort kennen lernten: die Mündung ist versandet, eine starke Vertriftung geht nach Norden, eine Barre schiebt sich vor, und die heftigen Winterwinde prallen senkrecht auf den Küstenbogen.

So ist die Situation im innersten Teil der weiten Bucht von Ishikari. Die nördliche Flanke zeigt ungegliederte, riffbesetzte und in vielen Kliffstrecken gänzlich unnahbare Kernküste, und erst hinter dem steilen Andesitmassiv an seinem nördlichen Ende gibt die zurückweichende Küste kleinen Buchten Raum. Hier liegt an einer Mündung hinter einem Felsvorsprung das kleine Rumoe, das sich auch zum Hafen entwickelt hat. Sein Ausbau begann aber erst 1910, und die Wasserfläche des Innenhafens hat nur die Größe von 30 ha. Seine Grundlage ist im wesentlichen darin gegeben, daß die Bahnverbindung nach Asahigawa halb so lang wie die von Otaru nach diesem Zentrum ist. Doch ist dies nur der kleinere Teil des ganzen Ishikari-Hinterlandes, und namentlich dem Hauptkohlengebiet ist Rumoe entrückter als Otaru, so daß die Abfuhr von Kohle auf diesem Weg nicht lohnt. Sie bildet jedoch in dieser Region den entscheidenden Punkt der Hafenauslese.

So fällt drittens unser Blick auf den südlichen Schenkel der Ishikari-Bucht, der ebenfalls im wesentlichen Felsgestade zeigt. Hier stehen zwei Teilbuchten zur Wahl, Otaru und Yoichi und hinter dem großen Vorsprung ein dritter kleiner Buchtwinkel, der von Iwanai. Yoichi, wenig westlich von Otaru gelegen, war einst für den Ausbau ins Auge gefaßt. Seine Bucht ist aber kleiner als die von Otaru, der Fluß, der sie zuschwemmt, ist größer, und die Entfernung von Sapporo weiter. Damit tritt es zurück. Anders ist es mit Iwanai, das in den letzten zwei Jahrzehnten ausgebaut wurde und einen molenumgrenzten Wasserraum von 60 ha erhielt. Was den Anlaß dazu gab, kann ich nicht sagen. Es schließt sich zwar eine Flußebene an, doch von ganz geringer Größe. Der Verkehr ist auch sehr klein geblieben. Ein Kohlen-, ein Kupfer- und ein Schwefelbergwerk liegen zwar im Hintergrund, aber alle haben nur geringe Bedeutung, und ihre Ausbeute spielt im Hafenverkehr keine Rolle. So bleibt es wohl nur die Fischerei der Stadt selbst und das Bedürfnis ihrer leichten Verkehrsverbindung mit benachbarten größeren Küstenplätzen, was ihr zur Hafenentwicklung verhalf. Aber ihrer Konkurrenz mit Otaru steht schon die größere Entfernung von der Ishikari-Niederung und die Trennung von ihr durch Gebirgsland im Wege.

Otaru hebt sich demnach als entschieden bester Hafenpunkt heraus. Es sind Aggressionsküsten, an denen die schwere Brandung unter den Winterstürmen arbeitet und die im ganzen so wenig Kleinbuchtung zeigen, daß schon die sehr flach einschwingende und etwas geräumigere Bucht von Otaru einen großen Vorzug bedeutet.

γ) *Stadt- und Hafenbucht.* Nur um eine Stadt- und Hafenbucht handelt es sich hier, ohne größeren Fluß und größere Ebene. Fast in der ganzen Umrahmung sind daher noch die Berghänge angebaut und zwar ohne Terrassierung; man kann sogar schon an der Peripherie der Stadt Böschungen von 22⁰ messen, die noch zum Anbau von Bohnen und Kartoffeln ausgenutzt werden, weil es an

Figur 83.

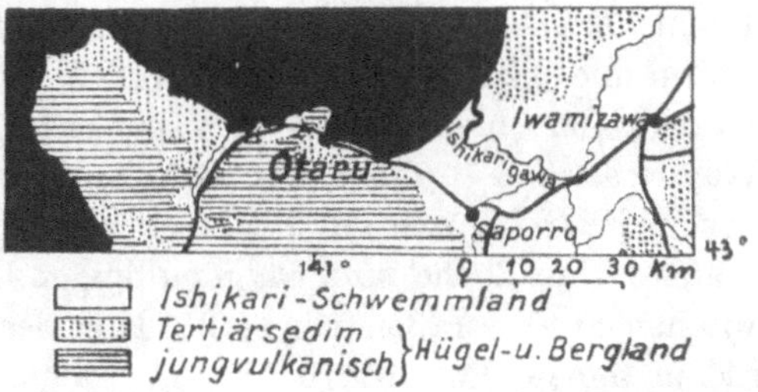

Otaru gehört als Hafen zum breiten Ishikari-Tiefland und zur Hauptstadt Sapporo, liegt aber abseits am andesitischen Felsgestade, wo durch dessen ersten größeren Vorsprung der beste Buchtschutz sich einstellt.

weniger geneigten Flächen mangelt. Nur 2 km vom Wasser entfernt erheben sich die Hügel zu 200—300 m und gleich dahinter schließen Bergzüge von 500—750 m das Blickfeld ab. Die Gesteine sind vulkanischer Herkunft, fester Andesit und Liparit sowie Tuff und Agglomerat. Selbst im Stadtbereich wird festes Gestein gebrochen und zu Straßenschotter verwandt. Ein Vorsprung der Andesithöhen bewirkt den nach Ostnordosten geöffneten Halbkreis der Bucht von 2 km Radius, der binnenwärts in die steile Abhangsfläche übergeht, die radial von fünf Bächen durchzogen wird. Die Bucht bildet den Hafen und der Abhangszirkus das Stadtfeld, das in sich durch die Tälchen und Hügel wieder gegliedert wird. Die Form scheint bei einst tieferer Lage des Landes angelegt zu sein; ebenmäßige Sporne in 60—80 m Höhe legen die Vermutung nahe. Einer dieser Vorsprünge, der von der Mitte des Amphitheaters in allmählicher Abstufung zum Hafen zieht, teilt das Stadtgebiet in einen größeren südlichen und einen kleinen nördlichen Bezirk und wird nahe dem Hafen von einer Straße wie in einem Tor durchbrochen. So besteht das ganze natürliche Stadtfeld aus Talmulden, Hügeln und Bergnasen.

δ) *Siedlung*. Nach der vorstehenden Geländeanalyse hat die Stadt einen zwangsmäßig vorgezeichneten, engen Raum inne. Ihre beiden Bezirke entsenden Zipfel in die verschiedenen kurzen Täler des Hügelrahmens und steigen auch im ganzen an der zirkusartigen Umrahmung empor, indem die unteren Teile der Hügel noch auf Böschungen von nahezu 20^{0} Straßenzüge aufweisen, die zum Teil senkrecht gegen den Hang ansteigen, zum Teil rechtwinklig hierzu in Terrassen mit einseitiger Bebauung aufeinanderfolgen. Darunter dacht sich die Gesamtfläche sanfter ab und gibt hier der geschlossenen Siedlung eine Längserstreckung an der flachen Biegung der Bucht entlang. Daher besteht ihr Grundriß aus einer Reihe schwach gebogener Längsstraßen und dazu kürzeren Querstraßen von etwas radialer Tendenz. Nebenstraßen beschränken sich auf 2—5 m Breite, während die Hauptstraßen 8—20 m haben. Die Stadtteile in den Talzügen entwickeln jeder für sich ein Rechteck mit regelmäßig sich kreuzenden Straßen. Ihre Bäche sind zu geradlinigen Gräben geworden, jeweils zwischen zwei Straßen eingefaßt. Nur der breiteste südliche fließt wild in seinem Bett hinab.

Durch die ganze Stadt zieht die Bahn parallel zur Küste, zum Teil tief eingeschnitten. An beiden Enden liegt je ein Bahnhof mit größerer Geleisverzweigung am Hafen. Daran schließt sich im nördlichen Viertel eine Anzahl Fabriken.

Endlich erhebt sich in der Mitte der gebogenen Stadtfront als markantester Terrassenrest der Suitenguyama, d. h. „Wassergottberg", mit dem Hauptschrein der Stadt, zu dem von der Landseite her Treppen unter Toriis hinaufführen. In der Mitte der Stadtfront liegt ein Viertel mit größeren Bauten wie Post, Banken, Büros und anderen. Aber auch in der übrigen Stadt sind die Häuser mehr zweistöckig als einstöckig. Im ganzen herrscht in der Stadt von 145000 Bewohnern ein reges Leben in Straßen und Läden und der Eindruck starker wirtschaftlicher Entwicklung.

Figur 84.

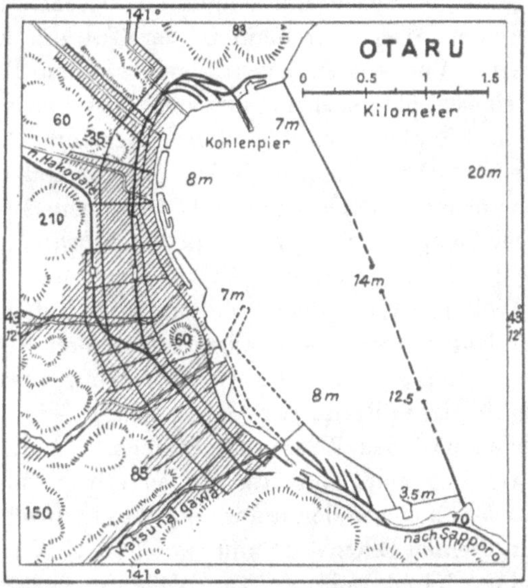

Siedlungsfläche m. Hauptstraßen Gepl. Neuland

Die vor und zwischen den Felsspornen jungeruptiven Materials liegende Schuttkegelfläche mit ihren radialen Bächen bildet das sichelförmige Stadtfeld, vor dem die halboffene Reede ihren Abschluß durch die Wellenbrecherlinie findet. Holzlager im Süden, Kohlenpier im Norden, Einrichtungen für Fischerei- und sonstige Produkte in der Mitte sind bezeichnende Elemente des spezifischen Hokkaidō-Hafens.

So zeigt die ganze Stadtstruktur eine große Regelmäßigkeit und geradezu Symmetrie. Die gleichen einfachen Grundlinien bestimmen die Struktur im eigentlichen Hafenraum.

ε) *Hafenwasserraum.* Die flache Buchtbiegung der Stadtfront wird für den Hafen verstärkt durch die an den Enden vortretenden Hügel. Sie bilden steile, zerklüftete Küsten, wenn auch nur von 70 m Höhe. Die Bucht ist nach Ostnordosten breit geöffnet. Sie blickt also in den Hintergrund der großen Ishikari-Bai. Das ist günstig, weil der Nordwestwind vorherrscht und zugleich der stärkste ist. Aber trotzdem kann er und ebenso der in den Übergangsjahreszeiten auftretende Ostwind das Wasser der großen Bai so bewegen, daß die Otaru-Bucht heftig davon betroffen wird. Der Leichterverkehr war dann früher oft behindert, gelegentlich auch der Strand überflutet und die

Häuser nahe dem Wasser beschädigt. Es konnte nur das ganze Buchtsegment durch eine Molensehne abgeschlossen werden.

Diesen Weg ging denn in der Tat die Entwicklung des Kunsthafens. Von beiden Buchtflügeln streben Molen und Wellenbrecher in einer Linie gegeneinander und lassen zwischen sich zwei Eingänge offen. Sie überragen den Wasserspiegel um etwa 1 m und sind 5—6 m breit. 1897 wurde ans Werk gegangen und mit der nördlichen Mole, die am meisten abhalten muß, begonnen. 1921 war alles vollendet in einer Länge von 3½ km, und damit war ein Hafenwasserraum von 430 ha völlig geschützt.

Weiteren Wirkungen von Seiten der Luft und des Meeres unterliegt der Hafen nicht, vor allem nicht den Störungen des treibenden Eises. Letzteres ist bemerkenswert in Anbetracht der Frostperioden, die in dieser Breite der Winter schon bringen kann; der Strom von Süden hält das Wasser mindestens 2° über dem Nullpunkt.

Günstig sind auch die Tiefenverhältnisse. Wie auf dem Lande, senkt sich der Boden unter dem Wasser rasch weiter, die Schuttfracht der kleinen Bäche kommt wenig zur Wirkung, und der Ishikari-Schutt bleibt weitab. Am Wellenbrecher liegen schon Tiefen von 10—15 m, und die 5 m-Isobathe zieht nahe vor der Küste her.

ζ) *Hafenlandraum und seine Ausstattung.* So ist es außer dem Molenschutz nur der Gürtel zwischen diesem Wasserraum und der Stadtfront, der künstlich zu schaffen war. Er hat eine Form erhalten, wie sie uns bisher in keinem Hafen begegnet, der Stadtstruktur aber besonders gut angepaßt ist. Der Hafen ist nicht auf Kai-, sondern auf Leichterbetrieb eingerichtet und hat dafür mehr als 300 Leichter. Für diese zieht sich nun vor dem größten Teil der Stadtfront eine Schnur von 40 m breiten Becken hin, die südwärts noch fortgesetzt wird. Davor läuft ein doppelt so breiter Streifen aufgeschütteten Landes, durchbrochen von Zugängen zu den Becken. Alles ist von niedrigen Steinmauern umrahmt. Die Becken dienen den Leichtern zum Liegen und zur Aufnahme und Abgabe von Fracht. Für diese stehen auf dem Landstreifen vor den Becken wie an der Stadtfront die Lagerhäuser; zu den alten der Landseite sind auf den Aufschüttungsflächen neue, zum Teil große, moderne Bauten aus Naturstein, Beton oder Wellblech entstanden, und die Gesamtzahl überschreitet 200.

In diesem langen Mittelabschnitt spielt sich der allgemeine Hafenbetrieb sowie auch besonders die Landung der Meeresfänge ab. Hier liegen daher einige kleine Werften für Fischerboote, eine Fischkonservenfabrik und anderes. Otaru hat aber außer diesen Funktionen noch zwei Spezialitäten im Holz und in der Kohle. Für sie schließen sich an beiden Enden dieser Strecke die Einrichtungen an, im Süden für das Holz, im Norden für die Kohle.

Für das Holz ist ein Neuland von schätzungsweise 20 ha als Lagerfläche aufgeschüttet. Auf ihr verzweigen sich die Geleise des Südbahnhofs, und ein Dampfkran fährt darauf. Aber auch am nördlichen Ende des Hafens liegt hinter der Kohlenregion noch eine große Holzlagerstätte. Im übrigen spreizt sich aber am nördlichen Ende stärker und komplizierter das Geleissystem des Bahnhofs aus, der ganz der Kohle dient; diese rollt aus den Yūbari-Minen heran und kommt hier auf die Schiffe. Die Geleise führen in einiger Höhe über dem Boden auf Holzgestellen zu den Lagerplätzen, wo die Kohlenwagen ihre Fracht ausschütten. Von diesen Haufen wird sie einerseits in Körben oder Säcken zu den Leichtern am Kai gebracht, die sie den Schiffen übermitteln. Andererseits gelangt die Kohle entweder von hier wieder durch Kippwagen oder auch unmittelbar von den auf einem Sondergeleise ankommenden Bahnwagen aus auf den Kohlenpier. An ihm können die Dampfer selbst anlegen und aus den sich entleerenden Wagen die Kohle entnehmen. Zu dem Zweck laufen 20 Schächte auf jeder Seite des Piers herunter. Der ganze Pier, aus Holz gefügt, ist über 300 m lang und von 9 m Wassertiefe umgeben. Er gestattet auf jeder Seite 2 Dampfern von 4000 t das Anlegen.

Die ganze Einrichtung bildet die großartigste im Hafen von Otaru. In diesem Winkel hat sich auch der Hafen zuerst entwickelt. Hier wurden Kohlen- und Holzlager zunächst vereinigt, bis unter größeren Verhältnissen die Trennung erfolgen mußte. Nach dem Kohlenbereich wiederum wurden die Bojen gerichtet; sie häufen sich im nördlichen Drittel des Hafens um den Kohlenpier.

Die Kohlenanlage befindet sich hier auch in günstigster Lage zur Stadt. Denn durch die südlichen Winde des Sommers wird der Kohlenstaub in der Jahreszeit des Hauptverkehrs von der Stadt ferngehalten. In den Monaten der umgekehrten Winde ist der Betrieb an sich geringer und der Staub durch den Schnee mehr niedergehalten.

Endlich ist im Norden außerhalb der Hafenmole noch eine 300 m lange Kaimauer vorhanden, an der eine Mehlfabrik liegt. Sie importiert Getreide aus Amerika und verarbeitet es hier.

η) *Wirtschaft, Handel und Verkehr.* Schon die Hafenstruktur weist uns auf die Hauptfunktionen, wenigstens die des Exports hin. Die älteste Exportfunktion ist die der Fischerei. Dann trat die Holzabfuhr hinzu und schließlich noch mehr die Kohlenvermittlung sowie im Weltkrieg die über alles gesteigerte Ausfuhr der Erbsen, die durch den englischen Bedarf erzeugt wurde und sich erhalten hat. Damit verkörpert dieser prominente Ausfuhrhafen in hohem Maß die Entwicklungsstadien der Wirtschaft Hokkaidōs überhaupt.

Die Hülsenfrüchte werden besonders im nördlichen Teil Hokkaidōs gezogen und kommen mit der Bahn in den Hafen, um nach japanischen wie fremden Häfen verfrachtet zu werden. Im Fremdhandel stehen sie jetzt sogar an der Spitze aller Frachtwerte; 1928 hatten Erbsen den Exportwert von 5 (1926 schon 8) und andere Hülsenfrüchte den von 4½ Millionen Yen. Einen anderen führenden Exportwert, der durch die Masse noch bemerkbarer wird, bringt das Holz. Reis kommt gleichfalls mit der Bahn, um über See zu gehen, gelangt aber außerdem auch zur See herein, wohl durch den Austausch von Qualitäten. Von sonstigen Nahrungsmitteln werden namentlich Weizen (1,2 Millionen Yen), Reis, Zucker und Spirituosen importiert, von sonstigen Gegenständen Eisenplatten und Ölkuchen mit je annähernd 1 Million Yen. Jedenfalls ist demnach nicht der Import so auf wenige große Frachtwerte konzentriert wie der Export, wie auch im ganzen Außenhandel der Export überwiegt (Export 16,3, Import 6,7 Million Yen). Die Bezugsländer sind in erster Linie Großbritannien, in zweiter die Vereinigten Staaten (6 bezw. 3 Millionen Yen).

Im Binnenhandel halten Export und Import sich die Wage mit je 110—120 Millionen Yen. Beide Werte stehen also wieder weit über den entsprechenden des Außenhandels, wenngleich der Unterschied nicht so groß ist wie in Hakodate.

Die Kohle kommt ganz zu Lande und verläßt den Hafen sowohl als Bunkerkohle wie auch als Frachtgut nach anderen Häfen Japans (1927 beides zu etwa gleichen Teilen von je ¾ Mill. Tonnen). Wenig bedeutet die Kohle im Außenhandel. Im inländischen Export steht sie nicht nur an Menge, sondern selbst dem Werte nach an der Spitze aller Frachten; namentlich die Westküste Honshūs wird damit versehen. Einen guten Teil verbraucht die Hokkaidō-Fischerei an Bunkerkohle. Gering hingegen ist der Bedarf der örtlichen Industrie, die sich hier noch wenig auf der Kohle aufgebaut hat. In der Hinsicht dürften noch Entwicklungsmöglichkeiten bestehen, z. B. auch in Eisenindustrie bei der leichten Erreichbarkeit der Erze der Mandschurei.

Für die Holzausfuhr, die einst Otaru viel mehr beherrschte, sitzt dort noch eine Reihe von Firmen, japanischen wie fremden, unter ersteren namentlich Mitsui, während unter den anderen die deutsche Firma Bruno Gärtner und eine englische hervorragen. Die deutsche exportiert hauptsächlich Holz der japanischen Eiche (z. B. für Parkettböden) und zwar nach Europa. Die Schiffe, die von Sachalin Holz holen, laufen meist zugleich Otaru an. Eine englische Frachtlinie hat vor einigen Jahren auch regelmäßigen Dampferverkehr für den Holzexport eingerichtet, während im übrigen darin die Trampfahrt herrschend ist. Das Holz wird im Winter gefällt, und es benutzt als Weg zur Bahn die Schneeflächen.

Was in Otaru die Fischereifunktion besonders stützt, ist außer der Nähe der guten Fischgründe die billige Kohle des Hafens. König ist hier der Hering. Seine Fangsaison ist nur kurz, sie dauert von März bis Mai und soll das Hafenbild völlig verwandeln durch das Gedränge der Boote und der Heringe. Getrocknet in Strohverpackung sieht man ihn auch in anderen Monaten ganze Schuppen füllen, und die viereckigen Büchsen für den Versand des Heringsöles liegen aufgestapelt. Eine Reihe von Industrien knüpft sich an die Fischerei. So werden zum Beispiel Blechbüchsen für Öl und Konserven in einer Fabrik am Hafen hergestellt; für die Lachskonserven werden sie nach Kamtschatka verladen. Vor allem aber wird aus dem Hering Öl gepreßt und der berühmte Fischdünger bereitet, der auf den Reisfeldern in allen Teilen Japans verwandt wird. Beides wird sehr primitiv gewonnen. Am Hafen liegen eiserne Kessel von gut 1 m Durchmesser, in denen auf Lehmöfen die Fische ausgekocht werden. Das Öl geht nach Südjapan und von hier zum Teil nach Übersee. Die Rückstände von der Ölbereitung und sonstige Überreste ergeben den Fischdünger.

Fischereierträge zeichnen sich bekanntlich durch große Schwankungen aus. Das wirkt sich auch in Otaru im Jahresertrag des Heringsöles aus, wie die Tabelle 43 lehrt.

Tabelle 43.

Heringsölerträge in Otaru.

	Jahr	1914	1915	1916	1917	1918	1919	1920	1921	1922	1923
Ertrag	in Kannen	761	591	763	725	787	1392	1873	305	561	938
	in 1000 Yen	212	161	242	387	692	1450	1662	145	150	408

Die einzelnen Hauptfrachten verteilen sich etwas verschieden über die Jahreszeiten. Ausgesprochenste Saisonfrachten sind die Meeresprodukte und die Feldfrüchte, die ersteren für den Frühling, die letzteren für den Herbst. Die Verschiffung des Holzes findet das ganze Jahr statt, die der Kohle auch, aber doch am wenigsten im Winter. Holz wie Kohle verlassen Otaru fast ausschließlich als Seefracht. Die größte Bewegung bringt in den Hafen entschieden die Heringssaison. Als ich Anfang August dort war, lagen außer den Booten nur etwa 1 Dutzend Schiffe im Hafen, die meisten von geringerer Größe. Trotz der saisonmäßigen Beschränkungen ist aber der regelmäßige Linienverkehr in Otaru mehr entwickelt als in einem anderen Hokkaidō-Hafen.

Er erstreckt sich sowohl auf Kamtschatka, Sachalin, die Amur-Mündung und Wladiwostok wie auch auf die ganze Westküste Honshūs, die Inlandsee und Yokohama.

Tabelle 44.

Schiffseingang in Otaru und Hakodate 1927.

	Im Außenhandel		Im Gesamtverkehr					
	Zahl	Dampfertonnage	Dampfer		Segler		Im ganzen	
			Zahl	Tonn.	Zahl	Tonn.	Zahl	Tonn.
Otaru	396	860 000	6 088	7364000	3 775	20 000	9 863	7384000
Hakodate	376	420 000	9 537	4985000	12558	113 000	22095	5098000

Der Schiffsverkehr (s. Tabelle 44) ist größer als in Hakodate; 7,4 Mill. Tonnen liefen 1927 ein (in Hakodate 5). Ersichtlich ist vor allem die stärkere Beteiligung von großen Dampfern sowie das Zurücktreten der Segler, selbst in der Zahl der Schiffe. So stellt sich Otaru für Hokkaidō am meisten als der Hafen der großen Schiffe dar. Auch ist der im Außenhandel verkehrende Schiffsraum der größte. Im Bild der fremden Flaggen herrschen Großbritannien und die Vereinigten Staaten.

4. Kushiro.

(Hierzu Figur 85.)

α) *Klima.* Während im westlichen Hokkaidō die drei vorbehandelten Häfen in verwickelter Weise am gleichen Hinterland beteiligt sind, ist der eigentliche Hafen des Ostens Kushiro. Er teilt mit Muroran die klimatische Behinderung durch Sommernebel. 129 Nebeltage wurden im schlimmsten Jahr gezählt (Hafenbuch), am stärksten ist der Juli betroffen, der einmal 22 Nebeltage aufwies. Durch die sommerliche Feuchtigkeit sind die Straßen, die hier in der Mehrzahl ungepflastert sind, in schlechtem Zustand, auch wenn es nicht gerade regnet. Dabei ist der koloniale Typ der Stadt wenig geeignet, den ungemütlichen Eindruck abzuschwächen.

Die zweite Gefahr ist hier schon das treibende Eis. Immerhin ist es in den letzten zwei Jahrzehnten wenig mehr zur Beobachtung gekommen. Der Fluß selbst bedeckt sich in der Zeit von Januar bis März mit einer dünnen Eisdecke, die den Verkehr nicht besonders hindert.

β) *Hinterland.* Obwohl Kushiro der Hafen der östlichen Landschaft, der gehobenen Tertiärflächen ist, so liegt es doch nicht an dem Hauptfluß Tokachi, der in der Mitte der tertiären Küstenstrecke mündet, sondern an ihrem östlichen Ende, wo der Kushiro-Fluß herauskommt. Zwei Gründe scheinen mir dafür maßgebend zu sein, einmal die Ungunst der Lagunen- und Hakenküste am breiten Ausgang des Tokachi-Tales, sodann die Kohle, die dicht bei Kushiro in dem hier zutage liegenden Alttertiär gewonnen wird.

Wie groß die Besiedlung des weiteren Hinterlandes ist und wie sie sich verteilt, kann ich nicht angeben. Jedenfalls sind in das wenig feste Material der Tertiärplatten breite Täler eingeschnitten, von diluvialen Bändern in Terrassenform begleitet, auch von den Bahnen fast durchweg benutzt. Die Bahn, die von Sapporo her die ganze Landschaft durchmißt und eine lange Strecke im breiten Tokachi-Tal dahinläuft, läßt diese Landschaftszüge deutlich beobachten. Den Eindruck dichter Besiedlung erhält man hier jedenfalls nicht. Das Hinterland scheint sich aber bis in die Gebirge und an die Nordostküste des Landes zu erstrecken, wenigstens in Bezug auf Holz und landwirtschaftliche Produkte.

γ) *Siedlung.* Um Kushiro selbst haben der Fluß und die hier einmündenden Nebenflüsse die ertrunkenen Mündungen der in das Plateauland eingeschnittenen Täler wieder mit breiteren Alluvialebenen aufgefüllt. Die Kushiro-Mündung ist hart an den östlichen Rand des aus Konglomeraten gebauten Plateaus gelehnt. Es erhebt sich in steiler, fast senkrechter Wand zu 30 m Höhe und steigt weiter abseits zu 50 m und mehr an. Die Stadt liegt beiderseits der 200—250 m breiten Mündung und zerfällt demnach in zwei verschiedene Bestandteile: die rechtsseitige Stadt ist schematisch in geraden Straßen von genau nordsüdlicher und ostwestlicher Richtung über die Niederung gebreitet, im linksseitigen Teil tritt die Plateauwand zwischen eine Ober- und Unterstadt und hat auch abweichende Straßenzüge im Gefolge. Beide Teile sind durch eine Brücke verbunden, die 700 m oberhalb der Mündung des Flusses liegt, der weiter oben auch von der Bahn überquert wird. Der linke Stadtteil scheint der ältere zu sein, während der rechte erst mit der Bahn und dem Hafen erwuchs.

δ) *Hafengestaltung.* Der Fluß muß auch zum Teil den Hafenwasserraum hergeben und das Plateau den Schutzrahmen. Es springt nämlich wie ein Wall nach Südwesten vor und hält so die

Figur 85.

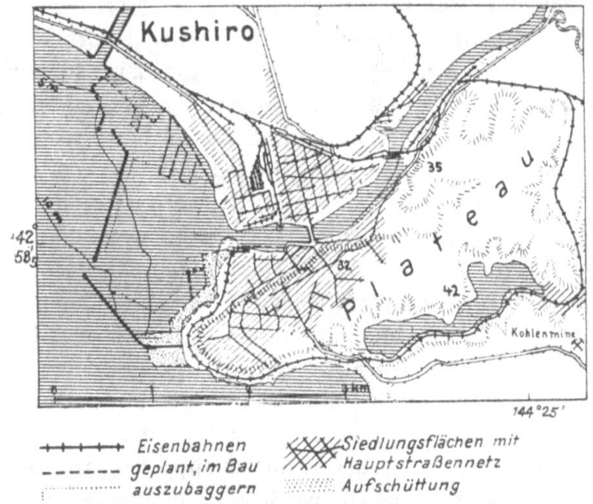

Die Niederung rechts und das Tertiärplateau links der Flußmündung gab das Stadtfeld und den Hafenrahmen ab. Der Rand des Plateaus (Böschungsschraffur) durchschneidet den linksseitigen Stadtteil. Als Hafenwasserraum dient ein Teil der Flußmündung und der durch das Plateauende hervorgerufene flache Buchtbogen, der seeseitig durch das Wellenbrechersystem begrenzt wird. Von der Mine im Südosten führt die kurze Bahn zum Kohlenpier am Plateauvorsprung.

südöstlichen und südlichen Winde nicht nur von der Flußmündung, sondern von dem davorliegenden Wassersaum ab. Eine genaue Tabelle der Winde gibt das Hafenbuch von diesem Punkt nicht. Als häufigste Winde werden dort NNO und S bezeichnet. Es scheinen danach die Monsune in lokal bestimmte Richtungen abgelenkt zu sein (Gebirgs-, Tal- und Küstenverlauf).

So blieb indes der Hafen, abgesehen von dem Flußmündungsstück, immer noch eine halboffene Reede. Ein völliger Schutz gegen südliche und namentlich auch nordwestliche Winde war nur durch ein Molensystem zu erreichen. Dieses wurde vor zwei Jahrzehnten in Angriff genommen. Der Plan erstreckte sich zunächst nur auf eine Südmole, die von dem Plateauvorsprung ausgehend vor die Flußmündung biegt, und nahm später auch die Nordmole auf, die jener vom flachen Ufersaum her entgegenkommen soll. Beide zusammen werden einen Hafenwasserraum von 220 ha schützen.

Nun ist aber auch die Sedimentführung des Flusses in dem leicht zerstörbaren Material bedeutend, und so sind die Tiefen nicht nur in seinem breiten Mündungslauf ganz gering, sondern bleiben in der ganzen hinteren Hälfte der Reede unter 2½ m[1]). Hier setzt ein zweites Werk an: die Ableitung des größten Nebenflusses Akangawa, der oberhalb der Stadt einmündet, direkt zur Küste. Dadurch wird der innere Hafenteil, den die Mündung des Kushiro-Flusses darstellt, leichter auf größere Tiefe zu bringen und auf ihr zu erhalten sein.

ε) *Hafenausstattung.* Die Flußufer sind ausgebaut, teils in Stein-, teils in Holzwerk. Flußdampfer und Frachtboote liegen daran dichtgedrängt, während die Küstenfahrer draußen auf der Reede liegen und von den Leichtern bedient werden.

Das Hafenbild ist in erster Linie durch das Holz bestimmt, das den Fluß herunter kommt, in Flößen auf dem Wasser und in Stapeln am Ufer liegt. Das zweite Element bildet die Kohle von den nahen Minen. Für sie ist die Wurzel der fertigen Südmole als Kohlenpier ausgebaut (Taf. 7, Abb. 3). Außer diesem und seinen Kippwagen finden sich keine maschinellen Einrichtungen im Hafen. Von der Bahn, die außerhalb der Stadt den Fluß überquert, zweigt ein Strang in die tiefe Stadt des rechten Ufers und spreizt sich hier in einem ausgedehnten Güterbahnhof zwischen Schuppen und Stapeln von Holz, Papier, Eisenschienen, Reis usw. aus. Geleise führen von hier auch bis zum Flußufer, an dem sich wieder Schuppen und Lagerhäuser entlangziehen und auch eine kleine Schiffswerft liegt.

ζ) *Handel und Verkehr.* Auch Kushiro gehört zu den Außenhandelshäfen. Als solcher dient es ausschließlich dem Export; er erreichte in den letzten Jahren den Wert von 1—2 Millionen Yen. Er erstreckt sich ganz überwiegend auf Holz, besonders Eisenbahnschwellen. Auch Papier kommt in den Handel, Seetang und -gras in den Verkehr nach China. Mit diesem besteht überhaupt die stärkste Verbindung des Außenhandels. Die sonstigen Fischereiprodukte treten

[1]) Am Moleneingang liegen 9—10 m Tiefe, und erst weiter draußen nimmt die Tiefe sehr rasch zu, da eine submarine Talrinne sich anschließt, die bis über 400 m Tiefe hinaus verfolgbar ist.

hier zurück, weil dafür Hakodate und Otaru die Fremdhandelszentren sind. Auch die Kohle gelangt nicht in den Außenverkehr. Aber am innerjapanischen Handel ist Kushiro mit allen Hokkaidō-Erzeugnissen beteiligt, Holz, Bohnen, Kartoffeln, Steinkohlen und Fischereiprodukten, obwohl nicht entfernt in dem Grad wie Otaru, Muroran und Hakodate. Eingeführt werden Reis, Spirituosen, Metallwaren und anderes. Auch am Schiffsverkehr gemessen, fällt Kushiro gegen die drei ersten Hokkaidō-Häfen schon ganz ab; 1927 liefen rund 700 Schiffe mit 550000 Tonnen ein, davon nur 30 im Außenhandel. Regelmäßige Schiffahrtslinien scheinen nur im Sommerhalbjahr zu verkehren, und fremde Flaggen treten kaum auf.

5. Nemuro.

Den am weitesten vorgeschobenen Hafen Nemuro aufzusuchen, war mir leider nach meinen damaligen Dispositionen nicht möglich. Ich würde ihn sonst mitgenommen haben, da er immerhin noch unter den bekannteren Hokkaidōs figuriert, wenn auch unter ihnen an letzter Stelle. Immerhin mag sich eine allgemeinste Charakteristik nach der Literatur und nach der aus allen anderen Häfen gewonnenen Anschauung folgendermaßen geben lassen.

Zunächst gehen in diesem Hafen die klimatischen Hemmnisse noch weiter ins Extrem. Nebel herrscht hier schon im ganzen Sommerhalbjahr und zwar durchschnittlich jeden zweiten Tag und oft in großer Dichte. So weit die Nebel in ihrer Stärke und Dauer schwanken, mag eine gewisse Vorhersage auf Grund der dem Sommer voraufgehenden Luftdruckverhältnisse am Festlandsrand möglich sein. Denn je größer der Luftdruckgradient bei Zikawei im März ist, desto größer die Sonnenscheindauer im Juli und August in Nemuro[1]).

Im Hochwinter schließt das Eis den Verkehr vorübergehend ganz aus. Anfang Januar beginnt das Meer zuzufrieren, zugleich kommt Treibeis von Norden herunter, und erst im März oder April löst sich die Sperre mit südöstlichen Winden. Die meisten Linien, die den Verkehr mit der Nachbarschaft unterhalten, bleiben nur von April bis November in Fahrt.

Die Stadt liegt auf der schmal nach Osten vorspringenden Kreidehalbinsel, die ihre Fortsetzung in den nächsten Kurilen-Inseln findet, und wird von der über Kushiro hinausgehenden Bahnlinie erreicht. Mit den Kurilen vor allem vermittelt sie den Verkehr zu den Hauptpunkten Hokkaidōs.

[1]) T. Okada in Monthly Weather Review 1916, S. 18/19.

Sie flankiert eine halboffene Bucht, die durch eine vorgelagerte kleine Insel einen gewissen Schutz erhält. Dieser wurde vervollständigt durch eine hier ansetzende Mole, die vor einigen Jahren erbaut wurde. Die Winde scheinen vorwiegend aus der westlichen Hälfte der Rose zu kommen, gegen die also gerade die Öffnungen bestehen. Ferner ist etwas gebaggert und andererseits Land aufgeschüttet worden.

Der Schwerpunkt der Erwerbs- und Verkehrsbetätigung liegt im Meer. Fische, Muscheln, Seetang und Konserven gestatten einen Ausfuhrertrag von mehreren Millionen Yen, während Reis, Fischdünger und auch Fischereierträge umliegender Küstenplätze in den Hafen eingeführt werden. Meeresprodukte allein gehen auch in den Auslandsverkehr und erzielten 1926 1¼ Million, 1928 1 Million Yen. So sehen wir eine der dünnsten, aber nochmals charakteristischsten Adern seewirtschaftlichen Lebens unter allen, die uns in den Häfen entgegentraten, in diesem äußersten Fühler japanischen Nordlandes auslaufen. Sein gesamter Schiffsverkehr erreicht in der Tonnage noch nicht die Hälfte desjenigen von Kushiro, ist aber viel mehr von Seglern beherrscht.

6. Vergleichender Rückblick auf die Hokkaidō-Häfen.

Aus der Gruppe der Hokkaidō-Häfen hebt sich ein Teil durch besondere klimatische Ungunst ab, Muroran und die weiter östlich gelegenen durch die Sommernebel, die östlichen allein durch Wintereis. Dagegen stehen die westlichen den Häfen Nordwesthonshūs näher durch die winterlichen Stürme. Dabei genießt keiner von ihnen den vollen Schutz eines tiefen Buchtwinkels, da die Einförmigkeit entweder der Aggressionskernküsten oder der Ausgleichsküsten das Beherrschende ist. Alle kommen mit Kernland, und zwar tertiären und mehr noch andesitischen Gesteins, in Berührung; Otaru ist fast reine Felsbucht, bei Muroran und Hakodate bestehen Schwemmland-Verbindungsstücke, bei Kushiro sind Schwemmlandebene und Fluß beteiligt. Von den Flußhäfen der Nordwestküste aber unterscheidet sich auch dieser durch seine von einer Molenzange umgrenzte Reede. So sind sie teils reine Molenhäfen, teils Molenbuchthäfen.

Die verschiedenen Gegenküsten geben ihnen im Nahverkehr eine Vorzugsorientierung: Hakodate und Muroran durchaus zum japanischen Süden, Otaru zum Süden und Norden (Sibirien, Sachalin, Kamtschatka), Kushiro zum Süden und zu den Kurilen, Nemuro zu den Kurilen.

Soweit an ihrem Handel Einfuhr beteiligt ist, kommt sie vorzugsweise vom Süden und besteht aus Nahrungsmitteln, Industriewaren, Salz, Dünger und anderem.

Ihre Ausfuhr bestimmt sich einmal durch die Produktion des Meeres, am reinsten bei Nemuro und Hakodate. Letzteres ist dafür das größte und vielseitigste Verteilungszentrum und dazu der Brückenkopf für ganz Hokkaidō. Otaru ist Fischereizentrum an dem besten Heringsfanggebiet und dazu der Hafen der Hauptstadt sowie des größten Hinterlandes. Dieses übergibt ihm die Kohle, das Holz und Feldfrüchte, besonders Hülsenfrüchte.

Die Kohle hat in Otaru wie in Muroran und Kushiro ihre großen Verladeeinrichtungen. Muroran saugt mit Otaru am gleichen Kohlenrevier, wie es andererseits mit Hakodate als Überfahrtspunkt rivalisiert. Aber es steht gegen beide zurück, gegen Otaru durch größeren Abstand vom Hinterland und gegen Hakodate durch größere Entfernung von Honshū. Muroran dürfte daher nie die Bedeutung dieser beiden erreichen. Zum Ersatz hat es seine Eisenindustrie; für sie besitzt es den Vorzug der besseren Lage zur pazifischen Überseeroute und zu fremden Rohstoffgebieten. Daher führt es auch seine Kohle mehr in die Ferne im Fremdhandel ab, während Otaru damit mehr die Fischerei speist und den Nordwesten Honshūs sowie den hohen Norden versorgt.

Endlich das Holz tritt als typischste Hafenstaffage in Otaru, Muroran und Kushiro auf, während die dem Hinterland entrückteren Häfen Hakodate und Nemuro darin bezeichnenderweise zurückstehen.

Aus diesen Elementen sehen wir Otaru und Hakodate als die zwei stärksten Häfen hervortreten. Vergleichen wir diese beiden schließlich miteinander, so zeigt sich folgendes.

Otaru liegt am günstigsten zu sämtlichen führenden Exportgütern des Landes, den Meeresfängen der westlichen See wie den Fruchtgefilden der Ishikari-Niederung, den Holz- und Kohlenschätzen des Zentralgebirges und schließlich auch den Holzlieferanten weiter im Norden (Sachalin), damit zugleich am günstigsten, um den Bedarf der Bevölkerung dieser Gebiete an Einfuhrgütern zu decken. Hakodate teilt diese Hinterlandsgunst nur in Bezug auf den Seefang. Dagegen liegt sein Spezialvorzug im ganzen mehr in der Gunst der Gegengestade, die doch schließlich für den Hokkaidō-Verkehr die wichtigsten bleiben, nämlich Honshūs, und demgemäß ist Hakodates innerjapanischer Handel wesentlich größer.

VII. Rückblick auf die Einzelhäfen und Hafengruppen.

Die etwa fünfzig Häfen, die an uns vorüberzogen, bilden zusammen ein Ganzes und machen Japans Meeresverbundenheit aus. Und doch bleibt jeder ein besonderes Glied, ein eigener Landesteil. Kaum finden sich zwei darunter, in denen Probleme, Charakteristik, Behandlungsweise und Ergebnisse sich im einzelnen deckten. Vielmehr tritt eine Mannigfaltigkeit hervor, wie man sie schwerlich zunächst erwarten möchte. Bei aller Übereinstimmung, bald im Landschaftlichen, bald im Wirtschaftlichen, trägt jeder der Häfen seine individuellen Züge, nicht nur in nebensächlichen, oft in wesentlichsten Punkten seiner Erscheinung. Ein Miike, Wakamatsu und Moji ergeben trotz ihrer gemeinsamen Eigenschaft des Kohlenhafens gänzlich verschiedene Erscheinungskomplexe; unter den Doppelhäfen treten Tōkyō und Yokohama in ein durchaus anderes Verhältnis als Ōsaka und Kōbe, und auch ein Hafen wie Nagoya erscheint in Bild und Leben grundverschieden von Tōkyō; wie groß schließlich die Analogie der nordwestlichen Stromhäfen sein mochte, so weicht das, was der Mensch in den Flußmündungen um Niigata und unterhalb von Akita schuf, nicht wenig voneinander ab und gibt vor allem beiden Hafenstädten eine verschiedene Landschaftsbeziehung zum Hafenwasser. Soweit nicht die Verschiedenheit der jeweils am Hafenbild beteiligten Elemente (Flach- oder Felsküste in der Gestaltung, Kohle oder Fischerei in der Funktion und dgl.) den Individualcharakter prägen, ist es noch mindestens das verschiedene Gewicht und Verhältnis, in welchem diese Komponenten in das Wechselspiel treten.

Auch da, wo das Bild eines Hafens überaus großlinig erscheint, und in den bedeutendsten wird es immer der Fall sein, bleibt es doch vielgestaltig und muß sich nach allen Seiten hin aus minutiösen Einzelbeobachtungen entwickeln. Die großen Züge zu erfassen, ist einfacher da, wo ein Land nur große zeigt. Es ist schwieriger, wo sie sich nur ergeben durch Zusammenfassung und Vergleich des vielen Kleinen. Japan erweist sich auch in seiner Meeresverbundenheit als das Land der Streuung und Gliederung, der kleinen Maße und Verhältnisse. Doch entbehren sie nicht des großen Stils da, wo die Natur ihn fordert durch Zusammenballung des vielen Kleinen. Das kann schon beim einzelnen Hafen hervortreten wie in Ōsaka, mehr aber in der Zusammenfassung gewisser raum- oder artverbundener Gruppen, mag man sich das Ganze der Kohlenhäfen oder der Fischereihäfen als Erscheinungstyp vergegenwärtigen oder den werdenden Yokohama-Tōkyō-Hafen als einen Raumkomplex oder die Inlandsee als eine Hafenregion.

So tritt uns auch in den Häfen Japans die doppelte Seite entgegen, die schließlich jedem geographischen Objekt abgewonnen werden kann, die des Gesetzmäßigen und des Einzigen, der Generalität und Individualität.

Abb. 1. Die Ebene von Tadotsu (Inlandsee).
Ein typisches Beispiel der vielen kleinen Küstenkammern gibt der Blick vom Seefahrerheiligtum Kotohira aus. Den steilen Rahmen im Vordergrund und nach rechts bilden Granithänge. Ebenso sieht man (hinten und links) über die Ebene gestreut eine Menge Einzelberge, die als Erosionsreste oder Horste inselartig aufragen, teils aus Granit, teils aus Andesit gebaut. Der in der Mitte des Bildes hervortretende Tafelberg besteht aus Andesit, links von ihm liegen Granithügel, rechts im Hintergrund breitet sich eine zerschnittene Andesitfläche aus. Typisch ist die dichte Besiedlung und die Durchsetzung der Reisbauebene mit kleinsten Baumbeständen.

Abb. 2. Ausschnitt aus dem östlichen Randgebiet des Kwantō-Tieflandes.
Das Bild zeigt die beiden charakteristischen Niveaus: die alluviale Niederung im Vordergrund, darüber Teilstücke der über 30 m höheren diluvialen Platte, rechts ein näheres, links ein ferneres Teilstück, beide durch waldige Hänge ausgezeichnet. Ganz im Hintergrund nach links ein Teil des höheren nördlichen Gebirgsrahmens aus Granit. In der Niederung liegen abgeerntete Reisfelder ganz im Wasser, während der Reis an langen, horizontalen Stangen, die kreuz und quer hindurchziehen, in Bündeln zum Trocknen aufgehängt ist.

Abb. 3. Inselschwarm der mittleren Inlandsee, südlich von Onomichi-Itosaki.
Meist Granit in bewaldeten, kuppigen und steil-umrandeten Formen. Im Vordergrund Ruderboote, in der Enge ein Küstensegler.

Abb. 1. Das Bett des Abegawa bei Shizuoka,
(überquert von einer Starkstromleitung und hölzernen Stegen). Der Fluß führt aus dem Randgebiet der zentraljapanischen Gebirge mächtige Schuttmassen heran. So teilt er sich im Unterlauf zwischen Kiesbänken in zahlreiche Gerinne (das Bett ist nicht in ganzer Breite zu übersehen). Das Bild ist typisch für die Breite der kurzen Flüsse Japans in ihrem Unterlauf und für ihren Zustand in der Trockenzeit.

Abb. 2. Das tiefe, V-förmige Tal des Ujigawa,
der den kurzen Abfluß des Biwa-Sees bildet. Die schmale Fahrstraße windet sich am steilen Ufer hin und wird oft, wie überhaupt die Talwege Japans, da und dort von Hochfluten und Regengüssen zerstört. Der 20 – 30 m breite, schnellenreiche Fluß ist ein vorzüglicher Kraftspender; auf einer Wanderung von einigen Stunden begegnet man in diesem Tal schon drei bedeutenden Kraftwerken, die den großen Städten der nahen Umgebung des Gokinai zugute kommen.

Abb. 1. Küstenterrassen bei Ōita in Nordostkyūshū.
Von einer 20 – 25 m hohen Terrasse (im Vordergrund) blickt man über Palmen, die hart an ihrem Rand stehen, auf das tiefere alluviale Vorland und im Hintergrund auf einen langen, etwa 100 m hohen Vorsprung zur Küste, der vermutlich in das Terrassensystem einzugliedern ist.

Abb. 2. Steile Abrasionsküste des Tertiärhorstes von Matsue,
an der den Winterstürmen sehr exponierten Nordseite Chūgokus, mit Klippen auf der Brandungsplatte.

Abb. 3. In der mittleren Inlandsee bei Takamatsu,
Blick auf den Ausläufer des Yashima-Yama (rechts). Der Berg besteht unten aus Granit, und das Bild zeigt das typische konvexe Profil der Granitinseln, in den steilen unteren Randpartien da und dort Lichtung der Vegetation durch Brandung und Spülung. Links im Hintergrund die ebenmäßigeren Formen von Andesitflächen.

Abb. 1. Küstenbild einer Granitinsel in der mittleren Inlandsee, bei Uno.
Die sanft gerundeten Formen sind mit Wald und lichtem Busch bedeckt, die steilen, entblößten Küsten (konvexes Profil) von der Brandung bearbeitet und von Regenrunsen durchzogen. In Buchthintergründen (links) geringe Anschwemmung.

Abb. 2. Blick von See auf den Hafen Uno vor Okayama in der Inlandsee.
Granitwände von 50 – 100 m Höhe, teils kahl, teils mit lichtem Busch bedeckt, geben dem kleinen Hafenwasserraum einen schroffen Rahmen, vor dem sich die kleine Hafensiedlung auf ausgemauerter Fläche hinzieht.

Abb. 3. Küste südlich der Tone-Mündung.
Unter den tertiär-diluvialen Auflagerungen des Kwantō kommt ein Kern älteren Gesteins zum Vorschein, der gleichsam einen der Stützpfeiler des Kwantō-Beckens bildet. Das Bild zeigt diesen exponiertesten Felsvorsprung der Ostküste Honshūs und seine Auflösung in Klippen, an denen die Brandung steht.

Abb. 1. Tone-Mündung und Fischerplatz Chōshi.

Wenige hundert Meter binnenwärts der vorbeschriebenen Brandungspfeiler steht man auf dem über 30 m hohen Diluvialplateau und blickt nordwärts über die davor am Ufer hingezogene Fischerstadt Chōshi auf die breite Mündung des Tone, in der noch die (von rechts hereinkommende) Brandung erkennbar ist, ferner auf die Nehrungsspitze, die das jenseitige Ufer bildet (rechts und mitten im Bild). Hinter der Nehrung und zum linken Bildrand hin begrenzt die diluviale Platte des Kwantō das Blickfeld.

Abb. 2. Strandbild im Fischereihafen Chōshi.

Große Fischereifahrzeuge, eigenartig in der Form, sind auf den sandigen Strand gezogen und in Reparatur genommen. Davor haben Fischer ihr Netz ausgebreitet und sind mit dem Flicken beschäftigt.

Abb. 3. Die Abrasionsküste bei Muroran mit Terrassen in verschiedener Höhe.

Abb. 1. Das Entladen der Ausbeute aus einem kleinen Fischereifahrzeug in Chōshi.

Wie bei den meisten Arbeiten in Japan sind verhältnismäßig viele Kräfte mit der gleichen Sache beschäftigt. Bezeichnend für alle hochsommerliche Tätigkeit im Freien ist der sehr verschiedene Zustand der Bekleidung und das um den Kopf gebundene Handtuch.

Abb. 2. Muroran auf Hokkaidō.

Eine Straße an der südlichen Außenküste, wo die Fischerei das Bild der Siedlung bestimmt. Die Aufbauten auf den Dächern der durchweg niedrigen Häuser dienen vor allem zum Aufhängen und Trocknen der Fische. (Die Dächer sind hier mit Schindeln, sonst vielfach mit Zink gedeckt.)

Abb. 1. Brandungsinseln der Matsushima-Gruppe im Golf von Sendai.
Die von der Brandung stark bearbeiteten Reste einer zerbrochenen und gesenkten Jungtertiärscholle bilden zum Teil den niedrigen Steiluferrahmen (sehr hellfarbige, hauptsächlich tuffige Bildungen) des Hafens Shiogama.

Abb. 2. Shiogama, der Hafen in seinen innersten Teilen.
Viele Fischerboote, geringe offene Frachtlager am Ufer und Trägerverkehr bestimmen das Bild, während es an allen technischen Einrichtungen des Hafenbetriebs fehlt (wie in den meisten japanischen Häfen mit Ausnahme der großen sowie der Kriegs- und Kohlenhäfen).

Abb. 3. Der Kohlenpier von Kushiro auf Hokkaidō,
wo die Kohlen von den nahen Minen in kleinen Wagen ankommen und direkt in die Schiffe verladen werden. Rechts im Hafen ein Baggerschiff.

Abb. 1. Meereswirtschaft bei Muroran.

Vor der Abrasionsküste von Muroran (Brandungshohlkehle) sind bei Niedrigwasser auf der breiten Brandungsplatte Männer, Frauen und Kinder mit Fischen, mit Abhacken von Seepflanzen und Sammeln von sonstigen Meeresprodukten zwischen den Blöcken beschäftigt.

Abb. 2. Miike, Kohlenhafen der großen Dampfer, an der Westküste Kyūshūs.

Das Bild zeigt an der Landbasis des Dockhafens die großen Kohleverlademaschinen. Unter einer solchen stehend blickt man auf die zweite und unter dieser hindurch auf die schwachen Konturen der dritten. Links von jeder ein großer Dampfer am Kai liegend zur Kohlenübernahme, rechts der Geleiskörper mit den Kohlenlagern.

Abb. 1. Petroleumgebiet mit Öltanks und Bohrturm bei Niizu,
im Hinterland des Hafens von Niigata, eines der großen Mittelpunkte der Ölzone an der Westküste von Nordhonshu.

Abb. 2. Die Niederungslandschaft um den Hafen Niigata in Nordhonshū.
Das breite Mündungsstück des Shinano bildet den Hafenwasserraum. Auf dem Fluß im Vordergrund Holzstapel schwimmend, um den Fluß Fabrikviertel (Petroleum, Papier, chemische Produkte).

Abb. 3. Flußmündungshafen Fushiki an der Westküste Nordhonshūs.
Reisstrohborden als ein typisches Frachtlager, davor Personenfährboot.

Abb. 1. Hafen von Tsuruga.
Blick von dem den östlichen Eckpfeiler des Hafens bildenden Bergrahmen auf das Binnenende des Hafens (rechts und vorn), links begleitet von offenen Lagerplätzen und Schuppen, weiter links anschließend Speicherviertel und Stadt (diese breit im Mittelgrund), die Ebene schroff begrenzt im Hintergrund von Granitbergland (Kuppen- und Plateauformen).

Abb. 2. Hafen Kagoshima in Südkyūshū.
Der Hafenwasserraum liegt zwischen dem Vulkankegel des Sakurashima und dem Westufer der Bai. Am Kai stehend blickt man auf einen Ausschnitt der einst zu Verteidigungszwecken errichteten Hafenforts und auf den Vulkan.

Abb. 3. Der Yashima-Yama (Dachinsel-Berg),
der den Hafen Takamatsu flankiert. Die Tafelform und das konvexe Hangprofil erhält er durch Andesitüberguß auf einem Granitsockel.

Abb. 1. Misumi, steilufriger Sundhafen an der Westküste Kyūshūs.
Auf der Seite der Hafensiedlung liegt am Ufer ein Restaurationsschiff, wie man sie oft auch auf Flüssen und in Städten sieht.

Abb. 2. Itosaki an der Nordküste der Inlandsee,
einer der wenigen Fremdhäfen in dieser. Er hat eine treffliche Naturreede, deren Gebirgsumrahmung den Hintergrund des Bildes abgibt. In der Mitte liegt ein großer Frachtdampfer, umringt von Küstenseglern, die seine Fracht anderen Küstenplätzen der Inlandsee vermitteln. Im Vordergrund Segler des Koreadienstes.

Abb. 1. Takamatsu an der Nordküste Shikokus,
ein reiner Molenhafen zwischen Inseln und Bergen. Der Yashima-Yama, dessen langgestrecktes Plateau das Bild links hinten abschließt, bildet zwar einen Eckpfeiler, aber keinen genügenden Schutz für den Hafen. Dieser ist daher von einem rechteckigen Molensystem umzogen; hinter dem Bug des Dampfers zwei Molen im rechten Winkel gegeneinander strebend. Rechts geht der Blick an schräg geböschter Kaimauer entlang, rechts von dieser aufgeschüttetes Neuland.

Abb. 2. Takamatsu, Hafen.
Links Inlandseedampfer am Schwimmpier, in der Mitte und rechts Blick in den Hafenausgang. Durch ihn zieht ein Schleppdampfer ab, der auf zwei breiten Booten je drei Eisenbahn-Güterwagen hinausfährt. Auf diese Weise wird das Salz, das in den Gärten um Takamatsu reichlich gewonnen wird, nach Uno auf der anderen Seite der Inlandsee hinüberbefördert und geht dort auf den Bahnlinien weiter.

Abb. 3. Tadotsu an der Nordküste Shikokus.
Kleiner Personendampfer am Schwimmpier, beides typisch für die Zwischenhäfen der Inlandsee.

Abb. 1. Kōbe, Ausschnitt aus dem Hafenlandraum.
Links eine Front von neuen, mehrstöckigen Speichern aus Eisenbeton, davor herlaufend (durch die Mitte des Bildes) ein breiter Kaiweg, von dem nach rechts ein Teil der großen, neuen Hafenbecken und -zungen abgeht, ausgestattet mit Kränen aller Art und mit Lagerschuppen, von denen eine Anzahl mit ihren landseitigen Giebeln in das Bild treten.

Abb. 2. Kōbe, Flußregulierung.
Auf dem schmalen Schuttkegelband, das die Stadtfläche von Kobe bildet, sind zwei Flüsse künstlich verlegt, um Stadt und Hafen von ihrem störenden Lauf zu befreien. Das Bild zeigt zwischen hohen Deichen das künstliche Bett des einen, des Shin-Minatogawa, und zwar im Zustand der Trockenzeit; die Breite gibt einen Begriff von den Fluten, die er gelegentlich fassen muß. Darüber erhebt sich der Granithorst des Rokkō-San, an den sich die Stadt mit ihrer langen Rückseite lehnt.

Abb. 1. Ōsaka, einer der Kanäle.

Ōsaka hat in seinem alten Kern das ausgedehnteste Kanalsystem unter den Städten Japans. Die bis um 50 m breiten Kanäle, die wie die Straßen in nordsüdlicher und ostwestlicher Richtung laufen, bewältigen einen großen Teil des Frachtverkehrs. Das Bild gibt einen Blick in einen der Nordsüdkanäle, den Higashi Yokobori; typisch ist das Fehlen der Straße am Wasser entlang, dafür eine rein gewerbliche Front mit Lagerplätzen, Handels- und Gewerbebetrieben.

Abb. 2. Ōsaka, Stadtkern.

Blick in eine der zahlreichen engen Straßen im Stadtkern, der zur Handelszentrale entwickelt ist. An ganzen Straßen entlang liegen vor den Häusern japanischer Bauart Haufen von Kisten, die gepackt oder geleert werden, zwischen denen hochgeladene Handkarren, Rikschas, Fußgänger und Radler sich bewegen. Auch hier die dichten Masten und Drähte.

Abb. 1. Ōsaka, Straße.

Blick in die etwa 25 m breite, von Baumreihen begleitete Straße, die aus dem Herzen der Stadt schnurgerade zum Hafenpier führt. Bezeichnend für japanische Städte überhaupt, besonders für das betriebreiche Ōsaka, ist das dichte Netz der Leitungsdrähte. Die Bauweise ist hier draußen vorwiegend japanisch, zum Unterschied von einem Teil des inneren Stadtkerns.

Abb. 2. Ōsaka, Hafen.

Kaimauer mit modernen eisernen Kaischuppen und anliegenden großen Dampfern, rechts im Hintergrund weitere Schuppenreihen. Am Kai Pferdewagenverkehr und maschineller Betrieb durch Laufkräne, längsseit des Dampfers Leichter.

Abb. 3. Yokkaichi, Kanal im Hafenlandraum.

Im Hafenlandraum eine Front von Lagerhäusern altjapanischen Stils in schwarzer und weißer Farbe. In älterer Zeit hatte unter den Häfen der Ise-Bucht Yokkaichi die Hauptbedeutung, während Nagoya erst in jüngster Zeit zum eigenen Leben erwacht ist.

Abb. 1. Nagoya, Holzspeicherteich.

Der Haupthafen der Ise-Bucht liegt an einem Mündungsarm des Kiso, der aus den hohen Waldgebirgen Zentraljapans kommt und schon in der früheren Geschichte für die Holzversorgung des Landes große Bedeutung gewann. Diese hat sich auch in der heutigen Zeit, in der die Holzzufuhr mehr von außen erfolgt, erhalten, damit auch die Spezialität der alten Holzspeicherteiche, zu denen noch größere neue getreten sind. Das Holz wird in ihnen mit Paternosterwerken und sonstigen Vorrichtungen zu regelmäßigen Stapeln geschichtet, um später in Sägemühlen, Kistenfabriken, zum Hausbau usw. Verwendung zu finden.

Abb. 2. Nagoya, Kanal.

Die Verbindung zwischen Hafen und Stadtkern wird am meisten durch zwei große Längskanäle zu beiden Seiten des schmalen Diluvialsporns besorgt. An ihnen hat sich auch die neuerdings stark ausgedehnte Industrie besonders ankristallisiert. So zeigt das Bild am Horikawa-Kanal entlang sowohl kleine Werften und Lagerplätze für Kohlen, Holz, Bambus und vielerlei Waren als auch einen intensiven Bootsverkehr.

Abb. 1. Shimizu, Hafenreede.
Der einzige namhafte Hafen der Suruga-Bucht wird nach außen von einem niedrigen, baumbestandenen Sandhaken begrenzt. Das Bild zeigt den Blick auf dessen Endstück, davor einige auf der Außenreede liegende größere Dampfer und ein Baggerschiff.

Abb. 2 Shimizu, Hafenbetrieb.
Kein anderer Hafen Japans ist, und war es namentlich bis vor kurzem, so ausschließlich der Tee-Exporthafen wie Shimizu. Das Bild zeigt in einem kleinen Ausschnitt des Hafens Boote mit teegefüllten Kisten.

Abb. 1. Yokohama, Stadtfeld.
Der Hauptteil der Stadt ist in eine westöstliche Flußniederung zwischen Diluvialplateaus gebettet. Das Bild gibt einen Blick vom südlichen Plateaurand, dem Bluff, durch eine der typischen, schluchtartig zwischen den durch Mauern verfestigten Hängen abwärts führenden Straßen über die Stadtniederung auf die jenseitige Plateaukante.

Abb. 2. Yokohama, Stadtkanal.
Die Alluvialebene, die den Stadtkern trägt, ist von einem Netz breiter Kanäle durchzogen. Vom großen Erdbeben 1923 wurden diese streckenweise völlig zerrüttet. Im Bild fällt der Blick auf eine 1926 noch im Wiederaufbau begriffene Uferstrecke des Kanals, der den Fuß des Bluffs begleitet.

Abb. 1. Yokohama, Stadtkanal.
Blick an dem parallel hinter der Wasserfront laufenden Kanal entlang auf eine der diluvialen Plateauzungen. Von der Bedeutung der Kanäle für die Verbindung von Stadt und Hafen zeugt der rege Bootsverkehr und der Warenstapel an der Uferstraße (rechts).

Abb. 2. Yokohama, Hafenbau.
Der japanische Hafenbau verwendet vielfach das System der Betonkästen, die an Land hergestellt, dann hinausgeschleppt, mit Wasser gefüllt und versenkt werden. Das Bild zeigt weibliche Arbeiter beim Zimmern des Gerüstes für einen solchen Betonkasten.

Abb. 1. Ein Modell des Hafens Yokohama,
wie er nach dem in Angriff genommenen neuesten Ausbau sich darstellen wird. (Aus: Yokohama the Gateway to the Orient, published by the City Office, 1928.)

Abb. 2. Tōkyō, Hafenbetrieb.
Der Hafen von Tōkyō, der jetzt in größerem Ausbau begriffen ist, bot bisher nur kleinen Dampfern Zutritt in die innersten Teile. Im Bild liegt ein mittelgroßer Dampfer auf der Reede, von Leichtern umgeben. Die großen Überseedampfer kommen überhaupt nicht nach Tōkyō, da es dem Fremdverkehr verschlossen ist, sondern ausschließlich nach Yokohama. Daher besteht zwischen diesen beiden ein besonders reger Austausch der Frachten durch Leichter und Schlepper. Das Bild zeigt gleichzeitig zwei der typischen Schleppzüge, die sich begegnen.

Abb. 3. Tōkyō, Hafenforts.
Der Hafen benutzt die Sumida-Mündung. Da diese sich rasch nach außen verbreitert, muß ein Schutz gegen die offene Tōkyō-Bai bestehen. Als solcher dient eine vorläufige Wellenbrecherlinie, die über eine Reihe von niedrigen alten Forts läuft. Zwei von diesen zeigt das Bild, das eine hinter den Segelbooten, das andere zwischen ihnen und dem Dampfer.

Abb. 1. Tōkyō, Hafenkai.
Am rechten Ufer des Sumida liegt eine lange Front moderner Hafenschuppen, einstöckig, in Eisenkonstruktion, davor kleine Dampfer der Küstenschiffahrt.

Abb. 2. Tōkyō, Handelsviertel.
Eine Straße im Großhandelsviertel Marunouchi, das nach dem Erdbeben von 1923 im einheitlichen Stil europäischer, mehrstöckiger Backsteinbauten wieder erstanden ist.

Abb. 1. Tōkyō, Ober- und Unterstadt.
Um die Sumida-Mündung liegen breite Bänder alluvialen Landes. Darüber erhebt sich das randlich zerschluchtete diluviale Plateau. Die Stadt zieht sich über beide Flächenelemente hin, so daß deren Grenze ziemlich meridional durch das Stadtfeld zieht. Im Bilde blickt man (nördlich des Schlosses) von der Oberstadt über den ausgemauerten Rand der diluvialen Platte hinab auf die Unterstadt.

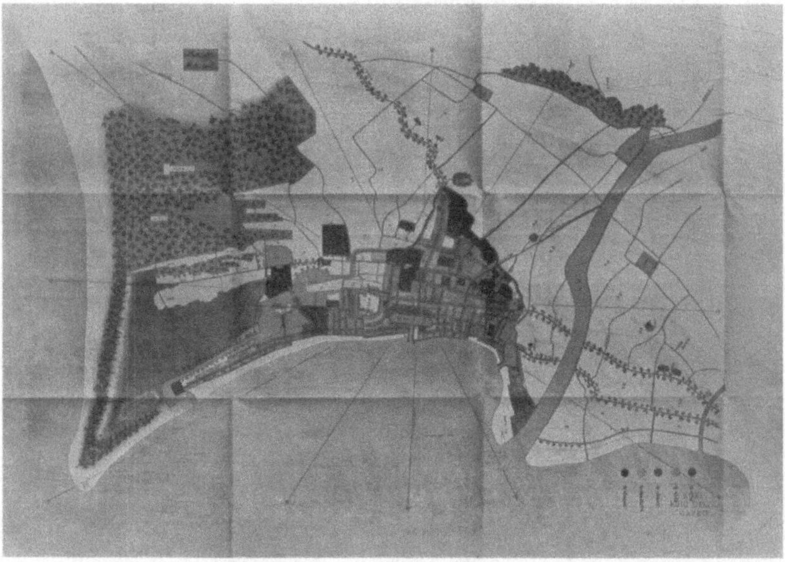

Abb. 2. Hafen Hyōgō vom Ende des 17. Jahrhunderts,
nach einer japanischen Karte (ungef. nach W. orientiert). Rechts durchzieht der Minatogawa die Abdachungsfläche und treibt seinen Mündungsfächer vor. Seitlich von ihm zieht von engem Eingang aus ein längliches Becken in die Stadt, weiterhin folgt in der Mitte der Stadtfläche ein parallel zur Küste gestelltes an der Mündung eines Flusses, noch weiter rechts ein größeres Beckensystem. Die Stadt hat erst geringe Ausdehnung im Hintergrund der schwachen Buchtbiegung. (Die Karte ist ebenso wie die beiden folgenden der im Text unter Kōbe angeführten japanischen Quelle entnommen.)

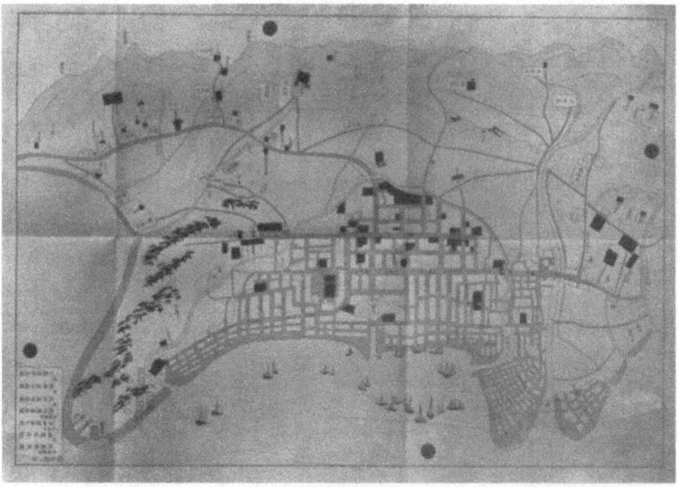

Abb. 1. Hafen Hyōgō im Zustand von 1869,
nach einer japanischen Karte (ungef. nach W. orientiert). Rechts im Bild die Mündung des Minato, seitlich desselben ein kleines Becken, weiterhin in der Mitte der Stadt ein Becken mit kurzem Ausgang zum Hafen. Die Stadt zieht sich schon mondsichelartig um den flachen Buchtbogen zwischen dem südlichen Vorsprung und dem des Minato.

Abb. 2. Hafen Kōbe im Zustand von etwa 1865,
nach einer japanischen Karte (nach N. orientiert). Rechts mündet der Ikuta-Fluß. Von hier zum Minato (links) schwingt sich ebenso flach gebogen wie bei Hyōgō die Küste, der sich die Stadt mit ihrem Grundriß anschmiegt. Als eigenes Glied in ihm hebt sich am östlichen Ende das neue Settlement ab, mit dem kleinen Hafenbecken davor.

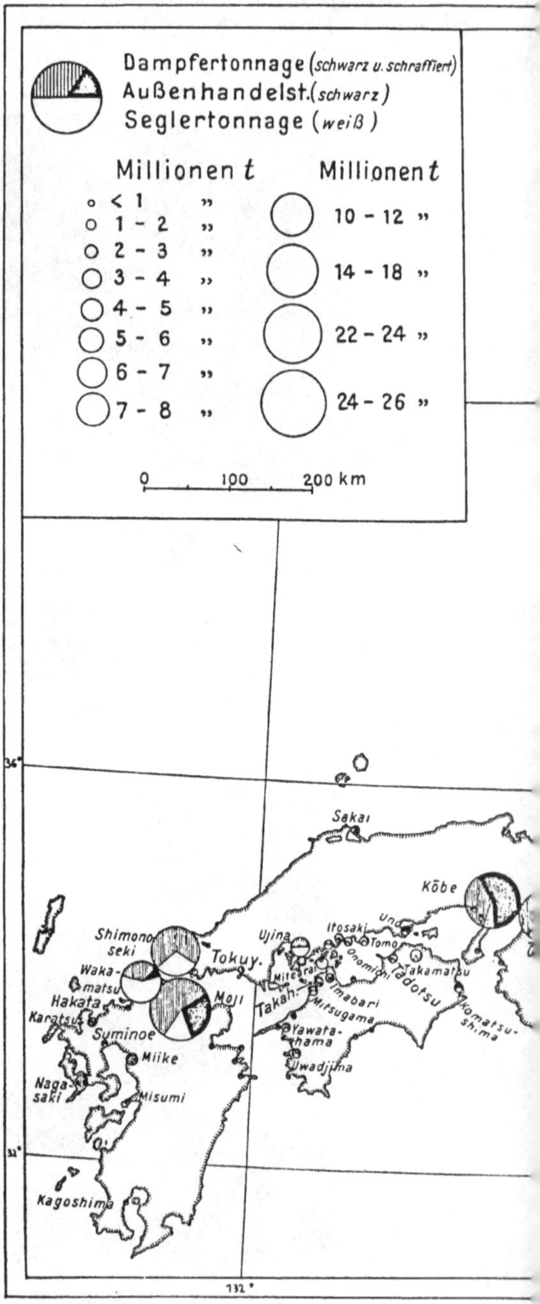

Schiffsverkehr (einlaufende Schiffe

Die großen schwarzen Kreisausschnitte lassen herv
zusammen die Hochstraße des Außenhandels bild
nicht geringeren, meist sogar größeren Anteil der
Verhältnis bei den Hokkaidō-Häfen. Sehr zurück
Segler. Im gesamten Schiffsverkehr schließlich steht

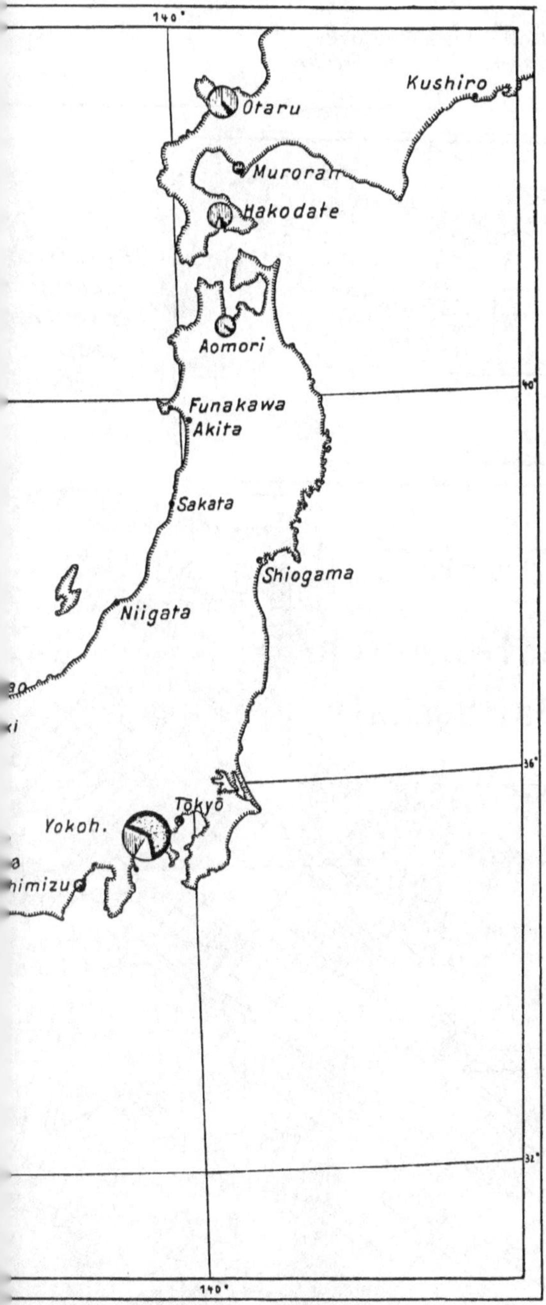

-en Häfen in Brutto-Reg.-Tonnen.

-ie Inlandsee und die südliche Außenseite Honshūs -mlichen Zone zeigen die großen Häfen aber einen -Dampfertonnage (schraffiert). Verstärkt ist dieses -zteren die im Süden noch ansehnlich vertretenen -nachlässigt fast die ganze Flanke des Ura-Nihon da.

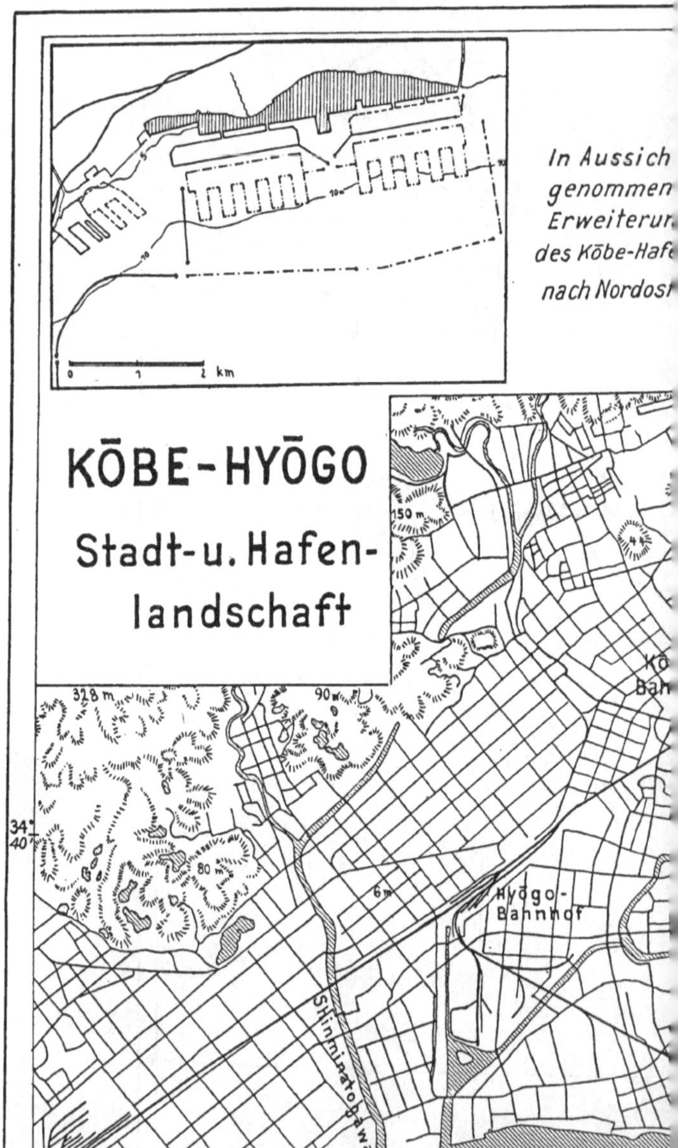
In Aussich
genommen
Erweiterur
des Kōbe-Hafe
nach Nordost
0
1
2 km
KŌBE-HYŌGO
Stadt-u. Hafen-
landschaft
150 m
328 m
90 m
34°
40'
80 m
6 m
Hyōgo-
Bahnhof
Shinminatogawa

135°12'
302 m
147
Station
Higashinada
Stahlwerk
Shinkitagawa
5 m
Kōbe
Stahlwerk
Kawasaki
Werft
[Settlement]
10 m
Amerika-
Hatoba
Kōbe-
Hafen
Hyōgo-
Hfn.
Eisenbahnen
Straßennetz
Zollhauskais
Binnenhandelskais
Außen „
Erweiterung
Aufschüttungen
Bojen
zu entfernen
0
500
1000 m
34°
40'
135°12'

Kana-
gawa
n. Kōbe
Hafen-Bahn
Central-
Markt
Güter
Bhf
62000 qm
Gebiet für Binnen-
Handel
Innerer
Hafen
Außenhandel
335000 qm
Werft-
Gebiet
Zoll-
piere
Landungs-
pier
STADT
KERN
Bluff
Holz-
Becken
Bisherige Wellen
brecher
5m
10m
9m
11m
12m
7,3m
10m
12m
12m
5m
35°
27'5

n. Tōkyō
Tsurumi-Fluß
Industrie-
Gelände
Asano-
Werft
rie-Zone
spätere
schüttung
5m
10m
15m
im Bau
35°
27'5
Hafenanlagen
von
YOKOHAMA
Wasserfläche
Aufschüttung
Eisenbahn
Straßenbahn
Isobathen
0
500
1000
1500
2000 m

Herkunft von Japans Import nach

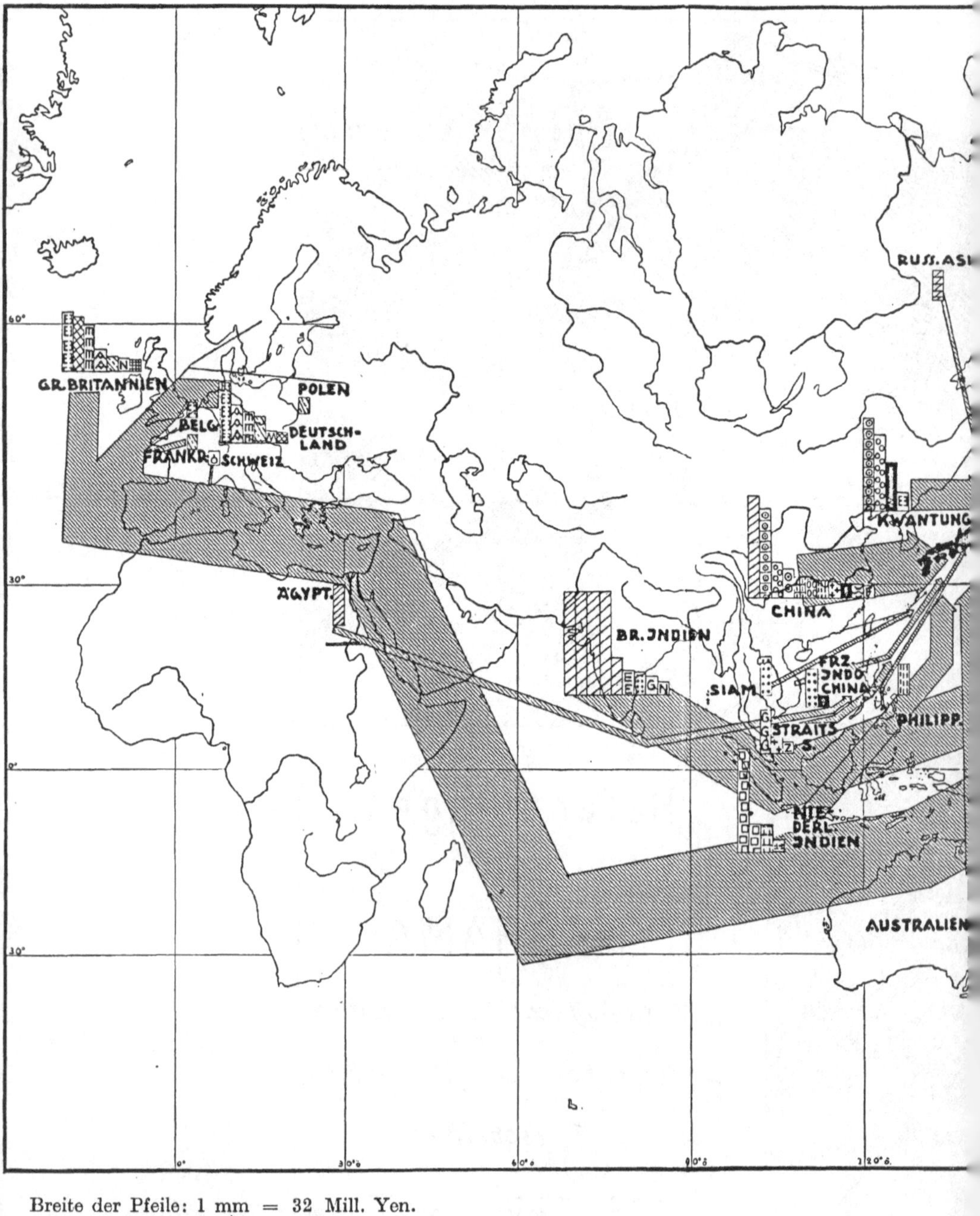

Breite der Pfeile: 1 mm = 32 Mill. Yen.
Höhe der Säulen: 1 mm = 3.2 Mill. Yen.
Rechts unten: Gesamtwert des japanischen Imports in den einzelnen Waren (im nämlichen Maßstab der Säulen).

'arengattung (Mittel von 1927—28).

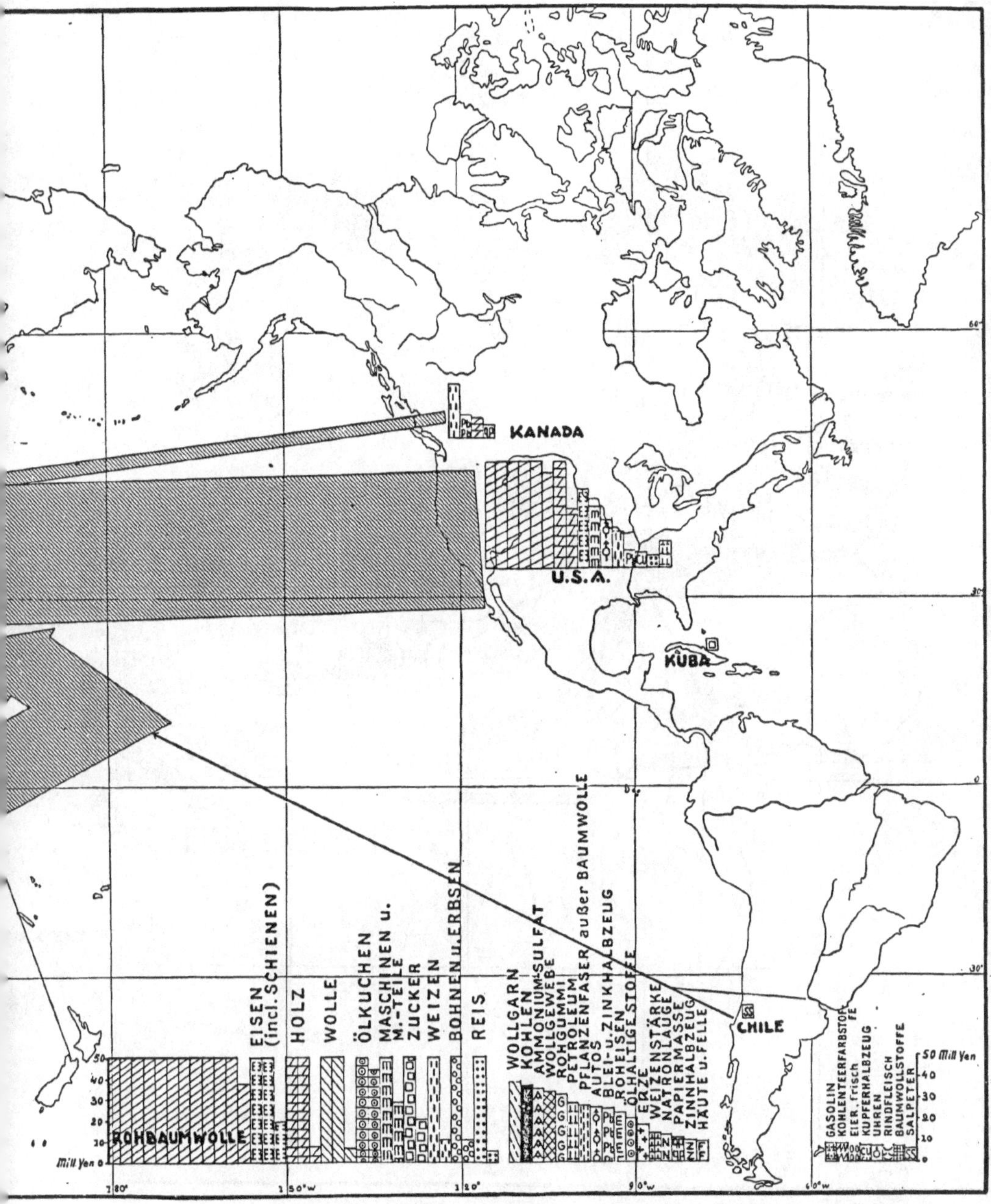

Es sind nur Waren eingetragen, deren Importwert aus dem einzelnen Lande mindestens 5 Mill. Yen erreicht.

Andere Waren, die aber für Japan noch einen Gesamtimportwert von mindestens 5 Mill. Yen ergeben, sind: Phosphorit, Leder, Aluminium, elektrische Maschinen, Druckpapier, Rindertalg.

Verteilung von Japans Export nach

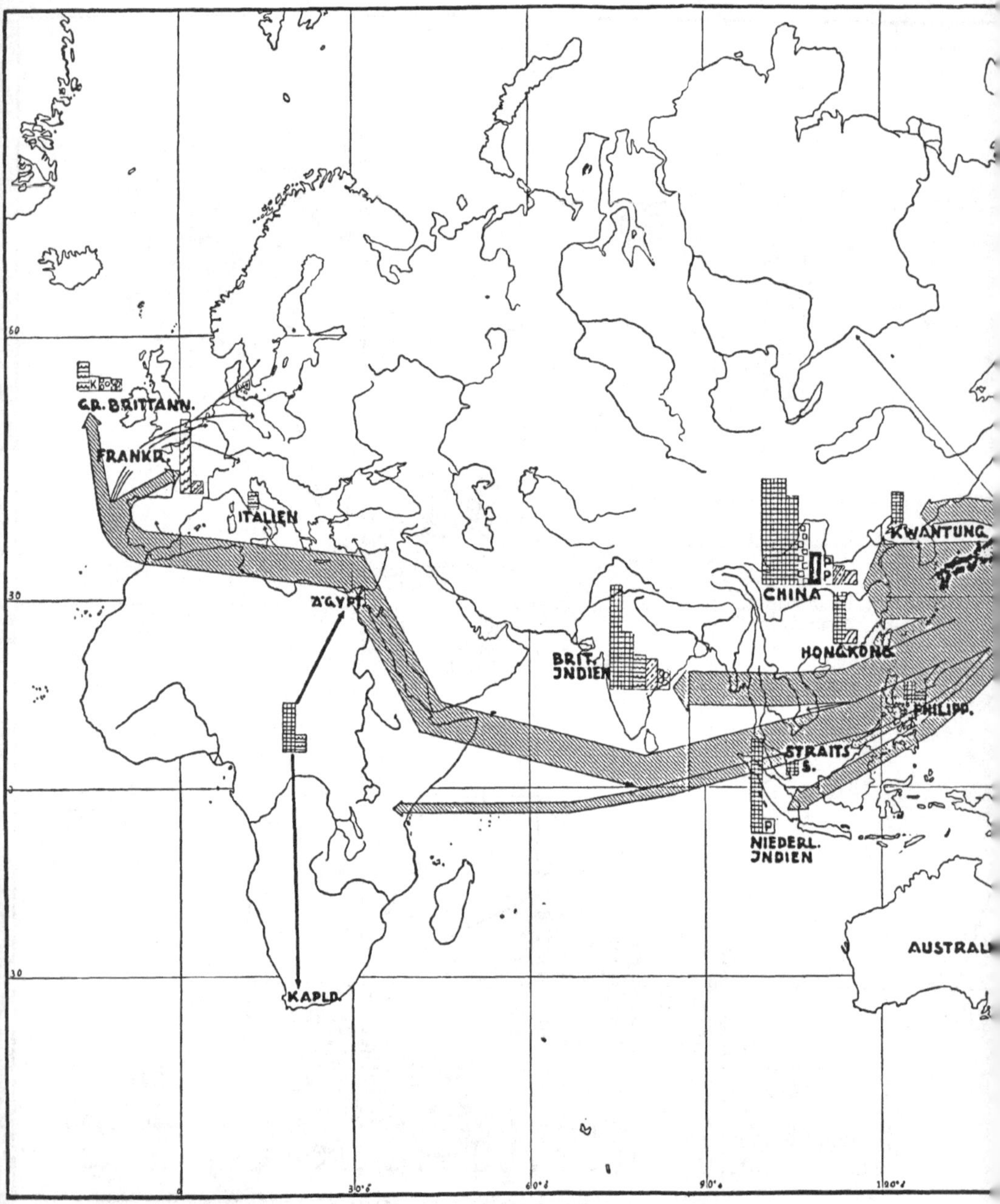

Breite der Pfeile: 1 mm = 32 Mill. Yen.
Höhe der Säulen: 1 mm = 3.2 Mill. Yen.
Rechts unten: Gesamtwert des japanischen Exports in den einzelnen Waren (im nämlichen Maßstab der Säulen).

Varengattung (Mittel von 1927—28).

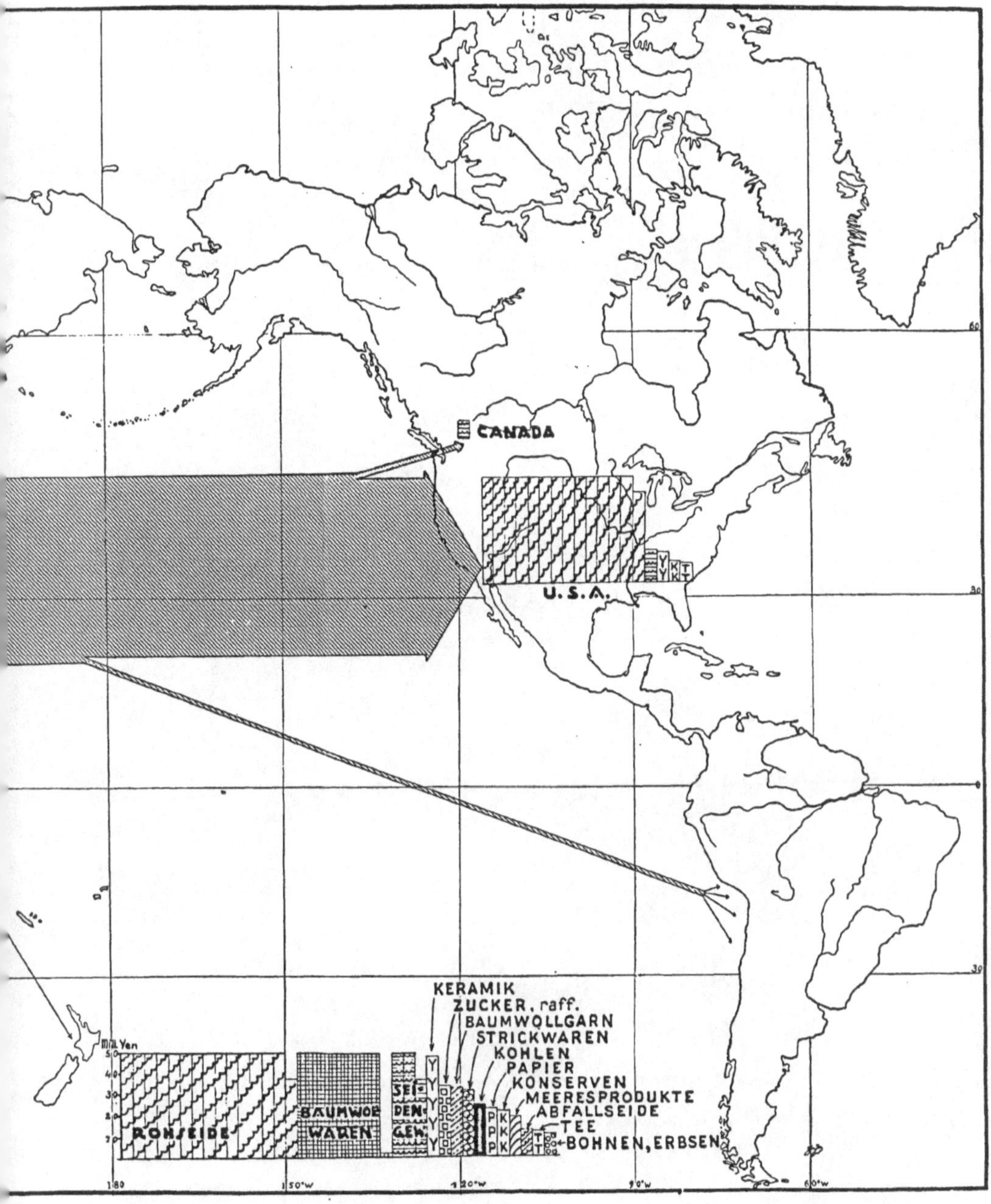

Es sind nur Waren eingetragen, deren Exportwert nach dem einzelnen Lande mindestens 5 Mill. Yen erreicht.

Andere Waren, die aber für Japan noch einen Gesamtexportwert von mindestens 5 Mill. Yen ergeben, sind: Wolle, Eisenwaren, Maschinen und -teile, Hüte, Spielzeug, Knöpfe, pflanzliche Öle, Lampen und -teile, Zement, Rohstoff für Hüte, Zündhölzer, Kampfer, Bürsten, Gummireifen.

Karte d

rg. Bd. XLII.

iedlungsräume

n Japan

von

Mecking

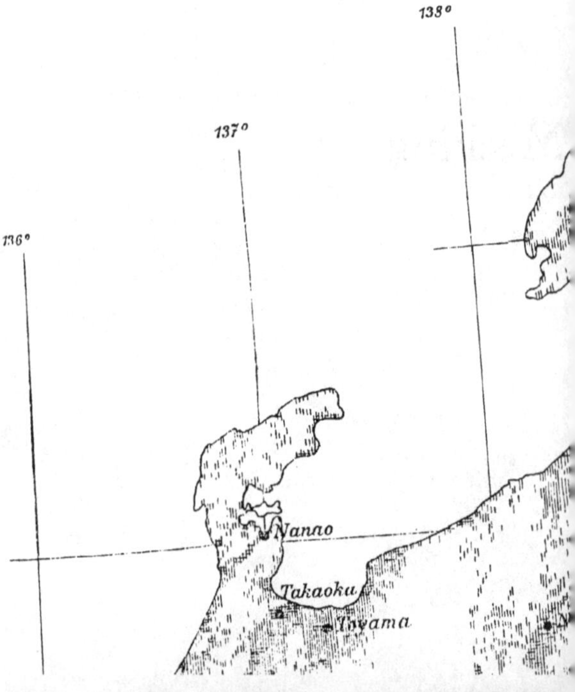

138°
137°
136°
Nanao
Takaoka
Toyama

Tafel 29

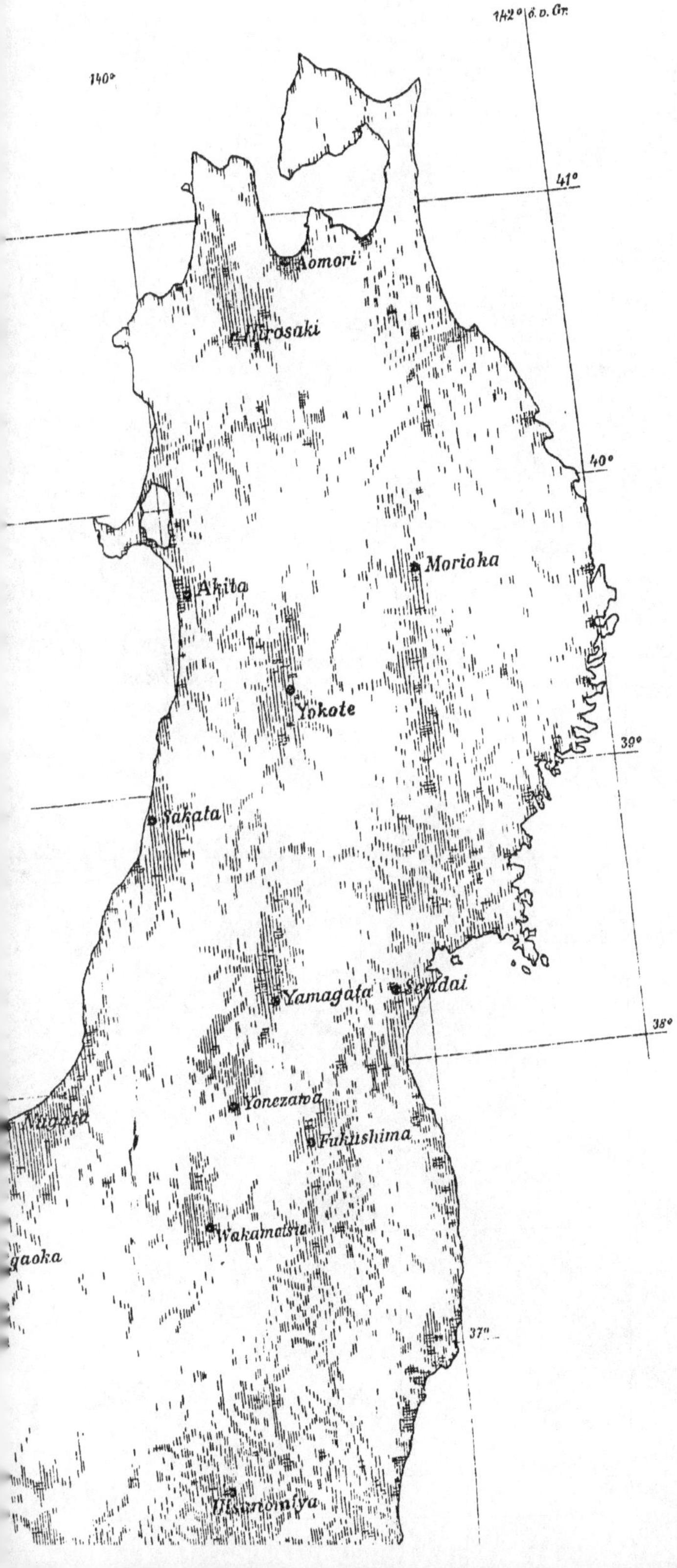
142° ö. v. Gr.
140°
41°
40°
39°
38°
37°
Aomori
Hirosaki
Akita
Morioka
Yokote
Sakata
Yamagata
Sendai
Yonezawa
Niigata
Fukushima
Wakamatsu
gaoka
Utsunomiya

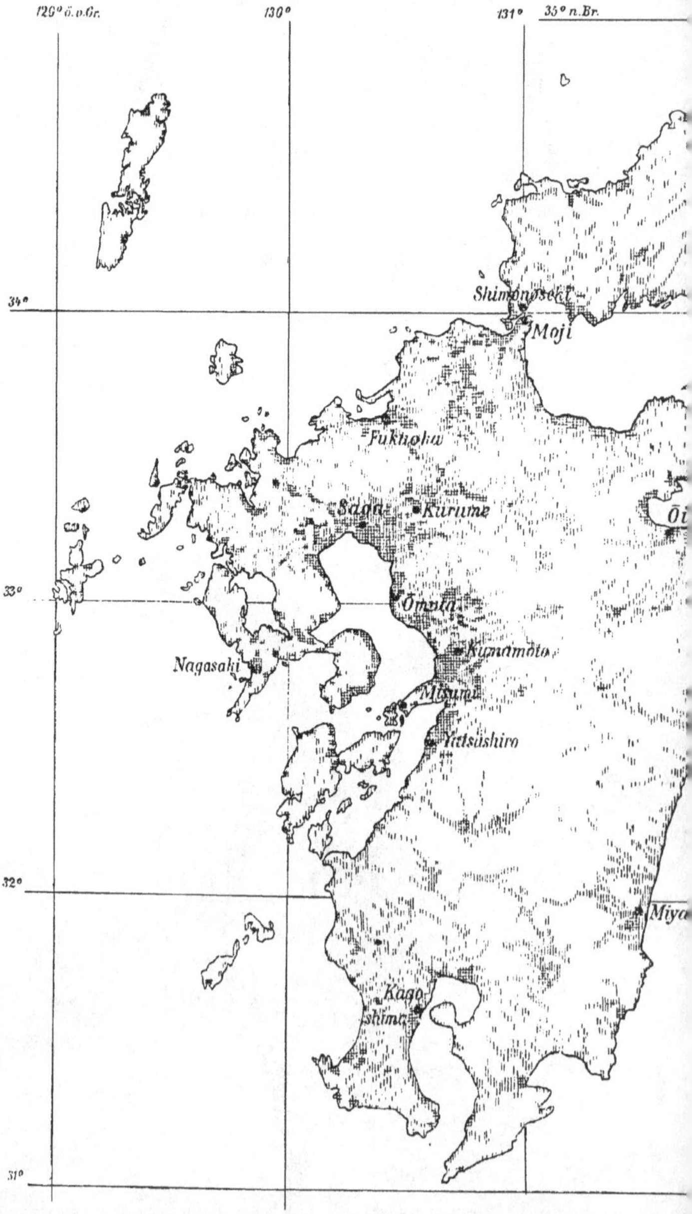

129° ö. v. Gr.
130°
131°
35° n. Br.
34°
33°
32°
31°
Shimonoseki
Moji
Fukuoka
Saga
Kurume
Ōmuta
Kumamoto
Nagasaki
Misumi
Yatsushiro
Kago-shima

133°
134°
135°
Sakai
Matsue
Yonago
Tottori
Okayama
Akashi
Fukuyama
Hiroshima
Onomichi
Kure
Takamatsu
Tokushima
Jmabari
Matsuyama
Kōchi

Die Karte soll in erster Linie die für Japan
Siedlungsöden hervortreten lassen. Innerh
eine dreifache Unterscheidung, so daß im ga
(doch ohne streng zahlenmäßige Abgrenzung)

1. weiße Flächen = ganz unbesiedelt,
2. isolierte oder licht gestreute senkrechte Str
3. dicht geschlossene senkrechte Striche = dic
4. gekreuzte Striche = sehr dicht besiedelt
   Küstenebenen).

·hen Siedlungszellen und
·en gestattet sie immerhin noch
Hauptstufen der Dichte
·erden:

·ch oder mäßig besiedelt,

· Siedlungskammern, besonders

ANHANG

zu

Mitteilungen der Geographischen Gesellschaft in Hamburg

Band XLII.

Inhalt:

HAMBURG

Friederichsen, de Gruyter & Co. m. b. H.

1931

Druck von J. J. Augustin in Glückstadt und Hamburg.

Veranstaltungen der Gesellschaft.

A. Allgemeine Sitzungen.

519. Sitzung. 9. Oktober 1930.

Vorsitz: Prof. Dr. Schlee.

Vortrag: Professor Dr. Bredemann, Direktor des Hamburgischen Staatsinstituts für angewandte Botanik: „Reiseeindrücke aus Syrien, Palästina und Ägypten 1930" (mit Lichtbildern und Vorzeigung einer umfangreichen Auswahl aus den mitgebrachten Sammlungen).

Der Vortragende machte im Frühjahr d. Js. eine dreimonatige Studienreise, die ihn, beginnend von Beirut, kreuz und quer durch die nach dem Kriege neu geschaffenen Staaten und Mandatsländer des früher zum Türkischen Reich gehörenden Gebietes führte, zunächst durch die Libanon-Republik, den Alaouitenstaat und Syrien, die unter französischer Herrschaft stehen, dann durch das englische Mandatsgebiet Palästina und von da nach Ägypten. Vortragender war während des Krieges zwei Jahre in Obersyrien und Mesopotamien im Dienste des Türkischen Landwirtschaftsministeriums tätig, so daß es besonders interessant war, die dort inzwischen eingetretenen veränderten Verhältnisse zu beobachten.

Der Verkehr in Syrien und Palästina ist durch den Bau guter Autostraßen jetzt sehr erleichtert. Zwar ist durch diese Modernisierung des Verkehrs manche Poesie verloren gegangen, und man trifft auf den guten Straßen die alten stimmungsvollen Karawanenbilder kaum noch. Dafür kann man aber Strecken, zu denen man früher auf Reittieren einen vollen Tag benötigte, jetzt in einer Stunde bequem und sicher zurücklegen. Auch die Ortschaften, durch die die neuen Straßen führen, haben ihr Bild grundsätzlich geändert. Nur abseits des großen Verkehrs ist das alte orientalische Bild noch das gleiche geblieben, und die alten Transportmittel, Kamele, Esel, Maultiere spielen dort als Zubringer noch eine große Rolle. In den Bazaren sieht man nicht mehr so viele schöne orientalische Eigenarbeit, sondern viel europäische Waren, oft Kitsch. Deutsche Waren findet man überall in Syrien, Palästina und Ägypten ziemlich viel, überall photographische und optische Artikel, viel deutsche Bleistifte und Schreib- und Zeichenmaterialien, ferner pharmazeutische und kosmetische Artikel und zwar z. T. billiger als bei uns. Man fragt sich unwillkürlich, wie billig sie im Großhandel abgegeben werden müssen, um trotz des Transportes und Zolles zu diesen niedrigen Preisen verkauft werden zu können, und wie verhältnismäßig teuer wir sie in der Heimat bezahlen müssen, damit sie zu diesen so viel niedrigeren Preisen exportiert werden können.

Beirut, die Hauptstadt der Républiquc Libanaise, ist eine moderne Stadt, jetzt wohl das Haupthandelszentrum Syriens. In Beirut sind zwei Universitäten, eine französische und eine amerikanische, letztere großzügigst eingerichtet mit verschiedenen ganz neuen naturwissenschaftlichen Instituten, gegen die manche unserer Hamburgischen Universität verblassen müssen. In Beirut und Umgebung haben sich nach dem Kriege viele Armenier konzentriert, die aus der Türkei geflüchtet sind und jetzt dort größtenteils unter primitivsten Verhältnissen leben. Deutsche, amerikanische, dänische und andere Wohltätigkeitsgesellschaften nehmen sich dieser Unglücklichen nach Möglichkeit an und haben zu ihrer Beschäftigung verschiedene neue Industriezweige eingerichtet, Teppichknüpferei, Rohr- und Weidenstuhlflechterei, Besenbinderei usw.

Auch Aleppo und Damaskus haben sich sehr modernisiert. In Damaskus liegt das Zentrum der Stadt noch vom Bombardement der Franzosen im Drusenaufstand in Trümmern, der berühmte Bazar ist ziemlich unversehrt geblieben.

Für deutsche Betätigung dürfte in Syrien sowohl als auch im Küstengebiet des Libanon- und Alaouitenstaates nicht viel Aussicht bestehen, deutsche landwirtschaftliche Siedlung kommt gar nicht in Frage, ebenso Anstellung in öffentlichen Ämtern.

In Palästina, das durch die zionistischen Bestrebungen in den letzten Jahren ziemlich viel von sich reden macht, ist es interessant, diese an Ort und Stelle zu studieren. Man muß bei der jüdischen Siedlungsarbeit scharf unterscheiden zwischen den jüdischen Kolonien alten Stiles, die der Baron Edmund v. Rothschild vor etwa 50 Jahren unter Investierung von 80 bis 100 Millionen Goldfrank auszubauen begann, und den neuen zionistischen Kolonien. Zu den Rothschildschen Kolonien gehören die berühmten Weinkeltereien in Richon-le-Zion, die die zweitgrößten Kellereien der Welt besitzen, ferner eine Reihe Küstenkolonien Samarias mit ausgedehnten Orangen-, Mandel-, Wein- und Olivenpflanzungen und ferner solche am Tiberias- und Meromsee. Auf diesen Kolonien wurde allerdings größtenteils mit arabischen Arbeitern gearbeitet. Als dann nach der ersten russischen Revolution unter dem Einfluß der zionistischen Bewegung jüdisches Proletariat aus den Pogromgebieten nach Palästina gebracht wurde, um jüdische Arbeit auf jüdischem Boden zu schaffen, d. h. die arabischen Arbeiter durch jüdische zu ersetzen, gelang das nur zum kleinen Teil. Es kam daher der Gedanke auf, die jüdischen Arbeiter, die in den alten jüdischen Siedlungen keinen Fuß fassen konnten, selbständig zu machen, und so entstanden die ersten zionistischen Siedlungen, die sich inzwischen stark vermehrt haben. Der Boden, der von dem aus Sammlungen der Juden der ganzen Welt zusammengebrachten jüdischen Nationalfonds aufgekauft wird, bleibt Eigentum dieses Fonds und wird an die Siedler verpachtet. Die ersten Siedlungen waren Gemeinschaftsbetriebe, eine Art von Kollektivwirtschaften, die von je etwa 25 Familien gemeinsam betrieben wurden und noch werden. Die neue Form ist etwas anders, indem jede Familie für sich arbeitet, und die

Allgemeinheit nur in besonderen Fällen bei Krankheiten usw. zu helfen hat. Gegenwärtig befinden sich etwa 120 000 ha in jüdischem Besitz, davon 30 000 im Besitze des Nationalfonds, 40 000 im Besitze der Rothschildschen Unternehmungen und 50 000 in jüdischer Privathand. Die jüdische Bevölkerung hat sich von 57 000 im Jahre 1919 auf 165 000 Ende 1929 vermehrt. Davon aber 130 000 in den Städten, besonders in Jerusalem, das mit 86 000 Einwohnern zu 62 Prozent jüdisch ist, ferner in Haifa, Jaffa und besonders in Tel-Aviv. Letztere Stadt, erst 1909 als Gartenstadt vor den Toren Jaffas gegründet, besteht heute aus 40 000 Einwohnern, ohne Ausnahmen Juden, auch alle öffentlichen und privaten Dienste werden von Juden verwaltet und durchgeführt.

Der Prozentsatz der jüdischen Bevölkerung gegenüber der Gesamtbevölkerung Palästinas beträgt heute rund 20 Prozent gegenüber 80 Prozent Araber. Die starke Ausdehnung jüdischen Einflusses hat, wie man das verstehen kann, bei der arabischen Bevölkerung große Unruhe hervorgerufen, die im vorigen Jahre zu bedauerlichen Ausschreitungen führte, bei denen viele Juden getötet und wertvolle Anlagen zerstört wurden. Die Ruhe ist zwar wieder hergestellt, aber eine große Spannung besteht fraglos nach wie vor.

Sehr zur Hebung der Landwirtschaft hat die zionistische landwirtschaftliche Versuchsstation in Tel-Aviv beigetragen, an der auch deutsche jüdische Gelehrte tätig sind, ebenso wie an den jüdischen Universitäten Jerusalems. Neben den Hauptkulturen Palästinas: Getreide, Wein, Oliven, Mandeln und Feigen, werden in neuerer Zeit Bananenpflanzungen und besonders die berühmte Jaffa-Orange sehr gefördert, der Export der letzteren betrug 1929/30 bereits 3 Mill. Kisten im Werte von 20 Mill. Mark, gegen erst 300 000 Kisten in 1919.

Auch industrielle Unternehmungen, an denen die Juden z. Zt. mit 67 Prozent beteiligt sind, beginnen sich zu vermehren. Man plant z. B. Elektrisierung des ganzen Landes durch Ausnutzung des starken Jordangefälles, vermehrte Ausnutzung des Salzgehaltes des Toten Meeres, das auch Kalisalze enthält, usw.

Das deutsche Element ist in Jerusalem ziemlich zahlreich vertreten. Berühmt ist das deutsche evangelische syrische Waisenhaus mit mustergültigen Schul- und Lehrwerkstatteinrichtungen. Das wundervolle Kaiserin Augusta Viktoria-Stift ist leider durch das letzte Erdbeben schwer beschädigt und z. Zt. unbenutzt, die deutsche evangelische Erlöserkirche in Jerusalem und die evangelische Weihnachtskirche in Bethlehem haben zum Glück nur wenig gelitten. Ein deutsches Krankenhaus erfreut sich hohen Ansehens und ein deutsches Johanniterhospiz bietet deutschen Reisenden in Jerusalem angenehmen Aufenthalt.

Von Jerusalem aus erreicht man Kairo jetzt bequem in einem Tage mit dem Wüsten-Expreß über Gaza und Kantara am Suezkanal durch interessante Gegenden. In Ägypten wurden besonders die ausgezeichneten landwirtschaftlich-botanischen Forschungsinstitute besucht, denen die ägyptische Landwirtschaft und damit der Wohlstand des Landes sehr viel verdanken. Vor dem Kriege waren an ihnen auch verschiedene deutsche Forscher mit Erfolg tätig. Leider sind die Beziehungen mit den jüngeren ausländischen Wissenschaftlern durch den Krieg vielfach abgerissen, und bei der ausgedehnten Kulturpropaganda, die Engländer, Franzosen, Amerikaner und Italiener in den bereisten Gebieten durch Unterhaltung von Schulen, Universitäten und Bildungsstätten aller Art treiben, haben wir einen schweren Stand. Wir vermögen leider nicht annähernd Gleiches aufzuweisen. Um so erfreulicher ist es, daß trotzdem wieder deutsche Hochschulen von jungen Ägyptern, Syriern und Palästinensern aufgesucht werden, und wir müssen diese Beziehungen nach Möglichkeit pflegen, denn selten findet man einen Ausländer, der, wenn er deutsche wissenschaftliche Ausbildung genossen hat, nicht dauernd dieser in Dankbarkeit und Anerkennung für deutsche Leistungen sich erinnert.

Ein vom Vortragenden selbst aufgenommener Film und Lichtbilder führten Szenen von Land und Leuten und den wichtigsten Landeskulturen der bereisten Gebiete vor Augen, so interessante Landschafts-, Wüsten- und Städtebilder, Volkstypen, die hochentwickelte Landwirtschaft mit den verschiedenen Arten der künstlichen Bewässerung, der Bodenbearbeitung, die wichtigsten Kulturen, Baumwolle, Dattelhaine, Orangen-, Oliven-, Mandel- und Weinpflanzungen, Dreschen von Getreide mit dem alten Dreschschlitten, die Heuschreckenplage und ihre Bekämpfung usw., sogar die berühmten Zedern auf dem noch hoch mit Schnee bedeckten Libanon erschienen im Film.

520. Sitzung. 13. November 1930.

Vorsitz: Prof. Dr. Schlee.

Vortrag: Professor Dr. O. Schmieder, Kiel: „Die Entwicklung der altmexikanischen Siedelungen im südlichen Mexiko“ (mit Lichtbildern).

Auf Grund eigener Untersuchungen zeigte der Vortragende, daß bei den mexikanischen Indianern das Agrarsystem der einzelnen Stämme die Siedlungsform — Einzelhof oder geschlossene Dorf-Stadtsiedlung — bestimmt. Alle höher zivilisierten Indianergruppen, Azteken, Tzapoteken etc. rodeten in Gemeinschaft und verteilten das urbar gemachte Land zu gleichen Teilen unter die an der Arbeit beteiligten Männer. Daraus ergab sich im Laufe der Zeit eine außerordentlich weitgehende Streulage der Felder, die zwangsläufig die Bildung geschlossener Siedlungen mit sich brachte. In diesen geschlossenen Siedlungen, die z. T. städtischen Charakter annahmen, entwickelte sich Gewerbe, Kunst und Wissenschaft. Durch die Siedlungsform wirkte sich das Agrarsystem auf die Gesamtkultur aus.

Man hat irrtümlicherweise angenommen, daß die Spanier das Agrarsystem der mexikanischen Indianer völlig zerstört hätten. Die Entwicklung ländlicher, indianischer Siedlungen läßt sich jedoch an der Hand von Dokumenten bis in vorspanische Zeit zurückverfolgen und aus dem Vergleich des alten Quellenmaterials mit dem heutigen

Flurbild ergibt sich, daß auch die Feldeinteilung der Gegenwart zum großen Teil auf vorspanische Zeit zurückgeht. Bedenkt man, daß die mexikanische Regierung seit Jahren äußerst drastische Agrarreformen vornimmt, so erscheint es erstaunlich, daß die Existenz einer außerordentlich weitgehenden Feldzersplitterung, die auf altindianische Zeiten zurückgeht, überhaupt noch nicht erkannt worden ist, und daß bisher noch keinerlei Versuch gemacht worden ist, der Not der indianischen Landwirtschaft wenigstens einmal durch eine allgemeine Verkoppelung zu steuern.

521. Sitzung. 4. Dezember 1930.

Vorsitz: Senator Dr. de Chapeaurouge.

Vortrag: Kapitän von Schiller, Friedrichshafen a. Bodensee: „Eine Viertelmillion Kilometer mit ‚Graf Zeppelin'" (mit Lichtbildern).

In diesem Jahre wurden mit „Graf Zeppelin" in erster Linie Kurzfahrten geleistet und an größeren die Südamerikafahrt. Die geplanten Fahrten nach Island, im Mittelmeer und nach dem Balkan wurden fallengelassen, weil sich die schlechte Wirtschaftslage auf die Passagierzahl auswirkte. Der Vortragende machte Ausführungen über die Vervollkommnung der Einrichtungen des Luftschiffes und sprach dann von den kritischen Momenten; als erstes von der Rhônefahrt, bei dem die Motorenkraft bis zu 80 Prozent verloren ging und die Fahrt trotzdem fortgesetzt werden konnte. Die klimatischen und Witterungsschwierigkeiten waren bei dieser Fahrt besonders mannigfaltig, aber die unerschütterliche Ruhe Dr. Eckeners war den Fährnissen stets gewachsen. Besonders in einem Falle, als während der Weltfahrt das Luftschiff 5 m über den Hochspannungsleitungen hinwegstrich. Oder ein anderes Mal, als es nach der Südamerikafahrt plötzlich dunkel und stürmisch wurde und das Schiff von 500 m bis zu 160 m über den Boden sank. Wenn wir damals so tief gefahren hätten wie die Engländer, wären auch wir zu Bruch gegangen.

Weiterhin plauderte der Vortragende über verschiedene seiner Fahrterlebnisse, die ihn über die Länder und Meere trugen. Vielerlei technische Bemerkungen über Traggas und Betriebsstoff wurden eingeflochten.

Im zweiten Teil sprach der Vortragende zu Lichtbildern und betonte dabei, daß die Zeppelinfahrten nichts mit Sensationen zu tun hätten, sondern geordneten Verkehr beabsichtigten. Auf der Südamerikafahrt überschritt zum ersten Male ein Luftschiff den Äquator; die Linientaufe vollzogen „Aeolus" und seine Gattin „Flaute" persönlich. Die Brasilianer hatten noch nie ein Luftschiff gesehen, waren aber besonders fix beim Vorbereiten der Landung und außerordentlich zuvorkommend. Auch die Südamerikafahrt war politisch von einiger Bedeutung.

Später machte der „Graf" noch viele kleinere Fahrten: nach der Schweiz, zwei Nordlandfahrten bis Spitzbergen und Island, zurück über Schottland, England und Holland, nach Moskau und andere.

Zum Schluß seines Vortrages machte der Vortragende Mitteilungen über die Entwicklung der Landetechnik. Es lassen sich neuerdings Landungen mit zwölf Menschenkräften durchführen. Einige Zahlen schlossen den Vortrag: 159 Fahrten, jede Fahrt 14,6 Stunden im Durchschnitt, außer den Passagieren 8,9 Tonnen oder 2245500 Stücke Post. Nachdrücklich wies der Vortragende darauf hin, daß der Sicherheitsfaktor stets sorgfältig beachtet wird. Neun Ozeanüberquerungen, 55 Landungen auf fremden Plätzen wurden glücklich durchgeführt.

522. Sitzung. 18. Dezember 1930.

Vorsitz: Prof. Dr. Schlee.

Vortrag: v. Hoffer-Reichenau, Wien: „Landschaft und Völker im Becken des oberen Weißen Nil" (mit Lichtbildern).

Der erst kürzlich von einer zweijährigen Forschungsreise in Nord-Äquatorial- und Ostafrika zurückgekehrte Vortragende legte an Hand vorzüglicher Lichtbilder ein reiches Tatsachenmaterial vor und kam zu vielfach neuartigen Schlüssen. Er schilderte die natürliche Ausstattung dieser Beckenlandschaft, das Vegetationsbild und seine Typen, die Fauna und Rohstoffquellen und die zahlreichen nilotischen Negervölker, die diesen Raum bewohnen, ihre Siedlung und ihre primitiven Lebensformen, endlich wie diese und ihre Kulte ihre soziale Organisation, ihr Denken und Handeln durch die Naturgegebenheiten und das Wirtschaftssystem ihre Erklärung finden.

Ausgehend von der Tatsache, daß die Wirtschaft die primärste und universalste Manifestation des zweckbewußt denkenden und handelnden Menschen ist, die die materiellen Grundlagen schuf, auf den sich seine Geisteswelt und Kultur erheben, zutiefst die Gestaltung der Lebensformen und Schicksale und vor allem der Psyche der Völker beeinflußt wird, bezeichnet der Vortragende die Wirtschaftserforschung in geographisch-historischer Betrachtung als Ausgangspunkt jeder Erkenntnis vom Wesen des Menschen und seines Entwicklungsganges. Wie wenig sie für die Zwecke der Ethnologie noch ausgenützt wird, beweist die bisherige völlige Ignorierung eines so wichtigen Wirtschaftselementes, wie es Bindemittel und Knoten ist. In der tausendfältigen Verflechtung moderner Wirtschaft der Vollkulturvölker aber ist es nicht mehr möglich, den Werdegang der Wirtschaft, ihre Zusammenhänge und Auswirkungen zu erkennen, geschweige denn bis in ihre Uranfänge zurückzuverfolgen. Erst in der Erforschung ihrer primitiven Formen, wie sie bei den kulturarmen Negervölkern Innerafrikas noch heute erhalten sind, werden uns Entstehung und Aufbau der Wirtschaft des Menschen offenbar und damit seine Lebensformen und seine Psyche verständlich. In letztere völlig einzudringen, hat aber nicht nur entwicklungsgeschichtliches, wissenschaftliches, sondern auch ein ungemein praktisches Interesse in einer Zeit wie der heutigen, wo das erwachende Persönlichkeitsbewußtsein der Primitiven, das gesteigerte der Halbkultur- und überreizte der Hochkulturvölker, die Menschenbehandlung und Wirtschaftskooperation immer schwieriger gestaltet, damit die Psyche zum erfolgbestimmenden Wirtschaftsfaktor und die Psychologie zur Kunstlehre der Menschenführung wird.

In der nach Geschlechtern arbeitsgeteilten, hinsichtlich Produktion und Konsumtion längsgeteilten Wirtschaft der primitiven nilotischen Negervölker, welche dem exogam-mutterrechtlichen Kulturkreis angehören, hat man es mit einem Dualismus zweier in Symbiose lebender Wirtschaftsformen bzw. Stufen zu tun, die — so lange sie nicht zur geschlossenen Landwirtschaft verschmelzen — auch einen Dualismus zweier Kulturstufen darstellen: seßhafte Viehzucht und Hackbau. In dieser Art Mischwirtschaft bzw. -kultur, in der vorwiegend die Viehzucht Haupt-, der Hackbau aber Ergänzungswirtschaft — nur an den Beckenrändern es umgekehrt ist, erstere mehr representativen als produktiven, also mehr sozialen als ökonomischen Charakter hat, letzterer aber noch rudimentär betrieben wird, jedoch mit Haus-, zum Teil auch mit Nebengewerben bereits verbunden ist, erscheint der Unterschied der beiden in Symbiose lebenden Kulturstufen ziemlich deutlich ausgeprägt. Der auf niedrigerer Wirtschafts- und Kulturstufe stehende, Viehzucht treibende, wenig produktive Arbeit leistende, kunstgewerblich noch sehr rückständige, gänzlich unbekleidet gehende Mann ist auch ökonomisch konservativ, dagegen die auf der höheren Stufe der Bodenkultur stehende, Hackbau treibende, die ganze Hauswirtschaft bestreitende, und alle damit verbundenen Gewerbe ausübende, zu einer primitiven Kunst gelangte, zumindest an den Schamteilen verhüllt gehende Frau ökonomisch produktiv und progressiv. Ihr sind daher auch alle materiellen und kulturellen Fortschritte vorwiegend zu danken, während Herkommen und soziale Ordnung im Manne ihren Hüter haben.

Erst die Paarung führt von der reinen Daseinserhaltung des Einzelindividiums zum Haushalt und damit zur ersten Form der Wirtschaft, deren Hauptmerkmal kooperative Bedürfnisbefriedigung und produktiver Arbeitsaufwand sind. Nicht die Lust, sondern wirtschaftliche Notwendigkeit unter naturgesetzlichem Zwang führen zur Paarung und durch diese zum ersten sozial-ökonomischen Organismus, dem ehelichen Haushalt, der sich durch die gezeugte Nachkommenschaft und den dadurch sich erweiternden Bedürfniskreis unter gleichzeitiger Arbeitsteilung zur Familie und Hauswirtschaft auf blutsverwandtschaftlicher Grundlage erweitert. Ehe wie Familie aber haben in diesem Stadium noch vornehmlich den Charakter der Haus- und Wirtschaftsgemeinschaft, der der sozialethische Inhalt noch fehlt. Erste Produktion des Menschen ist die Reproduktion seiner eigenen Art zur Vermehrung seiner Arbeitskraft und Erweiterung seiner Nahrungsgewinnung. Diese primäre Produktion ist durch die Fruchtbarkeit der Frau und ihre infolge der meist drei- bis vierjährigen Säugezeit der Kinder rasch abnehmende Arbeitskraft begrenzt. Da Arbeit für Dritte und Lohnarbeit den in voller Autarkie lebenden Primitiven unbekannt, ist für sie Ersatz der Arbeitskraft nur im Wege einer Vervielfältigung der ehelichen Wirtschaftskooperative möglich, was in Verbindung mit der großen Kindersterblichkeit, die bis zu 60 Prozent beträgt, und der gewohnheitsrechtlichen Sperre des Geschlechtsverkehrs zwischen Empfängnis und Ende der Säugezeit, naturnotwendig zur Vielehe bzw. Polygamie führte, deren Ursachen und Grundlagen im Gegensatz zu der der Moslims weit mehr bioökonomischer als sexueller Natur sind. Gegenstand der wirtschaftlich-produktiven Betätigung des Menschen bildet somit nicht die Exploitation der Fruchtbarkeit des Bodens, sondern der Fruchtbarkeit des Weibes. Von der größeren oder geringeren Fruchtbarkeit der mit dem Mann in Vielehe, Hausgemeinschaft und Wirtschaftskooperation lebenden Frauen hängt bei den Primitiven die Menge der Arbeitskraft wie die Reichlichkeit der Nahrungsgewinnung ab. Damit wurde das Weib Mittelpunkt des Denkens und Trachtens des Primitiven und mit der Vielehe zum begehrtesten Gegenstand, den er ursprünglich im reinen Geschlechteraustausch erwarb, wie es heute noch bei den Borun der Fall, in weiterer Folge aber und bis heute durch Kauf. Nur das wertvollste und wertbeständigste war gerade gut genug, als Frauenkaufrecht zu dienen: Vieh, Spateneisen, Lanzen- und Pfeilspitzen, niemals aber Frucht. Es begann im Wege der Vielehe und des Frauenkaufes der Umsatz der weiblichen Deszendenz in Rinder bzw. Vieh und damit Kapitalsbildung und Kapitalsvermehrung für dessen produktive Anlage das Wirtschaftssystem der Primitiven keine andere Möglichkeit bietet, als wiederum durch Investierung in Frauen, so daß sich der Wirtschaftskreislauf in der Formel: Kühe = Frauen = Kinder (Mädchen) = Kühe erschöpft. Somit haben Reichtum und Armut, Macht und Ansehen, Kapitalsbildung und Kapitalswirtschaft und damit auch die Klassenbildung ihren Ausgangspunkt in der Fruchtbarkeit des Weibes, wird der Geschlechtstrieb zum stärksten Impuls und motorischen Antrieb der Wirtschaft des Primitiven.

Nicht triebhafte Sinnlichkeit, wie man fälschlich annimmt, sondern wirtschaftliche Notwendigkeit stellt die Fruchtbarkeit und das Weib als deren Träger in den Vordergrund des Lebensinhaltes des Primitiven und erfüllt seine Psyche mit vorwiegend geschlechtlichem Denken, gibt seinen Lebensäußerungen, vernehmlich seinem Schmuck und seiner Bemalung sexuale Symbolik, verbindet sein mit der Wirtschaft eng verflochtenes Geschlechtsleben mit der Gottesidee und umgibt ersteres mit Verehrung und geheiligten Kulten. Denn ihm ist Paarung Befruchtung und sonach nicht Lustbefriedigung, sondern höchstes kosmisches Geschehen, von dem seine Existenz, seine Daseinsgestaltung, wie sein sozialökonomischer Aufstieg abhängen.

Daraus wie aus den bioökonomischen Grundlagen der Polygamie dieser Primitiven erklären sich sowohl die im Verhältnis zu Zeit und Arbeitsaufwand geringen Erfolge der Christianisierung wie der Kolonisation und Zivilisation dieser innerafrikanischen primitiven Neger. Denn der Zwang zur Einehe stellt seine ganze wirtschaftliche Existenz in Frage, und die Zivilisation derselben bleibt lediglich eine rein materielle, solange Wirtschaftssystem und -form keine Änderung erfahren, ihre Nahrungsgewinnung nicht erweitert und ihnen gesicherte, neue Erwerbsquellen und Möglichkeiten der Kapitalsbildung und produktiven Anlage erschlossen werden. Das bedeutet, daß wirtschaftlicher und sozialer Aufstieg, Christianisierung und geistige Zivilisation in der primitiven Wirtschaftsform und Psyche ihr stärkstes Hemmnis finden und Änderung des ganzen Wirtschaftssystems zur Voraussetzung haben.

523. Sitzung. 8. Januar 1931.

Vorsitz: Senator Dr. de Chapeaurouge.

Vortrag: Geheimrat Frobenius, Frankfurt a. M.: „Ergebnisse der Forschungsreise 1928/30 nach Südafrika" (mit Lichtbildern).

Über die Reiseergebnisse vergleiche man die kurz vor dem Vortrage in der „Umschau" erschienenen Berichte. Der Vortrag bildete zugleich eine Einführung für die Ausstellung der gesammelten Felsbilderkopien im Museum für Völkerkunde in Hamburg, die am Tage nach dem Vortrage eröffnet wurde.

524. Sitzung. 5. Februar 1931.

Vorsitz: Senator Dr. de Chapeaurouge.

1. Der von Prof. Dr. Schulz verlesene Kassenbericht des Schatzmeisters wurde einstimmig genehmigt.

2. Die satzungsmäßig ausscheidenden Vorstandsmitglieder Prof. Dr. Mühlhausen, Direktor Riedel, Prof. Dr. Schulz, Prof. Dr. Thilenius wurden einstimmig wiedergewählt.

3. Vortrag: Dr. A. Kaufmann, Gießen: „Das heutige Ägypten, mit besonderer Berücksichtigung der neuesten Wandlungen" (mit Lichtbildern).

Ägypten hat seit der Wende unseres Jahrhunderts eine wunderbare wirtschaftliche Wandlung durchgemacht durch die von den Engländern unternommene Errichtung der bekannten großen Stauwerke, die anstelle der früheren einmaligen Überschwemmungsflut des Nils Dauerbewässerung und dadurch drei Ernten im Jahr hintereinander ermöglichen. Dadurch ist Ägypten zu einem Haupt-Baumwolland geworden, das in der Weltproduktion an dritter Stelle steht (nach Nordamerika und Indien) und der Qualität nach die beste Baumwolle der Erde hervorbringt. Als reines Agrarland und aus wirtschaftspolitischen Gründen hat es noch keine moderne Industrie und ist darum ein reiches Absatzgebiet für den europäischen Handel, vor allem in Textil- und Eisenwaren. Das fruchtbare Land ist außerordentlich dicht bevölkert (430 Menschen auf 1 qkm). Den Hauptteil der Bevölkerung bildet das tüchtige, überaus anspruchslose Fellachenvolk; die Eingeborenen setzen sich zu sechs Siebentel aus Mohammedanern, zu einem Siebentel aus christlichen Kopten zusammen, den reinsten Nachkommen der alten Ägypter. Daneben bilden die ansässigen Europäer aus allen Nationen, vorwiegend Griechen, Italiener, Franzosen, Engländer das kulturell vorwärtsdrängende Element. In dieser internationalen Umwelt hat auch das Deutschtum, obwohl an Zahl gering, stets eine wirtschaftlich und geistig hervorragende Stellung eingenommen, die es nach der zehnjährigen gewaltsamen Ausschaltung durch den Krieg heute wiederzuerobern im Begriffe steht. Gegenwärtig befindet sich Ägypten in starker Gährung durch die nationale Bewegung, die die völlige Befreiung von der Bevormundung durch England erstrebt und mit tiefgründigen, geistigen Umwälzungen verbunden ist, die sich in einem starken Drang nach Volksbildung in einer Renaissance der altererbten Religion des Islam und in neuzeitigen Reformen des Frauenlebens äußern. In dem politischen Gegenspiel zwischen den Forderungen des zu nationalem Eigenbewußtsein erwachten ägyptischen Volkes und der großbritannischen Okkupationsmacht spielt der Kampf um die bevorzugte Stellung der Europäer, um den Suezkanal und den Sudan eine Hauptrolle. Das ägyptische Volk ist auf dem besten Wege, durch innerlich vertiefte organische Wandlungen das Land wirtschaftlich und kulturell zu heben, und nicht locker zu lassen in der Forderung, seine Geschicke künftig selbst in die Hand zu nehmen

525. Sitzung. 5. März 1931.

Vorsitz: Senator Dr. de Chapeaurouge.

Vortrag: Ewald Banse, Braunschweig: „Antlitz und Seele der Erde" (mit Lichtbildern).

Der Redner führte etwa Folgendes aus: Man kann die Erde mit der Fülle ihrer geographischen Probleme als bloße Stoffmasse auffassen, wie die materialistische Geographie es tut, und man kann sie als Gedankengehäuse ansehen, dessen inneres Leben und Treiben die organische oder gestaltende Geographie zu ergründen und nachzubilden trachtet. Diese benutzt außer der Arbeitsweise der Naturwissenschaft jene der Philosophie, um den tieferen Sinn, und jene der Ästhetik, um das Bildhafte der Erscheinungen zu ergründen. Es handelt sich in letzter Linie nicht mehr darum, die äußeren Beziehungen zwischen Mensch und Erde zu untersuchen, etwa die Verbreitung, Dichte und Formen der Siedlung oder die Art der wirtschaftlichen Bezüglichkeiten u. dgl. — sondern es geht schließlich um Aufspürung und Erkenntnis der inneren Bindungen zwischen beiden Kontrahenten, gesponnen als geheimnisvolle Fäden, die von der Landschaft zum Menschenherzen laufen und ein neues Drittes erstellen, das seit alters da war, aber erst in allerneuester Zeit erkannt wird. Dieses Dritte verliert für die Geographie nicht dadurch an Wert, daß es schwerer als die äußerlichen Bezüglichkeiten erkennbar ist und vielleicht überhaupt nicht von jedermann wahrgenommen werden kann, es rückt vielmehr an die Spitze der geographischen Zweckarbeit und wird jeder länderkundlichen Untersuchung Krone.

Diese innere Bezüglichkeit zwischen Landschaft und Mensch, die man des Landes Seele nennen mag, ist natürlich für jeden Raum der Erde eine andere. Wenn man auch wohl von einer Seele der Erde im Gegensatze zur Seele anderer Sterne und Planeten wird sprechen können, so unterliegt die Erdenseele doch in sich einer Reihe von Stilabwandlungen über die Oberfläche der Erde hin. So viele Erdteile, so viele Stile in Landschaft und Volkscharakter lassen sich unterscheiden. Die Stile abendländischer und morgendländischer Landschaft sowie Charakters gelangten zu beispielhafter Behandlung, indem ihre Eigenart umrissen und durch Gegenüberstellung besonders scharf herausgearbeitet wurde.

526. Sitzung. 12. März 1931.

(Gemeinsam mit dem Überseeklub Hamburg.)

Vorsitz: Tillmann (vom Überseeklub).

Vortrag: Professor Dr. Gripp, Hamburg: „Die Europäisierung und wirtschaftliche Umstellung der Eskimos in Grönland" (mit Lichtbildern).

Eskimos gibt es in Grönland fast nicht mehr, nur eine kräftige und geistig rege Mischlingsrasse, die Grönländer. Europas Bedarf an Rohstoffen schmälert den Bewohnern Grönlands ständig die Ernährungsbasis. Die großen Wale wurden schon früh fast vernichtet, die Walrosse stark zurückgedrängt und das Ren durch Feuerwaffen in weiten Gebieten ausgerottet. In den letzten Jahren aber nahm die Hauptnahrungsquelle, der Bestand an Seehunden, erschrecklich ab. Die Tiere werden auf den Fortpflanzungsplätzen durch Robbenschläger zu stark dezimiert. Ohne Seehunde aber kein Fleisch, keine Kleider, kein Schuhzeug, keine Kajaks, kein Licht und kein Feuer. Sollte das Volk nicht zugrunde gehen oder ganz von Dänemark leben, so mußten neue Erwerbsquellen erschlossen werden.

Das hat die dänische Verwaltung rechtzeitig getan. Seit zehn Jahren ist in Süd-Grönland in riesigem Umfang Dorschfang und Dorschsalzerei entstanden. Durch hohen Gewinnanteil hat man die Bevölkerung an diese früher verachtete Weiberarbeit gewöhnt.

Mit gutem Erfolg hat man die Grönländer auch zur Schafzucht erzogen (z. Zt. 5000 Mutterschafe). Vieh gebraucht Winterfutter, Winterfutter setzt Heuland voraus, dies aber bedingt Ackerbearbeitung, die ohne Grundeigentum nicht möglich ist. Also hat man 1929 die Rechtsgrundlage geschaffen, die dem früheren Nomadenvolk Grunderwerb erstmalig ermöglicht. Auch wird Anweisung zum Bau von Kartoffeln ,Mairüben, roten Wurzeln usw. gegeben.

Für Süd-Grönland, das am stärksten bedroht war, scheint also gesorgt zu sein. Grönland ist bisher terra clausa, und der Staat hat das Handelsmonopol, er zahlt z. B. für den besten Blaufuchs 25 Kr. Als Entgelt aber hat der Grönländer Steuerfreiheit und kostenlos Arzt, Medizin, Kirche, Schule, Selbstverwaltung, zinsfreie Unterstützungskassen für Hausbau, Gerätebeschaffung, Vieherwerb, Witwen- und Altersversorgung usw.

Dem Monopol und damit dem bisherigen glücklichen Zustand für die Grönländer droht Gefahr: Die Färinger (Bewohner der Faröer) ein armes Volk von 20000 Köpfen, verlangen Freiheit zum Dorschfang in grönländischen Gewässern. Bisher haben sie erreicht, daß sie innerhalb der Dreiseemeilen-Grenze bis an die äußersten Inseln heran fischen dürfen. Sie verlangen das Recht, auch innerhalb der Fjorde zu fischen. Wird ihnen dies gewährt — Färinger sitzen im Parlament, aber keine Grönländer! — so kommen sie in direkte Berührung mit den Grönländern und damit ist die Zeit des Monopolhandels vorbei. Was dann aus den Grönländern wird, ist nicht zu übersehen.

527. Sitzung. 9. April 1931.

Vorsitz: Senator Dr. de Chapeaurouge.

Vortrag: Professor Dr. G. Schott, Hamburg: „Geographische Charakterbilder von einer wissenschaftlichen Seereise um die Erde, II. Teil: Australien, Neu-Seeland und Fiji-Inseln."

Nach einigen Bemerkungen über das Große Barrierriff vor der Küste von Queensland gab der Redner zunächst das Wichtigste von der Oberflächengestaltung der 2 australischen Staaten New South Wales und Victoria, ferner von den Verkehrs- und Wirtschaftsverhältnissen, wie sie bedingt sind teilweise durch die Natur (Klima etc.), hauptsächlich aber durch die soziale und geistige Struktur der australischen Großstadtbevölkerung. In Australien hat die „Verstädterung" der Bewohner einen geradezu grotesken Grad erreicht und die Folgen davon erfassen, wie Einzelheiten beweisen, das gesamte Leben in Australien. Obwohl das Land von sozialistischen Regierungen fast hermetisch gegen Einwanderung nichtbritischer Herkunft abgeschlossen wird, herrscht außerordentliche Arbeitslosigkeit bei viel zu hohen Löhnen der Arbeiter, so daß die Produktionspreise über dem Weltmarktpreise liegen.

Tasmanien unterliegt derselben wirtschaftlichen Depression. Seine Naturverhältnisse sind, obwohl die Baßstraße nur etwa 200 km breit ist, stark von den australischen verschieden; das Klima ist wesentlich gemäßigter („brave Westwinde") und feuchter. Dazu kommt eine sehr erhebliche Höhe über dem Meere, meist 300 m; 700—1000 m hohe Plateaus erfüllen den zentralen und südwestlichen Teil. Rauheit der Witterung verursacht andere Wirtschaftsform und Vegetation als auf dem Kontinent. Die Bevölkerung nahm seit 1921 um 1,5% ab.

Auf Neuseeland herrschen im ganzen günstigere Verhältnisse als in Australien. Der Durchschnitt der Bevölkerung dürfte ein höheres Niveau besitzen als in Australien; auch tritt die Großstadtsucht in keiner Weise stark hervor. Es gibt sogar relativ viele gut situierte Mittelstädte. Freilich schließt sich Neuseeland, wo der Lebenszuschnitt stark an Schottland erinnert, noch schärfer als Australien gegen nichtbritische Einwanderung ab. Der Redner schilderte unter seinen Reisen besonders den Besuch Wellingtons an der Cook-Straße, den Besuch des Mount Egmont (des schönsten Vulkans der Südhalbkugel) und des durchweg eruptiven Rotorua-Gebietes.

Die Fiji-Inseln endlich sind zweifellos ein Teil eines früheren größeren australischen Kontinentes; die Inseln gehören nicht zu den niedrigen Koralleninseln des Stillen Ozeans. Viti Levu mit dem Hauptort Suva ist sogar außerordentlich gebirgig und bei üppiger Tropenvegetation, besonders auf der SO-Seite, sehr unwegsam. Durch die 10000 qkm große Insel führt noch heute kein einziger fahrbarer Weg. Hauptausfuhrprodukte sind Zucker und Kopra, wofür die Plantagen an den Küstenrändern liegen. Den etwa 90000 einheimischen Fijianern (Melanesier mit typischen Wollköpfen) stehen, da die Fijianer Dauerarbeit verweigerten, schon heute rund 75000 Inder als Kontraktarbeiter, Kaufleute und Handwerker gegenüber; sie beherrschen weitgehend Kapital und Wirtschaft und wachsen sich schnell zu einer Gefahr aus, genau wie in Ost- und Südafrika. Für England besteht der Wert der Kronkolonie wohl hauptsächlich in ihrer geographischen Lage (als Kabelstation und strategischer maritimer Stützpunkt). Eine Landplage sind die gar nicht seltenen verheerenden Orkane, so jetzt wieder Anfang März 1931.

528. Sitzung. 23. April 1931.

(gemeinsam mit dem Überseeklub Hamburg).

Vorsitz: Prof. Dr. Schlee.

Vortrag: Fischereidirektor Dr. H. Lübbert, Hamburg: „Die Fischereiverhältnisse an den Mittelmeer- und Rote Meer-Küsten Ägyptens, Ergebnisse einer Studienreise im Frühjahr 1930.“

Der Vortragende berichtete über die Ergebnisse seiner im Frühjahr 1930 ausgeführten Reise zum Studium der Fischereiverhältnisse an den Mittelmeer- und Rote Meer-Küsten Ägyptens.

„Le reveil d'Egypte“ und dazu der ägyptische Wortlaut, so steht auf dem schönen Denkmal des ägyptischen Bildhauers Muchtâr Bey, auf das der Blick des Fremden zuerst trifft, wenn er aus dem Zentralbahnhof von Kairo auf die Straße tritt. Das erwachende Ägypten ist eine Sphinx, die aus tiefem Schlaf hochkommend auf den Vorderfüßen sich streckend über das ägyptische Land hinwegschaut. Dringend wünscht das erwachende Ägypten politisch und wirtschaftlich selbständig zu werden. Talaat Harb Bey, wohl der bedeutendste Wirtschaftsführer des neuen Ägyptens, hat deswegen vor 10 Jahren die Bank „Misr“ — Misr ist das altägyptische Wort für Ägypten — gegründet und zu außerordentlicher Bedeutung geführt. Die Bank „Misr“ ist damit beschäftigt, nationale Industrien ins Leben zu rufen, um die ägyptische Wirtschaft so weit wie möglich vom Ausland unabhängig zu machen. Schon vor mehreren Jahren gründete man außer anderen Industrien auch die Fischereigesellschaft „Misr“, und das war die Veranlassung, daß der Vortragende zu Beginn des vorigen Jahres nach Ägypten berufen wurde, um nachdem die bisherigen Versuche zu keinem befriedigenden Ergebnis geführt hatten, Ratschläge für die zukünftige Ausübung der ägyptischen Fischerei zu erteilen. Der Vortragende erhielt dadurch die seltene Gelegenheit, weit abseits von den Wegen des großen Touristenverkehrs in Ägypten Wasser, Land und Leute kennen zu lernen, mit denen der in Ägypten reisende Europäer sonst nicht in Berührung kommt.

Zuerst wurden die großen Binnen- und Strand-Seen untersucht, von denen der Karun-See, etwa 100 km südlich von Kairo, am Rande der Lybischen Wüste liegt; an seinem Ostufer befinden sich zahlreiche Baudenkmäler vergangener Zeiten, Pyramiden aus der Pharaonenzeit und Tempeltrümmer aus dem Zeitalter der Ptolemäer. Der See, halb so groß wie der Bodensee, hat aus unterirdischen Quellen salziges Wasser etwa vom Salzgehalt der Ostsee. Der Reichtum an Wasservögeln und Fischen ist groß. Der jährliche Ertrag beträgt etwa 10 Millionen Pfund, die von 400 Fischern angebracht werden.

Im SW von Alexandria und am Nildelta liegen vier große Strandseen: der See Mariut mit 800 Fischerbooten und etwa 8 Millionen Pfund jährlichem Ertrag, O von Alexandria der See Edku mit 900 Fischerbooten und etwa 15 Millionen Pfund jährlichem Ertrag, zwischen der Rosetta- und Damietta-Mündung des Nils der See Burlos, auf dem 1000 Fischerboote tätig sind und schließlich der See Menzala, der größte von allen, etwa 2000 qkm bedeckend, also etwa viermal so groß wie der Bodensee, aber, wie alle diese Strandseen, ganz flach. An den meisten Stellen beträgt die Wassertiefe nur 70 bis 80 cm. Etwa 1500 Fischerboote sind auf diesem See beheimatet und der jährliche Ertrag beträgt 30 Millionen Pfund, also etwas mehr als der Jahres-Umsatz des Hamburger St. Pauli Fischmarktes. Dieser für einen See sehr große Fang wird von 20 Versandplätzen aus, die rings um den See liegen, den Verbrauchern zugeführt und zwar $^2/_3$ in frischem und $^1/_3$ in gesalzenem Zustand. Wie alle vier Standseen ist auch dieser nur durch eine schmale Nehrung vom Mittelmeer getrennt. Durch Öffnungen in dieser Nehrung können die Fische zwischen Strandsee und Meer hin und her wandern. Der mitten im See belegene Hauptfischerort Mataria hat etwa 10000 Einwohner und ist durch einen Damm mit dem Eisenbahnnetz des Deltas verbunden. Die wichtigsten Fische dieses Seen-Gebietes sind zwei Meeräschenarten, arabisch Buri und Tobar genannt, eine Tilapiaart, arabisch Bolti, unser europäischer Süßwasseraal und verschiedene andere wirtschaftlich weniger bedeutende. Die Fischer vom Menzala-See sind die schneidigsten Berufssegler, die der Vortragende bisher getroffen hat, was er durch wirkungsvolle Bilder anschaulich machte.

Gegenüber der großartigen Fischerei in diesen Strandseen tritt die Meeresfischerei an wirtschaftlicher Bedeutung zurück, besonders am Mittelmeer, aus dem bisher alles in allem etwa 8 Millionen Pfund jährlich angebracht werden, davon etwa die Hälfte Sardinen, die in Rosetta gelandet werden. Diese Fischerei wird teils von italienischen Segelfischern mit gedeckten Fahrzeugen, teils von ägyptischen Küstenfischern mit offenen Booten betrieben. Die Versuche des Vortragenden mit einem Fischdampfer im Mittelmeer lohnende Fänge zu erzielen, schlugen wie nach früheren Erfahrungen zu erwarten, völlig fehl.

Sehr viel bessere Ergebnisse erzielte der Vortragende im Roten Meer, und zwar in dessen nördlichstem Teil, dem Golf von Suez. Zwischen dem Hafen von Suez und dem Vorgebirge Ras Gharib wurde ein zur Ausübung der Grundschleppnetz-Fischerei durchaus geeignetes Gebiet gefunden, auf dem lohnende Fänge erzielt werden konnten, besonders nachdem der deutsche Fischdampferkapitän Haase, auf Vorschlag des Vortragenden nach Ägypten berufen, die Leitung der Dampferfischerei unter Verwendung eines deutschen Dreischeerbrettergrundschleppnetzes übernommen hatte. Es konnten dort auch recht lohnende Fänge an Sardinen, die man bisher hier noch nicht gefangen hatte, mit dem Grundschleppnetz erzielt werden.

Auf Grund dieser Erfahrungen hat der Vortragende an Ort und Stelle ein Programm ausgearbeitet, nach dem man von der Verwendung der in Anschaffung und Betrieb zu teuren Fischdampfer absieht, um dafür mit Motorkuttern eine lohnende Fischerei im nördlichsten Teil des Roten Meeres, dem Golf von Suez, betreiben zu können. Weiter südlich im Roten Meer macht die dichte Besetzung der Küste und des Meeresbodens mit Korallen jede Fischerei mit maschinell angetriebenen Fahrzeugen und dem Grundschleppnetz unmöglich. Hier kann nur von den ägyptischen und arabischen Fischern der Fang mit Angeln und Strandnetzen betrieben werden. Die Fischereigesellschaft „Misr" kauft jetzt diese Fänge an Ort und Stelle auf, lagert sie dort an Bord von Fahrzeugen, die mit Kühleinrichtungen versehen sind, transportiert sie mit eigenen Dampfern in Kühlräumen nach Suez und von dort in Lastautos nach Kairo.

Zahlreiche Lichtbilder, die außer den eigenen Fischfängen des Verfassers an Bord von Fischdampfern auch die Eingeborenen-Fischerei in ihren Einzelheiten zeigten, erläuterten den Vortrag.

529. Sitzung. 7. Mai 1931.

(gemeinsam mit dem Ostasiatischen Verein Hamburg-Bremen).

Vorsitz: Senator Dr. de Chapeaurouge.

Vortrag: Dr. Ph. C. Visser, Attaché an der Kgl. Niederl. Gesandtschaft in Stockholm: „Forschungen in den unbekannten Hochgebirgen Zentralasiens" (dritte niederländische Karakorum-Expedition).

Die Forschungsreise, die mehrere europäische Wissenschaftler und viele eingeborene Träger und Lasttiere umfaßte, ging von Indien aus. Die Schwierigkeiten lagen zunächst in der umfassenden Ausrüstung, in der Verpflegung und im Transport der gesamten Ausrüstung. Das Expeditionsgebiet lag in Kaschmir, wobei die Himalajakette überschritten werden mußte. Die Expedition erreichte zunächst das Gebiet des tibetanischen Lamaismus, wo Klöster, Gebetsmauern und die Gebetsmühlen der Tibetaner mitten in der hochgelegenen Bergwüste auftauchten. Der Vortragende schilderte dann die Hochgebirgswelt, die neben dem alpinen Charakter stellenweise auch den einer paradiesischen Einsamkeit hat. Unbekannte Gletscher wurden für topographische Zwecke erforscht, Berge von 6300 Meter Höhe erklommen, unzählige Flüsse wurden durchquert. Die meisten dieser mühseligen Wanderungen wurden mit achtzig Trägern unternommen. Der nächste Teil der Expedition bewegte sich in einem bis dahin noch völlig unerforschtem Gebiet jenseits des Karakorum, wobei sich die Forscher dauernd in einer Höhe von über 5000 Metern befanden. Der höchste Gipfel von 6500 Metern wurde gleichfalls bestiegen; 76 Tage bekam die Expedition weder Menschen, noch Grün zu sehen. Es ging dann weiter in das Gebiet des Kuenlun-Gebirges und der geheimnisvollen Takla-Makan-Wüste entgegen, die schon Sven Hedin erforscht hat. In Jarkand wurden die Expeditionsteilnehmer von den Regierenden sehr höflich empfangen und hatten mancherlei interessante Erlebnisse. Die Expedition wurde fast immer von Glück begleitet, mit der Ausnahme einiger fürchterlicher Schneestürme, die ohne größere Opfer überstanden wurden. Später wurden weitere unbekannte Gebiete aufgesucht und neue Schwierigkeiten erfolgreich bestanden. Der schönste Augenblick der Expeditionsreise, so schloß der Vortragende, war der Augenblick, als die fruchtbaren grünen Täler Indiens auftauchten und alle Schwierigkeiten überstanden waren.

530. Sitzung. 11. Juni 1931.

(gemeinsam mit dem Ostasiatischen Verein Hamburg-Bremen).

Vorsitz: Senator Dr. de Chapeaurouge.

Vortrag: Dr. Chs. E. Stehn, Leiter des vulkanologischen Dienstes in Niederländisch-Indien, Bandoeng, Java: „Krakatau und Merapi (Mittel-Java), die tätigsten Vulkane der letzten drei Jahre in Niederländisch-Indien."

Vor Beginn des Vortrages hielt der 1. Vorsitzende folgenden Nachruf auf Alfred Wegener (gekürzt):

Bevor wir in die Tagesordnung der heutigen Sitzung eintreten, habe ich eine traurige Pflicht zu erfüllen. Die Tageszeitungen haben Ihnen Kenntnis davon gegeben, daß der Leiter der Deutschen Inlandeis-expedition, Prof. Dr. Alfred Wegener, in der weißen Wüste Grönlands den Forschertod erlitten hat. Ein herber Verlust hat die gesamte Wissenschaft getroffen, schwer ist er auch für uns. War doch Alfred Wegener einer der unsrigen. Bei der Feier ihres 50jährigen Bestehens hat ihm die Geographische Gesellschaft in Hamburg die höchste Auszeichnung, die sie zu vergeben hat, die Kirchenpauer-Medaille, verliehen in Anerkennung seiner bahnbrechenden Forschungen auf dem Gebiete der Geophysik.

Tief erschüttert uns das tragische Schicksal, das Wegener den Opfertod für sein Werk erleiden ließ. Im Vollbewußtsein der gefahrvollen Größe seines Unternehmens und der Verantwortung, die er für das Leben seiner Expeditionsteilnehmer trug, hat Wegener mit eiserner Energie ein Werk ins Leben gerufen, das wenige Parallelen in der Geschichte der Polarforschung findet.

Alfred Wegener war eine ausgesprochene kraftvolle Führernatur. An seine eigenen Kräfte stellte er die denkbar größten Anforderungen. Das hat er auch während des Krieges bewiesen, in dem er als Kompagnieführer im Elisabeth-Garde-Grenadier-Regiment zweimal verwundet wurde. Als Forscher war er ein durchaus eigener Kopf, originell in allem, was er anfaßte, voll kühner Spekulationen.

Am 1. November 1880 wurde er in Berlin geboren. Im dortigen kölnischen Gymnasium erhielt er die Grundlage seiner späteren gediegenen wissenschaftlichen Bildung. Auf den Universitäten Heidelberg, Innsbruck und Berlin studierte er vornehmlich Astronomie, wandte sich aber bald ganz der Meteorologie und Geophysik zu. Nach kurzer Assistententätigkeit am Äronautischen Observatorium Lindenberg führte ihn die Teilnahme an der Danmark-Expedition 1906—08 unter Mylius-Erichsen erstmalig nach Grönland. Diese Reise wurde entscheidend für seine weitere Forscherarbeit: grönländische Probleme haben ihn seitdem dauernd gefesselt. Auf der Danmark-Expedition bereits faßte er mit dem dänischen Offizier und Wissenschaftler Koch den Plan, eine Durchquerung Nordgrönlands von Ost nach West auszuführen. Dieses Unternehmen gelang nach vielen Mühsalen 1912 bis 1913, die Verarbeitung der reichen wissenschaftlichen Ergebnisse wurde jedoch durch den Weltkrieg verzögert und konnte erst 1928 zu Ende geführt werden.

1909 habilitierte sich Wegener an der Universität Marburg für die Fächer der Astronomie und Meteorologie. Aus seiner Privatdozentenzeit stammen eine Reihe bedeutender Arbeiten, von denen die Entstehung der Kontinente und Ozeane die wissenschaftliche Welt am stärksten beschäftigt hat. Nach Beendigung des Krieges wurde Alfred Wegener als Nachfolger von Prof. Koeppen zum Leiter der Abteilung für Meteorologie an die Deutsche Seewarte berufen, zugleich wurde er Professor an unserer Universität. Mit großem Eifer betrieb er die Gründung einer meteorologischen Versuchsanstalt, aber die Inflationszeit ließ den Plan nicht zur Ausführung kommen. Ein großer Verlust für das wissenschaftliche Hamburg, insbesondere für die Deutsche Seewarte, war es, als Wegener Ostern 1924 einem Ruf als Ordentlicher Professor für Meteorologie und Geophysik nach Graz folgte. Hier arbeitete er den Plan der großangelegten Expedition aus, von der er nicht zurückkehren sollte. In der Erkenntnis, daß die grundlegenden Fragen der Meteorologie, Glaziologie und anderer geophysikalischen Zweige nicht durch Beobachtungen nur von der Küste oder durch schnelles Reisen über das Inlandeis zu lösen seien, sondern durch systematische gleichzeitige Forschung an mindestens 3 Punkten: der Westküste, in der Mitte des Inlandeises selbst und seinem Ostrande, legte Wegener seinen Plan der Notgemeinschaft der Deutschen Wissenschaft vor, die die Mittel für die Durchführung der Expedition zur Verfügung stellte.

Im Sommer 1929 fand die Vorexpedition Wegeners nach Grönland statt. In einer Sitzung hat er unserer Gesellschaft über den günstigen Verlauf berichtet und einige Ergebnisse dieser Reise mitgeteilt, ich erinnere an die überraschende Feststellung, daß bereits in 40 km Küstenabstand die Eisdecke 1200 Meter beträgt.

Der Verlauf der Hauptexpedition, die am 1. April 1930 mit 14 Teilnehmern Kopenhagen verließ, ist durch die Berichte der Tageszeitungen Ihnen bekannt. Nachdem den ganzen Winter hindurch Ungewißheit über das Schicksal der Expedition geherrscht hatte, brachte der 9. Mai die Kunde, daß Wegener bereits im November auf dem Inlandeise den Tod gefunden hatte. In Ausführung einer groß angelegten Expedition ist er dahingegangen, in Aufopferung für das Leben seiner Kameraden. Bis zuletzt für die von ihm vertretene Wissenschaft neue Wege suchend, wie er es sein ganzes Leben hindurch mit größtem Erfolge getan hat.

Dr. Stehn behandelte in seinem Vortrage zunächst den Merapi auf Mittel-Java und gab einen Einblick in die vulkanische Tätigkeit dieses Berges. Lange Zeit bereitet sich ein Ausbruch vor, aber man weiß niemals vorher, welcher Art die Ausbrüche sein werden. Der letzte Ausbruch hat besonders großen Schaden angerichtet. Heiße Gase und Glutwolken vernichteten jedes Lebewesen, so weit es nicht der glühenden Lava zum Opfer fiel. Ganze Dörfer, blühende Fluren und 1500 Menschen sanken unter den Glutschritten des Vulkans dahin.

Der Vortragende wandte sich dann der Vulkangruppe von Krakatau zu, die 1883 eine große Katastrophe verursachte und die Insel vollständig auseinanderriß und veränderte. Damals wurden ungeheure Gesteinsmassen durch die Gewalt der Explosionen vollkommen umgeschichtet und umgesiedelt. Seitdem ist die neuentstandene Inselgruppe noch fortwährenden Veränderungen ausgesetzt. Besonders wertvoll sind die Beobachtungen über die Tätigkeit des innerhalb der Krakataugruppe gelegenen Unterseevulkans. Der Eruptionspunkt liegt in einer Spalte zwischen früheren Vulkankratern. Bei den Ausbrüchen wird eine dunkle Säule von festem Material hoch in die Luft geworfen, wobei das Seewasser sich in Dampfwolken um die Säule legt. Die Säule erreicht Höhen bis zu 2000 Metern. Von Zeit zu Zeit bilden sich an der Ausbruchsstelle Inseln, die aber wieder verschwinden, häufig innerhalb weniger Stunden. Die im August vorigen Jahres entstandene neue Insel besteht bis heute; da sie vollständig vulkanischen Ursprungs ist, bot das Gestein interessante Beobachtungs möglichkeiten. Die Ausbrüche waren vielfach von Aschenregen und Gasbildungen begleitet, die an den Küsten gewaltige Verwüstungen anrichteten. Weitere Erscheinungen der vulkanischen Erregungszustände im Krakatau-Gebiet waren Flutwellen und seismische Wellen, die sehr eingehend beobachtet wurden. Die fesselnden Darlegungen des Vortragenden wurden durch ausgezeichnete Lichtbilder sehr glücklich ergänzt.

B. Fachsitzungen.

85. Fachsitzung. 16. Oktober 1930.

(Zugleich 20. Veranstaltung der Landesgruppe Hamburg des Verbandes deutscher Schulgeographen.)

Regierungsrat Dr. Lohr, Hamburg (Deutsche Seewarte): „Beobachtungen bei meteorologischen Höhenflügen".

86. Fachsitzung. 20. November 1930.

Professor Dr. Tams, Hamburg: „Die gegenwärtige Anschauung über die Beschaffenheit des Erdkörpers".

87. Fachsitzung. 22. Januar 1931.

(Zugleich 21. Veranstaltung der Landesgruppe Hamburg des Verbandes deutscher Schulgeographen.)

Karl-Heinz Wagner, Leipzig: „Der technische Werdegang von Wandkarten und Schulatlanten".

88. Fachsitzung. 19. Februar 1931.

(Zugleich 22. Veranstaltung der Landesgruppe Hamburg des Verbandes deutscher Schulgeographen.)

Professor Dr. Passarge, Hamburg: „Das Problem der polaren Strukturböden." Der Vortrag wurde ergänzt durch Mitteilungen von Dr. Poser-Göttingen über Ergebnisse seiner Beobachtungen auf Island und in Spitzbergen.

89. Fachsitzung. 19. März 1931.

Privatdozent Dr. Heinz, Hamburg: „Bericht über geologische Studienreisen in Afrika 1929/30".

C. Ausflüge.

Am 28. September 1930. Geographische Wanderung nach Buxtehude—Grund-Oldendorf—Bliedersdorf—Horneburg. Führung: Professor Dr. E. Koch.

Am 17. Mai 1931. Geographische Wanderung in die Kollmarer Marsch (Elmshorn—Neuendeich—Kollmar—Bielenberg—Glückstadt). Führung: Professor Dr. E. Koch.

Bericht über die Bibliothek

für die Zeit vom 1. Januar bis 31. Dezember 1930.

Der Austauschverkehr hat eine weitere Steigerung erfahren. Ende 1930 stand die Geographische Gesellschaft in Schriftenaustausch mit 83 Gesellschaften, Instituten usw. in Deutschland, Österreich, Danzig (1929: 77), 220 Gesellschaften, Instituten usw. im Auslande (1929: 206), also insgesamt 303 Stellen (1929: 283).

An selbständigen (bibliographischen) Bänden gingen ein durch Tausch: 557, durch Kauf 8, durch Geschenk 46, insgesamt 611 Bände (1929: 567 Bände). Von 1926 bis Ende 1930 ist die Bibliothek um insgesamt 2633Bände gewachsen.

Infolge des steigenden Austauschverkehrs werden die Mittel der Geographischen Gesellschaft in zunehmendem Umfange durch die Einbandkosten in Anspruch genommen. Es war leider nicht möglich, alle 1930 eingegangenen Bücher binden zu lassen, so daß wieder ein Rückstand entstanden ist.

Die Arbeit an dem systematischen Katalog wurde im Berichtsjahr wieder aufgenommen.

Abrechnung der Kassenverwaltung für 1930.

Einnahmen:

Mitgliederbeiträge:				
779 ordentliche Mitglieder	RM.	7722.50		
29 Förderer	„	3150.—	RM.	10872.50
Zuwendungen:				
von der Hochschulbehörde	„	6600.—		
von der Handelskammer	„	1500.—	„	8100.—
Verkauf von „Mitteilungen“			„	296.50
Zinsen			„	12.55
Inkasso von Schulgeographen-Beiträgen			„	7.—
Barbestand am 1. Januar 1930			„	444.28
Für die Veröffentlichung von L. Mecking „Die Häfen Japans“ in Band XLII der „Mitteilungen“			„	410.99
			RM.	20143.82

Ausgaben:

„Mitteilungen“, Band 41:				
Druckkosten, Honorare für Aufsätze, Porto usw.	RM.	9874.56		
abzgl. Beitrag von Dr. Börner	„	1549.12	RM.	8325.44
Monatssitzungen, Vorträge u. Exkursionen:				
Saalmieten, Vortragshonorare, Reisevergütungen, Lichtbilderapparate und sonstige Unkosten			„	3018.49
Verwaltung:				
Büro-Unkosten der Geschäftsstelle und Kasse, Telephon, Drucksachen, Porto und Sonstiges. Vertretung auf der Jahrhundertfeier der Royal Geographical Society in London und Herstellung einer Adresse, Beitrag für Prägung einer Georg Neumayer-Medaille für Dr. Eckener			„	3867.01
Bibliothek:				
Buchbinder, Bücher und Zeitschriften, Feuerversicherung, Porto usw.			„	2767.51
Zuschüsse und Beiträge:				
für Dr. Kanter für seine Reise nach Südamerika	RM.	1000.—		
Kulturfilmgesellschaft Urania, Beitr. f. 1930/31	„	100.—		
Verein Jordsand, Beitrag 1930	„	20.—		
Verband für das Vortragswesen Niedersachsens	„	10.—	„	1130.—
Für fremde Rechnung:				
Karte von Prof. Waibel, Litographie und Andrucke			„	185.—
Dazu Debet-Saldo am 1. Januar 1930			„	608.90
Barbestand am 31. Dezember 1930:				
Guthaben auf Bank-Konto	RM.	114.07		
Guthaben auf Postscheck-Konto	„	67.24		
Kassenbestand	„	60.16	„	241.47
			RM.	20143.82

Vermögensstand am 31. Dezember 1930.

Barbestand:				
Guthaben auf Bank-Konto	RM.	114.07		
Guthaben auf Postscheck-Konto	„	67.24		
Kassenbestand	„	60.16	RM.	241.47
Wertpapiere:				
nom. RM. 200.— Deutsche Ablösungsanleihe m. fünffachen Auslosungsrechten à 51.87%	„	518.70		
nom. RM. 275.— Hamburger Ablösungsanleihe m. fünffachen Auslosungsrechten à 51.75%	„	711.56	„	1230.26
Ludwig Friederichsen Gedächtnis-Stiftung:				
Bardepot bei Schlubach, Thiemer & Co. am 1. 1. 1930	„	931.37		
plus 6% p. a. Zinsen f. 1. Hlbj. 1930 RM. 27.94				
plus 6% p. a. Zinsen f. 2. Hlbj. 1930 „ 28.78	„	56.72	„	988.09
			RM.	2459.82
abzüglich:				
Saldo der vereinnahmten Beträge für die Karte von Prof. Waibel	RM.	195.—		
Vereinnahmter Betrag für Prof. Dr. Mecking: „Die Häfen Japans“	„	410.99	RM.	605.99
			RM.	1853.83

Hamburg, 5. Februar 1930.

Geprüft und richtig befunden:
gez. Hans Crasemann, O. Riedel.

Der Schatzmeister:
gez. R. Schlubach

Mitgliederbestand am 31. Dezember 1930.

Ehrenmitglieder (einschließlich der Inhaber der Goldenen oder Silbernen Kirchenpauermedaille)	17
Korrespondierende Mitglieder	13
Ordentliche Mitglieder, darunter 29 Förderer	808
zusammen:	838

Aus Ersparnisgründen wird in diesem Jahre von einer Veröffentlichung des Mitgliederverzeichnisses abgesehen.

Bisherige Veröffentlichungen der Geographischen Gesellschaft in Hamburg.

Verlag: Friederichsen, de Gruyter & Co. m. b. H., Hamburg 1, Alsterdamm 10/11.

Erster Jahresbericht der Geograph. Gesellschaft in Hamburg 1873/74 Hbg. 1874
Zweiter „ „ „ „ „ 1874/75 „ 1875
Mitteilungen der Geograph. Gesellschaft in Hamburg 1876/77 Hamburg 1878
„ „ „ „ „ „ 1878/79 „ 1880
Dr. Ludwig Leichhardt's Briefe an seine Angehörigen „ 1881
Mitteilungen der Geograph. Gesellschaft in Hamburg 1880/81 „ 1883
„ „ „ „ „ „ 1882/83 „ 1884/85
„ „ „ „ „ „ 1884 „ 1885
„ „ „ „ „ „ 1885—86 „ 1887
„ „ „ „ „ „ 1887—88 „ 1889
„ „ „ „ „ „ 1889—90 „ 1890
Katalog der Bibliothek der Geograph. Gesellschaft in Hamburg. Hamburg 1893
Mitteilungen der Geograph. Gesellschaft in Hamburg 1891—92 „ 1895
„ „ „ „ „ „ Bd. XI Hamburg 1896
„ „ „ „ „ „ „ XII „ 1896
„ „ „ „ „ „ „ XIII „ 1897
„ „ „ „ „ „ „ XIV „ 1898
„ „ „ „ „ „ „ XV „ 1899
„ „ „ „ „ „ „ XVI „ 1900
„ „ „ „ „ „ „ XVII „ 1901
„ „ „ „ „ „ „ XVIII „ 1902
„ „ „ „ „ „ „ XIX „ 1903
„ „ „ „ „ „ „ XX „ 1904
„ „ „ „ „ „ „ XXI „ 1906
„ „ „ „ „ „ „ XXII „ 1907
„ „ „ „ „ „ „ XXIII „ 1908
„ „ „ „ „ „ „ XXIV „ 1909
„ „ „ „ „ „ „ XXV „ 1911
„ „ „ „ „ „ „ XXVI „ 1912
„ „ „ „ „ „ „ XXVII „ 1913
„ „ „ „ „ „ „ XXVIII „ 1914
„ „ „ „ „ „ „ XXIX „ 1915
Joh. A. Repsold, Ludwig Friederichsen, Ein Bild seines Lebens. Hamburg 1916
Mitteilungen der Geograph. Gesellschaft in Hamburg Bd. XXX „ 1917
Inhaltsverzeichnis der Mitteilungen der Geograph. Gesellschaft in Hamburg, Band I—XXX 1873—1917, Hamburg 1917

Mitteilungen der Geograph. Gesellschaft in Hamburg Bd. XXXI Hambg. 1918
„ „ „ „ „ „ „ XXXII „ 1919
„ „ „ „ „ „ „ XXXIII „ 1921
„ „ „ „ „ „ „ XXXIV „ 1922
„ „ „ „ „ „ „ XXXV „ 1923

Obst, E.: Das abflußlose Rumpfschollenland im nordöstlichen Deutsch-Ostafrika. Bericht über eine im Auftrage der Hamburgischen Geographischen Gesellschaft in den Jahren 1911/12 ausgeführte Forschungsreise, Teil II Grundzüge einer geographischen Landeskunde.

Mitteilungen der Geograph. Gesellschaft in Hamburg, Bd. XXXVI. Hbg. 1925

Schlee, Paul: Rückblick auf die Entwicklung der Geogr. Ges. in Hamburg von 1898—1923.

Sapper, Karl: Bericht über eine im Auftrag der Geographischen Gesellschaft in Hamburg 1923/24 unternommene Reise nach Mittel- und Südamerika.

Helfferich, E.: Kapital und Arbeit in Niederländisch-Indien.

Gripp, K.: Über die äußerste Grenze der letzten Vereisung in Nordwestdeutschland.

Großmann, Rud.: Die Entwicklung des Verkehrs in Argentinien und ihre Wirkungen auf die Volksbildung.

Mitteilungen der Geograph. Gesellschaft in Hamburg, Bd. XXXVII, Hbg. 1926

Passarge, Siegfried: Nachruf auf Georg Schweinfurth.

Koch, E.: Geographische Lehrausflüge in Hamburgs Umgebung.

Gripp, K. und Tostmann, E.: Die Endmoräne des Green Bay Gletschers auf Spitzbergen, eine Studie zum Verständnis norddeutscher Diluvialgebilde.

Haefke, Fritz: Karsterscheinungen am Südharz.

Rudolph, Martin: Der norwegische Walfang.

Mohr, F. W.: Eindrücke aus Ost- und Südostasien.

Georgii, Walter: Das Flugzeug im Dienste von Verkehr und Wissenschaft.

Castens, Gerh.: Der deutsche Kolonialmeteorolog.

Mitteilungen der Geograph. Gesellschaft in Hamburg, Bd. XXXVIII. Hbg. 1927

Termer, Franz: Berichte über Reisen in Mittelamerika I und II.

Passarge, Siegfried: Das Problem landschaftskundlicher Forschung und Darstellung.

Stoltenberg, J.: Landschaftskundliche Gliederung von Paraguay

Niemeyer, G.: Die südostspanische Steppe.

Frenzel, K.: Beiträge zur Landschaftskunde der westlichen Lombardei mit landeskundlichen Ergänzungen.

Lütgens, R.: Grundzüge der wirtschaftsgeographischen Entwicklung und Gliederung Haitis.

Termer, Franz: Die gegenwärtigen wirtschaftlichen und sozialen Zustände in den mexikanischen Staaten Chiapas und Tabasco.

Mitteilungen der Geograph. Gesellschaft in Hamburg, Bd. XXXIX. Hbg. 1928

Termer, Franz: Berichte über Reisen in Mittelamerika III und IV.

Drascher, Wahrhold: Südamerikanische Städte.

Soerdrup, H. U.: Die Renntier-Tschuktschen.

Geisler, Walter: Die wirtschaftlichen Verhältnisse Australiens, ihre Grundlagen und Entwicklungsmöglichkeiten.

Dörries, Hans: Zur Entwicklung der Kulturlandschaft im nordostschweizerischen Alpenvorlande.

Mitteilungen der Geograph. Gesellschaft in Hamburg, Bd. XL. Hamburg 1929.

Stuhlmann, Fr.: Nachruf auf M. Schramm.

Chapeaurouge, de: Nachruf auf Fr. Stuhlmann.

Termer, Franz: Berichte über Reisen in Mittelamerika V und VI.

Schewior, G.: Neuere Hilfsmittel für kartographische Aufnahmen.

Helfferich, E.: Wirtschaft und Ethik in Niederländisch-Indien

Gürich, G.: Der Ätnaausbruch im November 1928.

Semmelhack, W.: Der Ausbruch des Kamerungebirges vom Jahre 1922.

Mortensen, Hans: Über Vorzeitbildungen und einige andere Fragen in der nordchilenischen Wüste.

Dörries, Hans: Stand und Aufgaben wissenschaftlicher Landeskunde in Nordwestdeutschland.

Mitteilungen der Geograph. Gesellschaft in Hamburg, Bd. XLI, Hamburg 1930

Termer, Franz: Berichte über Reisen in Mittelamerika VII—X.

Dietrich, Bruno: New Orleans und das Mississippi-Delta.

Passarge, Siegfried: Ergebnisse einer Studienreise nach Südtunesien im Jahre 1928.

Jessen, Otto: La Mancha. Ein Beitrag zur Landeskunde Neukastiliens.

Seilkopf, Heinrich: Eindrücke und meteorologische Erfahrungen auf der Weltfahrt des Luftschiffs „Graf Zeppelin".

Börner, Otto: Das Meßtischblatt Ratzeburg in landschaftskundlicher Darstellung.

Druck von J. J. Augustin in Glückstadt und Hamburg.

Kolibri 360 GmbH
Ferdinand-Jühlke-Straße 7
99095 Erfurt, Deutschland
produktsicherheit@kolibri360.de